エルンスト
2次元NMR

原理と測定法

R. R. エルンスト
G. ボーデンハウゼン
A. ヴォーガン
共著

山国昭
原敏道
藤 晶
内 之
赤 一訳
坂 共
永藤

現代科学

吉岡書店

Principles of nuclear magnetic resonance in one and two dimensions

Richard R. Ernst, Geoffrey Bodenhausen, and Alexander Wokaun

*Laboratorium für Physikalische Chemie
Eidgenössische Technische Hochschule
Zürich*

Originally published in English by Oxford University Press under the title Principles of Nuclear Magnetic Resonance in One and Two Dimensions
© Richard R. Ernst, Geoffrey Bodenhausen, and Alexander Wokaun, 1987

CLARENDON PRESS · OXFORD
1987

Preface by the authors to the Japanese edition

Since the completion of the first English edition, important developments have been going on in virtually all fields of magnetic resonance, and the astounding wealth of useful NMR techniques has continued to grow, opening up further new and exciting fields of application. To name just a few particularly active domains, new experiments have been developed that involve manipulations of the magnetization in the rotating frame, three-dimensional spectroscopy, computer-supported data processing, two-dimensional spectroscopy of partially ordered phases and of solid materials with slow motion, sample rotations about one or two angles, and, last but not least, magnetic resonance imaging and in-vivo spectroscopy, where a completely new discipline of medical diagnosis has emerged. Nuclear magnetic resonance still appears to be as lively as ever, and is likely to hold many further exciting surprises in store.

Many important recent contributions to NMR techniques and their fruitful application have, in fact, come from the Japanese research community that has a great tradition and is growing even stronger year by year. We are, therefore, greatly indebted to Dr. Kuniaki Nagayama, Dr. Toshimichi Fujiwara, Dr. Akira, and Naito Dr. Kazuyuki Akasaka for the present authoritative translation into Japanese. This team guided by Dr. Nagayama is particularly qualified for this task because Dr. Nagayama has, from the beginning, initiated some of the major breakthroughs in two-dimensional NMR and has remained, since his fruitful research period in Zürich, a good friend and collegue of the three authors.

The authors and translators have resisted the temptation to bring the text and references up to date. This would have compelled us to add further chapters, a dangerous enterprise in this day and age, as it appears uncertain that the speed of writing could match the rate at which further developments emerge in the literature. We have therefore limited the changes to the correction of errors and inaccurate formulations. We nevertheless believe that this translation represents a valuable addition to the Japanese NMR literature. We hope that it further stimulates NMR research and application at Japanese research institutions as well as in industry. We are convinced that NMR has not yet reached its climax as a very general and powerful research tool and that many exciting developments are to be expected in the future.

January 1990

> Richard R. Ernst (Zürich)
> Geoffrey Bodenhausen (Lausanne)
> Alexander Wokaun (Bayreuth)

まえがき

　この本の成立には長い歴史がある．実際このような形に落ち着くとは思ってもみなかったのである．そもそも2次元分光法の短いが時宜を得た総説をものにしようと始めたのだが，その最初のもくろみはすぐに破綻した．理解されるべきものが何であるかはっきりすると，1次元法，2次元法を問わず磁気共鳴として同一の原理で貫かれていることがわかったのである．

　したがって本書が1次元，2次元法の両者を含む最先端NMR分光の一般解説書となったのも自然の成行きといえる．読者には多くの章が実践的配慮で書かれているのが見て取れよう．しかし力点は実践面より原理面の理解に置かれている．フーリエ分光は，固体NMR，液体NMRを前例のないほどに一元化した．だから両者に共通で重要な原理について述べて行くよう努めた．

　1章は導入部で，現在の水準にいたるまでの歴史的発展についてひとあたり見わたした．

　2章で核スピン系のダイナミクスを扱い，運動方程式から始めて，密度行列を操作するうまい道具だてを示す．運動方程式の駆動項すなわちハミルトニアン，緩和スーパー演算子そして化学交換スーパー演算子などはフーリエ分光の一般的定式化に沿って議論される．

　核スピンハミルトニアンが容易に操作できることがNMR分光の成功に大いに役立った．3章はNMR練金術師に利用される各種の道具，たとえば二重共鳴，多重パルスなど，について短くふれる．これらの方法は，非周期的，周期的摂動を問わず，3章で扱う平均ハミルトニアン理論でうまく記述できる．ここが2次元分光のからみで特に重要な点である．

　4章で1次元フーリエ分光にふれるが，もともとは電気技術で発展した，分光法と一般応答理論の関係を明確化する一節から始まる．線型，非線型応答について古典系でまず議論し，次に量子系に拡張する．1次元フーリエ分光の

エッセンスについてはブロッホ方程式を用いて説明し，結合スピン系の特殊面については量子力学的に扱う．

第5章では多量子遷移の基本的性質が議論されるが，その際2次元法の優秀さを強調するため，連続波による検出法の説明も行う．多量子コヒーレンスの励起と展開も第5章でふれるが，2次元多量子スペクトルの実践面については8章で説明する．

第6章は2次元分光の一般原理の展開である．化学シフトと各種結合の様々な分離方法については7章で通説する．コヒーレンス移動による2次元相関法は第8章で，また化学交換，交差緩和といった動的過程の紹介は第9章で行う．最終章の第10章はNMRのイメージングの簡単な原理的説明である．多くのイメージング法が2次元分光法の考えを取り入れているので，本書でその原理を扱うのは適当と考える．

本書がNMR分光学者の要求を満たし，時間域分光の基本的側面への理解を深め，さらに最近発展した1次元，2次元の分光法のいろいろな道具を使いこなす手助けとなるよう望む．

私達は，幅広い好みを持つ読者層を考慮して，厳密な数学的ワク組を与えるのみならず，直観に訴えるやり方で内容を用意した．無論それにはあまたの妥協を余儀なくさせられたが．

私達の興味を時間域分光へ見開かせてくれた人々に深い感謝の気持を捧げたい．Hans Primas教授からは数学的道具立と基本概念で資するところがあった．Weston A. Anderson博士からはフーリエ分光に到る高感度NMRへの探究心を植えつけていただいた．そしてJean Jeener教授は分光法を2次元化するという考えを最初に示唆された．

私達は多くの共同研究者（彼らは多くのアイデアを提供し，誤りを正しそして多くの美しい実験を行ってくれたが）に大変感謝している．特に以下の人々にお礼を言いたい．Walter P. Aue, Peter Bachmann, Enrico Bartholdi, Lukas Braunschweiler, Peter Brunner, Douglas P. Burum, Pablo Caravatti, Christopher J. R. Counsell, Gerhard W. Eich, Christain Griesinger, Alfred Höhener, Yong-Ren

Huang, Jiri Karhan, Herbert Kogler, Roland Kreis, René O. Kühne, Anil Kumar, Malcolm H. Levitt, Max Linder, Andrew A. Maudsley, Slobodam Macura, Beat H. Meier, Beat U. Meier, Anita Minoretti, Luciano Müller, Norbert Müller, Kuniaki Nagayama, Peter Pfändler, Umberto Piantini, Chistian Radloff, Mark Rance, Michael Reinhold, Thierry Schaffhauser, Günther Schatz, Stephan Schäublin, Christian Schönenberger Ole W. Sørensen, Dieter Suter and Stephen C. Wimperis. 私達は非常に有意義な共同研究を行い得た Kurt Wüthrich と Gerhard Wagner にも感謝の意を表したい.

私達は世界各国の研究者の多くに礼を述べたい．それは彼らの仕事から図を掲載する許可をもらえただけでなく，元気づけられる議論を行いえたこと，彼らの示した多くの明確な概念に接しえたことに対してである．特に次の人々；Ad Bax, Philip H. Bolton, Ray Freeman; Robert G. Griffin, Jean Jeener, Horst Kessler, Alex Pines, Robert L. Vold, Regitse R. Vold, John S. Waugh, そしてこれらの研究グループの成員，との出会いには啓発された．

本書は膨大な原稿を注意深くタイプしてくれた，Irene Müller 嬢と Dorothea Spörii 女史の忍耐の賜物でもある．

Zürich

1985年3月

R. R. Ernst
G. Bodenhausen
A. Wokaun

謝　　辞

図版の再録に際し許可を与えられた次に掲げる著者と出版社に対し感謝する．

A. Bax: Figs. 6.5.14, 8.5.5, 8.5.10
P. H. Bolton: Fig. 6.5.10
R. Freeman: Figs. 4.1.4, 4.1.6, 4.2.9, 4.2.10, 4.2.13, 4.2.14, 4.2.15, 4.2.18, 4.2.19, 4.7.7, 5.2.5, 6.5.13, 7.2.12, 7.2.14, 7.2.15, 7.2.16, 8.2.11, 8.4.4
R. G. Griffin: Figs. 7.3.9, 7.3.10
R. N. Grimes: Fig. 8.2.7
U. Haeberlen: Fig. 7.3.2
W. S. Hinshaw: Fig. 10.3.2
H. Kessler: Fig. 8.5.4
M. H. Levitt: Fig. 4.2.12
G. E. Maciel: Fig. 9.10.2
P. Meakin: Fig. 4.2.4
S. Osawa: Fig. 4.6.2
A. Pines: Figs. 5.3.2, 8.4.10, 8.4.11
D. J. Ruben: Fig. 6.5.9
V. Rutar: Fig. 7.2.10
O. W. Sørensen: Fig. 4.5.6
R. L. Vold: Figs. 5.4.2, 5.4.3
G. Wagner: Fig. 8.3.11
J. S. Waugh: Fig. 7.3.4
K. Wüthrich: Figs. 8.2.4, 8.2.5, 8.2.6, 8.3.3, 8.3.7, 9.7.4, 9.7.6, 9.7.8
D. Ziessow: Fig. 6.5.12

Academic Press:
　from *Advances in Magnetic Resonance*: Fig. 4.7.7;
　from *Biochemical and Biophysical Research Communications*: Figs. 8.2.6, 8.3.7;
　from the *Journal of Molecular Biology*: Figs. 8.2.4, 8.2.5, 9.7.4, 9.7.8;
　from the *Journal of Magnetic Resonance*: Figs. 4.1.9, 4.2.4, 4.2.9, 4.2.10, 4.2.12, 4.2.13, 4.2.14, 4.2.15, 4.2.17, 4.2.18, 4.2.19, 4.4.3, 4.5.4, 4.5.6, 4.5.7, 4.6.5, 4.6.6, 4.6.7, 4.6.8, 4.6.9, 4.6.10, 5.4.2, 5.4.3, 6.3.2, 6.3.3, 6.5.4, 6.5.9, 6.5.11, 6.5.12, 6.5.13, 6.6.5, 6.6.6, 6.8.1, 6.8.2, 7.2.2, 7.2.4, 7.2.10, 7.2.12, 7.2.13, 7.2.14, 7.2.15, 7.2.16, 7.3.2, 8.2.11, 8.3.3, 8.3.11, 8.3.12, 8.4.4, 8.4.9, 8.5.5, 8.5.8, 8.5.10, 9.4.1, 9.6.3, 9.10.2, 10.1.1, 10.4.5, 10.4.9, 10.5.1, 10.5.2.

謝 辞

American Chemical Society:
　from the *Journal of the American Chemical Society*: Figs. 8.2.7, 8.3.6, 8.5.4, 9.6.1, 9.6.2, 9.6.4, 9.7.5, 9.7.7, 9.8.2, 9.9.1;
　from *Macromolecules*: Fig. 9.10.4.

American Institute of Physics:
　from the *Journal of Chemical Physics*: Figs. 4.2.11, 5.2.5, 7.2.7, 7.3.4, 7.3.5, 7.3.6, 7.3.7, 7.3.9, 7.3.10, 8.2.9, 8.5.13, 9.8.1;
　from the *Review of Scientific Instruments*: Fig. 4.3.3.

American Physical Society:
　from *Physical Review Letters*: Figs. 5.3.2, 8.4.11.

Blackwell Scientific Publishers:
　from *Pure and Applied Chemistry*: Fig. 4.7.4.

Chimia:
　from *Chimia*: Fig. 4.1.3.

Elsevier Biomedical Press:
　from *Biochimica Biophysica Acta*: Fig. 9.7.6.

The Institute of Petroleum:
　Fig. 4.3.4.

National Academy of Sciences:
　Fig. 4.6.2

Macmillan Journals:
　from *Nature*: Fig. 10.3.2.

North Holland Publishing Company:
　from *Chemical Physics Letters*: Figs. 5.3.6, 8.4.10, 8.5.6, 8.5.11, 8.5.12.

Pergamon Press:
　from *Progress in NMR Spectroscopy*: Figs. 2.1.4, 2.1.5, 2.1.6, 2.1.7, 4.4.4, 4.4.5, 4.4.6.

Taylor and Francis:
　from *Molecular Physics*: Figs. 4.7.1, 5.4.1, 8.4.3, 8.4.6, 8.4.7, 8.4.8, 9.5.1, 9.7.2, 9.7.3, 9.9.2.

目　　次

日本語版への序（原著者）
まえがき
謝　　辞
記号，変換，略号

第1章　序　　論　　　　　　　　　　　　　　　　　　　　　1

第2章　核スピン系のダイナミックス　　　　　　　　　　　　9
2.1　運動方程式　　　　　　　　　　　　　　　　　　　　9
2.1.1　密度演算子　　　　　　　　　　　　　　　　　9
2.1.1.1　密度演算子方程式　　　　　　　　　　13
2.1.1.2　期待値　　　　　　　　　　　　　　　14
2.1.1.3　シュレーディンガー表示とハイゼンベルグ表示　　14
2.1.1.4　簡約スピン密度演算子　　　　　　　　16
2.1.2　マスター方程式のあらわな行列表現　　　　　17
2.1.3　リウヴィユ(Liouville)の演算子空間　　　　　19
2.1.4　超演算子(Superoperator)　　　　　　　　　　22
2.1.4.1　交換子超演算子　　　　　　　　　　　23
2.1.4.2　ユニタリー変換超演算子　　　　　　　24
2.1.4.3　投影超演算子　　　　　　　　　　　　25
2.1.4.4　超演算子の一般的表現　　　　　　　　26
2.1.4.5　超演算子の行列表現　　　　　　　　　27
2.1.4.6　超演算子の固有値と固有演算子　　　　28

- 2.1.4.7 超演算子代数学 … 29
- 2.1.5 直交座標スピン演算子の積 … 29
  - 2.1.5.1 $I = 1/2$のスピンより成る系 … 30
  - 2.1.5.2 $S > 1/2$のスピンを含む系 … 35
- 2.1.6 昇降演算子を含む積 … 38
- 2.1.7 分極演算子 … 40
- 2.1.8 直交座標系単一遷移演算子 … 41
- 2.1.9 単一遷移昇降演算子 … 45
- 2.1.10 既約テンソル演算子 … 49
- 2.1.11 コヒーレンス移動 … 51
- 2.2 核スピンハミルトニアン … 53
  - 2.2.1 核スピンの相互作用 … 54
    - 2.2.1.1 スピン演算子に対して1次の相互作用 … 54
    - 2.2.1.2 スピン演算子に対して双線型の相互作用 … 56
    - 2.2.1.3 スピン演算子に対して，2乗の型をもつ相互作用 … 58
- 2.3 緩和の超演算子 … 59
  - 2.3.1 半古典的な緩和の理論 … 61
    - 2.3.1.1 永年項のみに制限する … 63
    - 2.3.1.2 極度尖鋭化 … 64
  - 2.3.2 緩和超演算子の行列表現 … 64
  - 2.3.3 個々の緩和機構 … 67
    - 2.3.3.1 1次の緩和機構 … 68
    - 2.3.3.2 2次の緩和の機構 … 69
- 2.4 化学反応によるスピンダイナミックス … 70
  - 2.4.1 古典的速度論における反応網の記述 … 71
  - 2.4.2 スピン-スピン結合のない系での交換 … 74
    - 2.4.2.1 1次反応に対する修正 Bloch 方程式 … 74

2.4.2.2　スピン-スピン結合のないスピン系に対する高次の反応 ………………………………………………………………… 77
2.4.3　スピン-スピン結合のある交換系の密度演算子による記述 …………………………………………………… 79
2.4.4　1次反応に対する密度演算子方程式と交換超演算子 ………………………………………………… 83

第3章　核スピンハミルトニアンの操作　85
3.1　操作のための道具 ……………………………………… 85
3.2　平均ハミルトニアン理論 ……………………………… 87
 3.2.1　$\overline{\mathcal{H}}$ の正確な計算 …………………………………… 88
 3.2.2　推進演算子のキュムラント展開 …………………… 89
 3.2.3　時間に依存する摂動による平均化 ………………… 92
 3.2.4　内部ハミルトニアンの足切り ……………………… 97
 3.2.5　フローケ(Floquet)理論 ……………………………… 100
3.3　非周期的摂動による平均ハミルトニアン …………… 102
 3.3.1　平均ハミルトニアンの一般条件 …………………… 103
 3.3.2　スピンエコーの実験における平均ハミルトニアン… 106
 3.3.3　無関係な項の削除 …………………………………… 109

第4章　1次元フーリエ分光法　113
4.1　応答理論 ………………………………………………… 114
 4.1.1　線型応答理論 ………………………………………… 115
 4.1.2　時間域および周波数域 ……………………………… 119
 4.1.3　線型データ処理 ……………………………………… 122
  4.1.3.1　アポダイゼーション ………………………… 124
  4.1.3.2　分解能強調 …………………………………… 131
 4.1.4　非線型応答理論 ……………………………………… 134

4.1.5　量子力学的応答理論 …………………………………… 136
　4.1.6　確率的応答理論 …………………………………………… 138
4.2　フーリエ分光法の古典的記述 ……………………………………… 142
　4.2.1　回転系のブロッホ方程式 ………………………………… 142
　4.2.2　理想パルス実験 …………………………………………… 144
　4.2.3　パルス振幅の有限性によるオフ・レゾナンス共鳴効果
　　　　　………………………………………………………………… 146
　4.2.4　くり返しパルス実験における縦干渉 …………………… 151
　4.2.5　くり返しパルス実験における横干渉 …………………… 152
　4.2.6　横緩和由来の位相異常，強度異常への対策 …………… 159
　　4.2.6.1　磁場勾配パルスによる横磁化の消去 ……………… 159
　　4.2.6.2　パルス間隔をランダムにし横干渉をかきまぜる …… 161
　　4.2.6.3　クアドリガ(Quadriga)フーリエ分光 ……………… 161
　　4.2.6.4　4位相フーリエ分光 ………………………………… 162
　　4.2.6.5　交互位相パルス ……………………………………… 162
　4.2.7　不完全パルスに起因する異常の矯正：複合パルス … 162
　　4.2.7.1　π/2パルス後の残留 M_z 成分の最小化 ………………… 165
　　4.2.7.2　π/2パルス後の横磁化位相分散の最小化 ……………… 167
　　4.2.7.3　正確な反転：軌跡の計算により最適化されたパルス列
　　　　　　　………………………………………………………………… 168
　　4.2.7.4　再帰展開の方法 ……………………………………… 171
　　4.2.7.5　正確な再結像 ………………………………………… 175
　　4.2.7.6　複合 z パルス ………………………………………… 177
　　4.2.7.7　循環複合パルス ……………………………………… 177
4.3　フーリエ分光の感度 ………………………………………………… 181
　4.3.1　フーリエスペクトルの信号対雑音比 …………………… 181
　　4.3.1.1　信　　　号 …………………………………………… 181
　　4.3.1.2　雑　　　音 …………………………………………… 183

- 4.3.1.3 感度 …… 184
- 4.3.1.4 重み関数の最適化 …… 185
- 4.3.1.5 信号エネルギーの最適化 …… 187
- 4.3.2 遅い通過スペクトルの信号対雑音比 …… 189
- 4.3.3 フーリエ法と遅い通過法の感度比較 …… 191
- 4.3.4 磁化の再循環による感度増大 …… 192
- 4.4 フーリエ分光法の量子力学的記述 …… 193
 - 4.4.1 密度演算子形式のフーリエ分光法への応用 …… 194
 - 4.4.2 遅い通過とフーリエ分光法の等価性 …… 198
   - 4.4.2.1 フーリエ分光法 …… 199
   - 4.4.2.2 遅い通過による分光法 …… 199
   - 4.4.2.3 フーリエと遅い通過のスペクトルの比較 …… 201
 - 4.4.3 非平衡系のフーリエ分光法 …… 202
 - 4.4.4 選択的パルスと半選択的パルス …… 209
 - 4.4.5 密度演算子の各項の同定 …… 212
 - 4.4.6 複合回転 …… 216
   - 4.4.6.1 中央に再結像パルスがある間隔 …… 216
   - 4.4.6.2 横成分の双線型回転 …… 218
   - 4.4.6.3 「サンドウィッチ対称性」のない系列 …… 218
   - 4.4.6.4 位相循環 …… 219
   - 4.4.6.5 位相シフトとr.f.回転角 …… 220
   - 4.4.6.6 異種核系 …… 221
- 4.5 異種核分極移動 …… 221
 - 4.5.1 スピン秩序の移動 …… 223
 - 4.5.2 核オーバーハウザー効果による分極移動 …… 227
 - 4.5.3 回転系での交差分極 …… 228
 - 4.5.4 断熱的な分極移動 …… 235
 - 4.5.5 ラジオ波パルスによる分極移動 …… 236

4.5.6　分極移動による編集法 …………………………… 244
4.6　動的過程と緩和，化学交換の研究 ……………………………… 247
　4.6.1　縦　緩　和 ………………………………………………… 248
　　4.6.1.1　反転回復法 ……………………………………… 249
　　4.6.1.2　飽和回復法 ……………………………………… 251
　　4.6.1.3　進行的飽和(*Progressive Saturation*) …………… 251
　　4.6.1.4　選択的摂動 ……………………………………… 252
　4.6.2　横　緩　和 ………………………………………………… 253
　4.6.3　化学反応と交換過程 ……………………………………… 256
　　4.6.3.1　一方向的な1次反応 …………………………… 258
　　4.6.3.2　双方向的な1次反応 …………………………… 262
　　4.6.3.3　結合スピン系における過渡的化学反応 ……… 265
　　4.6.3.4　化学的非平衡状態の実験的生成 ……………… 269
4.7　フーリエ2重共鳴 ………………………………………………… 270
　4.7.1　フーリエ2重共鳴の理論的定式化 ……………………… 272
　　4.7.1.1　検出中の2重共鳴照射 ………………………… 272
　　4.7.1.2　連続フーリエ2重共鳴 ………………………… 276
　4.7.2　結合した二つの $I=1/2$ スピンのフーリエ2重共鳴
　　　　　……………………………………………………………… 277
　　4.7.2.1　強　結　合 ……………………………………… 277
　　4.7.2.2　弱　結　合 ……………………………………… 278
　4.7.3　スピン・ティックリング ………………………………… 282
　4.7.4　平均ハミルトニアン理論によるスピン・デカップリングの取扱い ……………………………………………… 285
　　4.7.4.1　異種核スピン・デカップリング ……………… 286
　　4.7.4.2　オフ・レゾナンス・デカップリング ………… 288
　4.7.5　時分割デカップリング …………………………………… 290

4.7.6 広帯域デカップリングと異種核相互作用のスケーリング ·············· 292
　　4.7.6.1 多重パルス・デカップリング技術 ················ 293
　　4.7.6.2 異種核結合のスケーリング ···················· 293
4.7.7 デカップリングの幻覚 ···························· 295

第5章　多量子遷移　299

5.1 遷移の数 ···································· 301
5.2 連続波NMRによる多量子遷移の検出 ·················· 305
　5.2.1 多量子遷移の強度 ···························· 308
　5.2.2 多量子遷移の飽和 ···························· 311
　5.2.3 多量子遷移のエネルギー準位シフト ················ 312
　5.2.4 多量子遷移の線幅 ···························· 313
　5.2.5 CW多量子NMRの応用 ························· 314
5.3 時間領域多量子分光法 ···························· 316
　5.3.1 多量子コヒーレンスの励起と検出 ·················· 317
　　5.3.1.1 非選択的パルス ···························· 319
　　5.3.1.2 選択的1量子パルス ························ 322
　　5.3.1.3 選択的多量子パルス ························ 323
　　5.3.1.4 スピン連結選択的励起 ······················ 325
　　5.3.1.5 特定の次数の選択的励起 ···················· 327
　5.3.2 多量子周波数のオフセット依存性と次数の分離 ········ 328
　5.3.3 多量子スペクトルの構造 ······················ 333
　5.3.4 多量子二重共鳴 ······························ 338
5.4 多量子コヒーレンスの緩和 ······················· 339
　5.4.1 相関をもつ外部無秩序場 ······················· 339
　5.4.2 核四極子緩和 ······························ 342
　5.4.3 多量子緩和速度の測定と磁場不均一性の効果 ········ 344

第6章　2次元フーリエ分光　351

6.1　基本原理 …… 351
6.2　2次元分光学の形式理論 …… 356
　6.2.1　露わな行列表現 …… 359
　6.2.2　密度演算子の単一遷移演算子による展開 …… 361
6.3　コヒーレンス移動の径路 …… 363
　6.3.1　径路の選択 …… 365
　6.3.2　多段移動 …… 370
6.4　2次元フーリエ変換 …… 375
　6.4.1　複素2次元フーリエ変換の特性 …… 376
　　6.4.1.1　ベクトル表記法 …… 376
　　6.4.1.2　相似定理 …… 377
　　6.4.1.3　たたみこみ定理 …… 378
　　6.4.1.4　パワー定理 …… 379
　　6.4.1.5　投影断面定理(Projection Cross-section theorem) …… 379
　　6.4.1.6　2次元におけるKramers-Kroningの関係 …… 381
　6.4.2　超複素2次元フーリエ変換 …… 382
6.5　2次元スペクトルにおける線形 …… 384
　6.5.1　基本的なピークの形 …… 386
　6.5.2　不均一性に基く線幅増大(Inhomogeneous broadening)と混合位相をもった隣接ピークの干渉 …… 389
　6.5.3　純粋な2次元吸収線形を得るための技術 …… 395
　　6.5.3.1　t_1における実フーリエ変換 …… 395
　　6.5.3.2　相補実験における時間反転 …… 402
　　6.5.3.3　直交位相検波を用いた二つの実験の結合 …… 404
　6.5.4　絶対値スペクトル …… 406
　6.5.5　2次元スペクトルの投影 …… 408
　6.5.6　2次元フィルター …… 411

6.5.6.1 適合フィルター	412
6.5.6.2 ローレンツ-ガウス変換	413
6.5.6.3 疑エコー変換	415
6.6 2次元スペクトルの処理	419
6.6.1 ずらし変換	419
6.6.2 遅延データ採取	422
6.6.3 時間に比例した位相増分	424
6.6.4 対称比	426
6.6.5 パターン認識	429
6.6.6 単一チャネルによる検出	430
6.7 2次元スペクトルにおける演算子項と多重構造	433
6.8 2次元スペクトルの感度	436
6.8.1 信号包絡線	436
6.8.2 熱雑音とt_1雑音	439
6.8.3 感度	441
6.8.4 1次元および2次元実験の感度の比較	442
6.8.5 2次元実験の最適化	443
6.8.5.1 ω_1領域における低い分解能	444
6.8.5.2 ω_1領域における高い分解能	445
6.8.5.3 実際的な勧め	446

第7章 相互作用の2次元分離　　　449

7.1 基本原理	449
7.2 等方相での化学シフトとスカラー結合の分離	452
7.2.1 同種核系	452
7.2.2 異種核系での2次元分離	458
7.2.2.1 Sスピンの多重構造とSスピンの化学シフトの分離	460

- 7.2.2.2 2次元スペクトルのずらしによるω_1領域からの化学シフトの除去 …… 461
- 7.2.2.3 再結像とゲート・デカップリングの組み合せによるSスピン多重構造とSスピン化学シフトの分離 …… 462
- 7.2.2.4 再結像とI核の反転の組み合せによるSスピンの多重構造とSスピン化学シフトの分離 …… 463
- 7.2.2.5 特定のIスピンとの結合によるSスピン多重構造とSスピン化学シフトの分離 …… 464
- 7.2.2.6 長距離IS結合とSスピン化学シフトの分離 …… 464
- 7.2.2.7 直接に結合したIS間のカップリングとSスピン化学シフトの分離 …… 467
- 7.2.2.8 実験の不完全性による現象 …… 468
- 7.2.2.9 純位相2次元吸収 …… 468
- 7.2.3 再結像実験での強結合の効果 …… 469
- 7.2.4 非共鳴核によるエコー変調 …… 478
- 7.3 配向層における化学シフトと双極子結合の分離 …… 479
  - 7.3.1 同種核局所場分離スペクトル …… 479
  - 7.3.2 異種核局所場分離スペクトル …… 481
  - 7.3.3 動きのない粉末での化学遮蔽と双極子結合テンソルの相関 …… 484
    - 7.3.3.1 粉末スペクトルの完全なシミュレーション …… 488
    - 7.3.3.2 尾根の綾線図 …… 488
  - 7.3.4 マジック角回転での$\mathcal{H}_{IS}$と$\mathcal{H}_{ZS}$の分離 …… 490
- 7.4 等方性化学シフトと異方性化学シフトの分離 …… 494
  - 7.4.1 回転に同期したパルス …… 495
  - 7.4.2 スケーリングのある同期したサンプリング …… 496
  - 7.4.3 マジック角フリップ …… 497
  - 7.4.4 マジック角ホップ …… 498

第8章　コヒーレンス移動を用いる2次元相関法　499

8.1　2次元相関分光におけるコヒーレンス移動：強度と選択則 ……… 501
8.2　同種核2次元相関法 ……… 506
8.2.1　弱結合スピン系 ……… 506
8.2.2　複雑なスペクトルへの応用 ……… 512
8.2.3　弱結合系における連結と多重線効果 ……… 516
8.2.4　2次元相関分光における強い結合 ……… 523
8.2.5　磁気的等価性 ……… 529
8.3　2次元相関実験の変形 ……… 530
8.3.1　遅延取り込み（採取）：スピンエコー相関法 ……… 531
8.3.2　定時間相関法：ω_1-デカップリング ……… 533
8.3.3　フィルター操作と編集操作 ……… 535
8.3.3.1　多量子フィルター ……… 537
8.3.3.2　pスピンフィルター ……… 542
8.3.3.3　結合ネットワークの連結に応じたフィルター ……… 543
8.3.4　リレーコヒーレンス移動 ……… 545
8.3.5　全相関分光における平均化ハミルトニアンによるコヒーレンス移動 ……… 550
8.4　同種核多量子2次元分光法 ……… 555
8.4.1　多量子コヒーレンスの励起と検出 ……… 555
8.4.2　2スピン系の2量子スペクトル ……… 556
8.4.3　等方相におけるスカラー結合ネットワークの多量子スペクトル ……… 562
8.4.4　非等方相での双極子結合多量子スペクトル ……… 570
8.4.5　非等方相における$S=1$四極子核の2量子スペクトル ……… 572
8.5　異種核コヒーレンス移動 ……… 574

8.5.1　感度の考察 …………………………………………… 576
　　8.5.2　コヒーレンス移動の径路 ……………………………… 577
　　8.5.3　等方相での異種核2次元分光 ………………………… 579
　　　8.5.3.1　同位相磁化の移動 ………………………………… 582
　　　8.5.3.2　広帯域デカップリング …………………………… 583
　　　8.5.3.3　再結像パルスによるデカップリング …………… 583
　　　8.5.3.4　双線型回転デカップリング ……………………… 584
　　　8.5.3.5　異種核相関スペクトルの編集 …………………… 586
　　8.5.4　異種核リレー相関分光 ………………………………… 589
　　8.5.5　2回のコヒーレンス移動を含む異種核相関実験 …… 592
　　8.5.6　固体における異種核相関 ……………………………… 595

第9章　2次元交換分光法による動的過程の研究　601
9.1　1次元法および2次元法における分極移動 ……………… 601
9.2　コヒーレンス移動径路の選択 ……………………………… 606
9.3　分離のよい結合を持たない系における交差緩和と交換
　　　　………………………………………………………………… 609
　　9.3.1　遅い交換 ………………………………………………… 612
　　9.3.2　2部位系 ………………………………………………… 612
　　9.3.3　多部位交換 ……………………………………………… 614
9.4　結合スピン系における2次元交換分光法 ………………… 615
　　9.4.1　密度演算子による取り扱い …………………………… 616
　　9.4.2　ゼロ量子による妨害 …………………………………… 617
　　9.4.3　縦磁化のスカラー秩序あるいは双極子秩序 ………… 621
　　9.4.4　J交差ピークの除去 …………………………………… 622
9.5　2次元交換差分法 …………………………………………… 624
9.6　'アコーディオン'分光法による速度定数の決定 ………… 626
9.7　交差緩和と核オーバーハウザー効果 ……………………… 633

9.7.1		分子内交差緩和	635
9.7.2		2スピン系における分子内交差緩和	637
9.7.3		等価なスピンを含む系における分子内交差緩和	641
9.7.4		分子間交差緩和	642
9.7.5		遅い運動限界における交差緩和：高分子への応用	643
9.8		化学交換	649
9.9		多準位スピン系における縦緩和の間接検出	652
9.10		固体における動的過程	656

第10章　NMR画像法　663

10.1	画像技術の分類	665
10.2	逐次点法	667
10.2.1	感応点法(Sensitive point technique)	667
10.2.2	磁場焦点NMR(FONAR)と局所NMR(topical NMR)	669
10.3	逐次線法	670
10.3.1	感応線(Sensitive line)法もしくは多重感応点(Multiple sensitive point)法	671
10.3.2	線掃引(Line scan)法	671
10.3.3	エコー線(Echo line)画像法	672
10.4	逐次画法	676
10.4.1	投影再構成(projection-reconstruction)法	676
10.4.2	フーリエ画像法	680
10.4.3	スピン-ワープ(Spin-warp)画像法	683
10.4.4	回転系(Rotating-frame)画像法	683
10.4.5	面(planer)および多重面画像法(Multiple planar imaging)	685
10.4.6	エコー面(echo planar)画像法	688

10.5　さまざまな画像法の感度と性能の比較……………………… 689
　10.5.1　感　　　度 ……………………………………………… 690
　10.5.2　所要時間……………………………………………… 693

付　　　録(日本電子㈱NMRグループ応用研究所の協力による)……… 695
参 考 文 献………………………………………………………… 711
訳者あとがき……………………………………………………… 743
索　　　引………………………………………………………… 747

記号，変換，略号

記　号

A	ベクトル
A	マトリックス
a_{kl}	規格化された積分交差強度，式(9.3.17).
$a(\omega)$	ローレンツ型吸収信号，式(4.2.19).
$a_{rs}(\omega_1), a_{rs}(\omega_2)$	遷移 $|r\rangle \to |s\rangle$ に関する ω_1 および ω_2 領域でのローレンツ型吸収信号，式(6.5.5).
B	磁気誘導の大きさ，簡単には「磁場」とよばれる.
B	磁場ベクトル
B_0	静磁場，式(4.2.3).
$B_1, B_{\text{r.f.}}$	ラジオ波磁場，式(4.2.5).
ΔB_0	オフセット磁場，式(4.2.21).
B_{eff}	有効磁場，式(4.2.22).
b_{kl}	双極子結合の空間部分，式(2.2.16).
$\mathbf{D}_{kl}$	双極子テンソル，式(2.2.15).
$\mathscr{D}^l_{m'm}$	ウイグナーの回転行列要素，式(2.1.146).
$d(\omega)$	ローレンツ型分散信号，式(4.2.19).
$d_{rs}(\omega_1), d_{rs}(\omega_2)$	遷移 $|r\rangle \to |s\rangle$ に関係した ω_1 および ω_2 領域でのローレンツ型分散信号，式(5.6.5).
F_x, F_y, F_z	全角運動量スピン演算子の直角成分，式(2.1.44).
$\mathscr{F}$	フーリエ変換.
$\mathscr{F}^c, \mathscr{F}^s$	余弦及び正弦フーリエ変換.
$g^{(q,q')}(\tau), g^{(q)}(\tau)$	相関関数，式(2.3.9)と(2.3.14a).
$H(\omega)$	周波数応答関数，式(4.1.14).
$H'(p)$	変換関数，式(4.1.13).
$\mathscr{H}_{rs}$	$\mathscr{H}$ の要素.

$\mathcal{H}_{rstu}$	ハミルトニアン超演算子の行列表現の要素, 式(2.1.37).
$\hat{\hat{\mathcal{H}}}$	ハミルトニアン超演算子 (リウヴィユ超演算子), 式(2.1.54).
$h(t)$	衝撃応答関数, 式(4.1.7).
$h(t), h(t_1, t_2)$	時間域 重み関数, 式(4.3.2)と(6.8.3).
$\hbar = h/(2\pi)$	プランク定数
$\mathcal{H}$	ヒルベルト変換.
$\mathcal{H}$	ヒルベルト空間.
$\mathcal{H}$	ハミルトン演算子.
$\mathcal{H}$	ハミルトン演算子の行列表現.
$I_0(\theta)$	0オーダーの修正されたベッセル関数, 式(4.1.39).
I_{kl}	積分交差強度, 式(9.3.16).
I_{kx}, I_{ky}, I_{kz}	角運動量スピン演算子の直角成分.
J_{kl}	等方的なスカラースピン-スピン結合定数, ヘルツ単位.
$J(\omega), J^{(q,q')}(\omega), J^{(q)}(\omega)$	パワースペクトル密度関数, 式(2.3.12)と(2.3.14b).
$J_{kl}(\omega)$	k, l 相互作用に対するパワースペクトル密度関数, 式(9.4.9).
$J_{x\lambda\mu\nu}(\omega)$	パワースペクトル密度関数, 式(2.3.22).
$\mathbf{J}_{kl}$	間接的スピン-スピン結合テンソル, 式(2.2.11).
$K_{ji} = k_{ij}$	反応 $[A_i] \to [A_j]$ の一次速度定数, 式(2.4.12).
$\mathbf{K}$	交換行列.
k	ボルツマン定数.
L	全スピン量子数, 式(5.1.3).
$\mathbf{L} = \mathbf{K} - \mathbf{R}$	式(2.4.23)を見よ.
$\mathbf{L}^+ = i\mathbf{\Omega} - \mathbf{\Lambda} + \mathbf{K}$	式(2.4.22)を見よ.
$\hat{\hat{L}}$	リウヴィユ超演算子.
$\mathscr{L}$	リウヴィユ空間.
$\mathscr{L}^c$	複合リウヴィユ空間, 式(2.4.33).
M_k	スピン I_k の磁気量子数.

M_a	状態 $|a\rangle$ の磁気量子数.
$M^+ = M_x + iM_y$	複素磁化, 式(4.2.16).
M_0	平衡磁化 (縦成分).
M_∞	定常磁化 (縦成分), 式(4.2.34)と(4.6.5).
$\Delta M = M_z - M_0$	平衡磁化からのずれ.
$\Delta M_{ab} = M_a - M_b$	状態 $|a\rangle$ と状態 $|b\rangle$ の量子数の差.
$\mathbf{M}$	磁化のベクトル (M_x, M_y, M_z), 式(2.3.1).
$\mathbf{M}^+$	複素磁化のベクトル $(M_1^+, M_2^+, \cdots, M_n^+)$, 式(2.4.20)と(9.3.1).
$\mathbf{M}_z$	縦磁化成分のベクトル $(M_{1z}, M_{2z}, \cdots, M_{nz})$, 式(2.4.21).
$\mathbf{M}_0$	平衡状態にある縦磁化成分のベクトル $(M_{10}, M_{20}, \cdots, M_{n0})$, 式(2.4.21).
$\Delta \mathbf{M} = \mathbf{M}_z - \mathbf{M}_0$	式(2.4.25)を見よ.
N	分子中のスピンの数.
$\mathbf{N}, \mathbf{N}^+, \mathbf{N}^-$	化学量論行列, 式(2.4.7).
P_a	状態 $|a\rangle$ の占有率, 式(2.1.10).
P_i	投影演算子, 式(2.1.69).
$\mathbf{p}$	占有率のベクトル.
$\mathbf{p}_0$	平衡占有率のベクトル.
p	コヒーレンスの次数, 式(2.1.11).
p_{ab}	コヒーレンス $|a\rangle\langle b|$ の次数.
Δp_i	推進子 U_i の下でのコヒーレンス次数の変化, 式(6.3.8).
$\Delta \mathbf{p}$	$\{\Delta p_i\}$ のベクトル, 式(6.3.18).
$\mathbf{Q}_k$	スピン I_k の四極子結合テンソル, 式(2.2.20).
q	コヒーレンスに関係するスピンの数, 式(5.3.31).
q	積演算子の項の数, 式(2.1.87).
R	回転演算子, ユニタリー変換演算子, Redfield の緩和行列の要素, 式(2.3.21).
$R_{\alpha\alpha'\beta\beta'}$	
R_c	交差緩和速度定数, 式(9.3.21).

R_L	もれ緩和速度定数, 式(9.3.21).
$\mathbf{R}$	回転演算子 R の行列表現, 緩和行列, 式(2.3.2).
$\mathbf{R}$	
$\mathbf{R}_x, \mathbf{R}_y, \mathbf{R}_z$	回転行列, 式(4.2.25)と(4.2.29).
$\hat{\hat{R}}$	ユニタリー変換超演算子, 式(2.1.62).
T_1	縦緩和時間.
T_2	横緩和時間（均一な部分から由来する）.
$1/T_2$	均一緩和速度定数.
$1/T_2^{\dagger}$	不均一性に由来する減衰速度定数.
$1/T_2^*$	横磁化の全減衰速度定数.
$1/T_2^a$	断熱緩和速度定数, 式(2.3.28).
$1/T_2^{na}$	非断熱緩和速度定数, 式(2.3.29).
T_{lm}	既約テンソル演算子の成分, 式(2.1.146).
U	ユニタリー推進子.
$u(\omega)$	複素スペクトルの分散成分, 式(4.2.18).
$v(\omega)$	複素スペクトルの吸収成分, 式(4.2.18).
W_{ij}	$\mathbf{W}$ の要素状態 $\|i\rangle$ と $\|j\rangle$ 間の遷移確立.
W_{ij}^{AB}	双極子 AB 相互作用による W_{ij} への寄与.
W_{ij}^{RF}	外部無秩序磁場による W_{ij} への寄与.
W_0, W_1, W_2	0量子, 1量子, 2量子遷移確率, すなわち ΔM_J がそれぞれ 0, 1, 2 違う状態間での遷移確率.
$W_0^{AB}, W_1^{AB}, W_2^{AB}$	双極子 AB 相互作用による W_0, W_1, W_2 への寄与.
W_1^{RF}	外部無秩序磁場による W_1 への寄与.
$\mathbf{W}$	遷移確率の行列, 式(2.3.3).
α	スピン状態 $\|M = +1/2\rangle$.
β	スピン状態 $\|M = -1/2\rangle$.
β	ラジオ波パルスの回転（フリップ角）, 式(4.2.13).
β_{eff}	有効 β, 式(4.2.24)及び(5.3.12)−(5.3.15).
β_{opt}	最適 β, 式(4.2.36)と(4.2.41).
β_I, β_S	スピン温度の逆数, 式(4.5.8).
β_L	格子温度の逆数.
$\Gamma_{rs\,tu}$	$\hat{\hat{\Gamma}}$ の行列表現の要素, 式(2.1.36).

xxix

$\hat{\hat{\Gamma}}$	緩和超演算子,式(2.1.34).
γ	磁気回転比.
$\Delta_{rs\,tu}$	スピンフリップ数,式(4.4.51).
η	増大因子,式(4.5.13)と(4.5.25).
η_k	異方性パラメーター,式(2.2.23).
θ	傾き角,式(4.2.23).
$\varkappa$	式(6.5.11)と(6.5.13)を見よ.
Λ_M	量子数 M をもつ状態の数,式(5.1.4).
Λ	横緩和行列,式(2.4.22).
$\lambda = 1/T_2$	半値幅に対する均一成分の寄与.
$\lambda^+ = 1/T_2^+$	半値幅に対する不均一成分の寄与.
λ^*	全半値幅.
$\lambda_{rs}^{(e)}, \lambda_{rs}^{(d)}$	転回および検出期における遷移 $\|r\rangle \to \|s\rangle$ の均一性半値幅,式(6.2.8).
λ_+, λ_-	動的行列 **L** の個有値,式(9.3.19).
μ_k	$+$,$-$,α または β,式(5.3.31)を見よ.
$v_{jl}, v_{jl}^+, v_{lj}^-$	化学量論行列の要素,式(2.4.2)と(2.4.9).
$\hat{\hat{\Xi}}$	交換超演算子,式(2.4.34).
$\Xi_{j\alpha\alpha',s\beta\beta'}$	$\hat{\hat{\Xi}}$ の行列表現の要素,式(2.4.39).
ξ_l	反応 l の反応数,式(2.4.5).
$\boldsymbol{\xi}$	反応数のベクトル.
ρ	格子を含む系の密度演算子.
σ	スピン系の密度演算子,式(2.1.32).
σ_n	時間域での二乗平均雑音強度,式(4.3.7).
σ_N	周波数域での二乗平均雑音強度,式(4.3.9).
σ_0	平衡密度演算子.
σ^c	複合密度演算子,式(2.4.32).
$\sigma^\square$	濃度依存性をもつ密度演算子,式(2.4.41).
$\sigma(\tau_-), \sigma(\tau_+)$	時間 τ での摂動前及び後での密度演算子.
$\sigma(t_i^-), \sigma(t_i^+)$	推進子 U_i による変換の前と後での密度演算子,式(6.3.4).
$\boldsymbol{\sigma}_k$	化学しゃへいテンソル,式(2.2.1).

τ_c	相関時間.
τ_c^{kl}	k, l 相互作用の相関時間.
φ, ϕ	位相.
$\boldsymbol{\varphi}$	ラジオ波位相のベクトル,式(6.3.20).
χ	比例因子,式(9.4.14)と(9.6.1)を見よ.
Ω	搬送波に対する共鳴のオフセット周波数.
Ω_k	搬送波に対するスピン I_k のオフセット周波数(化学シフト),式(2.2.10).
Ω_{tot}	全スペクトル幅,式(4.3.32).
$\boldsymbol{\Omega} = (\alpha, \beta, \gamma)$	オイラー角.
$\omega_0 = -\gamma B_0$	実験室系でのラーモア周波数.
$\omega_{0k} = -\gamma_k(1-\sigma_k)B_0$	実験室系でのスピン I_k のラーモア周波数,式(2.2.2).
$\omega_{\alpha\beta}$	実験室系での遷移 $|\alpha\rangle \to |\beta\rangle$ の周波数,式(2.3.4).
ω_{rs}	搬送波に対する遷移 $|r\rangle \to |s\rangle$ のオフセット周波数.
$\omega_p^{(q)}$	式(2.3.10)を見よ.
$\omega_{rs}^{(e)}, \omega_{rs}^{(d)}$	搬送波に対する遷移 $|r\rangle \to |s\rangle$ の転回および検出期における周波数オフセット,式(6.2.9).
$\Delta\omega_{rs}^{(e)}, \Delta\omega_{rs}^{(d)}$	共鳴 $\omega_{rs}^{(e)}, \omega_{rs}^{(d)}$ に対する転回および検出期における周波数オフセット,式(6.5.3).
$\Delta\omega = \omega - \Omega$	共鳴周波数に対する周波数オフセット.
$\Delta\omega_k = \omega - \Omega_k$	スピン I_k の共鳴周波数に対する周波数オフセット.
$\Delta\omega_1 = \omega_1 - \omega_{rs}^{(e)}$	転回期における遷移 $|r\rangle \to |s\rangle$ の共鳴周波数に対する周波数オフセット.
$\Delta\omega_2 = \omega_2 - \omega_{rs}^{(d)}$	検出期における遷移 $|r\rangle \to |s\rangle$ の共鳴周波数に対する周波数オフセット.
¶	単位演算子.
a^*	複素共役.
$A^\dagger$	演算子 A のアジョイント ($A_{rs}^\dagger = A_{rs}^*$).
$\tilde{\mathbf{A}}$	$\mathbf{A}$ の転置型.
$\xrightarrow{\mathcal{H}\tau}$	ユニタリー変換 $U = \exp\{-i\mathcal{H}\tau\}$ の矢印表現. 式(2.1.65)を見よ.
$\oplus$	直和.

$\otimes$	直積.
$a \times b$	ベクトル積.
$a \cdot b$	スカラー積.
$\in$	に属する.
$\propto$	に比例する.

回転および基底変換に対する記号

(a) ユニタリー変換 R による回転

波動関数の変換：$\Psi^r = R\Psi$

演算子の変換：$A^r = RAR^{-1}$

x 軸まわりの角度 β の正方向の回転に対して $R = \exp|-i\beta F_x|$ で与えられる. したがって $A^r = \exp|-i\beta F_x|A\exp|i\beta F_x|$.

(b) ユニタリー基底変換 T による変換

もととなる基底関数：$(\tilde{\phi}) = (\phi_1, \phi_2, \cdots, \phi_n)$

変換された基底関数：$(\tilde{\phi}^T) = (\phi_1^T, \phi_2^T, \cdots, \phi_n^T)$

ここに次の関係が成り立つ.

$$(\tilde{\phi}^T) = (\tilde{\phi})T$$

任意の波動関数 ψ の回転係数 $\psi = \sum_i \phi_i c_i = \sum \phi_i^T c_i^T$ は次のように変換する.

$$(c^T) = T^{-1}(c)$$

変換された座標系における演算子 A の表現は次式で与えられる.

$$A^T = T^{-1}AT$$

略　語

CSA	化学しゃへいの異方性
CW	連続波
eff	有効
FID	自由誘導減衰
lab	実験室系
NOE	核オーバーハウザー効果

opt	最適の
pQT	p 量子遷移
r.f.	ラジオ波
r.m.s.	2乗平均
rot	回転系
S/N	信号対雑音比
ZQT	0量子遷移

第1章

序　　論

　過去20年の間に，核磁気共鳴法（NMR）は広範なルネッサンスを経験した．低速掃引分光法は，ひどく時代遅れのものとなり，もっと汎用性のあるパルス法がNMRの舞台を支配し始めたのである．時間域実験の再発見が興味を呼び起こし，新しい方法を開発するための創造力を刺激した．新しいアプローチとすぐれた手法の驚異的展開によりNMR分光法の守備範囲を一変させたのである．

　無論，時間域分光法の原理は10年以上前からわかっていた．しかしながらコンピュータの出現と高度なエレクトロニクス技術の進展により，以前は机上の空論でしかなかった方法が現実のものとなるようになったのである．

　時間域技術という強力でかつ実践的武器を用いることで，分光学者は，興味ある応用の新領域を切り拓くことができるようになった．核磁気共鳴法は極めて広範な応用分野で華々しい成功を勝ち得た．それらには固体物理から始まり，化学，分子生物学そして医学診断等のほとんどの部門があげられる．

低速掃引法から始まった

　NMRの歴史は分光法の伝統的ワク組の適用からスタートした（1.1-1.6）．分光法の目的は分子系を「スペクトル」で特徴づけることにある．スペクトルは最も直接的に分子の共鳴を性格づけ，その量子力学的構造を明らかにする．

　分光法は電子回路において伝達関数を測定する技術によくなぞらえられる．実際上も複素スペクトル（それは吸収と分散を結合した形をしており複素関数となるが）はシステムの伝達関数と同一視される．よく知られていることだが，伝達関数は，線型な時間並進不変系を完璧に記述する（1.7-1.10）．分光学の多くの概念は線型またはそれに近い系を考えて生み出された．それらの系では

簡潔で美しい数学的取り扱いができるので，直感的理解が得られる．だが大抵の物理系は本来非線型なのだ．したがって線型応答の理論を適用するには注意が肝要である．

スペクトルまたは伝達関数を測定する通常の方法は，分子系を単一波で刺激しその応答の（複素）振幅を求める．一点ずつ測るので時間はかかるが，全スペクトル関数が決まる．実際には連続スペクトルを得るためにゆっくりした周波数掃引法が行われる．これは，遅い通過または「連続波」(CW) スペクトルと呼ばれる．高分解能 NMR 分光で初期の25年間（1945~1970）にはこの伝統的分光法が，専ら用いられた．一方パルス励起法は多くの場合緩和時間測定にのみ使われるに止った．

スピン系の本源的非線型性に由来するスペクトルのゆがみが，すぐに認識されるようになった．非線型性により，強度のひずみと線幅増大をもたらす飽和効果が生じ (1.2)，一方速い周波数掃引により"ウィグル"(1.11-1.14) と呼ばれる共鳴点通過後の過渡的振動がもたらされる．極めて遅い掃引と大変に弱いラジオ波照射の時にのみ，歪のない CW スペクトルが得られるのである．

NMR における悪魔的障害

NMR 分光の広範な応用に冷水を浴びせるのが，回避不能なその低感度性である．この障害は NMR の遷移に含まれるエネルギー量子が極度に小さい（~10^{-6}eV）ことに起因する．連続波分光法は測定時間からいって非常に非能率的であるが，一般に情報量の小さな流れは逐次測定法の宿命といえる (1.14)．したがって感度の最適化は NMR 法の長年の主な関心事であった．数多くのアプローチが提案されテストされたが，中でも最もうまくいったものは：

1. 高磁場分光：感度は $\gamma^{5/2}B_0^{3/2}$ にほぼ比例する (1.15-1.17)．
2. 大量のサンプルの利用．
3. キューリー磁化を増大させるためにサンプルを冷すこと（$1/T$ に比例）．

4．磁化の増強：
  (a) 異種核間オーバーハウザー効果（1.18，1.19）；
  (b) 固体（1.20-1.22），液体（1.23-27）における交差分極；
  (c) ラジオ波パルスによるコヒーレンス移動（1.23，1.28-1.30）；
  (d) 電子・核オーバーハウザー効果（1.31，1.32）．
5．共鳴の間接測定：
  (a) 電子・核二重共鳴（ENDOR）（1.33）；
  (b) 核間二重共鳴（INDOR）（1.34）；
  (c) 固体（1.20，1.35-1.37），液体（1.23，1.24）における交差分極；
  (d) ラジオ波パルスによるコヒーレンス移動（1.28-1.30）．
6．常磁性物質添加による縦緩和時間短縮（1.38）．
7．飽和効果を回避する流動試料法（1.39，1.40）．

　これらの方法はしばしば装置の改変や，それに合った分光系を必要とするが，一方感度は測定法，データ処理法のすぐれた実験的アイデアによっても最適化される．

時間による感度向上

　1960年代を通じ，測定時間と感度の関係はNMR分光屋の間で共通の知識となっていった（1.14）．到達可能な感度は利用可能な測定時間の平方根に比例する．この事実の認識が，長時間かける単一掃引測定に替る信号平均化の利用を促した（1.41-1.45）．そしてCAT（Computer-averaged transients）がNMR研究室のお気に入りとなった．ことに，速い掃引法による平均化が同一時間内で行う遅い単一掃引の実験に比べ以下の二つの理由ですぐれていることがわかった．

1．信号平均化により，低周波雑音が押さえられる（1.45）．この点に関して

は，CAT は大事な信号を高周波域へシフトさせる変調法と等価である．
2．高速掃引による平均化では，いっそう強い平均磁化が得られる（1.46）．
最適繰返し時間は磁化の回復時間 T_1 と同程度である．

しかし，高速掃引法には信号波形を歪せ，分解能を著しく悪化するという深刻な欠点がある（1.14, 1.46）．しかしこれらの線形のゆがみは相関分光法や高速掃引フーリエ分光法（1.47-1.50）で使われているように適当なデコンヴォリューション法で補正できる．

高速掃引技術はフーリエ変換法の感度に匹敵するが，同じような計算努力も必要とする．ただし前者には NMR スペクトルの見たい領域のみ掃引できる利点がある．

ラジオ波パルスによる悪魔ばらい

1970年代はパルス FT 法の革命的前進により特徴づけられ，近代的 NMR 分光法への道，前例のない NMR 応用拡大への道が切り開かれた．ことの始まりは，スペクトル上の多くの点を一度に見るマルチチャンネル分光の作成という着想であった．使えるチャンネル数に応じて測定時間は短縮されよう．W. A. アンダーソン（Anderson）は実際そのような分光器を試作していた．しかしまもなく，チャンネル数が増えると法外な努力がいることがわかった．

短いデルタ関数様のパルスは多周波数源として働くため，すべての共鳴周波数を一度に励起しうることはよく知られていた（1.7-1.10）．重ね合せの原理（それは線型系にのみ適用されるが）から，インパルス応答として知られるデルタ関数パルスの応答は全ての周波数成分の応答の和となる．伝達関数はインパルス応答から周波数分析すなわちフーリエ変換により簡単に得られる．

また次のこともよく知られていた（1.51）．線型系におけるインパルス応答にほかならぬ自由誘導減衰（FID）と複素スペクトル（これが伝達関数）はフーリエ変換対をなすこと．これらの事柄を知っていれば，劇的な感度向上が

図られるのも至極自然な成り行きで，短いラジオ波パルスの応答を FID の形で記録し，引続いてフーリエ変換の数値演算により望みのスペクトルを計算すればよい (1.14, 1.52)．パルス FT 法が実際可能になったのは1960年代後半，安価なコンピュータが手に入り，かつ高速 FT アルゴリズムが開発されたおかげである．

今日では，CW 法という伝統的方法は全てパルス FT で置き替えられている．FT 法はダイナミックレンジの問題，ベースラインエラーそして周波数折り返しというおかしな短所もあるが，高感度，高分解能，スペクトルの無歪性等々の本質的長所のため，NMR におけるかけがえのない実験手段となっている．フーリエ分光法の実践面を扱った印刷物のいくつかはすぐに手に入る (1.53-1.55)．

フーリエ分光法の適用は NMR に限定されない．同じ考えは他の多くの分光法に適用可能であり，それらには ESR (electron spin resonance)，マイクロ波域の回転分光 (1.56)，核四極子共鳴 (1.57)，パルス光過渡計測，およびイオンサイクロトロン共鳴 (1.58) がある．

赤外分光の分野では1951年という早い時期に，フーリエ分光法とよく似た方法が導入されている (1.59-1.61)．赤外分光ではフーリエ NMR でやるような時間域での実験は含まず，代って，光路長の関数として表される干渉光が観測され，（対称的な）NMR の自由減衰 (FID) と似た干渉信号が得られる．

不幸にもいろいろなフーリエ分光法相互の知的交流はほとんどなかった．そのため多くの方法論，ことにデータ処理技術がお互い無関係に発展してしまった (1.62)．同じ事柄に関する他分野の論文を参照し，そこに少々趣の異なる内容を発見するのは大変啓発的に違いない．だから本書でも他分野での応用についてあれこれ引用することを時には行う．

パルス実験の普遍性

パルス実験法の広範な応用により NMR 技術は前例のないほどよく統一され

た．今日同一技術が，広く固体 NMR（1.22），液体での高分解能 NMR（1.53-1.55），核四極子共鳴（1.52）に用いられている．現在では，これら全ての応用を扱える多目的分光器が市販されている．パルス実験法はスピン系の過渡特性を調べるべく運命づけられてきた．特に，緩和時間測定（1.63-1.67），拡散過程（1.68），化学反応の研究（1.69-1.71）などでそれは用いられている．

雑音の善用

パルス FT 法だけが，感度向上のための多チャンネル法を実現できるのではない．パルスを広帯域の周波数源に用いなくても，ランダム雑音が，線型系，非線型系の広帯域励起に使えることはかなり昔から示唆されていた（1.72）．この方法はすでに電気系のテスト，流体力学系の記述（1.73, 1.74），そして生物系で試されていた（1.75）．それが，確率的共鳴法の名で NMR にも適用された（1.76-1.82）．パルス FT 法と比べ，多くの興味ある性質がある．しかし，さらに進んだ実験を組もうとすると柔軟性に欠け，NMR における一般的ツールとしての資格がないのである．

スピン錬金術：NMR の魔術

新しい NMR 法では，好ましい情報を引き出すためにハミルトニアンを意のままにあやつる．スペクトルはある場合は，同種スピン間または異種スピン間の双極子結合を消し去り，選択的にスケーリングしたりして簡易化される．また一方では，情報内容が，外部摂動の導入によって強調される．ハミルトニアンはほとんど魔術に等しき見事さで操作されるのである．操作の内容には以下のものがある．スピンデカップリング（1.83-1.85）やスピンティックリング（1.84, 1.86）に利用されるような二重共鳴，存在比の高いスピン間の双極子結合を除く固体の多重パルス法（1.22, 1.87-1.90），化学シフトの非等方項を除去するマジック角試料回転（MAS）（1.91-1.94）などである．その他の特

殊化した方法は4章，7章，8章，9章で扱われるであろう．スピン錬金術のほとんどが，過渡現象をいきいきと取り込んでおり，時間域分光法においてのみ完璧な活用が可能なのである．これは特に，多くの2次元法で用いられている，非周期摂動をベースとした実効ハミルトニアンの創出に利用される．

新しい次元の発見

従来型磁気共鳴ではスペクトルすなわち周波数応答 $S(\omega)$ は単一周波数の複素関数であった．二重共鳴では，応答関数 $S(\omega_1, \omega_2)$ が二つの変数の関数として測定される．しかしそこでは一つの周波数は連続変数というよりパラメーターと見なされ，第二の次元として意識されないのがほとんどである．

真に第二の周波数次元の導入を提案したのは Jeener が最初で，1971年のことであった（1.95）．彼は時間域の2-パルス実験を提示し，それが2次元分光の胞芽となった（1.96）．2次元（2D）時間域分光の秘密はコヒーレンスの発展する二つの独立な歳差運動期の設定にある．コヒーレンスの歳差周波数は発展期と検出期の間で突然変化する．その理由は実効ハミルトニアンのスピン錬金術的切換えか，さもなければあるコヒーレンスから他のコヒーレンスへの移動による．ただし観測は検出期にのみ行われる．検出期前の時間発展は，検出期の磁化の初期位相，または強度変化として間接的にモニターされる．この方法の最大の長所は，たとえば多量子コヒーレンスの間接測定を可能にするところにある．2次元分光の四つの主要クラスは以下のように分けられよう．

1. スペクトル的混沌に光を

激しい重なりあいのためにわけのわからなくなっている1次元スペクトルを物理的性格の異なる相互作用（たとえば化学シフトと各種の結合）に分離し，すっきりさせる．こうして信号を第2次元方向に展開すれば，見晴らしのよい窓を開けたかのようにものごとが明瞭になる．このようにして大抵の場合，1次元スペクトルの重なりの問題は解決される．等方液体，液晶そして固体に関

する幅広い応用については7章で議論されよう．

2．2次元相関：知識の木

2次元時間域分光において，コヒーレンス移動の現象は，スカラー結合や双極子結合した核間のペアーの同定に利用される．同種核，異種核相関法（8章）により，結合ネットワークの配置の様子がスペクトルを一見しただけでわかる．コヒーレンス移動は結合ネットワークの詳細を与え，スペクトルとエネルギーレベル図との間を関係づける．

3．禁断の分光の実

CW法による多量子禁止遷移の観測ではいろいろな多量子次数の分離の困難さ，および共鳴線線幅増大が問題となった（1.97-1.99）．2次元時間域分光法は，この点に関し大変有利である（1.100, 1.101）．なぜなら無歪のスペクトル線形が容易に得られ，いろいろな次数が明確に分離できるからである．2次元実験では発展期に歳差運動するコヒーレンスは検出されない，したがって通常の選択則は回避されるのである．いまや禁断の分光の実を罰を受けることなく味わえるというわけだ．

4．ゆっくりした散逸過程の開示

化学交換や交差緩和を見る方法として磁気共鳴はユニークであった（1.69-1.71）．2次元分光はこの領域でも新しい研究の原動力となり，交差緩和径路図の作製，核オーバーハウザー効果，スピン拡散，遅い化学交換などで格別の成功をおさめたのである（1.102-1.104）．

歴史的発展の一端を披露したこの駆け足の紹介の次に，以下の二つの章ではNMRの基本的事柄について説明を行う．これはその後の1次元，2次元フーリエ分光法の章の基礎となるものである．

第2章

核スピン系のダイナミックス

孤立したスピン系のダイナミックスは，古典的な磁化ベクトルの運動で理解することができる［4.2節をみよ］．しかしながら相互作用しているスピン系を記述するには量子力学の表式にもどる必要がある．すなわち系の状態は状態関数によって，もっと一般的には演算子によって表現される．

この章においては密度演算子による取扱いを圧縮した形で説明する．特に液体や固体のパルス実験に関係した側面を述べる．密度演算子の運動方程式は2.1節で導入される．系の特性は全ハミルトニアン $\mathcal{H}$ で表され，$\mathcal{H}$ は分子系全体の運動に生命を与える先導師（spiritus rector）の役割をなしている．しかしながら磁気共鳴の場合には核スピン集団を支配する縮約スピンハミルトニアン $\mathcal{H}^s$ を導けば充分である（2.2節）．スピン系と環境との間には時間に依存する無秩序な相互作用が存在する可能性があるけれども，このスピンハミルトニアンには含まれていない．しかしこれらの相互作用のもたらす効果は2.3節で述べる緩和演算子によって表される．最後に化学交換の影響は2.4節で論じられる．

2.1 運動方程式

2.1.1 密度演算子

以下のいくつかの節での理論的考察は密度演算子に基いたものであるが，これは量子力学的な系のダイナミックスを最も便利に記述するものである．いくつかの基本的な特性を復習しておこう．密度演算子の理論のもっとも本格的な取り扱いは Fano (2.1), Weissbluth (2.2), Böhm (2.3), Blum (2.4) およ

びSlichter (2.5) らによって与えられている．Goldman (2.70) の最近のモノグラフも NMR 分光学に必要な数学を理解するための良い手引となっている．

　全量子力学系（格子を含む）を表す密度演算子 ρ を定義しその運動方程式を導くために，状態関数 $|\psi(t)\rangle$ の発展を表す時間に依存したシュレーディンガー方程式から始める．

$$\frac{d}{dt}|\psi(t)\rangle = -i\mathcal{H}(t)|\psi(t)\rangle \qquad (2.1.1)$$

ここで $\mathcal{H}(t)$ はハミルトニアンすなわち系の全エネルギーであり，それ自身時間に依存してもよい．本書においては常にエネルギー固有値を角周波数の単位で表すので $\hbar$ は式 (2.1.1) には現れない．状態関数 $\psi(t)$ を完全規格直交化基低 $||i\rangle, i=1,2,\cdots,h|$ で展開することができる．

$$|\psi(t)\rangle = \sum_{i=1}^{n} c_i(t)|i\rangle \qquad (2.1.2)$$

ここで $|\psi(t)\rangle$ の時間依存性は係数 $c_i(t)$ の時間依存性で表され，n はすべての許される状態関数で張るベクトル空間，すなわちヒルベルト空間の次元を表す．この空間におけるスカラー積は次式で定義される．

$$\langle \chi|\psi\rangle = \sum \int d\tau \chi^*\psi \qquad (2.1.3)$$

ここで記号 $\sum \int d\tau$ は状態関数の離散変数のすべてについて和をとり，連続変数全領域において積分をとることを意味する．

　密度演算子の定義に関して二つの場合を区別することができる．

1．理想化した純粋状態では集団のすべてのスピン系は同じ状態にあり，同一の規格された状態関数 $|\psi(t)\rangle$ によって記述することができる．ただし $\langle \psi(t)|\psi(t)\rangle=1$ である．これに対応する密度演算子 ρ はケット $|\psi(t)\rangle$ とブラ $\langle \psi(t)|$ の積で定義され，

$$\rho(t) = |\psi(t)\rangle\langle\psi(t)| = \sum_i \sum_j c_i(t)c_j^*(t)|i\rangle\langle j| \qquad (2.1.4)$$

2.1 運動方程式

2．混合状態にある集団，たとえば熱平衡にある集団に対しては状況が違ってくる．ここでは集団の一つのスピン系がいくつかの可能な状態 $|\psi^k(t)\rangle$ の一つに存在する確率 p^k を表すことができるにすぎない．このとき，密度演算子は集団についての平均と理解される．

$$\rho(t) = \sum_k p^k |\psi^k(t)\rangle\langle\psi^k(t)| \tag{2.1.5}$$

$$= \sum_k p^k \sum_i \sum_j c_i^k(t) c_j^{k*}(t) |i\rangle\langle j| = \sum_i \sum_j \overline{c_i(t) c_j^*(t)} |i\rangle\langle j| \tag{2.1.6}$$

ここで $\sum_k p^k = 1$ であり，横線は集団平均を意味する．

密度演算子の物理的意味は，その行列要素を規格直交化基底 $\{|j\rangle\}$ で表してみるとよくわかる．純粋状態に対して次式が得られる．

$$\langle r|\rho(t)|s\rangle = \sum_r \sum_s c_i(t) c_j^*(t) \langle r|i\rangle\langle j|s\rangle$$
$$= c_r(t) c_s^*(t) \tag{2.1.7}$$

一方，混合状態に対しては次の式が得られる．

$$\langle r|\rho(t)|s\rangle = \sum_k p^k c_r^k(t) c_s^{k*}(t) = \overline{c_r(t) c_s^*(t)} \tag{2.1.8}$$

したがって行列要素は単に状態函数 $\psi(t)$ の展開係数の積となる．明らかに $\rho(t)$ はエルミート演算子である．

$$\langle r|\rho(t)|s\rangle = \langle s|\rho(t)|r\rangle^* \tag{2.1.9}$$

密度演算子はハミルトニアン $\mathcal{H}$ の固有基底を用いて表した場合，特別簡単な解釈ができる．すなわちその対角要素

$$\rho_{rr} = \langle r|\rho(t)|r\rangle = \overline{|c_r(t)|^2} = P_r \tag{2.1.10}$$

はスピン系が固有状態 $|r\rangle$ に見いだされる確率に等しくなる．P_r は状態 $|r\rangle$ の占有率である．

一方，非対角要素

$$\rho_{rs} = \langle r|\rho(t)|s\rangle = \overline{c_r(t) c_s^*(t)} \tag{2.1.11}$$

は式 (2.1.2) の $\psi(t)$ における二つの固有状態の"干渉的重ね合わせ" $c_r(t)|r\rangle + c_s(t)|s\rangle$ を意味する．これは集団のさまざまな構成員の時間依存性と位相が $|r\rangle$ と $|s\rangle$ に関して互いに相関しているという意味である．このような干渉的重ね合わせを単に"コヒーレンス"と呼ぶ．行列要素 $\rho_{rs}(t)$ は演算子 $|r\rangle\langle s|$ によって表されるコヒーレンスの複素強度を表す．コヒーレンス ρ_{rs} は二つの固有状態 r と s の間の遷移と関係づけられる．もし二つの状態の間の磁気量子数の違いが $\Delta M_{rs} = M_r - M_s = \pm 1$ でそれらの間が許容遷移である場合，コヒーレンス ρ_{rs} は横磁化成分 $M^{\pm(rs)} = M_x^{(rs)} \pm iM_y^{(rs)}$ に関係している．一般に行列要素 ρ_{rs} は p 量子のコヒーレンス（$p = M_r - M_s$）を表すが，$p \neq \pm 1$ の場合には観測可能な磁化を与えず，間接的にしか検出されない．

状態関数が規格化されている，すなわち

$$\langle \psi | \psi \rangle = \sum_{r=1}^{n} |c_r(t)|^2 = 1 \qquad (2.1.12)$$

と仮定しているので，密度行列のトレースは 1 に等しい．

$$\mathrm{tr}|\rho| = \sum_{r=1}^{n} \rho_{rr} = \sum_{r=1}^{n} P_r = 1 \qquad (2.1.13)$$

純粋状態はしばしば"最大情報の状態"（states of maximun information）と呼ばれる．サブシステムすべての振舞いが等しいので系の全構成部分について完全な知識が得られる．純粋状態は ρ が不動点（自乗がそれ自身に等しい）であることからわかる．すなわち，

$$\rho^2 = |\psi\rangle\langle\psi|\psi\rangle\langle\psi| = |\psi\rangle\langle\psi| = \rho \qquad (2.1.14)$$

そして，

$$\mathrm{tr}|\rho^2| = \mathrm{tr}|\rho| = 1 \qquad (2.1.15)$$

純粋状態の密度演算子 ρ は射影演算子である（式 (2.1.4) と (2.1.69) を比較せよ），ということは知っておく価値がある．

混合状態はしばしば"最大以下の情報の状態"（states of less than maximum

2.1 運動方程式

information）とよばれる．混合状態に対しては次式が成り立つことが示される．

$$\mathrm{tr}\{\rho^2\} < 1 \qquad (2.1.16)$$

混合状態においては個々の系についての知識は不完全であり，$\mathrm{tr}\{\rho^2\}$ が情報量の目安と考えられる．混合状態に対する密度演算子はもはや射影演算子ではない．

2.1.1.1 密度演算子方程式

時間依存したシュレーディンガー方程式（2.1.1）から密度演算子に対する運動方程式を容易に導くことができる．

$$\frac{\mathrm{d}}{\mathrm{d}t}\rho(t) = -\mathrm{i}\,[\mathcal{H}(t), \rho(t)] \qquad (2.1.17)$$

この微分方程式はリウヴィユ-フォン・ノイマン（Liouville-von Neumann）方程式，もしくは簡単に密度演算子方程式とよばれ，量子力学系のダイナミックスの計算に中心的役割を果すものである．この形式的な解は次のように書くことができる．

$$\rho(t) = U(t)\rho(0)U(t)^{-1}; \quad U(t) = T\exp\left\{-\mathrm{i}\int_0^t \mathcal{H}(t')\mathrm{d}t'\right\} \qquad (2.1.18)$$

ここでダイソン（Dyson）の時間順序演算子 T（2.6）は，異なる時間におけるハミルトニアンが互いに可換でない場合，すなわち $[\mathcal{H}(t'), \mathcal{H}(t'')] \neq 0$（（3.2.12）をみよ）の時に，指数関数を見積る手順を示す．この方程式の使い方についてはこの本のいたるところで多くの実例が示される．適当な回転系を選ぶことによって，しばしば限られた時間内でハミルトニアンの時間依存性をなくすることができ，時間発展は以下に示すような一連のユニタリ変換で表現することが可能になる．すなわち，

$$\rho(t + \tau_1 + \tau_2) = \exp\{-\mathrm{i}\mathcal{H}_2\tau_2\}\exp\{-\mathrm{i}\mathcal{H}_1\tau_1\}\rho(t)\exp\{+\mathrm{i}\mathcal{H}_1\tau_1\}\exp\{+\mathrm{i}\mathcal{H}_2\tau_2\}$$
$$(2.1.19)$$

ここでは $\exp\{-i\mathcal{H}_k\tau_k\}$ 推進演算子である．この方程式は，時間依存のない平均ハミルトニアン $\overline{\mathcal{H}}_k$ が定義できるなら，時間間隔 τ_k がどのように並んでいようとも適用できる．

2.1.1.2 期　待　値

規格化された状態関数に対して，任意のオブザーバル演算子 A の期待値 $\langle A \rangle$

$$\langle A \rangle = \sum_k p^k(t) \langle \psi^k(t) | A | \psi^k(t) \rangle \tag{2.1.20}$$

は $\rho(t)$ を用いて表現できる．すなわち，

$$\begin{aligned}\langle A \rangle &= \sum_k p^k(t) \sum_r \sum_s c_r^{k*}(t) c_s^k(t) \langle r | A | s \rangle \\ &= \sum_r \sum_s \rho_{sr}(t) A_{rs}\end{aligned} \tag{2.1.21}$$

その結果，次の表現を得る．

$$\langle A \rangle = \mathrm{tr}\{A\rho(t)\} \tag{2.1.22}$$

したがって期待値はオブザーバブルを表す演算子と密度演算子との積のトレースを見積ることによって得られる．トレースは任意の基底 $\{|r\rangle\}$ で A と $\rho(t)$ の行列を表し，それらの積をとることによっても，あるいは二つの演算子 A と $\rho(t)$ を直交化した基底演算子で展開することによっても計算できる．

2.1.1.3 シュレーディンガー表示とハイゼンベルグ表示

(2.1.22)式はいわゆる"シュレーディンガー表示"に対応し，系の時間変化は状態関数または密度演算子 $\rho(t)$ と関係付けられるが，オブザーバブル演算子 A は時間依存性を持たないまま残る．しかし，時には，時間依存性をオブザーバブル演算子 A に移す方が便利なことがある．すなわち，

$$\begin{aligned}\langle A \rangle &= \mathrm{tr}\{A\rho(t)\} \\ &= \mathrm{tr}\left\{ A T \exp\left\{-i\int_0^t \mathcal{H}(t')\mathrm{d}t'\right\} \rho(0) \exp\left\{i\int_0^t \mathcal{H}(t')\mathrm{d}t'\right\}\right\}\end{aligned}$$

2.1 運動方程式

$$= \mathrm{tr}\left\{T\exp\left\{i\int_0^t \mathcal{H}(t')dt'\right\}A\exp\left\{-i\int_0^t \mathcal{H}(t')dt'\right\}\rho(0)\right\}$$

$$= \mathrm{tr}\{A(t)\rho(0)\} \tag{2.1.23}$$

ここでハイゼンベルグ演算子 $A(t)$ は次の微分方程式の解である.

$$\frac{d}{dt}A(t) = -i[A(t),\mathcal{H}(t)] \tag{2.1.24}$$

ただし，初期条件 $A(0)=A$. 時間依存性をオブザーバブル演算子におしつけることはいわゆる"ハイゼンベルグ表示"を用いることに等しい．これにより直感性は少なくなるが，与えられたハミルトニアンのもとでの発展をいろんな初期条件 $\rho(0)$ に対して論ずる場合には，この表現が利点をもっている．緩和を考慮しない場合には二つの表現はただ些細な点で違うだけである．しかしながら，緩和と交換過程をちゃんと考慮するためには，シュレーディンガー表示を用いる方が望ましい．以下では専ら，より"自然な"シュレーディンガー表示を用いるが，大方の結果はハイゼンベルグ表示でも表すことができる．

温度 T で熱平衡にある密度行列は

$$\rho_0 = \frac{1}{Z}\exp\{-\mathcal{H}\hbar/kT\} \tag{2.1.25}$$

で与えられる．ここで

$$Z = \mathrm{tr}\{\exp\{-\mathcal{H}\hbar/kT\}\} \tag{2.1.26}$$

は系の分配関数である. ρ_0 をハミルトニアンの固有基底で見積ることにより，固有状態 $|r\rangle$ の確率分布, $P_r=\rho_{rr}$, がボルツマン分布

$$P_r = \frac{1}{Z}\exp\{-E_r\hbar/kT\} \tag{2.1.27}$$

を正しく記述することを容易に証明することができる.

2.1.1.4 簡約スピン密度演算子

これまでは密度演算子 $\rho(t)$ は量子力学系全体に対して定式化されてきた。全ヒルベルト空間の基底関数は，系を構成するすべての電子と核の空間座標およびスピン座標の両者に依存している。しかしながら，磁気共鳴への応用の場合には，核もしくは電子のスピン変数のみに働く制限された一組の演算子 $\{Q\}$ の期待値を計算すれば通常充分である。残った自由度は"格子"と名づけられる。

このような期待値 $\langle Q \rangle$ を計算するためには，幸いなことに完全な密度演算子 $\rho(t)$ についての知識は必要でない。簡約スピン密度演算子 (reduced spin density operator) $\sigma(t)$ を定義すれば充分である。これは格子の全自由度についてのトレースをとることにより，$\rho(t)$ から得られる。

全系の基底関数 $|\alpha\rangle$ は格子変数のみに依存する関数 $|f\rangle$ と，対象となる限られた系のスピン座標のみに依存する関数 $|s\rangle$ との積の形に書くことができる。

$$|\alpha\rangle = |fs\rangle \qquad (2.1.28)$$

式(2.1.22)を見積ると，

$$\langle Q \rangle(t) = \sum_{s,s'}\sum_{f,f'} \langle sf|Q|f's'\rangle \langle s'f'|\rho(t)|fs\rangle \qquad (2.1.29)$$

が得られる。Q はスピン変数のみに働くので，Q の行列表現は格子変数については対角となる。

$$\langle sf|Q|f's'\rangle = \langle s|Q|s'\rangle \delta_{ff'} \qquad (2.1.30)$$

ただし，規格直交化された格子関数 $|f\rangle$ を用いている。縮約密度演算子 $\sigma(t)$ を

$$\langle s'|\sigma(t)|s\rangle = \sum_{f} \langle s'f|\rho(t)|fs\rangle \qquad (2.1.31)$$

2.1 運動方程式

もしくはこれと同等の表現

$$\sigma(t) = \text{tr}_r\{\rho(t)\} \tag{2.1.32}$$

(ただし，tr_r は格子変数についての部分トレースを意味する) により定義すれば，演算子 Q の期待値として

$$\langle Q \rangle(t) = \text{tr}_s\{Q\sigma(t)\} \tag{2.1.33}$$

を得る．簡約密度演算子のダイナミックスは次の方程式に従って発展する．

$$\frac{\text{d}}{\text{d}t}\sigma(t) = -\text{i}[\mathcal{H}^s, \sigma(t)] - \hat{\hat{\Gamma}}\{\sigma(t) - \sigma_0\} \tag{2.1.34}$$

これは (2.1.17)式に置き換わるもので，しばしば"量子力学的マスター程式"と呼ばれる．ここで $\mathcal{H}^s$ はスピン変数のみに働くスピンハミルトニアンであり，格子の座標に関して全ハミルトニアンの平均をとることにより得られる．

$$\mathcal{H}^s = \langle f|\mathcal{H}|f\rangle = \text{tr}_r\{\mathcal{H}\} \tag{2.1.35}$$

その中に含まれるさまざまな項については2.2節でまとめることにする．式(2.1.34)の緩和の超演算子 (スーパーオペレーター) $\hat{\hat{\Gamma}}$ は，スピン系と格子との間の散逸的 (dissipative) な相互作用を表わすもので，密度演算子を熱平衡値 σ_0 へと狩り立てる (2.3節).

(2.1.34) のマスター方程式の積分は，一般に大変困難な問題であり，特に，手の込んだ緩和を表す超演算子 $\hat{\hat{\Gamma}}$ の場合にこれがいえる．密度演算子を表わす基底をうまく選ぶことによって，何とか取り扱いできる方程式にまで導くことができるが，そのような方法のいくつかについて述べることにしよう．

2.1.2 マスター方程式のあらわな行列表現

マスター方程式 (2.1.34) を解くための一番力ずくの方法は，演算子をあらわに行列表現することである．任意の基底関数の組 $\{|r\rangle\}$ を仮定し，行列要素 $\sigma_{rs} = \langle r|\sigma|s\rangle$ を見積ってみよう．緩和を表す超演算子はどの行列要素 σ_{tu} をも

σ_{rs} に変換する可能性があるので，二対の指数による表現が必要となる．すなわち，

$$\frac{\mathrm{d}}{\mathrm{d}t}\sigma_{rs} = -\mathrm{i}\sum_{k}(\mathcal{H}_{rk}\sigma_{ks} - \sigma_{rk}\mathcal{H}_{ks}) - \sum_{tu}\Gamma_{rs\,tu}\{\sigma_{tu} - \sigma_{0tu}\} \qquad (2.1.36)$$

ハミルトニアン $\mathcal{H}$ との交換子から由来する項に，交換子超演算子 $\hat{\mathcal{H}}$ の行列要素 $\mathcal{H}_{rs\,tu}$ を用いて

$$\frac{\mathrm{d}}{\mathrm{d}t}\sigma_{rs} = -\mathrm{i}\sum_{tu}\mathcal{H}_{rs\,tu}\sigma_{tu} - \sum_{tu}\Gamma_{rs\,tu}\{\sigma_{tu} - \sigma_{0tu}\} \qquad (2.1.37)$$

のように表すことができる（2.1.4節を見よ）．

ただし，超行列要素 $\mathcal{H}_{rs\,tu}=\mathcal{H}_{rt}\delta_{us}-\delta_{rt}\mathcal{H}_{us}$. この式はスピン空間の次元を n とするとき，n^2 個の連立線型微分方程式を表す．もし，n^2 個の要素 σ_{rs} が列ベクトル $\boldsymbol{\sigma}$ の形に並べられるとすれば，式 (2.1.37) は行列形

$$\frac{\mathrm{d}}{\mathrm{d}t}\boldsymbol{\sigma} = \{-\mathrm{i}\hat{\mathcal{H}} - \boldsymbol{\Gamma}\}(\boldsymbol{\sigma} - \boldsymbol{\sigma}_0) \qquad (2.1.38)$$

で表すことができる．ハミルトニアンに時間依存性がないと仮定すれば，形式的な解として，

$$\boldsymbol{\sigma}(t) = \boldsymbol{\sigma}_0 + \exp\{(-\mathrm{i}\hat{\mathcal{H}} - \boldsymbol{\Gamma})t\}\{\boldsymbol{\sigma}(0) - \boldsymbol{\sigma}_0\} \qquad (2.1.39)$$

を得る．行列 $(-\mathrm{i}\hat{\mathcal{H}} - \boldsymbol{\Gamma})$ の指数関数を見積ることは大変厄介なことである．式 (2.1.38) の解は緩和を無視すれば，相当簡略化される．この場合には，直ちに次の解を得る．

$$\sigma(t) = R(t)\sigma(0)R^{-1}(t) \qquad (2.1.40)$$

ただし $R(t) = \exp\{-\mathrm{i}\mathcal{H}t\}$ である．このユニタリー変換を模式的に図2.1.1に示す．これも図2.1.1に模式的に示すように，同じ変換を $n^2\times n^2$ の次元の行列と列ベクトル $\boldsymbol{\sigma}(0)$ との積で記述することもできる．すなわち，

$$\boldsymbol{\sigma}(t) = \mathbf{R}(t)\boldsymbol{\sigma}(0) \qquad (2.1.41)$$

2.1 運動方程式

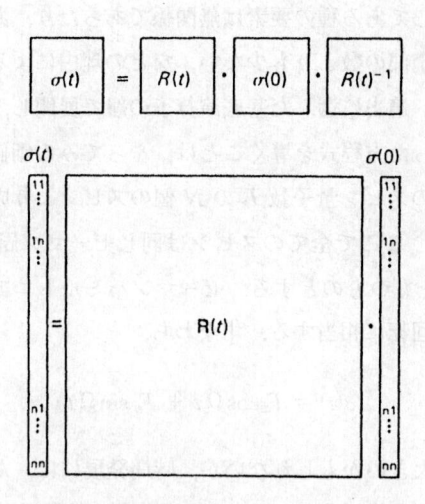

図 2.1.1 緩和がない場合の密度演算子の時間発展．密度演算子 $\sigma(t)$ は，行列の積 $R(t)\sigma(0)R^{-1}(t)$（式 (2.1.40)）を作ることによって得られる．$\sigma(t)$ の要素を列ベクトル $\sigma(t)$ に並べた場合，時間発展は $n^2 \times n^2$ 次元の行列 $\mathbf{R}(t)$ によって表現することができる．

これらの要素は次式に従って変換する．

$$\sigma_{rs}(t) = \sum_{tu} R_{rs\,tu}(t)\sigma_{tu}(0) \tag{2.1.42}$$

ここに

$$R_{rs\,tu}(t) = R_{rt}(t)R_{us}^{-1}(t) \tag{2.1.43}$$

である．式 (2.1.42) で表現される σ_{tu} の σ_{rs} への変換は，しばしば"コヒーレンスの移動"と呼ばれるが，これはパルスを用いた実験や特に2次元NMR分光学において中心となる重要な概念である．

2.1.3 リウヴィユ (Liouville) の演算子空間

多くの場合，全密度行列を考慮することは必要でない．それは，選ばれたオ

ブザーバブルに対してある種の要素は無関係であったり，あるいは実際の自由度の数が行列要素全部の数よりも少ない，などの理由による．そのような場合に，密度演算子を，適当に選んだ基底演算子の組で展開し，これらの係数について時間依存をもった方程式を導くことは，やってみる価値がある．

例として，任意のスピン量子数 I_k の N 個のスピンより成る簡単な場合について考えてみよう．ここで全てのスピンは同じゼーマン周波数 Ω，初期状態 $\sigma(0)=F_x=\sum I_{kx}$[1] をもつものとする．ゼーマンハミルトニアンの下での時間発展は z 軸回りの純回転に相当する．すなわち，

$$\sigma(t) = F_x \cos\Omega t + F_y \sin\Omega t \qquad (2.1.44)$$

系の次元は非常に大きいかもしれないが，時間発展には，たった一つの自由度が関係している．この簡単化から，F_x と F_y を基底演算子として用いて σ を演算子表現することが示唆される．もっと一般的な場合を取り扱うためには，密度演算子を基底演算子の完全な組で $\{B_s\}$ 展開しなければならない．

$$\sigma(t) = \sum_{s=1}^{n^2} b_s(t) B_s \qquad (2.1.45)$$

もし，n 個の独立な関数で張られた次元 n のヒルベルト空間を仮定すれば，n^2 個の独立な演算子が存在する．これはヒルベルト空間に働く演算子の $n \times n$ 行列表現を考えることにより，容易に証明することができる．n^2 の行列要素のそれぞれが独立な演算子を表すことができる．2.1.5 - 2.1.10節で，種々の有用な基底演算子の組 $\{B_s\}$ を取り扱うことにしよう．

基底演算子 B_s は**リウヴィユ空間**と呼ばれる次元 n^2 の演算子空間を張る．
スカラー積

---

[1] 以下でしばしば用いられるこの簡略化された表現では，密度行列 σ の中で関係する項のみが残され，(2.1.13) 式で要求される規格化は無視している．簡略式 $\sigma(0) = F_x$ に相当する完全な密度演算子は，$\sigma(0) = (\mathbf{1} + cF_x)/\text{tr}\{\mathbf{1}\}$ である．ここに量子数 I の N 個のスピンに対して，$\text{tr}\{\mathbf{1}\} = (2I+1)^N$ である．

2.1 運動方程式

$$\langle A|B\rangle = \mathrm{tr}\{A^\dagger B\} \tag{2.1.46}$$

で定義されるトレースは，エルミートスカラー積に要求される全ての性質を備えている．$A^\dagger$ は随伴演算子で各々の行列要素について $(A^\dagger)_{kl}=A_{lk}^*$ が成り立つ．二つの演算子のスカラー積は，要素の組 $\{A_{lk}\}$ と $\{B_{lk}\}$ よりなる，二つの n^2 次元のベクトルのスカラー積と同等である．すなわち，

$$\langle A|B\rangle = \sum_{kl} A_{kl}^\dagger B_{lk} = \sum_{kl} A_{lk}^* B_{lk} \tag{2.1.47}$$

式(2.1.22)を考慮すると，演算子 A の期待値とスカラー積 $\langle A|\sigma\rangle$ との間に関係がある事は明白である．しかしながら，スカラー積には随伴演算子が関係することに注意する必要がある．

$$\langle A\rangle = \mathrm{tr}\{A\sigma(t)\} \tag{2.1.48}$$

$$\langle A|\sigma(t)\rangle = \mathrm{tr}\{A^\dagger \sigma(t)\} \tag{2.1.49}$$

エルミート演算子 $A=A^\dagger$ に対しては，この区別は意味がない．

状態関数で張られるヒルベルト空間 $\mathscr{H}$ と線型演算子で張られる $\mathscr{L}$ リウヴィユ空間との間には緊密な類似性がある．しかしながら，$\mathscr{L}$ はユニタリーベクトル空間の性質を持っている他に，二つの演算子の積が定義されている演算子代数学をも構成している．たとえば，単一遷移 (single-transition) 昇降演算子 (2.1.9節をみよ) については，次の関係が見出される．

$$I^{+(rs)}I^{+(tu)} = I^{+(ru)}\delta_{st} \tag{2.1.50}$$

状態関数 $|r\rangle$ に対してはこのような積の関係は存在しない．

任意の演算子を一組の直交した基底演算子で展開すると，

$$A = \sum_{s=1}^{n^2} a_s B_s \tag{2.1.51}$$

(ただし $s\neq t$ に対して $\langle B_s|B_t\rangle=\mathrm{tr}\{B_s^\dagger B_t\}=0$)
その関数 a_s はスカラー積

$$a_s = \frac{\langle B_s | A \rangle}{\langle B_s | B_s \rangle} = \frac{\mathrm{tr}\{B_s^\dagger A\}}{\mathrm{tr}\{B_s^\dagger B_s\}} \tag{2.1.52}$$

により決定される．規格化された基底演算子の場合，分母は1である．

2.1.4 超演算子（Superoperator）

ヒルベルト空間とリウヴィユ空間との類似性から，リウヴィユ空間 $\mathcal{L}$ での演算子の関係を定義する超演算子の導入が示唆される（2.7-2.9）．このような演算子関係の一例は式（2.1.17)の交換子である．

$$[\mathcal{H}, \sigma] = \mathcal{H}\sigma - \sigma\mathcal{H} \tag{2.1.53}$$

これは超演算子の形に簡略して書くことができる．

$$\hat{\hat{\mathcal{H}}}\sigma \equiv [\mathcal{H}, \sigma] \tag{2.1.54}$$

演算子に対して働く演算子 $\hat{\hat{S}}$ は次の条件を満足した場合，線型超演算子と呼ばれる．

1. $\hat{\hat{S}}A \in \mathcal{L}$ がすべての演算子 $A \in \mathcal{L}$ に対して定義されている：
2. $\hat{\hat{S}}(aA + bB) = a\hat{\hat{S}}A + b\hat{\hat{S}}B$ \hfill (2.1.55)

超演算子を表すのに大文字を用い，二重の曲折（アクセント記号）を付ける．これは状態関数 $|\psi\rangle$ に対して働く演算子を表すために量子力学の多くの教科書で使われている一重アクセント記号との類似性によっている．しかしながら，本書では演算子の上の一重のアクセント記号は省き，同じ大文字をそのまま用いて，演算子ならびにその行列表現を表すことにする．

演算子の場合と全く同じように，超演算子 $\hat{\hat{S}}$ は任意の適当な規格直交演算子 $\{B_s\}$ を基底として（超）行列で表すことができる．超演算子 $\hat{\hat{S}}$ の行列表現は $n^2 \times n^2$ の次元をもち行列要素

$$S_{rs} = \langle B_r | \hat{\hat{S}} B_s \rangle = \mathrm{tr}\{B_r^\dagger \hat{\hat{S}} B_s\} \tag{2.1.56}$$

2.1 運動方程式

よりなる．

超演算子は演算子と同じ基準に基いて分類することができる．随伴超演算子 $\hat{S}^\dagger$ は次式で定義される．

$$\langle A|\hat{S}B\rangle = \langle \hat{S}^\dagger A|B\rangle \qquad (2.1.57)$$

エルミート超演算子について $\hat{S}^\dagger = \hat{S}$ である．ユニタリー超演算子は $\hat{S}^{-1} = \hat{S}^\dagger$ の関係で定義される．では，手短かに，二，三の特別重要な超演算子について述べよう．

2.1.4.1 交換子超演算子

各演算子 C に対して，交換子超演算子 $\hat{C}$ を次のように定義することができる．

$$\hat{C}A = CA - AC = [C, A] \qquad (2.1.58)$$

交換子超演算子は**微分**超演算子とも呼ばれ，差

$$\hat{C} = \hat{C}^L - \hat{C}^R \qquad (2.1.59)$$

として表すことができる．ここで左および右移動の超演算子 $\hat{C}^L$ と $\hat{C}^R$ はそれぞれ

$$\hat{C}^L A = CA \qquad (2.1.60)$$

と

$$\hat{C}^R A = AC \qquad (2.1.61)$$

によって定義される．C がエルミート演算子である場合には $\hat{C}$ はエルミート交換子超演算子となる．

便宜上，$\hat{\mathcal{H}}$，$\hat{I}_{k\alpha}$，$\hat{S}_{k\alpha}$，$\hat{F}_\alpha$ をそれぞれハミルトニアン $\mathcal{H}$，スピン演算子 $I_{k\alpha}$，$S_{k\alpha}$，F_α に関連した交換超演算子を表すことにする．超演算子 $\hat{\mathcal{H}}$ は，密度演算子方程式 (2.1.17) の推進項であるが，これを特に**リウヴィユ超演算子**

と呼ぶ．他の文字で表される超演算子は使用に際して定義することにする．

2.1.4.2 ユニタリー変換超演算子

ユニタリー交換 RAR^{-1}（ただし $R=\exp\{-iG\}$）は超演算子 $\hat{\hat{R}}$ で表すことができる．

$$\hat{\hat{R}}A = \exp\{-i\hat{\hat{G}}\}A = \exp\{-iG\}A\exp\{iG\}, \quad \hat{\hat{R}}^{-1} = \hat{\hat{R}}^{\dagger} \qquad (2.1.62)$$

ここで $\hat{\hat{G}}$ はエルミート演算子 G に関する交換子超演算子である．このことは，それに対応する移動超演算子 $\hat{\hat{G}}^{L}$ と $\hat{\hat{G}}^{R}$ が可換であることに注目すると，容易に証明できる (2.8)．時間 τ のあいだ，ハミルトニアンが変化しないと仮定すると，$G=\mathcal{H}\tau$ に対して，$\hat{\hat{R}}$ は時間発展超演算子となる．

$$\hat{\hat{R}}(\tau) = \exp\{-i\hat{\hat{\mathcal{H}}}\tau\} \qquad (2.1.63)$$

したがって，

$$\begin{aligned}
\hat{\hat{R}}(\tau)\sigma(t) &= \exp\{-i\hat{\hat{\mathcal{H}}}\tau\}\sigma(t) \\
&= \exp\{-i\mathcal{H}\tau\}\sigma(t)\exp\{i\mathcal{H}\tau\} \\
&= \sigma(t+\tau) \qquad (2.1.64)
\end{aligned}$$

表現を簡潔にするために，ユニタリー変換に対して，しばしば模式的な記法

$$\sigma(t) \xrightarrow{\mathcal{H}\tau} \sigma(t+\tau) \qquad (2.1.65)$$

を用いる．"矢印記法"は式 (2.1.64) と等価である．

矢印記法は一連の変換が時間を追って記述できるという利点をもっている．したがって，次式で表される二つの連続したユニタリー変換

$$\begin{aligned}
\hat{\hat{R}}_2\hat{\hat{R}}_1\sigma(t) &= \exp\{-i\hat{\hat{\mathcal{H}}}_2\tau_2\}\exp\{-i\hat{\hat{\mathcal{H}}}_1\tau_1\}\sigma(t) \\
&= \exp\{-i\mathcal{H}_2\tau_2\}\exp\{-i\mathcal{H}_1\tau_1\}\sigma(t) \qquad (2.1.66) \\
&\quad \times \exp\{i\mathcal{H}_1\tau_1\}\exp\{i\mathcal{H}_2\tau_2\} \qquad (2.1.67)
\end{aligned}$$

は，

2.1 運動方程式

$$\sigma(t) \xrightarrow{\mathcal{H}_1\tau_1} \sigma(t+\tau_1) \xrightarrow{\mathcal{H}_2\tau_2} \sigma(t_1+\tau_1+\tau_2) \qquad (2.1.68)$$

のように表現される．矢印の上に書かれた代数表現および項目の時間的順序は式 (2.1.67)の**右辺**で，時間序列指数関数の独立変数に対応している．

2.1.4.3 投影超演算子

ヒルベルト空間では射影演算子 P_j は任意の状態関数 $|\psi\rangle$ を，関数 $|j\rangle$ に射影するもので，これは

$$P_j = \frac{|j\rangle\langle j|}{\langle j|j\rangle} \qquad (2.1.69)$$

によって表現できる (2.10-2.12)．たとえば，$|\psi\rangle$ を規格直交関数 $|j\rangle$ の線型結合として表現することができる．

$$|\psi\rangle = \sum_i c_i |i\rangle \qquad (2.1.70)$$

ゆえに，射影

$$P_j|\psi\rangle = \sum_i c_i |j\rangle \frac{\langle j|i\rangle}{\langle j|j\rangle} = c_j|j\rangle \qquad (2.1.71)$$

を得る．これは $|\psi\rangle$ 中に含まれる $|j\rangle$ の"量"である．

射影演算子はある演算子 A のスペクトルへの分解に用いることができる．演算子のスペクトルはその固有値 $\{a_j, j=1,\cdots,n\}$ の完全な組みで定義される．もし $|j\rangle$ が対応する固有関数であり P_j が (2.1.69)式で定義されたこれに関係する射影演算子であるとすれば，A をその固有値の"スペクトル分解"で表すことができる．

$$A = \sum_j a_j P_j \qquad (2.1.72)$$

したがって，A が任意の関数 $\psi(t) = \sum c_j(t)|j\rangle$ に働く場合は単に

$$A\psi(t) = \sum_j a_j c_j(t) |j\rangle \qquad (2.1.73)$$

で与えられる．この射影演算子の組 $\{P_j\}$ のことを演算子 A のスペクトルの組

み (spectral set) という．それは次の性質をもっている．

$$\sum_{j=1}^{n} P_j = \mathbf{1} \qquad (2.1.74)$$

射影演算子 P_j と同様にして，リウヴィユ空間に働く，射影超演算子を定義することが可能である．これにより任意の演算子 A は演算子 B に射影される．

$$\hat{\hat{P}}_B = \frac{|B\rangle\langle B|}{\langle B|B\rangle} \qquad (2.1.75)$$

ここに

$$\hat{\hat{P}}_B A = |B\rangle\frac{\langle B|A\rangle}{\langle B|B\rangle} = B\frac{\mathrm{tr}\{B^\dagger A\}}{\mathrm{tr}\{B^\dagger B\}} \qquad (2.1.76)$$

射影演算子は不動点的（自乗がそれ自身に等しい），$\hat{\hat{P}}_B\hat{\hat{P}}_B = \hat{\hat{P}}_B$ である．

2次元分光学において重要な射影超演算子は p 量子射影演算子 $\hat{\hat{P}}^{(p)}$ である．密度演算子 σ に対して適用する場合，与えられた量子数の変化 $p = \Delta M_{rs} = M_r - M_s$ に付随する演算子 $I^{+(rs)}$ だけを選び出す．すなわち，

$$\hat{\hat{P}}^{(p)} = \frac{1}{N}\sum_{k=0}^{N-1}\hat{\hat{R}}_z(k2\pi/N)\exp\{ipk2\pi/N\} \qquad (2.1.77)$$

ここで N は区別すべき次数 p の数である．同様に，

$$\hat{\hat{P}}^{(|p|)} = \hat{\hat{P}}^{(p)} + \hat{\hat{P}}^{(-p)} = \frac{2}{N}\sum_{k=0}^{N-1}\hat{\hat{R}}_z(k2\pi/N)\cos(pk2\pi/N)$$

ここで $\hat{\hat{R}}_z(\phi)$ は量子化軸を定義する z 軸回りの角度 ϕ の回転を表す．

6.3節で実際にこのような射影が，巧みな方法で実験的に達成できることを示そう．

2.1.4.4 超演算子の一般的表現

完全な演算子基底 $\{B_s; s=1,\dots,n^2\}$ が与えられたとき，任意の超演算子 $\hat{\hat{S}}$ を，対応する左および右移動超演算子 $\hat{\hat{B}}_k^L, \hat{\hat{B}}_k^R$ を用いて，

$$\hat{\hat{S}} = \sum_{jk} s_{jk}\hat{\hat{B}}_j^L \hat{\hat{B}}_k^R \qquad (2.1.77\text{a})$$

2.1 運動方程式

の形に表すことが可能である．あるいは，

$$\hat{\hat{S}}A = \sum_{jk} s_{jk} B_j A B_k \qquad (2.1.77\,\mathrm{b})$$

ここに，n^4個の線型独立な超演算子が存在することは明白である．

2.1.4.5 超演算子の行列表現

式(2.1.77b)は，すべての演算子を任意の基底の行列で表現することにより見積ることができる．

$$\begin{aligned}(\hat{\hat{S}}A)_{pq} &= \sum_l \sum_m \sum_{jk} s_{jk} B_{j,pl} A_{lm} B_{k,mq} \\ &= \sum_l \sum_m S_{pq,lm} A_{lm}\end{aligned} \qquad (2.1.78)$$

ここで，超行列要素は

$$S_{pq,lm} = \sum_{jk} s_{jk} B_{j,pl} B_{k,mq} \qquad (2.1.79)$$

これは行列の直積（$\otimes$）の要素で表すこともできる．

$$S_{pq,lm} = \sum_{jk} s_{jk} (B_j \otimes \tilde{B}_k)_{pq,lm} \qquad (2.1.80)$$

ここに$\tilde{B}_k$はB_kの転置行列（transposed matrix）を表す．($S_{pq,lm}$)は超演算子$\hat{\hat{S}}$の行列表現である．このことは超演算子の行列表現はそれを構成する演算子の行列表現の直積の和として得られることを示している．

超行列を普通の行列の直積で表すことによって，交換子とユニタリー変換の超行列表現を計算することができる．交換子超演算子$\hat{\hat{C}}$に対しては，

$$\hat{\hat{C}}A = CAE - EAC \qquad (2.1.81)$$

が得られる．ここに，Eは単位演算子を表す．これから次の行列表現が得られる．

$$(\hat{\hat{C}}) = (C) \otimes (\tilde{E}) - (E) \otimes (\tilde{C}) \qquad (2.1.82)$$

一例として，図2.1.2では一個のスピン1/2に対する交換子超演算子 $\hat{\tilde{I}}_x$ の行列表現が式 (2.1.82) に従って作られている．

$$(\hat{\tilde{I}}_x) = (I_x) \otimes (\tilde{E}) - (E) \otimes (\tilde{I}_x)$$

$$= \frac{1}{2} \begin{bmatrix} 0 & 1 \\ 1 & 0 \end{bmatrix} \otimes \begin{bmatrix} 1 & 0 \\ 0 & 1 \end{bmatrix} - \begin{bmatrix} 1 & 0 \\ 0 & 1 \end{bmatrix} \otimes \frac{1}{2} \begin{bmatrix} 0 & 1 \\ 1 & 0 \end{bmatrix}$$

$$= \frac{1}{2} \begin{bmatrix} 0 & 0 & 1 & 0 \\ 0 & 0 & 0 & 1 \\ 1 & 0 & 0 & 0 \\ 0 & 1 & 0 & 0 \end{bmatrix} - \frac{1}{2} \begin{bmatrix} 0 & 1 & 0 & 0 \\ 1 & 0 & 0 & 0 \\ 0 & 0 & 0 & 1 \\ 0 & 0 & 1 & 0 \end{bmatrix}$$

$$= \frac{1}{2} \begin{bmatrix} 0 & -1 & 1 & 0 \\ -1 & 0 & 0 & 1 \\ 1 & 0 & 0 & -1 \\ 0 & 1 & -1 & 0 \end{bmatrix}$$

図 2.1.2　1個の孤立したスピン $\frac{1}{2}$ に対する，交換子超演算子 $\hat{\tilde{I}}_x$ の行列表現の構築．

一方，ユニタリー変換超演算子 $\hat{\tilde{R}}A = RAR^{-1}$ の行列表現は次の形に得られる．

$$(\hat{\tilde{R}}) = (R) \otimes (R^*) \tag{2.1.83}$$

ここに R^* は行列 (R) の複素共役である．

2.1.4.6　超演算子の固有値と固有演算子

超演算子 $\hat{\tilde{S}}$ の固有値問題は次式で与えられる．

$$\hat{\tilde{S}} Q_j = s_j Q_j \qquad j = 1, \cdots\cdots, n^2 \tag{2.1.84}$$

ここに n^2 の固有演算子 Q_j とそれに対応する固有値 s_j を用いた．

2.1 運動方程式

交換子超演算子 $\hat{\hat{\mathcal{H}}}$ の固有値に対して，簡単な関係が得られる．もし $\mathcal{H}$ の固有値を $\varepsilon_r, r=1,\cdots,n$ であらわせば，$\hat{\hat{\mathcal{H}}}$ の固有値 ω_{rs} に対して

$$\omega_{rs} = \varepsilon_r - \varepsilon_s, \quad r,s = 1,\cdots,n \qquad (2.1.85)$$

を得る．このことは交換子超演算子の固有値の組 $\{\omega_{rs}\}$ は $\mathcal{H}$ の固有値の差のすべての組からなることを示している．

2.1.4.7 超演算子代数学

リウヴィユ空間 $\mathcal{H}$ を張る線型演算子 $\{B_s\}$ が演算子代数学をなすように，超演算子もまた代数学を形づくる．その理由は，超演算子群は，積が定義されているベクトル空間（$n^2 \times n^2$ の次元）を張るからである．線型空間の階層性は図 2.1.3 に示されている．

以下の節では，パルスフーリエ分光学において密度演算子を展開する際に，特に有用な基底演算子の組について述べることにしよう．

2.1.5 直交座標スピン演算子の積

式(2.1.45)に従って密度演算子を展開する際，直交基底演算子の完全系をどう選ぶかにはいくつもの選択が可能である．適当な選択をすることが特定の問題の解決を容易にするうえで，成否の鍵を握ることが多い．2.1.5-2.1.10節では，パルス実験の取り扱いに便利なさまざまな組みを示そう．

第一の，そしておそらく最も直接的な選択は，個々のスピンの角運動量演算子 I_{kx}, I_{ky}, I_{kz} を基底とするものである．これらは次の循環的な交換関係に従う．

$$[I_{k\alpha}, I_{k\beta}] = iI_{k\gamma} \qquad (2.1.86)$$

ここに $\alpha, \beta, \gamma = x, y, z$ であり，循環的に入れ替えを行うものとする．これらは，演算子代数を生成する演算子と考えることができ，N スピン系の場合 $3N$ 個の生成演算子間の積で（もし $I_k > 1/2$ であれば，高次項も含めて）全リウ

```
┌─────────────────────┐
│   超演算子代数学      │
│        𝒮̂            │
│ {Ŝᵢ},i=1,....,n⁴    │
└─────────┬───────────┘
          ⇓
┌─────────────────────┐
│   リウヴィユ空間      │
│        ℒ            │
│   (演算子代数学)      │
│ {Oᵢ},i=1,....,n²    │
└─────────┬───────────┘
          ⇓
┌─────────────────────┐
│   ヒルベルト空間      │
│        ℋ            │
│ {|ψᵢ>},i=1,....,n   │
└─────────────────────┘
```

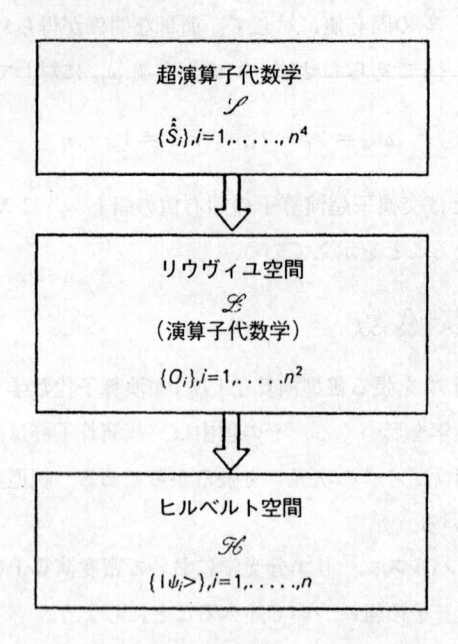

図 2.1.3 量子力学における線型空間の階層構造．超演算子は演算子代数を一次元に配列し，演算子はヒルベルト空間を一次元に配列する．

ヴィユ空間を張ることができる．

2.1.5.1　$I=1/2$ のスピンより成る系

$I_k=\frac{1}{2}$ のスピン（複数）より成る系に対しては，基底演算子 B_s は次の積で定義することができる (2.13)．

$$B_s = 2^{(q-1)}\prod_{k=1}^{N}(I_{k\alpha})^{a_{ks}} \qquad (2.1.87)$$

ここに N はスピン系を構成する $I=\frac{1}{2}$ の核の数，k は核についての指標，α は x, y または z を示し，q は積の中の演算子の数であり，全スピンのうちの q 個に対して $a_{ks}=1$，残りの $N-q$ 個に対しては $a_{ks}=0$ である．

スピン $\frac{1}{2}$ の核に対して式(2.1.87)で定義された積演算子は，トレースの形

2.1 運動方程式

成に関して直交している.ただし規格化条件は系中の全スピン数 N によって決まる.すなわち,

$$\text{tr}\{B_r B_s\} = \delta_{r,s} 2^{N-2} \tag{2.1.88}$$

N 個のスピン $\frac{1}{2}$ の系に対する完全な基底の組 $\{B_s\}$ は,4^N 個の積演算子 B_s より成り立っている.

例として $I=\frac{1}{2}$ の 2 スピン系に対して完全系をなす16個の積演算子 B_s の組を挙げておく.

$$\begin{aligned}
q &= 0 \quad \frac{1}{2}E \ (E = 単位演算子) \\
q &= 1 \quad I_{1x}, I_{1y}, I_{1z}, I_{2x}, I_{2y}, I_{2z}, \\
q &= 2 \quad 2I_{1x}I_{2x}, 2I_{1x}I_{2y}, 2I_{1x}I_{2z} \\
& \quad\quad 2I_{1y}I_{2x}, 2I_{1y}I_{2y}, 2I_{1y}I_{2z} \\
& \quad\quad 2I_{1z}I_{2x}, 2I_{1z}I_{2y}, 2I_{1z}I_{2z}
\end{aligned} \tag{2.1.89}$$

これらの演算子の分光学的意味,すなわち,フーリエ分光学において観測可能な信号を与えるかどうかという観点に関しては,4.4.5節で議論することにしよう.

直交座標系で表わしたスピン演算子の積は,ハミルトニアンのすべての項が可換であるような,弱く結合したスピン系に対する密度演算子式(2.2.14)の発展を計算する場合に,特に役立つものである.これらの項のもたらす効果は,変換を継続して行うことにより見積ることができる.

$$\begin{aligned}
\sigma(t+\tau) = &\prod_k \exp(-i\Omega_k \tau I_{kz}) \prod_{k<l} \exp(-i\pi J_{kl}\tau 2I_{kz}I_{lz}) \sigma(t) \\
&\times \prod_{k<l} \exp(i\pi J_{kl}\tau 2I_{kz}I_{lz}) \prod_k \exp(i\Omega_k \tau I_{kz})
\end{aligned} \tag{2.1.90}$$

あるいは象徴的に式(2.1.65)の矢印記法を用いて,

$$\sigma(t) \xrightarrow{\Omega_1 \tau I_{1z}} \xrightarrow{\Omega_2 \tau I_{2z}} \cdots \xrightarrow{\pi J_{12}\tau 2I_{1z}I_{2z}} \xrightarrow{\pi J_{13}\tau 2I_{1z}I_{3z}} \cdots \sigma(t+\tau) \tag{2.1.91}$$

これらの変換はそれぞれ3次元演算子部分空間における回転に対応する.化学

シフト項の下あるいはラジオ波パルスの下での発展は，角運動量演算子 (I_{kx}, I_{ky}, I_{kz}) で張られた単一スピン部分空間における回転を引き起こす．したがって変換

$$I_{k\beta} \xrightarrow{\phi I_{k\alpha}} I_{k\beta}\cos\phi + I_{k\gamma}\sin\phi \qquad (2.1.92)$$

は物理空間における α 軸まわりの角度 $\phi = -\gamma B_\alpha \tau$ の回転を表している．ただし $\alpha, \beta, \gamma = x, y, z$ であり，循環的に入れ換えを行なうものとする．

　ここで我々は一貫して正の回転（周波数および角度）を右回り（回転ベクトルの方向を見たときに，時計方向に回る方向）と定義していることに注意しておこう．z 軸まわりの正の回転は $x \to y \to -x \to -y$ の変換をもたらすことになる．磁気回転比 γ_k が正の場合，もし $\mathbf{B}_0$ が正の z 軸方向を向いているとすると，ラーモア周波数ベクトル $\mathbf{\Omega}_k = -\gamma_k \mathbf{B}_0$ は負の z 軸方向を向くことになる．磁場ベクトル $\mathbf{B}_0$ と回転周波数ベクトル $\mathbf{\Omega}_k$ は，実験室系および回転系いずれにおいても，γ_k が正の場合には互いに反平行である（図4.2.4を見よ）．この一貫した定義は，多くの NMR の論文やモノグラフで便宜上 $\mathbf{\Omega}_k = \gamma_k \mathbf{B}_0$ と定義されているのとは対照的である．

　この結果として，β_x なるパルスを，正の x 軸まわりに角度 β だけ回転させるパルスと定義する．（これは $z \to -y \to -z \to y$ なる変換をもたらす）．これに対応する磁場ベクトル $\mathbf{B}_1$ は，γ_k が正の場合には，x 軸の負の方向を向くことになる．

　スカラー結合と双極子結合の項は，次の四つの演算子部分空間内における回転をもたらす．

$$\begin{array}{c} (I_{kx},\ 2I_{ky}I_{lz},\ 2I_{kz}I_{lz}) \\ (2I_{kx}I_{lz},\ I_{ky},\ 2I_{kz}I_{lz}) \\ (I_{lx},\ 2I_{kz}I_{ly},\ 2I_{kz}I_{lz}) \\ (2I_{kz}I_{lx},\ I_{ly},\ 2I_{kz}I_{lz}) \end{array} \qquad (2.1.93)$$

これらの部分空間は直交座標系部分空間（I_{kx}, I_{ky}, I_{kz}）と同型である．これら

2.1 運動方程式

の空間における回転を図2.1.4に模式的に示す．例として，次の変換を考えてみよう．

$$I_{kx} \xrightarrow{\pi J_{kl}\tau 2I_{kz}I_{lz}} I_{kx}\cos(\pi J_{kl}\tau) + 2I_{ky}I_{lz}\sin(\pi J_{kl}\tau) \tag{2.1.94}$$

この変換はスピン k の，結合の相手方 l に関して同位相のコヒーレンスを，反位相のコヒーレンスに変換することに対応している．これらの演算子項の正式名称は4.4.5節に述べられている．

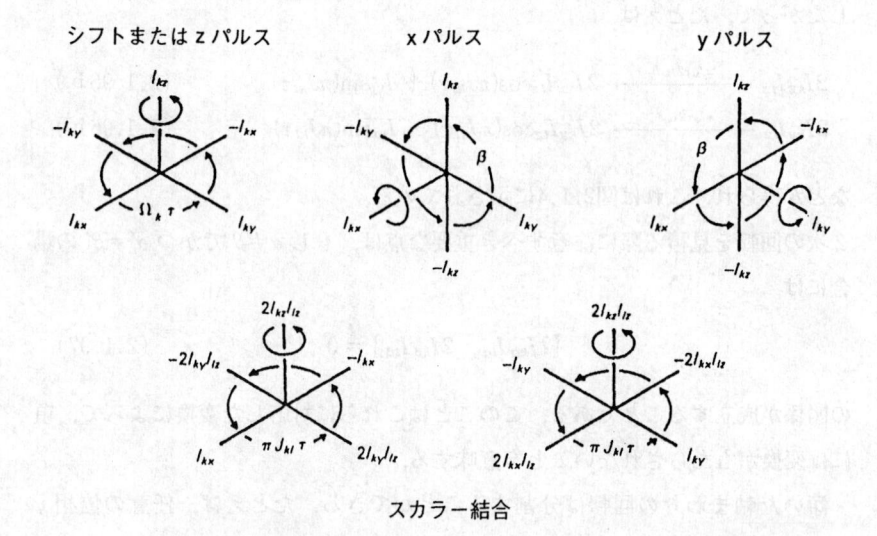

図 2.1.4 直交座標系スピン演算子の積によって張られる部分空間内での回転．それぞれ化学シフト（I_{kz} の周りの回転），ラジオ波パルス（I_{kx} と I_{ky} の周りの回転），弱いスカラー結合（$2I_{kz}I_{lz}$ 周りの回転）に対応する．我々は一貫して，正の回転（周波数および角度共）を右回り（回転ベクトル方向に沿って眺めたときに時計方向の回り）にとっていることに注意しよう（文献2.13より）．

もし密度演算子が，異なるスピン（k と l）に属する演算子間の積を含む場合には，各々の構成演算子 $I_{k\alpha}$ は別々に変換する．すなわち一次の項よりなる推進演算子に対して

$$2I_{k\beta}I_{l\beta'} \xrightarrow{\phi I_{k\alpha}+\phi' I_{l\alpha'}} 2(I_{k\beta}\cos\phi + I_{k\gamma}\sin\phi)(I_{l\beta'}\cos\phi' + I_{l\gamma'}\sin\phi') \tag{2.1.95}$$

また，2次の項を含むハミルトニアンに対しては，次の式が得られる．

$$2I_{k\beta}I_{l\beta'} \xrightarrow{\phi 2I_{k\alpha}I_{l\alpha'}} 2(I_{k\beta}\cos\phi + 2I_{k\gamma}I_{l\alpha'}\sin\phi)(I_{l\beta'}\cos\phi + 2I_{k\alpha}I_{l\gamma'}\sin\phi) \tag{2.1.96a}$$

したがって，たとえば

$$2I_{kx}I_{lz} \xrightarrow{\pi J_{kl}\tau 2I_{kz}I_{lz}} 2I_{kx}I_{lz}\cos(\pi J_{kl}\tau) + I_{ky}\sin(\pi J_{kl}\tau) \tag{2.1.96b}$$

$$2I_{ky}I_{lz} \xrightarrow{\pi J_{kl}\tau 2I_{kz}I_{lz}} 2I_{ky}I_{lz}\cos(\pi J_{kl}\tau) - I_{kx}\sin(\pi J_{kl}\tau) \tag{2.1.96c}$$

などが得られ，これは図2.1.4に示されている．
2次の回転を見積る際に注意すべき重要な点は，もし $\alpha \neq \beta$ でかつ $\alpha' \neq \beta'$ の場合には

$$[2I_{k\alpha}I_{l\alpha'},\ 2I_{k\beta}I_{l\beta'}] = 0 \tag{2.1.97}$$

の関係が成立することである．このことはこれらに対応した変換によって，項には変換がもたらされないことを意味する．

傾いた軸まわりの回転は分割することができる．たとえば，任意の位相 φ (これは回転系で x 軸から y 軸方向に測るものとする)をもつラジオ波パルスの効果は，次の三つのステップによって記述される．

$$\sigma(t_-) \xrightarrow{-\varphi\sum_k I_{kz}} \xrightarrow{\beta\sum_k I_{kx}} \xrightarrow{\varphi\sum_k I_{kz}} \sigma(t_+) \tag{2.1.98}$$

特殊なパルス系列をつくることによって，横スピン演算子との結合項をもった有効ハミルトニアンを作り出すことが可能である(4.4.6.2節をみよ)．したがって，サンドウィッチパルス $[(\pi/2)_x-\tau-(\pi)_x-\tau-(\pi/2)_x]$ の効果は，次のように書くことができる(2.13)．

$$\sigma(t) \xrightarrow{\sum \pi J_{kl}2\tau 2I_{ky}I_{ly}} \sigma(t+2\tau) \tag{2.1.99}$$

2.1 運動方程式

この型の変換は，次に示す演算子群によって張られるさらに八つの部分空間内の回転に対応している．

$$(2I_{kx}I_{lx},\ 2I_{ky}I_{lx},\ I_{kz})$$
$$(2I_{kx}I_{lx},\ I_{ky},\ 2I_{kz}I_{lx})$$
$$(2I_{kx}I_{ly},\ 2I_{ky}I_{ly},\ I_{kz})$$
$$(I_{kx},\ 2I_{ky}I_{ly},\ 2I_{kz}I_{ly})$$
$$(2I_{kx}I_{lx},\ 2I_{kx}I_{ly},\ I_{lz})$$
$$(2I_{kx}I_{lx},\ I_{ly},\ 2I_{kx}I_{lz})$$
$$(2I_{ky}I_{lx},\ 2I_{ky}I_{ly},\ I_{lz})$$
$$(I_{lx},\ 2I_{ky}I_{ly},\ 2I_{ky}I_{lz}) \qquad (2.1.100)$$

これらはすべて部分空間（I_{kx}, I_{ky}, I_{kz}）と同型であり，式(2.1.93)で指数を循環させることによって得ることができる．これらのうち最初の四つの部分空間内での回転は図2.1.5に示してある．

2.1.5.2 <u>$S>1/2$のスピンを含む系</u>

スピン量子数 $I≥1$ または $S≥1$ をもつ系においては，基底演算子 $\{B_s\}$ の完全な組には $I_{kz}^2, S_{lz}^2, I_{kx}S_{kz}^2$ 等々の2次，およびそれ以上の高次の項が含まれる．これらの項が結果的にスペクトルとどう対応するかについては，4.4.5節で論ずることにする．今の時点では，$S_l=1$ と弱くスカラー結合または双極子結合している核 I_k のスペクトルが，等強度の三本線よりなることに注意すれば充分である．I_k 三重線のコヒーレンスを，中心線に対応するコヒーレンスとその両側の線にそれぞれ対応する同位相と反位相のコヒーレンスに分解しよう．

$$I_{kx}[0,1,0] = I_{kx}(\P_l - S_{lz}^2)$$
$$I_{kx}[1,0,1] = I_{kx}S_{lz}^2,$$
$$I_{kx}[-1,0,1] = I_{kx}S_{lz} \qquad (2.1.101)$$

対応する y についての項は，これらとの類似性から定義される．括弧内の値

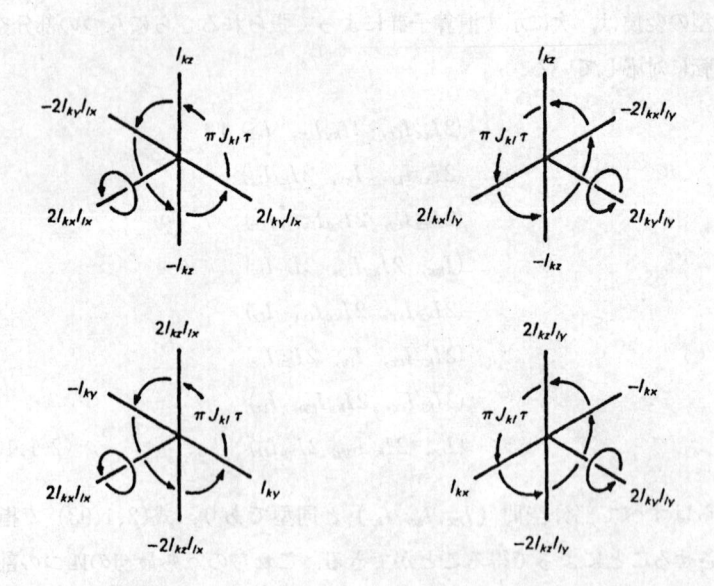

図 2.1.5 直交座標系スピン演算子の積で張られる部分空間内の双線型回転．これらは $\exp|-i\varphi 2I_{kx}I_{lx}|$, $\exp|-i\varphi 2I_{ky}I_{ly}|$ の形の推進演算子をもつパルス系列による変換によって誘起される．式(2.1.100)を見よ（文献2.13より）．

は I スピンのスペクトル中で対応した多重線の強度を示す（図4.4.6を比較せよ）．数学的には，これらはスピン S_l の三つの分極演算子の係数を表している：$S_l^{(-1)} = \frac{1}{2}(S_{lz}^2 - S_{lz})$, $S_l^{(0)} = \P - S_{lz}^2$, $S_l^{(1)} = \frac{1}{2}(S_{lz}^2 + S_{lz})$ （2.1.7節をみよ）．

三重線の真ん中の成分は J_{kl} 結合によって変わらないが，外側の線は $S_l = \frac{1}{2}$ の核の二重線の場合と同じように，ただ結合定数だけが通常の2倍となって，時間発展する．これらの変換は図2.1.6に示す二つの部分空間内の回転に対応しているが，これらの部分空間は次のそれぞれの項によって張られている．

$$(I_{kx}S_{lz}^2, \quad I_{ky}S_{lz}, \quad I_{kz}S_{lz})$$
$$(I_{kx}S_{lz}, \quad I_{ky}S_{lz}^2, \quad I_{kz}S_{lz}) \qquad (2.1.102)$$

任意のスピン I_k がスピン $S_l = \frac{3}{2}$ （もし AX$_3$ なる集団が対称化された固有関

2.1 運動方程式

S＝1 とのスカラー結合

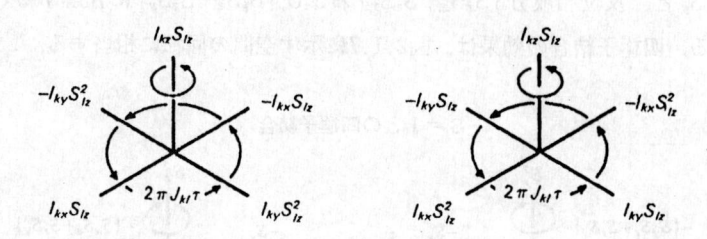

図 2.1.6 演算子部分空間内の回転. $S=1$ のスピンと弱くスカラー結合したスピン I の三重線の時間発展を記述する（文献2.13より）.

数で取り扱われる場合には集団スピンであってもよい）に結合している場合には, I スピンの四重線は同位相および反位相の磁化に分解することができ，四重線の内側と外側の遷移は

$$I_{kx}[0,1,1,0] = I_{kx}\frac{1}{2}(\frac{9}{4}\mathbf{1}_I - S_{Iz}^2)$$

$$I_{kx}[0,-1,1,0] = -I_{kx}S_{Iz}(\frac{9}{4}\mathbf{1}_I - S_{Iz}^2)$$

$$I_{kx}[1,0,0,1] = -I_{kx}\frac{1}{2}(\frac{1}{4}\mathbf{1}_I - S_{Iz}^2)$$

$$I_{kx}[-1,0,0,1] = I_{kx}S_{Iz}\frac{1}{3}(\frac{1}{4}\mathbf{1}_I - S_{Iz}^2) \qquad (2.1.103)$$

となる．また，これと同様に y 成分も得られる．

スカラー結合の下での発展は，図2.1.4に示したものとよく似た四つの3次元部分空間内の回転によって記述される．内側の成分は $\phi=\pi J_{kI}\tau$ で，外側の成分は $\phi=3\pi J_{kI}\tau$ で歳差運動する．

配向した系においては，$S=1$ かつ $\eta=0$（軸対称な四極子テンソル, 2.2.1.3節を見よ）に対する四極子相互作用は次の形をもつ．

$$\mathscr{H}_Q = \omega_Q(S_z^2 - \frac{1}{3}\mathbf{S}^2) \qquad (2.1.104)$$

ここに ω_Q は四極子分裂の半分に相当する．二重線の磁化は同位相成分 S_x および S_y と，反位相成分 $\{S_xS_z+S_zS_x\}$ および $\{S_yS_z+S_zS_y\}$ に分解することができる．四極子結合の効果は，図2.1.7に示す空間の回転に相当する．

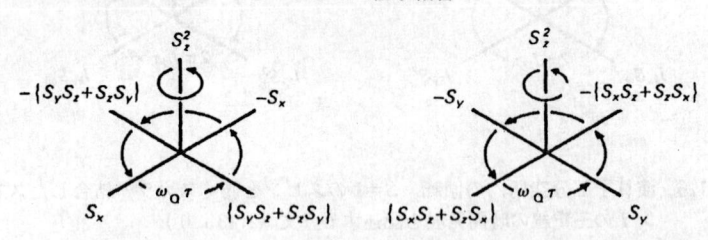

図 2.1.7 $S=1$ のスピンに対する演算子部分空間内での回転．配向した系における四極子結合（$\eta=0$）によってもたらされる場合（文献2.13より）．

$I=\frac{1}{2}$ の場合に用いた演算子の積とは違って，$S>\frac{1}{2}$ なる同種スピンの演算子を含む S_xS_z の形の積はエルミートではなく，密度演算子の展開に便利な基底演算子 B_s とはならない．しかし図2.1.7の中括弧の中に示す表現（反交換子）はエルミートである．

2.1.6 昇降演算子を含む積

直交座標系の角運動量演算子とそれらの積を用いることにより，パルス実験はしばしば洗練した形で記述できる．しかし，特に多量子分光学の場合のように，昇降演算子を用いた方がもっと直接的な場合もある．

$$I_k^+ = I_{kx} + iI_{ky} \qquad (2.1.105)$$

$$I_k^- = I_{kx} - iI_{ky} \qquad (2.1.106)$$

これらの演算子の積は，演算子 I_{kz} と $\P_k$ とをあわせて，N 個の $\frac{1}{2}$ スピン系に対する 4^N 個の演算子の完全系 $\{B_s\}$ を形づくる．

2スピン系では，次の等価性が成り立つ．

2.1 運動方程式

$$I_k^+ I_l^+ = \frac{1}{2}[2I_{kx}I_{lx} - 2I_{ky}I_{ly} + i2I_{kx}I_{ly} + i2I_{ky}I_{lx}]$$

$$I_k^- I_l^- = \frac{1}{2}[2I_{kx}I_{lx} - 2I_{ky}I_{ly} - i2I_{kx}I_{ly} - i2I_{ky}I_{lx}]$$

$$I_k^+ I_l^- = \frac{1}{2}[2I_{kx}I_{lx} + 2I_{ky}I_{ly} - i2I_{kx}I_{ly} + i2I_{ky}I_{lx}]$$

$$I_k^- I_l^+ = \frac{1}{2}[2I_{kx}I_{lx} + 2I_{ky}I_{ly} + i2I_{kx}I_{ly} - i2I_{ky}I_{lx}] \quad (2.1.107)$$

これらの演算子は, 4.4.5節および5.3.3節で示すように±2量子および0量子コヒーレンスを表現するのに役立つものである.

次の変換関係は容易に導くことができる.

$$I_k^\pm \xrightarrow{\phi I_{kz}} I_k^\pm \exp\{\mp i\phi\} \quad (2.1.108)$$

$$I_k^\pm \xrightarrow{\phi I_{kx}} I_k^\pm \cos^2\frac{\phi}{2} + I_k^\mp \sin^2\frac{\phi}{2} \pm iI_{kz}\sin\phi \quad (2.1.109)$$

ハミルトニアン

$$\mathcal{H}\tau = \phi[I_{kx}\cos\varphi + I_{ky}\sin\varphi] \quad (2.1.110)$$

で表される, 位相のシフトしたラジオ波パルスについては次の変換が成り立つ.

$$I_k^\pm \xrightarrow{\mathcal{H}\tau} I_k^\pm \cos^2\frac{\phi}{2} + I_k^\mp \sin^2\frac{\phi}{2}\exp\{\pm i2\varphi\} \pm iI_{kz}\sin\phi\exp\{\pm i\varphi\}$$

$$(2.1.111)$$

双線型項の影響下での変換は

$$I_k^\pm \xrightarrow{\phi 2I_{kz}I_{l\alpha}} I_k^\pm \cos\phi \mp i2I_k^\pm I_{l\alpha}\sin\phi \quad (2.1.112)$$

$$I_k^\pm \xrightarrow{\phi 2I_{kx}I_{l\alpha}} I_k^\pm \cos^2\frac{\phi}{2} + I_k^\mp \sin^2\frac{\phi}{2} \pm i2I_{kz}I_{l\alpha}\sin\phi \quad (2.1.113\,\mathrm{a})$$

$$I_k^\pm \xrightarrow{\phi 2I_{ky}I_{l\alpha}} I_k^\pm \cos^2\frac{\phi}{2} - I_k^\mp \sin^2\frac{\phi}{2} - 2I_{kz}I_{l\alpha}\sin\phi \quad (2.1.113\,\mathrm{b})$$

ここに α は x, y. または z である.

2.1.7 分極演算子

単一遷移演算子とのつながりを準備するために，分極演算子 (2.14, 2.15) を導入しよう． $I=\frac{1}{2}$ のスピンに対して

$$I_k^\alpha = \frac{1}{2}\P_k + I_{kz}$$
$$I_k^\beta = \frac{1}{2}\P_k - I_{kz} \qquad (2.1.114)$$

を定義する．よって，

$$I_{kz} = \frac{1}{2}(I_k^\alpha - I_k^\beta)$$

これらの定義を $I=\frac{1}{2}$ のスピンに対してケットとブラおよび行列を使って表わすことにより，これらの単一要素演算子は昇降演算子の相棒となる対角成分であることがわかる．

$$I_k^\alpha = |\alpha\rangle\langle\alpha| = \begin{pmatrix} 1 & 0 \\ 0 & 0 \end{pmatrix}, \quad I_k^\beta = |\beta\rangle\langle\beta| = \begin{pmatrix} 0 & 0 \\ 0 & 1 \end{pmatrix}$$
$$I_k^+ = |\alpha\rangle\langle\beta| = \begin{pmatrix} 0 & 1 \\ 0 & 0 \end{pmatrix}, \quad I_k^- = |\beta\rangle\langle\alpha| = \begin{pmatrix} 0 & 0 \\ 1 & 0 \end{pmatrix} \qquad (2.1.115)$$

$I_k > \frac{1}{2}$ のスピンに対しては，分極演算子は $(2I+1)$ の状態のそれぞれに対応し，それらの量子数 M_k によって分類される．そこで $I_k=1$ に対しては分極演算子 $I_k^{[+1]}$, $I_k^{[0]}$, または $I_k^{[-1]}$ を区別しなければならない． $I_k=\frac{1}{2}$ に対して $I_k^{[+\frac{1}{2}]}=I_k^\alpha$ そして $I_k^{[-\frac{1}{2}]}=I_k^\beta$ である．

こうして，スピン $\frac{1}{2}$ よりなる N 個のスピン系に対する，4^N 個の単一要素演算子の完全な組を，次の形の積を用いてつくることができる．

$$B_s = \prod_{k=1}^N I_k^{\mu_{ks}} \qquad (2.1.116)$$

ここに $\mu_{ks}=+,-,\alpha$ または β である．もしこの積がすべてのスピン k にまたがるものとすれば，単位演算子はもはや必要でなくなる．これらの積の演算子の行列表現は，それぞれ，値が1であるただ一つの行列要素をもつ．

占有率が平衡からずれた，弱く結合した系（いわゆる "非干渉的非平衡状

2.1 運動方程式

態"；4.4.3節をみよ）を表現するためには，分極演算子（$\mu_{ks}=\alpha,\beta$）の積のみが必要とされ，積の各々は一つ一つの固有状態に対応づけられる．2スピン系に対しては，例えば，次のようになる．

$$\sigma = P_{\alpha\alpha}I_1^\alpha I_2^\alpha + P_{\alpha\beta}I_1^\alpha I_2^\beta + P_{\beta\alpha}I_1^\beta I_2^\alpha + P_{\beta\beta}I_1^\beta I_2^\beta \quad (2.1.117)$$

ここに $P_{\alpha\alpha}, P_{\alpha\beta}$ はそれぞれ固有状態 $|\alpha\alpha\rangle, |\alpha\beta\rangle\cdots$ の占有率を表す実数である．

密度演算子を展開するのに分極演算子を用いた場合，ラジオ波パルスの効果を記述するには，次の変換が必要である．

$$I_k^\alpha \xrightarrow{\phi[I_{kx}\cos\varphi + I_{ky}\sin\varphi]} I_k^\alpha \cos^2\phi/2 + I_k^\beta \sin^2\phi/2$$
$$+ \frac{\mathrm{i}}{2}\sin\phi[I_k^+\exp\{-\mathrm{i}\varphi\} - I_k^-\exp\{+\mathrm{i}\varphi\}] \quad (2.1.118)$$

$$I_k^\beta \xrightarrow{\phi[I_{kx}\cos\varphi + I_{ky}\sin\varphi]} I_k^\beta \cos^2\phi/2 + I_k^\alpha \sin^2\phi/2$$
$$- \frac{\mathrm{i}}{2}\sin\phi[I_k^+\exp\{-\mathrm{i}\varphi\} - I_k^-\exp\{+\mathrm{i}\varphi\}] \quad (2.1.119)$$

分極演算子は I_{kz} の下で不変であることは明らかである．

2.1.8 直交座標系単一遷移演算子

単一遷移演算子による記述は，複雑なスピン系（2.16, 2.17）において単一遷移の選択的励起を扱う場合に特に有効である．

単一遷移演算子 $I_x^{(rs)}, I_y^{(rs)}, I_z^{(rs)}, I^{+(rs)}, I^{-(rs)}$ は二つのエネルギーレベル $|r\rangle$ と $|s\rangle$ の間に対応している．他のすべてのエネルギーレベルを無視することにより，部分系を実効的に二つのエネルギー準位の系として取り扱うことができる．

$|r\rangle$ と $|s\rangle$ の間の遷移に関係した単一遷移の演算子には0量子，1量子，あるいは多量子遷移を表すものがあるが，これらは次のように定義される．

$$\langle i|I_x^{(rs)}|j\rangle = \frac{1}{2}(\delta_{ir}\delta_{js} + \delta_{is}\delta_{jr})$$

$$\langle i|I_y^{(rs)}|j\rangle = \frac{\mathrm{i}}{2}(-\delta_{ir}\delta_{js} + \delta_{is}\delta_{jr})$$

$$\langle i|I_z^{(rs)}|j\rangle = \frac{1}{2}(\delta_{ir}\delta_{jr} - \delta_{is}\delta_{js}) \qquad (2.1.120)$$

これら三つの演算子の行列表現（図2.1.8）は，ゼロしか含まない行と列を取り除くと，パウリの行列となる．指標の順序を逆にすると，次の関係になることが容易にわかる．

$$I_x^{(sr)} = I_x^{(rs)}$$
$$I_y^{(sr)} = -I_y^{(rs)}$$
$$I_z^{(sr)} = -I_z^{(rs)} \qquad (2.1.121)$$

これらの符号の変化は任意の固有状態 $|r\rangle$ と $|s\rangle$ に対する単一遷移演算子をつくる際に考慮しなければならない．

特定の遷移 $|r\rangle$, $|s\rangle$ 間に属する三つの演算子は標準の交換法則，式(2.1.86) に従う．

$$[I_\alpha^{(rs)}, \ I_\beta^{(rs)}] = \mathrm{i}I_\gamma^{(rs)} \qquad (2.1.122)$$

ここに $\alpha, \beta, \gamma = x, y, z$ であり，循環的にこれを入れ換えたものについても成り立つ．

異なる三つの状態 $|r\rangle$, $|s\rangle$, $|t\rangle$ に関係する二つの連結した遷移を記述する演算子については，次の交換法則が成り立つ：

$$[I_x^{(rt)}, \ I_x^{(st)}] = [I_y^{(rt)}, \ I_y^{(st)}] = \frac{\mathrm{i}}{2}I_y^{(rs)}$$

$$[I_z^{(rt)}, \ I_z^{(st)}] = 0$$

$$[I_x^{(rt)}, \ I_y^{(st)}] = \frac{\mathrm{i}}{2}I_x^{(rs)}$$

$$[I_x^{(rt)}, \ I_z^{(st)}] = \frac{-\mathrm{i}}{2}I_y^{(rt)}$$

$$[I_y^{(rt)}, \ I_z^{(st)}] = \frac{\mathrm{i}}{2}I_x^{(rt)} \qquad (2.1.123)$$

指標の順序を入れ替えることにより式(2.1.121) に従って符号が変化する．

2.1 運動方程式

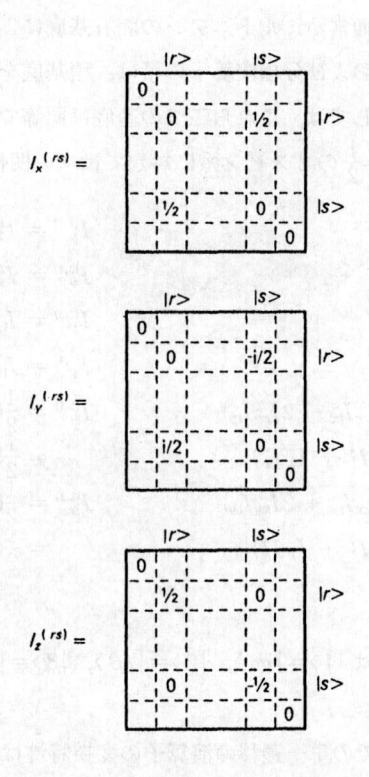

$$I_x^{(rs)} = \begin{pmatrix} 0 & & & \\ & 0 & 1/2 & \\ & 1/2 & 0 & \\ & & & 0 \end{pmatrix} \begin{matrix} |r\rangle \\ |s\rangle \end{matrix}$$

$$I_y^{(rs)} = \begin{pmatrix} 0 & & & \\ & 0 & -i/2 & \\ & i/2 & 0 & \\ & & & 0 \end{pmatrix} \begin{matrix} |r\rangle \\ |s\rangle \end{matrix}$$

$$I_z^{(rs)} = \begin{pmatrix} 0 & & & \\ & 1/2 & 0 & \\ & 0 & -1/2 & \\ & & & 0 \end{pmatrix} \begin{matrix} |r\rangle \\ |s\rangle \end{matrix}$$

図 2.1.8 三つの単一遷移の演算子 $I_x^{(rs)}$, $I_y^{(rs)}$, $I_z^{(rs)}$ の行列表現. これらは対応するハミルトニアンの固有基底で表現されている.

たとえば,

$$[I_x^{(rt)}, I_y^{(ts)}] = \frac{-\mathrm{i}}{2} I_x^{(rs)} \qquad (2.1.124)$$

お互いに連結していない遷移に属する演算子は常に可換である.

$$[I_\alpha^{(rs)}, I_\beta^{(tu)}] = 0 \qquad (2.1.125)$$

ここで z 成分の間には, 次の線型依存性が成立することに注意しよう.

$$I_z^{(rs)} + I_z^{(st)} + I_z^{(tr)} = 0 \qquad (2.1.126)$$

単一遷移の演算子は通常ハミルトニアンの固有基底によって定義される．一方，前節で定義した昇降および分極演算子の積は，積基底を形成する．弱く結合しているスピン系に対しては，これら二つの基底は同等であり，演算子を書き下すことができる．$I=\frac{1}{2}$ の 2 スピン系に対しては次の関係が見出される．

$$
\begin{aligned}
I_x^{(1,2)} &= I_1^\alpha I_{2x} & I_y^{(1,2)} &= I_1^\alpha I_{2y} \\
I_x^{(3,4)} &= I_1^\beta I_{2x} & I_y^{(3,4)} &= I_1^\beta I_{2y} \\
I_x^{(1,3)} &= I_{1x} I_2^\alpha & I_y^{(1,3)} &= I_{1y} I_2^\alpha \\
I_x^{(2,4)} &= I_{1x} I_2^\beta & I_y^{(2,4)} &= I_{1y} I_2^\beta \\
I_x^{(1,4)} &= \frac{1}{2}(2I_{kx}I_{lx} - 2I_{ky}I_{ly}) & I_y^{(1,4)} &= \frac{1}{2}(2I_{kx}I_{ly} + 2I_{ky}I_{lx}) \\
&= \frac{1}{2}(I_k^+ I_l^+ + I_k^- I_l^-) & &= \frac{1}{2}(-I_k^+ I_l^+ + I_k^- I_l^-) \\
I_x^{(2,3)} &= \frac{1}{2}(2I_{kx}I_{lx} + 2I_{ky}I_{ly}) & I_y^{(2,3)} &= \frac{1}{2}(2I_{ky}I_{lx} - 2I_{kx}I_{ly}) \\
&= \frac{1}{2}(I_k^+ I_l^- + I_k^- I_l^+) & &= \frac{1}{2}(-I_k^+ I_l^- + I_k^- I_l^+)
\end{aligned}
$$
$$\tag{2.1.127}$$

ここで状態の番号は $|1\rangle=|\alpha\alpha\rangle$, $|2\rangle=|\alpha\beta\rangle$, $|3\rangle=|\beta\alpha\rangle$, $|4\rangle=|\beta\beta\rangle$ を意味する．

選択的パルスの下での単一遷移の演算子の変換特性は，3次元部分空間で記述することができる．もしコヒーレンスとラジオ波パルスが，一対の固有状態 $|r\rangle$ と $|s\rangle$ の間の唯一かつ同一の遷移を含む場合には，通常の変換

$$I_\beta^{(rs)} \xrightarrow{\phi I_\alpha^{rs}} I_\beta^{(rs)}\cos\phi + I_\gamma^{(rs)}\sin\phi \tag{2.1.128}$$

が，$\alpha, \beta, \gamma = x, y, z$ そしてそれらの循環的入れ替えに対して成り立つ．しかしながら，共通の固有状態を通じて結ばれる別の遷移に対してパルスが加えられる場合には，コヒーレンスは次式に従って変換する．

$$I_x^{(st)} \xrightarrow{\phi I_x^{rs}} I_x^{(st)}\cos\phi/2 + I_y^{(rt)}\sin\phi/2 \tag{2.1.129}$$

変換された演算子および回転演算子がただ一つの指標を共通にもっているような場合には，いつでも回転角は見かけ上半分であることを強調しておこう．

2.1 運動方程式

このことは $\phi=\pi$ に対してコヒーレンスが完全に移動することを意味している．3レベルの系に対しては三つの直交する演算子によって七つの部分空間が張られ，これらが式(2.1.128)と式(2.1.129)で表されるような形の3次元回転の表現の基底を形づくる．

$$(I_x^{(1,2)}, I_y^{(1,2)}, I_z^{(1,2)}), \quad (I_x^{(1,3)}, I_y^{(1,3)}, I_z^{(1,3)}), \quad (I_x^{(2,3)}, I_y^{(2,3)}, I_z^{(2,3)})$$
$$(2I_x^{(1,2)}, 2I_x^{(2,3)}, 2I_y^{(1,3)}), \quad (2I_x^{(1,2)}, 2I_x^{(1,3)}, 2I_y^{(2,3)})$$
$$(2I_y^{(1,2)}, 2I_x^{(1,3)}, 2I_x^{(2,3)}), \quad (2I_y^{(1,2)}, 2I_y^{(1,3)}, 2I_y^{(2,3)}) \tag{2.1.130}$$

最後の四つの演算子空間における回転を図2.1.9に模式的に示す．

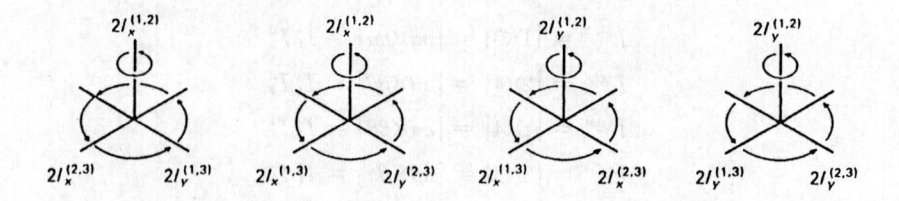

図 **2.1.9** 単一遷移演算子によって張られる部分空間内での回転（式 (2.1.130)）．

2.1.9 単一遷移昇降演算子

単一遷移の演算子は直交座標成分，もしくはケットとブラの積で定義することができる．

$$I^{+(rs)} = I_x^{(rs)} + iI_y^{(rs)} = |r\rangle\langle s|$$
$$I^{-(rs)} = I_x^{(rs)} - iI_y^{(rs)} = |s\rangle\langle r| \tag{2.1.131}$$

指標を入れ換えたときに，y 成分の符号が逆転することから，形式的に

$$I^{-(rs)} = I^{+(sr)} \tag{2.1.132}$$

が成り立つ．しかしながら $M_r > M_s$ になるように指標を順序づけることが望

ましく，そうすることにより昇演算子と降演算子が磁気量子数をそれぞれ増加させ，また減少させることを保証できる．

$$I^{+(rs)}|s\rangle = |r\rangle$$
$$I^{-(rs)}|r\rangle = |s\rangle \qquad (2.1.133)$$

磁気量子数の差 $\Delta M_{rs} = M_r - M_s$ はコヒーレンスの次数 p を決定する．すなわち，$I^{+(rs)}$ に対して $p = \Delta M_{rs}$，$I^{-(rs)}$ に対して $p = -\Delta M_{rs}$ である．

二つの弱く結合した $I=\frac{1}{2}$ の核より成る系では，次に示す関係が成立する．

$$\begin{aligned}
I^{+(1,2)} &= |1\rangle\langle 2| = |\alpha\alpha\rangle\langle\alpha\beta| = I_1^\alpha I_2^+ \\
I^{+(3,4)} &= |3\rangle\langle 4| = |\beta\alpha\rangle\langle\beta\beta| = I_1^\beta I_2^+ \\
I^{+(1,3)} &= |1\rangle\langle 3| = |\alpha\alpha\rangle\langle\beta\alpha| = I_1^+ I_2^\alpha \\
I^{+(2,4)} &= |2\rangle\langle 4| = |\alpha\beta\rangle\langle\beta\beta| = I_1^+ I_2^\beta \\
I^{+(1,4)} &= |1\rangle\langle 4| = |\alpha\alpha\rangle\langle\beta\beta| = I_1^+ I_2^+ \\
I^{+(2,3)} &= |2\rangle\langle 3| = |\alpha\beta\rangle\langle\beta\alpha| = I_1^+ I_2^- \\
I^{-(1,2)} &= |2\rangle\langle 1| = |\alpha\beta\rangle\langle\alpha\alpha| = I_1^\alpha I_2^- \\
I^{-(3,4)} &= |4\rangle\langle 3| = |\beta\beta\rangle\langle\beta\alpha| = I_1^\beta I_2^- \\
I^{-(1,3)} &= |3\rangle\langle 1| = |\beta\alpha\rangle\langle\alpha\alpha| = I_1^- I_2^\alpha \\
I^{-(2,4)} &= |4\rangle\langle 2| = |\beta\beta\rangle\langle\alpha\beta| = I_1^- I_2^\beta \\
I^{-(1,4)} &= |4\rangle\langle 1| = |\beta\beta\rangle\langle\alpha\alpha| = I_1^- I_2^- \\
I^{-(2,3)} &= |3\rangle\langle 2| = |\beta\alpha\rangle\langle\alpha\beta| = I_1^- I_2^+
\end{aligned} \qquad (2.1.134)$$

演算子の組を完成するために，次式で定義される分極演算子 $I^{(rr)}$ を導入しよう（2.1.7節をみよ）．

$$I^{(rr)} = |r\rangle\langle r| \qquad (2.1.135)$$

弱く結合した2スピン系の場合には，次の関係が成立することが直ちにわかる．

$$\begin{aligned}
I^{(1,1)} &= I_1^\alpha I_2^\alpha, & I^{(3,3)} &= I_1^\beta I_2^\alpha \\
I^{(2,2)} &= I_1^\alpha I_2^\beta, & I^{(4,4)} &= I_1^\beta I_2^\beta
\end{aligned} \qquad (2.1.136)$$

2.1 運動方程式

演算子 $I^{+(rs)}$, $I^{-(rs)}$, $I^{(rr)}$ は，ハミルトニアンの固有基底の下でそれぞれゼロでない1つの行列要素をもっている．n個の固有状態より成る系においては n^2 個の直交する演算子が存在し，それらが完全なリウヴィユ演算子空間を張っている．

単一遷移の昇降演算子はハミルトニアン超演算子の固有演算子である．

$$I^{\pm(rs)} \xrightarrow{\mathcal{H}\tau} I^{\pm(rs)} \exp\{\mp i\omega_{rs}\tau\} \qquad (2.1.137)$$

ここに $\omega_{rs} = \varepsilon_r - \varepsilon_s = \langle r|\mathcal{H}|r\rangle - \langle s|\mathcal{H}|s\rangle$．$\gamma > 0$ なる核を扱っている場合，一番大きな磁気量子数の状態が最低エネルギーをもつことに注意しよう．特に重要なことは z 回転による変換である．

$$I^{\pm(rs)} \xrightarrow{F_z\phi} I^{\pm(rs)} \exp\{\mp i\phi p\} \qquad (2.1.138)$$

ここに $F_z = \sum_k I_{kz}$, $p = \Delta M_{rs} = M_r - M_s$ はコヒーレンスの次数である．

単一遷移の演算子はハミルトニアンの固有基底で定義されているので，強く結合した系を記述するのにも適している．ハミルトニアンを対角化して積基底 $\|\phi_j|\rangle$ を固有基底 $\|\psi_j|\rangle$ に変換する変換 U を考えよう．

$$|\psi_i\rangle = \sum_j |\phi_j\rangle U_{ji} \qquad (2.1.139)$$

これに対応して，単一遷移の演算子は弱く結合した極限から強く結合した固有基底へと次のように変換される．

$$I^{+(rs)}_{(\psi)} = \sum_{tu} I^{+(tu)}_{(\phi)} U_{tu\,rs} \qquad (2.1.140)$$

あるいはこれと等価な

$$|\psi_r\rangle\langle\psi_s| = \sum_{tu} |\phi_t\rangle\langle\phi_u| U_{tu\,rs} \qquad (2.1.141)$$

ここに超行列の要素は

$$U_{tu\,rs} = U_{tr} U^*_{us} \qquad (2.1.142)$$

例として，強く結合した2スピン系を考えてみよう．2スピン系は強く結合した系の特徴を論ずるときに，しばしば引き合いに出される．ハミルトニアンの対角化は変換

$$(\alpha\alpha, [\alpha\beta c + \beta\alpha s], [\beta\alpha c - \alpha\beta s], \beta\beta) = (\alpha\alpha, \alpha\beta, \beta\alpha, \beta\beta)\mathbf{U}$$

(2.1.143)

によって達成される．ここに

$$\mathbf{U} = \begin{pmatrix} 1 & 0 & 0 & 0 \\ 0 & c & -s & 0 \\ 0 & s & c & 0 \\ 0 & 0 & 0 & 1 \end{pmatrix}$$

ただし $c = \cos\theta$, $s = \sin\theta$, $\theta = \frac{1}{2}\tan^{-1}\{2\pi J/(\Omega_A - \Omega_x)\}$ である．

2スピン系の場合，16×16の超行列 $\mathbf{U}$ は，次元1×1の4つのブロック（例えば $I^{+(1,4)}_{(\varphi)} = I^{+(1,4)}_{(\varphi)}$ が不変である），八つの単一遷移演算子 $I^{\pm(rs)}$ に対して四つの2×2のブロック，そしてゼロ量子コヒーレンスと $M_r = 0$ の状態を含む一つの4×4のブロックをもつ．1量子遷移は次式に従って混じり合う．

$$\begin{pmatrix} I^{\pm(1,2)}_{(\varphi)} \\ I^{\pm(1,3)}_{(\varphi)} \\ I^{\pm(2,4)}_{(\varphi)} \\ I^{\pm(3,4)}_{(\varphi)} \end{pmatrix} = \begin{pmatrix} c & s & 0 & 0 \\ -s & c & 0 & 0 \\ 0 & 0 & c & s \\ 0 & 0 & -s & c \end{pmatrix} \begin{pmatrix} I^{\alpha}_1 I^{\pm}_2 \\ I^{\pm}_1 I^{\alpha}_2 \\ I^{\pm}_1 I^{\beta}_2 \\ I^{\beta}_1 I^{\pm}_2 \end{pmatrix} \quad (2.1.144)$$

一方ゼロ量子の項は，次式に従って混じり合う

$$\begin{pmatrix} I^{+(2,3)}_{(\varphi)} \\ I^{-(2,3)}_{(\varphi)} \\ I^{(2,2)}_{(\varphi)} \\ I^{(3,3)}_{(\varphi)} \end{pmatrix} = \begin{pmatrix} c^2 & -s^2 & -sc & +sc \\ -s^2 & +c^2 & -sc & +sc \\ +cs & +cs & +c^2 & +s^2 \\ -cs & -cs & +s^2 & +c^2 \end{pmatrix} \begin{pmatrix} I^+_1 I^-_2 \\ I^-_1 I^+_2 \\ I^{\alpha}_1 I^{\beta}_2 \\ I^{\beta}_1 I^{\alpha}_2 \end{pmatrix} \quad (2.1.145)$$

ただし分極演算子は式(2.1.135)で定義されるものである．ラジオ波パルスの

効果は積基底で表すことにより最も容易に計算できるのに対し，自由な時間発展は，固有基底でもって便利よく表現されることに注意しよう．第7章と第8章において，両方の基底セットを組み合わせることにより，強く結合した系におけるコヒーレンスの移動がどのようにして簡単に表現できるかをみよう．

2.1.10 既約テンソル演算子

3次元回転を記述するには，密度演算子を既約テンソル演算子 T_{lm} で展開するのが便利である．既約テンソル演算子は結合したスピン系を記述するのに用いることもできるが，孤立した $I > \frac{1}{2}$ のスピン（複数）を記述する際には特に重要である．既約球面テンソルが数学的に便利である理由は，それが3次元回転群の既約表現に従って変換するからである．これはスピンダイナミクスとの関連で Sanctuary（2.18）によって大々的に用いられたものである．

三つのオイラー角 α, β, γ によって表現される一般的回転 $R(\alpha,\beta,\gamma)$ によって，変換

$$\hat{\hat{R}}(\alpha, \beta, \gamma)T_{lm} = R(\alpha, \beta, \gamma)T_{lm}R^{-1}(\alpha, \beta, \gamma)$$
$$= \sum_{m'} T_{lm'} \mathcal{D}^{l}_{m'm}(\alpha, \beta, \gamma) \quad (2.1.146)$$

が得られる．ここで $\mathcal{D}^{l}_{m'm}(\alpha, \beta, \gamma)$ は階数 l の Wigner の回転行列の要素である（2.19-2.21）．回転演算子は個々の回転項に分解できる．

$$R(\alpha, \beta, \gamma) = e^{-i\alpha I_z} e^{-i\beta I_y} e^{-i\gamma I_z} \quad (2.1.147)$$

これはまず，z 軸回りの角度 γ の回転を行ない，次に y 軸回りの β の回転を行ない，最後に再び z 軸回りに α の回転を行うことを意味している．この規約は Brink と Satchler による定義と一致している（2.21）．

模式的な表記では次のように書くことができる．

$$T_{em} \xrightarrow{\gamma I_z} \xrightarrow{\beta I_y} \xrightarrow{\alpha I_z} \sum_{m'} T_{lm'} \mathcal{D}^{(l)}_{m'm}(\alpha, \beta, \gamma). \quad (2.1.148)$$

テンソル演算子の階数 l は回転によって変化しない．それは変換を支配する回転群の既約表現を表わす．

単一のスピン $I_k = \frac{1}{2}$ に対して，直ちに次の関係が得られる．

$$\begin{aligned}
T_{00}^{(k)} &= \frac{1}{\sqrt{2}} \, \P & &= \frac{1}{\sqrt{2}}(I_k^\alpha + I_k^\beta), \\
T_{11}^{(k)} &= -(I_{kx} + iI_{ky}) & &= -I_k^+, \\
T_{10}^{(k)} &= \sqrt{2}\, I_{kz} & &= \frac{1}{\sqrt{2}}(I_k^\alpha - I_k^\beta), \\
T_{1,-1}^{(k)} &= (I_{kx} - iI_{ky}) & &= I_k^-,
\end{aligned} \quad (2.1.149)$$

特に T_{11} の定義における符号に注意されたい．テンソル演算子は互いに直交しており，規格化されている．

$$\langle T_{lp}^{(k)} \mid T_{l'p'}^{(k')} \rangle = \delta_{ll'}\delta_{pp'}\delta_{kk'} \quad (2.1.150)$$

いくつかのスピンからなる系では，テンソル演算子は単一スピンのテンソル演算子の積の線型結合として表現することができる．これに対応する係数は Clebsch-Gordon 係数 $(l_1 l_2 m_1 m_2 | lm)$ で与えられる（2.19-2.21）．

例えば2スピン系に対しては，文献2.21の記号を用いて，テンソル演算子 T_{lm} を二つのスピンの各々のテンソル演算子 $T_{l_1 m_1}$ と $T_{l_2 m_2}$ からつくることができる．

$$T_{lm}^{(12)} = \sum_{m_1}(l_1 l_2 m_1, m - m_1 | lm) T_{l_1 m_1}^{(1)} T_{l_2, m - m_1}^{(2)}. \quad (2.1.151)$$

演算子 $T_{lm}^{(12)}$ も階数 l の既約表現テンソルであり，これらはテンソル演算子 $T_{l_1 m_1}^{(1)}$ と $T_{l_2 m_2}^{(2)}$ の積の和として表現されている．

もう一つの定式化は，いわゆる $3j$ 記号（2.19-2.21）を用いるものでもっと対称的な性質をもっている．

$$T_{lm}^{(12)} = (-1)^{l_2 - l_1 - m}\sqrt{(2l+1)}\sum_{m_1}\begin{pmatrix} l_1 & l_2 & l \\ m_1 & m - m_1 & -m \end{pmatrix} T_{l_1 m_1}^{(1)} T_{l_2 m - m_1}^{(2)}. \quad (2.1.152)$$

式（2.1.151）と式（2.1.152）から得られる演算子群は互いに直交しているが，

2.1 運動方程式

規格化されていない．規格化の後には，2スピン系に対して，式 (2.1.149) の単一スピン演算子に加うるに，次のものが得られる．

$$T^{(12)}_{00} = -\frac{2}{\sqrt{3}}(\frac{1}{2}I_1^+I_2^- + \frac{1}{2}I_1^-I_2^+ + I_{1z}I_{2z})$$

$$T^{(12)}_{10} = \frac{1}{\sqrt{2}}(-I_1^+I_2^- + I_1^-I_2^+),$$

$$T^{(12)}_{1\pm1} = (-I_1^\pm I_{2z} + I_{1z}I_2^\pm),$$

$$T^{(12)}_{20} = \sqrt{\frac{2}{3}}(3I_{1z}I_{2z} - \mathbf{I}_1\mathbf{I}_2),$$

$$T^{(12)}_{2\pm1} = \mp(I_1^\pm I_{2z} + I_{1z}I_2^\pm),$$

$$T^{(12)}_{2\pm2} = I_1^\pm I_2^\pm, \tag{2.1.153}$$

自由な歳差運動の下では m が保存され階数 l が変化するのに対し，ラジオ波パルスの下での回転では l が保存され m が変化する．量子数 m は一量子または多量子コヒーレンス次数 p に相当する．既約テンソル演算子を用いた場合，ラジオ波パルスの効果は巧みに記述されるが，化学シフトやスカラー結合あるいは双極子結合を含むような，任意のハミルトニアンの下での自由歳差運動を記述するのはめんどうである．自由歳差運動は $I^{\pm(rs)}$ 演算子を用いると見積りが便利なので，パルスの直前に密度演算子を T_{lm} 基底に変換し，それに続く時間発展を記述するのには再び $I^{\pm(rs)}$ に変換するとよい．

2.1.11 コヒーレンス移動

コヒーレンスの概念は「横磁化」の概念の延長である．後者が必然的に $M_r - M_s = \pm 1$ の許容遷移 $|r\rangle \leftrightarrow |s\rangle$ に対応するのに対し，コヒーレンスの考えはもっと一般的であって，どの状態間の対についても適応できる（式 (2.1.11)）．密度演算子を固有基底で行列表現する場合を考えれば，非対角要素 σ_{rs} がゼロでないことが状態 $|r\rangle$ と $|s\rangle$ の間のコヒーレンスを表わす．

密度演算子の非対角要素が何に起因するかは (2.1.11) から明白である．要素 σ_{rs} がゼロでないということは式 (2.1.2) で表わされる状態関数 $|\psi(t)\rangle$ が

固有関数 $|r\rangle$ と $|s\rangle$, あるいはそれ以外の固有関数の干渉的重ね合わせよりなることを示す.

$$|\phi(t)\rangle = c_r(t)|r\rangle + c_s(t)|s\rangle \cdots \qquad (2.1.154)$$

コヒーレントな状態は，当然のこととしてハミルトニアンの固有状態ではなく，時間とともに発展する．分子集団のすべての構成員が同じ時間依存性をもつ $c_r(t)$ と $c_s(t)$ より成る限り，時間発展はコヒーレントである．コヒーレントな状態は，$|r\rangle$ または $|s\rangle$ の2つのどちらか一方の固有状態にあるスピンの統計集団とは，明確に区別されなければならない．後者の場合にはコヒーレンスは出現しないからである．この場合，式 (2.1.6) から推察できるように，密度演算子の非対角要素は消失する.

磁気共鳴の実験は三つ以上の固有状態が関係する高次のコヒーレンスに対して不感なので，対をなす状態間のコヒーレンスを考えるだけで充分である．磁気量子数の差 $\Delta M_{rs} = p_{rs}$ は，コヒーレンスの次数と呼ばれる．これは，スピン量子数 I をもつ N 個の結合したスピン系においては $-N(2I+1)\cdots +N(2I+1)$ の価をとる．我々はゼロ量子コヒーレンス ($p_{rs}=0$)，1量子コヒーレンス ($p_{rs}=\pm 1$)，そして一般に p 量子コヒーレンスを区別できる．1量子コヒーレンスは観測可能な横磁化に対応するか，もしくは1量子のコンビネーションラインに対応する.

時には，二つの特定のエネルギーレベルに関係する個々のコヒーレンスの成分 $I^{+(rs)}$ と $I^{-(rs)}$ を考えるのが便利である．また時には一連の，互いに関連したコヒーレンスの成分を，一つの演算子，たとえば同位相コヒーレンス I_{kx} か反位相コヒーレンス $2I_{kx}I_{lz}$ 等々で表わすこともある（4.4節を見よ）.

コヒーレンス移動は，一つの遷移から他の遷移へのコヒーレンスの変換を記述する．たとえば式 (2.1.129) に示されているように，選択的な π-パルスを遷移 (rs) に加えることによって，遷移 (st) から遷移 (rt) にコヒーレンスを移す.

$$|\psi_{st}(t_0)\rangle = c_s(t_0)|s\rangle + c_t(t_0)|t\rangle,$$
$$\downarrow \pi_x^{(rs)}$$
$$|\psi_{rt}(t_0)\rangle = -ic_s(t_0)|r\rangle + c_t(t_0)|t\rangle \quad (2.1.155)$$

コヒーレンスの移動は密度演算子の非対角行列要素を入れ替えることに対応する．

コヒーレンスは同一スピンに属する遷移の間でも，あるいは異なるスピンに属する遷移の間でも移すことができる．推進演算子（プロパゲーター）をうまく組み立てることにより，たとえばスピン k からスピン l への同位相コヒーレンスを移すことができる．すなわち，

$$\overset{\text{歳差運動}}{I_{kx} \longrightarrow} 2I_{ky}I_{lz} \overset{\text{ラジオ波パルス}}{\longrightarrow} -2I_{kz}I_{ly} \overset{\text{歳差運動}}{\longrightarrow} I_{lx} \quad (2.1.156)$$

後に見るように多くの進んだパルス実験において，コヒーレンスの移動は中心的な重要性をもっている．コヒーレンスの移動はしかるべき遷移の対の間でのみ可能であって，8.1 節で議論するような「コヒーレンス移動の選択則」に従う．

2.2 核スピンハミルトニアン

分子系の完全なハミルトニアン $\mathcal{H}$ は多くの場合，極めて複雑であり，全量子力学系に対する運動方程式の完全な解を決めることは無謀な試みであるといえる．この点磁気共鳴の実験が大胆に単純化されたスピンハミルトニアン $\mathcal{H}^s$ によって記述できるという事実は，磁気共鳴の最も価値のある側面の一つである．分光学者達が磁気共鳴をうらやましく思うのには充分の理由がある．それはスピンハミルトニアン $\mathcal{H}^s$ の縮約されたヒルベルト空間は限定された次元をもつので，かなり複雑な系について行われる，非常に洗練された実験の解析に対して閉じた解を与えるからである．

核スピンハミルトニアンは，核スピン演算子と，若干の現象論的定数のみか

ら成っている．これらの定数は，ハミルトニアン（式 (2.1.35)）を簡略化する際に生じるもので，少なくとも原理的には量子化学的計算によって導き出すことができる (2.23)．これらの定数の物理的意味を説明することは，この本の目的ではない．この節においては，後での議論で必要になるようないくつかの項について，まとめておくだけにとどめる．

2.2.1 核スピンの相互作用

核スピンは三つの型の相互作用を受けている．

2.2.1.1 スピン演算子に対して1次の相互作用

ハミルトニアンにおける1次の項は静磁場 $\mathbf{B}_0$ とのゼーマン相互作用およびラジオ波磁場 $\mathbf{B}_{r.f.}(t)$ との相互作用とによっている．ゼーマン相互作用は，化学的遮蔽によって修飾を受け，テンソル $\boldsymbol{\sigma}_k$

$$\mathscr{H}_Z = -\sum_{k=1}^{N} \gamma_k \mathbf{I}_k(1-\boldsymbol{\sigma}_k)\mathbf{B}_0 \qquad (2.2.1)$$

によって表わされる．もし化学的遮蔽が弱ければ $\|\sigma_k\| \ll 1$ であり，$\mathbf{B}_0$ が z 軸に平行であるとすれば，ゼーマン相互作用を次の形に書くことができる．

$$\mathscr{H}_Z = \sum_{k=1}^{N} \omega_{0k} I_{kz} \qquad (2.2.2a)$$

ここにラーモア周波数は

$$\omega_{0k} = -\gamma_k(1-\sigma_{zz}^k(\theta, \phi))\mathbf{B}_0 \qquad (2.2.2b)$$

であり，化学シフトは

$$\sigma_{zz}^k(\theta, \phi) = \sigma_{11}^k \sin^2\theta\cos^2\phi + \sigma_{22}^k \sin^2\theta\sin^2\phi + \sigma_{33}^k \cos^2\theta \qquad (2.2.2c)$$

である．ここで σ_{11}^k, σ_{22}^k, σ_{33}^k は化学遮蔽テンソルの $\boldsymbol{\sigma}_k$ 主値である．極角 θ と方位角 ϕ が化学遮蔽テンソルの主軸系における静磁場 $\mathbf{B}_0$ の方向を表わす．正の周波数 ω_{0k} が正の回転 $(x \rightarrow y \rightarrow -x \rightarrow -y)$ に対応する．

2.2 核スピンハミルトニアン

ラジオ波磁場との相互作用もゼーマン相互作用と同じ形をもつ．

$$\mathscr{H}_{\mathrm{r.f.}}(t) = -\sum_{k=1}^{N} \gamma_k \mathbf{I}_k \mathbf{B}_{\mathrm{r.f.}}(t). \tag{2.2.3}$$

加えたラジオ波磁場の周波数が $\omega_{\mathrm{r.f.}}$ で，普通これが直線偏光しているとすれば，その位相を φ として

$$\mathbf{B}_{\mathrm{r.f.}}(t) = 2B_1 \cos\omega_{\mathrm{r.f.}} t \, [\mathbf{e}_x^{\mathrm{L}}\cos\varphi + \mathbf{e}_y^{\mathrm{L}}\sin\varphi]. \tag{2.2.4}$$

よく知られていることであるが，直線的に振動するラジオ波磁場は，反対方向に回転する二つの成分に分解することができる．強い磁場 $\mathbf{B}_0$ の下では，そのうちの一つを無視することは，非常によい近似である．ハミルトニアンとしては，次式が得られる．

$$\mathscr{H}_{\mathrm{r.f.}}(t) = -B_1 \sum_{k=1}^{N} \gamma_k \{I_{kx}\cos(\omega_{\mathrm{r.f.}} t + \varphi) + I_{ky}\sin(\omega_{\mathrm{r.f.}} t + \varphi)\}. \tag{2.2.5}$$

ハミルトニアン

$$\mathscr{H}(t) = \mathscr{H}_0 + \mathscr{H}_{\mathrm{r.f.}}(t), \tag{2.2.6}$$

に対する密度演算子方程式，式 (2.1.34) を解こうとする前に，z 軸回りにラジオ波周波数 $\omega_{\mathrm{r.f.}}$ で回転する回転系に変換して，それを時間に依存しない形にしておくのが賢明である．

$$\begin{aligned}\mathscr{H}^{\mathrm{r}} &= R^{-1}\mathscr{H}(t)R \\ &= \mathscr{H}_0 + \mathscr{H}_{\mathrm{r.f.}}^{\mathrm{r}}\end{aligned} \tag{2.2.7}$$

ここに $R = \exp\{-\mathrm{i}\omega_{\mathrm{r.f.}} F_z t\}$ であり，また

$$\mathscr{H}_{\mathrm{r.f.}}^{\mathrm{r}} = -B_1 \sum_{k=1}^{N} \gamma_k \{I_{kx}\cos\varphi + I_{ky}\sin\varphi\}. \tag{2.2.8}$$

強磁場ハミルトニアン $\mathscr{H}_0$ は，z 軸まわりの回転に対して不変である．強磁場下での緩和の超演算子 $\hat{\Gamma}$ と平衡密度演算子 σ_0 が共に z 軸回りの回転に対して

不変であることを考慮すると，回転系での変換された密度演算子に対して，次の微分方程式が得られる．

$$\dot{\sigma}^r = -\mathrm{i}[\mathcal{H}^r - \omega_{\mathrm{r.f.}} F_z, \sigma^r] - \hat{\hat{\Gamma}}\{\sigma^r - \sigma_0\} \tag{2.2.9}$$

ここに $\sigma = R^{-1}\sigma R$ である．交換子の中の $-\omega_{\mathrm{r.f.}} F_z$ なる項はすべてのラーモア周波数を $-\omega_{\mathrm{r.f.}}$ だけ移動させることを表わし，新しい周波数原点を $\omega = \omega_{\mathrm{r.f.}}$ に移す．スピン k の回転系でのラーモア周波数，すなわち伝送波からのオフセットは

$$\Omega_k = \omega_{0k} - \omega_{\mathrm{r.f.}} \tag{2.2.10}$$

で表わされる．

2.2.1.2 スピン演算子に対して双線型の相互作用

ハミルトニアンにおける 2 次の項は核スピンモーメントの間の相互作用から生じる．通常，これらは二つに分類される．

1. 間接的に電子によって伝えられる相互作用．これは電子－核相互作用によって生じるもので，次の形をしている．

$$\mathcal{H}_J = 2\pi \sum_{k<l} \mathbf{I}_k \mathbf{J}_{kl} \mathbf{I}_l \tag{2.2.11}$$

$\mathbf{J}_{kl}$ は間接的スピン-スピン結合テンソルである．異方性の部分は分離できて，

$$\mathbf{J}_{kl} = \mathbf{J}_{kl}^{\mathrm{iso}} + \mathbf{J}_{kl}^{\mathrm{aniso}} = J_{kl}\mathbf{1} + \mathbf{J}_{kl}^{\mathrm{aniso}} \tag{2.2.12a}$$

ここに $\mathrm{tr}\{\mathbf{J}_{kl}^{\mathrm{aniso}}\} = 0$ および $J_{kl} = \frac{1}{3}\mathrm{tr}\{\mathbf{J}_{kl}\}$ である．その結果，

$$\begin{aligned}\mathcal{H}_J^{\mathrm{iso}} &= 2\pi \sum_{k<l} J_{kl} \mathbf{I}_k \mathbf{I}_l, \\ \mathcal{H}_J^{\mathrm{aniso}} &= 2\pi \sum_{k<l} \mathbf{I}_k \mathbf{J}_{kl}^{\mathrm{aniso}} \mathbf{I}_l.\end{aligned} \tag{2.2.12b}$$

この異方性部分を（双極子による）直接の寄与と区別するのは困難である．

液相における高分解能 NMR では，しばしば次の形のスピンハミルトニアン

2.2 核スピンハミルトニアン

に遭遇する.

$$\mathcal{H}_0 = \mathcal{H}_Z + \mathcal{H}_J^{\text{iso}},$$
$$\mathcal{H}_0 = -\sum_k \gamma_k(1-\sigma_k^{\text{iso}})B_0 I_{kz} + \sum_{k<l} 2\pi J_{kl} \mathbf{I}_k \mathbf{I}_l$$
$$= \sum_k \omega_{0k} I_{kz} + \sum_{k<l} 2\pi J_{kl} \mathbf{I}_k \mathbf{I}_l \quad (2.2.13)$$

弱い結合の場合, すなわち $2\pi|J_{kl}| \ll |\omega_{0k}-\omega_{0l}|$ の場合には, スカラー結合のハミルトニアンの中で永年成分だけを残せばよい.

$$\mathcal{H}_0 = \sum_k \omega_{0k} I_{kz} + \sum_{k<l} 2\pi J_{kl} I_{kz} I_{lz} \quad (2.2.14)$$

2. 直接な双極子相互作用. 核磁気モーメント間に働くもので構造に関する情報を与える. ハミルトニアンに対する寄与は次の形をもつ.

$$\mathcal{H}_D = \sum_{k<l} \mathbf{I}_k \mathbf{D}_{kl} \mathbf{I}_l \quad (2.2.15)$$

あるいはあらわな形で表わせば,

$$\mathcal{H}_D = \sum_{k<l} b_{kl} \left\{ \mathbf{I}_k \mathbf{I}_l - 3\frac{1}{r_{kl}^2}(\mathbf{I}_k \mathbf{r}_{kl})(\mathbf{I}_l \mathbf{r}_{kl}) \right\}. \quad (2.2.16)$$

ここに $b_{kl} = \mu_0 \gamma_k \gamma_l \hbar / (4\pi r^3{}_{kl})$, ただし SI 単位を用いている. 核間の単位ベクトル $\mathbf{r}_{kl}/|\mathbf{r}_{kl}|$ は, 極座標 θ_{kl}, ϕ_{kl} で表わすことができ, その結果双極子ハミルトニアンを既約テンソル演算子でもって表現できる. (2.27)

$$\mathcal{H}_D = \sum_{k<l} \sum_{q=-2}^{2} F_{kl}^{(q)} A_{kl}^{(q)}. \quad (2.2.17)$$

関数 $F_{kl}^{(q)}$ は配向を表わし, $A_{kl}^{(q)}$ はスピン演算子を含む.

$$A_{kl}^{(0)} = b_{kl} \{ I_{kz}I_{lz} - \frac{1}{4}(I_k^+ I_l^- + I_k^- I_l^+) \} \qquad F_{kl}^{(0)} = 1 - 3\cos^2\theta_{kl},$$

$$A_{kl}^{(1)} = -\frac{3}{2}b_{kl}(I_{kz}I_l^+ + I_k^+ I_{lz}), \qquad F_{kl}^{(1)} = \sin\theta_{kl}\cos\theta_{kl}\exp\{-i\phi_{kl}\}$$

$$A_{kl}^{(-1)} = -\frac{3}{2}b_{kl}(I_{kz}I_l^- + I_k^- I_{lz}), \qquad F_{kl}^{(-1)} = \sin\theta_{kl}\cos\theta_{kl}\exp\{+i\phi_{kl}\}$$

$$A_{kl}^{(2)} = -\frac{3}{4}b_{kl}I_k^+ I_l^+, \qquad F_{kl}^{(2)} = \sin^2\theta_{kl}\exp\{-2i\phi_{kl}\},$$

$$A_{kl}^{(-2)} = -\frac{3}{4}b_{kl}I_k^- I_l^-, \qquad F_{kl}^{(-2)} = \sin^2\theta_{kl}\exp\{+2i\phi_{kl}\}$$

ここに θ_{kl} は磁場 $\mathbf{B}_0$ と核間ベクトル $\mathbf{r}_{kl}$ との成す角度であり，ϕ_{kl} は x 軸に関する方位角である．これらの項を慣用的な「双極子アルファベット」（2.5, 2.25, 2.27）と比べると次の等価性を得る．

$$A+B = \frac{1}{b_{kl}} F_{kl}^{(0)} A_{kl}^{(0)},$$

$$C = \frac{1}{b_{kl}} F_{kl}^{(1)} A_{kl}^{(1)},$$

$$D = \frac{1}{b_{kl}} F_{kl}^{(-1)} A_{kl}^{(-1)},$$

$$E = \frac{1}{b_{kl}} F_{kl}^{(2)} A_{kl}^{(2)},$$

$$F = \frac{1}{b_{kl}} F_{kl}^{(-2)} A_{kl}^{(-2)}.$$

高磁場近似の下では，非永年（non-secular）項の寄与は無視し，$q = 0$ の項のみを残すことが通常可能である．

$$\mathcal{H}_\mathrm{D}^\mathrm{trunc} = \sum_{k<l} b_{kl} \frac{1}{2}(1-3\cos^2\theta_{kl})[3I_{kz}I_{lz}-\mathbf{I}_k\mathbf{I}_l]. \qquad (2.2.18)$$

異種核を含むスピン系（たとえば $I_k = $ プロトン，$S_l = $ 炭素13）の場合には，結合が弱いために，さらに簡単化することができ，スピン演算子の横成分を含むすべての項を省略することができる．

$$\mathcal{H}_\mathrm{D}^{IS} = b_{kl}(1-3\cos^2\theta_{kl})I_{kz}S_{lz}. \qquad (2.2.19)$$

2.2.1.3. スピン演算子に対して，2乗の形をもつ相互作用

2乗の項は電気四極子相互作用から生じ，核の電場勾配との相互作用であると解釈することができる．ハミルトニアンに対する寄与は（これは $I_k = \frac{1}{2}$ の核に対しては消失するが）次の形をもつ．

$$\mathcal{H}_\mathrm{Q} = \sum_{k=1}^{N} \mathbf{I}_k \mathbf{Q}_k \mathbf{I}_k \qquad (2.2.20)$$

ここに $\mathbf{Q}_k$ は四極子結合テンソルであり，核 k の $\mathbf{V}$ における電場磁場勾配テ

2.3 緩和の超演算子

ンソル $\mathbf{V}_k$ を用いて表わすことができる．

$$\mathbf{Q}_k = \frac{eQ_k}{2I_k(2I_k-1)\hbar}\mathbf{V}_k, \qquad (2.2.21)$$

Q_k は核 k の核四極子能率（モーメント）である．

四極子周波数 ω_{Qk}

$$\omega_{Qk} = \frac{3e^2q_kQ_k}{4I_k(2I_k-1)\hbar}, \quad eq_k = V_{kzz} \qquad (2.2.22)$$

と非対称性パラメータ η_k

$$\eta_k = (V_{kxx} - V_{kyy})/V_{kzz}, \qquad (2.2.23)$$

を用いて表せば，核 k の四極子ハミルトニアンは主軸座標系により便利な形に書くことができる．

$$\mathcal{H}_{Qk} = \omega_{Qk}\left[(I^2_{kz} - \frac{1}{3}\mathbf{I}^2_k) + \frac{\eta}{3}(I^2_{kx} - I^2_{ky})\right] \qquad (2.2.24)$$

一般に一つの分子中の異なる核，あるいは結晶中の異なる核は，互いに異なる主軸系をもつことに注意しよう．ハミルトニアンのいろいろな項を既約テンソル演算子を用いてもっと詳しく論ずることは文献2.24-2.266に譲る．

2.3 緩和の超演算子

緩和現象の詳しい議論はこの本の範囲を越えている．この章では簡単に概観するにとどめよう．もっと完全な議論が必要な場合は，Abragam (2.27)，Redfield (2.28)，Wolf (2.29) による取り扱いや Wangsness と Bloch (2.30) Hubbard (2.31)，Redfield (2.32) そして Argyres と Kelley (2.33) による原著論文を参照していただきたい．

NMR における緩和は，次の四つの，物理的により深いレベルの取り扱いによって記述される．

1. 現象論的 Bloch（ブロッホ）方程式　純粋に現象論的根拠に基づいて，縦および横緩和時間 T_1，T_2 が導入された（2.34）．これが磁化ベクトル $\mathbf{M}(t)$ に対する Bloch 方程式で，これはベクトルを用いて簡便な形に書くと，

$$\frac{d}{dt}\mathbf{M}(t) = \gamma \mathbf{M}(t) \times \mathbf{B}(t) - \mathbf{R}\{\mathbf{M}(t) - \mathbf{M}_0\}. \tag{2.3.1}$$

緩和行列 $\mathbf{R}$ は次の型をもつ．

$$\mathbf{R} = \begin{pmatrix} 1/T_2 & 0 & 0 \\ 0 & 1/T_2 & 0 \\ 0 & 0 & 1/T_1 \end{pmatrix} \tag{2.3.2}$$

この簡単な形の緩和（超）演算子の適用範囲は，スピン結合（スカラー結合又は双極子結合—訳注）をもたない系に限られる．

2. 遷移確率　縦方向のスピン格子緩和速度は2次摂動によって容易に計算することができ，n 個の固有状態をもつスピン系において，エネルギーのレベル α と β の間の遷移確率 $W_{\alpha\beta}$ を用いて表わすことができる（2.5, 2.27）．すべての遷移確率はひとまとめにして $n \times n$ の緩和行列 $\mathbf{W}$ にまとめることができ，この W はベクトル $\mathbf{P}$ で表示される占有率 P_α の発展を記述する．

$$\frac{d}{dt}\mathbf{P}(t) = \mathbf{W}\{\mathbf{P}(t) - \mathbf{P}_0\} \tag{2.3.3}$$

これが占有率のマスター方程式である．遷移確率 $W_{\alpha\beta}$ は次式で与えられる．

$$W_{\alpha\beta} = J_{\alpha\beta\alpha\beta}(\omega_{\alpha\beta}) \quad (\alpha \neq \beta),$$
$$W_{\alpha\alpha} = -\sum_{\beta \neq \alpha} W_{\alpha\beta} \tag{2.3.4}$$

ここでパワースペクトル密度 $J_{\alpha\beta\alpha\beta}(\omega_{\alpha\beta})$ は遷移の周波数 $\omega_{\alpha\beta} = \langle\alpha|\mathcal{H}_0|\alpha\rangle - \langle\beta|\mathcal{H}_0|\beta\rangle$ を用いて

$$J_{\alpha\beta\alpha\beta}(\omega) = \int_{-\infty}^{\infty} d\tau\, e^{-i\omega\tau} \overline{\mathcal{H}_1(t)_{\alpha\beta} \mathcal{H}_1^*(t-\tau)_{\alpha\beta}}. \tag{2.3.5}$$

2.3 緩和の超演算子

ここに $\mathcal{H}_1(t)$ は格子振動によるハミルトニアンの無秩序な摂動を表わす.

横緩和はこの方法では記述できない. それはもっと基礎的な密度演算子の取扱いを必要とする.

3. <u>半古典的な緩和の理論</u>　半古典的な緩和の理論は応用という観点からすると, 最も役に立つ方法である. スピン系の時間発展は密度演算子によって量子力学的に記述されるが, 環境の影響は揺いでいる無秩序過程によって表される. (2.27, 2.28, 2.31, 2.32). この取り扱いの結果は 2.3.1 節にまとめてある.

4. <u>量子力学的な緩和の理論</u>　最も基礎的な段階の緩和理論では, スピン系と環境とは共に量子力学的に記述される. 完全な密度演算子 $\rho(t)$ についての Liouville-von Neumann 方程式から出発し, スピン系のみを記述する簡約密度演算子 $\sigma(t)$ についてのマスター方程式を導く, この取り扱いによって, スピン系に働く無秩序な摂動の由来についての詳しい理解が得られる (2.27, 2.30, 2.33).

2.3.1 半古典的な緩和の理論

緩和はスピン系に対する格子の影響により誘起される. 相互作用ハミルトニアンは次の形に書き表わすことができる.

$$\mathcal{H}_1(t) = \sum_q F^{(q)}(t) A^{(q)} \tag{2.3.6}$$

ここに $A^{(q)}$ は, スピン系のみに働く演算子であり, $F^{(q)}(t)$ は格子のダイナミクスを表わす無秩序過程である. ここに $A^{(-q)} = A^{(q)\dagger}$, $F^{(-q)} = F^{(q)*}(t)$ である. 指標 q は, 式 (2.2.17) の場合とは違って, ここでは既約テンソル成分を区別するためと同時に異なる種類の相互作用を区別するためにも使われている. 量子力学的な緩和の理論においては, $F^{(q)}(t)$ の項は格子の演算子であるのに対し, 半古典的理論においては, これらの量は古典的な無秩序過程とみなされる. 相互作用表示における2次摂動理論を用いて, 量子力学的マスター方程式を導くことができる (2.27).

$$\dot{\sigma}^{\mathrm{T}}(t) = -\int_0^\infty d\tau [\overline{\mathcal{H}_1^{\mathrm{T}}(t),[\mathcal{H}_1^{\mathrm{T}}(t-\tau)},\sigma^{\mathrm{T}}(t)-\sigma_0]] \qquad (2.3.7)$$

ここに

$$\mathcal{H}_1^{\mathrm{T}}(t) = \exp\{i\mathcal{H}_0 t\}\mathcal{H}_1(t)\exp\{-i\mathcal{H}_0 t\} \qquad (2.3.8)$$

ここで T は相互作用表示を表わしている. この取り扱いは, τ_c を無秩序過程の相関時間とするとき, $\tau_c \ll t$, T_1, T_2 が成立する場合に適用できる. 無秩序過程 $F^{(q)}(t)$ は相関関数

$$g^{(q,q')}(\tau) = \overline{F^{(q)}(t)F^{(q')*}(t+\tau)} \qquad (2.3.9)$$

によって特徴づけられる. $\mathcal{H}_1^{\mathrm{T}}(t)$ の時間依存性はハミルトニアン超演算子 $\widehat{\mathcal{H}}_0$ の固有演算子 $A_\rho^{(q)}$ を用いて, 演算子 $A^{(q)}$ を展開することにより最も容易に表現される.

$$A^{(q)\mathrm{T}}(t) = \exp\{i\mathcal{H}_0 t\}A^{(q)}\exp\{-i\mathcal{H}_0 t\} = \sum_\rho A_\rho^{(q)}\exp\{i\omega_\rho^{(q)} t\} \qquad (2.3.10)$$

ここに $\omega_\rho^{(q)}$ は $\mathcal{H}_0$ の固有値の差である. $\sigma^{\mathrm{T}}(t)$ の時間発展は今や次のように書き下すことができる.

$$\dot{\sigma}^{\mathrm{T}}(t) = -\sum_{q,q'}\sum_{\rho,\rho'}\exp\{i(\omega_\rho^{(q)}+\omega_{\rho'}^{(q')})t\}[A_{\rho'}^{(q')},[A_\rho^{(q)},\sigma^{\mathrm{T}}(t)-\sigma_0]]$$
$$\times \int_0^\infty g^{(q,-q')}(\tau)\exp\{-i\omega_\rho^{(q)}\tau\}d\tau. \quad (2.3.11)$$

積分の虚数部分は, 吸収線に対して小さな 2 次のシフトをもたらすが, これは無視してもよく, あるいは修飾されたハミルトニアン $\mathcal{H}_0$ の中に含ませてもよい (2.5, 2.27). 実部はスペクトル密度

$$J^{(q,-q')}(\omega) = \int_{-\infty}^\infty d\tau g^{(q,-q')}(\tau)\exp\{-i\omega\tau\}. \qquad (2.3.12)$$

の半分に等しい.

この結果として, 緩和の超演算子を一般的な露わな形に書くことができる.

2.3 緩和の超演算子

$$\dot{\sigma}^{\mathrm{T}}(t) = -\frac{1}{2}\sum_{q,q'}\sum_{p,pq'} J^{(q,-q')}(\omega_p^{(q)})\exp\{i(\omega_p^{(q)}+\omega_{p'}^{(q')})t\}$$
$$\times [A_{p'}^{(q')},[A_p^{(q)},\sigma^{\mathrm{T}}(t)-\sigma_0]] \qquad (2.3.13)$$

多くの場合，無秩序過程 $F^{(q)}(t)$ は，ハミルトニアンがうまく分離されている場合には，互いに統計的に独立である．すなわち

$$g^{(q,-q')}(\tau) = \delta_{q,-q'}g^{(q)}(\tau), \qquad (2.3.14\mathrm{a})$$

$$J^{(q,-q')}(\omega) = \delta_{q,-q'}J^{(q)}(\omega). \qquad (2.3.14\mathrm{b})$$

この結果，式 (2.3.13) における和を一つ取り除くことができる．さらに次の二つの節で示すように，二つの異なった方法で永年項のみを残すことにより，もっと簡単な形にすることができる．

2.3.1.1 永年項のみに制限する

非永年項に対しては $\omega_p^{(q)}+\omega_{p'}^{(-q)} \neq 0$ が成り立つけれども，これら非永年項は $\sigma^{\mathrm{T}}(t)$ の長時間の発展に影響を与えない．これは式 (2.3.13) において $\exp\{i(\omega_p^{(q)}+\omega_{p'}^{(-q)})t\}$ になる項が速く振動するためである．遷移の周波数に縮退がない場合には $\omega_p^{(q)}+\omega_{p'}^{(-q)} = 0$ なる条件は $p = p'$ の場合のみ満たされ，式 (2.3.13) は次のように簡略化される．

$$\dot{\sigma}^{\mathrm{T}}(t) = -\frac{1}{2}\sum_q\sum_p J^{(q)}(\omega_p^{(q)})[A_p^{(-q)},[A_p^{(q)},\sigma^{\mathrm{T}}(t)-\sigma_0]] \qquad (2.3.15)$$

式 (2.3.15) によって表わされる緩和の超演算子は，実験室座標系への変換に対して不変である．かくして密度演算子に関する重要な結果が得られる．

$$\dot{\sigma}(t) = -i[\mathscr{H}_0,\ \sigma(t)] - \hat{\hat{\Gamma}}\{\sigma(t)-\sigma_0\} \qquad (2.3.16)$$

ここに緩和の超演算子は

$$\hat{\hat{\Gamma}}\{\sigma\} = \frac{1}{2}\sum_q\sum_p J^{(q)}(\omega_p^{(q)})[A_p^{(-q)},[A_p^{(q)},\sigma]]. \qquad (2.3.17)$$

遷移周波数（許容遷移および禁制遷移）におけるパワースペクトル密度 $J_q(\omega_p^{(q)})$

は，相互作用ハミルトニアン $\mathcal{H}_1(t)$ の成分演算子に関する二重交換子の係数に当ることがわかる．

密度演算子方程式，式 (2.3.16) は，1 次元および 2 次元フーリエ分光学の量子力学的取り扱いの基礎をなすものである．

2.3.1.2 極度尖鋭化

極度尖度鋭化というのは，問題とするすべての遷移周波数 $\omega_p^{(q)}$ に対して $\omega_p^{(q)}\tau_c \ll 1$ が成り立つような，極めて短い相関時間での状況を表わすものである．無秩序過程は，核の歳差時間よりもずっと短い時間で起こる．この場合には，パワースペクトル密度は，我々が興味をもつ周波数範囲内では，周波数に依存しない．

$$J^{(q)}(\omega_p^{(q)}) = J^{(q)}(0) \tag{2.3.18}$$

そこで，式 (2.3.13) から緩和の超演算子として次式を得る．

$$\hat{\hat{\Gamma}}\{\sigma\} = \frac{1}{2}\sum_q J^{(q)}(0)[A^{(-q)},[A^{(q)},\sigma]] . \tag{2.3.19}$$

この和の中の各項は式 (2.3.6) の一つの項に対応している．

最後に，すべての相関関数 $g^{(q)}(\tau)$ が同じ相関時間 τ_c をもつ場合には，緩和の超演算子は次の簡単な形をとる．

$$\hat{\hat{\Gamma}}\{\sigma\} = \tau_c[\mathcal{H}_1(t),[\mathcal{H}_1(t),\sigma]] \tag{2.3.20}$$

2.3.2. 緩和超演算子の行列表現

ハミルトニアン $\mathcal{H}_0$ の固有基底を用いることにより，マスター方程式の行列表現，式 (2.3.7) は，次のように書くことができる．

$$\dot{\sigma}_{\alpha\alpha'}^{\mathrm{T}}(t) = \sum_{\beta\beta'}\exp[-\mathrm{i}(\omega_{\beta'\beta}-\omega_{\alpha'\alpha})t]R_{\alpha\alpha'\beta\beta'}(\sigma_{\beta\beta'}^{\mathrm{T}}(t)-\sigma_{0\beta\beta'}) \tag{2.3.21}$$

$R_{\alpha\alpha'\beta\beta'}$ の項は Redfield の緩和超行列の要素である (2.28)．これらの要素は，

2.3 緩和の超演算子

ハミルトニアン $\mathcal{H}_1(t)$ の行列要素の対に対応したスペクトル密度関数

$$J_{\kappa\lambda\mu\nu}(\omega) = \int_{-\infty}^{\infty} d\tau \exp[-i\omega\tau]\overline{\mathcal{H}_1(t)_{\kappa\lambda}\mathcal{H}_1^*(t+\tau)_{\mu\nu}}. \qquad (2.3.22)$$

を用いてうまく表現することができる．これらの関数は式 (2.3.12) で定義されたスペクトル密度に関係づけられる．

$$J_{\kappa\lambda\mu\nu}(\omega) = \sum_{qq'} J^{(q,q')}(\omega) A_{\kappa\lambda}^{(q)} A_{\mu\nu}^{(q')*} \qquad (2.3.23)$$

式 (2.3.21) における Redfield の行列要素 $R_{\alpha\alpha'\beta\beta'}$ は，次のように書き下すことができる (2.28)．

$$R_{\alpha\alpha'\beta\beta'} = \frac{1}{2}\Big\{ J_{\alpha\beta\alpha'\beta'}(\omega_{\beta'\alpha'}) + J_{\alpha\beta\alpha'\beta'}(\omega_{\alpha\beta}) - \delta_{\alpha'\beta'} \sum_{\gamma} J_{\gamma\beta\gamma\alpha}(\omega_{\gamma\alpha})$$
$$- \delta_{\alpha\beta} \sum_{\gamma} J_{\gamma\alpha'\gamma\beta'}(\omega_{\alpha'\gamma}) \Big\} \qquad (2.3.24)$$

もし $\omega_{\beta'\beta} - \omega_{\alpha'\alpha} \neq 0$ であるようなすべての非永年の要素 $R_{\alpha\alpha'\beta\beta'}$ が無視できる場合には，上の一般的表現は少なからず簡略化される．この場合式 (2.3.21) は時間に依存しなくなり，緩和行列に影響を与えないで実験室系に再び変換することができる．

$$\dot{\sigma}_{\alpha\alpha'}(t) = -i\omega_{\alpha\alpha'}\sigma_{\alpha\alpha'}(t) + \sum_{\beta\beta'} R_{\alpha\alpha'\beta\beta'}(\sigma_{\beta\beta'}(t) - \sigma_{0\beta\beta'}). \qquad (2.3.25)$$

この方程式は，式 (2.3.16) の行列表現に相当する．

非永年項を無視することによって，図2.3.1に模式的に示すように，Redfield 行列の特徴的なブロック構造ができ上がる．$\omega_{\alpha'\alpha} = \omega_{\beta\beta'}$ の条件は，同じ次数のコヒーレンス $p = \Delta M_{\alpha'\alpha} = \Delta M_{\beta'\beta}$ をもつ遷移に対してのみ満足される．このことは異なる次数の要素間で交差緩和が起こり得ないことを意味する．

遷移に縮退がない場合には緩和行列の構造はさらに簡単化される．というのは，非対角要素 $\sigma_{\alpha\alpha'}(\alpha \neq \alpha')$ は速度定数 $R_{\alpha\alpha'\alpha\alpha'} = -(T_{2\alpha\alpha'})^{-1}$ の単一指数関数に従って減衰するからである．すなわち，

$$\dot{\sigma}_{\alpha\alpha'}(t) = -i\omega_{\alpha\alpha'}\sigma_{\alpha\alpha'}(t) + R_{\alpha\alpha'\alpha\alpha'}\sigma_{\alpha\alpha'}(t). \qquad (2.3.26a)$$

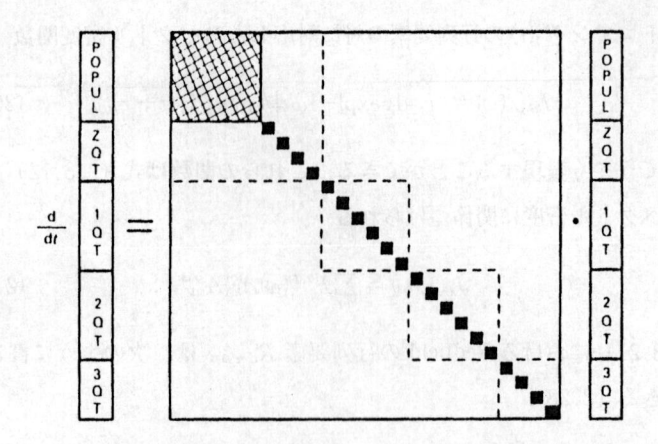

図 2.3.1 緩和超演算子の行列表現．Redfield の行列 **R** は非永年項の寄与を無視することによりブロック構造をもつ．最初のブロックは，占拠数及び $\Delta M = 0$ の非対角要素 (ZQT) 間を結合する．これに続くブロックのそれぞれは一つのオーダーの $\Delta M = 1$ の非対角要素間（1量子遷移(1QT))，2量子遷移 (2QT)，さらに高次の遷移をそれら自身の内部で結びつける．縮退した遷移がない場合には，横交差緩和は存在せず，すべての非対角要素は独立に緩和する．この場合 Redfield の行列は占拠数の間を結びつける1個のブロックと複数個の対角要素がつくるしっぽより成る（いわゆる「Redfield のたこ」）．

そしてこの解は

$$\sigma_{\alpha\alpha'}(t) = \sigma_{\alpha\alpha'}(0)\exp[-i\omega_{\alpha\alpha'}t]\exp[-t/T_{2\alpha\alpha'}]. \quad (2.3.26b)$$

横磁化緩和速度定数は，異なる物理的要因に基く二つの寄与に分割することができる (2.27)．

$$T_{2\alpha\alpha'}^{-1} = (T_{2\alpha\alpha'}^{a})^{-1} + (T_{2\alpha\alpha'}^{na})^{-1} \quad (2.3.27)$$

ここに断熱緩和速度（しばしば永年項と呼ばれる (2.5)）は

$$(T_{2\alpha\alpha'}^{a})^{-1} = \frac{1}{2}\{J_{\alpha\alpha\alpha\alpha}(0) - 2J_{\alpha\alpha\alpha'\alpha'}(0) + J_{\alpha'\alpha'\alpha'\alpha'}(0)\}$$

2.3 緩和の超演算子

$$= \frac{1}{2}\int_{-\infty}^{\infty} d\tau \overline{[\mathcal{H}_1(t)_{\alpha\alpha}-\mathcal{H}_1(t)_{\alpha'\alpha'}][\mathcal{H}_1(t-\tau)_{\alpha\alpha}-\mathcal{H}_1(t-\tau)_{\alpha'\alpha'}]}, \tag{2.3.28}$$

非断熱緩和速度(非永年項あるいは寿命項とも呼ばれる(2.5))は

$$(T_{2\alpha\alpha'}^{\mathrm{na}})^{-1} = \frac{1}{2}\Big\{\sum_{\gamma\neq\alpha} J_{\alpha\gamma\alpha\gamma}(\omega_{\alpha\gamma}) + \sum_{\gamma\neq\alpha'} J_{\alpha'\gamma\alpha'\gamma}(\omega_{\gamma\alpha'})\Big\}$$
$$= \frac{1}{2}\Big\{\sum_{\gamma\neq\alpha} W_{\alpha\gamma} + \sum_{\gamma\neq\alpha'} W_{\alpha'\gamma}\Big\} \tag{2.3.29}$$

であり,遷移確率は式(2.3.4)で与えられる.断熱緩和速度は状態 $|\alpha\rangle$ と $|\alpha'\rangle$ のエネルギー差が無秩序な摂動によりゆらぐことによってもたらされる.それは遷移を含まず,ハミルトニアン $\mathcal{H}_0$ と交換可能な摂動によってもたらされるのである.これに対し,非断熱緩和速度は状態 $|\alpha\rangle$ と $|\alpha'\rangle$ の寿命に限りがあることに由来するものである.

縦緩和速度は一連の連立線型微分方程式によって支配される.$\alpha=\alpha'$,$\beta=\beta'$ に対して,式(2.3.25)は次の形をとる.

$$\dot{\sigma}_{\alpha\alpha}(t) = +\sum_{\beta} R_{\alpha\alpha\beta\beta}(\sigma_{\beta\beta}(t)-\sigma_{0\beta\beta}). \tag{2.3.30}$$

$\sigma_{\alpha\alpha} = P_\alpha$ と $R_{\alpha\alpha\beta\beta} = W_{\alpha\beta}$ を代入すると,マスター方程式(2.3.3)が得られる.それぞれの占拠数の時間変化は,指数関数 $\exp|\lambda_i t|$ の線形結合によって与えられる.ここに λ_i は **W** の固有値である.

2.3.3. 個々の緩和機構

半古典的な緩和の記述の枠内で,無秩序ハミルトニアン $\mathcal{H}_1(t)$ を大きく二つの種類に分けることができる.すなわち,スピン系の演算子に関して,1次の相互作用と2次の相互作用である.

2.3.3.1. 1次の緩和機構

緩和のハミルトニアンは，それがスピン系の外から与えられる磁場との相互作用を記述する場合には，常にスピン演算子の1次に依存する．以下にその例を挙げる．

1. <u>ゼーマン相互作用</u>．分子の無秩序回転運動が，化学遮蔽の異方性を通じてラーモア周波数を変調する．

2. <u>スピン回転相互作用</u>．回転する分子によってつくられた磁場が衝突による分子の再配向によって変調される．

3. <u>「外在性」スピンとの双極子相互作用</u>．溶媒分子の電子または核スピンとの相互作用が並進および分子回転によって変調される．

半古典的なアプローチにおいては，これらの相互作用はすべて次の形に表現される．

$$\mathcal{H}_1(t) = -\sum_{k=1}^{N} \sum_{q=-1}^{1} F_k^{(q)}(t) I_k^{(q)} \qquad (2.3.31)$$

ここにおいて，最初の和は考慮しているスピン系の核 k についてとるものとする．$I_k^{(q)}$ 等の項は核 k の1階の既約テンソル演算子 (I_k^-, I_{kz}, I_k^+) であり，$F_k^{(q)}(t)$ は核 k に働く揺動磁場の球面成分 $(B_k^-(t), B_{kz}(t), B_k^+(t))$ に同定される．

$$\mathcal{H}_1(t) = -\sum_{k=1}^{N} \sum_{q=-1}^{1} \gamma_k B_k^{(q)}(t) I_k^{(q)} \qquad (2.3.32)$$

この同定を行なうことは<u>無秩序磁場モデル</u>を採用することに等しい．核 k と l に働く磁場の相関は，相関係数

$$C_{kl}^{(q,q')} = \frac{\overline{B_k^{(q)} B_l^{(q')}}}{[|B_k^{(q)}|^2 |B_l^{(q')}|^2]^{\frac{1}{2}}} \qquad (2.3.33)$$

によって表される．弱く結合した2スピン系に対して，外部から無秩序な磁場が作用した場合の緩和の露わな表現は，第9章で与えられる．式 (2.3.3) の遷

2.3 緩和の超演算子

移確率 **W** の行列成分 W_{ij} は W_{1A}^{RF} と W_{1B}^{RF} の項より成り，それぞれ無秩序磁場によってもたらされるスピンAおよびBの1量子遷移を表わす．ゼロ量子，1量子，および2量子コヒーレンスの緩和速度 $1/T_2$ は，式 (9.4.10) で与えられている．強い結合の場合の結果は，文献2.69に与えられている．

2.3.3.2　2次の緩和の機構

問題となるスピン演算子に関して2次となるような相互作用のうち最も重要なものは，分子内の双極子相互作用と四極子相互作用の2つである．

1. **分子内双極子緩和．** 式 (2.2.17) の双極子ハミルトニアンは，関数 $F_{kl}^{(q)}$ を変化させるような無秩序な分子回転によって時間的に変動する．相関時間 τ_c をもつような等方的な無秩序運動の場合には，相当するパワースペクトル密度（式 (2.3.12) で $q = -q'$）は次のようになる．

$$J_{kl}^{(0)}(\omega) = \frac{12}{15} J_{kl}(\omega),$$

$$J_{kl}^{(1)}(\omega) = \frac{2}{15} J_{kl}(\omega),$$

$$J_{kl}^{(2)}(\omega) = \frac{8}{15} J_{kl}(\omega),$$

ここに

$$J_{kl}(\omega) = \frac{2\tau_c^{kl}}{1 + \omega^2 (\tau_c^{kl})^2}, \qquad (2.3.34)$$

弱く結合した2スピン系に対して式 (2.3.24) の見積りを行なえば，式 (9.7.4) に与えられるような遷移確率が得られ，また式 (9.4.7) に与えられるような横緩和速度が得られる．強く結合した系に対しての関連した表現は文献2.69に与えられている．

2. **四極子緩和．** 四極子緩和速度は，四極子ハミルトニアンを既約テンソル演算子 (2.26) で展開することにより，上と同様にして導くことができる．

2.4 化学反応によるスピンダイナミックス

化学反応および交換過程は緩和現象と強い類似性をもっている．これらもまた不可逆な無秩序過程によって支配されるものである．化学的過程，たとえば分子中の内部運動，あるいは結合の移動，結合の異性化，化学交換およびさまざまな複雑さをもつ化学反応，これらは電子的な環境の異なる状態間での核の交換を伴うものであり，磁気共鳴スペクトルにおいて特徴的な効果をもたらすものである．

動的平衡にある交換系は，NMRの黎明期から研究されてきたものであり，有名なGutowsky, McCall, Slichter (2.35) の研究から出発している．実際，速度論的な情報が，化学平衡状態にある系の研究から得られることは，NMRの利点のひとつである．今日得られている化学交換に関する知識の多くは，磁気共鳴による研究から得られたものである．この主題に関する広範な文献は，数多くの綜説やもっと一般的なNMRの書物の中での特別な章としてまとめられている (2.26, 2.36-2.44)．「交換型」の反応がNMRスペクトルにおよぼす効果はよく知られている．それらは線幅増大から始まり，吸収線の合一，そしてスペクトルのパラメータが平均化されてしまった交換尖鋭化スペクトルへと到るのである．

平衡系の研究以外に，過渡的な化学反応をNMRによって研究することも可能である．この場合，系は最初化学的に非平衡の状態に置かれ，その後，それが平衡に到る過程を時間の関数として観察する．非平衡状態は，ストップトフロー (stopped flow) (2.45-2.52) によって，光によって誘起される動的核分極反応によって (2.53-2.56)，あるいは化学平衡に影響するパラメータを突然変えることによって，つくり出される．フーリエ分光学が，過渡的現象を測定する手法として，特に有利であることは明らかである (2.57)．

この節では，磁気共鳴における，平衡状態並びに過渡的状態における交換の効果を記述するために，非常に一般的な表式を提出したい．化学交換を取り

2.4 化学反応によるスピンダイナミックス

扱ったこれまでの多くの文献は,平衡過程に限られたものであった.我々が,ここで特に力点を置きたいのは,化学交換の伝統的な側面よりは,非定状状態とかさらに高次の化学反応とかを取り扱うために変更しなければならない部分である.まず2.4.1節において,高次の反応の記述に有効な古典的速度論の行列による定式化について振り返ってみる.次に2.4.2節においては,1次および高次の過渡的並びに平衡化学反応について,修正されたBloch方程式を論ずる.最後に任意の次数の過渡的な化学反応式を含む複雑なスピン系を記述するために,一般的な密度演算子の表式を導く(2.4.3節).

2.4.1 古典的速度論における反応網の記述

J個の分子種A_Jがあって,これらがL個の2方向反応に関与していると仮定する.前向きと後ろ向きの反応は別々の反応であると考えるが,これは化学的非平衡状態においては,それらの速度が異なるからである.前向きの反応を$l=1,2,\cdots\cdots,L$で印をつけ,それに対応する後ろ向きの反応を$l=L+1,L+2,\cdots\cdots,2L$で印をつける.反応系の化学量論は,$2L$個の線形方程式の形に定式化することができる(2.57−2.60).

$$\tilde{\mathbf{A}}\mathbf{N}=0 \quad (2.4.1)$$

ここに$\tilde{\mathbf{A}}$はJ個の粒子A_Jの行ベクトルで,$\mathbf{N}$は長方形の次元$J\times 2L$の化学量論行列を表わす.行列$\mathbf{N}$の要素ν_{jl}は反応LにおけるA_Jの化学量論係数である.あらわな表現を用いると式(2.4.1)は$2L$の化学反応の系を表わす.

$$\nu_{11}A_1 + \nu_{21}A_2 + \cdots\cdots \nu_{J1}A_J = 0$$
$$\nu_{12}A_1 + \nu_{22}A_2 + \cdots\cdots \nu_{J2}A_J = 0$$

$$\nu_{1,2L}A_1 + \nu_{2,2L}A_2 + \cdots\cdots \nu_{J,2L}A_J = 0 \quad (2.4.2)$$

例として,ジエチルアミン存在下でのアセチルアセトン(2,4−プロパンジオン)の速いケト−エノール互変異について考えてみよう.これはReevesと

Schneider により，NMR 法を用いて研究されたものである (2.61, 2.62)．問題とすべき粒子は $A_1 = CH_3COCH_2COCH_3$（アセチルアセトンのケト型），$A_2 = CH_3C(OH)CHCOCH_3$（アセチルアセトンのエノール型），$A_3 = CH_3CO\bar{C}HCOCH_3$（エノレート），$A_4 = (CH_3CH_2)_2NH$（ジエチルアミン）$A_5 = (CH_3CH_2)_2\overset{+}{N}H_2$（ジエチルアンモニウムイオン）である．次の諸反応を考慮しなければならない．

$$A_1 \underset{4}{\overset{1}{\rightleftarrows}} A_2,$$

$$A_2 + A_4 \underset{5}{\overset{2}{\rightleftarrows}} A_3 + A_5,$$

$$A_3 + A_5 \underset{6}{\overset{3}{\rightleftarrows}} A_1 + A_4 \quad (2.4.3)$$

前向きの反応（→）を $l = 1\cdots 3$，で表わし，後向きの反応（←）を $l = 4\cdots 6$，で表せば，化学量論方程式の系として，

$$(A_1 A_2 A_3 A_4 A_5) \begin{pmatrix} -1 & 0 & 1 & 1 & 0 & -1 \\ 1 & -1 & 0 & -1 & 1 & 0 \\ 0 & 1 & -1 & 0 & -1 & 1 \\ 0 & -1 & 1 & 0 & 1 & -1 \\ 0 & 1 & -1 & 0 & -1 & 1 \end{pmatrix} = 0 \quad (2.4.4)$$

を得る．ここに，化学量論行列 **N** は 5×6 の次元をもっている．

反応 l が進行した程度は反応 l に関する反応数 $\xi_l(t)$（$^{mol}/_{litre}$ で測定する）で表わすことができる．この反応数は，時間 t においてすでに反応した単位体積あたりの化学式量数である (2.60)．ベクトル $\xi(t)$ が $2L$ 個の反応数を表わすとして，濃度ベクトル $[\mathbf{A}](t)$ の時間依存性を次のように表わすことができる．

$$[\mathbf{A}](t) = [\mathbf{A}](0) + \mathbf{N}\xi(t). \quad (2.4.5)$$

濃度の変化速度は時間微分

$$[\dot{\mathbf{A}}](t) = \mathbf{N}\dot{\xi}(t). \quad (2.4.6)$$

2.4 化学反応によるスピンダイナミックス

により決定される. $\dot{\boldsymbol{\xi}}(t)$ の要素 $\dot{\xi}_l(t)$ は反応速度 l であり，mol $1^{-1}s^{-1}$ で表わされる.

化学量論行列において，反応物と生成物とを区別するのが便利なことが多い．反応物に対しては，化学量論係数 ν_{jl} は負であり，一方生成物に対してはこれらは正である．すべての正の係数 ν_{jl}^+ を行列 $\mathbf{N}^+$ に，負の係数の大きさ $|\nu_{jl}^-|$ を行列 $\mathbf{N}^-$ にまとめると，次のように書くことができる．

$$\mathbf{N} = \mathbf{N}^+ - \mathbf{N}^- \tag{2.4.7}$$

たとえば上で考えた，ケト・エノール互変異は，次のように表わされる．

$$\mathbf{N} = \begin{pmatrix} 0 & 0 & 1 & 1 & 0 & 0 \\ 1 & 0 & 0 & 0 & 1 & 0 \\ 0 & 1 & 0 & 0 & 0 & 1 \\ 0 & 0 & 1 & 0 & 1 & 0 \\ 0 & 1 & 0 & 0 & 0 & 1 \end{pmatrix} - \begin{pmatrix} 1 & 0 & 0 & 0 & 0 & 1 \\ 0 & 1 & 0 & 1 & 0 & 0 \\ 0 & 0 & 1 & 0 & 1 & 0 \\ 0 & 1 & 0 & 1 & 0 & 0 \\ 0 & 0 & 1 & 0 & 1 & 0 \end{pmatrix}$$

$$= \mathbf{N}^+ - \mathbf{N}^-. \tag{2.4.8}$$

それぞれの反応 l に関して，反応速度 $\dot{\xi}_l(t)$ は，濃度 $[A_j]$ に特徴的な依存性を示す．多くの場合，観測される反応は複合的であるから，反応速度 $\dot{\xi}$ はいわゆる質量作用型で表現することができる．その場合，反応速度は反応体 $[A_j]$ とその化学量論係数 ν_{jl}^- によって決定され，次の形をとる．

$$\dot{\xi}_l = k_l \prod_{j=1}^{J} [A_j]^{-\nu_{jl}^-}. \tag{2.4.9}$$

定数 k_l は反応 l の速度定数である．

しかるべき速度法則，たとえば式 (2.4.9) を式 (2.4.6) に代入することにより，J 個の濃度あるいは $2L$ 個の反応数に対する非線型微分方程式の系を得る．解析的な解が得られる最も簡単な系以外は，数値積分法にもどらないといけない．あるいは化学的根拠に基く適当な仮定をおいて簡単化しなくてはならない．

反応方程式は1次化学反応に対しては容易に解くことができる．この場合，種 A_j から種 A_r に至る反応速度 $\dot{\xi}_{jr}$ は反応体濃度 $[A_j]$ に比例して，

$$\dot{\xi}_{jr} = k_{jr}[Aj]. \tag{2.4.10}$$

濃度 $[A_j]$ の時間依存性は

$$\frac{d}{dt}[A_j](t) = -\left(\sum_{r \neq j} k_{jr}\right)[A_j](t) + \sum_{r \neq j} k_{rj}[A_r](t). \tag{2.4.11}$$

で与えられる．$J \times J$ 次元の速度行列（kinetic matrix）**K** の行列要素を

$$K_{jr} = k_{rj}, \quad r \neq j$$
$$K_{jj} = -\sum_{r \neq j} k_{jr}, \tag{2.4.12}$$

で定義すると，式 (2.4.11) は行列形に書くことができて

$$\frac{d}{dt}[\mathbf{A}] = \mathbf{K}[\mathbf{A}]. \tag{2.4.13}$$

その形式的な解は

$$[\mathbf{A}](t) = e^{\mathbf{K}t}[\mathbf{A}](0). \tag{2.4.14}$$

2.4.2. スピン-スピン結合のない系での交換

スピン-スピン結合のないスピン系に対しては，化学交換の効果は修飾された Bloch 方程式により記述することができる．これらの方程式はしばしば McConnell 方程式と呼ばれ，1次の交換反応に対して導かれたものである (2.35, 2.63 − 2.65)．まずこれらの結果についてまとめ，その後，高次の反応を行う1スピン系に対して適用できるよう，修正 Bloch 方程式を一般化しよう．

2.4.2.1　1次反応に対する修正 Bloch 方程式

化学反応がない場合には，化学種 j の磁化 $\mathbf{M}_j$ は通常の Bloch 方程式（式 (2.3.1) を見よ）に従う．

2.4 化学反応によるスピンダイナミックス

$$\frac{d}{dt}\mathbf{M}_j(t) = \gamma(1-\sigma_j)\mathbf{M}_j(t)\times\mathbf{B}(t)-\mathbf{R}_j\{\mathbf{M}_j(t)-\mathbf{M}_{j0}\} \qquad (2.4.15)$$

ここに σ_j は化学遮蔽定数で，緩和行列は次式で与えられる（式 (2.3.2) を見よ）．

$$\mathbf{R}_j = \begin{pmatrix} 1/T_{2j} & 0 & 0 \\ 0 & 1/T_{2j} & 0 \\ 0 & 0 & 1/T_{1j} \end{pmatrix} \qquad (2.4.16)$$

J 個の化学種より成る化学反応網によって，さまざまな種の間で磁化の移動が起こり，式 (2.4.15) の型の J 個の方程式が結合することになる．式 (2.4.13) によって支配される化学反応過程があるとき，次の修正された Bloch 方程式が得られる．

$$\frac{d}{dt}\mathbf{M}_j(t) = \gamma(1-\sigma_1)\mathbf{M}_j(t)\times\mathbf{B}(t)-\mathbf{R}_j\{\mathbf{M}_j(t)-\mathbf{M}_{j0}(t)\}$$
$$+\sum_r K_{jr}\mathbf{M}_r(t) \qquad (2.4.17)$$

ここに速度行列 $\mathbf{K}$ の行列要素 K_{jr} は，式 (2.4.12) により，化学反応速度乗数 k_{rj} に結びつけられる．磁気的平衡下での z 軸方向の磁化成分 (M_{j0}) は $[A_j](t)$ の瞬間瞬間の濃度に比例し，

$$M_{j0}(t) = M_0 \frac{[A_j](t)}{\sum_k [A_k]}. \qquad (2.4.18)$$

1次元および2次元フーリエ分光学の場合には，化学速度過程は通常ラジオ波磁場不在の下で1～数回の自由歳差期間の間に起こる．横磁化及び縦磁化成分は，ラジオ波周波数 $\omega_{r.f.}$ で回転する回転系で表すとして，これらの期間に独立に時間発展する．

$$\frac{d}{dt}M_j^+ = \left(i\Omega_j - \frac{1}{T_{2j}}\right)M_j^+ + \sum_r K_{jr}M_r^+,$$

$$\frac{d}{dt}M_{jz} = -\frac{1}{T_{1j}}(M_{jz}-M_{j0}(t)) + \sum_r K_{jr}M_{rz}$$

$$(2.4.19)$$

ここに $M_j^+ = M_{jx} + iM_{jy}$ で，化学シフトの周波数 $\Omega_J = -\gamma(1-\sigma_J)B_0$ である．これらの方程式をもっと簡便に行列形で書き表わすと，

$$\frac{d}{dt}\mathbf{M}^+(t) = \mathbf{L}^+\mathbf{M}^+(t), \tag{2.4.20}$$

$$\frac{d}{dt}\mathbf{M}_z(t) = \mathbf{L}\{\mathbf{M}_z(t) - \mathbf{M}_0(t)\} + \mathbf{K}_0(t). \tag{2.4.21}$$

磁化ベクトル $\mathbf{M}^+$, $\mathbf{M}_z$, $\mathbf{M}_0$ は，J 個のすべての化学種の磁化成分 M_j^+, M_{jz}, M_{j0} をもっている．化学平衡においては式 (2.4.21) の最後の項は消失する．

動的行列 $\mathbf{L}^+$, $\mathbf{L}$ は歳差運動，緩和および，化学反応過程を記述する．

$$\mathbf{L}^+ = i\mathbf{\Omega} - \mathbf{\Lambda} + \mathbf{K}, \tag{2.4.22}$$

$$\mathbf{L} = -\mathbf{R} + \mathbf{K} \tag{2.4.23}$$

対角行列 $\mathbf{\Omega}$ の成分は化学シフトの周波数 Ω_J に対応する．横磁化緩和行列 $\mathbf{\Lambda}$ もまた対角型であり（縮退した遷移がない場合），それぞれの成分は $\lambda_{ij} = \delta_{ij}T_{2j}^{-1}$ である．異なる化学種間にまたがる核の間の交差緩和は，縦緩和行列 $\mathbf{R}$ の非対角要素によって表わされる．

例として，三つの化学種が $k_{ij} = K_{ji}$ の一次反応によって交換している場合を考えてみよう．

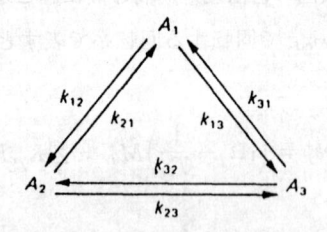

横磁化成分の時間発展は，式 (2.4.20)によって支配され，次の形をもってい

2.4 化学反応によるスピンダイナミックス

る.

$$\begin{pmatrix} \dot{M}_1^+ \\ \dot{M}_2^+ \\ \dot{M}_3^+ \end{pmatrix} = \left\{ i \begin{bmatrix} \Omega_1 & 0 & 0 \\ 0 & \Omega_2 & 0 \\ 0 & 0 & \Omega_3 \end{bmatrix} - \begin{bmatrix} T_{2(1)}^{-1} & 0 & 0 \\ 0 & T_{2(2)}^{-1} & 0 \\ 0 & 0 & T_{2(3)}^{-1} \end{bmatrix} \right.$$
$$\left. + \begin{bmatrix} -k_{12}-k_{13} & k_{21} & k_{31} \\ k_{12} & -k_{21}-k_{23} & k_{32} \\ k_{13} & k_{23} & -k_{31}-k_{32} \end{bmatrix} \right\} \begin{pmatrix} M_1^+ \\ M_2^+ \\ M_3^+ \end{pmatrix} \quad (2.4.24)$$

縦磁化成分の発展は, 式 (2.4.21) および (2.4.23) と非常に類似した形で記述できる.

化学的平衡状態にない系においては, 化学種 A_J にまつわる平衡磁化 M_{J0} は濃度 $[A_J]$ に比例するから時間依存性をもつ (式 (2.4.18)). 一方, 動的化学平衡においては微視的可逆性のため, 平衡磁化 $\mathbf{M}_0$ の正味の交換はゼロで, 式 (2.4.21) は次のように簡略化される.

$$\frac{d}{dt}\Delta \mathbf{M} = \mathbf{L}\Delta \mathbf{M} \quad (2.4.25)$$

ここに $\Delta \mathbf{M} = \mathbf{M}_z - \mathbf{M}_0$ は定常濃度の系における核分極の Boltzmann 分布からのずれを表わす.

2.4.2.2. スピン-スピン結合のないスピン系に対する高次の反応

高次の反応に与る結合をもたないスピンは, 様々な分子環境を渡り歩く「トレーサー」と考えてもよい. いま一つの特定の核スピンを考えよう. その道筋は $A_1 \cdots\cdots A_J$ で印をつけた J 個の分子環境で記述されるだろう. そして環境 A_r から A_j へ至る反応速度 $\dot{\xi}_{rj}$ で記述されるだろう. そのような反応過程は, 模式的に次のように表わしてもよい.
トレーサーとしての核という観点から見ると, 状況は1次反応の系に非常によく似ているが, 反応数の微分 $\dot{\xi}_{rj}(t)$ で表現される反応速度は溶液中のすべての粒子の濃度に (線型または非線型で) 依存しており, 時間と共に変り得るものである. それらは 2.4.1 節で示された定式化に従って反応系の方程式を解くこ

とによって顕わに計算することができる.

式 (2.4.20) と式 (2.4.21) に等価な方程式を得るために，反応速度 $\dot{\xi}_{rs}(t)$ を反応体分子 $[A_r](t)$ の濃度で割った速度定数 $k_{rs}(t)$ を導入する.

$$k_{rs}(t) = \frac{\dot{\xi}_{rs}(t)}{[A_r](t)}. \qquad (2.4.26)$$

このようにして我々は，式 (2.4.12) と似た時間依存をもつ1次の反応行列 $\mathbf{K}(t)$ を定義することができ，本当の1次反応との形式的な等価性を達成することができる．次の微分方程式が得られる.

$$\frac{d}{dt}\mathbf{M}^+(t) = \mathbf{L}^+(t)\mathbf{M}^+(t), \qquad (2.4.27)$$

$$\frac{d}{dt}\mathbf{M}_z(t) = \mathbf{L}(t)\{\mathbf{M}_z(t) - \mathbf{M}_0(t)\} + \mathbf{K}(t)\mathbf{M}_0(t) \qquad (2.4.28)$$

これらの方程式は，式 (2.4.20) と式 (2.4.21) に似ているが，ただ $\mathbf{L}^+$ と $\mathbf{L}$ が時間依存性をもつという点で異っている.

化学平衡においては濃度 $[A_r]$ と反応速度 $\dot{\xi}_{jr}$ は，時間に依存しなくなり，時間に依存しない速度行列 $\mathbf{K}$ が得られる．このように，化学的平衡にある高次の反応網の磁気共鳴は単一スピンの系が問題とされる限りにおいては，1次反応の場合と完全に等価となる.

2.4.3 スピン-スピン結合のある交換系の密度演算子による記述

スカラー結合を通じて相互作用する数個の核を含む系においては，修飾 Bloch 方程式に基く古典的な取り扱いはもはや成立しない．このような場合には，完全な密度演算子を用いた取り扱いにもどる必要があり，これはいくつかの分子種の存在と，それらの化学的な相互変換によって複雑なものとなる．

L 個の連結した化学反応系における J 個の分子種に対する一般的な密度演算子方程式は Kühne らによって導かれた（2.57，式（11a））．

$$\dot{\sigma}_J = -i[\mathcal{H}_J, \sigma_J] - \hat{\Gamma}_J\{\sigma_J - \sigma_{J0}\} - \frac{\sigma_i}{[A_j]}\sum_{l=1}^{2L}\nu_{jl}^+\dot{\xi}_l$$
$$+ \frac{1}{[A_j]}\sum_{l=1}^{2L}\nu_{jl}^+\dot{\xi}_l \, \text{tr}^{(j)}\left\{R_l\bigotimes_{k=1}^{J}(\sigma_k)^{\otimes\nu\overline{kl}}R_l^{-1}\right\} \quad (2.4.29)$$

この方程式によって非常に複雑な状況を記述することができるが，式中の簡略化された表現は少し説明を必要とする．分子種 j の密度演算子は σ_j で表わされる．$\mathcal{H}_J$ は対応するハミルトニアンであり $\hat{\Gamma}$ は緩和の超演算子である．式 (2.4.29) における 3 番目の項は，分子 A_j が反応体として参加するような化学反応によって σ_j が減少することを表わしている．σ_j は通常，規格化された密度演算子であるから ($\text{tr}\sigma = 1$)，反応速度 $\dot{\xi}$ を濃度 A_j で割って σ_j の変化量を得る必要がある．さらにまた，化学量論係数 ν_{jl}^+（ν_{jl} ではなく）が式 (2.4.29) の第 3 項に表われる．

最後の最も複雑な項が，分子 A_j を作り出すような化学反応によって σ_j が増加することを示す．表現

$$\bigotimes_{k=1}^{J}(\sigma_k)^{\otimes\nu\overline{kl}} = \sigma_l^*$$

において，$\nu_{kl}^- = \frac{1}{2}\{|\nu_{kl}| - \nu_{kl}\}$ は反応体に対してのみ，すなわち負の化学量論係数をもつ化学種に対してのみゼロではない．この式は反応 l の遷移錯体の密度演算子を表わしており，相互作用リウヴィユ空間において表現されている．この空間は係数 ν_{kl}^- をもつ反応体として参加しているすべての粒子 k のリウヴィユ空間の直積によって作られるものである（図2.4.1）．このようにして

生じた密度演算子 σ_k の直積は $\otimes$ で示される．もし $\nu_{kl}^- > 1$ であれば同じ密度演算子 σ_k が直積の中に数回現れる（指数 $\otimes \nu_{kl}^-$ で示されている）．R_l は入れ替え演算子であり，反応 l の密度演算子を生成物の密度演算子へ変換するものである．σ_j に対する寄与を得るためには，1つの分子 A_j の空間を除き，すべての空間についてトレースをとる必要がある．$\nu_{jl}^+ \xi_l$ を掛け，また $[A_j]$ で割ることは第3項におけるのと同様である．

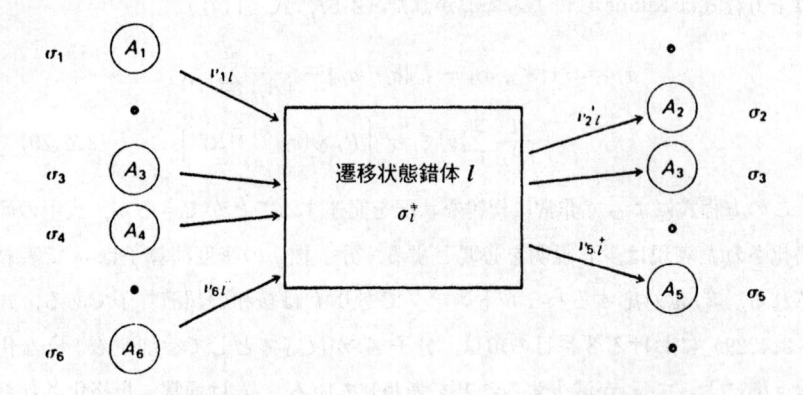

図 2.4.1 化学反応 l の間に起こる密度演算子の変換の模式的な表現．$\sigma_1 \cdots \sigma_k$ は個々の反応体の密度演算子である．これに対し $\sigma_l^{\ddagger}$ は反応 l の遷移錯体の複合密度演算子を表す．

非線型の密度演算子 (2.4.29) はきわめて一般的なものであり，磁気共鳴でほとんどすべての状況で行なわれる高温近似はまだ考慮に入っていない．ここでこの高温近似を採用すると，スピン系の平衡密度行列は ¶ から大きくずれることはなく，実験の過程で生成する横磁化成分はそれに応じて小さい．これらの結果として式 (2.4.29) はよい近似で線形化される (2.66, 2.67)．ここで ¶ からのずれ $\sigma_k'(t)$ を次の定義

$$\sigma_k(t) = \frac{\P_k}{\text{tr}\{\P_k\}} + \sigma_k'(t) \tag{2.4.30}$$

によって導入し，この表現を式 (2.4.29) に代入する．小さなずれ $\sigma_k'(t)$ につ

2.4 化学反応によるスピンダイナミックス

いての高次の項はすべて無視すると次の方程式を得る.

$$\dot{\sigma}'_j = -i[\mathcal{H}_j, \sigma'_j] - \hat{\tilde{\Gamma}}_j\{\sigma'_j - \sigma'_{j0}\} - \frac{\sigma'_j}{[A_j]}\sum_{l=1}^{2L}\nu^+_{jl}\dot{\xi}_l(t)$$

$$+ \frac{1}{[A_j]}\sum_{l=1}^{2L}\nu^+_{jl}\dot{\xi}_l \text{tr}^{(j)}\left\{R_l\bigoplus_{k=1}^{J}\sigma'_k(t)^{\oplus\nu\overline{kl}}R_l^{-1}\right\} \quad (2.4.31)$$

以下においては密度演算子 σ' からプライム($'$)を省くことにする. 最後の項で用いた表現について, いくらかの注釈が必要であろう. 表式 $\sigma_k(t)^{\oplus\nu\overline{kl}}$ は化学量論係数 $\nu_{\overline{kl}}$ で要求される限りの, できるだけ多くの類似の行列 $\sigma_k(t)$ について直和 (direct sum) をとることを指示している. そうした結果得られる反応体の行列は直和 $\bigoplus_{k=1}^{J}$ によって結合され, 反応演算子 R_l によって再配置され, そして部分トレース $\text{tr}^{(j)}$ をとることによって反応 l による $\sigma_j(t)$ への増加として得られる.

上で用いられた直和は, いわゆる複合リウヴィユ空間表現を導入することに対応する. 実際の場合には, 異なる分子中にある核スピン関数間には相関がないと仮定してよい. そうするとすべての系は J 個の各個成分の密度演算子 σ_j で完全に特徴づけられる. それらは直和をとることにより複合密度演算子 σ^c の形となる.

$$\sigma^c(t) = \bigoplus_{j=1}^{J}\sigma_j(t) \quad (2.4.32)$$

これは複合リウヴィユ空間 $\mathcal{L}^c$ 中でのベクトルであると考えることができる. この $\mathcal{L}^c$ は分子リウヴィユ空間の直和

$$\mathcal{L}^c = \bigoplus_{j=1}^{J}\mathcal{L}_j \quad (2.4.33)$$

として定義される. ここに複合空間の次元は $d^c = \sum_{j=1}^{J}d_j$ である. 直積 リウヴィユ空間 $\mathcal{L}$ と比べて, 極端に縮小された次元をもつ $\mathcal{L}^c$ は密度演算子方程式の数値解を得るのに必須のものである (2.68). 例えばトレースをとること $\text{tr}^{(j)}$ は単に部分空間 $\mathcal{L}_j$ にあるもの以外のすべての成分を捨て去ることによって達成される.

最終的な目標は複合密度演算子 σ^c に対するマスター方程式を導くことであ

る．それを（超）行列形に表現するのが便利である．そうすると，複合密度演算子は一つの列ベクトル $\boldsymbol{\sigma}^c$ の形に書くことができるが，この $\boldsymbol{\sigma}^c$ は成分密度演算子を表す列ベクトル $\boldsymbol{\sigma}_j$ （図2.1.1を見よ）を一つの列に並べることによって得られる．

このようにして求めるマスター方程式は次の形に書くことができる．

$$\frac{\mathrm{d}}{\mathrm{d}t}\boldsymbol{\sigma}^c = \{-\mathrm{i}\hat{\hat{\mathscr{H}}}_0^c - \hat{\hat{\Gamma}}^c + \hat{\hat{\Xi}}^c\}\boldsymbol{\sigma}^c + \hat{\hat{\Gamma}}^c\boldsymbol{\sigma}_0^c. \tag{2.4.34}$$

この方程式の構造は模式的に図2.4.2に示されている．ハミルトニアン超行列 $\hat{\hat{\Gamma}}^c$ と緩和の超行列 $\hat{\hat{\mathscr{H}}}_0^c$ は，成分分子の対応する超行列から直和をとることにより作られる．それらは対角線上にブロックをもつ構造となっている．交換の超演算子 $\hat{\hat{\Xi}}^c$ は化学変換のすべての効果を記述するものであるが，密度演算子 σ_j の間をとりもつものであるため，ブロック構造をもたない．

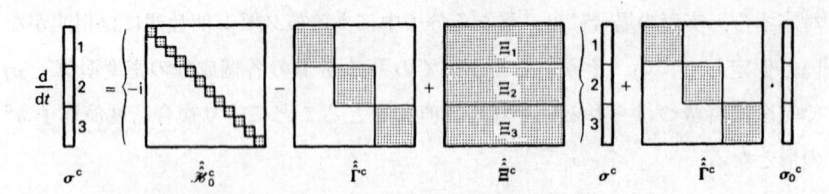

図 2.4.2 化学変換のある系に対する密度演算子方程式の図式表現（式 (2.4.34)）．交換子 $\hat{\hat{\mathscr{H}}}_0^c$ は分子 A_j のそれぞれの固有基底で表わすとき対角となる．分子間の交差緩和を無視すれば，緩和の超演算子 $\hat{\hat{\Gamma}}^c$ は図に示すようなブロック構造をもつ．交換の超演算子 $\hat{\hat{\Xi}}^c$ は分子間の化学変換を仲立ちするもので，対角，非対角ブロック共にゼロでない超行列によって表現される．

さて，いまや超演算子 $\hat{\hat{\Xi}}$ に対するあらわな表現を与えることは簡単である．複合密度演算子を用いて式 (2.4.31) を次の形で書き直すことができる．

$$\dot{\sigma}(t) = -\mathrm{i}\hat{\mathscr{H}}_j\sigma_j(t) - \hat{\hat{\Gamma}}_j\{\sigma_j(t) - \sigma_{j0}\} + \hat{\hat{\Xi}}_j\sigma^c(t) \tag{2.4.35}$$

ここに

$$\hat{\hat{\Xi}}_j(t)\boldsymbol{\sigma}^c(t) = -\frac{1}{[A_j](t)}\sum_{i=1}^{2L}\nu_{ji}^+\dot{\xi}_i(t)\sigma_j(t)$$

2.4 化学反応によるスピンダイナミックス

$$+\frac{1}{[A_j](t)}\sum_{l=1}^{2L}\nu_{jl}^+\dot{\xi}_l(t)\mathrm{tr}^{(j)}\Big\{R_l\bigoplus_{k=1}^{\nu_{kl}^+}\sigma_k(t)^{\oplus\nu_{kl}^-}R_l^{-1}\Big\}. \quad (2.4.36)$$

全交換超演算子 $\hat{\Xi}^c$ は結局，和

$$\hat{\Xi}^c = \sum_{j=1}^{J}\hat{\Xi}_j. \quad (2.4.37)$$

として得られる．式 (2.4.37) は高温近似の下での交換超演算子のあらわな表現である．化学的に非平衡な系に対して，交換超演算子 $\hat{\Xi}^c(t)$ は濃度 $[A_j](t)$ と速度 $\dot{\xi}(t)$ を通じて時間依存性をもつ．

2.4.4　1次反応に対する密度演算子方程式と交換超演算子

一次（または擬一次）反応に対しては，交換超演算子 $\hat{\Xi}$ に対して簡略化した表現を導くことができる．式 (2.4.10) に従って反応網を速度定数 k_{jr} で記述しよう．そうすると，式 (2.4.31) を書き変えて，濃度依存性をもたない密度演算子に対して次の形を得る．

$$\dot{\sigma}_j = -\mathrm{i}[\mathcal{H}_j,\sigma_j] - \hat{\Gamma}_j[\sigma_j-\sigma_{j0}] + \sum_{r\neq j}\frac{[A_r](t)}{[A_j](t)}k_{rj}[R_{rj}\sigma_r R_{rj}^{-1}-\sigma_j] \quad (2.4.38)$$

式 (2.4.36) の交換超演算子 $\hat{\Xi}$ の要素は今やあらわに表現することができて，

$$\hat{\Xi}(t)_{j\alpha\alpha',s\beta\beta'} = (1-\delta_{js})k_{sj}\frac{[A_s](t)}{[A_j](t)}(R_{sj})_{\alpha\beta}(R_{sj}^{-1})_{\beta'\alpha'}$$
$$-\delta_{js}\delta_{\alpha\beta}\delta_{\alpha'\beta'}\Big(\sum_{r\neq j}k_{rj}\frac{[A_r](t)}{[A_j](t)}\Big). \quad (2.4.39)$$

三重の指数 $j\alpha\alpha'$ は生成化学種 j の密度演算子 σ_j の $\alpha\alpha'$ 行列要素に対応する．そして $\Xi(t)_{j\alpha\alpha',s\beta\beta'}$ は行列要素 $\sigma_{s\beta\beta'}$ から要素 $\sigma_{j\alpha\alpha'}$ への転移の速度を表わす．非平衡反応に対しては，交換超演算子は式 (2.4.38) から明らかなように一次反応に対してさえ，まだ時間依存性をもっている．

化学的平衡系に対しては，式 (2.4.38) を，平衡条件 $[A_r]k_{rj}=[A_j]k_{jr}$ を用いてさらに簡略化することができる．

$$\dot{\sigma}_j = -\mathrm{i}[\mathcal{H}_j, \sigma_j] - \hat{\hat{\Gamma}}_j\{\sigma_j - \sigma_{j0}\} + \sum_{r \neq j} k_{jr}\{R_{rj}\sigma_r R_{rj}^{-1} - \sigma_j\} \quad (2.4.40)$$

これは NMR におけ多種多様な平衡交換現象に対して適用できる有用な式である．期待に反して，k_{rj} に代わって分子 A_j から分子 A_r への反応を記述する k_{jr} なる速度定数が現れていることに注意されたい．これは濃度に依存しない密度演算子を用いることに由来している．

非平衡反応に対してさえ，時間依存性をもたない交換超演算子を得ることは可能であって，これは濃度 $[A_j]$ に依存する密度演算子を定義することによって達成される．

$$\sigma_j^\square = [A_j]\sigma_j \quad (2.4.41)$$

σ_j と $\sigma_j^\square$ とに対して運動方程式は異なっている．このことはそれらの時間微分の間の関係

$$\dot{\sigma}_j^\square = [A_j]\dot{\sigma}_j + [\dot{A}_j]\sigma_j \quad (2.4.42)$$

を見れば明らかである．式 (2.4.42) は非平衡反応における濃度の時間依存性についての本質的な関係式である．我々は結局次の方程式を得る．

$$\dot{\sigma}_j^\square = -\mathrm{i}[\mathcal{H}_j, \sigma_j^\square] - \hat{\hat{\Gamma}}_j\{\sigma_j^\square - \sigma_{j0}^\square\} + \sum_{r \neq j}\{k_{rj}R_{rj}\sigma_r^\square R_{rj}^{-1} - k_{jr}\sigma_j^\square\} \quad (2.4.43)$$

この方程式は古典的な修飾 Bloch 方程式，式 (2.4.17) に完全に類似したものである．それは1次の非平衡化学反応を取り扱うのに最も便利な方程式である．また，式 (2.4.38) とは対照的に，容易に積分することができる．

第3章
核スピンハミルトニアンの操作

　他の分光法と比べた場合，NMRの大きな長所は，解きたい問題の要求に応じて，核スピンハミルトニアンをほとんど制約なしに思いのままに操作し，かつ変形できるという点にある．赤外や紫外スペクトルの多くは，信号のパターンがうまく分解せず非常に複雑であるので，解釈がむずかしい．しかしながら，NMRではハミルトニアンを十分に解析ができる程度に変形することにより，複雑なスペクトルをしばしば単純化することができる．

　核スピンハミルトニアンの操作が容易であるのは，純粋に現実的な理由による．核の相互作用は弱いので，ある特定の相互作用を覆い隠すのに十分な競合的摂動を与えることができる．光学分光法では関連する相互作用はずっと高エネルギーであり，このような操作は事実上不可能である．

　多くの1次元NMRの応用で，スピンハミルトニアンの変形は基本的な役割を果たしている．スピンデカップリング，多重パルス法によるコヒーレント平均，試料回転，液晶溶媒中での部分的な配向などは，現在ではスペクトルの簡略化や情報内容の増大を計るための標準的な方法となっている．2次元分光法では，スピンハミルトニアンの操作はさらに重要であることがわかっている．なぜならば一回の実験の過程で，いくつかの異なった平均ハミルトニアンを使うことができるからである．

3.1 操作のための道具

　次の節で，操作されたハミルトニアンを計算するための数学的な定式化について述べるが，その前にハミルトニアンを変形するために使われる道具について簡単に述べる．操作には系に対する外部摂動が必要であり，その摂動は時間に依存してもしなくてもよい．

時間に依存しない摂動はハミルトニアンを支配するパラメーターを変化させ，その結果スペクトルにも対応する変化を起こさせる．温度，圧力，溶媒や静磁場の変化は望みの変化を起こすために使われる．これらの摂動の多くは2次元の実験に組み込めるほどすばやく制御できない．注目に値する例外は磁場循環の実験である．この実験では，試料は発展時間と検出時間の間に一つの静磁場から他の静磁場へと移動される (3.1)．特に興味深い応用は時間領域零磁場磁気共鳴である．これはパウダーの双極子結合や核四極子結合を測定するのに使用されている (3.2, 3.3)．

はるかに重要な時間に依存する摂動は機械的な回転や，連続あるいはパルスラジオ周波数磁場である．速い回転によってハミルトニアンの不均一な，あるいは異方的なパラメーターの空間平均がとられる．ラーモア周波数の分布を生じる磁場の不均一は平均化され，双極子結合あるいは核四極子結合や化学シフトの異方成分のような異方的相互作用は適当な回転軸のまわりの十分に速い回転によって消去することができる．得られたスペクトルは時間に依存する項を除いた，変形されたハミルトニアンによって記述することができる．しかしながら，遅い回転では，一連のスピニングサイドバンドが現われ，変形された時間に依存しないハミルトニアンのみではもはや説明することができなくなる．この場合にはフローケ（Floquet）理論が系を簡潔に記述するのに使用される (3.4-3.6)．

ハミルトニアンを変形するために，ラジオ波を導入する非常に多くの方法がこれまでに提案されている．ラジオ波磁場は，周期的パルス系列，あるいは非周期的パルス系列によって連続的に与えられる．連続ラジオ波の導入はよく知られた二重共鳴効果を引き起こす．すなわち磁場強度の増加に伴い，まず占有数が摂動を受け，次にティックリング (tickling) 効果が起こり，最後にスピンデカップリングが起こる (4.7節)．

周期的な多重パルス系列は選択された相互作用の消去やスケーリングに対して驚くほど用途が広い．固体の同種核双極子デカップリングに対して，WHH-4 (3.7-3.9, 3.31), MREV-8 (3.10-3.12), BR-24 (3.13),

BLEW-48（3.14）のようなパルス系列を使用することができる．液体における異種核のスピンデカップリングに対して，MLEV（3.15-3.18）あるいはWALTZ（3.19, 3.20）は非常に効果的である．多重パルス系列は，液体（3.21, 3.22）や固体（3.23, 3.24）の同種核および異種核相互作用をスケーリングするよう設計することも可能である．最後に，磁場の不均一のような外部摂動は，横緩和を測定するための再結像によって取り除くことができる（3.25）．

　周期的な摂動の正味の効果が，変形された時間に依存しないハミルトニアンで記述される場合には，平均ハミルトニアン理論を基礎にした理論的記述を行うと都合がよい．この記述は簡単な解析的結果を与えるので，周期的多重パルス系列の解析には特に有用である．この理論はまた強いラジオ波場を伴う二重共鳴にも応用することができる（§4.7）．

　しかしながら，以上に述べたすべての場合が平均ハミルトニアンで記述されるという訳にはいかない．多くの場合，与えられた次元のハミルトニアンで予想されるより多くの共鳴線が観測される．周期的な摂動の下ではフローケ（Floquet）理論（3.6）を採用することが常に可能である．この理論は多重パルスの実験を記述するのにも試料回転を記述するのにも使用できる．

　2次元分光法では，適当に変形したハミルトニアンを得るために，発展期間や混合期間のあいだでも非周期的なパルス系列を導入することができる．そのような非周期的な摂動が与えられているとき，もし正味の効果を平均化ハミルトニアンで記述しようとするならば，特別の条件が満たされなければならない．これらの条件が破られている場合には，時間発展のあらわな計算を行わなければならない．次の節で，これらの理論的概念について簡単に説明する．

3.2　平均ハミルトニアン理論

　スピン系の"平均化"された運動を表現する平均ハミルトニアンの概念によって，系に与えられた時間に依存する摂動の効果が見事に表現される．この

理論は多重パルス系列の効果を説明するために，Waugh によって初めて磁気共鳴に導入された (3.7, 3.26).

平均化ハミルトニアン理論の基本的な点は非常に単純である．まず系の発展が時間に依存するハミルトニアン $\mathcal{H}(t)$ によって支配されていると仮定しよう．次にすることはある時間 t_c 内の実効的発展が平均化ハミルトニアン $\overline{\mathcal{H}}$ によって表現できるかどうかを調べてみることである．

期間 $t_1 < t < t_2$ における運動の結果を平均ハミルトニアン $\overline{\mathcal{H}}(t_1, t_2)$ で表現することは常に可能である．しかしながら，このハミルトニアンは期間の始点と終点に依存する．反復観測における時間に依存しない平均ハミルトニアン $\overline{\mathcal{H}}$ は次のような場合にのみ導かれる．

1．ハミルトニアン $\mathcal{H}(t)$ は周期的である．
2．観測はストロボ的でハミルトニアンの周期に同期している．

平均ハミルトニアン $\overline{\mathcal{H}}$ は，時間発展演算子の対角化を行う正確な計算によってか，あるいはベーカー-キャンベル-ハウスドルフ (Baker-Campbell-Hausdorff) 展開，あるいはマグヌス (Magnus) 展開として知られている展開法によって定義できる．

3.2.1 $\overline{\mathcal{H}}$ の正確な計算

ハミルトニアン $\mathcal{H}(t)$ が継続する時間間隔では断片的定数であると仮定しよう．

$$(\tau_1 + \tau_2 + \cdots + \tau_{k-1}) < t < (\tau_1 + \tau_2 + \cdots + \tau_k) \text{ のとき } \mathcal{H}(t) = \mathcal{H}_k \tag{3.2.1}$$

実際，$\mathcal{H}(t)$ はしばしば適当な回転座標系においてこの条件を満たす．この場合，密度演算子方程式

$$\dot{\sigma} = -\mathrm{i}[\mathcal{H}(t), \sigma] \tag{3.2.2}$$

3.2 平均ハミルトニアン理論

は容易に積分することができ

$$\sigma(t_c) = U(t_c)\sigma(0)U(t_c)^{-1} \qquad (3.2.3)$$

ここで

$$U(t_c) = \exp(-i\mathcal{H}_n\tau_n)\cdots\cdots\exp(-i\mathcal{H}_1\tau_1)$$

そして

$$t_c = \sum_{k=1}^{n}\tau_k \ .$$

ユニタリー変換の積はまたユニタリー変換であるので，全体の系列を平均ハミルトニアン $\overline{\mathcal{H}}(t_c)$ による一回の変換として表現することが可能である．

$$U(t_c) = \exp\{-i\overline{\mathcal{H}}(t_c)t_c\} \qquad (3.2.4)$$

$\overline{\mathcal{H}}(t_c)$ は n 回の変換に対する行列積を実際に計算し，それを対角化し，得られた固有値の対数をとることにより決定することができる．平均ハミルトニアン $\overline{\mathcal{H}}(t_c)$ は固定期間 $t=t_c$ においてのみ適用できることに注意する必要がある．しかしながら，観測がストロボ的か同期的サンプリングに制限されている場合には，もし t_c が周期的なハミルトニアン $\mathcal{H}(t)$ の周期に一致するならば，$\overline{\mathcal{H}}(t_c)$ は固定期間を拡張した期間にわたっても運動を表現できる．

$$U(nt_c) = U(t_c)^n = \exp\{-i\overline{\mathcal{H}}(t_c)nt_c\} \qquad (3.2.5)$$

3.2.2 推進演算子のキュムラント展開

多くの場合，指数演算子積に対するキュムラント展開で $\overline{\mathcal{H}}(t_c)$ を表現すると大変都合がよい．ベーカー-キャンベル-ハウスドルフ（Baker-Campbell-Hausdorff）の関係

$$e^B e^A = \exp\{A + B + \frac{1}{2}[B,A] + \frac{1}{12}([B,[B,A]] + [[B,A],A]) + \cdots\}$$
(3.2.6)

を用いると，二つの連続する時間間隔 τ_1, τ_2 間での $\overline{\mathscr{H}}(t_c)$ は次のように顕わに表現される．

$$\overline{\mathscr{H}}(t_c) = \frac{i}{t_c}\{-i(\mathscr{H}_1\tau_1 + \mathscr{H}_2\tau_2) - \frac{1}{2}[\mathscr{H}_2\tau_2, \mathscr{H}_1\tau_1] + \frac{1}{12}(i[\mathscr{H}_2\tau_2,[\mathscr{H}_2\tau_2,\mathscr{H}_1\tau_1]]$$
$$+ i[[\mathscr{H}_2\tau_2,\mathscr{H}_1\tau_1],\mathscr{H}_1\tau_1]) + \cdots\}$$
(3.2.7)

ハミルトニアンが可換である $[\mathscr{H}_1, \mathscr{H}_2]=0$ の場合には，正確に（そして明白に）次の結果を得る．

$$\overline{\mathscr{H}}(t_c) = \frac{1}{t_c}(\mathscr{H}_1\tau_1 + \mathscr{H}_2\tau_2)$$
(3.2.8)

類似の表現は，期間 $t_c = \tau_1 + \tau_2 + \tau_3 + \cdots + \tau_n$, の間に $n-1$ 回値を変える断片的定数ハミルトニアン，$\mathscr{H} = \{\mathscr{H}_1, \tau_1; \mathscr{H}_2, \tau_2; \mathscr{H}_3, \tau_3; \cdots\}$ に対しても得られる．平均ハミルトニアンは異なった次数の寄与に分割することができる (3.8)．

$$\overline{\mathscr{H}}(t_c) = \overline{\mathscr{H}}^{(0)} + \overline{\mathscr{H}}^{(1)} + \overline{\mathscr{H}}^{(2)} + \cdots$$
(3.2.9)

ここに $\overline{\mathscr{H}}^{(0)} = \frac{1}{t_c}\{\mathscr{H}_1\tau_1 + \mathscr{H}_2\tau_2 + \cdots + \mathscr{H}_n\tau_n\},$

$$\overline{\mathscr{H}}^{(1)} = -\frac{i}{2t_c}\{[\mathscr{H}_2\tau_2,\mathscr{H}_1\tau_1] + [\mathscr{H}_3\tau_3,\mathscr{H}_1\tau_1] + [\mathscr{H}_3\tau_3,\mathscr{H}_2\tau_2] + \cdots\}$$

$$\overline{\mathscr{H}}^{(2)} = -\frac{1}{6t_c}\{[\mathscr{H}_3\tau_3,[\mathscr{H}_2\tau_2,\mathscr{H}_1\tau_1]] + [[\mathscr{H}_3\tau_3,\mathscr{H}_2\tau_2],\mathscr{H}_1\tau_1]$$
$$+ \frac{1}{2}[\mathscr{H}_2\tau_2,[\mathscr{H}_2\tau_2,\mathscr{H}_1\tau_1]] + \frac{1}{2}[[\mathscr{H}_2\tau_2,\mathscr{H}_1\tau_1],\mathscr{H}_1\tau_1] + \cdots\}.$$
(3.2.10)

より形式的な計算を行うために，さらに，簡単な形で推進演算子 $U(t_c)$ を表現

3.2 平均ハミルトニアン理論

できる.

$$U(t_c) = \exp\{-i\mathcal{H}_n\tau_n\}\cdots\exp\{-i\mathcal{H}_1\tau_1\} = T\exp\{-i\sum_k^n \mathcal{H}_k\tau_k\}$$

$$= \exp\{-i\overline{\mathcal{H}}t_c\} \quad (3.2.11)$$

ここで，T はダイソン（Dyson）の**時間順序演算子**（3.27, 3.28）であり，この演算子は演算子積の中の異なった時間引数をもつ演算子を減少順に並べる．次の関係で T の演算を定義する．

$$T\{\mathcal{H}(t_1)\mathcal{H}(t_2)\} = \begin{cases} \mathcal{H}(t_1)\mathcal{H}(t_2) & t_1 > t_2 \text{ のとき} \\ \mathcal{H}(t_2)\mathcal{H}(t_1) & t_1 < t_2 \text{ のとき} \end{cases} \quad (3.2.12)$$

式(3.2.11) の指数関数にかかっている時間順序演算子 T の効果は，指数をベキ級数に展開し，さまざまな展開項の係数に時間順序を与えることによって明確に表現することができる．このようにしても式(3.2.9) と式(3.2.10) を証明できる．

形式的な式(3.2.11) は連続的に変化するハミルトニアンに対しても容易に一般化でき，その結果，次のような推進演算子が導ける．

$$U(t_c) = T\exp\{-i\int_0^{t_c}\mathcal{H}(\tau)d\tau\} = \exp\{-i\overline{\mathcal{H}}t_c\} \quad (3.2.13)$$

指数部分を展開して等しい次数の項を集めることにより，最終的に式(3.2.10) にならって，平均ハミルトニアン $\overline{\mathcal{H}}(t_c)$ のそれぞれの次数に対して，次のような表現が得られる．

$$\overline{\mathcal{H}}^{(0)} = \frac{1}{t_c}\int_0^{t_c}\mathcal{H}(t_1)dt_1 \quad (3.2.14)$$

$$\overline{\mathcal{H}}^{(1)} = \frac{-i}{2t_c}\int_0^{t_c}dt_2\int_0^{t_2}dt_1[\mathcal{H}(t_2),\mathcal{H}(t_1)] \quad (3.2.15)$$

$$\overline{\mathcal{H}}^{(2)} = -\frac{1}{6t_c}\int_0^{t_c}dt_3\int_0^{t_3}dt_2\int_0^{t_2}dt_1\{[\mathcal{H}(t_3),[\mathcal{H}(t_2),\mathcal{H}(t_1)]]$$
$$+ [[\mathcal{H}(t_3),\mathcal{H}(t_2)],\mathcal{H}(t_1)]\} \quad (3.2.16)$$

この展開はマグヌス (Magnus) 展開 (3.8, 3.29, 3.30) として知られている. これが平均ハミルトニアン理論の基礎となっている.

3.2.3 時間に依存する摂動による平均化

この節では，本来時間に依存しないハミルトニアン $\mathcal{H}_0$ が，時間に依存する摂動 $\mathcal{H}_1(t)$ の導入によって変化を受けるような状況について議論する．摂動は，得られた平均化ハミルトニアンの中に明示されないよう選択すべきである．典型的な例としてスピンデカップリング，多重パルス実験，そして試料回転がある．これらの場合，全ハミルトニアンは時間に依存する項と依存しない項から成る.

$$\mathcal{H}(t) = \mathcal{H}_0 + \mathcal{H}_1(t) \tag{3.2.17}$$

ここで，$\mathcal{H}_0$ は無摂動のハミルトニアンであり $\mathcal{H}_1(t)$ は目的に応じて導入される摂動である.

一般の推進演算子 $U(t)$ は式(3.2.13) に従って，次のように表される.

$$U(t) = T\exp\{-i\int_0^t dt_1(\mathcal{H}_0 + \mathcal{H}_1(t_1))\} \tag{3.2.18}$$

$\mathcal{H}_0$ と $\mathcal{H}_1(t)$ の効果を分けるために推進演算子を二つの項に分割する.

$$U(t) = U_1(t)U_0(t) \tag{3.2.19}$$

ここで

$$U_1(t) = T\exp\{-i\int_0^t dt_1 \mathcal{H}_1(t_1)\} \tag{3.2.20}$$

そして

$$U_0(t) = T\exp\{-i\int_0^t dt_1 \mathcal{H}_0(t_1)\} \tag{3.2.21}$$

3.2 平均ハミルトニアン理論

ここで，$U_1(t_1)$は摂動$\mathcal{H}_1(t)$にのみに依存し，その直接の効果を表わす．$\tilde{\mathcal{H}}_0(t)$は，$\mathcal{H}_1(t)$に関して時間に依存する相互作用表示によるハミルトニアンであり，この表示はしばしば<u>トグリング（toggling）座標系</u>と呼ばれる．

$$\tilde{\mathcal{H}}_0(t) = U_1^{-1}(t)\mathcal{H}_0 U_1(t) \tag{3.2.22}$$

実際面で特に興味深いのは，摂動$\mathcal{H}_1(t)$がt_c周期性を持つ場合で，

$$\mathcal{H}_1(t + nt_c) = \mathcal{H}_1(t) \qquad n = 0,\ 1,\ 2,\ \cdots \tag{3.2.23}$$

さらに，$\mathcal{H}_1(t)$が次に示す意味で<u>循環的</u>である場合である．

$$U_1(t_c) = 1 \tag{3.2.24}$$

それゆえ$\mathcal{H}_1(t)$は，全周期を一廻りすれば直接的な効果を持たない．

これらの条件下では，相互作用表示によるハミルトニアン$\tilde{\mathcal{H}}_0(t)$もまた周期的になり，その結果一周期に対しては次のように簡単な推進演算子となる．

$$U(t_c) = U_0(t_c) \tag{3.2.25}$$

そしてn周期に対しては次のようになる．

$$U(nt_c) = U_0(t_c)^n \tag{3.2.26}$$

周期的な摂動$\mathcal{H}_1(t)$に対し周期的に時間推進する**ストロボ的観測**において，推進演算子$U_0(t_c)$は単独で$\sigma(t)$の観測される時間発展を表現する．

最終段階で，推進演算子$U_0(t_c)$を式(3.2.13)に示すような平均ハミルトニアン$\overline{\mathcal{H}}_0$を使って表現する．

$$U_0(t_c) = \exp\{-i\overline{\mathcal{H}}_0 t_c\}$$

式(3.2.14)-(3.2.16)で表されるマグヌス展開を用いて，平均ハミルトニアン理論の中核となる結果が得られる．

$$\overline{\mathcal{H}}_0 = \overline{\mathcal{H}}_0^{(0)} + \overline{\mathcal{H}}_0^{(1)} + \cdots \qquad (3.2.27)$$

ここに

$$\overline{\mathcal{H}}_0^{(0)} = \frac{1}{t_c} \int_0^{t_c} \mathrm{d}t_1 \tilde{\mathcal{H}}_0(t_1) \qquad (3.2.28)$$

$$\overline{\mathcal{H}}_0^{(1)} = \frac{-\mathrm{i}}{2t_c} \int_0^{t_c} \mathrm{d}t_2 \int_0^{t_2} \mathrm{d}t_1 [\tilde{\mathcal{H}}_0(t_2), \tilde{\mathcal{H}}_0(t_1)] \qquad (3.2.29)$$

$$\overline{\mathcal{H}}_0^{(2)} = -\frac{1}{6t_c} \int_0^{t_c} \mathrm{d}t_3 \int_0^{t_3} \mathrm{d}t_2 \int_0^{t_2} \mathrm{d}t_1 \{ [\tilde{\mathcal{H}}_0(t_3), [\tilde{\mathcal{H}}_0(t_2), \tilde{\mathcal{H}}_0(t_1)]] $$
$$+ [[\tilde{\mathcal{H}}_0(t_3), \tilde{\mathcal{H}}(t_2)], \tilde{\mathcal{H}}(t_1)] \} \qquad (3.2.30)$$

ここでトグリング座標系ハミルトニアン $\tilde{\mathcal{H}}_0(t)$ は式(3.2.22)と(3.2.20)で与えられる．

零次の項 $\overline{\mathcal{H}}_0^{(0)}$ は特に単純な形をしている．零次の平均ハミルトニアンはちょうどトグリング座標系のハミルトニアン $\tilde{\mathcal{H}}_0(t)$ の時間平均にあたる．明らかに，摂動 $\mathcal{H}_1(t)$ を導入する目的は，望ましくないハミルトニアン項が時間平均により消失するようなトグリング座標系（式(3.2.22)）への変換を行うことである．

たいていの場合，ある種の高次の項 $\overline{\mathcal{H}}_0^{(1)}$, …の除去は望ましくない相互作用を効果的に消去をするために必要である．洗練された多重パルス系列の多くはこの目標を目指している．高次項はハミルトニアンのさまざまな項の間の不用な交差項を含んでいる．高次項に含まれる異なった時間のハミルトニアン演算子の交換子は，周期 τ_c が短いほど小さくなる．その結果速い多重パルス系列ほど一般によい平均化を与える．

摂動の循環的な性質は平均化ハミルトニアンの導入のための前提条件ではない．非循環的な場合には，$\overline{\mathcal{H}}$ は $\mathcal{H}_1(t)$ からの寄与をあらわに含んでいる．多くの場合，このことは $\overline{\mathcal{H}}$ が $\mathcal{H}_1(t)$ におけるわずかな調整ミスや変化に対して敏感であることを意味する．それゆえ大抵の場合は，$\overline{\mathcal{H}}$ にあらわに現れない循環

3.2 平均ハミルトニアン理論

$\tilde{\mathcal{H}}_Z$: $\quad \Omega I_z \quad \Omega I_y \quad \Omega I_x \quad \Omega I_y \quad \Omega I_z$

$$\bar{\mathcal{H}}_Z^{(0)} = 1/3\, \Omega(I_x+I_y+I_z) = \frac{1}{\sqrt{3}}\Omega I'_z$$

$\tilde{\mathcal{H}}_D$: $\quad \mathcal{H}_{zz} \quad \mathcal{H}_{yy} \quad \mathcal{H}_{xx} \quad \mathcal{H}_{yy} \quad \mathcal{H}_{zz}$

$$\bar{\mathcal{H}}_D^{(0)} = 0$$

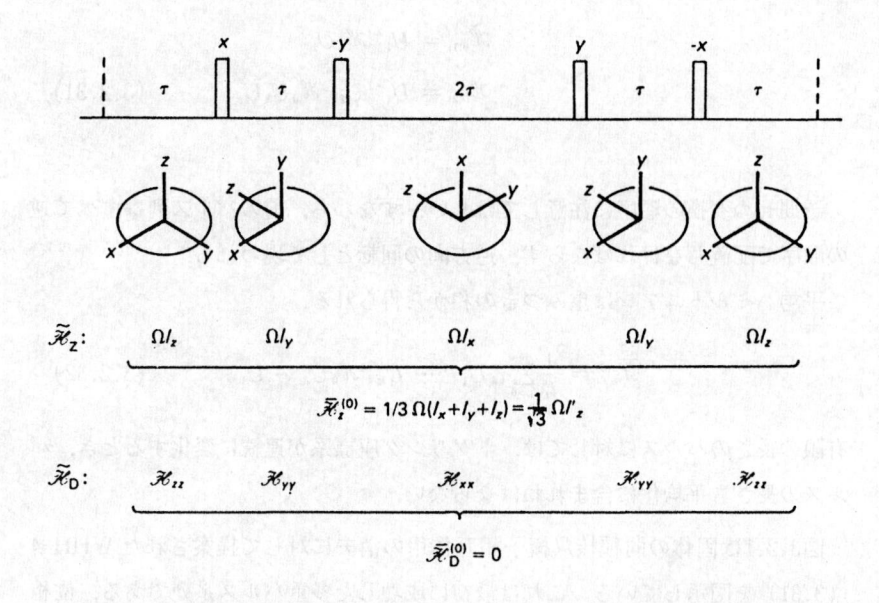

図 3.2.1 同種核双極子のデカップリングを行う WHH-4 多重パルス系列. 全期間 $\tau_c = 6\tau$ を区切る各期間において, 四つのパルスは τ または 2τ 間隔をあけており, トグリング (toggling) 系として知られている座標系を回転させる. 平均ハミルトニアン $\bar{\mathcal{H}}^{(0)}$ はトグリング座標系で変換されたハミルトニアン $\tilde{\mathcal{H}}$ を平均化することにより得られる. 平均化はゼーマン相互作用 $\mathcal{H}_Z$ と双極子相互作用 $\mathcal{H}_D$ に対して行われている.

的な摂動の方が望ましい.

　変換, U_1, U_2, $\cdots$, U_n で表現され, 自由歳差運動期間によって分割された n 個の無限にせまい r.f. パルスからなる摂動 $\mathcal{H}_1(t)$ について, 零次の平均化ハミルトニアン $\bar{\mathcal{H}}_0^{(0)}$ を計算する簡単な方法を示してこの節を締めくくろう. それぞれのパルスは, 図3.2.1で図示されているように, トグリング座標系を新しい位置に回転する. 式(3.2.22)のトグリング座標系のハミルトニアン $\tilde{\mathcal{H}}_0(t)$ は 2 個のパルス k と $k+1$ の間の期間 τ_k において一定 $(\tilde{\mathcal{H}}_0(t) = \tilde{\mathcal{H}}_{0(k)})$ であり, 段階的な変換によって計算される.

$$\tilde{\mathcal{H}}_{0(0)} = \mathcal{H}_0$$

$$\bar{\mathcal{H}}_{0(1)} = U_1^{-1} \mathcal{H}_0 U_1$$
$$\bar{\mathcal{H}}_{0(2)} = U_1^{-1} U_2^{-1} \mathcal{H}_0 U_2 U_1 \quad (3.2.31)$$
$$\vdots$$

予期せぬ変換の順序に注意してほしい．すなわち，前のパルス列はすべて逆の順序で配置しなければならず，逆方向の回転として現われる．

平均ハミルトニアンは重みつきの和から得られる．

$$\bar{\mathcal{H}}_0^{(0)} = \frac{1}{t_c} \sum_{k=0}^{n} \tau_k U_1^{-1} \cdots U_k^{-1} \mathcal{H}_0 U_k \cdots U_1 \quad (3.2.32)$$

有限の長さのパルスに対しては，トグリング座標系が連続に変化するとき，パルスの長さも平均化に含まれねばならない．

図3.2.1は固体の同種核双極子相互作用の消去に対して提案されたWHH-4 (3.31)を図示している．これは最初に成功した多重パルス系列である．位相が x, $-y$, y および $-x$ を取る四つの $\pi/2$ パルスは等間隔ではなく，$\tau_0 = \tau_1 = \tau_3 = \tau_4 = \tau$ および $\tau_2 = 2\tau$ である．パルスは指定された方向にそってトグリング座標系を次々に回転する．トグリング（toggling）座標系におけるゼーマン相互作用は図3.2.1をよく見れば決定できる．というのはもとの実験室系 z 軸と平行な軸に標識されているようにトグリング座標系に変換された演算子 I_z が次つぎに変っていくからである．平均ゼーマンハミルトニアン $\bar{\mathcal{H}}_z^{(0)}$ は新しい量子化軸 $z' = (1, 1, 1)$ を持ち，そのラーモア周波数は $1/\sqrt{3}$ に縮少されている．ゼーマン相互作用の縮少はすべての双極子デカップリング系列の特徴である．双極子ハミルトニアンは三つの形 $\mathcal{H}_{xx}$, $\mathcal{H}_{yy}$ および $\mathcal{H}_{zz}$ を取る．ここで添字は関与する演算子を表している，たとえば

$$\mathcal{H}_{xx} = \sum_{k<l} b_{kl} \frac{1}{2}(1 - 3\cos^2 \theta_{kl})[3 I_{kx} I_{lx} - \mathbf{I}_k \mathbf{I}_l] \quad (3.2.33)$$

この結果，重みつきの和から得られる平均ハミルトニアン $\bar{\mathcal{H}}_D^{(0)}$ は零になる．

$\mathcal{H}_0$ 中のより高次項の計算において，図3.2.1のトグリング座標系のハミルト

3.2 平均ハミルトニアン理論

ニアン $\tilde{\mathcal{H}}(t)$ は，次のような意味で対称であることに注意すべきである．

$$\tilde{\mathcal{H}}(t) = \tilde{\mathcal{H}}(\tau_c - t) \qquad (3.2.34)$$

この性質をもつパルス系列は対称サイクルと呼ばれている．このようなサイクルにおいて，$\overline{\mathcal{H}}_0$ への奇数次のすべての寄与が消滅することを示すのは容易である (3.8, 3.32)．

$$\overline{\mathcal{H}}_0^{(k)} = 0 \qquad k = 1, 3, 5, \cdots \text{ のとき} \qquad (3.2.35)$$

このように誤差を含む項が減少するので，対称サイクルは大幅に性能を向上する．対称サイクルはパルスを対称に並べたパルス系列を意味するのではないことを知っておくべきである．実際，図3.2.1の対称サイクルはパルスの反対称な系列から成っている．

多くの改良された多重パルス系列が，同種核双極子デカップリング用に発表されている．系列の長さを拡張することにより，$\overline{\mathcal{H}}_0$ のより高次の項を消去することが可能となる．詳細を知るには優れた総説 (3.8, 3.9, 3.33) と原著論文 (3.7, 3.10-3.14) を参照されたい．

3.2.4 内部ハミルトニアンの足切り

時間に依存しないハミルトニアンの主要な項はしばしばより小さな項を切りとる効果がある．これは主要な項の相互作用表示におけるコヒーレント平均として理解される．実験室座標系で次のようなハミルトニアンを仮定しよう．

$$\mathcal{H} = \mathcal{H}_0 + \mathcal{H}_1 \qquad (3.2.36)$$

ここで $\mathcal{H}_0$ は主要な項である．$\mathcal{H}_0$ の相互作用表示において，$\tilde{\mathcal{H}}_1$ は時間に依存するが，我々が計算できるのは $\mathcal{H}_0$ の摂動効果を変形した平均足切りハミルトニアン $\overline{\tilde{\mathcal{H}}}_1$ である．よくある例の一つはゼーマンハミルトニアンによるスピン-スピン相互作用の非永年項の足切りである．この場合，$\mathcal{H}_0$ はゼーマン相互作

用を表わし，$\mathcal{H}_1$ はスピン-スピン結合項を表わす．

3.2.3節の定式化を使うことにより，今度は $\mathcal{H}_0$ と $\mathcal{H}_1$ の役割を入れ替えて，推進演算子を二つの因数に分割することができる．

$$U(t) = U_0(t)U_1(t) \tag{3.2.37}$$

ここで

$$U_0(t) = \exp\{-i\mathcal{H}_0 t\},$$
$$U_1(t) = T\exp\{-i\int_0^t \tilde{\mathcal{H}}_1(t_1)\mathrm{d}t_1\},$$

および

$$\tilde{\mathcal{H}}_1(t) = U_0(t)^{-1}\mathcal{H}_1 U_0(t)$$

零次の平均ハミルトニアンは（式(3.2.28)）

$$\overline{\mathcal{H}}_1^{(0)} = \frac{1}{t_c}\int_0^{t_c} \tilde{\mathcal{H}}_1(t_1)\mathrm{d}t_1 \tag{3.2.38}$$

この式を正確に計算するため，$\mathcal{H}_1$ を超演算子 $\hat{\hat{\mathcal{H}}}$ の固有演算子 Q_k で表わす，

$$\mathcal{H}_1 = \sum_k a_k Q_k \tag{3.2.39}$$

ここで，

$$\hat{\hat{\mathcal{H}}}_0 Q_k = [\mathcal{H}_0, Q_k] = q_k Q_k$$

その結果

$$\tilde{\mathcal{H}}_1(t) = \sum_k a_k \exp\{-iq_k t\}Q_k \tag{3.2.40}$$

そして

$$\overline{\mathcal{H}}_1^{(0)} = \sum_k a_k \frac{\exp\{-iq_k t_c\}-1}{-iq_k t_c}Q_k \tag{3.2.41}$$

3.2 平均ハミルトニアン理論

$\mathcal{H}_0$ 下での展開が t_c の周期をもつ場合，すなわち

$$U_0(t_c) = 1 \qquad (3.2.42)$$

の場合を調べてみよう．この条件は特別のハミルトニアンに対してのみ満たされる．すなわち，$\mathcal{H}_0$ の固有値は周波数 $2\pi/t_c$ の倍数でなければならない．たとえば，単一スピン種（非等価な化学遷へいを省略している）のゼーマンハミルトニアンはこの条件を満たしている．この型のハミルトニアン $\mathcal{H}_0$ において，$\tilde{\mathcal{H}}_1(t)$ は周期的になる，

$$\tilde{\mathcal{H}}_1(t_c) = \tilde{\mathcal{H}}_1(0) \qquad (3.2.43)$$

そして式(3.2.40)において一周期の積分は，すべての振動項を除去し，零固有値 $q_{k_0}=0$ の固有演算子 Q_{k_0} を含む項のみを残す．

$$\overline{\mathcal{H}}_1^{(0)} = \sum_{k_0} a_{k_0} Q_{k_0} \qquad (3.2.44)$$

このことは，$\mathcal{H}_1$ が平均化によって $\mathcal{H}_0$ と可換な項へ変化していくことを意味している．いい換えれば，$\overline{\mathcal{H}}_1^{(0)}$ は $\mathcal{H}_0$ に関する $\mathcal{H}_1$ の対角部分である．

$$[\overline{\mathcal{H}}_1^{(0)}, \mathcal{H}_0] = 0 \qquad (3.2.45)$$

$\mathcal{H}_0$ がゼーマンハミルトニアンであるとき，$\overline{\mathcal{H}}_1^{(0)}$ は z 軸回りの回転に関して不変な $\mathcal{H}_1$ の対角部分から成る．

$\mathcal{H}_0$ の周期性の条件は実際には落とすことができ，ストロボスコピックな観測も，周期長 t_c が十分短いとき，すなわち $\mathcal{H}_0$ が十分強い時には必要でない．この場合 $\mathcal{H}_0$ によって生じうるサイドバンドは着目しているスペクトル域から十分に離れている．

内部ハミルトニアンの 1 次の足切りは通常の摂動論と等価である．これは $\mathcal{H}_1$ のいわゆる非対角部分，すなわち $\mathcal{H}_0$ と可換でない部分の除去に対応して

いる．非対角部分の除去による足切りの例は2.2.1節ですでに述べられている．最も重要な場合は双極子ハミルトニアンや弱いスカラー結合のハミルトニアンの足切りである．

3.2.5 フローケ（Floquet）理論

ここで簡単に平均化ハミルトニアン理論を，より一般的なフローケ理論の体系の中に位置づけてみよう（3.4，3.35）．フローケの定式化は周期的な時間に依存するハミルトニアン $\mathcal{H}(t)$ の下で時間発展するときの一般解を求めることを目的としている．フローケ理論も，重要度の高い方から低い方に時間発展演算子の展開を行うという点では，平均ハミルトニアン理論と類似する関係がある．一般的な評価は他（3.4，3.5，3.35）で与えられており，この章の範囲をこえるので，ここでは次の特徴を述べることに焦点をしぼる．

1．フローケ（Floquet）理論は平均ハミルトニアン理論のより一般的な処理方法を提供し，展開の収束性を議論するのに有効である．

2．フローケ（Floquet）理論は，周期 t_c の整数倍に対してのみならず，全時間に対して時間発展演算子を書き表わすことを可能にする．

3．フローケ理論は1量子遷移が2個あるいは複数個のラジオ波量子を吸収することによって励起されるような"多光子"NMRの実験を議論するのに使われる（3.36，3.37）．

フローケ理論は，周期的に時間依存する係数をもった線型微分方程式の系に対して，解の存在を主張するものである．周期 t_c の周期的ハミルトニアン $\mathcal{H}(t)$ の場合に適用してみると，それは次の時間発展演算子 $U(t)$ の形になることを示唆している．

$$U(t) = P(t) \cdot \exp\{-i\mathcal{H}_F t\} \qquad (3.2.46)$$

ここで演算子 $P(t)$ は期間 t_c で周期的であるが，フローケハミルトニアン $\mathcal{H}_F$ は時間に依存しない．

3.2 平均ハミルトニアン理論

平均ハミルトニアン理論との関係は $P(0)=P(nt_c)=1$ とおき，ストロボスコピックな観測を行うことにより直ちに明らかになる．

$$U(nt_c) = \exp\{-i\mathcal{H}_F nt_c\} \tag{3.2.47}$$

式(3.2.13)と比較することにより等式 $\mathcal{H}_F=\overline{\mathcal{H}}$ が示される．

等式(3.2.46)はいかなる時間 t に対しても求められ，ストロボスコピックなサンプリングに制限されない．二つの演算子は補足条件 $\mathcal{H}_F^{(0)}\equiv 0$, $P^{(0)}\equiv 1$ を満たす相互に依存する二つの級数に展開できる．

$$\mathcal{H}_F = \sum_{k=0}^{\infty} \mathcal{H}_F^{(k)} \tag{3.2.48}$$

$$P(t) = \sum_{k=0}^{\infty} P^{(k)}(t) \tag{3.2.49}$$

$\mathcal{H}_F^{(k)}$ と $P^{(k)}(t)$ は次の再帰式で与えられる．

$$\mathcal{H}_F^{(k)} = \frac{1}{t_c}\int_0^{t_c}\{\mathcal{H}(t')P^{(k-1)}(t') - \sum_{j=1}^{k-1}P^{(j)}(t')\mathcal{H}_F^{(k-j)}\}dt' \tag{3.2.50}$$

$$P^{(k)}(t) = -i\int_0^t\{\mathcal{H}(t')P^{(k-1)}(t') - \sum_{j=1}^{k-1}P^{(j)}(t')\mathcal{H}_F^{(k-j)} - \mathcal{H}_F^{(k)}\}dt' \tag{3.2.51}$$

$\mathcal{H}_F^{(1)}$ が平均化ハミルトニアン $\overline{\mathcal{H}^{(0)}}$, 式(3.2.14)と等価であることは容易に見てとれる．高次の項も平均化ハミルトニアン級数，$\mathcal{H}_F^{(k)}=\overline{\mathcal{H}^{(k-1)}}$ に等しい．証明は文献3.35で行われている．

Maricq (3.35) は級数の収束について，また級数が2，3の項の後では足切りできるような実際的な状況での問題について議論をしている．しばしば引用される条件は $\|\mathcal{H}^2\|^{\frac{1}{2}}\tau_c < 1$, すなわち周期のくり返し速度 $1/\tau_c$ は，選択された座標系での系の平均遷移周波数よりも大きくなければならない，というものである．二つの結論が導かれる．

1．平均化ハミルトニアン理論が適用でき，展開が収束するかどうかは式(3.2.17)で表わされるハミルトニアンを二つに分けて表現する適切な座標系の選択にかかっている．

2．広範囲の遷移周波数 $\Delta\omega$ を持つ系においては，$\Delta\omega\tau_c<1$ という条件はスペクトルの中心の遷移周波数に対して満たされているが，端で起こる遷移に対しては満たされていない．その結果二つの時間スケールをもつ現象が現われる．すなわち準定常状態がすぐに達成され，これにつづいてよりおそい全体の時間発展がおこる (3.6, 3.35)．

周期的に時間に依存するハミルトニアンの採用によって，平均ハミルトニアンでは記述できなかった有限個の遷移をもつサイドバンド構造のスペクトルが導かれる．Shirley (3.4) の定式化によれば，フローケ理論は，無限次元の行列表現をもつ"フローケハミルトニアン"，$\mathcal{H}_F$ を導入することによってこの状況を処理できることを示している．フローケハミルトニアンは"フローケ状態" $|pn>$ で表される．ここで $|pn>$ は純スピン状態 $|p>$ と自由光子状態 $|n>$ の直積によって形成されている修飾スピン状態と等価である．フローケハミルトニアンはサイドバンドの集団を含んだ有限個の遷移をもっている．この方法は多光子 NMR に対して成功を納めている (3.36, 3.37)．

3.3 非周期的摂動による平均ハミルトニアン

この章ではスピン系の発展が間接的に観測されるような状況について述べる．この状況は 2 次元 NMR の実験では一般的なものである．すなわち発展時間 t_1 の間での歳差運動は，実際の観測が検出期間に限られているので，実験の系列の中で t_1 を系統的に増加させることによって間接的に検出される．スピンエコー分光法や核四極子共鳴における磁場循環の実験，そして双極子分光法のようにこの種の実験は数多く知られている．これらの多くは 2 次元の実験としては分類されてはいないが，間接的な検出という意味で同じ原理に基づいている．

間接検出を行うことにより，発展時間 t_1 間に非周期的摂動を与えることが

3.2 平均ハミルトニアン理論

可能となる.たとえば,t_1に比例して動く**区切り時刻** $t_x=xt_1$ にデカップラーを働かせることによってハミルトニアンを切り換えることが可能となる.一方,各々の実験において,時間 $t_y=yt_1$ で再結像パルスを導入することも可能である.問題は,どのような状況下で t_1 期間全体の発展が平均ハミルトニアン $\overline{\mathcal{H}}$ で記述できるのかという点であり,数学的には,次の関係が一定の $\overline{\mathcal{H}}$ で時間 t_1 のあいだ保持されるかどうかという点である.

$$\sigma(t) = \exp\{-i\overline{\mathcal{H}}t_1\}\sigma(0)\exp\{i\overline{\mathcal{H}}t_1\} \qquad (3.3.1)$$

3.3.1 平均ハミルトニアンの一般条件

発展時間 t_1 の間に与えられた非周期的摂動が平均ハミルトニアンを与える条件を定式化するために,まず図3.3.1(a)に示してあるような一般系列で表わされる摂動を持つ実験を考えてみよう.期間 t_1 は,t_1 に比例する時間変数 $\tau_j=x_jt_1$ の n 個の期間に分割される.各々の期間 τ_j では異なったハミルトニアン $\mathcal{H}_j$ を示す.これらの時間変数の発展期間は固定期間で分離されている.実際に興味あるほとんどの場合,固定期間は非常に短く,その効果はユニタリー変換 R_j によって表現される非選択的な r.f.パルスで代替される.発展時間 t_1 はすべての可変発展期間の合計であり,

$$t_1 = \sum_{j=1}^{n} x_j t_1 \qquad (3.3.2)$$

と定義される.

便宜的に,超演算子表示を用い,かつ緩和を省略することにより,全期間 t_1 の時間発展は次のように表わすことができる.

$$\sigma(t_1) = \exp(-i\hat{\hat{\mathcal{H}}}_n x_n t_1)\prod_{j=1}^{n-1}\hat{\hat{R}}_j \exp(-i\hat{\hat{\mathcal{H}}}_j x_j t_1)\sigma(0) \qquad (3.3.3)$$

変換されたハミルトニアン $\mathcal{H}_j'$

$$\mathcal{H}_j' = (\prod_{k=j}^{n-1}\hat{\hat{R}}_k)\mathcal{H}_j = R_{n-1}\cdots R_{j+1}R_j\mathcal{H}_j R_j^{-1}R_{j+1}^{-1}\cdots R_{n-1}^{-1} \qquad (3.3.4)$$

を導入することにより，すべての変換 R_j（すなわち r.f. パルス）を発展期間の最初に移動させることが可能である．

$$\sigma(t_1) = \prod_{j=1}^{n} \exp(-i\hat{\mathscr{H}}_j' x_j t_1)\sigma'(0) \tag{3.3.5}$$

ここで密度演算子の初期値 $\sigma'(0)$ は変換された形で表される．

$$\sigma'(0) = \prod_{j=1}^{n-1} \hat{\hat{R}}_j \sigma(0) \tag{3.3.6}$$

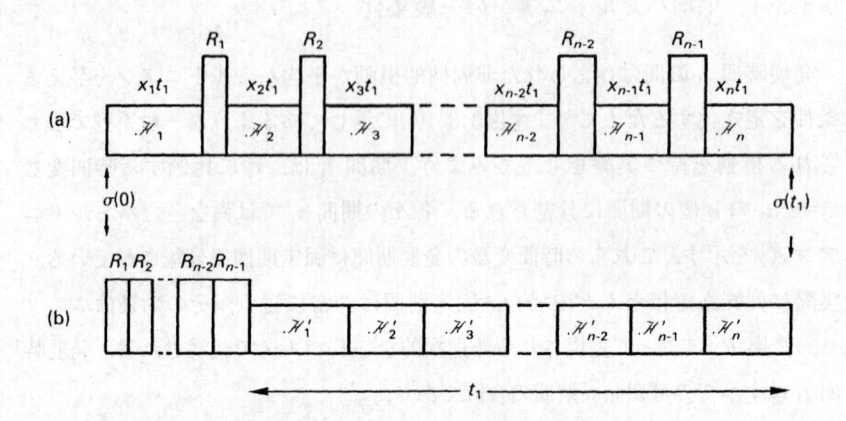

図 3.3.1 　2次元時間領域実験の発展期間 t_1 に適用されうる非周期的摂動．(a)期間 t_1 は n 間隔 $\tau_j (j=1,2,\cdots,n)$ に分割されており，そのハミルトニアンは $\mathscr{H}_j$ で，その期間は $\tau_j = x_j t_1$ で表わされる．そしてそれぞれの期間は固定長の間隔（典型的にはユニタリー変換 R_j で表わされる r.f. パルス）で分離されている．(b)式(3.3.4)で定義される変換ハミルトニアン $\mathscr{H}_j'$ を導入することにより，変換 R_j を t_1 期間の最初に移動させることができる．

この結果図3.3.1(b)で示したスキームと同等になる．この図で新しい初期条件 $\sigma'(0)$ は変換 R_j の全系列による効果を受けており，ハミルトニアン $\mathscr{H}_j'$ は期間 $x_j t_1$ に追随して起こるすべての変換によって変化させられる．

3.2 平均ハミルトニアン理論

等式(3.3.5) は次の表示法と等価である.

$$\sigma'(0) \xrightarrow{\mathcal{H}_1' x_1 t_1} \xrightarrow{\mathcal{H}_2' x_2 t_1} \cdots \xrightarrow{\mathcal{H}_n' x_n t_1} \sigma(t_1) \qquad (3.3.7)$$

前節の結果を使えば,式(3.3.5) あるいは式(3.3.7)における一連の発展は平均ハミルトニアン $\overline{\mathcal{H}}(t_1)$ によって容易に置き換えることができる.

$$\sigma'(0) \xrightarrow{\overline{\mathcal{H}}(t_1) t_1} \sigma(t_1) \qquad (3.3.8)$$

ここで $\overline{\mathcal{H}}(t_1)$ は式(3.2.9) に従って展開でき

$$\overline{\mathcal{H}}(t_1) = \overline{\mathcal{H}}^{(0)} + \overline{\mathcal{H}}^{(1)}(t_1) + \overline{\mathcal{H}}^{(2)}(t_1) + \cdots \qquad (3.3.9)$$

ここで

$$\overline{\mathcal{H}}^{(0)} = \mathcal{H}_1' x_1 + \mathcal{H}_2' x_2 + \cdots + \mathcal{H}_n' x_n$$

$$\overline{\mathcal{H}}^{(1)}(t_1) = -\frac{i}{2} t_1 \{ [\mathcal{H}_2' x_2, \mathcal{H}_1' x_1] + [\mathcal{H}_3' x_3, \mathcal{H}_1' x_1]$$
$$+ [\mathcal{H}_3' x_3, \mathcal{H}_2' x_2] + \cdots \} \qquad (3.3.10)$$

ここで高次の項 $\overline{\mathcal{H}}^{(1)}(t_1)$ が t_1 に比例していることは重要である.同様により高次の項 $\overline{\mathcal{H}}^{(k)}(t_1)$ は t_1^k に比例している.

このことから直ちに次の基本的な結果が導かれる.式(3.3.4)で与えられるすべての変換されたハミルトニアン $\mathcal{H}_j'$ が可換であるならば,すなわち

$$[\mathcal{H}_j', \mathcal{H}_k'] = 0 \qquad (3.3.11)$$

発展時間 t_1 の間の運動を記述する,時間に依存しない平均ハミルトニアン $\overline{\mathcal{H}}$ を定義することができる.

次の節で,この定理を例をあげて説明する.

3.3.2 スピンエコーの実験における平均ハミルトニアン

非周期的摂動を含むパルス系列のうちで最もよく使われるものの一つはスピンエコーの実験である. ここでは π パルスが発展時間 t_1 の中心に与えられる. 前半および後半のハミルトニアン $\mathcal{H}_1$ と $\mathcal{H}_2$ は摂動をもたないハミルトニアンと同等である.

ここでも問題は, 平均ハミルトニアンによって $t=t_1$ のときにエコーを作るような運動を記述することができるかどうかであり, ハミルトニアンのどの項が平均ハミルトニアンに寄与しており, どの項が π パルスによって再結像されるかを決めなければならない.

前節の基本的な結果から, 平均ハミルトニアンが存在する条件が次のように直ちに与えられる.

$$[\mathcal{H}_1', \mathcal{H}_2'] = [\mathcal{H}_1', \mathcal{H}] = 0 \qquad (3.3.12)$$

ここで $\mathcal{H}'$ は最初の時間期間に変換されたハミルトニアンである,

$$\mathcal{H}_1' = R_\pi \mathcal{H} R_\pi^{-1}$$

$\mathcal{H}$ を式(3.3.13)のように分割することによって, より便利な形で条件式(3.3.12)を予想することができる.

$$\mathcal{H} = \mathcal{H}^{(s)} + \mathcal{H}^{(a)} \qquad (3.3.13)$$

第1項は対称的 (symmetric) であり, π 回転によって不変である.

$$R_\pi \mathcal{H}^{(s)} R_\pi^{-1} = \mathcal{H}^{(s)} \qquad (3.3.14)$$

第2項は反対称的 (antisymmetric) であり, π 回転により符号が変わる,

$$R_\pi \mathcal{H}^{(a)} R_\pi^{-1} = -\mathcal{H}^{(a)} \qquad (3.3.15)$$

このような分割はいつでも可能である. 式(3.3.12)により $\mathcal{H}^{(s)}$ と $\mathcal{H}^{(a)}$ が可換

3.2 平均ハミルトニアン理論

でなければならないことは容易に証明される．この結果，スピンエコーの実験に平均ハミルトニアンを導入するためには，ハミルトニアンの対称部分と反対称部分が可換でなければならないという一般的条件がでてくる．

もし $\mathcal{H}^{(s)}$ と $\mathcal{H}^{(a)}$ が可換であるならば，平均化ハミルトニアンは次のようになる．

$$\overline{\mathcal{H}} = \frac{1}{2}\{\mathcal{H}_1' + \mathcal{H}_2'\} = \frac{1}{2}\{\mathcal{H}^{(s)} - \mathcal{H}^{(a)} + \mathcal{H}^{(s)} + \mathcal{H}^{(a)}\} = \mathcal{H}^{(s)} \quad (3.3.16)$$

$\mathcal{H}$ の対称部分は残るが反対称部分は π パルスによって再結像する．対称項は同種核スカラーや双極子結合や核四極子相互作用のようにすべて双線型であるが，化学シフトや異種核相互作用（π パルスが一つの核種にのみ与えられるという条件において）は反対称項である．

三つほど例をあげてみよう．

1．弱く結合した同種核スピン系，

$$\mathcal{H} = \mathcal{H}_{ZI} + \mathcal{H}_{II} \quad (3.3.17)$$

ここで $\mathcal{H}_{ZI}$ はゼーマン相互作用で $\mathcal{H}_{II} = \sum 2\pi J_{kl} I_{kz} I_{lz}$ は結合項である．$\mathcal{H}_{ZI}$ は反対称であるが，$\mathcal{H}_{II}$ は π パルスの下では対称である．この二つの項は可換である．それゆえ平均ハミルトニアンは次のように定式化できる．

$$\overline{\mathcal{H}} = \mathcal{H}_{II} \quad (3.3.18)$$

2．強く結合した同種核スピン系，

$$\mathcal{H} = \mathcal{H}_{ZI} + \mathcal{H}_{II} \quad (3.3.19)$$

ここで $\mathcal{H}_{II} = \sum 2\pi J_{kl} \mathbf{I}_k \cdot \mathbf{I}_l$．この二つの項はもはや可換ではなく平均化ハミルトニアンを定式化することは不可能である．

3．S スピンに与えられたパルスの実験において，強い II スピン結合と弱

い SS スピン結合を伴う異種核スピン系,

$$\mathcal{H} = \mathcal{H}_{ZI} + \mathcal{H}_{II} + \mathcal{H}_{IS} + \mathcal{H}_{ZS} + \mathcal{H}_{SS} \quad (3.3.20)$$

S スピン π パルス下で項 $\mathcal{H}_{ZI}$, $\mathcal{H}_{II}$, $\mathcal{H}_{SS}$ は対称であり, $\mathcal{H}_{IS}$ と $\mathcal{H}_{ZS}$ は反対称である. 鍵となる交換子は

$$[\mathcal{H}_{II}, \mathcal{H}_{IS}] \neq 0 \quad (3.3.21)$$

このことは, 観測される S スピンが弱く結合しているという事実にもかかわらず, $\mathcal{H}$ の対称および反対称部分は可換でなく, 平均ハミルトニアンを定義することが不可能であることを意味する. 具体的な意味については, 7.2.3節でより詳細に議論する.

一つの関連する疑問は, 一つのあるいはいくつかの π パルスを伴う実験でハミルトニアンのどの項がエコー振幅に影響をおよぼしているかという点である (3.25). この問題はすでに検証されている (3.34). その主な結果は次の定理に要約される.

"自由歳差ハミルトニアンの $\mathcal{H}_k$ 項が, スピンエコーの実験でエコー振幅に寄与する必要条件は, それが一連の非可換項 $\{\mathcal{H}_g\}$ に属しており, その非可換項のうち少なくとも 1 項はオブザーバブル F_x と可換でなく, かつ少なくとも 1 項は横軸のまわりでの π 回転の下で反対称でないことである."

もし非可換項がオブザーバブルな演算子 F_x と可換であるならば, これらの項の効果は観測可能ではない. もしすべての項が π 回転の結果符号を変えるならば, それらの項は平均ハミルトニアンからすべて消失してしまう.

S スピンを選択的に照射した, 式(3.3.20) で表わされる強い II 相互作用をもつ異種核スピン系の場合を再び例にあげて考えてみる. 式(3.3.21) で表わされる交換子の関係に加えて, 次の関係がある.

3.2 平均ハミルトニアン理論

$$[\mathcal{H}_{ZI}, \mathcal{H}_{II}] \neq 0 \tag{3.3.22}$$

三つの項 $\mathcal{H}_{ZI}$, $\mathcal{H}_{II}$, $\mathcal{H}_{IS}$ で一連の非可換項を形成する．これらの一つはオブザーバブル S_x と可換ではない．

$$[\mathcal{H}_{IS}, S_x] \neq 0 \tag{3.3.23}$$

加えて，$\mathcal{H}_{ZI}$ と $\mathcal{H}_{II}$ は S スピンに照射された π パルスに関して対称ではない．それゆえ，3項 $\mathcal{H}_{ZI}$, $\mathcal{H}_{II}$, $\mathcal{H}_{IS}$ のすべてがエコー振幅に寄与する．項 $\mathcal{H}_{SS}$ は対称であり，S_x と可換ではない，それゆえこの項もエコー振幅に寄与する．式(3.3.20)で残った項 $\mathcal{H}_{ZS}$ は非対称であり，他のすべての項と可換である，それゆえこの項はエコー振幅には寄与しない．

3.3.3 無関係な項の削除

式(3.3.11)の基本条件が満たされないにもかかわらず，非周期的な摂動下での発展が平均ハミルトニアンで記述されるような状況がある．この状況はハミルトニアンが，ある特定の実験に対して無関係であるような項を含んでいるときに生ずる．

単純にするために，ハミルトニアン $\mathcal{H}(t)$ は $\mathcal{H}_1$ から $\mathcal{H}_2$ に $t_x = x t_1$ のときに一度だけ切り換わるような状況に議論を限定する．$\mathcal{H}_1$ と $\mathcal{H}_2$ は可換ではないと仮定しよう．観測される磁化はオブザーバブル演算子 Q の期待値 $\langle Q \rangle$ に比例する．

$$\langle Q \rangle = \mathrm{t_r} \{ Q U_2 U_1 \sigma(0) U_1^{-1} U_2^{-2} \} \tag{3.3.24}$$

ここで推進演算子は

$$U_1 = \exp\{-i\mathcal{H}_1 x t_1\}$$

そして

$$U_2 = \exp\{-i\mathcal{H}_2(1-x)t_1\} \tag{3.3.25}$$

簡単に二つの場合について考えてみる．

1． $\mathcal{H}_1$ が二つの可換部分 $\mathcal{H}_{1c}$ と $\mathcal{H}_{1n}$ に分割することができ

$$\mathcal{H}_1 = \mathcal{H}_{1c} + \mathcal{H}_{1n}, \quad [\mathcal{H}_{1c}, \mathcal{H}_{1n}] = 0 \qquad (3.3.26)$$

$\mathcal{H}_{1c}$, $\mathcal{H}_{1n}$ が次のような性質をもつ場合

$$[\mathcal{H}_{1c}, \mathcal{H}_2] = 0, \quad [\mathcal{H}_{1n}, \mathcal{H}_2] \neq 0 \qquad (3.3.27)$$

期待値は次のようになる．

$$\langle Q \rangle = \mathrm{tr}\{QU_2 U_{1c} U_{1n}\sigma(0) U_{1n}^{-1} U_{1c}^{-1} U_2^{-1}\} \qquad (3.3.28)$$

$\mathcal{H}_{1n}$ と可換である初期状態 $\sigma(0)$ から系を準備することが可能であるような状況では，

$$[\sigma(0), \mathcal{H}_{1n}] = 0, \qquad (3.3.29)$$

U_{1n} が式(3.3.28)から落とされて，次のような関係が得られることは明らかである．

$$\langle Q \rangle = \mathrm{tr}\{QU_2 U_{1c}\sigma(0) U_{1c}^{-1} U_2^{-1}\}$$
$$= \mathrm{tr}\{Q\overline{U}(t_1)\sigma(0)\overline{U}(t_1)^{-1}\}. \qquad (3.3.30)$$

ここで

$$\overline{U}(t_1) = \exp\{-\mathrm{i}\overline{\mathcal{H}}t_1\} \qquad (3.3.31)$$

そして平均ハミルトニアンは

$$\overline{\mathcal{H}} = x\mathcal{H}_{1c} + (1-x)\mathcal{H}_2. \qquad (3.3.32)$$

式(3.3.29)の特別な初期条件に対して，$\mathcal{H}_1$ の非可換部分は寄与しなくなり，

3.2 平均ハミルトニアン理論

式(3.3.32)で与えられる平均ハミルトニアンは $\mathcal{H}_1$ と $\mathcal{H}_2$ が可換でなくても定式化することができる．

2. $\mathcal{H}_2$ が二つの可換部分 $\mathcal{H}_{2c}$ と $\mathcal{H}_{2n}$ に分割することができ

$$\mathcal{H}_2 = \mathcal{H}_{2c} + \mathcal{H}_{2n}, \quad [\mathcal{H}_{2c}, \mathcal{H}_{2n}] = 0 \qquad (3.3.33)$$

$\mathcal{H}_{2c}$, $\mathcal{H}_{2n}$ が次のような性質をもつ場合

$$[\mathcal{H}_{2c}, \mathcal{H}_1] = 0, \quad [\mathcal{H}_{2n}, \mathcal{H}_1] \neq 0 \qquad (3.3.34)$$

$\langle Q \rangle$ は次のように書ける．

$$\begin{aligned}\langle Q \rangle &= \mathrm{tr}\{Q U_{2n} U_{2c} U_1 \sigma(0) U_1^{-1} U_{2c}^{-1} U_{2n}^{-1}\} \\ &= \mathrm{tr}\{U_{2n}^{-1} Q U_{2n} U_{2c} U_1 \sigma(0) U_1^{-1} U_{2c}^{-1}\} \end{aligned} \qquad (3.3.35)$$

オブザーバル演算子 Q が U_{2n} と可換であるとき

$$[Q, \mathcal{H}_{2n}] = 0 \qquad (3.3.36)$$

U_{2n} は式(3.3.35)から落とされ，再び平均化ハミルトニアンを導入することができる．

$$\langle Q \rangle = \mathrm{tr}\{Q \overline{U}(t_1) \sigma(0) \overline{U}(t_1)^{-1}\} \qquad (3.3.37)$$

ここで

$$\overline{U}(t_1) = \exp\{-i\overline{\mathcal{H}} t_1\} \qquad (3.3.38)$$

そして

$$\overline{\mathcal{H}} = x\mathcal{H}_1 + (1-x)\mathcal{H}_{2c}. \qquad (3.3.39)$$

この場合も，式(3.3.36)によればオブザーバル演算子が可換であるので，平均化ハミルトニアン $\overline{\mathcal{H}}$ を定式化することが可能である．

この取り扱いは二つ以上の期間をもつ状況に一般化することができる．しかし，ハミルトニアンの非可換部分を消去する可能性は最初と最後の期間に制限される．

例として，'デカップリングの幻'と銘打って，4.7.7節でより詳細に議論される場合を前もって論じてみよう．式(3.3.20)で表わされるハミルトニアン $\mathcal{H}$ をもつ異種核スピン系を考慮してみよう．ここでは初期区間 xt_1 にのみ I スピンデカップリングが施されている．この結果有効ハミルトニアンは次のように表わすことができる．

$$\mathcal{H}_1 = \mathcal{H}_S + \overline{\mathcal{H}}_I$$

そして

$$\mathcal{H}_2 = \mathcal{H} \quad (3.3.40)$$

ここで

$$\mathcal{H}_S = \mathcal{H}_{ZS} + \mathcal{H}_{SS}$$
$$\overline{\mathcal{H}}_I = \mathcal{H}_{II} + \mathcal{H}_I^{\text{r.f.}}$$

式(3.3.26)から，次のように置くことができる．

$$\mathcal{H}_{1c} = \mathcal{H}_S , \quad \mathcal{H}_{1n} = \overline{\mathcal{H}}_I \quad (3.3.41)$$

特定の初期条件 $\sigma(0) = S_{Ix}$ は $\mathcal{H}_{1n}$ と可換であり，式(3.3.32)から全期間 t_1 に対する平均化ハミルトニアン $\overline{\mathcal{H}}$ が得られる．

$$\overline{\mathcal{H}} = x\{\mathcal{H}_{ZI} + \mathcal{H}_{II} + \mathcal{H}_{IS}\} + \mathcal{H}_{ZS} + \mathcal{H}_{SS} \quad (3.3.42)$$

この結果，S スピンスペクトルの異種核多重構造の縮尺が起こる．

一方，もし初期条件に反位相コヒーレンス $S_{Ix}I_{kz}$ を仮定するならば，$\mathcal{H}_{1n}$ との可換関係はこわれ平均ハミルトニアンはもはや定義することができなくなる(3.38)．

第4章

1次元フーリエ分光法

　よく知られていることだが，フーリエ分光法は古典的な遅い通過法よりすぐれている．1965年にフーリエ法を導入した本来の目的は感度向上であったが（4.1, 4.2），近年の急激な発展の背景はその時間域測定の多彩さで説明できる．フーリエ分光により緩和や交換過程のような時間依存現象を直接研究できる．またパルス実験により分極移動，コヒーレンス移動を行なうのも容易となる．励起と検出を異なる時間間隔に割りふるのは重要な実験手法であり，これは2次元フーリエ分光法の時間分割に自然に結びつく．連続波法にひきかえ，フーリエ分光法のもっとも有利な点は，高速掃引や飽和に見られる線形のゆがみが避けられることである．

　フーリエ分光法はNMRのあらゆる分野で一般的データ収集の方法となった．それらには等方液体の高分解能分光（4.3, 4.4），液晶そして固体のNMR分光（4.5, 4.6）がある．その意味で，フーリエ分光法は分野を問わずほとんどの実験を取り扱える，多目的NMR装置の製作をもたらした．フーリエ分光はある意味で物理，化学，生物分野におけるNMR応用研究の間の技術ギャップを埋める手助けとなった．

　フーリエ分光器には専用コンピューターが必要不可欠であるが，これは好ましい副次効果を生んだ．洗練された周波数帯域選択やたたみ込み操作が数値計算により行われるとともに，自動化のための制御ができる．一方では多くの短所も生じた．たとえばダイナミックレンジの制約，広域スペクトル測定のむつかしさ，引続く過渡応答間の干渉，不充分なサンプル速度に起因する折り返し，そして大きな回転角を持つラジオ波パルスでは二つの固有状態の占有率差と対応する吸収線強度の間に直接の比例関係が成立しないという問題がある．これらの問題解決のためのさまざまな手法については以後の節で展開されよう．

まず，フーリエ変換技術の基礎となる応答理論の簡単な復習から始め，結合のないスピン系の古典的磁化の運動に話を進める（4.2節）．フーリエ法と，遅い通過法の感度比較の問題は4.3節で議論する．結合スピン系ではフーリエ分光スペクトルは遅い通過法スペクトルと必ずしも同じではない．非平衡状態占拠数が4.4節で議論するように両者の不一致を導く．結合が分離できるスピン系では多くの実験的操作が行えるので，感度を上げつつ，結合ネットワークの性質を洞察できる．（4.5節）．緩和，交換，拡散を研究する種々の方法は4.6節で扱い，最後に4.7節でフーリエ二重共鳴に触れる．

4.1 応答理論

分光学は，入出力関係による系の記述を主目的とする一般応答理論の一分野と考えられる．分光学法の発展には応答理論の基本概念の強い影響が見られる．NMRフーリエ分光との関係ではこれが特に著しい．しかし応答理論は本来データ処理に本領を発揮するものである．

以下，特定の応用に限定せず，応答理論を抽象的に扱ってみよう．被観察系の性質を形式的にシステム演算子Φで表すとする．システムは入力信号$x(t)$で乱され，反応し，図4.1.1に示すような応答信号$y(t)$をもたらす．入力関係は一般的に次式で表すことができる．

$$y(t) = \Phi\{x(t)\} \qquad (4.1.1)$$

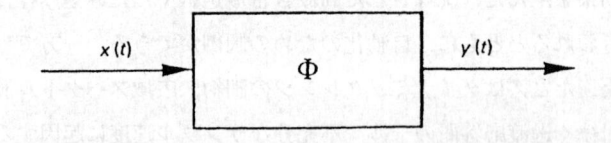

図 4.1.1　任意の系においてオペレータΦが入力$x(t)$と出力$y(t)$の関係を記述する．

場合によっては入出力信号$x(t)$, $y(t)$は任意次元のベクトルになる．これから

4.1 応答理論

は議論を演算子Φが時間に依存しないような時間不変系に限定しよう.

応答理論とシステム理論の両概念は,もともと電子工学で発展し,その中心課題であった.それは社会学から核物理にわたる広い範囲で応用例を見出した.教科書の多くは線型系にその扱いを限定している.線型系では対象の特殊な性質に無関係に閉じた理論体系を形作れるのである (4.7-4.13).

$y(t)$ が $x(t)$ の非線型関数となる非線型系の分析はずっと難しい.これまでに応用可能な一般性的結果はわずかしか得られていない.たいてい,対象系の特別な性質が重要となる.しかし,べき乗展開が収束するような"弱い"非線型性に対しては統一的扱いができる (4.14-4.17).

4.1.1 線型応答理論

演算子Φで代表されるシステムは,重ね合せの原理が成立するとき線型と呼ばれる.すなわち

$$\Phi\{x_1(t) + x_2(t)\} = \Phi\{x_1(t)\} + \Phi\{x_2(t)\} = y_1(t) + y_2(t) \qquad (4.1.2)$$

である.この場合,任意の入力信号 $x(t)$ は基底関数 $g_k(t)$ の線型結合で表すことができる.

$$x(t) = \sum_k X_k g_k(t) \qquad (4.1.3)$$

またはある条件下では,積分で表すことができる.

$$x(t) = \int X(p) g(p, t) \mathrm{d}p \qquad (4.1.4)$$

そして各成分の応答を別々に考えることができ,出力 $y(t)$ は以下のとうりとなる.

$$y(t) = \Phi\{x(t)\} = \sum_k X_k \Phi\{g_k(t)\} = \int X(p) \Phi\{g(p, t)\} \mathrm{d}p \qquad (4.1.5)$$

特に重要なのはディラックのデルタ関数で入力信号を表示できることである.

$$x(t) = \int_{-\infty}^{\infty} x(\tau)\delta(t-\tau)\mathrm{d}\tau \tag{4.1.6}$$

応答 $y(t)$ の計算にはシステムの<u>インパルス応答</u> $h(t)$ と称される応答関数 $\Phi\{\delta(t)\}$ がわかればよい．

$$h(t) = \Phi\{\delta(t)\} \tag{4.1.7}$$

これより基本関係がただちに導かれる．

$$y(t) = \int_{-\infty}^{\infty} h(\tau)x(t-\tau)\mathrm{d}\tau = h(t) * x(t) \tag{4.1.8}$$

こうして任意入力に対する応答は，入力信号とシステムインパルス応答のたたみ込み (convolution) に等しくなる．インパルス応答はこうして時間不変線型系を完全に特徴づけ，任意の摂動入力への応答を予測可能にする．物理系は因果的性質を持つので，応答が原因に先行しないことは明らかであろう．

$$h(t) = 0, \quad t < 0 \tag{4.1.9}$$

(4.1.8) を部分積分すれば，線型系に対するもう一つの表現を得る．

$$y(t) = \int_{-\infty}^{\infty} \gamma(\tau)x'(t-\tau)\mathrm{d}\tau = \gamma(t) * x'(t) \tag{4.1.10}$$

ここで $x'(t) = \partial x/\partial t$，そして $\gamma(t)$ は<u>階段入力応答</u>である．

$$\gamma(t) = \Phi\{u(t)\} \tag{4.1.11}$$

$$u(t) = \int_{-\infty}^{t} \delta(\tau)\mathrm{d}\tau = \begin{cases} 0, & t < 0 \\ 1, & t > 0 \end{cases} \tag{4.1.12}$$

この場合，応答 $y(t)$ は系の階段入力応答と励起信号の 1 次微分とのたたみ込みで表される．

　線型系の性質の表現として，応答を系の固有関数で展開すると都合よい．すぐにわかることだが，時間不変線型系の固有関数として，任意の複素数 p を

4.1 応答理論

取る指数関数 exp{pt} が考えられる．

$$y(t) = \Phi\{e^{pt}\} = H'(p)e^{pt} \qquad (4.1.13)$$

入力関数 e^{pt} は出力に再現され，その際，系が引き起す位相と強度変化の目安としての複数固有値 $H'(p)$ がかかる．$H'(p)$ は p の連続関数と見なされ，系の伝達関数と呼ばれる．

調和入力関数，$p = \mathrm{i}\omega = \mathrm{i}2\pi f$ を特に選べば，周波数応答関数が得られる．

$$H(\omega) = H'(\mathrm{i}\omega) \qquad (4.1.14)$$

入力信号 exp{$\mathrm{i}\omega t$} を用いて，(4.1.8) により応答を求めると，以下を得る．

$$y(t) = \int_{-\infty}^{\infty} h(\tau) e^{\mathrm{i}\omega t} \cdot e^{-\mathrm{i}\omega \tau} d\tau = H(\omega) e^{\mathrm{i}\omega t} \qquad (4.1.15)$$

または

$$H(\omega) = \int_{-\infty}^{\infty} h(t) e^{-\mathrm{i}\omega t} dt$$

$$h(t) = \frac{1}{2\pi} \int_{-\infty}^{\infty} H(\omega) e^{\mathrm{i}\omega t} d\omega \qquad (4.1.16)$$

これはインパルス応答 $h(t)$ と周波数応答関数 $H(\omega)$ がフーリエ変換の対を成すことを意味する（図4.1.2参照）．
両関数ともに，任意の時間不変線型系の性質を100％記述する．

線型理論においては (4.1.16) の関数が基本である．フーリエ分光に即していえば，自由誘導減衰がインパルス応答に相当し，複素スペクトルが周波数応答関数と等価となる．実数のインパルス応答（$h(t) = h(t)^*$）では次式が成り立つ．

$$H(-\omega) = H(\omega)^* \qquad (4.1.17)$$

周波数応答関数の実部は偶関数，虚部は奇関数となる．直交位相検出（QD）

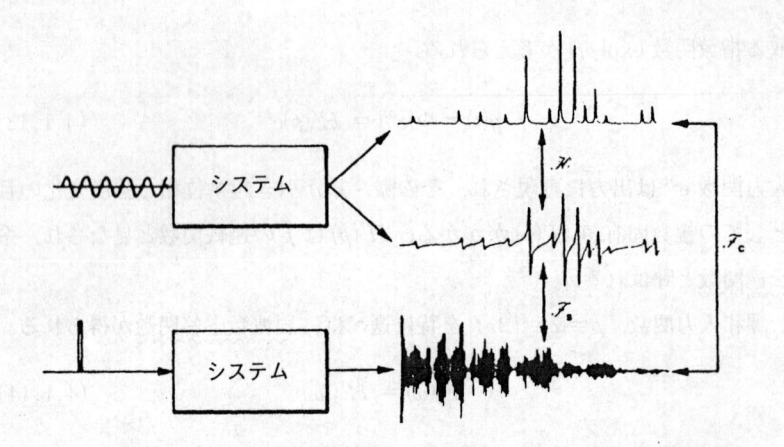

図 4.1.2 線型系における周波数とインパルス応答との関係．周波数応答関数 $H(\omega)$ の実部と虚部は互いにヒルベルト変換（$\mathcal{H}$ と表記）の対をなす．それらはそれぞれインパルス応答の余弦変換（$\mathcal{F}_c$）及び正弦変換（$\mathcal{F}_s$）と関係づけられる（文献4.30より）．

の場合，我々は複素インパルス応答関数に出会う．

　（4.1.9）式で表される因果律のため，いわゆる<u>分散関係</u>　別名<u>クラマース-クローニッヒ関係</u>が導かれ，それは，時間不変線型系（図4.1.2参照）の周波数応答の実部と虚部が，ヒルベルト変換でお互いに結ばれることを示す（4.7, 4.10, 4.18-4.21）．

$$\mathrm{Re}\{H(\omega)\} = \frac{1}{\pi}\int_{-\infty}^{\infty}\frac{\mathrm{Im}\{H(\omega')\}}{\omega-\omega'}\,d\omega'$$

$$\mathrm{Im}\{H(\omega)\} = -\frac{1}{\pi}\int_{-\infty}^{\infty}\frac{\mathrm{Re}\{H(\omega')\}}{\omega-\omega'}\,d\omega' \qquad (4.1.18)$$

更にコンパクトな表記では

$$H(\omega) = \frac{-\mathrm{i}}{\pi}\int_{-\infty}^{\infty}\frac{H(\omega')}{\omega-\omega'}\,d\omega' \qquad (4.1.19)$$

これらの関係をフーリエ分光に適用すれば，純吸収のような純位相スペクトルを，スペクトル $H(\omega)$ の虚部の知識を用いずに実部のみから計算できることが

4.1 応答理論

わかる (4.21).

核スピン系は，入出力関係からいえば本来非線型であることが知られている．これはブロッホ方程式の非線型性（式 (4.2.1) をみよ）にも，ラジオ波入力に対する密度演算子式（式 (2.1.17)）の非線型性にも顔をのぞかせている．したがって式 (4.1.2) で定義するような線型性は一般にあてはまらない．

それにもかかわらず，線型応答の考えとフーリエ変換理論が適用できるのはむしろ驚くべきことなのだ．これは，ラジオ波パルス入力の非線型効果は初期条件を決めるだけであるためである．このためパルス直後では $M_x(0_+) \propto M_0 \sin(-\gamma B_1 \tau_p)$（式 (4.2.14) 参照）が横磁化成分となる．しかし引き続く自由な時間発展はラジオ波電磁場なしで行われる．自由歳差運動の運動方程式は磁化ベクトル **M** または密度演算子 σ に対して線型である．重ね合わせの原理が磁化に対し正に有効であり，自由誘導信号のフーリエ変換が意味をもつ．

しかし，スピン系の非線型性は例えば多重パルス実験や，確率的共鳴のような強いラジオ波電磁場を用いた実験の場合には考慮されねばならない．

4.1.2 時間域および周波数域

データ取り込み，操作，スペクトルデータの表示に使用される時間域そして周波数域の間の双対性はフーリエ分光法の中心課題のみならず，測定技法一般にとっても重要である．両領域が1次以上の次元を持ってもよい．本章では話を1次元にとどめ，2次元への拡張は6章で扱うことにしよう．時には，NMR イメージング（10章）のようにさらに高次元が問題となることもある．

形は異なるが，時間域，周波数域共に同じ情報を伝える．しかし場合によっては片方で考える方が便利なこともある．望みさえすれば両領域の間を行き来し，分光実験，データ処理，データ表示を両方で扱えるというのは大変な財産である．

フーリエ変換 (4.18, 4.22, 4.23) は時間域信号 $s(t)$ と周波数域関数 $S(\omega)$ または $S(f)$ との間にユニークな関係を確立する

$$S(\omega) = \int_{-\infty}^{\infty} s(t) e^{-i\omega t} dt$$

$$S(f) = \int_{-\infty}^{\infty} s(t) e^{-i2\pi ft} dt$$

$$s(t) = \frac{1}{2\pi} \int_{-\infty}^{\infty} S(\omega) e^{i\omega t} d\omega$$

$$= \int_{-\infty}^{\infty} S(f) e^{i2\pi ft} df \tag{4.1.20}$$

角周波数 $\omega = 2\pi f$ (単位は rad/s) は形式的な計算に向いているが，周波数 f (単位は Hz) の方が分光データを表示するのにたいていの場合適している．関数 $S(\omega)$ と $S(f)$ は引数が 2π 異なるので，必ずしも同じ関数でないことに注意しよう．

式 (4.1.20) のフーリエ変換関係は時間，周波数二つの領域に対しほとんど対称的である(虚数単位の前の符合を除いて)．したがって一変換方向で成り立つ関係は反対方向の変換でも成り立つ．これは信号処理に関して重要でフィルター操作に対し同一の方式が，信号を時間域でとったか周波数でとったかを問わず，適用される．

以下二つの領域の間の基本関係をまとめてみよう．$s(t)$ と $S(\omega)$ または $s(t)$ と $S(f)$ が式 (4.1.20) に従って，フーリエ変換対をなすと仮定すると以下の諸式が成り立つ．

1. 相似定理

$$\mathscr{F}\{s(at)\} = \frac{1}{|a|} S(\omega/a) = \frac{1}{|a|} S(f/a) \tag{4.1.21}$$

縮尺された変数はフーリエ変換後は反対方向に縮尺され，その振幅には縮尺因子の逆数がかかる．したがって積分は不変となる．たとえば時間領域における関数の線幅拡大はフーリエ変換後の線幅短縮を意味する．

2. シフト定理

$$\mathscr{F}\{s(t-\tau)\} = e^{-i\omega\tau} S(\omega) = e^{-i2\pi f\tau} S(f) \tag{4.1.22}$$

4.1 応答理論

時間軸をシフトした関数のフーリエ変換は周波数に比例した位相変化をもたらす．相互変換する時間域—周波数域対応関係のため，位相因子の指数はその符合を変えざるを得ない．この法則は遅延取り込み折り返し補正技法（6.6.2節）を理解するための基礎を与える．

3．微分定理

$$\mathcal{F}\left\{\frac{d^k}{dt^k}s(t)\right\} = (i\omega)^k S(\omega) = (i2\pi f)^k S(f) \qquad (4.1.23)$$

時間域で微分された関数のフーリエ変換は，高周波帯域フィルタと同じ効果になる．逆変換に対しては虚数単位の符号変化が見落せない．

4．たたみ込み定理

次式で定義される $r(t)$, $s(t)$ の2関数のたたみ込み（convolution）積分のフーリエ変換は対応するフーリエ変換 $R(\omega)$, $S(\omega)$ の積で表される．

$$r(t) * s(t) = \int_{-\infty}^{\infty} r(\tau)s(t-\tau)d\tau \qquad (4.1.24)$$

$$\mathcal{F}\{r(t) * s(t)\} = R(\omega) \cdot S(\omega) = R(f) \cdot S(f)$$

$$\mathcal{F}^{-1}\{R(\omega) * S(\omega)\} = \frac{1}{2\pi} r(t) \cdot s(t)$$

$$\mathcal{F}^{-1}\{R(f) * S(f)\} = r(t) \cdot s(t) \qquad (4.1.25)$$

分光法に即していえば，たたみ込み定理は大変重要で，フーリエ変換の利用が有意義となる．この定理の意味するところは式（4.1.8）で記述されるようなフィルタ過程はどんな場合でも共役領域内のある積に変換されるということである．多くの場合フーリエ変換を計算し，あとで積をとる方が，たたみ込み積分（または対応する合成和）を直接評価するより易しい．この簡易化はフーリエ変換が，時間不変線型系の固有関数（式(4.1.13)）による関数展開であることと強く関係している．

5．パワー定理

$$\int_{-\infty}^{\infty}|s(t)|^2 dt = \frac{1}{2\pi}\int_{-\infty}^{\infty}|S(\omega)|^2 d\omega = \int_{-\infty}^{\infty}|S(f)|^2 df \quad (4.1.26)$$

信号エネルギーは時間域または周波数域の積分として求められる．これは感度の検討の際に重要となる（4.3.1.4節）．

4.1.3 線型データ処理

自由誘導減衰のフーリエ変換後のスペクトルが，全ての要求に合致した最適表示であることなどめったにない．ほとんどの場合，スペクトル表現を最適化する線型フィルタをデータにほどこす必要がある．線型過程のみに限定するのは，重なり合った共鳴線を干渉効果なしに扱うことができるからである．

4.1.1節で示唆したように，線型変換過程は常にフィルター過程としてのインパルス応答と信号のたたみ込み積分として表される．フーリエ分光法の文脈では，スペクトル $S(\omega)$ はフィルター関数 $H(\omega)$ の特性を持ったフィルタ過程

$$S_f(\omega) = H(\omega) * S(\omega) \quad (4.1.27)$$

に従う．これは式(4.1.8)と同型である．たたみ込み積分は直接計算もできるが，式(4.1.25)のたたみ込み積分定理の長所を生かし，時間域信号 $s(t)$ と対応する時間域フィルタ関数 $h(t)$ の積をとるのが良い．

$$s_f(t) = h(t) \cdot s(t) \quad (4.1.28)$$

ここで $h(t)$ は $H(\omega)$ のフーリエ変換である．

4.1.1節と比較して，$h(t)$ と $H(\omega)$ の役割が交替しているのに気づく．$H(\omega)$ を「インパルス応答」と考え，$h(t)$ を今度はフィルタの「周波数応答」にあてはめられよう．意味上の混乱を避け二つの関数を区別するため，もっと中立的言葉「周波数域－フィルター関数」そして「時間域－フィルター関数」を $H(\omega)$ と $h(t)$ に対し用いたい．

式（4.1.28）からわかることはフーリエ分光のフィルタ操作が変換前における自由誘導信号と適当な重み関数 $h(t)$ の積に簡略化されるということだ．こ

4.1 応答理論

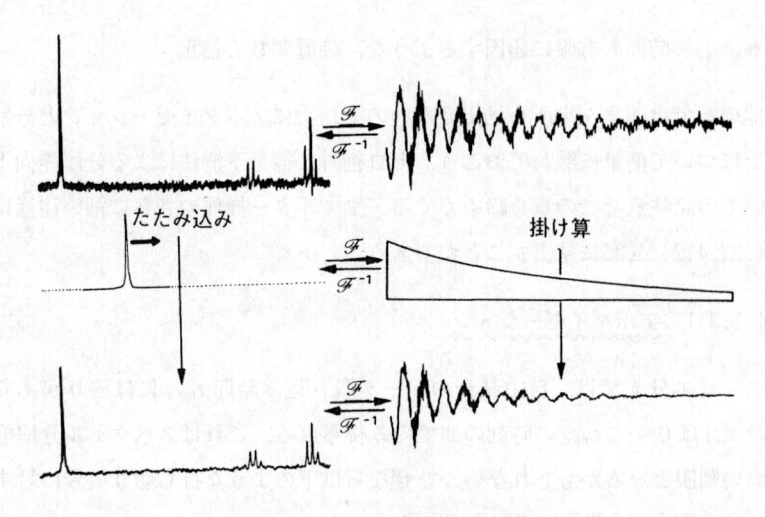

図 4.1.3 線型フィルター操作過程（この例では感度を増大させる）は周波数域ではたたみ込み積を意味し（左側），時間域では時間域フィルタ関数との乗算を意味する（右側）（文献4.58より）．

のようにフィルター操作が著しく簡便化されることが，フーリエ分光法の長所の一つである．無論スペクトルに与えるフィルターの効果を知るためには，あらかじめフーリエ変換を計算しておく必要があるという短所もあるが．

フィルター操作の目的は多岐にわたるので，可能な応用のほんの一部を記すにとどめる．

1. 1次元，2次元分光法において，最高感度（信号対雑音比）を得るための最適フィルター．
2. 共鳴線を人為的に狭くする分解能強調．
3. 線形の変換．例えば2次元分光における「星効果」を消すローレンツ−ガウス変換（6.5, 6.2節）．
4. スペクトル上の裾の振動（リップル）を抑える自由誘導減衰のアポダイゼーション（apodization）．
5. 2次元分光における，分散成分の影響を取り除く疑似エコー・フィルター（6.5節，6.3節）．

6. 応答時間の有限に起因するような，装置関数の補正．

他の章では適当な場所を見出せないので，次にアポダイゼーションと分解能向上について簡単に触れておこう．ゼロ補外と線型予測法による分解能向上についての諸注意でこの章を締めくくる．フィルター操作のさらに細い注意は文献4.2と4.24-4.26に見出すことができる．

4.1.3.1 アポダイゼーション

フーリエ分光では，自由減衰のデータ取り込み時間 t_{max} には限りがあり，信号 $s(t)$ は $0 \leq t \leq t_{max}$ の時刻の間でのみ得られる．これはスペクトル分解能のきつい制限となるかもしれない．なぜなら以下のような打ち切り信号に対するフーリエ変換を余儀なくさせられるからである．

$$s_{trunc}(t) = s(t), \quad t \leq t_{max}$$
$$= 0, \quad t > t_{max} \quad (4.1.29)$$

打ち切り信号 $s_{trunc}(t)$ は生の信号と矩形重み関数との積と見なせる．

$$s_{trunc}(t) = s(t) \cdot \Pi\left(\frac{t}{2t_{max}}\right) \quad (4.1.30)$$

ここで

$$\Pi(x) = 1, \quad -\frac{1}{2} < x < \frac{1}{2}$$
$$= 0, \quad |x| > \frac{1}{2} \quad (4.1.31)$$

したがって対応するフーリエスペクトルは，無歪スペクトル $S(f)$ と矩形重み関数のフーリエ変換とのたたみ込みとなる

$$S_{trunc}(f) = S(f) * 2t_{max}\text{sinc}(2t_{max}f) \quad (4.1.32)$$

ここで $\text{sinc}(x)$ の関数は以下のように振動する信号の裾（"リップル"）を生み，図4.1.4(a)に示すように分解能を落とすので，大変不都合である（4.27）．

4.1 応答理論

$$\text{sinc}(x) = \frac{\sin \pi x}{\pi x} \tag{4.1.33}$$

自由減衰信号の急激な中断は，高周波振動をもたらす．アポダイゼーションの目的は，重み関数をかけ，打ち切り信号の包絡線を変えることでこれらの振動を強く抑えることである．振動を避けるには，包絡線を $t=t_{max}$ で滑らかにゼロにつなげればよい．同時に，不必要な線の広幅化が起こるの防ぐ注意が肝要である．

打ち切り信号をアポダイズするためにどのような重み関数をかけたらよいかは異なる学問領域で数多く論じられてきた．その方法も直感的推測からコンピュータ最適化そして純理論的扱いと多岐にわたる．

アポダイゼーションはフーリエ変換によるディジタル信号処理において，よく"ウィンドー（窓）処理"と呼ばれる (4.28-4.31)．この術語は信号打ち切りによる誤差が，データ観測の時間窓をうまくとれば最小にできることを示している．リップルの振幅を押え込もうとすればある程度の線幅増大は避けられず，広幅になるのを我慢すればそれだけリップルの程度を小さくできる．理論的な最適化はいわゆるドルフ-チェビシェフウィンドーで得られる (4.38, 4.39)．この種のウィンドーは与えられた共鳴線の線幅増大因子 B のもとで，リップル強度を最小にする．

最適重み関数 $h(t)$ の解析的表現は残念ながら存在しない．数値的には対応する周波数域フィルタ関数 $H(f)$ をフーリエ変換すれば得られる．

$$H(f) = \frac{\cos\{2P\cos^{-1}[z_0\cos(\pi f/\nu_s)]\}}{\cos\{2P\cosh^{-1}(z_0)\}} \tag{4.1.34}$$

ここで $P+1$ は FID を記録するサンプル点数，ν_s はサンプリング速度，そして z_0 は線幅増大因子 B （Hz 単位）を用いて次式で与えられる．

$$z_0 = [\cos(\pi B/2\nu_s)]^{-1} \approx 1 + \pi^2 B^2/(8\nu_s^2) \tag{4.1.35}$$

多くの応用に際して，サンプル点数に対しアポダイゼーション関数を調整す

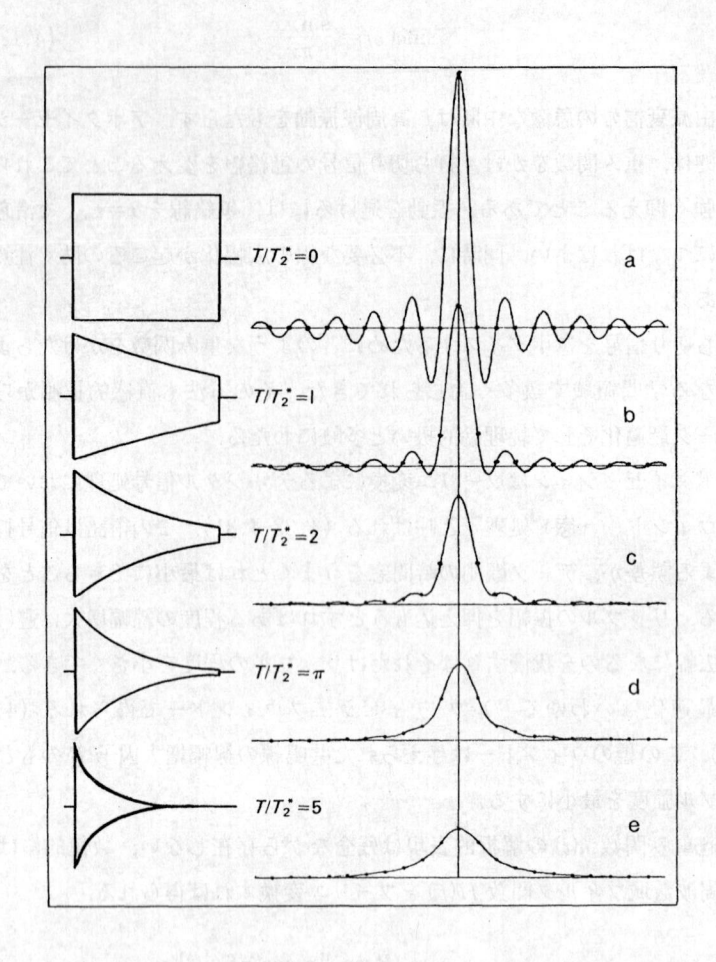

図 4.1.4 長さ $t_{max}=T$ の打ち切り FID のフーリエ変換後の線形.
(a)無減衰 ($T_2^*=\infty$) の場合：中心線の半値全幅は $\Delta f=0.604/t_{max}$. (b)から(e)：減衰率を $T_2^*=T, T/2, T/\pi$ そして $T/5$ と増したときの信号. リップル振幅が減少することに注意. FID を無制限のゼロ補外で拡張すれば，連続曲線に近づく．信号がゼロ補外でたかだか 2 倍に拡張されたとき，フーリエ変換後に黒丸で示される点が得られる．ゼロ補外なし打ち切り信号をフーリエ変換すると一点おきの黒丸の点が得られる．（文献4.27より）

4.1 応答理論

る手間はいらない．簡単な近似が，離散データを扱う分野で特に数多く知られている (4.28-4.31)．

有用なアポダイゼーション（ウィンドー）関数のいくつかを示す．

1. 余弦 (cosine) ウィンドー：

$$h(t) = \cos(\pi t / 2 t_{max}) \tag{4.1.36}$$

2. 「ハニング」(Hanning) ウィンドー：

$$h(t) = 0.5 + 0.5 \cos(\pi t / t_{max}) \tag{4.1.37}$$

3. ハミング (Hamming) ウィンドー：

$$h(t) = 0.54 + 0.46 \cos(\pi t / t_{max}) \tag{4.1.38}$$

4. カイザー (Kaiser) ウィンドー：

$$h(t) = I_0\{\theta\sqrt{(1-(t/t_{max})^2)}\}[I_0\{\theta\}]^{-1} \tag{4.1.39}$$

最後の場合，I_0 はゼロ次の変形ベッセル関数で，θ が増えるにつれ，リップル強度は減る．ただし線幅も増す（通常 θ は π，1.5π，2π をとる）(4.40)．

これらウィンドーの重要な性質，線幅とリップル振幅の関係について図4.1.5にまとめてある．実線はドルフ-チェビシェフ (Dolph-Chebycheff) ウィンドー (4.38, 4.39) で得られる理論値を与える．ハミング，カイザーウィンドーは両方とも最適関数の良い近似になっている．図4.1.6の例はハニングウィンドーが指数関数に比べ，はるかにすぐれていることを示している (4.27)．

時間域信号を正しく取り込むために必要なサンプリングの速度はサンプリング定理で決定される (4.7, 4.11, 4.18, 4.22, 4.24, 4.25)．それは次のように言い表される．信号を忠実に再現するにはサンプル速度 $f_s = 1/\Delta t$ が信号に含まれる最高周波数 f_{max} の少なくとも2倍でなければならない．

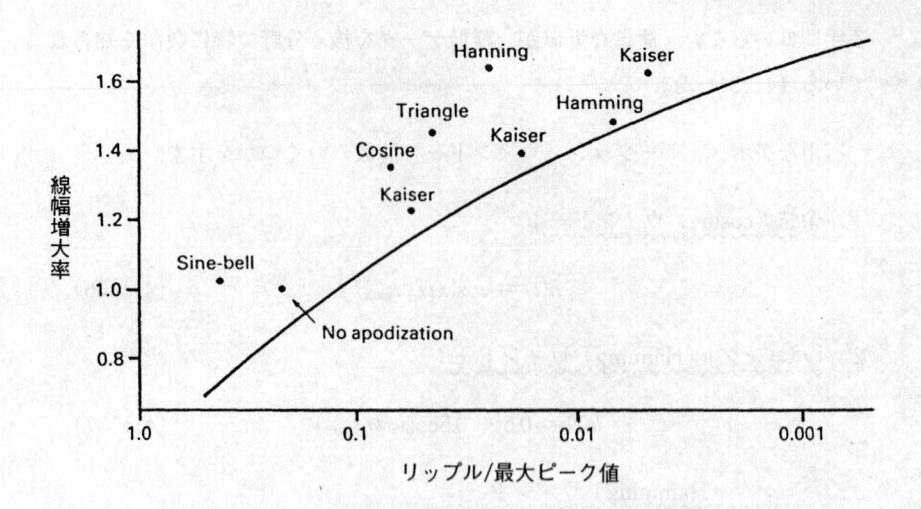

図 4.1.5 異なるアポダイゼーション関数により平滑化された打ち切り指数減衰信号のフーリエ変換における線幅とリップルの関係．実線はドルフ-チェビシェフウィンドーを用いた場合の最適性能を示す．黒丸は本文中で述べた種々のウィンドーの性能を示す．三つのカイザー（Kaiser）ウィンドーは左から右にそれぞれ $\theta=\pi$, 1.5π, 2π に対応する．線幅はアポダイゼーションなく変換された切り落し信号を1として規格化した．リップルの振幅は中心ピークの高さとの比である．

$$f_s \geq 2f_{\max} \qquad (4.1.40a)$$

換言すれば，速度 f_s でサンプリングした後に復元できる最高周波数はナイキスト周波数 f_N である．

$$f_N = \frac{1}{2}f_s \qquad (4.1.40b)$$

そして複素信号（直交位相検出で得られる）をフーリエ変換して得られるスペクトルの領域は $-\frac{1}{2}f_N$ から $\frac{1}{2}f_N$ に広がる．複素信号 S_k を記録すると正負の周波数を区別でき，したがって実効バンド幅を2倍に広げられる．現実にはスペクトルは M 点の**離散**フーリエ変換で与えられる (4.18, 4.22)．

4.1 応答理論

$$S_l = \frac{1}{M}\sum_{k=0}^{M-1} s_k W^{-kl}$$

$$s_k = \sum_{l=0}^{M-1} S_l W^{kl} \quad (4.1.41)$$

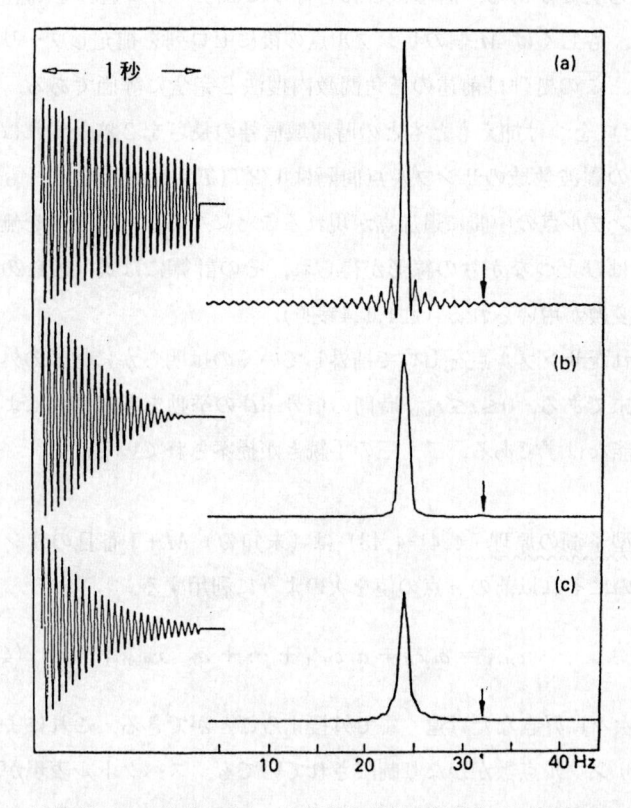

図 4.1.6 (a)強弱二つの共鳴が重なった指数関数減衰信号とその対応スペクトル．弱い信号は矢印で示されている．(b)'ハニング'関数によるアポダイゼーション後の減衰信号とスペクトル．(c)指数関数重みづけの場合．弱い線は(b)の場合一番はっきりみえる．（文献4.27より）

ただし $W=\exp\{i2\pi/M\}$ である．

M 個のサンプル点の離散フーリエ変換を行うと線形には振動的変動が見られない（図4.1.4参照）．これは周波数域のサンプル点が $1/t_{\max}$ ごとに取られ

るからである．しかしそのような応答は信号の周波数シフトに影響を受けやすく，かつサンプル点の間に入るような周波数成分の強度を正しく再現しないであろう．この問題を避けるには，たとえば三角関数を用いて中間周波数の強度を計算する必要がある．簡単にこれを行うにはサンプル過程を t_{max} 以上に拡大するか，もしくは M 個のサンプル点の後にゼロ列を補充しフーリエ変換すればよい．この処理は前述の三角関数内挿法と完全に等価である．たとえば M 個のゼロをつけ加えもともとの時間域信号の長さを2倍とすれば，フーリエ変換後の周波数域のサンプル点間隔が $1/2T(T=t_{max})$ となり，もとの周波数列のサンプル点の中間に追加点が現れることになる．ゼロ補外を無限遠まで拡張すればひとつながりの線形が得られ，その計算には式 (4.1.20) の連続フーリエ変換が用いられる（図4.1.4参照）．

　測定されたサンプル点をゼロで補外していくのは明らかに信号の外挿法としてはお粗末である．$0 \leq t \leq t_{max}$ 時間の信号 $s(t)$ の挙動を考慮すればより適切な補外が可能なはずである．二，三の手続きが提案されている．

　1．線型予測の原理 (4.41-4.43) は（未知の）$M+1$ 番目のサンプル値を再現するのにそれ以前の n 点の値を次のように利用する．

$$x_{M+1} = a_0 x_M + a_1 x_{M-1} + \cdots + a_{n-1} x_{M-n+1} \qquad (4.1.42)$$

こうして次々に好きなだけ遠くまで外挿することができる．これによりたとえ時間域のサンプル点数がかなり制限されていても，スペクトル表現が著しく改善されることがわかっている．

　2．最大エントロピー法 (4.44, 4.45) は利用可能な情報を最大限活用し目的を達するもので，最も確からしいスペクトルの再構成をエントロピーを最大にすることで行う．ただし，この種の手続きに必要な計算時間が相当なものになることは銘記しておく必要がある．

4.1.3.2 分解能強調

アポダイゼーションはスペクトルの忠実な再現を目的とするが，分解能強調は線形を狭い共鳴線へと人工的に変換することを試みるものである．

望みの任意の線形 $S_r(\omega)$ を選び，実験で得たものをその線形に変換するよう重み関数 $h(t)$ を計算することは原理的に可能である．そのような変換は FID に次の関数を掛ければ得られる．

$$h(t) = s_r^e(t)/s^e(t) \qquad (4.1.43)$$

ここで $s^e(t)$ は記録された FID の包絡線形，$s_r^e(t)$ は望みの包絡線形；すなわち $s_r^e(t)=\mathcal{F}^{-1}\{S_r(\omega)\}$ である．要するに信号 $s(t)$ からもとの'自然'な形 $s^e(t)$ をはがし，フーリエ変換後望みの線形となるべくある形 $s_r^e(t)$ をあてはめるわけである．

だが現実には次の二つの制約条件を考慮する必要がある．

1．分解能強調では FID 信号の後半を重視することになる．それは図4.1.7に示すように重み関数 $h(t)$ が時間とともに増大するからである．不規則雑音の寄与はしたがって後半ほど強調され，そのため感度が許容されぬほど低下するかもしれない．したがって，分解能と感度の妥協のために，実用的分解能強調関数 $h(t)$ は図4.1.7に示すように大きな t では常にゼロに向かって落ちていく．

2．到達可能な分解能強調は全取り込み時間 $t_{\max}$ が短いことで制限を受けることが多く，その場合充分な強調はサンプリング時間を延長することでのみ可能となる．

ここでの議論を一般に用いられている分解能強調関数に限定し，たたみ込み差分法（4.46）のような古い方法の詳細には立ち入らないことにする．

1．<u>ローレンツ-ガウス変換</u>．自然減衰を T_2^* の時定数を持つ指数形とすれば，FID に次の関数をかけることで

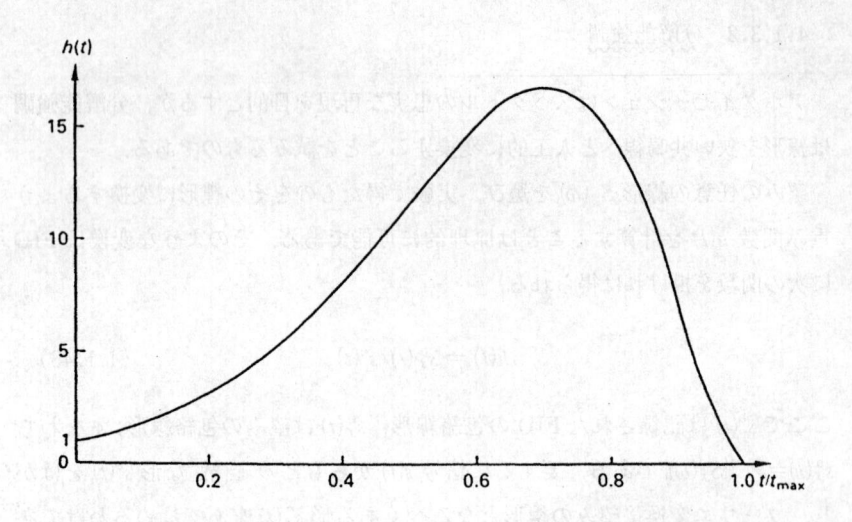

図 4.1.7 リップルを防ぐためハニング・アポダイゼーションをほどこした分解能強調用重み関数

$$h(t) = 0.5[1 + \cos(\pi t/t_{max})]\exp(2\pi t/t_{max})$$

重み関数は最初指数的に増加し，次にアポダイゼイション関数で減少することに注意．

$$h(t) = \exp\{t/T_2^* - \sigma^2 t^2/2\} \quad (4.1.44)$$

半値半幅 $\omega_{1/2}=1/T_2^*$ を持つローレンツ型から，

$$S(\omega) = \frac{\sqrt{(2\pi)}}{\sigma}\exp\left\{\frac{-\omega^2}{2\sigma^2}\right\} \quad (4.1.45)$$

半値半幅 $\omega_{1/2}=1.177\sigma$ のガウス型に変換できる．取り込み時間 t_{max} に限りがあることに目をつむれば，パラメータ σ を調整し，可能な限り狭い線幅を達成できる．ガウス型の利点は共鳴線が，より弱い裾を引かないようにできる点である．また FID のアポダイゼーションもうまくいくので，打ち切りから生

4.1 応答理論

ずる問題を低減できる．

2．サインベル（正弦型鐘）関数． FID に取り込み時間 t_{max} の 2 倍周期を持つサインベル関数をかける (4.48)．

$$h(t) = \sin(\pi t / t_{max}) \qquad (4.1.46)$$

と FID の包絡形が，時間とともに増え t_{max} に近づくにつれゼロになる理想的な形が得られる．調節パラメータを全く持たないので，この関数の適用は大変単純である．ただし分解能強調は著しくない．その結果得られる線形は大抵不備がある．たとえば $h(0)=0$ なので積分値は消滅する．それは負の信号が現われ，スペクトルのベースラインを歪ませることを意味している．この欠陥はサインベルの位相をシフトすることでいくぶん改善される (4.49)．

3．感度最適化分解能強調． 分解能強調は必然的にスペクトルの高周波側雑音を増大させ，感度を悪化させる．分解能を 2～3 倍ほど良くするだけで感度が一ケタも悪くなることがある (4.2)．線型フィルタ処理では同時に得られる分解能，感度の上限を決める排他原理が存在する．したがって許容される感度に制限を設け，次にこの制約のもとに分解能を最適化するのが有意義と思われる (4.2, 4.50)．この種の計算は文献4.2ですでに行われており，最適状態の重み関数が導かれている．

$$h(t) = \frac{s^e(t)}{1 + q\,[s^e(t)]^2} \qquad (4.1.47)$$

ここで $s^e(t)$ は実験で得た FID の包絡形である．パラメータ q は達成しうる分解能を決め，q の大きいものほど分解能は良くなる（感度を犠牲にして）．分解能と感度の間の相補性はこの関数で最適化されるが，FT 後に得られる線の形を制御できず，リップルはローレンツ-ガウス変換に比べひどくなるかもしれない (4.50)．

4．リップルなしの極限分解能強調． 感度を度外視した，到達可能最高の分

解能強調は何であろうか？　極限分解能は FID の完全平坦化であり，逆包絡曲線を乗算することで得られ，取込み時間 $t_{\max}$ 間の矩形型 FID を与える．図 4.1.4 に示すように線形は余分のリップルを持ち，半値全幅は中央線で $\Delta f = 0.604 t_{\max}^{-1}$ となる．これが到達可能な最小の線幅である．リップルを押えるにはウィンドーフィルタが必要で，ドルフ-チェビシェフウィンドー (4.38, 4.39) が理想的である．しかし実際上はハミングウィンドーで充分（式 (4.1.38)）である．結局次の関数が極限分解能強調となる．

$$h(t) = \frac{0.54 + 0.46\cos(\pi t/t_{\max})}{s^{\mathrm{e}}(t)} \quad (4.1.48)$$

4.1.4　非線型応答理論

非線型応答理論は線型応答に比べ未発達で線型理論のような優雅さに欠ける．形式的には式 (4.1.8) が高次項を含むように拡張可能すればよい．これは応答のべき展開であり，ボルテラ (Volterra) により考え出された (4.51-4.58) 関数展開と類似となる．

$$y(t) = \Phi\{x(t)\} = \sum_{n=0}^{\infty} y_n(t)$$

ここで

$$\begin{aligned}
y_0(t) &= h_0, \\
y_1(t) &= \int_{-\infty}^{\infty} h_1(\tau) x(t-\tau) \mathrm{d}\tau, \\
y_2(t) &= \iint_{-\infty}^{\infty} h_2(\tau_1, \tau_2) x(t-\tau_1) x(t-\tau_2) \mathrm{d}\tau_1 \mathrm{d}\tau_2, \\
y_3(t) &= \iiint_{-\infty}^{\infty} h_3(\tau_1, \tau_2, \tau_3) x(t-\tau_1) x(t-\tau_2) x(t-\tau_3) \mathrm{d}\tau_1 \mathrm{d}\tau_2 \mathrm{d}\tau_3
\end{aligned}$$
$$(4.1.49)$$

系の k 次の応答性は k 次元の核関数 $h_k(\tau_1,\cdots,\tau_k)$ で表される．線型系では高

4.1 応答理論

次項すべてが無くなり関数 $h_1(t)$ は式 (4.1.8) に示すインパルス応答 $h(t)$ でただちに書き下せる. 弱い摂動の場合以外は通常次数 k が制限されないので, 非線型系の完全記述にはすべての核 $h_k(\tau_1, \cdots, \tau_k)$ が必要となる. 因果律から引数 τ_i のどれか一つでも負になれば, $h_k(\tau_1, \cdots, \tau_k)$ はゼロになることがわかる.

種々の核関数 $h_k(\tau_1, \cdots, \tau_k)$ は次の意味で k 次のインパルス応答と解釈できる. すなわちそれは時刻 $t = \tau_1, \cdots, \tau_k$ に与えた k 個のデルタ関数への応答である. $h_1(\tau_1)$ についてその関係は自明. 高次応答については対応は少し微妙なものとなる. $h_2(\tau_1, \tau_2)$ を例にとり, その測定手続きを示そう (4.54, 4.57). 2次の系に二つの関数 $x(t) = x_a(t) + x_b(t)$ からなる入力を与えた場合, 2次の応答 $y_2(t)$ は次の形に書き表される.

$$y_2(t) = y_2[x_a(t)] + y_2[x_b(t)] + 2y_2[x_a(t), x_b(t)] \qquad (4.1.50)$$

第一, 第二の項は個々の関数への2次応答, 第三項は双線型交差項である. $x_a = \delta(t - t_a)$, $x_b = \delta(t - t_b)$ とした特別な場合, 次を得る.

$$\begin{aligned} y_2[x_a(t), x_b(t)] &= \iint_{-\infty}^{\infty} h_2(\tau_1, \tau_2) \delta(t - t_a - \tau_1) \delta(t - t_b - \tau_2) d\tau_1 d\tau_2 \\ &= h_2(t - t_a, t - t_b) \end{aligned} \qquad (4.1.51)$$

これは t の関数として2次元インパルス応答関数 $h_2(t_1, t_2)$ のある1断面を意味する. それは2-パルス実験から1-パルスの2次応答 $y_2[x_a(t)]$, $y_2[x_b(t)]$ を引き算して得られる. 同様な方法で高次のインパルス応答関数が測られよう.

明らかに高次インパルス応答と第6章から10章で述べる多次元分光の間には強い類似性がある. k 次のインパルス応答はフーリエ変換すれば k 次元の周波数応答関数, すなわち k 次元複素スペクトル $H_k(\omega_1, \cdots, \omega_k)$ が得られる.

$$h_k(\tau_1, \cdots, \tau_k) \xrightarrow{\mathscr{F}^k} H_k(\omega_1, \cdots, \omega_k) \qquad (4.1.52)$$

ただし偶数次の応答は NMR においてすべて消えることを強調しておかねばならない. k が偶数のとき $y_k(t) = 0$. すなわち前述した2-パルス実験は2次の応

答を生ぜず，2次元スペクトルを与えない．だが，2次元スペクトルは計算可能で，3次のインパルス応答を記録しその3次元フーリエ変換の2次元断面をとることで得られる．これは確率多次元分光法（4.1.6参照）で重要となる．

偶数次の応答がNMRにおいて消滅するのは高磁場近似におけるブロッホ方程式，更にいえばリウヴィユ-フォンノイマン方程式の特別な性質のおかげである．応答はラジオ波励起の符号が変わるとその符号を変える．したがって摂動の振幅に無関係に応答は奇関数となり，偶数次はなくなる（4.1.62参照）．

式 (4.1.49) のボルテラ展開は直交展開とはならず，いろいろな項の間の分離は煩雑となる．kが制限された有限次の系では最高次を決定でき，それを引く．以下順々に低次を求めていけばよい．しかしたいていの系は有限次数でなく，最高次も存在しない．近似が必要となるゆえんである．

その意味でガウス雑音を入力に適用するウィーナーの提案（4.52）はうまい解決策を与える．そこでは直交化確率多項式が使えるからである．

4.1.5　量子力学的応答理論

量子力学的応答理論は前章で示した古典的応答理論と同様に扱える．久保による量子系の線型応答理論とその非線型系への拡張は重要な学問的業績である（4.61, 4.62）が，久保の非線型応答理論とヴォルテラの関数展開の間には当然強い類似性がある（4.63）．

定式化はリウヴィユ-フォンノイマン方程式（2.1.17）から始まる．

$$\dot{\sigma} = -\mathrm{i}[\mathcal{H}(t), \sigma] \tag{4.1.53}$$

$$\mathcal{H}(t) = \mathcal{H}_0 + x(t)A \tag{4.1.54}$$

ここで$\mathcal{H}_0$は非摂動ハミルトニアン，$x(t)$は（古典的）入力関数そしてAは系と入力を結ぶ摂動演算子である．

弱い摂動$x(t)$に対する線型応答を得るのに密度演算子を次のように展開する．

$$\sigma(t) = \sigma_0 + \Delta\sigma(t) \tag{4.1.55}$$

4.1 応答理論

これを式 (4.1.53) へ放り込めばただちに次の解を得る.

$$\Delta\sigma(t) = -\mathrm{i}\int_{-\infty}^{t} \exp\{-\mathrm{i}\mathcal{H}_0(t-t')\}[A,\sigma_0]\exp\{\mathrm{i}\mathcal{H}_0(t-t')\}x(t')\mathrm{d}t'. \tag{4.1.56}$$

観測量を B とすれば, 線型応答 $y(t)$ は

$$\begin{aligned} y(t) &= \mathrm{tr}\{\Delta\sigma(t)B\} \\ &= \int_0^{\infty} h_{AB}(\tau)x(t-\tau)\mathrm{d}\tau \end{aligned} \tag{4.1.57}$$

となり, インパルス応答関数 $h_{AB}(t)$ は次で与えられる.

$$h_{AB} = -\mathrm{i}\,\mathrm{tr}\{[A(t),\sigma_0]B\} \tag{4.1.58}$$

ここで

$$A(t) = \exp\{-\mathrm{i}\mathcal{H}_0 t\}A\exp\{\mathrm{i}\mathcal{H}_0 t\} \tag{4.1.59}$$

式 (4.1.57) により任意入力 $x(t)$ に対し線型応答 $y(t)$ を計算できる. ここに古典的式 (4.1.8) との密接な類似性が見える.

量子力学的応答理論を高次に拡張するのは簡単で (4.62), 次の結果を得る.

$$\begin{aligned} \sigma(t) = \sigma_0 &+ \sum_{k=1}^{\infty}(-\mathrm{i})^k\int_0^{\infty}\int_{\tau_1}^{\infty}\cdots\int_{\tau_{k-1}}^{\infty}\hat{\tilde{A}}(\tau_1)\hat{\tilde{A}}(\tau_2)\cdots\hat{\tilde{A}}(\tau_k)\sigma_0 \\ &\times x(t-\tau_1)x(t-\tau_2)\cdots x(t-\tau_k)\mathrm{d}\tau_1\cdots\mathrm{d}\tau_k. \end{aligned} \tag{4.1.60}$$

応答 $y(t)$ はしたがって高次インパルス応答関数 $h_{AB}(t_1,\cdots,t_k)$ で表現できる.

$$\begin{aligned} y(t) = \mathrm{tr}\{\sigma(t)B\} &= \mathrm{tr}\{\sigma_0 B\} + \sum_{k=1}^{\infty}\int_0^{\infty}\int_{\tau_1}^{\infty}\cdots\int_{\tau_{k-1}}^{\infty}h_{AB}(\tau_1\cdots\tau_k) \\ &\times x(t-\tau_1)\cdots x(t-\tau_k)\mathrm{d}\tau_1\cdots\mathrm{d}\tau_k \end{aligned} \tag{4.1.61}$$

ここで

$$h_{AB}(\tau_1 \cdots \tau_k) = (-\mathrm{i})^k \operatorname{tr}\{[A(\tau_1),[A(\tau_2),[\cdots[A(\tau_k),\sigma_0]\cdots]]]B\} \quad (4.1.62)$$

磁気共鳴ではオペレータ A と B はたいていの場合横方向スピン演算子 I_{lx} や I_{ly} の和である．偶数次の k 項が消滅することは（古典との類推から）自明である．

4.1.6 確率的応答理論

確率的応答測定では周波数に依存しないパワースペクトル密度を持つガウス過程，もしくは二値無秩序過程（白色雑音）$x(t)$ で系を励起し，その無秩序応答 $y(t)$ を系 Φ の特性項でもって解析する（図4.1.8参照）．非線型系の確率応答による特性抽出は N. ウィーナー（4.52）にまでさかのぼる．彼は確率的エルミート多項式の直交性を利用した．これにより式（4.1.49）の型をもつヴォルテラ展開の異なる次数を容易に分離できる．

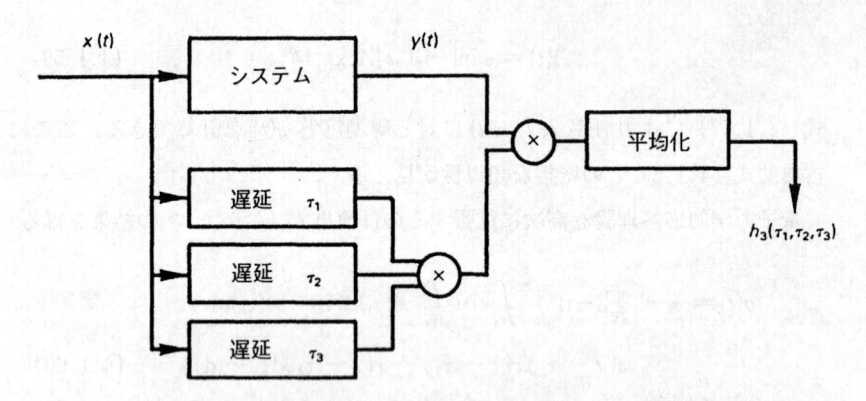

図 4.1.8 非線型系の確率的応答による測定．実際の操作は通常 $x(t)$ と $y(t)$ の記録を用い，コンピュータでなされる．この例では系の3次応答を測定する．

NMR に確率的励起を応用する試みは何度か行われてきたが，本来の目的は整形（tailored）デカップリング，広幅デカップリングのためであった（4.64, 4.65）．後にラジオ波のパワーが小さくてすむ本来の利点を生かし1次元フー

4.1 応答理論

リエ分光の代替として用いられた (4.59, 4.66-4.69). 最近では Blümlich, Ziessow, Kaiser らがその応用を2次元分光にまで広げた (4.70-4.79). 彼らはパルス励起法で得られる結果 (4.80) は確率励起法でもデータをうまく処理さえすれば得られることを示した.

だが, 確率共鳴法は実際の応用となると, いわば'眠りの森の美女'に止ってきた. まず, 確率的実験は有意な結果を得るのに平均化がいること. したがってスペクトルの偏差を減らすには莫大な数の応答信号が利用されなければならないこと. 第二に確率的励起はあまりにも一般的方法のため, 系の利用可能なすべての情報が一度に抽出されること. 情報の選択はデータ処理過程のあとで行われる. これは単純な情報を得るのにも手のかかる実験が必要なことを意味する. 特別な情報を得るように実験をデザインするのはやさしくない.

次に確率 NMR 法の原理的側面を手短にスケッチしよう. 詳細を得るためには原著にあたることをすすめる (4.70-4.79).

ガウス的白色無秩序励起 $x(t)$ に対し種々の核, すなわち応答関数 $h_k(\tau_1, \cdots, \tau_k)$ を分離するには k 次元確率エルミート多項式の直交性が基礎となる. ガウス過程 $x(t)$ の次のような多項式

$$P_0 = 1$$
$$P_1(t_1) = x(t_1),$$
$$P_2(t_1, t_2) = x(t_1)x(t_2) - \delta(t_1 - t_2),$$
$$P_3(t_1, t_2, t_3) = x(t_1)x(t_2)x(t_3) - x(t_1)\delta(t_2 - t_3)$$
$$\qquad - x(t_2)\delta(t_1 - t_3) - x(t_3)\delta(t_1 - t_2),$$
$$\text{etc.} \qquad (4.1.63)$$

は直交関係

$$\overline{P_k(t_1, \cdots, t_k)P_l(\tau_1, \cdots, \tau_l)} = \delta_{kl} \sum_{(mn)} \Pi \, \delta(t_m - \tau_n) \quad (4.1.64)$$

を満たす. ここで和は変数 t_m, τ_n の可能なすべての組み合わせについてとる (4.81-4.83). 応答関数は遅延無秩序入力 $x(t)$ と出力 $y(t)$ との相関をとるこ

とで計算できる．最初の三つの応答関数の表式は（4.54, 4.57, 4.58, 4.73）

$$\overline{y(t)x(t-\tau_1)} = \mu_2 h_1(\tau_1)$$

$$\overline{y(t)x(t-\tau_1)x(t-\tau_2)} = 2\mu_2^2 h_2(\tau_1,\tau_2) + \mu_2\delta(\tau_1-\tau_2)h_0,$$

$$\overline{y(t)x(t-\tau_1)x(t-\tau_2)x(t-\tau_3)} = 6\mu_2^3 h_3(\tau_1,\tau_2,\tau_3)$$
$$+ \mu_2^2[\delta(\tau_2-\tau_3)h_1(\tau_1) + \delta(\tau_1-\tau_3)h_2(\tau_2) + \delta(\tau_1-\tau_2)h_3(\tau_3)] \quad (4.1.65)$$

である．ここで μ_2 はガウス過程の単位バンド幅あたりの分散である．ここでの平均は理論的にはアンサンブル平均であるが，実際は $y(t)$ と $x(t)$ の長期にわたる記録より時間平均して求められる．これにより目的の応答関数を得るのが容易となる．

多次元スペクトルは応答 $h_k(\tau_1,\cdots,\tau_k)$ をフーリエ変換し計算される．しかし次の事実を使えばもっと直接的に $y(t)$ と $x(t)$ の相関は求まる．時間域の相関関数は周波数域の励起スペクトル $X(\omega)$ と応答スペクトル $Y(\omega)$ の複素乗算と等価．したがって k 次元スペクトル $H_k(\omega_1,\cdots,\omega_k)(k=1,2,3)$ に対し以下の表式を得る．

$$H_1(\omega) = \frac{\langle Y(\omega)X^*(\omega)\rangle}{\langle|X(\omega)|^2\rangle}$$

$$H_2(\omega_1,\omega_2) = \frac{\langle Y(\omega_1+\omega_2)X^*(\omega_1)X^*(\omega_2)\rangle}{2\langle|X(\omega_1)|^2|X(\omega_2)|^2\rangle}$$

$$H_3(\omega_1,\omega_2,\omega_3) = \frac{\langle Y(\omega_1+\omega_2+\omega_3)X^*(\omega_1)X^*(\omega_2)X^*(\omega_3)\rangle}{6\langle|X(\omega_1)|^2|X(\omega_2)|^2|X(\omega_3)|^2\rangle}$$

$$(4.1.66)$$

式(4.1.65) 中に現われる低次項の混在は乗算以前に $Y(\omega)$ を変形することで打ち消せる（4.74）．式(4.1.66) では分散 μ_2 が励起信号 $x(t)$ から評価される周波数依存値 $\langle|X(\omega)|^2\rangle$ で置き変えられている．式(4.1.65) が厳密に成り立つのはガウス的白色雑励起のときだけであることに注意する必要がある．かなり面倒くさい表式が有色雑音入力の場合適用される．

現実には励起 $x(t)$ と応答 $y(t)$ の非常に長い記録が必要である．短い記録が部分的にフーリエ変換され，式(4.1.66) に従って処理される．確率線型応答の記録は感度利得の点でパルスフーリエ変換法と同等である（4.59, 4.66）．

4.1 応答理論

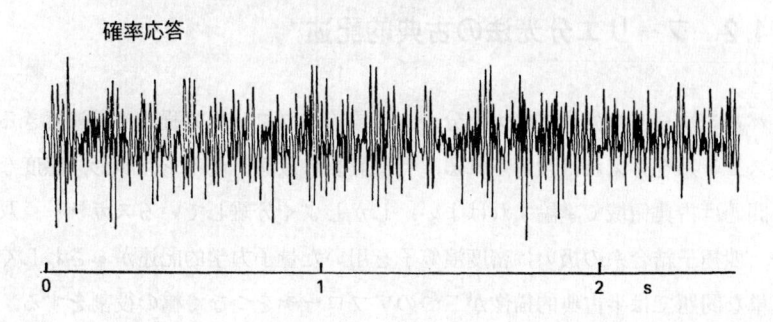

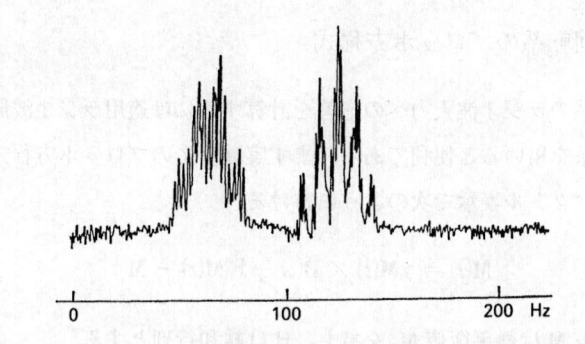

二値擬無秩序系列

確率応答

図 4.1.9 2,4-フッ化トルエン中のフッ素19の確率的共鳴：2値擬似雑音入力，確率入力応答，および吸収モードスペクトル．時間領域信号は2.5秒間にわたり1023のサンプル値として記録された；周波数域スペクトルは220Hzの領域を512点で表わしている（文献4.59を改変）．

図4.1.9に一例を示した．統計処理の問題を避けるため，スペクトル特性のよくわかった擬無秩序励起をうまく利用した (4.59)．

先に高磁場NMRでは2次の応答は消失すると述べた．しかし2次元スペクトルは3次の応答関数 $H_3(\omega_1, \omega_2, \omega_3)$ の2次元断面を取ることで得られる (4.70, 4.72, 4.73)．第6章で議論する3-パルス実験と3次の確率応答には

面白い類似性があることを指摘しておこう．後者は微弱ラジオ波パルスを用いた実験に対応している．これまで数多くの型の2次元スペクトルが確率励起から得られている．

4.2 フーリエ分光法の古典的記述

パルスフーリエ分光法の大部分が，現象論的ブロッホ方程式で記述できる孤立スピン系を考えれば理解される．特に実験の最適デザイン，線形，感度などの問題は古典領域で議論すればよい．しかしよく分離しているスカラー，双極子，四極子結合系の扱いは密度演算子を用いた量子力学的記述がふさわしく，簡単な問題では半古典的描像が二つのアプローチをつなぐ橋の役割をする．

4.2.1 回転系のブロッホ方程式

核スピン系のラジオ波入力への応答を計算するには適用ラジオ波周波数で回転する座標系を用いると便利である．まず実験室系のブロッホ方程式から始める．それはベクトル表示で次のように書ける．

$$\dot{\mathbf{M}}(t) = \gamma \mathbf{M}(t) \times \mathbf{B}(t) - \mathbf{R}\{\mathbf{M}(t) - \mathbf{M}_0\} \tag{4.2.1}$$

磁化ベクトル $\mathbf{M}$ は熱平衡値 $\mathbf{M}_0$ を持ち，$\mathbf{R}$ は緩和行列とする．

$$\mathbf{R} = \begin{pmatrix} 1/T_2 & 0 & 0 \\ 0 & 1/T_2 & 0 \\ 0 & 0 & 1/T_1 \end{pmatrix} \tag{4.2.2}$$

ここで縦緩和時間 T_1，横緩和時間 T_2 である．外部磁場 $\mathbf{B}(t)$ は静磁場 $\mathbf{B}_0$ とラジオ波磁場 $\mathbf{B}_{r.f.}(t)$ からなる．

$$\mathbf{B}(t) = \mathbf{B}_0 + \mathbf{B}_{r.f.}(t) \tag{4.2.3}$$

$\mathbf{B}_{r.f.}(t)$ は通常直線振動場として与えられる．

4.2 フーリエ分光法の古典的記述

$$\mathbf{B}_{\text{r.f.}}(t) = 2B_1\cos(\omega_{\text{r.f.}}t + \varphi)\mathbf{e}_x \tag{4.2.4}$$

そしてそれは二つの相反する向きの回転成分に分けられる．その中でスピンと同じ方向に回転する磁場成分が問題となる．

$$\mathbf{B}_{\text{r.f.}}(t) = B_1\{\cos(\omega_{\text{r.f.}}t + \varphi)\mathbf{e}_x + \sin(\omega_{\text{r.f.}}t + \varphi)\mathbf{e}_y\} \tag{4.2.5}$$

ブロッホ方程式 (4.2.1) の係数は図4.2.1に示すように周波数 $\omega_{\text{r.f.}}$ で回転する系に変換することで時間依存性がなくなる．

$$(\mathbf{e}_x, \mathbf{e}_y, \mathbf{e}_z) = (\mathbf{e}_x^r, \mathbf{e}_y^r, \mathbf{e}_z^r)\mathsf{T}(t) \tag{4.2.6}$$

$$\mathsf{T}(t) = \begin{pmatrix} \cos\omega_{\text{r.f.}}t & \sin\omega_{\text{r.f.}}t & 0 \\ -\sin\omega_{\text{r.f.}}t & \cos\omega_{\text{r.f.}}t & 0 \\ 0 & 0 & 1 \end{pmatrix} \tag{4.2.7}$$

回転系の磁化ベクトル

$$\mathbf{M}^r(t) = \mathsf{T}(t)\mathbf{M}(t) \tag{4.2.8}$$

に対し次の微分方程式を得る．

$$\dot{\mathbf{M}}^r(t) = \gamma\mathbf{M}^r(t) \times \mathbf{B}^r - \mathsf{R}\{\mathbf{M}^r(t) - \mathbf{M}_0\} \tag{4.2.9}$$

ここで回転系の有効磁場は次の3成分を持つ

$$B_x^r = B_1\cos\varphi$$
$$B_y^r = B_1\sin\varphi$$
$$B_z^r = B_0 + \omega_{\text{r.f.}}/\gamma = -\Omega/\gamma \tag{4.2.10}$$

回転系の磁場の z 成分は磁気モーメントが実験より低い磁場を感ずることを意味する．これは回転系の有効歳差運動周波数 Ω が小さくなっているためである．

$$\Omega = -\gamma B_0 - \omega_{\text{r.f.}} = \omega_0 - \omega_{\text{r.f.}} \tag{4.2.11}$$

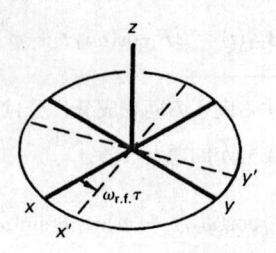

図 4.2.1 x, y, z 軸を持つ実験室系から，周波数 $\omega_{\text{r.f.}}$ で回転する z 軸と x', y' 軸よりなる一つの（回転）系への変換．

ここで $\omega_0 = -\gamma B_0$ は実験室系のラーモア周波数である．回転系のラジオ波磁場は振幅 B_1，位相 φ（x 軸から y 軸へ移動した）で記述される．位相が変るパルス磁場では両者が時間依存を持つ．明確に表記すれば式（4.2.9）は次式と等価である．

$$\dot{M}_x^r(t) = \gamma [M_y^r B_z^r - M_z^r B_y^r] - M_x^r/T_2,$$
$$\dot{M}_y^r(t) = \gamma [M_z^r B_x^r - M_x^r B_z^r] - M_y^r/T_2,$$
$$\dot{M}_z^r(t) = \gamma [M_x^r B_y^r - M_y^r B_x^r] - (M_z^r - M_0)/T_1. \quad (4.2.12)$$

以下の章の計算はすべて回転系で行われるので，以後指標 r は省略される．

4.2.2 理想パルス実験

回転角 β を与える持続時間 τ_p のパルスラジオ波

$$\beta = -\gamma B_1 \tau_p \quad (4.2.13)$$

は平衡磁化 M_0 をラジオ波磁場 B_1 のまわりに回転させる．充分強い磁場の場合回転軸は共鳴オフセットに依らない．y 軸方向のラジオ波では（式（4.2.10）で $\varphi = \pi/2$）パルス後の初期磁化は次のようになる．

$$M_x(0_+) = M_0 \sin\beta$$
$$M_y(0_+) = 0$$

4.2 フーリエ分光法の古典的記述

$$M_z(0_+) = M_0 \cos\beta \tag{4.2.14}$$

引続く自由誘導減衰は二つの成分で次のように書ける．

$$M_x(t) = M_0 \sin\beta \cos(\Omega t)\exp(-t/T_2),$$
$$M_y(t) = M_0 \sin\beta \sin(\Omega t)\exp(-t/T_2) \tag{4.2.15}$$

また複素表示では以下となる．

$$M^+(t) = M_x(t) + iM_y(t) = M_0 \sin\beta \exp\{i\Omega t - t/T_2\} \tag{4.2.16}$$

パルスが回転系の y 軸方向にかけられた場合，虚数成分は時刻ゼロで消える．

x, y 成分を同時計測する直交位相検出で得られる複素信号 $s^+(t)$ はそれ自身複素磁化 $M^+(t)$ に比例する．この信号が複素フーリエ変換されるのである．

$$S(\omega) = \int_0^\infty s^+(t)\exp\{-i\omega t\}\,dt \tag{4.2.17}$$

我々は以下の複素スペクトルを得る．

$$S(\omega) = v(\omega) + iu(\omega) \tag{4.2.18}$$
$$v(\omega) = M_0 \sin\beta\, a(\Delta\omega),$$
$$u(\omega) = -M_0 \sin\beta\, d(\Delta\omega)$$

ここで $\Delta\omega = \omega - \Omega$ は共鳴の中心から測った周波数オフセットである．関数 $a(\Delta\omega)$ と $d(\Delta\omega)$ はそれぞれ吸収，分散信号である．

$$a(\Delta\omega) = \frac{1/T_2}{(1/T_2)^2 + (\Delta\omega)^2}, \quad d(\Delta\omega) = \frac{\Delta\omega}{(1/T_2)^2 + (\Delta\omega)^2} \tag{4.2.19}$$

最大信号強度は明らかに回転角 $\beta = \pi/2$ のときに得られる．共鳴線すべてが同一位相を持ち，$S(\omega)$ の成分のどちらを選ぶかで吸収型または分散型となろう．

4.2.3 パルス振幅の有限性によるオフ・レゾナンス共鳴効果

前節ではオフ・レゾナンス共鳴効果はすべて無視してよいような強いパルス振幅を仮定した．すなわち

$$|\gamma B_1| \gg |\Omega| = |\omega_0 - \omega_{\text{r.f.}}| \qquad (4.2.20)$$

である．

多くの実験では対象のスペクトル幅は利用できる最強ラジオ波磁場と同程度であり，オフ・レゾナンス共鳴効果を無視しえない．磁化は傾斜した実効磁場のまわりに回転し，傾斜角は回転系における共鳴周波数 Ω に依存する．搬送波周波数 $\omega_{\text{r.f.}}$ より遠く離れた共鳴線では強度と位相の異常を覚悟しなければならない．

回転軸となる傾斜実効磁場は図4.2.2から導かれる．それは z 軸方向のオフセット磁場

$$\Delta B_0 = B_0 + \omega_{\text{r.f.}}/\gamma = -\Omega/\gamma \qquad (4.2.21)$$

と横（z 軸垂直）平面上のラジオ波磁場 B_1 から決定される．実効磁場の強度は

$$B_{\text{eff}} = \{B_1^2 + (\Delta B_0)^2\}^{\frac{1}{2}} \qquad (4.2.22)$$

となり z 軸に対し次の角度 θ で傾斜する．

$$\tan\theta = B_1/\Delta B_0 \qquad (4.2.23)$$

有効章動角度 β_{eff} は τ_p のパルス持続時間のとき以下となる．

$$\beta_{\text{eff}} = -\gamma B_{\text{eff}} \tau_\text{p} \qquad (4.2.24)$$

図4.2.3(b)に示すようにこの角度はオフセット Ω が大きくなるにつれむしろ増えていく．しかし z 軸方向から出発した成分の回転はますます小さい円錐を

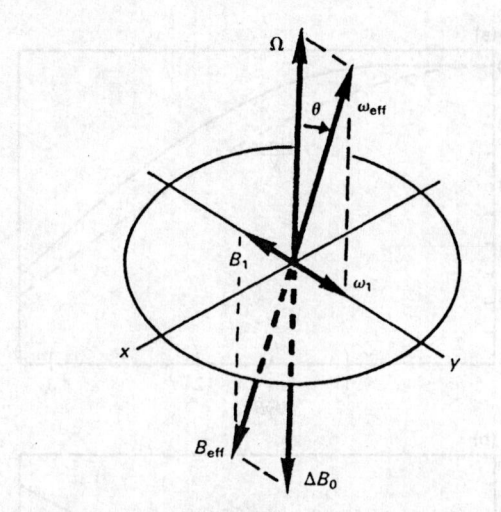

4.2 フーリエ分光法の古典的記述

図 4.2.2 回転系における傾斜実効磁場：磁場の残留 z 成分 $\Delta B_0 = B_0 + \omega_{\text{r.f.}}/\gamma$ とそれと関連した自由歳差運動の周波数ベクトル $\mathbf{\Omega} = -\gamma \Delta \mathbf{B}_0 = \mathbf{\omega}_0 - \mathbf{\omega}_{\text{r.f.}}$ が，搬送波を共鳴周波数より高い方に置いた場合（$|\omega_{\text{r.f.}}| > |\omega_0|, \gamma > 0$）について示されている．実効磁場ベクトル $\mathbf{B}_{\text{eff}}$ は y 軸の負方向にラジオ波磁場 $\mathbf{B}_1$ がかけられた場合に対し示されている．回転ベクトル $\mathbf{\omega}_1 = -\gamma \mathbf{B}_1$ は y 軸の正方向を向いている（$\gamma > 0$）．ラジオ波磁場が共鳴点上にある時（$\Delta B_0 = 0$）は，磁化は xz 面内を回転する（y 軸まわりの正回転すなわち $z \to x \to -z \to -x$）．ラジオ波照射しなければ，回転系の自由歳差は同様に z 軸まわりの正回転に対応する（$x \to y \to -x \to -y$）．

描くことになる．

　パルス直後の磁化 $\mathbf{M}(0_+)$ の成分は，対応する回転行列を掛け合わせて計算される．

$$\mathbf{M}(0_+) = \mathbf{R}_x^{-1}(\theta) \mathbf{R}_z(\beta_{\text{eff}}) \mathbf{R}_x(\theta) \mathbf{M}(0_-) \tag{4.2.25}$$

ここで

$$\mathbf{R}_x(\theta) = \begin{pmatrix} 1 & 0 & 0 \\ 0 & \cos\theta & -\sin\theta \\ 0 & \sin\theta & \cos\theta \end{pmatrix}$$

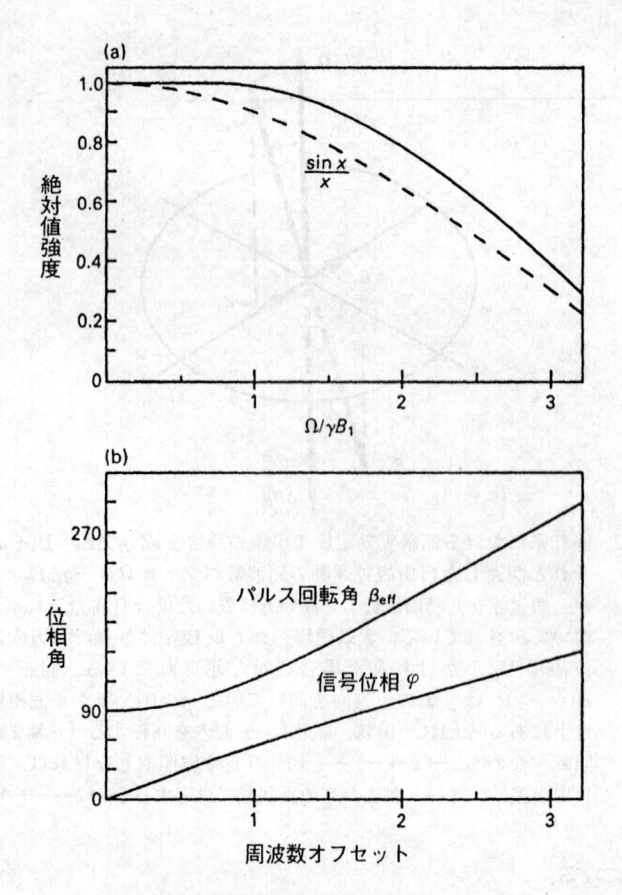

図 4.2.3 単一パルス FT 法における信号強度と位相の周波数オフセット Ω に対する依存性. 共鳴点における回転角 $\beta=90°$ を仮定. (a) $\Omega/\gamma B_1$ の関数としての信号の絶対値強度. 比較のため式 (4.2.31) の $\sin x/x$ 依存性も示した. (b) $\Omega/\gamma B_1$ の関数としての信号の位相と実効回転角 β_{eff}.

かつ

$$\mathbf{R}_z(\beta_{\text{eff}}) = \begin{pmatrix} \cos\beta_{\text{eff}} & -\sin\beta_{\text{eff}} & 0 \\ \sin\beta_{\text{eff}} & \cos\beta_{\text{eff}} & 0 \\ 0 & 0 & 1 \end{pmatrix}$$

である. $\mathbf{M}(0_-) = M_0 \mathbf{e}_z$ であれば次のようになる.

4.2 フーリエ分光法の古典的記述

$$M_x(0_+) = M_0 \sin\beta_{\text{eff}} \sin\theta$$
$$M_y(0_+) = M_0(1 - \cos\beta_{\text{eff}})\sin\theta\cos\theta$$
$$M_z(0_+) = M_0[\cos^2\theta + \cos\beta_{\text{eff}}\sin^2\theta] \qquad (4.2.26)$$

パルス直後の横磁化は，完全一致共鳴周波数照射（$\theta=\pi/2$，式(4.2.14)）の場合と異なり x 軸方向ではない．位相シフト φ を持ち，それは実効回転角 β_{eff} と共に共鳴オフセット Ω に依存する．

$$\tan\varphi = \frac{M_y(0_+)}{M_x(0_+)} = \frac{(1-\cos\beta_{\text{eff}})\sin\theta}{\sin\beta_{\text{eff}}}\frac{\Omega}{(-\gamma B_1)} \qquad (4.2.27)$$

図4.2.3(b)は位相シフトがオフセット Ω とともにほぼ直線的に増加することを示している．スペクトル上に現われる φ 由来の位相誤差は，したがって適当に周波数依存位相補正を行えば補償される．

横磁化の応答振幅は図4.2.3(a)に示すようにオフセット

$$M_{\text{trans}} = (M_x^2 + M_y^2)^{\frac{1}{2}} \qquad (4.2.28)$$

の増加と共に減少する．ただしそれはラジオ波磁場強度 γB_1 程度のオフセット Ω までほぼ一定であることを注意されたい．傾斜実効磁場のまわりの回転は本来自己修復特性を持っている．すなわち傾斜回転は部分的には回転角 β_{eff} の増加で補償されるのである（式4.2.24）．しかしオフセットがより大きくなると応答はゼロを通り負となる．図4.2.4に見るようにオフセットの関数として振動しはじめる(4.84)．横磁化の消失は傾斜回転軸まわりの回転角 β_{eff} が 2π の整数倍になることを意味し，パルス照射後磁化ベクトルが再び z 軸方向にもどる．

実効ラジオ波磁場が傾いていると（$\theta\neq\pi/2$）磁化ベクトルの軌跡は，はじめ z 軸方向にあったとしても単位球の南極を通過しない．この意味するところは単一パルスで磁化を正しく反転させることが不可能であることである．4.2.7節で述べるようにこの問題は複合ラジオ波パルス（4.85-4.87）を用いる

ことで解消される．ラジオ波磁場の傾斜角が $\pi/4$ より小さい時は磁化は $x-y$ 面すら通らない．したがって横磁化の励起は非能率的になる．

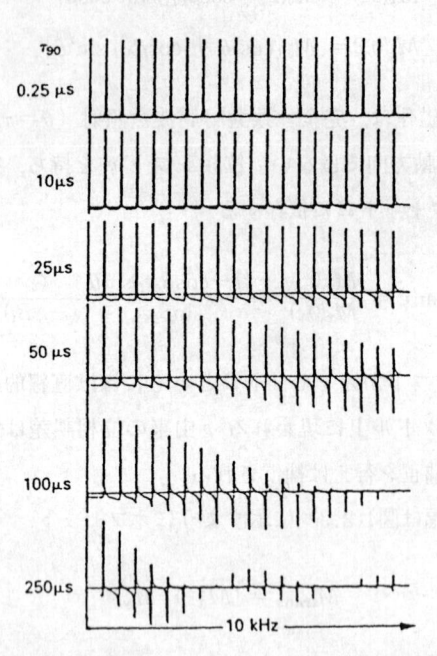

図 4.2.4　実験的に得た線形のオフセット依存性．共鳴点のラジオ波回転角 $\beta=\pi/2$ としたときの種々のパルス長 0.25, 10, 25, 50, 100 そして 250 μs に対する依存性．（文献4.84より）

横磁化の，あるオフセット値での消失は強い溶媒信号応答をゼロとするのに利用され，特に生体分子の軽水中での水信号消失に使われた（4.88）．いらない信号線の応答を消去するには完全一致共鳴での回転角が $\beta=\pi/2$ の場合，搬送波と水とのオフセットが次式となるように選べばよい．

$$\Omega = \pm\sqrt{15}\gamma B_1 \qquad (4.2.29)$$

他の信号線の位相シフトおよび振幅歪みは後で補正すればよい（4.89）．ただし感度は犠牲になる．この点，複合パルスを用いれば，消去の効率は向上する（4.90-4.92）．

4.2 フーリエ分光法の古典的記述

現象を表面的に見ると回転角のオフセット周波数依存性は有限長のパルス包絡関数 $p(t)$ の周波数スペクトルから予言できそうに思われる．

$$p(t) = \Pi(t/\tau_\text{p}) = \begin{cases} 1 & \text{for } |t| < \tau_\text{p}/2 \\ 0 & \text{for } |t| > \tau_\text{p}/2 \end{cases} \quad (4.2.30)$$

フーリエ変換は次式を与える．

$$P(\Omega) = \frac{\sin(\Omega\,\tau_\text{p}/2)}{\Omega/2} \quad (4.2.31)$$

すなわちオフセット Ω の増加とともに $\sin x/x$（シンク関数）のように応答が減少するようにみえる．回転角は同じように減少すべきで，ゼロの値を

$$\Omega = 2\pi N/\tau_\text{p}, \quad N = 1, 2, \cdots \quad (4.2.32)$$

に対して取る．比較のためこのスペクトルモデルから得られるオフセット依存性を図4.2.3(a)に示しておいた．定性的一致は偶然にすぎず，一般にはパルス列の効果をスペクトル形のみで議論するのは不正確な結論を導くことが多い．スペクトル形のみの議論の欠点はそれが線型応答理論（4.1節）に依拠していることにある．この線型近似はパルス回転角が10°を越えると破綻するので，ラジオ波パルスの扱いには注意が肝要である．

4.2.4　くり返しパルス実験における縦干渉

信号平均化のため，くり返し実験を行うのはほとんどのフーリエ法の常道である．平衡系を一回のパルス応答で測定する方がめずらしい．くり返し実験の場合，相続く実験間の干渉を無視するのは不可能で，一連のパルス列に対する応答（FIDはそれらパルスの間で記録されるが）を考慮しなければならない．

積算信号強度を最大とするため，速いくり返し頻度が必要である．この節では横磁化がくり返し時間 T のあいだに不可逆的に減衰すると，仮定する．しかし縦磁化の平衡磁化 M_0 へのもどりは T の間隔では通常不完全となる．数個のパルス入力の後に動的平衡が達成される．その大きさはパルス直前の z

磁化 $M_z(0_-)$ とくり返し単位最終時の z 磁化 $M_z(T)$ を等しいとおいて計算される.

$$M_z(0_+) = M_z(0_-)\cos\beta$$
$$M_z(T) = M_z(0_+)E_1 + M_0(1 - E_1) \qquad (4.2.33)$$

ここで $E_1 = \exp(-T/T_1)$. $M_z(T) = M_z(0_-)$ よりすぐに次式を得る.

$$M_z(0_-) = M_0 \frac{1 - E_1}{1 - E_1\cos\beta} \qquad (4.2.34)$$

FID の初期振幅 $M_z(0_+)$ は以下となる.

$$M_x(0_+) = M_0 \frac{1 - E_1}{1 - E_1\cos\beta} \sin\beta \qquad (4.2.35)$$

最大信号強度は必ずしも $\beta = \pi/2$ のときには得られず,最適値 β_{opt} は次式により決定される.

$$\cos\beta_{opt} = E_1 = \exp(-T/T_1) \qquad (4.2.36)$$

図4.2.5は T/T_1 の各値に対しパルス回転角 β の関数として信号強度を示したものである.明らかにくり返し時間が短くなれば,最適回転角が小さくなる. $T \gg 3T_1$ では干渉がほとんどないので,95％以上の平衡磁化が横磁化平面上にもたらされる.

4.2.5 くり返しパルス実験における横干渉

横緩和時間 T_2 が長く,くり返し時間 T が短いと直前パルスからの横磁化が消え残り,横干渉が起こる.これは速いくり返しを持つ多くのパルス実験では避けがたいことである.たとえば10.21節にみる高感度点イメージ法などで縦干渉と同じように動的平衡が成立し,それは T_1/T のみならず T_2/T およびオフセット Ω に依存する.

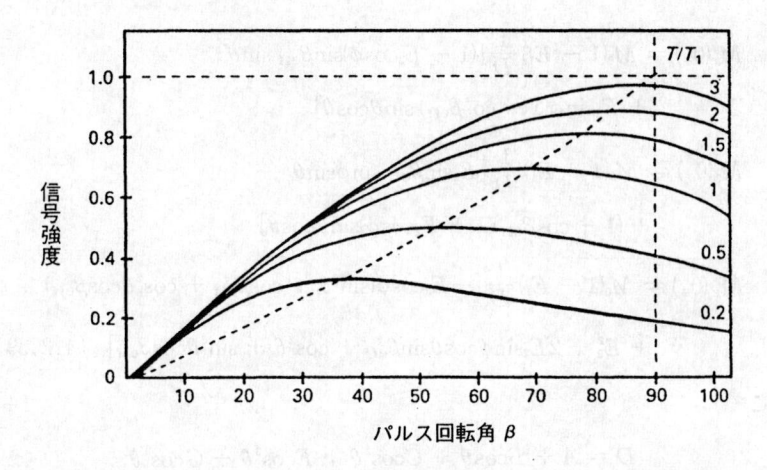

4.2 フーリエ分光法の古典的記述

図 4.2.5 繰り返しフーリエ実験における吸収モード信号 v_{max}/M_0T_2 の規格化ピーク強度. 横方向干渉を無視できるとし，パルス回転角 β の関数として，縦緩和時間で規格化した種々のパルス間隔に対しプロット.

動的平衡は前章と同様に計算される．傾斜ラジオ波磁場の効果を考えに入れればパルスによる章動は式 (4.2.26) で与えられ，パルス間の磁化の時間発展は次式で記述される．

$$\mathbf{M}(t) = \mathbf{R}_z(\phi)\exp(-\mathbf{R}t)\mathbf{M}(0_+) + \{1 - \exp(-\mathbf{R}t)\}\mathbf{M}_0 \quad (4.2.37)$$

ここで $\mathbf{R}_z(\phi)$ はパルス間における角度 $\phi = \Omega T$ のラーモア歳差運動を意味する．これをラジオ波磁場，磁化などの位相 φ と混同しないでいただきたい． $\exp(-\mathbf{R}t)$ の項は，横および縦方向の緩和を表わす（式4.2.2）. $\mathbf{M}(T) = \mathbf{M}(0_-)$ とおいて，次を得る．

$$\mathbf{M}(0_+) = \{\mathbf{R}_x^{-1}(\theta)\mathbf{R}_z^{-1}(\beta_{eff})\mathbf{R}_x(\theta) - \mathbf{R}_z(\phi)\exp(-\mathbf{R}T)\}^{-1}\{1 - \exp(-\mathbf{R}T)\}\mathbf{M}_0$$
$$(4.2.38)$$

傾き角 θ は式 (4.2.23) で与えられ，実効回転角 β_{eff} は式 (4.2.24) で与えられる．

定常状態では y 方向 ($\varphi = \pi/2$) のパルス直後の磁化の 3 成分は

$$M_x(0_+) = M_0(1 - E_1)\frac{1}{D}[(1 - E_2\cos\phi)\sin\beta_{\text{eff}}\sin\theta$$
$$+ E_2\sin\phi(1 - \cos\beta_{\text{eff}})\sin\theta\cos\theta]$$

$$M_y(0_+) = M_0(1 - E_1)\frac{1}{D}[E_2\sin\beta_{\text{eff}}\sin\phi\sin\theta$$
$$+ (1 - \cos\beta_{\text{eff}})(1 + E_2\cos\phi)\sin\theta\cos\theta]$$

$$M_z(0_+) = M_0(1 - E_1)\frac{1}{D}[-E_2\cos\phi(\sin^2\theta + \cos\beta_{\text{eff}} + \cos^2\theta\cos\beta_{\text{eff}})$$
$$+ E_2^2 + 2E_2\sin\phi\cos\theta\sin\beta_{\text{eff}} + \cos^2\theta + \sin^2\theta\cos\beta_{\text{eff}}] \quad (4.2.39)$$

ここで

$$D = A + B\cos\theta + C\cos^2\theta + F\cos^3\theta + G\cos^4\theta$$

そして

$$A = (\sin^2\theta - E_1\cos\beta_{\text{eff}})(\sin^2\theta - E_2\cos\phi)$$
$$- E_2(E_1 - \sin^2\theta\cos\beta_{\text{eff}})(E_2 - \sin^2\theta\cos\phi)$$
$$B = 2E_2\sin\phi\sin\beta_{\text{eff}}(\sin^2\theta - E_1)$$
$$C = E_2(E_2 - \cos\phi\cos\beta_{\text{eff}}) + (1 - E_2\cos\phi\cos\beta_{\text{eff}})(2\sin^2\theta - E_1)$$
$$F = 2E_2\sin\phi\sin\beta_{\text{eff}}$$
$$G = 1 - E_2\cos\phi\cos\beta_{\text{eff}}$$
$$E_1 = \exp(-T/T_1), \quad E_2 = \exp(-T/T_2)$$

（参考文献4.93中の対応式は一部不正確である）となる．

無干渉（$E_1=E_2=0$）ならばこれらの式は式（4.2.26）に帰着する．

理想パルスすなわち $\theta=\pi/2$, $\beta_{\text{eff}}=\beta$ に対し横干渉を考えよう．この場合式（4.2.39）は簡単化され

$$M_x(0_+) = M_0(1 - E_1)(1 - E_2\cos\phi)\sin\beta/D$$
$$M_y(0_+) = M_0(1 - E_1)E_2\sin\beta\sin\phi/D$$
$$M_z(0_+) = M_0(1 - E_1)\{E_2(E_2 - \cos\phi) + (1 - E_2\cos\phi)\cos\beta\}/D$$

$$(4.2.40)$$

4.2 フーリエ分光法の古典的記述

ここで

$$D = (1 - E_1\cos\beta)(1 - E_2\cos\phi) - (E_1 - \cos\beta)(E_2 - \cos\phi)E_2$$

となる.

定常磁化の位相と強度は自由歳差角 $\phi = \Omega T$ (T はパルス間隔)に依存する. 二つの極限が区別される (4.94).

1. $\phi = n2\pi$ ($n = 0, \pm 1, \cdots$) の場合,相続くパルスの影響は加算的で,飽和効果が最も著しい(この場合共鳴周波数 Ω はラジオ波パルス列のサイドバンド周波数の一つに一致している).

2. $\phi = (2n+1)\pi$ ($n = 0, \pm 1, \cdots$) 歳差運動は相続くパルスの加算的効果を打消すので飽和は最小となる(この条件は共鳴周波数 Ω が励起パルスのサイドバンド間の真中にきたとき満たされる).

最大信号強度を与える最適回転角 β_{opt} はオフセットに依存し次式で決定される (4.94).

$$\cos\beta_{opt} = \frac{E_1 + E_2(\cos\phi - E_2)/(1 - E_2\cos\phi)}{1 + E_1 E_2(\cos\phi - E_2)/(1 - E_2\cos\phi)} \qquad (4.2.41)$$

図 4.2.6 に $T_1 = T_2$ として三つのパルス間隔に対し最適角 β_{opt} をプロットした. 共鳴線の位置依存性は短いパルス間隔 $T < T_1$ に対しとりわけ甚だしい. パルス回転の最適化は異なるオフセットを持つ共鳴線について当然のことだが,同時には満足されない.

横干渉がある場合 $(E_2 > 0)$ パルス後の初期成分,式 (4.2.40) 中の $M_x(0_+)$ と $M_y(0_+)$ はともに,理想パルス ($\theta = \pi/2$, $\beta_{eff} = \beta$) に対してさえゼロではなくなる. 磁化の位相 φ は

$$\tan\varphi = \frac{M_y(0_+)}{M_x(0_+)} = \frac{E_2\sin\phi}{1 - E_2\cos\phi} \qquad (4.2.42)$$

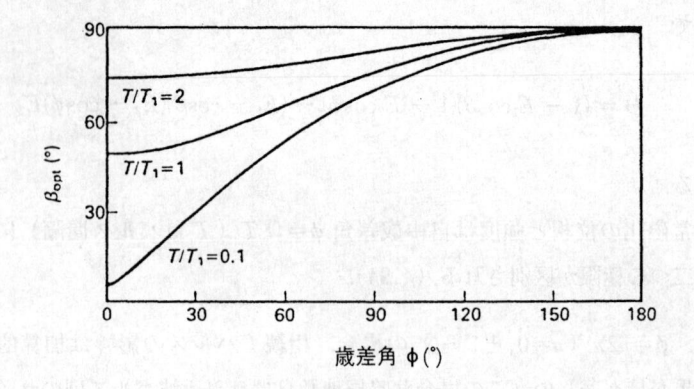

図 4.2.6 $T_1=T_2$ のときの最適パルス回転角 β_{opt} を 3 種のパルス間隔に対し,歳差角 $\phi=\Omega T(\mathrm{mod}\,2\pi)$ の関数としてプロット(式 (4.2.41)).$\phi=0$ は共鳴線がたまたま励起スペクトルのサイドバンドの一つに一致したことに対応,また $\phi=180°$ は共鳴線が二つのサイドバンドの中間にくることを示す.

となる.こうしてスペクトルの位相は共鳴線位置に依存する.しかし面白いことに φ は回転角 β に依らない.磁化の位相 φ が歳差角 $\phi=\Omega T$ に依存する様子を図 4.2.7 に示した.位相 φ はパルスサイドバンド($\phi\cong 0, 2\pi$)近辺の共鳴周波数では急激に変化し,サイドバンドの中央付近では小さく,しかも ϕ は歳差角 ϕ に対しほぼ比例的に変わる.フーリエスペクトル中のこのような非線型の周波数依存位相変化は大変具合が悪い.

横磁化強度は次のようになる.

$$M_{\mathrm{tran}}{}^s(0_+) = M_0 \frac{1}{D}(1-E_1)\sin\beta\,(1+E_2^2-2E_2\cos\phi)^{\frac{1}{2}} \quad (4.2.43)$$

ここで D は式 (4.2.40) 中に与えられている.この式より導かれる信号強度を $T_1=T_2$,そして $\beta=90°$ の場合について図 4.2.8 に示した.歳差角 ϕ すなわちパルスサイドバンドに対する共鳴線の相対位置によって信号強度が大きく変わる.以前指摘したように,最大飽和は $\phi=0$ に対し起こる.一方 $90°<\phi<270°$ に対してはその変化はきわめて小さいものとなる.パルス頻度

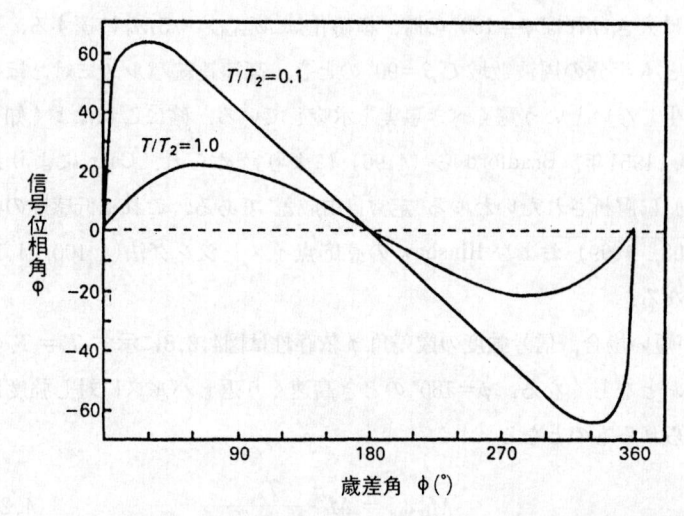

4.2 フーリエ分光法の古典的記述

図 4.2.7 $T/T_2=1$ および 0.1 の値をとる二つのパルス間隔 T に対する信号位相の自由歳差運動角 $\phi=\Omega T(\mathrm{mod}\,2\pi)$ への依存性. $\phi=0$ は共鳴周波数がラジオ波パルスの変調サイドバンドと一致し, $\phi=180°$ は変調サイドバンドの真中にくることに対応.

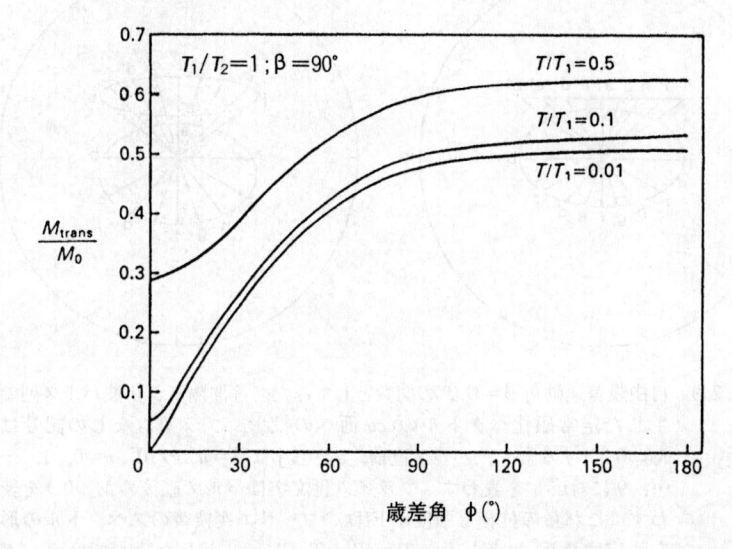

図 4.2.8 $\beta=90°$, $T_1=T_2$ のとき自由歳差運動角 $\phi=\Omega T$ の関数として横磁化の絶対値をプロット (式 (4.2.43)). 3種のパルス間隔, $T/T_1=0.5, 0.1, 0.01$ を仮定した.

が非常に大きければ $\phi=180°$ の時，横磁化は $M_{\text{trans}}=0.5M_0$ に達する．これは少なくとも半分の周波数域で $\beta=90°$ のとき，高速連続パルスに対しほとんど飽和を生じないという驚くべき事実を示唆している．確にこれはよく知られた現象で，1951年，Bradford ら (4.96) により認められ，Carr により1958年 (4.97) に解析されたいわゆる '定常自由歳差' である．これは低感度の核の検出 (4.98, 4.99) および Hinshaw の感応点イメージング法(4.100, 4.101)で重要となる．

T_2 が短い場合，信号強度の歳差角 ϕ 依存性は図4.2.8に示す $T_1=T_2$ の場合に比べおとなしくなる．$\phi=180°$ のとき高速くり返しパルスに対し強度は次式で与えられるものとなる．

$$M_{\text{trans}} = M_0 \frac{T_2}{T_1 + T_2} \qquad (4.2.44)$$

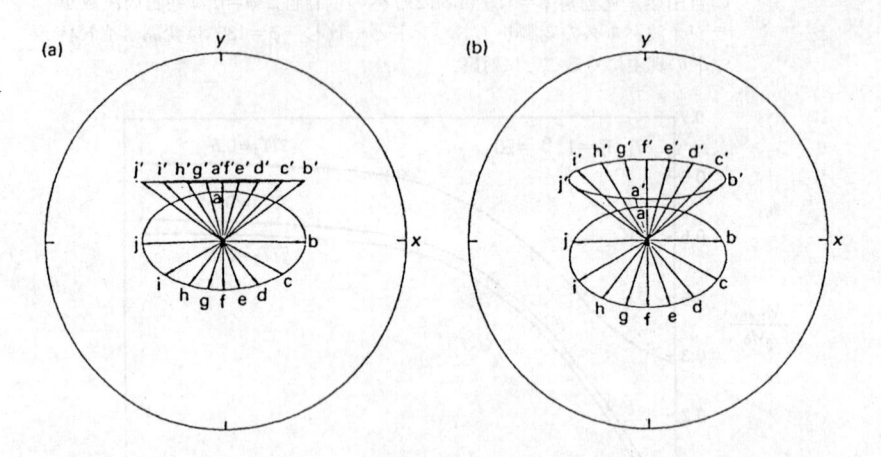

図 4.2.9 自由歳差運動角 $\phi=\Omega T$ の関数としてみた，等間隔ラジオ波パルス列で生じた定常磁化ベクトルの xy 面への投影．プライムなしの記号は $M_{xy}(0_-)$（すなわち，パルス直前．a から j は $\phi=n2\pi/10$, $n=0, 1, \cdots$ $\cdots$, 9 に対応）を表わす．プライム付文字はパルス直後の $M_{xy}(0_+)$ を表わす（これらの位相と強度が FID のフーリエ変換後のスペクトルの形を決定する）．両者とも，$T_1=T_2$, $T/T_1=0.2$ とした．(a)では $\beta=34°$ で式 (4.2.45) で与えた値に対応，一方(b)では $\beta=52°$ とした．（文献 4.94 より）

横干渉由来の位相と強度の異常を視覚化するには，自由歳差運動角 ϕ の関数として横定常磁化の軌跡を表示する曲線を用いるのがよい (4.94)．二つの異なる回転角 β に対する例を図4.2.9に示した．パルス直後の $M_{xy}(0_+)$ の軌跡の半径が大きいほど（図4.2.9のプライム付き記号），位相と強度異常が強調される．パルス回転角が次のとき

$$\cos\beta_{\text{opt}} = \exp(-T/T_1) \tag{4.2.45}$$

$M_x(0_+)$ 成分は角 $\phi = \Omega T$ に依存しなくなる．しかし $M_y(0_+)$ 成分（したがって位相と強度も）はやはりオフセット依存性を持つ（図4.2.9(a)）．3種の異なる回転角 β に対し，図4.2.10に位相，強度異常の例を示した．

4.2.6 横緩和由来の位相異常，強度異常への対策

位相，強度両者の異常を取り除くことがフーリエ分光で定量的強度が欲しい場合に重要である．非常によくあることだが，感度を最適化するには高速くり返しパルスが必要で，結果的に縦と横それぞれの方向の干渉を避けられない．幸いにもこの具合の悪い異常を除く多くの方法が提案されている．

4.2.6.1 <u>磁場勾配パルスによる横磁化の消去</u>

図4.2.11に示すようにそれぞれのラジオ波パルス直前に強い勾配磁場をかけると，残っていた横磁化は脱結像する．だがこの脱結像は不可逆的な横磁化破壊ではないので，引き続く勾配磁場により再結像されてしまう．勾配が位相-強度異常の除去に役立つようにするには，その過程を不可逆化しなければならない (4.102)．

不可逆的破壊は並進拡散により時間をかけて行われる．並進拡散が個々のスピンの位相記録を消し去るからである．効率的消去に必要な勾配磁場 γG を τ_g 時間かけると次の関係が成り立つ．

$$\gamma G = \left(\frac{3}{D\tau_g^2 T}\right)^{\frac{1}{2}} \tag{4.2.46}$$

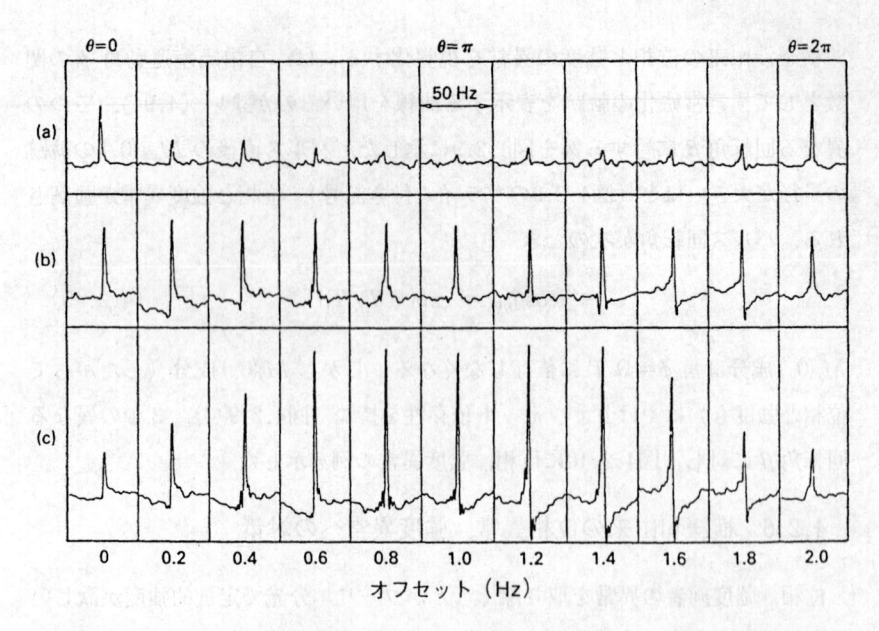

図 4.2.10 ピーク強度と位相の周波数オフセット（パルス・サイドバンド準拠）に対する依存性．オフセット 0 Hz は共鳴がパルス・サイドバンドと一致し，オフセット 1 Hz は共鳴が二つのサイドバンドの真中にくることを示す．(b)ではラジオ波パルスの回転角は β_{opt} で式 (4.2.45) に一致する．(a)と(c)はそれぞれフリップ角 $\beta=\beta_{opt}/6$, $\beta=6\beta_{opt}$ である．（文献4.94より）

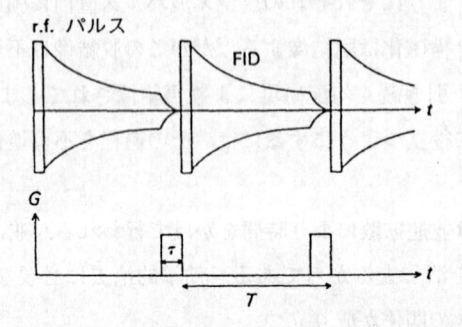

図 4.2.11 磁場勾配パルスによる横磁化の消失．勾配パルスは各ラジオ波パルスの直前に与えられ，横方向干渉から生まれる位相歪，強度歪を打ち消す．（文献4.102より）

4.2 フーリエ分光法の古典的記述

ここで D は対象溶液の並進拡散定数である (4.102). 例をあげれば, $T=1$ 秒, $\tau_g=0.1$ 秒, 典型的拡散定数を $D=2.5\times10^{-5}\mathrm{cm}^2/\mathrm{s}$ として勾配磁場 $\gamma G/2\pi$ が少なくとも 550Hz/cm あれば横磁化が消去される. これはシムコイルで簡単に達成されよう.

この方法の主な欠点は勾配磁場が磁場周波数ロックにも影響を及ぼすので, 勾配磁場パルスのあいだ一時ロックを解除しなければならないことである.

4.2.6.2 パルス間隔をランダムにし横干渉をかきまぜる

図4.2.7から図4.2.10に示すように位相-強度異常の正体は自由歳差運動角 $\phi=\Omega T$ にあるので, パルス間隔に $T=T_0+\varepsilon_k$ としてランダム生成した $|\varepsilon_k|$ をつけ加えれば, それが ϕ をランダムに変更する. この方法は FID 感度向上のため非常に多くの信号の平均化をしなければならないとき, 特に有効となる (4.94).

4.2.6.3 クアドリガ (Quadriga) フーリエ分光

高速パルスくり返しによる位相-強度異常を除去するため, Schwenk (4.103) は四つの異なるフーリエ実験 (それは少しずつ違う搬送波を用いるが) で得た信号を加算することを提案した.

$$\omega'_{\mathrm{r.f.}} = \omega_{\mathrm{r.f.}} + \frac{\pi}{2T}k , \quad k=0,1,2,3 \qquad (4.2.47)$$

ここでくり返しパルス列由来のサイドバンドスペクトルはサイドバンド周波数間隔の 1/4 ずつずらされる. 注目する一つの共鳴線はこうしてサイドバンドスペクトルからみて四つの異なる点に現われ, したがって各々異なる位相-強度異常を持つ. このクアドリガスペクトルでは位相-強度異常は10%以下となる (4.103). 現実にこれを行うには四つの異なる搬送波周波数が必要となる.

4.2.6.4 4位相フーリエ分光

クアドリガ分光法の変形として，同一搬送波だけを用い，パルスごとに位相をずらし，相補実験を行うものがある (4.104, 4.105)．

四つのラジオ波位相を 0°, 90°, 180°, 270° としそれぞれを A, B, C, D で表わす．パルス間隔を T として次の四つの

 実験 1：AAAAAAA……
 実験 2：ABCDABC……
 実験 3：ACACACA……
 実験 4：ADCBADC……

実験を行う．最初の列は位相シフトがなく実効周波数は $\omega'_{\text{r.f.}} = \omega_{\text{r.f.}}$. 第 2 列は，実効周波数 $\omega'_{\text{r.f.}} = \omega_{\text{r.f.}} + (\pi/2T)$, 3 番目は $\omega'_{\text{r.f.}} = \omega_{\text{r.f.}} + 3\pi/2T$ である．これはまさにクアドリガフーリエ分光で必要とした周波数である．

位相弁別検出は常に同一位相で行われ，信号は直接加算される．干渉項はクアドリガ実験の場合と同じように加算することで打ち消される．

4.2.6.5 交互位相パルス

干渉効果を弱める簡単だが効果的方法はラジオ波位相を 180° 周期的に変え，得られた信号を交互に加減算して行われる．このアイデアは干渉の主要部分が符号を変え，したがって信号を加算すると打ち消し合う事実を基盤としている．（＋＋−−）の形の交互法が大変うまく行くことがわかった．数個のパルス間にまたがる高次の干渉はさらに拡張した交互位相で消去できよう．例えば（＋＋＋−＋−−−）や（＋＋＋−−＋−−）のような 8-パルス列型など．ここで ± はパルスの位相および対応する信号の加減算を意味する．

4.2.7 不完全パルスに起因する異常の矯正：複合パルス

1979 年に導入されて以来 (4.85)，複合パルスは，パルスの不完全性を補正する汎用的方法となった．特にラジオ波磁場のサンプル内での不均一性およびオフレゾナス効果（傾斜ラジオ波磁場）に由来する異常は複合パルスで効率的

4.2 フーリエ分光法の古典的記述

に除かれる.

複合パルスというのは接近したパルス群で理想単一パルスと同じ働きになるように設計され,さらに単一パルスより不完全性に対して許容度の大きいものをいう.多種類の複合パルスが,特定の目的推行のため提案されている.それらは次のような設計仕様を持つ複合パルスである.

(a) 縦磁化を横方向平面に倒し,4.2.7.1節で論じるように B_1 磁場の不均一性 (4.86, 4.87, 4.106) や実効磁場の傾き (4.86) にかかわらず残留 z 成分を最小にする.これは飽和回復法や遂次飽和法を用いた (4.6.1節参照) スピン格子緩和の測定に特に重要である.

(b) ある狭い周波数範囲に"一群"となっているひとかたまりの横磁化 (4.2.7.2節で論じるように) を位相のオフセット依存性をできるだけ少なくするように励起する.これはパルス FT 法や,コヒーレンス移動,スピンロッキング実験 (4.86) で重要となる.

(c) 4.2.7.3節や4.2.7.4節 (4.85-4.86, 4.106, 4.107) で論じるように正確な反転 ($M_z \to -M_z$) を行うこと.これは反転回復緩和測定,さらにカップルしている相手のスピン状態を反転 ($I_z \to -I_z$) したい多くの実験,たとえば2次元実験で発展期に π パルスをかけてデカップリングを実現するような実験で不可欠のものである.

(d) 4.2.7.5節で論じるようにスピンエコー実験で横磁化の再結像を正しく行うこと (4.108).

(e) 4.2.7.4節に記すように不均一ラジオ波磁場でも決まった正しい回転角 β を与えること (4.87).これはコヒーレンス移動強度の β 依存性を利用する際に重要となる (4.5.6節と8章参照).

(f) 任意の回転角を持つ位相シフトと同じ効果を与えること (いわゆる 'z パルス',4.2.7.6節参照).

(g) オフセット効果や不均一ラジオ波磁場存在下で誤差が積み重らないように循環的なパルス列を生成すること (4.109-4.116) (4.2.7.7節参照).これは

4.7.6節で論じるように効果的にデカップリングを行うのに必要である．

(h) 広範囲なオフセットを持つ場合に一様なコヒーレンス移動を誘起すること (4.117)．

(i) 双極子結合や四重極子結合の効果をパルスをあてているあいだ抑え，歪なしの固体スペクトルを得ること (4.118, 4.119)．

この節の目的は消耗な議論を展開することではなく，上述(a)〜(g)で扱っているような将来性のあるいくつかの提案に焦点を当てることだ．これらの事例は古典的磁化ベクトル，したがってブロッホ方程式で取り扱える．もちろんそれと等価な量子力学的定式（$\langle I_x \rangle$, $\langle I_y \rangle$, $\langle I_z \rangle$ を M_x, M_y, M_z の代わりに用いること）もしばしば便利だが．

複合パルスの応用に際しては，理想的振舞いからのずれの主な原因がなんであるのか，すなわちラジオ波磁場の不均一性かそれとも傾斜磁場かを見定めることが肝要である．多くの場合，両者を同時に補償するのは不可能である．

オフレゾナンス効果は式 (4.2.22) で定義される回転角 $\beta_{eff} = -\gamma B_{eff} \tau_p$ と式 (4.2.23) で定義された回転軸の傾き角 θ の実効ラジオ波磁場で簡単に記述できる．ここでの表記法では文献4.86と異なり，$\Delta B_0 = 0$ のとき $\theta = \pi/2$ となっていることに注意．

不均一なラジオ波磁場のある場合，磁場強度 B_1^0 についての名目値および，名目回転角 $\beta^0 = -\gamma B_1^0 \tau_p$（たとえばサンプルの中心に対応する値）を導入すると都合良い．ラジオ波磁場の不均一性はコイルの幾何学的配置に起因するか，またはサンプルの誘電的性質による．後者では特に高い電気伝導度のときが顕著である．

次の二つを分ける必要がある．**かけたパルス列の名目的回転角** β^0, $\beta^{0'}$, $\beta^{0''}$, … **およびラジオ波位相** φ, φ', φ'', … と個々の磁化成分が実際に感ずる回転とをである．パルス列は次のように表記される．

$$P = (\beta)_\varphi (\beta')_{\varphi'} (\beta'')_{\varphi''} \cdots \cdots \qquad (4.2.48)$$

磁化ベクトル $M(t)$ の現実の動きはそれぞれのパルスに対し

4.2 フーリエ分光法の古典的記述

$$M(0_+) = R_\varphi(\beta)M(0_-) \qquad (4.2.49a)$$

となり一連の回転

$$R_\varphi(\beta) = R_z(\varphi)R_y(-\pi/2 + \theta)R_x(\beta_{eff})R_y(\pi/2 - \theta)R_z(-\varphi)$$
$$(4.2.49b)$$

で表現される.

相続く二つのパルス列で生まれる実効的回転は4元数を用いて定式化される (4.293, 4.294). 等価な定式化 (4.295) においては行列の乗算が回避されている. すなわちある軸 n_1 のまわりに β_1 角, 続いて他の軸 n_2 のまわりに β_2 角回転したとすれば, 全体としての回転は式 (4.296) のように軸 n_{12} のまわりの β_{12} 角回転となる.

$$c_{12} = c_1 c_2 - s_1 s_2 n_1 \cdot n_2 \qquad (4.2.50a)$$

$$s_{12} n_{12} = s_1 c_2 n_1 + c_1 s_2 n_2 - s_1 s_2 n_1 \times n_2 \qquad (4.2.50b)$$

ここで $c_i = \cos\beta_i/2$, $s_i = \sin\beta_i/2$. そして × はベクトル積を意味する. これらの式は三つ以上の非交換回転に拡張されるだろう (4.295).

さまざまな文献からとられたこの章の図においては, 回転の方向が一貫して用いられてきたやり方とは逆になっている. すなわち x パルスは $M_z \to M_y \to -M_z \to -M_y$ の変換を引き起こす. これは実験結果に影響を与えない.

4.2.7.1 <u>$\pi/2$ パルス後の残留 M_z 成分の最小化</u>

$\Delta B_0 = 0$ である完全一致共鳴励起条件ではパルス後の残留縦磁化が明らかに回転角 β に依存する. これは遂次飽和や飽和回復測定などの実験で害をなす (4.6.1節).

$0.7\pi/2 < \beta < 1.3\pi/2$ の範囲の未補償パルスを用いると残留 z 成分は次の区間 $-0.4 < M_z(0_+)/M_z(0_-) < 0.4$ の値をとる (4.86). オフレゾナンス効果が無視できれば, 複合パルス

$$P = (\beta)_0 (\beta)_{\pi/2} \tag{4.2.51}$$

が同じβの回転角範囲に対し，減少した残留成分$0 < M_z(0_+)/M_z(0_-) < 0.2$を与える(4.86)．なぜなら第一パルス後に残ったz成分は第2パルスで横平面近辺に回転させられ，一方横磁化はそのまま変化しないからである．

完全一致共鳴条件ではさらによい結果が次の複合パルスで得られる．

$$P = (\beta)_0 (2\beta)_{2\pi/3} \tag{4.2.52}$$

ここで$\beta \simeq \pi/2$である．$0.8\pi/2 < \beta < \pi/2$の範囲の磁化の軌跡を図4.2.12に示す．二つの回転の全弧長はほぼ等しいことに注意．磁化ベクトルは位相角$\varphi \simeq 5\pi/6$を持ちxy平面近辺に「一群」となって現われる．

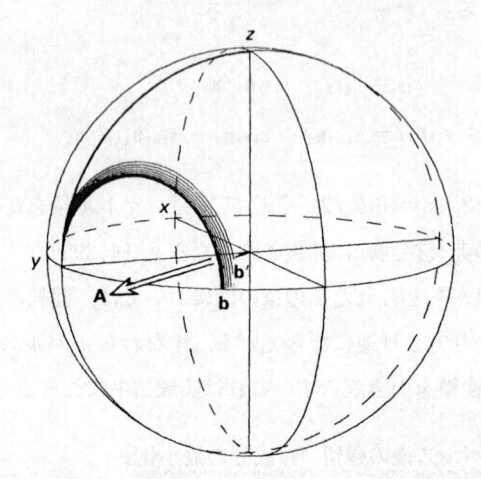

図 4.2.12 最初z軸方向に整列していた磁化ベクトルが式(4.2.52)で示す複合パルス列により倒された場合の1群の軌跡．ラジオ波回転角βは$0.8\pi/2 < \beta < \pi/2$の範囲で変化している．ここでひとかたまりのベクトルが赤道面上にくることに注意．これは相続く二つの軌跡の弧長がすべてのβに対しほぼ等しいためである．y軸近傍では回転方向が逆転しているが，磁化は二つの回転に対しほとんど同一の道筋を通る．（文献4.106より）

式(4.2.52)が要求する変わった位相まわしは，同じくオフレゾナンス用に

4.2 フーリエ分光法の古典的記述

デザインされた変形パルス列

$$P = (\beta)_{3\pi/2}(2\beta)_0(2\beta)_{\pi/2}(\beta)_0 \qquad (4.2.53)$$

を用いれば回避できる. ここで名目回転角 β を $\pi/4$ とおく. 対応する軌跡は文献 (4.106) に見出される. オフセット効果を無視できるなら, 磁化を $-z$ 方向に持っていくにはこのような二つの複合パルスをつなげればよい. ただし第2パルスの位相は逆の順序とする (4.106).

オフセット効果は無視できないが, 理想回転角 $\beta=\pi/2$ を仮定できるなら, 単一未補償パルス後の残留縦磁化は大きなオフセットにわたってかなり小さい. これは実効回転角が増大することによる自己補償効果のためである (図4.2.3参照). オフレゾナンス効果が大きく, 残留 M_z 成分をさらに減らすのが望ましいときは, 'スピン結び目作り'列がことに有用である (4.86).

$$P = (\beta)_0 - \tau - (\beta')_\pi - \tau' - (\beta'')_0 \qquad (4.2.54)$$

ここで $\beta=10°$, $\beta'=60°$, $\beta''=140°$, $\tau=40\mu s$ そして $\tau'=11\mu s$ で $\gamma B_1 2\pi=10kHz$ に対し最適化される. オフセット域 $-0.2 < \Delta B_0/B_1 < 0.2$ に対しラジオ波不均一性が無視できるなら残留成分は $-0.01 < M_z(0_+)/M_z(0_-) < 0$ である. この複合パルスでは, τ, τ' 期間に磁化が自由に展開してよい. それによりラジオ波磁場の傾きに起因する位相誤差が補償される.

4.2.7.2 $\pi/2$ パルス後の横磁化位相分散の最小化

単一の未補償 $\pi/2$ パルスで励起された磁化はその位相がオフセットパラメータ $\Delta B_0/B_1$ に対しほぼ直線的に変わる (図4.2.3). これは通常のフーリエ分光にさしたる害を及ぼさない (そこでは信号の位相誤差は数学的に補正される) が, 初期励起の後に他のラジオ波励起の列が続く場合, 特に磁化をスピンロックしなければならないとき, 位相の分散は好ましくない. 式 (4.2.54) に示す'スピン結び目作り'はこの場合にも有効であることが示された. たとえば $-0.5 < \Delta B_0/B_1 < +0.5$ の領域内で, 信号の位相分散は $-5° < \varphi < 5°$ の範囲

におさまり，これは単一 $\pi/2$ パルスで得られる範囲 $-30°<\varphi<30°$ に比較して小さい．

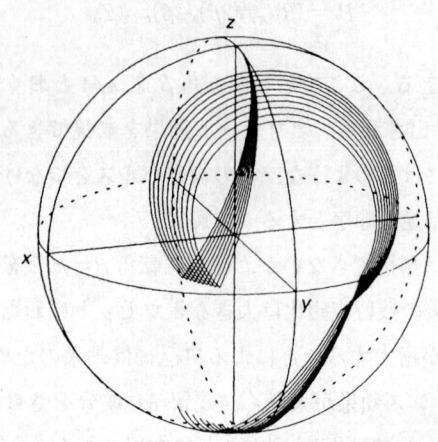

図 4.2.13 式 (4.2.55) で示す複合パルスによる磁化ベクトルの一群の軌跡．オフセット・パラメータ $0.4<\Delta B_0/B_1<0.6$ に対応．（文献4.86より）

4.2.7.3 正確な反転：軌跡の計算により最適化されたパルス列

磁化の反転（$M_z \to -M_z$）はオフセット効果やパルス誤差に大変敏感なので，複合パルスはこの場合特に効果的である．正しい反転は反転回復緩和測定やスピン状態の反転（$I_{kz} \to -I_{kz}$）を必要とする多くの実験（それらには第7章，8章で述べる各種の2次元法が含まれるが）にとって有効である．

最初に提案された補償反転パルス（ここでは名目上の回転角 $\beta=\pi/2$, $\beta'=\pi$ とする）のメカニズム (4.85)

$$P = (\beta)_0(\beta')_{\pi/2}(\beta)_0 \quad (4.2.55)$$

は実際のパルス回転角 β をいろいろ変えてみることで簡単に理解される．$\beta<\pi/2$ を持つ最初のパルスののち，磁化ベクトルは xy 面上のどこかにきている．第2パルスによりそれは xy 面下のほぼ対称的位置に持ってこられる．そこから第3パルスにより，単一球上の'南極'の近くに移動させられる．

4.2 フーリエ分光法の古典的記述

$\beta > \pi/2$ の場合の補償についても同様に働く．

オフレゾナンス効果の補償を理解するには，ブロッホ方程式の数値積分が必要である．式（4.2.55）において $\beta = \pi/2$, $\beta' = 1.33\pi = 240°$ としたパルス列による磁化の軌跡を種々のオフレゾナンス条件のもとに図4.2.13に示した．

このパルス列の有効性は図4.2.14に示す反転磁化の割合いをみればよくわかる．真中のパルスの回転角 β' を π から 1.33π (240°) に増加させるに従い，小さなオフセットに対し許容範囲が急速に増大するのを見てほしい．

5個のパルスによる反転列を用いれば，さらに補償は強められる（4.107）．

$$P = (\beta)_0 (\beta')_{\pi/2} (\beta'')_{3\pi/2} (\beta')_{\pi/2} (\beta)_0 \qquad (4.2.56)$$

ここで $\beta \simeq \pi/2$, $\beta' \simeq 1.12\pi$ そして $\beta'' = 0.44\pi$ である．

反転用の他のパルス列がBaumらにより提案された（4.119）．

$$P = (\beta)_\varphi (\beta')_\varphi (\beta'')_{\varphi''} (\beta''')_{\varphi'''} (\beta'''')_0 (\beta''')_{\varphi'''} (\beta'')_{\varphi''} (\beta')_\varphi (\beta)_\varphi \qquad (4.2.57)$$

ここで，$\beta \simeq 0.22\pi$, $\beta' = 0.3\pi$, $\beta'' = 0.37\pi$, $\beta''' = 0.47\pi$, $\beta'''' = 1.48\pi$, $\varphi = 2.33\pi$, $\varphi' = 1.16\pi$, $\varphi'' = 0.77\pi$, そして $\varphi''' = 0.39\pi$ である．

$\pi/2$ の位相変化を用いたラジオ波パルス列はしばしば理想的な $\pi/2$ 位相の変化からのずれに大変鋭敏になる．この問題は位相変化を π のみで行う，いわゆる $1\overline{2}3$ 列（'WALTZ'）（4.120，4.121）により大幅に改善される．

$$P = (\beta)_0 (2\beta)_\pi (3\beta)_0 \qquad (4.2.58)$$

ここで $\beta \simeq \pi/2$ である．磁化の軌跡とその結果得られる反転が，異なるオフセット領域について図4.2.15に示されている．

オフセット効果が無視できる場合には，ラジオ波の不均一性は式（4.2.52）を出発点とした次の複合パルス列で効果的に補償される．

$$P = (\beta)_0 (4\beta)_{2\pi/3} (\beta)_0 \qquad (4.2.59)$$

ここで $\beta \simeq \pi/2$ である（4.106）．同程度の補償が9パルス列で得られる

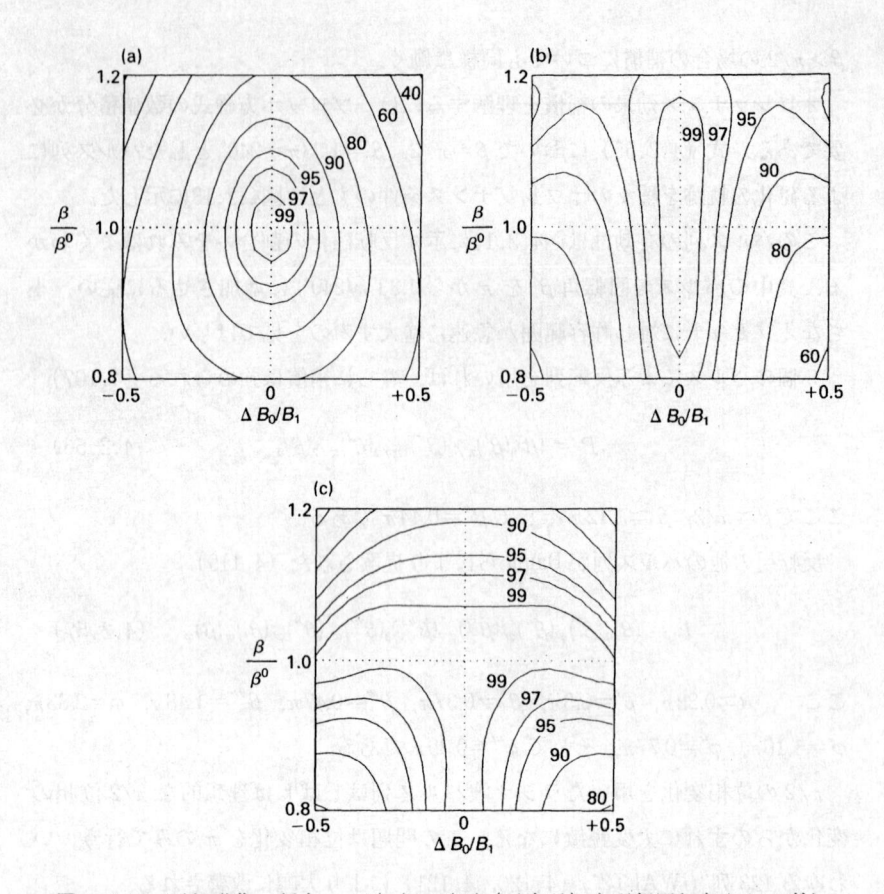

図 4.2.14 反転磁化の割合 $-M_z(0_+)/M_z(0_-)$（％表示）を理想回転角からのずれ β/β_0、およびオフセット・パラメータ $\Delta B_0/B_1$ の関数として示す．(a) $\beta \simeq \pi$ を持つ通常パルス；(b) $\beta \simeq \pi/2$ と $\beta' \simeq \pi$ とした $(\beta)_0(\beta')_{\pi/2}(\beta)_0$ の複合パルス；(c) 同一のパルス列で中央のパルスの回転角を $\beta \simeq 1.33\pi(240°)$ に増やした場合．（文献4.86より）

(4.106)．この場合要素として式 (4.2.53) を用いており，$2\pi/3$ の位相変化を用いることを避けている．

$$P = (\beta)_{3\pi/2}(2\beta)_0(2\beta)_{\pi/2}(\beta)_0(4\beta)_{\pi/2}(\beta)_0(2\beta)_{3\pi/2}(2\beta)_0(\beta)_{\pi/2} \quad (4.2.60)$$

ここで $\beta \simeq \pi/4$ である．

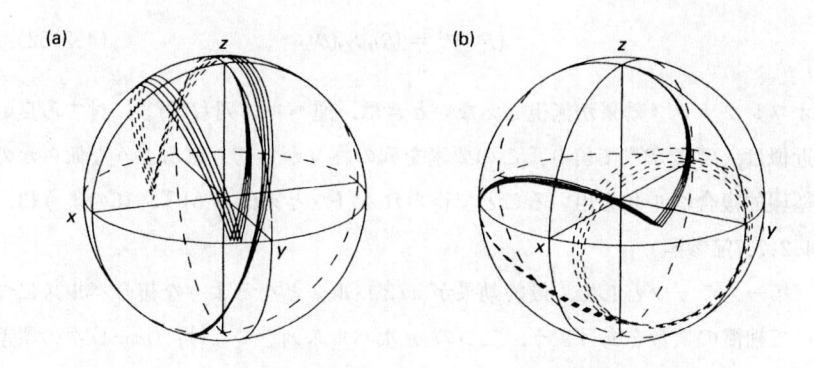

4.2 フーリエ分光法の古典的記述

図 4.2.15 'WALTZ' パルス列（式(4.2.58)）による磁化ベクトルの軌跡．(a)オフセットパラメータが小さいとき（$\Delta B_0/B_1 \approx 0.25$）補償は適度である．(b)大きなオフセットすなわち $0.77 < \Delta B_0/B_1 < 0.88$ の場合最初の二つのパルスで反転をうまく行い，最後のパルスは傾斜実効磁場のまわりの 2π 回転を実行するのみである．（文献4.116より）

4.2.7.4 再帰展開の方法

この節では特別な表記法が用いられる．$P^{(m)}$ は m 次の誤差を補償する複合パルスを表わし，理想 $\pi/2$ パルスの機能を近似するものとする．理想 π パルス（反転）を近似する複合パルスはシンボル R で記すことにする．

ゼロ次パルスの再帰展開（4.87, 4.121）により，高次の補償を達成することができる．$P^{(m)}$ で表わされる複合パルス列を考えよう（ゼロ次の「パルス列」の未補償の単一パルスから成っている．すなわち $P^{(m=0)}=(\pi/2)_\varphi$ としてよい）．高次補償を達成するには $(P^{(m)})^{-1}$ で表わされる逆パルス列を定義する必要があり，それは次の条件を満たす．

$$(P^{(m)})^{-1} P^{(m)} = P^{(m)} (P^{(m)})^{-1} = \P \qquad (4.2.61)$$

オフレゾナンス効果を無視してよいときには，逆パルス列は単に複合パルス列の全ての順序を逆にし，位相をそれぞれ π だけ先に進めることで得られる．たとえば $P^{(m)}=(\beta)_0(\beta)_{\pi/2}$，$\beta=\pi/2$（式(4.2.51)参照）なら，逆パルス列は以下となる．

$$(P^{(m)})^{-1} = (\beta)_{3\pi/2}(\beta)_\pi \tag{4.2.62}$$

オフレゾナンス効果が無視しえないときは，逆パルス列 $(P^{(m)})^{-1}$ に対する良い近似は，要素 $P^{(m)}$ で終り，この要素を列の終りから切り取るような何らかの循環的複合パルスを用いることで得られる（たとえば WALTZ-16 のように．4.2.7.7 節参照）．

第一ステップとして，最終効果が $\pi/2$ パルスとなるような複合パルスについて補償の次数をあげよう．二つの m 次パルス列をつなげ，$(m+1)$ 次の誤差補償をする方法には四つの可能性がある．式（4.2.5）の類推から 90° 位相変化した二つの $\pi/2$ パルス（m 次補償の）を適用するアイデアを使えばよい．

$$P^{(m+1)} = (P^{(m)}_{+\pi/2})^{-1} P^{(m)}, \quad P^{(m+1)} \xrightarrow{\text{等価}} P_z^{-1} P_{\varphi-m\pi/2} \tag{4.2.63a}$$

$$P^{(m+1)} = (P^{(m)}_{-\pi/2})^{-1} P^{(m)}, \quad P^{(m+1)} \xrightarrow{\text{等価}} P_z P_{\varphi+m\pi/2} \tag{4.2.63b}$$

$$P^{(m+1)} = P^{(m)}(P^{(m)}_{+\pi/2})^{-1}, \quad P^{(m+1)} \xrightarrow{\text{等価}} P_z P_{\varphi-(m-1)\pi/2} \tag{4.2.63c}$$

$$P^{(m+1)} = P^{(m)}(P^{(m)}_{-\pi/2})^{-1}, \quad P^{(m+1)} \xrightarrow{\text{等価}} P_z^{-1} P_{\varphi+(m-1)\pi/2} \tag{4.2.63d}$$

次数 m は（図4.2.16）に模式的に示すように再帰的に増やしていける．

ここで注意したいのは，これらのパルスが，位相シフトした一つの $\pi/2$ パルスに等価なことである．ただし z パルス P_z^{-1} で示される z 軸まわりの $\pi/2$ パルスを前に付加しているが．この先導的位相シフトは複合パルスに先立つパルス列すべてを $\pi/2$ シフトしておけば補償される．最終有効パルスの位相 $\varphi \mp m\pi/2$ または $\varphi \mp (m-1)\pi/2$ はゼロ次のパルス $P^{(0)}$ の位相（φ）から測られる．補償の次数を一つ上げるごとに位相は $\mp \pi/2$ まわるのである．

再帰の手続きのあらゆる段階で，$R(\beta_\text{eff})$ で表わされるところの複合パルスを導ける．ここで β_eff は任意回転角とし，次の記法を採用している．

$$R^{(m)}(\beta_\text{eff}) = (P^{(m)}_{+\beta_\text{eff}})^{-1} P^{(m)}, \quad R^{(m)}(\beta_\text{eff}) \xrightarrow{\text{等価}} R_z(-\beta_\text{eff}) R_{\varphi-m\pi/2}(\beta_\text{eff}) \tag{4.2.64}$$

等価パルス列の最初のパルスは再び，$-\beta_\text{eff}$ の位相シフトを表わし，フリッ

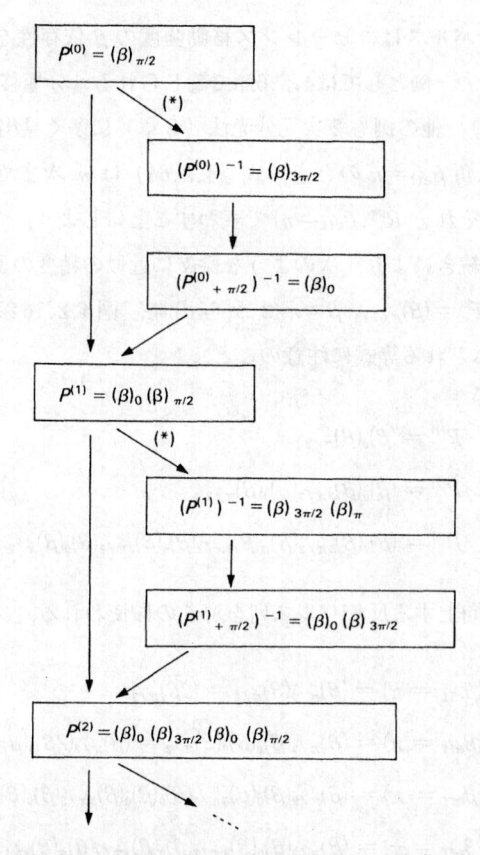

4.2 フーリエ分光法の古典的記述

```
             ┌─────────────────────────┐
             │  P^(0) = (β)_{π/2}      │
             └─────────────────────────┘
                    │   (*)
                    │      ↘
                    │    ┌─────────────────────────────┐
                    │    │ (P^(0))^{-1} = (β)_{3π/2}   │
                    │    └─────────────────────────────┘
                    │                 │
                    │    ┌─────────────────────────────────┐
                    │    │ (P^(0)_{+π/2})^{-1} = (β)_0     │
                    │    └─────────────────────────────────┘
                    │                 │
                    ↓    ↙
             ┌─────────────────────────┐
             │ P^(1) = (β)_0 (β)_{π/2} │
             └─────────────────────────┘
                    │  (*)
                    │      ↘
                    │    ┌──────────────────────────────────┐
                    │    │ (P^(1))^{-1} = (β)_{3π/2}(β)_π   │
                    │    └──────────────────────────────────┘
                    │                 │
                    │    ┌──────────────────────────────────────┐
                    │    │ (P^(1)_{+π/2})^{-1} = (β)_0 (β)_{3π/2}│
                    │    └──────────────────────────────────────┘
                    │                 │
                    ↓    ↙
             ┌────────────────────────────────────────┐
             │ P^(2) = (β)_0 (β)_{3π/2} (β)_0 (β)_{π/2}│
             └────────────────────────────────────────┘
                    │
                    ↓
```

図 4.2.16 理想的 $(\pi/2)$ パルスを m 次まで誤差補償する複合パルスの作成法．式 (4.2.63a) に従った方法の一例．アステリスク付の道筋は $\Delta B_0=0$ の場合にのみ有効．複合反転パルスは各段階で式 (4.2.64) の処方箋を適用して得られる．

プ角 β_{eff}，位相 $\varphi-m\pi/2$ の有効パルスの後の密度行列にかかる．

この組立て法の一例を示すために次の等価式を考えよう．

$$(\pi/2)_{\bar{\beta}}(\pi/2)_x \xrightarrow{\text{等価}} (\beta)_z(\beta)_y \qquad (4.2.65)$$

位相差 $-\beta$ を持つ二つの $\pi/2$ パルスの積は先導的位相シフト β を除けば，角度 β の回転に対応する．

この種の複合パルスはコヒーレンス移動強度のβ依存性を利用したいときには有効である．一例としては4.5.6節で論じられる「分極移動の無歪増大法」（DEPT）があり，他の例も2次元分光法（8章）に多く見出される．

　ラジオ波回転角$\beta_{\text{eff}}=\pi$のとき，式（4.2.64）はm次まで補償した反転パルス列を導く．それを$R^{(m)}(\beta_{\text{eff}}=\pi)$で表わすことにしよう．

　再帰展開の手続きにより，次のような徐々に近似の精度の上がる$\pi/2$パルスが得られる（$P^{(0)}=(\beta)_{\pi/2}$，$\beta \simeq \pi/2$から出発，図4.2.16参照）．ただし式（4.2.63a）に示される等式に注意のこと．

$$P^{(1)} = (\beta)_0 (\beta)_{\pi/2}$$
$$P^{(2)} = (\beta)_0 (\beta)_{3\pi/2} (\beta)_0 (\beta)_{\pi/2}$$
$$P^{(3)} = (\beta)_0 (\beta)_{3\pi/2} (\beta)_\pi (\beta)_{3\pi/2} (\beta)_0 (\beta)_{3\pi/2} (\beta)_0 (\beta)_{\pi/2} \qquad (4.2.66)$$

これらは精度の向上する反転パルス列を導くのに使われる．

$$R^{(0)}(\beta_{\text{eff}} = \pi) = (\beta)_{\pi/2} (\beta)_{\pi/2} = (2\beta)_{\pi/2}$$
$$R^{(1)}(\beta_{\text{eff}} = \pi) = (\beta)_{\pi/2} (\beta)_0 (\beta)_0 (\beta)_{\pi/2} = (\beta)_{\pi/2} (2\beta)_0 (\beta)_{\pi/2}$$
$$R^{(2)}(\beta_{\text{eff}} = \pi) = (\beta)_{\pi/2} (\beta)_0 (\beta)_{3\pi/2} (\beta)_0 (\beta)_{3\pi/2} (\beta)_0 (\beta)_{\pi/2}$$
$$R^{(3)}(\beta_{\text{eff}} = \pi) = (\beta)_{\pi/2} (\beta)_0 (\beta)_{3\pi/2} (\beta)_0 (\beta)_{3\pi/2} (\beta)_\pi (\beta)_{3\pi/2} (\beta)_0$$
$$(\beta)_0 (\beta)_{3\pi/2} (\beta)_\pi (\beta)_{3\pi/2} (\beta)_0 (\beta)_{3\pi/2} (\beta)_0 (\beta)_{\pi/2} \qquad (4.2.67)$$

　式（4.2.66）の最初のパルス列は式（4.2.51）と同等，また式（4.2.67）の第2パルス列は式（4.2.55）に相当することを銘記しよう．式（4.2.67）の複合反転列の実際の性能を図4.2.17に示す．

　複合パルスの性能は式（4.2.62）を満たす反転パルス列を適用することで広範囲のオフセットについて改善される．Shakaらは（4.121）$\beta \simeq \pi/2$に対して，オフセット補償反転パルス列を提案した．

$$R(\beta_{\text{eff}} = \pi) = (3\beta)_\pi (4\beta)_0 (\beta)_{\pi/2} (3\beta)_{3\pi/2} (4\beta)_{\pi/2} (\beta)_0 \qquad (4.2.68)$$

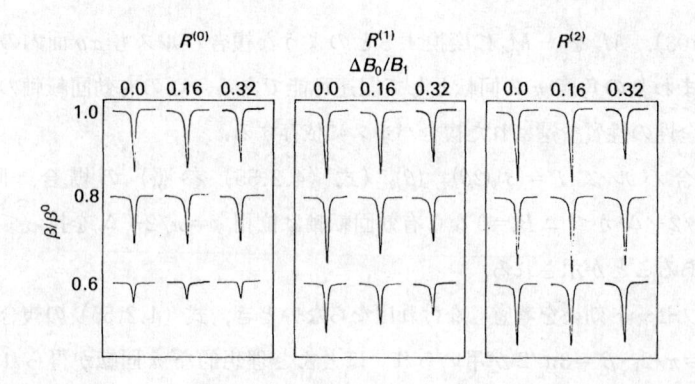

4.2 フーリエ分光法の古典的記述

図 4.2.17 回転角 $0.6\pi/2 < \beta < \pi/2$ およびオフセット・パラメータ $0 < \Delta B_0/B_1 < 0.32$ の範囲で調べた3種の複合パルス列 $R^{(0)}_{\pi/2}$, $R^{(1)}_{\pi/2}$, $R^{(2)}_{\pi/2}$ (式(4.2.67)) による反転磁化の実験的検証. $R^{(2)}_{\pi/2}$ の性能は回転角が $\pi/2$ 以下でも大きなオフセットパラメータに対し優れていることに注意. (文献4.87より)

これは文献 (4.121) 中の簡便記法

$$R(\beta_{\text{eff}} = \pi) = \overline{3X}4XY\overline{3Y}4YX$$

と等価である.

4.2.7.5 正確な再結像

多数の再結像を持つパルス列 (4.6.2節参照) の場合, 理想からはずれたパルスは大きな蓄積誤差を招く. エコーが同種核スカラーや双極子相互作用で変調されないならば, 不完全回転角 $\beta \neq \pi$ による誤差は Meiboom と Gill (4.122) が示したように第一パルスに対する再結像パルスの相対位相をずらすことで補償される. しかしエコー変調は補償機構と干渉するので, 複合パルスに頼らざるを得ない.

以前そう考えられていなかったのだが (4.86), 前節で論じた理想反転 ($M_z \rightarrow -M_z$) 用デザインの複合パルスは同様に横磁化の再結像にも利用し得る

(4.108). M_z を $-M_z$ に変換するどのような複合パルスも xy 面内のベクトルのまわりの角度 π の回転として記述可能である．この有効回転軸の位相は不完全性の性質や選ばれた複合パルスに依存する．

複合パルス $P=(\beta)_0(2\beta)_{\pi/2}(\beta)_0$（式（4.2.55）参照）の場合，回転角 $\beta=\pi/2+\Delta$ かつ $\Delta B_0=0$ なら有効回転軸は位相 $\varphi=\pi/2+\Delta$ を持って赤道面上にあることが示される．

オフセット効果を考慮しなければならないとき，式（4.2.55）の複合パルスで $\beta=\pi/2$, $\beta'=3\pi/2$ が用いられ，ほとんど理想的な π 回転が得られる．その回転軸は xy 面上にあり，位相 $\varphi=\pi/2+\Delta$, $\Delta\simeq\pi/4$ である．

どちらの場合も，第1エコー時の磁化位相は理想的位置から 2Δ だけずれる．しかしこの位相誤差は第2エコー時，さらに一般的には偶数エコー時には補償される（4.108）．非理想回転角を補償する複合パルスの効果のほどが図4.2.18に示されている．

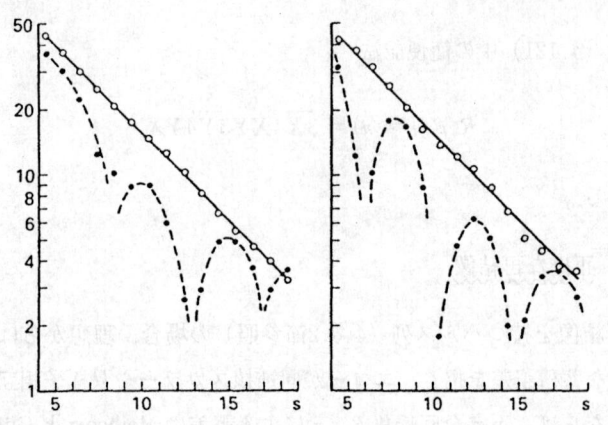

図 4.2.18 多重結像を行うカー・パーセル（Carr-Purcell）パルス列（パルス間隔 $2\tau=0.5$ 秒）における偶数番目エコーの絶対値強度．信号は1.1.2-トリクロロエタンの A_2X スピン系の2重線（同種核スカラー結合で生じている）からとった．（左：2重線の高磁場成分；右：低磁場成分）．白丸：式（4.2.55）で示した複合パルスを用いたときに得られる $\exp(-t/T_2)$ 型の滑らかな減衰．黒丸：通常パルスを用いたときの振動的挙動（絶対値表示のために歪んでいる）．両者とも，回転角はわざと誤って設定（$\beta=0.8\pi$）した．（文献4.108より）

4.2 フーリエ分光法の古典的記述

4.2.7.6 複合 z パルス

洗練された実験の多くは搬送ラジオ波の任意の角度の位相シフト φ を必要とする．同等の効果が複合 z パルスを用いて達成される（4.123）．

$$P = (\pi/2)_{\pi/2}(\beta)_0(\pi/2)_{3\pi/2} \qquad (4.2.69)$$

ここで β が望みの位相シフト φ に相当する．最終効果はラジオ波が回転系で z 軸方向にかけられ，磁化が角度 β，z 軸まわりに回転するのと同等である．

こうしてすべての磁化ベクトルはそのオフセットに無関係に xy 面内で角度 β だけ強制回転させられる．多量子コヒーレンスの場合，強制回転角は次数 p に比例し，その性質は異なる次数の分離に利用できる（6.3節）．

z パルスは $\pi/2$ より小さな位相変化を作り出せない低価格装置用の移相器と考えてよい．z パルスの精度はしかしラジオ波の不均一性のために制限されており，難しい実験では良い結果を与えない．

4.2.7.7 循環複合パルス

複合パルスは異種核デカップリングを効率的に行うためにも重要である（4.7.6節）．3.3節においてすでに異種核 IS 結合の効果を（すくなくとも弱い II 結合については）I スピンに反転パルスを加えることで再結像できることを示した．正しい反転パルスを繰り返し与えれば一見連続的再結像と同じことができ，スピン・デカップリングが実現する．複合パルスを使えばデカップリング効率を劇的に改善できる．究極の性能は反転パルスを循環（サイクリック）列の形に結合して得られ，それはオフセット，ラジオ波回転角，結合定数の広い範囲にわたって高次まで含めて単一演算子 ¶ で近似される推進演算子で記述される．

そのような循環列は4.2.7.3節や4.2.7.4節で述べた複合パルスのどれからも組み立てられる．最も効果的反転パルス要素は MLEV デカップリング列で用いられた式（4.2.55）に示すもの，および WALTZ デカップリング列で用い

られた式 (4.2.58) に示すものである．文献との一貫性を保つため，正しく反転を行う要素をこれ以後 R と記述しよう．

　効果的デカップリング列を得るには，要素 R を次のようなサイクルに結合する必要がある．

$$C = RR\overline{R}\,\overline{R} \qquad (4.2.70)$$

ここで $\overline{R}$ は R のすべてのラジオ波位相を反転して得られる．このような循環が MLEV-4 や WALTZ-4 のデカップリング列に用いられている．この選択は平均ハミルトニアン理論 (4.112)，または磁化の軌跡の考察 (4.110) の両者から正当化されている．

　パルス列の循環性を改良するには，式 (4.2.70) で示す循環の巡回置換 P を導き，

$$P = \overline{R}RR\overline{R} \qquad (4.2.71)$$

それをもとの循環 C と組み合わせ，超循環（スーパーサイクル）を作るとよい．

$$S_1 = CP = RR\overline{R}\,\overline{R}\ \overline{R}RR\overline{R} \qquad (4.2.72)$$

これはたとえば MLEV-8 のデカップリング列に用いられている．

　改良の次の段階は位相反転列 $\overline{C}, \overline{P}$ を用い，MLEV-16 のスーパーサイクルを作ることである．

$$S_2 = CP\overline{C}\,\overline{P} = RR\overline{R}\,\overline{R}\ \overline{R}RR\overline{R}\ \overline{R}\,\overline{R}RR\ R\overline{R}\,\overline{R}R \qquad (4.2.73)$$

　二つの磁化（IS 結合由来の I スピン（水素核）の二重線にそれぞれ対応）ベクトルの軌跡は，式 (4.2.73) に示すパルス列の各サイクル終端の磁化を考え，図4.2.19のように表わされる．Waugh が示したように (4.113, 4.114) デカップリングは二重線に属する二つの磁化ベクトルの回転角の差（$\beta_+ - \beta_-$）

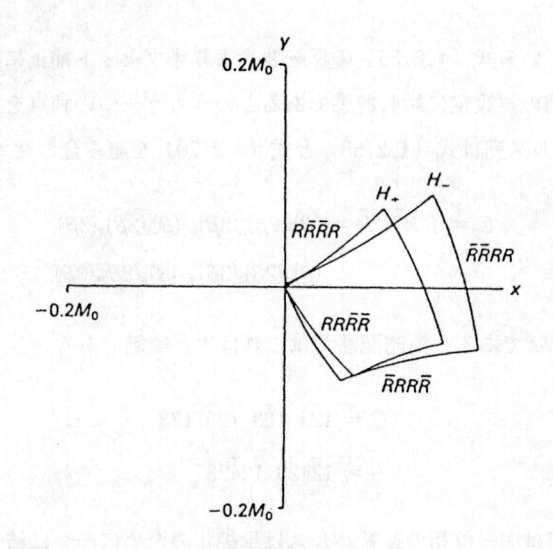

4.2 フーリエ分光法の古典的記述

図 4.2.19 4成分サイクルによる MLEV-16 スーパーサイクルの xy 面上に投影された軌跡. z 軸からのずれはみな小さく, z 軸に近い. 水素核2重線の各成分に対応する軌跡 (H_+ と H_-). 各々の弧は MLEV-4 パルス列の完全循環性からのずれを視覚化しており, 他方ループを完成させるために必要な非常に小さな弧は MLEV-16 スーパーサイクルの循環性からのずれを表わす. (文献4.116より)

が小さくなるとき最も効果的である. この条件は, β がオフセットともにゆっくりと変わる場合, そして循環性が最終実現角 β_+, β_- を小さく抑えることを保証する場合に満たされる.

サイクルの効率は反転要素 R を式 (4.2.71) のように置換するばかりでなく, Waugh が示唆したように (4.113, 4.114), 1つの $\pi/2$ 要素をサイクルの一方の端から他方の端に置換しても達成される. この場合回転は (図4.2.19 の閉ループからのずれとして) 残余角を残すが, 回転自身はほぼ xy 面内のある軸のまわりの回転として実現する. z 軸近辺の軸まわりの回転を起こすサイクル C からスタートして, 新しいサイクル M が $\pi/2$ 要素を巡回置換して得られる. そのサイクル M は $\overline{M}$ と結合されよう. この展開法が WALTZ デカップリング列に適用されているのである.

WALTZ 列は式 (4.2.58) の反転要素を基礎としている. それは MLEV 列

に用いられている式（4.2.55）の反転要素よりオフセット補正に優れ，相対的ラジオ波位相の誤設定に対し鈍感であるというもう一つの利点を持っている．WALTZ-4パルス列は式（4.2.58）と式（4.2.70）を組み合わせて得られる．

$$C = RR\bar{R}\bar{R} = (\beta)_0(2\beta)_\pi(3\beta)_0 \ (\beta)_0(2\beta)_\pi(3\beta)_0$$
$$(\beta)_\pi(2\beta)_0(3\beta)_\pi \ (\beta)_\pi(2\beta)_0(3\beta)_\pi \quad (4.2.74a)$$

ここで $\beta \simeq \pi/2$ である．簡略記法ではこれは次と等価である．

$$C = 1\bar{2}3 \ 1\bar{2}3 \ \bar{1}2\bar{3} \ \bar{1}2\bar{3} \quad (4.2.74b)$$
$$= 1\bar{2}4\bar{2}3 \ \bar{1}2\bar{4}2\bar{3} \quad (4.2.74c)$$

最後の表式では同一位相の連続パルスは単純化のために一つに結合した．

展開の次なる段階は $(\pi/2)_0$ パルスの巡回置換の利用で式（4.2.74c）のパルス列の最初を最後尾へと移動する．

$$C' = \bar{2}4\bar{2}3\bar{1} \ 2\bar{4}2\bar{3}\bar{1} \quad (4.2.75)$$

パルス列 C' は2つの下位要素 $C' = K\bar{K}$ に分けられる．そこで K は

$$K = \bar{2}4\bar{2}3\bar{1} \quad (4.2.76)$$

となるスピン反転列である．パルス列 $C' = K\bar{K}$ はそれの位相反転補完列と組み合せられ，WALTZ-8を与える．

$$K\bar{K}\ \bar{K}K = \bar{2}4\bar{2}3\bar{1} \ 2\bar{4}2\bar{3}1 \ 2\bar{4}2\bar{3}1 \ \bar{2}4\bar{2}3\bar{1} \quad (4.2.77)$$

次の段階は $(\pi/2)_\pi$ パルスが式（4.2.77）の最後と最初の間で交換され，さらにその位相反転パルス列を後につけ加え，WALTZ-16を得る．

$$Q\bar{Q}\ \bar{Q}Q = \overline{3}42\bar{3}1\bar{2}4\bar{2}3 \ \overline{3}42\bar{3}1\bar{2}4\bar{2}3 \ 3\bar{4}\bar{2}3\bar{1}2\bar{4}2\bar{3} \ 3\bar{4}\bar{2}3\bar{1}2\bar{4}2\bar{3} \quad (4.2.78)$$

これらパルス列の長所の注意深い評価がShakaらによって行われ（4.116），

複合パルス・デカップリングが従来の変調法（4.7.6節）と手短に比較検討された．効率的デカップリングは炭素13分光法において殊に有用であり，そこでは充分に狭い線幅を実現することが，良い感度を得るには本質的である．

4.3 フーリエ分光の感度

この節では遅い通過法と比較したフーリエ分光法の感度利得の解析的表現を与える．自由減衰（FID）信号の離散サンプリングとともにスピン系の非線型性を考慮する必要がある．

4.3.1 フーリエスペクトルの信号対雑音比

4.3.1.1 信　　号

直交位相検波法で記録されたオフセット Ω にある単一ピークの FID を考えよう．複素信号は次のように書ける．

$$s(t) = s^{e}(t)\exp\{i\Omega t\} \tag{4.3.1}$$

ここで包絡関数 $s^{e}(t)$ はスペクトルに現われる線形を決定する．通常は感度増大や分解能向上のため，信号関数 $s(t)$ に適当な重み関数 $h(t)$ をかける．時間域の重みづけはよく知られているように周波数域でのたたみ込みフィルターと等価である（式 (4.1.27)，(4.1.28)）．

n 個の複素 FID が積算され，各々の FID は 0 から $t^{\max}$ 時間の間で M 個の等間隔標本点で表わされるとする（図4.3.1）．
スペクトルのピーク値は最終的に FID の重みつき包絡関数をフーリエ変換して得られる．

$$S = \mathcal{F}\{ns^{e}(t)h(t)\}_{\omega=0} = n\sum_{k=0}^{M-1}s^{e}\left(k\frac{t^{\max}}{M}\right)h\left(k\frac{t^{\max}}{M}\right) \tag{4.3.2}$$

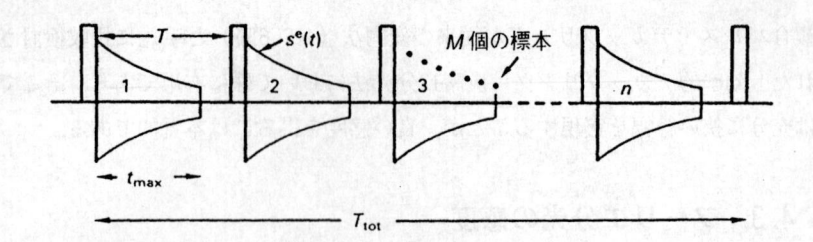

図 4.3.1 間隔 T のラジオ波パルスで励起された，M 標本点を持つ全部で n 個の FID が積算される．包絡関数 $s^e(t)$ は普通 $t_{max} \geq T$ 時間で打ち切られる．

通常離散和は積分で置き換えられる．

$$S = n \frac{M}{t^{max}} \int_0^{t^{max}} s^e(t) h(t) \mathrm{d}t \tag{4.3.3}$$

記法を簡略化するため，時間域信号の重みつき包絡関数の平均値を定義しよう．

$$\overline{sh} = \frac{1}{t^{max}} \int_0^{t^{max}} s^e(t) h(t) \mathrm{d}t \tag{4.3.4}$$

こうしてピーク値 S は周数域で次の形をとる．

$$S = nM\overline{sh} \tag{4.3.5}$$

ピーク値は記録する標本値の全個数に比例し，$0 < t < t^{max}$ 内の FID の重みつき包絡関数の平均値に比例する．

式 (4.3.1-4.3.4) 中に挿入されている包絡関数は実験環境に依存する．最も単純なケースでは信号は指数関数的に減衰する．

$$s^e(t) = s^e(0) \exp(-t/T_2) \tag{4.3.6}$$

4.3.1.2 雑音

時間域の不規則信号の振幅の2乗平均平方根（r.m.s）値は分光器の帯域幅に依存する．アナログ低周波フィルタによりカットオフ（f_c）された白色雑音を考えると雑音振幅の r.m.s 値 σ_n は次のようになる．

$$\sigma_n = \langle n(t)^2 \rangle^{\frac{1}{2}} = F^{\frac{1}{2}} \rho_n \tag{4.3.7}$$

ここで ρ_n は周波数に依存しないパワースペクトル密度の平方根である．分光器のバンド幅 F はアナログ低周波フィルタのカットオフ周波数 f_c の2倍である．なぜなら直交位相検波で正負の周波数が区別されているからである．関数 $h(t)$ で重みづけをすると時間依存した雑音振幅の r.m.s 値となる．

$$\sigma_n(t) = F^{\frac{1}{2}} \rho_n |h(t)| \tag{4.3.8}$$

周波数域では，最終的雑音振幅の r.m.s 値 σ_N は nM 個のすべての時間域標本値を加え合わせて得られる（それらは互いに統計的に独立として）．

$$\sigma_N = (nMF)^{\frac{1}{2}} [\overline{h^2}]^{\frac{1}{2}} \rho_n \tag{4.3.9}$$

ここで $[\overline{h^2}]^{\frac{1}{2}}$ は重み関数 $h(t)$ の振幅の r.m.s 値である．

$$[\overline{h^2}]^{\frac{1}{2}} = \left[\frac{1}{t^{\max}} \int_0^{t^{\max}} h(t)^2 dt \right]^{\frac{1}{2}} \tag{4.3.10}$$

低周波変換されて入り込む高周波雑音による雑音振幅の増大を避けるため，低周波フィルタのカットオフ周波数 f_c をナイキスト（Nyqiust）周波数 $f_N = \frac{1}{2} \Delta t^{-1}$ に等しくとるのが望ましい．時間きざみ幅[1] Δt を持つサンプル過程では以下となる．

$$F = 2f_c = 1/\Delta t = M/t^{\max} \tag{4.3.11}$$

---

[1]直交位相検波では，Δt は複素ペア $s_x(t)+is_y(t)$ からなるサンプル点の時間間隔である．

こうして式 (4.3.9) は次の形をとる．

$$\sigma_N = M(n/t^{\max})^{\frac{1}{2}}[\overline{h^2}]^{\frac{1}{2}}\rho_n$$

振幅雑音の r.m.s 値を実験的に定めるには，不規則過程がエルゴディクで，式 (4.3.7) のアンサンブル平均が時間平均で置き換えられるという仮定を置くのが普通である．

$$\sigma_n^2 = \lim_{T\to\infty}\frac{1}{2T}\int_{-T}^{T}n(t)^2 dt \tag{4.3.12}$$

振幅の r.m.s 値はこの場合，雑音の標本点を充分に長い時系列でとり，式 (4.3.12) で数値的に評価するか，不正確ではあるが，ピークからピークの雑音振幅を測って定められる．雑音がガウス型振幅分布を持つとき，ピークからピークの振幅 $n_{\max}-n_{\min}$ の期待値は，100個の独立標本値のセットに対し以下のようになることがわかっている (4.124)．

$$\langle n_{\text{ptp}}\rangle_{100} = 5.0\sigma_n \tag{4.3.13}$$

雑音振幅の r.m.s 値 σ_n は，100回ゼロ交差する雑音レコードに対するピーク-ピーク振幅 n_{ptp} から評価できる．この雑音レコードがほぼ100個の独立サンプル値のセットに対応する．同じことが周波数域の雑音振幅 r.m.s 値 σ_N にもいえる．

4.3.1.3 感　　度

信号対雑音比はある参照信号のピーク高 S と雑音振幅の r.m.s 値との比として定義される．

$$S/\sigma_N = \frac{信号ピーク強度}{\text{r.m.s.}雑音振幅強度} \tag{4.3.14}$$

現実の NMR 分光法では付加因子 2 を含めるのが習慣であり信号対雑音比の定

4.3 フーリエ分光の感度

義は

$$S/N = \frac{S}{2\sigma_N} \simeq 2.5 \frac{S}{\langle N_{ptp} \rangle}$$

となる．この因子2は相対感度を比較するには不必要でありここでは今後考慮しないことにする．

式 (4.3.5), (4.3.9) および式 (4.3.11) を一緒にするとスペクトルの信号対雑音比

$$S/\sigma_N = (nt^{max})^{\frac{1}{2}} \frac{\overline{sh}}{[\overline{h^2}]^{\frac{1}{2}}} \frac{1}{\rho_n} \qquad (4.3.15)$$

を得る．

n 個の信号を得るために用いる全時間は T を基本的フーリエ実験のパルス間の間隔とすると ($T \geq t^{max}$)

$$T_{tot} = nT \qquad (4.3.16)$$

である．

フーリエ実験の標準的感度を表わす一般的表式を得るには単位時間の信号対雑音比 $S/(\sigma_N T_{tot}^{\frac{1}{2}})$ を導入するのがよい．以下これを単に感度と呼ぶ．

$$\frac{S}{\sigma_N T_{tot}^{\frac{1}{2}}} = \frac{\overline{sh}}{[\overline{h^2}]^{\frac{1}{2}}} \left(\frac{t^{max}}{T}\right)^{\frac{1}{2}} \frac{1}{\rho_n} \qquad (4.3.17)$$

これで最適化されるべき重要因子は重みつき信号振幅の平均 $\overline{sh}$ と重み関数の振幅の r.m.s. 値 $[\overline{h^2}]^{1/2}$ との比であることが分かる．式 (4.3.17) 中の因子 t^{max}/T は実験における受信器の稼動率を反映している．

4.3.1.4 重み関数の最適化

最適重み関数とは式 (4.3.17) の $\overline{sh}/[\overline{h^2}]^{1/2}$ を最大にする関数である．式

(4.3.4) と式 (4.3.10) を用いて次の表現を最適化すればよい.

$$L = \int_0^{t^{\max}} s^e(t)h(t)\mathrm{d}t + \lambda \int_0^{t^{\max}} h(t)^2 \mathrm{d}t \quad (4.3.18)$$

ここで λ はラグンジュの未定係数である.変分法を適用し (4.125), $h(t)$ に関する関数微分をとれば最適重み関数 $h(t)$ が求まる.

$$h_\mathrm{m}(t) = s^e(t) \quad (4.3.19)$$

この関数は**適合 (matched) 重み関数**と呼ばれ,感度を最大にする.適合フィルタ操作は信号処理の最重要課題である (4.2, 4.7, 4.8, 4.25).

整合化重みづけに対して,感度は

$$\left(\frac{S}{\sigma_N T_{\mathrm{tot}}^{\frac{1}{2}}}\right)_{\text{適合}} = [\overline{s^2}]^{\frac{1}{2}} \left(\frac{t^{\max}}{T}\right)^{\frac{1}{2}} \frac{1}{\rho_n} \quad (4.3.20)$$

となる.ここで $(t^{\max}/T)$ は受信器の稼動率,$\overline{s^2}$ はサンプリング時間内の平均信号強度である.

$$\overline{s^2} = \frac{1}{t^{\max}} \int_0^{t^{\max}} s^e(t)^2 \mathrm{d}t \quad (4.3.21)$$

式 (4.3.20) は一般的かつ基本的結果で,達成最高感度が,平均信号パワー $\overline{s^2} t^{\max}/T$ と単位バンド幅 ρ_n^2 での雑音パワーの比の平方根に等しいことを示す (4.2, 4.7, 4.8).

$$\left[\frac{S}{\sigma_N T_{\mathrm{tot}}^{\frac{1}{2}}}\right]_{\text{適合}} = \left\{\frac{\text{信号のパワー}}{\text{単位バンド幅の雑音パワー}}\right\}^{\frac{1}{2}} \quad (4.3.20\mathrm{a})$$

適合化重みづけは次のように理解されよう.すなわち信号包絡線の減衰のために局所的感度が,標本点により変る.適合化重みを用いて,各標本はそれ自身の感度で重みづけられ,重み平均の中で高い感度の標本点が強調される.

4.3.1.5 信号エネルギーの最適化

古典的ブロッホ方程式で記述され，式 (4.3.6) の単純指数関数型信号包絡線を持つ均一な共鳴線を考えよう．
平均パワー $\overline{s^2}$ は次で与えられる．

$$\overline{s^2} = s^e(0)^2 \frac{T_2}{2t^{max}}[1-E_2^2] \qquad (4.3.22)$$

ここで $E^2 = \exp(-t^{max}/T_2)$（この定義は §4.2.5 の $E^2 = \exp(-T/T_2)$ と異なることに注意）である．

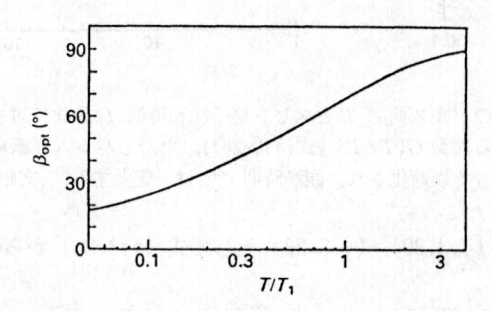

図 **4.3.2** パルス間隔 T とスピン格子緩和時間 T_1 の比の関数としてみた最適パルス回転角 β_{opt}．（文献4.1より）

初期の信号強度 $s^e(0)$ は T_1 時間に依存し，パルス回転角 β そして4.2.4節で述べたように繰り返しパルスの再帰時間 T にも依存する．一般的に共鳴周波数 ω_0 も重要であり，横方向干渉（4.2.5節）効果を決める．この節では横方向干渉は無視しよう．自由歳差運動時間 T の終りで，残留横磁化は4.2.6節で述べた方法のどれかで消去できるからである．初期強度 $s^e(0)$ は式 (4.2.35) で与えられる．図4.3.2に示す最適回転角

$$\cos\beta_{opt} = E_1 = \exp(-T/T_1) \qquad (4.3.23)$$

に対し，初期強度 $s^e(0)$ は最大値

$$s^e(0)_{\max} = M_0 \left[\frac{1-E_1}{1+E_1} \right]^{\frac{1}{2}} \quad (4.3.24)$$

に達する．高速繰り返し実験では，小さなパルス回転角が最大信号強度を得るために必要となる．

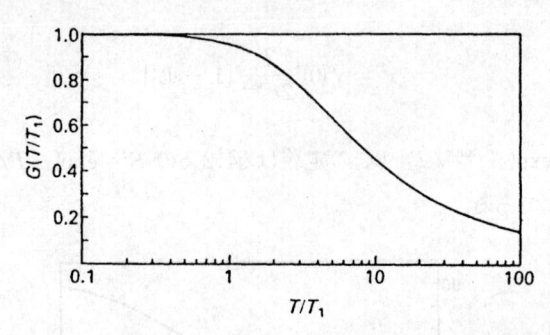

図 4.3.3 感度のパルス間隔 T とスピン格子緩和時間 T_1 の比に対する依存性を記述する関数 $G(T/T_1)$（式(4.3.26)）．ただしパルス回転角は式(4.3.23)に従って最適化され，観測時間 $t^{\max}$ は一定とする．（文献4.1より）

最適感度は式 (4.3.20), (4.3.22) そして式 (4.3.24) から導かれ

$$\left(\frac{S}{\sigma_N T_{\text{tot}}^{\frac{1}{2}}} \right)_{\text{適合}} = M_0 \frac{1}{2} \left(\frac{T_2}{T_1} \right)^{\frac{1}{2}} (1-E_2^2)^{\frac{1}{2}} G(T/T_1) \frac{1}{\rho_n} \quad (4.3.25)$$

となる．ここで関数

$$G(x) = \left[2 \frac{1-e^{-x}}{x(1+e^{-x})} \right]^{\frac{1}{2}} \quad (4.3.26)$$

は繰り返し時間 T の影響を表わす．ただし観測時間，したがって $E_2^2 = \exp(-2t^{\max}/T_2)$ は一定にしたままである．関数 $G(T/T_1)$ は図4.3.3に示すように $T < T_1$ で1に近づく．繰り返し時間 T の決定は通常分解能と感度の妥協で行われる．感度を考えれば T は短い方が良く，高分解能は長時間観測，したがって長い間隔 $T \geq t^{\max}$ を要求する．

　式 (4.3.25) は感度が $(T_2/T_1)^{1/2}$ に比例することを示しているが，遅い横緩

4.3 フーリエ分光の感度

和と速い縦磁化回復の組み合わせの利点を示している．式 (4.3.23) により，繰り返し時間を固定しパルス回転角を最適化する代わりに，パルス回転角を好みに固定し繰り返し時間 T を最適化して感度をあげる方が便利なこともある (4.126)．最適繰り返し時間を表4.3.1に示す．そこでは感度が $T\to 0$, $\beta\to 0$ に対し達せられる極限感度に対し規格化してある．

表 4.3.1 固定したパルス回転角 β に対し最適化された繰り返し時間 T/T_1 とその時の感度．感度は $T\to 0$ で達成される（極限）感度に対し規格化されている．

$\beta(°)$	$(T/T_1)_{opt}$	$(S/N)_T/(S/N)_0$
10	0.015	1.000
30	0.143	0.999
50	0.421	0.992
70	0.827	0.966
90	1.269	0.902

4.3.2 遅い通過スペクトルの信号対雑音比

比較のために，適合フィルタをかけた遅い通過実験で得られる信号対雑音比を計算する．掃引速度 a (Hz/s 単位) で記録された遅い通過法の，時間域吸収信号は以下である (4.127)．

$$s(t) = M_0\gamma B_1 \frac{1/T_2}{(1+S)/T_2^2 + (2\pi at)^2} \tag{4.3.27}$$

ここでは S は飽和パラメータ，$S=(\gamma B_1)^2 T_1 T_2$ である．時間軸は $t=0$ で共鳴に到達するように定義されている．フィルター操作が時間域でなされると，適合フィルタ関数と信号 $s(t)$ とのたたみ込みが実現する (4.2)．

$$h_m(t) = s(-t) \tag{4.3.28}$$

したがってフィルタ後信号は

$$s_m(t) = s(t) * s(-t) \tag{4.3.29}$$

となる.ピーク強度 $s_m(0)$ は信号エネルギー

$$s_m(0) = \int_{-\infty}^{\infty} s(t)^2 dt \tag{4.3.30}$$

に等しく,達成最高信号対雑音比は

$$\left[\frac{s(0)}{\sigma_n}\right]_{整合} = \left[\int_{-\infty}^{\infty} s(t)^2 dt\right]^{\frac{1}{2}} \frac{1}{\rho_n} \tag{4.3.31}$$

となる.最大吸収信号強度は $S=1$ で得られる.しかし最大信号エネルギーは $S=2$ で達成される(4.2, 4.127).そのとき,増大した線幅が信号強度の減少を補って余りあるのである.

時間 T_{tot} 内に掃引するスペクトル範囲 Ω_{tot} を用いて,掃引速度を $2\pi a = \Omega_{tot}/T_{tot}$ と表わすとすれば,最適信号は次の形に書ける.

$$s(t) = M_0 \left[\frac{T_2}{T_1}\right]^{\frac{1}{2}} \frac{\sqrt{2}}{3+(\Omega_{tot} T_2 T_{tot}^{-1} t)^2} \tag{4.3.32}$$

ここで信号エネルギーは

$$\int_{-\infty}^{\infty} s(t)^2 dt = M_0^2 \frac{\pi}{3\sqrt{3}} \frac{T_{tot}}{\Omega_{tot} T_1} \tag{4.3.33}$$

である.これに適合フィルタを用いれば最大感度(単位時間の信号対雑音比)が導かれる.

$$\left(\frac{s(0)}{\sigma_n T_{tot}^{\frac{1}{2}}}\right)_{適合} = M_0 \left(\frac{\pi}{3\sqrt{3}} \frac{1}{\Omega_{tot} T_1}\right)^{\frac{1}{2}} \frac{1}{\rho_n} \tag{4.3.34}$$

ここでの著しい特徴は信号エネルギー,すなわち到達可能感度が横緩和時間 T_2 に依存しないこと,すなわち飽和がないときの共鳴線の自然幅 $\Delta\omega=2/T_2$

4.3 フーリエ分光の感度

に依存しないことである.

ベースライン安定性を改善するため,遅い通過法では変調技術を用いるのが普通である (4.128, 4.129). 式(4.3.34)の表式は側帯波検波に適用される. 代わって中央バンド(帯波)検波が使われるときは信号エネルギーが因子0.65だけ減少する.

4.3.3 フーリエ法と遅い通過法の感度比較

式 (4.3.25) と (4.3.34) から得られる,最適フーリエ実験法と最適な遅い通過法の感度の比は

$$\frac{(S/N)_{\text{Fourier}}}{(S/N)_{\text{SP}}} = \left[\frac{3\sqrt{3}}{2\pi}\right]^{\frac{1}{2}} [1 - \exp(-2t^{\max}/T_2)]^{\frac{1}{2}} \left[\frac{\Omega_{\text{tot}}}{\Delta\omega}\right]^{\frac{1}{2}} G(T/T_1) \tag{4.3.35}$$

となる. ここで$\Delta\omega=2/T_2$は観測共鳴線の半値全幅である. この表式では遅い通過法に関し側帯波検波の変調法を,フーリエ実験には直交位相検波を仮定している. 両者ともに整合フィルタが使われている.

比$\Omega_{\text{tot}}/\Delta\omega$はスペクトル中のスペクトル要素数を表わしている. フーリエ実験の感度利得はこのようにスペクトル要素数の平方根に比例する. これはすべての共鳴を一度に励起するフーリエ法を$\Omega_{\text{tot}}/\Delta\omega$個の独立なチャンネルを多数持つ(仮想的)多チャンネルの遅い通過法と等価とすることで理解されよう. 自明なことだが,感度向上は細い共鳴線が広いスペクトル域にちらばっているときに特に著しい.

1966年に記録された初期のフーリエスペクトルの例が図4.3.4に載っている. フーリエ法の遅い通過法に対する感度利得は(両者ともに500秒で行われたが)実験的に10倍であった. これは$\Omega_{\text{tot}}/\Delta\omega=250$個のスペクトル要素に対し得られる理論最大利得(式(4.3.35))とほぼ等しい. ただし遅い通過法では中心バンド検出を,フーリエ法では単一位相検波法を用いたことを考慮した.

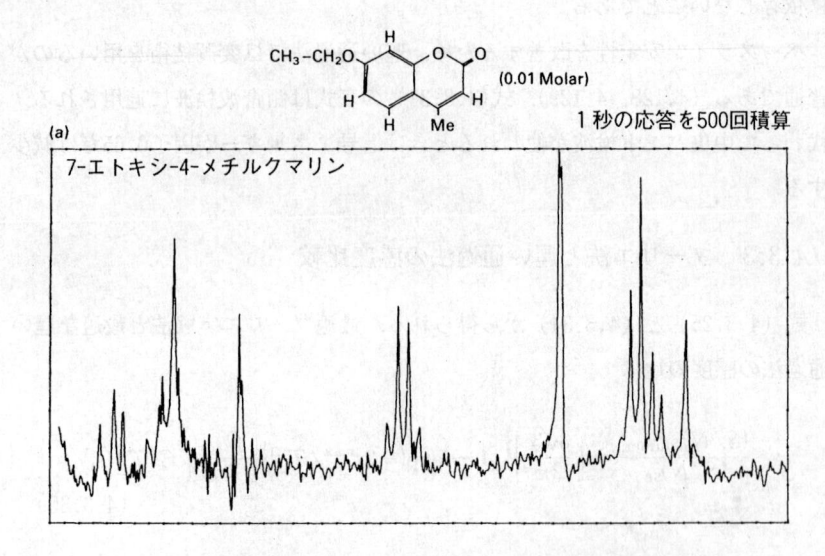

図 4.3.4　7-エトキシ-4-メチルクマリンの60MHz 水素核 NMR．(a)500秒間に記録された500本の FID の和のフーリエ変換．(b)同一の装置にて500秒をかけ遅い通過法で記録された単一掃引スペクトル．（文献4.130）

4.3.4　磁化の再循環による感度増大

　J 結合のないスピン系，たとえば水素核のデカップルされた炭素13系では磁化の再循環により感度を増大させることができる．4.2.5節で述べたような定常磁化を多数の $\pi/2$ パルスを用いて生起せしめ利用することもできるし (4.96, 4.98, 4.137, 4.138)，その代わりに $\pi/2-(\tau-\pi-\tau)_n$ のような Carr-Purcell パルス列 (4.139)，いわゆるスピン・エコー FT 法 (SEFT) (4.126, 4.140) を用いて一連のエコーを観測することもできる．強制平衡 FT 法 (DEFT) (4.126, 4.141) として知られる他の方法は，$[\pi/2-\tau-\pi$

$-\tau-\pi/2$] パルス列を用いる．ここでは信号が τ 間隔ごとに観測され，最後のパルスが磁化の一部を z 軸へ復帰させる（図4.3.5(b)）．これらの企ては現実には理論（4.126）から予想されるほど効果的でない．というのも並進拡散のため静的磁場勾配を通じた横緩和が再結像を乱すからである．横磁化の減衰は不完全なデカップリングや急速に緩和する水素核や四重極核とのカップリング，によっても起こる（4.142）．DEFT，SEFT ともに同種核結合のある場合はうまくいかないので，炭素13のような希薄核にのみ適用される．

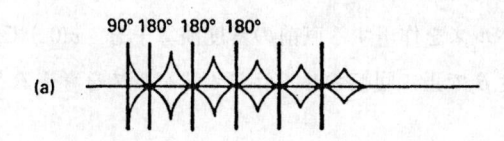

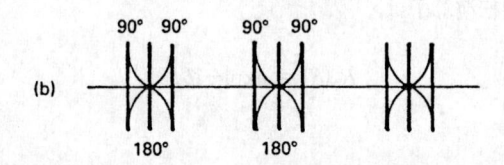

図 4.3.5 同種核結合を持たぬスピン系に適用される，不均一静磁場下での感度増大フーリエ法．(a)スピン・エコーフーリエ変換（SEFT）法．信号は一連の Carr-Purcell エコーとして観測される．(b)強制平衡フーリエ変換（DEFT）法．$(\pi/2)$パルスにより再結像後の残留横磁化を z 軸へもどす．

4.4 フーリエ分光法の量子力学的記述

4.2節では，フーリエ実験での孤立スピン系の挙動に関する古典的記述を示した．結合したスピン系では，ラジオ波パルスの影響によるより複雑な変換のため付加的な効果が生じると考えられる．コヒーレントな励起は，スピン系全体に影響を与えるので，個々の遷移は分離してもはや考えられない．特にもっ

と進んだパルス技術を考えると，フーリエ実験のくわしい量子力学的取り扱いが適切である．

ここではフーリエ分光法の密度演算子による定式化を与え，信号強度と共鳴周波数と線幅に関して，遅い通過（slow-passage）とフーリエスペクトルの等価性について問題を提示する．

4.4.1 密度演算子形式のフーリエ分光法への応用

図4.4.1のような基本的なフーリエパルス実験を考えよう．時間 $t=0$ で非選択的ラジオ波パルスを作用する直前の密度演算子を，$\sigma(0_-)$ で示すとする．y 軸について角度 β で正に回転させるラジオ波パルスを考えると，その密度演算子は，

$$\sigma(0_+) = R_y(\beta)\sigma(0_-)R_y^{-1}(\beta) \tag{4.4.1}$$

であり，この回転演算子は，

$$R_y(\beta) = \exp\{-i\beta F_y\} \tag{4.4.2}$$

となる．

続く自由展開は，密度演算子方程式（2.1.34）によって規定される．ハミルトニアン $\mathcal{H}$ と緩和超演算子 $\hat{\Gamma}$ により，その式は

$$\dot{\sigma}(t) = -i[\mathcal{H},\sigma] - \hat{\Gamma}\{\sigma(t) - \sigma_0\} \tag{4.4.3}$$

となる（2.3節参照）．平衡密度演算子 σ_0 は，非摂動ハミルトニアン $\mathcal{H}$ と可換なので，式（4.4.3）は単純な形に書き直せ，

$$\dot{\sigma}(t) = \hat{L}\{\sigma(t) - \sigma_0\} \tag{4.4.4}$$

となる．このリウヴィユ超演算子は

$$\hat{L} = -i\hat{\mathcal{H}} - \hat{\Gamma} \tag{4.4.5}$$

4.4 フーリエ分光法の量子力学的記述

パルス励起後の自由展開の間，この方程式の解は

$$\sigma(t) = \exp(\hat{\hat{L}}t)\{\sigma(0_+) - \sigma_0\} + \sigma_0 \tag{4.4.6}$$

となる．

直交位相検波で測定できる複素磁化 $M^+(t)$ は，演算子 F^+ の期待値に比例する．

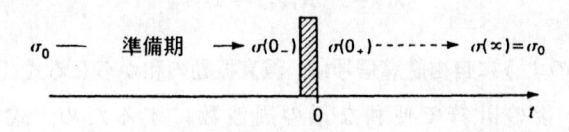

図 **4.4.1** 単一パルスによる基本的なフーリエ実験中の密度演算子の指定．

$$\begin{aligned}
M^+(t) &= M_x(t) + \mathrm{i}M_y(t) \\
&= N\gamma\hbar\{\langle F_x\rangle(t) + \mathrm{i}\langle F_y\rangle(t)\} \\
&= N\gamma\hbar\langle F^+\rangle(t) \\
&= N\gamma\hbar\,\mathrm{tr}\{F^+\sigma(t)\} \tag{4.4.7}
\end{aligned}$$

ここで，N は単位体積あたりのスピン系の数である．

高磁場では，z 軸についての回転のもとでリウヴィユ演算子 $\hat{\hat{L}}$ は不変であり，異なったコヒーレンス次数 P に属する σ の成分を混ぜない，それで式 (4.4.6) 中の項 $\exp(\hat{\hat{L}}t)\sigma_0$ はオブザーバブルな横磁化にならない．それゆえ式 (4.4.6) と式 (4.4.7) を組み合わせるとき，項 σ_0 は落とすことができて複素自由誘導減衰の一般的表現を得る．

$$M^+(t) = N\gamma\hbar\,\mathrm{tr}\{F^+\exp(\hat{\hat{L}}t)\sigma(0_+)\} \tag{4.4.8}$$

この重要な式は，緩和超演算子のレッドフィールド（Redfield）行列表示を用いて書き下すことができる (2.3.2節)．縮退した遷移がないとき，$\mathcal{H}$ の固有基底の中では $\sigma(t)$ の非対角行列要素はそれぞれ独立に展開する．つまり，

$$M^+(t) = N\gamma\hbar\sum_{rs}F^+_{sr}\sigma_{rs}(0_+)\exp\{(-\mathrm{i}\omega_{rs} - \lambda_{rs})t\} \tag{4.4.9}$$

この遷移周波数は,

$$\omega_{rs} = \mathcal{H}_{rs\,rs} = \mathcal{H}_{rr} - \mathcal{H}_{ss} = \langle r|\mathcal{H}|r\rangle - \langle s|\mathcal{H}|s\rangle \quad (4.4.10)$$

そして緩和速度は,

$$\lambda_{rs} = -R_{rs\,rs} = 1/T_2^{(rs)} \quad (4.4.11)$$

である.このように自由誘導信号は,減衰振動の和からなる式 (4.4.9) で表わされる.後の計算で便利な正の周波数にするため,式 (4.4.9) で $-\omega_{rs} = \omega_{sr}$ とおきかえる,つまり $i\omega_{rs}$ の前の符号を落とし,F^+ と $\sigma(0_+)$ の行列要素の添字を交換する.

$$M^+(t) = N\gamma\hbar \sum_{rs} F^+_{rs}\sigma_{sr}(0_+)\exp\{(i\omega_{rs} - \lambda_{rs})t\} \quad (4.4.12)$$

自由誘導信号の複素フーリエ変換(式(4.2.17))は,複素スペクトルを与える.

$$S(\omega) = N\gamma\hbar \sum_{rs} F^+_{rs}\sigma_{sr}(0_+) \frac{1}{(i\Delta\omega_{rs} + \lambda_{rs})} \quad (4.4.13)$$

ここで周波数変数は,

$$\Delta\omega_{rs} = \omega - \omega_{rs} \quad (4.4.14)$$

である.式 (4.2.18) の古典的記述と同様に,これは共鳴中心からのオフセットである.

スペクトル線の強度と位相を表わすために,複素積分強度を定義する.

$$L^{(rs)} = N\gamma\hbar F^+_{rs}\sigma_{sr}(0_+)\int_{-\infty}^{+\infty} \frac{1}{(i\Delta\omega_{rs} + \lambda_{rs})}d\omega$$
$$= \pi N\gamma\hbar F^+_{rs}\sigma_{sr}(0_+) \quad (4.4.15)$$

$L^{(rs)}$ の実部は吸収モードに関連するが,その虚部は線形への分散の寄与を表す.

4.4 フーリエ分光法の量子力学的記述

位相 $\varphi^{(rs)}$ は,

$$\tan\varphi^{(rs)} = \frac{\text{Im}\{\sigma_{sr}(0_+)\}}{\text{Re}\{\sigma_{sr}(0_+)\}} \tag{4.4.16}$$

によって定義される．これは線形に分散モードが混合している度合いを示している．位相はスペクトルの線ごとに変わっているときがあり，それはパルス直後の密度演算子 $\sigma(0_+)$ の要素に依存している．

絶対値強度は,

$$|L^{(rs)}| = \pi N\gamma\hbar |F_{rs}^+||\sigma_{sr}(0_+)| \tag{4.4.17}$$

であり，正しい位相補正で得られる最大積分強度に対応する．

フーリエ分光法のもっとも単純な応用では，熱平衡状態にある系 ($\sigma(0_-)=\sigma_0$) にラジオ波が当てられる．高温近似 ($\hbar|\mathcal{H}|\ll kT$) では，式 (2.1.25) の平衡密度演算子は展開でき,

$$\begin{aligned}\sigma_0 &\simeq \frac{1}{\text{tr}\{\P\}}\left\{1 - \frac{\mathcal{H}\hbar}{kT}\right\} \\ &= \frac{1}{\text{tr}\{\P\}}\{1 - \beta_T\mathcal{H}\}\end{aligned} \tag{4.4.18}$$

となる．ここでスピン温度の逆数は

$$\beta_T = \frac{\hbar}{kT} \tag{4.4.19}$$

である．高磁場近似では，ゼーマン相互作用が実験室系ハミルトニアンの中で主要な部分を占め

$$\mathcal{H}_z = -\gamma B_0 F_z = \omega_0 F_z \tag{4.4.20}$$

となる．ここで ω_0 はラーモア周波数である．それゆえ次のようになる．

$$\sigma_0 \simeq \frac{1}{\text{tr}\{\P\}}\{1 - \beta_T\omega_0 F_z\} \tag{4.4.21}$$

回転角が $\beta=-\gamma B_1\tau_p$ のラジオ波を y 軸に沿って作用させた直後の状態は,

$$\sigma(0_+) = \frac{1}{\mathrm{tr}\{\P\}}\{1 - \beta_T\omega_0(F_z\cos\beta + F_x\sin\beta)\} \qquad (4.4.22)$$

である.周波数領域でスペクトル線 (4.4.15) は純吸収モードの線形 ($\varphi^{(rs)}=0$) に補正することができて,その時強度は遷移行列要素 F_{rs}^+ の 2 乗に比例する

$$L^{(rs)} \propto -\frac{\pi N\gamma\hbar\beta_T\omega_0}{2\,\mathrm{tr}\{\P\}}|F_{rs}^+|^2\sin\beta \qquad (4.4.23)$$

相対強度は明らかにパルス回転角 β に依存しない.

4.4.2 遅い通過とフーリエ分光法の等価性

フーリエ分光法は,任意の非平衡状態 $\sigma(0_+)$ を調べるきわめて普遍的な技術である.一方,遅い通過の実験は,系が時間とともに変わらないときのみ使われる.それゆえ遅い通過とフーリエ分光法の比較は,定常状態にある系に制限せねばならない (4.131).またコヒーレントな非平衡状態は除かねばならない.この状態では $\mathcal{H}$ の基底で $\sigma(0_-)$ の行列表示は非対角要素を持っており,この要素はハミルトニアンにより発展する.一方,$\sigma(0_-)$ がボルツマン分布からずれた任意の占拠数である場合(いわゆる第一種の非平衡状態 (4.131) つまりコヒーレントでない非平衡状態)は含めることができる.たとえば,そのような状態は化学的誘起動的分極 (CIDP) あるいは核か電子オーバーハウザー効果により作られる.その系には動的平衡な化学交換過程があってもよい.

次のような条件でフーリエと遅い通過による分光法の等価性を調べよう.

1. 高温近似
2. 高磁場近似
3. 系は初めに $\hat{L}\sigma^{ss}=0$ となる定常状態 $\sigma(0_-)=\sigma^{ss}$ にある.
4. フーリエ実験では,非選択的パルスのみ用いる.

4.4 フーリエ分光法の量子力学的記述

リウヴィユ超演算子の形は（式 (2.4.34) 参照），

$$\hat{\hat{L}} = -i\hat{\hat{\mathcal{H}}} - \hat{\hat{\Gamma}} + \hat{\hat{\Xi}} \qquad (4.4.24)$$

高磁場近似は，$\hat{\hat{L}}$ が回転について不変量であることを意味する．これ以上の制限は，ハミルトニアン $\mathcal{H}$ に課していない．緩和超演算子 $\hat{\hat{\Gamma}}$ は，純粋な緩和に加えて，化学的誘起動的分極や，オーバーハウザー効果を得るための，ラジオ波照射による占拠数の変化を表わす項を含んでよい．交換演算子 $\hat{\hat{\Xi}}$ は，化学平衡での交換を記述する．超演算子 $\hat{\hat{L}}$ は，平衡状態 σ_0 よりも定常状態 σ^{ss} に系を近づける．

4.4.2.1 フーリエ分光法

(4.4.1)，(4.4.8) 式から複素磁化は，

$$M^+(t) = N\gamma\hbar\,\mathrm{tr}\{F^+\exp(\hat{\hat{L}}t)R(\beta_y)\sigma(0_-)R(\beta_y)^{-1}\} \qquad (4.4.25)$$

となる．誘起された信号は，時間 t について形式的にフーリエ変換ができて，複素スペクトルを得る[1]

$$\begin{aligned}S(\omega)^{FT} &= \mathcal{F}\{M^+(t)\} \\ &= -N\gamma\hbar\,\mathrm{tr}\{F^+(\hat{\hat{L}}-i\omega\P)^{-1}R(\beta_y)\sigma(0_-)R(\beta_y)^{-1}\}\end{aligned} \qquad (4.4.26)$$

ここでパルスの前の密度行列 $\sigma(0_-)$ は定常状態 σ^{ss} を表わす．

4.4.2.2 遅い通過による分光法

弱いラジオ波 $B_1(t)$ との相互作用は，ハミルトニアン中の項 $\mathcal{H}_1(t)$ または次の密度演算子中の交換子超演算子 $\hat{\hat{\mathcal{H}}}_1(t)$ で表わされる．

---

[1] 超演算子 $(\hat{\hat{L}}-i\omega\P)$，つまり $(\hat{\hat{L}}+i\omega\hat{\hat{F}}_z)$ の逆演算子に関しては，リウヴィユ空間の次元を適切に縮少して 0 の固有値を除くと仮定する．式 (4.4.26) の厳密な証明は，次数 $p=-1$ のコヒーレンスの部分空間へ射影する射影演算子を用いて行うことができる．

$$\dot{\sigma}(t) = \hat{\hat{L}}\{\sigma(t) - \sigma^{ss}\} - i\hat{\hat{\mathcal{H}}}_1(t)\sigma(t) \qquad (4.4.27)$$

ラジオ波周波数 $\omega_{r.f.}$ で回転する座標系にこの方程式を変換し，変換した密度演算子 $\sigma^T(t)$ に関して

$$\dot{\sigma}^T(t) = (\hat{\hat{L}} + i\omega_{r.f.}\hat{\hat{F}}_z)\{\sigma^T(t) - \sigma^{ss}\} - i\hat{\hat{\mathcal{H}}}_1\sigma^T(t) \qquad (4.4.28)$$

の微分方程式を得る．ここで $\hat{\hat{\mathcal{H}}}_1$ はもう時間に依存しない．$\dot{\sigma}^T(t)=0$ の定常解を決めるため，摂動 $\hat{\hat{\mathcal{H}}}_1$ のベキ乗で $\sigma(t)$ を展開し

$$\sigma^T = \sigma_0^T + \sigma_1^T + \cdots\cdots \qquad (4.4.29)$$

高次項を無視する．式 (4.4.29) を式 (4.4.28) に入れると，

$$\sigma_0^T = \sigma^{ss}$$

そして

$$\sigma_1^T = (\hat{\hat{L}} + i\omega_{r.f.}\hat{\hat{F}}_z)^{-1} i[\mathcal{H}_1, \sigma^{ss}] \qquad (4.4.30)$$

となる．これよりその複素スペクトルは（式(4.4.26) の脚注参照），

$$S(\omega_{r.f.})^{SP} = N\gamma\hbar\,\mathrm{tr}\{F^+ \sigma_1^T(\omega_{r.f.})\}$$
$$= N\gamma\hbar\,\mathrm{tr}\{F^+(\hat{\hat{L}} + i\omega_{r.f.}\hat{\hat{F}}_z)^{-1} i[\mathcal{H}_1, \sigma^{ss}]\} \qquad (4.4.31)$$

高磁場近似では，$\hat{\hat{L}}$ は $\hat{\hat{F}}_z$ と可換であり，$[\mathcal{H}_1, \sigma^{ss}]$ 項の $p=-1$ のコヒーレンス成分のみが F^+ の期待値に関与する．したがって上の式で $i\omega_{r.f.}\hat{\hat{F}}_z$ を $-i\omega_{r.f.}\P$ で置き換えることができ，線形応答近似で遅い通過のスペクトルは

$$S(\omega_{r.f.})^{SP} = N\gamma\hbar\,\mathrm{tr}\{F^+(\hat{\hat{L}} - i\omega_{r.f.}\P)^{-1} i[\mathcal{H}_1, \sigma^{ss}]\} \qquad (4.4.32)$$

となる．

4.4 フーリエ分光法の量子力学的記述

4.4.2.3 フーリエと遅い通過のスペクトルの比較

式(4.4.26)と式 (4.4.32) を比較すると，二つの表現は初期条件でのみ異なっていることは明らかで，次のようになる．

$$\sigma(0_+)^{FT} = R(\beta_y)\sigma^{ss}R(\beta_y)^{-1} \quad (4.4.33)$$

$$\sigma(0_+)^{SP} = -i[\mathcal{H}_1, \sigma^{ss}] \quad (4.4.34)$$

小さなパルス回転角 β について，$\sigma(0_+)^{FT}$ は，

$$\sigma(0_+)^{FT} = \sigma^{ss} - i\beta[F_y, \sigma^{ss}] - \frac{\beta^2}{2}[F_y, [F_y, \sigma^{ss}]] + \cdots\cdots \quad (4.4.35)$$

のように展開できる．σ^{ss} にはコヒーレンス次数 $p=0$ の項のみが含まれていると仮定したので，β の奇数のベキの項だけが観測可能なスペクトル $S(\omega)$ に寄与する．小さなパルス回転角については，$-i\beta[F_y, \sigma^{ss}]$ の項が主要である．

遅い掃引の実験で摂動 $\mathcal{H}_1$ は，

$$\mathcal{H}_1 = -\gamma B_1 F_y \quad (4.4.36)$$

したがって

$$\sigma(0_+)^{SP} = i\gamma B_1[F_y, \sigma^{ss}] \quad (4.4.37)$$

式 (4.4.35) と式 (4.4.37) を比較すると，

<u>結論I</u>　パルス回転角が小さく，遅い掃引の実験でラジオ波摂動が弱いとすると，あらゆる定常状態の非平衡ではあるがコヒーレントでない σ^{ss} について，フーリエと遅い掃引のスペクトルは（乗ずる因子を別にすれば）同じである．

式(4.4.21)の密度演算子 σ_0 で記述されるボルツマン平衡の系について，任意のパルス回転角 β でその等価性は成り立ち，

$$S(\omega)^{FT} = \frac{-\beta_T\omega_0 N\gamma\hbar}{\text{tr}\{\P\}}\text{tr}\{F^+(\hat{L}-i\omega\P)^{-1}F_x\}\sin\beta \quad (4.4.38)$$

$$S(\omega)^{\mathrm{SP}} = \frac{\beta_\mathrm{T}\omega_0 N\gamma\hbar}{\mathrm{tr}\{\P\}}\mathrm{tr}\{F^+(\hat{L}-i\omega\P)^{-1}F_x\}\gamma B_1 \qquad (4.4.39)$$

となる.

このことより次のようになる.

<u>結論Ⅱ</u>　非選択的なラジオ波パルスあるいは弱い連続波のラジオ波を働かす前に系が高温で熱力学的なボルツマン平衡にあるとするなら，すべての高磁場のハミルトニアン，すべての緩和機構について，任意の平衡な化学交換の存在下で，低パワーの遅い掃引スペクトルとそれに対応するフーリエスペクトルは（比例定数を除いて）同一である.

4.4.3　非平衡系のフーリエ分光法

次の二つの場合を区別するのは重要である.

1. コヒーレントでない非平衡状態. 独立なスピン系の集団のそれぞれの要素は，ハミルトニアンの固有状態にあるか，その集団全体にわたってランダムな位相を持つ固有状態の重ね合わせのどちらかである. さまざまな固有状態の確率分布は必ずしもボルツマン分布に従っていない.

系の密度演算子はハミルトニアンと可換であり，ハミルトニアンのもとで発展しない. したがってコヒーレンスはない. しかし，密度演算子は緩和超演算子$\hat{\Gamma}$の下で熱平衡へと変化する. ハミルトニアンの固有基底での密度演算子の行列表示は対角である（式(2.1.10)参照）. この状態は「第一種の非平衡状態」といわれている (4.131).

2. コヒーレントな非平衡状態. ゼロ量子や1量子，2量子コヒーレンスのような状態のコヒーレントな重ね合わせを系は含んでいる. 密度演算子はハミルトニアンと可換ではなく，固有基底での行列表示には非対角成分がある. このような場合は「第二種の非平衡状態」と呼ばれている (4.131).

コヒーレントな非平衡状態の系にラジオ波パルスを働かせると，さまざまな

4.4 フーリエ分光法の量子力学的記述

現象が起こる．これは「コヒーレンス移動」という題で8章で詳しく議論する．この節では，コヒーレントでない非平衡の意味するところに注目しよう．

占拠数 P_r のコヒーレントでない非平衡状態 $\sigma(0_-)$ は，式 (2.1.135) で定義した単一要素分極演算子 $I^{(rr)}$ で

$$\sigma(0_-) = \sum_r P_r I^{(rr)} = \sum_r P_r |r\rangle\langle r| \qquad (4.4.40)$$

と表わされる．弱結合系では，分極演算子を式 (2.1.114) で定義する，個々のスピン k に関する分極演算子に因数分解できる．

$$\sigma(0_-) = \sum_r P_r \prod_k I_k^{\mu_{kr}} \qquad (4.4.41)$$

ここで μ_{kr} はスピン I_k の磁気量子数 M_k，$-I_k \leq M_k \leq I_k$ の1つである（$I_k = \frac{1}{2}$ では，$\mu_{kr} = \alpha$ か β）．分極演算子のその変換の性質を実際に示すためには，それをデカルト座標系の I_{kz} 演算子の積で表わすと便利である．たとえば，弱結合の2個のスピン $\frac{1}{2}$ 系では式 (2.1.114) から次のようになる．

$$I^{(1,1)} = I_1^\alpha I_2^\alpha = \frac{1}{2}(+I_{1z} + I_{2z} + 2I_{1z}I_{2z} + \frac{1}{2}\P)$$

$$I^{(2,2)} = I_1^\alpha I_2^\beta = \frac{1}{2}(+I_{1z} - I_{2z} - 2I_{1z}I_{2z} + \frac{1}{2}\P)$$

$$I^{(3,3)} = I_1^\beta I_2^\alpha = \frac{1}{2}(-I_{1z} + I_{2z} - 2I_{1z}I_{2z} + \frac{1}{2}\P)$$

$$I^{(4,4)} = I_1^\beta I_2^\beta = \frac{1}{2}(-I_{1z} - I_{2z} + 2I_{1z}I_{2z} + \frac{1}{2}\P) \qquad (4.4.42)$$

したがって弱結合2スピン系の密度演算子は占拠数と I_{kz} の演算子で，

$$\sigma(0_-) = \frac{1}{2}[(P_{\alpha\alpha} + P_{\alpha\beta} - P_{\beta\alpha} - P_{\beta\beta})I_{1z} + (P_{\alpha\alpha} - P_{\alpha\beta} + P_{\beta\alpha} - P_{\beta\beta})I_{2z}$$
$$+ (P_{\alpha\alpha} - P_{\alpha\beta} - P_{\beta\alpha} + P_{\beta\beta})2I_{1z}I_{2z}$$
$$+ (P_{\alpha\alpha} + P_{\alpha\beta} + P_{\beta\alpha} + P_{\beta\beta})\frac{1}{2}\P] \qquad (4.4.43)$$

と表わせる. 多スピン系への拡張は簡単である (4.132). N 個の $I=\frac{1}{2}$ スピンが結合した系では, I_{kz}, $2I_{kz}I_{lz}$, $4I_{kz}I_{lz}I_{mz}$ などの 2^N 個の積を用いて展開される. $2I_{kz}I_{lz}$ の型の演算子積は「縦2スピン秩序 (longitudinal two-spin order)」(時には J 秩序あるいはスカラー, 双極子秩序) と呼ばれる. これをゼロ量子コヒーレンスと混同してはいけない (4.4.5節参照).

式(4.4.43) 中の演算子積は, 回転角 β の非選択的なパルスの働きで特徴的な変換をする. 一般にさまざまな次数の多量子コヒーレンス (たとえば $2I_{kx}I_{lx}$ の項など) が作り出される. しかし, 単一パルスの基本的なフーリエ実験では, オブザーバブルな項 (一つの横演算子との積) のみを考えればよい. (2.1.65) 式の矢印記法で,

$$I_{kz} \xrightarrow{\beta I_{ky}} I_{kx}\sin\beta + \text{オブザーバブルでない項} \quad (4.4.44)$$

$$2I_{kz}I_{lz} \xrightarrow{\beta(I_{ky}+I_{ly})} (2I_{kx}I_{lz}+2I_{kz}I_{lx})\sin\beta\cos\beta$$
$$+ \text{オブザーバブルでない項} \quad (4.4.45)$$

$$4I_{kz}I_{lz}I_{mz} \xrightarrow{\beta(I_{ky}+I_{ly}+I_{my})} (4I_{kx}I_{lz}I_{mz}+4I_{kz}I_{lx}I_{mz}+4I_{kz}I_{lz}I_{mx})$$
$$\times \sin\beta\cos^2\beta + \text{オブザーバブルでない項} \quad (4.4.46)$$

となる. 同位相コヒーレンス項 I_{kx} は2項係数の相対強度で多重分裂しており, $\beta=\pi/2$ で全強度は最大になる. しかし, $2I_{kx}I_{lz}$ や $4I_{kx}I_{lz}I_{mz}$ など反位相の多重コヒーレンス項は, それが q 個の演算子の積になっているとき, その振幅は $\sin\beta\cos^{q-1}\beta$ に比例し, 小さなパルスの回転角

$$\tan\beta_{\text{opt}} = \frac{1}{(q-1)^{1/2}} \quad (4.4.47)$$

で最大の強度になる. $q=2, 3, 4, 5$ に対しては $\beta_{\text{opt}}=45°$, $35.3°$, $30°$, $26.6°$ でそれぞれ最適な振幅になる. 同位相と反位相多重分裂の相対的な重みはパルス回転角 β に依存している.

4.4 フーリエ分光法の量子力学的記述

$\beta=\pi/2$ では初期占拠数にかかわらず，同位相コヒーレンスだけが残り歪みのない多重分裂が得られる．一方，回転角が小さいなら，I_{kz} 演算子の積はすべてオブザーバブルな横磁化を作り，前節の結論 I よりその自由誘導減衰のフーリエ変換は遅い通過のスペクトルと等価である．

もし初期の密度演算子が I_{kz} について線形な項だけを含むとすると

$$\sigma(0_-) = \sum_k b_k I_{kz} \tag{4.4.48}$$

弱結合系のそれぞれのスピンはそれ自身のスピン温度を持っている，つまり，与えられたスピン k に属するすべての遷移では占拠数差は同じである．この場合，それぞれの共鳴線の相対強度は回転角 β によらない．

ラジオ波パルス以前の占拠数差の関数として多重分裂のそれぞれの遷移の振幅を計算するために，式（4.4.41）で密度演算子 $\sigma(0_-)$ を表わし各成分演算子に式（2.1.118）と（2.1.119）の変換を施すことは可能である．コヒーレンス次数 $p=-1$ の 1 量子演算子だけを残しておかねばならない．

弱結合系の 2 スピン系については，たとえば，

$$\sigma(0_-) \xrightarrow{\beta \sum I_{ky}} I_1^\alpha I_2^- L^{(1,2)} + I_1^\beta I_2^- L^{(3,4)} + I_1^- I_2^\alpha L^{(1,3)}$$
$$+ I_1^- I_2^\beta L^{(2,4)} + \text{オブザーバブルでない項} \tag{4.4.49}$$

ここで，状態の番号は図 4.4.2(a) に示されているが，それは式（2.1.134）と同じである．式（4.4.49）の係数 $L^{(rs)}$ は相当する多重線の強度を表わしている．

$$L^{(1,2)} = \frac{1}{2}\sin\beta\left[\cos^2\left(\frac{\beta}{2}\right)(P_1-P_2) + \sin^2\left(\frac{\beta}{2}\right)(P_3-P_4)\right]$$

$$L^{(3,4)} = \frac{1}{2}\sin\beta\left[\cos^2\left(\frac{\beta}{2}\right)(P_3-P_4) + \sin^2\left(\frac{\beta}{2}\right)(P_1-P_2)\right]$$

$$L^{(1,3)} = \frac{1}{2}\sin\beta\left[\cos^2\left(\frac{\beta}{2}\right)(P_1-P_3) + \sin^2\left(\frac{\beta}{2}\right)(P_2-P_4)\right]$$

$$L^{(2,4)} = \frac{1}{2}\sin\beta\left[\cos^2\left(\frac{\beta}{2}\right)(P_2-P_4) + \sin^2\left(\frac{\beta}{2}\right)(P_1-P_3)\right] \tag{4.4.50}$$

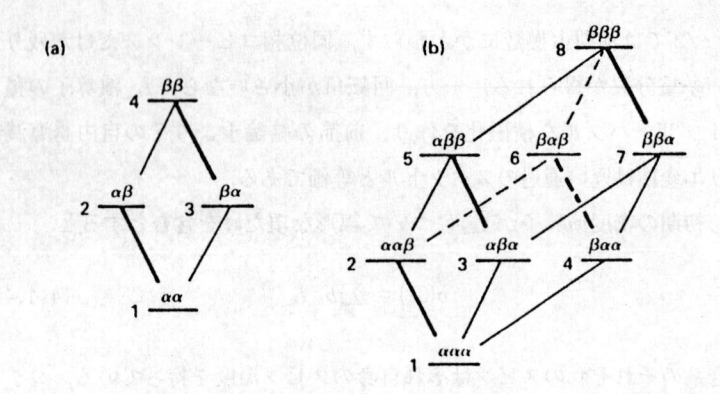

図 4.4.2 弱結合 AX と AMX 系の固有状態. 番号づけは第2章, 4章, 8章の通常のものと同じである.

ここでは式 (4.4.17) 中の定数因子は省略している. 小さな回転角 β については, 観測する遷移の占拠数差にシグナル強度が比例していることに注目すべきである. β が $\pi/2$ に近づくにつれて, 調べている遷移と平行な遷移に関する占拠数差が混じってくる.

N 個の $\frac{1}{2}$ スピンの任意の弱結合系では, 状態 $|r\rangle$ と $|s\rangle$ を結ぶ共鳴線の強度は一般に

$$L^{(rs)} = \frac{1}{2}\sin\beta \sum_{(tu)}(\cos\beta/2)^{2(N-1-\Delta rstu)}(\sin\beta/2)^{2\Delta rstu}(P_t - P_u) \quad (4.4.51)$$

となる. ここで, 遷移 (rs) に平行なすべての遷移 (tu) について, つまり同じ多重分裂の遷移すべてについて, その総和をとる (4.131).「スピン・フリップ数」Δ_{rstu} は, 遷移 (tu) と (rs) が一致するために反転 ($I_k^\alpha \rightleftarrows I_k^\beta$) しなければならないスピン数に相当する. 添字の対 (rs) と (tu) は番号順でなければならないことには注意しよう.

例として図4.4.2(b)の AMX 系の固有値を考えよう. 共鳴線の強度 $L^{(1,2)}$ は, 四つの平行な遷移 (1, 2) と (3, 4), (5, 6), (7, 8) にわたる占拠数差に依存している. この例でのスピン・フリップ数は $\Delta_{1212}=0$, $\Delta_{1234}=1$, $\Delta_{1256}=1$,

4.4 フーリエ分光法の量子力学的記述

$\Delta_{1278}=2$ である.したがって式 (4.4.51) は $N=3$ で

$$L^{(1,2)} = \frac{1}{2}\sin\beta \left[\cos^6(\beta/2)(P_1 - P_2) + \cos^4(\beta/2)\sin^2(\beta/2)(P_3 - P_4)\right.$$
$$\left. + \cos^4(\beta/2)\sin^2(\beta/2)(P_5 - P_6) + \cos^2(\beta/2)\sin^4(\beta/2)(P_7 - P_8)\right]$$
(4.4.52)

となる.$\beta=\pi/2$ なら,パルス以前の占拠数分布に関係なく,多重分裂している共鳴線の強度は2項分布的になる.これは,

$$L^{(rs)}(\beta = \pi/2) = \left(\frac{1}{2}\right)^N \sum_{(tu)}(P_t - P_u) \quad (4.4.53)$$

であり,よってすべての平行な遷移について

$$L^{(rs)}(\beta = \pi/2) = L^{(tu)}(\beta = \pi/2) \quad (4.4.54)$$

となるからである.

式(4.4.51)の本質的な特徴は,一般に各共鳴線強度にすべての占拠数 P_r が影響することである.しかし,小さな回転角 β については,$\Delta_{rstu}>0$ の項は無視することができ,

$$L^{(rs)}(0 < \beta \ll \pi/2) \simeq \frac{1}{2}\sin\beta(P_r - P_s) \quad (4.4.55)$$

となる.このように小さな β については,二つの状態 $|r>$ と $|s>$ の占拠数だけで共鳴線強度 $L^{(rs)}$ は決まる.これは,遅い通過の分光法から類推でき,前節の結論Ⅰとも一致する.

(4.4.51)の一般式は単純な物理的な考え方で容易に導くことができる.そこで使う要領のいい方法とは非選択的パルスを半選択的なパルスの「カスケード (cascade)」に分けることであり,それぞれは一つの特別なスピンを角 β 回転させる (4.133).それらに相当する反転は可換なので,回転演算子は

$$\exp\{-i\beta\sum_k I_{k\nu}\} = \prod_k \exp\{-i\beta I_{k\nu}\} \quad (4.4.56)$$

のように因子に分解できる．そのパルス系列は実在しないが，信号強度を計算しなければならない当のスピンにはあたかも最後にパルスがかかったように考える．前にあるパルスは単に占拠数を再分配するだけである．

　簡単のために，図4.4.2(a)のように番号づけしたAX系を考えよう．スピンAに属する二つの共鳴線 $L^{(1,3)}$ と $L^{(2,4)}$ の強度を計算したいなら，遷移 (1, 2) と (3, 4) のあるXスピンへ最初に半選択的なパルスを働かせる．これは占拠数を再分配して

$$P_1(0_+) = P_1(0_-)\cos^2(\beta/2) + P_2(0_-)\sin^2(\beta/2)$$
$$P_2(0_+) = P_2(0_-)\cos^2(\beta/2) + P_1(0_-)\sin^2(\beta/2)$$
$$P_3(0_+) = P_3(0_-)\cos^2(\beta/2) + P_4(0_-)\sin^2(\beta/2)$$
$$P_4(0_+) = P_4(0_-)\cos^2(\beta/2) + P_3(0_-)\sin^2(\beta/2) \qquad (4.4.57)$$

となる．半選択的なXパルスは同時に横磁化を作るが，これはいまの議論の目的のためには無視できる．次にカスケードの二番目の半選択的パルスを遷移 (1, 3) と (2, 4) のあるスピンAに働かせると，横磁化を励起し

$$L^{(1,3)} = \frac{1}{2}\sin\beta [P_1(0_+) - P_3(0_+)]$$
$$L^{(2,4)} = \frac{1}{2}\sin\beta [P_2(0_+) - P_4(0_+)] \qquad (4.4.58)$$

のような共鳴線強度となり，式 (4.4.50) と一致する．大きなスピン系に拡張すると式 (4.4.51) を証明できる．

　コヒーレントでない非平衡状態にある系のフーリエ・スペクトルが β に依存する様子の一例を図4.4.3に示す．シミュレートしたスペクトルには弱結合AX系の四つの共鳴線がある．3重項の前駆体に合ったパラメータを仮定し，そこでは化学的誘導核分極（CIDNP）の後で二つの遷移について占拠数が逆転しているように考える (4.134)．小さな β については，その共鳴線強度は対応する占拠数差を反映しているが，$\beta = \pi/2$ では各2重分裂内の信号強度は等

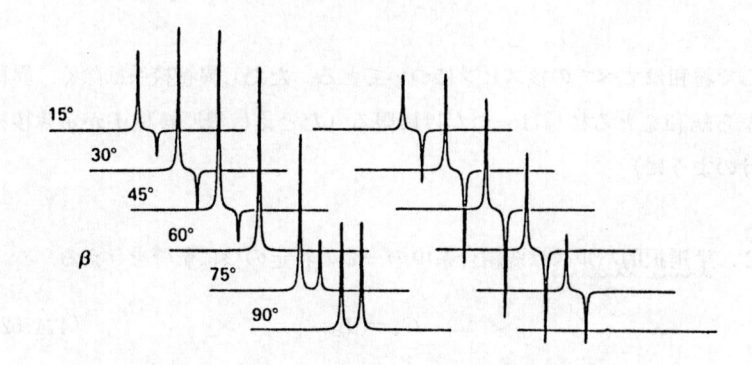

4.4 フーリエ分光法の量子力学的記述

図 4.4.3 ラジオ波回転角 β の関数として，(CIDNP により作られた) コヒーレントでない非平衡状態の AX 系をシミュレーションしたフーリエスペクトル．二重分裂線の各共鳴線強度は $\beta=\pi/2$ で等しくなり，観測している遷移についての占拠数を表現しない．(文献4.131を改変)

しくなっている．

4.4.4 選択的パルスと半選択的パルス

励起の選択性について，ラジオ波パルスの四つの形が区別できる．いずれの場合も密度演算子で誘起される変換は

$$\sigma(0_+) = \exp\{-i\beta\, G_\nu\}\sigma(0_-)\exp\{i\beta\, G_\nu\} \qquad (4.4.59)$$

と表わせる．簡略表記法では

$$\sigma(0_-) \xrightarrow{\beta G_\nu} \sigma(0_+) \qquad (4.4.60)$$

となる．ここで β が回転角を表し，$\nu=x,\ y$ がラジオ波位相を表し，演算子 G の形で選択性を特徴づける．

1. **非選択的パルス**はすべての遷移に一様に影響を与える．

$$G_\nu = \sum_k I_{k\nu} \qquad (4.4.61)$$

ここで総和はすべての核スピンについてとる，ただし異種核系は除く．異種核系なら総和をとる核種は一つだけに限る（たとえば濃厚核種 I か希薄核種 S だけのように）．

2．<u>半選択的パルス</u>は弱結合系中の一つの特定の核に影響を与える．

$$G_\nu = I_{k\nu} \quad (4.4.62)$$

k スピンに属する多重分裂線のすべてを一様に励起する．半選択パルスは弱結合スピン系だけで実現可能である．

3．<u>選択的パルス</u>は個々の遷移に影響を与える．

$$G_\nu = I_\nu^{(rs)} \quad (4.4.63)$$

非選択パルスと半選択パルスの幅 τ に対する回転角 β は

$$\beta = -\gamma_k B_1 \tau \quad (4.4.64)$$

で与えられるが，選択パルスの効率は角運動量演算子 F^+ の行列要素

$$\beta^{(rs)} = -\gamma B_1 (F^+)_{rs} \tau \quad (4.4.65)$$

に依存していることに注意しよう．スピン $I=\frac{1}{2}$ の弱結合系の選択的パルスでは，その行列要素はみな同じである．しかし，強結合や $I>\frac{1}{2}$ の系では，有効回転角は共鳴線ごとに異なる．たとえば，強結合2スピン系では，選択的パルスの回転角は，$\tan 2\theta = 2\pi J/(\Omega_A - \Omega_B)$ のとき

内側の共鳴： $\beta^{(1,2)} = \beta^{(2,4)} = -\gamma B_1 (\cos\theta + \sin\theta)\tau$

外側の共鳴： $\beta^{(1,3)} = \beta^{(3,4)} = -\gamma B_1 (\cos\theta - \sin\theta)\tau \quad (4.4.66)$

4.4 フーリエ分光法の量子力学的記述

となる．$I=1$ の 1 スピン系で単一遷移の選択的励起では $\beta=-\sqrt{2}\gamma B_1 \tau$ となる．

弱結合スピン系での選択的パルスは一連の変換に分解できる．そのために，次のように単一遷移演算子 $I_\nu^{(rs)}$ を単一スピン演算子で表わす．

$$I_\nu^{(rs)} = I_{k\nu} \prod_{l \neq k} I_l^{\mu_l^{(rs)}} \qquad (4.4.67)$$

ここで $I_l=\frac{1}{2}$ のスピンでは $\mu_l^{(rs)}=\alpha$ か β，任意のスピン I_l では $-I_l \leq \mu_l^{(rs)} \leq I_l$ である．たとえば $\frac{1}{2}$ の 2 スピン系では（図4.4.2参照），式 (2.1.114) を用いて

$$I_x^{(1,3)} = I_{kx} I_l^\alpha = \frac{1}{2}(I_{kx} + 2I_{kx}I_{lz})$$

$$I_x^{(2,4)} = I_{kx} I_l^\beta = \frac{1}{2}(I_{kx} - 2I_{kx}I_{lz}) \qquad (4.4.68)$$

となる．そのようなパルスの密度演算子への影響

$$\sigma(0_-) \xrightarrow{\beta \frac{1}{2}(I_{kx} \pm 2I_{kx}I_{lz})} \sigma(0_+) \qquad (4.4.69)$$

は，一連の回転として表わせる (4.132)．

$$\sigma(0_-) \xrightarrow{-(\pi/2)I_{ky}} \xrightarrow{(\beta/2)I_{kz}} \xrightarrow{\pm(\beta/2)2I_{kz}I_{lz}} \xrightarrow{(\pi/2)I_{ky}} \sigma(0_+) \qquad (4.4.70)$$

この表式で，選択的パルスは二つの半選択的パルスではさんだ適当なオフセットのある自由歳差期と等価であることは明らかである (4.135)．

二つ以上の弱結合スピン系では，選択的パルスを記述するためには二つ以上のデカルト演算子の積でできた推進演算子を必要とする．その回転は，式 (2.1.93) で表される図2.1.4で示した回転と類似している．したがって，たとえば

$$I_{ky} \xrightarrow{\beta \frac{1}{4} 4 I_{kx} I_{lz} I_{mz}} I_{ky}\cos(\beta/4) + 4I_{kz}I_{lz}I_{mz}\sin(\beta/4) \qquad (4.4.71)$$

4．連結（connected）遷移に同時に選択的パルスを働かせる場合を扱うには特別の注意が必要である．たとえば，同じ回転角 β の二つの選択的パルスを二つの前進的に連結した遷移

$$G_\nu = I_\nu^{(rs)} + I_\nu^{(st)} \qquad (4.4.72)$$

に働かせると，行列要素 $(F^+)_{rs}$ と $(F^+)_{st}$ が同じなら，それは三つのエネルギー・レベル r, s, t による仮想的なスピン 1 の部分空間での回転と考えられる (4.136)．その時，有効回転角は

$$\beta = -\gamma B_1 \frac{1}{2} (F^+)_{rs} \tau \qquad (4.4.73)$$

となる．

4.4.5 密度演算子の各項の同定

直交座標演算子 I_{kx} や I_{ky} や I_{kz} の積で展開した密度演算子のさまざまな項には単純な物理的意味がある．N 個の弱結合したスピン $\frac{1}{2}$ (k, l, m, …) の系では，次のような積演算子の種類が区別できる (4.132)．

1．1スピン演算子

I_{kz}：スピン k の分極（z 磁化）

I_{kx}：スピン k の同位相なコヒーレンス（x 磁化）

I_{ky}：スピン k の同位相なコヒーレンス（y 磁化）

演算子 I_{kz} は，スピン k のすべての遷移について占拠数差が等しい状態を表わす．横演算子 I_{kx} と I_{ky} は，スピン k の多重線を表わし，そのすべての成分は同位相で回転系の x か y 軸に沿っている．

2．2スピン積演算子

$2I_{ky}I_{lz}$：スピン l について反位相なスピン k の x コヒーレンス

$2I_{kx}I_{lz}$：スピン l について反位相なスピン k の z コヒーレンス

4.4 フーリエ分光法の量子力学的記述

$2I_{kx}I_{lx}$, $2I_{ky}I_{ly}$, $2I_{kx}I_{ly}$, $2I_{ky}I_{lx}$：スピン k と l の2スピン・コヒーレンス

$2I_{kz}I_{lz}$：スピン k と l の縦2スピン秩序

反平行（反位相）コヒーレンスは，結合した相手の分極（$M_l = \pm \frac{1}{2}$）に依存して各共鳴線が反対の位相の多重線を表わす．2スピン・コヒーレンス項は $p=0$ と $p=\pm 2$ 量子の重ね合わせから成り，このことは昇降演算子に変換するとよくわかる（式(2.1.107)参照）．縦2スピン秩序 $2I_{kz}I_{lz}$ とは，図4.4.4に示すように，正味の分極がなくオブザーバブルな磁化もない非平衡占拠数分布のことをいう．

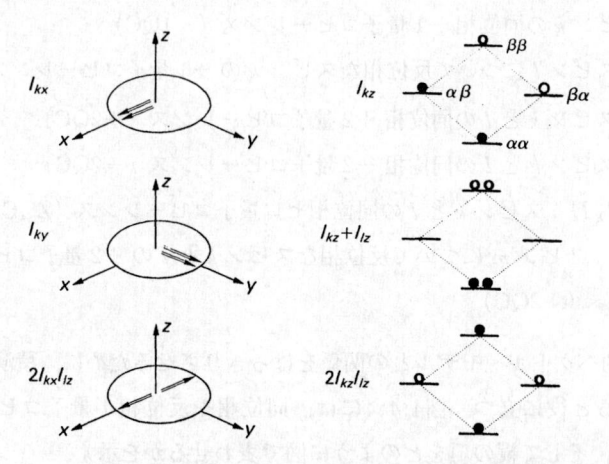

図 **4.4.4** $I=1/2$ の二つの弱結合核系の1量子コヒーレンスと縦分極を表わす積演算子の図示．矢印は半古典的な磁化ベクトルに相当する．占拠数が，飽和した状態より少ない状態を白丸で，多い状態を黒丸で表わす．

3. 3スピン積演算子

$4I_{kx}I_{lz}I_{mz}$：スピン l と m について反位相なスピン k の x コヒーレンス

$4I_{kx}I_{lx}I_{mz}$, $4I_{ky}I_{ly}I_{mz}$ など：スピン m について反位相なスピン k と l の2スピン・コヒーレンス

$4I_{kx}I_{lx}I_{mx}$, $4I_{ky}I_{ly}I_{my}$ など：3スピン・コヒーレンス

$4I_{kz}I_{lz}I_{mz}$：縦3スピン秩序

反位相2スピン・コヒーレンス $4I_{kx}I_{lx}I_{mz}$ は0と2量子コヒーレンスからなっており，そのコヒーレンスは受動的（passive）スピン m の分極に対して反位相を持った多重線よりなる2つの能動的（active）スピン k と l を含む．3スピン・コヒーレンス項は1量子コヒーレンス（複合線（combination lines））と3量子コヒーレンスの重ね合わせよりなる．

同様にして，昇降演算子を含んだ積に物理的意味を与えることは可能である．たとえば，

I_k^+：スピン k の同位相 +1量子コヒーレンス（+1QC）

I_k^-：スピン k の同位相 -1量子コヒーレンス（-1QC）

$I_k^{\pm}I_{lz}$：スピン l について反位相なスピン k の ±1量子コヒーレンス

$I_k^+I_l^+$：スピン k と l の同位相 +2量子コヒーレンス（+2QC）

$I_k^-I_l^-$：スピン k と l の同位相 -2量子コヒーレンス（-2QC）

$I_k^+I_l^-$, $I_k^-I_l^+$：スピン k と l の同位相ゼロ量子コヒーレンス（ZQC）

$I_k^+I_l^+I_{mz}$：スピン m について反位相なスピン k と l の +2量子コヒーレンス（+2QC）

半古典的ベクトル・モデルとの関係をはっきりさせるために，積演算子を図で表示すると役に立つ．図4.4.4には，同位相や反位相1量子コヒーレンス（横磁化），そして縦の項をどのように図で表わせるかを示す．

ベクトル・モデルを使うことは，オブザーバブルな磁化だけに限るのが好ましい．多量子コヒーレンスを表わすためにエネルギー準位図（図4.4.5）を用いたり，対になる固有状態間のコヒーレンスを表わすために波線を使ったりする（波の破線は虚数成分のために使用してもよい）．

密度演算子展開中にある積演算子と，自由誘導信号のフーリエ変換後に得られるスペクトルとの間には直接的な関係がある．直交位相検波で観測される複素信号は複素磁化（式（4.4.7））に比例する．

$$M^+(t) = N\gamma\hbar\,\mathrm{tr}\{F^+\sigma(t)\} = N\gamma\hbar\,\mathrm{tr}\left\{\left[\sum_k I_k^+\right]\sigma(t)\right\} \quad (4.4.74)$$

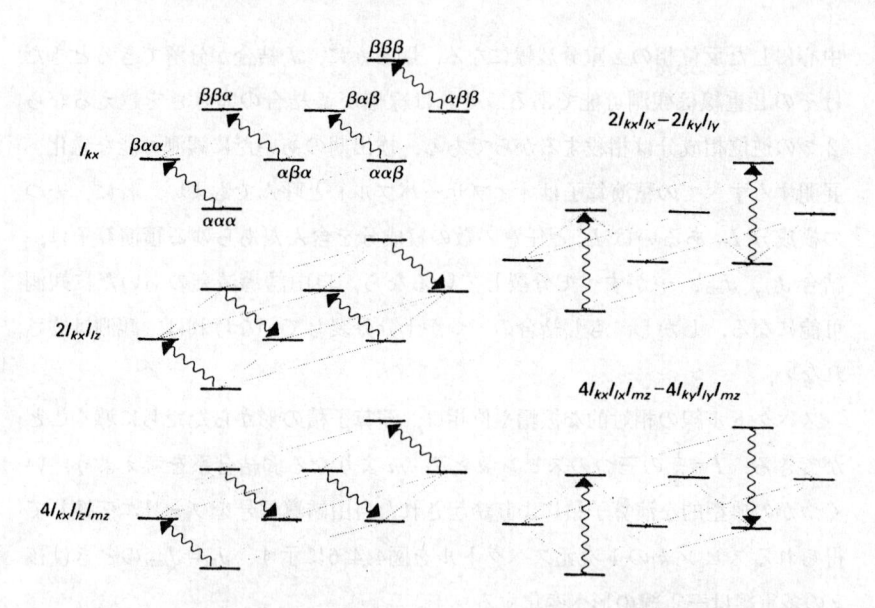

4.4 フーリエ分光法の量子力学的記述

図4.4.5 $I=1/2$ の 3 スピン弱結合核系における同位相と反位相の 1 量子と 2 量子コヒーレンスを含むいくつかの積演算子の図示．固有状態（たとえば $|\alpha\beta\alpha\rangle$）は，その順番に核 k, l, m のスピン状態で表わしている．矢印は平行と反平行コヒーレンス成分を示す．それぞれの項は一つの各遷移を表わすのでなく，一つの多重分裂線全体を表わす．（文献4.132より）

式(4.4.74)のトレースで各 k の値について，$I_k^- = I_{kx} - iI_{ky}$ に比例する密度演算子の成分だけを射影する．このように $I=\frac{1}{2}$ スピンの系に注目すれば，1 スピン演算子 I_{kx} と I_{ky} だけがオブザーバブルな磁化になる．反平行（反位相）コヒーレンスを表わす $2I_{kx}I_{lz}$ のような積は，厳密な意味ではオブザーバブルでない．しかし，検出期の間にそのような反位相積演算子は展開してオブザーバブルな同位相コヒーレンスになる．

$$2I_{kx}I_{lz} \xrightarrow{\pi J_{kl}\tau 2I_{kz}I_{lz}} [2I_{kx}I_{lz}\cos(\pi J_{kl}\tau) + I_{ky}\sin(\pi J_{kl}\tau)] \quad (4.4.75)$$

フーリエ変換後，オブザーバブルな項 $I_{ky}\sin(\pi J_{kl}\tau)$ は化学シフト周波数 Ω_k を

中心にした反位相の2重分裂線になる．明らかに，J 結合が分解できるときだけその2重線は観測可能である．それは線幅が J 結合の大きさを越えるなら2つの逆位相成分は相殺するからである．検出期のあいだに観測可能な磁化へ展開するすべての積演算子は「オブザーバブル」と呼んでもよい．特に，一つの横成分 I_{kx} あるいは I_{ky} と任意の数の縦成分を含んだあらゆる積演算子は，結合 J_{kl}, J_{km}, …がすべて分裂しているなら，自由誘導減衰のあいだに観測可能になる．しかし，もし結合の一つが十分分裂していなければ，観測は許されない．

スペクトル線の相対的な振幅や位相は，演算子積の形からただちに導くことができる．$I=\frac{1}{2}$ の三つのスピン k と l, m よりなる弱結合系を考えよう．いくつかの典型的な演算子積により誘起された自由誘導信号をフーリエ変換して得られるスピン k の1次元スペクトルを図4.4.6に示す．$J_{kl}=J_{km}$ のときは核 k の多重線は三重線の形へ変化する．

$S=1$ 核の異種核系では，事情は少し複雑になる．I_{kx} と I_{ky} に加えて $I_{kx}S_{lz}^2$ と $I_{kx}S_{lx}^2$, $I_{kx}S_{ly}^2$ も真にオブザーバブルであり，最初の演算子は $1:0:1$ の，そして後の二つは $\frac{1}{2}:1:\frac{1}{2}$ の形の同位相三重線になる．

4.4.6 複合回転

たとえばコヒーレンス移動などのために，適切な間隔を置いたいくつかのパルス系列を含む実験は多い．そのような系列を全体として，同一の効果を有する簡単な一つの単位として扱うと便利である．ここでは議論を弱結合系に関連したいくつかの場合についてのみにする（4.132）．

4.4.6.1 中央に再結像パルスがある間隔

ある間隔 τ の間にコヒーレンスが結合項の影響だけで展開する必要があるなら，弱結合系においては化学シフトは

$$P = \tau/2 - (\pi)_x - \tau/2 \qquad (4.4.76)$$

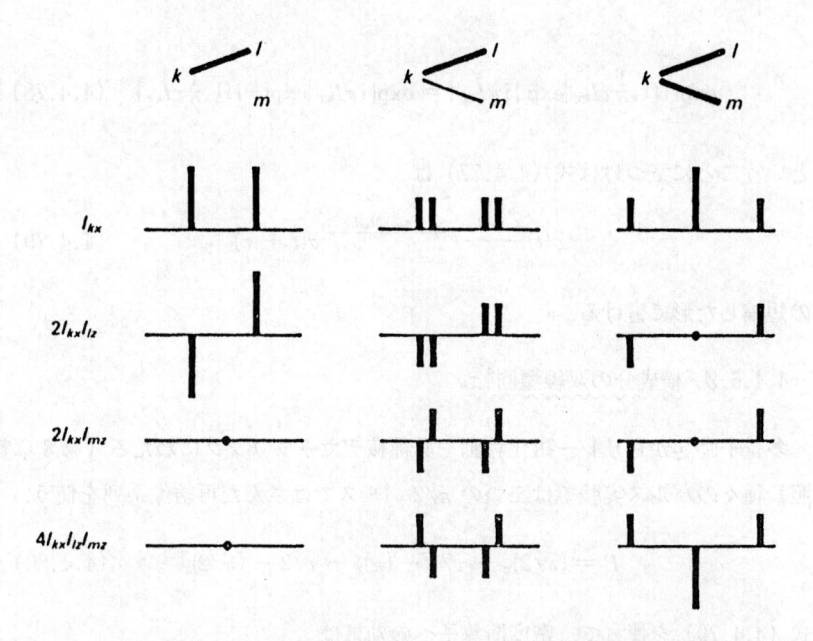

4.4 フーリエ分光法の量子力学的記述

図 4.4.6 弱結合 3 スピン系中のスピン k による多重分裂線の模式的な棒スペクトル．これは，いくつかの典型的な積演算子により誘起される自由誘導信号をフーリエ変換して得られる．もし $J_{km}=0$ なら（左の列），スピン m に関して反平行なスピン k のコヒーレンスはオブザーバブルでない（左側の下）．$J_{kl}=J_{km}$（右の列）である系なら，反位相な二つの成分が重なるなら中央の共鳴線は消える．単一遷移演算子は積演算子の 1 次結合で表わされる．したがって，式（4.4.68）と同様に，中央の列の四つの棒スペクトルをすべてたし合わせると右側に出る共鳴線一つだけとなる（0：0：0：1の強度の多重分裂線）．周波数の絶対値は右から左へ増加する．正の磁気回転比に対応する多重分裂パターンである．（文献4.132より）

の系列で再結像できる．密度演算子への効果はいつものようにユニタリー変換のカスケードとして表わせる．

$$\sigma(t) \xrightarrow{\Sigma\pi J_{kl}\frac{1}{2}\tau 2 I_{kz}I_{lz}} \xrightarrow{\Sigma\Omega_k \frac{1}{2}\tau I_{kz}} \xrightarrow{\pi \Sigma I_{kx}}$$

$$\times \xrightarrow{\Sigma\Omega_k \frac{1}{2}\tau I_{kz}} \xrightarrow{\Sigma\pi J_{kl}\frac{1}{2}\tau 2 I_{kz}I_{lz}} \sigma(t+\tau) \quad (4.4.77)$$

シフト項と結合項は可換であり

$$\exp\{i\Omega_{\kappa}\tfrac{1}{2}\tau I_{\kappa z}\}\exp\{i\pi I_{kx}\} = \exp\{i\pi I_{kx}\}\exp\{-i\Omega_{\kappa}\tfrac{1}{2}\tau I_{\kappa z}\} \qquad (4.4.78)$$

ということに気づけば式 (4.4.77) は

$$\sigma(t) \xrightarrow{\pi \Sigma I_{kx}} \xrightarrow{\Sigma \pi J_{kl}\tau 2I_{kz}I_{lz}} \sigma(t+\tau) \qquad (4.4.79)$$

の短縮した形で書ける．

4.4.6.2 横成分の双線型回転

多量子励起からリレー磁化移動や異種核デカップリングにわたる（第8章参照）種々のパルス実験では二つの $\pi/2$ パルスではさんだ再結像系列を使う．

$$P = (\pi/2)_x - \tau/2 - (\pi)_x - \tau/2 - (\pi/2)_x \qquad (4.4.80)$$

式 (4.4.79) を使って，密度演算子への効果は

$$\sigma(t) \xrightarrow{(3\pi/2)\Sigma I_{kx}} \xrightarrow{\Sigma \pi J_{kl}\tau 2I_{kz}I_{lz}} \xrightarrow{(\pi/2)\Sigma I_{kx}} \sigma(t+\tau) \qquad (4.4.81)$$

のように書ける．この表現は

$$\sigma(t) \xrightarrow{\Sigma \pi J_{kl}\tau 2I_{ky}I_{ly}} \sigma(t+\tau) \qquad (4.4.82)$$

のように単純化できる．このように式 (4.4.80) の系列の全体としての効果は，横成分 $2I_{ky}I_{ly}$ による双線型回転となり，式 (2.1.100) で示し図2.1.5で描いた3次元演算子部分空間での回転となる．

4.4.6.3 「サンドウィッチ対称性」のない系列

今までに議論した例では，組み合わせ系列は対称的な「サンドウィッチ」の形であった (4.132)．適当な対称性を持たない系列は，密度演算子には影響を与えないが表現を簡単にするために必要な対称性を作り出す「ダミー」パルスを挿入して変形することができる．

4.4 フーリエ分光法の量子力学的記述

たとえば偶数の次数の多量子遷移を励起するためによく使う系列

$$P = (\pi/2)_x - \tau/2 - (\pi)_y - \tau/2 - (\pi/2)_y \quad (4.4.83)$$

を考えてみよう．二つのダミー・パルスを挿入してこの系列は

$$P' = (\pi/2)_x(\pi/2)_{-y}(\pi/2)_y - \tau/2 - (\pi)_y - \tau/2 - (\pi/2)_y \quad (4.4.84)$$

のように展開できる．この変形した形で（全体の位相シフトを別にすれば）式 (4.4.80) のサンドウィッチ系列が含まれているのが容易に識別でき，系列全体の効果は

$$\sigma(t) \xrightarrow{(\pi/2)\Sigma I_{kx}} \xrightarrow{-(\pi/2)\Sigma I_{ky}} \xrightarrow{\Sigma \pi J_{kl}\tau 2 I_{kx} I_{lx}} \sigma(t+\tau) \quad (4.4.85)$$

となる．

$$\exp\{i\frac{\pi}{2}I_x\}\exp\{-i\frac{\pi}{2}I_y\} = \exp\{i\frac{\pi}{2}I_z\}\exp\{i\frac{\pi}{2}I_x\} \quad (4.4.86)$$

なので，式 (4.4.85) は

$$\sigma(t) \xrightarrow{(\pi/2)\Sigma I_{kz}} \xrightarrow{(\pi/2)\Sigma I_{kx}} \xrightarrow{\Sigma \pi J_{kl}\tau 2 I_{kx} I_{lx}} \sigma(t+\tau) \quad (4.4.87)$$

のように単純化できる．この形では，もし $\sigma(t)$ が縦分極とゼロ量子コヒーレンスを含むならば，それは z 回転に対して不変なので，式 (4.4.87) の中から第1項（同じことだが式 (4.4.84) の2番目のパルス）を落としてもよいことは明らかである．

4.4.6.4 位相循環

1量子または多量子コヒーレンスの異なった次数を分離するためには，実験ごとにパルス（あるいは一連のパルス）のラジオ波位相を循環させ，信号の適切な1次結合をとる（6.2節参照）．

式(4.2.4) で定義した任意の r.f. 位相 φ のパルスは，

$$\sigma(t_-) \xrightarrow{\beta(\Sigma I_{kx}\cos\varphi + \Sigma I_{ky}\sin\varphi)} \sigma(t_+) \qquad (4.4.88)$$

のように書ける．展開した形では

$$\sigma(t_-) \xrightarrow{-\varphi\Sigma I_{kz}} \xrightarrow{\beta\Sigma I_{kx}} \xrightarrow{\varphi\Sigma I_{kz}} \sigma(t_+) \qquad (4.4.89)$$

となる．たとえパルス全体が位相シフトしても，同じような表記法が使える．したがって式 (4.4.80) の位相シフトした形は

$$P = (\pi/2)_\varphi - \tau/2 - (\pi)_\varphi - \tau/2 - (\pi/2)_\varphi \qquad (4.4.90)$$

となり，式 (4.4.82) は

$$\sigma(t) \xrightarrow{-\varphi\Sigma I_{kz}} \xrightarrow{\Sigma \pi J_{kl}\tau 2 I_{kyl_{ly}}} \xrightarrow{\varphi\Sigma I_{kz}} \sigma(t+\tau) \qquad (4.4.91)$$

と変わる．

　密度演算子の初期値には縦分極とゼロ量子コヒーレンスだけが含まれている場合，最初の変換は影響がなく，位相シフトは実際のパルス系列の後に z 回転を行うだけのことになる．

4.4.6.5　位相シフトと r.f. 回転角

　実験によっては任意の r.f. 回転角 $\beta \neq \dfrac{\pi}{2}$ を使う．たとえば，4.5.6節で議論する DEPT 系列ではコヒーレンス移動を通じて違う結合ネットワークを区別する．このような実験のメカニズムを明らかにするためには，単一パルスをサンドウィッチに展開すると便利である．

$$\sigma(t_-) \xrightarrow{-(\pi/2)\Sigma I_{ky}} \xrightarrow{\beta\Sigma I_{kx}} \xrightarrow{(\pi/2)\Sigma I_{ky}} \sigma(t_+) \qquad (4.4.92)$$

このように単一パルス $(\beta)_x$ は $(\beta)_z$ の回転をはさんだ二つの $(\pi/2)_{\pm y}$ 回転と同じ効果を持っているが，この $(\beta)_z$ は位相シフトと等価である．この展開は，不均一な r.f. 場がもたらす不正確な角 β により生じる実験上の問題を回避するために実際に使用することができる．

4.4.6.6 異種核系

濃厚な I 核と希薄な S 核を含む系では，洗練されたパルス実験を設計する自由が増える．異種核系の特長がきわだつように，

$$P = (\pi/2)_x^I - \tau/2 - (\pi)_x^{I,S} - \tau/2 - (\pi/2)_x^I \quad (4.4.93)$$

の系列を考えよう．ここでは異種核結合が再結像しないように両方の核に二つのパルスを同時に働かせている．この系列は4.5.5節で議論するいわゆるINEPT の構成要素である．密度演算子の時間変化は，式 (4.4.82) と同様に

$$\sigma(t) \xrightarrow{\pi \Sigma S_{mx}} \xrightarrow{\Sigma \pi J_{ki} \tau 2 I_{ky} I_{iy}} \xrightarrow{\Sigma \pi J_{km} \tau 2 I_{ky} S_{mz}} \sigma(t+\tau) \quad (4.4.94)$$

と書ける．$I_{k\nu}S_{m\mu}$（$\nu \neq \mu$）の項があることに気をつけよう，これは $\pi/2$ パルスが I スピンだけに作用するためである．その回転は，交換子

$$[I_{k\lambda}, 2I_{k\mu}I_{l\varepsilon}] = \mathrm{i}\, 2I_{k\nu}I_{l\varepsilon} \quad (4.4.95)$$

で決まる3次元演算子空間の中で起こる．図2.1.4と同じように，この回転を図に表わすことは容易である．

4.5 異種核分極移動

感度の低い希薄で小さな γ の核をうまくNMRで観測するには，異種核分極移動技術を使うとよい．その基本的なコツは，感度のよい濃厚なスピンの分極を「借用」することである．分極移動には三つの使用目的がある．

1. 低感度核の初期分極を大きくする．
2. 低感度核の間接的な検出．
3. スピン系の特定な部分単位，たとえばCH，CH_2，CH_3，に属する共鳴を選んでスペクトルを編集する．

分極移動によって感度や情報量を大きくするための有効な方法がたくさんある．固体のNMRにその初期の例を見ることができる．そこでは交差分極（4.143, 4.144）や断熱消磁（4.145, 4.146）が，濃厚なIスピンからSスピンへ分極を移動させるユニークな方法になっている（4.5.3節と4.5.4節を参照）．

等方的溶液での異種核系では，オーバーハウザー効果（4.147）（4.5.2節），選択的分布反転（SPI, Selective Population Inversion），つまり選択的分布移動（SPT, Selective Population Transfer）（4.148, 4.149），さらに最近では分極移動で感度増大した低感度核を観測する系列（INEPT, Insensitive Nuclei Enhanced by Polarization Tranfer）（4.150, 4.151）が使われる．この後者の方法は異種核2次元分光法（8.5節）と密接に関連していて，その方法では非選択的パルスの長所と選択的分布反転による分極の増大が組み合わされている．このことについては4.5.5節でくわしく議論する．

等方的な溶液では，各希薄スピンに結合している濃厚スピンの数を決めることは実用的にも重要なことである．たとえば炭素13 NMRでは，CH_n，n=0, 1, 2, 3の部分構造が編集で分離できればシグナルの同定はかなり容易になる．この目的のためには分極移動を行なわなくても，いわゆる「付着プロトンテスト」（APT, Attached Proton Test）やそれに関連した方法（4.152-4.159）を使うことができる．これらの方法は多くの場合，2次元J分光法（7.2節参照）やSEMUT（4.160, 4.161）のような進んだ方法から派生したものである．4.5.6節で議論するように，INEPTや，さらに最近では「分極移動の歪みのない増大（DEPT, Distortionless Enhancement of Polarization）」，（4.162-4.164）による異種核分極移動で同じような編集の効果を得ることができる．

もともと異種核系のために発達した多くの磁化移動技術は，同種核結合ネットワークを調べるためにも変形することができる．「スピンパターン認識」に基くさまざまな方法が発展してきた．これらの技術は結合ネットワークのトポロジー的構造に敏感で，複雑に重ね合わさったプロトンのスペクトル解析の単純化に役立つ．これらの技術の多くは2次元分光法から派生したものなので，

4.5 異種核分極移動

それらはくわしくは8章で扱うことにして，ここでは次の事実のみにふれておこう．多量子フィルターでは，ある特定の数以上で結合した核を含む部分構造から生じた信号を選択的に残すことができる．たとえば2量子フィルターは，結合した炭素13核の対（4.165）や二つ以上の核の結合系（4.166-4.170）から生じる信号を残すのに使うことができる．より高次の多量子フィルターはもっと複雑なスピン系（4.171-4.173）に属する信号を取り出すために使われている（4.171-4.173）．いわゆるpスピンフィルター法では，条件のよい時には$N<p$かつ$N>p$のスピン系からの信号を除くことができる（4.173）．最後に，スピンパターン特異系列（4.174, 4.175）では，同数の核があっても異なったトポロジー的構造の結合ネットワークに関する信号を分離することができる．たとえば，4スピン系のAX_3とA_2X_2の型は区別できる．信号を増大させたり編集することに関しては，他に多くの方法が現われるだろう．完璧な総説を作ることはこの章の範囲を逸脱しているのみならず，それは作ったとしても必ずすぐ古びてしまう．したがってここでは，原理を理解するのに役立ついくつかの方法を選んで議論するだけにしたい．

4.5.1 スピン秩序の移動

分極は特定のスピン秩序をつくり出すことであり，分極移動は異なるスピン秩序間の転換を意味する．4.4.5節で議論したように，スピン秩序のそれぞれは密度演算子の特定の項に関係づけることができる．最も一般的な型をあげると，ゼーマン分極（I_z, S_z, F_z）の他に2スピン秩序（I_zS_zなど）や反位相コヒーレンス（I_xS_zなど），多量子コヒーレンス（I_xS_xなど）の型のスピン秩序がある．異種核分極移動では，中間状態として異種核2スピン秩序などを経ることがあるが（たとえば$I_z \to 2I_zS_z \to S_z$），全体をみれば変換$I_z \to S_z$が起こっている．

最も重要なことはその移動効率である．スピン秩序はスピンエントロピーで測ることができる．密度演算子を用いて，そのエントロピーは

$$S = -k\,\mathrm{tr}\,\{\sigma\ln\sigma\} \tag{4.5.1}$$

と定義される（4.146）.高温の極限では，σ は単位行列から大きくずれていない.このとき

$$\sigma \simeq (\P + B)/\text{tr}\{\P\}$$

の近似を使うことができる.ここで B はトレースがほとんどゼロの小さな演算子で，完全な飽和状態からのずれを表わす.少し計算をするとエントロピーは

$$S = k\ln(\text{tr}\{\P\}) - k\,\text{tr}\{B^2\}/(2\text{tr}\{\P\}) \qquad (4.5.2)$$

となる.その第1項は無秩序の極値である無限大のスピン温度で分布が等しい状態のエントロピーを表わし，第2項はスピン系中にある何らかの秩序によるエントロピーの減少を表わす.

密度演算子 σ が一組の直交基底 $\{B_i\}$ で展開できる時，つまり式 (2.1.45)

$$\sigma = \{\P + \sum_j b_j B_j\}/\text{tr}\{\P\} \qquad (4.5.3)$$

の時，S を特別な型を表わすさまざまなスピン秩序の項の寄与に分解でき

$$S = k\ln(\text{tr}\{\P\}) + \sum_j S_j$$
$$S_j = -kb_j^2\text{tr}\{B_j^+ B_j\}/(2\text{tr}\{\P\}) \qquad (4.5.4)$$

となる.

可逆的な移動では，エントロピー S は一定である.その過程はしたがって断熱的である.分極移動の最終的な目的は，一つの核種から別の核種へ分極を完全に変換することである.到達できる最適値の限界は，最初のスピン種 I の全エントロピー S_I^i が完全に最後のスピン種 S へ移るということで決まってくる.

$$S_S^f = S_I^i \qquad (4.5.5)$$

4.5 異種核分極移動

演算子 B_k で表わされるスピン秩序から演算子 B_l で表わされるスピン秩序への移動

$$\sigma^i = b_k^i B_k \longrightarrow \sigma^f = b_l^f B_l$$

について考えよう．エントロピーの保存から最適な移動に関する一般的関係を導ける．つまり最終状態の密度演算子 σ^f の係数 b_l^f の最大値は

$$b_l^f = b_k^i [\mathrm{tr}\{B_k^2\}/\mathrm{tr}\{B_l^2\}]^{1/2} \tag{4.5.6a}$$

で与えられる．演算子 B_k に関与するスピンの数 N_k と演算子 B_l に関与するスピン数 N_l が異なっている時，その関係は，

$$b_l^f = b_k^i [N_k \mathrm{tr}\{B_k^2\}/N_l \mathrm{tr}\{B_l^2\}]^{1/2} \tag{4.5.6b}$$

となる．

例として，任意のスピン量子数で N_I 個のスピン I と N_S 個のスピン S の系での分極移動を考えてみよう．I スピンの初期平衡状態が

$$\sigma^i = \sigma_0 = [1 + \beta_L \gamma_I B_0 I_z]/\mathrm{tr}\{\mathbf{1}\} \tag{4.5.7}$$

であり格子温度の逆数を

$$\beta_L = \hbar/(kT_L) \tag{4.5.8}$$

とする．

$$\sigma^f = [1 + \beta_S \gamma_S B_0 S_z]/\mathrm{tr}\{\mathbf{1}\} \tag{4.5.9}$$

の形で最終状態を得たいとすると，断熱移動後の S スピン格子温度の逆数は式 (4.5.6b) を用いて簡単に

$$\beta_S = \beta_L \frac{\gamma_I}{\gamma_S} \left(\frac{N_I I(I+1)}{N_S S(S+1)} \right)^{\frac{1}{2}} \tag{4.5.10}$$

と計算することができる．したがって S スピンの達成できる最大の分極の増大は，平衡分極と比べて

$$\eta = \frac{\gamma_I}{\gamma_S} \left(\frac{N_I I(I+1)}{N_S S(S+1)} \right)^{\frac{1}{2}} \tag{4.5.11}$$

の因子で与えられる．

I スピンの熱平衡磁化 $M_{I0} = N_I \gamma_I^2 \hbar^2 I(I+1) B_0/(3kT)$ を用いて表わすと，最終状態の S 磁化は

$$M_S^f = M_{I0} \frac{\gamma_S}{\gamma_I} \left(\frac{N_S S(S+1)}{N_I I(I+1)} \right)^{\frac{1}{2}} \tag{4.5.12}$$

となる．このことから，理想的な条件でも I スピンの磁化すべてを S スピンに移すのが可能でないことがわかる．式（4.5.11）の増大因子 η は，期待した N_I/N_S でなく $(N_I/N_S)^{1/2}$ に比例する．

例として，$^{13}CH_n$ の部分炭素13の分極が最大どこまで大きくなるのかを考えてみよう．式（4.5.11）から，

$$\eta = \frac{\gamma_I}{\gamma_S} \sqrt{n} \tag{4.5.13}$$

となる．^{13}C スピン分極の到達しうる最大値は，CH 基では $\eta=4$，CH_2 基では $\eta=5.66$，CH_3 基では $\eta=6.93$ となる．もし分子間のスピン秩序を移動させるのに（固体のように）分子間双極子相互作用が有効なら，同位体の天然存在比 $N_I/N_S \simeq 100$ も考慮せねばならず，最大増大因子はもう10倍大きくなる．これが，固体中での断熱消磁と再磁化によるスピン秩序の移動の基礎になっている（4.5.4節参照）．

4.5.2 核オーバーハウザー効果による分極移動

γ の小さいスピン S の分極を増大させるきわめて単純な方式は，γ の大きなスピン I をラジオ波で照射し飽和させることである．緩和過程に特に不利になる事情がない場合，それによる分布の再分配で S スピンの分極は増大する．この分極の移動は核オーバーハウザー増大 (nuclear Overhauser enhancement) (4.147) といわれる．

最適な移動のためには，S スピンの緩和は完全に I スピンとの双極子相互作用のみによらなければならないが，このような条件は希薄で γ の小さな S スピンではよく満たされている．$I=S=\frac{1}{2}$ の単純なスピン系の場合では，到達しうる大きさは簡単に導ける．極度尖鋭化の条件では（相関時間が短く回転拡散が速い時），IS 双極子相互作用による緩和速度は $W_0:W_1:W_2=1:1.5:6$ 比で決まる．I スピンの二つの遷移を飽和すると分布が変わり S スピンの分極は，

$$\eta = 1 + \frac{1}{2}\frac{\gamma_I}{\gamma_S} \qquad (4.5.14)$$

の因子だけ大きくなる．水素原子核と結合した炭素13ではオーバーハウザー増大は $\eta=3$ であるが，水素原子核と結合した窒素15では $\eta=-4$ となる．

I スピンが圧倒的に多数であっても有利にはならない，それは増大因子は N_I/N_S の比とは関係ないからである．その大きさは γ_I/γ_S だけに依存し，式 (4.5.11) から予測できる最適値よりかなり小さい．

S スピンの緩和に別の機構がある時には，競合する漏れの経路があるために増大比はいつも減少する．特に，化学遮蔽の異方性やスピン回転相互作用による緩和にはオーバーハウザー増大を抑える働きがある．

磁化の増大速度は，IS 相互作用による S スピンの縦緩和速度によるので，きわめて遅いことがしばしばある．したがって，十分に磁化を大きくするためには，測定前の飽和期を長くする必要がある．

4.5.3 回転系での交差分極

回転系での交差分極はハートマンとハーンにより，固体で異なる核種間の分極を移動させる手段として導入された (4.143)．感度を著しく増大させうる場合があるために，^{13}C のような低い磁気回転比の希薄スピンのスペクトルを得る方法としてきわめて重要になってきた．交差分極は，低感度核の直接観測のためや (4.143)，水素核のような高感度核を通しての低感度核の間接観測 (4.176, 4.177) に用いることができる．

さらに最近では，等方溶液中でスカラー的に結合した核の感度増大にも交差分極が応用できることが示されている (4.178-4.181)．しかし，現在，液体では固体ほど交差分極は，重要になっていない．

固体における交差分極の基本現象を理解するためには，熱力学的な扱いを考えるだけで十分である．一方，液体ではもっと詳しい量子力学的扱いが必要になる．まず，熱力学的な枠組について述べよう．

スピン I と S に両方のラーモア周波数に等しい強いラジオ波 B_{1I} と B_{1S} を同時に働かせると，核スピン系はそのエネルギーを交換することがハートマンとハーンとより示されている (4.143)．エネルギー交換速度は B_{1I} と B_{1S} の大きさに強く依存してい，いわゆるハートマン-ハーンの条件

$$\gamma_I B_{1I} = \gamma_S B_{1S} \qquad (4.5.15)$$

を満たす時，それは最大に達する．この条件は，二つの核種の回転系での各回転周波数 ω_{1I} と ω_{1S} が等しくなることを保証している．これによって相互作用は最大になり，したがって交換速度 $1/T_{IS}$ は最大になる．双極子 II と IS 相互作用によって決まる交換速度の細かい取り扱いは，他の文献にのっている (4.182, 4.183)．

図4.5.1(a)に基本的な実験を示す．I スピンは最初，平衡状態にあり，磁化は

$$M_I^{(0)} = \beta_L C_I B_0 \qquad (4.5.16)$$

4.5 異種核分極移動

である。ここで $\beta_L = \hbar/(kT_L)$ は格子温度の逆数で，キューリー定数 C_I は，N_L をスピンの数とすると

$$C_I = \frac{1}{3}\gamma_I^2 \hbar I(I+1) N_I \tag{4.5.17}$$

となる。$\pi/2$ パルスの後 90° 位相シフトしたラジオ波 B_{1I} を作用させると，磁化は回転系でスピン・ロックされる。

分極したラジオ波場は小さく $B_{1I} \ll B_0$ なので，ロックされた磁化は大きな逆スピン温度 β_0 に対応する。つまり，

$$M_I^{(0)} = \beta_0 C_I B_{1I} \tag{4.5.18}$$

で

$$\beta_0 = \beta_L B_0 / B_{1I} \tag{4.5.19}$$

となる。このときスピン系のエネルギーは

$$E = -\beta_0 C_I B_{1I}^2 \tag{4.5.20}$$

となる。

I と S スピンを十分長く接触させると，同じ逆スピン温度 $\beta_{1I} = \beta_{1S}$ で熱力学的平衡に達する。エネルギー E は保存されるので，

$$E = -\beta_1 C_I B_{1I}^2 - \beta_1 C_S B_{1S}^2 = -\beta_0 C_I B_{1I}^2 \tag{4.5.21}$$

（双極子エネルギーを無視して）となる。ハートマン-ハーン条件，式 (4.5.15) が満たされているなら，その逆スピン温度 β_1 をすぐに求めることができる。

$$\beta_1 = \beta_0 (1+\varepsilon)^{-1} \tag{4.5.22}$$

ここで

$$\varepsilon = \frac{\gamma_I^2 C_S}{\gamma_S^2 C_I} = \frac{S(S+1)N_S}{I(I+1)N_I} \qquad (4.5.23)$$

である．S スピンの磁化は最終的には

$$M_S^{(1)} = \beta_I C_S B_{1S} = \frac{\gamma_I}{\gamma_S}(1+\varepsilon)^{-1}\beta_L C_S B_0 \qquad (4.5.24)$$

となる．よって，S スピンの平衡磁化に対する増加は，

$$\eta = M_S^{(1)}/M_S^{(0)} = (\gamma_I/\gamma_S)(1+\varepsilon)^{-1} \qquad (4.5.25)$$

濃厚な I スピンから希薄な S スピンへの交差分極の場合には，$\varepsilon \ll 1$ なので感度の増加は磁気回転比で与えられる．したがって陽子から炭素13や窒素15への交差分極の場合には増加因子はそれぞれ4と10になる．この増加はオーバーハウザー効果によるものより幾分大きいが，断熱移動で予測できる最大値には達しない．一方，I スピン分極の小さな一部分だけが実際には S スピンへ移動することに注目しよう．I スピンの残る磁化は，

$$M_I^{(1)} = M_I^{(0)}(1+\varepsilon)^{-1} \qquad (4.5.26)$$

となる．この磁化は多重接触の実験で使うことができる．その実験では，ある拡張した期間中 I スピン磁化はずっとロックされているが，S 磁化交差分極で何回も強度が大きくなり，その繰り返しの間に S スピンの自由誘導減衰を観測する（図4.5.1(b)）．

図4.5.1(c)に示すように，多重接触の方式は I 磁化の減衰を見ることによって S スピンを間接的に検知することにも使うことができる (4.176)．多重接触の方法はスピン・ロックされる I 磁化の $T_{1\rho}^I$ に敏感である．この速度定数は図4.5.1(d)の方式で測定することができる．もし $T_{1\rho}$ 過程がきわめて速くて多重接触の方式が有効でない時には，実験の間で磁化を z 方向に回復するようにフリップ・バック・パルスを使うと有利である (4.184)（図4.5.1(e)）．

4.5 異種核分極移動

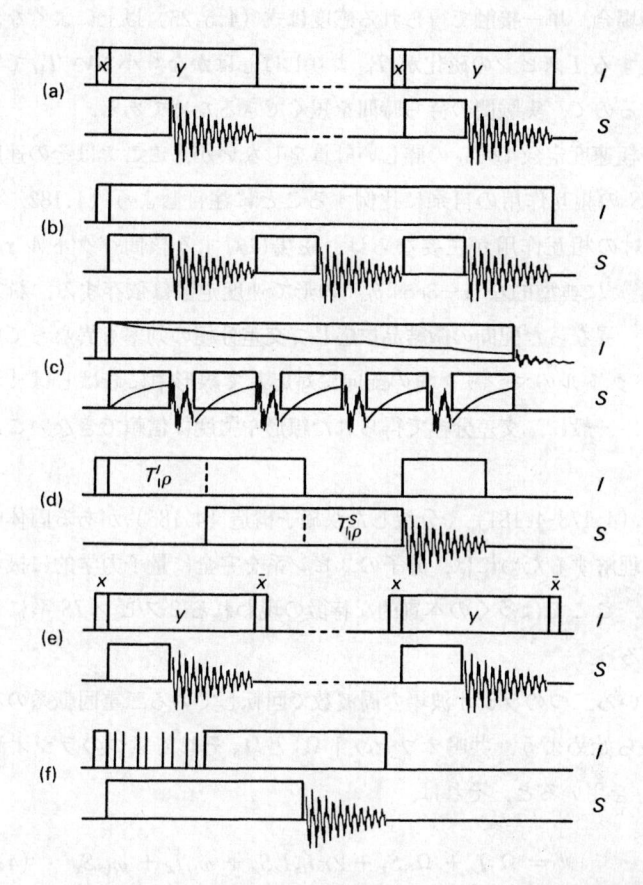

図 4.5.1 (a)回転系での交差分極用の基本的な方式. $(\pi/2)_x$ パルスの後, 濃厚な I スピン（たとえば陽子）の磁化は y 軸に沿って B_{1I} の場でスピン・ロックされ, 式 (4.5.15) のハートマン-ハーン条件を満たすようにしたラジオ波場 B_{1S} を働かせて分極は希薄な B スピン（たとえば炭素13, 窒素15など）へ移される. B スピンの自由誘導信号観測中のデカップリングはなくてもよい. (b)多重接触方式. 交差分極期を繰り返して一連の自由誘導信号を観測する. (c) I スピンの減少を測定して B スピンの動きを間接的に検出する (4.176). (d) $T^I_{1\rho}$ と $T^S_{1\rho}$ の測定系列. (e)ロックされ実験後に残った I 磁化を,「フリップ・バック」パルスで z 軸へ戻すことができる (4.184). (f)異種核2次元相関分光法で混合過程としての使用法.

多くの場合，単一接触で得られる感度は式 (4.5.25) 以上によくなる．これは，関連する I スピンの磁化が T_{IS} よりしばしばかなり小さい T_{1I} で実験の間に回復するので，実験間の待ち時間を短くできるためである．

交差分極速度定数 $1/T_{IS}$ の詳しい計算をしないが，ここではその速度定数は双極子 IS の相互作用の自乗に比例することに注目しよう (4.182, 4.183). もし IS 対の相互作用が主要ならば，磁場に対する核間ベクトル $\mathbf{r}_{IS}$ の配向（極角 θ_{IS}）に典型的な $(1-3\cos^2\theta_{IS})^2$ の形で速度定数は依存する．粉末スペクトルでは，異なった配向の微結晶に応じて交差分極の効率も異なっている．特に，IS ベクトルのマジック角の配向に対応して線形中にしばしば「ホール」が生じる．一般に，交差分極で得られた線形や強度は信頼できないことがよくある．

液体中 (4.178-4.181) や分裂した双極子構造 (4.185) がある固体中での交差分極を理解するためには，分子のスピン系を完全に量子力学的に扱うことが望ましい．ここでは多くの本質的な特徴の現われる 2 スピン IS 系についての議論に限ろう．

当てている二つのラジオ波場の周波数で回転している二重回転系のハミルトニアンから始めよう．共鳴オフセット Ω_I と Ω_S そして二つのラジオ波場強度 ω_{1I} と ω_{1S} を用いると，それは，

$$\mathcal{H} = \Omega_I I_z + \Omega_S S_z + 2\pi J_{IS} I_z S_z + \omega_{1I} I_x + \omega_{1S} S_x \quad (4.5.27)$$

となる．このハミルトニアンを，二つの有効磁場

$$\Omega_{I\,\text{eff}} = (\Omega_I^2 + \omega_{1I}^2)^{1/2} \quad \text{と} \quad \Omega_{S\,\text{eff}} = (\Omega_S^2 + \omega_{1S}^2)^{1/2} \quad (4.5.28)$$

が新しい z 軸になる傾いた座標に変換すると便利である (4.179).

$$\mathcal{H}_{\text{eff}} = \Omega_{I\,\text{eff}} I_z + \Omega_{S\,\text{eff}} S_z + \cos\theta_I \cos\theta_S\, 2\pi J_{IS} I_z S_z$$
$$+ \frac{1}{4}\sin\theta_I \sin\theta_S\, 2\pi J_{IS}[I^+ S^- + I^- S^+] \quad (4.5.29)$$

4.5 異種核分極移動

I 磁化のスピン・ロックで磁化は有効磁場と平行になる．したがって傾いた座標系での初期状態は I_z に比例する．この項はハミルトニアンと可換でないので，時間変化する．密度演算子は，四つの単一遷移演算子

$$I_z^{(1,4)} = \frac{1}{2}(I_z + S_z)$$

$$I_z^{(2,3)} = \frac{1}{2}(I_z - S_z)$$

$$I_x^{(2,3)} = \frac{1}{2}(I^+S^- + I^-S^+)$$

$$I_y^{(2,3)} = -\frac{i}{2}(I^+S^- - I^-S^+) \tag{4.5.30}$$

で張られる空間で展開する．この展開は，(2,3) 遷移の 3 次元部分空間で $\frac{1}{2}(I_z - S_z)$ から始まる差磁化ベクトルの回転として視覚化できる．ただしこの時，$\frac{1}{2}(I_z + S_z)$ に比例する和磁化は不変量として残る．

歳差周波数 ω_p は

$$\omega_p = [(\Omega_{I\,\text{eff}} - \Omega_{S\,\text{eff}})^2 + (\pi J_{IS} \sin\theta_I \sin\theta_S)^2]^{\frac{1}{2}} \tag{4.5.31}$$

で与えられ，傾いた有効磁場の角度は

$$\theta_I = \tan^{-1}\frac{\omega_{1I}}{\Omega_I}, \quad \theta_S = \tan^{-1}\frac{\omega_{1S}}{\Omega_S} \tag{4.5.32}$$

となる．ここで扱う必要のある成分は z 成分 $\langle I_z^{(2,3)} \rangle$ である．交差分極期の最初には，状態ベクトルは正の z 軸に沿って並んでいる．S スピンへの完全な磁化移動は，状態ベクトルが反転して $-z$ 軸と平行になることに対応する，つまり，$\langle I_z^{(2,3)} \rangle(\tau_m) = -\langle I_z^{(2,3)} \rangle(0)$ である．これは，回転軸が xy 平面にある時だけに可能なことは明らかである．角 ϕ を

$$\tan\phi = \frac{\pi J_{IS} \sin\theta_I \sin\theta_S}{\Omega_{I\,\text{eff}} - \Omega_{S\,\text{eff}}} \tag{4.5.33}$$

の関係式で定義すると，二つの磁化成分 I, S の強度係数は，

$$a_{Iz}(\tau_m) = 1 - \sin^2\phi \sin^2(\omega_p \tau_m/2) \qquad (4.5.34)$$

と，

$$a_{Sz}(\tau_m) = \sin^2\phi \sin^2(\omega_p \tau_m/2) \qquad (4.5.35)$$

になる．$\phi = \pi/2$ で完全な移動になることは明白である．この条件は，正確なハートマン-ハーン条件，

$$\Omega_{I\,\text{eff}} = \Omega_{S\,\text{eff}} \qquad (4.5.36)$$

でのみ達成できる．孤立したスピン系では，交差分極は明らかに周期的な振動過程になる．実際は，振動を弱める減衰機構があり，そのため両スピンの分極が等しくなる状態，

$$a_{Sz}(\infty) = a_{Iz}(\infty) = \frac{1}{2} \qquad (4.5.37)$$

に到達する．不均一なラジオ波場や緩和，他のスピンとの相互作用によって減衰は引き起こされる．

　式(4.5.33)からわかるように，J_{IS} が小さいほど，コヒーレンス移動の振幅は，不整合 $\Omega_{I\text{eff}} - \Omega_{S\text{eff}}$ に敏感になる．そのため，等方的な液体ではしばしば他の移動方法の方が有利である．

　回転系の y 方向にラジオ波位相が向く場合には濃厚スピンの I_y 成分だけが交差分極で移動するので，それは I の横磁化の展開を観測する位相に敏感な検波器として使うことができる．図4.5.1(f)に示すように，この考えは2次元方式の中へ組み込むことができる．この場合，観測可能な S 磁化は I スピンの歳差で変調されていて，I スピンのスペクトルを間接的に検出することに用いられる (4.178, 4.179, 4.186, 4.187)．そのような方式は8.5.6節で詳細に議論される．

4.5 異種核分極移動

装置的な面から見るとハートマン-ハーンの実験はかなりきびしいものである．スピン・ロッキングを有効に行うためには強いラジオ波場が必要であり，それは固体では局所場 B_{SL} や B_{IL}（各双極子場による）より大きくなければならず，液体では大きなオフセット（化学シフト）を越える必要がある．通常 10-20G の磁場が必要で，200-1000W の送信出力を要する．交差分極時間は 20ms 程度になり，これはプローブについてもきびしい要求である．

効率のよい交差分極のためには，ハートマン-ハーン条件からのずれは I と S スピン共鳴線の双極子による線幅より小さくなければならない．狭い線幅の試料ではこの要求は簡単には満たされない．試料全体でその条件を保障するためには二重同調単一コイルの使用がぜひとも必要である．

4.5.4 断熱的な分極移動

これまでの節で議論した移動過程は断熱的でなく，最適な移動効率を得ることはできない．ここでは，最適な断熱的移動と可逆的移動のために考え出された方法について少し議論してみよう．

固体では，スピン種 I と S の間の断熱的な分極移動は，回転系での断熱的消磁と再磁化で可能である (4.145, 4.146)．ハートマン-ハーン交差分極の最初と同様に，I スピン磁化はラジオ波場に沿ってロックされる．系がほとんど平衡状態にあるように断熱的にラジオ波振幅をゆっくりゼロに近づける．この過程でゼーマン相互作用の熱容量 $C_I B_{1I}^2$ は減少してゼロになるが，双極子の熱だめの容量 $(C_I+C_S)B_L^2$（B_L は有効な局所場）は一定のままである．それによって全スピン・エントロピーは双極子秩序へ移動する．最後に，S スピンに働くラジオ波場の振幅をゼロから局所場 B_L を超える値まで断熱的に大きくする．これにより S スピンの磁化が生じる．すべてのスピン・エントロピーは実質的に S スピン・ゼーマン相互作用に集まり，(4.5.10-4.5.12) で表わされる最適な移動をこれで行うことができる．

実際は，理想的な移動効率を達成できないことが多い．ゼーマンと双極子相互作用の間では熱平衡状態がきわめてゆっくり達成されることがある．特に

$B_{1I}, B_{1S} \gg B_L$ の時，エネルギー保存的なフリップ・フロップ過程は起こりにくい．したがって断熱移動のためにはラジオ波場をゆっくり変化させる必要があり，したがって $T_{1\rho}$ 緩和が磁化の不可逆的減衰を招くことになる．

ハートマン-ハーン交差分極と比べて断熱移動では二つのラジオ波場の振幅を調整して合わす必要がないので，それほど微妙ではない．しかし実際は，ラジオ波場の振幅を制御しながら変化させるのは簡単でない，特に非線形のパワー・アンプを使うとそうである．その場合，平均したラジオ波強度が変わるようにパルス分割した断熱消磁を使うことができる（4.297）．また，感度を幾分犠牲にして断熱消磁をイェーナー・ブロッカート (Jeener-Broekaert) のパルス系列 (4.298) で置き換えることもできる．

等方的な溶液では，断熱移動にスカラー・スピン・スピン相互作用を用いることができる（4.180, 4.181）．I スピンをスピン・ロッキングした後，I スピンへのラジオ波場 B_{1I} を小さくしゼロにする．一方，S スピンへのラジオ波場 B_{1S} は同時に大きくし，この過程の途中でハートマン-ハーン条件を通るようにする．この方法は，2 スピン IS 系で $|\alpha\beta\rangle$ と $|\beta\alpha\rangle$ の状態間で占拠数が交換される準位逆交叉の実験としてもっともよく説明できる．I スピンから S スピンへ占拠数が完全に移動することとこれは同じである．この場合もラジオ波場の微妙な調整を避けられる．等価なスピンがいくつかある系ではエントロピーの完全な移動は不可能であるが，その過程の全体の効率はすぐれている．しかし，ラジオ波パワーへの要求に関して，断熱移動の方法には難しい点がある．次の二つの節では，その点はパルス技術で十分に除けることを示す．

4.5.5 ラジオ波パルスによる分極移動

今まで議論した方法では，スカラーや双極子相互作用が分極移動を引き起こすようにラジオ波を照射する特別の期間を用いていた．この節で議論する方法では，結合のハミルトニアンによる歳差と外的な摂動は時間の上で異なっている．結合ハミルトニアンによる自由歳差で，反位相 I スピン・コヒーレンスという形で I と S が相関した状態を作り出すことが必要である．次にこの状

4.5 異種核分極移動

態は対になったラジオ波パルスで反位相 S スピン・コヒーレンスへ変換される. もし必要なら最後に別の自由歳差運動でそれを再結像させることができる.

演算子を使うと，その基本的な方式は

$$I_{ky} \xrightarrow{(\pi/2)2I_{kz}S_{mz}} -2I_{kx}S_{mz} \xrightarrow{(\pi/2)I_{ky}} 2I_{kz}S_{mz} \xrightarrow{(\pi/2)S_{my}}$$

$$2I_{kz}S_{mx} \xrightarrow{(\pi/2)2I_{kz}S_{mz}} S_{my} \quad (4.5.38)$$

のような一連の変換として表わせる. 2スピン系については，分極の完全な移動はこのように行なわれる.

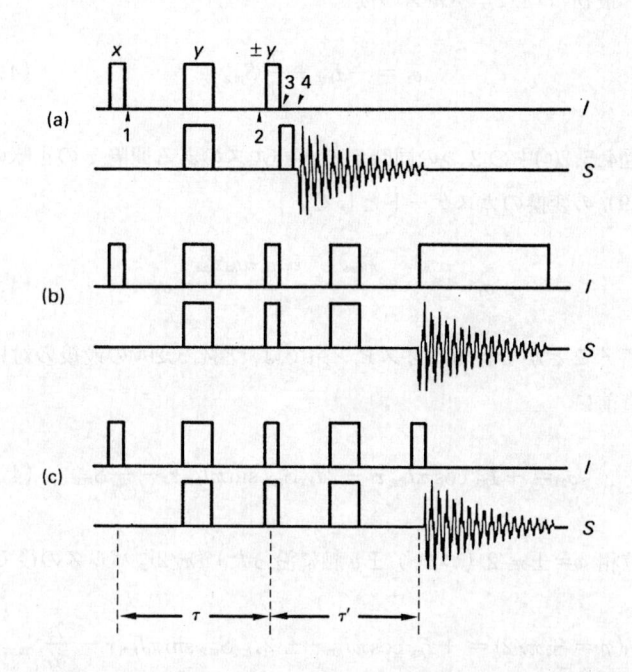

図 **4.5.2** (a)本文中で論じたラジオ波パルスで，異種核間の分極を移動する系列 (INEPT). 図中の狭いパルスと太いパルスはそれぞれラジオ波回転角 $\pi/2$ と π に対応する. (b)位相を戻す期間を入れた検出期にデカップリングのある同種系列（再結像 INEPT）. (c)位相を戻す期間と除去パルスはあるが陽子デカップリングがない系列，歪みのない多重分裂線を得るのに適している (INEPT$^+$).

ここで図4.5.2図の系列に含まれる移動過程をくわしく議論しよう．この系列は INEPT (Insensitive Nuclei Enhanced by Polarization Transfer：分極移動による低感度核増大) (4.150, 4.151) として知られるようになり，また異種核2次元相関分光法から導くこともできる (8.5節参照)．単一の濃厚スピン I_k と希薄スピン S_m の系では，平衡密度演算子は（二つの項に共通な乗数因子を略して）

$$\sigma^{\text{eq}} = I_{kz} + \frac{\gamma_S}{\gamma_I} S_{mz} \qquad (4.5.39)$$

と書ける．最初の $(\pi/2)_x^I$ パルスの後

$$\sigma_1 = -I_{ky} + \frac{\gamma_S}{\gamma_I} S_{mz} \qquad (4.5.40)$$

となる．図4.5.2(a)中の2つの同時刻の π パルスのある間隔 τ の正味の効果は式 (4.4.79) の変換のカスケードとして

$$\sigma_1 \xrightarrow{\pi \Sigma I_{ky}} \xrightarrow{\pi S_{my}} \xrightarrow{\Sigma \pi J_{km}\tau 2 I_{kz} S_{mz}} \sigma_2 \qquad (4.5.41)$$

のように書くことができる．2スピン系では，図4.5.2(a)の最後の対になったパルスの直前に

$$\sigma_2 = +I_{ky} \cos \pi J_{km}\tau - 2 I_{kx} S_{mz} \sin \pi J_{km}\tau - \frac{\gamma_S}{\gamma_I} S_{mz} \qquad (4.5.42)$$

となる．位相 $\varphi = \pm \pi/2$ (つまり $\pm y$ 軸に沿った) $(\pi/2)_\varphi^I$ パルスの後で

$$\sigma_3(\varphi = \pm \pi/2) = +I_{ky} \cos \pi J_{km}\tau \pm 2 I_{kx} S_{mz} \sin \pi J_{km}\tau - \frac{\gamma_S}{\gamma_I} S_{my} \qquad (4.5.43)$$

となり，最後の $(\pi/2)_x^S$ パルスの後，

$$\sigma_4(\varphi = \pm \pi/2) = +I_{ky} \cos \pi J_{km}\tau \mp 2 I_{kz} S_{my} \sin \pi J_{km}\tau + \frac{\gamma_S}{\gamma_I} S_{my}$$

4.5 異種核分極移動

(4.5.44)

となる．この式の最後の項は最初からある S 分極に由来するものであり，位相を 180° 変えた二つの実験結果を引くことで除ける．その結果，観測される項は

$$\sigma^{\text{obs}} = \frac{1}{2}[\sigma_4(\varphi = +\frac{\pi}{2}) - \sigma_4(\varphi = -\frac{\pi}{2})]$$
$$= -2I_{kz}S_{my}\sin\pi J_{km}\tau \qquad (4.5.45)$$

この項は，希薄スピンの反位相単一量子コヒーレンスを表わす．誘導減衰信号をフーリエ変換すると位相が逆で振幅が等しい二つの成分が $\Omega_m \pm \pi J_{km}$ に現われる．緩和とさらに別な核との結合を無視するなら，$\tau = (2J_{km})^{-1}$ の場合式 (4.5.44) 中のもとからの信号 S_{my} に比べて式 (4.5.45) の振幅は γ_I/γ_S だけ強くなっているのは明らかである．T_1^I の間隔で実験を繰り返すことができるので，$T_1^I < T_1^S$ である系では感度はさらに大きくなる．図 4.5.3 に実験結果を

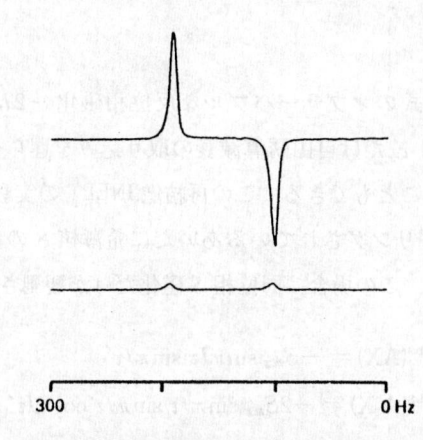

図 **4.5.3** N-アセチル・バリン中の NH 基の窒素15スペクトル．下，水素核を照射しない ^{15}N の直接観測で得られた通常スペクトル．上，図 4.5.2(a) の INEPT 系列で強度が大きくなった反位相二重分裂線．強度は17倍になっている．両実験は最適化したものであり，全積算時間は同じである．

示す．この例では ^{1}H から ^{15}N への移動（$\gamma_I/\gamma_S \simeq 10$）で感度増加は17倍になる．

二つの陽子 I_k と I_l の系では（差の実験で）観測可能な S 磁化は

$$\sigma^{\mathrm{obs}} = -2I_{kz}S_{my}\sin\pi J_{km}\tau\cos\pi J_{kl}\tau - 2I_{lz}S_{my}\sin\pi J_{lm}\tau\cos\pi J_{kl}\tau$$

(4.5.46)

となることを簡単に示すことができる．二つの水素核からの分極移動で信号は強くなるが，同種核結合定数 J_{kl} があると信号は弱くなる．

もし二つの核 I_k と I_l が等価なら，式 (4.5.46) 式で $J_{kl}=0$, $J_{km}=J_{lm}=J$ としてその場合も記述できる．このように，A_2X 系については，

$$\sigma^{\mathrm{obs}}(A_2X) = -2(I_{1z} + I_{2z})S_{my}\sin\pi J\tau \qquad (4.5.47)$$

同様に，同種核結合のない $AA'A''X$ 系として A_3X は実事上扱える．したがって

$$\sigma^{\mathrm{obs}}(A_3X) = -2(I_{1z} + I_{2z} + I_{3z})S_{my}\sin\pi J\tau \qquad (4.5.48)$$

となる．

(4.5.45-4.5.48) 式のオブザーバブルな反位相磁化 $-2I_{kz}S_{my}$ は，図4.5.2(b)に示すように時間 τ' だけ自由誘導減衰の取り込みを遅らせて部分的に同位相磁化 S_{mx} に変えることもできる．この再結像 INEPT の実験 (4.151) では，濃厚核 I がデカップリングされているあいだに希薄核 S の自由誘導減衰を観測することができる．この場合，同位相 S 磁化だけが観測され

$$\sigma_5^{\mathrm{obs}}(AX) = -S_{mx}\sin\pi J\tau \sin\pi J\tau'$$
$$\sigma_5^{\mathrm{obs}}(A_2X) = -2S_{mx}\sin\pi J\tau \sin\pi J\tau'\cos\pi J\tau'$$
$$\sigma_5^{\mathrm{obs}}(A_3X) = -3S_{mx}\sin\pi J\tau \sin\pi J\tau'\cos^2\pi J\tau' \qquad (4.5.49)$$

となる．振幅が τ' の関数となることを用いて A_nX 基（$n=1, 2, 3$）を同定することができるだろう．もっともこの目的のためには多量子コヒーレンスを含んだ実験の方がより適しているが（4.5.6節参照）．

4.5 異種核分極移動

　希薄 S スピンの結合したスペクトルを調べるのなら，余分な反位相項も考慮せねばならない．2重分裂と3重分裂，4重分裂を含んだ系では，間隔 τ を選んで同位相の S 磁化だけを残すのは不可能である．図4.5.2(c)で示した INEPT$^+$ の実験では取り込み期間の最初に別の $\pi/2$ の「除去（purging）」パルスを I スピンに働かせて，$2I_{1z}S_{mk}$ や $4I_{1z}I_{2z}S_{mx}$，$8I_{1z}I_{2z}I_{3z}S_{my}$ などの型の反位相項をすべて観測できない多量子コヒーレンス項へ変え，歪みのない強度比 1：2：1の三重項や1：4：4：1の四重項などになる同位相 S 磁化だけを残す．この手続きがうまく働くことを図4.5.4に示す．

　上にあげたような演算子の取り扱いによって内容の詳細はよく記述できるが，基本的な磁化移動の段階は半古典的なベクトル・モデルで簡単に理解できる．τ 期間の終りでの状態は式 (4.5.42) の形で表わされるが，$\tau=(2J_{km})^{-1}$ なら単純な形をとり，希薄スピン S の遷移に関する分布差を無視すると

$$\sigma_2 = -2I_{kx}S_{mz} \qquad (4.5.50)$$

となる．半古典的な立場では，積 $2I_{lx}S_{mz}$ は回転系の $\pm x$ 軸に沿い反対方向を向いた二つの水素核磁化ベクトルに対応する．$(\pi/2)_y$ パルスで $-x$ 軸に向いたベクトルを z 軸へと回転し，$+x$ 軸に向いたベクトルは $-z$ 軸へと回転する．このように最後の $(\pi/2)^I$ パルスによる正味の効果は，濃厚 I スピンの二重線の一つを選択的に反転させることと同じである．できた占拠数分布は $\pm 2I_{kz}S_{mz}$（縦スカラー 2スピン秩序，符号は水素核への最後のパルスの位相 $\varphi=\pm\pi/2$ による）の形で表わされ，それは式 (4.5.43) の $-(\gamma_S/\gamma_I)S_{mz}$ 項で表わされる S 遷移についてのゼーマン分極と重なっている．陽子と炭素13の対（$\gamma_S/\gamma_I \simeq 1/4$）では，INEPT 実験の最後の $(\pi/2)^S$ パルスの直前において相対的分布は

$$P_{\alpha\alpha} : P_{\alpha\beta} : P_{\beta\alpha} : P_{\beta\beta} = 3 : -3 : -5 : 5, \ (\varphi = +\pi/2 \text{ の時})$$
$$= -5 : +5 : +3 : -3, \ (\varphi = -\pi/2 \text{ の時})$$
$$(4.5.51)$$

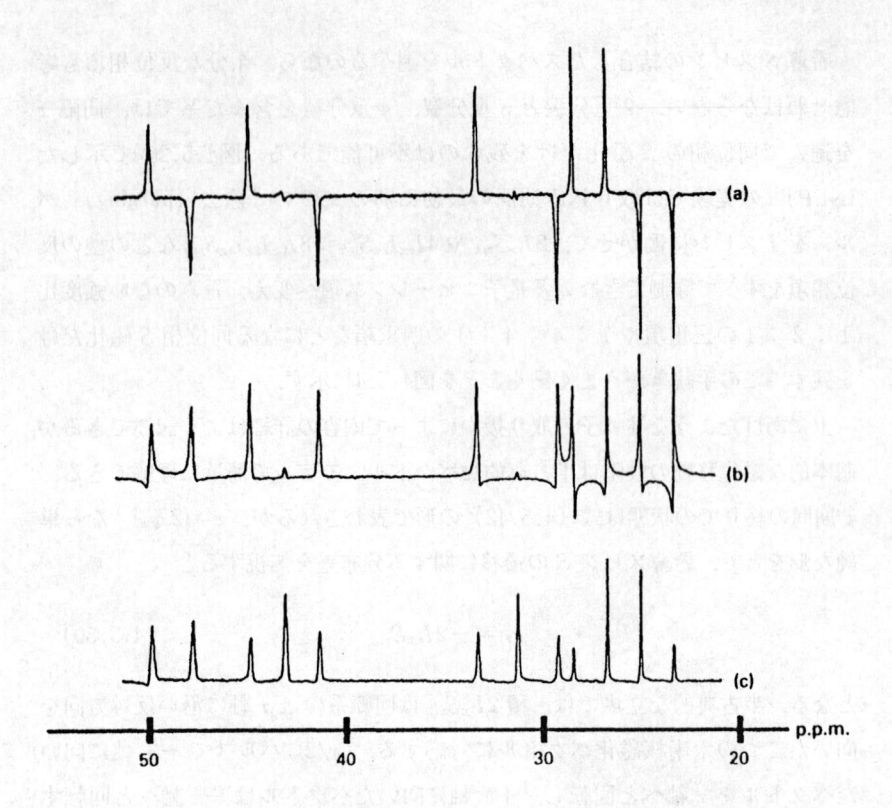

図 4.5.4 1,3-ジブロモブタンの炭素13スペクトル．(a)図4.5.2(a)の基本的な IN-EPT で得た反位相多重線．(b)検出期に水素核デカップリングをしない図4.5.2(b)の再結像 INEPT 系列で得た部分的に位相がもどっている多重線．26 ppm に中心がある四重線が吸収と分散の混合であり，43 ppm に中心のある三重線で中央の成分がなくなっていることに注目．(c)図4.5.2(c)の INEPT⁺ 系列で得た通常の二項分布多重線強度になっている純吸収スペクトル．(文献4.164より)

となる．炭素13についての分布の差は，したがって

$$(P_{\alpha\alpha} - P_{\alpha\beta}) = +6, \ (\varphi = +\pi/2 \text{ の時})$$
$$= -10, \ (\varphi = -\pi/2 \text{ の時})$$
$$(P_{\beta\alpha} - P_{\beta\beta}) = -10, \ (\varphi = +\pi/2 \text{ の時})$$

4.5 異種核分極移動

$$= +6, \quad (\alpha = -\pi/2 \text{ の時}) \qquad (4.5.52)$$

となる．二つの実験結果の差をとり2でわって，炭素13の遷移の平均した分布の差

$$(P_{\alpha\alpha} - P_{\alpha\beta}) = 8$$
$$(P_{\beta\alpha} - P_{\beta\beta}) = -8 \qquad (4.5.53)$$

を得ることができる．この分布はボルツマン平衡の時とかなり異なっている．平衡状態では，

$$P_{\alpha\alpha} : P_{\alpha\beta} : P_{\beta\alpha} : P_{\beta\beta} = +5 : +3 : -3 : -5 \qquad (4.5.54)$$

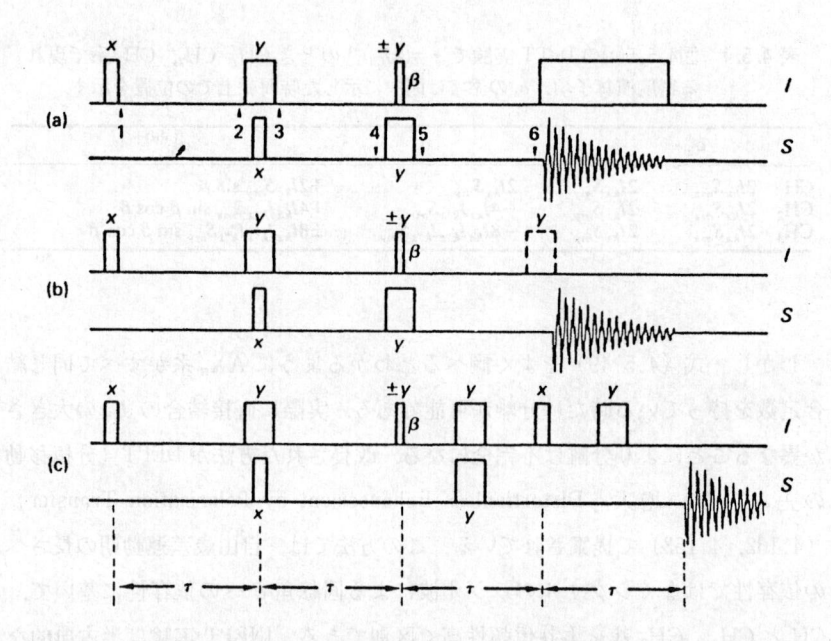

図 **4.5.5** (a)本文中で論じた，ラジオ波パルスによって異種核間の分極を移動するための基本系列（DEPT）．ラジオ波回転角 β が可変なパルスを別にすると，$\pi/2$ と π パルスは図4.5.2と同様にパルスの幅で区別している．(b)検出期の最初に $(\pi)_y$ パルス（破線で示すパルス）を積算の1回おきに働くようにしたパルス DEPT$^+$．(c)本文で述べた系列 DEPT^{++}．

であり，炭素の遷移に関する分布の差は $P_{\alpha\alpha}-P_{\alpha\beta}=P_{\beta\alpha}-P_{\beta\beta}=+2$ となる．INEPT 実験で行われる選択的反転の正味の効果は，このように炭素の分極を4倍大きくすることになる．

4.5.6 分極移動による編集法

式 (4.5.49) で示したように CH と CH_2，CH_3 によって τ' 依存性が異なることを用いて AX_n グループを同定できる．$\tau'=(2J)^{-1}$ とすると AX 系だけが消えずに残り，$\tau'=3(4J)^{-1}$ では AX_2 系と AX_3 系の信号は反対の位相で現われる．異なった τ' 値の実験結果について適当な1次結合をとって，三つの種類のシグナルを分離することができる．

表 4.5.1 図4.5.5(a)の DEPT 実験で $\tau=(2J_{CH})^{-1}$ のとき CH，CH_2，CH_3 系で現れる密度演算子項．σ_i の添字は図中に示した時間軸上での位置を示す．

	σ_2	σ_3	σ_4	$\sigma_5^{(obs)}$
CH	$2I_{kx}S_{mz}$	$2I_{kx}S_{my}$	$2I_{kx}S_{my}$	$\mp 2I_{kx}S_{my}\sin\beta$
CH_2	$2I_{kx}S_{mz}$	$2I_{kx}S_{my}$	$-4I_{kx}I_{k'z}S_{mx}$	$\mp 4I_{kx}I_{k'z}S_{mx}\sin\beta\cos\beta$
CH_3	$2I_{kx}S_{mz}$	$2I_{kx}S_{my}$	$-8I_{kx}I_{k'z}I_{k''z}S_{my}$	$\pm 8I_{kz}I_{k'z}I_{k''z}S_{my}\sin\beta\cos^2\beta$

しかし，式 (4.5.49) をよく調べるとわかるように AX_n 系がすべて同じ結合定数を持っている時だけ分離が可能である．実際に直接結合の J_{CH} の大きさが異なることにより分離は不完全になる．改良された方法が DEPT（分極移動の歪みのない増大，Distortionless Enhancement by Polarization Transfer）(4.162，4.163) で提案されている．この方法では，自由歳差運動期の長さへの依存性ではなくシグナルのラジオ波による回転角 β への依存性に基いて，CH と CH_2，CH_3 基をより信頼性高く区別できる．INEPT 実験は半古典的な磁化ベクトルでよく記述できたが，DEPT 法には多量子コヒーレンスが含まれているため密度演算子を用いてよりよく記述できる．DEPT の基本的なパルス系列を図4.5.5(a)に示す．INEPT とは対照的に，$(\pi/2)^S$ パルスが最後の $(\beta)^I$ パ

4.5 異種核分極移動

ルスの**前にある**．この理由はあとで見るように，この実験で異種核多量子コヒーレンスが使われているからである．

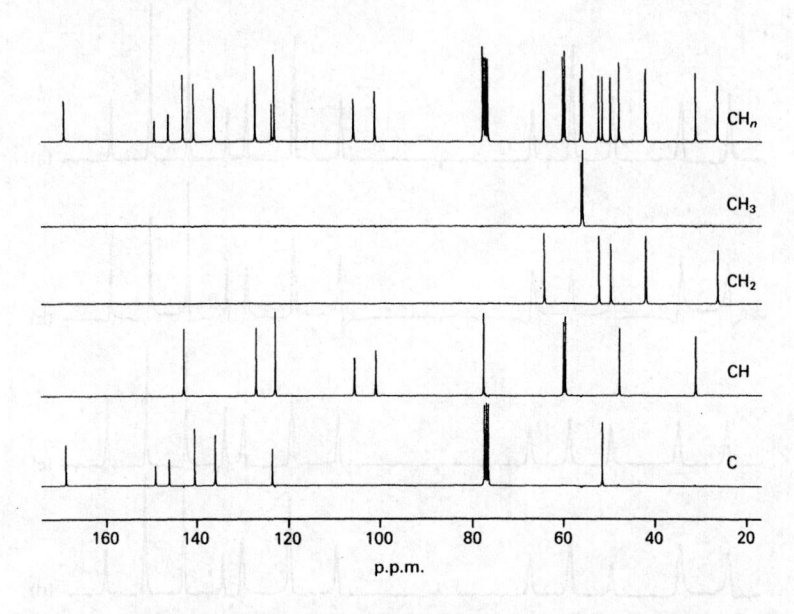

図4.5.6 J結合が約125から192Hzの範囲にあるブルシンと2-ブロモチアゾール混合物の水素核をデカップリングした炭素13スペクトルの編集，CH_n基の信号がきれいに分離していることと，スペクトル間で混線がないことに注目しよう．（文献4.161より）

CHとCH$_2$, CH$_3$の三つの系へのパルス系列の働きを考えて見よう．わかりやすいよう $\tau = (2J_{CH})^{-1}$ とすると，表4.5.1の密度演算子項を得る．三つの系いずれでも最初の $(\pi/2)^S$ パルスの後に同じ異種核2スピン・コヒーレンス $2I_{kx}S_{my}$ になる．2スピン系では第2の τ の期間中 J_{CH} でこのコヒーレンスは展開しないが，3あるいは4スピン系では $2I_{kx}S_{my}$ 項は別の水素核に関して反位相の項に変換される．横成分である I_{kx} や I_{ky} を含む項は S スペクトル中では観測されないので，信号のラジオ波による回転角 β への依存性が生じ，異なる β で得たスペクトルの適切な1次結合をとって（典型的な値としては $\beta_1 = \pi/4$, $\beta_2 = \pi/2$, $\beta_3 = 3\pi/4$），CHやCH$_2$, CH$_3$基からくる信号を分離する

ことができる.

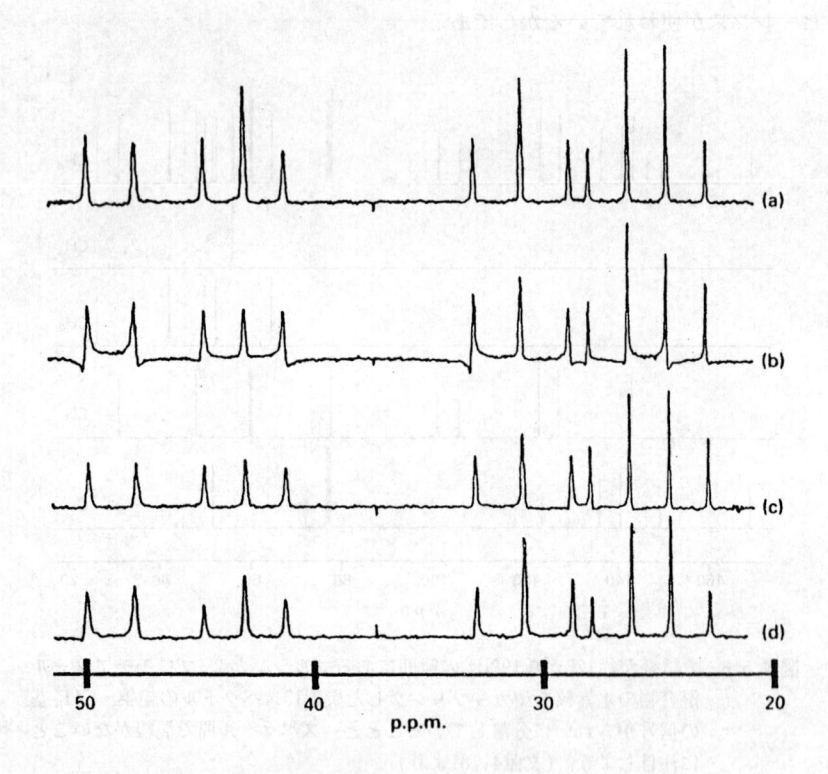

図 4.5.7 分極移動で得た1,3-ジブロモ・ブタンの陽子デカップリングしていない炭素13スペクトル.(a)図4.5.5(a)の基本 DEPT 系列で $\tau \simeq (2J)^{-1}$ のもの(整合).(b)$\tau \simeq (4J)^+$ の DEPT スペクトル(不整合).位相と強度が歪んでいる.(c)図4.5.5(b)の DEPT$^+$ 系列で $\tau \simeq (4J)^{-1}$ のもの(不整合).スペクトルは純吸収だが,多重分裂線の強度は2項分布的ではない.(d)図4.5.5(c)の DEPT^{++} 系列で $\tau \simeq (4J)^{-1}$ のもの(不整合).強度の歪みはなくなっている.(文献4.164より)

CH$_n$ 基($n=0, 1, 2, 3$)に属する信号を分離することによって炭素13のスペクトルを編集するという基本的な考え方はさらに洗練され,特に J 結合の大きさに違いがあっても可能になっている.図4.5.6に SEMUT-GL 系列(4.161)で水素核をデカップルした炭素の磁化から始まり,4級炭素も含め

てすべての炭素を観測できる．さまざまな系列の相対的な長所に関する議論については読者は原著論文（4.161）を参照されたい．

DEPT 系列を使って水素核をデカップリングしないで編集したスペクトルを得るためには注意が必要である．それは，3番目の τ 期での $2I_{kz}S_{my}$ 項の位相の回復が J および等価な水素核の個数に依存するからである．図4.5.5(b)のDEPT$^+$ の系列では，反位相項を除くために各2回目の観測ごとにデータ取り込みの直前で $(\pi)_y^s$ パルスを用いている．図4.5.7に示すように，図4.5.5(c)のDEPT^{++} 法ではさらに，多重分裂線の強度が通常の二項分布になるという長所がある．この技法では I スピンへの $(\pi/2)_x$ 除去パルスを働かせる前に I スピンの再結像パルスを用いている．異種核多量子コヒーレンスに含まれる I スピン演算子が同位相であり除去パルスの影響を受けないということが，これによって保証されている（4.164）．

4.6 動的過程と緩和，化学交換の研究

フーリエ分光法は時間領域の方法なので，摂動後の平衡への回復を直接追跡できる．したがって緩和や化学交換など動的過程の研究に特に向いている．

多くの系では，回復は多重指数関数的であり，二つ以上の部位を持つネットワークでの化学交換や多準位系でのスピン格子の詳しい解析は難しい．そのような場合，2次元的な交換の研究法（第9章）を用いると化学交換過程の速度 k_{AB} や固有状態 $|\alpha>$ と $|\beta>$ 間すべての緩和遷移確率 $W_{\alpha\beta} = R_{\alpha\alpha\beta\beta}$ を多くの場合決定することができる（2.3.2節参照）．

選択的パルスを用いて多くの1次元の実験を行うことができる．選択的な摂動に向いたわかりやすいスペクトルが作れたら，第9章で述べる2次元法によりもたらされるのと同様な情報がその実験から得られる．したがって1次元選択的分極移動で複雑な交換のネットワークや緩和行列の要素を決めることができる．動的な系を研究するための実験法に関して，いくつかの総説（4.188-4.191）では，次の概説よりさらに詳しい取り扱いがなされている．

4.6.1 縦緩和

典型的な T_1 測定では，初期摂動後の z 磁化の回復を時間の関数として測定する．摂動は選択的でも非選択的でもよい．緩和行列の特徴をすべて明らかにするためには，選択的な異なる摂動を与えた多くの実験を組み合わせることが通常必要である (4.188)．T_1 測定のためのもっとも一般的な実験法を図4.6.1に示す．

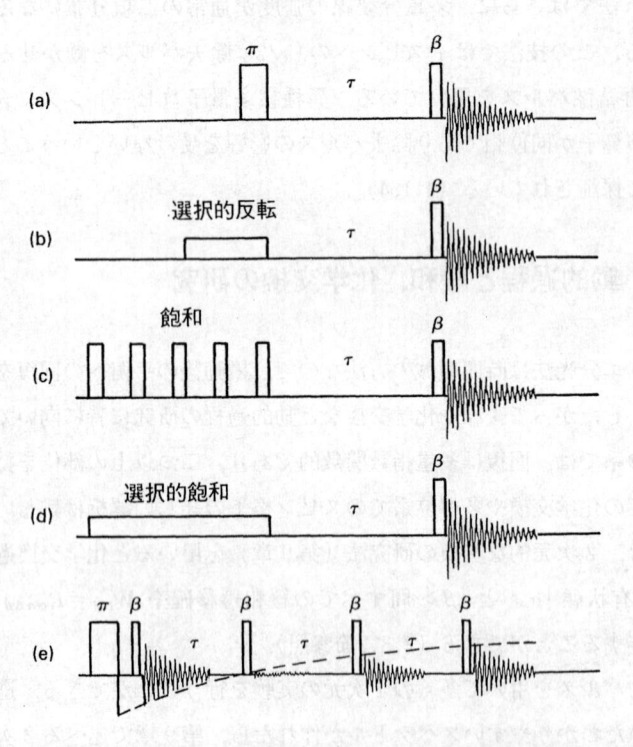

図 4.6.1 縦緩和と交換過程の測定．(a)非選択的反転回復；(b)選択的反転回復；(c)非選択的飽和回復；(d)選択的飽和回復；(e)単一実験飽和回復．(b)の方法は2次元交換分光法（9章）と密接に関連していて，過渡的なオーバーハウザー測定や交換のネットワーク中での選択的分極移動などに使うことができる．(d)の方法は飽和移動や $\tau=0$ なら駆動打ち切りオーバーハウザー（TOE）に使うことができる．

4.6.1.1 反転回復法

選択的あるいは非選択 π パルスによる z 磁化の反転によって,平衡からの変位が最大になる (4.192-4.194).平衡への回復は遅延 τ 後に,回転角 β の「モニター・パルス」で横磁化を作って測定する.孤立スピン系では,

$$M_x(\tau) = \{M_z(0_+)\exp(-\tau/T_1) + M_0[1 - \exp(-\tau/T_1)]\}\sin\beta \quad (4.6.1)$$

となる.孤立スピン系では三つのパラメーターを決めねばならない,つまり,平衡磁化 M_0,反転パルス後の初期磁化 $M_z(0_+)$,縦緩和時間 T_1 である.完全な平衡状態の系に理想的な π パルスを働かせると $M_z(0_+) = -M_0$ となり式 (4.6.1) は

$$M_x(\tau) = M_0[1 - 2\exp(-\tau/T_1)]\sin\beta \quad (4.6.2)$$

となる.2あるいは3パラメーターの当てはめで緩和時間 T_1 を決めることができる.上の式が適用できるような孤立スピン系では図4.6.1(a)のモニター・パルスの回転角は $\beta = \pi/2$ と設定できるが,結合系ではそのようなパルスの混合効果のために情報を失うことになる (4.131).4.4.3節で議論したように,小さな角 $0 < \beta \ll \pi/2$ の場合には共鳴線の強度は相当する遷移の分布差に比例し,したがって多準位系の緩和過程を調べることができる.

小さな回転角 β のモニター・パルスを用いると,一回の実験で T_1 回復全過程を測定できる.これは図4.6.1(e)で示した「単一実験測定法」(4.195, 4.196) で行うことができる.π パルスの後の縦磁化を $M_z(0_+)$ とすると,回復は

$$M_z(n\tau) - M_\infty = (M_z(0_+) - M_0)\exp\{-n\tau/T_1^*\} \quad (4.6.3)$$

となる.ここで $n\tau$ パルスと $(n+1)$ 番目のモニター・パルスの間の間隔であり,T_1^* は見かけの緩和時間

$$\frac{1}{T_1^*} = \frac{1}{T_1} - \frac{\ln\cos\beta}{\tau}$$

である．M_∞ は β パルスを多数回繰り返した後に到達する定常的な磁化

$$M_\infty = M_0 \frac{1 - \exp(-\tau/T_1)}{1 - \exp(-\tau/T_1)\cos\beta} \tag{4.6.5}$$

である．β が $\pi/2$ に近づくと，定常状態への到達が速すぎるが，小さな角では感度が低くなる．適当な値は $\beta \simeq 30°$ である．

縦磁化反転の正確さは複合パルスを使って向上できる（4.2.7節）．式（4.2.55）の系列ではラジオ波の不均一性や共鳴のオフセットの効果を相殺して除くことができる．

実際，反転パルス（複合パルスであってもなくても）は横磁化を励起することがあり，$\tau < T_2$ ならモニター・パルス後に取り込まれる信号と干渉することがある．結合のあるスピン系では，最初のパルスを働かせる前に系が平衡状態に完全に戻っていない場合，パルスが望ましくない多量子コヒーレンスを励起することもある．そのようなことによる測定値のずれは，位相サイクルで除くことができる（4.197, 4.198）．6.3節での表現を使うと $p = 0 \rightarrow \pm 1 \rightarrow -1$ のコヒーレンス移動経路に相当する1量子コヒーレンス干渉は，受信器の位相といっしょにモニター・パルス位相の符号を変えて除くことができる．また2量子コヒーレンスは $N \geq 3$ ステップのサイクルで抑えることができる．4ステップのサイクルでは τ 期での $p = \pm 1, \pm 2, \pm 3$ に関連した干渉を除くことができる（4.198）．

横磁化や多量子コヒーレンスの干渉は，4.2.6.1節で議論したような磁場勾配パルスによっても除くことができる．しかし，磁場勾配中で並進拡散が十分起こるような時間がないなら，磁場不均一性による位相コヒーレンスの喪失は可逆的である．

実験間隔 T が十分長くなくて完全に回復していないなら，系統的な誤差が生じることがある（4.199）．横磁化が次の実験までの間に減衰するか，取り除かれるとするなら，干渉が無視できる条件 $T > 5T_1$ より間隔 T がかなり短くても，正確な T_1 値を得ることができる．正確な $\pi/2$ パルスを用いることで完

全に飽和した状態を得ることができ，待ち時間 T の間に同程度に磁化は回復する．この方法は，「速い反転回復 (fast inversion recovery)」(4.200-4.202) と呼ばれている．

4.6.1.2 飽和回復法

相続く測定との干渉は，図4.6.1(c) (4.203) の飽和回復法を用いて全て除くことができる．もっとも簡単な場合には，正確な $\pi/2$ パルスまたは4.2.7.1節で述べたような複合パルスによって磁化は横平面上にもってこられる．次に横成分は磁場勾配パルスか位相を交互に変えることで除くことができる．あるいはまた（もっと確実に），非選択パルスの連発でもスピンを飽和することができる．その回復は式 (4.6.2) の反転回復と似ているが，変化の大きさは 1/2 に減少して

$$M_x(\tau) = M_0[1 - \exp(-\tau/T_1)]\sin\beta \qquad (4.6.6)$$

のようになる．飽和回復法では，実験間に長い遅延時間 T が不要なために速いが，飽和を完全にするのが難しいため，結合のあるスピン系やスペクトル幅が広い場合には不正確になることがある．スピン・ロック効果がある場合には飽和の効率が低いことがある．

4.6.1.3 進行的飽和 (*Progressive Saturation*)

等間隔の β パルスの系列を使って緩和時間 T_1 を測定することもできる．その場合，飽和をパルス間隔の関数として調べるか（いわゆる「進行的飽和」法 (4.204)）あるいは β の関数として調べる（「可変章動角 (variable nutation angle)」法 (4.205-4.207)）．（パルス的な）磁場勾配下での拡散によって横磁化が完全に抑えられている時にのみ，こういった方法は信頼できる．

4.6.1.4 選択的摂動

図4.6.1に示すように，反転回復と飽和回復実験ではともに，選択的あるいは半選択的ラジオ波パルス，つまり一つの共鳴線あるいは特定の多重線に働くパルスを用いることができる (4.188, 4.208)．このタイプの実験は遅い化学交換や交差緩和過程の測定に使うことができる．

化学交換系で用いる時には，図4.6.1(b)の方法はホフマン-フォルセン (Hoffman-Forsén) 法と呼ばれることがしばしばある (4.209-4.211)．簡単のために，二つの部位AとBを含む化学的，磁気的な平衡系を考えよう．Aスピンを選択的に反転することによって，回復期の最初に $M_z^A(\tau=0)=-M_0^A$，$M_z^B(\tau=0)=M_0^B$ である非平衡状態を作ることができる．図4.6.2に示したように (4.212)，部位Aの「印づけ (labelling)」(つまり反転) は交換か交差緩和を通じて部分的に部位Bへ移動する．この実験は2次元交換分光法と密接に関連していて，その方法では選択的な π パルスの代わりに発展期間 t_1 だけ離れた二つの非選択的な $\pi/2$ パルスで印づけを行う．交換する磁化の運動は1次元と2次元実験で同じ原理に従うので，交換や交差緩和，スピン格子緩和の作用についての議論は9.3節を参照されたい．

核オーバーハウザー効果を測定する時には，図4.6.1(b)の系列は「過渡的 (transient) NOE法」としてよく知られている (4.213, 4.214)．その2次元の対応物，つまり9.3節で議論するNOESY実験と同じように，過渡的な1次元の方法は，スピン格子緩和が遅く交差緩和とあまり競合しないような相関時間 $\tau_c > \omega_0^{-1}$ を持つ大きな分子の研究に特に有用である．

図4.6.1(d)の系列は交差緩和を測定するために異なる二つのやり方で使うことができる．選択的ラジオ波パルスの長さの関数として ($\tau=0$ で) 回復を調べるなら，その実験は「駆動打ち切り (truncated driven) NOE法」(TOE) といわれている (4.215, 4.216)．選択的飽和パルスの長さは，ラジオ波の不均一性で過渡的な振動が減衰するほど長いが交差緩和の時間スケールより短くなければいけない．この方法も大きな分子の研究に向いている．

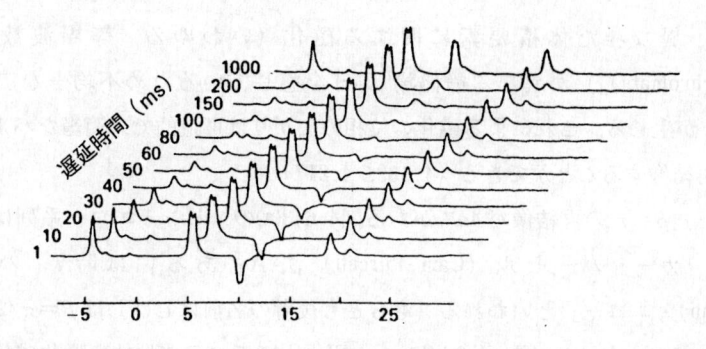

4.6 動的過程と緩和，化学交換の研究

図4.6.2 アデニレートキナーゼ反応 ATP+AMP⇌2ADP（アデノシン3，1，2リン酸）の化学平衡中でのリン31磁化の選択的反転回復（選択的分極移動）．10ppmの反転したシグナルはADPとATPのα-リン酸の重なりに相当する．中間的遅延時間では化学反応があると－4ppmのAMPのリン酸の信号振幅が小さくなる．（文献4.212より）

図4.6.1(d)の選択的照射の期間が緩和速度の逆数より長くそして$\tau=0$なら，この方法は「定常状態オーバーハウザー測定」といわれる（4.147）．この方法は，極度尖鋭化極限（$\tau_c \ll \omega_0^{-1}$）の小さな分子の研究にもっともふさわしい．この場合，スピン格子と交差緩和が競合して2次元交換スペクトル中の交差ピークはきわめて弱くなり（第9章参照），定常状態1次元法がオーバーハウザー効果研究のもっとも有効な方法になる．

4.6.2 横緩和

好条件の時には，横緩和時間T_2はHz単位で半値幅を測定するだけで決めることができる．

$$\Delta\nu = \frac{\Delta\omega}{2\pi} = \frac{1}{\pi T_2^*} = \frac{1}{\pi}\left[\frac{1}{T_2} + \frac{1}{T_2^+}\right] \quad (4.6.7)$$

有効減衰速度$1/T_2^*$は，自然緩和速度$1/T_2$と不均一な広がりの寄与$1/T_2^+$の和である．後者が無視できるか，それを自然緩和速度が無視できるとわかっている基準の共鳴線を用いて測定できるなら，自然のT_2をすぐに得ることがで

きる．異なった体積要素に関する磁化（いわゆる「等周波数部分（isochromats）」）が異なる静磁場 $B_0(\mathbf{r})$ を感じているため不均一な広がり $1/T_2^*$ が生じる．これによる磁化の位相の広がりは可逆的で，適当なパルス系列で再結像することができる（4.139，4.217）．

　回転角 $\beta=\pi$ の再結像パルスがある図4.6.3(a)のスピン・エコー系列はしばしば「カー・パーセル（Carr-Purcell）法 A」あるいは時々「ハーン（Hahn）・エコー」といわれる（もっとも後者の名前はしばしば $\beta=\pi/2$ 系列にとっておかれる）．図4.6.3(b)に，xy 平面上で二つの典型的な磁化成分つまり等周波数部分が展開する様子を示す（F と S の印は fast と slow の意味である）．

　図4.6.3(c)のダイヤグラムに，磁化成分の位相（$\tan\varphi=M_y/M_x$）が最初の期間にどのように発散し x 軸の π 回転（$M_y(\tau^+)=-M_y(\tau^-)$ つまり $\varphi(\tau^+)=\varphi(\tau^-)$）後にどのように収束するかを示す．最初の期間で歳差運動の向き（つまりハミルトニアンの符号）が逆になっていると考えてもこの現象は理解できる．「トグリング座標系」を用いることに相当するこの後者の記述では，図4.6.3のダッシュのように磁化の位相は展開する．

　一つの再結像パルス（$n=1$）を使って得たエコーの振幅は，磁場勾配 g 中の並進拡散でかなり弱くなる（4.139，4.218）．

$$M_x(2n\tau) = M_x(0)\exp(-2n\tau/T_2)\exp\left(-\frac{2}{3}D\gamma^2 g^2 n\tau^3\right) \quad (4.6.8)$$

図4.6.3(d)のように 2τ 間隔で n 個の再結像パルスを使う「カー・パーセル法 B」では，その効果をかなり除くことができる．典型的な同周波数部分の位相を図4.6.3(e)に示す．この系列では拡散過程に敏感ではなくなってきている．つまり，n 番目のエコーと最初の励起間の遅延 $t_{tot}=2n\tau$ について，式(4.6.8)中の関連する部分では $n\tau^3=t_{tot}^3/(8n^2)$ となる．しかし，再結像パルスが理想的でなかったり（$\beta\neq\pi$），オフレゾナンス効果（傾いた有効磁場）があると，エコー振幅は弱くなる．最初のパルスと再結像パルスで位相が $\pi/2$ ずれていると部分的にこれらの問題を軽減できるが（4.122），複合パルス（4.108）の方

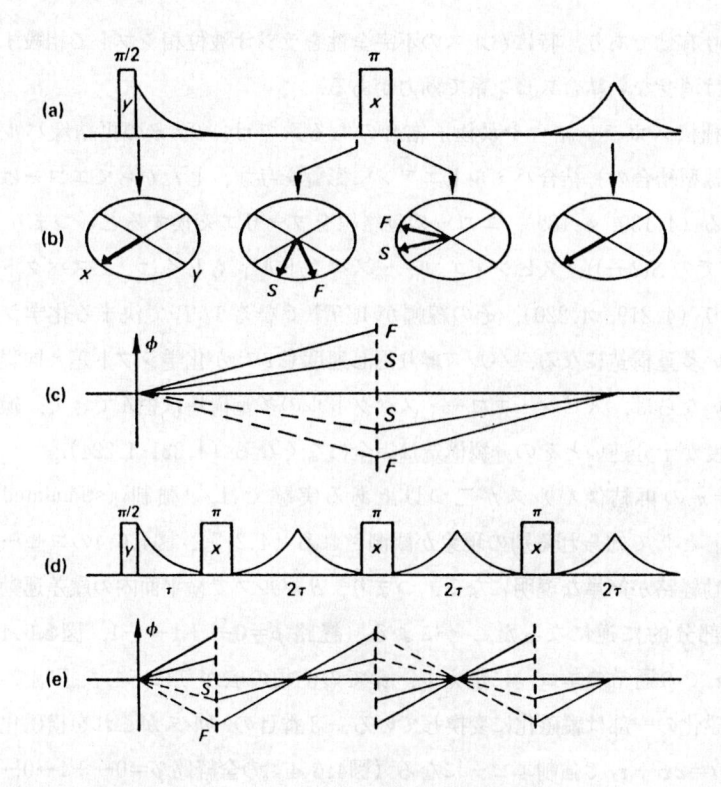

4.6 動的過程と緩和，化学交換の研究

図 4.6.3 (a)再結像パルスが一つあり，最初の$(\pi/2)_y$パルスと$(\pi)_x$再結像パルスに位相差があるスピン・エコー系列．(b)二つの磁化ベクトル（「同周波数部分」）の展開．静磁場の不均一性によりそれぞれは平均の共鳴オフセットからわずかに上と下の歳差周波数を持っており，「速い (fast)」部分と「遅い (slow)」部分に対応して**F**と**S**の印をつけている．両磁化は最初x軸に沿って並んでいて，位相が広がるにつれ二つのベクトルは開いて行き，次に$(\pi)_x$パルスでx軸に関して対称的な位置へ移り，再結像期に収束する．(c)時間の関数としての同じ二つの同周波数部分の位相（実線；ϕはx軸からy軸への変位）．πパルスの時刻では不連続になっている．トグリング座標系では（そこでは破線で示すように位相が広がる期間では歳差周波数は逆になる），軌跡は連続的である．(d)多重結像のあるスピン・エコー系列．(e)多重再結像の間における二つの同周波数部分の位相（実線）．トグリング座標系では奇数回目の間隔で歳差周波数は逆に見える（破線）．

がより有効であり，特にパルスの不完全性をラジオ波位相シフトで相殺する方法では消せない結合スピン系で効力がある．

同種核スカラー結合や双極子結合のある系では，$\beta=\pi$ の再結像パルスは（双線型結合の）結合ハミルトニアンに影響を与ず，したがってエコーは変調される (4.139, 4.189). エコーの包絡線をフーリエ変換すると（つまり $n=0$, 1, 2 での $S(2n\tau)$)「スピン・エコー・スペクトル」もしくは「J スペクトル」となり (4.219, 4.220), その線幅が $1/T_2^*$ でなく $1/T_2$ で決まる化学シフトのない多重構造になる．パルス繰り返し速度 $(2\tau)^{-1}$ が化学シフト差と同程度か大きいならば，スピン・エコー・スペクトルの多重構造は歪んできて，繰り返し速度が十分速いとその分裂構造は完全になくなる (4.221-4.224).

$\beta\neq\pi$ の再結像パルスが二つ以上ある実験では，「強制 (stimulated) エコー」として知られる別の現象が観測される (4.217). 図4.6.4のコヒーレンス移動経路が簡単な説明になる．つまり，β パルスで横平面内の歳差運動の向きが部分的に逆になったことによる（経路 $p=0\rightarrow+1\rightarrow-1$, 図4.6.4(b)) $t=2\tau$ での通常のエコーに加えて，τ_1 での位相の広がりに応じた振幅で τ_2 期間で磁化の一部は縦磁化に変換している．3番目のパルスがこれを横磁化に変換し $t=2\tau_1+\tau_2$ で強制エコーになる（図4.6.4(c)の全経路 $p=0\rightarrow+1\rightarrow0\rightarrow-1$). 図4.6.4から推測できるように，$p=+1$ 量子コヒーレンスの展開する期間の和が $p=-1$ 量子の期間の和に等しいとさまざまなタイプのエコーが生じる．

4.6.3 化学反応と交換過程

NMRの線形は遅い動的過程にきわめて敏感であり，化学交換と過渡的反応両者の研究のために利用できる．平衡系は遅い通過とフーリエ分光法の両者で研究できるが，速い過渡的反応はパルスフーリエ分光法によってのみ調べることができる．

1. 化学平衡の研究．遅い通過の分光法のため平衡化学交換過程がある時のNMR線形の理論がかなり詳しく立てられ，化学のほとんどすべての分野で応

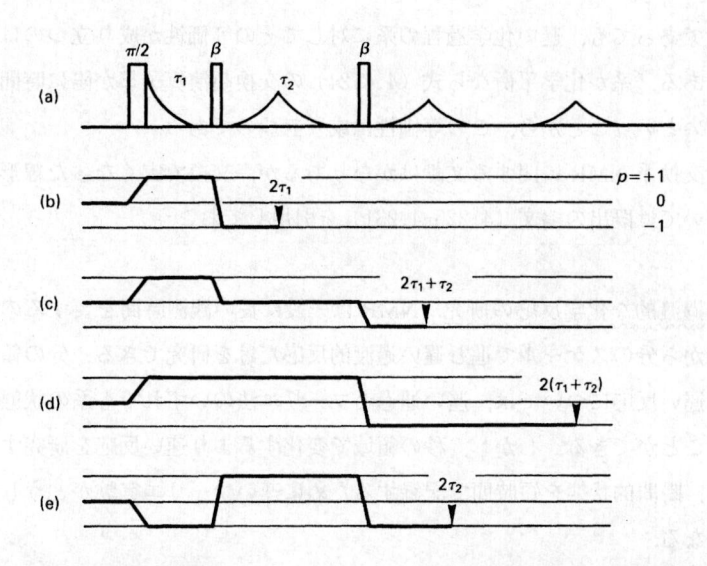

4.6 動的過程と緩和，化学交換の研究

図 4.6.4 エコーと強制エコー．(a) β キ π の二つの再結像パルスがある系列．(b) $t=2\tau_1$ での主エコー．図4.6.3(b)のカー-パーセル・エコーと似ていて，$p=0\to+1\to-1$ のコヒーレンス経路で書ける（6.3節参照）．(c) $t=2\tau_1+\tau_2$ での強制エコー．ここでは，τ_2 期に縦磁化の中で情報は保存されている（経路 $p=0\to+1\to0\to-1$）．(d) $t=2(\tau_1+\tau_2)$ での主エコー．第2のパルスで影響を受けず残った磁化によって起こり，3番目のパルスで再結像する（経路 $p=0\to+1\to+1\to-1$）．(e) $t=2\tau_2$ での2次エコー．二つの β パルスが再結像パルスになっている磁化により生じる（経路 $p=0\to-1\to+1\to-1$）．

用されている (4.225-4.231)．ほとんどの研究が低出力 CW NMR に関するものであり，スピンの線形応答を測定するものであった．さらに，交換系で遅い通過の飽和実験を行うと付加的情報が得られることが示されている (4.230, 4.232-4.236)．

うまいことには，遅い通過の実験で発展した交換系 NMR の原理のほとんどが，フーリエ分光法にもよく当てはまる．特に，平衡系のフーリエ・スペクトルは低出力の遅い通過のスペクトルがまったくそれと等価であることが4.4.2節に示されている．化学反応の時間スケールが自由誘導減衰の時間スケールと

同程度であっても，遅い化学過程の系に対してその等価性が成り立つのは一見驚きである．系が化学平衡なら式（4.4.24）の交換超演算子$\hat{\hat{\Xi}}$が陽に時間に依存しないということから，この等価性は成り立つのである．

平衡交換系NMRに関する文献はかなりあるが，交換で広くなった線形の分析については既出の論文（4.225-4.231）を引用しておこう．

2．**過渡的な化学反応の研究**．NMRは一般に長い観測時間を要するので，ミリ秒から分のスケールで進む遅い過渡的反応だけを研究できる．分の領域の非常に遅い反応については，遅い通過とフーリエ法のいずれでも系の状態を取り出すことができる．しかし，秒の領域で変化するより速い反応を研究するためには，瞬間的状態を短時間で記録するために速いフーリエ実験がどうしても必要になる．

反応時間がミリ秒のスケールなら，反応は一つのFIDの間に進み，反応は線形に影響を及ぼす（4.237, 4.238）．速い2次反応があるようなパルスCIDNP研究の時と同様に，速いストップト・フロー実験の時にこのようなことが生じる．

ここで，励起パルスの直前に系を化学的非平衡状態にしたとしよう．FIDの間に系は化学平衡へ向って変化する．これは，FIDの最初に反応物の周波数で歳差運動していたあるスピンが突然生成物の周波数に切り換わることを意味している．

化学的な濃度と磁化の二つの点で系が非平衡であることからかなり複雑なことが起こる．幸いにも，化学過程は磁気的状態と独立であり，したがって最初に化学の問題を解き，次にその解を使って磁気的な時間変化を理解することができる．これは2.4節で述べたことである．

4.6.3.1 一方向的な1次反応

状態Aから状態Bへ速度定数k_1で進み，逆反応が無視できる一方向反応を考えよう．

4.6 動的過程と緩和，化学交換の研究

$$A \xrightarrow{k_1} B \qquad (4.6.9)$$

そのような系では平衡を測定しても速度論的なことは何もわからない．それは成分 A が完全になくなるからである．しかし，過渡的な実験をすると望む情報を得ることができる．

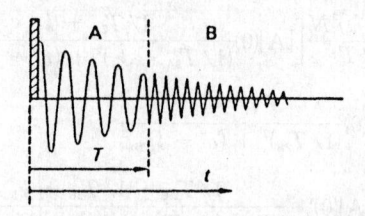

図 4.6.5 時刻 T で一方向反応が起こる分子中の孤立スピンの自由誘導減衰．この実験では異なる反応時刻 T を持つ分子集団が観測される．A の寿命が有限であることから寿命広がり (life time broadening) が生じ，B が遅れて現われることより位相の異常が生じる．（文献4.237より）

共鳴周波数 Ω_A の孤立した磁気核を含む状態 A に系があるとしよう．図4.6.5に示すように，FID の間 Ω_B の周波数の状態 B の方向へ反応は進む．

横磁化成分についての修正ブロッホ方程式，式（2.4.19）は複素磁化 $M_A^+ = M_{Ax} + iM_{Ay}$ を使うと単純な形をとり

$$\dot{M}_A^+ = [i\Omega_A - 1/T_{2A} - k_1]M_A^+$$
$$\dot{M}_B^+ = [i\Omega_B - 1/T_{2B}]M_B^+ + k_1 M_A^+ \qquad (4.6.10)$$

となる．T_{2A} と T_{2B} は横緩和時間である．磁化は自由誘導減衰の間に展開して

$$M_A^+(t) = M_A^+(0)\exp\{(i\Omega_A - 1/T_{2A} - k_1)t\}$$
$$M_B^+(t) = M_B^+(0)\exp\{(i\Omega_B - 1/T_{2B})t\}$$
$$+ M_A^+(0)\frac{k_1}{i(\Omega_B - \Omega_A) + \frac{1}{T_{2A}} - \frac{1}{T_{2B}} + k_1}$$
$$\times \left[-\exp\left\{\left(i\Omega_A - \frac{1}{T_{2A}} - k_1\right)t\right\} + \exp\left\{\left(i\Omega_B - \frac{1}{T_{2B}}\right)t\right\}\right]$$

$$\tag{4.6.11}$$

となる．フーリエ変換の実数部 $S(\omega)$ は，

$$S(\omega) = \mathrm{Re}\mathcal{F}\{M_A^+(t) + M_B^+(t)\}$$
$$= \frac{B_0(\gamma\hbar)^2 N}{4kT}\Bigl[[A](0)\frac{1/T_{2A} + k_1}{(1/T_{2A} + k_1)^2 + (\omega - \Omega_A)^2}$$
$$+ [B](0)\frac{1/T_{2B}}{(1/T_{2B})^2 + (\omega - \Omega_B)^2}$$
$$+ k_1[A](0)\frac{1/T_{2A} - 1/T_{2B} + k_1}{(1/T_{2A} - 1/T_{2B} + k_1)^2 + (\Omega_A - \Omega_B)^2}$$
$$\times \left\{\frac{1/T_{2B}}{(1/T_{2B})^2 + (\omega - \Omega_B)^2} - \frac{1/T_{2A} + k_1}{(1/T_{2A} + k_1)^2 + (\omega - \Omega_A)^2}\right\}$$
$$+ k_1[A](0)\frac{\Omega_A - \Omega_B}{(1/T_{2A} - 1/T_{2B} + k_1)^2 + (\Omega_A - \Omega_B)^2}$$
$$\times \left\{\frac{\omega - \Omega_B}{(1/T_{2B})^2 + (\omega - \Omega_B)^2} - \frac{\omega - \Omega_A}{(1/T_{2A} + k_1)^2 + (\omega - \Omega_A)^2}\right\}\Bigr]$$

$$\tag{4.6.12}$$

式 (4.6.12) の最初の項（図4.6.6(a)参照）は反応物の吸収線を表わし，分子 A の有限な寿命で広がっている．[B](0)=0 で第 2 項はなくなる．第 3 項（図 4.6.6(b)）は両共鳴線に吸収形の寄与をし，反応物では吸収的で生成物では放出的である．線の広がりのため放出的な反応物の信号はわかりにくくなっている．最後に，式 (4.6.12) の第 4 項（図4.6.6(c)）は反応物と生成物の周波数でそれぞれ逆の符号を持った分散形の寄与をする．図4.6.6(a)と(b)(c) 3 つの寄与を合わせた実際のスペクトルを図4.6.6(d)に示す．

さまざまな反応速度 k_1 について式 (4.6.12) から計算した一連の線形を図 4.6.7に示す．一方向化学反応についての線形の特徴は，遅いあるいは中間的速さの反応について反応物の共鳴線が広くその位相が異常なことと生成物の共

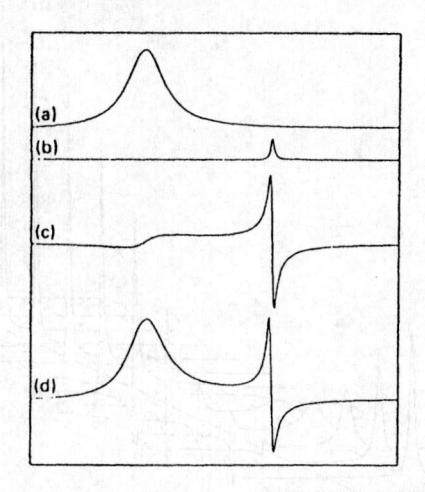

4.6 動的過程と緩和，化学交換の研究

図 4.6.6 一方向化学反応（[B](0)=0 の時）を行う 1 スピン系の線形（式(4.6.12)）の三つの項の視覚化．(a)寿命で広がった反応物の共鳴線．(b)広がって放出的な反応物共鳴線と狭く吸収的な生成物共鳴線，それらの全積分はゼロとなる．(c)分散的で逆の符号を持った反応物線と生成物線．(d)複合シグナル．（文献4.237より）

鳴線が明確に分散的なことである．これらの分散的な線形の理由は，自由誘導減衰の間に遅れて B の磁化ができてくることにある．逆反応は無視されているので，生成物の線幅は化学反応の影響を受けない．

ストップ・フロー・プローブで急速混合を行なって化学的非平衡状態を作り，図4.6.7の理論線形を実験的に証明することができる．重水中のぎ酸メチルと水酸化ナトリウムの混合物中では加水分解が起こり

$$\text{HCOOCH}_3 + \text{OD}^- \xrightarrow{k^2} \text{HCOO}^- + \text{CH}_3\text{OD}$$
$$\text{(A)} \quad\quad \text{(X}_3\text{)} \quad\quad \text{(A}'\text{)} \quad\quad \text{(X}_3'\text{)}$$

となる．反応は擬 1 次になるように過剰の NaOD を用いた．加水分解で一方向 1 次反応の例が二つできる．

$$A \xrightarrow{k^2[\text{OD}^-]} A' \quad と \quad X_3 \xrightarrow{k^2[\text{OD}^-]} X_3'$$

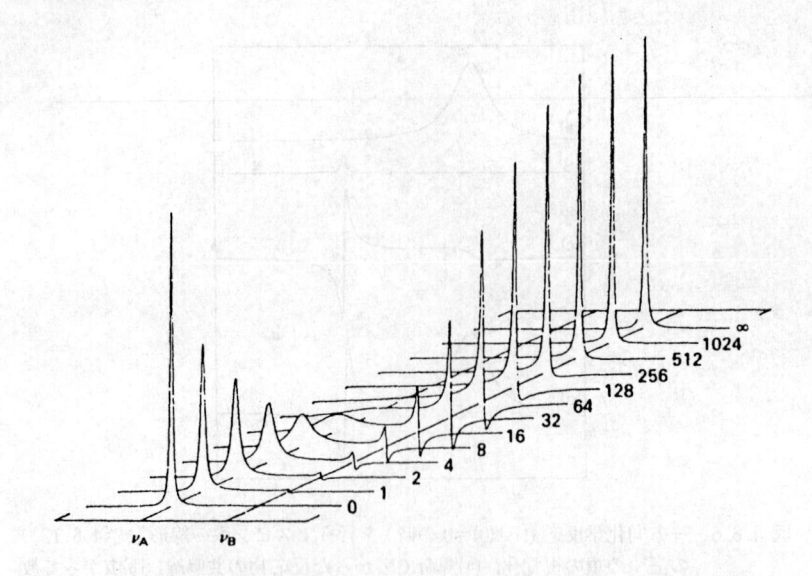

図 4.6.7 さまざまな反応速度定数 k_1（単位は s^{-1}）の一方向化学反応 A→B による理論線形．共鳴周波数差は $|\omega_B - \omega_A|/2\pi = 10$ Hz．（文献4.237より）

図4.6.8に[OD$^-$]濃度をふやした時（したがって擬１次反応速度は増加している）得られる一連のスペクトルを示す．反応物の共鳴線が広がることと生成物の共鳴線の分散成分が変化することがはっきりとわかる．

4.6.3.2 双方向的な１次反応

双方向反応の系は原理的には，古くからある化学平衡中の線形の研究法で調べることができる．しかし，ある場合にはFIDの観測中に過渡的な双方向反応があることは避けられない．２次的な反応が起こるパルスCIDNPではこのようなことはしばしば生じる．

一方向反応とは対照的に，双方向反応がある時に観測される共鳴周波数は反応速度に依存しており，生成物の寿命を制限する逆反応のために生成物の共鳴線は広くなることがあるだろう．

これらの効果を実際に示すため，非平衡状態になっている１次化学反応

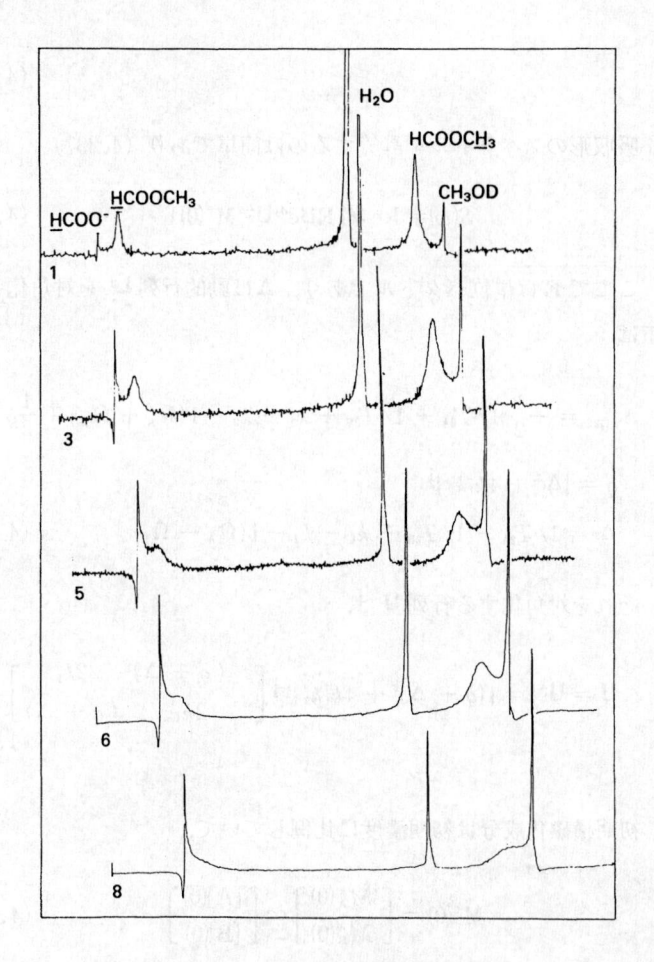

4.6 動的過程と緩和，化学交換の研究　　　　　　　　　　　　　　　　　　263

図 4.6.8　重水素化水酸化ナトリウムによる重水中でのギ酸メチルの加水分解反応．ストップト・フロー水素核 NMR スペクトル．反応速度は 1 から 8 に行くに従って増加している．この実験の詳細は文献4.237に与えられている．

$$A \underset{k_2}{\overset{k_1}{\rightleftarrows}} B$$

で孤立スピンを持つ分子を考えよう．動的方程式は式 (2.4.20) で与えられ，

$$\frac{d}{dt}\begin{bmatrix} M_A^+ \\ M_B^+ \end{bmatrix} = -\begin{bmatrix} -i\Omega_A + 1/T_{2A} + k_1 & -k_2 \\ -k_1 & -i\Omega_B + 1/T_{2B} + k_2 \end{bmatrix} \cdot \begin{bmatrix} M_A^+ \\ M_B^+ \end{bmatrix}$$

$$\tag{4.6.13}$$

となる. 吸収形のスペクトルを計算するのは簡単であり (4.237)

$$S(\omega) = \operatorname{Re} \dot{\mathscr{F}} \{ \mathbf{E} \mathbf{U} e^{\Lambda t} \mathbf{U}^{-1} \mathbf{M}^{+}(0) \} \tag{4.6.14}$$

となる. ここで $\mathbf{E}$ は単位ベクトルであり, $\mathbf{\Lambda}$ は動的行列 $\mathbf{L}^{+}$ を対角化したもので固有値は

$$\Lambda_{11,22} = -\frac{1}{2}\{1/T_{2A} + 1/T_{2B} + k_1 + k_2 - i(\Omega_A + \Omega_B)\} \mp \frac{1}{2}q$$

$$q = \{\Delta^2 + 4k_1 k_2\}^{\frac{1}{2}}$$

$$\Delta = 1/T_{2A} - 1/T_{2B} + k_1 - k_2 - i(\Omega_A - \Omega_B) \tag{4.6.15}$$

である. それを対角化する行列 $\mathbf{U}$ は,

$$\mathbf{U} = \mathbf{U}^{-1} = \{(q+\Delta)^2 + 4k_1 k_2\}^{-\frac{1}{2}} \begin{bmatrix} -(q+\Delta) & 2k_2 \\ 2k_1 & (q+\Delta) \end{bmatrix} \tag{4.6.16}$$

となる. 初期横磁化成分は初期濃度に比例していて,

$$\mathbf{M}^{+}(0) = \begin{bmatrix} M_A^{+}(0) \\ M_B^{+}(0) \end{bmatrix} \propto \begin{bmatrix} [\mathrm{A}](0) \\ [\mathrm{B}](0) \end{bmatrix} \tag{4.6.17}$$

となる.

さまざまな速度定数 k_1 と異なる平衡定数 $K = k_1/k_2$ について式 (4.6.14) で計算した一連の四つのスペクトルを図4.6.9に示す. 化学シフト周波数の差 $(\Omega_A - \Omega_B)/2\pi$ は 10Hz と仮定し, Bの初期濃度は 0 として計算した.

平衡定数 $K = 0.1$ では反応速度にかかわらず ν_B での共鳴は見えない. しかし中間反応速度では ν_A の付近で共鳴はかなり幅広くなる. $k_1, k_2 \to \infty$ では, 共鳴は Ω_A から $(\Omega_A + K\Omega_B)/(1+K)$ へ移動する. $K = 0.2$ についても定性的に

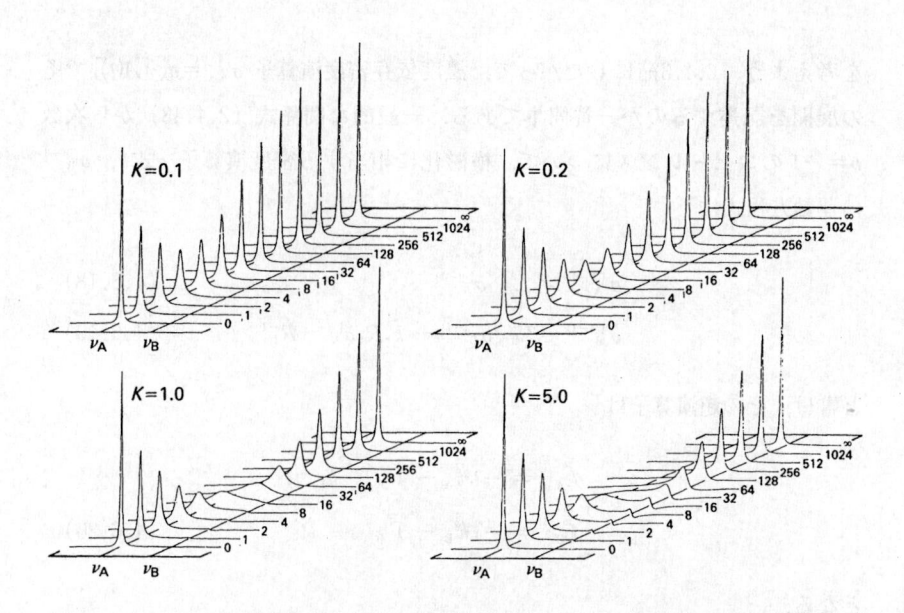

4.6 動的過程と緩和，化学交換の研究

図 4.6.9 四つの異なる平衡定数 $K=0.1,\ 0.2,\ 1.0,\ 5.0$ での双方向化学反応 $A \rightleftarrows B$ による 4 組の線形．前進反応速度 $k_1(\mathrm{s}^{-1})$ は各スペクトルの右に示してある．周波数差 $|\Omega_B - \Omega_A|/2\pi$ は 10Hz である．（文献4.237より）

は同様な挙動が見える．$K=1$ では，低反応速度で弱い分散形の B の共鳴が検出でき，中間の速度では非対称な線形が見える．$K=5$ では，定性的に一方向反応と同じような線形（図4.6.7）が得られる．図4.6.9からは，平衡定数 K が増加するにつれて，最大の線幅広がりを与える反応定数は高い方へずれる．このことは式（4.6.15）において，広がりが 1 次近似では $\frac{1}{2}(k_1+k_2) = \frac{1}{2}k_1(1+1/K)$ となることからもわかる．

4.6.3.3 結合スピン系における過渡的化学反応

過渡的化学反応に関与する結合スピン系で遭遇する効果を説明するために，一方向 1 次反応

$$A \xrightarrow{k_1} B$$

を考えよう．2.4.3節にしたがって，濃度依存密度演算子 $\sigma_A^\square = \sigma_A \cdot [A(t)]$ でその展開を記述するのが一番簡単である．一般的な関係式 (2.4.43) から次数 $p=-1$ のコヒーレンスについて，横磁化に相当する密度演算子 $\sigma_A^{\square(-1)}$, $\sigma_B^{\square(-1)}$ の運動方程式は

$$\dot{\sigma}_A^{\square(-1)} = \hat{\hat{L}}_A^{(-1)} \sigma_A^{\square(-1)} \qquad (4.6.18)$$

$$\dot{\sigma}_B^{\square(-1)} = \hat{\hat{L}}_B^{(-1)} \sigma_B^{\square(-1)} + k_1 R_1 \sigma_A^{\square(-1)} R_1^{-1} \qquad (4.6.19)$$

と書け，その超演算子は

$$\hat{\hat{L}}_A^{(-1)} = -i\hat{\hat{\mathcal{H}}}_A - \hat{\hat{\Gamma}}_A - k_1$$

$$\hat{\hat{L}}_B^{(-1)} = -i\hat{\hat{\mathcal{H}}}_B - \hat{\hat{\Gamma}}_B \qquad (4.6.20)$$

となる．

式 (4.6.18) は直接積分して式 (4.6.19) に代入でき，今度はそれを積分すると，その結果は

$$\sigma_B^{\square(-1)}(t) = \exp\{\hat{\hat{L}}_B^{(-1)} t\} \sigma_B^{\square(-1)}(0) + k_1 \int_0^t \exp\{\hat{\hat{L}}_B^{(-1)}(t-t')\}$$
$$\times R_1 [\exp\{\hat{\hat{L}}_A^{(-1)} t'\} \sigma_A^{\square(-1)}(0)] R_1^{-1} dt' \qquad (4.6.21)$$

となる．式 (4.6.21) を評価するために，ここでは緩和超演算子 $\hat{\hat{\Gamma}}_A$ と $\hat{\hat{\Gamma}}_B$ がそれぞれリウヴィユ演算子 $\hat{\hat{\mathcal{H}}}_A$ と $\hat{\hat{\mathcal{H}}}_B$ は可換であるとする．この場合，それぞれの遷移 $|l\rangle \to |k\rangle$ はそれ自身の横緩和速度 $1/T_{2lk} = -R_{lklk}$ になる（式 (2.3.26a) 参照）．

90°パルスを働かせる前に系は磁気的に（化学的にではなく）平衡であるとしよう．パルスの直後自由誘導減衰のはじめには，

$$\sigma_A^{\square(-1)}(0) = q_A F^{-(A)}, \quad \sigma_B^{\square(-1)}(0) = q_B F^{-(B)} \qquad (4.6.22)$$

であり，ここで

4.6 動的過程と緩和，化学交換の研究

$$q_A = \frac{[A](0)\hbar\gamma B_0}{\text{tr}\{\mathbb{1}\}2kT}, \quad q_B = \frac{[B](0)\hbar\gamma B_0}{\text{tr}\{\mathbb{1}\}2kT} \quad (4.6.23)$$

とする．$\mathscr{H}_A$ と $\mathscr{H}_B$ の固有基底で表わすと，密度演算子の行列要素は，

$$\sigma_A^{\square(-1)}(t)_{mn} = \exp\{\Lambda_{mn}^{(A)}t\}q_A F_{mn}^{-(A)} \quad (4.6.24)$$

と

$$\sigma_B^{\square(-1)}(t)_{mn} = \exp\{\Lambda_{mn}^{(B)}t\}q_B F_{mn}^{-(B)}$$
$$- q_A k_1 \sum_{l,k} D_{ml} D_{nk}^* \frac{\exp\{\Lambda_{mn}^{(B)}t\} - \exp\{\Lambda_{lk}^{(A)}t\}}{-\Lambda_{mn}^{(B)} + \Lambda_{lk}^{(A)}} F_{lk}^{-(A)} \quad (4.6.25)$$

であり，動的行列 $\mathbf{L}_A^{(-1)}$ と $\mathbf{L}_B^{(-1)}$ の固有値はそれぞれ

$$\Lambda_{lk}^{(A)} = -i\omega_{lk}^{(A)} - \frac{1}{T_{2lk}^{(A)}} - k_1, \quad \Lambda_{mn}^{(B)} = -i\omega_{mn}^{(B)} - \frac{1}{T_{2mn}^{(B)}} \quad (4.6.26)$$

である．$\mathscr{H}_A$ の固有基底 $\Psi^{(A)}$ から $\mathscr{H}_B$ の固有基底への変換は行列 $\mathbf{D}$ により

$$(\psi^{(B)}) = \mathbf{D}(\psi^{(A)}) \quad (4.6.27)$$

と表わせる．式 (4.6.21) 中の再配列演算子 R_1 は単に分子 A の基底関数の置換をするだけであり，$\mathbf{D}$ の中に含まれている．

式 (4.6.24) と式 (4.6.25) からオブザーバブルな磁化は計算でき，

$$\langle M^+ \rangle(t)/(N_A \gamma \hbar) = \text{tr}\{F^{+(A)}\sigma_A^{\square(-1)}(t) + F^{+(B)}\sigma_B^{\square(-1)}(t)\} \quad (4.6.28)$$

となる．フーリエ変換の後，スペクトルは次のようになる．

$$\langle M^+ \rangle(\omega)/(N_A \gamma \hbar) = q_A \sum_{l,k} \frac{(F_{lk}^{-(A)})^2}{i(\omega_{lk}^{(A)} + \omega) + \frac{1}{T_{2lk}^{(A)}} + k_1}$$
$$+ q_B \sum_{m,n} \frac{(F_{mn}^{-(B)})^2}{i(\omega_{mn}^{(B)} + \omega) + \frac{1}{T_{2mn}^{(B)}}}$$
$$- q_A k_1 \sum_{m,n} \sum_{l,k} \frac{F_{mn}^{-(B)} F_{lk}^{-(A)} D_{ml} D_{nk}^*}{i(\omega_{mn}^{(B)} - \omega_{lk}^{(A)}) + \frac{1}{T_{2mn}^{(B)}} - \frac{1}{T_{2lk}^{(A)}} - k_1}$$

$$\times \left[\frac{1}{i(\omega_{mn}^{(B)} + \omega) + \frac{1}{T_{2mn}^{(B)}}} - \frac{1}{i(\omega_{lk}^{(A)} + \omega) + \frac{1}{T_{2lk}^{(A)}} + k_1} \right]$$

(4.6.29)

この式から，一方向化学反応を示す結合系の過渡的なフーリエ・スペクトルの主な特徴がわかる．また，これは結合がない系を表わす式 (4.6.12) の一般化になっている．スペクトルには分子 A と B の自然遷移周波数 $\omega_{lk}^{(A)}$ と $\omega_{mn}^{(B)}$ だけが含まれている．式 (4.6.29) の第 1 項は反応分子 A の寿命によって広がった吸収線を表わしている．第 2 項は交換により影響を受けず $t=0$ ですでに存在する生成分子 B からくるものである．第 3 項は反応速度 k_1 に比例し，FID 中での分子 A から B へのコヒーレンス移動を表わす．これは A と B の共鳴周波数の位置で符号が逆の混合位相の信号を与え，この項の積分は 0 になる．$k_1 \ll |\omega_{mn}^{B} - \omega_{kl}^{A}|$ の遅い反応速度ではこの項は純粋に分散的な寄与をする．中間的速度では位相は共鳴線ごとに違う．$k_1 \gg |\omega_{mn}^{B} - \omega_{lk}^{A}|$ の速い反応速度では位相は純吸収的になる．一方向化学反応では生成物の共鳴線が広くなることはない．

きわめて単純だが自明でない強結合 2 スピン系での化学反応の影響を説明しよう．化学反応 AB→CD の間に両核の化学シフトは変わるが結合定数 $J_{AB}=J_{CD}$ は不変であるとしよう．

異なった速度定数 k_1 について一連の代表的なスペクトルを図4.6.10に示す．1 スピン系の場合とその特徴は定性的には一致している．反応物の共鳴線については交換広がりはすべて同じであるが，生成物の線幅は化学反応の影響を受けないでいる．

特に興味があるのは相対的な信号強度と信号の位相である．生成物の線強度が化学反応の影響をかなり受けているのは図4.6.10からただちに明らかである．観測される強度変化については文献 (4.237) で詳しく解析が行なわれている．

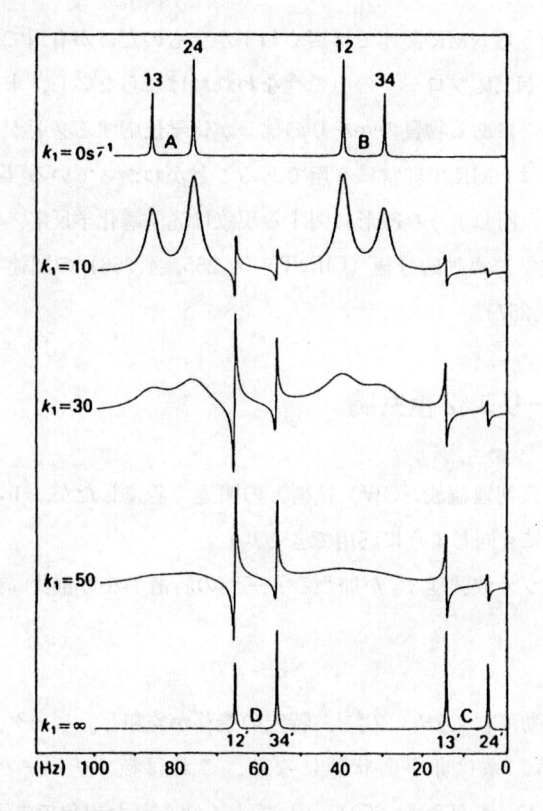

4.6 動的過程と緩和,化学交換の研究

図 4.6.10 五つの異なる反応速度定数 k_1 で一方向化学反応 AB→CD 中にある 2 スピン系の線形.これらスペクトルについてのパラメーターは $\Omega_A/2\pi=80\mathrm{Hz}$, $\Omega_B/2\pi=35\mathrm{Hz}$, $J_{AB}=10\mathrm{Hz}$, $\Omega_C/2\pi=10\mathrm{Hz}$, $\Omega_D/2\pi=60\mathrm{Hz}$, $J_{CD}=10\mathrm{Hz}$ である.共鳴周波数の順番は反応の間に変わっている.(文献4.237より)

4.6.3.4 化学的非平衡状態の実験的生成

化学的系を必要に応じ初期の非平衡状態にするために非常に多くの方法が提案され使われている.光学的検出との関連で温度ジャンプ(4.239)や圧力ジャンプ法(4.240)がしばしば用いられている.閃光分解(4.241)やパルス放射線分解(4.242, 4.243)は速い反応を開始するのによく使われてい,ストップト・フロー技術(4.244-4.246)には広い応用範囲がある.しかし,こ

れらの技術のうち NMR 関連ではごくわずかなものだけが有用である．それは反応の開始は NMR プローブの中で行なわれねばならないし，十分な感度を得るためにはそこにある物質のかなりの部分が化学反応する必要があるからである．フロー法は NMR で非常に有用であることがわかっている (4.237, 4.238, 4.247-4.254)．同じような線形に関する現象は光誘導化学反応，特にパルス光励起を使う化学誘導動的分極 (CIDNP) (4.255, 4.256) の関連でも観測できる (4.238, 4.257)．

4.7　フーリエ2重共鳴

2重共鳴は最初連続波（CW）技術との関連で発達したが，1次元や2次元フーリエ実験にも同じように応用できる．

2重共鳴ラジオ波強度 B_2 が加わると三つの特徴的な2重共鳴効果が観測される．

1．弱い摂動 $T_1^{-1} < \gamma B_2 < T_2^{*-1}$．特定の遷移が飽和し，ピーク強度の変化からわかるように系は非平衡状態になる．これは核オーバーハウザー効果 (NOE) (4.147, 4.258, 4.259) としてよく知られた現象であり，分子構造を研究する有力な手段になる．

2．中間的な摂動の強さ $T_2^{*-1} < \gamma B_2 < 2\pi J, D$．ラジオ波強度は線幅 T_2^{*-1} より大きいがスカラー相互作用 J や双極子相互作用 D より小さく，ティックリング（tickling）効果として知られる共鳴線の分裂が観測される (4.260, 4.261)．分裂はおよそ γB_2 の大きさである．これで遷移の連結に関する情報が得られ，完全なエネルギー準位図を描くことができる．第8章で議論するように2次元コヒーレンス移動実験から同様な情報を得ることができる．

3．強い摂動 $\gamma B_2 > J, D$．強い摂動は有効ハミルトニアンを大きく変える．

4.7 フーリエ2重共鳴

特に，ある相互作用は働かなくなることもあり，スピン・デカップリングになる (4.65, 4.261, 4.262).

2重共鳴実験には異なった二つの目的があるといってよい．つまり，1と2の場合には単一共鳴実験では得ることのできない別の情報を得ることができるが，3の場合には情報を失う代りにスペクトルを単純化できる．

三つの2重共鳴の場合に対応して異なる理論的枠組が必要になる．弱い摂動の場合には，式 (2.3.3) を修正したマスター方程式

$$\frac{d}{dt}\mathbf{P}(t) = \mathbf{W}\{\mathbf{P}(t) - \mathbf{P}_0\} + \mathbf{S}\mathbf{P}(t) \qquad (4.7.1)$$

で分布の再分配を考えれば十分であり，ここで $\mathbf{S}$ はラジオ波照射の効果を表わす飽和行列である．その要素は照射による遷移確率を表わす．たとえば，$|1\rangle \leftrightarrow |3\rangle$ の遷移が照射される4準位系では，$\mathbf{S}$ は

$$\mathbf{S} = |\gamma B_2 (F_x)_{1,3}|^2 \begin{pmatrix} -1 & 0 & 1 & 0 \\ 0 & 0 & 0 & 0 \\ 1 & 0 & -1 & 0 \\ 0 & 0 & 0 & 0 \end{pmatrix} \qquad (4.7.2)$$

となる．平衡状態では平衡ベクトルは

$$\mathbf{P} = (\mathbf{W} + \mathbf{S})^{-1} \mathbf{W} \mathbf{P}_0 \qquad (4.7.3)$$

となる．小さな回転角 β の非選択的ラジオ波パルスを使うフーリエ実験では，シグナル強度は対応する遷移行列要素 $(F_x)_{jk}$ の自乗と分布差 $P_j - P_k$ に比例する．しかし，大きな回転角 β のラジオ波パルスの場合には，4.4.3節で詳しく述べたラジオ波パルスの混合効果 (4.131) のためにシグナル強度はエネルギー準位すべての分布に依存する．

スピン・ティックリング効果はコヒーレントな効果であり，分布だけによるマスター方程式だけでは記述できない．非常に強い2重共鳴照射の場合には，

平均ハミルトニアン理論を適用すると理論的取り扱いは楽になる（3.2.4節）．

4.7.1　フーリエ2重共鳴の理論的定式化

二つの時間に依存した摂動があるために2重共鳴は複雑になる．周波数 ω_2 と振幅 B_2 の2重共鳴照射は，$F^+ = \sum_k I_k^+$ とすると

$$\mathcal{H}_2(t) = -\frac{1}{2}\gamma B_2[F^+\exp(-i\omega_2 t) + F^-\exp(i\omega_2 t)] \quad (4.7.4)$$

となり（4.131, 4.263-4.266），周波数 ω_1 のパルス・ラジオ波は検出するコヒーレンスを励起するために使われる．同じ周波数 ω_1 は位相感受検出器の基準としても使われる（図4.7.1）．この二つの周波数は $t=0$ で φ_0 の位相を持つ二つの独立した回転系 $F^{(1)}$ と $F^{(2)}$ を定める．二つの系の間の位相差は時刻 t で

$$\varphi = \varphi_0 + (\omega_1 - \omega_2)t \quad (4.7.5)$$

へ変化する．励起と検出は $F^{(1)}$ の系で行うが，展開は $F^{(2)}$ の系で行うともっともわかりやすい．

```
   励起        展開        検出
    ↓          ↓          ↓
  F^(1) → F^(2) → F^(2) → F^(1)
```

展開を表わすハミルトニアンは $F^{(2)}$ の系では時間に依存しない．

$$\mathcal{H}^{(2)} = \mathcal{H}_0 - \omega_2 F_z - \gamma B_2 F_x \quad (4.7.6)$$

計算途中では必要なとき座標系を変えなければならない．

4.7.1.1　検出中の2重共鳴照射

熱平衡にある系に周波数 ω_1 の $(\pi/2)_y$ パルスを最初に働かせる実験をまず考えよう．そのラジオ波パルスの直後に周波数 ω_2 の2重共鳴ラジオ波を入れる．

4.7 フーリエ２重共鳴

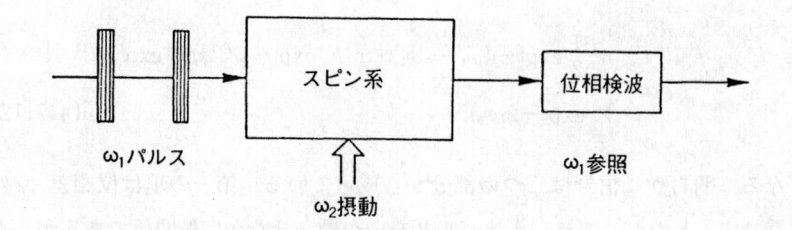

図 4.7.1 フーリエ二重共鳴実験のブロック図．（文献4.269より）

$F^{(1)}$ の座標系でラジオ波パルスの後，密度演算子は

$$\sigma^{(1)}(0) = F_x \qquad (4.7.7)$$

これは $F^{(2)}$ の座標系へ変換して

$$\sigma^{(2)}(0) = \frac{1}{2} \{ F^+ e^{-i\varphi_0} + F^- e^{i\varphi_0} \} \qquad (4.7.8)$$

となる．時刻 t では

$$\sigma^{(2)}(t) = \exp\{-i\mathcal{H}^{(2)}t\} \frac{1}{2} \{ F^+ e^{-i\varphi_0} + F^- e^{i\varphi_0} \} \exp\{i\mathcal{H}^{(2)}t\} \qquad (4.7.9)$$

となる．信号 $s(t)$ を計算するため，$\sigma^{(2)}(t)$ を $F^{(1)}$ の座標系へ変換してもよいが，オブザーバブルな演算子 $Q^{(1)}$

$$Q^{(1)} = F^+ \qquad (4.7.10)$$

を，$F^{(1)}$ の座標系から $F^{(2)}$ の座標系へ変換して

$$Q^{(2)} = F^+ \exp\{-i(\omega_1 - \omega_2)t - i\varphi_0\} \qquad (4.7.11)$$

とすると便利である．$F^{(2)}$ の座標系でその期待値を評価すると

$$s^+(t) = \text{tr}\{Q^{(2)}\sigma^{(2)}(t)\}$$
$$= \frac{1}{2} \exp\{-i(\omega_1 - \omega_2)t\} \text{tr}\{F^+ \exp(-i\mathcal{H}^{(2)}t) F^- \exp(i\mathcal{H}^{(2)}t)\}$$

$$+ \frac{1}{2} \exp\{-i(\omega_1 - \omega_2)t\} \operatorname{tr}\{F^+ \exp(-i\mathcal{H}^{(2)}t)F^+ \exp(i\mathcal{H}^{(2)}t)\}$$
$$\times \exp(-2i\varphi_0) \qquad (4.7.12)$$

となる．明らかに信号は二つの部分から成っている．第一の項は位相差 φ_0 に依存せず，したがってラジオ波パルスをいつ働かせたかは無関係であるが，もう一つの項は φ_0 に依存する．この第 2 項の位相は，ラジオ波パルスのその時刻での相対位相によって決まる．

信号を平均化するしかたには二つの異なる場合が考えられる．

1．特別なことをしないならば，実験ごとに位相 φ_0 は不規則に変わり，信号を平均化している間に式 (4.7.12) の第 2 項はゼロになる．

2．φ_0 の特定の値のところで周波数 ω_1 のラジオ波パルスが働き始めるとすると，式 (4.7.12) の第 2 項も影響を与える．実際には二つの周波数を混ぜてその差周波数成分が特定な位相角でラジオ波パルスを放つようにしてトリガーを働かせることができる．

二つの方法で得たスペクトルでは各々ピークの位相と強度が異なっている．照射が弱かったり観測周波数 ω_1 から遠く離れていたりすると式 (4.7.12) の位相に依存した項はなくなる．これはその項が二つの F^+ 演算子を含み，F^+ と F^- が $\mathcal{H}^{(2)}$ により混合しないとその項はゼロになるからである．この項は異種核 2 重共鳴実験には現れず，観測される遷移の近くでの 2 重共鳴照射の場合のみ影響を与える．式 (4.7.12) から連続波 2 重共鳴とフーリエ 2 重共鳴実験は，位相依存項が無視できる場合には同じ結果を与えることがわかる．

式 (4.7.12) を明確に評価するためには，$\mathcal{H}^{(2)}$ を対角化するのがよい．対角化したものを $\mathcal{H}^D$ で表わすと，

$$\mathcal{H}^{(2)} = D^{-1} \mathcal{H}^D D \qquad (4.7.13)$$

であり，

4.7 フーリエ2重共鳴

$$\text{tr}\{F^+ \exp(-i\mathcal{H}^{(2)}t) F^- \exp(i\mathcal{H}^{(2)}t)\}$$
$$= \text{tr}\{F^+ D^{-1}\exp(-i\mathcal{H}^D t) DF^- D^{-1}\exp(i\mathcal{H}^D t) D\} \quad (4.7.14)$$

となる．観測される信号は和の形で表わされ

$$S^+(t) = \sum_{kl} G_{kl} \exp\{i(\omega_2 - \omega_{kl} - \omega_1)t\} \quad (4.7.15)$$

となる．ここではハミルトニアン $\mathcal{H}^{(2)}$ の固有周波数 $\omega_{kl} = \varepsilon_k - \varepsilon_l$ と，複素強度

$$G_{kl} = \frac{1}{2} \{ \sum_{pq\,rs} F_{qp}^+ D_{pk}^{-1} D_{kr} F_{rs}^- D_{sl}^{-1} D_{lq}$$
$$+ \sum_{pq\,rs} F_{qp}^+ D_{pk}^{-1} D_{kr} F_{rs}^+ D_{sl}^{-1} D_{lq} \exp(-2i\varphi_0) \} \quad (4.7.16)$$

を用いている．

式 (4.7.15) 中の添字の対 (kl) についての和はすべての可能な組み合わせにわたって行う．反対符号の周波数を与える対 (l,k) を含むことに気づくのは重要である．このことが意味するのは，n 個のエネルギー準位がある系のスペクトルには $n(n-1)$ 個の遷移があり，それらは周波数 ω_2 (あるいは観測座標系 $F^{(1)}$ の中で $\omega_2 - \omega_1$) について対称的になるようになっているということである．しかし，強度因子 G_{kl} と G_{lk} は通常異なっており，$\omega_2 \pm \omega_{kl}$ の遷移強度は等しくない．図4.7.2にその例を示す．

詳細なことに立入らなくても，検出期にだけ2重共鳴照射したフーリエスペクトルの一般的な特徴をまとめることができる．

1．2重共鳴をすると ω_2 について周波数上では対称的に表われるが，強度は対称的でない．

2．フーリエ2重共鳴スペクトルの強度は，$t=0$ での2つの周波数 ω_1 と ω_2 のラジオ波の位相差 φ_0 に依存する．

3．一般に，連続波2重共鳴とフーリエ2重共鳴のスペクトルではその強度が異なっている．連続波の実験に比例する強度を得るためには，$t=0$ で二つ

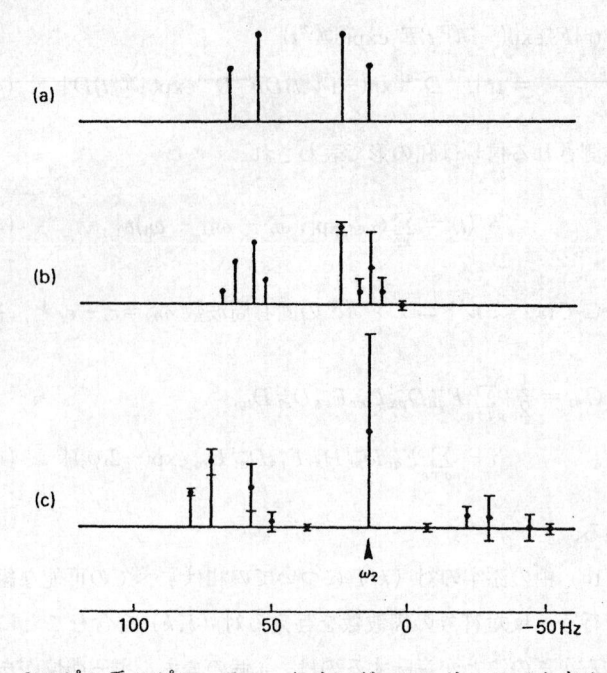

図 4.7.2 2スピン系スピン・ティックリング・フーリエスペクトルの模式図 ($\Omega_A/2\pi = 60\text{Hz}$, $\Omega_B/2\pi = 20\text{Hz}$, $J = 10\text{Hz}$). (a)摂動を受けてない一重共鳴スペクトル. (b)と(c)検出期だけ2重共鳴照射して得たスペクトル. パルスの前では熱平衡状態であるとする. 2重共鳴場の強さはそれぞれ $\gamma B_2/2\pi = 5$ と 40Hz である. パルスを照射した時のパルス・ラジオ波と2重共鳴ラジオ波の相対位相にスペクトル強度は依存している. 位相差の関数としての変化幅は横線で示している. その横線間中央の黒丸は二つの周波数の位相に依存しない強度部分であり, これは位相を同期させないで自由誘導減衰をいくつか重ね合わせた時に観測されるものである.

のラジオ波の位相が同期していない自由誘導減衰を多く集め平均化する必要がある.

4.7.1.2 連続フーリエ2重共鳴

最初のラジオ波パルスの後に2重共鳴照射を行なうのでなく, ラジオ波パルスを働かせる前から連続的な2重共鳴照射を行なって系を定常状態にすること

4.7 フーリエ2重共鳴

もできる．この場合，パルス直前の状態は分布が摂動を受けているとともにコヒーレントな成分を含み，このためさらにラジオ波パルスの時刻での位相差 φ_0 に依存する位相や強度の異常性を生じる．少なくとも原理的には，パルス前の定常状態は

$$\sigma^{(2)}(0_-) = \{i\hat{\hat{\mathscr{H}}}^{(2)} + \hat{\hat{\Gamma}}\}^{-1}\hat{\hat{\Gamma}}\sigma_0$$

の式から計算できる．ここで $\hat{\hat{\mathscr{H}}}^{(2)}$ は回転系 $F^{(2)}$ でのハミルトニアンの交換子を表わし，$\hat{\hat{\Gamma}}$ は緩和超演算子を表わす．

ラジオ波パルスを同期させないで信号を平均化すると，$\sigma^{(2)}(0_-)$ のコヒーレントな成分は相殺される．しかし，摂動を受けている分布によるオーバーハウザー効果により強度は変化する．さらに，非平衡系に非選択的パルスを働かせると $\Delta M_{rs} = M_r - M_s = \pm 1$ の非対角要素 $\sigma(0)_{rs}$（オブザーバブルな磁化）を作る以外に，ゼロや多量子コヒーレンス（$\Delta M_{rs} = 0, \pm 2, \pm 3$）もできる．

ラジオ波パルスを働かせる直前に2重共鳴照射を止めると，ティックリングやデカップリング効果により乱されない純粋な核オーバーハウザー効果を観測することができる．

4.7.2　結合した二つの $I = 1/2$ スピンのフーリエ2重共鳴

4.7.2.1　強結合

強結合系や照射多重分裂が観測されるような弱結合系において，フーリエ2重共鳴の特徴がはっきりする．強度が位相差 φ と周波数対 $\{(\omega_2 - \omega_{kl}),(\omega_2 - \omega_{lk})\}$ にどのように依存するかを示すために，適度に弱い結合（$\Delta\Omega/2\pi J = 4$）の $I = \frac{1}{2}$ の2スピン系について2重共鳴スペクトルを計算した．図4.7.2では，角 φ にともなう強度変化の範囲を水平な線で示し，中央の点が位相に依存しない部分を示す．

適度なラジオ波強度（$\gamma B_2/(2\pi) = J/2$）では，照射された遷移 (1, 2) に結びついた遷移 (2, 4) と (1, 3) は2重線に分裂する．ω_2 に関して対称的な

2対のシグナルが見え，さらに ω_2 近傍のシグナル強度だけが位相に依存していることがわかる．ラジオ波強度を $\gamma B_2/(2\pi)=4J$ まで大きくすると，5対のシグナル強度が位相に強く依存するようになる．周波数116Hz と -87Hz にある第6番目の対の強度は観測できないほど小さい．強いラジオ波による摂動では φ にともなう変動が顕著になるのは明らかである．

非同期のラジオ波パルスによるFIDを加え合わせて得られるスペクトルの強度は，連続波（CW）2重共鳴実験で得たものと等価であることに気づくのは重要である．ただしその場合，遅い通過の観測中に生じるかもしれないオーバーハウザー効果は無視している．

4.7.2.2 弱結合

弱結合の二つのスピン $\frac{1}{2}$ の系を考える場合，2重共鳴スペクトルを計算するためには Bloom と Shoolery の簡単な方法（4.268）を使えば十分である．式（4.7.16）で予測された鏡像の周波数対 $(\omega_2-\omega_{kl})$, $(\omega_2-\omega_{lk})$ の物理的起原は以降で明らかになる．

A スピンへの直接の影響を無視するように B スピンのラーモア周波数の近傍に2重共鳴のラジオ波を働かせる．このとき $F^{(2)}$ の座標系でハミルトニアンは単純化でき

$$\mathcal{H}^{(2)} = (\Omega_A - \omega_2)I_{Az} + (\Omega_B - \omega_2 + 2\pi J I_{Az})I_{Bz} - \gamma_B B_2 I_{Bx} \quad (4.7.17)$$

となる．

図4.7.3に示すように，スピンAの各磁気量子数 M_A についてスピンBへ働く有効磁場 $\mathbf{B}_{\text{eff}}(M_A)$ を定義する．この磁場は z 軸と

$$\theta(M_A) = \tan^{-1}\{-\gamma_B B_2/(\Omega_B - \omega_2 + 2\pi J M_A)\} \quad (4.7.18)$$

の角度をなして傾いており，その強度は

$$\gamma_B B_{\text{eff}}(M_A) = \{(\Omega_B - \omega_2 + 2\pi J M_A)^2 + (\gamma_B B_2)^2\}^{1/2} \quad (4.7.19)$$

4.7 フーリエ2重共鳴

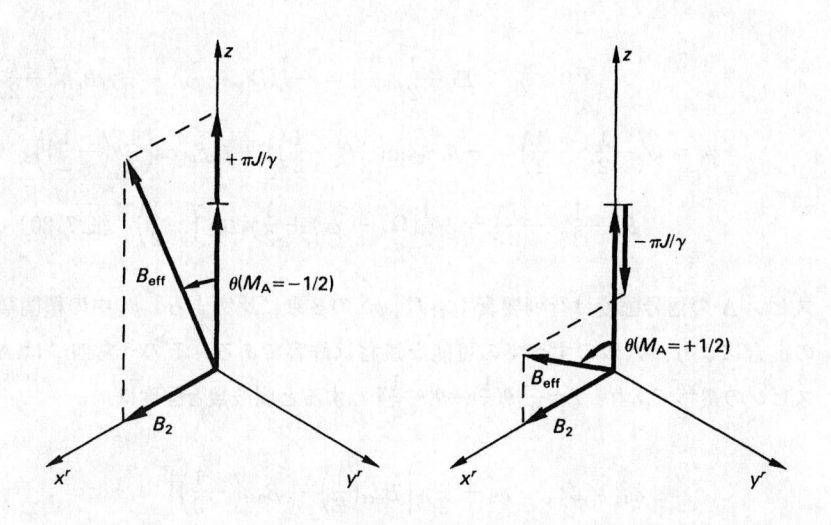

図 4.7.3 弱結合2スピン系での2重共鳴. 実験室系に対し2重共鳴周波数 ω_2 で回転している座標系で, 照射されたスピンBは, 核Aのスピン量子数 $M_A = \pm \frac{1}{2}$ に強度や方向が依存する有効磁場 $B_{eff}(M_A)$ に沿って量子化されている.

である. 重要な点は $\mathbf{B}_{eff}$ はA核の分極に依存して二つあることである. つまり, 有効磁場は $M_A = +\frac{1}{2}$ と $-\frac{1}{2}$ について一つずつあり, 強度も方向も互いに異なっている.

Bスピンがこれら有効磁場の一つに沿って量子化されている時, 回転系 $F^{(2)}$ で固有状態 $\Psi(M_A, M_B)$ とエネルギー $E(M_A, M_B)$ は次のようになる.

$$\psi_1 = \psi\left(\frac{1}{2}, \frac{1}{2}\right) = \alpha_A \alpha_B \cos\left(\frac{1}{2}\theta\left(\frac{1}{2}\right)\right) + \alpha_A \beta_B \sin\left(\frac{1}{2}\theta\left(\frac{1}{2}\right)\right)$$

$$E\left(\frac{1}{2}, \frac{1}{2}\right) = \frac{1}{2}(\Omega_A - \omega_2) - \frac{1}{2}\gamma_B B_{eff}\left(\frac{1}{2}\right)$$

$$\psi_2 = \psi\left(\frac{1}{2}, -\frac{1}{2}\right) = -\alpha_A \alpha_B \sin\left(\frac{1}{2}\theta\left(\frac{1}{2}\right)\right) + \alpha_A \beta_B \cos\left(\frac{1}{2}\theta\left(\frac{1}{2}\right)\right)$$

$$E\left(\frac{1}{2}, -\frac{1}{2}\right) = \frac{1}{2}(\Omega_A - \omega_2) + \frac{1}{2}\gamma_B B_{eff}\left(\frac{1}{2}\right)$$

$$\psi_3 = \psi\left(-\frac{1}{2}, \frac{1}{2}\right) = \beta_A \alpha_B \cos\left(\frac{1}{2}\theta\left(-\frac{1}{2}\right)\right) + \beta_A \beta_B \sin\left(\frac{1}{2}\theta\left(-\frac{1}{2}\right)\right)$$

$$E\left(-\frac{1}{2}, \frac{1}{2}\right) = -\frac{1}{2}(\Omega_A - \omega_2) - \frac{1}{2}\gamma_B B_{\text{eff}}\left(-\frac{1}{2}\right)$$

$$\psi_4 = \phi\left(-\frac{1}{2}, -\frac{1}{2}\right) = -\beta_A \alpha_B \sin\left(\frac{1}{2}\theta\left(-\frac{1}{2}\right)\right) + \beta_A \beta_B \cos\left(\frac{1}{2}\theta\left(-\frac{1}{2}\right)\right)$$

$$E\left(-\frac{1}{2}, -\frac{1}{2}\right) = -\frac{1}{2}(\Omega_A - \omega_2) + \frac{1}{2}\gamma_B B_{\text{eff}}\left(-\frac{1}{2}\right) \quad (4.7.20)$$

スピン A の信号強度は行列要素 $\langle \psi_i | I_A^+ | \psi_j \rangle$ の 2 乗に比例する．ψ_k 中の積関数の混合により，六つのすべての可能な遷移は許容である．そのうち四つは A スピンの遷移であり，$\xi = \frac{1}{2}\{\theta(\frac{1}{2}) - \theta(-\frac{1}{2})\}$ とすると周波数と強度は，

$$\omega_{13}^{(2)} = \Omega_A - \omega_2 - \frac{1}{2}\gamma_B\left\{B_{\text{eff}}\left(\frac{1}{2}\right) - B_{\text{eff}}\left(-\frac{1}{2}\right)\right\}$$

$I_{13} \propto \cos^2\xi$

$$\omega_{24}^{(2)} = \Omega_A - \omega_2 + \frac{1}{2}\gamma_B\left\{B_{\text{eff}}\left(\frac{1}{2}\right) - B_{\text{eff}}\left(-\frac{1}{2}\right)\right\}$$

$I_{24} \propto \cos^2\xi$

$$\omega_{14}^{(2)} = \Omega_A - \omega_2 - \frac{1}{2}\gamma_B\left\{B_{\text{eff}}\left(\frac{1}{2}\right) + B_{\text{eff}}\left(-\frac{1}{2}\right)\right\}$$

$I_{14} \propto \sin^2\xi$

$$\omega_{23}^{(2)} = \Omega_A - \omega_2 + \frac{1}{2}\gamma_B\left\{B_{\text{eff}}\left(\frac{1}{2}\right) + B_{\text{eff}}\left(-\frac{1}{2}\right)\right\}$$

$I_{23} \propto \sin^2\xi \quad (4.7.21)$

となる．A スピンの遷移の間，B スピンの量子化軸の方向と有効磁場 $B_{\text{eff}}(M_A)$ の大きさが変わる．実験系での周波数は $\omega_{ij}^L = \omega_{ij}^{(2)} + \omega_2$ である．

　スピン・ティックリングの場合，照射周波数 ω_2 は B スピンの遷移と共鳴して，たとえば $\Omega_B + \pi J - \omega_2 = 0$ であり，またラジオ波強度は $|\gamma B_2| \ll |2\pi J|$ である．式 (4.7.18) と式 (4.7.19) より

$$\theta\left(\frac{1}{2}\right) = \frac{\pi}{2}, \quad \theta\left(-\frac{1}{2}\right) \approx 0, \quad B_{\text{eff}}\left(\frac{1}{2}\right) = B_2, \quad B_{\text{eff}}\left(-\frac{1}{2}\right) = 2\pi J/\gamma_B$$

4.7 フーリエ2重共鳴

であることがわかる．この場合，強度はすべて 1/2 に等しく，四つの周波数は

$$\omega^{\text{L}} = \Omega_{\text{A}} \pm \pi J \pm \frac{1}{2}\gamma B_2 \qquad (4.7.22)$$

である．このように，Aスピン共鳴線は分裂パラメーター γB_2 で二重線へ分裂する．このことは続く節でより一般的に議論する．

　照射されたBスピンの周波数を知るためには，図4.7.3で示した有効磁場 $B_{\text{eff}}(M_{\text{A}}=\pm\frac{1}{2})$ のまわりでの磁化ベクトル $\mathbf{M}_{\text{B}}=(M_{\text{B}x}, M_{\text{B}y}, M_{\text{B}z})$ の古典的運動を考えれば十分である．その運動を実験室系へ変換すると，Bスピン磁化の y 成分については，$\alpha=\omega_2 t$ と $\gamma=-\gamma_{\text{B}} B_{\text{eff}}(M_{\text{A}})t$ とすると

$$\begin{aligned}
M_{\text{B}y}^{\text{L}}(t) &= \frac{1}{2}[1 + \cos\theta(M_{\text{A}})]\{\sin(\alpha + \gamma)[\cos\theta(M_{\text{A}})M_{\text{B}x}(0) \\
&\quad - \sin\theta(M_{\text{A}})M_{\text{B}z}(0)] + \cos(\alpha + \gamma)M_{\text{B}y}(0)\} \\
&\quad + \frac{1}{2}[1 - \cos\theta(M_{\text{A}})]\{\sin(\alpha - \gamma)[-\cos\theta(M_{\text{A}})M_{\text{B}x}(0) \\
&\quad + \sin\theta(M_{\text{A}})M_{\text{B}z}(0)] + \cos(\alpha - \gamma)M_{\text{B}y}(0)\} \\
&\quad + \sin\theta(M_{\text{A}})\sin\alpha[\sin\theta(M_{\text{A}})M_{\text{B}x}(0) + \cos\theta(M_{\text{A}})M_{\text{B}z}(0)]
\end{aligned}$$
$$(4.7.23)$$

となる．これから三つの歳差周波数

$$\omega_{\text{B}} = \omega_2$$

と

$$\omega_{\text{B}}(M_{\text{A}}) = \omega_2 \mp \gamma_{\text{B}} M_{\text{eff}}(M_{\text{A}}) \qquad (4.7.24)$$

があることがすぐわかる．M_{A} が二つの値をとりうることを考慮すると，スペクトルのBの部分には合計5本の共鳴線が観測されることがわかる（図4.7.2

(b)).

　Bスピンのスペクトルで5本の共鳴線が生じることは，図4.7.3で有効磁場 $\mathbf{B}_{\text{eff}}(M_A=\pm\frac{1}{2})$ の一つのまわりでの磁化 $\mathbf{M}_B$ の運動を考えることで理解できる．$\mathbf{M}_B(t)$ の軌跡を $x^r y^r$ 面へ射影すると原点から変位した，だ円になる．実験室系ではだ円の中心からのずれに相当する $\mathbf{M}_B(t)$ の成分は ω_2 で回転し，だ円運動は周波数 $\omega_2\pm\gamma B_{\text{eff}}(M_A=\frac{1}{2})$ と $\omega_2\pm\gamma B_{\text{eff}}(M_A=-\frac{1}{2})$ で互いに反対に回転する成分へ分解できる．この単純な描写を使って2対のサテライトの相対強度を予測することができる．$t=0$ でのラジオ波パルスと2重共鳴との位相 φ_0 を $\varphi_0=0$ に設定すると，式（4.7.23）から強度比は

$$r(M_A)=\frac{I[(\omega_2-\gamma_B B_{\text{eff}}(M_A)]}{I[(\omega_2+\gamma_B B_{\text{eff}}(M_A)]}=\frac{1+\cos\theta(M_A)}{1-\cos\theta(M_A)} \quad (4.7.25)$$

となり，理論や実験結果に一致している（4.263-4.265）．一方，位相が同期していない実験結果を十分な回数加え合わせると，その比は

$$r(M_A)=\frac{[1+\cos\theta(M_A)]^2}{[1-\cos\theta(M_A)]^2} \quad (4.7.26)$$

となり実験と一致する．後者の強度比は，摂動を受けた遅い通過の連続波スペクトルでも観測される（4.264）．いま述べた二つの場合に対応するフーリエ2重共鳴の実験スペクトルを図4.7.4に示す．示した1スピン系では，$M_A=0$ で傾き角 θ は $\theta=\tan^{-1}\{-\gamma_B B_2/(\Omega_B-\omega_2)\}$ となる．式（4.7.25）と式（4.7.26）がこの場合にもあてはまり，観測された二つのサテライトの相対強度を説明できる．

4.7.3　スピン・ティックリング

　スピン・ティックリングの実験では，各共鳴線に選択的に摂動を与える（4.260, 4.261）．ラジオ波の強度は多重分裂に比べて弱いが，共鳴線の分裂を観測できるように線幅よりは強くする．スピン系での遷移の結びつきを明らか

4.7 フーリエ2重共鳴

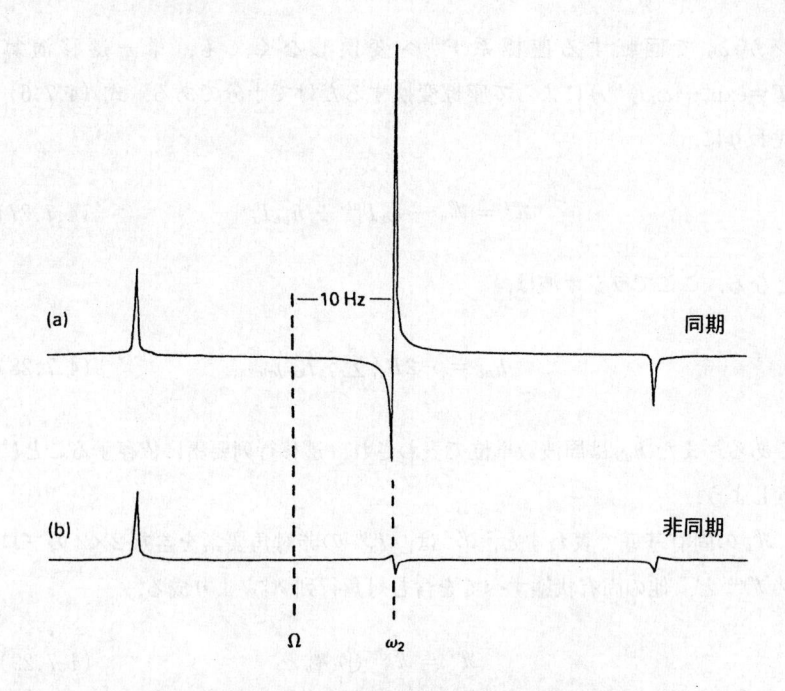

図 4.7.4 1スピン系のフーリエ2重共鳴実験. ラーモア周波数 Ω から 10Hz ずらして振幅 $\gamma B_2/2\pi = 23$Hz のラジオ波場 ω_2 を照射する. (a)では，ラジオ波パルスは2重共鳴場と位相が同期しているが, (b)では同期していない. 積算回数64.（文献4.264より）

にするために，この実験を用いることができる．

オーバーハウザー効果が生じるかもしれないことや照射された遷移のサイドバンドを別にすれば，フーリエ法と連続波法では同じティックリング・スペクトルが得られる．二つのラジオ波の位相を同期させるかどうかは重要でない．したがって連続波ティックリングの理論をフーリエ実験に応用することができる．スピン・ティックリング効果の総合的な説明はフリーマン（Freeman）とアンダーソン（Anderson）(4.260) によって与えられている．ここでは，きわめて簡潔な表示，単一遷移演算子を用いて彼らの取り扱いを再定式化しよう (4.269).

2重共鳴場は遷移 (ab) だけに選択的に働くと仮定しよう．すべてのスピ

ンが ω_2 で回転する座標系 $F^{(2)}$ へ変換しなくても，単一遷移演算子 $T=\exp(-i\omega_2 I_z^{(ab)}t)$ によって座標変換するだけで十分である．式 (4.7.6) の代わりに，

$$\mathcal{H}^T = \mathcal{H}_0 - \omega_2 I_z^{(ab)} + h_{ab} I_x^{(ab)} \tag{4.7.27}$$

となる．ここでラジオ波は，

$$h_{ab} = -2B_2 (\sum_{k=1}^{N} \gamma_k I_{kx})_{ab} \tag{4.7.28}$$

である．また h_{ab} は周波数単位で表わされ，遷移行列要素に依存することに注意しよう．

$\mathcal{H}_0$ の固有基底で表わすと，$\mathcal{H}^T$ は，$I_x^{(ab)}$ の非対角要素を含む 2×2 のブロック $\mathcal{H}^{(ab)}$ と，他の固有状態すべてを含む対角行列 $\mathcal{H}_0^{(-)}$ より成る．

$$\mathcal{H}^T = \mathcal{H}^{(ab)} \bigoplus \mathcal{H}_0^{(-)} \tag{4.7.29}$$

$$\mathcal{H}^{(ab)} = \mathcal{H}_0^{(ab)} - \omega_2 I_z^{(ab)} + h_{ab} I_x^{(ab)} \tag{4.7.30}$$

$\mathcal{H}^{(ab)}$ を対角化すると，$\mathcal{H}^T$ の固有値は

$$\varepsilon_k = \mathcal{H}_{0kk}, \quad k \neq a, b$$
$$\varepsilon_{\alpha,\beta} = \frac{1}{2}(\mathcal{H}_{0aa} + \mathcal{H}_{0bb}) \mp \frac{1}{2}q \tag{4.7.31}$$

となる．パラメーター

$$q = \{(\omega_2 - \omega_{ab})^2 + h_{ab}^2\}^{\frac{1}{2}} \tag{4.7.32}$$

は遷移 (ab) に働く有効磁場強度の目安である．式 (4.7.31) 中添字のギリシャ字は $\mathcal{H}^T$ の固有基底を示しローマ字は $\mathcal{H}_0$ の固有基底を示す．

式 (4.7.31) 中の固有値の差を計算し，実験室系へ逆に変換することでティックリング・スペクトルは容易に予測できる．照射された遷移に結びつい

4.7 フーリエ2重共鳴

た遷移,つまり二つの準位 $|a>$ か $|b>$ のどちらかを含むものはティックリング2重線

$$\omega_{ac}^{\pm} = \mathcal{H}_{0aa} - \mathcal{H}_{0cc} + \frac{1}{2}(\omega_2 - \omega_{ab} \pm q)$$

$$\omega_{bd}^{\pm} = \mathcal{H}_{0bb} - \mathcal{H}_{0dd} - \frac{1}{2}(\omega_2 - \omega_{ab} \pm q) \qquad (4.7.33)$$

へ分裂するというのが,その主な結果である.その二つの共鳴線の相対強度は,

$$I_{ac}^{+}/I_{ac}^{-} = (1 - \cos\theta)/(1 + \cos\theta) \qquad (4.7.34)$$

であり,有効磁場と z 軸のなす角 θ は

$$\theta = \tan^{-1}[h_{ab}/(\omega_2 - \omega_{ab})] \qquad (4.7.35)$$

である.式(4.7.31)から導けるように,(ab) に結びついていない遷移は照射の影響を受けないでいる.照射された遷移自体は

$$\omega_{ab} = \omega_2, \qquad \omega_2 \pm q \qquad (4.7.36)$$

の周波数で3重線へ分裂する.

　ティックリング・スペクトルで共鳴線が分裂することは,それが照射された遷移と連結していることを意味するということの他に,ティックリング2重線の線幅(4.260)からその連結が前進的であるか後退的であるかを決めることができる.前進的な連結,つまり $M_c - M_b = 2$ の $(ca)-(ab)$ の場合には,連結がない単一量子遷移の場合に比べてティックリング2重線の線幅は大きいが,後退的な連結,つまり $M_a = M_a$ の $(ab)-(db)$ の場合には,分裂していない遷移に比べて2重線の線幅は小さい.

4.7.4　平均ハミルトニアン理論によるスピン・デカップリングの取扱い

　実験室系の修正ハミルトニアンでは2重共鳴実験中の系の運動は必ずしも記

述できない.しかし,強いラジオ波でのスピン・デカップリングについては有効ハミルトニアンを定式化することができ,平均ハミルトニアン理論を適用することができる.

回転系 F$^{(2)}$ のハミルトニアン,式 (4.7.6) から始めることができる.摂動 $\mathcal{H}_1(t)$ を 2 重共鳴相互作用 $-\gamma B_2 F_x$ とし $\mathcal{H}_0$ を $\mathcal{H}_0^T = \mathcal{H}_0 - \omega_2 F_z$ とすると,式 (3.2.28) のゼロ次の平均ハミルトニアンは,

$$\overline{\mathcal{H}}_0^{(0)} = \frac{1}{t_c}\int_0^{t_c} dt_1\, \tilde{\mathcal{H}}_0^T(t_1) \qquad (4.7.37)$$

ここで

$$\tilde{\mathcal{H}}_0^T(t) = U_1^{-1}(t)\{\mathcal{H}_0 - \omega_2 F_z\}U_1(t) \qquad (4.7.38)$$

$$U_1(t) = \exp\{+i\gamma B_2 F_x t\} \qquad (4.7.39)$$

である.式 (4.7.37) が成り立つために必要なサイクリック(循環)条件は,サイクル時間を

$$t_c = 2\pi/(\gamma B_2) \qquad (4.7.40)$$

と選ぶことによって満たすことができる.しかし,実際はほとんどのスピン・デカップリングではストロボ的なサイプリングは必要でない.次に,式 (4.7.37) を異種核スピン・デカップリングとオフ・レゾナンス・デカップリングに適用する.

4.7.4.1 異種核スピン・デカップリング

二つのスピン種 I と S があり,スカラー結合 $2\pi J_{kl}$ の双極子結合 a_{kl} がある場合,つまり

$$\mathcal{H}_0 = \mathcal{H}_I + \mathcal{H}_{IS} + \mathcal{H}_S \qquad (4.7.41)$$

ただし

4.7 フーリエ2重共鳴

$$\mathcal{H}_I = \sum_k \omega_{Ik} I_{kz} + \sum_{k<k'} \{2\pi J_{kk'} \mathbf{I}_k \mathbf{I}_{k'} + a_{kk'}[3I_{kz}I_{k'z} - \mathbf{I}_k \mathbf{I}_{k'}]\} \quad (4.7.42)$$

$$\mathcal{H}_{IS} = \sum_{k,l}(2\pi J_{kl} + 2a_{kl})I_{kz}S_{lz} \quad (4.7.43)$$

$$\mathcal{H}_S = \sum_l \omega_{Sl} S_{lz} + \sum_{l<l'} \{2\pi J_{ll'} \mathbf{S}_l \mathbf{S}_{l'} + a_{ll'}[3S_{lz}S_{l'z} - \mathbf{S}_l \mathbf{S}_{l'}]\} \quad (4.7.44)$$

であり $a_{kl} = b_{kl}\dfrac{1}{2}(1 - 3\cos^2\theta_{kl})$（式（2.2.18）と式（2.2.19）参照）であるようなハミルトニアンの系を考えよう．I スピンを照射し S スピンを観測するとしよう．この場合，I スピンだけに関して回転する座標系へ変換するだけで十分であり，つまり

$$\mathcal{H}_0^T = \mathcal{H}_0 - \omega_2 F_z, \quad \text{ここで} \quad F_z = \sum_k I_{kz} \quad (4.7.45)$$

である．式（4.7.37）からただちにゼロ次のハミルトニアンは

$$\overline{\mathcal{H}}_0^{(0)} = \mathcal{H}_S + \sum_{k<k'}\{2\pi J_{kk'}\mathbf{I}_k \mathbf{I}_{k'} - \frac{1}{2}a_{kk'}[3I_{kx}I_{k'x} - \mathbf{I}_k \mathbf{I}_{k'}]\} \quad (4.7.46)$$

となる．I スピン間のスカラー結合項は不変だが，I スピン双極子相互作用は x 軸に沿った強いラジオ波磁場に関して永年的（可換）な部分だけが残る．したがって双極子結合の係数 $a_{kk'}$ には $\left(-\dfrac{1}{2}\right)$ の因子を掛ける．平均ハミルトニアンには異種核結合や摂動のラジオ波の部分はもう現れない（4.7.7節も参照）．

高次の項を考慮して，マグナス（Magnus）展開の収束を調べることができる．I スピン間と S スピン間の結合が弱いとし，この議論では双極子相互作用を無視すると，1次と2次の項は，

$$\overline{\mathcal{H}}_0^{(1)} = \frac{1}{\gamma B_2}\{-\frac{1}{2}\sum_k Q_k^2 I_{kx} + \sum_{k\neq k'} 2\pi J_{kk'} Q_k I_{kx} I_{k'z}\} \quad (4.7.47)$$

$$\overline{\mathcal{H}}_0^{(2)} = \frac{1}{2(\gamma B_2)^2}\{\sum_k Q_k^3 I_{kz} + \frac{3}{2}\sum_{k\neq k'} 2\pi J_{kk'}[Q_k Q_{k'} I_{kx} I_{k'x} - Q_k^2 I_{kz} I_{k'z}]\}$$
$$(4.7.48)$$

となる. ただし

$$Q_k = (\omega_{Ik} - \omega_2) + \sum_l 2\pi J_{kl} S_{lz} \qquad (4.7.49)$$

とする. $\overline{\mathcal{H}_0^{(1)}}$ と $\overline{\mathcal{H}_0^{(2)}}$ には $S_{lz}I_{kx}$ と $S_{lz}S_{l'z}I_{kx}I_{k'x}$ の形の項があり，それにより横方向 S スピン・コヒーレンス S^+ は異種核多量子コヒーレンスへ変換される. 1 次と 2 次の項 $\overline{\mathcal{H}_0^{(1)}}$ と $\overline{\mathcal{H}_0^{(2)}}$ はゼロ次項 $\overline{\mathcal{H}_0^{(0)}}$ よりそれぞれ $2\pi J_{kl}/(\gamma B_2)$ と $[2\pi J_{kl}/(\gamma B_2)]^2$ の因子だけ小さい. したがってマグナス展開が早く収束する条件は単にデカップリング・ラジオ波が異種核結合より十分大きいこと $\gamma B_2 \gg 2\pi J_{kl}$, $2a_{kl}$ と $\gamma B_2 \gg |\omega_{Ik} - \omega_2|$ である. もしこれが満たされていると，高次項を無視し (4.7.46) 式のハミルトニアン $\overline{\mathcal{H}_0^{(0)}}$ だけ使うことを正当化できる.

4.7.4.2 オフ・レゾナンス・デカップリング

オフ・レゾナンス・デカップリングはスピン・スピン相互作用をスケーリングし，異種核スピン系の同定に使うことができる (4.270-4.272). 問題にする I スピンのスペクトルの外側に強いラジオ波を照射し部分デカップリングすると, I スピンの共鳴のオフセットに応じて S スピンの多重分裂はスケーリングされる. 平均ハミルトニアンを適用するためにはハミルトニアンを改めて定義する必要がある. 今度は I スピンの共鳴オフセット項を摂動演算子 $\mathcal{H}_1$ に含めて

$$\mathcal{H}_1 = \sum_k (\omega_{Ik} - \omega_2) I_{kz} - \gamma B_2 F_x \qquad (4.7.50)$$

とする. 非摂動ハミルトニアン $\mathcal{H}_0$ はこのとき,

$$\mathcal{H}_0 = \mathcal{H}_S + \mathcal{H}_{IS} + \mathcal{H}_{II} \qquad (4.7.51)$$

である. 図 4.7.5 に示すように, スピン I_k は異なった有効磁場 $\mathbf{B}_{\text{eff},k}$ に沿って量子化される. 新しく量子化された座標系の演算子 $I_{kz'}$, $I_{kx'}$ で I_{kz} を表わすと,

4.7 フーリエ2重共鳴

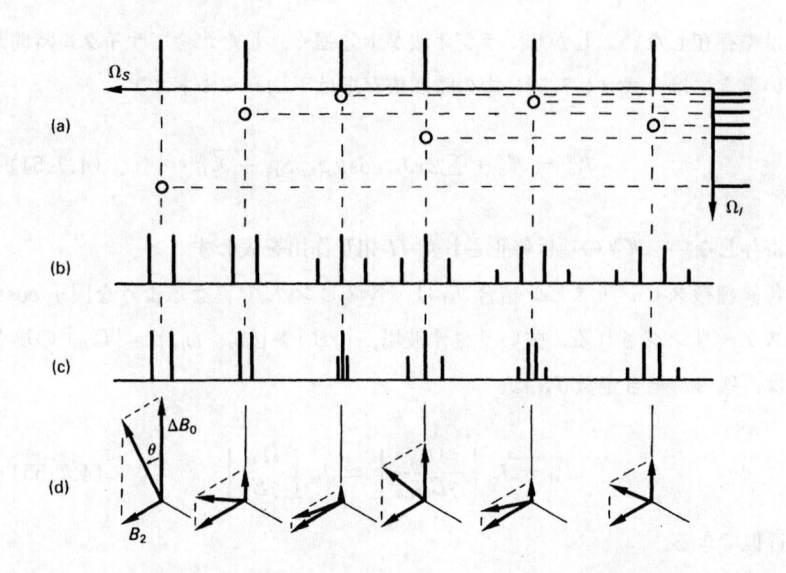

図 4.7.5 オフ・レゾナンス・デカップリングでの量子化．(a)異種核2次元相関スペクトルの模式図で(8.5.3節参照)，仮想的分子中の任意の六つの CH_n 基の炭素13の化学シフト Ω_{Sk} と水素核のシフト Ω_{Ik} を示している．(b)水素核と結合した炭素13のスペクトル．結合強度 J_{IS} がすべて同じと仮定した場合の二つの2重分裂と二つの3重分裂，二つの4重分裂．(c)オフ・レゾナンス・デカップリングをした場合の炭素13スペクトル．デカップリング周波数に対する結合した水素核のオフセットに依存してスケーリング因子が異なることを示している．(d)照射されたスピン I_k (陽子)は異なる有効磁場 $B_{\text{eff},k}$ に沿って量子化されている．これは，式(4.7.53)でその傾き角が θ_k になるラジオ波場 B_2 とオフセット場 $\Delta B_{0,k} = (\omega_2 - \omega_{Ik})/\gamma$ の結果である．

$$\tilde{\mathcal{H}}_0^T(t) = \mathcal{H}_S + \sum_{k,l} 2\pi J_{kl} S_{lz} [I_{kz} \cos\theta_k - I_{kx} \sin\theta_k \cos(\gamma_k B_{\text{eff},k} t)$$
$$- I_{ky} \sin\theta_k \sin(\gamma_k B_{\text{eff},k} t)] + \tilde{\mathcal{H}}_{II} \quad (4.7.52)$$

ただし

$$\theta_k = \tan^{-1}[\gamma B_2/(\omega_2 - \omega_{Ik})] \quad (4.7.53)$$

となる．すべてのスピンについてサイクリック条件を満たす単一の時間 τ_c は

もはや存在しない．しかし，ラジオ波が十分強く，したがってサイクル時間が短いときには，式 (4.7.52) 中の時間依存項は平均ハミルトニアン

$$\overline{\mathcal{H}}_0^{(0)} = \mathcal{H}_S + \sum_{k,l} 2\pi J_{kl} \cos\theta_k I_{kz'} S_{lk} + \overline{\mathcal{H}}_{II}^{(0)} \quad (4.7.54)$$

に寄与しない．$\overline{\mathcal{H}}_{II}^{(0)}$ の項は修正された II 相互作用を表わす．

各異種核スピン・スピン結合 J_{kl} は，各スピン I_k で異なるような因子 $\cos\theta_k$ でスケーリングされる．強いラジオ波場，$|\gamma B_2| \gg |(\omega_2 - \omega_{Ik})| = |\Omega_{Ik}|$ の場合には，残った結合定数 J_{kl}^r は

$$J_{kl}^r = J_{kl} \left| \frac{\Omega_{Ik}}{\gamma B_{\text{eff},k}} \right| \approx J_{kl} \left| \frac{\Omega_{Ik}}{\gamma B_2} \right| \quad (4.7.55)$$

と近似できる．

オフ・レゾナンス・デカップリングは複雑な ^{13}C スペクトルの同定のため広く使われてきた (4.273)．I スピン・スペクトルに対する照射周波数 ω_2 の位置を変えてスケーリング因子 $\cos\theta_k$ の変化を観測することによって，I スペクトルと S スペクトルの相関を決めることができる (4.272, 4.274)．しかし，8.5節で論じるように異種核2次元分光法を使ってより系統的であいまいさを残さず同じ情報を得ることができる．

多重パルス系列を用いて (4.275, 4.276) 異種核結合をすべて一様にスケーリングすることでオフ・レゾナンス・デカップリングに伴なうオフセット依存性を除くことができる．

4.7.5 時分割デカップリング

デカップリングに要するような強いラジオ波を用いると同種核実験では送信器と受信器間での漏れの問題が生じる．受信器への漏れを防ぐために時間分割デカップリングするのが一般的になってきた (4.277)．図4.7.6に示すように，サンプリング時間の間に幅 τ_p の短いラジオ波パルスにしてデカップリング磁場を働かせる．サンプリング時間を制限することによる感度の減少は，

4.7 フーリエ2重共鳴

$$r = \sqrt{\tau_S/\tau} \tag{4.7.56}$$

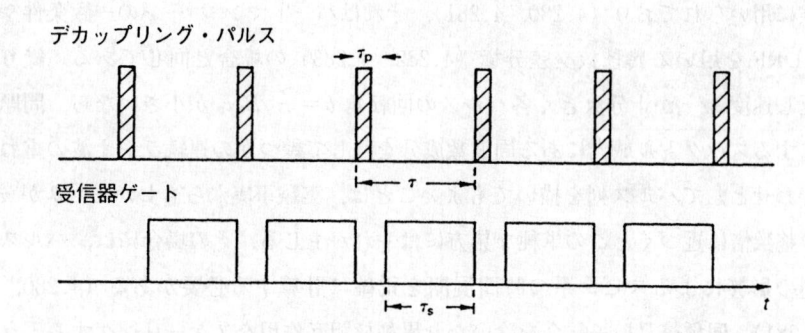

図 4.7.6 送信器と受信器が交互に働く時分割デカップリングの系列.

の因子で与えられるが，これはラジオ波パルスを十分短くすることで無視できる．

小さいフリップ角で速く繰り返すデカップリング列の効率を見積るためには，パルス列の周波数スペクトルを用いることができる．周波数 $\omega_n = \omega_2 + 2\pi n/\tau$, $n=0, \pm1, \pm2, \cdots$ でのパルスの変調サイドバンドの振幅 a_n は，B_p をラジオ波のピーク値とすると，

$$a_n = B_p \frac{\sin(\pi n \tau_p/\tau)}{\pi n} \tag{4.7.57}$$

となる．特に中央のラジオ波周波数 ω_2 にある振幅 a_0 は稼動率 (duty cycle) τ_p/τ だけで決まって

$$a_0 = B_p \frac{\tau_p}{\tau} \tag{4.7.58}$$

となり，これは時間平均したラジオ波強度となる．サンプリング速度が十分速いときには，問題にするスペクトル内には一つだけパルスの変調サイドバンドがあり，他のサイドバンドは近似的に無視できる．

関連するいくつかの実験でサイドバンドの影響は議論されている．パルス分割したラジオ波場は同種核スピン・ロッキング（4.278, 4.279）やADRF実験に用いられており（4.280, 4.281），それはハートマン-ハーンの一致条件やADRFを用いる異種核交差分極（4.282, 4.283）の場合と同じである．繰り返し速度 $1/\tau$ が十分大きく各パルスの回転角 $\theta = -\gamma B_p \tau_p$ が小さいなら，問題にするスペクトル域内にある周波数成分を残して幾つかの連続ラジオ波の重ね合わせとしてパルス列を描いてもよいことは，実験事実からもわかる．θ が π の整数倍に近づくとこの単純な見方にはずれが生じる．その場合には，パルス列の影響によるスピン系の時間展開を正確に計算する必要がある（4.280, 4.281）．同種核双極子結合を除いたり異種核相互作用をスケーリングするよう設計された多重パルスを評価するのには，この単純な周波数分析による見方は適当でない．

4.7.6 広帯域デカップリングと異種核相互作用のスケーリング

単色的なラジオ波を用いたスピン・デカップリングはラジオ波照射の共鳴オフセットには非常に敏感であり，そのため I スピン共鳴周波数が広帯域にわたるときにはデカップリングの効率は悪くなる．有機化学の実用的手段である炭素13に共鳴を発展させるためには，広帯域デカップリングの手法を導入することはきわめて重要である．最低のラジオ波出力で働くようにした手法を用いて試料温度が大きく上昇するのを避けることができる．

広帯域デカップリング技術の発展は，ノイズ・デカップリング法（4.65）をもってはじまった．この方法では，単位球面の回りに I スピンベクトルを無秩序に動かすために，パルス間隔をおかないランダムあるいは擬似ランダムな系列を使う．その働きは，I スピンが急速に緩和することや化学交換することと似ている．実際，ノイズ・デカップリング中には交換による広幅化や尖鋭化も生じる（4.65）．本当の交換や緩和過程では，各スピンの無秩序な運動は独立で，それは観測量についての完全な集団平均になっている．しかしそれと対照的に無秩序励起では，試料中のスピンはコヒーレントに動き，時間における

4.7 フーリエ2重共鳴

平均がデカップリング効果の原因になっている（4.1.6節参照）．

最初は，急速で擬似ランダムな位相反転が無秩序な照射をするために使われた（4.65）．ラジオ波の矩形（square-wave）変調やチャープ（chirp）変調なども含めて今までに変調法が数多く提案されてきたが（4.262, 4.284, 4.285），ノイズ・デカップリングの性能を大きく上まわるものはなかった．

問題にする共鳴周波数をカバーする十分広い周波数スペクトルを作り出せば十分であるという仮定に基いて，これらの変調法は作られてきた．そのような議論はスピン系の線形応答を暗に仮定していて，非線形的効果は部分的にだけ考慮されていた（4.65）．しかし，そのような取り扱いでは，2π パルスのもとでの不変量といったスピンの変換に関する本当の性質を利用することができない．したがってこれらの変調法が理想的なデカップリング効率に達していなくても驚くには当たらない．

4.7.6.1 多重パルス・デカップリング技術

周波数スペクトルの議論に基づかない新しい考え方により，格段に向上したデカップリング効率を持つ技術が発展した（4.109-4.116）．複合（composite）パルスからなる系列を適用することにより（4.2.7節参照），限られたラジオ波出力で広い周波数帯域にわたって一様なデカップリングをすることが可能になった．そのようなパルスを設計するとき特に重要なことは4.2.7.7節で議論したサイクリックな性質と拡張の方法である．（4.2.73）式のMLEV-16と（4.2.78）式のWALTZ-16は非理想的な挙動を高次まで相殺して補償する．WALTZ系列はその性能が180°位相シフト精度にそれほど左右されないという点で実用的であるが，MLEV法は90°位相シフトの正確さに依存している．MLEV-64とさまざまな変調法の効率の比較を図4.7.7に示す．

4.7.6.2 異種核結合のスケーリング

場合によっては完全なデカップリングは望ましくない，それは異種核結合の大きさと多重度に関する情報が失なわれるからである．一様な因子で多重分裂

がスケーリングできたら，重なり合っている多重線を分離してなおかつそのような情報を失うことがない．スケーリング技術はオフレゾナンス・デカップリングに代わるべきものと見ることができる (4.7.4.2節)．同じ情報は2次元分離法でも得ることができる (7.2.2節)．

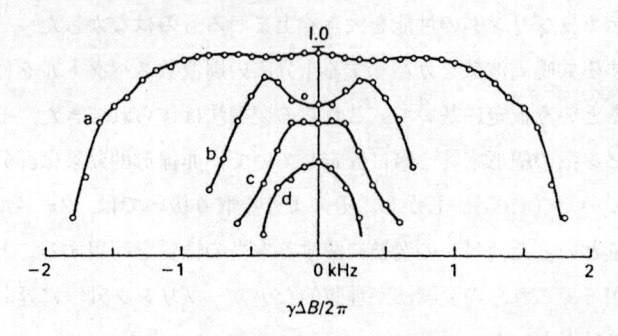

図 4.7.7 デカップリングされる核のオフセット依存性として表わした，さまざまなデカップリング方式の性能．実験値は水素核をデカップリングした炭素13シグナルの高さを示しており，これによって線を尖鋭化できる効率がわかる．デカップリング場の振幅はすべて $\gamma B_2/(2\pi)=1.5\mathrm{kHz}$ である．(a) 式 (4.2.55) の複合反転系列 $R=(\pi/2)_0(\pi)_{\pi/2}(\pi/2)_0$ を用いた MLEV-64系列．(b) 周波数掃引矩形位相変調．(c) 100Hz の矩形位相変調．(d) 1kHz クロック速度のノイズ・デカップリング．（文献4.112より）

多重パルス法で異種核多重分裂の一様なスケーリングを行うことができる (4.275, 4.288)．これらの方法は，液体での化学シフトのスケーリング（「化学シフトのアコーディオン (chemical shift concertina)」）のためにエレット (Ellett) とウォー (Waugh) により提案されたパルス列 (4.286) や，マジック角回転の関連で化学シフトのスケーリングのために最近導入されたパルス列 (4.287) と関係がある．任意のスケーリング因子について2パルス系列が最適化されていて，「結合」と「分離」のパルス系列となっている (4.275)．

さらに最近では，ラジオ波強度の不均一性に対する敏感さやオフセット領域でのスケーリング因子の一様性などの点で，複合パルスを用いるとスケーリング実験の性能を著しく改善できることが示されている (4.276)．

4.7.7 デカップリングの幻覚

理想的な条件下では 2 重共鳴によって I と S スピンを完全にデカップリングすることが可能で，この場合 S スピン・スペクトルには I スピンの存在や照射したラジオ波の影響は現れない．したがってハミルトニアン

$$\mathcal{H}(t) = \mathcal{H}_{ZI} + \mathcal{H}_{II} + \mathcal{H}_{IS} + \mathcal{H}_{ZS} + \mathcal{H}_{SS} + \mathcal{H}_{I}^{\text{r.f.}}(t) \quad (4.7.61)$$

で，I スピンを含む項をすべて除いて単純化して，有効ハミルトニアン

$$\mathcal{H}_S = \mathcal{H}_{ZS} + \mathcal{H}_{SS} \quad (4.7.62)$$

としたくなる．以下に示すように，この単純化は必ずしも正しいとは限らない (4.289, 4.290)．

簡単のために連続照射によるデカップリングを考えよう．平均ハミルトニアン理論つまり摂動論を用いて，平均ハミルトニアン

$$\overline{\mathcal{H}} = \mathcal{H}_S + \overline{\mathcal{H}}_I \quad (4.7.63)$$

ただし

$$\overline{\mathcal{H}}_I = \mathcal{H}_{II} + \mathcal{H}_{I}^{\text{r.f.}} \quad (4.7.64)$$

を導くことができる．ここでは I スピン項はラジオ波周波数の回転系で表わす．式 (4.7.46) とは対照的に摂動項 $\mathcal{H}_{I}^{\text{r.f.}}$ は一般に残る．それは摂動がサイクリックであるとかサンプリングがストロボスコープ的であるとかを，式 (4.7.40) のように仮定できないからである．$\mathcal{H}_{ZI}$ や $\mathcal{H}_{IS}$ のような摂動と「直交」する項だけが抑えられる．

どのような条件下で $\overline{\mathcal{H}}_I$ は無視できるのかという疑問が起こる．図4.7.8の一般的な場合を考えよう．I スピンデカップリングをする前に，時間 τ_p のある特別な励起パルス系列でスピン系を初期状態 $\sigma^{(0)}$ にして準備する．期間 τ_d での密度演算子の変化を知るためにそれを変換するのではなく，期間 τ_d で働

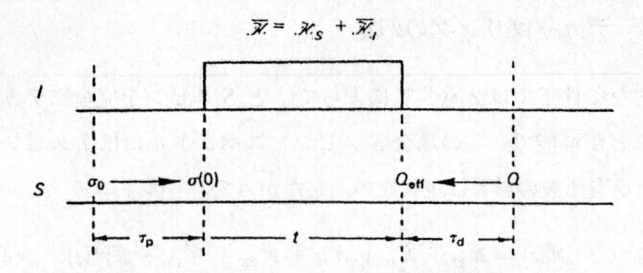

図 4.7.8 デカップリングの幻覚が現われやすい異種核実験. デカップリング期 t は, デカップリングしない期間 τ_p の後および期間 τ_d の前にある. 初期密度演算子を $\sigma(0)$ で表わし, 有効オブザーバブルは Q_{eff} で表わす.

く推進演算子 P で

$$Q_{\text{eff}} = P^{-1}QP \qquad (4.7.65)$$

となる変換された有効オブザーバブル Q_{eff} をここでは用いる. Q の期待値は

$$\langle Q \rangle(t) = \text{tr}\{Q_{\text{eff}} \exp(-i\mathcal{H}_s t)\exp(-i\overline{\mathcal{H}}_I t)\sigma(0)$$
$$\times \exp(i\overline{\mathcal{H}}_I t)\exp(i\mathcal{H}_s t)\} \qquad (4.7.66)$$

となる.

巡回置換してもトレースの値は変わらないことを用いて,

$$(1) \quad [\overline{\mathcal{H}}_I, \sigma(0)] \neq 0$$
$$(2) \quad [\overline{\mathcal{H}}_I, Q_{\text{eff}}] \neq 0 \qquad (4.7.67)$$

の二つの条件が同時に満たされると $\overline{\mathcal{H}}_I$ は期待値 $\langle Q \rangle(t)$ の時間発展に影響を与えることが, 式 (4.7.66) よりただちにわかる (4.289, 4.290). したがって, 初期密度演算子 $\sigma(0)$ あるいは有効オブザーバブル Q_{eff} が $\overline{\mathcal{H}}_I$ と可換なときにだけ, 項 $\overline{\mathcal{H}}_I$ を落として式 (4.7.62) の単純化したハミルトニアン $\overline{\mathcal{H}} = \mathcal{H}_s$ を用いることが正当化される. $\overline{\mathcal{H}}_I$ は純粋な I スピンのハミルトニアンなので, $\overline{\mathcal{H}}_I$ を働かせるためには $\sigma(0)$ と Q_{eff} はともに I スピン演算子を含んでいなけ

4.7 フーリエ2重共鳴

れればならない.

　デカップリングの幻覚にもっとも陥りやすいのは，反位相コヒーレンスの初期状態 $\sigma(0)$

$$\sigma(0) = 2S_x I_z \qquad (4.7.68)$$

のときであり，これは時間 $\tau_p = 1/(2J_{SI})$ のあいだ異種核 τ 結合の下で自由歳差させて作ることができる．スピン・デカップリングを行っている間，この反位相コヒーレンスは反位相 S スピン・コヒーレンス $2S_x I_z$ と異種核2スピン・コヒーレンス $2S_x I_y$ の間を周波数 $\omega_{1I} = -\gamma_I B_{1I}$ で振動する．

$$\sigma(t_d) = 2S_x I_z \cos\omega_{1I} t - 2S_x I_y \sin\omega_{1I} t \qquad (4.7.69)$$

振動周波数は用いたラジオ波強度に比例する．不均一なラジオ波であると反位相多重コヒーレンスは速く減衰する．なお，式(4.7.69)の項 $2S_x I_z$ はデカップリングをしないときだけ観測できる．この型の2次元実験は簡単に思いつく (4.289-4.291). たとえば球面あるいは平面上でのランダム化を利用した実験のように (4.290, 4.292)，場合によってはこの効果を望ましくない成分を抑えるために使うこともできる．II 間に相互作用がある場合にはさらに複雑になるかもしれない．

第5章

多量子遷移

多量子遷移はより簡単に観測できる1量子遷移のために,今までしばしば軽視されてきた.磁気共鳴の多くの伝統的教科書では,1量子遷移の腹違いの兄弟のことを述べることはめったにない.従来からの遅い通過の手法によっても多量子遷移の観測は可能であるけれども,それはいばらの道であり,少数の分光学者のみがあえて眠れる美女に生命を与えたのである.それらの勇敢な科学者とは,Yatsiv (5.1) や Freeman, Anderson そして Reilly (5.2) である.

フーリエ分光法が導入されても情況はあまり進展しなかった.それどころか,フーリエ分光法の一つの基本法則では,1量子コヒーレンスのみが直接に観測できると定められている.しかしながら,まもなく間接検出法によってすべての次数の多量子コヒーレンスが,きれいにかつ手軽に観測できることがわかった.この方法は2次元分光法の特別な場合であると考えられている.2次元分光法は多量子分光法に真のルネッサンスを起こしたのである.過去数年の間に,この方面への多くの寄与が,端 (5.3-5.6), Pines (5.7-5.21), Ernst (5.22-5.41), Vold (5.42-5.47), Freeman (5.48-5.56), Vega (5.57-5.59) の研究グループによって行なわれ,Bodenhausen (5.60) や Weitekamp (5.61) は多量子遷移 NMR に関する総説を書いている.

2次元多量子遷移 NMR の技術面に関する議論は8.4節まで延ばすことにする.この章では,観測を望ましいものにする,多量子遷移の基本的な性質について議論する.興味深いいくつかの特徴を以下にまとめよう.

1. **等方相における $I=1/2$ スピンの系**. 液体中の,スカラー結合を持つスピン 1/2 の系では,多量子周波数はエネルギー準位図のトポロジーに関する情報を含んでいる.その情報の内容は二重共鳴の実験から得られるものと類似している.たとえば,その情報から結合定数の相対符号の決定,磁気的に等価

なスピンの同定，そして $J_{AX}=0$ の AMX 型の線型結合ネットワークの解析 (5.37) が可能となる．

 2．**配向相における $I=1/2$ スピンの系．** 双極子結合をもつスピン 1/2 の系（液晶中の溶質など）の 1 量子スペクトルは，たいていの場合非常に複雑であり，複雑に重なり合っている．高次の多量子スペクトルは，はるかに少ない遷移数しか含んでいないので，観測可能な線の数を未定のパラメーター（核間距離，結合角や配向度）の数と釣り合わせることが可能である (5.12)．

 3．**配向相における $I>1/2$ スピンの系．** 適当な条件下で，ある多量子遷移は核四極子相互作用にあまり敏感ではない．これらの遷移により，1 量子遷移では，ずっと強い核四極子相互作用のために，通常隠されてしまうようなスペクトルの特徴が観測できる．この性質は重水素 2 量子分光法 (5.7, 5.8) や窒素-14 2 量子分光法 (5.27, 5.30) において利用されている．

 4．**緩和．** 多量子コヒーレンスの横緩和速度（特に線幅への断熱的な寄与）は，緩和過程を特徴づけるパワースペクトル密度に関する情報を含んでいる．多量子遷移により，異なった核に作用する緩和機構の相関を明らかにすることができる．このことは，1 量子スペクトルからは必ずしも決定できない (5.13, 5.25, 5.42-5.45)．

 5．**不均一な線幅増加の欠如．** 興味あるもう一つの特徴は，磁場の不均一性に対してゼロ量子コヒーレンスはあまり敏感でないということであり，このことは不均一な磁場で高分解能スペクトルを得るのに利用される (5.22, 5.23)．

 6．**デカップリング．** 2 量子遷移は，重水素や窒素-14 のような核四極子核をデカップリングするのにも重要である．デカップラーの周波数を 2 量子遷移に注意深く調整することにより，限られた r.f. パワーでもデカップリングすることが可能になる (5.62-5.64)．

 今日，多量子分光法はその神秘的なベールをぬぎ，パルス法の欠くことのできない構成部分になっている．この理由から，興味ある多くの問題を引き続く 6-9 章に集めた．多量子秩序（オーダー）を通してのコヒーレンス移動につ

5.1 遷移の数

いては6.3節で議論する．これは多量子フィルタリングに利用されている（8.3.3節）．2次元多量子分光法は8.4節で詳しく取り扱う．多量子コヒーレンスは9.4節で説明するように，2D交換型の実験においてはニセの信号を生じる．一方，交換ネットワークの研究に多量子秩序を利用することができる（9.4.3節）．

この章では，多量子分光法のより基本的な側面について述べてみよう．まず種々の系で期待される遷移の数を簡単に議論しよう（5.1節），そして5.2節では伝統的な連続波（CW）による多量子NMRの取り扱いを振り返ってみる．この方法の制約は2次元間接検出法によって大幅に取り除くことができる．多量子コヒーレンスを励起するためのいろいろな手法については5.3節で議論する．そして多量子コヒーレンスの横緩和については5.4節で議論する．

5.1 遷移の数

全体で Λ 個のエネルギー準位をもつ N 個のスピンよりなる一般的な系を考えてみよう．低磁場における研究や，非常に強い核四極子相互作用をもつ場合を除けば，ゼーマン相互作用はエネルギーに支配的な寄与をする．そして各固有状態 $|a\rangle$ はその全磁気量子数によって規定される．

$$M_a = \langle a|F_z|a\rangle, \qquad (5.1.1)$$

これは全スピン演算子

$$\mathbf{F} = \sum_{i=1}^{N} \mathbf{I}_i \qquad (5.1.2)$$

の z 成分の期待値として定義される．
M_a は $-L$, $-L+1$, ……, $L-1$, L のうち一つの値をとる．ここで全スピン量子数 L は構成核のスピン量子数の和である．

$$L = \sum_i \mathbf{I}_i. \qquad (5.1.3)$$

合計 $\begin{pmatrix}\Lambda\\2\end{pmatrix}$ 個の遷移が Λ 個の準位の間で可能である.これらの遷移は $p_{ab}=M_a-M_b$ なる磁気量子数変化に従って分類できる.この p_{ab} を遷移の次数と呼ぼう.$|p|=1$ の遷移は1量子遷移として知られており $1QT_s$ と略記する.同様に,2量子,3量子,そしてより高次の遷移は,それぞれ $2QT_s$,$3QT_s$ そして pQT_s と表記される.この中には特別の遷移がある.その遷移においては,遷移を起こす二つの準位が同じ磁気量子数 M をもつにもかかわらず連結されている.このゼロ量子遷移は ZQT_s と表記される.

弱く結合したスピン系において,スピン k の演算子 I_{kz} の量子数 M_k はよい量子数であり,固有状態 $|a>$ と $|b>$ の間の遷移はベクトル $|\Delta M_1, \Delta M_2, \cdots\cdots \Delta M_k \cdots\cdots \Delta M_N|$ で規定できる.この場合,q-スピン-pQT_s と表わされるような組合わせ線とは区別して記述できる.ここで q は,$\Delta M_k \neq 0$ を満たし能動的に関与しているスピンの数であり,磁気量子数全体の変化は $p=\sum \Delta M_k$ である.スピン $\frac{1}{2}$ の系に対して,$q=p, p+2, p+4, \cdots\cdots$ が成立する.

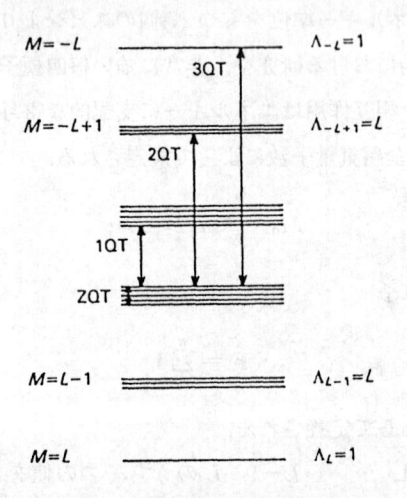

図5.1.1 合計 Λ 個のエネルギー準位をもつ多スピン系のエネルギー準位図.エネルギー準位は磁気量子数 M をもつ Λ_M 個の準位のグループに分けて配列されている.ゼロ量子遷移(ZQT_s),1量子遷移($1QT_s$),そして多量子遷移($2QT_s, 3QT_s$)の例が示されている.

5.1 遷移の数

6.3節で見るように，次数 p の符号を区別することがしばしば必要になる．特に，このことは，さまざまな次数を分離する実験手法の観点から重要である．この場合，固有状態 $|a>$ と $|b>$ の各ペアーに対応する二つのコヒーレンス（密度行列演算子の行列要素 σ_{ab} と σ_{ba}）を区別しなければならない．この二つのコヒーレンスは，それぞれ $p_{ab} = M_a - M_b$ と $p_{ba} = M_b - M_a = -p_{ab}$ に対応している．しかしながら，この節では正の次数 p に焦点を絞ぼり，それに対応する遷移の数を計算する．

Λ 個の準位をもつ系のエネルギー準位図は図5.1.1に示されている．状態の密度，すなわち遷移の数は中心において最多であることに注意しよう．ある値 M をもつエネルギー準位の数を記号 Λ_M で定義する．与えられた次数 p の遷移の数 Z_p は

$$Z_p = \sum_{M=-L}^{L-p} \Lambda_M \Lambda_{M+p}, \quad p = 1, 2, \cdots\cdots 2L \tag{5.1.4}$$

$$Z_0 = \sum_{M=-L+1}^{L-1} \binom{\Lambda_M}{2} \tag{5.1.5}$$

可能な限り最も大きな量子数変化，$|p| = 2L$ に対応する遷移の組は一本の遷移，$Z_{2L} = 1$ を含んでいるだけである．

N 個の非等価なスピン $\frac{1}{2}$ からなる系に対して

$$Z_p = \binom{2N}{N-p}, \quad p = 1, 2, \cdots\cdots, N \tag{5.1.6}$$

$$Z_0 = \frac{1}{2}\left\{\binom{2N}{N} - 2^N\right\} \tag{5.1.7}$$

の関係が得られる．6個以下の非等価なスピンを含んでいる系に対する遷移数は表5.1.1に示されている．次数 p が分離して観測できるとするならば（これは CW 多量子 NMR においては，5.2節で議論するように可能ではないが，6.3節で示すように間接的な2次元検出によって可能となる），この表から明ら

かなように，共鳴線の数は思いどおりに減少させることができる．

表 5.1.1 N 個の結合した $I=\frac{1}{2}$ スピンをもつ系における遷移の数（文献5.25から）．

スピン系	スピン数	遷移の数					
		ZQT	1QT	2QT	3QT	4QT	5QT	6QT
AB	2	1	4	1				
ABC	3	6	15	6	1			
A_2B	3	2	9	4	1			
ABCD	4	27	56	28	8	1		
A_2BC	4	13	34	18	6	1		
A_2B_2	4	5	20	12	4	1		
A_3B	4	4	16	9	4	1		
ABCDE	5	110	210	120	45	10	1	
A_2BCD	5	60	128	76	31	8	1	
A_2B_2C	5	30	78	48	21	6	1	
A_3BC	5	24	61	38	18	6	1	
A_3B_2	5	10	37	24	12	4	1	
ABCDEF	6	430	792	495	220	66	12	1
A_2B_2CD	6	138	296	195	96	34	8	1
A_3BCD	6	109	232	155	80	31	8	1
$A_2B_2C_2$	6	72	180	123	62	24	6	1
A_3B_2C	6	57	142	97	52	21	6	1
A_3B_3	6	21	68	48	28	12	4	1

このように，複雑なスペクトルを，決定したいパラメーターの数に適合させることが可能である．たとえば，等方的なスカラー結合をもつ5スピン系においては，原理的には五つの化学シフト値と10個の結合定数を決定するには45本の3量子スペクトルで十分である．同じ系の1量子スペクトルにはずっと多くの線が現われる．

磁気的に等価な核を含んでいる場合，遷移数は表5.1.1で示すように減少する．これらの数は，固有関数が集団スピン量子数で分類できることに注意すれば推定できよう（5.65, 5.66）．コヒーレンスを生じたり，共鳴線を観測するために使われるすべての外部磁場や電場は，分子の次元では均一であるので，対応する摂動演算子は等価な核の巡回に関して常に完全に対称である．その結果，異なった集団スピン量子数の状態間でコヒーレンスを誘起することは可能ではなく，スペクトルは部分スペクトルの重ね合せとして現われる（5.65, 5.66）．式 (5.1.4) と式 (5.1.5) とは各部分スペクトルに対しては有効であり，その結果を集団スピン量子数の可能なすべての組み合わせにわたって加算すれば，表5.1.1の遷移数が導ける．

5.2 連続波 NMR による多量子遷移の検出

高磁場でのよく知られている磁気共鳴の選択則は

$$\Delta M = \pm 1 \tag{5.2.1}$$

であり，これは時間に依存する1次の摂動理論から導かれる．十分に強い r.f.（ラジオ波）場 B_1 が照射される場合，摂動展開におけるより高次の項まで考慮する必要がある．これらの項は1次の選択則を破り，多量子遷移（MQT_s）の観測を可能にする．この一般則は次のようである．MQT_s は，いくつかの連結した1量子遷移が同時に強い r.f. 場で励起されているときにはいつでも観測できる．

MQT_s の CW 検出についての詳しい説明をここで行なうことはせず，8.4節と8.5節で述べるような間接検出の体系と比較するのに関係のある部分に焦点を絞ぼることにする．CW MQT 検出の基礎理論は Yatsiv (5.1) によって発展された．Bucci 等 (5.67) は，特に実際の計算に適した表記法を導入した．CW 多量子 NMR の高分解能液体状態分光法への応用は Anderson 等 (5.2)，Kaplan や Meiboom (5.68)，Cohen や Whiffen (5.69)，Musher (5.70)，そし

てMartin等 (5.71) によって行なわれた.

CW分光法における遷移は，一般に照射 r.f. 周波数 $\omega_{r.f.}$ で回転している座標系での二つのエネルギー準位の交差によって説明できる．二つのエネルギー準位の交差（または，実際には摂動の存在による回避交差）は，照射周波数 $\omega_{r.f.}$ の倍数が特定の遷移周波数に一致するときに生じる．実験室座標系での（周波数単位で測定した）一組のエネルギー固有値を $\{E_a\}$ と表記する．回転座標系で表わすと次の関係が得られる．

$$E_a^r = E_a - M_a \omega_{r.f.} \tag{5.2.2}$$

ここで M_a は状態 $|a>$ の磁気量子数である．二つの準位 $|a>$ と $|b>$ の交差は次の関係を意味する．

$$E_a^r - E_b^r = E_a - E_b - (M_a - M_b)\omega_{r.f.} = 0 \tag{5.2.3}$$

あるいは

$$\omega_{r.f.} = \omega_{ab}^{CW} = (E_a - E_b)/p_{ab} \tag{5.2.4}$$

ここで

$$p_{ab} = M_a - M_b.$$

このように，準位 $|a>$ と $|b>$ の間の遷移周波数 ω_{ab}^{CW} は，実験室系で表わしたエネルギー差 $E_a - E_b$ に等しく，このエネルギー差は磁気量子数の差 $M_a - M_b$ によって割られている．それゆえ，CW分光法ではMQT$_s$ は1QT$_s$ と同じ周波数帯域内に現われる．この情況を二つのスピン $\frac{1}{2}$ の系に対して図5.2.1で示した．

この図は，ゼロ量子遷移がCW法によっては観測されないという一般的事実を示している．なぜならば，$M_a - M_b = 0$ の状態に対して準位交差は可能でないからである．

重なりのない1量子遷移は'単純線' (5.72) と表記されることがよく知られ

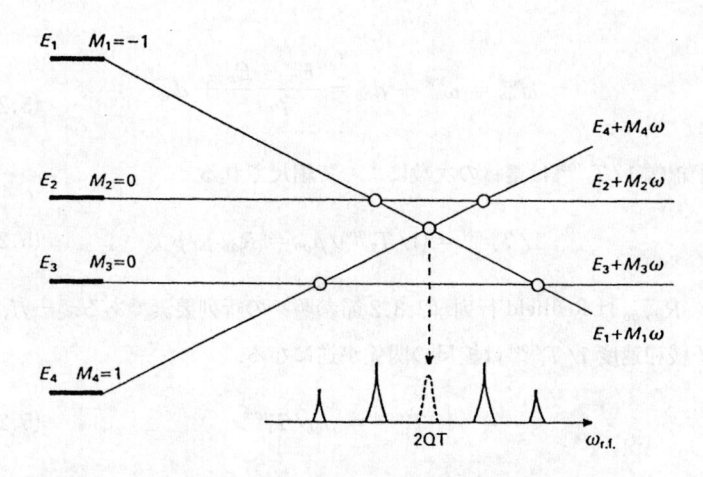

5.2 連線波 NMR による多量子遷移の検出

図 5.2.1 ラジオ周波数 $\omega_{r.f.}$ の関数で表した回転系でのスピン $\frac{1}{2}$ の 2 スピン系のエネルギー準位. 二つの準位の交差は可能な遷移を表している. 全体で一つの 2 量子遷移を含む五つの遷移が可能である.

ている. 照射 r.f. 場が注目している遷移のみを選択的に励起するとすれば, そのような遷移は任意の強度の r.f. 場中で Bloch 方程式に従ってふるまう. 遷移の運動は有効 r.f. 場, 縦緩和時間, $T_1^{(ab)}$ や横緩和時間, $T_2^{(ab)}$ を含んでいる. この性質は 1QTs に限られるものではなく, 重なりのない MQTs へも応用することができる. それゆえ MQTs はローレンツ型線形を示す.

Yatsiv (5.1) は CW NMR で観測される MQTs の線形に関する一般的な表記法を導いた. Bucci 等 (5.67) の記法に従えば, 遷移 (ab) の線形に対して次の関係が得られる

$$v^{(ab)}(\omega) = N\gamma\hbar^2\omega^2(kT)^{-1} p_{ab}\alpha^2_{ab}(\gamma B_1)^{2p_{ab}-1} \frac{1/T_2'^{(ab)}}{(\omega - \omega_{ab}'^{CW})^2 + \left(\frac{1}{T_2'^{(ab)}}\right)^2(1+S)}$$

(5.2.5)

補正された p 量子遷移の共鳴周波数 $\omega_{ab}'^{CW}$ は, 種々のエネルギー準位に対する強い r.f. 場の効果によるエネルギー準位のシフト d_{ab} を含んでいる

$$\omega'^{CW}_{ab} = \omega^{CW}_{ab} + d_{ab} = \frac{E_a - E_b}{p_{ab}} + d_{ab} \tag{5.2.6}$$

多量子線幅 $1/T_2'^{(ab)}$ は遷移の次数によって縮尺される

$$1/T_2'^{(ab)} = (1/T_2^{(ab)})/p_{ab} = R_{ab\,ab}/p_{ab} \tag{5.2.7}$$

ここで $R_{ab\,ab}$ は Redfield 行列（2.3.2節参照）の行列要素である．一方，スピン格子緩和速度 $1/T_1'^{(ab)}$ は縮尺の関係が逆になる．

$$1/T_1'^{(ab)} = p_{ab}/T_1^{(ab)} \tag{5.2.8}$$

ここで $1/T_1^{(ab)}$ は，遷移のネットワークから計算される緩和速度であり，単純線に関する Abragam の取扱い (5.72) と完全に類似している．速度 $1/T_1'^{(ab)}$ は式 (5.2.5) の飽和因子 S の中に現われ，これについては 5.2.2 節で議論する．遷移行列要素 α_{ab} は次の節で与えられる．以下，多量子遷移の強度，飽和，エネルギー準位シフトそして線幅について別々に議論することにしよう．

5.2.1 多量子遷移の強度

低い r.f. 出力の場合に，p_{ab} 次の MQT の強度を決定する基本的な因子は次の関係の中に含まれている．

$$I^{(ab)} \propto \alpha^2_{ab}(\gamma B_1)^{2p_{ab}-1} \tag{5.2.9}$$

信号強度は $B_1^{2p_{ab}-1}$ に比例して増加する．それゆえ高い次数の遷移に対して 1 量子遷移程度の強度を得るためには強い r.f. 場が必要である．

因子 α^2_{ab} は遷移行列要素を表わし，この行列要素は n 次の摂動理論によって得られる．それは関与する周波数差に依存し，次のように表わされる．

$$\alpha_{ab} = \left| \sum_{i,j,\ldots,k} \frac{(I_{ai}I_{ij}\cdots\cdots I_{kb})^{\frac{1}{2}}}{p_{ib}(\omega^{CW}_{ab} - \omega^{CW}_{ib})p_{jb}(\omega^{CW}_{ab} - \omega^{CW}_{jb})\cdots\cdots p_{kb}(\omega^{CW}_{ab} - \omega^{CW}_{kb})} \right|$$

5.2 連続波 NMR による多量子遷移の検出

$$= \left| \frac{1}{(p_{ab}-1)!} \sum_{i,j,\ldots k} \frac{(I_{ai}I_{ij}\cdots\cdots I_{kb})^{\frac{1}{2}}}{(\omega_{ab}^{CW} - \omega_{ib}^{CW})(\omega_{ab}^{CW} - \omega_{jb}^{CW})\cdots\cdots(\omega_{ab}^{CW} - \omega_{kb}^{CW})} \right| \quad (5.2.10)$$

ここで I_{ij} は1量子遷移強度であり

$$I_{ij} = |<i|F^+|j>|^2 \quad (5.2.11)$$

と表され，加算は準位 $|a>$ から準位 $|b>$ に向かって前進的に連結した1量子遷移のすべての可能な「段」にわたって行なわれる．この様子を図5.2.2に示す．式 (5.2.10) は式 (5.2.4) に従って規格化される周波数のみを含んでいることが注目される．これらは CW 検出によって観測されるであろう MQT 周波数である．

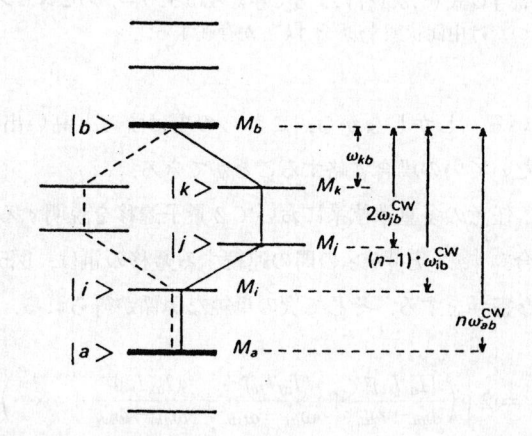

図 5.2.2 準位 $|a>$ から準位 $|b>$ へ向かう 1QTs の二つの前進系列．この種の可能なすべての前進系列が式 (5.2.10) の加算に加えられている．

因子 α_{ab} は，段 $a, i, j, k, \cdots\cdots, b$ に由来する遷移周波数 $\omega_{ib}, \omega_{jb}, \cdots\cdots,$ ω_{kb} の一つでも MQT 周波数 ω_{ab}^{CW} に近いときに大きくなる．これらの周波数の分布が広ければ広いほど MQT の強度は弱くなる．原理的には，準位 $|a>$ から準位 $|b>$ の間で逆方向の前進結合をも含むより広範な径路もまた MQT 強

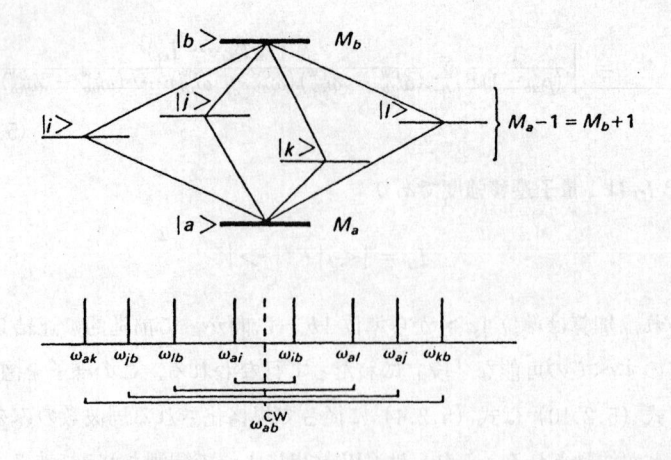

図 5.2.3 多重準位系において2量子遷移を励起するには、周波数 ω_{ab}^{CW} に関して対称的な結合をもつ遷移の組に同時に摂動を与えることが要求される。その寄与は式(5.2.12)によって与えられる。$I=\frac{1}{2}$ の2スピン系において、二つだけ中間状態 $|j\rangle$ と $|k\rangle$ が存在する。

度に寄与している。しかしながら、これらの項はずっと高い出力の γB_1 で現われるので、たいていの場合省略することができる。

例を用いて、任意の多重準位系において2量子遷移を説明することを考えてみる。この場合、$|a\rangle$ と $|b\rangle$ の間の連続する遷移の組は、図5.2.3に図示されているような寄与をする。そして次の単純な関係が得られる。

$$\alpha_{ab} = 2 \left| \left(\frac{(I_{ai}I_{ib})^{\frac{1}{2}}}{\omega_{ai}-\omega_{ib}} + \frac{(I_{aj}I_{jb})^{\frac{1}{2}}}{\omega_{aj}-\omega_{jb}} + \frac{(I_{ak}I_{kb})^{\frac{1}{2}}}{\omega_{ak}-\omega_{kb}} + \cdots\cdots \right) \right| \quad (5.2.12)$$

2量子遷移は、$\omega_{ai}=\omega_{ai}^{CW}$ である1量子遷移 $(\omega_{ai}, \omega_{ib})$, $(\omega_{aj}, \omega_{jb})$, ……の対の中心に現われる。最小の周波数差を示す対が普通2QTの強度に最も大きく寄与する。2量子遷移を励起するためには、二つの連結した1量子遷移に対して同時に摂動を与えることが必要である。これらの共鳴周波数が近ければ近いほど、摂動はますます効果的になる。

5.2.2 多量子遷移の飽和

飽和の挙動は1量子遷移のものとは違っている．1量子遷移において，式 (5.2.5) で現われた飽和因子 S は次の式で与えられる

$$S = T_1^{(ab)} T_2^{(ab)} (\gamma B_1)^2 \tag{5.2.13}$$

p 量子遷移においては，次の式が得られる．[1]

$$S = T_1'^{(ab)} T_2'^{(ab)} (\gamma B_1)^{2p_{ab}} \alpha^2{}_{ab}. \tag{5.2.14}$$

最大信号強度を与える最適の r.f. 場強度は次の式で与えられる．

$$(\gamma B_1)_{\text{opt}} = [(2p_{ab} - 1)/(T_1'^{(ab)} T_2'^{(ab)} \alpha^2{}_{ab})]^{1/(2p_{ab})} \tag{5.2.15}$$

高次の遷移においても，最大の信号振幅を達成するために高い r.f. 場が必要である．必要な r.f. 場強度のおおよその見当をつけるために，含まれている周波数差 $\omega_{ab}^{\text{CW}} - \omega_{ib}^{\text{CW}}$ はすべて同じ程度の量であると仮定する．

$$\omega_{ab}^{\text{CW}} - \omega_{ib}^{\text{CW}} \approx \Delta \tag{5.2.16}$$

さらに一項のみが式 (5.2.10) の和に寄与すると仮定する．その結果，次の近似式が得られる．

$$(\gamma B_1)_{\text{opt}} = \left[(2p_{ab} - 1)\{(p_{ab} - 1)!\}^2 \frac{\Delta^{2p_{ab}-2}}{T_1^{(ab)} T_2^{(ab)}} \right]^{1/(2p_{ab})} \tag{5.2.17}$$

1量子遷移において，この式は Bloch 方程式の解と一致する．

$$(\gamma B_1)_{\text{opt}} = [T_1^{(ab)} T_2^{(ab)}]^{-\frac{1}{2}} \tag{5.2.18}$$

2量子遷移において，式 (5.2.17) から次の式が得られる．

---

[1] $T_1'^{(ab)} T_2'^{(ab)} = T_1^{(ab)} T_2^{(ab)}$ が成立することに注意 (式 (5.2.7) と式 (5.2.8) を参照)．

$$(\gamma B_1)_{\mathrm{opt}} = [3\Delta^2/(T_1^{(ab)}T_2^{(ab)})]^{\frac{1}{4}} \qquad (5.2.19)$$

最適の r.f. 場は周波数差 Δ と平均緩和速度 $[T_1^{(ab)}T_2^{(ab)}]^{-1/2}$ との幾何平均に比例する．

5.2.3 多量子遷移のエネルギー準位シフト

MQTs を励起するために必要な強い r.f. 場は，隣接する1量子共鳴線に Bloch-Siegert 型シフトを生じさせる．これらの遷移が，観測 MQTs の二つの準位 $|a>$ と $|b>$ の一つを含むときはいつでも，後者はシフト d_{ab} を生じるであろう．1量子遷移においても，また通常は2QTs においても，準位シフトは十分小さく線幅内にうずもれている．しかしながら，より高次の遷移においては，観測にかかるほどのシフトが生じることもある．

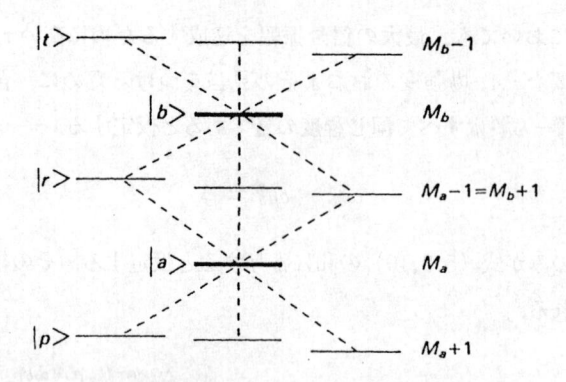

図 5.2.4 式 (5.2.21) に従って $|a>$ と $|b>$ の間の 2QT の準位シフトに寄与するエネルギー準位 $|p>$, $|r>$, $|t>$.

Yatsiv の式 (2.33)(5.1) から，次数 p_{ab} をもつ MQT のシフトに対して，次の式[1]を演繹することができる．

---

[1] 式 (5.2.4) の定義に従えば，本質的に $\omega_{kb}^{\mathrm{CW}} = \omega_{bb}^{\mathrm{CW}}$ であることが理解できる．また同じ符号の磁気回転比のみが含まれているとすると，本質的にすべての $\omega_{ik}^{\mathrm{CW}}$ は同じ符号をもつことが理解できる．

5.2 連続波 NMR による多量子遷移の検出

$$d_{ab} = \frac{1}{p_{ab}}(\gamma B_1)^2 \sum_{k}' \frac{I_{ak}-I_{kb}}{p_{kb}(\omega_{kb}^{CW}-\omega_{ab}^{CW})}. \quad (5.2.20)$$

準位 $|a>$ あるいは準位 $|b>$ あるいはその両方に1量子遷移によって連結されているエネルギー準位 $|k>$ のみが，シフトに寄与する．この制約が存在する理由は，式 (5.2.20) が2次の摂動理論によって導かれているという事実に基づいている．高次の項は通常省略されている．

Anderson 等 (5.2) は 2QTs において式 (5.2.20) を簡単にした．彼らはエネルギー準位を三つの種類に分類した．

$r-$ 準位, $M_r = M_a - 1 = M_b + 1$ のとき

$t-$ 準位, $M_t = M_b - 1$ のとき

$p-$ 準位, $M_p = M_a + 1$ のとき．

図5.2.4に図示されているように，分類の結果，次の式が得られる

$$d_{ab} = -(rB_1)^2 \left\{ \sum_r \frac{I_{ar}-I_{rb}}{\omega_{ar}^{CW}-\omega_{rb}^{CW}} + \sum_t \frac{I_{tb}}{2(\omega_{ab}^{CW}-\omega_{bt}^{CW})} + \sum_p \frac{I_{ap}}{2(\omega_{ab}^{CW}-\omega_{pa}^{CW})} \right\}$$

$$(5.2.21)$$

この式の第一項は，遷移 (ar) と (rb) が異なる強度をもつときにのみ，$r-$ 準位が準位シフトに寄与することを示している．二つの $\frac{1}{2}$ スピンの系において，この項は強度が等しいために相殺される．この場合，照射 r.f. 場強度にかかわらず，2QT はシフトを示さないであろう．しかしながら，d_{ab} は通常3スピン系においては省略できない．

準位シフトというのはむしろ好ましいものではなく，CW 法での正確な測定を困難にしていることに注意しなければならない．この問題は5.3節と8.4節で述べられている間接検出法においては無視できる．

5.2.4 多量子遷移の線幅

線幅に関する興味い事実は，式 (5.2.7) に係数 $1/p_{ab}$ が現われていることであり，この事実は不均一な磁場において，次数 p の多量子遷移は，それに

対応する1量子遷移よりも係数 p によって線幅が狭くなることを示している．以上のことは，行列要素 R_{abba} が通常すべての遷移において同じ程度であることを考慮すれば理解できる．

係数 $1/p$ は遷移を形成する p 量子中のたった1量子分を観測するという事実に起源がある．これに関していえば，CW 法は5.3節や8.4節において議論される間接検出法（そこでは線幅尖鋭化係数 $1/p$ は失われてしまっている）より優れているように見える．しかしながら，2次元多量子 NMR においては，すべての p 量子の真の歳差運動が観測されるが，CW 検出においては，歳差周波数は係数 p だけ縮尺されている．それゆえ，実際の分解能はどちらの観測法でも同じである．

実験で得られる CW スペクトルでは，すべての次数の共鳴線は，ほとんど等しい線幅で観測される（5.2），なぜならば，主として線幅を広くしている原因は磁場の不均一性によるからである．

5.2.5 CW 多量子 NMR の応用

例として，等方相における，スカラー結合をもつ系の解析に CW 多量子 NMR を応用することを考えてみよう．複雑なスペクトルにおいて，多量子遷移は，前進的に連結している1量子遷移の対を同定し，さらに従来のスペクトルをエネルギー準位図と対応させることを可能にする．

図5.2.5では，$(ABC)_3X$ 系であるトリビニルフォスフィンの従来の 1QT プロトンスペクトル（5.2）が一番上に示されている．r.f. 場強度を増加することによってエネルギー準位図への帰属を行なうことができる．図5.2.5において，2量子遷移（縦線で印をつけてある）は，二つの前進的に連結している1量子遷移の平均に対応する周波数の位置に現われる．連結した1量子周波数は横線の先で示されている．より高い r.f. 場の振幅では，二つの3量子遷移が，三つの前進的に連結した1量子遷移の算術平均の位置（交差線のない縦線）に現われる．

図5.2.5に含まれている情報は，厳密な帰属を行なうのに十分ではあるけれ

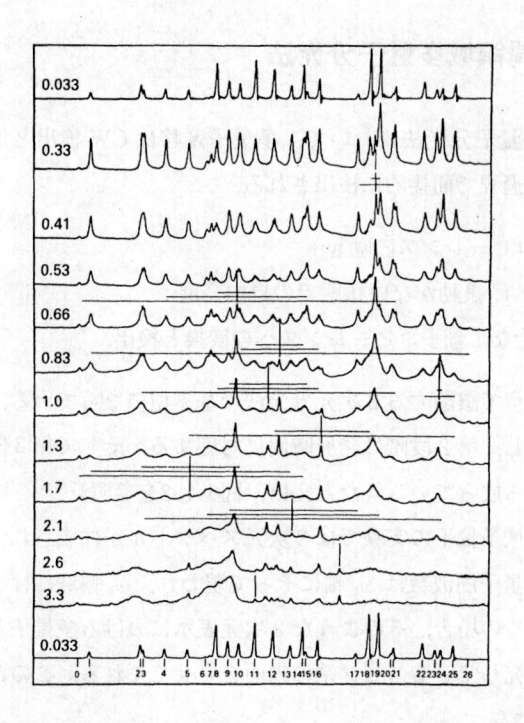

5.2 連線波 NMR による多量子遷移の検出

図 5.2.5 60 MHz で記録した $(ABC)_3X$ 系のトリビニルフォスフィンのプロトンスペクトル．Hz 単位で表わした r.f. 場の値 $rB_1/2\pi$ は各スペクトルの左側に示してある．2量子遷移は横線と交差した縦線で記されており，横線は前進対の遷移の由来を表わしている．そして3量子遷移は横線のない縦線で表わされている．（文献5.2より）

ども，CW 法にはいくつかの欠点がある．すなわち，必要な r.f. 場の振幅は事前にはわからない，そして一回の測定では，通常すべての多量子遷移を観測するのに十分ではない．また違った次数（$p=1, 2, 3$）を分離することはできない．そして線幅の狭い多量子線は，飽和により線幅の広くなった1量子線と重なってしまう．これらの実際的な問題のほとんどを，間接2次元検出法では回避することができる（5.3節と8.4節）．

5.3 時間領域多量子分光法

時間領域多量子分光法において，多量子遷移は CW 検出とは著しく違っており，3段階過程で間接的に検出される．

1. 多量子コヒーレンスの励起；
2. 通常は r.f. 摂動がない状態での自由発展；
3. 観測可能な1量子コヒーレンスへの変換と検出．

これは結局6章で議論する2次元分光法の基本型になっている．第1段階は準備期間に対応し，第2段階は発展時間に対応する．そして第3段階は混合期間と検出期間から成っている（たとえば，図6.1.2を参照）．

完全時間領域多量子の実験では2次元スペクトルが作成され，このスペクトルにおいて多量子周波数は ω_1 軸にそって現われ，ω_2 領域には1量子周波数が含まれる．多くの場合，そのような2次元表示における多量子と1量子周波数の相関は，研究しているスピン系の内面を見せてくれる．このことについては8.4節で実証する．

しかしながら，多くの場合において，完全な2次元スペクトルを表示することは本質的ではなく，選択した多量子遷移の多重構造や線幅のような必要な情報を示すには1次元多量子スペクトルで十分である．1次元の多量子スペクトルは，2次元スペクトルを ω_1 軸に投影すれば得られる．あるいはより簡単には，展開時間 t_1 の関数として，再変換後の時間を固定した点において1量子磁化の振幅を追跡し，得られた信号 $s(t_1)$ を1次元フーリエ変換でスペクトル $S(\omega_1)$ に変換しても得られる（6.5.5節参照）．

この節では，多量子コヒーレンスの形成や，それを観測可能な1量子コヒーレンスに変換するためのパルス系列の構成ブロックについて議論する．

CW検出と違って，時間領域分光法は異なった次数の多量子遷移の信号を分離することができる．この分離は周波数軸上に信号をシフトすることによって，またはオフセット依存性を利用することによって（5.3.2節），あるいは時間に

5.3 時間領域多量子分光法

比例して位相を増加（6.6.3節）することによって可能になる．そのスペクトルは特定の次数の信号を選択し，位相循環により他の信号を消去することによって単純化できる．このことについては6.3節で議論する．これらの手順により，表5.1.1に示した遷移数の統計上の利点を引き出すことが可能になる．

多量子コヒーレンスの特徴的な多重構造や多量子コヒーレンスの緩和のような基本的な性質については，それぞれ5.4節と5.5節で議論するが，複雑なスピン系を解析するための多量子分光法の使用法については8.4節で議論する．

5.3.1 多量子コヒーレンスの励起と検出

同種核スピン系の2次元多量子NMRに使われる基本構成を図5.3.1(a)に示す．熱平衡状態の系に作用させることにより，準備推進演算子 U_p は望みの多量子コヒーレンスを励起する．ここで多量子コヒーレンスは発展時間 t_1 の間自由に歳差運動を行ない，混合推進演算子 U_m によって（t_1 変調されて）縦分極（$p=0$）に再変換される．この縦分極は「読み」パルスによって観測可能な磁化（$p=-1$）に変換される．この変換パルスは実際には系列 U_m に合併することが可能である．位相循環は唯一の径路 $0 \to +p \to -1$ を選択するか，または二つの鏡面イメージの径路（$0 \to \pm p \to -1$）を同時にとるように行なわれる．このことについては6.3節で議論する．具体例としてコヒーレンス変換過程 $p=0 \to \pm 2 \to -1$ が図5.3.1(b)に図示されている．推進演算子 U_p と U_m が実験的に実現できるかどうかは系に依存する．同種核スピン系においては少なくとも六つの戦略が採用できる．

1. 自由発展時間で分割された，二つあるいはそれ以上の非選択的パルスの系列（図5.3.1(c), (d)）．

2. 連結した1量子遷移に適用される，二つあるいはそれ以上の選択的パルスのカスケード（図5.3.1(e)）．

3. CW分光法で多量子遷移が現われる周波数 $\omega_{r.f.}^{CW}=(E_r-E_t)/p_{rt}$ に設定して照射した選択的多量子パルス（図5.3.1(f)）．

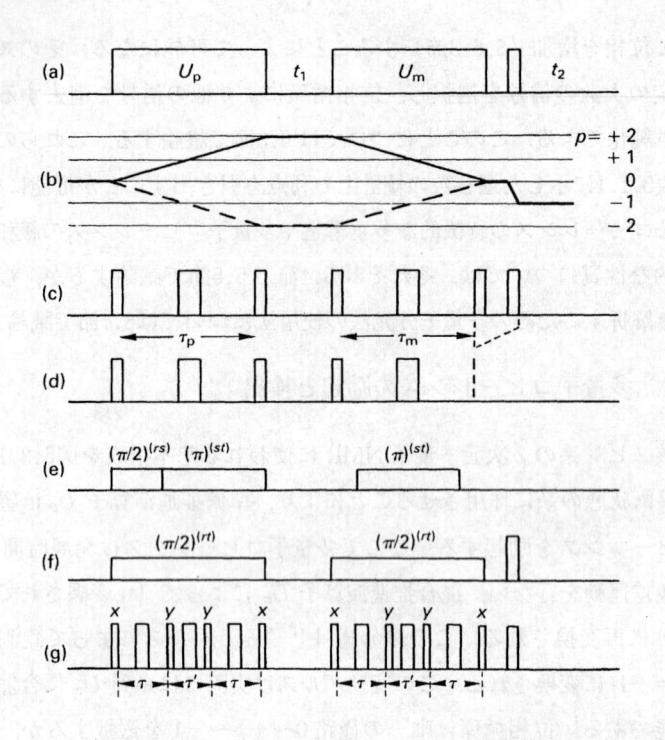

図 5.3.1 (a)同種核多量子 NMR の基本構成．準備および混合推進演算子 U_p と U_m はそれぞれゼーマン分極を多量子コヒーレンスに変換するかあるいはその逆である；その結果現われる t_1 変調された縦分極は，「読み」パルスによって観測可能な横磁化に変換される．(b) 2 量子 NMR のコヒーレント移動径路．6.3 節で示すように位相循環の構成は，唯一の $p=0\to+2\to-1$ 径路を選択的に検出するか，$p=0\to\pm2\to-1$ の二つの径路の重ね合せを実行するかのどちらかを可能にする．(c) 非選択的パルスが適用できるような系において，推進演算子 U_p と U_m は二つの同一の系列 $[(\pi/2)-\tau/2-(\pi)-\tau/2-(\pi/2)]$ から構成されている．(d) 実際には(c)の再変換系列の最後のパルスと読みパルスは落とすことができる．再変換は $\pi/2$ パルスに要約され，その後 $[\tau/2-(\pi)-\tau/2]$ パルスが引き続く，この系列は反位相コヒーレンスを同位相コヒーレンスに変換する．パルスの位相は本文中に定義されている．(e) 連結した 1 量子遷移 (5.3.1.2節) に適用される選択的 $\pi/2$ と π パルスのカスケード．(f) CW の多量子周波数で照射される選択的パルス (5.3.1.3節)．(g) スピン連結選択的系列，すなわち，この例は A_nX 型のネットワークに効果的である (5.3.1.4節)．

5.3　時間領域多量子分光法

4．特別の結合トポロジーをもつ結合系に対し効果的であるように設計された非選択的パルスの系列（図5.3.1(g)）．

5．指定の次数 p を選択的に励起する非選択的パルスサンドウィッチの系列（図5.3.2）．

8.5.5節で議論するように，異種核スピン系に対しては別の励起構成を設計することができる．以上にあげたすべての方法は，等方的あるいは異方的な溶媒中での研究に適用できる．選択的なパルス法は明らかに周波数や遷移の連結について，ある程度の知識を必要とする．この要求は核四極子スピン（^{2}H, ^{14}N, ^{27}Al 等）をもつ配向系においてはしばしば満たされているが，双極子あるいはスカラー結合をもつ $I=\frac{1}{2}$ の系ではまれにしか満たされていない．未知の系の多量子スペクトルは，非選択的パルスを使った構成によって得るのが確実である．

5.3.1.1　非選択的パルス

図5.3.1(c)で採用されたパルス系列

$$P = [(\pi/2)_x - \tau/2 - (\pi)_x - \tau/2 - (\pi/2)_x] \qquad (5.3.1)$$

はスカラー，双極子，あるいは核四極子結合を含む広範な系の励起系列として使用することができる．弱い結合をもつ系において，中心の π パルスは結合に影響することなく，化学シフトの効果を取り除く．これらは結果的に，同位相の1量子コヒーレンス（最初の $\pi/2$ パルスで作られた）を反位相コヒーレンスへ変換することになる．さらにこの反位相コヒーレンスは，τ 期間の終りの第3パルスによって多量子コヒーレンスに変換される．二つの弱いスカラー結合をもつスピン $I_k=I_l=\frac{1}{2}$ の系において，励起系列は次に示す変換のカスケードで記述される．

$$\sigma(0_-) = I_{kz} + I_{lz}$$
$$\downarrow (\pi/2)_x$$
$$\sigma(0_+) = -I_{ky} - I_{ly}$$

$$\downarrow [\tau/2-(\pi)_x-\tau/2], \quad \tau=\tau_{\text{opt}}=(2J_{kl})^{-1}$$

$$\sigma(\tau_-) = -2I_{kx}I_{lz} - 2I_{kz}I_{lx}$$

$$\downarrow (\pi/2)_x$$

$$\sigma(\tau_+) = 2I_{kx}2I_{ly} + 2I_{ky}I_{lx}$$

$$= \frac{1}{i}(I_k^+ I_l^+ - I_k^- I_l^-). \tag{5.3.2}$$

このように,$p=+2$ と $p=-2$ 量子コヒーレンスの重ね合わせが得られる.

一般に,パルスサンドウィッチ $[(\pi/2)_x-\tau/2-(\pi)_x-\tau/2-(\pi/2)_x]$ の全体の効果が,双線型回転(式(2.1.99)と図2.1.5を参照)で定式化されるならば,次のように簡潔に励起を記述できる

$$\sigma(0_-) \xrightarrow{\sum \pi J_{kl}\tau 2I_{ky}I_{ly}} \sigma(\tau_+) \tag{5.3.3}$$

最初熱平衡にあった2スピン系に対し,パルスサンドウィッチ後には次の関係が得られる

$$\sigma(\tau_+) = (I_{kz} + I_{lz})\cos \pi J_{kl}\tau + (2I_{kx}I_{ly} + 2I_{ky}I_{lx})\sin \pi J_{kl}\tau. \tag{5.3.4}$$

明らかに,$\tau=\tau_{\text{opt}}=(2J_{kl})^{-1}$ ならば,分極は完全に2量子コヒーレンスに変換される.これは,「適合準備遅延」と呼ばれるが,このとき100%の変換収率を得ることができる.

しかしながら,実際にはスカラー,双極子,あるいは核四極子結合定数の分布が未知であるため,式(5.3.4)の正弦的依存性は一様に励起することをむずかしくする.この問題は,2次元の実験において,発展時間 t_1 と同期して τ 期間を変化することによって軽減することができる(5.37).一様な励起は一組の実験を追加することによっても行なうことができる.その実験では,期間 τ は励起と再変換の系列の両方で同時に変化させられる(5.14,5.19,5.35,5.73).

弱い結合をもつ系において,サンドウィッチ $[(\pi/2)_x-\tau/2-(\pi)_x-\tau/2-(\pi/2)_x]$ は**偶数**次数のコヒーレンスのみを励起することができる.奇数次数のコヒーレンス

5.3 時間領域多量子分光法

（たとえば，3量子コヒーレンス）を励起するためには，位相シフト系列を使えばよい．

$$P = [(\pi/2)_x - \tau/2 - (\pi)_y - \tau/2 - (\pi/2)_y]. \tag{5.3.5}$$

この系列は形式的にダミーパルスを挿入することによって展開できる (5.38)．

$$P = [(\pi/2)_x(\pi/2)_{-y}(\pi/2)_y - \tau/2 - (\pi)_y - \tau/2 - (\pi/2)_y]. \tag{5.3.6}$$

この修正された形において，最後の三つのパルスは再び双線型回転を形成し，全体の変換は次のように表わされる

$$\sigma(0) \xrightarrow{(\pi/2)\sum I_{kx}} \xrightarrow{-(\pi/2)\sum I_{ky}} \xrightarrow{\sum \pi J_{kl}\tau 2 I_{kx} I_{lx}} \sigma(\tau) \tag{5.3.7}$$

熱平衡から出発すれば，最初のパルスは同位相の $-I_{ky}$ コヒーレンスを誘起するが，そのコヒーレンスはカスケードの第2項によっては影響されない．実際，これら二つのパルスは式 (4.2.51) で表わされる複合 $\pi/2$ パルスであると考えることができる．例として，$\sigma(0) = I_{kz} + I_{lz} + I_{mz}$ の3スピン系を考えてみよう．簡単にするために，$\pi J_{kl}\tau = \pi J_{km}\tau = \pi J_{lm}\tau = \pi/2$ と仮定すれば，式 (5.3.5) のサンドウィッチの後では，重なった3量子コヒーレンスと3スピン1量子コヒーレンスと（組み合わせを示す）が得られる．

$$\begin{aligned}
\sigma(\tau) &= 4I_{ky}I_{lx}I_{mx} + 4I_{kx}I_{ly}I_{mx} + 4I_{kx}I_{lx}I_{my} \\
&= \frac{3}{2i}(I_k^+ I_l^+ I_m^+ - I_k^- I_l^- I_m^-) \\
&\quad + \frac{1}{2i}\{(I_k^+ I_l^+ I_m^- - I_k^- I_l^- I_m^+) \\
&\quad + (I_k^+ I_l^- I_m^+ - I_k^- I_l^+ I_m^-) \\
&\quad + (I_k^- I_l^+ I_m^+ - I_k^+ I_l^- I_m^-)\}.
\end{aligned} \tag{5.3.8}$$

3スピン1量子結合コヒーレンスの出現は，高次コヒーレンスのみの励起を行うのが困難なことを示している．

式 (5.3.1) の非選択的サンドウィッチパルスは，配向相における核四極子スピ

ンの多量子コヒーレンスの励起に適用される．このとき r.f. パルスの振幅は核四極子分裂よりも大きいという条件が必要である．このように，軸対称な核四極子テンソル ($\eta=0$)（式 (2.2.24)）をもつ $S=1$ の配向スピンにおいて，パルス系列 $[(\pi/2)_x-\tau/2-(\pi)_x-\tau/2-(\pi/2)_x]$ は次に示す変換を行うことになる (5.38)．

$$\sigma(0) \xrightarrow{\omega_Q \tau S_z^2} \sigma(\tau) \tag{5.3.9}$$

熱平衡 ($\sigma(0)=S_z$) から出発することにより，次の関係が得られる

$$\sigma(\tau) = S_z \cos \omega_Q \tau + \{S_x S_y + S_y S_x\} \sin \omega_Q \tau \tag{5.3.10}$$

ここで，二つの1量子遷移の分裂は $2\omega_Q$ であり，かっこの項は純2量子コヒーレンス (5.38) に対応している．もし緩和が省略できるなら，変換収率は $\tau=\pi/(2\omega_Q)$ のとき100%になる．

5.3.1.2 選択的1量子パルス

遷移がよく分離しており，それらのエネルギー準位への帰属ができているならば，多量子コヒーレンスは選択的パルスのカスケードによって効果的に励起される．このとき，カスケードは共通のエネルギー準位を共有している許容遷移に連続的に与えられる．問題を簡単にするため，二つの許容1量子遷移を ω_{rs} と ω_{st} にもつ固有状態 $|r\rangle$, $|s\rangle$, $|t\rangle$ から成る3準位系を考えてみよう．二つの戦略が，禁制（2量子あるいはゼロ量子）コヒーレンス $|r\rangle\langle t|$ を励起するのに採用されている．

1. 選択的 $(\pi/2)_y^{(rs)}$ パルスは1量子コヒーレンス $|r\rangle\langle s|$ を生じ，このコヒーレンスは $(\pi)_y^{(st)}$ パルスによって望みのコヒーレンス $|r\rangle\langle t|$ に変換される．このことは，式 (2.1.129) から推論することができる（図5.3.1(e)）．この方法は，選択的 π パルスのカスケードを連結した遷移の「はしご」に適用することによって，より大きなスピン系にも拡張することができる．この方法は，単結晶中の ^{27}Al($I=5/2$) においてすでに使用されている．ここでは核四極子相互作用で良く分離した1量子遷

5.3 時間領域多量子分光法

移が生じている (5.3).

2. もう一つの方法では，最初選択的に $I_z^{(rs)}$ を反転させるために $(\pi)^{(rs)}$ パルスを使用する．これは非平衡な占拠数分布を生じさせるためであり，これは後に非選択的 $\pi/2$ パルスによって多量子コヒーレンスに変換される (5.22)．弱く結合した系において，その中に反転遷移が能動的に関与しているようなすべての多量子コヒーレンスはこの方法で一様に励起される．

5.3.1.3 選択的多量子パルス

5.2節において，多量子遷移は CW 分光法によって励起されることを示した．二つの状態 $|a>$ と $|b>$ の間で $p=p_{ab}=M_a-M_b$ で表わせる p 量子遷移を考えるならば，周波数 $\omega_{ab}^{CW}=(E_a-E_b)/p_{ab}$ (式 (5.2.4)) の選択的パルスによってコヒーレンス $|a><b|$ を励起することが可能である．2次元分光法では，そのようなパルスは，分極をコヒーレンスに変換したり，またその逆の場合に使用される（図5.3.1 (f)）(5.8).

基本的に，外部 r.f. 場は1量子遷移とのみ相互作用することができる．連結した許容遷移の「はしご」に対する，パルスの協調的なコヒーレント作用によって，コヒーレンスは多量子遷移に転送される．こうして，3準位系 $|a>$, $|i>$, $|b>$ において，2量子コヒーレンス $|a><b|$ は，二つの1量子遷移 (a,i) と (i,b) に対する r.f. 場の協調した効果によって励起される．より高次の摂動理論によって，選択的 p 量子パルスによる有効回転角を推定するために，Yatsiv (5.1) の定式を使うのが適当である．これについては5.2節でまとめられている．回転系において状態 $|a>$ と $|b>$ の間の p 量子遷移に由来する密度行列要素 σ_{ab} は，次の関係で与えられる

$$\dot{\sigma}_{ab}(t) = -\{i(\omega_{ab}^{CW} + d_{ab} - \omega) - R_{ab\,ab}\}\sigma_{ab}(t)$$

$$+ \frac{(\gamma B_1)^{p_{ab}}\alpha_{ab}}{p_{ab}}\{\sigma_{aa}^0 - \sigma_{bb}^0\} \quad (5.3.11)$$

ここで d_{ab} は式 (5.2.20) で定義された準位シフトであり，$R_{ab\,ab}$ は緩和を表わし，

係数 α_{ab} は式 (5.2.10) で与えられる. p 量子コヒーレンスの励起を記述する有効 r.f. 場は次の式で決定される

$$\gamma B_{\text{eff}} = \frac{(\gamma B_1)^{p_{ab}} \alpha_{ab}}{p_{ab}}$$

$$\propto \gamma B_1 \left(\frac{\gamma B_1}{\Delta}\right)^{p_{ab}-1} \tag{5.3.12}$$

ここで周波数差 $\Delta \approx (\omega_{ab}^{CW} - \omega_{ib}^{CW})$ は式 (5.2.16) で定義されている.

　非等方的環境で配向した $I=1$ のスピンの場合，r.f. 搬送波は，$2\omega_Q$ で分裂した二つの許容遷移の中間に位置しており，2 次の核四極子効果が省略できると仮定すると，長さ τ の選択的パルスによる 2 量子コヒーレンスの励起は，次に示す有効 r.f. 回転角を含んでいる (5.24, 5.27)

$$\beta_{\text{eff}} = -\gamma B_{\text{eff}} \tau = \frac{\omega_1}{\omega_Q} \omega_1 \tau. \tag{5.3.13}$$

配向した $S=\frac{3}{2}$ スピンの 3 量子コヒーレンスにおいて，次の有効回転角が得られる

$$\beta_{\text{eff}} = \frac{3}{8} \frac{\omega_1^2}{\omega_Q^2} \omega_1 \tau. \tag{5.3.14}$$

化学シフトの差が $\Delta\Omega = \Omega_A - \Omega_B$ である一対のスカラー結合をもつ $I=\frac{1}{2}$ 核の場合，2 量子遷移において次の有効回転角が得られる

$$\beta_{\text{eff}} = \frac{2\pi J}{\Delta\Omega/2} \frac{\omega_1}{\Delta\Omega/2} \omega_1 \tau. \tag{5.3.15}$$

閉じた解析的方法で計算したこれら三つの場合は，式 (5.3.12) によって表わされる一般的な性質と矛盾しない．式 (5.3.15) における二つの係数は r.f. 場の効率を減少させていることに注意しよう．すなわち，一つの係数 $\omega_1/(\Delta\Omega/2)$ は式

5.3　時間領域多量子分光法　　　　　　　　　　　　　　　　　　　　　　　　325

(5.3.13)の係数ω_I/ω_0に対応しており，もう一つの係数$2\pi J/(\Delta\Omega/2)$は，2量子コヒーレンスの選択的励起が，二つのスピンが十分強く結合しているときにのみ可能であることを表わしている．

5.3.1.4　スピン連結選択的励起

　多量子コヒーレンスの励起はスピン系の構造に強く依存している．この性質は，複雑なスペクトルにおける部分系を区別したり，分離したりすることに利用できる．8.3.3節で，この種のフィルター法が1次元と2次元スペクトルに適用できることが示される．たとえば，p量子フィルターを使って，p量子コヒーレンスが励起される．この時，p量子コヒーレンスを運ぶことができないすべてのスピン系は排除される．特に，結合した$I=\frac{1}{2}$スピンの数がp個以下の系は排除される．位相循環は望みのコヒーレンス移動径路を選択するのに用いられる（6.3節）．

　等方相においては，分子種を特徴づけるのは結合スピン全体の数よりむしろスカラー結合のネットワークのトポロジーである．すなわち，4スピン系にはAMKX, A_2MX, A_2X_2, A_3X系が存在する．A_3X系の結合ネットワークは3点星印で表わされ，この系ではXプロトンは三つのAプロトンすべてと等しく相互作用している．ここでAプロトン同志は外見上は相互作用をもたない．一方，A_2X_2ネットワークは，向い合う垂線に等価な核が位置する正方形で考えることができる．

　特定のトポロジーの結合ネットワークにおいて，多量子コヒーレンスを効果的に励起するパルス系列を設計することが可能である．もし系がこのトポロジーからずれているならば，コヒーレンスの形成は禁止される．それゆえ，同数のスピンをもつが，異なった結合パターンを示す分子断片を区別することが可能になる（5.39, 5.75）．

　図5.3.1(g)で示してあるパルス系列を例として考えてみよう．このパルス系列は，奇数のスピンをもつ星状のネットワークにおいて多量子コヒーレンスを励起するよう「整形されている」．nが奇数のA_nX型の系において，$n+1$量子コヒーレンスを励起するために，$\tau=(2J)^{-1}$と$\tau'=\tau/n$を選択する必要がある．図5.3.1(g)の励起系列の中心部，$[(\pi/2)_y-\tau'/2-(\pi)_y-\tau'/2-(\pi/2)_y]$は次の推進演算子によって，弱く結

合したスピン系に対し記述することができる.

$$U' = \exp\{-i\sum_{kl} \pi J_{kl} 2I_{kx}I_{lx}\tau'\} \tag{5.3.16}$$

ここで $\tau' = \tau_{opt}/n = (2nJ)^{-1}$ である.この推進演算子は $\tau = \tau_{opt} = (2J)^{-1}$ を持つ自由歳差期間および,最後に $(\pi/2)_x$ パルスによって変換される.A_3X 系においては,完全な推進演算子 U は4スピンすべてを含む項のみを持つ.もしスピンが X, A, A′, A″ に対してそれぞれ I_1, I_2, I_3, I_4 と置かれるならば,$\tau' = (6J)^{-1}$ と $\tau = (2J)^{-1}$ の期間で次の推進演算子を得る.

$$\begin{aligned}
U = &\exp\{-i\frac{\pi}{2}\frac{1}{2}(I_1^+ I_2^+ I_3^+ I_4^+ + I_1^- I_2^- I_3^- I_4^-)\} \\
&\times \exp\{-i\frac{\pi}{2}\frac{1}{2}(I_1^- I_2^+ I_3^+ I_4^+ + I_1^+ I_2^- I_3^- I_4^-)\} \\
&\times \exp\{+i\frac{\pi}{6}[\frac{1}{2}(I_1^+ I_2^- I_3^+ I_4^+ + I_1^- I_2^+ I_3^- I_4^-) \\
&\quad + \frac{1}{2}(I_1^+ I_2^+ I_3^- I_4^+ + I_1^- I_2^- I_3^+ I_4^-) \\
&\quad + \frac{1}{2}(I_1^+ I_2^+ I_3^+ I_4^- + I_1^- I_2^- I_3^- I_4^+)]\} \\
&\times \exp\{+i\frac{\pi}{6}[\frac{1}{2}(I_1^+ I_2^+ I_3^- I_4^- + I_1^- I_2^- I_3^+ I_4^+) \\
&\quad + \frac{1}{2}(I_1^+ I_2^- I_3^+ I_4^- + I_1^- I_2^+ I_3^- I_4^+) \\
&\quad + \frac{1}{2}(I_1^+ I_2^- I_3^- I_4^+ + I_1^- I_2^+ I_3^+ I_4^-)]\}.
\end{aligned} \tag{5.3.17}$$

式 (5.3.17) におけるすべての演算子積の対は互いに可換であることが注目される.なぜなら,それらは結合のない遷移に作用する単一の遷移演算子を表わしているからである.次の式で書き表わされる第一項のみが4量子コヒーレンスの励起を支配している.

$$U^{(\alpha\alpha\alpha\alpha,\beta\beta\beta\beta)} = \exp\{-i\frac{\pi}{2}I_x^{(\alpha\alpha\alpha\alpha,\beta\beta\beta\beta)}\} \tag{5.3.18}$$

5.3 時間領域多量子分光法

この項は最大と最小の磁気量子数をもつ二つの準位間の占拠数差を純4量子コヒーレンスに変換する．式(5.3.17)の推進演算子における残りの項は，4スピン2量子コヒーレンスに加えて，初期条件が平衡に達していないならば，4スピンゼロ量子コヒーレンスを誘起する．

励起は他の星状のネットワークにおいても効果的であろう．ここではXはn個の周辺のスピンとおおよそ同一の結合を通して相互作用している．しかしながら，A_3X_2系に対して整形されたパルス系列は，A_2X_2系においては4量子コヒーレンスを励起することはない．一方，もし図5.3.1(g)の系列におけるすべてのパルスが同位相で照射されるならば，状況は逆転し，A_2X_2共鳴線は励起するがA_3X信号は励起しない (5.39)．

これらの方法の選択性に関する実験的検証は，図8.3.8のタンパク質の塩基性膵臓トリプシンインヒビター(BPTI)におけるフィルターをかけた2次元相関スペクトルによって示されている．アラニン残基のA_3X系のみにフィルターをかけたCOSY−スペクトルにおいて強い非対角と対角ピークを生じるが，スレオニンとロイシンは弱い信号を示すにすぎず，他のどのアミノ酸も目に見えるほどの寄与を示さない．

5.3.1.5 特定の次数の選択的励起

等方的なスカラー結合の系と違って，双極子結合をもつ液晶相のスピンではすべてのスピン間で結合がよく分離する．さらに，有効（双極子）ハミルトニアンの符号を実験的に反転させることが可能である．この方法で真の時間反転が達成される (5.76, 5.77)．このような状況では，与えられた次数pのコヒーレンスを選択的に励起することが可能である (5.11, 5.14-5.16, 5.19, 5.61)．図5.3.2(b)で示されているパルス系列の基本ブロックは，二つの推進演算子Uと$(U')^{-1}$とではさまれた自由歳差の短い間隔$\Delta\tau_p$である．最も簡単な場合，Tと$T'=T/2$の間で適用される有効な平均化ハミルトニアン$\overline{\mathcal{H}}_p$と$-\overline{\mathcal{H}}'_p$は，$\overline{\mathcal{H}}_p=\frac{1}{2}\overline{\mathcal{H}}'_p$で関係づけられる．そのようなサンドウィッチはすべての次数の多量子コヒーレンスを励起する．$\phi=k2\pi/N$でkを$k=0, 1, \cdots\cdots,$

$N-1$ のように次々に変え,ブロックのすべてのパルスを使って N 回のサイクルを積算すれば,対応する次数 $p=0$, $\pm N$, $\pm 2N$, …… のコヒーレンスのみが残る.全体の手順は不必要な次数を効果的に平均化できるよう繰り返される.実験の一例が図5.3.2(d)に示されている.ここでは配向ベンゼンにおいて次数 $p=0$ と $p=4$ が選択的に励起されている.このきれいだが手間のかかる方法の詳細については Weitekamp (5.61) の総説に述べられている.

5.3.2 多量子周波数のオフセット依存性と次数の分離

多量子遷移に対する,CW検出と間接的2次元検出の間には顕著な違いがある.すなわち,前者の場合,縮尺した周波数 $\omega_{ab}^{\mathrm{CW}}=(E_a-E_b)/p_{ab}$ を観察するが,後者の場合は真の多量子周波数 $\omega_a=(E_a-E_b)$ を含んだ自由歳差を観測する.

検出は通常パルスの搬送周波数 $\omega_{\mathrm{r.f.}}$ と同じ回転座標軸において行なわれる.このパルスは多量子コヒーレンスを励起しかつ再変換するのにも使われる.この周波数 $\omega_{\mathrm{r.f.}}$ はまた位相検波器の参照周波数としても使用されている.この回転座標軸系において,ハミルトニアンは

$$\mathcal{H}^{\mathrm{r}} = \mathcal{H} - \omega_{\mathrm{r.f.}} F_z. \tag{5.3.19}$$

二つの任意の状態 $|a\rangle$ と $|b\rangle$ の間のコヒーレンス σ_{ab}^{r} は次式に従って回転系内で時間発展する

$$\sigma_{ab}{}^{\mathrm{r}}(t) = \sigma_{ab}(0)\exp\{-\mathrm{i}(E_a-E_b-p_{ab}\omega_{\mathrm{r.f.}})\,t\}\exp(-t/T_2^{(ab)});$$
$$\tag{5.3.20}$$

したがって,間接検出によって得られる見かけの多量子遷移周波数 ω_{ab} は

$$\omega_{ab} = (E_a - E_b) - p_{ab}\omega_{\mathrm{r.f.}} \tag{5.3.21}$$

ここで $p_{ab}=M_a-M_b$ は遷移の次数である.この式は見かけの周波数が搬送波周波数 $\omega_{\mathrm{r.f.}}$ に依存することを意味している.搬送波周波数が $\Delta\omega_{\mathrm{r.f.}}$ シフトするときはいつでも,多量子遷移周波数は回転座標軸の周波数原点から $p\Delta\omega_{\mathrm{r.f.}}$

5.3 時間領域多量子分光法

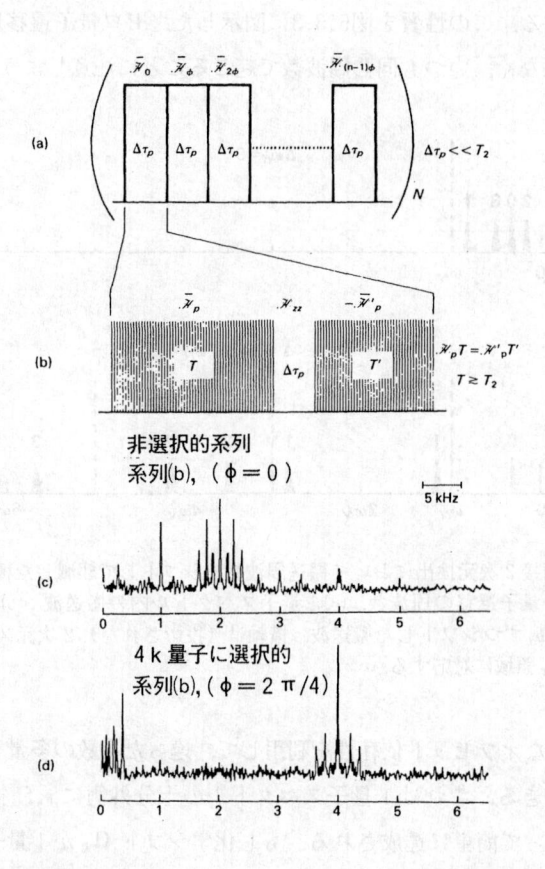

図 5.3.2 (a)特定の次数 p の多量子コヒーレンスを選択的に励起するための系列．基本単位あるいは構成ブロックは切れ目なく続けて N 回くりかえされる．このとき基本単位内のすべてのパルスの位相は $\Delta\phi = 2\pi/N$ 進められる．(b)(a)で採用されている構成ブロックであり，このブロックには $\overline{\mathcal{H}}_p T = \overline{\mathcal{H}}_p' T'$ の関係をもつ平均化ハミルトニアン $\overline{\mathcal{H}}_p$ と $-\overline{\mathcal{H}}_p'$ の発展期間 T と T' と，この二つの期間ではさまれた短い自由歳差期間 $\Delta\tau_p$ が含まれている．(c)非選択的励起により得られた液晶溶液中のベンゼンの多量子スペクトル．すべての次数 $p = 0, 1, \cdots\cdots, 6$ が現われており，これは2次元スペクトルを ω_1 軸に投影したものに対応する．異なった次数 p は時間に比例した位相増分によって分離される．(d)(c)と同じであるが次数 $p = 0$ と 4 の選択的励起を使用している．この選択的励起は $\Delta\phi = 2\pi/4$ の系列(a)によって行われている．(文献5.11より)

だけシフトする．この性質を図5.3.3に図示した．ゼロ量子遷移は搬送波周波数 $\omega_{r.f.}$ に関係なく，いつも同じ周波数で起こることに注意しよう．

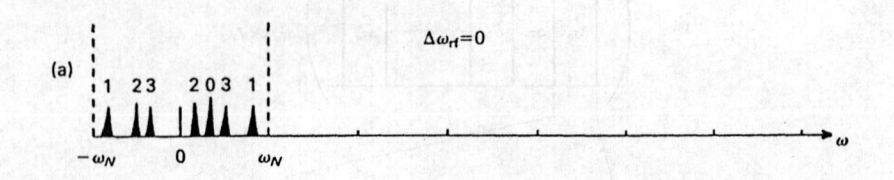

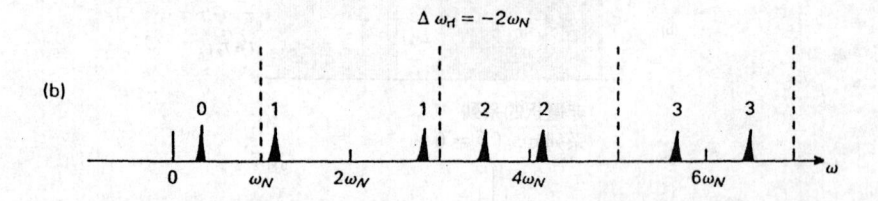

図 5.3.3 間接 2 次元検出において搬送周波数をシフトして観測した種々の次数の多量子遷移の周波数．(a) 1 量子スペクトル内の搬送波；(b) (a) から左へ $2\omega_N$ ずつシフトした搬送波．横軸は（投影された）2 次元スペクトルの ω_1 領域に対応する．

この特徴的なオフセット依存性を利用して，違った次数の多量子信号を分離することができる．これは1量子スペクトルの十分外側に r.f. 搬送波を設定することによって簡単に達成される．もし化学シフト Ω_k が1量子スペクトルの $\Omega_{min} < \Omega_k < \Omega_{max}$ の間に位置するならば，p 量子スペクトルにおける遷移周波数 $\omega^{(p)}$ は $p\Omega_{min} < \omega^{(p)} < p\Omega_{max}$ の範囲に位置する．しかしながら，多くの場合，p 量子スペクトルが1量子スペクトルよりもずっと広いということはない．特に最大次数の MQT は1本であること，$(N-1)$ 量子スペクトルの幅は 1QT スペクトルの幅と等しいことに注意しよう．

（たとえ搬送波が1量子スペクトル内に位置しているとしても）違った次数を分離することが可能である．これは，6.6.3節で議論するように，時間に比例した位相増加を用いることによって可能となる (5.10, 5.44)．

最後に，位相循環の操作が，特定次数の p と関連する信号以外すべてを消

5.3 時間領域多量子分光法

減させるために採用される．これらの手法は z 軸回りの回転に対し p 量子コヒーレンスがもつ特異な性質を利用している．この特異な性質は，特定のコヒーレンス移動径路を選択することを可能にする．このことは，位相シフトした準備推進演算子および混合推進演算子をもつ実験で得られた信号の1次結合をとることにより達成される（式 (5.3.24) － (5.3.26) と6.3節を参照）．

違った次数を分離するための実験手法は，密度演算子を違った次数 p の寄与に分離することである．

$$\sigma = \sum_{p=-2L}^{+2L} \sigma^p \tag{5.3.22}$$

ここで最大全スピン量子数 L は式 (5.1.3) で与えられる．式 (5.3.22) の項 σ^p は次の形に書くことができる

$$\sigma^p = {\sum_{a,b}}' \sigma_{ab} |a\rangle\langle b| \tag{5.3.23}$$

ここで限定加算は $p_{ab}=p$ の対 (a,b) にわたって行なわれる．

$I=\frac{1}{2}$ の 3 スピン系に対し，密度行列の分解の概要が図5.3.4に示されている．大きな次数 p の行列要素が少ないのは明らかに表5.1.1と一致している．σ^0 に対応する部分行列は対角要素（固有状態の占拠数）とゼロ量子コヒーレンスとから成っている．

式 (5.3.23) における σ^p の表現から，r.f. 位相シフトに対し，すなわち z 軸の回りの回転に対し，p 量子コヒーレンス $|a\rangle\langle b|$ が特色のある変換を示すことが推測できる．

$$\begin{aligned}
&\exp\{-i\varphi F_z\}|a\rangle\langle b|\exp\{i\varphi F_z\} \\
&= \exp\{-i\varphi M_a\}|a\rangle\langle b|\exp\{i\varphi M_b\} \\
&= |a\rangle\langle b|\exp\{-ip_{ab}\varphi\}.
\end{aligned} \tag{5.3.24}$$

同じことが，与えられた次数 p に属するすべてのコヒーレンスに対して成立する

$$\exp\{-i\varphi F_z\}\sigma^p\exp\{i\varphi F_z\} = \sigma^p\exp\{-ip\varphi\} \qquad (5.3.25)$$

あるいは，省略形で表わすと

$$\sigma^p \xrightarrow{\varphi F_z} \sigma^p\exp\{-ip\varphi\}. \qquad (5.3.26)$$

この性質は，6.3節で議論するように，いろいろな次数 p のコヒーレンスを実験的に分離する基本である．

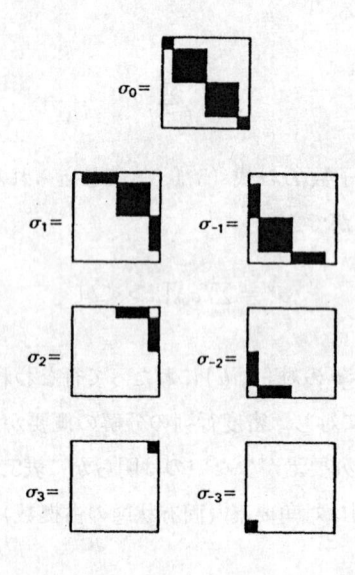

図 5.3.4　スピン $\frac{1}{2}$ の3スピン系における次数 p で分類された密度演算子成分 σ^p の行列表示．基底関数の順序 $\alpha\alpha\alpha$, $\alpha\alpha\beta$, $\alpha\beta\alpha$, $\beta\alpha\alpha$, $\alpha\beta\beta$, $\beta\alpha\beta$, $\beta\beta\alpha$, $\beta\beta\beta$ を仮定している．

多量子コヒーレンスの変換の性質は，既約テンソル演算子を使って表現することによっても立証できる（5.11-5.21, 5.78-5.86）（2.1.10節参照）

$$\sigma = \sum_{k,l,m} b_{lm}^{(k)} T_{lm}^{(k)}. \qquad (5.3.27)$$

この場合，量子数 $m=-l$, $-l+1$, ……$+l$ はコヒーレンス次数 p と同じで

5.3 時間領域多量子分光法

ある．テンソルの階数は $l=0, 1, \ldots, 2L$ にわたって広がっている．ここで L は式 (5.1.3) で与えられる．添字 k は同じ変換の性質をもつ違った演算子を区別する．z 軸のまわりの回転のもとで式 (5.3.26) に類似した表現が得られる．

$$T_{lm} \xrightarrow{\varphi F_z} T_{lm}\exp[-im\varphi]. \qquad (5.3.28)$$

非選択 r.f. パルスの効果は，3次元空間内の回転と等価であり，階数 l に影響することなく次数 $p=m$ を変換する

$$T_{lm}^{(k)} \xrightarrow{\sum_\nu \beta I_{j\nu}} \sum_{m'} d^l_{m'm}(\beta) T_{lm'}^{(k)} \qquad (5.3.29)$$

ここで要素 $d^l_{m'm}(\beta)$ は Wingner の回転行列である．一方，r.f. 摂動のない場合の自由歳差は，次数に影響することなく階数 l を変化させる．

$$T_{lm}^{(k)} \xrightarrow{\mathcal{H}_t} \sum_{k'l'} b_{l'm}^{(k)} T_{l'm}^{(k')}. \qquad (5.3.30)$$

これらの性質は，図5.3.5で示してあるように，自由歳差の期間で分割された r.f. パルスからなる実験によって明らかになる．

既約テンソル演算子は Sanctuary (5.78-5.82)，Bain (5.83-5.86)，そして Pines とその共同研究者 (5.11-5.21, 5.61) によって広範囲に使用されている．彼らはそれぞれ，核四極子，スカラー，双極子結合に重点を置いている．

5.3.3 多量子スペクトルの構造

多量子スペクトルは，通常対応する1量子スペクトルに似ているが，むしろより単純である．固体や液晶において，スペクトルは双極子あるいは核四極子分裂あるいは広幅化を示すが，等方的液体においては，スカラー結合による多重構造のみが観測される．

この節では，議論を等方溶液における $I=\frac{1}{2}$ のスカラー結合をもつスピン系に限定する．多量子スペクトル中の個別のコヒーレンス（1本線）か一組のコ

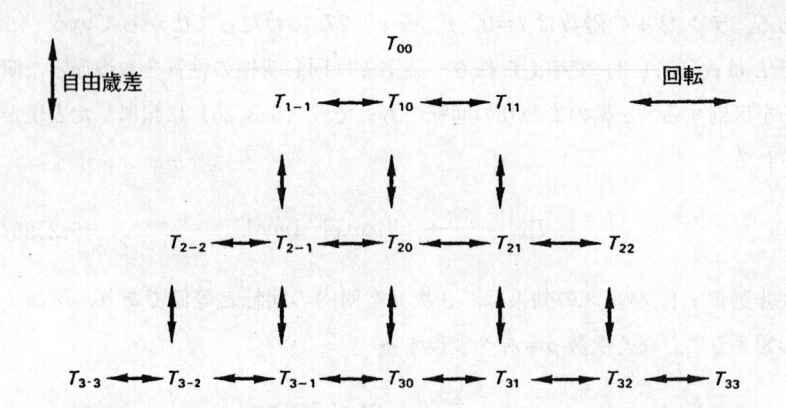

```
         ↕自由歳差                    T₀₀                              回転→

                              T₁₋₁ ←→ T₁₀ ←→ T₁₁

                               ↕       ↕       ↕

                    T₂₋₂ ←→ T₂₋₁ ←→ T₂₀ ←→ T₂₁ ←→ T₂₂

                      ↕       ↕       ↕       ↕       ↕

           T₃₋₃ ←→ T₃₋₂ ←→ T₃₋₁ ←→ T₃₀ ←→ T₃₁ ←→ T₃₂ ←→ T₃₃
```

図 5.3.5 既約テンソル演算子によるコヒーレンスの表現.水平線にそった変換(一つあるいはそれ以上のステップ) は r.f. パルスによって誘起される.垂直線にそった変換(一つあるいはそれ以上のステップ,結合ネットワークに依存する)は自由歳差期間内に起こる.熱平衡では,密度演算子は T_{00} 項と T_{10} 項のみを含む. T_{lm} の項は m 量子コヒーレンスに対応する.たとえば, $m=+3$ 量子コヒーレンスを励起するために, $(\pi/2)-\tau-(\pi/2)$ 型のパルス系列を使って径路 $T_{10} \to T_{11} \to T_{31} \to T_{33}$ をたどることができる.あるいは三つのパルスと二つの間隔を使って径路 $T_{10} \to T_{11} \to T_{21} \to T_{22} \to T_{32} \to T_{33}$ をたどってもよい.

ヒーレンスから生じる全多重線を考えてみよう.

弱く結合した系において,コヒーレンス $|a\rangle\langle b|$ の歳差周波数 ω_{ab} を決めるために,式 (2.1.116) で表わしたように単一要素演算子の積でコヒーレンスを表わそう

$$|a\rangle\langle b| = \prod_{k=1}^{N} I_k^{\mu_k} \qquad (5.3.31)$$

ここで,磁気量子数の変化 $\Delta M_k = \pm 1$ をもつ q 個の「能動スピン」に対しては $\mu_k = +$ か $-$ となり,磁気量子数 $M_k = \pm\frac{1}{2}$ をもつ $N-q$ 個の「受動スピン」においては $\mu_k = \alpha, \beta$ となる.

例として, $I=\frac{1}{2}$ の 2 スピン系では, $p=+2$ 量子コヒーレンス $I_k^+ I_l^+$,

5.3 時間領域多量子分光法

$p=-2$ 量子コヒーレンス $I_k^- I_l^-$，そして二つのゼロ量子コヒーレンス $I_k^+ I_l^-$ と $I_k^- I_l^+$ をもっている．より大きなスピン系において，たとえば $I_k^+ I_l^+ I_m^\alpha I_m^\beta$ のような p スピン p 量子コヒーレンスが見られる．また4スピン2量子項 $I_k^+ I_l^+ I_m^+ I_n^-$ のような $p=q-2$, $q-4$, ……をもつ q スピン p 量子コヒーレンスも見られる．

コヒーレンス $|a><b|$ は次の歳差周波数をもっている

$$\omega_{ab} = \underbrace{\sum_k \Omega_k \Delta M_k}_{\text{能動}} + \underbrace{\sum_k}_{\text{能動}} \underbrace{\sum_l}_{\text{受動}} 2\pi J_{kl} \Delta M_k M_l \tag{5.3.32}$$

ここで加算はすべての能動スピン k とすべての受動スピン l にわたって行なわれる．能動スピン同志あるいは受動スピン同志の結合は歳差周波数に影響しない．

特に興味深いのは，N 個すべてのスピンが能動的に関与しているようなコヒーレンスである．（すなわち式 (5.3.31) においてすべてが $\mu_k=\pm 1$, $q=N$ そして $p=N, N-2, N-4,$ ……の場合）．これらのコヒーレンスはすべてのスピンを反転して得られる一対の固有状態に由来しており，「スピン反転コヒーレンス」(5.61) または「クラス・1・コヒーレンス」(5.44) と呼ばれている．これらのスピン反転コヒーレンスの歳差周波数は，式 (5.3.32) に従えば，結合が弱い場合は化学シフトによってのみ決定され，結合項によって影響されることはない．$q=p=N$ （式 (5.3.31) においてすべてが $\mu_k=+$ かすべてが $\mu_k=-$ ）である「全スピン・コヒーレンス」(5.17, 5.61) はスピン反転コヒーレンスの特別な場合である．

いくつかの能動スピンを含んでいる $q<N$ のコヒーレンスは多重線に属している．個別の線よりも多重線として一つの演算子にそのような項を代表させるのがよい．たとえば，3スピン系においては，二つの $p=+2$ コヒーレンスが存在し，ここで k と l が能動で m が受動であり，これらは $I_k^+ I_l^+ I_m^\alpha$ および $I_k^+ I_l^+ I_m^\beta$ のように記述される．同位相かあるいは反位相の2量子分裂を表すことに対応する多重線の演算子はこの場合

$$I_k^+ I_l^+ (I_m^\alpha + I_m^\beta) = I_k^+ I_l^+$$

$$I_k^+ I_l^+ (I_m^\alpha - I_m^\beta) = 2 I_k^+ I_l^+ I_{mz} \tag{5.3.33}$$

この表現で，より大きなスピン系への拡張も可能である．

多量子スペクトルの多重構造は1量子スペクトルと類似している．有効多量子化学シフト

$$\Omega_{\text{eff}} = \sum_{k \atop \text{能動}} \Delta M_k \Omega_k \tag{5.3.34}$$

はすべての能動核の1次結合に対応するが，受動スピン m の有効結合定数

$$J_{\text{eff}} = \sum_{k \atop \text{能動}} \Delta M_k J_{km} \tag{5.3.35}$$

は能動スピン m と各々の受動スピン k の間の1次結合を表わす．各受動スピンは結果的に有効結合定数を示す．明らかに，有効結合定数 J_{eff} は結合 J_{km} の相対符号に依存する．それゆえ，これは多量子スペクトルから決定することができる．

弱く結合した3スピン系 k, l, m におけるゼロ量子スペクトルの例が図5.3.6に示されている．1量子スペクトルとの比較から，直ちに三つの結合定数はすべて等しい符号をもっていることが示される．

コヒーレンス移動過程の記述を簡単にするために，式 (5.3.33) の型の多重コヒーレンスをデカルト演算子積に変換するのが適当である．二つのデカルト成分 (5.38) によって，2量子コヒーレンス（もっと正確には次数 $p = \pm 2$ の同位相多重コヒーレンス）を次のように表現する．

$$\{2QT\}_x = \frac{1}{2}(I_k^+ I_l^+ + I_k^- I_l^-) = \frac{1}{2}(I_{kx} I_{lx} - 2 I_{kx} I_{ly}),$$

$$\{2QT\}_y = \frac{1}{2i}(I_k^+ I_l^+ - I_k^- I_l^-) = \frac{1}{2}(I_{kx} I_{ly} + 2 I_{ky} I_{lx}). \tag{5.3.36}$$

5.3 時間領域多量子分光法

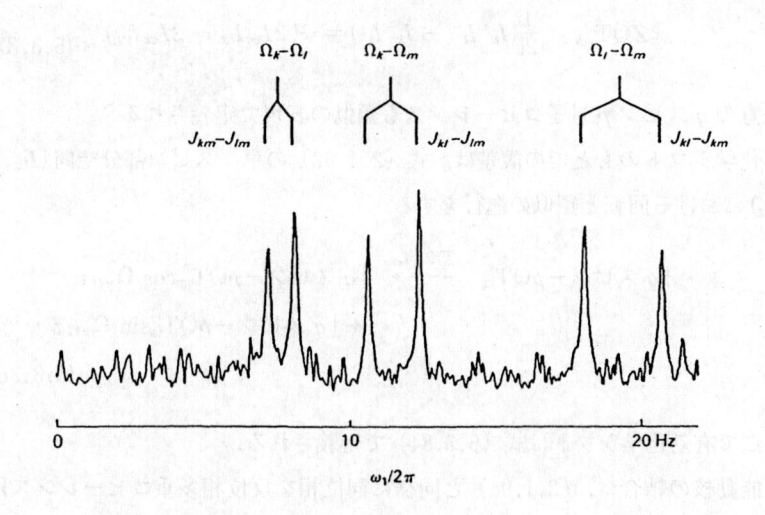

図 5.3.6 等方相における 2-フランカルボン酸メチルエステルの弱結合 3 スピン系の実験で得られたゼロ量子スペクトル．スペクトルは間接検出によって得られており，絶対値 2 次元スペクトルの ω_1 軸への投影に対応している．1 量子や多量子等，他のすべての次数のコヒーレンスが不均一な磁場内で減少する結果，次数 $p=0$ が選択される．この信号は単一要素演算子（左から右へ），$I_k^+ I_l^- I_m^\beta$, $I_k^+ I_l^- I_m^\alpha$, $I_k^\beta I_l^+ I_m^-$, $I_k^\alpha I_l^+ I_m^-$, $I_k^+ I_l^\beta I_m^-$, $I_k^+ I_l^\alpha I_m^-$ のように記述される 6 個のゼロ量子コヒーレンスから生じている．ここでスピン k, l, m はラーモア周波数の増加する順に帰属されている．ナイキスト周波数についての重複歪がデジタル分解能を向上するために使用されている．（文献5.23より）

これに対応する同位相ゼロ量子多重コヒーレンスは次の式で表される

$$\{ZQT\}_x = \frac{1}{2}(I_k^+ I_l^- + I_k^- I_l^+) = \frac{1}{2}(2I_{kx}I_{lx} + 2I_{kx}I_{ly}),$$

$$\{ZQT\}_y = \frac{1}{2i}(I_k^+ I_l^- - I_k^- I_l^+) = \frac{1}{2}(2I_{ky}I_{lx} - 2I_{kx}I_{ly}). \quad (5.3.37)$$

任意の q スピン p 量子コヒーレンスも類似の表現で定義される.

化学シフトのもとでの歳差は,式 (2.1.92) の単一スピン部分空間 (I_{kx}, I_{ky}, I_{kz}) における回転と類似の進行をする.

$$\{q\text{スピン}-p\text{QT}\}_x \xrightarrow{\sum \Omega_{k\tau} I_{kz}} \{q\text{スピン}-p\text{QT}\}_x \cos \Omega_{\text{eff}} \tau$$
$$+ \{q\text{スピン}-p\text{QT}\}_y \sin \Omega_{\text{eff}} \tau$$
$$(5.3.38)$$

ここで有効化学シフトは式 (5.3.34) で定義される.

能動核の結合は,(2.1.94) と同様に同位相を反位相多重コヒーレンスに変換する.

$$\{q\text{スピン}-p\text{QT}\}_x \xrightarrow{\sum_k \pi J_{km}\tau 2I_{kz}I_{mz}} \{q\text{スピン}-p\text{QT}\}_x \cos \pi J_{\text{eff}} \tau$$
$$+ 2I_{mz}\{q\text{スピン}-p\text{QT}\}_y \sin \pi J_{\text{eff}} \tau$$
$$(5.3.39)$$

ここで J_{eff} は式 (5.3.35) で定義される.

5.3.4 多量子二重共鳴

4.7 節における 1 量子分光法と類似の二重共鳴効果が多量子分光法においても現われる.この効果は,強い r.f. 場がスペクトルの共鳴線に連続して照射されるような場合に現われる.ティックリング領域では,多量子線は 1 量子遷移と同様の分裂挙動を示す.「イメージ」とか「サテライト」と称されている付加項がスペクトルに現われる.詳しい議論については,文献 56 を参照されたい.

5.4 多量子コヒーレンスの緩和

多量子分光法は緩和の研究に新しい道を開いた. なぜなら, 多量子や1量子コヒーレンスの緩和速度に含まれている情報はしばしば互いに補足し合うからである. どの歳差周波数も縮退していないと仮定するならば, 任意の1対の状態 $|a>$ と $|b>$ の間のコヒーレンスは指数関数的に減少する

$$\sigma_{ab}(t) = \sigma_{ab}(0) \exp\{-i\omega_{ab}t - t/T_2^{(ab)}\}. \tag{5.4.1}$$

減衰速度 $1/T_2^{(ab)}$ は断熱的および非断熱的寄与から成っている (式 (2.3.27) – (2.3.29))

$$1/T_2^{(ab)} = \frac{1}{2}\{\sum_{c \neq a} W_{ac} + \sum_{c \neq b} W_{bc}\}$$

$$+ \frac{1}{2}\int_{-\infty}^{+\infty} \overline{\{<a|\mathcal{H}_1(t)|a>-<b|\mathcal{H}_1(t)|b>\}}$$

$$\times \overline{\{<a|\mathcal{H}_1(t+\tau)|a>-<b|\mathcal{H}_1(t+\tau)|b>\}}d\tau \tag{5.4.2}$$

断熱的な寄与 (最後の項) は状態 $|a>$ と状態 $|b>$ の間のエネルギー差の揺動で引き起こされる. 二つの状態のエネルギーを異なる量だけシフトさせるような**非協奏的**揺動のみが断熱緩和に寄与することは明らかである. 1量子と多量子遷移とではエネルギー準位 $|a>$ と $|b>$ との組合わせが違っているので, 断熱項は違った種類の相互作用に敏感であり, 多量子緩和は従来の1量子 T_2 測定では得られない別種の情報を提供してくれる.

5.4.1 相関をもつ外部無秩序場

多量子緩和独特の性質として, たとえば, 常磁性試薬で誘起されるような外部無秩序による $I=\frac{1}{2}$ 核の緩和の相関を研究できることがあげられる (5.25).
二つの弱く結合したスピン A と B との系を考えてみよう. この系は次のハ

ミルトニアンをもち，外部揺動場 $\mathbf{B}_A(t)$ と $\mathbf{B}_B(t)$ とにさらされている

$$\mathcal{H}_1(t) = -\gamma_A \mathbf{I}_A \mathbf{B}_A(t) - \gamma_B \mathbf{I}_B \mathbf{B}_B(t). \tag{5.4.3}$$

1量子緩和の情報内容を研究するため，状態 $|1\rangle = |\alpha\alpha\rangle$ と $|2\rangle = |\alpha\beta\rangle$ の間の B-スピン遷移の緩和速度 $1/T_2^{(1,2)}$ を計算し，次の関係が得られる

$$1/T_2^{(1,2)} = W_{12} + \frac{1}{2}W_{13} + \frac{1}{2}W_{24} + \frac{\gamma^2}{2}\int_\infty^\infty \overline{B_{Bz}(t)B_{Bz}(t+\tau)}\,d\tau. \tag{5.4.4}$$

遷移確率 W_{kl} は1量子遷移に対応し，これは個々の無秩序場のパワースペクトル密度によって決定される（式 (2.3.4) と (2.3.5) を参照）．式 (5.4.4) の最後の項（断熱項）は場 $\mathbf{B}_B(t)$ にのみ依存する．二つの無秩序場 $\mathbf{B}_A(t)$ と $\mathbf{B}_B(t)$ との相関に関するどのような情報も1量子緩和速度 $1/T_2^{(1,2)}$ からは得られない．同様に，縦緩和速度もこの点について情報を含んでいない．

しかしながら，状態 $|1\rangle$ と $|4\rangle = |\beta\beta\rangle$ の間のコヒーレンスの2量子緩和速度は次の式で表わせる

$$1/T_2^{(1,4)} = \frac{1}{2}(W_{12} + W_{13} + W_{24} + W_{34})$$

$$+ \frac{\gamma^2}{2}\int_{-\infty}^{+\infty} \overline{\{B_{Az}(t)+B_{Bz}(t)\}\{B_{Az}(t+\tau)+B_{Bz}(t+\tau)\}}\,d\tau. \tag{5.4.5}$$

ここで指数相関関数を仮定し，適切に平均をとれば次の関係が得られる

$$\overline{B_{Bz}(t)B_{Bz}(t+\tau)} = \overline{B^2_{Bz}}\exp\{-|\tau|/\tau_c\} \tag{5.4.6}$$

そして

$$\overline{B_{Az}(t)B_{Bz}(t)} = C_{AB}(\overline{B^2_{Az}}\,\overline{B^2_{Bz}})^{\frac{1}{2}} \tag{5.4.7}$$

これらの式から，2量子緩和速度は次のように導かれる

$$1/T_2^{(1,4)} = \frac{1}{2}(W_{12} + W_{13} + W_{24} + W_{34}) + \gamma^2\tau_c[\overline{B^2_{Az}} + \overline{B^2_{Bz}}$$

$$+ 2C_{AB}(\overline{B^2_{Az}}\,\overline{B^2_{Bz}})^{\frac{1}{2}}]$$

5.4 多量子コヒーレンスの緩和

(5.4.8)

これには明らかに，二つの無秩序場の関係を表わす相関係数 C_{AB} が含まれている．弱結合2スピン系の横緩和速度に対する極度尖鋭条件での完全な表現を表5.4.1に集めた．2スピン系における純双極子緩和に対応する表現は9章で示されよう（式 (9.4.7)）．

表 5.4.1 極度尖鋭近似のもとでの部分的に相関をもつ無秩序場による非等価プロトンの緩和 (5.25)

1量子緩和

$$1/T_2^{(1,2)} = 1/T_2^{(3,4)} = \gamma^2 \tau_c [\overline{B^2_{Ax}} + \overline{B^2_{Bx}} + \overline{B^2_{Bz}}]$$

$$1/T_2^{(1,3)} = 1/T_2^{(2,4)} = \gamma^2 \tau_c [\overline{B^2_{Ax}} + \overline{B^2_{Bx}} + \overline{B^2_{Az}}]$$

2量子緩和

$$1/T_2^{(1,4)} = \gamma^2 \tau_c [\overline{B^2_{Ax}} + \overline{B^2_{Bx}} + \overline{B^2_{Az}} + \overline{B^2_{Bz}} + 2C_{AB}(\overline{B^2_{Az}}\,\overline{B^2_{Bz}})^{\frac{1}{2}}]$$

ゼロ量子緩和

$$1/T_2^{(2,3)} = \gamma^2 \tau_c [\overline{B^2_{Ax}} + \overline{B^2_{Bx}} + \overline{B^2_{Az}} + \overline{B^2_{Bz}} - 2C_{AB}(\overline{B^2_{Az}}\,\overline{B^2_{Bz}})^{\frac{1}{2}}]$$

一つの例として溶液中で常磁性分子によって誘起される 2,3-ジブロモチオフェンの2個のプロトンの緩和を示そう (5.25)．緩和は実際双極子相互作用を起源にもつが，分子間緩和の適当な表現は，プロトンAとプロトンBとの位置で誘起される揺動磁場を考慮することによって得られる．酸素や1,1-ジフェニル-2-ピクリルヒドラジン（DPPH）のような違った大きさの常磁性分子を選択することにより，無秩序場の，程度の異なる相関が期待できる．不対電子密度が三つの芳香環に非局在化している大きなDPPH分子からは，両方のプロトンが同時に緩和することが期待される．しかし，小さな酸素分子は，各プロトンに別々に近づいて緩和する能力をもっている．2,3-ジブロモチオフェンにおける二つのプロトンのゼロ，1，2量子線幅の効果を図5.4.1に示す．解析の結果，相関係数 C_{AB} は DPPH と酸素に対して，それぞれ0.89と0.79であることがわかった．

Tang と Pines (5.13) は，液晶に溶けた溶質中の高速回転メチル基のプロトンに対する常磁性緩和の効果を研究した．もし緩和に効果的な過程が C_3 対称性を破るならば，C_3 対称性由来の既約表現の間を結ぶような緩和過程が許容になる．相関係数 ξ が導入されており，これは緩和が C_3 対称を保持している時には1に等しく，各プロトンが独立に緩和する時ゼロになる．ネマティック溶媒に溶けている CH_3CN の多量子線幅がジ-t-ブチルニトロオキシドラジカルの存在のもとで測定された (5.13)．この濃度依存性は相関パラメーター ξ が1に等しいことを示している．この相関パラメーターは，メチル基の回転の時間スケールがプロトンと常磁性分子の相互作用の寿命よりもずっと短い状況を考えると矛盾がない．

5.4.2 核四極子緩和

重水素 NMR は動的挙動を研究するのに魅力的なプローブである．その理由は緩和が，完全に分子内起源の核四極子相互作用に支配されているからである (5.87)．

一つの配向した重水素を含む系において，状態 $|1>=|M=+1>$ と $|3>=|M=-1>$ にわたっている2量子遷移の横緩和速度 $1/T_2$ は，スピン格子緩和速度 $1/T_1$ とは違ったスペクトル密度依存性をもっている (5.44)．

$$1/T_2^{(1,3)} = \frac{3\pi^2}{2}\left(\frac{e^2qQ}{h}\right)^2 \{J_1(\omega_0) + 2J_2(2\omega_0)\}, \qquad (5.4.9)$$

$$1/T_1 = \frac{3\pi^2}{2}\left(\frac{e^2qQ}{h}\right)^2 \{J_1(\omega_0) + 4J_2(2\omega_0)\}. \qquad (5.4.10)$$

これら二つの式は簡単に解けて $J_1(\omega_0)$ と $J_2(2\omega_0)$ が決定できる (5.43)．2量子コヒーレンスの横緩和は縦緩和より遅いということ，そして $J(0)$ に依存する1量子減衰速度とまったく違うことは注目に値する．このスペクトル密度の分離は異方的な分子回転の拡散定数を決定することを可能にする．

飽和した炭化水素鎖において，一つのメチル基の選択的重水素化は運動の研

5.4 多量子コヒーレンスの緩和

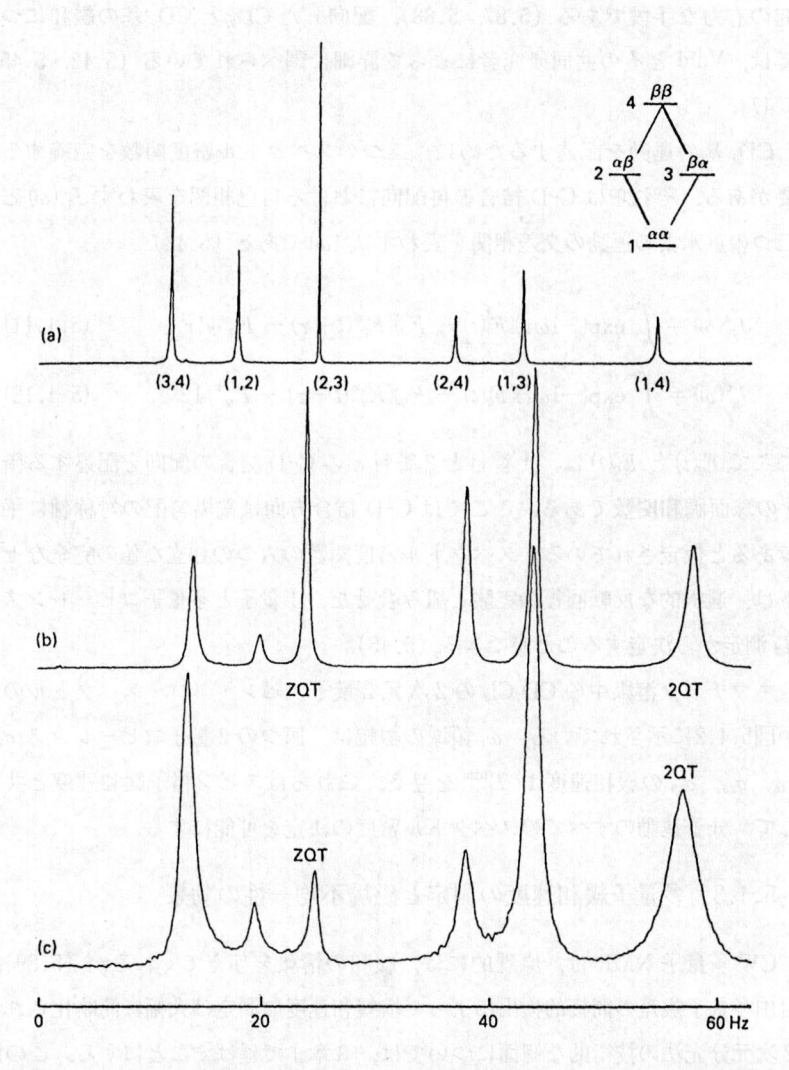

図 5.4.1 2,3-ジブロモチオフェンのスカラー結合をもつ2スピン系における、ゼロ、1、2量子遷移。このスペクトルは2次元スペクトルを ω_1 軸に投影することによって得られる。ゼロ量子遷移 $|2\rangle \leftrightarrow |3\rangle$ および2量子遷移 $|1\rangle \leftrightarrow |4\rangle$ は、酸素（中段）と1,1-ジフェニル2-ピクリン-ヒドラジル（下段）により生じる無秩序場揺動の測定を可能にする。不均一線幅は、脱気した試料（上段）の線幅を差し引くことで得られる。（文献 5.25より）

究の有力な手段である（5.87, 5.88）．配向した CD_2 と CD_3 基の緩和については，Vold とその共同研究者によって詳細に調べられている（5.42, 5.45, 5.47）．

CD_2 基の運動を記述するために，二つのスペクトル密度関数を定義する必要がある．それらは C-D 結合の再配向における自己相関を表わす $J_q^A(\omega)$ と，二つの重水素の運動の交差相関を表わす $J_q^C(\omega)$ である（5.42）．

$$J_q^A(\omega) = \int_0^\infty \exp(-i\omega\tau)(F_q(t) - \overline{F_q})(F_q^*(t+\tau) - \overline{F_q}^*) d\tau \tag{5.4.11}$$

$$J_q^C(\omega) = \int_0^\infty \exp(-i\omega\tau)(F_q(t) - \overline{F_q})(E_q^*(t+\tau) - \overline{E_q}^*) d\tau \tag{5.4.12}$$

ここで $F_q(t)$ と $E_q(t)$ は，1番目と2番目との C-D 結合の配向を記述する階数 q の球面調和関数である．ここでは C-D 結合方向は電場勾配の対称軸に平行であると仮定されている．スペクトル密度関数の六つの独立な値の完全なセットは，選択的な反転回復の実験と組み合せた，1量子と多量子コヒーレンスの T_2 測定から決定することができる（5.45）．

ネマチック溶媒中の CD_2Cl_2 の2次元2量子スピン・エコースペクトルの例が図5.4.2に示されている．ω_1 領域の線幅は，四つの2量子コヒーレンス σ_{14}, σ_{46}, σ_{25}, σ_{79} の緩和速度 $1/T_2^{(ab)}$ を与え，これらはスピン格子緩和速度と共同して，分子運動のすべてのスペクトル密度の決定を可能にする．

5.4.3 多量子緩和速度の測定と磁場不均一性の効果

CW 多量子 NMR は，原理的には，緩和の情報を与えてくれるが（5.89），自由多量子歳差の間接的検出によって横緩和速度の測定は大幅に簡略化される．2次元分光法の技術的な側面については，8章まで延ばすことにする．この節では緩和の研究に特有な点を簡単に振り返ってみることにしよう．

多量子遷移の本来の線幅を2次元分光法によって測定するためには，不均一な静磁場の効果を考慮することが重要である．式（5.3.25）は，p 量子コヒーレンスが静磁場の不均一性 $\Delta B_0(\mathbf{r})$ に関して p 倍の依存性をもつことを示して

5.4 多量子コヒーレンスの緩和

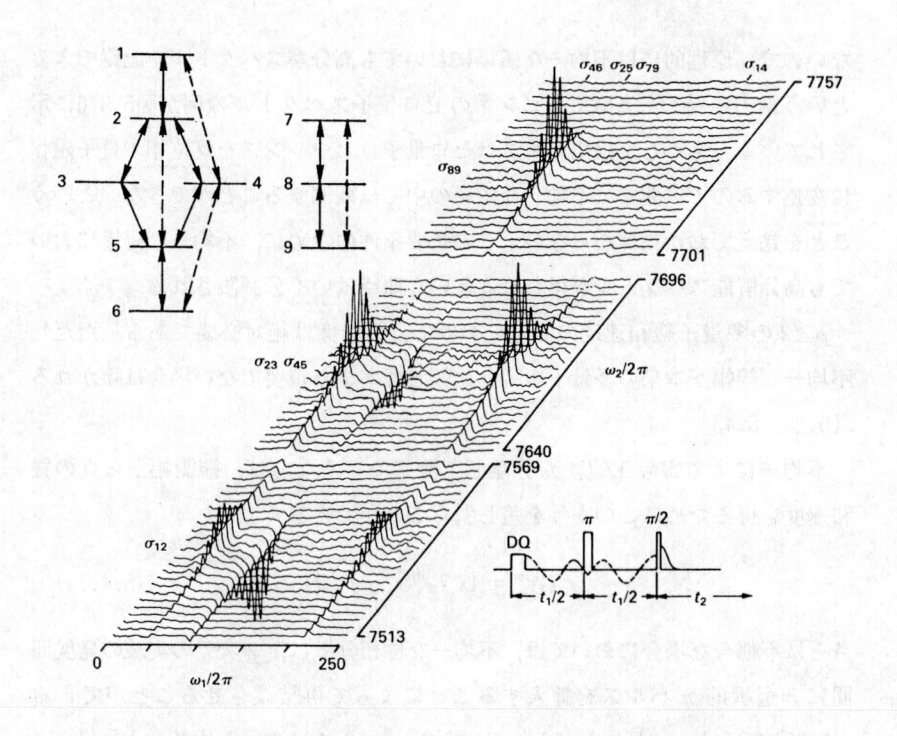

図 5.4.2 二つの結合した $I=1$ のスピンの系（例 CD_2 系）のエネルギー準位図と位相検出 2 次元 2 量子スペクトル．八つの許容遷移の四つが $F_2=\omega_2/2\pi$ 領域に現われているが，1 次の核四極子分裂で影響を受けない四つの 2 量子（DQ）遷移（エネルギー準位図の点線）は $F_1=\omega_1/2\pi$ 領域に現われる．（文献5.45より）

いる．

$$\sigma^p \xrightarrow{-\gamma\Delta B_0\tau F_z} \sigma^p\exp\{ip\gamma\Delta B_0\tau\} \quad (5.4.13)$$

このことは，高次の多量子遷移はしばしば磁場の不均一によって顕著に線幅が広くなるので，せっかく化学シフトが増大しても線幅の増大で分解能の向上が帳消しにされてしまうことを意味している．

一方，ゼロ量子コヒーレンス ($p=0$) は磁場の不均一に対してあまり敏感で

ないので，原理的には不均一な磁場においても高分解スペクトルを記録できるという魅力を持つ．AMX スピン系のゼロ量子スペクトルの例が図5.3.6に示されている．しかし，検出パルスはゼロ量子コヒーレンスを反位相1量子磁化に変換するので，非常に不均一な磁場の中では観測することができないということを覚えておかねばならない．この必要条件のために，不均一な磁場においても高分解能スペクトルが得られるという期待はいく分制限される．

$p \geqq 2$ の多量子緩和速度の測定において，再結像は絶対必要である．ただし不均一な線幅が本来の多量子線幅と比較してあまり重要でない場合は除かれる（5.25，5.43）．

不均一による寄与 $1/T_2^+$ が分離して測定できるならば，観測幅から真の緩和速度を得るためにこの寄与を差し引くことができる

$$1/T_2^{(ab)} = 1/T_2^{(ab)*} - p/T_2^+ \qquad (5.4.14)$$

さらに不都合な場合においては，不均一な位相分散は，2次元の実験の発展期間に非選択的 π パルスを挿入することによって再結像させることができる（5.25，5.44）．しかしながら，不完全な π パルスは違った次数 p と $p' \neq p$ の間にコヒーレント移動を引き起こす．その結果現われる疑似信号は，適切な位相循環により除去することができる．このことは π パルスの r.f. 位相が φ_k （5.44）によってシフトしているならば，望みの反転 $(p \to p' = -p)$ は位相シフト $2p\varphi_k$ によるという事実に基づいている（5.44）．その手法はコヒーレンス移動径路の選択に関する6.3節の処方箋から容易に推測できよう．

強く結合した系（たとえば，異方相における双極子結合をもつプロトン）において，理想的な再結像パルスでさえも，同じ次数のコヒーレンス間に好ましくないコヒーレンス移動現象を生じる．これは1量子再結像に対して7.2.3節で議論する現象と類似している．この場合，ω_1 領域は自由歳差ハミルトニアンの固有周波数の1次結合を表わしている．

再結像しているにもかかわらず，観測可能な減衰速度は，不均一磁場における分子拡散由来の非可逆性の位相分散に影響を受けやすいことに注意しなけれ

5.4 多量子コヒーレンスの緩和

ばならない.

　図5.4.3は単一の配向した重水素の典型的な2量子減衰を示している. この場合, 減衰は期間を拡張して $t_1^{max} \simeq 5T_2$ まで測定されている. そしてフーリエ変換によって基本的に歪みのないローレンツ線が得られる. 単一の ω_1 周波数成分をもつ場合, 減衰速度は時間領域包絡線に重みをかけて最小二乗法を用いることにより決定できる. それでも, t_1 軸についてのフーリエ変換は, 図5.4.2で示されているように, 信号の1本1本を分離するときには有益である. 信号が t_1 方向で打切られているならば, $\sin\omega_1/\omega_1$ 型の歪みをデコンボリュートする配慮が必要である.

　周波数範囲が広すぎて非選択的パルスでは再結像できないようなスペクトルをもつ系において, $\omega_{r.f.}=(E_a-E_b)/p_{ab}$ の周波数に選択的な多量子再結像パルスを使用することが可能である (5.4). 選択的 r.f. 場は, また多量子コヒーレンスのスピンロックを行ない, 回転系における緩和時間 $T_{1\rho}^{(ab)}$ を測定できるようにする (5.6, 5.90). 回転系の実験において, 不均一な位相分散は, 回転エコーを生じるような適当な位相シフトによって補正できる (5.5, 5.90).

　再結像はフリップ角が $\beta=\pi$ のパルスによってだけでなく, 任意の角 β をもつパルスによっても行なえることがよく知られている. しかしながら, もしパルスが同時にコヒーレンス移動を誘起するならば, 新しい効果, いわゆる「コヒーレンス移動エコー」が生じる (5.3, 5.91). 脱結像と再結像が, 磁場不均一に対して違った感度を示す異なったコヒーレンスで生じるなら, 要求される再結像時間 $\tau^{(r)}$ は脱結像時間 $\tau^{(d)}$ は違ってくる. これらの関係は次に示す一般型で表わされる (5.91)

$$\frac{\tau^{(r)}}{\tau^{(d)}} = -\frac{\sum_k \gamma_k p_k^{(d)}}{\sum_l \gamma_l p_l^{(r)}} \tag{5.4.15}$$

ここで $p_k^{(d,r)}$ は, 脱結像と再結像の間それぞれコヒーレンスに関与している磁気回転比 γ_k の核種 k のコヒーレンスの次数である (6.5.2節, 式 (6.5.12) を参照). この式は異種核多量子コヒーレンスにも適用することができる.

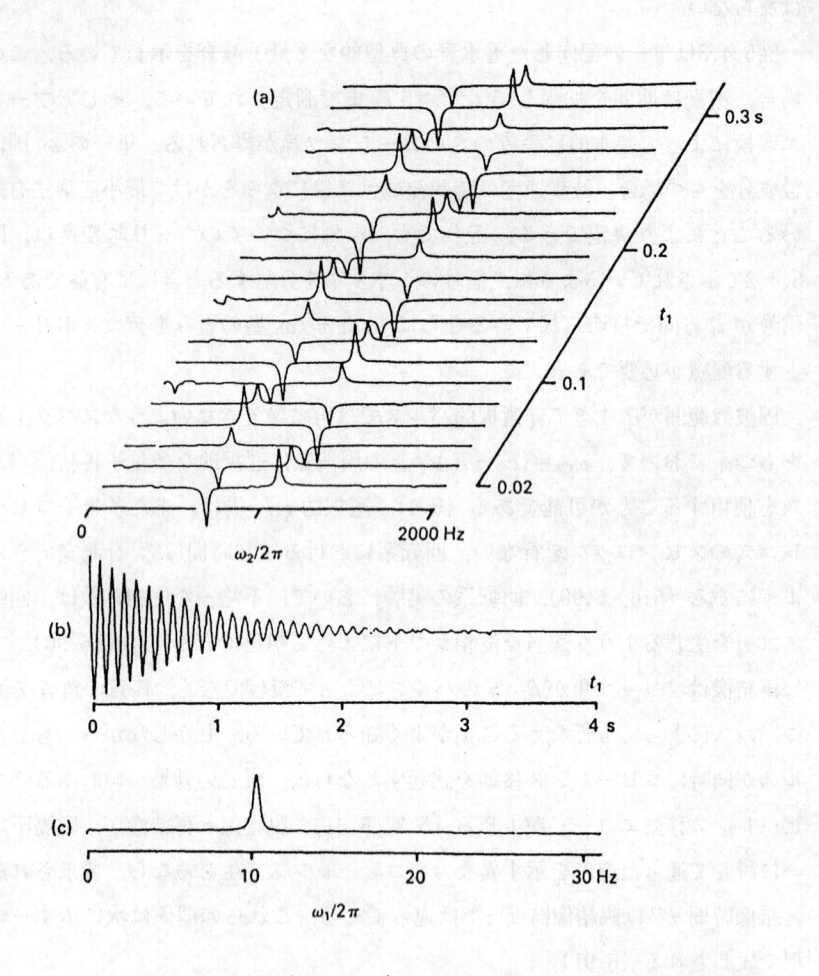

図 5.4.3 $(\pi/2)-\tau-(\pi/2)-\frac{1}{2}t_1-(\pi)-\frac{1}{2}t_1-(\pi/2)-t_2$ の系列を使って記録した，配向した孤立重水素核における 2 量子コヒーレンスの減衰．不均一性由来の位相分散は，展開期間の中心に位置する π-パルスによって再結像される（もし拡散の効果が無視できるなら）．t_1 変調は，時間比例位相増分によって人工的に導入される（6.5.2節参照）．(a)は時間－周波数領域信号 $s(t_1, \omega_2)$ を表わしている，(b)は ω_2 のピークの位置で t_1 に平行な断面であり，(c)はそのフーリエ変換を表わす．（文献5.44より）

5.4 多量子コヒーレンスの緩和

　コヒーレンス移動エコーは，多量子コヒーレンスを1量子コヒーレンス(5.91)に変換するときに観測される．ここで$\tau^{(r)}=2\tau^{(d)}$は2量子コヒーレンス，$\tau^{(r)}=3\tau^{(d)}$は3量子コヒーレンスである．違ったエコーは時間軸に分離して現われる．n番目のエコーをフーリエ変換することにより，少なくともn個の結合スピンをもつ分子からの寄与のみをもつスペクトルを得る．

　同様に，異種核コヒーレンス移動の後でもエコーが現われる．たとえば，^{1}H から ^{13}C へコヒーレンスを移動した後，エコーは $\tau^{(r)}=(\gamma_H/\gamma^{13}{}_C)\,\tau^{(d)}\simeq 4\,\tau^{(d)}$ の位置に観測される．

第6章

2次元フーリエ分光

　分光学を2次元，またはそれ以上の次元に拡張しようという考えは，分子系の特性が通常の一次元（1D）スペクトルでは完全には表しきれないという認識からきている．第4章で述べたように，1スピン系（孤立したスピン—訳注）の集団でさえ非線形系なので，衝撃応答（impulse response）あるいは伝達関数（transfer function）では系を十分に記述できない．この事情は相互作用し合うスピン系の場合には，なおさらである．1次元のスペクトルには，多くのあいまいさが残っている．たとえば多重線の帰属であるとか連結した遷移を区別することなどである．2次元（2D）分光学は，研究対象となる系について一段と詳細な情報を得ることを可能にする一般的概念である．1971年に初めて提案され（6.1），1974年に初めて実験が行なわれて以来（6.2—6.5），驚くべき数のすぐれた2次元技術が発明され，試され，そして物理・化学・生物・医学の問題に応用されてきた．

　第7-9章でさまざまな2次元技術を概観するが，その前に，この章で2次元分光学の基本面について述べることにする．すなわち，コヒーレンス移動の道筋とか，2次元フーリエ変換とか，吸収の線形とか，2次元スペクトルに手を加えるさまざまな方法とか，あるいは2次元分光学の感度とかいったもので，さまざまな2次元技術に共通のものである．

6.1　基本原理

　2次元（2D）スペクトルは，我々の定義では二つの独立な周波数変数の関数となっている信号 $S(\omega_1, \omega_2)$ を意味する．この定義には，1次元スペクトルのスタックプロット $S(\tau, \omega)$ は含まれない．スタックプロットは緩和の研究の

際に使われるもので，摂動を加えた後のスペクトルの時間変化を表すものである．

二つの周波数変数をもつ2次元スペクトルを得るには，図6.1.1に模式的に示すいくつかの戦略を採用することができる．

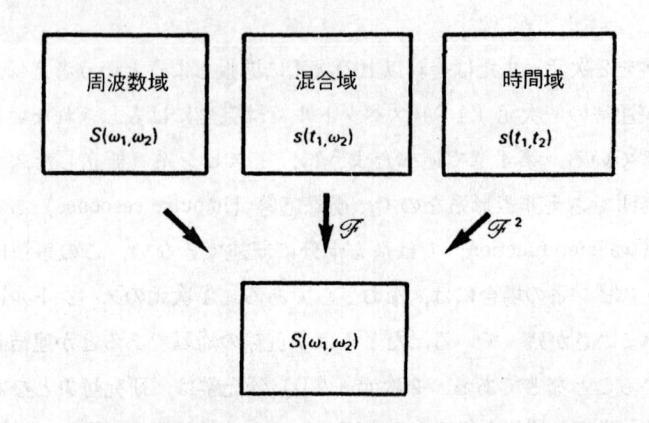

```
┌──────────┐   ┌──────────┐   ┌──────────┐
│  周波数域  │   │   混合域   │   │   時間域   │
│S(ω₁,ω₂) │   │ s(t₁,ω₂) │   │ s(t₁,t₂) │
└────┬─────┘   └────┬─────┘   └────┬─────┘
     │              │ ℱ            │ ℱ²
     ↓              ↓              ↙
          ┌──────────────┐
          │   S(ω₁,ω₂)   │
          └──────────────┘
```

図 6.1.1 二つの独立な周波数を変数とする2次元スペクトルを得るための三つの戦略．

1．<u>周波数域での実験</u>　系を直接二つの周波数変数の関数として特徴づけることが，通常の二重共鳴実験の目的である．第二の周波数 ω_2 によって摂動を受ける系の応答（遅い通過 slow passage のスペクトル）を測定周波数 ω_1 を掃引しながら測定する．二重共鳴周波数 ω_2 を系統的に変化させることによって，直接2次元スペクトル $S(\omega_1, \omega_2)$ が得られる．

2．<u>時間域と周波数域との混合実験</u>　周波数 ω_2 での二重共鳴照射によりスピン系が受ける影響を，直接時間変数 t_1 の関数として衝撃応答 $s(t_1, \omega_2)$ によって調べることができる．これを t_1 に関してフーリエ変換することにより2次元スペクトルが得られる．これについては4.7節で論ずる．

3．<u>2次元時間域実験</u>　時間軸を適当に分割することによって定義された二

6.1 基本原理

つの独立な時間変数 t_1, t_2 の関数として信号 $s(t_1, t_2)$ が測定され，2次元フーリエ変換により2次元周波数領域のスペクトル $S(\omega_1, \omega_2)$ に変換される．この本で論じられる大部分の実験では，信号 $s(t_1, t_2)$ は時間間隔 t_1 を実験から実験へとパラメーターとして増加させながら，t_2 の関数として自由誘導信号を記録することによって得られる．

4．確率的励起 確率的2次元分光法では，時間軸の分割以外の方法が用いられる．系は定常無秩序入力過程 $x(t)$ によって摂動を受け，応答 $y(t)$ は，入力過程 $x(t)$ から導かれる二つの遅延関数 $g_1(x(t-t_1))$ と $g_2(x(t-t_2))$ の積と相関がとられる．時間変化のない系では，相関関数

$$c(t_1, t_2) = \langle y(t) g_1(x(t-t_1)) g_2(x(t-t_2)) \rangle \tag{6.1.1}$$

は，二つの独立な時間変数 t_1, t_2 に依存する．原理的にはこの方法は任意の次元に拡張可能であり，またパルス2次元分光法で得られるほとんどの情報は，この方法でも得ることはできるが，パルス2次元分光法ほど直接的ではない．確率的多次元分光法に関する詳しい議論は，文献6.6と6.7を参照されたい．

この章では，時間軸の分割によって信号 $s(t_1, t_2)$ がもたらされる，2次元時間域実験を主として取扱うことにする．一般的には，図6.1.2に示すような四つの時間域を区別する．すなわち，準備期間 τ_p，発展期間 t_1，混合期間 τ_m，そして検出期間 t_2 である．したがって時間域信号は，正確には $s(\tau_p, t_1, \tau_m, t_2)$ として記述される．特殊な目的のために，さらに多くの時間パラメーターを導入することが必要な場合もある．

これらの四つの基本的な時間域についての詳細は，6.2節で論じることにし，ここではその定性的な特徴だけを簡単にまとめておく．

1．準備期間 準備時間 τ_p の間に，スピン系は一定のコヒーレンスをもつ非平衡状態に準備され，これに続く期間でそれらが展開する．最も簡単な実験では，準備期間は唯一つのパルスから成っている．しかし準備期間はもっと複

$\mathcal{H}^{(p)}$　　　　$\mathcal{H}^{(e)}$　　　　$\mathcal{H}^{(m)}$　　　　$\mathcal{H}^{(d)}$

| 準備 | 発展 | 混合 | 検出 |

τ_p　　　　t_1　　　　τ_m　　　　t_2

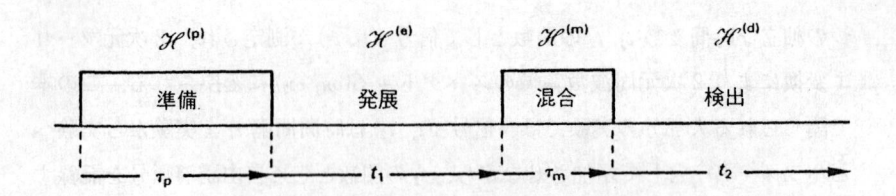

図 6.1.2 2次元時間域分光法の基本的なスキーム．四つの独立した時間域からなり，時間域信号 $s(\tau_p, t_1, \tau_m, t_2)$ を与える．適当に手を加えることによって，それぞれの時間域で異なる有効ハミルトニアンをつくることができる．

雑なパルス系列から成る場合もあり，たとえば分極の移動，多重量子コヒーレンスの励起，低感度核の分極増大などが起こる．準備期間は通常，すべての2次元パルス系列の実験において決まった長さ τ_p をもっている．

2．発展期間　発展期間 t_1 の間に，スピン系はハミルトニアン $\mathcal{H}^{(e)}$ の影響の下で自由に発展する．このハミルトニアンは，デカップリング，試料回転，あるいは周期的なパルス系列などによって変形されたものであってもよい．この他，周期的でない摂動，たとえば，π パルスによって再び焦点を結ぶことなども発展期間にあってもよい．t_1 時間内での発展が，ω_1 域での周波数を決定する．t_1 時間での発展を記録するためには，t_2 を系統的に増加しながら一連の実験を繰り返さなくてはならない．

3．混合期間　コヒーレンスまた分極移動に基づくあらゆる実験において，スペクトル中に含まれる情報をいかに強調するかの鍵は，混合期間をどのように設計するかにかかっている．混合期間は一つのパルス，あるいは一定の時間間隔を隔てた二つ以上のパルスから成ることもある．ある種の実験では，混合時間 τ_m を可変にすることもある．混合過程によって，1量子，多量子，あるいはゼロ量子コヒーレンスが，観測可能な横磁化に変換される．その際，しばしば中間の過程として，縦磁化の分極あるいは多重量子コヒーレンスを経ることが多い．混合過程でのコヒーレンスや分極移動の様子は，対象とする系の特性を表している．2次元スペクトルは，多くの場合，混合過程の経路の視角的

6.1 基本原理

表現であるとみなしてよい.

4. 検出期間 検出期間の間に横磁化が t_2 の関数として測定される. 系はハミルトニアン $\mathcal{H}^{(d)}$ の下で発展するが, このハミルトニアン $\mathcal{H}^{(d)}$ は $\mathcal{H}^{(e)}$ の場合と同じような方法で変形されたものでもよい.

さらにこれ以外の時間域が必要な場合を想定することも容易である. 観測したい効果の内容によっては, いくつかの時間域を実験を通じて一定にしてよい. 場合によっては三つ, あるいはそれ以上のパラメーターを独立に変化させ, その結果のフーリエ変換が3次元, あるいはそれ以上の高次元のスペクトルとなることもある. 実際には, そのようなスペクトルの簡略形が, 二つもしくはそれ以上のパラメーターを同時に変化させることにより得られる. たとえば, $\tau_m = \chi t_1$ とすれば, 周波数域 $\omega_m = \omega_1/\chi$ には, 二つの期間 t_1 と τ_m での系の発展に関する情報が含まれる. 信号処理の観点からすれば, このような"投影された" 3次元スペクトルは, 2次元スペクトルと何ら異なるものではない. もっとも, これによって情報の内容が強調されることはあり得る (9.6節を見よ).

信号が検出期間においてのみ記録されるということが, 2次元分光学の特徴である. 発展期間における振舞いは, 実験から実験へと t_1 を系統的に変えることによって, $t_2 = 0$ での初期条件に重畳された位相または強度を通じて, 間接的にモニターされる.

第7章から第9章においては, 2次元実験を次の三つのグループに分類する分類法を採用している.

1. 直交する周波数次元に異なる相互作用 (例えば, シフトと結合) を分離するための実験. この目的は, 1次元スペクトル上で重なっている共鳴を2次元に拡げることである. これらの実験においては, 発展期および検出期におけるスペクトル (それぞれ $\mathcal{H}^{(e)}$ および $\mathcal{H}^{(d)}$ によって決定される) が異なる情報を

もつように，有効ハミルトニアンを変形する方法が必要となる（第7章）．

2．結合したスピンの遷移間の相関を知るために設計された実験．これはうまく仕組んだ混合過程の間に，ある遷移から別の遷移へと横磁化または多量子コヒーレンスを移すことによって行う（第8章）．

3．三番目の種類の2次元時間域実験は，動的過程の研究に関するもので，たとえば化学交換，交差緩和，過渡的オーバーハウザー効果，そして固体におけるスピン拡散などである（第9章）．

6.2　2次元分光学の形式理論

2次元実験におけるコヒーレンスの運命をコヒーレンスの移動の径路に沿って詳しく解析する前に，密度演算子理論（6.5）に基づく形式的な取り扱いを提示しておこう．2次元実験は一般に一連のラジオ周波数パルス $P_1 \cdots P_n$ より成り，これらのパルスとパルスの間の n 個の自由歳差運動期間 τ_k の間は，ハミルトニアン $\mathcal{H}^{(k)}$ で特徴づけられている．これらの期間のうちの一つ，場合によってはいくつかは，時間変数 t_1 をもつ発展期間となっている．最後のラジオ波パルスの後の最終期間は，時間変数 t_2 をもつ検出期間である．以上のことは模式的に図6.2.1に示されている．ハミルトニアン $\mathcal{H}^{(k)}$ は，自然のハミルトニアンを表してもよいし，連続したラジオ波磁場（たとえばデカップリング）を加えることによって変形されたハミルトニアンであってもよいし，場合によってはストロボ的なサンプリングあるいは τ_k の増分を伴い，ハミルトニアンの平均化をもたらすパルス系列であってもよい．

記号を簡略化するために，この節では2.1.4節で論じた超演算子記号を用いることにする．パルスとパルスの間の時間間隔 τ_k での発展は，密度演算子方程式（2.1.34）によって記述される．

$$\begin{aligned}\dot{\sigma}(t) &= -\mathrm{i}\left[\mathcal{H}^{(k)}, \sigma(t)\right] - \hat{\Gamma}^{(k)}\left\{\sigma(t) - \sigma_0^{(k)}\right\} \\ &= -\left\{\mathrm{i}\hat{\mathcal{H}}^{(k)} + \hat{\Gamma}^{(k)}\right\}\sigma(t) + \hat{\Gamma}^{(k)}\sigma_0^{(k)}.\end{aligned} \quad (6.2.1)$$

6.2 2次元分光学の形式理論

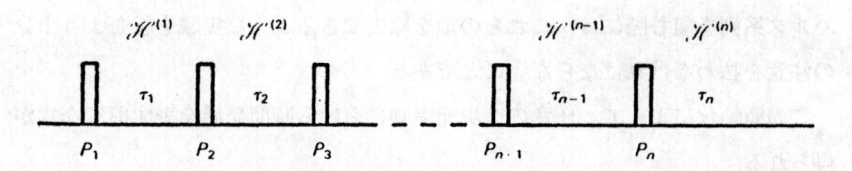

図 6.2.1 2次元もしくはそれ以上の次元をもつ一般的なパルス実験における時間軸の分割．二つのラジオ波パルス P_k と P_{k+1} との間の自由歳差期間 τ_k はハミルトニアン $\mathscr{H}^{(k)}$ により支配されている．

超演算子 $\hat{\Gamma}^{(k)}$ は緩和の効果を表すが，必要ならば化学交換の効果も含めてよい．場合によって $\hat{\Gamma}^{(k)}$ は外から加えた条件に依存することもあり得るので指標 (k) をつけておく．式 (6.2.1) の解は次の形をとる．

$$\sigma(\tau_k) = \exp\{-(i\hat{\mathscr{H}}^{(k)} + \hat{\Gamma}^{(k)})\tau_k\}[\sigma(\tau_k=0) - \sigma_0^{(k)}] + \sigma_0^{(k)}. \tag{6.2.2}$$

ラジオ波パルス P_k は次の超演算子 $\hat{P}_k$ で表現される変換をもたらす．

$$\sigma(\tau_k = 0) = \hat{P}_k \sigma(\tau_{k-1}) = P_k \sigma(\tau_{k-1}) P_k^{-1} \tag{6.2.3}$$

式 (6.2.2) と式 (6.2.3) を結びつけることにより，2次元実験におけるすべての時間域での発展を記述することができる．

式 (6.2.2) の中の $\sigma_0^{(k)}$ の項は，自由歳差の間に平衡に向かって緩和するために現れる項であることに注意しよう．この項は，前の歳差運動期間における発展とは独立な寄与を $\sigma(\tau_k)$ にもたらす．その寄与はつまるところ，短い待ち時間でパルス P_{k+1} の実験が始まる場合の特徴を表わす．普通これらの項は，最後に得られるスペクトルにおいて，パルス系列全体を正しく反映しない不都合な効果をもたらす．これらはしばしば，いわゆる軸上のピーク（アキシャルピーク）として表われる．すなわち ω_2 軸上で $\omega_1=0$ のところに現われるものである．うまく設計された実験では，適当な位相回し（位相循環）によってこれらの項は抑えられている（6.3節を見よ）．そこで今後は，系統的にこれらの項 $\sigma_0^{(k)}$ を落とすことにしよう（もちろん，パルス P_1 をかける前の初期状態を表す一番初めの項 σ_0 は別である）．心に止めておかなければいけないことは，

パルス系列を組む際には，これらの項を除去できるような実験を組むよう十分の注意を払わなければならないことである．

この簡略化によって，任意の2次元実験における時間発展を表す簡潔な式が得られる．

$$\sigma(\tau_1, \ldots, \tau_n) = \prod_{k=1}^{n} \exp\{-(i\hat{\hat{\mathcal{H}}}^{(k)} + \hat{\hat{\Gamma}}^{(k)})\tau_k\} \hat{\hat{P}}_k \sigma_0 \qquad (6.2.4)$$

ここに積は右から左へと時間の順に並べるものとする．

明瞭にするため，図6.1.2に示すたくさんの簡単な標準的2次元実験について考えてみよう．パルス系列は超演算子 $\hat{\hat{P}}$ で表される単一もしくは一連の準備パルスで始まる．t_1 時間における自由な発展は，ハミルトニアン $\mathcal{H}^{(e)}$ で支配される．混合過程（もしあるとすれば）は単一の混合パルスによって，あるいは二つのラジオ波パルスではさまれた拡張混合期間によって引き起こされ，全体としての効果は，混合の，あるいはコヒーレンス移動の超演算子 $\hat{\hat{R}}$ によって表わされる．検出期間においては系はハミルトニアン $\mathcal{H}^{(d)}$ の下で自由に発展する．この結果，次の一般的表現が得られる．

$$\sigma(t_1, t_2) = \exp\{-(i\hat{\hat{\mathcal{H}}}^{(d)} + \hat{\hat{\Gamma}}^{(d)})t_2\}$$
$$\times \hat{\hat{R}} \exp\{-(i\hat{\hat{\mathcal{H}}}^{(e)} + \hat{\hat{\Gamma}}^{(e)})t_1\} \hat{\hat{P}} \sigma_0 \qquad (6.2.5)$$

複素信号は次式に比例する．

$$s^+(t_1, t_2) = \text{tr}\{F^+ \sigma(t_1, t_2)\} \qquad (6.2.6)$$

式（6.2.6）は，露わに行列表現することによって，あるいはこれと等価であるが，密度演算子を単一遷移演算子で展開することによっても計算できる．結果をわかりやすくするためには，簡単化のための仮定をおく必要があろう．すなわち，しばしば t_1, t_2 における化学交換過程と交差緩和を無視し（ただし，拡張混合期間を除く），スペクトルには重なりがないと仮定する．この場合には超演算子 $\hat{\hat{\mathcal{H}}}$ と $\hat{\hat{\Gamma}}$ は可換であり，互に分離可能である．

6.2.1 露わな行列表現

物理的に意味のある行列表現を得るためには，演算子および超演算子をハミルトニアン $\mathcal{H}^{(k)}$ の固有基底で表すと便利である．$\hat{\mathcal{H}}^{(k)}$ の固有値は $\mathcal{H}^{(k)}$ の固有値の差である（式 (2.1.85) を見よ）．

$$(\hat{\mathcal{H}}^{(k)})_{rs\,rs} = \omega_{rs}^{(k)} = \mathcal{H}_{rr}^{(k)} - \mathcal{H}_{ss}^{(k)} = \langle r|\mathcal{H}^{(k)}|r\rangle - \langle s|\mathcal{H}^{(k)}|s\rangle \quad (6.2.7)$$

これらは1量子または多量子スペクトルに現れる遷移の周波数に対応している．コヒーレンスな成分の時間発展に関係する超演算子 $\hat{\Gamma}^{(k)}$ の固有値は，横緩和速度である（2.3.2節を見よ）．

$$(\hat{\Gamma}^{(k)})_{rs\,rs} = \lambda_{rs}^{(k)} = 1/T_{2rs}^{(k)} \quad (6.2.8)$$

これらの表現を用いて，複素信号を式 (4.4.9) に習い次のように書くことができる．

$$s^+(t_1, t_2) = \sum_{rs}\sum_{tu} F_{sr}^+ \exp\{(-i\omega_{rs}^{(d)} - \lambda_{rs}^{(d)})t_2\}$$
$$\times R_{rs\,tu}\exp\{(-i\omega_{tu}^{(e)} - \lambda_{tu}^{(e)})t_1\}(\hat{P}\sigma_0)_{tu} \quad (6.2.9)$$

あるいは，もっと便利な形に

$$s^+(t_1, t_2) = \sum_{rs}\sum_{tu} \exp\{(-i\omega_{rs}^{(d)} - \lambda_{rs}^{(d)})t_2\} Z_{rs\,tu}\exp\{(-i\omega_{tu}^{(e)} - \lambda_{tu}^{(e)})t_1\}$$
$$(6.2.10a)$$

と書くこともできる．ここに複素振幅

$$Z_{rs\,tu} = F_{sr}^+ R_{rs\,tu}(\hat{P}\sigma_0)_{tu} \quad (6.2.11)$$

を用いている．2次元フーリエ変換後の正の周波数と一致した表現とするために（6.5節を見よ），$-\omega_{rs}^{(d)} = \omega_{sr}^{(d)}$，および $-\omega_{tu}^{(e)} = \omega_{ut}^{(e)}$ の置き換えを行うと

$$s^+(t_1, t_2) = \sum_{rs}\sum_{tu}\exp\{(i\omega_{sr}^{(d)} - \lambda_{rs}^{(d)})t_2\} Z_{rs\,tu}\exp\{(i\omega_{ut}^{(e)} - \lambda_{tu}^{(e)})t_1\}. \quad (6.2.10b)$$

式 (6.2.10a) は，検出期における周波数と線幅を含む行ベクトル，それから超行列 Z，そして展開期に特徴的な周波数と線幅を含む列ベクトルの積であると考えることができる．

$$s^+(t_1, t_2) = \begin{bmatrix} \omega_{rs}^{(d)}, & \lambda_{rs}^{(d)} \end{bmatrix} \cdot \boxed{Z} \cdot \begin{bmatrix} \omega_{tu}^{(e)} \\ \lambda_{tu}^{(e)} \end{bmatrix} \qquad (6.2.10c)$$

信号 $s^+(t_1, t_2)$ の 2 次元フーリエ変換によって得られるスペクトル $S(\omega_1, \omega_2)$ には(下を見よ)，それぞれ線幅が $\lambda_{tu}^{(e)}$ および $\lambda_{rs}^{(d)}$ で周波数 $\omega_1 = -\omega_{tu}^{(e)}$ と $\omega_2 = -\omega_{rs}^{(d)}$ に中心をもつピークが含まれる．超行列 Z の複素要素 $Z_{rs\,tu}$ は，周波数座標 $(\omega_1, \omega_2) = (-\omega_{tu}^{(e)}, -\omega_{rs}^{(d)})$ にあるピークの強度と位相を決める．したがって，超行列 Z を複素強度行列と呼ぶのが妥当であり，2 次元スペクトルは行列 Z の視覚的表現であると見なすことができる．

式 (6.2.11) で定義された複素強度 $Z_{rs\,tu}$ は，三つの因子より成っている．行列要素 $(\hat{P}\sigma_0)_{tu}$ は，発展期の開始時において遷移 $|t\rangle \leftrightarrow |u\rangle$ に対応するコヒーレンス成分がもつ初期の振幅と位相を表している．オブザーバブル演算子によって規定される観測の選択則は，行列要素 F_{sr}^+ で表される．多くの実験で最も重要な因子は，複素コヒーレンス移動振幅 $R_{rs\,tu}$ であって，これは混合期における，遷移 $|t\rangle \leftrightarrow |u\rangle$ から遷移 $|r\rangle \leftrightarrow |s\rangle$ へのコヒーレンスの移動を記述する．混合超演算子あるいはコヒーレンス移動の超演算子 $\hat{R}$ とその行列要素 $R_{rs\,tu}$ は，さまざまな 2 次元分光法を特徴づけるものである．

2 次元分離実験（第 7 章）においては，混合期間は通常省略される．したがって，

$$\hat{R} = \P \quad \text{ただし} \quad R_{rs\,tu} = \delta_{r,\,t}\delta_{s,\,u} \qquad (6.2.12)$$

2 次元相関実験（第 8 章）では，混合過程は単一のパルスによって，あるいは緩和が無視できる期間内での一連のパルスによってもたらされることが多い．したがってコヒーレンスの移動はユニタリー変換

$$\sigma(t_{1,\,2}=0) = R\sigma(t_1)R^{-1} \qquad (6.2.13)$$

と等価であり，コヒーレンス移動の行列要素は単に二つの回転行列要素を掛け合わせたものに過ぎない．

$$R_{rs\,tu} = R_{rt}R_{us}^{-1} = R_{rt}R_{su}^* \qquad (6.2.14)$$

2次元交換実験（第9章）の場合には，$\tilde{R}$ は長い混合時間を隔てた二つのラジオ波パルス系列を表すが，これをユニタリー変換によって表現することは多くの場合不可能である．

非常にまれではあるが，ハミルトニアン $\mathcal{H}^{(e)}$ と $\mathcal{H}^{(d)}$ は交換しないことがあり，この場合交換過程は固有基底の変化を伴う．これは，要素 $R_{rs\,tu}$ の定義を変える (6.5) ことにより取り入れることができる．

6.2.2 密度演算子の単一遷移演算子による展開

コヒーレンスを表現するのに露わな行列要素を用いる代わりに，単一遷移演算子によって表現しても全く等価である．たとえば，ハミルトニアンの固有状態 $|t\rangle$ と $|u\rangle$ の間のコヒーレンスは演算子 $|t\rangle\langle u|$ で表すことができる．この演算子は磁気量子数 M_t, M_u に依存して，式 (2.1.131) で提示された単一遷移演算子 $I^{+(tu)}$，または $I^{-(ut)}$ に同定される．

$$M_t > M_u \text{ の場合,} \quad |t\rangle\langle u| = I^{+(tu)}$$
$$M_t < M_u \text{ の場合,} \quad |t\rangle\langle u| = I^{-(ut)} \qquad (6.2.15)$$

（ゼロ量子遷移に対しては，この等価性には任意性がある．）$t=u$ の場合に，演算子 $|t\rangle\langle t|$ は式 (2.1.115) で定義された固有状態 $|t\rangle$ の分極演算子を表す．

密度演算子 $\sigma(t)$ は，$|t\rangle\langle u|$ 演算子によって展開することができる．

$$\sigma(t) = \sum_{tu} \sigma_{tu}|t\rangle\langle u| \qquad (6.2.16)$$

ここに係数 σ_{tu} は,基底 $\{|t\rangle, |u\rangle, \ldots\}$ で表された σ の行列要素である. 個々のコヒーレンスの成分を2次元実験によって追跡することができる.

準備期間に励起された複素振幅 $\sigma_{tu}(t_1=0)$ をもつコヒーレンス $|t\rangle\langle u|$ は,発展期間 t_1 の間にハミルトニアン $\mathcal{H}^{(e)}$ の下で発展する. $|t\rangle\langle u|$ の係数は

$$\sigma_{tu}(t_1) = \sigma_{tu}(t_1=0)\exp\{(-i\omega_{tu}^{(e)} - \lambda_{tu}^{(e)})t_1\}. \tag{6.2.17}$$

ここに周波数 $\omega_{tu}^{(e)}$ は式 (6.2.7) で与えられ,緩和速度 $\lambda_{tu}^{(e)}$ は式 (6.2.8) で与えられる.混合過程でコヒーレンス $|t\rangle\langle u|$ は,部分的にコヒーレンス $|r\rangle\langle s|$ に変換され,その係数は $b_{rs\,tu}$ である.

$$b_{rs\,tu}(t_1, t_2=0) = R_{rs\,tu}\,\sigma_{tu}(t_1) \tag{6.2.18}$$

検出期間 t_2 において,コヒーレンス $|r\rangle\langle s|$ はハミルトニアン $\mathcal{H}^{(d)}$ の下で引き続き発展する. $|r\rangle\langle s|$ の係数は

$$b_{rs\,tu}(t_1, t_2) = \exp\{(-i\omega_{rs}^{(d)} - \lambda_{rs}^{(d)})t_2\}\,R_{rs\,tu}$$
$$\times \exp\{(-i\omega_{tu}^{(d)} - \lambda_{tu}^{(e)})t_1\}\,\sigma_{tu}(t_1=0). \tag{6.2.19}$$

結局,密度演算子のうちの関係する部分は

$$\sigma(t_1, t_2) = \sum_{rs}\sum_{tu} b_{rs\,tu}(t_1, t_2)|r\rangle\langle s|. \tag{6.2.20}$$

そして,観測される複素信号は次式で与えられる.

$$s^+(t_1, t_2) = \text{tr}\{F^+\,\sigma(t_1, t_2)\} \tag{6.2.21}$$

最後に展開,

$$F^+ = \sum_{sr} F^+_{sr}|s\rangle\langle r| \tag{6.2.22}$$

を用いて,複素信号

$$s^+(t_1, t_2) = \sum_{rs}\sum_{tu} F^+_{sr}\,b_{rs\,tu}(t_1, t_2)$$

6.3 コヒーレンス移動の径路

$$= \sum_{rs}\sum_{tu} \exp\{(-i\omega_{rs}^{(d)} - \lambda_{rs}^{(d)})t_2\} Z_{rs\,tu}$$
$$\exp\{(-i\omega_{tu}^{(e)} - \lambda_{tu}^{(e)})t_1\} \qquad (6.2.23)$$

が得られる．ここに複素振幅は

$$Z_{rs\,tu} = F_{sr}^+ R_{rs\,tu} \sigma_{tu}(t_1 = 0). \qquad (6.2.24)$$

これは，式（6.2.10a）および式（6.2.11a）に完全に等価である．

弱く結合した系に適用する場合には，2.1.5-2.1.9節で議論されたさまざまな基底演算子の組の間を移り渡ることができる．したがって，二つのスピン $I_1=I_2=\frac{1}{2}$ より成る系の場合には，固有状態は図4.4.2のように番号づけられ，式（2.1.134）を用いて次の関係を得る．

$$I_1^+ = |1><3| + |2><4|$$
$$I_1^- = |3><1| + |4><2| \qquad (6.2.25)$$

これらは，スピン I_1 に関する二つの二重項成分よりなる「多重コヒーレンス」を表している．これに関連する直交座標演算子は，次の重ね合わせに対応している．

$$I_{1x} = \frac{1}{2}\{|1><3| + |2><4| + |3><1| + |4><2|\}$$
$$I_{1y} = \frac{1}{2i}\{|1><3| + |2><4| - |3><1| - |4><2|\} \qquad (6.2.26)$$

自由歳差運動，コヒーレンス移動，および位相まわしを解析するためには，それぞれに違った基底演算子の組を用いるとしばしば有効である．

6.3 コヒーレンス移動の径路

パルス実験におけるコヒーレンスの行方をよりよく理解するためには，その道筋（径路）をコヒーレンスの次数によって記述すると便利である（6.8,

6.9)．この方式によれば多量子実験と1量子実験を統一的に取り扱うことができる．

高磁場 NMR においては，ハミルトニアンの固有状態 $|t>$ のそれぞれは磁気量子数 M_t によって特徴づけられ，コヒーレンス $|t><u|$ のそれぞれは「コヒーレンスの次数」$p_{tu}=M_t-M_u$ をもっている．M_t と p_{tu} は，共に自由歳差運動の下では「よい」量子数である．というのは，高磁場ハミルトニアンは回転の対称性を持っており，固有状態 $|t>$ は1次元回転群の規約表現 M_t に従って変換するからである．よって，コヒーレンス $|t><u|$ は表現 $p_{tu}=M_t-M_u$ に従って変換する．

固有状態間の遷移は，それぞれ二つのコヒーレンス $|t><u|$ と $|u><t|$ に関係し，それらは互いに反対符号の p_{tu} と p_{ut} なるコヒーレンス次数を持っている．一見したところでは，これらの項を区別することは人為的なものに過ぎないと思われるかもしれない．しかし以下に見るように，実際，ある期間内に，定まった符号を持つ次数 p_{tu} の径路だけを取り出し，これとは「鏡映」をなす $-p_{tu}$ の次数の径路からの信号成分を捨ててしまうように実験を工夫することには意味がある．

自由歳差の間には量子数 p_{tu} は保存されるのに対して，ラジオ波パルスによればコヒーレンスを $|t><u|$ から $|r><s|$ へ移すことにより，コヒーレンスの次数を p_{tu} から p_{rs} へ変化させることができる．

パルス実験をさまざまな次数のコヒーレンスの径路に測って記述するために，密度演算子の項を次数 p によって分類しよう（式 (5.3.22) を見よ）．

$$\sigma(t)=\sum_p \sigma^p(t) \tag{6.3.1}$$

和は $-2\leq p\leq 2L$ の区間でとるものとする．ただし $L=\sum I_k$ は，すべてのスピンの量子数についての和を意味する．K 個の $I=\frac{1}{2}$ スピンよりなる系では，p は $-K$ から K までの値をとる．密度演算子を単一遷移の昇降演算子（たとえば $I^{+(tu)}$）によって，あるいは昇降演算子の積（たとえば $I_j^+ I_k^+$）によって，あるいはまた既約テンソル演算子（たとえば $T_{lp}^{(jk)}$）によって表わせば，この

6.3 コヒーレンス移動の径路

分類を露わに行なうことができる.

さまざまの実験で起こる一連の事象を，図6.3.1に示すようなコヒーレンス移動の径路によって表現するとわかりやすい．自由歳差運動がこのダイアグラムのそれぞれのレベル内で進行するのに対し，パルスは異なるコヒーレンスの次数間での「遷移」をひき起こす．すべてのコヒーレンス移動の径路は，$p=0$ の熱平衡状態から始まり，最後に検出可能な一量子コヒーレンス ($p=\pm 1$) で終わらなければならない．直交位相検波（quadrature detection）によって複素信号を観測する場合には，

$$\begin{aligned} s^+(t) &= s_x(t) + \mathrm{i} s_y(t) \\ &= \mathrm{tr}\{\sigma(t)F_x\} + \mathrm{i}\,\mathrm{tr}\{\sigma(t)F_y\} \\ &= \mathrm{tr}\{\sigma(t)F^+\}. \end{aligned} \quad (6.3.2)$$

$p=-1$ で $I^{-(rs)}$ に比例する密度演算子成分だけが信号に寄与することができるので，$p=-1$ に到達しない径路はすべて無視してよい．

6.3.1 径路の選択

コヒーレンスは，推進演算子 U_i によって異なる次数間を移動できる．ここに U_i は単一のパルスまたはパルス系列を表しており，たとえば多量子励起によく使われる複合パルス系列 $[(\pi/2)-\tau/2-(\pi)-\tau/2-(\pi/2)]$ などがその例である．自由歳差もまた推進演算子 U_i で表現することができる．

パルス実験全体は，一連のこのような過程から成り立っている．

$$\sigma_0 \xrightarrow{U_1} \xrightarrow{U_2} \cdots\cdots \xrightarrow{U_n} \sigma(t) \quad (6.3.3)$$

おのおのの推進演算子 U_i は，ある特定次数のコヒーレンス $\sigma^p(t_i^-)$ を多数の異なる次数 $\sigma^{p'}(t_i^+)$ へと変換する．その結果，コヒーレンス移動の径路の枝分かれ，あるいは扇状の広がりが生じる．

$$U_i \sigma^p(t_i^-) U_i^{-1} = \sum_{p'} \sigma^{p'}(t_i^+) \quad (6.3.4)$$

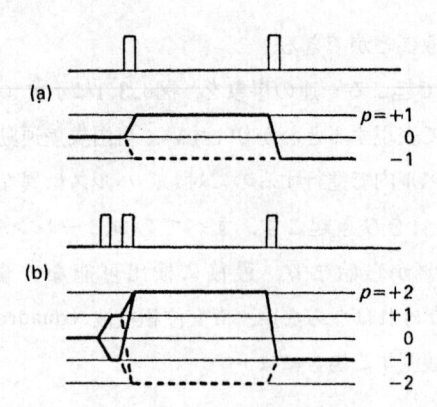

図 6.3.1 典型的な2次元実験におけるコヒーレンス移動の径路．(a) 同種核2次元相関分光法（8.2節を見よ）；準備期間（単一の$\pi/2$パルスが典型的）の間に，次数$p=\pm 1$の1量子コヒーレンスを励起する．これらのコヒーレンスが，観測可能なコヒーレンス($p=-1$)へ変換される．この変換は，通常，回転角βの単一のラジオ波パルスよりなる混合推進演算子によってなされる．(b) 2量子分光法では，準備推進演算子（自由歳差期間をはさみ込んだ一連のパルスよりなるのが典型的）が，$p=\pm 2$の次数のコヒーレンスを励起する．これが適当な混合推進演算子によって観測可能な$p=-1$コヒーレンスに変換される．

ここに変数 t_i^- と t_i^+ は，U_i による変換の直前と直後の状態を表す．

p 量子コヒーレンスは，z軸回りの回転によって特徴的な変換を受ける（式(5.3.25)を見よ）．

$$\exp\{-i\varphi F_z\}\sigma^p\exp\{i\varphi F_z\} = \sigma^p\exp\{-ip\varphi\} \tag{6.3.5a}$$

あるいはシンボル表現を用いると

$$\sigma^p \xrightarrow{\varphi F_z} \sigma^p\exp\{-ip\varphi\}. \tag{6.3.5b}$$

この特性を利用して異なる次数を分離することができる (6.10)．

コヒーレンス移動の径路を分離する鍵は，位相のずれをもつ推進演算子 $U_i(\varphi_i)$

6.3 コヒーレンス移動の径路

$$U_i(\varphi_i) = \exp\{-i\varphi_i F_z\} U_i(0) \exp\{i\varphi_i F_z\} \tag{6.3.6}$$

を利用することである．もし推進演算子が一連のパルスから成る場合，おのおのの構成パルスが位相のずれをもっていなければならない．たとえば，2量子励起のパルス系列は次のような位相のずれた形をしている $[(\pi/2)_\varphi - \tau/2 - (\pi)_\varphi - \tau/2 - (\pi/2)_\varphi]$．

位相のずれをもつ推進演算子の下では，式（6.3.4）の変換は修正を受ける．

$$U_i(\varphi_i)\sigma^p(t_i^-)U_i(\varphi_i)^{-1} = \sum_{p'}\sigma^{p'}(t_i^+)\exp\{-i\Delta p_i\varphi_i\} \tag{6.3.7}$$

ここに

$$\Delta p_i = p'(t_i^+) - p(t_i^-) \tag{6.3.8}$$

は，推進演算子 U_i の下でのコヒーレンス次数の変化に対応する．したがって推進演算子 $U_i(\varphi_i)$ の下で次数が $p \to p'$ に変化したコヒーレンス成分の位相のずれは次式で与えられる．

$$\sigma(\Delta p_i, \varphi_i) = \sigma(\Delta p_i, \varphi_i = 0)\exp\{-i\Delta p_i\varphi_i\} \tag{6.3.9}$$

この位相のずれは，検出期で観測される $p=-1$ のコヒーレンスまでもち越される．したがってこれに由来する時間領信号への寄与は，位相のずれをもつ推進演算子 $U_i(\varphi_i)$ の下での変化 Δp_i を表す．

$$s(\Delta p_i, \varphi_i, t) = s(\Delta p_i, \varphi_i = 0, t)\exp\{-\Delta p_i\varphi_i\} \tag{6.3.10}$$

全信号は，すべての径路からの寄与を足し合わせたものである．

$$\begin{aligned}s(\varphi_i, t) &= \sum_{\Delta p_i} s(\Delta p_i, \varphi_i, t) \\ &= \sum_{\Delta p_i} s(\Delta p_i, \varphi_i = 0, t)\exp\{-i\Delta p_i\varphi_i\}\end{aligned} \tag{6.3.11}$$

U_i の下でのコヒーレンス移動を特定のコヒーレンス次数の変化 Δp_i だけに限るために，推進演算子のラジオ波位相 φ_i を系統的に変えた N_i 個の実験を

行ってもよい．

$$\varphi_i = k_i 2\pi/N_i, \quad k_i = 0, 1, ..., N_i-1. \qquad (6.3.12)$$

検出期に観測される N_i 個の信号 $s(\varphi_i, t)$ のおのおのは，式（6.3.11）で表されるような重ね合わせから成っている．この重ね合わせは位相 φ_i に関する離散的フーリエ変換（6.10）を行うことにより分離することができる．

$$s(\Delta p_i, t) = \frac{1}{N_i} \sum_{k_i=0}^{N_i-1} s(\varphi_i, t) \exp[i\Delta p_i \varphi_i]. \qquad (6.3.13)$$

この重みのかかった信号の線形結合は，推進演算子 U_i の下で Δp_i だけ変化したコヒーレンスによる寄与だけを含んでいる．しかしながら，この手続きは他のすべての径路を自動的に排除するものではない．すなわち，一連の N_i 個の実験を行うことによって，一連の値

$$\Delta p_i^{選択} = \Delta p_i^{所望} \pm nN_i, \quad n = 0, 1, 2, ... \qquad (6.3.14)$$

を選ぶのである．この状況は，周波数領域のフーリエ解析における重複歪（aliasing）を思い出させるもので，式（4.1.40）で表されるサンプリング定理の結果である．明らかに，一連の可能な値のうちから唯一無二の Δp_i 値を選ばなければならないとすれば，N_i は十分大きくなければならず，位相の増分 $\Delta\varphi = 2\pi/N_i$ はそれに応じて小さくとらなければならない．

多くの2次元分光法の応用において同時に2個の Δp_i 値を選ぶことが本質的に重要であることが明らかになってきた．6.5.3節で見るように，これは純粋な2次元吸収スペクトルを得るための前提条件である．この意味において，Δp 空間における折り返しの利点を利用することが可能である（6.9）．

この折り返しの振舞いを明瞭にするために，コヒーレンスの次数が変化する可能性をすべてリストアップし，望みの Δp_i 値を太字で書いて強調し，除去されねばならない Δp_i 値をカッコで囲んで示すと便利である．たとえば，同種核2次元相関分光において $p=0\to+1\to-1$ の筋道を選ぶにふさわしい「Δp のリスト」を考えてみよう（図6.3.1aを見よ）．混合パルスの位相を回すだ

6.3 コヒーレンス移動の径路

けで

$$\Delta p_2 = \cdots -3, -2, (-1), (0), 1, 2, 3, \ldots \quad (6.3.15)$$

を選ぶことができる．この記号の意味するところは $\Delta p_2 = -3, +1, +2, +3\cdots$ の値は，この場合重要でないということである．すなわち，そのようなコヒーレンス移動の過程が起ろうとも，それらは実験の結果には影響しない．式 (6.3.15) にまとめられている要請は，位相 $\varphi_2 = 0°$, $120°$, $240°$ ($N_2=3$, $\varphi_2 = k_2 2\pi/3$) の3段階の位相回しによって満たすことができ，これによって次の選択を得る．

$$\Delta p_2 = \cdots (-3), -2, (-1), (0), 1, (2), (3), \cdots \quad (6.3.16a)$$

もし 120° の位相シフトが不可能な場合には，同じ選択は $N_2 = 4$，すなわち $\varphi_2 = 0°$, 90°, 180°, 270° によって満たすことができる．

$$\Delta p_2 = \cdots (-3), -2, (-1), (0), (1), 2, (3), \ldots \quad (6.3.16b)$$

この場合，「消し過ぎ」ともいえる．というのは $\Delta p = +1$ を抑えることは本質的ではないからである．

式 (6.3.13) で信号に重みをかけることは，この選択手順の鍵となるものであるが，これは以下の三つの戦略のいずれかにより達成することができる．

1．記録された複素信号に対して，複素位相因子 $\exp\{i\Delta p_i \varphi_i\}$ をかけること．これはソフトウェアによる位相補正に対応する．

2．系列中のすべてのパルスの位相を位相増分 $\varphi = \Delta p_i \varphi_i$ だけずらせること，そして，重みをかけずに信号をたし合わせること．

3．受信器の参照チャネルの位相を

$$\varphi^{\text{ref}} = -\Delta p_i \varphi_i. \quad (6.3.17)$$

にしたがってずらせること．（もし，式 (6.3.2) の観測可能な演算子が F^+ の

代わりに F$^-$ と定義されている場合には，反対方向にずらさなければならない．そして，すべての径路は $p=+1$ のレベルで終了する．）

はっきりさせるために，同種核 2 次元相関分光法における径路の選び方 $p=0 \to +1 \to -1$ についてもう一度考えてみよう（図6.3.1(a)を見よ）．式 (6.3.15) にまとめられている選択の要請は，混合パルスを $N_2=4$ ステップ，すなわち $\varphi_2=k_2\pi/2$, $k_2=0, 1, 2, 3$ と回すことにより満たされる．同時に，受信器の参照位相を $\varphi^{\mathrm{ref}}=-\Delta p_2\varphi_2=+2\varphi_2=+k_2\pi$ だけずらせる．これは表 6.3.1 に示すように，足し算と引き算を繰り返すことに相当する．

表6.3.1 $p=0 \to +1 \to -1$ の径路を選び出すための位相まわし（Exorcycle）

	$(\pi/2)_{\varphi_1}-t_1-(\beta)_{\varphi_2}-t_2$	
$\varphi_1=0$	$\varphi_2=0$	$\varphi^{\mathrm{ref}}=0$
0	$\pi/2$	π
0	π	0
0	$3\pi/2$	π
$\Delta p_1=$ 任意	$\Delta p_2=-2$	

このサイクルは 'Exorcycle' と名付けられたもの (6.11) と等価であり，スピンエコー相関分光 (6.12) 及び異種核間相関分光 (6.13, 6.14) において使われてきた．それは図6.3.1(a)に示すような鏡像の径路を含まないので，純粋な 2 次元吸収の線形を得るには適さない（6.5.3節参照）．

6.3.2 多段移動

多くの実験は，図6.3.2に示すように数個の連続したコヒーレンス移動のステップよりなっている．明らかに，パルス系列だけではこれらの実験を完全に特性づけることはできない．すなわち，実験ごとにどの時間変数を変化させる

6.3 コヒーレンス移動の径路

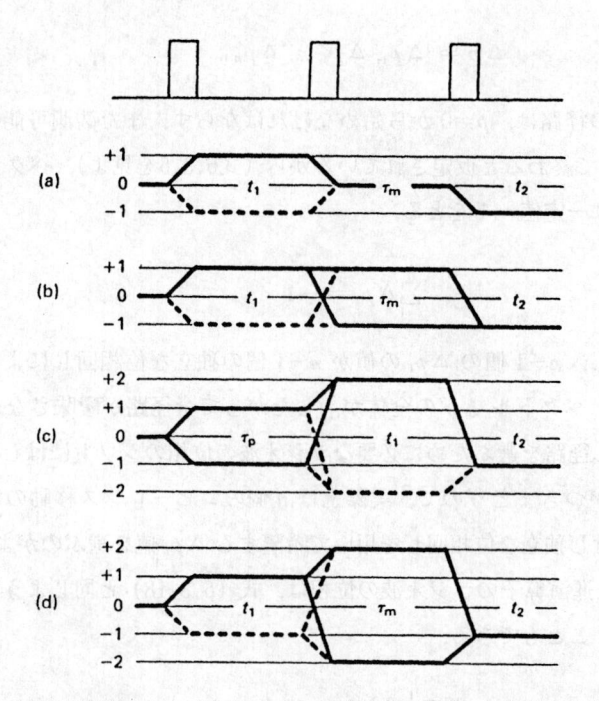

図 6.3.2 三つの連続したラジオ波パルスを用いるさまざまな実験におけるコヒーレンス移動の径路 (a) 2次元交換分光 (第9章). (b) リレー2次元相関分光 (8.3.4節). (c) 2量子分光 (8.4節). そして, (d) 2量子フィルターを用いた2次元相関分光 (8.3.3節). これらの実験は, パルス間隔の増やし方とコヒーレンス移動の径路の選び方によって区別される. もし混合位相の線形のままでよいか, あるいは絶対値プロットが許される場合には (6.5節を見よ), 太線で印した径路を選ぶので十分である. 純粋な位相のスペクトル (すなわち, 純粋な2次元線形) を得るには, 点線によって示されている鏡像の径路を残しておくことが本質的に必要である (6.5.3節参照). (文献6.9より)

べきかを指定することが重要であり, またどの径路を選ぶべきかを指定することが重要である.

もし実験が n 個のパルスあるいは n 個の組合せ回転を記述するような一連の n 個の推進演算子 $U_1, U_2, \ldots U_n$ から成り立つとき, それぞれのコヒーレンス移動の径路は次のベクトルによって一義的に指定される.

$$\Delta \boldsymbol{p} = \{\Delta p_1, \Delta p_2, ..., \Delta p_n\}. \tag{6.3.18}$$

すべての径路は，$p=0$ から始めなければならず，また観測可能とするために $p=-1$ で終わると仮定されているから（式6.3.6を見よ），ベクトル $\Delta\boldsymbol{p}$ の成分の和は一定値 -1 をとる．

$$\sum_{i=1}^{n} \Delta p_i = -1 \tag{6.3.19}$$

そこでもし，$n-1$ 個の Δp_i の値が $n-1$ 個の独立な位相回しによって指定されるとき，ベクトル $\Delta\boldsymbol{p}$ の全体が，したがって全径路が曖昧さなく定義される．しかし径路を選ぶために必要なラジオ波の位相のシフトにはしばしば系統的な誤差がつきまとうので，実際上は n 個のコヒーレンス移動のすべてのステップに対し独立な位相回しを用いて希望する Δp_i 値を選ぶのがよい．

n 個の推進演算子のラジオ波の位相は，式 (6.3.18) と同じようにベクトル形式で書くこともできる．

$$\boldsymbol{\varphi} = \{\varphi_1, \varphi_2, ..., \varphi_n\}. \tag{6.3.20}$$

$\Delta\boldsymbol{p}$ によって指定された径路に沿って進んだ結果もたらされるコヒーレンス成分の位相の蓄積は，式 (6.3.9) を一般化することにより得られる．

$$\begin{aligned}\sigma(\Delta\boldsymbol{p}, \boldsymbol{\varphi}) &= \sigma(\Delta\boldsymbol{p}, \boldsymbol{\varphi}=0)\exp\{-\mathrm{i}\Delta\boldsymbol{p}\cdot\boldsymbol{\varphi}\}\\ &= \sigma(\Delta\boldsymbol{p}, \boldsymbol{\varphi}=0)\exp\{-\mathrm{i}(\Delta p_1\varphi_1 + \Delta p_2\varphi_2 + \cdots + \Delta p_n\varphi_n)\}.\end{aligned} \tag{6.3.21}$$

この位相のずれは $p=-1$ のコヒーレンスまでもちこまれ，検出期において観測される．したがって，対応する時間域信号への寄与は径路 $\Delta\boldsymbol{p}$ と位相ベクトル $\boldsymbol{\varphi}$ を反映している．

$$s(\Delta\boldsymbol{p}, \boldsymbol{\varphi}, t) = s(\Delta\boldsymbol{p}, \boldsymbol{\varphi}=0, t)\exp\{-\mathrm{i}\Delta\boldsymbol{p}\cdot\boldsymbol{\varphi}\} \tag{6.3.22}$$

全体の信号は，すべての可能な径路からの寄与を足し合わせたものである．

6.3 コヒーレンス移動の径路

$$s(\boldsymbol{\varphi}, t) = \sum_{\Delta \mathbf{p}} s(\Delta \mathbf{p}, \boldsymbol{\varphi}, t) \tag{6.3.23}$$

これから径路を分離するには，推進演算子の位相を独立に回す必要がある．

$$\varphi_1 = k_1 2\pi/N_1, ..., \varphi_n = k_n 2\pi/N_n \tag{6.3.24}$$

ここで $k_1=0, 1, ..., N_1-1, ... ; k_n=0, 1, ..., N_n-1$ である．行うべき全実験数は，$N = N_1 \cdot N_2 \cdots N_n$ である．前に述べたように式 (6.3.19) における和の法則により，推進演算子の一つに対しては位相回しを省くことができる．

ベクトル $\Delta \mathbf{p}$ によって特徴づけられる望みの径路を選ぶためには，すべての信号を離散的 n 次元フーリエ解析に従って結合せねばならない．すなわち，式 (6.3.13) の直接の延長として次式が得られる．

$$s(\Delta \mathbf{p}, t) = \frac{1}{N} \sum_{k_1=0}^{N_1-1} \sum_{k_2=0}^{N_2-1} \cdots \sum_{k_n=0}^{N_n-1} s(\boldsymbol{\varphi}, t) \exp\{i\Delta \mathbf{p} \cdot \boldsymbol{\varphi}\} \tag{6.3.25}$$

重みをかけた線形結合は，6.3.1節でざっと述べた三つの戦略の一つを用いて達成することができる．一つの簡便な方法は，受信器の参照チャネルをシフトさせることによるものである．

$$\varphi^{\text{ref}} = -\Delta \mathbf{p} \cdot \boldsymbol{\varphi} = -\sum_i \Delta p_i \varphi_i \tag{6.3.26}$$

この方法で用いるパラメーターは，$p=0 \to +3 \to -4 \to -1$ の径路を，仮定した実験に対して図6.3.3に模式的に示されている．

おのおのの推進演算子 U_i による選択性は，位相の値の総数 N_i によって決定されるので，選択過程を生き残ってくる径路には多重性がある．すなわち，

$$\Delta \mathbf{p} = (\Delta p_1 \pm n_1 N_1, \Delta p_2 \pm n_2 N_2, \cdots, \Delta p_n \pm n_n N_n) \tag{6.3.27}$$

ここで，$n_1=0, 1, 2, \cdots, n_2=0, 1, 2, \cdots, \cdots, n_n=0, 1, 2, \cdots$ である．この結果出現する選んだ径路の枝別れは，図6.3.4に示されている．コヒーレンスの最大次数には制限があり，(K 個の $\frac{1}{2}$ スピンの場合，$|p_{\max}| \leq K$)，かつ高次のコヒーレンスへの移動の確率はしばしば非常に小さいので，比較的少数

374   第6章 2次元フーリエ分光

N_i の位相回しによって，唯一無二の径路を選ぶことが通常可能である．

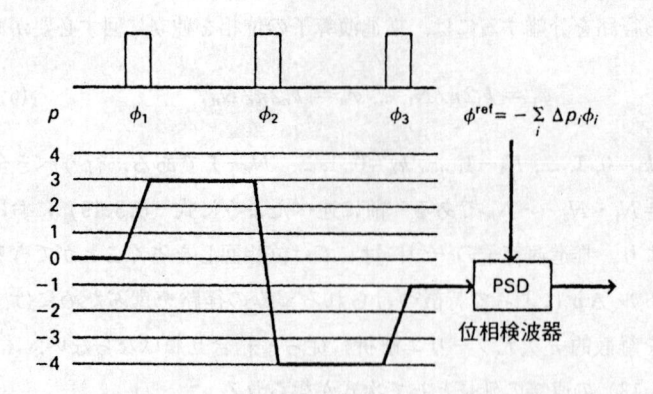

図 6.3.3 径路の選択過程で出てくるパラメーターの模式的表現．推進演算子 U_1, U_2, …のラジオ波位相 φ_1, $\varphi_2\cdots\varphi_n$ と受信器の参照位相 $\varphi^{ref}=-\Delta\mathbf{p}\cdot\varphi=-\sum_i\Delta p_i\cdot\varphi_i$. （文献6.9より）．

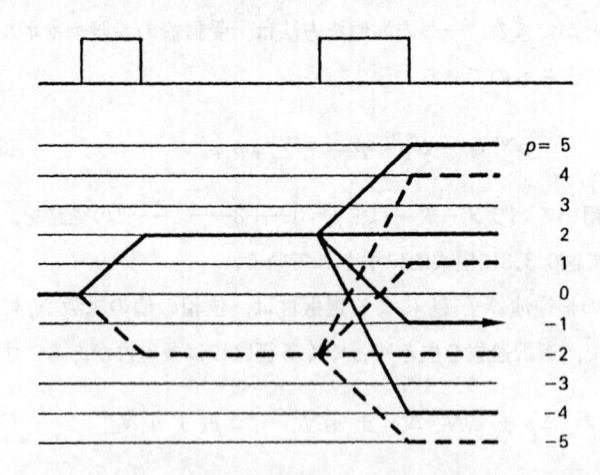

図 6.3.4 $|p_{max}|=5$ の系で二つの推進演算子 U_1 と U_2 を用いた架空実験により保存される径路の枝別れ．$N_1=4(\varphi_1=k_1\pi/2)$ の位相回しにより $\Delta p_1=2$ が選ばれ，$N_2=3(\varphi=k_2 2\pi/3)$ により $\Delta p_2=-3$ が選ばれる．観測可能な $p=-1$ 量子コヒーレンスに寄与するのは，ただ一つの径路である点に注意しよう．

6.4 2次元フーリエ変換

2次元フーリエ変換は，2次元分光学において中心的役割を演じるものであるが，それは4.1.2節で論じた1次元フーリエ変換の直接の一般化である (6.15, 6.16)．

時間域信号 $s(t_1, t_2)$ の複素2次元フーリエ変換は次式で定義される．

$$S(\omega_1, \omega_2) = \mathcal{F}\{s(t_1, t_2)\} = \mathcal{F}^{(1)}\mathcal{F}^{(2)}\{s(t_1, t_2)\}$$
$$= \int_{-\infty}^{\infty} dt_1 \exp(-i\omega_1 t_1) \int_{-\infty}^{\infty} dt_2 \exp(-\omega_2 t_2) s(t_1, t_2) \quad (6.4.1)$$

また逆の関係

$$s(t_1, t_2) = \mathcal{F}^{-1}\{S(\omega_1, \omega_2)\} = \mathcal{F}^{(1)-1}\mathcal{F}^{(2)-1}\{S(\omega_1, \omega_2)\}$$
$$= \frac{1}{4\pi^2} \int_{-\infty}^{\infty} d\omega_1 \exp(i\omega_1 t_1) \int_{-\infty}^{\infty} d\omega_2 \exp(i\omega_2 t_2) S(\omega_1, \omega_2) \quad (6.4.2)$$

も成り立つ．したがって，2次元フーリエ変換は二つの1次元フーリエ変換を連続して行うものと考えることができる．

時間信号 $s(t_1, t_2)$ は複素関数

$$s(t_1, t_2) = \mathrm{Re}\{s(t_1, t_2)\} + i\mathrm{Im}\{s(t_1, t_2)\}$$
$$= s_r(t_1, t_2) + is_i(t_1, t_2) \quad (6.4.3)$$

であり，t_2 期間内に直交位相（quadrature）検波によって記録される．2次元スペクトル $S(\omega_1, \omega_2)$ は，たとえ時間域信号が実であっても，複素関数である．

$$S(\omega_1, \omega_2) = \mathrm{Re}\{S(\omega_1, \omega_2)\} + i\mathrm{Im}\{S(\omega_1, \omega_2)\}$$
$$= S_r(\omega_1, \omega_2) + iS_i(\omega_1, \omega_2) \quad (6.4.4)$$

実際に計算する場合には，複素フーリエ積分を実成分関数に対する実変換によって表すのが便利なことが多い．

$$S(\omega_1, \omega_2) = (\mathscr{F}_\mathrm{c}^{(1)} - \mathrm{i}\mathscr{F}_\mathrm{s}^{(1)})(\mathscr{F}_\mathrm{c}^{(2)} - \mathrm{i}\mathscr{F}_\mathrm{s}^{(2)})\{s_\mathrm{r}(t_1, t_2) + \mathrm{i}s_\mathrm{i}(t_1, t_2)\} \qquad (6.4.5)$$

スペクトルの実部および虚部は

$$S_\mathrm{r}(\omega_1, \omega_2) = \mathscr{F}^\mathrm{cc}\{s_\mathrm{r}\} - \mathscr{F}^\mathrm{ss}\{s_\mathrm{r}\} + \mathscr{F}^\mathrm{cs}\{s_\mathrm{i}\} + \mathscr{F}^\mathrm{sc}\{s_\mathrm{i}\} \qquad (6.4.6)$$

$$S_\mathrm{i}(\omega_1, \omega_2) = -\mathscr{F}^\mathrm{cs}\{s_\mathrm{r}\} - \mathscr{F}^\mathrm{sc}\{s_\mathrm{r}\} + \mathscr{F}^\mathrm{cc}\{s_\mathrm{i}\} - \mathscr{F}^\mathrm{ss}\{s_\mathrm{i}\} \qquad (6.4.7)$$

で表わされ，それぞれの項は次のように定義される．

$$\begin{aligned}\mathscr{F}^\mathrm{cc}\{s_\mathrm{r}\} &= \mathscr{F}_\mathrm{c}^{(1)}\mathscr{F}_\mathrm{c}^{(2)}\{s_\mathrm{r}(t_1, t_2)\} \\ &= \int_{-\infty}^{\infty} \mathrm{d}t_1 \cos\omega_1 t_1 \int_{-\infty}^{\infty} \mathrm{d}t_2 \cos\omega_2 t_2\, s_\mathrm{r}(t_1, t_2),\end{aligned} \qquad (6.4.8)$$

$$\begin{aligned}\mathscr{F}^\mathrm{cs}\{s_\mathrm{r}\} &= \mathscr{F}_\mathrm{c}^{(1)}\mathscr{F}_\mathrm{s}^{(2)}\{s_\mathrm{r}(t_1, t_2)\} \\ &= \int_{-\infty}^{\infty} \mathrm{d}t_1 \cos\omega_1 t_1 \int_{-\infty}^{\infty} \mathrm{d}t_2 \sin\omega_2 t_2\, s_\mathrm{r}(t_1, t_2),\end{aligned} \qquad (6.4.9)$$

$$\begin{aligned}\mathscr{F}^\mathrm{sc}\{s_\mathrm{r}\} &= \mathscr{F}_\mathrm{s}^{(1)}\mathscr{F}_\mathrm{c}^{(2)}\{s_\mathrm{r}(t_1, t_2)\} \\ &= \int_{-\infty}^{\infty} \mathrm{d}t_1 \sin\omega_1 t_1 \int_{-\infty}^{\infty} \mathrm{d}t_2 \cos\omega_2 t_2\, s_\mathrm{r}(t_1, t_2),\end{aligned} \qquad (6.4.10)$$

$$\begin{aligned}\mathscr{F}^\mathrm{ss}\{s_\mathrm{r}\} &= \mathscr{F}_\mathrm{s}^{(1)}\mathscr{F}_\mathrm{s}^{(2)}\{s_\mathrm{r}(t_1, t_2)\} \\ &= \int_{-\infty}^{\infty} \mathrm{d}t_1 \sin\omega_1 t_1 \int_{-\infty}^{\infty} \mathrm{d}t_2 \sin\omega_2 t_2\, s_\mathrm{r}(t_1, t_2).\end{aligned} \qquad (6.4.11)$$

6.4.1 複素2次元フーリエ変換の特性

6.4.1.1 ベクトル表記法

行ベクトルを～で表わすこととし，時間域および周波数域ベクトル

$$\mathbf{t} = \begin{bmatrix} t_1 \\ t_2 \end{bmatrix}, \quad \tilde{\boldsymbol{\omega}} = (\omega_1, \omega_2) \qquad (6.4.12)$$

を用いれば，2次元フーリエ変換は次式のごとく簡潔に表記される．

$$S(\tilde{\boldsymbol{\omega}}) = \int_{-\infty}^{\infty} \mathrm{d}\mathbf{t}\, \exp(-\mathrm{i}\tilde{\boldsymbol{\omega}}\mathbf{t})s(\mathbf{t}) \qquad (6.4.13)$$

そして

$$s(\mathbf{t}) = \frac{1}{4\pi^2}\int_{-\infty}^{\infty}d\boldsymbol{\omega}\,\exp(i\tilde{\boldsymbol{\omega}}\mathbf{t})S(\tilde{\boldsymbol{\omega}}). \tag{6.4.14}$$

周波数ベクトル $\tilde{\mathbf{f}} = \tilde{\boldsymbol{\omega}}/(2\pi)$ を用いて同じことを表現すると，

$$S(\tilde{\mathbf{f}}) = \int_{-\infty}^{\infty}d\mathbf{t}\,\exp(-i2\pi\tilde{\mathbf{f}}\mathbf{t})s(\mathbf{t}) \tag{6.4.15}$$

と，

$$s(\mathbf{t}) = \int_{-\infty}^{\infty}d\mathbf{f}\,\exp(i2\pi\tilde{\mathbf{f}}\mathbf{t})S(\tilde{\mathbf{f}}). \tag{6.4.16}$$

式 (6.4.15) と式 (6.4.16) は，任意の次元のフーリエ変換に適用される．

6.4.1.2 相似定理

一つの領域における変数の変換は，他の領域におけるこれに対応する変換に反映される．もし二つの関数 $s(\mathbf{t})$ と $S(\tilde{\boldsymbol{\omega}})$ が互いにフーリエ変換の対（↔で表わされる）をなし，行列 $\mathbf{A}$ が時間変数の変換を表すとき，新しいフーリエ変換対として次式を得る．

$$s'(\mathbf{t}) = s(\mathbf{A}\mathbf{t}) \leftrightarrow S'(\tilde{\boldsymbol{\omega}}) = \frac{1}{|A|}S(\tilde{\boldsymbol{\omega}}\mathbf{A}^{-1}) \tag{6.4.17}$$

ここに $|A|$ は $\mathbf{A}$ の行列式である．この定理は任意の次元における任意の線形変換に対して成り立つ．

時間域における直交変換 $\mathbf{A}$ という特別の場合について考えてみよう．

$$\mathbf{t}' = \mathbf{A}\mathbf{t}\ \text{ただし}\quad |A| = 1\quad \text{および}\quad \mathbf{A}^{-1} = \tilde{\mathbf{A}} \tag{6.4.18}$$

この場合，直ちに次の関係が見出される．

$$\tilde{\boldsymbol{\omega}}' = \tilde{\boldsymbol{\omega}}\mathbf{A}^{-1} \tag{6.4.19}$$

または

$$\boldsymbol{\omega}' = \mathsf{A}\boldsymbol{\omega} \tag{6.4.20}$$

このように一つの領域における直交変換は，他の領域における同じ直交変換を誘起する．この様子は図6.4.1に示されている．この特性は回転した座標系での関数のフーリエ変換の計算にたいへん便利な方法を提供してくれる．また，一つの領域内でのずらし（shearing）変換の効果を計算するのに役立つ．これは2次元分光学においてしばしば用いられているものである（6.6.1節を見よ）．

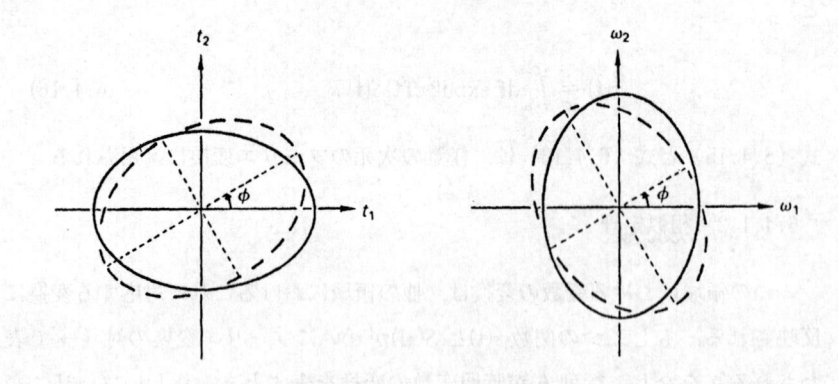

図 6.4.1 2次元複素フーリエ変換における相似定理．一つの領域における関数の回転は，他の領域においてフーリエ変換して得た関数に対しても回転を引き起こす．

6.4.1.3 たたみ込み定理

1次元におけるたたみ込み定理（convolution theorem）は，容易に一般化することができる．

$$s_1(\mathbf{t}) **s_2(\mathbf{t}) \leftrightarrow S_1(\tilde{\boldsymbol{\omega}}) \cdot S_2(\tilde{\boldsymbol{\omega}}) \tag{6.4.21}$$

と，

$$s_1(\mathbf{t}) \cdot s_2(\mathbf{t}) \leftrightarrow \frac{1}{4\pi^2} S_1(\tilde{\boldsymbol{\omega}}) ** S_2(\tilde{\boldsymbol{\omega}}) \tag{6.4.22}$$

ここに2次元重畳積分は，次式で定義される．

$$s_1(\mathbf{t}) ** s_2(\mathbf{t}) = \int_{-\infty}^{\infty} d\tau_1 \int_{-\infty}^{\infty} d\tau_2 s_1(\tau_1, \tau_2) s_2(t_1 - \tau_1, t_2 - \tau_2) \tag{6.4.23}$$

式 (6.4.22) が周波数ベクトル $\tilde{\mathbf{f}}$ で書かれている場合は，$4\pi^2$ の因子は省略しなければならない．

周波数域におけるたたみ込みフィルタリングは感度と分解能の向上のためには極めて重要なものであるが (6.8節)，式 (6.4.22) は，これが時間域信号に単純にかけ合わせることによって達成できることを意味する．

6.4.1.4 パワー定理

時間域および周波数域関数の絶対値の2乗の2次元積分は次式で関係づけられる．

$$\int_{-\infty}^{\infty} |s(\mathbf{t})|^2 d\mathbf{t} = \frac{1}{4\pi^2} \int_{-\infty}^{\infty} |S(\tilde{\boldsymbol{\omega}})|^2 d\boldsymbol{\omega} \tag{6.4.24}$$

この定理は，感度を考える際，信号と雑音のエネルギーを計算するためになくてはならないものである．

6.4.1.5 投影断面定理 (*Projection cross-section theorem*)

2次元分光学のある種の応用においては (6.5.5節を見よ)，図6.4.2 (a) に示すように ω_1 軸に対して ϕ の角度をもつ軸に対し，スペクトル $S(\omega_1, \omega_2)$ の斜め投影を計算する必要がある場合がある．そのような斜め投影 $P(\omega, \phi)$ は，単一の周波数変数 ω の関数であり次式で与えられる．

$$P(\omega, \phi) = \int_{-\infty}^{\infty} d\omega' S(\omega \cos\phi - \omega' \sin\phi, \omega \sin\phi + \omega' \cos\phi) \tag{6.4.25}$$

投影断面定理 (6.17, 6.19, 6.20) によれば，$P(\omega, \phi)$ は，原点 $t_1 = t_2 = 0$ を通り t_1 軸に対して ϕ の角度を成すような時間域信号 $s(t_1, t_2)$ 内の断面とフーリエ変換対をなす (図6.4.2 (b) を見よ)．

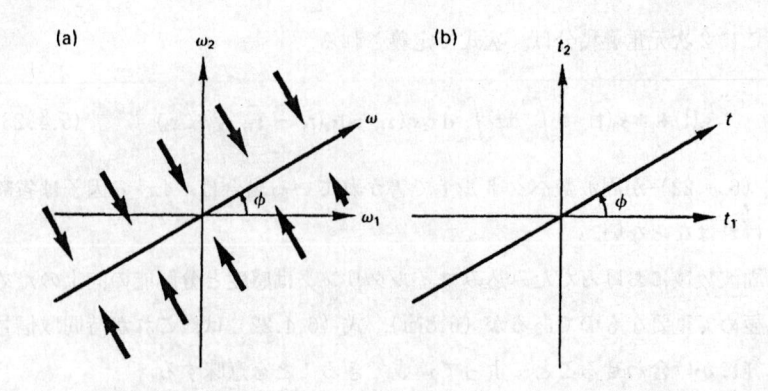

図 6.4.2 2次元周波数領域において ω_1 軸に対して ϕ なる角をもつ軸への斜め投影 $P(\omega, \phi)$ (式6.4.25) は,2次元時間領域において原点を通り t_1 軸に対して同じ ϕ なる角度をなす斜め断面のフーリエ変換に対応する (式 (6.4.26)). $\phi=\pi/2$ なる極限 (ω_2 軸への投影) は式 (6.4.30) に対応し, $\phi=0$ なる極限 (ω_1 軸に対する投影) は式 (6.4.31) と合致する.

$$c(t, \phi) = s(t\cos\phi, t\sin\phi) \tag{6.4.26}$$

ここにフーリエ変換関係

$$P(\omega, \phi) = \mathscr{F}\{c(t, \phi)\}, \tag{6.4.27}$$

$$c(t, \phi) = \mathscr{F}^{-1}\{P(\omega, \phi)\}. \tag{6.4.28}$$

が成り立つ.

2次元分光学においては,因果律 (6.18) により負の時間に対する時間域信号が消失する.

$$t_1<0, \quad t_2<0 \text{ に対して} \quad s(t_1, t_2) = 0 \tag{6.4.29}$$

ここに式 (6.4.26) における時間域断面は,もし ϕ が $\pi/2$ よりも大きく π よりも小さい場合には,点 $s(0,0)$ を除いて消失する.したがって式 (6.4.25) における斜めの時間域投影も,ϕ が $\pi/2$ よりも大きく π より小さい値に対しては消失する.このことは2次元分光学において実際的な重要な意味をもってい

6.4 2次元フーリエ変換

るが,これについては6.5.5節で論ずるつもりである.

$\phi=\pi/2$ の場合,スペクトル $S(\omega_1, \omega_2)$ の ω_2 軸に対する投影が得られる.

$$\begin{aligned} P(\omega, \phi = \pi/2) &= \int_{-\infty}^{+\infty} S(\omega_1, \omega_2) d\omega_1 \\ &= \mathscr{F}\{s(t_1 = 0, t_2)\} \\ &= S(t_1 = 0, \omega_2) \end{aligned} \tag{6.4.30}$$

ω_1 軸に対する投影は $\phi=0$ に対応し,

$$\begin{aligned} P(\omega, \phi = 0) &= \int_{-\infty}^{+\infty} S(\omega_1, \omega_2) d\omega_2 \\ &= \mathscr{F}\{s(t_1, t_2 = 0)\} \\ &= S(\omega_1, t_2 = 0). \end{aligned} \tag{6.4.31}$$

式 (6.4.30) で与えられる投影は, $t_1=0$ で得られる一つの自由誘導信号の t_2 に関する1次元フーリエ変換 (行列 $S(t_1, \omega_2)$ の第一行) と等価である点に注意しよう.一方,式 (6.4.31) における投影によって ω_1 スペクトルを得るためには, t_1 を変えた一連の測定を行わねばならないが,信号の採取は t_2 時間域の一つの点で行ってもよい.

同じようにして,時間域信号の投影を周波数域信号の断面に関係づけることができる.

6.4.1.6 2次元における Kramers-Kronig の関係

$$t<0 \text{ に対して} \quad s(t) = 0 \tag{6.4.32}$$

であるような1次元入力応答 $s(t)$ の原因に対して,フーリエ変換 $S(\omega)$ の実部および虚部はヒルベルト変換対を成す.

$$S_i(\omega) = \mathscr{H}\{S_r(\omega)\} \tag{6.4.33}$$

$$S_r(\omega) = -\mathscr{H}\{S_i(\omega)\} \tag{6.4.34}$$

ここにヒルベルト変換 $\mathcal{H}$ は式 (4.1.18) で定義されている．これらの関係式は Kramers-Kronig の関係として知られている．二つの成分 $S_r(\omega)$ と $S_i(\omega)$ は，$\phi=-\pi/2$ の角度だけ位相が異なる二つのスペクトルである．したがって，ヒルベルト変換は $-\pi/2$ の位相のシフトを引き起こすものと考えることができる．一つの成分とそのヒルベルト変換との線型結合により，任意の角度の位相シフトを達成することができる (6.18)．

2次元時間域信号 $s(t_1, t_2)$ は，通常両方の時間域において因果的でなければならないので，時間域が $t_2<0$ を含む領域に拡張されない限り，$t_1<0$ および $t_2<0$ に対して消失する（式 (6.4.29)）．Kramers-Kronig の関係は，普通両方の時間変数に適用される．

$$\mathcal{H}^{(1)}\{S_r(\omega_1, \omega_2)\} = S_i\{\omega_1, \omega_2\} \tag{6.4.35}$$

$$\mathcal{H}^{(2)}\{S_r(\omega_1, \omega_2)\} = S_i\{\omega_1, \omega_2\} \tag{6.4.36}$$

ここに，ヒルベルト変換 $\mathcal{H}^{(1)}$ と $\mathcal{H}^{(2)}$ は，それぞれ変数 ω_1 と ω_2 に対応する．二つの変換は同じ効果をもち，また二つの変換を時間を追って適用した場合，符号の変化を除けば元のスペクトルにもどることに注意しよう．ただし二つの直交成分 $S_r(\omega_1, \omega_2)$，$S_i(\omega_1, \omega_2)$ と，ただ一つの位相変数が存在する．二つ目の独立した位相変数がないことが，2次元分光学において吸収モードと分散モード信号の完全分離が，しばしば不可能であることの理由でもある（6.5節を見よ）．

6.4.2 超複素2次元フーリエ変換

以上で論じた複素2次元フーリエ変換は，ただ二つの独立な成分 $S_r(\omega_1, \omega_2)$ と $S_i(\omega_1, \omega_2)$ だけ区別される点が欠点である．二つの周波数変数に関して独立に位相を合わせることができるためには，四つの信号成分を区別して，両方の次元で独立に実部と虚部を結びあわせることが必要であると思われる．この要請は，超複素2次元フーリエ変換 (6.64) を導入することにより満たされる．これについてこの節でごく短く論ずることにし，これ以後のこの本の他のとこ

6.4 2次元フーリエ変換

ろでは表立った応用は行わない.

超複素 2 次元フーリエ変換は, 四つの時間域信号 $^4s(t_1, t_2)$ を四つの成分のスペクトル $^4S(\omega_1, \omega_2)$ に変換する. 二つの独立な虚数単位 i と j が, それぞれ二つの直交軸に対応すると定義すれば

$$i^2 = j^2 = -1 \tag{6.4.37}$$

超複素時間域関数は, 次のように表すことができる.

$$^4s(t_1, t_2) = s_{rr}(t_1, t_2) + is_{ri}(t_1, t_2) + js_{jr}(t_1, t_2) + ijs_{ji}(t_1, t_2) \tag{6.4.38}$$

t_2(信号関数の第 2 の引数)における実および虚部は, t_2 における直交位相検波で測定されるのに対し, t_1 における実部と虚部の区別は, ラジオ波位相が異なる一つまたは複数のパルスを用いた二つの独立な実験によって達成される(典型的な場合, すべての準備用パルス系列の位相 φ^{prep} を $\Delta\varphi = \pi/(2|p|)$ だけずらす. ここに p は, t_1 時間域で発展するコヒーレンスの次数を表す).

かくして二つの相補的な実験から四つの信号成分,

実験 1 $(\varphi^{\text{prep}} = 0)$ $\begin{cases} \text{直交位相 成分 } s_x : s_{rr}(t_1, t_2) \\ \text{直交位相 成分 } s_y : s_{ri}(t_1, t_2) \end{cases}$

実験 2 $(\varphi^{\text{prep}} = \dfrac{\pi}{2|p|})$ $\begin{cases} \text{直交位相 成分 } s_x : s_{jr}(t_1, t_2) \\ \text{直交位相 成分 } s_y : s_{ji}(t_1, t_2) \end{cases}$

が得られる. 次いで超複素フーリエ変換は次式で定義される.

$$^4S(\omega_1, \omega_2) = \mathscr{F}\{^4s(t_1, t_2)\} = \mathscr{F}_j^{(1)}\mathscr{F}_i^{(2)}\{^4s(t_1, t_2)\}$$
$$= \int_{-\infty}^{\infty} dt_1 \exp(-j\omega_1 t_1) \int_{-\infty}^{\infty} dt_2 \exp(-i\omega_2 t_2)\,^4s(t_1, t_2) \tag{6.4.39}$$

これに対応する逆変換の関係も存在する. 周波数域信号 $^4S(\omega_1, \omega_2)$ もまた, 四つの成分をもつ超複素関数である.

$$^4S(\omega_1, \omega_2) = S_{rr}(\omega_1, \omega_2) + iS_{ri}(\omega_1, \omega_2) + jS_{jr}(\omega_1, \omega_2)$$

$$ji S_{ji}(\omega_1, \omega_2) \qquad (6.4.40)$$

式 (6.4.6) – (6.4.11) の場合と同様に，超複素フーリエ変換式 (6.4.39) は実時間成分 s_{rr}, s_{ri}, s_{jr}, s_{ji} の実部余弦および正弦フーリエ変換によって表すことができる．

$$S_{rr}(\omega_1, \omega_2) = + \mathscr{F}^{cc}\{s_{rr}\} + \mathscr{F}^{cs}\{s_{ri}\} + \mathscr{F}^{sc}\{s_{jr}\} + \mathscr{F}^{ss}\{s_{ji}\},$$

$$S_{ri}(\omega_1, \omega_2) = - \mathscr{F}^{cs}\{s_{rr}\} + \mathscr{F}^{cc}\{s_{ri}\} - \mathscr{F}^{ss}\{s_{jr}\} + \mathscr{F}^{sc}\{s_{ji}\},$$

$$S_{jr}(\omega_1, \omega_2) = - \mathscr{F}^{sc}\{s_{rr}\} - \mathscr{F}^{ss}\{s_{ri}\} + \mathscr{F}^{cc}\{s_{jr}\} + \mathscr{F}^{cs}\{s_{ji}\},$$

$$S_{ji}(\omega_1, \omega_2) = + \mathscr{F}^{ss}\{s_{ri}\} - \mathscr{F}^{sc}\{s_{ri}\} - \mathscr{F}^{cs}\{s_{jr}\} + \mathscr{F}^{cc}\{s_{ji}\}. \qquad (6.4.41)$$

今やわれわれは，虚数単位 j と i を伴った独立した二つの位相変数を自由に操れる状況にある．そこで，四つの成分 $^4S(\omega_1, \omega_2)$ の線型結合により両方の周波数軸に沿って位相を独立に合わせることが可能である．

超複素フーリエ変換は，簡潔な数学的概念であって二つのフーリエ変換を t_1 および t_2 で独立に行うことを考慮するものである．そこにおいては，複素2次元フーリエ変換に必然的に伴う実部－実部と虚部－虚部間の重ねあわせを避けている．

しかしながら，超複素変換を避けることも可能である．これは式 (6.4.38) の四つの成分を得るために必要な位相をずらせた実験を，位相回しの一部として考える場合や，また，式 (6.3.13) と (6.3.25) で記述される位相に関しての離散的フーリエ解析によってコヒーレンス移動の径路が分離されるような場合である．

6.5 2次元スペクトルにおける線形

コヒーレンス径路の道筋を一つに限った場合，これに対応する基本的な複素時間域信号は，式 (6.2.10b) で記述される．

$$s(t_1, t_2) = s_{rs\,tu}(0, 0) \exp\{(-i\omega_{tu}^{(e)} - \lambda_{tu}^{(e)})t_1\} \exp\{(-i\omega_{rs}^{(d)} - \lambda_{rs}^{(d)})t_2\} \qquad (6.5.1)$$

6.5 2次元スペクトルにおける線形

ここに $t_1, t_2 \geq 0$ で，複素振幅 $s_{rs\,tu}(0,0)=Z_{rs\,tu}$ は，式 (6.2.11) で定義されている．

この時間域信号は，式 (6.4.1) の複素2次元フーリエ変換によって複素2次元ローレンツ型スペクトルに変換される．

$$S(\omega_1, \omega_2) = s_{rs\,tu}(0,0) \frac{1}{\mathrm{i}\Delta\omega_{tu}^{(e)} + \lambda_{tu}^{(e)}} \cdot \frac{1}{\mathrm{i}\Delta\omega_{rs}^{(d)} + \lambda_{rs}^{(d)}} \tag{6.5.2}$$

ここで，周波数変数 ($\omega_{ut}^{(e)} = -\omega_{tu}^{(e)},\ \omega_{sr}^{(d)} = -\omega_{rs}^{(d)}$ を用いて)

$$\Delta\omega_{tu}^{(e)} = \omega_1 - \omega_{ut}^{(e)} \quad \text{および} \quad \Delta\omega_{rs}^{(d)} = \omega_2 - \omega_{sr}^{(d)} \tag{6.5.3}$$

は，式 (4.2.19) における1次元スペクトルの取扱いと同様，共鳴の中心からのオフセットにあたる．

吸収成分と分散成分を分離することにより，式 (6.5.2) は次のように書くことができる．

$$S(\omega_1, \omega_2) = s_{rs\,tu}(0,0)[a_{tu}(\omega_1) - \mathrm{i}d_{tu}(\omega_1)][a_{rs}(\omega_2) - \mathrm{i}d_{rs}(\omega_2)]$$
$$= s_{rs\,tu}(0,0)\{[a_{tu}(\omega_1)a_{rs}(\omega_2) - d_{tu}(\omega_1)d_{rs}(\omega_2)] \tag{6.5.4a}$$
$$+ \mathrm{i}[-a_{tu}(\omega_1)d_{rs}(\omega_2) - d_{tu}(\omega_1)a_{rs}(\omega_2)]\} \tag{6.5.4b}$$

ここで，ローレンツ吸収成分および分散成分は

$$a_{tu}(\omega_1) = \frac{\lambda_{tu}^{(e)}}{(\Delta\omega_{tu}^{(e)})^2 + (\lambda_{tu}^{(e)})^2}, \quad a_{rs}(\omega_2) = \frac{\lambda_{rs}^{(d)}}{(\Delta\omega_{rs}^{(d)})^2 + (\lambda_{rs}^{(d)})^2},$$

$$d_{tu}(\omega_1) = \frac{\Delta\omega_{tu}^{(e)}}{(\Delta\omega_{tu}^{(e)})^2 + (\lambda_{tu}^{(e)})^2}, \quad d_{rs}(\omega_2) = \frac{\Delta\omega_{rs}^{(d)}}{(\Delta\omega_{rs}^{(d)})^2 + (\lambda_{rs}^{(d)})^2},$$

$$\tag{6.5.5}$$

位相検波器を調整するか，あるいは適当な位相の補正を計算することにより，式 (6.4.4) における信号の実部または虚部を選び出すことができる．二つの特別な場合について考えよう．もし振幅 $s_{rs\,tu}(0,0)$ が実の場合には，スペクトルの実部は，

$$\mathrm{Re}\{S(\omega_1, \omega_2)\} = s_{rs\,tu}(0,0)[a_{tu}(\omega_1)a_{rs}(\omega_2) - d_{tu}(\omega_1)d_{rs}(\omega_2)] \qquad (6.5.6)$$

となる．このピークの線形は，「混合位相をもつ」と呼ばれる．というのは，これが純粋な 2 次元吸収ピークと純粋な 2 次元分散ピークの重ね合わせにより成り立っているからである．

もし，振幅 $s_{rs\,tu}(0,0)$ が虚数である場合は信号の実数部は，

$$\mathrm{Re}\{S(\omega_1, \omega_2)\} = -is_{rs\,tu}(0,0)[a_{tu}(\omega_1)d_{rs}(\omega_2) + d_{tu}(\omega_1)a_{rs}(\omega_2)] \qquad (6.5.7)$$

であり，これは二つの吸収分散混合ピークの線形を重ねあわせたものに相当する．

単一のコヒーレンス移動の径路が，必ず混合位相のピークをもたらすことは，2 次元分光法に特徴的なことがらである．6.5.3 節では，どのようにすれば吸収成分と分散成分を分離して，純粋な位相のピークを得ることができるのかについて述べることにする．

6.5.1 基本的なピークの形

純粋な 2 次元吸収線形

$$S(\omega_1, \omega_2) = a_{tu}(\omega_1)a_{rs}(\omega_2), \qquad (6.5.8)$$

は，図 6.5.1 (a) に示すように，いずれの軸に対してもこれに平行な断面は皆，純粋な 1 次元吸収ローレンツ線形を与える性質をもっている．ピークの高さは，$\Delta\omega_{tu}^{(e)}=0$, $\Delta\omega_{rs}^{(d)}=\lambda_{rs}^{(d)}$ において，また $\Delta\omega_{tu}^{(e)}=\lambda_{tu}^{(e)}$, $\Delta\omega_{rs}^{(d)}=0$ において値が半分に落ちる．二軸のなす角を二等分する平面に対しては強度の落ちは，より急峻である．すなわち，いま線幅が両周波数域において等しいとすると，$\Delta\omega_{tu}^{(e)}=\pm\Delta\omega_{rs}^{(d)}=\pm((2)^{\frac{1}{2}}-1)^{\frac{1}{2}}\lambda\simeq 0.64\lambda$, すなわち，ピークの中心から動径方向に 0.91λ 離れたところで信号が半分に落ちる．減衰信号の漸近線は，周波数軸のいずれかに平行な断面においては $(\Delta\omega_{tu}^{(e)})^{-2}$ と $(\Delta\omega_{rs}^{(d)})^{-2}$ に比例し，これらのなす角を二等分する平面においては -4 乗に比例する．ピークの断面が円形も

6.5 2次元スペクトルにおける線形

しくは楕円形の対称性をもたないことは,「星効果」(6.22) と呼ばれているもので, 図6.5.1 (b) を見れば明らかであろう. この効果は2次元ローレンツ-ガウス変換を行えば取り除くことができる (6.5.6.2節).

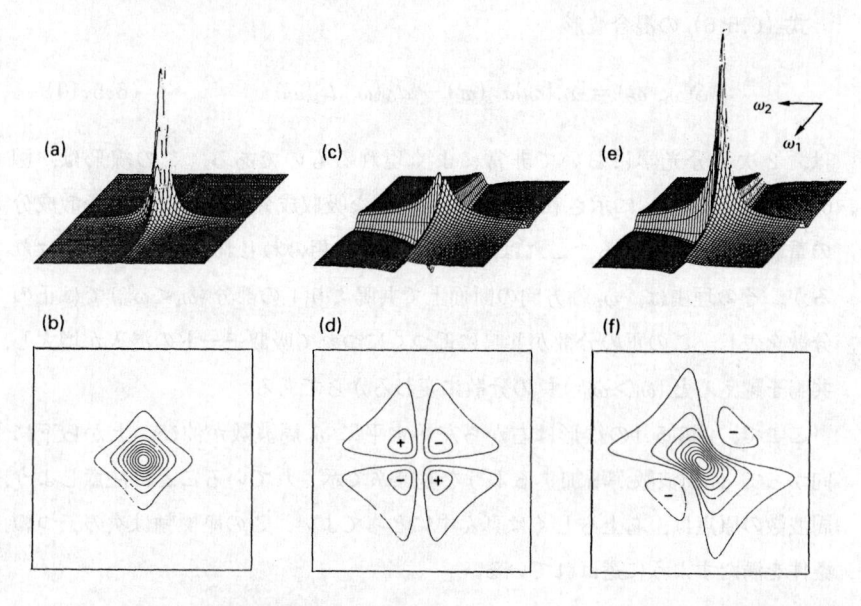

図 6.5.1 2次元スペクトルにおける線形. (a) と (b), 純粋な2次元吸収 $a_{tu}(\omega_1)a_{rs}(\omega_2)$; (c) と (d), 純粋な負の2次元分散 $-d_{tu}(\omega_1)d_{rs}(\omega_2)$; (e) と (f), 位相の混じった線形. これはまた「ねじれ位相」の線形としても知られ, $a_{tu}(\omega_1)a_{rs}(\omega_2)-d_{tu}(\omega_1)d_{rs}(\omega_2)$ の重ね合わせよりなる.

純粋な(負の)2次元分散波形

$$S(\omega_1, \omega_2) = -d_{tu}(\omega_1)d_{rs}(\omega_2) \qquad (6.5.9)$$

は, 図6.5.1 (c) と (d) に示されている. 図6.5.1 (d) の等高線プロットでわかるように, 分散ピークは $\Delta\omega_{tu}^{(e)}=0$ もしくは $\Delta\omega_{rs}^{(d)}=0$ に対してほとんど信号成分をもたない. 四つの象限では, 正の裾も負の裾もある. これらの裾は, $\Delta\omega_{tu}^{(e)} \cdot \Delta\omega_{rs}^{(d)} > 0$ (たとえば, ω_1 軸と ω_2 軸のなす角を二等分する対角線上) に対しては負の値をとるが, $\Delta\omega_{tu}^{(e)} \cdot \Delta\omega_{rs}^{(d)} < 0$ に対しては正の裾が現れる. 1次

元のローレンツ線形の場合と同様に，分散ピークの減衰は，吸収ピークのそれと比べるとずっと遅いことが明らかである．したがって，分解能を向上させるためには分散成分を抑えることが望ましい．

式 (6.5.6) の混合波形

$$S(\omega_1, \omega_2) = a_{tu}(\omega_1)a_{rs}(\omega_2) - d_{tu}(\omega_1)d_{rs}(\omega_2) \tag{6.5.10}$$

は，2次元分光学において非常によく現れるものである．この線形は，図6.5.1 (e) と (f) に示されるように，純粋な吸収成分と純粋な負の分散成分の重ね合わせより成る．これは，しばしば「位相のねじれ」(6.22)と呼ばれるが，その理由は，ω_2 軸方向の断面上で共鳴より下の部分 ($\omega_1 < \omega_{ut}^{(e)}$) では正の分散を表し，この正の分散が共鳴に近づくにつれて吸収モードの混入が増大し，共鳴を越えると ($\omega_1 > \omega_{ut}^{(e)}$) 負の分散に変わるからである．

ここで，図6.5.1の線形は右から左へ水平に ω_2 周波数が伸び，上から下に向かって ω_1 周波数が増加するような座標系で示されていることに注意しよう．周波数の原点は，右上もしくは真ん中にとってよい．この座標軸は次の二つの条件を満たすように選ばれている．

1. ω_2 軸に現れる通常のスペクトルは，高分解能 NMR で普通よく行われるように，周波数が (Hz または p.p.m. 単位で) 右から左へ増加するようにプロットされること．

2. 正の対角線 ($\Delta\omega_1/\Delta\omega_2 = +1$) は右上から左下に引かれること．

ω_1 領域における線形あるいは多重構造を，スタック・プロットの上で明瞭にするため，ω_1 軸と ω_2 軸を取り換えることが望ましい場合がある．スペクトルを右から見た場合には，条件1は満足されている．いろんな著者がそれなりの理由でもって，さまざまな表記法を用いてきた．

6.5.2 不均一性に基く線幅増大（Inhomogeneous broadening）と混合位相をもった隣接ピークの干渉

混合位相をもった波形は，分散成分のすそが $\Delta\omega^{-2}$ ではなく $\Delta\omega^{-1}$ で落ちるため，分解能に対する障害となるのみならず複雑な干渉効果をもたらす．

座標上で $\Delta\Omega_1$ と $\Delta\Omega_2$ の位置だけ隔った2次元スペクトル上の二つの信号の重なりについて考えてみよう（図6.5.2を見よ）．もしピーク間の分離が線幅 $\lambda^{(e)}$ と $\lambda^{(d)}$ と同程度であれば，分散の裾が干渉するだろう．この干渉の形は $\Delta\Omega_1/\Delta\Omega_2$ の比で決まる二つのピークの相対位置に依存する．もしこの比が正であれば，二つの信号の負の裾は吸収成分を部分的に相殺し，強度の損失をもたらす（破壊的干渉）．一方，もし $\Delta\Omega_1/\Delta\Omega_2$ の比が負であれば，分散成分の正のローブが吸収信号と建設的に干渉する（図6.5.2 (a)）．この場合には，かなり延びた稜線（ridge）が得られることが明白である．一方，もし $\Delta\Omega_1/\Delta\Omega_2$ が正であればこの延長は，すべての方向に同程度のものとなる．

ここで強調しておきたいことは，純粋な2次元吸収線形が6.5.3節で述べる方法で得られた場合には，破壊的な干渉は取り除くことができるということである．これ比べ絶対値表示の場合には，相殺効果に対する自衛法はない．

干渉の現象は，混雑した2次元スペクトルではどのような場合でも起こり得る．特に，不均一性に基く線幅増大によって2次元周波数領域における「稜線」に沿って信号が連続的に分布している場合には，深刻である．この状況は，粉末の固体スペクトルの場合や不均一な静磁場の場合に起こる．同種核 J 分光の場合には（7.2節を見よ），$\Delta\Omega_1/\Delta\Omega_2=+1$ の条件で分離の不十分な長距離結合によって線幅増大がもたらされる場合に同様な状況が現われ，異常な強度の減少をきたすことがある．

このパラメーター $\Delta\Omega_1/\Delta\Omega_2$ は，不均一性に基く線幅増大が存在する場合の波形に対するものであるが，これは発展期および検出期におけるコヒーレンスの次数にも依存している (6.23)．そこで次のような比，

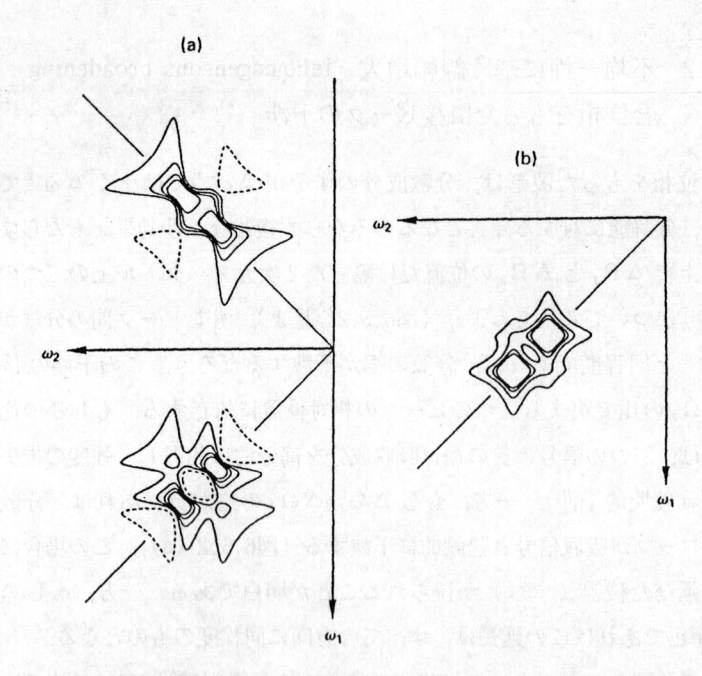

図 6.5.2 (a)混合位相をもつ二つの吸収線の重ね合わせ：下の象限では吸収位置が正の対角線に沿って移動してある($\Delta\Omega_1=\Delta\Omega_2=4\lambda_1=4\lambda_2$, すなわち全半値幅の2倍だけ位置を変えてある). その結果, 負の分散の裾と正の吸収成分とが重ね合わさり, 破壊的な干渉が引き起こされている. 上の象限においては吸収位置は負の対角線に沿って移動してある($\Delta\Omega_1=-\Delta\Omega_2=4\lambda_1=4\lambda_2$). その結果, 建設的な干渉が起こっている.
(b) $\Delta\Omega_1=\Delta\Omega_2=4\lambda_1=4\lambda_2$ だけ移動した二つの純粋な2次元吸収線形の重ね合わせ. 示された等高線は孤立したピークの最大値の22, 16, 10, 4, -4%に相当する. 負の等高線は点線で示す.

$$\kappa = \frac{\gamma^{(1)}p^{(1)}}{\gamma^{(2)}p^{(2)}} \tag{6.5.11}$$

を定義すると便利である. ここで $p^{(1)}$ は, t_1 期間における（符号つきの）コヒーレンスの次数である（正または負の1量子を含む正または負の p 量子）. $p^{(2)}=-1$ は, 検出期において観測される1量子コヒーレンスを表す（式6.3.2を見よ）. 一方, $\gamma^{(1)}$ と $\gamma^{(2)}$ はそれぞれ発展期および検出期においてコヒーレン

6.5 2次元スペクトルにおける線形

スを運ぶ核の磁気回転比である.

　不均一性線幅増大を伴う2次元スペクトルの例は,図6.5.3にいくつか示されている. もし $\varkappa>0$ であれば, 混合位相波形の破壊的干渉が生じることは明白である. 一方, $\varkappa<0$ すなわちもし $\gamma^{(1)}p^{(1)}$ と $\gamma^{(2)}p^{(2)}$ の符号が逆であれば相殺効果は避けられる.

　この例は図6.5.4に示されている. 異種核間2次元相関スペクトルを $^1\mathrm{H}$ から $^{31}\mathrm{P}$ にコヒーレンスを移すことによって得る場合 (8.3節を見よ), $\varkappa=\pm\gamma(^1\mathrm{H})/\gamma(^{31}\mathrm{P})\simeq\pm2.5$ なる二つの型の信号が存在する. 図6.5.4の絶対値2次元スペクトルにおいては, 四つの信号をもつ二つのパターンが存在するが, この四つの信号はそれぞれ一辺 $2\pi J_{\mathrm{PH}}$ の周波数領域内で正方形を形づくっている. $\varkappa=-2.5$ (上半分) は建設的な干渉を示し, もう一つの組 ($\varkappa=+2.5$, 下半分) は相殺効果の悪影響を受けている.

　$\varkappa<0$ に対する分解能の向上は, ゼーマン歳差運動の回転方向の反転によって説明することができる. すなわち, 発展期における不均一性に基く位相のバラつきは, 検出期においてコヒーレンス移動エコー (6.24) を作ることにより, 再び焦点を結ぶ.

　コヒーレンス移動エコー効果は, 2次元時間域における信号の包絡線を考えることにより理解できる. 発展期における不均一性に基く位相のバラつきは, 検出期において

$$t_2 = -\frac{\gamma^{(1)}p^{(1)}}{\gamma^{(2)}p^{(2)}}t_1 = -\varkappa t_1, \tag{6.5.12}$$

の点で再び焦点を結ぶので, 時間域における信号の包絡線は, 勾配

$$\frac{\Delta t_2}{\Delta t_1} = -\varkappa \tag{6.5.13}$$

をもった, 信号極大値より成る「稜線」を形づくる. この勾配は周波数領域で伸びた線形の勾配に直交している. 2次元時間域における稜線 ($t_1, t_2>0$) は, $\varkappa$ が負の場合, すなわち $\gamma^{(1)}p^{(1)}$ と $\gamma^{(2)}p^{(2)}$ の符号が互いに異なる場合にのみ明瞭

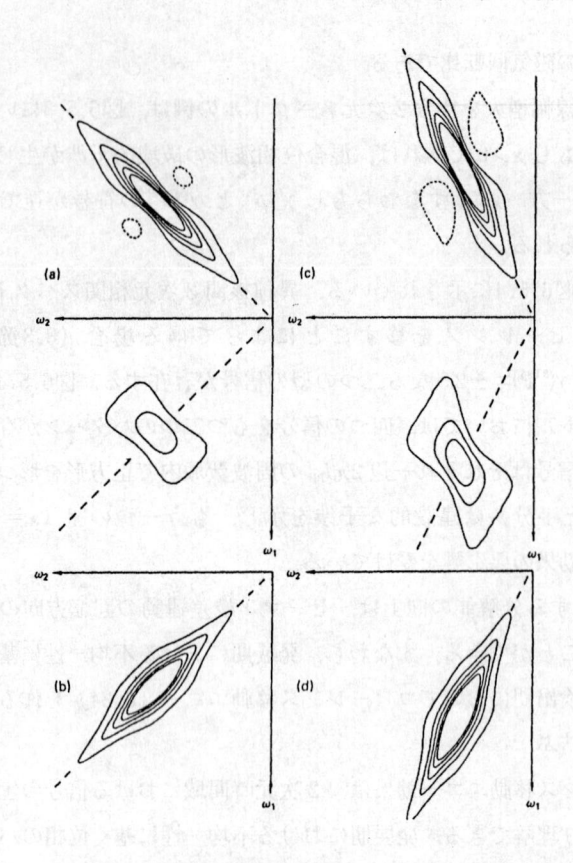

図 6.5.3 2次元スペクトルにおける不均一性幅，(a)ローレンツ型包絡線をもった混合位相の線形の重ね合わせ．1量子2次元相関分光法に適した勾配 $\Delta\Omega_1/\Delta\Omega_2 = \varkappa \pm 1$ をもつ．ω_2 軸に投影した包絡線の不均一幅は，均一ピークの全半値幅の10倍である．上の象限における建設的な干渉(Nピーク，エコー信号)と下の象限における破壊的干渉(Pピーク，またはアンチエコー信号)に注意せよ．(b) (a)と同じパラメーターをもつ純粋な2次元吸収線形の重ね合わせ．(a)および(b)における等高線は，(b)のピークの最大値の38, 29, 21, 14, 7そして-7%に描かれている．負の等高線は点線で描かれている．(c) 2量子分光学に適した勾配 $\Delta\Omega_1/\Delta\Omega_2 = \varkappa = \pm 2$ をもった混合位相線形の重ね合わせ．ω_2 軸に投影した包絡線の幅は(a)におけるのと同じである．(d) (c)と同じく $\varkappa = \pm 2$ の純粋2次元吸収線形の重ね合わせ．(c)および(d)における等高線は(d)のピークの最大値の29, 22, 16, 10, 5そして-5%に描かれている．(c)の上側の象限の最大値は，(c)の下側の最大値より高い．

6.5 2次元スペクトルにおける線形　　　　　　　　　　　　　　　　　　　393

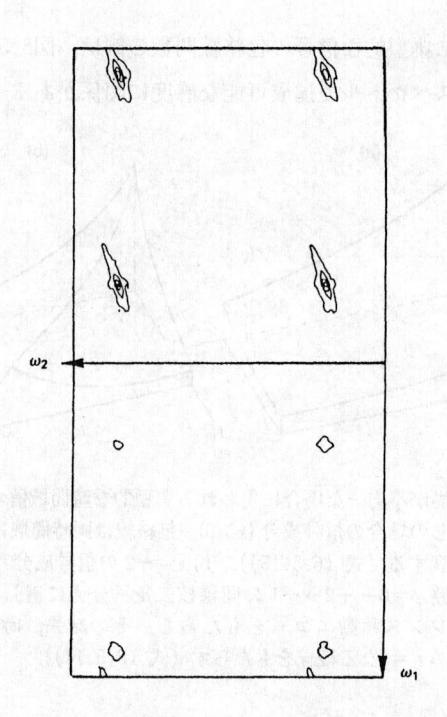

図 6.5.4 リン酸 $D_2(HPO_3)$ の AX 系における ^1H から ^{31}P へのコヒーレンス移動(径路 $p_I=\pm 1$, $p_S=0 \to p_I=0$, $p_S=-1$) により得られた異種核間 2 次元相関スペクトルにおける不均一性幅増大 ($J_{HP} \simeq 600 Hz$)．(文献6.14を改変)

となる．この場合には信号の包絡線の関数は次の形をとる ($\varkappa<0$)

$$s^e(t_1, t_2) = s^e(0, 0)\exp(-\lambda^{(e)}t_1)\exp(-\lambda^{(d)}t_2)\exp\{-\lambda^+|t_2+\varkappa t_1|\} \quad (6.5.14)$$

ここでは周波数成分の不均一性分布は，ローレンツ型の線幅増大 $\lambda^+=1/T_2^+$ がつけ加わったものとして記述されている．正の $\varkappa$ をもつ成分は，時間域で再び焦点を結ぶことはないので，それらの包絡線関数は単純な 2 次の指数関数形 ($\varkappa>0$) をとる．

$$s^e(t_1, t_2) = s^e(0, 0)\exp\{-(\lambda^{(e)}+\varkappa\lambda^+)t_1\}\exp\{-(\lambda^{(d)}+\lambda^+)t_2\}. \quad (6.5.15)$$

不均一な静磁場に典型的な信号の包絡線関数の例は，図6.5.5に示されている．これらは2次元スペクトルで達成可能な感度に関係がある（6.8節を見よ）．

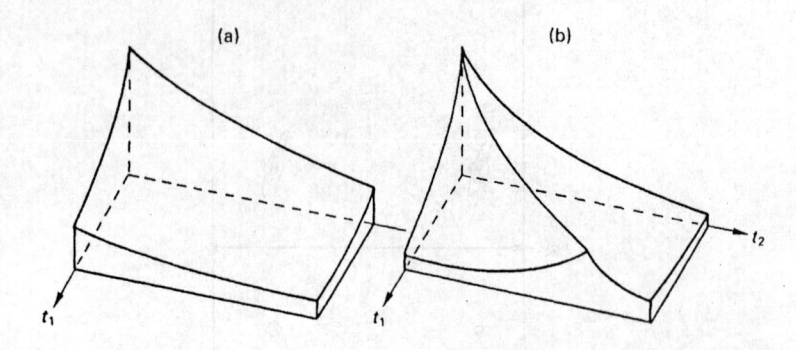

図 6.5.5 静磁場が不均一な場合に現われる典型的な時間域信号の包絡線．(a)再結像なしの場合の信号成分 ($\varkappa>0$)．包絡線は両時間域において指数関数的に減衰する（式 (6.5.15)）．(b) $\varkappa=-2$ の信号成分（コヒーレンス移動の径路 $p=0\to+2\to-1$ の同種核二量子分光に適したもの）．これはコヒーレンス移動エコーをもたらし，その結果，時間域において勾配 $\Delta t_2/\Delta t_1=2$ なる稜線をもたらす（式 (6.5.14)）．

同種核1量子2次元相関分光の分野においては，$\varkappa>0$ の成分，すなわち $p=0\to-1\to-1$ のコヒーレンス移動の径路に対応する成分は，'反エコー'（6.25）あるいは正 (positive) の $\varkappa$ に対するという意味で "P信号"（6.12）と呼ばれる．$p=0\to+1\to-1$ に相当する $\varkappa<0$ の成分は "エコー信号" もしくは負 (negative) の $\varkappa$ に対する "N信号" と呼ばれることがある．位相回しを行うことによって，いずれかの信号成分を選び出すことができる．純粋な2次元吸収線形を得るためには，6.5.3節で論じたように両方の径路を残しておかなければならない．

多結晶粉末体あるいは非晶質の物質の2次元スペクトルにおいては（7.3節を見よ），異方性相互作用による不均一な線幅によって干渉現象が現われるが，これらは純粋な吸収線形を得ることにより避けることができる．

6.5.3 純粋な2次元吸収線形を得るための技術

分解能を向上させまた相殺効果を避けるために，混合位相をもつピークの分散成分を押えることが望ましい．この節では純粋な位相をもったスペクトル（すなわち，純粋な2次元吸収もしくは純粋な2次元分散波形）を得るための三つの際立った戦略について論じよう．これらは

1. t_1 に関する実（余弦）フーリエ変換
2. 相補実験における時間反転
3. 互いに直交した位相をもつ二つの実験の結合.

これらの三つの戦略は，いろんな種類の2次元実験に適用可能である．しかしある種の技法たとえば同種核2次元 J 分光法（7.2節）や $\beta \neq \pi/2$ のラジオ波パルスを用いる相関分光法の対角ピークに対しては，これらの方法はどれ一つとして適用できない点に注意されたい．そのような場合には，信号処理技法に立ちもどればよい．すなわち，

4. 擬似エコーフィルター法（6.5.6.3節）
5. ピーク位置を決めた後，計算機によって分散成分を差し引くこと(6.32)

6.5.3.1 t_1 における実フーリエ変換

純粋な位相をもつスペクトルを得るための条件を定めるには，強度変調と位相変調とを区別するのがよい（6.22）．この二つの表現は，信号 $s(t_1, t_2)$ の t_1 依存性に関するものであり，t_2 に関して1次元フーリエ変換を施した後に特に明瞭になる．すなわち，2次元実験の型に依存して，スペクトル $s(t_1, \omega_2)$ は，t_1 の関数として強度あるいは位相変調を受けたように現れる．以下にわかるように，純粋位相のスペクトルは強度変調の場合にのみ得られる（6.21, 6.22）．

コヒーレンス移動の径路がただ一つの場合には，信号は必ず式（6.5.1）の形となる．$s_{rs\,tu}(0,0)$ の因子を除けば次式を得る．

$$s(t_1, t_2) = \exp\{-i(\omega_{tu}^{(e)}t_1 + \omega_{rs}^{(d)}t_2)\}\exp\{-\lambda_{tu}^{(e)}t_1 - \lambda_{rs}^{(d)}t_2\} \qquad (6.5.16)$$

明らかに t_1 における発展の結果，信号は $-\omega_{tu}^{(e)}t_1$ なる位相変調を受けるが，横緩和による減衰を無視すれば，信号の強度は t_1 時間における発展によって影響されない．この型の信号はしばしば2次元分離実験で遭遇するもので，第7章で論じられる．

別の型の2次元実験では，信号は強度変調を受ける．すなわち，歳差角の余弦または正弦に比例し，

$$s(t_1, t_2) = \cos(\omega_{tu}^{(e)}t_1)\exp\{-i\omega_{rs}^{(d)}t_2\}\exp\{-\lambda_{tu}^{(e)}t_1 - \lambda_{rs}^{(d)}t_2\}. \qquad (6.5.17)$$

または，

$$s(t_1, t_2) = \sin(\omega_{tu}^{(e)}t_1)\exp\{-i\omega_{rs}^{(d)}t_2\}\exp\{-\lambda_{tu}^{(e)}t_1 - \lambda_{rs}^{(d)}t_2\} \qquad (6.5.18)$$

このような信号は，たとえばパルス系列 $(\pi/2)-t_1-(\pi/2)_x-t_2$ に基く2次元相関実験（第8章）において見られる．t_1 の最後において孤立スピンの磁化の y 成分が縦磁化に変換されるので，残ってくる観測可能な成分のうち唯一のものは x 成分であり，これは t_1 発展によって強度変調を受けている．同様の振舞いは，2次元交換実験においても現れる（第9章）．

強度変調は，発展期において $\omega_{tu}^{(e)}$ と $-\omega_{tu}^{(e)}$ の周波数をもち，かつ等しい重みをもった二つのコヒーレンス移動の径路の重ね合わせであると理解することができる．というのは，式（6.5.16）の形をもつ二つの指数関数の和は，式（6.5.17）の余弦項に比例するからである．実際，式（6.5.17）の複素フーリエ変換を行えば，周波数座標 $(\omega_1, \omega_2)=(\omega_{tu}^{(e)}, \omega_{rs}^{(d)})$ と $(-\omega_{tu}^{(e)}, \omega_{rs}^{(d)})$ に，混合位相をもった一対の対称的なピークが得られる．

強度変調された時間域信号は，t_1 に関しては実，t_2 に関しては複素2次元フーリエ変換を行うことによって，純粋な位相の2次元スペクトルに変換でき

6.5 2次元スペクトルにおける線形

る.

$$S(\omega_1, \omega_2) = \int_0^\infty \int_0^\infty s(t_1, t_2)\cos(\omega_1 t_1)\exp(-i\omega_2 t_2)dt_1\,dt_2 \quad (6.5.19)$$

または

$$S(\omega_1, \omega_2) = \int_0^\infty \int_0^\infty s(t_1, t_2)\sin(\omega_1 t_1)\exp(-i\omega_2 t_2)dt_1\,dt_2 \quad (6.5.20)$$

式 (6.5.17) の余弦強度変調された信号の余弦フーリエ変換, 式 (6.5.19) から次のスペクトルが得られる.

$$S(\omega_1, \omega_2) = \frac{1}{2}\{a_{tu}(\omega_1) + a_{tu}(-\omega_1)\}\{a_{rs}(\omega_2) - id_{rs}(\omega_2)\} \quad (6.5.21)$$

この2次元スペクトルは $\omega_1=0$ に関して完全に対称なので, 以下においては正の ω_1 値にのみに注目しよう. 信号の実部を選べば, 純粋な2次元吸収ピークが得られる. 混合位相波形の分散成分を取り除くことは, 図6.5.6に説明があるように二つの信号の重ね合わせで理解できる.

多くの型の2次元スペクトルの信号は, 周波数については対称であるが強度については等しくない対の形で現れる. この状況は $\beta \neq \pi/2$ なる混合パルスを用いた場合に得られる同種核間相関スペクトルの対角多重項に典型的なものであり, また同じく $\beta \neq \pi/2$ なる混合パルスを用いて得られる多量子スペクトルの多くの信号においても典型的にみられるものである. これらの場合には, 実余弦変換の後に得られる線形は依然として2次元吸収と2次元分散の混合より成り, 次の表現で表される (6.5).

$$\begin{aligned}S(\omega_1, \omega_2) = &+ A\,a_{tu}(\omega_1)a_{rs}(\omega_2) \\ &- B\,d_{tu}(\omega_1)d_{rs}(\omega_2) \\ &+ C\,a_{tu}(\omega_1)d_{rs}(\omega_2) \\ &+ D\,d_{tu}(\omega_1)a_{rs}(\omega_2) \end{aligned} \quad (6.5.22)$$

ここで係数は, 二つのコヒーレンス移動の径路の重ね合わせを表し, 一つは

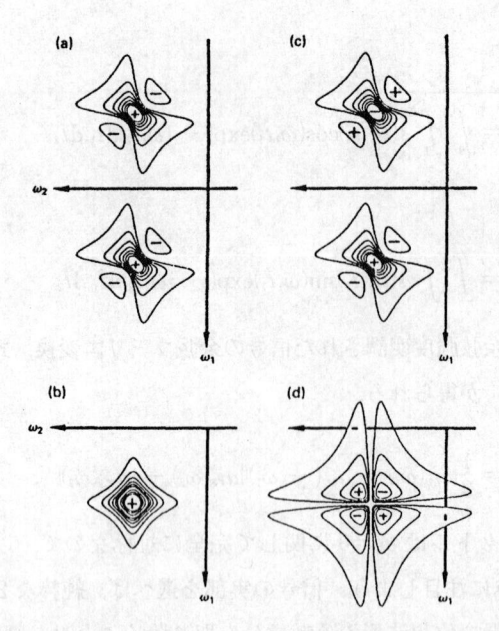

図 6.5.6 強度変調を受けた信号の,t_1 に関する複素,または実フーリエ変換を計算することにより得られる線形.(a)余弦変調を受けた信号,式 (6.5.17) の複素変換は混合位相をもつ一対のピークを与え,これらは同符号であるが $\omega_1 = \pm\omega_{tu}^{(e)}$ において対称に配置される.(b)同じ信号の余弦変換,式 (6.5.19) は純粋な 2 次元吸収をもたらす.これは分散ローブ($\omega_1 = 0$ に対して反対称である)が,$\omega_1 < 0$ 象限が $\omega_1 > 0$ 象限へと折り重なることにより相殺するからである.(c)正弦変調を受けた信号,式 (6.5.18) の複素変換は,反対符号をもつ混合位相のピーク対を与える.(d)正弦変調を受けた信号の余弦変換は,純粋な 2 次元分散をもたらす(正弦変換を行えば純粋な 2 次元吸収が得られる).

$|t><u| \to |r><s|$ なるコヒーレンスの移動を含むもので,もう一つは $|m><n| \to |r><s|$ なる移動を含むものである.$|m><n|$ と $|t><u|$ のコヒーレンス[1]は反対の周波数,すなわち $\omega_{mn}^{(e)} = -\omega_{tu}^{(e)}$ をもつ.これらの係数は,

---

[1] ある種の 2 次元分光法,例えば検出期にデカップリングを行う同種核 J 分光の場合,反対の周波数をもつ二つの信号が異なる状態対 $|t><u|$ と $|m><n|$ 間のコヒーレンスによりもたらされるが,2 次元相関や多量子分光法の場合には対称な信号は発展期でのコヒーレンス $|t><u|$ と $|u><t|$ に由来する.

6.5 2次元スペクトルにおける線形

二つの径路の複素強度に依存し,

$$A = \frac{1}{2}\text{Re}\{Z_{rs\,tu} + Z_{rs\,mn}\}$$

$$B = \frac{1}{2}\text{Re}\{Z_{rs\,tu} - Z_{rs\,mn}\}$$

$$C = \frac{1}{2}\text{Im}\{Z_{rs\,tu} + Z_{rs\,mn}\}$$

$$D = \frac{1}{2}\text{Im}\{Z_{rs\,tu} - Z_{rs\,mn}\}. \tag{6.5.23}$$

ここに,複素強度は式(6.2.11)で定義されており,

$$Z_{rs\,tu} = F^+_{sr} R_{rs\,tu} (\hat{P}\sigma_0)_{tu}$$

ここに $(\hat{P}\sigma_0)_{tu}$ は,発展期の初期におけるコヒーレンス $|t><u|$ の位相と強度を表し, $R_{rs\,tu}$ はコヒーレンス移動の複素強度を記述し, F^+_{sr} はオブザーバブルの行列要素である.

コヒーレンス移動の因子 $R_{rs\,tu}$ は,奇数次 p の多量子コヒーレンス $|t><u|$(1量子コヒーレンスを含む)を観測可能な磁化へ移す場合には実であり,偶数次 p から移す場合には虚であることを示すことができる(6.26).初期位相を表す $(\hat{P}\sigma_0)_{tu}$ は,準備期間の推進演算子のラジオ波位相を適当に選ぶことによって,実にも虚にもすることができる.したがって,偶数次数,虚数次数の両方から由来する信号をもった多量子スペクトルを除けば,すべての因子 $Z_{rs\,tu}$ を実数(したがって $C=D=0$)とすることができる.そうすれば,もし二つの移動因子が互いに等しい振幅と等しい符号をもつならば, $(B=0)$,余弦変換によって純粋の2次元吸収ピークを得られる.図6.5.6(b)にこの例が示されている.

第8章で例を見るように,強く結合した系の2次元相関スペクトルの場合には,混合したピークの線形を避けることはできない(8.2.4節を見よ).混合パルス $\beta \neq \pi/2$ を用いて得られる,弱く結合した系の2次元相関スペクトルの場合には,対角ピークにおいても混合したピーク線形が得られる.図6.5.7に示

す二つの過程を考えてみよう．式 (6.5.23) の係数を式 (6.2.14) で定義された混合演算子の行列要素を用いて表現すれば，

$$A = \frac{1}{2} F_{sr}^+ (\hat{P}\sigma_0)_{tu} \{R_{rt}R_{us}^{-1} + R_{ru}R_{ts}^{-1}\}$$

$$B = \frac{1}{2} F_{sr}^+ (\hat{P}\sigma_0)_{tu} \{R_{rt}R_{us}^{-1} - R_{ru}R_{ts}^{-1}\} \qquad (6.5.24)$$

この等式に含まれる因子を，図6.5.7に模式的に示す．

混合ピークの形は，次に定義される位相 ϕ を用いて記述できる．

$$\tan\phi = \frac{B}{A} \qquad (6.5.25)$$

しばしば次に示す特別な場合に遭遇する．

1. $\phi = 0$：すなわち，純粋な正の2次元吸収
2. $\phi = \pi/2$：すなわち，純粋な負の2次元分散
3. $\phi = \pi/4$：すなわち，式 (6.5.10) で記述される混合ピーク線形，これはまた「ねじれ位相ピーク」としても知られている
4. $\phi = 3\pi/4$：すなわち，「反対ねじれ」をもつ混合線形

図6.5.7において，径路 $|u\rangle\langle t| \to |r\rangle\langle s|$ に対してコヒーレンスの次数が保存されることは，$p_{ut}=p_{rs}=-1$ であることから明白である．一方，鏡像の径路は，$p_{tu}=+1$ から $p_{rs}=-1$ へのコヒーレンスの次数の変化を伴う（交差した矢印）．これは，コヒーレンス移動の径路を選ぶ場合の位相回しの設計において，注意深く考慮しなければならない点である．純粋な位相をもったピーク線形を得るためには，展開期において次数 p および $p'=-p$ をもつ互いに「鏡像」関係にある二つの径路を選ぶことが絶対に必要である（図6.3.2を見よ）．実際上これは，混合推進演算子の位相を $\Delta\varphi=2\pi/N$ （ただし $N=2p$）ずつ増やしながら回すことによって達成できる．このことは通常の（1量子）相関分光の場合には，単に混合パルスの位相を変え（$\varphi_m=0, \pi$），信

6.5 2次元スペクトルにおける線形

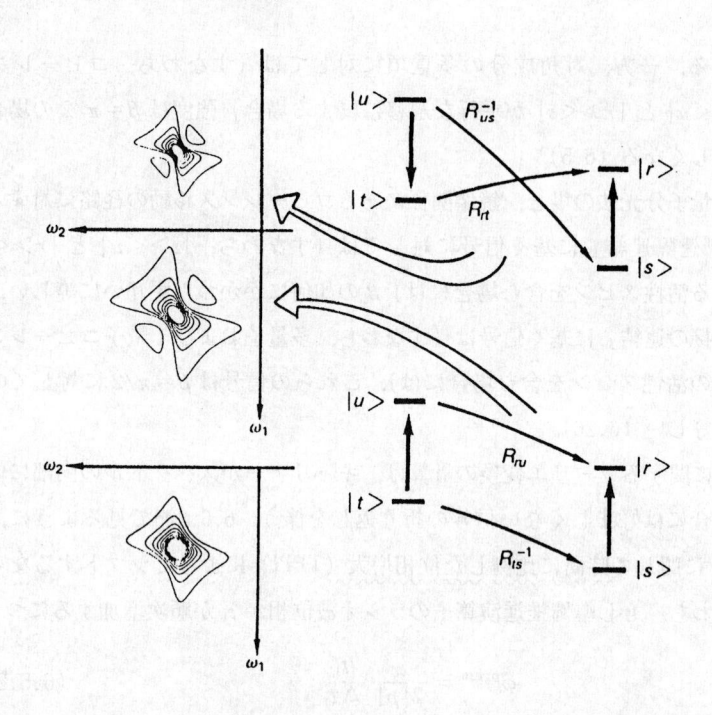

図 6.5.7 2次元スペクトルにおいて $\omega_1=\omega_{tu}^{(e)}$ と $\omega_1=\omega_{tu}^{(e)}=-\omega_{tu}^{(e)}$ に対称に現れる信号の起源．これらのスペクトルは t_1 に関して複素フーリエ変換することにより得られる（上左）．2次元相関および多量子スペクトルにおいて，上の象限における混合位相のピークはコヒーレンス移動 $|t\rangle\langle u|\rightarrow|r\rangle\langle s|$ に由来し，その強度は $R_{rt}R_{us}^{-1}$ に等しい．一方，下の象限における混合位相のピークはコヒーレンス移動 $|u\rangle\langle t|\rightarrow|r\rangle\langle s|$ に由来し，その強度は $R_{ru}R_{ts}^{-1}$ に比例する（式 (6.5.24)）．実（余弦）変換により得られる2次元スペクトルにおいては（下左）ただ一つのピークが現れるが，一般には式 (6.5.24) と (6.5.22) により与えられる2次元吸収と2次元分散波形の混合となっている．矢印はブラ $\langle u|$ からケット $|t\rangle$ へのコヒーレンス $|t\rangle\langle u|$ を示す．

号をたし合わせることに帰着する (6.9)．

弱く結合したスピン系の2次元相関分光では，混合パルス幅 β の如何にかかわらず，すべての交差ピークに対して（すなわち，コヒーレンス $|t\rangle\langle u|$ と $|r\rangle\langle s|$ が異なるスピンに属する場合），鏡像関係にある径路の強度は等し

くなる．一方，対角成分の多重項に対しては（すなわち，コヒーレンスの $|t><u|$ と $|r><s|$ が平行な遷移に属する場合）強度は $\beta=\pi/2$ の場合にのみ等しくなる（6.5）．

多量子分光法の場合，鏡像関係にあるコヒーレンス移動の径路に対する強度は，「遠隔連結」に基く信号に対しては（すなわち，$|t><u|$ と $|r><s|$ が異なる活性スピンを含む場合には）β の如何にかかわらず互いに等しい．一方，「直接の連結」に基く信号は（すなわち，多量子および1量子コヒーレンスが共通の活性スピンを含む場合には），これらの信号は $\beta=\pi/2$ に対してのみ互いに等しい（6.26）．

t_1 に関するフーリエ変換の計算は，キャリアーがスペクトルの内部に位置する場合には好ましくない信号の折り返しを伴う．6.6.3節で見るように，信号が ω_1 に関して時間に比例した位相増大（TPPI）によってシフトするならば，すなわち，もし準備推進演算子のラジオ波位相が t_1 が順次増加するにつれて

$$\varphi^{(\text{prep})} = \frac{\pi}{2|p|} \frac{t_1}{\Delta t_1} \tag{6.5.26}$$

のように変化するならば，この問題は避けることができる．ここに p は，t_1 期間に発展するコヒーレンスの次数である．この手続きによる実際的な効果は，観測される1量子スペクトルは $\omega_2=0$ のいずれの側にも信号をもつのに対し，p 量子のピークは $\omega_1=0$ の片側にのみ信号が現われ，まぎらわしい信号の重なりなく t_1 に関する実フーリエ変換を計算することができる．このアプローチを6.5.3.3節で論じる二つの相補実験の利用と比べてみると興味深い．

6.5.3.2 相補実験における時間反転

ある種の2次元実験においては，$\omega_1^A = \omega_{tu}^{(e)}$ なるそれぞれの共鳴周波数に対して，$\omega_1^B = -\omega_{tu}^{(d)}$ なる共鳴周波数が対応するように，二つの互いに区別し得るスペクトル $S^A(\omega_1, \omega_2)$ と $S^B(\omega_1, \omega_2)$ を記録することが可能である．二つの実験から得られた信号は，位相変調を受けた周波数因子 $\exp\{-i(\omega_{tu}^{(e)} t_1 + \omega_{rs}^{(d)} t_2)\}$ と $\exp\{-i(-\omega_{tu}^{(e)} t_1 + \omega_{rs}^{(d)} t_2)\}$ において違っており，これらは加え合わせると強度変

6.5　2次元スペクトルにおける線形

調を受けた信号 $2\cos(\omega_{tu}^{(e)}t_1)\exp(-i\omega_{rs}^{(d)}t_2)$ をもたらし，実効的には式 (6.5.16) から式 (6.5.17) を導くことに相当する．

　これは，実験的には実験Bにおける時間発展を支配する有効ハミルトニアン $\mathcal{H}^{(e)}$ の符号を反転させることによって達成される．一つの例は，異種核間 J 分光の場合にみられる (7.2節)．すなわち，この実験では焦点がぼける時期，もしくは焦点を結ぶ時期のいずれかにデカップラーのスイッチを切ることができる (6.27)．もう一つの方法は，同種核間結合がない場合に適用できるもので，検出期の直前に π パルスを加えるものであり，t_1 時間における歳差運動の見かけの方向を反転させる効果をもつ (6.21)．

　注意しておきたい重要な点は，これらの方法は本来 $\omega_1=0$ に関して対称性のないスペクトル，たとえば強く結合したスピン系の同種核間 J スペクトルとか $\mathcal{H}_{IS}$ と $\mathcal{H}_{ZS}$ の相互作用を分離するための2次元多結晶粉末スペクトルのような場合，にも適用できるということである (7.2.3節と7.3.4節を見よ)．

　二つの相補的実験の線形への寄与は，図6.5.8に模式的に示されている．実験Bに由来するスペクトルは，$\omega_1=0$ に関して鏡像となるスペクトル行列 $S^{B'}(\omega_1,\omega_2)$ に変えられる．線形結合

$$S^C(\omega_1,\omega_2) = S^A(\omega_1,\omega_2) \pm S^{B'}(\omega_1,\omega_2) \tag{6.5.27}$$

は，純粋な位相をもった線形を与える．すなわち，線形結合の符号に応じて，純粋な2次元吸収，または2次元分散波形を与えるのである．

　コヒーレンス移動を含む2次元実験においては，$S^A(\omega_1,\omega_2)$ と $S^B(\omega_1,\omega_2)$ のスペクトルは，発展期において，次数 p と $p'=-p$ をもつ二つの鏡像関係の径路を分離することによって得られる．これらのスペクトルを得るには，ただ一組の実験を行えばよく，混合推進演算子の位相を $N \geq 2p+1$ で $\varphi=2\pi/N$ ずつ増やしながら一巡すればよい (6.9)．

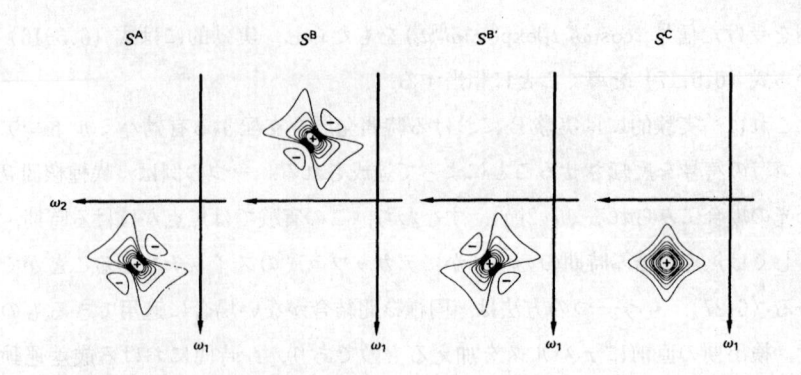

図 6.5.8 時間反転とそれに続く相補的な 2 次元スペクトルの線形結合により得られる純粋な位相線形．$S^A(\omega_1, \omega_2)$ の混合位相ピークは，基本的なパルス系列により得られる．相補的スペクトル $S^B(\omega_1, \omega_2)$ は $\omega_1=0$ に関して鏡像の位置に吸収線が現れるが，これは有効ハミルトニアンの符号を反転させるか，あるいは検出期の最初に π パルスを挿入することにより得られる．$S^A(\omega_1, \omega_2)$ に対して並進対称をもつ分散の裾の符号に注意せよ．スペクトル $S^{B'}(\omega_1, \omega_2)$ は，$\omega_1=0$ に関するスペクトル $S^B(\omega_1, \omega_2)$ の鏡像である．分散成分は，和 $S^C(\omega_1,\omega_2)=S^A(\omega_1, \omega_2)+S^{B'}(\omega_1, \omega_2)$ においては相殺されている．

6.5.3.3 直交位相検波を用いた二つの実験の結合

純粋な位相のスペクトルを得，また同時に正と負の ω_1 周波数を区別するために，発展期の初期において励起されるコヒーレンスの位相が異なっているような，二つの相補的なスペクトルを記録してもよい．これは準備パルス系列の位相をシフトすることによって達成することができる．すなわち

$$\varphi_A^{(\text{prep})} = 0 \quad と \quad \varphi_B^{(\text{prep})} = \frac{\pi}{2|p|} \tag{6.5.28}$$

ここに p は，発展期におけるコヒーレンスの次数である．ここには，実フーリエ変換との関連で用いた，時間に比例した位相の増分式 (6.5.26) と，明らかな類似性がみられる．時間に比例する位相増分の場合と同様に，直交位相検波の方法においても，二つの移動の過程 $|t\rangle\langle u| \to |r\rangle\langle s|$ と $u\rangle\langle t| \to$

6.5 2次元スペクトルにおける線形

$|r\rangle\langle s|$ が，互いに等しいコヒーレンス移動の強度 $R_{rs\,tu}=R_{rs\,ut}$ をもつ必要があり，かつ，これらの二つのコヒーレンス移動の径路が，共に位相回しの過程によって保持されることを前提としている．

二つの相補的実験から得られるデータは，以下に述べるように Bachmann ら (6.21) に従うか，あるいは States ら (6.28) の提案した「抽出法」によって取り扱うことができる．これら二つの方法は完全に等価であることに注目されたい．

二つの相補的な実験は，発展期の初期におけるコヒーレンスの位相が異なっている．（符号付きの）次数 $p_{tu}=M_t-M_u$ の多量子もしくは1量子コヒーレンスは，$-p_{tu}\varphi^{(\text{prep})}$ に等しい位相のシフトを経験するので，式 (6.5.28) で定義されたラジオ波位相をもつ二つの実験におけるコヒーレンスの初期位相は，次式に従って関係づけられる．

$$(\hat{\bar{P}}_\text{B}\sigma_0)_{tu} = (\hat{\bar{P}}_\text{A}\sigma_0)_{tu}\exp\{-\mathrm{i}p_{tu}(\varphi_\text{B}^{(\text{prep})}-\varphi_\text{A}^{(\text{prep})})\}$$

$$= -\mathrm{i}\frac{p_{tu}}{|p_{tu}|}(\hat{\bar{P}}_\text{A}\sigma_0)_{tu} \tag{6.5.29}$$

ここに超演算子 $\hat{\bar{P}}_\text{A}$ と $\hat{\bar{P}}_\text{B}$ は，二つの実験で位相の異なる準備推進演算子を表わしている．よって式 (6.2.11b) で定義されている複素信号強度も次式で関係づけられる．

$$Z_{rs\,tu}^{(\text{B})} = -\mathrm{i}\frac{p_{tu}}{|p_{tu}|}Z_{rs\,tu}^{(\text{A})}. \tag{6.5.30}$$

二つの径路の重ね合わせは，式 (6.2.10b) で $\omega_{ut}^{(\text{e})}=-\omega_{tu}^{(\text{e})}$ と $p_{ut}=-p_{tu}$ なる関係をもつ二つの信号の和となる．$R_{rs\,tu}=R_{rs\,tu}$ である限り，次式を得る．

$$S_\text{A}(t_1, t_2) = 2\cos(\omega_{tu}^{(\text{e})}t_1)\exp(-\lambda_{tu}^{(\text{e})}t_1)\exp\{(-\mathrm{i}\omega_{rs}^{(\text{d})}-\lambda_{rs}^{(\text{d})})t_2\}Z_{rs\,tu}^{(\text{A})},$$
$$S_\text{B}(t_1, t_2) = 2\sin(\omega_{tu}^{(\text{e})}t_1)\exp(-\lambda_{tu}^{(\text{e})}t_1)\exp\{(-\mathrm{i}\omega_{rs}^{(\text{d})}-\lambda_{rs}^{(\text{d})})t_2\}Z_{rs\,tu}^{(\text{A})}$$

$$\tag{6.5.31}$$

t_2 に関して複素フーリエ変換し，ω_2 に関して適当な位相補正を施した後，次

式を得る（式6.5.5）．

$$S_A(t_1, \omega_2) = 2[a_{rs}(\omega_2) - id_{rs}(\omega_2)]\cos(\omega_{tu}^{(e)}t_1)\exp(-\lambda_{tu}^{(e)}t_1)Z_{rs\,tu}^{(A)},$$

$$S_B(t_1, \omega_2) = 2[a_{rs}(\omega_2) - id_{rs}(\omega_2)]\sin(\omega_{tu}^{(e)}t_1)\exp(-\lambda_{tu}^{(e)}t_1)Z_{rs\,tu}^{(A)}. \quad (6.5.32)$$

二つの信号の実部をとり出すことにより，分散項 $d_{rs}(\omega_2)$ を取り除くことができる．新しい複素信号は二つの実部を結合することにより定義される．

$$S_C(t_1, \omega_2) = \frac{1}{2}\text{Re}\{S_A(t_1, \omega_2)\} + \frac{i}{2}\text{Re}\{S_B(t_1, \omega_2)\}$$

$$= a_{rs}(\omega_2)\exp\{(-i\omega_{tu}^{(e)} - \lambda_{tu}^{(e)})t_1\}Z_{rs\,tu}^{(A)} \quad (6.5.33)$$

t_1 に関して複素変換し，ω_1 に関して位相補正することによりスペクトル

$$S_C(\omega_1, \omega_2) = a_{rs}(\omega_2)[a_{tu}(\omega_1) - id_{tu}(\omega_1)]Z_{rs\,tu}^{(A)} \quad (6.5.34)$$

を得る．このスペクトルの実成分は，求める純粋な2次元吸収線形をもっている．強調したいことは，2次元周波数域の四つの成分（quadrant）のすべてが分離されているということである．図6.5.9に示すように，ここで概説した方法が2次元 NOE 分光に応用されている（6.28）．また，移動過程が対称である限り（$R_{rs\,ut} = R_{rs\,tu}$），この方法は任意のコヒーレンス移動の実験に拡張することができる．

6.5.4 絶対値スペクトル

位相補正の必要性をなくすために，2次元スペクトルの絶対値強度（パワースペクトルの平方根）を表示することも可能である．

$$|S|(\omega_1, \omega_2) = \{[\text{Re}\{S(\omega_1, \omega_2)\}]^2 + [\text{Im}\{S(\omega_1, \omega_2)\}]^2\}^{\frac{1}{2}} \quad (6.5.35)$$

式（6.5.4）と式（6.5.5）を代入すると，線形の関数として次式を得る．

$$|S|(\omega_1, \omega_2) = |S_{rs\,tu}(0, 0)|$$

$$\times \frac{1}{[(\Delta\omega_{tu}^{(e)})^2 + (\lambda_{tu}^{(e)})^2]^{\frac{1}{2}} \cdot [(\Delta\omega_{rs}^{(d)})^2 + (\lambda_{rs}^{(d)})^2]^{\frac{1}{2}}}. \quad (6.5.36)$$

6.5 2次元スペクトルにおける線形

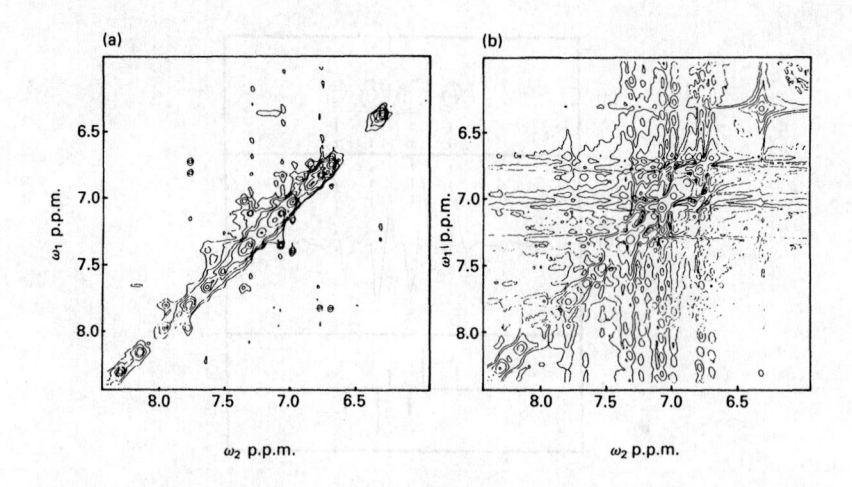

図 6.5.9 純粋な2次元吸収モード(a)と絶対値モード(b)によって表示された2次元スペクトルの比較．純粋位相スペクトルにおける分解能増大の利点を示す．これらの2次元 NOE スペクトルは，タンパク質うしすい臓トリプシンインヒビター (basic pancreatic trypsin inhibitor) に由来するもので芳香族領域のみを示す．スペクトルは両方共同じデータから計算されたもので，同じガウス型フィルターを用い，最大ピークの0.15, 0.3, 0.6, 1, 2.5, 5, 10%のレベルに等高線が描かれている．（文献6.28より）

図6.5.9に示すように，絶対値表示は純粋な2次元吸収線形に比べるとずっと分解能が低い．稜線に沿って信号は $\Delta\omega_{rs}^{(d)} = \sqrt{3}\lambda_{rs}^{(d)}$，あるいは $\Delta\omega_{tu}^{(e)} = \sqrt{3}\lambda_{tu}^{(e)}$ のところでその値が半分になる．もし，二つの軸に対する線幅が等しいならば信号強度が半分になるところは，$\Delta\omega_{rs}^{(d)} = \pm\Delta\omega_{tu}^{(e)} = \pm\lambda$ のところ，すなわちピークの中心から $\sqrt{2}\lambda$ の距離離れたところで2軸を二等分する位置で起こる．これらの値は，6.5.1節で与えられた純粋な2次元吸収ピークに対するものと比べてみるべきである．$|S|(\omega_1, \omega_2)$ の強度は斜め方向で最も急激に落ちるので，周波数軸に平行に最も強い稜線が残ることになる．これは，6.5.6.2節の図6.5.14に例示されている．この「星効果」(6.22) は，二つの非常に近よった吸収が干渉する場合には問題になるだろう．というのは，二つの直交した稜線が重なると，意味のある交差ピークと誤解され易いからである．

絶対値表示は，本来非線形であるから，非常に近づいた共鳴線同志が干渉す

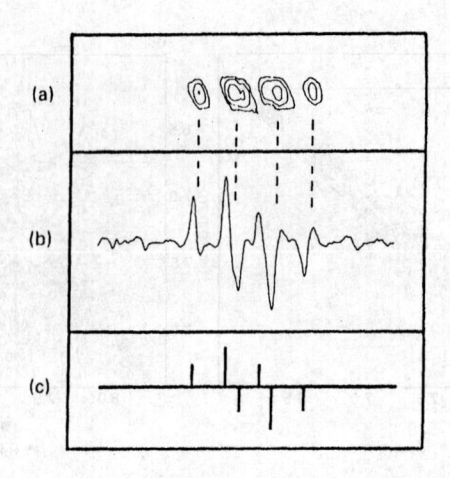

図 6.5.10 絶対値表示(a)と吸収モードの断片(b)の比較．リン酸トレオニン（phosphothreonine）の異種核間ゼロ量子2次元相関スペクトルから取ったもので，絶対値モードでは分離不完全な多重構造による典型的な線形のひずみを示す．（文献6.29を改変）

る場合には注意が必要である．たとえばコヒーレンス移動実験ではスペクトルの位相が反対で，かつ非常に近づいたピークを含む場合がしばしば起こる．その場合に絶対値表示は，誤解を招き易い．例として，図6.5.10に示すように，吸収モードのローレンツ型線形で表した位相検波スペクトルの断面は，六つの線（同位相の3重線が反位相の2重線に分裂）を示している．内側の4本線は互いに近よった上がり下がりのパターンを示し，分散波形に似ている．絶対値スペクトルでは（図6.5.10 (a)），内側の4本線は2本線としてのみ現れる (6.29)．

6.5.5 2次元スペクトルの投影

2次元スペクトルを適当な方向に投影して得られるスペクトルは，しばしば，通常の1次元スペクトルでは得られない情報を含んでいる．そのような投影は式 (6.4.25), (6.4.30) と (6.4.31) に定義されている．典型的な応用例は次のような場合である．

6.5 2次元スペクトルにおける線形

1. 多量子分光学. 多量子の歳差周波数と線形を，ω_2 域に現れる1量子スペクトルと無関係に決めることに主眼がある場合には，2次元スペクトルを ω_1 軸に投影することにより，1次元多量子スペクトルを得ることができる．この投影は，式 (6.4.31) で示すように $\phi=0$ に対応している．応用は8.4節で述べられる．

2. フィルターされた1量子スペクトル. 2次元スペクトルを（重みをつけて）ω_2 軸に投影（式 (6.4.30) のように $\phi=\pi/2$）すると，フィルターをかけた1量子1次元スペクトルが得られる．この状況は，1次元のコヒーレンス実験（4.5節)，および1次元多量子フィルターの実験，たとえば，INADEQUATE 法のような（8.4.2節）実験の場合に遭遇する．

3. 同種核 J 分光. 斜め投影の方法により（式 (6.4.25) において $\phi=3\pi/4$)，同種核間相互作用が完全にデカップルされた1次元スペクトルを得ることができる．他の方向に投影することにより，カップリングが一定の縮小を受けたスペクトルをつくり出すこともできる (7.2.1節).

正と負の強度が互いに相殺する可能性については，特に注意が必要である．違った符号のものが投影に現れるのは，コヒーレンス移動の違いにその原因がある．こうして，多量子分光の場合には2次元スペクトルの全積分信号強度は通常0となる．したがって ω_1 軸への投影も，強度ゼロとなる．ただし，絶対値スペクトルが投影される場合，あるいは実験のパルス系列において何らかの再結像の方法を用いて2次元スペクトルの反位相多重項を投影に先立って同位相の信号に変換する場合にはこの限りではない．

式 (6.5.10) の混合線形による場合にも投影が消えてしまうことがある．これは複素フーリエ変換によって得られるものである．このことは，6.4.1.5節の投影断面定理によって容易に理解することができる．同種核2次元 J 分光（7.2.1節を見よ）において望まれる斜め投影は，ω_1 軸とスペクトルが投影されるべき方向とのなす角が $\phi=3\pi/4$（135°）に対応している．これは図6.5.11

に示されている.式 (6.4.27) に従えば,この投影は2次元時間域において t_1 軸に関して $3\pi/4$ の角度をなす軸に沿った斜め断面のフーリエ変換と等価である.この斜め断面は, $t_1<0$ および $t_2<0$ に対して信号が0であることにより $s(t_1=0, t_2=0)$ の点以外では消失する.周波数域で見ると積分は消失するが,これは図6.5.11で理解されるように負の分散の裾が正の吸収成分を正確に相殺することによる.

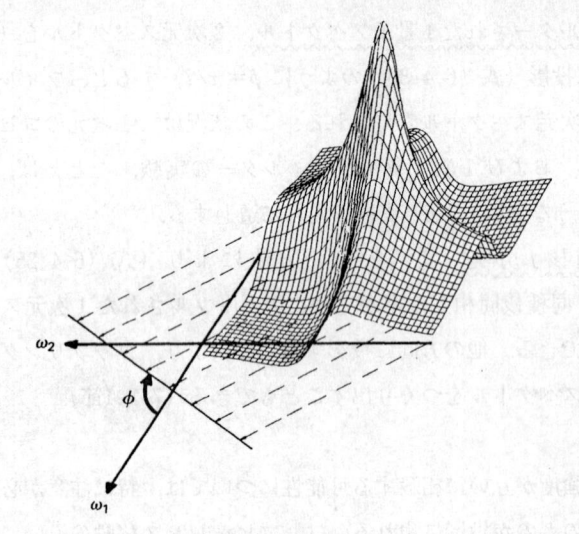

図 **6.5.11** 混合位相(「ねじれ位相」)ピーク,式 (6.5.10),の斜め投影.正の対角線(式 (6.4.25))における $\phi=3\pi/4$ 方向に積分することにより得られる.負の分散の裾の積分は,正の成分の積分と完全に相殺するが,これは投影断面定理が示すところのものである.(文献6.17を改変).

斜め投影の相殺を防ぐために,次のような手続きが提案されている.

1.絶対値スペクトルの投影 (6.17, 6.46)
2.6.5.6.3節に述べられているような偽エコーフィルタリング (6.30, 6.31) によって複素線形の分散成分をなくすること.
3.ピーク位置を定めた後に,コンピューターによる反覆計算によって分散

6.5 2次元スペクトルにおける線形

成分を差し引くこと (6.32).

4.「地平線投影」(図6.5.12を見よ). このような投影は, スペクトルの3次元モデルが遠くから光で照らされた場合に得られる影に対応している (6.33). 地平線投影は, もはやその強度が含まれているスピンの数に関係しないという欠点をもっている. 特に, 投影の方向における多重項の分裂や線幅増大は, 投影の強度を減少させるであろう.

投影の信号対雑音比は, 投影前に2次元スペクトルに適当に重みをかけることによって改善することができる.

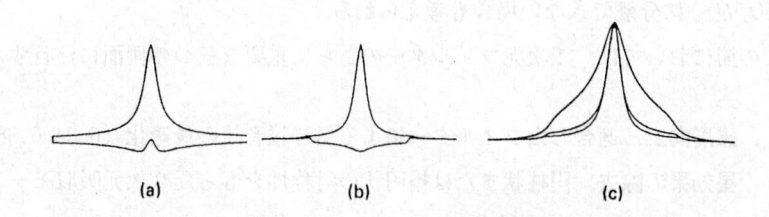

図 6.5.12 混合位相をもった2次元ピークの地平線投影 (斜影) (式 (6.5.10)). (a) ω_1 軸 (図6.5.11で $\phi=0$) への最小値と最大値の投影. (b) $\phi=3\pi/4$ (これは同種核2次元 J 分光において望まれるもの) をもった最小値と最大値の投影. (c) $\phi=3\pi/4$ をもつ異なる投影の線形の比較. 一番外側の曲線は絶対値スペクトル $|S|(\omega_1, \omega_2)$ の積分投影を示す. 真ん中の曲線は $|S|(\omega_1, \omega_2)$ の地平線投影を示す. 一番内側の曲線は (混合位相の) 絶対値線形 $|\mathrm{Re}\{S(\omega_1, \omega_2)\}|$ の地平線投影を示す. (文献6.33より)

6.5.6 2次元フィルター

コンボリューション定理, 式 (6.4.22) の意味するところは, 2次元周波数域での適当なフィルター関数 $H(\omega_1, \omega_2)$ によるコンボリューションは, 時間域での信号 $s(t_1, t_2)$ に重み関数 $h(t_1, t_2)$ を乗ずることに等しいということである.

分解能向上は, 2次元分光学において標準的に行われている (6.43). 2次元分光学で分解能向上が特に重要なのは, 交差ピークの多重項が両次元で反位相で現われ, どちらかの次元での分解能が不十分なためにそれが消失してしま

うような場合である．このような場合にそれに伴って現れる時間域信号の成分は，$\sin\pi J_{kl}t_1 \sin\pi J_{kl}t_2$ に比例する（8.2.1節を見よ）．したがって，小さな t_1，および t_2 に対しては交差ピークの強度の寄与は小さい．こういう理由で，時間域信号 $s(t_1, t_2)$ に重み関数 $h(t_1, t_2)$ をかけ，小さな t_1 および t_2 値に対する信号の寄与を小さくすることが勧められる．

4.1.3.2節で論じた分解能向上関数のいずれも，二つの領域において適用できる．普通によく使われる分解能向上関数は，サインベル関数（6.40-6, 42）とローレンツ-ガウス変換（6.34，6.38）である．二つの時間域信号を異なる重み関数で取り扱うことが望ましい場合もあろう．また，重み関数 $h(t_1, t_2)$ が積 $h(t_1)h(t_2)$ に分離できない場合も考えられる．

この節においては，1次元フィルターのさらに重要な三つの側面に注目する．

1. **感度向上**．適合したフィルターによる信号雑音比の最適化（6.34-6.38）．
2. **星効果の除去**．円柱状または楕円状の対称性をもった2次元吸収モード波形は，ローレンツ-ガウス変換により得られる（6.22，6.34-6.37）．
3. **分散成分の相殺**．純粋な2次元吸収線形は，偽エコーフィルターにより得られる（6.30，6.31）．

6.5.6.1 適合フィルター

一次元分光における感度最適化の場合と全く同じように（4.3.1.4節），信号対雑音比を最大にすることは，時間域信号に対して信号包絡線 $s^e(t_1, t_2)$ に比例した適合重み関数 $h(t_1, t_2)$ をかけることによって達成できる（6.8節も見よ）．もしコヒーレンス移動のエコーを無視することができれば，信号の包絡線はしばしば二つの指数関数の積の形

$$s^e(t_1, t_2) = s^e(0, 0)\exp(-\lambda^{(e)}t_1)\exp(-\lambda^{(d)}t_2); \qquad (6.5.37)$$

をもつと仮定してよい．したがって，適合重み関数は，積の形に分解できる．

$$h(t_1, t_2) = \exp(-\lambda^{(e)}t_1)\exp(-\lambda^{(d)}t_2)$$

6.5 2次元スペクトルにおける線形

$$= h_1(t_1)h_2(t_2) \tag{6.5.38}$$

このため重みを掛けることを二つの連続した段階に分けて行うことができる．すなわちまず第一は最初のフーリエ変換の前に，そして次に2回目のフーリエ変換の前に行なって

$$\begin{aligned} s'(t_1, t_2) &= s(t_1, t_2)h_2(t_2), \\ s'(t_1, \omega_2) &= \mathscr{F}^{(2)}\{s'(t_1, t_2)\}, \\ s''(t_1, \omega_2) &= s'(t_1, \omega_2)h_1(t_1), \\ S(\omega_1, \omega_2) &= \mathscr{F}^{(1)}\{s''(t_1, \omega_2)\}. \end{aligned} \tag{6.5.39}$$

しかし多くの場合，信号の包絡線と重み関数は積の形に分解することができず，2次元時間域の信号は2次元フーリエ変換に先立って2次元重み関数をかけなければならない．この状況は，たとえばコヒーレンス移動のエコーが図6.5.5 (b) に示すような信号包絡線の「稜線」をもたらす場合（式6.5.14）に現れる．

すべての場合において，適合フィルターの利用は両方の周波数領域における線幅を増大させる．ローレンツ型線形に対しては線幅増大は2倍であり，ガウス型線形に対しては $\sqrt{2}$ 倍である (6.34)．

6.5.6.2 ローレンツ-ガウス変換

両次元で指数関数的に減衰する時間域包絡線，式 (6.5.37) は，図6.5.5 (a) でわかるように $t_1=t_2=0$ 点の周りに円柱状の対称性をもたない．これに対応する2次元吸収性ローレンツ線形も，周波数域において円柱対称をもたないので，図6.5.1 (b) に例示するような星効果をもたらす．この特性は場合によっては好ましくないので，次に示すような重み関数をかけることにより，指数関数的減衰をガウス型包絡線に変換して取り除くことができる (6.22, 6.34)．

$$h(t_1, t_2) = \exp(+\lambda^{(e)}t_1)\exp(+\lambda^{(d)}t_2)\exp(-\sigma_1^2 t_1^2/2)\exp(-\sigma_2^2 t_2^2/2). \tag{6.5.40}$$

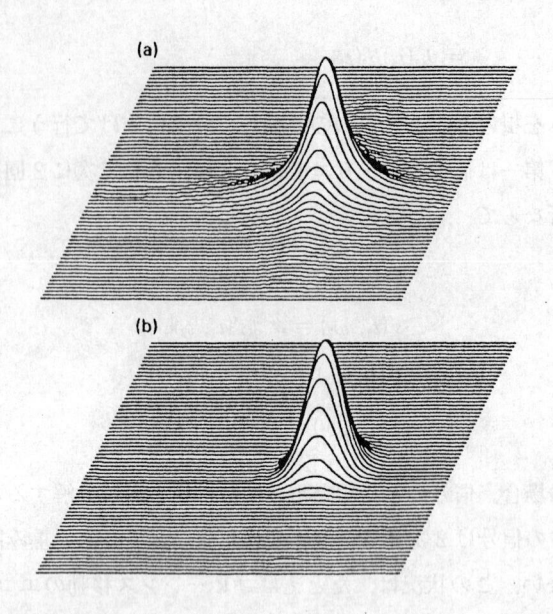

図 6.5.13 位相検波した純粋2次元吸収ピークのコンピュータシミュレーション. (a)指数関数的に減衰する包絡線. 式 (6.5.37) の場合;(b)ガウス型包絡線. 式 (6.5.41) の場合. ローレンツ信号の星形とガウス信号の円柱状対称性に注意せよ.(文献6.22より).

式 (6.5.37) で表される包絡線の場合に, この結果は次のようになる.

$$s^{e'}(t_1, t_2) = s^{e}(0, 0)\exp(-\sigma_1^2 t_1^2/2)\exp(-\sigma_2^2 t_2^2/2). \qquad (6.5.41)$$

2次元フーリエ変換を行なえば, ガウス線形が得られる.

$$s'(\omega_1, \omega_2) = s^{e}(0, 0)\left(\frac{2\pi}{\sigma_1 \sigma_2}\right)\exp\left(\frac{-\Delta\omega_1^2}{2\sigma_1^2}\right)\exp\left(\frac{-\Delta\omega_2^2}{2\sigma_2^2}\right). \qquad (6.5.42)$$

等高線は $\sigma_1 = \sigma_2$ に対して丸く, 線幅が同じでない場合には楕円形となる. 変換の効果は, 図6.5.13を見れば理解できよう. ここには, ローレンツ型2次元吸収信号がそれに対応するガウス型関数と比較されている. この手続きが有効なのは, 分散成分が6.5.3節で述べられた戦略のうちの一つによって除かれている場合のみである.

6.5 2次元スペクトルにおける線形　　　　　　　　　　　　　　　　　　415

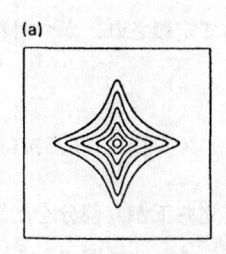

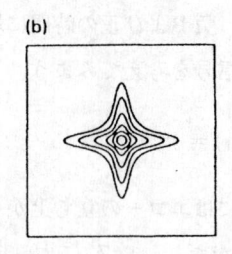

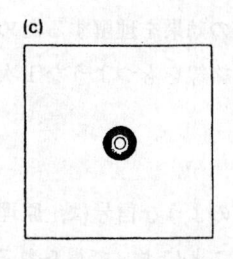

図 6.5.14 式 (6.5.35) に従って計算された絶対値モードの線形. (a)両次元において指数関数的減衰を示す信号包絡線, 式 (6.5.36) によって記述されるもの. (b)両次元においてガウス型減衰を示す包絡線をもつ信号. 図6.5.13(b)の位相弁別表示と比べて円柱状対称性をもたない点に注意せよ. (c)ガウス型偽エコー特性をもつ信号包絡線, これは6.5.6.3節で記述されている. (文献6.39より)

　大事なことは, このローレンツ-ガウス変換は同時に分解能向上の最良方法の一つであるということである (6.34—6.38). 式 (6.5.40) において, σ_1, σ_2 を十分小さく選ぶことにより一つの次元であるのは両方の次元で2次元ピークを自由に狭くすることができる. もっとも, 分解能は感度の犠牲においてのみ増大可能ということを記憶しておく必要がある (6.34).

　強調しておかなければならないことは, ガウス信号の楕円対称性は位相弁別表示のときにのみ得られるということである. ガウス信号の絶対値強度が式 (6.5.35) に従って計算される場合には, 線形は再び星効果を示し, 図6.5.14 (b) に示すようなものとなる.

6.5.6.3 擬エコー変換

混合ピークにおける分散モードの寄与は, 信号の包絡線を時間域でのサンプリング間隔の中心に対して対称にすることによって除くことができる. すなわち, $t_1 = \frac{1}{2} t_1^{\max}$ と $t_2 = \frac{1}{2} t_2^{\max}$ に関して対称となるようにする.

$$s_1^e(t_1) = s_1^e(t_1^{\max} - t_1),$$
$$s_2^e(t_2) = s_2^e(t_2^{\max} - t_2) \qquad (6.5.43)$$

この効果を理解するために，負および正の時間に対して定義され，かつ対称な包絡線をもつような1次元信号を考えてみよう．

$$s^e(t) = s^e(-t) \tag{6.5.44}$$

そのような信号は，原理的にはエコーの立ち上がりと立ち下がり部分を記録することによって得られる．ただし，$1/T_2$ による自然な減衰は無視できるものとする．

　信号の包絡線が指数関数

$$s^e(t) = s^e(0)\exp\{-\lambda|t|\} \tag{6.5.45}$$

で表わされる場合，複素フーリエ変換を行えば純粋な吸収モードのローレンツ型線形が得られる．

$$\begin{aligned}S(\omega) &= \int_{-\infty}^{+\infty} s^e(t)\exp\{-i\omega t\}dt \\ &= 2s^e(0)\frac{\lambda}{\lambda^2 + \omega^2}\end{aligned} \tag{6.5.46}$$

対称関数の正弦変換は0なので，虚数成分（分散成分）は消失する．このことは非指数関数的な包絡線に関しても適用され，さらに信号が時間域で対称的に打切られている場合，すなわちフーリエ積分が $-\frac{1}{2}t^{\max} < t < \frac{1}{2}t^{\max}$ に限られている場合にも成り立つ．

　包絡線に加えて実際の信号は，位相 φ と歳差運動周波数 ω_0 で特性づけられている．

$$s(t) = s^e(0)\exp\{-\lambda|t|\}\exp\{i\omega_0 t\}\exp\{i\varphi\} \tag{6.5.47}$$

複素フーリエ変換の結果，スペクトル

$$\begin{aligned}S(\omega) &= 2s^e(0)\frac{\lambda}{\lambda^2 + (\Delta\omega)^2}\exp\{i\varphi\} \\ &= 2s^e(0)a(\omega)\exp\{i\varphi\}\end{aligned} \tag{6.5.48}$$

6.5 2次元スペクトルにおける線形

が得られる.ここに $a(\omega)$ は,吸収成分,式 (4.2.19) を表わし,$\Delta\omega = \omega - \omega_0$ は,吸収の中心からのずれの周波数を表わす.

その結果,特に包絡線が対称の場合には次の関係が得られる.

$$\mathrm{Re}\{S(\omega)\} = 2s^{\mathrm{e}}(0)\cos\varphi\, a(\omega),$$
$$\mathrm{Im}\{S(\omega)\} = 2s^{\mathrm{e}}(0)\sin\varphi\, a(\omega). \tag{6.5.49}$$

したがって,重なりのある線を除いて,純粋な吸収型ローレンツ信号は,パワースペクトルの平方根(絶対値)を計算することにより得られる.

$$|S|(\omega) = \{[\mathrm{Re}\{S(\omega)\}]^2 + [\mathrm{Im}\{S(\omega)\}]^2\}^{\frac{1}{2}}$$
$$= 2s^{\mathrm{e}}(0)a(\omega). \tag{6.5.50}$$

たいていの場合,信号は $t<0$ では定義されていない.というのは普通われわれはエコーを扱わないからである.しかし,$t>0$ にのみ定義されている信号包絡線の場合でも,いわゆる「偽エコー」包絡線に変更することはできる.もし,時間域 $0<t<t^{\mathrm{max}}$ の間に採取された信号の包絡線がもともと指数関数的に減衰する,すなわち

$$s^{\mathrm{e}}(t) = s^{\mathrm{e}}(0)\exp\{-\lambda t\}, \tag{6.5.51}$$

と仮定される場合,線幅 $2\lambda_{\mathrm{f}}$ をもつローレンツ型偽エコー包絡線は,信号に重み因子

$$h(t) = \exp\{+\lambda t\}\exp\{-|t - \frac{1}{2}t^{\mathrm{max}}|\lambda_{\mathrm{f}}\} \tag{6.5.52}$$

を掛けることによって得られる.その結果,修正された包絡線

$$s^{\mathrm{e}'}(t) = s^{\mathrm{e}}(0)\exp\{-|t - \frac{1}{2}t^{\mathrm{max}}|\lambda_{\mathrm{f}}\} \tag{6.5.53}$$

が得られる.最初の位相と歳差運動の周波数を考慮すれば,フィルターされた信号は,

$$s(t) = s^e(0)\exp\{-|t - \tfrac{1}{2}t^{\max}|\lambda_f\}\exp\{i\omega_0 t\}\exp\{i\varphi\}. \tag{6.5.54}$$

時間域の原点は, $t = t' + \tfrac{1}{2}t^{\max}$ の置替えをすることにより移動することができる.

$$s(t' + \tfrac{1}{2}t^{\max}) = s^e(0)\exp\{-|t'|\lambda_f\}\exp\{i\omega_0 t'\}\exp\{i(\varphi + \tfrac{1}{2}\omega_0 t^{\max})\} \tag{6.5.55}$$

この式は,周波数に依存する位相因子を除けば式 (6.5.47) と同一である.期間 $-\tfrac{1}{2}t^{\max} < t' < \tfrac{1}{2}t^{\max}$($0 < t < t^{\max}$ と等価)における複素フーリエ変換を行うと,スペクトル

$$S(\omega) = 2s^e(0)a(\omega)\exp\{i(\varphi + \tfrac{1}{2}\omega_0 t^{\max})\} \tag{6.5.56}$$

が得られる.位相因子は,式 (6.5.50) に従って絶対値を計算することにより取り除くことができる.6.5.4節で論じられた絶対値スペクトルとは違って,重なりのない吸収線の場合は,この操作によって分解能が低下しない点に注意されたい.すべての信号が正の吸収の形で現われるので,信号の符号(2次元コヒーレンス移動実験においては重要)についての情報は,残念ながら失われてしまう.

2次元分光学に関していえば,6.5.3節で述べたいかなる方法の適用もできない場合,偽エコーフィルターを用いて純粋な2次元吸収ピークを得ることができる.したがって,指数関数的に減衰する信号,式 (6.5.37) に対しては,式6.5.52を2次元に拡張することによって2次元ローレンツ偽エコーフィルターが得られる.

$$h(t_1, t_2) = h_1(t_1) \cdot h_2(t_2) \tag{6.5.57}$$

ここに

$$h_1(t_1) = \exp\{+\lambda^{(e)}t_1\}\exp\{-|t_1 - \tfrac{1}{2}t_1^{\max}|\lambda_f^{(e)}\},$$

6.6　2次元スペクトルの処理

$$h_2(t_2) = \exp\{+\lambda^{(d)}t_2\}\exp\{-|t_2 - \frac{1}{2}t_2^{\max}|\lambda_f^{(d)}\}.$$

このようにして得られる2次元吸収線は，やはり円柱対称性を欠いている（図6.5.13 (a))．この欠点はガウス偽エコーフィルター

$$h_1(t) = \exp\{+\lambda^{(e)}t_1\}\exp\left\{-\left(t_1 - \frac{1}{2}t_1^{\max}\right)^2(\sigma^{(e)})^2/2\right\},$$

$$h_2(t_2) = \exp\{+\lambda^{(d)}t_1\}\exp\left\{-\left(t_2 - \frac{1}{2}t_2^{\max}\right)^2(\sigma^{(d)})^2/2\right\} \qquad (6.5.58)$$

を用いれば避けることができる．その結果，図6.5.13 (b) に例示されているような円柱対称性あるいは楕円対称性をもった線形が得られる．

偽エコーフィルターは，小さな t_1 値，t_2 値に対する信号を強く変化させるので感度は著しく減少する．このため，純粋な2次元吸収線形を得るためには，可能な限り6.5.3節で述べられた方法の一つを採用することが勧められる．

6.6　2次元スペクトルの処理

2次元スペクトルの解析を簡単化するために，コンピューターメモリー内でデータマトリックスを処理したり，データ採取の過程を変えたりして，スペクトルの表し方を修正することが望ましいことがある．この節で述べる処理法のいくつかは，フーリエ変換の相似定理，式 (6.4.17)，を利用している．この相似定理の意味するところは，周波数変数の変換は，対応する時間変数の変換に焼き直されるということである．また，2次元スペクトルに内在する対称性を利用する場合もある．もっと進んだ方法では，完全に自動化された2次元スペクトルの解釈という最終目標を目指して，特徴的なピークパターンを同定しようとしている．

6.6.1　ずらし変換

ある種の2次元実験においては，ピークの位置がすべての周波数領域にまた

がるということはない．この様子は図6.6.1に示されている．すなわち，$\omega_{tu}^{(e)}$ と $\omega_{rs}^{(d)}$ は勝手な値をとっても，$\omega_{tu}^{(e)} - \omega_{rs}^{(d)}$ の周波数差は制限されているので，すべての信号は対角線の近くの一定の幅の中に納まることになる．この状況は大きなシフト差を持った核間の結合がない場合に，同種核相関スペクトル（8.3.1節）に典型的なものである．また，この帯構造は，パルス系列 $\pi/2 - t_1 - \pi - t_2$（再結像期間のない場合（6.43））を用いて得られる2次元Jスペクトルの場合や，2スピン系の2量子スペクトルの場合に起こる（6.9.6.24）．そのような場合には，折り返しによる情報の損失なしに，ω_1 軸におけるスペクトル幅を狭くすることが可能である．

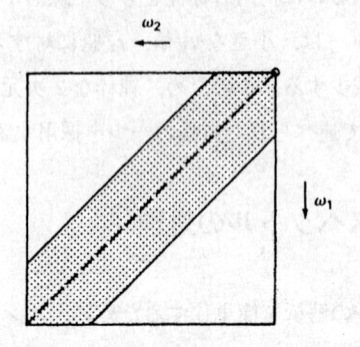

図 **6.6.1** ある種の2次元スペクトルにおいて現れるバンド構造．すべての信号は影をつけた部分の内部に入る．その理由は交差ピークによって結びつけられる共鳴周波数の差 $\omega_{tu}^{(e)} - \omega_{rs}^{(d)}$ の最大値に制限があるからである．

スペクトルの ω_1 領域における折り返しは，t_1 に関してサンプリング定理が破られたときに起こる．すなわち，共鳴周波数 $\omega_{tu}^{(e)}$ がナイキスト（Nyquist）周波数 $\omega_1^N = \pi / \Delta t_1$ を凌駕するときである．ただし，Δt_1 は t_1 の増分を表す．もし，t_1 に関して複素フーリエ変換を計算すれば，折り返しによる見かけの周波数

$$\omega_{tu}^{(e)見かけ} = (\omega_{tu}^{(e)} + \omega_1^N)_{\mathrm{mod}(2\omega_1^N)} - \omega_1^N \tag{6.6.1}$$

が得られる．したがって，見かけの周波数が $-\omega_1^N < \omega_{tu}^{(e)見かけ} < \omega_1^N$ の間に現れ

6.6 2次元スペクトルの処理

るためには，ω_{1u}^{e} から $2\omega_1^N = 2\pi/\Delta t_1$ を整数回差し引かなくてはならない．折り返しの例は，図6.5.4に見られる．すなわち，不均一性の幅をもつ伸びた信号の一部がナイキスト周波数 $\omega_1 = -\omega_1^N$ で切断され，スペクトルの下の方に再び現れている．

ω_1 軸での線幅が図6.6.1に示される周波数帯の幅を十分カバーするものである限り，折り返したスペクトルを折り返し訂正（6.12）によって元にもどすことができる．これはコンピューターのメモリーに蓄えられた実験行列 $S(\omega_1, \omega_2)$ を，折り返し訂正されたスペクトル $S'(\omega_1', \omega_2')$ にずらすことによって達成され，対角線が水平線方向へと傾けられる．訂正されたスペクトルは元のスペクトルと次の関係で結ばれる．

$$S'(\omega_1', \omega_2) = S(\omega_1, \omega_2)$$

ここに

$$\omega_1' = \frac{1}{1+|\chi|}\left[(\omega_1 + \chi\omega_2 + \omega_1^N)_{\text{mod}(2\omega_1^N)} - \omega_1^N\right] \qquad (6.6.2)$$

正しいずらしのパラメーターは，$\chi = -\kappa$，式（6.5.11）である．同種核間1量子分光に対しては，普通，NピークないしPピークのどちらを選ぶかに従って $\chi = \pm 1$ を選ぶ．この変換の例は図6.6.2に示されている．もし，パルス系列 $\pi/2 - t_1 - \pi - t_2$（すなわち，再結像期間のないもの）を用いて同種核 J スペクトル（7.2.1節）が得られる場合，信号は負の対角線沿いの狭い帯の中に含まれる（図6.6.2 (a)）．式（6.6.2）に従って信号をシフトさせることにより，通常の2次元 J スペクトルの表示が得られ，$\omega_1 = 0$ の軸の両側に帯となって横たわる．この手法は，$2\omega_1^N$ が多重線の最大幅よりも大きいときに適用できる（6.43）．

データ行列のデジタル化によっては，式（6.6.2）の変換は外挿を必要とするかもしれない．この問題は次のようにして克服することができる．すなわち，t_1 に関するフーリエ変換を計算する前に，時間周波数領域の行列 $s(t_1, \omega_2)$ を，修正された行列 $s'(t_1, \omega_2)$ に変換することである．この際 ω_1 領域で ω_2 に比例

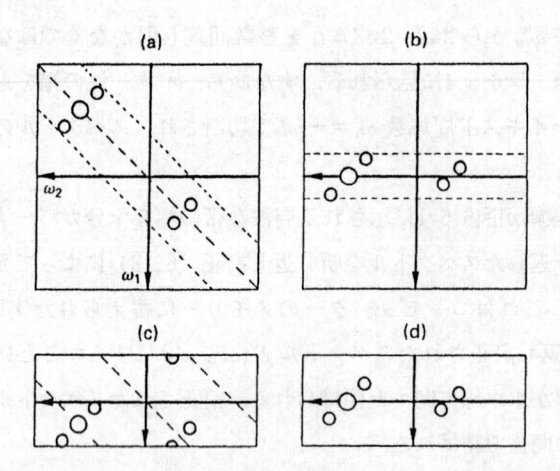

図 6.6.2 折り返し補正前と後での2次元スペクトルの模式的表現. (a)パルス系列 $\pi/2-t_1-\pi-t_2$, により得られる同種核2次元相関スペクトル $S(\omega_1, \omega_2)$, これは再結像のための遅延時間をもたない J 分光用のパルス系列と等価である. 信号は AX_2 系に対応する. (b)式 (6.6.2) で $\chi=1$ とすることにより, 信号を(a)からシフトさせて導かれるスペクトル $S'(\omega'_1, \omega_2)$. (c) (a)と同じであるが信号の折り返しが起こるように, ナイキスト周波数 ω_1^N を減らしたもの. (d)式 (6.6.2) を用い折り返し補正した(c)から得られたスペクトル.

した周波数のシフトを得るためには,行列 $s(t_1,\omega_2)$ の各々の行に1次の位相補正

$$\varphi^{\mathrm{corr}} = -\chi\omega_2 t_1. \tag{6.6.3}$$

を施す.一般に時間周波数混合領域において位相をいじることは,2次元周波数域における信号をシフトさせることに代わる簡便な方法である.

6.6.2 遅延データ採取

6.6.1節に述べられた方法と似たような2次元行列の「ずらし」を,データ採取を遅らせることによって達成することも時には可能である.

かくして上に述べた $(\pi/2)-t_1-(\pi)-t_2$ の実験は,よく知られた2次元 J 分光系列 $(\pi/2)-t_1/2-(\pi)-t_1/2-t_2$ (6.46) に変換される.同種核相関分光

6.6 2次元スペクトルの処理

(COSY) は修正されてスピンエコー相関分光 (SECSY) (6.12) に変換され,パルス系列は $(\pi/2)-t_1/2-(\beta)-t_1/2-t_2$ となる.遅延データ採取はまた,多量子実験 (6.9) や,異種核間相関分光 (6.14) でも用いられる.

一般に展開期は混合期の後の期間の一部を含むように定義し直し,一方で検出期の始まりを $\chi t_1 (\chi > 0)$ だけ遅らせることが可能である.

$$t'_1 = (1 + \chi)t_1 \tag{6.6.4}$$

この結果,得られたスペクトルのピークは周波数 ω'_1 に現れることになる.

$$\omega'_1 = \frac{1}{1+\chi}(\omega_1 + \chi\omega_2). \tag{6.6.5}$$

折り返しの補正と遅延データ採取との間には重要な違いがあり,これは図6.6.3で理解されよう.遅延データ採取を行わない通常の相関実験では,径路 $p=0 \to -1 \to -1$ (式 (6.5.11) においてパラメータ $\varkappa > 0$ とした「P ピーク」) と径路 $p=0 \to +1 \to -1 (\varkappa < 0$ の「N ピーク」) は,$\omega_1 = 0$ に関して対称的な信号をもたらす.したがって,実余弦フーリエ変換は純粋な位相の線形を与える (6.5.3.1節).そして,引き続いて折り返し補正を行えば (位置をずらせた) 純粋な位相をもつ線形が得られる.

これとは対照的に,$\varkappa = \pm 1$ の径路は遅延データ採取による実験において対称的な信号を与えない (図6.6.3 (b)).このために,t_1 に関する余弦フーリエ変換を計算することによって,分散ローブを相殺することは不可能である.この好ましくない $\varkappa = +1$ の径路 (「P ピーク」) は,普通位相回し (6.9, 6.12) によって抑えられる.遅延データ採取を伴う多くの実験では,たとえば z-フィルター (6.62) のようにさらに手を加えることをしない限り,純粋な位相を得ることはできない.

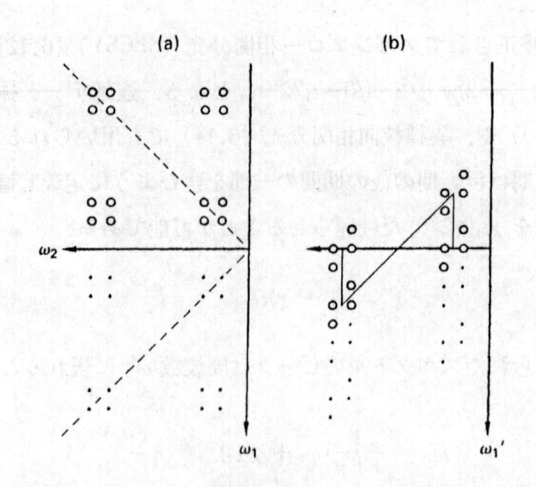

図 6.6.3 同種核相関分光における遅延データ採取の効果．(a)パルス系列 $\pi/2-t_1-\beta-t_2$ (COSY) を用いる場合，弱く結合した 2 スピン系におけるコヒーレンス移動の径路 $p=0\to-1\to-1$ と $p=0\to+1\to-1$ に関係する P および N ピークは，それぞれ点と丸で示されている．純粋な位相スペクトルは，t_1 に関して余弦変換を行うことによって得られる．系列 $\pi/2-t_1/2-\beta-t_1/2-t_2$ (SECSY) を用いる場合，すべての信号は $\omega'_1=\frac{1}{2}(\omega_1+\omega_2)$ にシフトされ，もはや対称的な対としては現れない．点で示される信号は，位相回しを行うことによって通常抑制され，丸で示される信号のみが残る．化学シフトの差は ω'_1 軸で $\frac{1}{2}$ に縮小されるのに対し，多重項の分裂は不変である点に注意しよう．

6.6.3 時間に比例した位相増分

多くの 2 次元実験においては，ω_1 領域における共鳴周波数を t_1 期間に発展したコヒーレンスの（符号つきの）次数 p を区別するような形でシフトさせるのが有用である．

まず 1 次元フーリエ分光法において，複素データ採取を行わずに正と負の歳差周波数を区別する方法について述べよう (6.47, 6.48)．このやり方によるとトランスミッターの周波数をスペクトルのまん中にセットし，見かけの歳差周波数をキャリアーの片側にシフトさせる．これを信号の x, y, $-x$, $-y$ 成分を順次サンプリングすることにより行う．サンプリングの期間を Δt とす

6.6 2次元スペクトルの処理

ると，単一の実自由誘導減衰は次の形になる．

$$s(t) = \{s_x(0),\ s_y(\Delta t),\ -s_x(2\Delta t),\ -s_y(3\Delta t),\ldots\}. \tag{6.6.6}$$

これは，一つのサンプリング点と次のサンプリング点との間の位相のずれを$\pi/2$にすることに相当し，すなわち周波数を$\Delta\omega = \pi/(2\Delta t)$だけシフトさせることに相当するが，これはサンプリング過程をナイキスト周波数の半分だけシフトさせることと等価である．

同じやり方は，2次元スペクトルのω_2領域にももちろん適用できる．この考えをω_1領域に適用すれば，自然に時間に比例した位相増分（TPPI）法となる（6.49, 6.50）．この方法においては，最初のパルス（あるいはもっと一般的にいうと，準備推進演算子）の位相がt_1に比例して増加される．

$$\varphi^{(\text{準備})} = \frac{\pi}{2N}\frac{t_1}{\Delta t_1} \tag{6.6.7}$$

ここでパラメーターNは，一回にシフトする周波数の値を決定する．この方法は，コヒーレンス移動の道筋を選ぶためのパルスの位相回しと混同してはならない（6.3節）．

式（6.6.7）における位相のシフトのために，係数σ_{tu}をもつコヒーレンス$|t\rangle\langle u|$の位相は，t_1の関数として変調される．

$$\sigma_{tu}(t_1,\ \varphi^{(\text{準備})}) = \sigma_{tu}(t_1=0)\exp\{-\mathrm{i}\omega_{tu}^{(\mathrm{e})}t_1 - \lambda_{tu}^{(\mathrm{e})}t_1\}\exp\{-\mathrm{i}p\varphi^{(\text{準備})}\} \tag{6.6.8}$$

定義

$$\omega^{(\text{TPPI})} = \varphi^{(\text{準備})}\frac{1}{t_1} = \frac{\pi}{2N\Delta t_1}, \tag{6.6.9}$$

を用いて展開期の最後におけるコヒーレンス$|t\rangle\langle u|$の係数は次のように書くことができる．

$$\sigma_{tu}(t_1) = \sigma_{tu}(t_1=0)\exp\{-\mathrm{i}(\omega_{tu}^{(\mathrm{e})} + p_{tu}\omega^{(\text{TPPI})})t_1 - \lambda_{tu}^{(\mathrm{e})}t_1\} \tag{6.6.10}$$

かくして信号は周波数がシフトした位置に現れる.

$$\omega_1 = \omega_{tu}^{(e)} + p_{tu}\omega^{(\text{TPPI})} \tag{6.6.11}$$

互いに反対の次数 p と $p'=-p$ をもつ二つのコヒーレンスから由来する信号は，反対方向にシフトしていることに注意しよう.

この考えは，多量子 MMR において幅広い用途をもっている (6.49—6.51). つまり，適当に N と Δt_1 を選ぶことにより，ω_1 領域において異なる次数 $p=0, \pm 1, \pm 2, \cdots$ を分離することが可能となる．しかもこれは，発展期の中点における再結像によってすべての次数の化学シフトが実効的に消失する場合においてさえ成り立つ．ただしサンプリングの速度 $1/\Delta t_1$ は，$2|p_{\max}|$ 倍だけ増加されなければならない．そのことによりスペクトル幅が，$-|p_{\max}|, \cdots |p_{\max}|$ までのすべての次数を受け入れられるように拡大する.

この同じ手法を用いて，t_1 に関する実余弦変換を計算することにより純粋な位相の線形を得ることができる (6.5.3.1節). この場合，観測したい次数を p とすると，$N=|p|$ を選び出す ($p=\pm 1$ のコヒーレンスに対して，$\varphi^{(\text{prep})}=\frac{1}{2}(t_1/\Delta t_1)$ はナイキスト周波数の半分だけ信号をシフトさせる). この信号のシフトは，たとえば図6.6.4に示すように，キャリア周波数がスペクトルの内部にセットされている場合に有効である．P ピークと N ピークの信号は反対方向にシフトするが，これらが反対の符号の次数 p と関係しているからである．明らかに，図6.6.4 (b) における折り返しを避けるためには，サンプリング速度とナイキスト周波数 ω_1^N を，2倍に増やさなければならない．対称な信号が等しい強度をもつ限り，純粋な位相をもつ線形は（すなわち，純粋な2次元吸収，または2次元分散），t_1 に関して実フーリエ変換を計算することにより得られる.

6.6.4 対称化

2次元スペクトルの信号の強度と周波数座標は，特徴的な対称規則に従う．特に同種核2次元相関スペクトル (8.2節) と2次元交換スペクトル (9.3節お

6.6 2次元スペクトルの処理

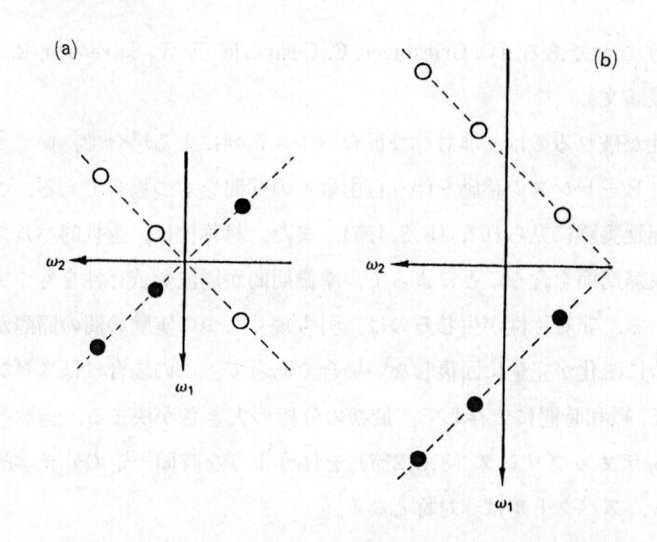

図 6.6.4 時間に比例する位相増分（TPPI）を行うことによる，鏡像コヒーレンス移動の径路 $0 \to \pm p \to -1$ に由来する信号の分離．記号は3スピン系の2次元相関スペクトルにおける対角線上の多重項を表す．これらはキャリア周波数をスペクトルの内部におき，両次元において複素フーリエ変換を行うことにより得られる．白丸は $0 \to +1 \to -1$ の径路（Nピーク）に対応し，黒丸は $0 \to -1 \to -1$ の径路（Pピーク）に関係する．これら二種類の信号は通常重なるものである（左）が，式 (6.6.7) に従い準備パルスの位相を増大させることによって，すなわち $\varphi^{(準備)} = \pi t_1/(2\Delta t_1)$ により分離することができる (b)．強度が対称的な場合，純粋な位相のピーク線形は，t_1 に関して実フーリエ変換を計算することにより得られる（6.5.3.1節）．

よび9.7節）は，通常対角線に関して対称である．すなわち，$S(\omega_1, \omega_2) = S(\omega_2, \omega_1)$ であり，これは混合過程におけるコヒーレンス移動の対称性を反映している．

一般に証明されることであるが，2次元相関スペクトルは，もしただ一つの非選択的な準備パルスを用い，かつ，もし混合用のパルス系列が対称行列表示 $R_{rt} = R_{tr}$（式 (6.2.14)）をもった推進演算子 R で表わされるときは，対称となる．このことから，次の結論が導かれる．すなわち，任意の強度の単一パルス（場合によっては混合パルス）は，必ず対称的な2次元スペクトルをもたら

すということである (C. Griesinger, C. Gemperle, O. W. Sørensen, R. R. Ernst の未発表論文).

対称性が破れるのは，非対称な混合パルス系列による場合で，いくつかの引き続くコヒーレンスの移動を伴う自由歳差の期間をもつ場合である．これはたとえば遅延実験に見られる（8.3.4節）．また，対称性は，選択的パルスあるいは自由歳差期間を含むことによって，準備期間が周波数依存性をもつ場合にも破壊される．非対称性が生じるのは，引き続く二つの実験の間の間隔が短かすぎるために磁化が完全に回復しない場合であって，この場合にはスピンごとに異なる T_1 緩和時間に依存して，最初の分極の大きさが決まる．当然のことながら，ω_1 デカップリング（8.3.2節）を伴うような時間一定の分光学的手法の場合にも，スペクトルは非対称となる．

2次元交換および2次元 NOE スペクトル（9.3節および9.7節）の場合にも，交差ピークは対角線に対して対称的である．

$$I_{AB}(\tau_m) = I_{BA}(\tau_m) \tag{6.6.12}$$

ただし，系がもともと動的な化学平衡にあり，かつ縦緩和が実験の最初の非選択的ラジオ波パルスの前に熱平衡に達しているということが条件である．式 (6.6.12) は微視的可逆性の原理の結果であり，すべての意味のある交差ピークは対称な対となって現われるはずであることを意味している．

2次元多量子スペクトルにおいては，（ひねれた）対角線に関して簡単な対称性がないのが普通である（8.4節を見よ）．しかしながら，ω_2 軸に平行に移動させた場合には，信号はしばしば並進対称性をもっている．

さまざまな対称化の手法は，信号の対称性を利用するように工夫されてきたのであるが，その理由はまちがった雑音のピークは期待される対称性に従わない限り，取り除かれるということによる (6.52, 6.53).

1. 「三角乗法」では，実験スペクトル上で対角線の両側に対称的に横たわる対をなす点を，その幾何平均によって置き換える．

6.6 2次元スペクトルの処理

$$S'(\omega_1, \omega_2) = [S(\omega_1, \omega_2) \cdot S(\omega_2, \omega_1)]^{\frac{1}{2}} \qquad (6.6.13)$$

このやり方は，絶対値スペクトルにあるいはすべての信号が正であるということがわかっている場合には2次元吸収モードのスペクトルにも適用される（たとえば，純粋な化学交換，あるいは遅い運動領域における交差緩和）．

2．正および負の信号をもつ位相弁別スペクトルの場合には，一つの有効な方法は最も小さな絶対値をもつ信号成分

$$S'(\omega_1, \omega_2) = S(\omega_1, \omega_2) \quad (|S(\omega_1, \omega_2)| \leq |S(\omega_2, \omega_1)| \text{ のとき})$$
$$= S(\omega_2, \omega_1) \quad (|S(\omega_1, \omega_2)| > |S(\omega_2, \omega_1)| \text{ のとき}) \qquad (6.6.14)$$

のみを残すことにある．この方法は絶対値スペクトルにも適用できるが，いわゆる「t_1 ノイズ」を抑えるのに特に有効である．

これらの方法は非線形な処理であり信号と雑音の間に相関をもたらすことを知っておく必要がある．従ってこれらの方法は，雑音に埋もれている信号を回復する目的で使われるべきではなく，信号としてまちがってしまいそうな邪魔になる雑音信号を抑さえるために使用するとよい．2次元 NOE スペクトルの対称化の例は，図6.6.5に示されている．

6.6.5 パターン認識

解釈を簡単にするために，2次元スペクトルを処理する，いっそう洗練された方法は，コンピューターによるパターン認識の方法を用いて多重項を同定することである．これらは2次元スペクトルの自動解析に向けての第一段階と考えることができる．同時にパターン認識は，雑音の識別能を向上し，2次元スペクトルにおける人為的ミスを取り除くことにもなろう．1次元スペクトルでは同じ化学シフトの位置にたまたま来た多重項を区別することは困難であるけれども，1次元スペクトルと違って，2次元スペクトルの場合には，十分に高度な情報をもった多重項を与えるのでパターン認識過程における誤ちを避ける

ことができる.

 同種核2次元相関分光（8.2節）の場合には，2スピン系に関係する二つの交差ピークは，それぞれ4個の信号より成り，これらは16の周波数座標で記述できる．多重項パターンの冗長性は，もっと複雑なスピン系ではさらに増大する．すなわち，N個の非等価な$I=1/2$のスピンがそれぞれ結合している場合には，$N(N+1)/2$個のパラメーター（シフトと結合）を決定する必要があるだけであるが，混合パルス$\beta=\pi/2$によって記録された相関スペクトルでは$N(N-1)2^{2(N-1)}$個の交差ピーク成分をもち，それぞれが二つの座標をもっている．小さなラジオ波回転角（たとえば，$\beta=\pi/4$）を用いた場合，明瞭な交差ピークの数は$N(N-1)2^N$に減少する．このような状況下で，パターン認識の方法は有望にみえる.

 一つの簡単な方法は，交差ピークの多重項パターンの正しい符号の変化に注目することである（6.54）．縮退のない結合をもつ系では，交差ピークは反位相の正方形パターンよりなっている（図6.6.6 (b)）．一方，等価な核をもつ系では長方形が現れるであろう．2次元行列を系統的に捜して適当なパターンが現れるかどうか調べることができる．一方，J結合の試験的な値を現実的な値の範囲で変えてみる．もし正しい符号の変化がみつかったら，その強度を，縮小2次元マトリックスの中で，交差ピーク多重項の重心の位置に蓄える．3スピン系の2次元相関スペクトルにおけるパターン認識の例は，図6.6.6に示されている．この探索過程は，比較的低い信号対雑音比の2次元スペクトルにも適用することができる．これらの方法は，相補的な情報をもつ別種の2次元スペクトルを考慮することによって，より洗練されたものとすることができる（6.54）.

6.6.6　単一チャネルによる検出

 これまで，第6章を通じて，複素信号$s^+(t_1,t_2)=s_x(t_1,t_2)+is_y(t_1,t_2)$が$t_2$期における直交位相検波によって記録されることを仮定してきた．これによって共鳴周波数$\omega_{rs}^{(q)}$の符号を区別することができる．両次元において複素フーリエ

6.6 2次元スペクトルの処理

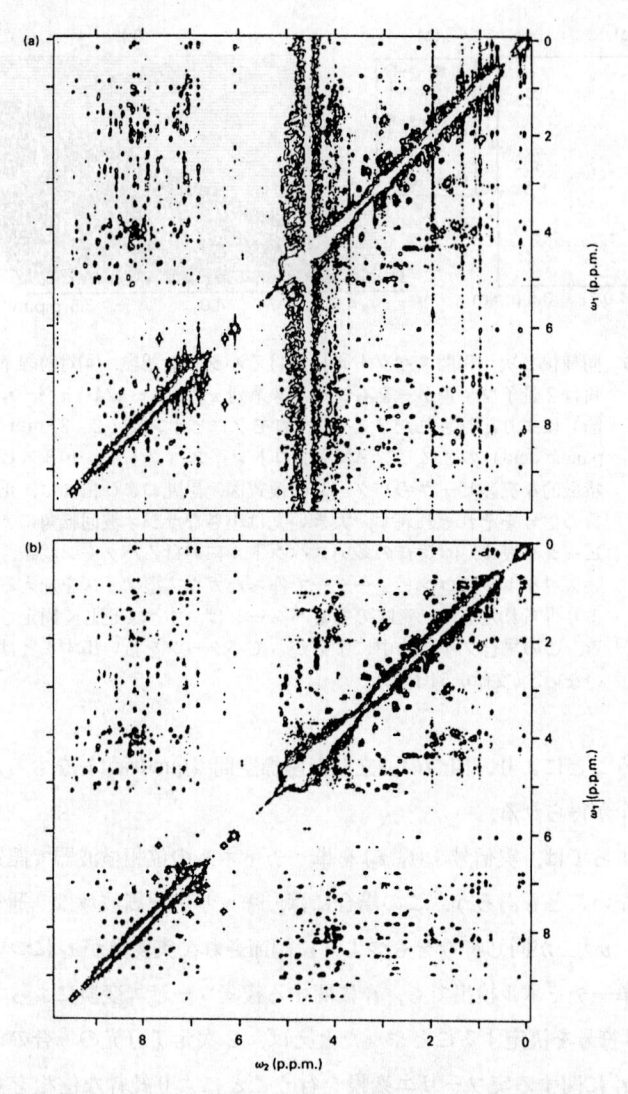

図 6.6.5 軽水中のタンパク質 bull seminal inhibitor IIA (分子量 $\simeq 6500$) の絶対値 NOE スペクトルにおける対称化の効果, 式 (6.6.14). パルス系列 $\pi/2-t_1-\pi/2-\tau_m-\pi/2-t_2$ を用い混合時間 $\tau_m=200\text{ms}$ として得られたもの. (a)元のスペクトル, (b)対称化したスペクトル. (a)において顕著な t_1 雑音, 特に水の共鳴に由来する $\omega_2=4.6\text{ppm}$ 付近の人為的雑音に注意しよう. (文献6.43より).

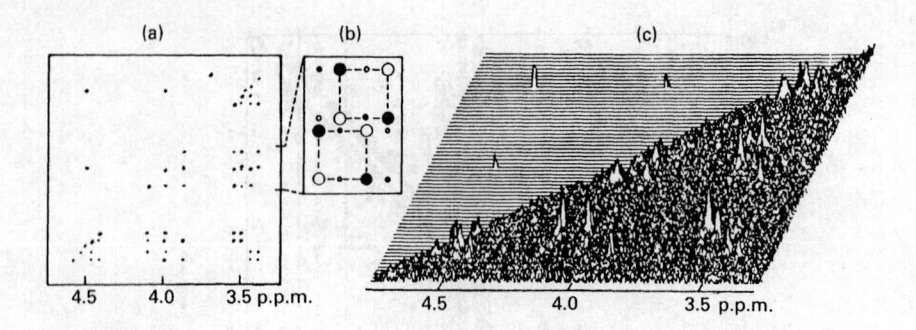

図 6.6.6 同種核2次元相関スペクトルにおけるパターン認識. (a)対角線下部の三角は2量子フィルターをもつパルス系列 $\pi/2-t_1-\pi/4-\pi/4-t_2$（8.3.3節）により記録された2,3-ジブロモプロピオン酸（2, 3-dibromopropanoic acid）の3スピン AMX プロトン系スペクトル. (b)3スピン系に特徴的な交差ピークのパターンの模式図. 黒丸および白丸は, 正および負の信号をそれぞれ表す. 大きい丸は小さなラジオ波回転角による強いピークを表す. (c)雑音の多いスペクトルにおけるパターン認識. (a)の実験スペクトルにコンピューターで作ったガウス型ノイズを加えることにより得られたもの. 意味のあるパターンは, すべて正しく同定されている. この場合ノイズの中にまちがってパターンを拾い出すことは起っていない.（文献6.54より）.

変換を行うことにより, 四つの独立した座標空間（quadrant）をもった2次元スペクトルが得られる.

場合によっては, 実信号 $s_x(t_1, t_2)$ を単一チャネルの位相検波器で記録しなければならないこともあろう. この場合には, キャリアー周波数は, 通常, すべての共鳴, $\omega_{rs}^{(d)}$, が同じ符号をもつように調節され, 実変換が t_2 について計算される. 単一チャネル検出でも, t_1 に関する複素フーリエ変換によって $\omega_{ru}^{(e)}$ と $\omega_{rs}^{(d)}$ の相対符号を決定することや（たとえば, 2次元 J 分光の場合のように), あるいは t_1 に関する実フーリエ変換を行うことにより純粋な位相をもったスペクトルを得ること（たとえば, 2次元相関分光の場合のように）が可能である. 図6.6.7は, 2次元相関スペクトルに対してもつ意味を模式的に示している.

6.7 2次元スペクトルにおける演算子項と多重構造　　　　　　　　　　　　　433

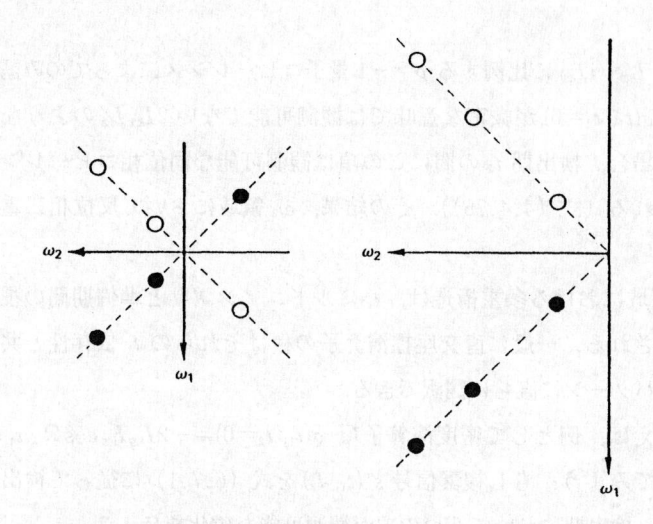

図 6.6.7 t_2 期間における直交位相および単一チャネルによる検出. 図6.6.4と同様に, 丸印は3スピン系の2次元相関スペクトルにおける対角線上の多重項を表す. 鏡像関係にある径路に関して得られるPおよびNの信号は, それぞれ黒丸および白丸により表わされている. 左側ではキャリアーはスペクトルの内部に位置しており, 複素信号が直交位相検出により記録される. そして, 2次元複素フーリエ変換の結果, 四つの異なる象限が得られる. これら2種の信号は, 6.3.3節で述べたように, 時間に比例した位相の増分により分離することができる. 右側では, キャリアーを ω_2 軸でスペクトルの一方の側に置くことにより, 単一チャネルによる検出によって実信号が記録されている. そして, 実フーリエ変換を t_2 に対して計算し, さらに t_1 に関して複素変換がなされている.

6.7　2次元スペクトルにおける演算子項と多重構造

　1次元分光学の範囲内で, 多重構造と, 密度演算子の展開に含まれる直交演算子積との間の関係が, 4.4.5節で論じられた (図4.4.6を見よ).

　2次元分光学においても, 状況は同様に論じることができる. すなわち, 複素信号

$$s^+(t_1, t_2) = \mathrm{tr}\{\sigma(t_1, t_2)\sum I_k^+\} \tag{6.7.1}$$

は $I_k^- = I_{kx} - iI_{ky}$ に比例する $p=-1$ 量子コヒーレンスによってのみ誘起される.もし,$\sigma(t_1, t_2=0)$ が厳密な意味では観測可能でない $2I_{kx}I_{lz}$ のような積演算子を含む場合,検出期 t_2 の間にこの項は観測可能な同位相コヒーレンスを展開してくれる(式 (4.4.75)).その結果,ω_2 領域において反位相二重項が現れる.

ω_1 領域における多重構造は,ハミルトニアン $\mathcal{H}^{(e)}$ と準備期間の種類によって決定される.一般に直交座標演算子の積はそれらの t_1 依存性と共に,2次元信号パターンに直ちに翻訳できる.

たとえば,例として密度演算子項 $\sigma(t_1, t_2=0) = -2I_{ky}I_{lz}\cos\Omega_k t_1 \sin\pi J_{kl} t_1$ を考えてみよう.もし複素信号 $s^+(t_1, t_2)$ を式 (6.7.1) に従って検出しようとすれば,検出期において八つの項が観測可能な磁化を与える.

$$\sigma^{\text{obs}}(t_1, t_2) = I_{kx}\exp\{+i\Omega_k t_2\}\sin(\pi J_{kl}t_2)\cos(\Omega_k t_1)\sin(\pi J_{kl}t_1)$$
$$= -\frac{1}{8}I_{kx}\exp\{+i\Omega_k t_2\}[\exp(+i\pi J_{kl}t_2) - \exp(-i\pi J_{kl}t_2)]$$
$$\times [\exp(+i\Omega_k t_1) + \exp(-i\Omega_k t_1)]$$
$$\times [\exp(+i\pi J_{kl}t_1) - \exp(-i\pi J_{kl}t_1)]. \quad (6.7.2)$$

2次元フーリエ変換の後,8つのピークが $(\omega_1, \omega_2) = (\pm\Omega_k \pm \pi J, \Omega_k \pm \pi J)$ の位置に現れ,それらの強度は,交互に符号を変えている.これらはすべて式 (6.5.10) で記述される2次元混合位相線形をもっている.

同様に,密度演算子 $\sigma(t_1, t_2=0)$ に含まれるどのような演算子積も2次元信号のパターンと関係づけられる.後の参考のために,弱く結合した2スピン系で現れるいくつかの積に対応する信号を,図6.7.1に図式的に示しておく.これらのパターンを導く際には,1次元フーリエ変換の後に項 I_{ky} が純粋な1次元ローレンツ型吸収線形をもたらすように位相補正を施すことが仮定されている.図6.7.1に説明があるように,2次元信号の位相を表すのにベクトルダイアグラムを用いる.

$\sigma(t_1, t_2=0)$ 中の演算子 (I_{kx}, $2I_{ky}I_{lz}$, 等々) が,ω_2 領域における位相を決

6.6 2次元スペクトルの処理

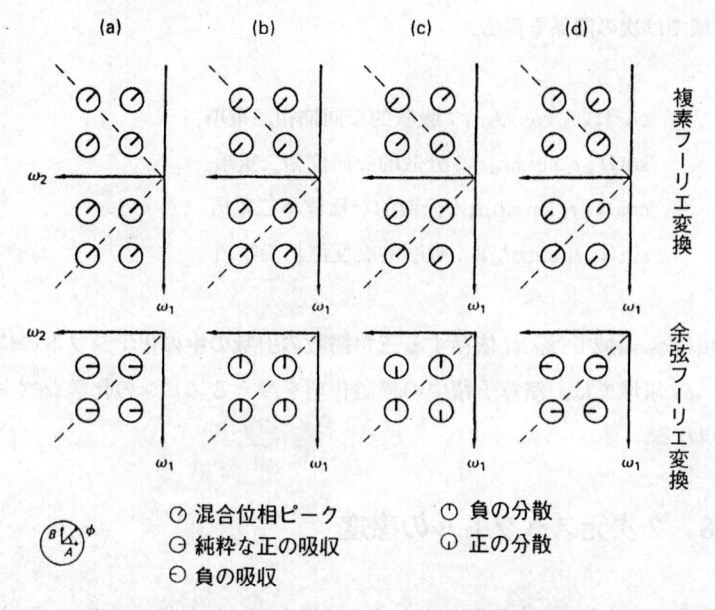

図 6.7.1 密度演算子 $\sigma(t_1, t_2=0)$ 中の典型的な直交座標演算子に対応する2次元信号パターン．(a) $I_{ky} \cos \Omega_k t_1 \cos \pi J_{kl} t_1$；(b) $I_{kx} \sin \Omega_k t_1 \cos \pi J_{kl} t_1$；(c) $2 I_{kx} I_{lz} \cos \Omega_k t_1 \sin \pi J_{kl} t_1$；(d) $2 I_{ky} I_{lz} \sin \Omega_k t_1 \sin \pi J_{kl} t_1$.

t_1 に関して複素フーリエ変換（FT）が計算される場合（上部），すべてのピークは複合線形 $\pm [a(\omega_1)a(\omega_2)-d(\omega_1)d(\omega_2)]$，式 (6.5.10) をもつ．余弦フーリエ変換をおこなう場合は（下部），もし上部の信号が $\omega_1=0$ に対して対称ならば（正および負の ω_1 に対して同じシンボル），純粋な2次元吸収が得られる．また，もし信号が $\omega_1=0$ に対して反対称ならば，純粋な2次元分散が得られる．

定し，三角関数が ω_1 方向における位相を決定することに注意しよう．ω_2 領域では次のようになっている．

I_{kx}：分散的な同位相二重項
I_{ky}：吸収的な同位相二重項
$I_{kx}I_{lz}$：分散的な反位相二重項
$I_{ky}I_{lz}$：吸収的な反位相二重項

ω_1 領域では次の関係を得る.

$\cos\Omega_k t_1 \cos\pi J_{kl}t_1$：吸収的な同位相二重項
$\sin\Omega_k t_1 \sin\pi J_{kl}t_1$：分散的な同位相二重項
$\cos\Omega_k t_1 \sin\pi J_{kl}t_1$：分散的な反位相二重項
$\sin\Omega_k t_1 \sin\pi J_{kl}t_1$：吸収的な反位相二重項

多重項はω_1領域では，t_1依存する三角関数の引数の中の化学シフトの位置に現れ，ω_2領域では，演算子積中の横磁化項を与えるスピンの化学シフトの位置に現れる.

6.8 2次元スペクトルの感度

2次元実験はもともと時間のかかるものであり，したがって感度に関する考察は重要である．この節の目的は二つある．すなわち，1次元と2次元分光法の感度を比較することと，2次元実験のパラメーターを最大の感度が得られるように最適化することである．信号包絡線の計算と無秩序雑音の計算は，4.3節で論じた1次元分光の場合と極めて酷似した形で行われる.

6.8.1 信号包絡線

座標 $(\omega_1, \omega_2)=(\omega_{tu}^{(e)}, \omega_{rs}^{(d)})$ に中心をもつ2次元ピークを考えてみよう．これに対応する時間域信号は，次の形をもつ．

$$s(t_1, t_2) = s^e(t_1, t_2)\exp\{-i\omega_{tu}^{(e)}t_1\}\exp\{-i\omega_{rs}^{(d)}t_2\} \quad (6.8.1)$$

ここに包絡関数 $s^{(e)}(t_1, t_2)$ は，2次元スペクトルにおける線形を決定する．最も簡単な場合には，信号は二つの次元において $\lambda^{(e)}=1/T_2^{(e)}$ と $\lambda^{(d)}=1/T_2^{(d)}$ の速さで減衰する（式 (6.5.16)）．これは図6.5.5 (b) に例示されている.

外部磁場，あるいは化学シフトの連続的分布によって不均一性に基く線幅増

6.6 2次元スペクトルの処理

大がある場合，信号の時間域包絡線は式 (6.5.14) で記述される特徴的な"稜線"を示す．これは図6.5.5 (b) に例示されている．この節の範囲では，このような形の包絡線が積 $s^e(t_1) \cdot s^e(t_2)$ の形に因数分解できないことを知っておくことが重要である．

多くの2次元実験では交差ピークは，双方の次元において反位相多重項として現れる．これは，反位相コヒーレンスのみがラジオ波パルスによって，移動させられるからである (6.5, 6.57)．これらの信号の間の分離 $2\pi J$ が線幅より大きい場合，各々の多重項成分は独立に取り扱うことができる．しかしながら，もし分裂がほとんど分離されないような場合には，反位相成分は部分的に互いを相殺する．この場合，多重項全体の信号包絡線 $s^e(t_1, t_2)$ を考慮する方が得策である．$\omega_1 = \Omega_k \pm \pi J$ と $\omega_2 = \Omega_l \pm \pi J$ の反位相二重項という簡単な場合には，包絡線は次の形をもつ．

$$s^e(t_1, t_2) = s^e(0, 0)\sin \pi J t_1 \sin \pi J t_2 \exp\{-t_1/T_2^{(e)}\}\exp\{-t_2/T_2^{(d)}\} \quad (6.8.2)$$

この場合，図6.8.1に示すように t_1 および t_2 軸上ではほとんど強度をもたない．この図はまた，サンプリングウインドウの選び方によって信号包絡線の異なった部分を"つかまえる"ことができることを示している．

2次元スペクトルの分解能または感度を向上させるために，信号関数 $s(t_1, t_2)$ には，適当な重み関数 $h(t_1, t_2)$ が乗ぜられていることを初めから仮定しよう．吸収モードの線形が対称である場合には，2次元周波数領域におけるスペクトル $S(\omega_1, \omega_2)$ の高さ S は，重みをかけた包絡関数の体積によって与えられる．時間領域の信号は 0 から $t_1^{\max}$ の間で，t_1 を M_1 回増加させてサンプリングするものとし，それぞれの t_1 で n 個の自由誘導減衰が記録されるとする．また t_2 に関しては 0 から $t_2^{\max}$ の間で M_2 のサンプリング点より成るものとする．この場合には信号の高さ S は，すべてのサンプリング点における重みをかけた時間領域の包絡線の値の合計で表現される．

$$S = n\sum_{k=0}^{M_1-1}\sum_{l=0}^{M_2-1} s^e\left(k\frac{t_1^{\max}}{M_1}, l\frac{t_2^{\max}}{M_2}\right)h\left(k\frac{t_1^{\max}}{M_1}, l\frac{t_2^{\max}}{M_2}\right) \quad (6.8.3)$$

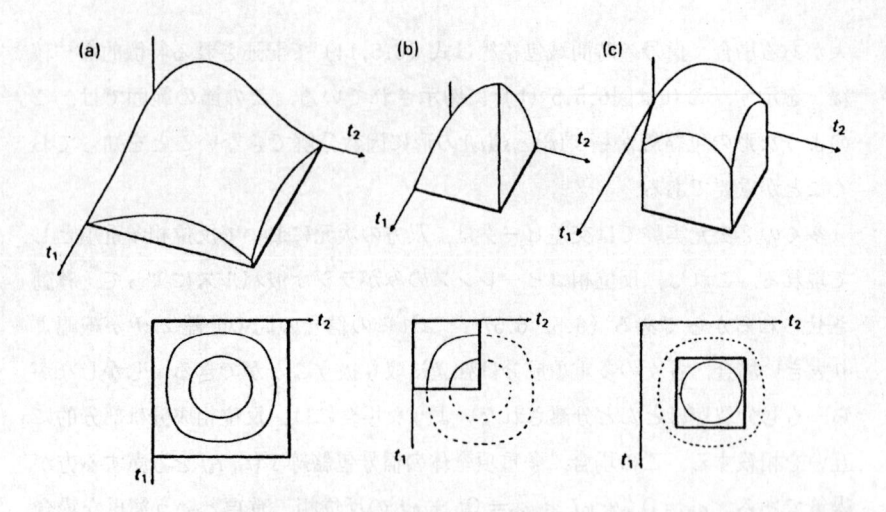

図 6.8.1 (a)式 (6.8.2) で記される信号包絡関数 $s^e(t_1, t_2)$, 2次元相関分光において典型的にみられる分離のよくない反位相2重線.$t_1=0$ と $t_2=0$ の軸に沿って包絡線はゼロである.(b) t_1^{max} と t_2^{max} が限られている場合, (c)平均信号包絡線の高さは $t_1=0$ と $t_2=0$ の前に遅延をおくことにより改良される.このような場合,捕捉体積は時間領域の最大値の周りにほぼ対称になる.明瞭にするために,それぞれの図の下に等高線が模式的に示されている.(文献6.23より)

ほとんどの実際的な場合には,とびとびの値の合計を積分で置き換えることが許される.その結果次の関係が得られる.

$$S = n\frac{M_1}{t_1^{max}}\frac{M_2}{t_2^{max}} \int_0^{t_1^{max}} dt_1 \int_0^{t_2^{max}} dt_2 \, s^e(t_1, t_2) h(t_1, t_2). \tag{6.8.4}$$

2次元スペクトルの感度に最も重要な影響を与える因子は,式 (4.3.4) にならって定義された平均の時間域信号強度 $\overline{sh}$ である.

$$\overline{sh} = \frac{1}{t_1^{max}} \frac{1}{t_2^{max}} \int_0^{t_1^{max}} dt_1 \int_0^{t_2^{max}} dt_2 \, s^e(t_1, t_2) h(t_1, t_2) \tag{6.8.5}$$

そこで周波数領域におけるピークの高さ s は,次式で与えられる.

$$S = nM_1 M_2 \overline{sh} \tag{6.8.6}$$

6.6 2次元スペクトルの処理

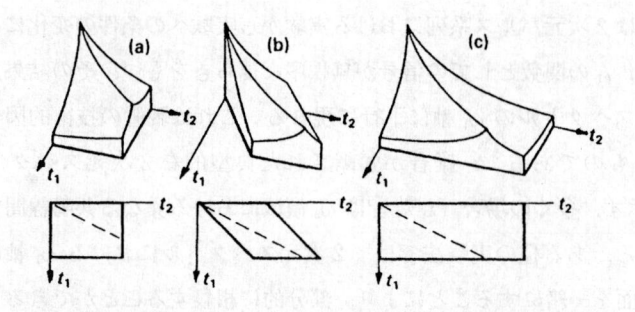

図 6.8.2 捕捉体積の最適化，式 (6.8.5)．式 (6.5.14) で記述されるような稜線をもつ信号包絡線 $s^e(t_1, t_2)$ に対するものである．これは式 (6.5.11) の $\varkappa<0$ の場合でコヒーレンス移動エコーの効果にさらされるような信号成分に典型的なものである．三つのダイアグラムはすべて $\varkappa=-2$ の同じ包絡線を示し，これは同種核 2 量子実験，あるいは $\gamma^{(1)}=2\gamma^{(2)}$ の場合の仮想的な異種核シフト相関実験に対応するものである．下の投影図では，コヒーレンス移動エコーの稜線を破線で示してある．(a) データスペースの制限のために t_1^{max} と t_2^{max} が限られている場合に得られる捕捉体積．(b) $t_2=0$ の前に遅延 χt_1 を導入することにより，コヒーレンス移動エコー稜線が強くなる場合には，捕捉体積は増大させることができる．(c) もしデータスペースに限りがなければ，捕捉体積は t_2^{max} を大きくすることにより，増大できる．(文献6.23より)

この式は 1 次元実験に対する式 (4.3.5) と類似のものである．信号 S は記録された全標本数と時間域 $0<t_1<t_1^{max}$ と $0<t_2<t_2^{max}$ の範囲内での時間域信号包絡線の，重みをかけた「捕捉体積」の平均の高さに比例する．図6.8.1と図6.8.2は与えられた包絡関数に対して，時間領域における境界を適当に選ぶことにより，異なる捕捉体積を定義することがどのようにして可能であるかを示している．

6.8.2 熱雑音と t_1 雑音

2 次元スペクトルにおける無秩序雑音は，主として受信回路における熱雑音源によるものと，いわゆる「t_1 雑音」をもたらす装置の不安定性に由来するものとがある．

t_1 雑音は 2 次元パルス系列における実験から実験への条件の変化によるものであって，t_1 の関数としての信号が無秩序な揺らぎをもつ．その結果，雑音帯は 2 次元スペクトルの ω_1 軸に平行に現れる．これは装置の技術的因子に強く依存するものである．t_1 雑音が強調された典型的な 2 次元スペクトルを図 6.6.5 に示す．多くの場合，t_1 雑音は ω_2 領域における異なる共鳴線間で相関をもっている．ある種の実験法では，2 次元スペクトルにおける ω_1 軸に平行な複数の断面を一緒にすることにより，部分的に相殺することができる (6.58, 6.59)．また，ある場合には磁場勾配の下で不必要な信号成分の結像をぼかすことによって，また位相回し (6.9, 6.10) ではなく静磁場あるいはラジオ波磁場勾配パルスを用いてしかるべきコヒーレンス移動の道筋を選ぶことによって (6.51, 6.60, 6.63) も，減少させることができる．

以下においては，無秩序熱雑音に注目しよう．時間域では熱雑音の r.m.s. 強度は式 (4.3.7) で与えられる．重み関数 $h(t_1, t_2)$ によって r.m.s. 雑音強度 σ_N は時間依存性をもつようになり，式 (4.3.8) との類似性により

$$\sigma_n(t_1, t_2) = F^{\frac{1}{2}} \rho_n |h(t_1, t_2)|. \qquad (6.8.7)$$

ここに F は再び直交位相受信器の全バンド幅であり，可聴波フィルターのカットオフ周波数 f_c の 2 倍に等しい．

周波数領域では r.m.s. 雑音強度 σ_N は，実験中に採取されたすべての nM_1M_2 時間域点からの寄与をたし合わせた結果である．$h(t_1, t_2)$ による重みを考慮すると，これは次の結果をもたらす．

$$\sigma_N = (nM_1M_2F)^{\frac{1}{2}} [\overline{h^2}]^{\frac{1}{2}} \rho_n \qquad (6.8.8)$$

ここに $[\overline{h^2}]^{\frac{1}{2}}$ は重み関数の r.m.s. 強度であり，次式で与えられる．

$$\overline{h^2} = \frac{1}{t_1^{\max}} \frac{1}{t_2^{\max}} \int_0^{t_1^{\max}} dt_1 \int_0^{t_2^{\max}} dt_2 h(t_1, t_2)^2 \qquad (6.8.9)$$

高周波ノイズの低周波化による雑音強度の増大を避けるために，可聴波フィル

6.6 2次元スペクトルの処理

ターのカットオフ周波数 f_c を，サンプリング過程のナイキスト周波数に等しく設定することが勧められる．すなわち

$$F = 2f_c = 1/\Delta t_2 = M_2/t_2^{max}. \tag{6.8.10}$$

これは1次元分光学の場合と同様である（式 (4.3.11)）．

6.8.3 感　　度

式 (6.8.6)，(6.8.8)，(6.8.10) を組み合わせると2次元スペクトルの信号対雑音比として次式を得る．

$$S/\sigma_N = (nM_1 t_2^{max})^{\frac{1}{2}} \frac{\overline{sh}}{[\overline{h^2}]^{\frac{1}{2}}} \frac{1}{\rho_n}. \tag{6.8.11}$$

明らかに信号対雑音比は，実験のスキャン数 nM_1 の数と共に増大する．標準感度に対する表現を得るために，単位時間あたりの信号対雑音比を式 (4.3.17) との類似の下に考えてみよう．2次元データ行列を集積するのに要する全時間 T_{tot} は

$$T_{tot} = nM_1 T \tag{6.8.12}$$

ここに T は一つの実験のスキャンの平均時間であり，実験と実験の間の待ち時間を含んでいる（図4.3.1を見よ）．これにより単位時間にあたりの信号対雑音比として次の関係が得られる（以下では感度と呼ぶ）．

$$\frac{S}{\sigma_N T_{tot}^{\frac{1}{2}}} = \frac{\overline{sh}}{[\overline{h^2}]^{\frac{1}{2}}} \left[\frac{t_2^{max}}{T}\right]^{\frac{1}{2}} \frac{1}{\rho_n} \tag{6.8.13}$$

ここに t_2^{max}/T は，受信器の稼動率に対応する．何ら重みがかけられないときは，式 (6.8.13) は次の表現に簡単化される．

$$\frac{S}{\sigma_N T_{tot}^{\frac{1}{2}}} = \left[\frac{t_2^{max}}{T}\right]^{\frac{1}{2}} \frac{\bar{s}}{\rho_n} \tag{6.8.14}$$

いつもの通り，最適感度は適合した重み関数 $h(t_1, t_2) \propto s^e(t_1, t_2)$ を用いること

により達成される (6.34, 6.35). この場合

$$\left[\frac{S}{\sigma_N T_{\text{tot}}^{\frac{1}{2}}}\right]_{\text{matched}} = \left[\frac{t_2^{\max}}{T}\right]^{\frac{1}{2}} \frac{[\overline{s^2}]^{\frac{1}{2}}}{\rho_n} \qquad (6.8.15)$$

ここに

$$\overline{s^2} = \frac{1}{t_1^{\max}} \frac{1}{t_2^{\max}} \int_0^{t_1^{\max}} dt_1 \int_0^{t_2^{\max}} dt_2 \, s^e(t_1, t_2)^2. \qquad (6.8.16)$$

6.8.4　1次元および2次元実験の感度の比較

1次元実験の最適感度, 式 (4.3.20) と2次元実験のそれ, 式 (6.8.15) を比較するに際して, 1次元実験の場合と同じ分解能が ω_2 領域で達成されなければならないという仮定の下に, $t_1^{\max} = t_2^{\max}$ とおくことができる. 全測定時間を等しいとすれば, 感度の比として次の関係を得る.

$$\frac{2次元感度}{1次元感度} = \frac{[\overline{s^2(2D)}]^{\frac{1}{2}}}{[\overline{s^2(1D)}]^{\frac{1}{2}}}. \qquad (6.8.17)$$

このように感度の比は, 平均信号出力によってのみ決定され, 式 (4.3.21) と式 (6.8.16) の二つの実験における r.m.s.信号包絡線によって決定される.

2次元実験において包絡関数を分離することができる場合, すなわち

$$s^e(t_1, t_2) = s_1^e(t_1) \cdot s_2^e(t_2) \qquad (6.8.18)$$

には, この比較は簡単に行える. ここに $s_2^e(t_2)$ は通常1次元実験での包絡線 $s^e(t)$ と全く同等である. この仮定の下では, 感度比として次式が得られる.

$$\frac{2次元感度}{1次元感度} = \left[\frac{1}{t_1^{\max}} \int_0^{t_1^{\max}} dt_1 \, s_1^e(t_1)^2\right]^{\frac{1}{2}} \qquad (6.8.19)$$

この表現は二つの実験で同じ感度が達成できることを示している (6.35). ただし, 条件として

6.8 2次元スペクトルの感度

1. $s_1^e(t_1)$ は1に等しい. すなわち, 発展期 t_1 における横緩和および不均一性に基く減衰は無視できること.
2. 装置の安定度が十分良くて, t_1 雑音を無視してよいこと.

式 (6.8.19) からは明白ではないけれども, さらにもう一つ付け加える条件として次のものがある.

3. 二つの実験におけるピークの数は同じである. すなわち, 1次元実験における一本の線の強度が2次元実験において数本のピークに分布されるということはない.

条件1は t_1 時間における低分解能を意味する. t_1 時間において高分解能が達成されなければならない場合には, 2次元分光学において若干の感度損失を覚悟しなければならない. 弱く結合した系での2次元 J スペクトルでは, 条件3が満たされているが, 2次元相関, 多量子2次元交換実験においてはこれは満たされていない. これらの場合には感度の低下に甘んじなければならない. しかしながら, このような形の比較では, 2次元スペクトルでは情報含量が非常に増大しているという利点への考慮が抜けている. 多くの場合に1次元実験で同様な情報を得るためには, 実験を何回も繰り返し行う必要があり, 単位時間あたりに得られる情報という点では, 感度の点でたとえ劣るとしても, 2次元実験の方が優れている.

6.8.5 2次元実験の最適化

式 (6.8.11)—(6.8.16) では, 信号の初期強度 $s^e(0,0)$, したがってまた $\bar{s}$ が, 引き続く二つの実験の間の回復のための遅延時間の関数であることが, 露わに述べられていない. この遅延時間は, 各々の実験の最初に初期状態が再現されるために必要なものであり, 引き続く実験の間の干渉を避けるために $3T_1$ の程度はとるべきものである. これらの干渉があれば周波数領域における t_1 ノイズとして現れるからである. 実験あたりの平均時間 T を一定の値に固定した場合に実験については一定であるとし, 実験のパラメーター $M_1, M_2, t_1^{\max}$

と $t_2^{\max}$ の最適化に集中してみよう.

2次元法の種類によって二つの簡単な場合が区別されよう. すなわち, ω_1 領域における分解能として自然幅と同じくらいのものが必要な場合と, 多くの場合のように, もっと低い分解能でも十分な場合とである.

6.8.5.1 ω_1 領域における低い分解能

ω_1 領域では低い分解能で辛抱できる場合, たとえば異種核間シフト相関分光 (8.5節), あるいは炭素—炭素連結の確立のための実験 (8.4.2節), また2次元交換実験 (第7章) のような場合, 信号の包絡線は時間域 $0 < t_1 < t_1^{\max}$ の間でほんのわずかしか減衰しないので信号包絡線を次のように仮定することができる.

$$s^e(t_1, t_2) = s^e(0, 0)\exp\{-t_2/T_2^{(d)}\} \quad (6.8.20)$$

t_2 領域においては適合したフィルターをかける必要があるが, t_1 領域においてはアポダイゼーションとしてウィンドウ関数を適用することで十分である (4.1.3.1節を見よ). その結果, 得られる感度は,

$$\left(\frac{S}{\sigma_N T_{\text{tot}}^{\frac{1}{2}}}\right)_{\text{matched}} = \frac{\overline{h_1}}{[\overline{h_1^2}]^{\frac{1}{2}}} \frac{s(0,0)}{\rho_n} \left[\frac{T_2^{(d)}}{2T}\right]^{\frac{1}{2}} [1 - \exp\{-2t_2^{\max}/T_2^{(d)}\}]^{\frac{1}{2}} \quad (6.8.21)$$

ここに

$$\overline{h_1} = \frac{1}{t_1^{\max}} \int_0^{t_1^{\max}} h_1(t_1) dt_1 \quad (6.8.22)$$

そして

$$\overline{h_1^2} = \frac{1}{t_1^{\max}} \int_0^{t_1^{\max}} h_1(t_1)^2 dt_1. \quad (6.8.23)$$

データを蓄積する領域が限られている場合には, $t_1^{\max}$ とサンプリング速度の両方を (カバーすべき周波数域を考慮した上で) 最小にすることが勧められる. それによってデータ行列において最も小さい数の行 M_1 が得られる. このよう

6.8　2次元スペクトルの感度

にして開放されたデータ領域は，t_2 領域におけるサンプリング点を増やすために用いることができる (6.55, 6.56).

式 (6.8.21) の意味するところは，発展期におけるアポダイゼーションは因子 $\overline{h_1}/[\overline{h_1^2}]^{\frac{1}{2}}$ によって決定される若干の感度損失を招く，ということである．妥当なアポダイゼーションの関数については4.3.1節で述べられた．たとえば，余弦のアポダイゼーションを用いた場合には10%の感度低下を招きリップルをピーク強度の6.7%に減少させる（図4.1.5を見よ）．$h_1(x) = \exp\{-3x^2\}$ なるガウス型アポダイゼーションの場合には，リップルを1%以下に抑えるが感度損失は15%となる (6.61).

6.8.5.2　ω_1 領域における高い分解能

2次元分光学のある種の応用においては，本来の線幅と同程度あるいはそれ以上に ω_1 におけるスペクトルのディジタル化が望まれる．たとえば，正確な結合定数を測定する場合とか化学シフトや線幅を測定する場合である．

二つの時間領域において時定数 $T_2^{(e)}$ と $T_2^{(d)}$ で，指数関数的に減衰する信号包絡線の場合，フィルターなしの感度は次式で与えられる．

$$\frac{S}{\sigma_N T_{\text{tot}}^{\frac{1}{2}}} = \frac{s(0,0)}{\rho_n T^{\frac{1}{2}}} \frac{T_2^{(e)}}{t_1^{\max}} \frac{T_2^{(d)}}{(t_2^{\max})^{\frac{1}{2}}} \left[1 - \exp\left(-\frac{t_1^{\max}}{T_2^{(e)}}\right)\right]\left[1 - \exp\left(-\frac{t_2^{\max}}{T_2^{(d)}}\right)\right] \quad (6.8.24)$$

フィルターなしの感度は $t_2^{\max} = 1.3 T_2^{(d)}$ と $t_1^{\max} \to 0$ に対して最大となる．

両周波数域ともに適合したフィルターを用いた場合，感度は次式で与えられる．

$$\left(\frac{S}{\sigma_N T_{\text{tot}}^{\frac{1}{2}}}\right)_{\text{matched}} = \frac{s(0,0)}{2\rho n T^{\frac{1}{2}}}$$
$$\times \left\{\frac{T_2^{(e)} T_2^{(d)}}{t_1^{\max}}\left[1 - \exp\left(-\frac{2t_1^{\max}}{T_2^{(e)}}\right)\right]\left[1 - \exp\left(-\frac{2t_2^{\max}}{T_2^{(d)}}\right)\right]\right\}^{\frac{1}{2}} \quad (6.8.25)$$

ここで $t_2^{\max}$ をできるだけひろげることにより感度は増大するが，最大感度はやはり $t_1^{\max} \to 0$ の条件を要求する．$t_1^{\max}$ を伸ばすことによってもたらされる

ω_1 次元の分解能の向上は，単位時間あたりの感度の低下によって補わなければならはいことは明瞭である．

二つの時間域で信号包絡線が単調に減衰しない場合には，$0 < t_1 < t_1^{max}$ と $0 < t_2 < t_2^{max}$ の間に捕捉される信号体積が最大になるように考慮しなければならない．このために必要ならば実験のパルス系列の中に遅れを導入する．コヒーレンス移動エコー（図6.8.2）の場合には，t_2 領域におけるデータ採取の開始を χt_1 だけ遅らせることにより，コヒーレンス移動のエコーが「つかまえられるように」することを勧める．もし感度が最終的な目的なら，稜線の頂上でデータ採取を始めることは勧められない．というのは，これは包絡線の立ち上がり部分での捕捉体積の損失を伴うからである．遅延データ採取の方法を採用する価値があるかどうかは，コヒーレンス移動エコーの「鋭さ」によっており，またデータを蓄積する周辺機器の能力によって t_2^{max} には実際的な制限があることに依っている．

2次元相関分光法（第8章）においては，両次元での高分解能が必須である．それはコヒーレンス移動の過程が，その性質によって反位相（antiphase）で現れるからである．そして分解能は，図6.8.1に示すように，式（6.8.2）の形の時間域包絡線と関係づけられる．最適感度を得るためには，これらの包絡線の極大値をつかまえる必要があるが，極大は $t_1 = t_2 \simeq (2J)^{-1}$ のところで起こるので図6.8.1（c）で示すようなデータ採取のウインドーを用いるべきである．

6.8.5.3 実際的な勧め

感度を最適にするためには，スピン格子緩和時間 T_1，信号の包絡線の形 $s^e(t_1, t_2)$，重み関数 $h(t_1, t_2)$，そして二つの次元で必要とされる t_1^{max} と t_2^{max} の最大値によって決定される分解能，のみを考慮すればよい．以下に述べる勧告は2次元実験において感度を最適化するのに役立つ（6.23）．

1．予想されるスピン格子緩和時間と信号包絡関数 $s^e(t_1, t_2)$ を推定せよ．
2．実験と実験の合い間に妥当な遅延時間を選べ．通常この時間は信号飽和

6.8 2次元スペクトルの感度

に伴う t_1 雑音の問題を避けるため，スピン格子緩和時間 T_1 より大きく設定しなければならない．これが実験あたりの平均時間 T を決定する．

3．実験の要求に応じて ω_1 方向における分解能は，常に可能な最低のものを用いること，これが t_1^{max} の値を決定する．

4．データ領域が問題となる場合には，t_1 次元において使用される行数 M_1 を最小にすることが重要である．これは t_1 時間におけるサンプリング速度を最も小さくすることによって行う．しかしながら，もしデータ領域に制限がなければ，このサンプリング速度は単位時間あたりの感度とは無関係である．

5．採取されたサンプル数 M_2 と t_2^{max} は，$t_2^{max} < T$ の範囲内でできるだけ大きく設定すべきである．この次元，すなわち t_2 次元におけるサンプリング速度はアナログ-ディジタル変換の前に適度なアナログフィルターを信号に加える限りにおいて，感度に影響を与えない．これにより，高周波雑音の低周波化を避けることができる．

6．興味の対象となる信号の包絡線が単調に減少しない場合には，パルス系列の中に遅延時間を取り入れて，時間域 $0 < t_1 < t_1^{max}$，$0 < t_2 < t_2^{max}$ の間で最大の信号強度をつかまえるようにすることが望ましい．

7．最適感度は2次元時間域の包絡線 $s^e(t_1, t_2)$ に適合した形の重み関数 $h(t_1, t_2)$ を，時間域のデータに掛けることにより達成される．

第7章

相互作用の2次元分離

7.1 基本原理

　液相あるいは固相の NMR スペクトルは，しばしば重なりあった共鳴のため解釈しにくい．ハミルトニアンが，化学シフトや双極子結合やスカラー結合といった異なる項から成る時，それらの相互作用を直交する周波数領域に別々に展開することにより，スペクトルをわかりやすくすることが可能である．情報を失なわないという点で，2次元分離はデカップリング技術より優れている．2次元分離の過程でピーク数は保存されるので，その主たる長所は，重なった共鳴を分離できることである．

　2次元分光法による相互作用の分離は，2次元クロマトグラフィーと比べることができる．1次元薄層あるいはペーパー・クロマトグラムでは，特定の溶媒による溶出だけでは成分の分離が不完全なことがしばしばある．第2の溶媒を用いてそれに垂直な方向に溶出をすると，完全な分離ができることがある．

　NMR 分光では，二つの溶媒の代りに，適切な（有効な）展開ハミルトニアン $\mathcal{H}^{(e)}$ と検出期のハミルトニアン $\mathcal{H}^{(d)}$ を選ぶことにより，それぞれの共鳴線に一義的な特徴づけができる．

　特別簡単な例を，図7.1.1に示す．ω_1 の方向に化学シフトで信号を分離することにより，水素核スピンと結合した通常の炭素13スペクトルの重なった多重構造を ω_2 軸に沿って分解できる．この場合，$\mathcal{H}^{(e)} = \sum_k \Omega_k S_{kz}$ と $\mathcal{H}^{(d)} = \sum_k \Omega_k S_{kz} + \sum_{k,l} 2\pi J_{kl} S_{kz} I_{lz} +$（水素核の項），と書き下せる．二つのハミルトニアンを入れ換えれば，ω_1 と ω_2 領域の情報内容が入れ換わるだけである (7.1)．

　同種核 2D J スペクトルの典型的な例を図7.1.2に示す．7.2.1節で詳しく議

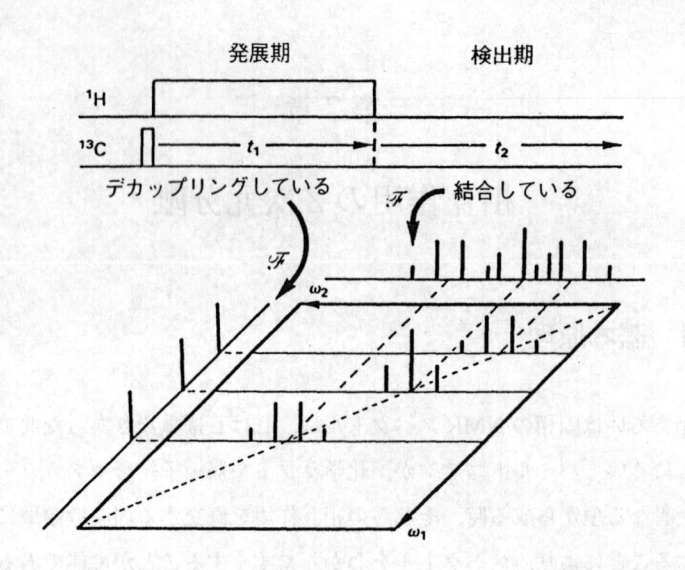

図 7.1.1 単純な 2 次元分離の例．陽子結合由来の多重分裂の重なりあった炭素13 スペクトルの分離．ω_1 領域には化学シフトだけが残るが，ω_2 領域にはシフトと結合の両方が残る．発展期に広帯域デカップリングしてこれを行なうことができる（文献7.1より）．

論するように弱く結合した系への応用では，2 次元 J スペクトルの ω_1 領域は結合の情報，$\mathscr{H}^{(e)} = \sum 2\pi J_{kl} I_{kz} I_{lz}$ だけを与えるが，ω_2 領域は結合と化学シフトの両方，$\mathscr{H}^{(d)} = \sum \Omega_k I_{kz} + \sum 2\pi J_{kl} I_{kz} I_{lz}$ を与える．

6.1節と6.2節で議論した一般的な形式に，2 次元分離の実験は従っているものの，2 次元分離では混合パルスは必要でない．ハミルトニアン $\mathscr{H}^{(e)}$ と $\mathscr{H}^{(d)}$ が可換なら，ハミルトニアンの切り換えはコヒーレンス移動を誘起せず，発展期に周波数 $-\omega_{tu}^{(e)}$ で歳差運動するコヒーレンス $|t\rangle\langle u|$ がそのまま，検出期に別の周波数 $-\omega_{tu}^{(d)}$ で歳差運動する．この場合，式(6.2.11) と式(6.2.12) のコヒーレンス移動振幅 $R_{rs\,tu}$ は，$R_{rs\,tu} = \delta_{rt} \cdot \delta_{su}$ と置ける．しかし，二つのハミルトニアンが可換でない場合，コヒーレンスの次数は変えないが（$\Delta p = 0$），$|t\rangle\langle u| \rightarrow |r\rangle\langle s|$ のコヒーレンス移動過程が誘起することがある．純吸収

7.1 基本原理

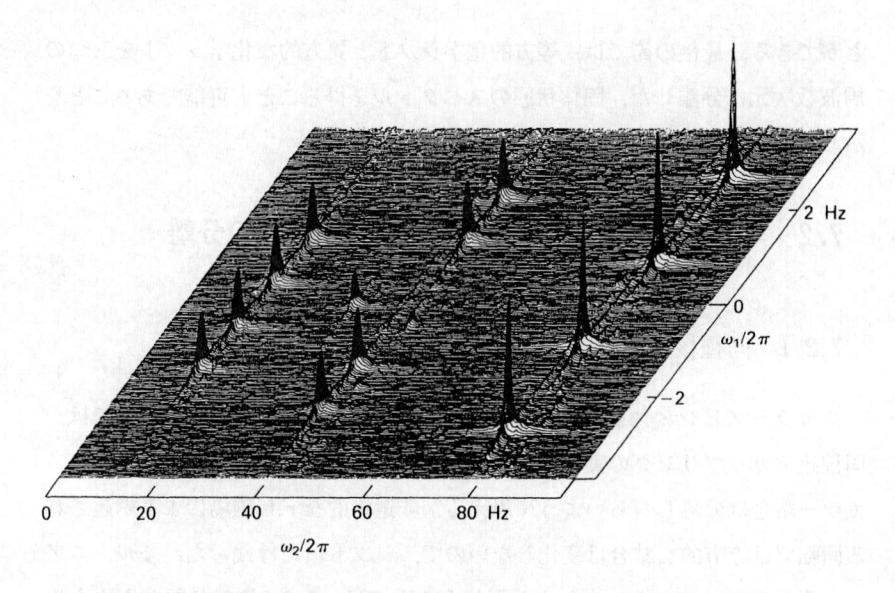

図 7.1.2 図7.2.1(a)の方式で得た2-フラノイック酸メチルエステルの2次元 J スペクトル．ω_2 軸への射影は，（環の三つの水素核の）化学シフトと J 結合のある通常の1次元スペクトルに対応し，ω_1 領域はスカラー結合（それぞれの位置で二重分裂がさらに二重分裂）だけが残る．

の線形にするために6.5.3節で述べたように，発展期と検出期の間に位相分離用パルスを挿入する必要がある．

コヒーレンス移動と2次元分離を組み合わせることも可能である．^{13}C スペクトルにおける大きな化学シフトの広がりを利用するため，水素核の磁化を^{13}C 核に移して水素核-水素核由来の多重構造を間接的に検出する有用な方法がある．そのような技術については，第8章で述べることにしよう．

以下の節では，等方相における化学シフトとスカラー結合の分離について説明したい．弱結合の同種核系と異種核系ではこの分離は単純だが，強い結合の場合は注意深い解析が必要である．動きのない粉末やマジック角試料回転を行った状態での配向相において，双極子結合と（異方的な）化学シフトの分離を行うことにより，1次元粉末スペクトルからは得られない構造情報を得るこ

とができる．最後の節では，等方的化学シフトと異方的な化学シフトを二つの周波数次元に分離した，固体状態のスペクトルを得ることも可能であることを示したい．

7.2 等方相での化学シフトとスカラー結合の分離

7.2.1 同種核系

スカラースピン・スピン結合のある ¹H スペクトルのような同種核系では，同種核デカップリングの実用的な方法がないために一見すると化学シフトとスカラー結合は分離しづらいように思える．非選択的な r.f. 磁場により誘起される回転では等方的な結合は変化しないので，シフト項だけ残ったハミルトニアンを作ることはできない．しかし弱結合の系では，3.3.2節で議論したように発展期の真中にある π パルスで再結像させて ω_1 領域から化学シフトを簡単に除くことができる．ただし，強結合による複雑な効果については7.2.3節まで延期し，この節では弱結合系の議論だけに限る．

図7.2.1(a)に示す同種核2次元分離の基本パルス系列（7.2）において，ハミルトニアンは（式(3.3.18) 参照）

$$\mathcal{H}^{(e)} = \mathcal{H}_{JJ} = \sum_{k<l} 2\pi J_{kl} I_{kz} I_{lz} \tag{7.2.1}$$

$$\mathcal{H}^{(d)} = \mathcal{H}_{ZI} + \mathcal{H}_{JJ} = \sum_{k} \Omega_k I_{kz} + \sum_{k<l} 2\pi J_{kl} I_{kz} I_{lz} \tag{7.2.2}$$

となる．弱結合近似では，

$$[\mathcal{H}^{(e)}, \mathcal{H}^{(d)}] = 0 \tag{7.2.3}$$

なのでコヒーレンス移動は起こらず，2次元分離スペクトル中のピークの数は1次元スペクトルのそれと同じである．

図7.2.1(b)に模式的に示すように，2次元スペクトル $S(\omega_1, \omega_2)$ において多重

7.2 等方相での化学シフトとスカラー結合の分離

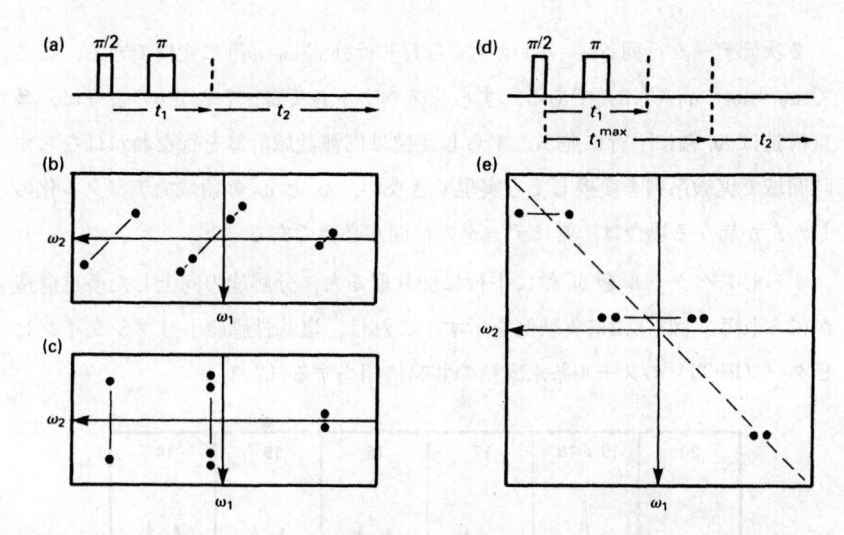

図 7.2.1 (a)同種スピン系で J 結合と化学シフトを分離する基本的方式，「2次元 J 分光法」あるいは「2次元 J 分解分光法」，「スピン・エコー分光法」ともいわれる．(b)弱結合の直線的 AMX 系（$J_{AX}=0$）の模式的な2次元スペクトル．すべての信号が式(6.5.10)で記述される混合位相である．(c)データ行列を並べ変えて得た「ずらし」2次元 J スペクトル．ω_2 軸への射影は広帯域デカップリングに対応する．ただし6.5.5節で述べたように，正と負の強度を積分で相殺しないように注意する必要がある．(d)「定時間（constant-time）」2次元 J 分光法のパルス方式．(e) $t_1^{max}=$ 一定の定時間実験で得た模式的な2次元スペクトル．ω_1 軸への射影はデカップリングしたスペクトルに対応する．

構造は正の対角線方向に平行に現れる．すべてのピークは同じ混合位相すなわち「ねじれ位相」の線形を持ち，式(6.5.10)に書いたように2次元吸収と分散が等しく寄与する．化学シフト Ω_k が分離しているなら，2次元スペクトル中の多重構造が分離するのは明らかである．都合のよいことに，これは通常の1次元スペクトルに似ており，2次元スペクトルを ω_2 軸へ投射しさえすれば，1次元スペクトルが得られる．

不均一性による共鳴線の広がりがある場合，ω_2 軸での線幅は T_2^* で与えられ共鳴は幅広くなる．しかし t_1 時間の拡散が無視できるなら再結像のおかげで ω_1 方向は自然幅が実現する．

2次元データ行列 $S(\omega_1, \omega_2)$ は「ずらし」行列 $S(\omega_1, \omega_2')$ に変換できる．ここで $\omega_2' = \omega_2 - \omega_1$ (7.3) である．ずらしスペクトルでは図7.2.1(c)のように，多重構造は ω_1 軸に平行に並ぶ．ずらし変換は周波数域計算を行なわねばならず，時間域で実験系列を変換しても実現できない．ω_1 と ω_2 の領域でデジタル化のしかたが異なる場合は，常にデータの補間が必要である．

ずらしスペクトルを ω_1 軸に平行に切り取ると，分解能の向上した多重構造が得られる．図7.2.2に実験例を示す．これは，塩基性膵臓トリプシンインヒビター（BPTI）のメチル基水素核の共鳴に相当する（7.3）.

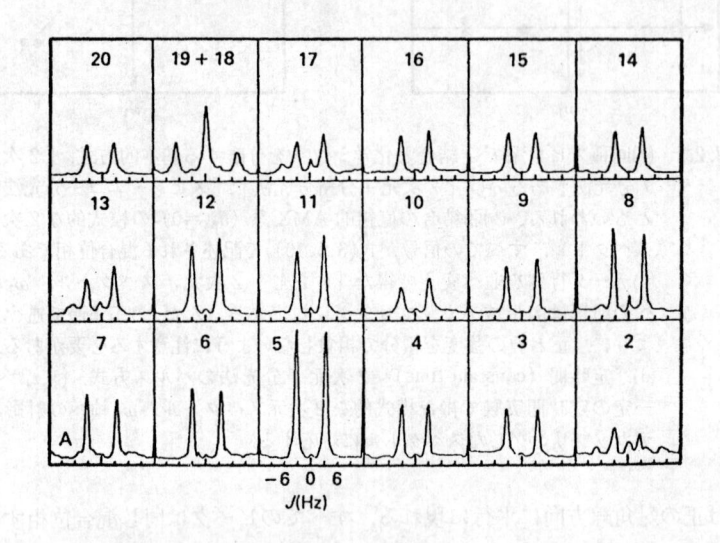

図 **7.2.2** 塩基性膵臓トリプシンインヒビター（BPTI）のずらし2次元スピン・エコースペクトル（図7.2.1(c)と比較）の ω_1 軸に平行な断面図．蛋白質中20個のメチル基のうち19個の多重分裂が示されている．信号は絶対値表示で表されている（式(6.5.35)）．（文献7.3より）．

ずらしスペクトル（図7.2.1(c)）を ω_2 軸へ射影すると，分裂が除かれた化学シフトのみの1次元スペクトルになる．観測している核をのぞいて他のすべての核を同時に広帯域デカップリングしながらCW（連続波）観測することにより，得られる1次元スペクトルにこれは原理的に対応している．

7.2 等方相での化学シフトとスカラー結合の分離

ずらしスペクトルを ω_2 軸へ直交射影すると，もとの対角線に平行な斜め射影と等価な 2 次元スペクトルが得られる．6.5.5 節で論じたように，そのような混合位相線の斜め射影は強度がゼロとなり消失する．消失しない射影は絶対値スペクトルから計算できる．射影する前に強いフィルターをかけないと，この方法ではかなり分離能が悪い．

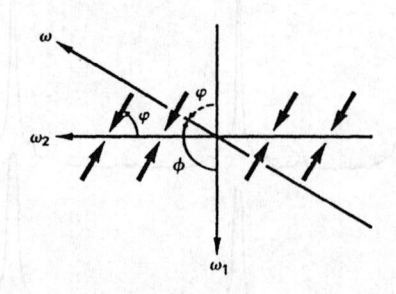

図 7.2.3 6.4.1.5 節の射影断面定理で定義した角 ϕ と 2 次元 J スペクトルで用いた角 φ の関係．角 φ は ω_2 軸への**ねじれ射影**の**方向**を定義し，一方，射影断面定理では ω_2 軸と角 ϕ をなす軸への**直交**射影を考える（図 6.4.2 と比較）．

もとの 2 次元スペクトルを異なった角度で ω_2 軸へ斜め射影することによって，多重分裂を任意の因子でスケーリングすることができる．図 7.2.3 では，射影断面定理で定義した角 ϕ と，射影の方向と ω_2 軸のなす角 φ の関係が示されている．角 φ は 2 次元 J スペクトルでよく使う．斜め射影するとき，多重分裂のスケーリング因子は

$$f = 1 + \cot\phi = 1 - \cot\varphi \qquad (7.2.4)$$

となる．図 7.2.4 で示すように，これにより 1 次元スペクトルにおいて，激しい重なりを避けつつ多重構造の情報を保持できる．0 と 0.25，0.5，1 のスケーリング因子はそれぞれ $\varphi=45°$ と，53.1°，63.4°，90°，で得られる．この種のスケーリングは，非選択的パルスのもとで同種核スカラー結合の効果を変化させる唯一の方法となっている．異種核結合の系や選択パルスを用いる同種

核の系ではより直接的なスケーリング法が可能であり、必ずしも2次元分光法に頼る必要はない（7.4）．

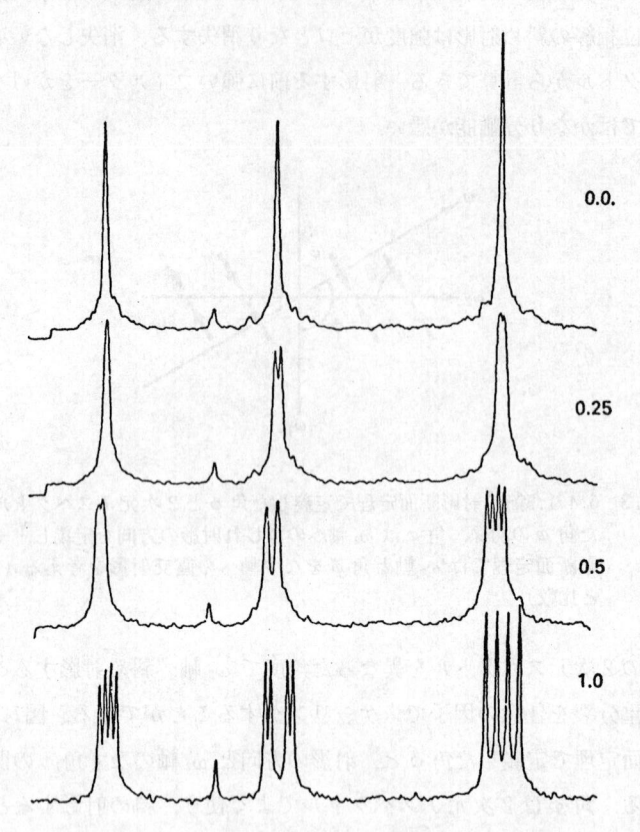

図 7.2.4 図7.1.2に示した2-フランカルボン酸メチルエステル（franoic acid methyl ester）の AMX 系についての絶対値2次元 J スペクトルの射影．射影方向は ω_1 軸に対して（図7.2.3参照）$\varphi=45°$, $53.1°$, $63.4°$, $90°$ であり，それぞれスケーリング因子 $f=0$, 0.25, 0.5, 1.0 になる．図7.1.2にもあるが，スペクトル中には弱い溶媒ピークがみられる（文献7.3より）．

同種核多重分裂を完全に除いたスペクトルを得る，上記以外の方法は，図7.2.1(d)に図示した「定時間実験」（7.5）である．通常の2次元 J 分光法と対照的に，最初のパルスの後一定時間 t_1^{max} で信号の取り込みを始める．そして

7.2 等方相での化学シフトとスカラー結合の分離

πパルスは実験ごとに時間 t_1^{max} の中を系統的にずらして行く．同種核の結合は π パルスの位置に無関係なので，化学シフトのみから t_1 変調を受ける．典型的な3スピン系の2次元定時間スペクトルの結果を図7.2.1(e)に示した．デカップリング・スペクトルは ω_1 軸への射影で得られるが，また t_1 の変化ごとに $t_2=0$ で測定した1次元信号を切り出して得られる $S(t_1, t_2=0)$ をフーリエ変換してもよい．しかしこのようにしてデカップリングされたスペクトルの信号強度は $\cos\pi J_{kl} t_1^{max}$ に依存することに気をつけねばならない．したがって発展期の最大時間幅 t_1^{max} をどう決めるかがきわめて重要である (7.5). t_1^{max} 時間に起こる横緩和が感度の低下になることは明らかであるが，ω_1 方向の線幅は非常に狭くなる．

Carr-Purcell (7.6) の系列と同様の再結像パルスを連続的に用いて，図7.2.1(a)の基本的な2次元 J 分光の方式を修正できる．

$$(\pi/2) - [\tfrac{1}{2}\Delta t_1 - \pi - \tfrac{1}{2}\Delta t_1]_n - t_2 \qquad (7.2.5)$$

これで静的な磁場勾配を通じて並進拡散が ω_1 方向の線幅に及ぼす影響を小さくできる．有効なハミルトニアン中の見かけ上の強結合による歪みを避けるために，J 結合している核の化学シフト差に比べてその繰り返し速度は小さくなければならない (7.7).

時間領域の2次元行列すべてを一度の実験で記録することができる (7.8). それは Carr-Purcell 系列の一つひとつのエコーは異なった t_1 値の実験と考えられるからである．π パルスの間隔によって検出間隔は制限されるので，ω_2 領域で得られる分解能はかなり制限されるだろう．M 個の相補的な一連の実験で完全なデータ行列 $S(t_1, t_2)$ を取るための方式がすでに発表されている．その方式では，再結像パルスの間に起こるエコーのサンプリングを拡張するために Carr-Purcell 系列の π パルス間の時間間隔は，それぞれの実験で $M\Delta t_1$ になっている (7.8).

スカラー結合の値を用いない限り，結合している相手を同定する情報はスピ

ン・エコースペクトル中に現れないことを強調しておこう．8章で述べる2次元相関法の方がもっと強力ではあるが，スピン・エコー分光法と2重共鳴を組み合わせても結合している相手を同定できる (7.9)．t_1期かt_2期，あるいは両者に選択的なデカップリング磁場を用いる．図7.2.5(a)で模式的に示したように，t_2期に照射すると，結合している相手の化学シフトを基準にしたCWデカップリング磁場のオフセットに依存して多重構造は傾く．もし実験の間ずっとCW磁場が働いていると，図7.2.5(b)のように多重構造の傾きは通常のままであるが，オフレゾナンス・デカップリング (4.7, 4.2節参照) のようにJの分裂が縮尺される．選択的なラジオ波磁場の利用は周波数変数を二つから三つに拡張したことに相当するので興味深いが，時間領域での3次元の実験をどのように行なうかは9.6節で明らかにされる．

再結像パルスが名目上の回転角$\beta = \pi$からずれていると，同種核2次元分離法はその影響を受ける (7.10)．そのずれがかなり大きいと，8.3.1節で議論したようにその2次元スペクトルは遅延採取の相関スペクトル（いわゆるスピン・エコー相関スペクトル）になる．そのずれが小さいときは，いわゆるエキソ・サイクルの手順 (7.11) かあるいはもっと短い3ステップ位相サイクル (7.12) により不用なコヒーレンス移動径路を十分に打ち消すことができる．強結合による複雑な効果は7.2.3節で述べる．

7.2.2 異種核系での2次元分離

水素核のような濃厚なスピンとそれと結合している炭素13や窒素15, リン31などの希薄なスピンからなる異種核系について，いろいろな2次元分離が可能である．そのような系をハミルトニアンで書くと，

$$\mathcal{H} = \mathcal{H}_{ZS} + \mathcal{H}_{IS} + \mathcal{H}_{ZI} + \mathcal{H}_{II} \tag{7.2.7}$$

ここで$\mathcal{H}_{ZS}$と$\mathcal{H}_{ZI}$はゼーマン項で，

$$\mathcal{H}_{ZS} = \sum_k \Omega_k S_{kz}$$
$$\mathcal{H}_{ZI} = \sum_l \Omega_l I_{lz} \tag{7.2.8}$$

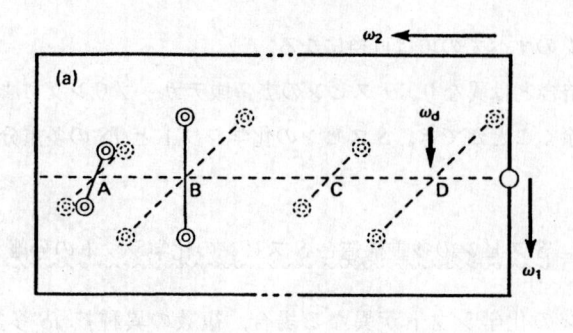

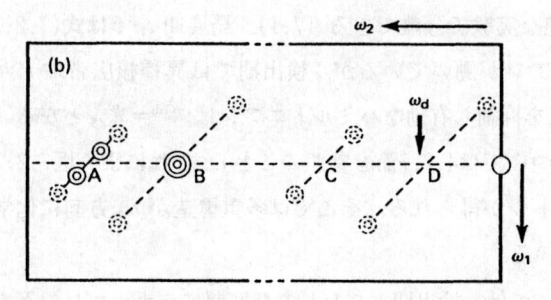

7.2 等方相での化学シフトとスカラー結合の分離　　　459

図7.2.5 二つの弱結合2スピン系ACとBDの混ざっているスピン・エコースペクトルでのスピン・デカップリング．D核の化学シフト位置に2重共鳴照射 ω_d が行なわれている．(a)では，検出期 t_2 のみデカップリングが実行され，AとBの多重分裂は傾いている．(b)では，発展・検出期を通してデカップリング場が働いており，AとBの多重分裂したものは傾くことなしに一定比で縮尺している．

そして $\mathcal{H}_{IS}$ と $\mathcal{H}_{II}$ はスカラー結合の項である．

$$\mathcal{H}_{IS} = \sum_{kl} 2\pi J_{kl} S_{kz} I_{lz}$$

$$\mathcal{H}_{II} = \sum_{l<l'} 2\pi J_{ll'} \mathbf{I}_l \cdot \mathbf{I}_{l'} \tag{7.2.9}$$

I スピンの結合が弱ければ

$$\mathcal{H}_{II} = \sum_{l<l'} 2\pi J_{ll'} I_{lz} I_{l'z} \tag{7.2.10}$$

となり，$\mathcal{H}$ のすべての項は可換になる．

同種核結合とは異なり，I スピンの広帯域デカップリングにより異種核結合の影響は除くことができ，S スピンの化学シフトと IS の多重分裂を直接分離できる．

7.2.2.1 S スピンの多重構造と S スピンの化学シフトの分離

S スピンの化学シフトが異なる場合，複数の異種核 IS 多重構造は，図7.2.6の単純な実験で分離できる (7.1)．発展期 t_1 では式(7.2.7) のすべてのハミルトニアンが働いているが，検出期では異種核広帯域デカップリングで IS 相互作用を抑制し有効なハミルトニアンは $\mathcal{H}^{(d)} = \mathcal{H}_{ZS}$ となる（このような記述の限界については4.7.7節を参照のこと）．これにより図7.2.7に示す型の2次元スペクトルが得られる．そこでは多重構造が ω_2 方向に化学シフトによって分離している．

場合によっては，検出期よりむしろ発展期にデカップリングを行なった方がよいことがある（図7.1.1）．これは，化学シフトについてはかなり低分解能で十分なことがあるためである．このとき，t_1 値の数は小さくてよいが，多重構造は ω_2 領域の最大分解能で記録できる．強い結合の効果がなければ，t_1 期の中央に I スピンへの π パルスを置いても，発展期での異種核相互作用のデカップリングはできる．

図7.2.6の準備パルス列は回転角 β の単純なラジオ波パルスのこともある．4.3.1.5節で述べたようにこのとき β は，スピン格子緩和速度と次のパルスまでの間隔との関数として最適化できる．またはその代わりとして，交差分極，INEPT，DEPT などの分極移動（4.5節）を利用して感度向上を図れることもある．発展期に再結像パルスを含む方式と対照的に，図7.2.6の方法は強い $\mathcal{H}_{II}$ 相互作用のある系にそのまま適用しても特に不都合は生じない．

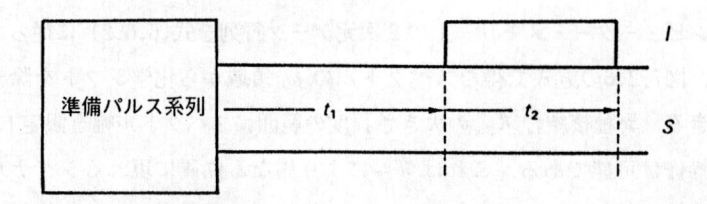

7.2 等方相での化学シフトとスカラー結合の分離　　461

図 7.2.6 $\mathcal{H}_{ZS}+\mathcal{H}_{IS}$（$\omega_1$ ではシフトと結合）と $\mathcal{H}_{ZS}$（ω_2 では化学シフトのみ）の分離のための簡単な模式図. S 核は回転角 β の単一パルス（式(4.3.23)で書いたように最適化されているもの）か，あるいは S スピン分極を強くする異種核分極移動で，その準備を行なう.

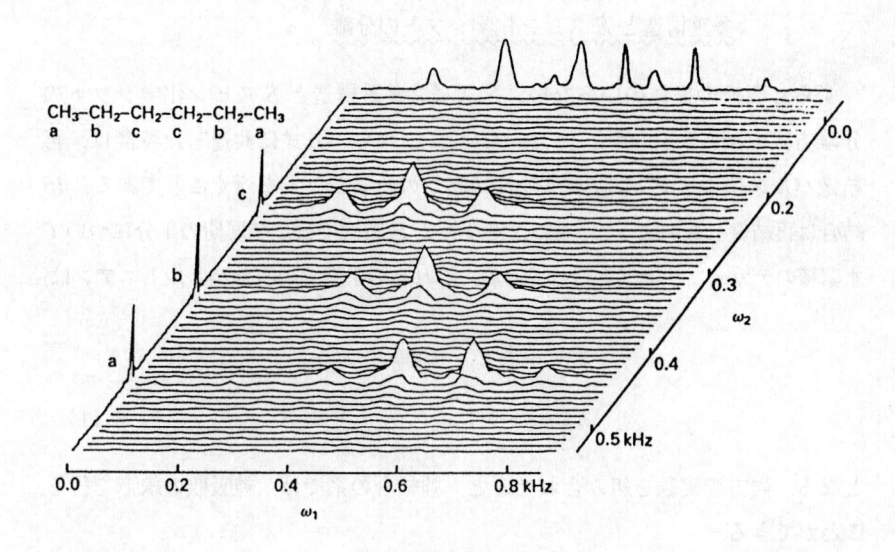

図 7.2.7 n-ヘキサンの炭素13化学シフト（ω_2 軸）と炭素水素核結合（ω_1 軸）の分離. デカップリングしたスペクトルは ω_2 軸に平行に，水素核と結合した通常のスペクトルは上に示される. これは2次元スペクトルのもっとも初期に発表された一例である（文献7.1より）.

7.2.2.2　2次元スペクトルのずらしによる ω_1 領域からの化学シフトの除去

コンピューター・メモリー上の2次元データ行列を式(6.6.2)に従ってずらすと，図7.2.6の方式で得たスペクトルの ω_1 領域から化学シフトを除くことができる．異種核結合 $\mathscr{H}_{ZS}$ の大きさ程度の範囲にスペクトル幅を限定しても，この操作は可能である．これは $\mathscr{H}_{ZS}$ により異なる位置に現れるシグナルが何度もくり返し ω_1 領域で折り返すためである．このときのずらし変換は「折り重ね補正 (foldover correctoin)」といわれる (7.13, 7.14)．ω_1 領域で多重構造を十分な分解能で表わせる程度のデータ・ポイント数だけが必要で，それにより t_1 増加の回数が決まることに注意しよう．

7.2.2.3 再結像とゲート・デカップリングの組み合わせによる S スピン多重構造と S スピン化学シフトの分離

ずらし変換の操作のいらない，S スピン多重構造と S スピン化学シフトの分離方式を図7.2.8に示す (7.15-7.18)．これらの方式に共通した特徴は，再結像パルスによって ω_1 領域から S スピンの化学シフトを除くことである．IS 結合は再結像しないように，図7.2.8のAとB方式では，発展期の半分について水素核のデカップリングを行っている．これらの系列での有効ハミルトニアンは，

$$\mathscr{H}_A^{(e)} = \frac{1}{2}(\mathscr{H}_{IS} + \mathscr{H}_{ZI} + \mathscr{H}_{II})$$

$$\mathscr{H}_B^{(e)} = -\mathscr{H}_A^{(e)} \qquad (7.2.11)$$

となる．両方の実験を組み合わせると，強結合の系では，純吸収の線形を得ることができる．

弱結合の系では，AとBの方式は等価で，S スピンについてその発展ハミルトニアンは

$$\mathscr{H}_A^{(e)} = \mathscr{H}_B^{(e)} = \frac{1}{2}\mathscr{H}_{IS} \qquad (7.2.12)$$

となる．結合定数のスケーリング因子が1/2であることを除いて，これらの方法では通常の結合時と同じ多重構造になる (7.17, 7.18)．それでも $T_2' > 2T_2^*$

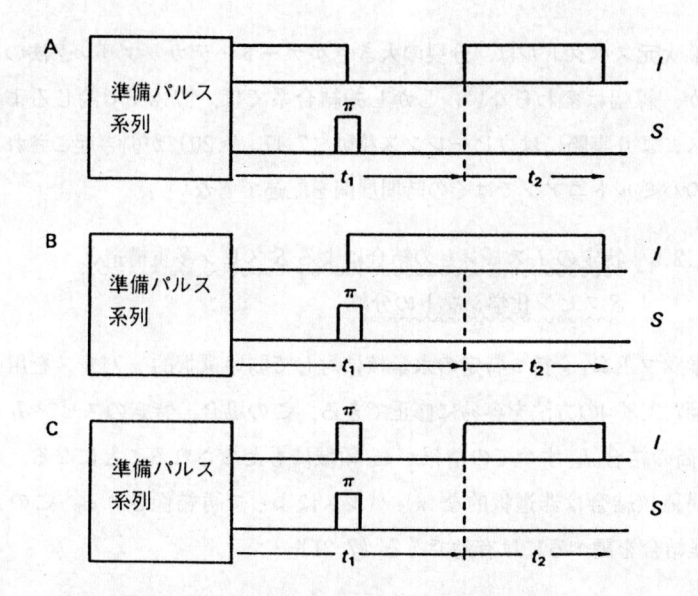

7.2 等方相での化学シフトとスカラー結合の分離   463

図 7.2.8 $\mathcal{H}_{IS}$ と $\mathcal{H}_{ZS}$ を分離する方式. (A)発展期の中間点で働くパルスは S スピンの化学シフトを再結像し,スピンが広がって行く期間でのデカップリングは IS 結合の再結像を妨げる(ゲート・デカップリング法).(B)関連した方式,ここではデカップリングが再結像期に行なわれる.結合の大きさにかかわらず,AとBの方式はともに通常スペクトルと一致した多重結合を与える.(C) S スピンの再結像パルスと同期した I スピンの反転方式(水素核逆転(proton flip)法).強結合系では,この系列を用いると通常スペクトルより共鳴線の多い対称的な多重分裂になる.

ならば,その分解能は通常の1次元のものよりすぐれている.もっとも静磁場勾配がある場合,拡散のため自然の線幅に近づくのはむずかしいのだが.

7.2.2.4 再結像と I 核の反転の組み合わせによる S スピンの多重構造と S スピン化学シフトの分離

弱結合系では,「水素核フリップ(proton flip)」の方法(7.16, 7.17)と呼ばれる図7.2.8(c)の方式では次の有効ハミルトニアンになる.

$$\mathcal{H}_C^{(e)} = \mathcal{H}_{IS} \tag{7.2.13}$$

その2次元スペクトルは，分裂の大きさがゲート・デカップリング法の2倍になるが，線幅は変わらない．しかし強結合系では，§7.2.3で論じるように π パルスにより実際にはコヒーレンス移動 (7.17, 7.20) が引き起こされるので，平均のハミルトニアンではその時間展開を記述できない．

7.2.2.5 特定の I スピンとの結合による S スピン多重構造と S スピン化学シフトの分離

化学シフト Ω_l を持つ特定の水素核に対して弱い選択的 π パルスを用いることで図7.2.8(c)の方法を容易に修正できる．この場合，特定のスピン I_l とスピン S_k 間の結合 J_{kl} すべての情報が ω_1 領域にもたらされることになる．これ以外の異種核結合は非選択的な $(\pi)_S$ パルスによって再結像される．この方法は長距離結合を調べるには有効である (7.21)．

7.2.2.6 長距離 IS 結合と S スピン化学シフトの分離

図7.2.9の方式を用いれば，直接結合由来の強い結合による分裂を抑えることで弱い長距離結合にのみに注目できる．図7.2.8(c)の系列の二つの π パルスのうちの一方を双線型回転サンドイッチで置き換えることによってこの方式は導き出せる．$\varphi = -x$ の場合，$J_{km} \ll 1/\tau$ の小さな結合がある I_m と S_k の一組の核に対するその最終的な効果は図7.2.8(c)の方式と同じで，ω_1 領域で分裂は $2\pi J_{km}$ となる．しかし，$J_{kl} = 1/\tau$ の条件に合う大きな結合を持った I_l と S_k の核の組については，その双線型回転サンドイッチの正味の効果は，S スピンの化学シフトと異種核結合の両者を再結像することである．

この系列の働きは，双線型回転による変換を考えれば容易に理解できる．ここでは次のような一般的な関係を利用することにする．

1. 回転軸が互いに直交した二つの連続した回転角 π の回転は，その二つの回転軸に垂直な回転軸を持った一つの π 回転と等価である．つまり，

$$\xrightarrow{\pi I_{l\lambda}} \xrightarrow{\pi I_{l\mu}} = \xrightarrow{\pi I_{l\nu}} \qquad (7.2.14)$$

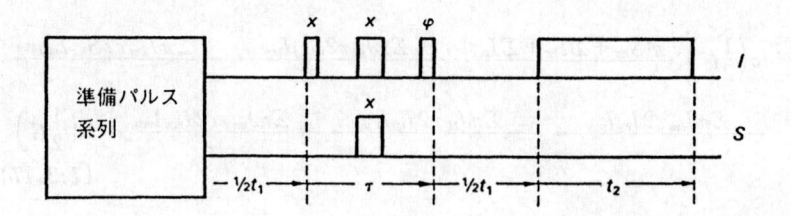

7.2 等方相での化学シフトとスカラー結合の分離

図 7.2.9 ω_1 領域で長距離 $\mathcal{H}_{IS}$ 相互作用（$\varphi=-x$ のとき）だけを残すか短距離結合（$\varphi=x$ のとき）だけを残す双線型回転サンドイッチ (7.22-7.24) の方式.

$$\xrightarrow{\pi I_{l\lambda}} \xrightarrow{\pi I_{l\mu}} = \xrightarrow{\pi I_{l\nu}} \qquad (7.2.14)$$

ここで λ, μ, ν は x, y, z を任意に置換したものであり，I_l のスピン量子数は任意である．スピン $I_l=1/2$ については，λ, μ, ν が x, y, z を巡回置換したものならば，そのような関係はユニタリー変換だけでなくそれぞれの演算子について成り立つ．

$$\exp\{-i\pi I_{l\lambda}\}\exp\{-i\pi I_{l\mu}\} = \exp\{-i\pi I_{l\nu}\} \qquad (7.2.15)$$

2. 双線型変換 $\exp\{-i\pi 2S_{k\varepsilon}I_{l\xi}\}\sigma\exp\{i\pi 2S_{k\varepsilon}I_{l\xi}\}$ は，二つのスピンに働く二つの π 回転の積に分解でき，$S_k=I_l=1/2$ とすれば，

$$\xrightarrow{\pi 2S_{k\varepsilon}I_{l\xi}} = \xrightarrow{\pi S_{k\varepsilon}} \xrightarrow{\pi I_{l\xi}} \qquad (7.2.16)$$

ここで ε と ξ は x, y, z の任意の組み合わせを表わす．式(7.2.15)と対照的に，この関係はユニタリー変換だけに当てはまり，それぞれの演算子には当てはまらないことに注意しよう．

n 個のスピン I_l はスピン S_k と直接的に化学結合しているが，残りのスピン I_m は S_k と長距離結合しているだけであり，このため $J_{kl} \gg J_{km}, J_{lm}$ とする．もし $\varphi=-x$ なら，双線型回転サンドイッチの影響は，変換

$$\sigma\left(\frac{1}{2}t_1^-\right) \xrightarrow{\pi(S_{kx}+\Sigma I_{lx}+\Sigma I_{mx})} \xrightarrow{\Sigma \pi J_{kl}\tau 2 S_{kz}I_{ly}} \xrightarrow{\Sigma \pi J_{km}\tau 2 S_{kz}I_{my}}$$

$$\xrightarrow{\Sigma \pi J_{lm}\tau 2 I_{ly}I_{my}} \xrightarrow{\Sigma \pi J_{ll'}\tau 2 I_{ly}I_{l'y}} \xrightarrow{\Sigma \pi J_{mm'}\tau 2 I_{my}I_{m'y}} \sigma\left(\frac{1}{2}t_1^+\right) \quad (7.2.17)$$

によって記述できる (7.26). 間隔 τ は $\pi J_{kl}\tau \simeq \pi$, つまり $\tau=(J_{kl})^{-1}$ のように選ぶ, この時は $\pi J_{km}\tau \simeq 0$ かつ $\pi J_{lm}\tau \simeq 0$ となる. このように仮定すると, 上記の関係を用いて式(7.2.17)の変換は単純化でき,

$$\sigma\left(\frac{1}{2}t_1^-\right) \xrightarrow{\pi S_{k\nu}} \xrightarrow{\pi \Sigma I_{lz}} \xrightarrow{\pi \Sigma I_{mx}} \sigma\left(\frac{1}{2}t_1^+\right) \quad (7.2.18)$$

となる, ここで直接に結合しているスピン数 n_l が偶数か奇数（たとえば CH_2 か CH_3）かに応じて, それぞれ $\nu=x$ あるいは y となる.

式(7.2.18)の変換を弱結合系のハミルトニアンに適用すると, すぐわかるように

$$\mathcal{H}_k + \mathcal{H}_l + \mathcal{H}_m + \mathcal{H}_{kl} + \mathcal{H}_{km} + \mathcal{H}_{lm} + \mathcal{H}_{ll'} + \mathcal{H}_{mm'} \xrightarrow{\pi S_{k\nu}} \xrightarrow{\pi \Sigma I_{lz}} \xrightarrow{\pi \Sigma I_{mx}}$$
$$- \mathcal{H}_k + \mathcal{H}_l - \mathcal{H}_m - \mathcal{H}_{kl} + \mathcal{H}_{km} - \mathcal{H}_{lm} + \mathcal{H}_{ll'} + \mathcal{H}_{mm'} \quad (7.2.19)$$

となり, 全 t_1 期についての平均ハミルトニアンは

$$\overline{\mathcal{H}} = \mathcal{H}_l + \mathcal{H}_{km} + \mathcal{H}_{ll'} + \mathcal{H}_{mm'} \quad (7.2.20)$$

となる. 換言すると, 双線型回転は, 化学シフト項 $\mathcal{H}_k$ と直接的な化学結合によるカップリング項 $\mathcal{H}_{kl}$ を再結像させるが, 長距離カップリング項 $\mathcal{H}_{km}$ と I スピン間のカップリング項には影響しない. したがって長距離カップリングだけが, 発展期 t_1 において信号の変調に寄与する (図7.2.10(d)).

τ の時間が大きなカップリングの逆数に正しく合っていないなら, その影響が現われる. その影響は「補償された双線型回転系列」(7.22)で除くことができる. これは, ラジオ波による回転角の誤りを相殺するように設計した複合

7.2 等方相での化学シフトとスカラー結合の分離

パルス（4.2.7節）と同様な原理にもとづいている．しかし，同種核間結合と長距離結合の時間スケールに比べ，パルス・サンドイッチは短くなければならないため，そのような手続きには限界がある．また強結合系でも双線型回転は働かないだろう．

7.2.2.7 直接に結合した IS 間のカップリングと S スピン化学シフトの分離

図7.2.9の方式を $\varphi = +x$ として用いると（つまり，前の節で使った系列と比べて I パルスの位相が逆になっているとき），式(7.2.14)と式(7.2.16)を用いて同様に変換を単純化できて，

$$\sigma\left(\frac{1}{2}t_1^-\right) \xrightarrow{\pi S_{k\nu}} \xrightarrow{\pi \Sigma I_{ly}} \sigma\left(\frac{1}{2}t_1^+\right) \qquad (7.2.21)$$

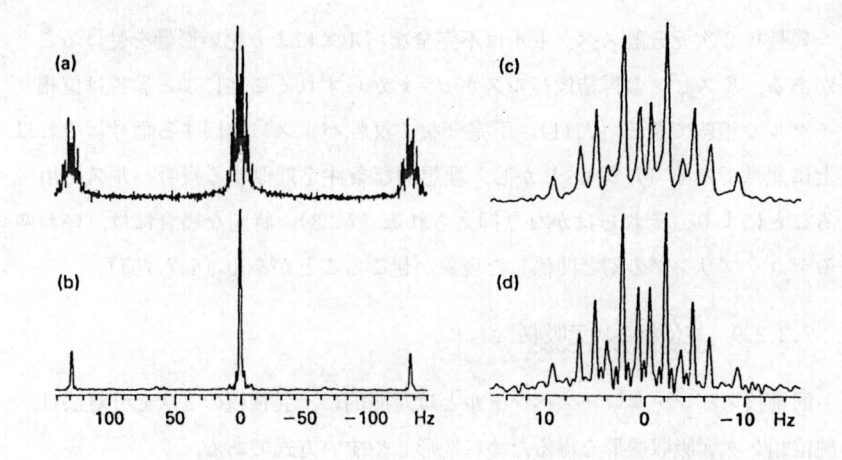

図 7.2.10 (a) $ClCH_2{}^{13}CH_2CH_3$ の炭素13多重分裂．(b) $\varphi = x$ として図7.2.9の系列で得た2次元スピン・エコースペクトルの単純化した三重分裂．この方法では化学結合した近接水素核との J 結合でのみ，そのエコーは変調を受けている．(c)(a)の通常スペクトルの中央にある多重分裂の拡大図．(d) $\varphi = -x$ として図7.2.9の系列で得た2次元スペクトルの ω_1 領域中の多重結合．ここでは炭素13のエコーは遠隔水素核との結合によってのみ変調を受けている．

となる．ここで，直接的に結合しているスピン I_l の数が偶数か奇数かに応じて $\nu = x$ あるいは y となる．その結果平均ハミルトニアンの形は

$$\overline{\mathcal{H}} = \mathcal{H}_m + \mathcal{H}_{kl} + \mathcal{H}_{mm'} \qquad (7.2.22)$$

となる．それゆえ遠隔結合 J_{km} によってではなく直接化学結合による J 結合 J_{kl} によって，t_1 展開は決まる．遠隔核 I_m はパルスにより結局 $\beta = 2\pi$ 回転したことになる．2次元スペクトルの ω_1 領域では，長距離 IS 相互作用による多重構造は除かれる．これは，分離のよくない結合がたくさん集まり，スペクトル線がひどく広がるような大きな分子では重要である．これらの結合を除くことで，きわめて高感度で正確に短距離 J 結合を測定することができる．この方法の効用は図7.2.10からわかるであろう．

7.2.2.8 実験の不完全性による現象

異種核2次元分離スペクトルは不完全なパルスにより悪い影響を受けることがある．S スピンの再結像パルスが $\beta = \pi$ からずれることによる影響は位相サイクルで相殺できる (7.11)．不完全な I 反転パルスに起因する信号はそれ以上に悪性である (7.27)．しかし，理想的な条件を近似する複合パルスを用いることにより，それらはかなり抑えられる (7.28)．特別な場合には，いわゆるデカップリングの幻と関係した現象が起こることがある (4.7.7節)．

7.2.2.9 純位相2次元吸収

同種核スピン・エコースペクトルとは対照的に，異種核の2次元分離法は，純位相2次元吸収線形を得るために変形しやすい方式である．

弱結合系では，S スピンの多重分裂は $\omega_1 = 0$ について必ず対称である．したがって6.5.3.1節で述べた手順は，ω_1 領域から化学シフトを除く方式に適用できる．純吸収を得るためには，t_1 については実（余弦）フーリエ変換を計算するだけで十分である．

強結合系では，ω_1 領域の対称性は破れ (7.2.3節を参照)．二つの相補的な

7.2 等方相での化学シフトとスカラー結合の分離

実験を行なう必要がある.二つの違った方法で,時間反転法（6.5.3.2節）を実行することができる.あざやかな方法としては,ゲート・デカップリングの二つのパルス系列図7.2.8のAとBだけを使う方法があり,分散成分を除くためにスペクトル $S_A(\omega_1, \omega_2)$ と反転したスペクトル $S_B(-\omega_1, \omega_2)$ を加える.もう一つの方法では,二つの相補的な実験を行なう.第1のスペクトル $S_A(\omega_1, \omega_2)$ は,図7.2.6か7.2.8, 7.2.9のどれかの方式で得る.第2のスペクトルは,同じ系列だが検出期の最初に π パルスが入っているもので得る（7.29）.この手順によって発展期の見かけ上の歳差運動の効果は反転する.スペクトルを $S_A(\omega_1, \omega_2) + S_B(-\omega_1, \omega_2)$ のように加えれば,先ほどと同様に純吸収モードを得ることができる.ついでだが,それぞれの実験の検出期の最初に $\pi/2$ パルスを入れ,続いた実験でその位相を90°回すことによっても,純吸収線形を得られることをつけ加えよう(7.29).この方法は,歳差運動の反転したより対称的で実験上の不完全さの影響を受けにくい,しかし感度は $\sqrt{2}$ 倍だけ小さくなる.

7.2.3 再結像実験での強結合の効果

強結合系においては,再結像による化学シフトの排除や,$[t_1/2-\pi-t_1/2]$ 期間の有効ハミルトニアンによる記述ができない（3.2.2節参照）.π パルスはさまざまな遷移間のコヒーレンス移動を引き起こし,ω_1 領域で新たに多くの有効歳差周波数が現れる.これらの新しい周波数は普通のスペクトル上の二つの共鳴周波数の平均に対応している.

π パルスの強結合スピン系への効果は,次のように理解できる.$|\phi_p\rangle = |\alpha\beta\beta\rangle$ のような積関数では,反転演算子 $R_{\pi x}$ は本質的には置換演算子[1]で,積算数 $|\phi_p\rangle$ と $|\phi_{p'}\rangle$ の組を置換する.

$$|\phi_p\rangle = |\alpha\beta\beta\rangle \xrightarrow{\pi_x} -i|\phi_{p'}\rangle = -i|\beta\alpha\alpha\rangle \qquad (7.2.23)$$

弱結合系では,積関数はハミルトニアンの固有関数であり,反転演算子 R_x は

---

[1] 注意 $|\alpha\rangle \xrightarrow{\pi_x} i|\beta\rangle$, $|\beta\rangle \xrightarrow{\pi_x} i|\alpha\rangle$, $|\alpha\rangle \xrightarrow{\pi_y} |\beta\rangle$, $|\beta\rangle \xrightarrow{\pi_y} -|\alpha\rangle$.したがって,積関数中のスピン数および x パルスと y パルスの区別を考慮することは重要である.

先と同様に組になったコヒーレンスの置換になる．つまり，

$$|\phi_p\rangle\langle\phi_q| = |\alpha\beta\beta\rangle\langle\alpha\beta\alpha| \xrightarrow{\pi_x} -|\beta\alpha\alpha\rangle\langle\beta\alpha\beta| = -|\phi_{p'}\rangle\langle\phi_{q'}| \tag{7.2.24}$$

一方，強結合系では，固有関数 $|\psi_r\rangle$ は積関数 $|\phi_p\rangle$ の1次結合である．

$$|\psi_r\rangle = \sum_p U_{pr}|\phi_p\rangle \tag{7.2.25}$$

(式(2.1.139) 参照)，そして置換は固有関数にはならない．つまり，

$$R_\pi|\psi_r\rangle = \sum_p U_{pr} R_\pi|\phi_p\rangle \tag{7.2.26}$$

はもう固有関数ではなく，固有関数の1次結合をあらわす．したがって π パルスはコヒーレンス移動となり，それは

$$|t\rangle\langle u| \xrightarrow{R_\pi} \sum_{r,s} R_{rs\,tu}|r\rangle\langle s| \tag{7.2.27}$$

の形になる．その変換係数は

$$R_{rs\,tu} = (R_\pi^{(\mathrm{e})})_{rt}(R_\pi^{(\mathrm{e})})_{su}^* \tag{7.2.28}$$

となる．回転演算子の各要素は固有基底で求めなければならない，つまり

$$\mathbf{R}_\pi^{(\mathrm{e})} = \mathbf{U}^{-1}\mathbf{R}_\pi^{(p)}\mathbf{U} \tag{7.2.29}$$

ここで $\mathbf{R}_\pi^{(p)}$ は積関数基底の対になった置換の行列であり，行列 $\mathbf{U}$ は積関数基底 $\{|\phi_p\rangle\}$ から式(7.2.25)の固有基底 $\{|\psi_r\rangle\}$ への変換を表わす．

二つのスピン k と l の強結合同種核系（AB系）を考えよう．式(2.1.143)で与えられる変換行列 $\mathbf{U}$ は，$\phi_2 = |\alpha\beta\rangle$ と $\phi_3 = |\beta\alpha\rangle$ の関数を混ぜるだけであり，π パルスについて次のような変換になる．

$$|1\rangle\langle 2| \xrightarrow{\pi_x} |4\rangle\langle 3|\cos 2\theta + |4\rangle\langle 2|\sin 2\theta$$

7.2 等方相での化学シフトとスカラー結合の分離

$$|3\rangle\langle 4| \xrightarrow{\pi_x} |2\rangle\langle 1|\cos 2\theta - |3\rangle\langle 1|\sin 2\theta$$

$$|1\rangle\langle 3| \xrightarrow{\pi_x} |4\rangle\langle 2|\cos 2\theta - |4\rangle\langle 3|\sin 2\theta$$

$$|2\rangle\langle 4| \xrightarrow{\pi_x} |3\rangle\langle 1|\cos 2\theta + |2\rangle\langle 1|\sin 2\theta \qquad (7.2.30)$$

ここで $\tan 2\theta = 2\pi J_{kl}/(\Omega_k - \Omega_l)$ である.

したがって弱結合極限 ($\theta = 0$) の場合と異なりコヒーレンスは単に平行遷移に移動するのではなく, 前進的に結合した遷移にも移動する. これらの式の形から, 系列 $(\pi/2)-t_1-(\pi)-t_2$ (8.2節参照) で得られる AB 系の 2 次元相関スペクトルの特徴は, 図7.2.11(a)で模式的に示すように, 弱結合極限での四つの信号とは対照的に 8 つのシグナルがあることである. 式(6.2.11) で定義した因子 Z_{rstu} で信号強度は与えられる.

取り込みを遅らせれば, つまり $(\pi/2)-t_1/2-(\pi)-t_1/2-t_2$ の系列では, 2次元 J スペクトルになる. 式(6.6.5) に書いたように信号は移動し, 図7.2.11(b)に示したような通常のスピン・エコーの表示になる. 弱結合極限 ($\theta = 0$) では, このスペクトルは図7.2.1(b)で表わすような単純な形をとる. 相関分光法の遅れた取り込み (遅延採取) 形式 (SECSY は8.3.1節を参照) におけるように, 強結合に関連して現われる信号は化学シフト差に相当する周波数を ω の方向に持つ. 図7.2.11(c)に示すように 2 次元データスペクトルがずらし変換を受けると, その射影には強結合系の特徴である二つの化学シフトの中間にシグナルが現われる. 通常, 射影は絶対値スペクトルから計算されるので, $\omega_2 = 1/2(\Omega_k + \Omega_l)$ に現われる四つすべての信号は, 一緒に加え合わされる. 信号が増えたのは一見, 不利のように見えるかもしれないが, 実際はその同定に役立つことがわかる. これは, 増えた信号が結合相手の存在を示す直接の証拠だからである.

AB から ABX へと強結合スピン系が複雑になると, さらに別の特徴が加わる, これは特に X の部分スペクトルについてそうである (7.30-7.34). この事情は同種核と異種核の両スピン系の両者に存在する (後者の場合, 普通 A と B は水素核で X は炭素13核である).

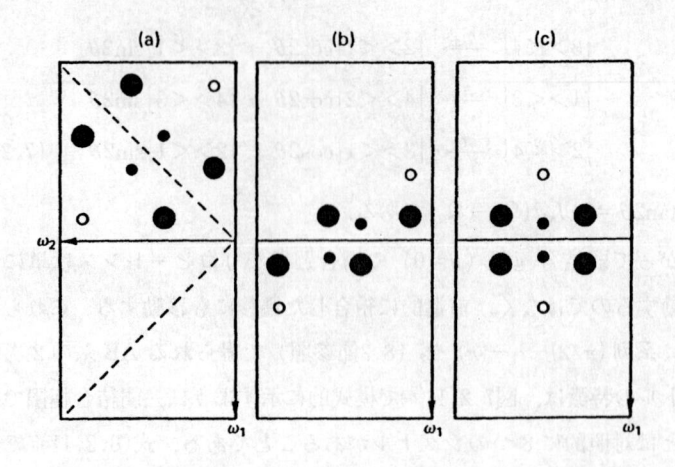

図 7.2.11 2次元相関と2次元 J スペクトルにおける強結合の影響.
(a) $(\pi/2)-t_1-(\pi)-t_2$ (8.2節で述べた $\beta=\pi$ の COSY) の系列で得た,強結合 AB 系の 2 次元相関スペクトル. 大きな黒丸は, $Z=(1-2\sin^2\theta)\cos2\theta$; 小さな黒丸は, $Z=(1+\sin2\theta)\sin2\theta$; 小さな白丸は,負の信号で, $Z=-(1-\sin2\theta)\sin2\theta$ の強度を表わす. 2次元スペクトルは $2\pi J/(\Omega_k-\Omega_l)=0.75$ として描いてある. (b) $(\pi/2)-t_1/2-(\pi)-t_1/2-t_2$ の系列で得た同じ AB 系の 2 次元 J スペクトル. この系列は遅れた取り込みを(a)で用いた COSY 系列に組み合わせたものと等価である (SECSY 8.3.1節参照). 式(6.6.5) に従い信号は ω_1 領域で移動しているが, 強度は(a)と同じである. (a)と(b)両方について, すべてのシグナルは式(6.5.10) で記述される混合位相になっている. (c) コンピューター・メモリのデータ行列を並び変えて得た, ずらし2次元スペクトル. ω_2 軸への射影では, 結合している相互の見かけの化学シフトの中間に, 強結合に特徴的なシグナルが現われている.

弱結合の極限では ABX 系の固有状態の番号づけは図4.4.2(b)と一致する. X スピンの取りうる二つの分極は, 強結合のもとで混じり合う AB のスピン関数に関係している.

$$(\phi_3, \phi_4) = (\phi_3, \phi_4)\begin{pmatrix} c^+ & -s^+ \\ s^+ & c^+ \end{pmatrix}$$

$$(\phi_5, \phi_6) = (\phi_5, \phi_6)\begin{pmatrix} c^- & -s^- \\ s^- & c^- \end{pmatrix} \quad (7.2.31)$$

7.2 等方相での化学シフトとスカラー結合の分離

ここで $c^\pm = \cos\theta^\pm$, $s^\pm = \sin\theta^\pm$, $\tan 2\theta^\pm = 2\pi J_{kl}/D^\pm$, $D^\pm = \Omega_k - \Omega_l \pm \pi(J_{km} - J_{lm})$, スピン A, B, X はそれぞれ I_k, I_l, S_m で示す. 積状態 ϕ_1 と ϕ_2, ϕ_7, ϕ_8 は変わらない.

式(2.1.114)で定義した昇降演算子 $I^\pm$ と分極演算子 I^α, I^β で X スピンの六つのコヒーレンス成分を表わすと, X 領域の六つの遷移に対応した六つの単一要素演算子 $|r\rangle\langle s|$ になり,

$$|1\rangle\langle 2| = I_k^\alpha I_l^\alpha S_m^+$$
$$|7\rangle\langle 8| = I_k^\beta I_l^\beta S_m^+$$
$$|3\rangle\langle 5| = [c^+c^- I_k^\alpha I_l^\beta + s^+s^- I_k^\beta I_l^\alpha + c^+s^- I_k^+ I_l^- + s^+c^- I_k^- I_l^+]S_m^+$$
$$|4\rangle\langle 6| = [s^+s^- I_k^\alpha I_l^\beta + c^+c^- I_k^\beta I_l^\alpha - s^+c^- I_k^+ I_l^- - c^+s^- I_k^- I_l^+]S_m^+$$
$$|3\rangle\langle 6| = [-c^+s^- I_k^\alpha I_l^\beta + s^+c^- I_k^\beta I_l^\alpha + c^+c^- I_k^+ I_l^- - s^+s^- I_k^- I_l^+]S_m^+$$
$$|4\rangle\langle 5| = [-s^+c^- I_k^\alpha I_l^\beta + c^+s^- I_k^\beta I_l^\alpha - s^+s^- I_k^+ I_l^- + c^+c^- I_k^- I_l^+]S_m^+$$

(7.2.32)

非選択的 π パルスの効果は, すべての演算子の添字 ($+$, $-$) と (α, β) を入れ換えることになり, π_y パルスについてはその符号も入れ換える, つまり,

$$I^{\alpha,\beta} \xrightarrow{\pi_x} I^{\beta,\alpha}, \quad I^{\alpha,\beta} \xrightarrow{\pi_y} -I^{\beta,\alpha}$$
$$I^\pm \xrightarrow{\pi_x} I^\mp, \quad I^\pm \xrightarrow{\pi_y} -I^\mp \qquad (7.2.33)$$

次の場合では,

$$|1\rangle\langle 2| = I_k^\alpha I_l^\alpha S_m^+ \xrightarrow{\pi_x} I_k^\beta I_l^\beta S_m^- = |8\rangle\langle 7| \quad (7.2.34\text{ a})$$

となり, コヒーレンスは一つの遷移から他の遷移へ完全に移動する. これと対照的なのは,

$$|3\rangle\langle 5| \xrightarrow{\pi_x} |6\rangle\langle 4|\cos^2(\theta^+ + \theta^-)$$
$$+ |5\rangle\langle 3|\sin^2(\theta^+ + \theta^-)$$

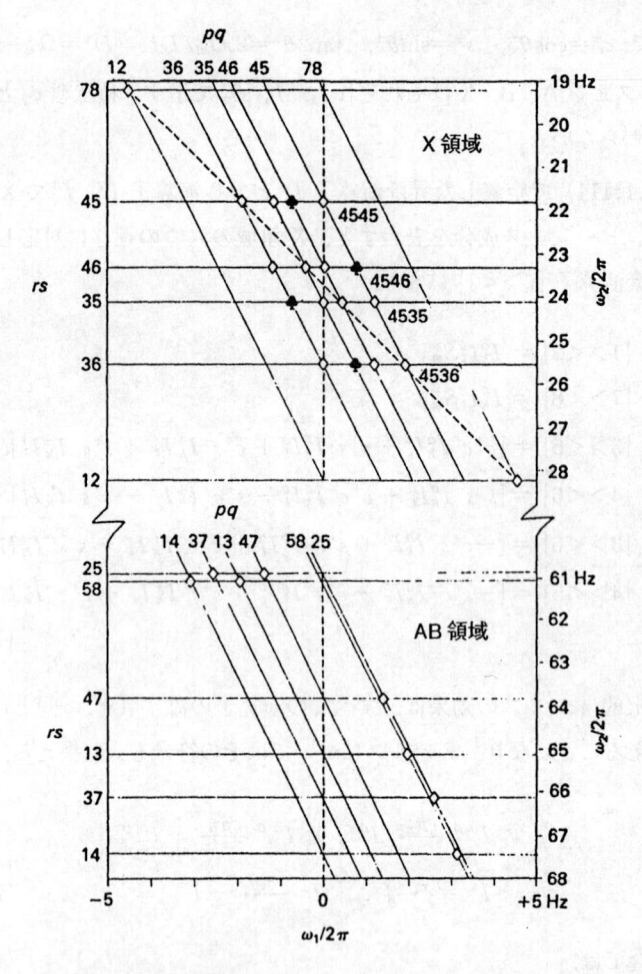

図 7.2.12　同種核 ABX 系の模式的な 2 次元スピン・エコースペクトル．強度 Z_{rs}^{pq} の信号は，指数 pq の傾いた線と指数 rs の横線との交点で示されている．ダイヤとクラブはそれぞれ正と負のシグナルを表わす．固有状態の通常の番号づけは図4.4.2(b)に示されており，強度の解析的表現は文献7.30にある．AB の部分スペクトルの 1 つがほとんど縮退しているため，$|2\rangle\leftrightarrow|6\rangle$ と $|6\rangle\leftrightarrow|8\rangle$ の遷移強度はほとんどなくなっている．これは，2 次元スペクトルの AB 領域で 8 つの応答がそれに対応して低強度であることを反映しているが，このことは図中では省略されている．周波数軸の定義が他の図の慣用とは異なることに注意をしよう（文献7.30より）．

7.1 基本原理

$$+ ||5><4| + |6><3||\cos(\theta^+ + \theta^-)\sin(\theta^+ + \theta^-)$$
(7.2.34 b)

この場合，コヒーレンス $|3><5|$ は四つのコヒーレンスの重ね合わせに変換され，2次元スピン・エコースペクトル中で新しいピークを追加する．

図7.2.12の模式的なスペクトルでは，AB部分スペクトルの一部がほとんど縮退している場合を示している．J_{AX} と J_{BX} の結合が再結像しないので，AB部分スペクトルは $\omega_1=0$ の軸から離れて現われている．X領域では，弱結合3スピン系で予想される四つのピークに加えて，強結合由来の14個のピークが生じ，そのうち四つは負の振幅である．検出期にデカップリングすると ω_2 の周波数は $\omega_2=\Omega_m$ となり，この場合，強結合で加わる信号は7個に減少する．

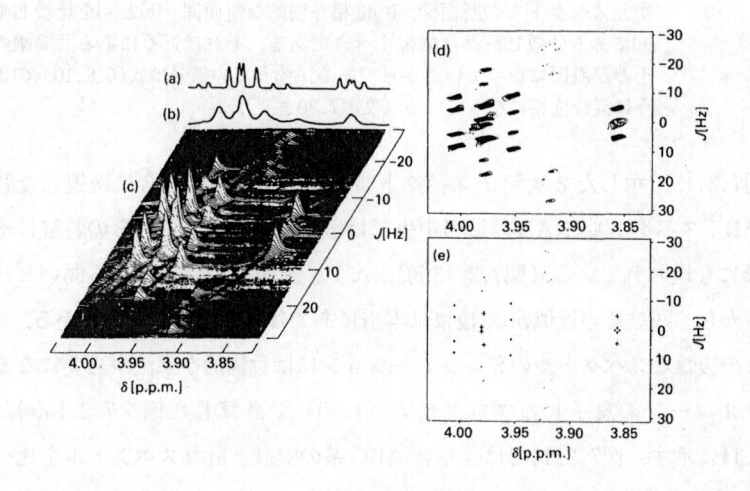

図 7.2.13 L-セリン（$ND_2CHCOODCH_2OD$）の強結合3スピン系の2次元絶対値 J スペクトル．D_2O 中で 0.1M，$pD=6.5$，$T=25℃$，360MHz で測定した．(a)通常の1次元スペクトル．(b)化学シフト軸へのずらし2次元スペクトル射影．(c)ずれたスペクトルの並べ書きと，(d)等高線図．(e)「ラオコーンの息子」で計算したずらしスペクトルのシミュレーション（7.30）．化学シフト値の中間に弱いピークが現われている（図7.2.11(c)と比較）．(e)の印の大きさは信号強度を示す（文献7.31より）．

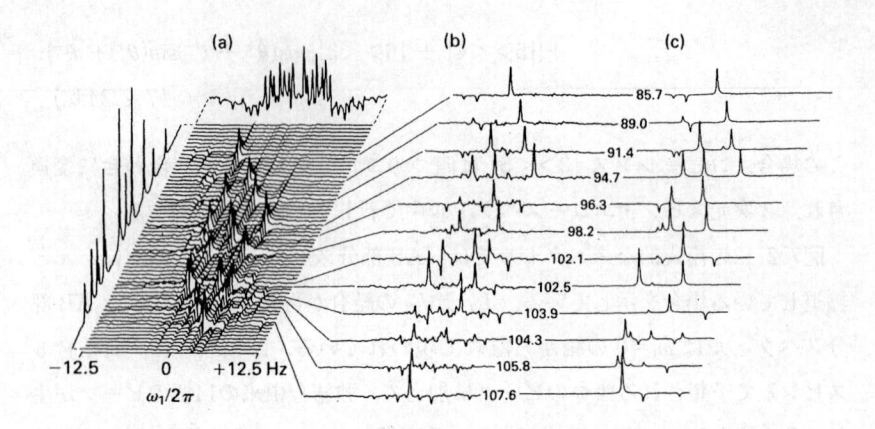

図 7.2.14 2-クロルチオフェンの強結合 ABC 系の 2 次元 J スペクトル. (a) 80MHz で得た位相弁別的実験スペクトル. ω_1 軸に (上へ) 位相弁別的な射影を, 左に通常のスペクトルを示す. (b)実験で得た位相弁別 2 次元スペクトルの断面図. (c)位相弁別的な断面図. (b)と(c)を比較して(b)にある分散ピークは無視すべきである. それは近くにある共鳴線の干渉が原因になっているからである. すべての信号は式(6.5.10) のように混合位相になっている (文献7.30より).

図7.2.13で示した 2 次元 J スペクトルの実験例で, 強結合に関連した特徴は ABX スペクトルの AB 領域の中央ではっきり見える. これらの特徴はその射影にも現われている (図7.2.13(b)). AB と X 領域の中間にある弱いピークの帯から, 弱結合の近似が X 核には本当はあてはまらないことがわかる.

この複雑なスペクトルのシミュレーションには数値的な手法が必要になる. 「ラオコーンの息子」のプログラム (7.30) で計算した例を7.2.13(e)と図7.2.14に示す. 図7.2.14では強結合 ABC 系の実験と計算スペクトルを比べている.

異種核系の 2 次元 J スペクトルでは, 強結合による新たな交差ピークは特別なパルス系列についてのみ現われる. 図7.2.6の単純な方式や図7.2.8(A), (B)の二つのゲート・デカップリング法では, ω_1 領域は通常の希薄 S スピンのスペクトルになる. しかし, I と S 両方のスピンに π パルスが同時に働く実験では, 強結合のため複雑になる.

7.1 基本原理

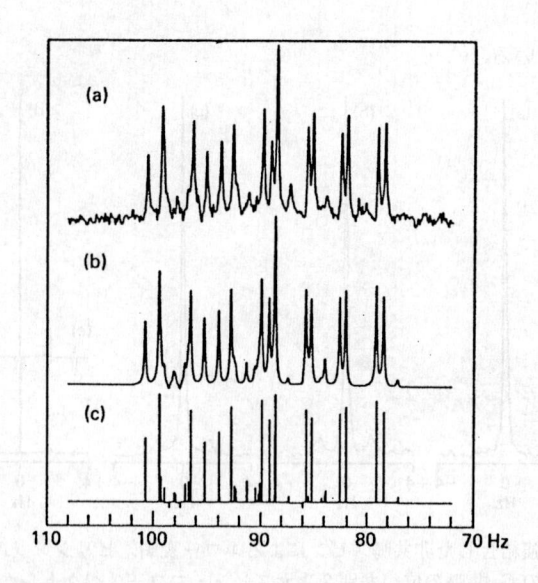

図 7.2.15 強結合系を含む異種核系の 2 次元スピン・エコースペクトル．(a)ピリジン（ABCDEX 系）の C_2 炭素の位相弁別的 2 次元スピン・エコースペクトルから取った ω_1 軸に平行な断面図．I と S 核の両方に同時に π パルスを働かせる図7.2.8(c)の系列で得た対称的なスペクトルの片側だけを示す．(b)線幅 0.18Hz でのシミュレーション．(c)対応する棒スペクトル，これから多数の弱い共鳴があり，そのいくつかが負の強度であることがわかる（文献7.20より）．

強結合した三個以上の I スピンのある異種核系では，S 核の通常のスペクトルは一般に化学シフト Ω_S について非対称になる．しかし，I 核と S 核に π パルスを同時に働かせたり（図7.2.8(c)），検出期にデカップリングを行なって得る 2 次元スピン・エコースペクトルでは，かならず $\omega_1=0$ について対称な多重分裂になることを示すことができる (7.20)．

ピリジンの C_2 共鳴（強結合した水素核が五つある系）に対応した 2 次元 J スペクトルの断面を図7.2.15(a)に示す．図7.2.15(b)，(c)のシミュレーション・スペクトルから，多くの弱い共鳴線があり，そのいくつかは負であることがわかる．陽子が結合した通常の炭素スペクトル中の共鳴周波数の違いですべての

線は分かれている.

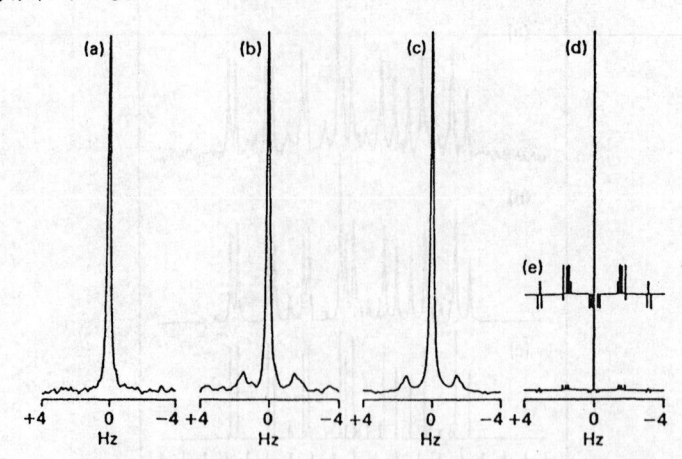

図 7.2.16 強結合した非共鳴スピンによるエコー変調.ピリジン (ABCDEX系) の C_2 共鳴の位相弁別2次元スピン・エコースペクトルから ω_1 軸に平行に取った断面図を示している.(a)比較のため,実験の間ずっと水素核デカップリングを行い,π 再結像パルスを S スピンに作用させた.サイドバンドがなくなっていることに注目.(b) S スピンは再結像させるが,展開期に水素核照射を行わない(図7.2.8(c)で $(\pi)^I$ パルスのないもの).強い I-I 結合のある系で $(\pi)^S$ パルスで誘起したコヒーレンス移動のため,変調されない大きなピークの両側にサテライトができる.(c)(b)に対応するシミュレーション.(d)シミュレーションした棒スペクトル.(e)5倍の拡大図(文献7.20より).

このような方法で得たスペクトルは6.5.3.1節であらましを述べた対称性を満たすので,t_1 について実(余弦)フーリエ変換を行えば純2次元吸収シグナルを得ることができる.

7.2.4 非共鳴核によるエコー変調

濃厚な I スピン間に強結合のある異種核系では,π パルスが希薄 S スピンにのみ働く場合,つまり図7.2.8(c)の系列で $(\pi)^I$ のパルスがない場合でも,S スピンのスピン・エコーは変調を受ける.「非共鳴スピンによるエコー変調」(7.35-7.37, 7.20)として知られているこの効果は,I スピンのスペクトル

に関する情報を得るために，原理的には使うことができる．しかし，特別な場合を除いて（7.35），変調の振幅は小さくなりがちである．ピリジンのC_2共鳴の2次元スピン・エコースペクトルから取った断面図を図7.2.16に示す．そこでは水素核間の強結合に関連した多数の弱い共鳴線は，一対の幅広いサテライトになっている．この効果の理論的取り扱いは3.3.2節に示されている．

7.3 配向層における化学シフトと双極子結合の分離

　液体での2次元分離から類推して固体や液晶相でも，（異方性）化学シフトと双極子結合の分離に2次元分光法は活用できそうである．化学シフトで分離した双極子多重項のスペクトルは「局所場分離スペクトル（separated local field spectra）」（7.38-7.40）として知られていて，構造情報を得るためや化学遮蔽と双極子相互作用テンソルの相対的な配向を測定するために用いることができる．

7.3.1 同種核局所場分離スペクトル

　固体や異方性溶液中での$I=1/2$のスピン集団を規定するハミルトニアンは式(2.2.2)と式(2.2.18)で表される．

$$\mathcal{H} = \mathcal{H}_{ZI} + \mathcal{H}_{II} \qquad (7.3.1\mathrm{a})$$

ここで，

$$\mathcal{H}_{ZI} = \sum_k \Omega_k I_{kz} \qquad (7.3.1\mathrm{b})$$

$\Omega_k(\theta, \phi)$は配向に依存する（式(2.2.2)参照）．

$$\mathcal{H}_{II} = \sum_{k<l} b_{kl}(1 - 3\cos^2\theta_{kl})\{I_{kz}I_{lz} - \frac{1}{2}(I_{kx}I_{lx} + I_{ky}I_{ly})\} \quad (7.3.1\mathrm{c})$$

ここで

$$b_{\kappa l} = \frac{\mu_0 \gamma_k \gamma_l \hbar}{4\pi r_{\kappa l}^3}$$

スカラー結合の系とは対照的に，2階のテンソルの変換の性質を利用して双極子相互作用を抑える技法を考え出すことが可能である．双極子相互作用を操作するもっとも重要な手段は，多重パルス系列であり，数多くのデザインが提案されている（3.2.3節）．この時点では，WHH-4やMREV-8，BR-24 (7.4, 7.42) などの適当なパルス系列により自由に双極子相互作用を除けることに気づけば十分である．それによって平均ハミルトニアンは，

$$\overline{\mathcal{H}} = \sum_k \kappa \Omega_k I_{kz} \tag{7.3.2}$$

となる．ここで κ はパルス系列に依存したスケーリング因子である．

図7.3.1(a)に示した方式では，ラジオ波照射のない全ハミルトニアンが発展期に働くが，検出期には多重パルスによる双極子デカップリングが用いられる (7.43)．サンプリングの方法を周期的にくり返すパルス系列と同期させなければならない．受信器の飽和を避けるために，信号が観測用の時間窓（ウィンドー）を開けたパルス系列を用いることが必要である．代わって図7.3.1(b)の方式では，発展期に双極子のデカップリングを用いている．この場合，図7.3.1(c)に示すような時間窓のない系列 (7.44) を使うことができる．

多重パルス条件下では歳差運動の実質的な軸が通常 z 軸に関して傾いているので，信号振幅を最大にするために最初の磁化をその軸と垂直になるような「傾けパルス（tilt pulses）」(7.45, 7.46) を挿入しなければならない（図7.3.1の影を付けたパルス）．

図7.3.1(a)の方式はマロン酸の単結晶に応用されていた (7.43)．四つの異なる化学シフトで切り取った ω_1 軸と平行な断面図を，計算機シミュレーションといっしょに図7.3.2に示す．これらの断面図では，化学シフト $\omega_2 = \kappa \Omega_k$ をともなった核の双極子分裂が示されている．2次元スペクトルを分析することにより共鳴を格子の特定位置のスピンに帰属できる．

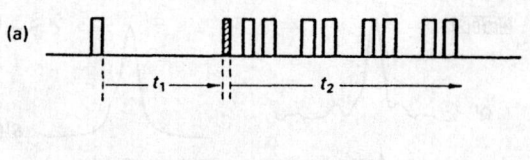

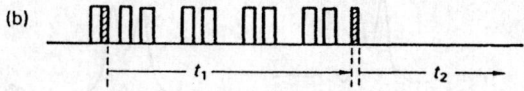

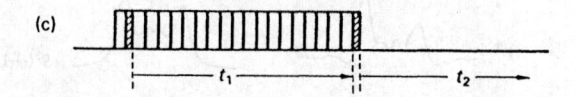

7.3 配向層における化学シフトと双極子結合の分離

図 7.3.1 同種核双極子を持つ固体の局所場分離スペクトルを得る三つの方式．(a) 普通のスペクトル（異方的なシフトと双極子結合）が ω_1 領域に現われるが，ω_2 での共鳴はスケーリングされた化学シフトになる．(b)反対の場合．(c)(b)と同じだが，発展期で双極子デカップリングのためウィンドーのない多重パルス系列を用いる．

7.3.2 異種核局所場分離スペクトル

希薄な S スピン（たとえば炭素13やリン31など）と濃厚な I スピン（水素核かフッ素19）を含んだ異種核系では，S スピンの自然なスペクトルを決めるハミルトニアンは，

$$\mathcal{H} = \mathcal{H}_{ZS} + \mathcal{H}_{IS} + \mathcal{H}_{ZI} + \mathcal{H}_{II} \qquad (7.3.3\text{a})$$

ここで

$$\mathcal{H}_{ZS} = \sum_l \Omega_l S_{lz} \qquad (7.3.3\text{b})$$

$$\mathcal{H}_{IS} = \sum_{k,l} b_{kl}(1 - 3\cos^2\theta_{kl}) I_{kz} S_{lz} \qquad (7.3.3\text{c})$$

さらに b_{kl} と $\mathcal{H}_{ZI}$，$\mathcal{H}_{II}$ は（7.3.1 b）と（7.3.1 c）で与えられている．異種核局所場分離スペクトルから異種双極子結合を測定することができる．

分離は図7.3.3の方式で行なえる．t_1 期に I スピンに働く多重パルス系列で

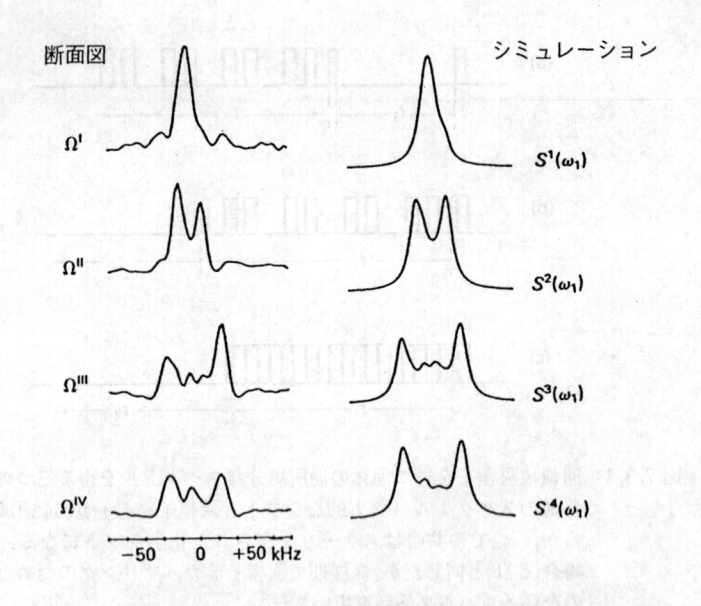

図 7.3.2 マロン酸（$CH_2(COOH)_2$）単結晶の水素核局所場分離スペクトル．左側：図7.3.1(a)の系列で得た実験スペクトルの ω_1 軸に平行な断面図，この四つの分離した化学シフトの ω_2 周波数は結晶中の4つの磁気的に非等価な水素核の位置に対応する．右側：四つの非等価な水素核のそれぞれと格子中で近傍にある三つの水素核との双極子相互作用を考慮してシミュレーションした断面図．この一致から，$\omega_2 = \Omega^{\mathrm{I}}$，$\Omega^{\mathrm{II}}$ の信号はカルボン酸の水素核であり，Ω^{III} と Ω^{IV} はメチレン水素核によるものであることがわかる（文献7.43より）．

$\mathcal{H}_{II}$ を除き，$\mathcal{H}_{IS}$ は，そこで用いる特定のパルス系列の特性である因子 κ によってスケーリングされる．検出期の異種核デカップリングによりハミルトニアンは単純化し，S スピンのゼーマン相互作用だけになる．したがって S スピンの歳差運動に関係したハミルトニアンは

$$\mathcal{H}^{(e)} = \mathcal{H}_{ZS} + \kappa \mathcal{H}_{IS}$$

と

$$\mathcal{H}^{(d)} = \mathcal{H}_{ZS} \tag{7.3.4}$$

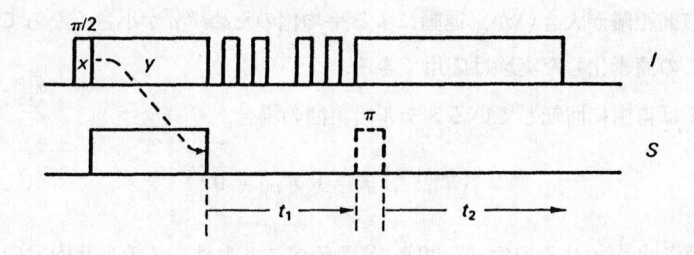

7.3 配向層における化学シフトと双極子結合の分離 483

図7.3.3 異種核系での局所場分離分光法のための単純な方式，これで $\mathcal{H}_{ZS}+\varkappa\mathcal{H}_{IS}$ と $\mathcal{H}_{ZS}$ が分離できる．$\mathcal{H}_{II}$ 相互作用を抑えるために発展期に用いられる多重パルス系列に依存しスケーリング因子 $\varkappa$ は決まる．S 磁化は交差分極で準備され，t_2 期にいつものように共鳴条件で I のデカップリングを行ない，観測する．6.5.3.2節と7.2.2.9節で述べたように，純2次元吸収線形を得るために，t_1 期での見かけの回転方向を逆転するダッシュで示した $(\pi)^S$ パルスを入れることもできる．

になる．

ω_1 領域でゼーマン項 $\mathcal{H}_{ZS}$ の影響を除くには，化学シフトを $(\pi)^S$ パルスで再結像させる（7.40, 7.47）か，あるいは7.2.2.2節で述べた手順の完全な類推で2次元データ行列を単に「ずらす」ことによって行なうことができる．

6.5.3.2節と7.2.2.9節で述べたように，観測の一回おきに歳差運動の見かけの回転方向を反転させるために検出期の直前に $(\pi)^S$ パルスを挿入して，純粋な2次元吸収の線形を得ることができる．

図7.3.1の同種核実験の場合に比べて，この実験での多重パルス双極子デカップリングは決定的に重要なわけではないことは注意すべきである．S スピンのスペクトルでは，同種核結合 $\mathcal{H}_{II}$ の影響は2次的な効果だけである．したがって発展期では，z 軸からマジック角度54.7°で傾いた有効磁場を持つ連続波によるオフ・レゾナンスでの I スピンのデカップリングを用いるだけでしばしば十分である．これによって $\mathcal{H}_{II}$ が除かれ，$\mathcal{H}_{IS}$ は因子 $\varkappa=3^{-\frac{1}{2}}$ の分だけ小さくなる（7.48, 7.49）．

多くの場合，発展期の I スピンのデカップリングを省くことが可能である．

水素核間距離が大きいか，運動による平均化のため $\mathcal{H}_{II}$ が小さくなっている系に，この簡素化した実験は応用できる．

例えば自由に回転しているメチルの集団の場合，

$$[\mathcal{H}_{II}^{\text{intra}}, \mathcal{H}_{ZS} + \mathcal{H}_{IS}] = 0 \tag{7.3.5}$$

ということが示せるので (7.39)，S のスペクトルは，メチル基内での水素核間結合ハミルトニアン $\mathcal{H}_{II}^{\text{intra}}$ の影響を受けず2項係数の強度を持った4重線になる．しかし，運動していない CH_2 グループでは全ハミルトニアン（つまり多重パルス・デカップリングがないとき）を対角化すると五つの許容遷移がある (7.39)．マロン酸水素アンモニウムの単結晶の局所場分離スペクトルの例を図7.3.4に示す．CH_2 グループは二重分裂の二重分裂にはならないで五本線の多重分裂になる．この結晶の配向では中央の線は非常に弱くなっている．

7.3.3 動きのない粉末での化学遮蔽と双極子結合テンソルの相関

微結晶粉末の2次元局所場分離スペクトルは，単結晶研究に代わる魅力的な方法である．それは大きな単結晶を使わなくてすむからである．うまくいけば，手間のかかる結晶の回転を行なうことなく，分子座標に関した化学遮蔽テンソルの配向を決めることができる．運動による平均化がない時，双極子テンソルの主軸は対応する核間ベクトルと同じなので，遮蔽テンソルと分子座標の関係を知るためには，遮蔽テンソルと双極子テンソルの相対的な配向を決めるだけで十分である．原理的には二つのテンソル相互作用の相対的配向は1次元スペクトルから導くことができる．しかし，2次元分光法で二つの相互作用を分けると，その精度は著しく向上する (7.49)．

図7.3.3の方式を粉末試料に適用して得られる2次元スペクトルは，化学遮蔽 $\mathcal{H}_{ZS}$ が ω_2 領域の振幅分布を決め，一方 $\mathcal{H}_{ZS}$ 相互作用はかなり弱いので，主に異種核双極子相互作用 $\mathcal{H}_{IS}$ が ω_1 領域の振幅分布を決める．遮蔽テンソルの ω_1 周波数への寄与は，再結像，あるいは計算機でメモリーの2次元行列をずらして除くことができる．この場合，ω_1 領域に純粋な双極子粉末パターンが

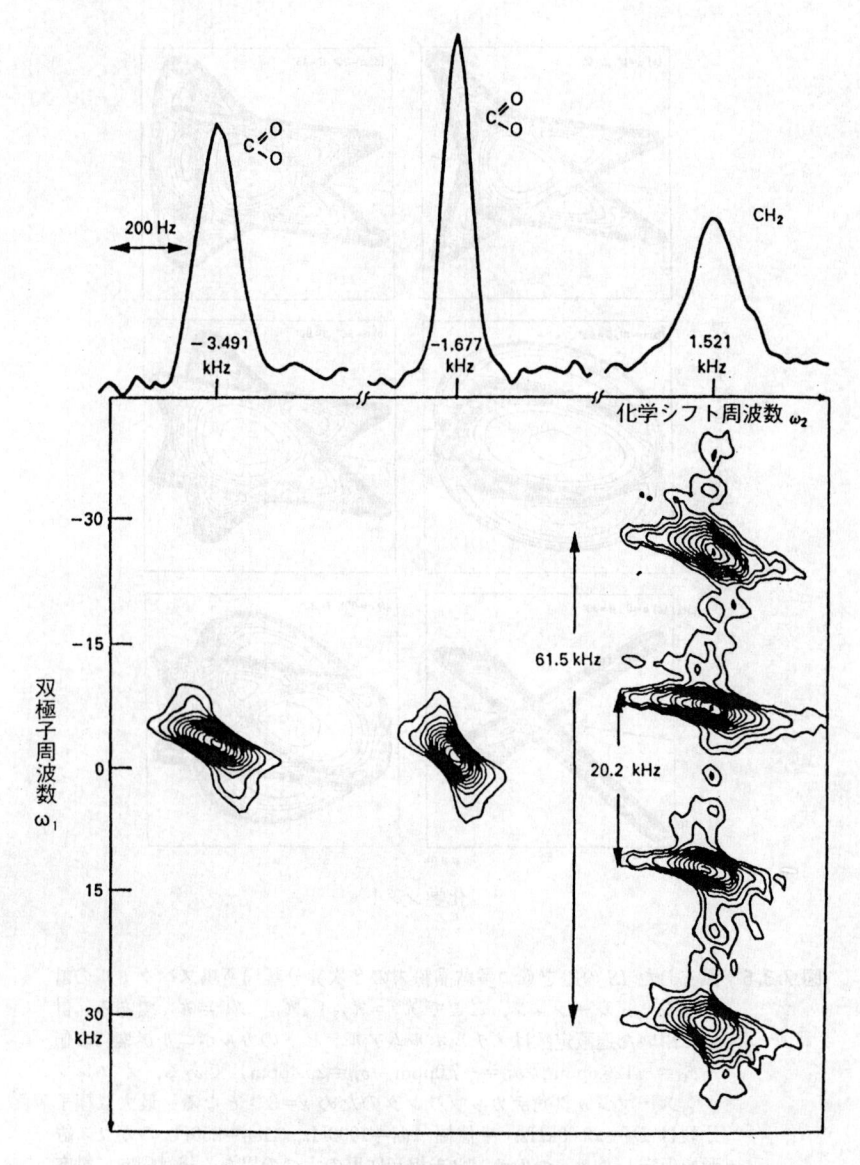

7.3 配向層における化学シフトと双極子結合の分離　　　485

図 7.3.4 発展期にデカップリングのない図7.3.3の系列で得た，マロン酸水素アンモニウム単結晶の局所場分離スペクトル．CH$_2$基からは，中央に弱い成分がある五つの共鳴の多重分裂が生じる．CH$_2$基の二つの r_{IS} ベクトルは静磁場と78°と164°の角度をなしている（文献7.39より）．

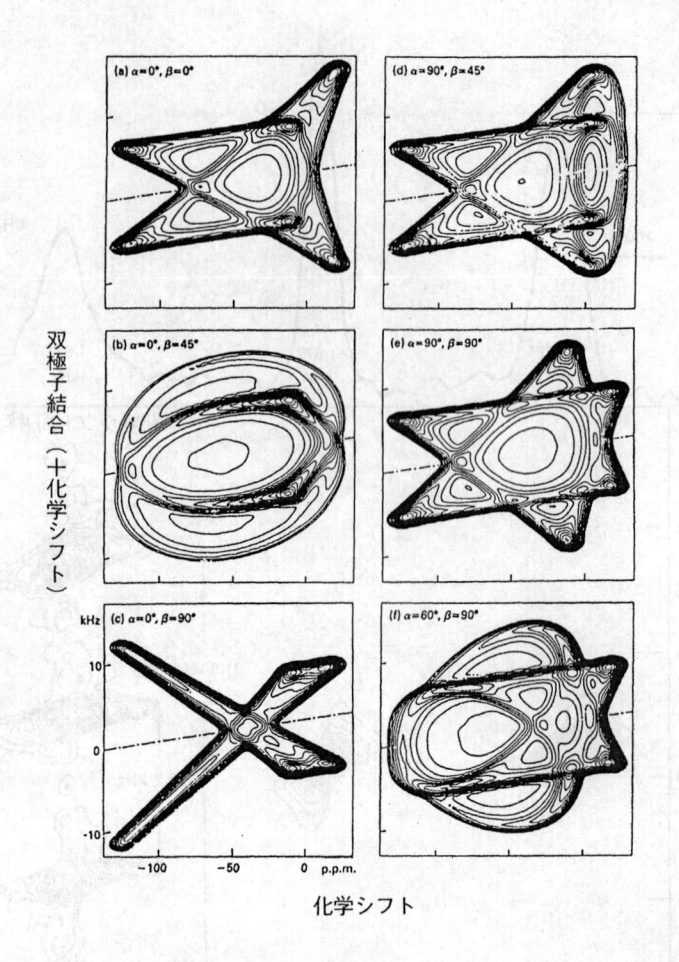

図7.3.5 孤立した IS の組をもつ多結晶粉末の2次元分離局所場スペクトルの計算機シミュレーション，ここで $\mathcal{H}^{(e)}=\mathcal{H}_{ZS}+x\mathcal{H}_{IS}$, $\mathcal{H}^{(d)}=\mathcal{H}_{ZS}$ である．計算で用いた遮蔽定数はメチルホルムアルデヒドのカルボニル炭素13の値（$\sigma_{11}=-126.6$ppm, $\sigma_{22}=-7.0$ppm, $\sigma_{33}=25.4$ppm）である．オフレゾナンス・マジック角デカップリングのため $x=3^{-\frac{1}{2}}$ となる．最大双極子分裂は $D_{\parallel}=22.63$kHz．半値幅 $\Delta\omega_1=1000$Hz, $\Delta\omega_2=250$Hz のガウス線形を仮定した．二つのテンソル相互作用の六つの異なる相対配向に対応した粉末スペクトルを示す．この配向は $D_{\parallel}$ と σ_{33} でなす極角 β と，$D_{\parallel}$ の（σ_{11}, σ_{22}）平面へ射影したものと σ_{11} のなす方位角 α で表わされる（文献7.49より）．

7.3 配向層における化学シフトと双極子結合の分離

実現する.

^{13}C-^1H の 2 スピン系について，典型的な 2 次元粉末パターンの形が図7.3.5 から理解できる．^{13}C-^1H 双極子結合テンソルと ^{13}C 化学遮蔽テンソルの相対的配向にスペクトルが大きく依存しているのは明らかである．ギ酸メチルのカルボニル炭素に対応して，シミュレーションでは非対称的な化学遮蔽テンソルを仮定している（図7.3.5の説明文参照）．

図7.3.5の解釈は単純である．ω_1 方向（縦軸）の双極子分裂は，核間ベクトル r_{kl} が B_0 に平行なら最大分裂 $\Delta\omega_1 = b_{kl}$ になり，r_{kl} が B_0 に垂直なら分裂 $\Delta\omega_1 = -b_{kl}/2$ のはっきりした尾根になる．横方向の ω_2 軸に沿ったはっきりした三つのピークから，化学遮蔽テンソルの三つの主値が簡単にわかる．これは特に，$\alpha=0°$, $\beta=0°$ と $\alpha=90°$, $\beta=90°$ と $\alpha=0°$, $\beta=90°$ について明らかになる．

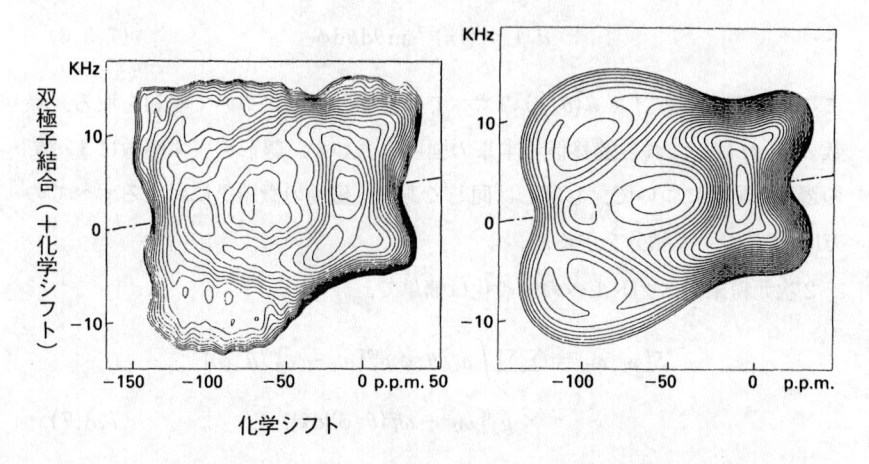

図 7.3.6 多結晶粉末の 2 次元局所場分離スペクトル．^{13}C 濃縮したギ酸メチル（H^{13}COOCH$_3$）の実験スペクトル（左）と計算機シミュレーションの比較．計算では遮蔽と双極子テンソルの相対配向は $\alpha=33°$, $\beta=85°$ を仮定している（図7.3.5参照）．（文献7.49より）．

H^{13}COOCH$_3$ の場合，図7.3.6に示すように実験とシミュレーションのスペクトルでよい一致を得ている．そのとき，CHベクトルの遮蔽テンソルに対す

る配向は，$\beta=85°$（σ_{33} についての極角）．$\alpha=33°$（σ_{11} と σ_{22} で張った平面で σ_{11} に関する方位角）であった．

このように2次元粉末の実験スペクトルの解析では，図7.3.5で示したような計算機シミュレーションとの比較は不可欠である．計算機による粉末スペクトルの計算には二つの方法が可能である．

7.3.3.1 粉末スペクトルの完全なシミュレーション

1次元粉末スペクトルの計算から始めよう．ある結晶の軸座標系で磁場 $\mathbf{B}_0$ の方向を記述する二つの角 θ と ϕ に依存する一般的なハミルトニアン $\mathcal{H}(\theta,\phi)$ を仮定しよう．1次元粉末スペクトルは次のようになる．

$$S(\omega) = \sum_i \int a_i(\theta,\phi) g_i[\omega - \omega_i(\theta,\phi)] d\Omega$$

$$d\Omega = (4\pi)^{-1} \sin\theta d\theta d\phi \tag{7.3.6}$$

ここでハミルトニアン $\mathcal{H}(\theta,\phi)$ のすべての遷移周波数について総和を取る．係数 $a_i(\theta,\phi)$ は，これら遷移信号本来の強度を表わす．線形を表す関数はすべての遷移と配向について，しばしば同じである．磁場の微結晶に対するすべての方向 Ω について積分をする．

2次元粉末スペクトルへの一般化は簡単で，

$$S(\omega_1,\omega_2) = \sum_i \sum_j \int a_{i,j}(\theta,\phi) g_i^{(e)}[\omega_1 - \omega_i^{(e)}(\theta,\phi)]$$
$$\times g_j^{(d)}[\omega_2 - \omega_j^{(d)}(\theta,\phi)] d\Omega \tag{7.3.7}$$

ここで $\omega_i^{(e)}(\theta,\phi)$ と $\omega_j^{(d)}(\theta,\phi)$ は，それぞれ発展期と検出期の有効ハミルトニアン $\mathcal{H}^{(e)}$ と $\mathcal{H}^{(d)}$ の遷移周波数である．図7.3.5の粉末図は式(7.3.7)で計算した．

7.3.3.2 尾根の稜線図

2次元粉末スペクトルがはっきりした尾根の一組で特色づけられることは図7.3.5からわかる．線幅が無限に狭いとすると，尾根は無限強度の特異点にな

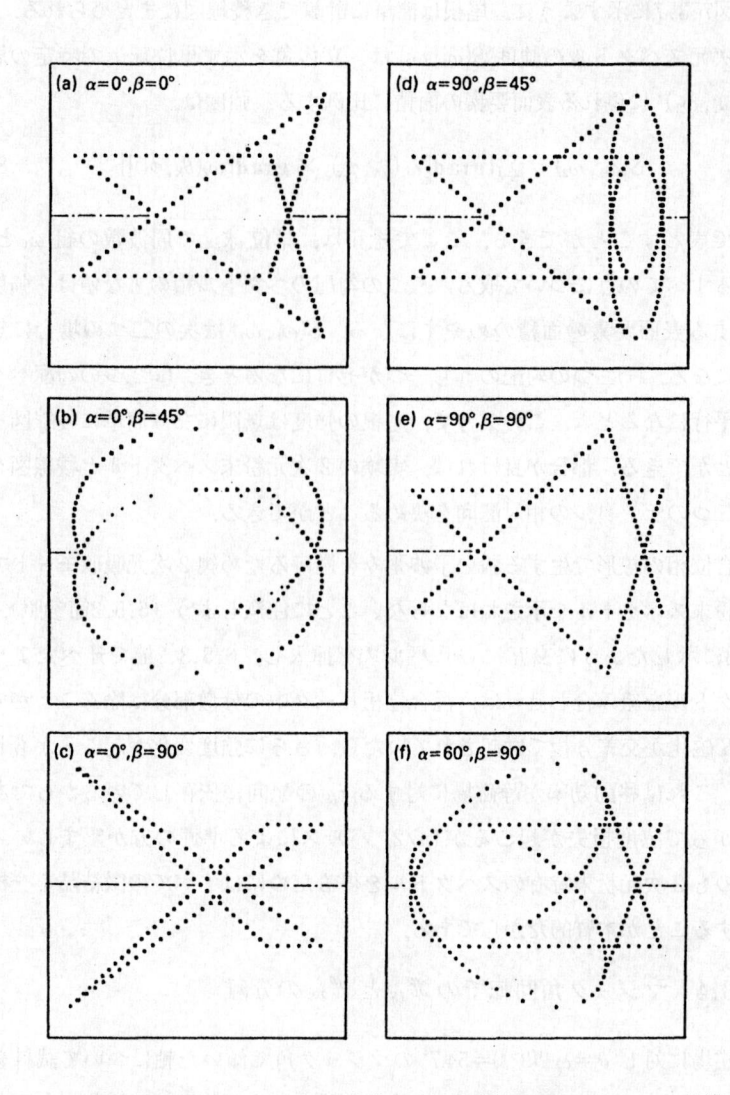

7.3 配向層における化学シフトと双極子結合の分離　　　489

図 7.3.7　図7.3.5のパラメーターでの計算2次元局所場分離スペクトルの稜線図. ただし, 縦軸方向の ω_1 領域からは化学遮蔽の寄与が除かれている (文献7.49より).

る．図7.3.7に示すように，尾根は簡単に計算でき稜線図にまとめられる．

2次元スペクトルの強度 $S(\omega_1, \omega_2)$ は，立体角を示す単位球上で特定の周波数 (ω_1, ω_2) に現れる表面要素の面積に比例する．強度は，

$$S(\omega_1, \omega_2) = \sum_k |\mathbf{grad}[\omega_1(\theta_k, \phi_k)] \times \mathbf{grad}[\omega_2(\theta_k, \phi_k)]|^{-1} \quad (7.3.8)$$

の形で表わすことができる．ここで総和は，単位球上で周波数の組 ω_1 と ω_2 になるすべての点について取る．二つの勾配のベクトル積の主な値は，強度に寄与する表面要素の面積のめやすになる．$S(\omega_1, \omega_2)$ は次の二つの場合に無限強度になる．(i)二つの勾配のうち一つがゼロになるとき，(ii)二つの勾配ベクトルが平行になるとき．この条件で，尾根の強度は無限になり簡単に稜線図を作ることができる．都合が良ければ，実験の2次元粉末スペクトルと稜線図を比べて二つのテンソルの相対配向を決めることができる．

混合位相の線形で生ずる強い干渉歪みを避けるため純2次元吸収モードで2次元粉末スペクトルを示さねばならないことに注意しよう（6.5.2節参照）．図7.3.3に示したように交互に $(\pi)^S$ パルスを挿入し，6.5.3.2節で述べたようにスペクトルを組み合わせれば，混合位相ピーク中の分散部分は除くことができる．S 磁化が交差分極で励起されていたら，さらに強度変化が起こるかもしれない．これは移動効率が静磁場に対する $\mathbf{r}_{IS}$ の配向に依存しているからである．したがって感度損失が起こるが $(\pi/2)^S$ パルスによる準備の方が望ましい．というのも2次元粉末特有のスペクトルを得るためにはすべての微結晶を一様に励起することが本質的だからである．

7.3.4 マジック角回転での $\mathcal{H}_{IS}$ と $\mathcal{H}_{ZS}$ の分離

静磁場に対し $\theta = \omega^{-1}(3^{-\frac{1}{2}}) = 54.7°$ のマジック角で傾いた軸について試料を巨視的に回転させることによって，不均一な異方的相互作用は平均化できる．相互作用の大きさが回転周波数 ω_r より大きいと，磁化の時間展開は回転エコーが表われることで特徴づけられ，周波数領域でのスピニング・サイドバンドになる．

7.3 配向層における化学シフトと双極子結合の分離

$\mathcal{H}_{IS}$ と $\mathcal{H}_{ZS}$ の2次元分離では，四つの場合が区別できる．

1．$\omega_r > \|\mathcal{H}_{ZS}\|, \|\mathcal{H}_{IS}\|$．試料回転の影響をラジオ波パルスで適当に除かなければ，異方性に関するすべての情報は失われる．

2．$\|\mathcal{H}_{IS}\| > \omega_r > \|\mathcal{H}_{ZS}\|$．化学遮蔽の異方性は完全に平均化される．しかし双極子結合の大きなサイドバンドが解析から決められる．

3．$\|\mathcal{H}_{IS}\|, \|\mathcal{H}_{ZS}\| > \omega_r$．相互作用は両方とも回転エコーとサイドバンドになる．両方のテンソルの主値だけでなく相対的な配向も，適切な2次元の実験で決定できる（7.50-7.53）．

4．$\|\mathcal{H}_{IS}\|, \|\mathcal{H}_{ZS}^{aniso}\| > \omega_r > \|\mathcal{H}_{ZS}^{iso}\|$．再び異方的相互作用はサイドバンドになる．しかし化学遮蔽のサイドバンドを抑えるため t_2 領域で同期したサンプリングを用いることができ，その結果2次元スペクトルは2の場合と似た外観になる．等方的なシフトの折り返し（重複歪，aliasing）を避けるため条件 $\omega_r > \|\mathcal{H}_{ZS}^{iso}\|$ は満たされていなければならない．この条件は適当な多重パルスで $\mathcal{H}_{ZS}^{iso}$ をスケーリングして得られる（7.54, 7.55）．

$\mathcal{H}_{ZS}$ に対し $\mathcal{H}_{IS}$ を分離することは図7.3.8で示した系列によって達成される．これは静止試料に用いられる図7.3.3の方式と深い関係がある．最初に S 磁化が交差分極で準備される．等方的な系のゲート・デカップリング法のように（7.2.2.3節），t_1 で $\mathcal{H}_{IS}$ カップリングが働くようにするが，$\mathcal{H}_{II}$ 相互作用を除くために多重パルス系列（示していないが）を使われねばならない．他のほとんどの2次元の実験と違い，最初の励起後 $t = 2N\tau_r = 2N/\nu_r$ の固定した時刻から取り込みが始まる．それは，偶数の回転エコー，つまりシフトの異方性が再結像する位置に対応していなければならない．発展期 t_1 は，異種核デカップリングが中断している間隔として定義される．発展期の S スピンの等方的シフトは，回転エコーと同期した $(\pi)^S$ パルスによって除かれる．

t_1 での見かけの歳差運動の向きが反対なので，7.3.8(a)と(b)の系列は相補的であり，これから6.5.3.2節で述べた方法による線型結合で純2次元吸収線型

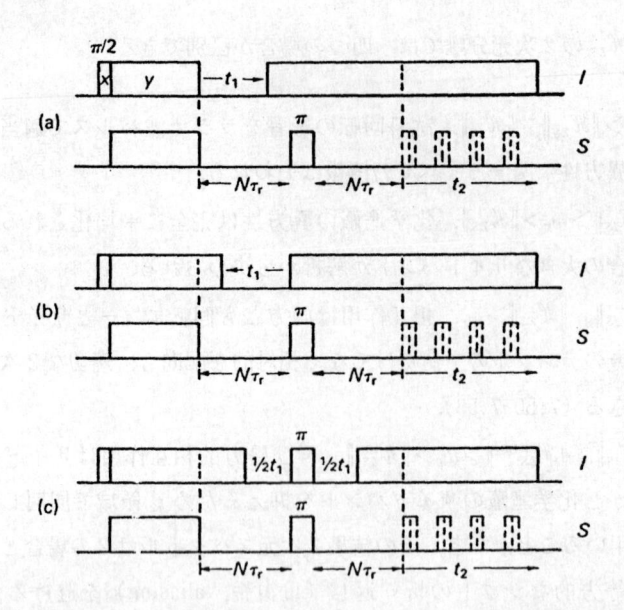

図 7.3.8 マジック角回転条件での局所場分離分光法．(a)回転エコーと同期した$(\pi)^S$パルスのある単純な方式．信号の取り込みは偶数番目のエコーの時$(t=2N\tau_r=2N/\nu_r, N=1, 2, 3, \cdots)$に始める．わかりやすくするため t_1 期に $\mathcal{H}_{II}$ 相互作用をデカップリングするのに必要な多重パルス系列は示していない．もし必要なら条件 $\omega_r > \|\mathcal{H}_{ZS}^{iso}\|$ を満たすように，検出期にダッシュのパルスを用いて ω_2 での等方的化学シフトをスケーリングすることができる．(b)時間反転した(a)と類似の実験．純 2 次元吸収線形を得るために(a)と組み合わせて用いることができる．(c)「両側での展開」(double-sided evolution) では，$\Delta\omega_1=\omega_r/2$ のシグナル間隔で対称的な双極子サイドバンド・パターンが現れる (7.53)．

を得ることができる．図7.3.8(c)の手法では $\omega_1=0$ について対称な共鳴周波数になり，純 2 次元吸収を得る6.5.3.1節の方法が適用される．

図7.3.8の三つの方式すべてに共通だが，緩和を考えなければ $1/\nu_r$ でハミルトニアンが周期的になることを利用できる．すなわち，t_1 増加の回数 n を小さくして測定し，$t=2\tau_r=2/\nu_r$ の 2 回めの回転エコーから信号の取り込みをはじめても十分である (7.56)．

$\|\mathcal{H}_{IS}\|$, $\|\mathcal{H}_{ZS}\| > \omega_r$ の場合に対応する実験例を図7.3.9に示す．この純吸収ス

7.3 配向層における化学シフトと双極子結合の分離   493

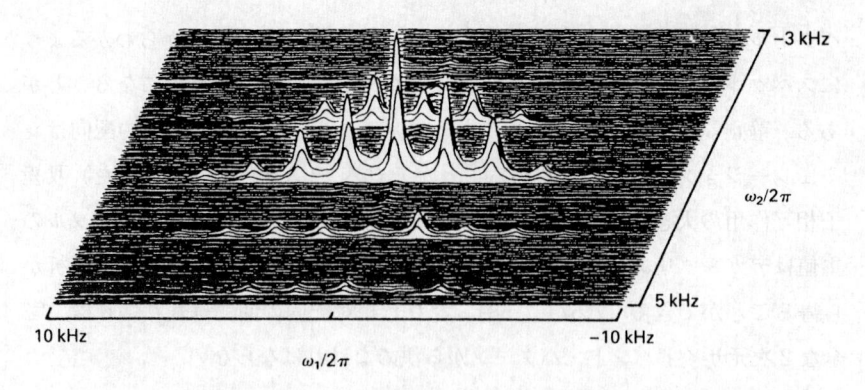

図 7.3.9 純 2 次元吸収線形を得るために図7.3.8(a)と(b)の方法を組み合わせて測定した，グリシルグリシン塩酸塩のアミド ^{15}N 共鳴の局所場分離スペクトル．窒素15遮蔽テンソルの異方性によるサイドバンドを ω_2 領域に示し，ω_1 領域には ^{15}N-^{1}H 双極子結合に関連したサイドバンドを示す（文献7.54より）．

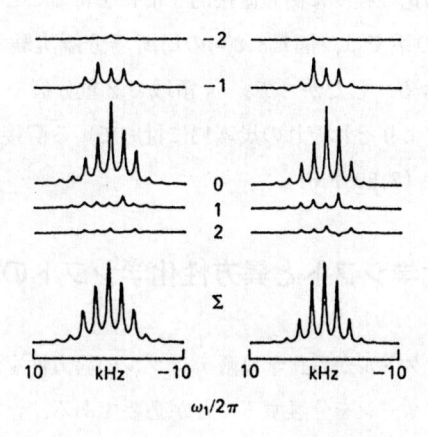

図 7.3.10 図7.3.9の 2 次元スペクトルで，ω_2 周波数の位置（^{15}N 遮蔽テンソルの 0，±1，±2 と番号づけされた中央バンドとサイドバンドに相当）で ω_1 軸に平行に取った断面図．左側の実験の断面図は右側のシミュレーションと一致する．計算では，NH の結合軸がほぼ一軸的な ^{15}N 遮蔽テンソルの主軸と25°の角をなすと仮定した．下に示した射影は双極子結合が $D_\parallel = 4.9$ kHz であることを示している（文献7.54より）．

ペクトルから切り取られた断面を図7.3.10に示してある．それからわかるようにスペクトルは $\omega_1=0$ について対称ではなく，また負の共鳴線になることがある．静止試料粉末スペクトルのように，二つのテンソルの相対的配向はシミュレーションと比較して決めることができる．（スケーリングされた）双極子相互作用の大きさは ω_1 軸への射影から決めることができ，遮蔽テンソルの主値はデカップリングした通常1次元スペクトルのサイドバンド振幅の解析から得ることができる（7.57, 7.58）．ただし相対配向の問題は残りこれは，完全な2次元サイドバンド・パターンから決めなければならない．

双極子と化学遮蔽サイドバンド・パターンから，異方性を部分的に平均化する運動過程についての情報を得ることができる．運動過程によっては軸対称のない双極子テンソルになり（7.41, 7.48），それはサイドバンド・パターンに反映する．高分子のように内部運動のある系で測定された双極子結合と（たとえば結晶のモノマーのような）不動格子中の対応する双極子結合を比べることで，運動による平均化の程度に関し直接的な情報を得ることができる（7.56）．

弱い双極子結合の系では，図7.3.8(a)の局所場分離実験で，固体中のスカラー結合を測定できる．したがって，ω_1 領域で2重分裂や3重分裂，4重分裂を観測することによりそれぞれの炭素13に付いている隣接水素核の数を決めることが可能である（7.59-7.61）．

7.4 等方性化学シフトと異方性化学シフトの分離

静止試料粉末スペクトルから化学遮蔽テンソルの異方性を決めるには，通常重なり合った粉末パターンを分離することが必要である．マジック角試料回転により異なった等方性化学シフトの分離はできるが，なんらかの方法でスピニングの効果が抑えられるならシフト・テンソルの異方性を取り出すこともできる．

マジック角回転の条件でスペクトルが記録されるなら二つの場合が区別できる．

7.4 等方性化学シフトと異方性化学シフトの分離

1. $\omega_r \gg \|\mathcal{H}_{ZS}^{aniso}\|, \|\mathcal{H}_{ZS}^{iso}\|$. 通常のマジック角スペクトルでは異方性に関するすべての情報が失われる．しかし試料回転による平均化の働きを部分的に抑えるラジオ波を作用させてそれを取り戻せるだろう (7.62-7.64).

2. $\|\mathcal{H}_{ZS}^{aniso}\| > \omega_r > \|\mathcal{H}_{ZS}^{iso}\|$. 異方性はサイドバンド・パターンになる．これは同期サンプリングにより2次元スペクトルのある次元方向では除くことができる．等方性シフトの重復歪を防ぐための条件 $\omega_r > \|\overline{\mathcal{H}}_{ZS}^{iso}\|$ を満たすために，シフトのスケーリングが必要であろう (7.55, 7.65).

2次元実験のある期間（たとえば発展期の）中にマジック角から回転軸をす速く動かす（flipping）ことによって回転による機械的な平均化を抑えることができる (7.66).

最後に，異方的な相互作用を除くために連続した試料回転を用いずに，その回転の働きを近似する不連続な回転によって，等方的遮蔽項と異方的遮蔽項を分離することができる (7.67).

7.4.1 回転に同期したパルス

理想的には，t_1 の間で異方性を決め，一方，等方性シフトについては，発展期の終わりに瞬間的にスピニングをはじめ t_2 の間に観測できるようにしたい．実際には，巨視的な回転による平均化を抑えるために，発展期にスピン空間で周期的磁化反転を行い，連続的な回転と同様な効果を得ることができる．

半回転ごとに π パルスを働かせたり (7.62)，あるいはまたそれぞれのスピナー回転の間に六つの π パルスを働かせることにより (7.63)，異方性相互作用を再導入することができる．$\omega_r > \|\mathcal{H}_{ZS}^{aniso}\|$ の極限では，ω_2 領域に等方性シフトの情報だけを残すが，ω_1 領域では異方性の程度がわかる．不運なことに，得られる粉末パターンは静的粉末パターンに一致せず，その遮蔽テンソルの主値は計算機シミュレーションとの比較から読みとることができるだけである．

図7.4.1の方式でこの問題をかなりうまく避けられる．この場合，短い間隔

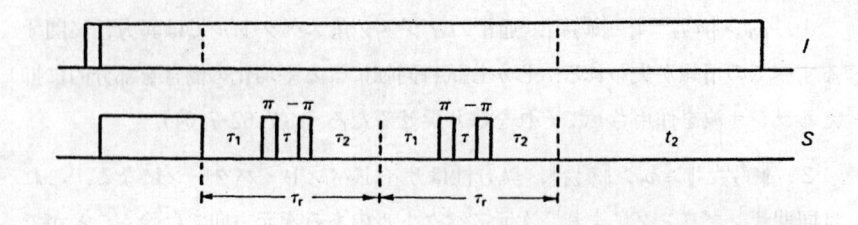

図 7.4.1 マジック角回転下での粉末試料の $\mathcal{H}_{ZS}^{aniso}$ と $\mathcal{H}_{ZS}^{iso}$ の分離. 回転と同期したパルス対 $(\pi)_x - \tau - (\pi)_{-x}$ を用いて ω_1 期の異方性を回復させる方式を示す (7.64). 発展期 t_1 の長さは τ 間隔の数によって決まる (この図では $n=2$, $t_1 = n\tau$).

$\tau \ll 1/\nu_r$ をはさむ二つのパルスによって横 S 磁化の歳差運動の向きが反転される. パルスは試料回転と同期しているので, その間隔はローターの特定の位置と一致している. 実験は, ローターが止まっていると仮定できる短い間の磁化の展開を観測することになる. 原理的には, ω_1 次元は実際に止まった試料と同じ粉末パターンを示すが, ω_2 次元は高分解能な等方的なスペクトルになる (7.64).

7.4.2 スケーリングのある同期したサンプリング

試料回転周波数が低いなら, つまり $\omega_r < \|\mathcal{H}_{ZS}^{aniso}\|$ なら, 両方の周波数領域で遮蔽の異方性に特徴的なサイドバンドを得ることができる. スペクトルの単純化のために, 一つの周波数領域では等方的なシフトだけが残るようサイドバンドは抑えられるべきであり, これはストロボ的な検出により行なうことができる. つまり回転エコーと同期してシグナルは取り込まれる. その結果, サイドバンドはたたまれて (folding) 中央のシグナルと一致する. 等方的なシフトの帯域が試料回転周波数を超えると都合悪いことにスペクトルはわかりにくくなる. 適当なスケーリングによって, $\omega_r > \|\mathcal{H}_{ZS}^{iso}\|$ にすることは可能である. 実際に, 液相でのスケーリングの類推から, 検出期での一連の $(\beta)_x (\beta)_{-x}$ パルスでこれを行なうことができる.

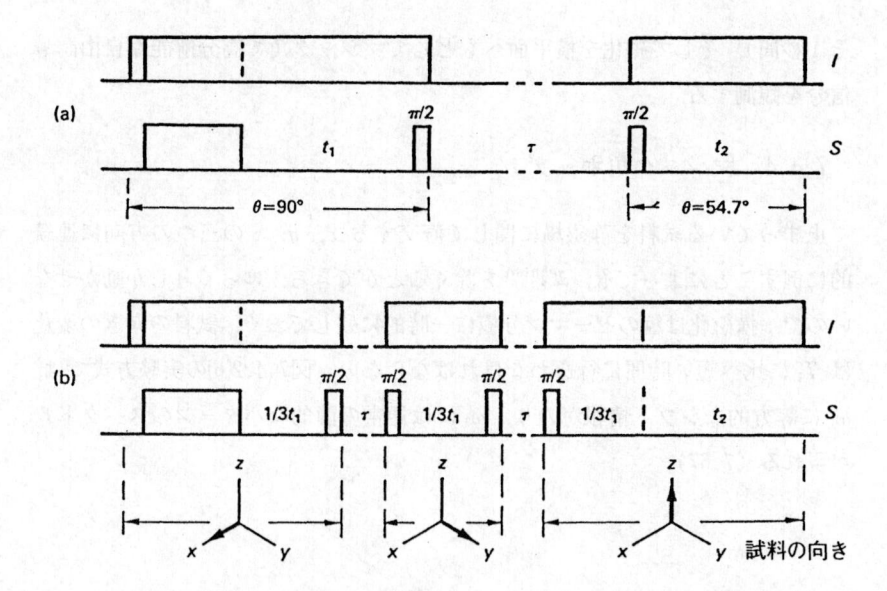

7.4 等方性化学シフトと異方性化学シフトの分離

図 7.4.2 $\mathcal{H}_{ZS}^{aniso}$ と $\mathcal{H}_{ZS}^{iso}$ の分離．(a)マジック角フリップ実験．回転軸が静磁場と垂直になっているとき，磁化は交差分極で励起され，回転軸をマジック角へ急速に変える τ の間隔では縦分極として保持され，検出期の最初に横磁化へ変換される．(b)マジック角ホップ実験．実験座標系に関して直交する三つの軸方向へ静止している試料を回転させる．このようにしてそれぞれの方向で S 磁化は $1/3t_1$ 時間歳差運動する．その結果，ω_1 では $\mathcal{H}_{ZS}^{iso}$ のみが観測でき，ω_2 では静止している時の粉末試料スペクトルになる．試料の回転軸が移動する τ の間隔では磁化は一時的に縦磁化として保持される．

7.4.3 マジック角フリップ

　概念的には（技術的にではないかもしれないが），$\mathcal{H}_{ZS}^{iso}$ と $\mathcal{H}_{ZS}^{aniso}$ を分離する直接的なアプローチとして，実験の発展期に回転軸をマジック角から動かすという方法がある(7.66)．t_1 で静磁場と垂直に試料が回転すると，その粉末パターンは止まっている試料のパターンの半分の幅になり，またその周波数の向きも反転する(7.42)．図7.4.2(a)の方式では，回転軸が $\theta=90°$ で傾いている時（静磁場と垂直な時），横 S 磁化が展開する．次に S_x 磁化を $\pi/2$ パルスで縦方向に変え，軸を $\theta=90°$ から $\theta=54.7°$ へフリップさせる（典型的にはおよ

そ1秒間），そして磁化を横平面へもどしてマジック角で高分解能な自由誘導信号を観測する．

7.4.4 マジック角ホップ

止まっている試料を静磁場に関して直交する x, y, z の三つの方向に連続的に倒すことによっても，$\mathcal{H}_{ZS}^{aniso}$ を除くことができる．ゆっくりしか動かせないので，横磁化は縦のゼーマン分極に一時的に残しておく．試料の向きの変化は T_1 に比べ短い時間に行なわなければならない．図7.4.2(b)の実験方式では，ω_1 に等方的なシフト情報がのり，ω_2 には通常の静的なパターンのスペクトルが現れる（7.67）．

第8章

コヒーレンス移動を用いる2次元相関法

スピン結合ネットワークに対してNMRスペクトルを解釈するには核スピン間の連結を知る何らかの方法が必要だ．コヒーレンス移動は核スピン系を調べるのにふさわしい魅力ある方法を提供し，2重共鳴法のような伝統的方法にかわって広い適用範囲を持つ．その例として

1．スカラー，または双極子相互作用により直接結合した核間の化学シフト相関；
2．同種核，異種核結合ネットワークのトポロジーの同定；
3．エネルギー準位図における遷移の結合の明確化；
4．スカラー，双極子結合の強度と相対符号の決定

などがある．

2重共鳴ではこの種の情報は，ハミルトニアンに選択的な摂動を加えスペクトルを部分変形したり，観測される遷移と摂動を受けた遷移間の結合がわかるよう選択的飽和を行い信号の強度変化から得られる．一方，2次元相関分光はある遷移から他の遷移へのコヒーレンス移動を基礎とし，スピン系の構造を直接見られるようそのスペクトルを提示するのである．

もともとJeenerにより提案され (8.1)，Aueらによりはじめて実行され，かつ詳細に解析された (8.2) 最も簡単な実験では，パルス列 $(\pi/2)-t_1-(\beta)-t_2$ を基本としている．この実験を同種核2次元相関またはCOSYと呼ぼう．ただし頭字語でHOMCORとか 'Jeener実験' とも呼ばれる．基本実験では1量子遷移間のコヒーレンス移動が回転角 β を持つ単一の非選択ラジオ波パルスで誘起される．弱結合系では二つのスピン間にゼロでない結合があることがコヒーレンス移動が起るための必要条件である．したがって2

次元相関スペクトルで交差ピークが見えれば，分離可能なスカラーまたは双極子結合が存在していることを示し，結合相手の化学シフトを同定（または"相関"）することができる．2次元スペクトルは混合過程でのコヒーレンス移動を跡づける"地図"と考えることもできよう．

　2次元相関分光の基本実験法は複雑なスペクトルの解釈に極めて有効であることがわかったが（8.3-8.5），まだ帰属の不確かさが若干残る．この不確かさは相続くコヒーレンス移動過程，たとえばリレー磁化移動（8.6, 8.7）や多量子NMR（8.2, 8.8）を用いて分離できることがある．1量子相関法や多量子相関法はまた，濃厚スピン I と希薄スピン S (^{13}C, ^{15}N など)を持つ異種核スピン系に有効に活用できる（8.9-8.11）．異種核系ではコヒーレンス移動法を用いて間接測定を行えば感度を向上できる（8.9, 8.12, 8.13）．

　最近の実験の多くは1量子，多量子コヒーレンス両者の歳差運動の期間を含み，また1量子と多量子コヒーレンスに基本的な差はないので，ここでは個々の実験にどのような次数のコヒーレンスが含まれるかにはあまり拘泥せずに統一的に取扱う．

　2次元相関実験の重要な性質の多くはコヒーレンス移動径路図で表現される．6.3節で述べたようにそれは種々の次数の多量子コヒーレンスの通り道を示す．このような記述により広範な実験の統一的見方が得られ，さらに位相循環法による希望次数の選択についての具体的手法が得られる．

　ところでコヒーレンス移動径路図は，コヒーレンス移動の強度を決める要因については何の洞察も与えてくれない．6.2.1節では密度演算子を露わに表現することによって，いかにしてコヒーレンス移動の強度を予測するかを示した（式（6.2.11））．このテーマは8.1節でさらに拡張される．

　多くの系では，結合のネットワークが不完全でいくつかのスピン間で結合が消失している．その結果，強度がゼロとなるコヒーレンス移動も生じ，これらは禁制遷移と呼ばれる．この現象は8.1節で論じられる，コヒーレンス移動の選択則を用いて説明される．

　同種核相関法の基本形は8.2節で論じられる．多くの変形，たとえば遅延取

り込み（採取）法，定時間実験、多量子フィルター、リレー磁化移動そして全スピン相関法などは8.3節でふれる．8.4節では同種核多量子分光の実際面を扱い、5章で記した原理を補完する．多数スピン I と希薄スピン S を含む異種核系は多彩な実験操作に向いており，8.5節の中心課題となる．

8.1 2次元相関分光におけるコヒーレンス移動：強度と選択則

2次元相関分光の基礎現象であるコヒーレンス移動については2.1.11節で論じた．2次元相関スペクトルの交差ピークはある2状態間, $|t>$ と $|u>$ の遷移から他の2状態間, $|r>$ と $|s>$ の遷移へのコヒーレンスの移動として生ずる．

$$|t><u| \to |r><s|$$

ピーク強度は，選択則を考慮に入れたコヒーレンス移動の強度により決定される．

コヒーレンス移動は単一ラジオ波パルスまたはパルス列により誘起される．最終的効果は6.2節で論じたユニタリー変換 R （ただし緩和項を無視）により記述できる．コヒーレンス移動 $|t><u| \to |r><s|$ の強度は式 (6.2.11) の複素因子 Z_{rstu} で与えられるが，それは式 (6.2.14) により R のマトリックス要素を用いて表現できる．場合によってはコヒーレンス移動強度は単一遷移演算子を用いて計算した方が便利である．2スピン系ではこうして，コヒーレンス移動

$$|\beta\beta><\alpha\beta| = I_k^- I_l^\alpha \to |\alpha\beta><\alpha\alpha| = I_k^\alpha I_l^-$$

は変換 $I_k^- \to I_k^\alpha$, $I_l^\beta \to I_l^-$ を含む．強度は式 (2.1.109), (2.1.118), (2.1.119) により導かれる．

コヒーレンス移動の大事な性質を理解するには，あるスピンの全多重分裂に伴う一群のコヒーレンスの動きを見る方が，個々の遷移を扱うより役に立つこ

とが多い．あるスピンの多重分裂パターンは4.4.5節や6.7節で示したように，直交演算子の積で表現される．この考え方は以後広範に用いられよう．

　非選択的パルスによるコヒーレンス移動はパルス前後の反位相コヒーレンスの存在と密接に結びついている．たとえばスピン系では $(\pi/2)_x$ パルスによる重要な変換は

$$2I_{ky}I_{lz} \xrightarrow{(\pi/2)(I_{kx}+I_{lx})} -2I_{kz}I_{ly}$$

となるが，ここではスピン I_k の反位相コヒーレンスがスピン I_l の反位相コヒーレンスに変換されている．これは INEPT のような異種核分極移動における基本過程でもあり，それらは2次元分光の子供達と考えられる（4.5.5節参照）．この変換は個々のパルスが個別のスピンに働きかける"カスケードパルス"から生じたと仮に考えると視覚的にわかりやすい（8.14）．

　拡張混合パルス列によるコヒーレンス移動はしばしば単一の推進演算子で表すことができる．こうして"サンドウィッチ"列 $[(\pi/2)_x-\tau/2)-(\pi)_x-\tau/2-(\pi/2)_x]$ で得られる複合回転（4.4.6節）——それはリレーコヒーレンス移動（8.3.4節）や多量子遷移の励起と検出（8.4.1節）に広く用いられるが——は弱結合スピン系においては，推進演算子 $\exp\{-i\sum \pi J_{kl}\tau 2I_{ky}I_{ly}\}$ による単一変換によって表される．それは結局式（2.1.100）で与えられ，図2.1.5で示すような演算子の部分空間の回転となる．

　ここで話題を転じ，コヒーレンス移動に制限として課せられる選択則を見てみよう．

1. コヒーレンス移動 $|t><u| \to |r><s|$ は結合がどんなに強かろうと，四つの状態のすべてが核スピンハミルトニアンの対称群の同一既約表現に属さなければ生じない．
2. コヒーレンス移動は，あるスピン系の同じ既約表現に属する遷移であれば，どの一対の遷移の間でも可能である．事実，弱結合の場合，後で説明するように $\pi/2$ 混合パルスを用いれば全てのコヒーレンス移動強度が同じ絶対

8.1 ２次元相関分光におけるコヒーレンス移動：強度と選択則

値を持つ．

二つ以上の遷移が縮退している時，すなわちいくつかのスピン結合大きさが等しいとか，ほとんどゼロの時には，反位相強度の打ち消し合いが起こり，許されるコヒーレンス移動過程に制限が加えられることもある．

3．弱結合系における単一の非選択パルスは，結合 $J_{kl} \neq 0$ がゼロでない場合にのみスピン k の一量子コヒーレンスをスピン l の観測可能な一量子コヒーレンスに移し得る．

強結合系では，これらの規則は少し甘くなる．

4．強結合系では，二つの遷移に関与するスピンが全てスピン結合の連結ネットワーク中にあれば，単一の非選択パルスによるコヒーレンス移動が起こり得る．

多量子コヒーレンスの励起と検出に関しては次の選択則が適用される．

5．単一の非選択パルスを弱結合スピン系に加えた場合，q 個の能動スピン，k, l, m, …… を含む q-スピン p-量子コヒーレンスは，残りの$(q-1)$個のスピンとの結合 J_{kl}, J_{km}, …… がすべてゼロでない時にのみ，これらスピンの内の一つ（たとえば k スピン）の観測可能な単一量子コヒーレンスから，励起されるか逆にそのコヒーレンスへ移動することができる．

6．単一の非選択パルスを弱結合スピン系に加えた場合，q 個の能動スピン，k, l, m, …… を含む q-スピン p-量子コヒーレンスは，もしすべての q 個の結合 J_{kn}, J_{ln}, J_{mn}, …… がゼロと異なっていれば，ある**受動**スピン n の単一量子コヒーレンスから励起されるか逆にそのコヒーレンスへ移動する．

磁気的等価核を持つ弱結合系におけるコヒーレンス移動現象は，対称性に合わせた基底よりむしろ個々のスピンの積関数で記述した方が適切なことが多い(8.15)．等価核間の結合 $J_{kk'}$ が等方溶液で表面に現われないことを考えに入れていることで対称性は考慮されている．したがって選択則は等価核間のどの

対も $J_{kk'}=0$ であるとして適用すればよい．規則5を用いれば二つ以上の等価核よりなる多量子コヒーレンスは，単一の非選択パルスでは観測可能な等価核1量子コヒーレンスに移動し得ないことになる．この結論は等価核が多重指数関数的緩和を示す場合には正しくなく，その時は対称化基底関数による記述が求められる．

非常に小さな結合 J_{kl} を持つ2次元スペクトルで交差ピークが見えなくなるのは，発展期 t_1 の間に，反位相コヒーレンスが同位相コヒーレンス $\sigma(t_1=0)=I_{kx}$ より出発し，$\sin\pi J_{kl}t_1$ に比例する速度で成長することを考えればわかる．横緩和過程が，同時にコヒーレンスを減衰させる．

$$\sigma(t_1) = [I_{kx}\cos\pi J_{kl}t_1 + 2I_{ky}I_{lz}\sin\pi J_{kl}t_1]\exp(-t_1/T_2) \tag{8.1.1}$$

$J_{kl} \ll 1/T_2$ なら，反位相コヒーレンス $2I_{ky}I_{lz}$ は大変小さくなり，したがって交差ピークは弱くなる．しかし，$J_{kl} \leq (5T_2)^{-1}$ の場合でも1次スペクトルでは多重構造が全く見えなくなるほど小さい結合ですら2次元スペクトル上で交差ピークを検出することができる．大事なのは自然幅 $(T_2)^{-1}$ であり，傾斜磁場中の拡散を無視すれば不均一磁場による T_2^* 減衰は考えなくてよい．これは混合パルスが不均一性により線幅増大したピークの再結像を行うことを考えれば明らかである．

弱結合系では非縮退遷移間のコヒーレンス移動全てが，$t=t_1$ における回転角 β の単一パルスにより引き起こされる．このことは次の変換から容易に推測される．

$$\sigma(t_1^+) = \exp(-i\beta F_x)\sigma(t_1^-)\exp(i\beta F_x) \tag{8.1.2}$$

スピン $I=1/2$ の弱結合系の推進演算子は明示でき (8.16),

$$\exp(-i\beta F_x) = \prod_{k=1}^{N} \exp(-i\beta I_{kx})$$

$$= \prod_{k=1}^{N} \{¶_k \cos\beta/2 - 2iI_{kx}\sin\beta/2\} \tag{8.1.3}$$

となる．ここで $¶_k$ はスピン I_k の恒等演算子である．$I_k=1/2$ のスピンに対す

8.1 2次元相関分光におけるコヒーレンス移動：強度と選択則

る回転演算子の行列表現は

$$(\exp(-\mathrm{i}\beta I_{kx})) = \begin{pmatrix} \cos\beta/2 & -\mathrm{i}\sin\beta/2 \\ -\mathrm{i}\sin\beta/2 & \cos\beta/2 \end{pmatrix}, \quad (8.1.4)$$

であり，$I_k=1/2$ の N 個のスピン系の回転演算子の行列表現はその直積より得られる（8.16）.

$$\left(\prod_{k=1}^{N}\exp(-\mathrm{i}\beta I_{kx})\right) = (\exp(-\mathrm{i}\beta I_{1x})) \otimes (\exp(-\mathrm{i}\beta I_{2x})) \otimes \cdots \quad (8.1.5)$$

$\beta=\pi/2$ の時，式（8.1.4）の全ての要素が $(2)^{-1/2}$ の絶対値を持ち，したがってコヒーレンス移動は皆同一強度となる．1/2より大きなスピン $I_k \geq 1$ では，必ずしも移動強度は一様とはならないが，それでも β の特別な値を除いて全ての移動過程が生じ得る.

このことはコヒーレンス移動の選択則がマトリックス要素の消失を反映するのではなく，結合が弱すぎて充分ピークが分解されない時，反対符号のピークがたまたま重なって打ち消し合うためであることを意味する．弱結合系の2次元スペクトルの全体的様子を計算するには以下の戦略をとるのがよい.

1．まず全ての結合が分離し，全ての遷移が縮退していないと仮定する．各々のコヒーレンス移動は2次元スペクトルに分離したピークを生ずる.

2．次に結合の消失や縮退を考慮して2次元スペクトル上で，ピークの位置移動を行う．結果のピーク強度は重なった信号を与えるすべての移動過程の強度の和となる.

この手法は縮退した結合定数の効果，特に3重線や4重線などの効果を予測するのに有用である．こうして図4.4.6の1次元スペクトルで示した，打ち消し合い効果が2次元にも簡単に拡張される.

交差ピークの反位相的性格は単一パルスを用いた場合の一般的な性質である．いくつかの混合パルスを含むような拡張混合期を考えれば，単一パルスの場合

に考えた選択則を破るようなコヒーレンス移動も誘起できる．典型的例としてリレー磁化移動 (8.3.4節) や全相関分光 (8.3.5節) がある．

8.2 同種核2次元相関法

2次元相関分光の基本型ではコヒーレンス移動を誘起するのに回転角 β の単一パルスを用いる（図8.2.1）．この単純な実験は込み入った同種核スペクトルの解析に威力を発揮する．特に巨大分子の水素核 NMR スペクトルの解釈に有効である．同じ実験法は他の核で同種核結合を持つ場合のスペクトル（たとえばリン31, ホウ素11, タングステン183などの）を解析するのに応用できる．

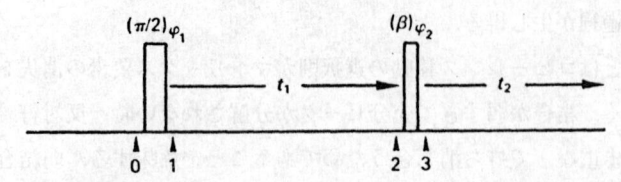

図8.2.1 $\pi/2$ の準備用パルスと回転角 β の混合用パルスを用いた同種核2次元分光法 (COSY) のパルス列．コヒーレンスの径路を選択するためにラジオ波位相 φ_1 と φ_2 を変える．式 (8.2.1) – (8.2.3) に出てくる密度演算子 σ_i は図中に印した時間軸上の点 $i=0, 1, 2, 3$ に対応する．

8.2.1 弱結合スピン系

2次元相関分光の性質の多くは，スピン1/2の弱結合2スピン系 ($I_k=I_l=1/2$, $|\Omega_k-\Omega_l|\gg|2\pi J_{kl}|$) を考察すれば明らかとなる．$\varphi_1=\varphi_2=0$ (x-パルス) を持つ図8.2.1のパルス列の場合，事象の系列は一連のカスケード的変換により記述できる．

$$\sigma_0 \xrightarrow{(\pi/2)(I_{kx}+I_{lx})} \sigma \xrightarrow{\Omega_k t_1 I_{kz}} \xrightarrow{\Omega_l t_1 I_{lz}} \xrightarrow{\pi J_{kl} t_1 2 I_{kz} I_{lz}} \sigma_2 \xrightarrow{\beta(I_{kx}+I_{lx})} \sigma_3 \quad (8.2.1)$$

密度演算子 σ の添字は図8.2.1中の時間軸上の数字をさしている．平衡状態 $\sigma_0=I_{kz}+I_{lz}$ は最初に準備パルスで横方向コヒーレンスに転換され，

8.2 同種核2次元相関法

$\sigma_1 = -I_{ky} - I_{ly}$ となる. 発展期 t_1 の間にも歳差運動し, 同位相 (I_{kx}, I_{ky} など) や反位相 ($2I_{kx}I_{lz}$ など) のコヒーレンス成分を生ずる.

$$\begin{aligned}\sigma_2 = & -[I_{ky}\cos\Omega_k t_1 + I_{ly}\cos\Omega_l t_1]\cos\pi J_{kl}t_1 \\ & + [I_{kx}\sin\Omega_k t_1 + I_{lx}\sin\Omega_l t_1]\cos\pi J_{kl}t_1 \\ & + [2I_{kx}I_{lz}\cos\Omega_k t_1 + 2I_{kz}I_{lx}\cos\Omega_l t_1]\sin\pi J_{kl}t_1 \\ & + [2I_{ky}I_{lz}\sin\Omega_k t_1 + 2I_{kz}I_{ly}\sin\Omega_l t_1]\sin\pi J_{kl}t_1. \end{aligned} \quad (8.2.2)$$

混合パルス β による変換で検出期の初めに次の状態ができる.

$$\sigma_3 = \sigma(t_1, \ t_2 = 0)$$

$$\begin{aligned} = & - [\overset{①}{I_{kz}\cos\Omega_k t_1} + \overset{②}{I_{lz}\cos\Omega_l t_1}]\cos\pi J_{kl}t_1\sin\beta \\ & + [\overset{③}{I_{kx}\sin\Omega_k t_1} + \overset{④}{I_{lx}\sin\Omega_l t_1}]\cos\pi J_{kl}t_1 \\ & - [\overset{⑤}{I_{ky}\cos\Omega_k t_1} + \overset{⑥}{I_{ly}\cos\Omega_l t_1}]\cos\pi J_{kl}t_1\cos\beta \\ & + [\overset{⑦}{2I_{kz}I_{lz}\sin\Omega_k t_1} + \overset{⑧}{2I_{kz}I_{lz}\sin\Omega_l t_1}]\sin\pi J_{kl}t_1\sin\beta\cos\beta \\ & + [\overset{⑨}{2I_{kx}I_{lz}\cos\Omega_k t_1} + \overset{⑩}{2I_{kz}I_{lx}\cos\Omega_l t_1}]\sin\pi J_{kl}t_1\cos\beta \\ & + [\overset{⑪}{2I_{ky}I_{lz}\sin\Omega_k t_1} + \overset{⑫}{2I_{kz}I_{ly}\sin\Omega_l t_1}]\sin\pi J_{kl}t_1\cos^2\beta \\ & - [\overset{⑬}{2I_{kz}I_{ly}\sin\Omega_k t_1} + \overset{⑭}{2I_{ky}I_{lz}\sin\Omega_l t_1}]\sin\pi J_{kl}t_1\sin^2\beta \\ & - [\overset{⑮}{2I_{kx}I_{ly}\cos\Omega_k t_1} + \overset{⑯}{2I_{ky}I_{lx}\cos\Omega_l t_1}]\sin\pi J_{kl}t_1\sin\beta \\ & - [\overset{⑰}{2I_{ky}I_{ly}\sin\Omega_k t_1} + \overset{⑱}{2I_{ky}I_{ly}\sin\Omega_l t_1}]\sin\pi J_{kl}t_1\sin\beta\cos\beta. \end{aligned} \quad (8.2.3)$$

奇数番号の項は $\omega_1 = \pm\Omega_k \pm \pi J_{kl}$ を持つピークをもたらし，偶数番号の項は $\omega_1 = \pm\Omega_l \pm \pi J_{kl}$ のピークに対応する．

x 軸方向のラジオ波位相を持つ混合パルス β_x により，式 (8.2.2) から式 (8.2.3) がどのように導かれるのかを綿密に考えてみると，ためになる．

1．混合パルスの位相に直交する同位相項——たとえば I_{ky} や I_{ly} ——は一部観測可能でない z 磁化（式 (8.2.3) 中の項①と②）に変換される．残りの項⑤と⑥は対角線上の多重分裂を与える，つまり発展期と検出期で同じゼーマン周波数で歳差運動する．

2．混合パルスに平行な同位相項——たとえば I_{kx} や I_{lx} ——は不変のまま残り（項③と④）やはり対角線上の多重分裂を与える．

3．混合パルスと平行な反位相項（$2I_{kx}I_{lz}, 2I_{kz}I_{lx}$）は一部観測可能でないゼロ量子，2量子コヒーレンス（項⑮と⑯）へと変換する．残りの項⑨と⑩は再び対角線上の多重分裂を与える．

4．混合パルスに直交する反位相項（$2I_{ky}I_{lz}, 2I_{kz}I_{ly}$）は一部不変のまま残り（項⑪と⑫で対角線上多重項となる），残りの一部は観測可能でない縦方向2スピン秩序（項⑦と⑧）とゼロ量子，2量子コヒーレンス（項⑰と⑱）へと変換される．全ての項中最も大事なのは項⑬，⑭でこれは2つのスピンの間のコヒーレンス移動（$2I_{ky}I_{lz} \to 2I_{kz}I_{ly}$）から生まれ，これが多重分裂交差ピークの原因である．明らかに交差ピークは発展期において充分なスピン結合の影響のもとで反位相コヒーレンスが形成された時のみ生ずる．

ラジオ波回転角 β が2スピン系の2次元相関スペクトルにどのように影響を与えるのか図8.2.2(a)に模式的に示してある．ただし t_1 に関しては複素フーリエ変換を仮定した．式 (8.2.3) の各演算子項に対応する多重線パターンが図6.7.1に示されている．

$\beta = 0$ の時は項③，④，⑤，⑥，⑦そして⑫のみが式 (8.2.3) で残り，全て対角線ピークに寄与する．それらの重なりのため多重線成分で図8.2.2(a)の左

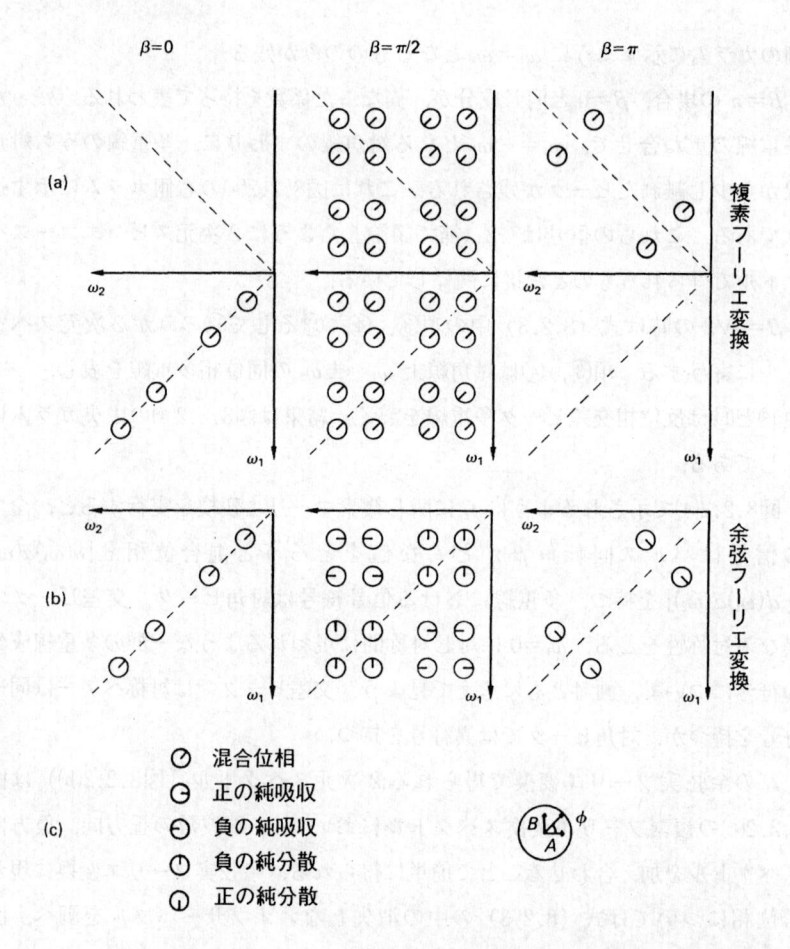

8.2 同種核2次元相関法

$\beta=0$ 　　　$\beta=\pi/2$ 　　　$\beta=\pi$

(a) 複素フーリエ変換

(b) 余弦フーリエ変換

(c)
- ◐ 混合位相
- ◓ 正の純吸収
- ◒ 負の純吸収
- ◑ 負の純分散
- ◐ 正の純分散

図8.2.2 (a) t_1 に関し複素フーリエ変換を行った場合の2次元相関スペクトル概念図. 弱結合系の2-スピン系でそれぞれ $\beta=0$, $\pi/2$, π の応答について示した. 照射ラジオ波周波数をスペクトルの外に設定したので, 下半分の信号は全て $p=0\to-1\to-1$ のコヒーレンス移動経路（式 (6.5.11) で $\varkappa=+1$ と置いたいわゆる'P'ピーク）により生じており, スペクトル上半分の信号は全て $p=0\to+1\to-1$ の経路（$\varkappa=-1$, いわゆる'N'ピーク）より生まれた. (b) t_1 に対し実余弦フーリエ変換を行った場合の2次元スペクトル概念図. (c)ピークの線形 $S(\omega_1, \omega_2)=Aa(\omega_1)b(\omega_2)-Bd(\omega_2)d(\omega_2)$ は方向付き円図形で与えられており, 係数 A, B の大きさにより最終的なベクトルの位相 $\phi=\tan^{-1}B/A$ が決まる. たとえば $A=0$, $B=1$ の場合式6.5.1(e)および(f)のような負の2次元純分散信号となる.

側のカラムに示すように $\omega_1=\omega_2$ となるもののみが残る.

$\beta=\pi$ の場合, $\beta=0$ と同じ成分が, 異なった係数を持って表われる. 残った多重線の重ね合せで, $\omega_1=-\omega_2$ となる対角線のまわりに, 多重線のうち対角線から少し離れたピークが残される. これは図8.2.2(a)の右側カラムに示す通りである. これらの信号は7.2.1節で議論したように2次元スピンエコースペクトルで得られるものと密接に関係している.

$\beta=\pi/2$ の時は式 (8.2.3) 中の項③, ④, ⑬そして⑭のみが2次元スペクトルに寄与する. 項③, ④は対角線上 $\omega_1=\pm\omega_2$ の同位相多重線を表し, 一方項⑬と⑭は反位相交差ピーク多重線を導く. 結果は図8.2.2(a)の中央カラムに示してある.

図8.2.2(a)で示されるように t_1 に関し複素フーリエ変換を実行すると, 全ての信号はパルス回転角 β がどんな値をとろうと混合位相 $\pm[a(\omega_1)a(\omega_2)-d(\omega_1)d(\omega_2)]$ を持つ. 多重線における信号符号は対角ピーク, 交差ピークで異なる対称性をとる. $\omega_1=0$ に対し対称的に現われるような一群の多重線成分の符号について, 両者ともに考えて見よう. 交差ピークでは対称ペアは同一符号を持つが, 対角ピークでは異符号を持つ.

t_1 の余弦実フーリエ変換で得られる2次元スペクトル (図8.2.2(b)) は図8.2.2(a)の複素フーリエ変換スペクトルにおいて ω_1 周波数の正方向, 負方向スペクトルを加え合わせることで簡単に得られる. 余弦実フーリエ変換に現れる位相については式 (8.2.3) の中の消失しないオブザーバブルを調べ, 図6.7.1の下半分に見られる対応多重線パターンと重ね合わせることでわかる.

$\beta=\pi/2$ ならば, 余弦実フーリエ変換は反位相吸収モードの交差ピークと正位相分散モードの対角ピークを与える. 図8.2.2(b)の $\beta=\pi/2$ の場合に対応する実験スペクトルを図8.2.3に示してある.

ラジオ波回転角 β が中間的値, $0<\beta<\pi/2$ そして $\pi/2<\beta<\pi$ をとる時, 交差ピーク (式 (8.2.3) の⑬, ⑭項) への寄与は $\sin^2\beta$ の重みがかかるが, $\omega_1=0$ に対する対称性は不変である. したがってスピンが弱結合の場合, t_1 方向の余弦実変換を行う限り, 交差ピークは常に純吸収モードを持って現われる.

8.2 同種核2次元相関法

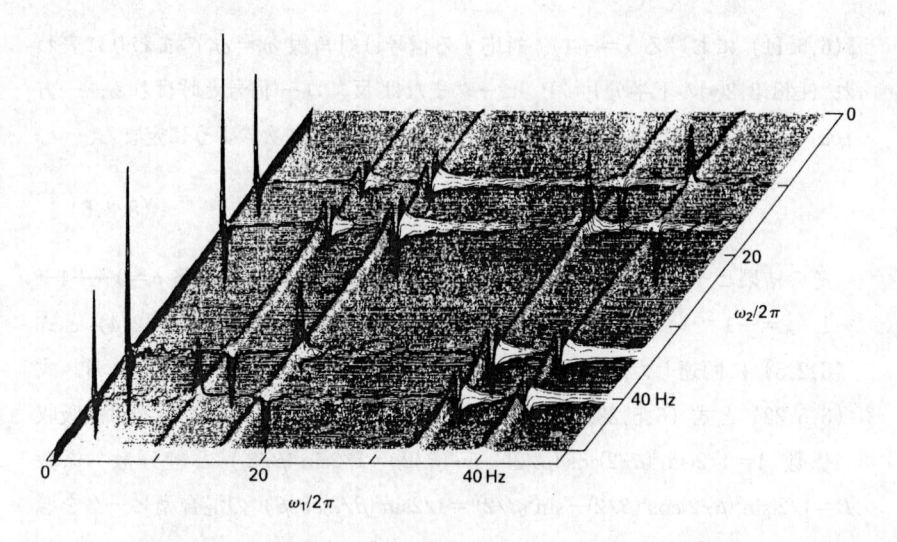

図8.2.3 2,3-ジブロムチオフェンのABスピン系の60 MHz 2次元相関スペクトル. $\beta=\pi/2$と設定しt_1方向の余弦変換により計算した. 交差ピークは事実上純吸収2次元スペクトルとして現われ, 対角ピークはほぼ純分散形として表示されている (8.2.4節で述べられているように多少のずれは強結合効果のためである). (文献8.123より)

一方対角ピークは, 図8.2.2(b)からわかるように吸収, 分散スペクトルの混合となる.

個々のピークの強度と位相については密度演算子を昇降演算子や分極演算子の形で展開すれば得られる. このアプローチによりコヒーレンスpと反対符号のコヒーレンス$p'=-p$の移動過程を区別できる. すなわち図8.2.2(a)の上半分と下半分の信号を導く2つのコヒーレンス移動経路の区別ができる. これについては平行遷移間のコヒーレンス移動の強度を見るのが考えやすい. $|\beta\beta\rangle\langle\beta\alpha|=I_k^\beta I_l^-$から$|\alpha\beta\rangle\langle\alpha\alpha|=I_k^\alpha I_l^-$への移動はたとえば式 (2.1.109) や (2.1.119) により次のように表される.

$$I_k^\beta I_l^- \xrightarrow{\beta(I_{kx}+I_{lx})} \sin^2(\beta/2)\cos^2(\beta/2)I_k^\alpha I_l^- + \text{他の項}. \qquad (8.2.4)$$

この移動ではコヒーレンス次数は保存される (径路$p=0\to-1\to-1$: 式

(6.5.11) における $\varkappa=+1$). 対応する信号は対角線 $\omega_1=\omega_2$ のまわりに表われ (図8.2.2(a)の下半分), 'P' ピークまたは '反エコー' 信号と呼ばれる. 一方 $|\beta\alpha><\beta\beta|=I_k^\beta I_l^+$ から $|\alpha\beta><\alpha\alpha|=I_k^\alpha I_l^-$ への移動は次のように定まる.

$$I_k^\beta I_l^+ \xrightarrow{\beta(I_{kx}+I_{lx})} \sin^4(\beta/2) I_k^\alpha I_l^- + 他の項. \qquad (8.2.5)$$

その結果ピークは対角線 $\omega_1=-\omega_2$ (図8.2.2(a)の上半分:経路 $p=0\to+1\to-1$, $\varkappa=-1$ でいわゆる 'N' ピークまたは 'エコー' 信号). 式 (8.2.4) と式 (8.2.5) に関連したこの二つの信号は $\omega_1=0$ に対し対称的に表われる. 式 (6.5.22) と式 (6.5.23) で記すように, t_1 に関する実フーリエ変換は純吸収 (係数 $A=1/2(\sin^2(\beta/2)\cos^2(\beta/2)+\sin^4(\beta/2))=1/2\sin^2(\beta/2)$) と純分散 (係数 $B=1/2(\sin^2(\beta/2)\cos^2(\beta/2)-\sin^4(\beta/2))=1/2\sin^2(\beta/2)\cos\beta$) の混合型ピークを導く. ピークの位相はこのようにして一般的に求められる.

8.2.2 複雑なスペクトルへの応用

弱結合の2スピン系のあまりにも詳細な議論は, かえって複雑なスペクトルを解明する2次元相関法の本来の役割を忘れさせてしまう. 図8.2.4の実験例は巨大分子への応用を明らかにしてくれる. 塩基性膵臓トリプシンインヒビター (BPT1) の2次元相関スペクトルは58個のアミノ酸のそれぞれの水素核間のスカラー結合を示す交差ピークの一群を表わしている (8.17). この例ではデジタル分解能が不充分のため交差ピークの微細構造は見えておらず, また絶対値表示スペクトルのため, 単に結合核の化学シフト対 $(\omega_1, \omega_2)=(\Omega_k, \Omega_l)$ を持つ座標位置に, 特徴のない共鳴ピークが現われている. 分解能のこのような制限にもかかわらず, このような2次元相関スペクトルの情報量はスペクトル帰属に大変役に立つ. 図8.2.5に示す等高線プロットは, 戦略的に重要な領域を示し, それは BPTI 中のほとんど全てのアミノ酸残基の NH 水素核と $C^\alpha H$ 水素核のスカラー結合を表現している. 帰属は2次元相関法と9章で紹介するような2次元交換法 (NOESY) との比較で行われる.

8.2 同種核2次元相関法

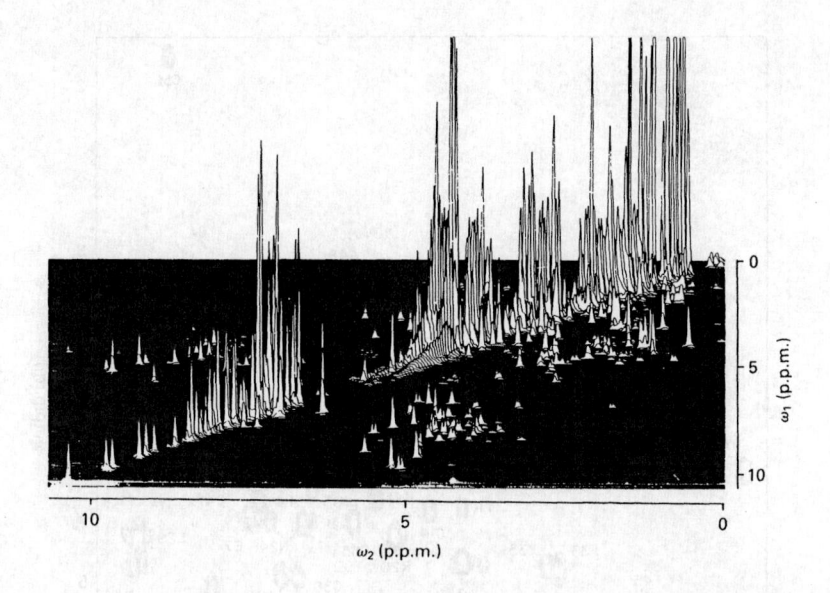

図8.2.4 塩基性膵臓トリプシンインヒビター（BPTI, 58個のアミノ酸）の同種核2次元相関スペクトル. 80℃で90% H_2O+10% D_2O 中0.02M 溶液を用いて500 MHz で測定. スペクトルは対称操作後（6.6.4節）絶対値モード（6.5.4節）で表示されている. 強度の強い対角ピークは通常1次元スペクトルに対応し, 交差ピークはスカラー結合した水素核の一対を示している. この場合交差ピークは多重線にまでは分れていない（デジタル周波数分解能は5.3Hz/点）.（文献8.17より）

2次元相関スペクトルの情報量は, 交差ピークの多重構造を分離するような位相弁別スペクトルを出力すれば著しく増大する. これにより'能動'核とコヒーレンス移動に参加しない'受動'核の間の結合定数を決めることができるようになる. 雄牛精液のインヒビター（BUSI ⅡA）のシステイン57の多重構造の交差ピークの詳細が図8.2.6に示されている（8.18）. この交差ピークは I_l（$C^\alpha H$ 水素核）から I_k（NH 水素核）へのコヒーレンス移動から生まれるので J_{kl} については両方向で反位相の信号パターンを示している. しかし'受動'核 m（β 水素核）と核 l との結合 J_{lm} のためさらに分裂している（β' 水素核との結合は分解されていない）. 強調すべきはこのような詳細な結合情報を通常の1次元スペクトルでは Ω_l と Ω_k のまわりのピークの重なりのため取り出せ

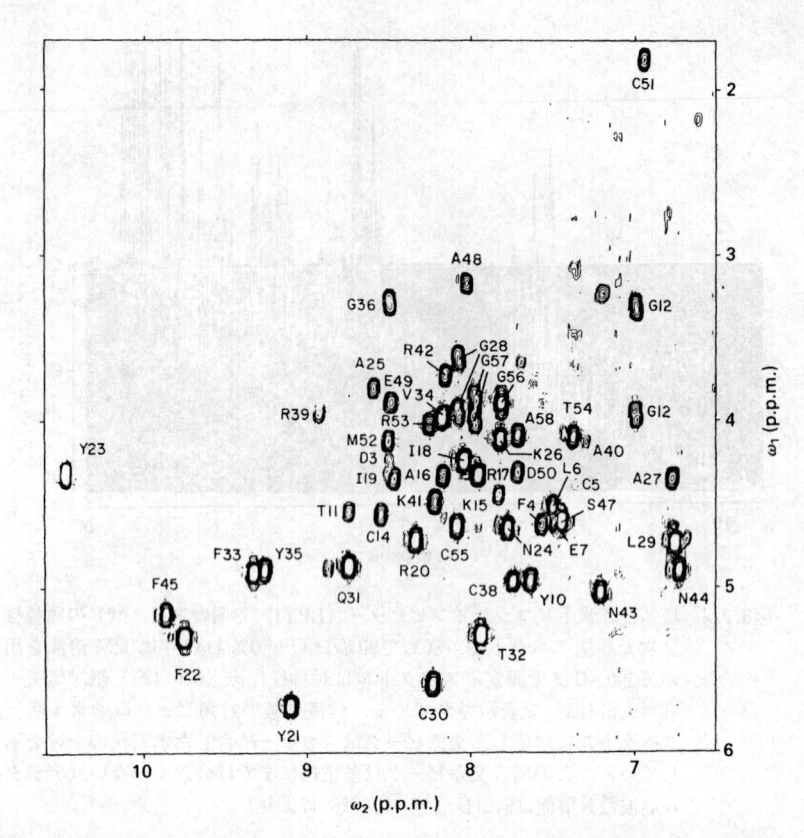

図8.2.5 BPTIの2次元相関スペクトルの詳細. H₂O中, 68℃の500 MHz NMR. 交差ピークはNH水素核（水平方向 ω_2 軸の6.6ppmから10.6ppmの間の化学シフト）とC°H水素核（垂直方向 ω_1 軸1.7ppmから6.0ppmの間の化学シフト）の間のスカラー結合を示している. 帰属はIUPAC-IUBの記法に従った. この周波数分解能（5.3 Hz/点）では個々のピークの多重線構造は分解しきれない.

ないことである.

　同種核の2次元分光法が水素核に限定されないのは当然であり, $I=1/2$ の興味ある核としてはリン31（たとえば2リン酸, 3リン酸), ケイ素29, カドミウム113, 水銀199, そしてタングステン183などがある. タングステンの場合, 2次元相関スペクトルがクラスター構造を確立するのに有効であった

8.2 同種核2次元相関法

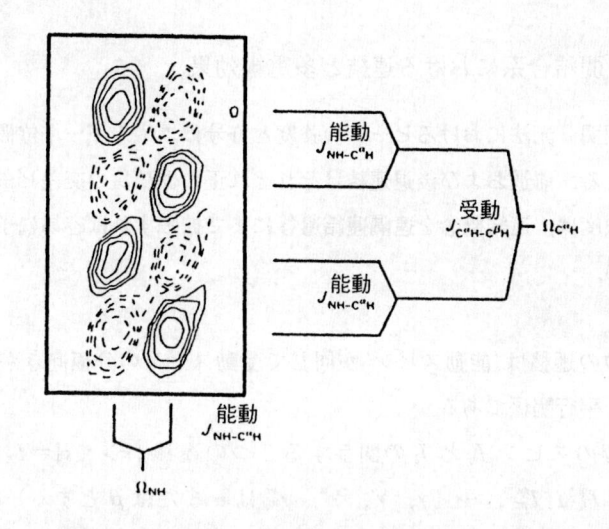

図8.2.6 蛋白質 BUSI II A の高分解能2次元相関スペクトル (360MHz) の詳細. 1024×4096データ点をさらにゼロ補充し2048×16384点として計算し, システイン57 (HSC$^\beta$HH'C$^\alpha$H(NH$_2$)COOH) の NH-C$^\alpha$H 交差ピークを2次元純吸収位相として表示した (負のピークは鎖線の等高線として表示されている). C$^\alpha$H 核と C$^\beta$H 核 (受動スピン) の結合により4個の信号よりなる基本型が2重に繰返し, ピーク符号が交互に変化している. C$^\alpha$H と C$^\beta$H' との結合は分解されていない. (文献8.18を改変).

(8.19).

　相関分光法はまた $I=1/2$ の核の研究に限定されない. ^{11}B 核 ($I=3/2$) 間の同種核結合の興味深い例を図8.2.7に示すが, そこではカルボレン 1.2-C$_2$B$_{10}$H$_{12}$ の全てのスカラー結合が明示されている (8.20). このスペクトルはたとえ1次元スペクトル (図中最下段) では分解されないようなスカラー結合でも, コヒーレンス移動が極めて効果的に起ることを示している. $I=3/2$ 核間のコヒーレンス移動は式 (2.1.103) に示す演算子の組で記述される.

8.2.3 弱結合系における連結と多重線効果

2次元相関分光法におけるピークの強度と符号はエネルギー準位間のトポロジーで決まる．前進および後退連結はそれぞれ正および負の交差ピークを生ずる．信号強度は，連結概念を**遠隔連結遷移**にまで拡張すれば容易に予測可能となる (8.2)．

1．二つの遷移は '能動スピン' が同じで受動スピンの分極向きが q 個違うとき q 次の**平行関係**である．

2．二個のスピン I_k と I_l の関与する二つの遷移 $|r\rangle\langle s| = I_k^+ I_l^\gamma I_m^{\gamma'}\cdots$，$|t\rangle\langle u| = I_k^{\gamma''} I_l^+ I_m^{\gamma'''}\cdots$ （γ, γ', γ'', γ''' は α または β とする）は分極 I_l^γ と $I_k^{\gamma''}$ が同じ向きの時次数 q の**後退関係**，また I_l^γ と $I_k^{\gamma''}$ の向きが反対の時次数 q の**前進関係**である．ただし両遷移においては q 個の受動スピンの分極 $I_m^{\gamma'}$, $I_m^{\gamma'''}$, … の分極の向きが異なっているとする．

これらの定義は次のようにも定式化できる．

1．同一スピン k に属する二つの遷移は，q 個の受動スピン l, m, ……の分極を反転させることで一致させることができるならそれは **q 次の平行関係**である．

2．核 k と l に関する二つの遷移は q 個の受動スピン m, n, ……の分極を反転させることで前進（後退）配置の固有状態を共有できれば q 次の**遠隔的前進（後退）関係**である．

3スピン系の直接連結，遠隔連結の例を図8.2.8に示す．対をなす二つの遷移の連結関係を明確化する簡単な方法は，対応する単一遷移演算子を昇降演算子と分極演算子で書き下すことである．たとえば図8.2.8(b)の場合，そこには次のような演算子積で表されるスピン2と3に属する二つの遷移が見られる．

8.2 同種核2次元相関法

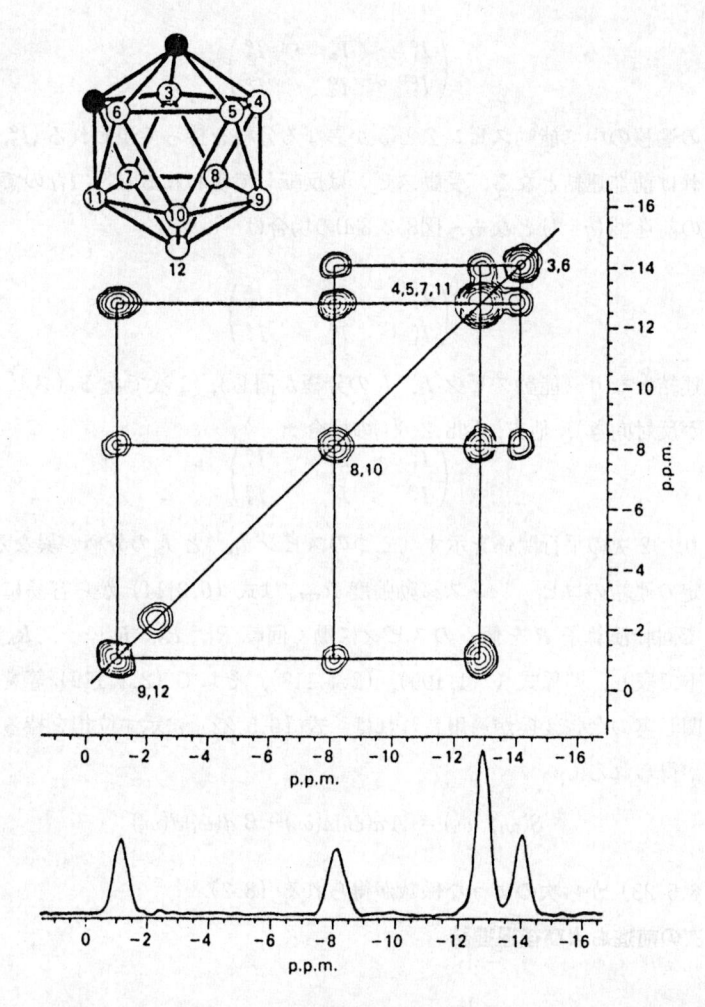

図8.2.7 オルトカルボルネン1,2-$C_2B_{10}H_{12}$溶液の^{11}B共鳴（$I=3/2$, 80％天然存在比）同種核2次元相関スペクトル．下方に示す1次元スペクトルには相対強度2：2：4：2を持つ4本の信号が現われており，その対称性から最大ピークのみが4，5，7，11の位置と対応する．結合から考え1：1：1：1の四重線が見えてもよいが，四重核緩和による短いT_2のため1次元スペクトル上では分解していない．2次元スペクトルではホウ素原子8と10のみが他の部位全てと結合していることが明確に見える．帰属は3と6の部位が9，12の部位より強く遮蔽されていると仮定すれば（前者が炭素により近いので）完成する．（文献8.20より）

$$\begin{pmatrix} I_1^\alpha & \cdot & I_2^+ & \cdot & I_3^\beta \\ I_1^\beta & \cdot & I_2^\alpha & \cdot & I_3^+ \end{pmatrix}$$

二つの遷移の中に能動スピン2と3が異なる分極を持って現われる (I_2^α, I_3^β) のでこれは前進連結となる．受動スピンは反転して現われる (I_1^α, I_1^β) ので連結は1次の前進型 $(q=1)$ となる．図8.2.8(d)の場合は

$$\begin{pmatrix} I_1^\alpha & \cdot & I_2^+ & \cdot & I_3^\beta \\ I_1^\beta & \cdot & I_2^\beta & \cdot & I_3^+ \end{pmatrix}$$

後退連結となり（能動スピン I_2, I_3 の分極が同じ），1次である（スピン I_1 の分極が反対向き）．他方，図8.2.8(f)の場合

$$\begin{pmatrix} I_1^\alpha & \cdot & I_2^+ & \cdot & I_3^\beta \\ I_1^\beta & \cdot & I_2^+ & \cdot & I_3^\alpha \end{pmatrix}$$

となり，2次の平行関係を示す（二つのスピン I_1, と I_3 の分極が異なる）．

特定の連結のコヒーレンス移動強度 R_{rstu} は式 (6.2.14) から容易に求まる．ここで回転演算子 R を個々のスピンに働く回転 R_1, R_2, R_3……, R_N のカスケードで表し，関係式 (2.1.109), (2.1.118), そして (2.1.119) 等を用いる．t_1 に関し実の余弦変換が適用されれば，式 (6.5.22) に示す位相を持ったピーク型が得られる．

$$S(\omega_1, \omega_2) = A\,a(\omega_1)a(\omega_2) - B\,d(\omega_1)d(\omega_2)$$

式 (6.5.23) から次のような係数が得られる (8.2)．

q 次の前進および後退連結

$$A = \pm \frac{1}{16} \sin^2\beta (\sin\beta/2)^{2q} (\cos\beta/2)^{2(N-2-q)},$$
$$B = 0 \qquad\qquad (8.2.6)$$

ここで + が前進連結に対応する．

q 次の平行連結

$$A = \frac{1}{8} \cos\beta (\sin\beta/2)^{2q} (\cos\beta/2)^{2(N-1-q)},$$

8.2 同種核2次元相関法

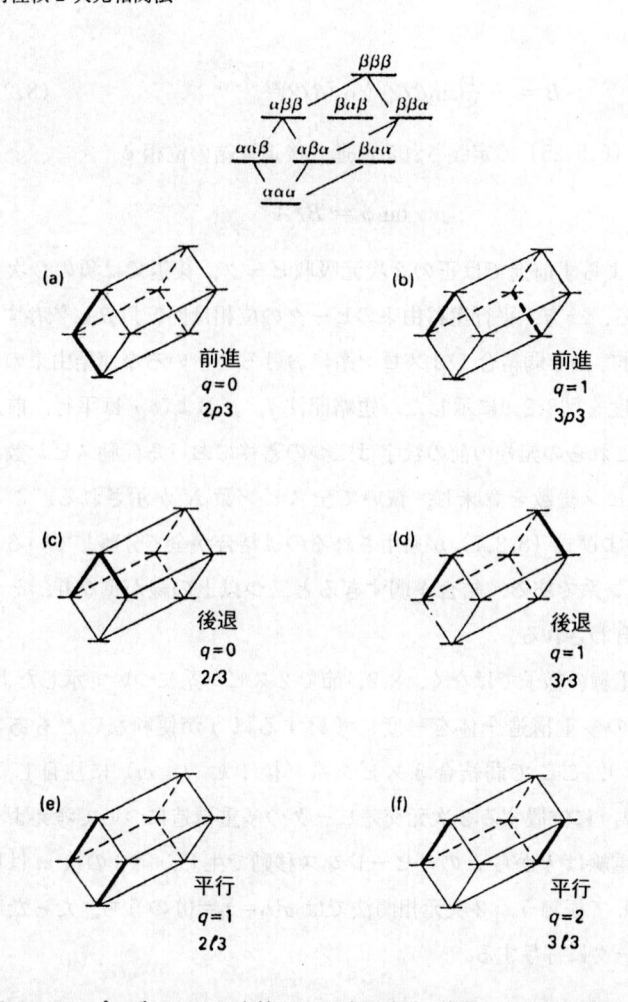

図8.2.8 3スピン系における直接および遠隔連結．前進および後退連結は数 $q=0$, 1, …$(N-2)$ により分類される．q は同一の固有状態（受動スピンの）を得るのに受動スピンをいくつ引っくり返したかに対応する数である．平行遷移では $q=1, 2, …(N-1)$ を持つ．参考のため文献8.2に従った記述も図に示した．記号 p, r, l はそれぞれ前進 (progressive)，後退 (regressive)，平行 (parallel) を表わし，後ろに全スピン数 $N=3$ が続き，前には能動スピン数およびコヒーレンス移動の間に変化した分極の数が記される．(a)直接前進連結，$q=0$ $(2p3)$：(b) 1次の遠隔前進連結，$q=1(3p3)$：(c)直接後退連結，$q=0(2r3)$：(d) 1次の遠隔後退連結，$q=1$ $(3r3)$：(e) 1次の平行連結，$q=1(2l3)$：(f) 2次の平行連結，$q=2(3l3)$.

$$B = -\frac{1}{8}(\sin\beta/2)^{2q}\cos(\beta/2)^{2(N-1-q)}. \tag{8.2.7}$$

こうして式（6.5.25）で定義される前進，後退連結の位相 ϕ

$$\tan\phi = B/A$$

は β の値によらず前進では正の２次元吸収ピーク，後退では負の２次元吸収ピークとなる．一方，平行遷移由来のピークの位相は回転角 β に依存する．

$N=4$ の非等価な弱結合 1/2 スピン系におけるいろいろな連結由来のピークの位相と強度を図8.2.9に示した．短略記法 l, p および r は平行，前進，後退を表す．これらの記号の前の数字は二つの遷移における能動スピン数と異なる分極のスピン総数を意味し，続いて全スピン数 N が示される．ここで式（8.2.6）および式（8.2.7）が適用されるのは結合が全て分離しているような N 個のスピン系である．結合が弱すぎると二つ以上の線が重なり，それらの強度でたし合わされる．

個々の多重線の様子ではなく，8.2.1節で２スピン系について示したように，交差ピークの多重構造全体を一度に考察するほうが便利なこともある（図8.2.2をみよ）．ここで弱結合３スピン系（核：k, l, m）に注目し，$(\omega_1, \omega_2)=(\Omega_k, \Omega_l)$ に位置する２次元交差ピークの多重構造について考えよう．そのような多重線は k から l のコヒーレンス移動で生じ，第３の核 m は単に受動スピンとして振舞う．２次元相関法では $\sigma(t_1=t_2=0)$ のうち，たった二つの項がこのピークに寄与する．

$$\begin{aligned}\sigma(t_1,\ t_2=0) = & -2I_{kz}I_{ly}\sin\Omega_k t_1\sin\pi J_{kl}t_1\cos\pi J_{km}t_1\sin^2\beta \\ & -4I_{kz}I_{ly}I_{mz}\cos\Omega_k t_1\sin\pi J_{kl}t_1\sin\pi J_{km}t_1\cos\beta\sin^2\beta \\ & + \text{その他の項}\end{aligned} \tag{8.2.8}$$

この二つの項に由来する信号成分は図8.2.10(a)，(b)に模式的に示されている．実際の多重線の表れ方は重みつき重ね合せである．$0<\beta<\pi/2$ の範囲では，図8.2.10(c)の主要成分は最大強度を持ち，それらは直接連結した前進または後

8.2 同種核2次元相関法

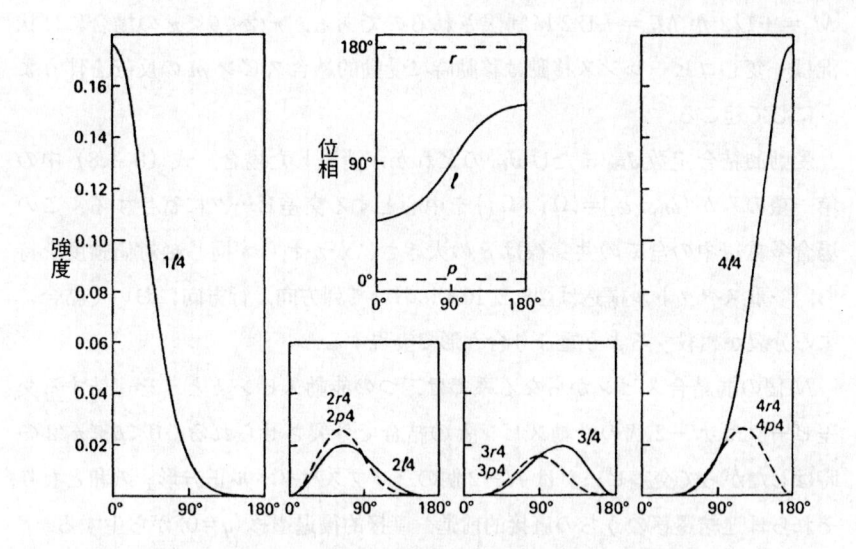

図8.2.9 弱結合4スピン系における交差ピーク,対角ピークの強度と位相の混合パルス角 β に対する依存性（t_1 方向の余弦変換を仮定；図8.2.2(b)と比較のこと）。$1l4$, $2l4$, $3l4$ と記された連結はそれぞれ次数 0, 1, 2, 3 の平行遷移に対応する（$1l4$ はコヒーレンス移動していないことを示す）。記号 $2p4$, $3p4$, $4p4$ は次数 $q=0, 1, 2$ の前進連結を意味し, $2r4$, $3r4$, $4r4$ は次数 $q=0, 1, 2$ の後退連結を表す。信号の位相は（式(6.5.25)で定義した $\tan\phi = B/A$）は前進,後退連結は β の値によらず一定で,正の純吸収 ($\phi=0°$) か負の純吸収 ($\phi=180°$) である。平行ピークは2次元スペクトルの対角線まわりに現われるが,吸収と分散の混在となり, $\beta=0$ ($\phi=45°$), $\beta=180°$ ($\phi=135°$) そして $\beta=90°$ ($\phi=90°$) となる（文献8.2より）。

退遷移 ($q=0$) より生ずる.弱い信号は $q=1$ の遠隔連結遷移から生まれる.

図8.2.10(c)で模式的に示されている多重線効果はサブスペクトル解析の観点から見るとわかりやすい。$0<\beta<\pi/2$ の時の主要ピークは周波数域では二つの入れ子の正方形として現われる.それぞれの正方形は受動スピン m の分極 $M_m = \pm 1/2$ のいずれか一つに対応しており,2次元スペクトルのサブスペクトルとなっている.回転角 β が小さい時は I_{mz} 成分の小部分 ($\sin^2\beta/2 \ll 1$) しか反転しないので k と l スピン間のコヒーレンス移動はサブスペクトルの

$M_m=+1/2$ か $M_m=-1/2$ に制限されるのである．$π/2<β<π$ の場合には状況は一変しコヒーレンス移動は移動時に受動的結合スピン m の反転を伴うようにして起こる．

　受動的結合定数 J_{km} または J_{lm} のどれかが消失した場合，式 (8.2.8) 中の第一項のみが $(ω_1, ω_2)=(Ω_k, Ω_l)$ を中心とする交差ピークに寄与する．この場合多重線中の全ての共鳴線は $β$ の大きさにかかわらず同じ絶対値強度を持ち，多重スペクトル構造は図8.2.10(a)において列方向，行方向において結合による分裂が相殺するよう重なり合う形で実現する．

　N 個の弱結合スピンからなる系では二つの能動スピン k と l を連結する交差ピークは $N-2$ 個の受動スピンとの結合で分裂させられる．$0<β≪π/2$ の時はしたがって交差ピークは $N-2$ 個の「サブスペクトル正方形」の和となり，それらは連結遷移のうちの直接的前進，直接的後退遷移 ($q=0$) から生ずる．$β$ が $π/2$ に近づくにつれ，遠隔連結 ($1≤q≤N-2$) により他の交差ピークがつけ加る．

　図8.2.10の模式図は受動スピン J_{km}, J_{lm} が同符号を持った場合の例に相当している．もしこれらの結合定数が反対符号を持つなら，強度の強い「正方形」と弱い「正方形」は $0<β<π/2$ の時には交換されねばならない．$J_{km}\cdot J_{lm}>0$ の時，二つのサブスペクトルの重心を結ぶ線は対角線に対し，ある角 $0<|φ|<π/4$ をとる．一方 $J_{km}\cdot J_{lm}<0$ の時は $π/4<|φ|<3/4π$ となる．これらの傾きはたとえ，符号が絶対値表示のためマスクされていてもすぐにそれとわかる (8.5)．こうして複雑な結合ネットワークにおいて全ての相対符号は $β\neq π/2$ の条件で得た2次元相関スペクトルを単に眺めるだけで決めることが可能である．図8.2.11の実験例ではジブロムプロピオン酸のジェミナル結合がビシナル結合の符号と反対であることがわかる．

　$0<β<π/2$ の条件を用いると2次元相関スペクトルが単純化されるので帰属にしばしば利用されるが，強度の $β$ 依存性が好ましくない場合もある．2次元スペクトルのいくつかの特定の部分を適当に足したり引いたりすれば $β$ の大きさにかかわらず，全ての多重線成分の強度を等しくすることもできる

8.2 同種核2次元相関法

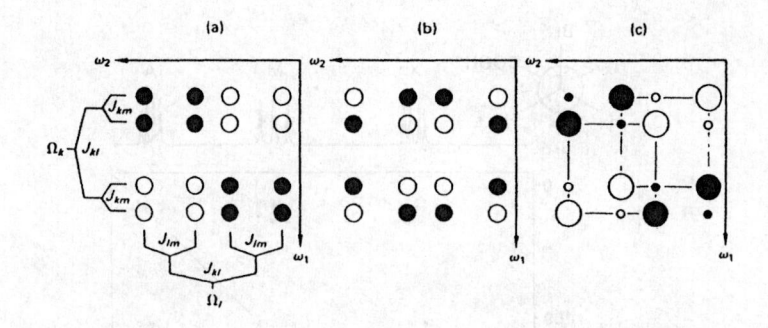

図8.2.10 弱結合3スピン系における交差ピーク多重線構造の回転角 β に対する依存性（図8.2.2(b)のように実余弦変換を仮定）. ピークは全て β によらず純吸収となる. 信号の正負は白丸, 黒丸で示してある. 図6.7.1に示したように, 式（8.2.8）中の各項についてその信号形を画いた. (a) $-2I_{kz}I_{ly}\sin\Omega_k t_1\sin\pi J_{kl}t_1\cos\pi J_{km}t_1$ 項（$\sin^2\beta$ の重みがかかる）; (b) $-4I_{kz}I_{ly}I_{mz}\cos\Omega_k t_1\sin\pi J_{kl}t_1\sin\pi J_{km}t_1$ 項（$\cos\beta\sin^2\beta$ の重みがかかる）; (c) 式（8.2.8）に対応した重み付き和：大きい丸は強度 $\pm 2\sin^2\beta\cos^2\beta/2 = \pm\sin^2\beta(1+\cos\beta)$ に小さい丸は $\pm 2\sin^2\beta\sin^2\beta/2 = \pm\sin^2\beta(1-\cos\beta)$ に対応する. β が小さい時はコヒーレンス移動の範囲が受動スピン m の M_m が $\pm 1/2$ に固定したサブスペクトル内に限定され, したがって交差ピークは8個の信号よりなる. 能動結合 $2\pi J_{kl}$ で決まる二つの正方形が ω_1 方向に受動結合 $2\pi J_{km}$ 移動, ω_2 方向に受動結合 $2\pi J_{lm}$ 移動して重なり合う.

(8.21). このことは図8.2.10に示されている信号成分の加減を考えればすぐにわかることである.

8.2.4 2次元相関分光における強い結合

強い結合を持つスピン系は弱結合系の特徴の多くを持ってはいるが, 8.1節で述べた選択則が破れるため物ごとが複雑となる. 加えて強度と位相は式（8.2.6）や（8.2.7）で示されるような簡単な関係にならない.

強結合系のコヒーレンス移動強度は式（6.2.14）に従い, ハミルトニアンの固有基底 $|\psi_k\rangle$ を用いて回転演算子 $\exp\{-i\beta F_x\}$ の行列要素を計算して得られる.

$$R_{rt} = \langle\psi_r|\exp\{-i\beta F_x\}|\psi_t\rangle \qquad (8.2.9)$$

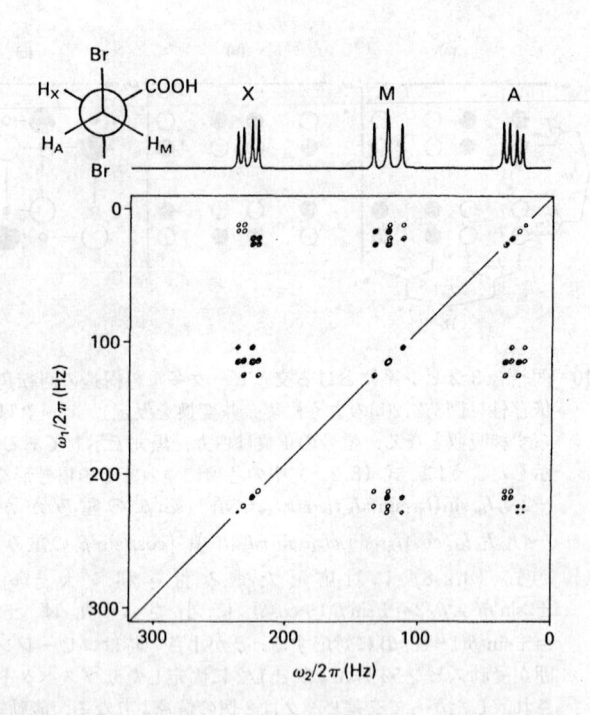

図8.2.11 $\beta=\pi/4$ とした時の2次元相関スペクトルでは多重線構造から，受動的結合の相対符号が決まる．2,3ジブロムプロピオン酸では J_{AM} の符号がビシナル結合 J_{AX}, J_{MX} と逆である．このため，最上列中央の交差ピーク（$(\omega_1, \omega_2)=(\Omega_A, \Omega_M)$）は二つの正方形サブスペクトルが図8.2.10(c)に示すようにずれて重なり，J_{AX} と J_{MX} が同符号（$0<|\phi|<\pi/4$）であることを示す．一方 $(\omega_1, \omega_2)=(\Omega_A, \Omega_X)$ にある交差ピークは相異なる符号を持つ J_{AM} と J_{AX} により分裂するので，二つの正方形サブスペクトルの移動方向は逆となる（$\pi/4<|\phi|<3\pi/4$）．同じことが交差ピーク $(\omega_1, \omega_2)=(\Omega_M, \Omega_X)$ にもいえる（文献8.5より）．

他のアプローチも適用できる．それは発展期の終りのコヒーレンス $|\psi_t\rangle\langle\psi_u|$ を固有基底から積基底 $|\phi\rangle$ に式 (2.1.141), (2.1.142) を用いて移すことである．

$$|\psi_t\rangle\langle\psi_u| = \sum_{tu} U_{t'u'tu}|\phi_{t'}\rangle\langle\phi_{u'}|$$

$$= \sum_{tu} U_{t't}U^*_{w'u}|\phi_{t'}\rangle\langle\phi_{u'}|$$

8.2 同種核2次元相関法

行列要素 $U_{t't}$ は式 $|\phi_t\rangle = \sum_{t'} U_{t't}|\phi_{t'}\rangle$ で定義される．積有基底のコヒーレンス $|\phi_t\rangle\langle\phi_u|$ は $I_k^z I_l^\alpha I_m^\beta$ のような積演算子で表され，ラジオ波パルスのもとで，式 (2.1.111), (2.1.118), (2.1.119) に従い変換する．その結果得られたコヒーレンス $|\phi_{r'}\rangle\langle\phi_{s'}|$ は再び固有基底のコヒーレンス $|\phi_r\rangle\langle\phi_s|$ に変換されなければならない．

　強結合系の強度と位相の特徴は強結合2スピン系を用いてはっきりと示される．式 (2.1.143) で定義される固有基底を用いれば，パルス演算子 $R = \exp\{-i\beta F_x\}$ の行列表現が文献8.2の式(60)と同じように得られる．$\beta = \pi/2$ の場合

$$R(\beta = \pi/2) = \frac{1}{2}\begin{pmatrix} 1 & -iu & -iv & -1 \\ -iu & v^2 & -uv & -iu \\ -iv & -uv & u^2 & -iv \\ -1 & -iu & -iv & 1 \end{pmatrix} \qquad (8.2.10)$$

となる．ここで以下の記号を用いた．

$$u = \cos\theta + \sin\theta, \qquad v = \cos\theta - \sin\theta,$$
$$uv = \cos 2\theta, \qquad u^2 = 1 + \sin 2\theta, \qquad v^2 = 1 - \sin 2\theta,$$
$$\tan 2\theta = 2\pi J/(\Omega_A - \Omega_B).$$

コヒーレンス移動の複素強度は式 (6.2.11), (6.2.14) より導かれ，

$$Z_{rstu} = F^+_{sr} R_{rs\,tu} \sigma(t_1 = 0)_{tu}$$
$$= -F^+_{sr} R_{rt} R^*_{su} F_{ytu} \qquad (8.2.11)$$

である．ただし演算子 F^+ の行列要素 F^+_{sr} は以下のとおりである．

$$F^+ = \begin{pmatrix} 0 & u & v & 0 \\ 0 & 0 & 0 & u \\ 0 & 0 & 0 & v \\ 0 & 0 & 0 & 0 \end{pmatrix} \qquad (8.2.12)$$

t_1 に対し複素フーリエ変換を実行すれば，Z の32個の要素を表現する32個のピークが得られる．$\beta=\pi/2$ の2スピン系相関スペクトルでは図8.2.12に模式的に示すようにたかだか4個の異なる実強度が，得られる．内部線と外部線の強度がそれぞれ $u^2=(1+\sin2\theta)$，$v^2=(1-\sin2\theta)$ となる1次元スペクトルの場合と比べると，図8.2.12の2次元スペクトルの特徴は強度，u^4，u^2v^2 そして v^4 を持つ3種の信号があることがわかる．

弱結合系と同じように，前進，後退連結はそれぞれ正および負のピークを実現する．下部（正）象限の信号は全てコヒーレンス移動経路 $p=0 \to -1 \to -1$（式（6.5.11）において $\varkappa=+1$，いわゆる'P'ピーク）に対応し，一方上部（負）象限は $p=0 \to +1 \to -1$（$\varkappa=-1$，すなわち'N'ピーク）から生ずる．両象限において後退，平行ピーク（'r'，'l' とそれぞれマークしてある）の強度は $\pm u^2v^2$ である．前進，対角ピーク（'p'，'d' と各々ラベル）の強度は $\omega_1=0$ に対し非対称となって現われている．

弱結合系での実余弦フーリエ変換は図8.2.2(b)に示すように純位相信号，すなわち2次元純吸収もしくは2次元純分散スペクトルを交差ピーク，対角ピークに与える．強結合系ではたとえ $\beta=\pi/2$ としても混合位相が得られる．これは図8.2.12に示すように Z_{rstu} と Z_{srut} が必ずしも対称的強度を持たないからである．式（6.5.22）および（6.5.23）よりピークの形は次のようになる．

$$S(\omega_1, \omega_2) = A a(\omega_1)a(\omega_2) - B d(\omega_1)d(\omega_2)$$

ここで係数は

$$A = \frac{1}{2}\mathrm{Re}\{Z_{r\,stu} + Z_{rs\,ut}\}$$

$$B = \frac{1}{2}\mathrm{Re}\{Z_{rs\,tu} - Z_{rs\,ut}\}$$

であり，第一項，第二項は図6.5.1に示す2次元吸収，2次元分散関数である．強結合系での位相を図8.2.13に模式的に示した．以下の性質が強結合の典型的特徴といえる．

8.2 同種核2次元相関法

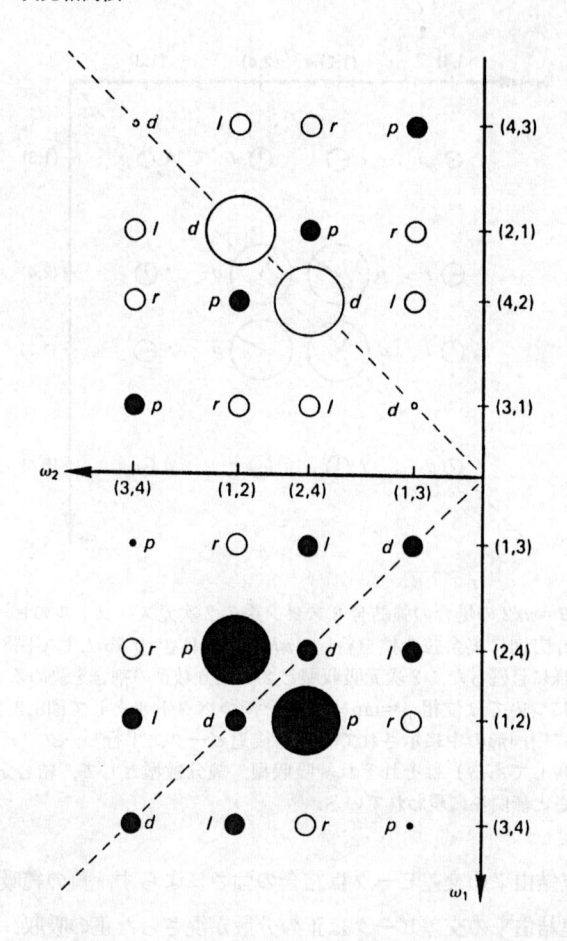

図8.2.12 $\beta=\pi/2$ の場合の強結合2スピン系の2次元相関スペクトルの概念図. 複素フーリエ変換を仮定しているので各ピークは強度因子 Z_{rstu} を表現している. 黒丸, 白丸は正負の混合位相ピーク $\pm[a(\omega_1)a(\omega_2)-d(\omega_1)d(\omega_2)]$ を表わす. すなわち, $\tan\phi=B/A$ で決まる位相 ϕ は図8.2.2(a)と同じ $\pi/4$ である. 大, 中, 小の丸の区別は強度 Z_{rstu} を表わし, $u^4=(1+\sin2\theta)^2$, $u^2v^2=(1-\sin^2 2\theta)$, $v^4=(1-\sin2\theta)^2$ にそれぞれ対応する. 周波数軸の単位は $2\pi J/(\Omega_A-\Omega_B)=0.75$ として目盛った. 従来の1次元スペクトルでは強度比は1：4：4：1であるが, 2次元スペクトルでは3種のピークの強度比は16：4：1である. ピークの符号は弱結合の極限で得られるスペクトル（図8.2.2(a)）と同じである.

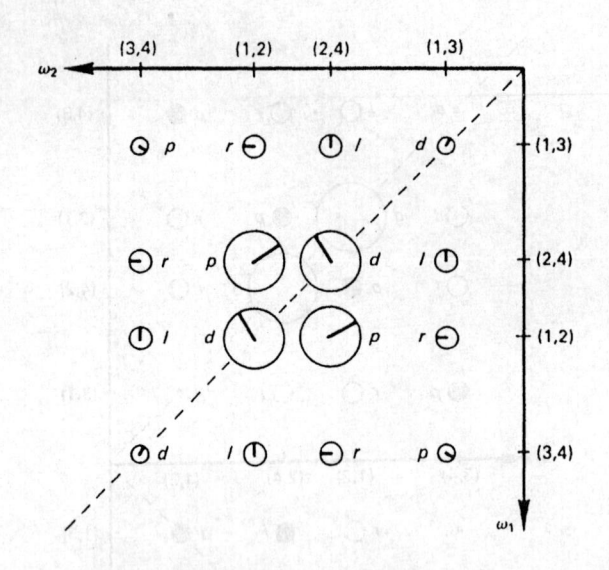

図8.2.13 $\beta=\pi/2$ の場合の強結合2スピン系の2次元スペクトルのピーク波形. t_1 方向に実余弦変換を行い $2\pi J/(\Omega_A-\Omega_B)=0.75$ として図8.2.12と同様に目盛った. 2次元吸収型と2次元分散型の割合を決める因子 A, B については位相 $\phi=\tan^{-1}B/A$ を持つベクトルとして図8.2.2(c)のように円図形の中に示されている. 後退ピーク, 平行ピーク (r, l とラベルしてある) はそれぞれ純吸収型, 純分散型として, 結合定数の大きさと無関係に現われている.

1. 後退連結由来の交差ピークは結合の強さによらず, 負の純吸収.
2. 前進連結由来の交差ピークは正の分散が混ざった正の吸収.
3. 平行連結ピークは純分散
4. 対角線上の信号は全て混合位相ピーク.

もし図8.2.12に示すように, 複素フーリエ変換を t_1 方向に行えば, その強度は対応する1次元スペクトル強度の2乗となり, 弱い信号はすぐに見落される. 図8.2.13のような実余弦フーリエ変換を行うことで, 信号強度のダイナミックレンジは低減される. これが実フーリエ変換をよしとするもう一つの理由である.

強結合を一部に持つ大きなスピン系では，8.1節で述べた選択則を破るようなコヒーレンス移動でも交差ピークが生ずる．このため ABX 系でたとえ $J_{AX}=0$ でも，A と X 間にコヒーレンス移動を生ずる．強結合系では二つの要素がこの選択則の破れに寄与している．

1．同一周波数座標に反対符号の位相を持って現われる信号がそれらのコヒーレンス移動の強度が違うために打ち消し合わない．これは弱結合系の場合と対照的である．

2．いわゆる'仮想結合'のため遷移間の縮退がとける．このため $J_{AX}=0$ である ABX 系でも $M_X=\pm 1/2$ に対応する A の2つの遷移は縮退しない．これは2つの AB サブスペクトルが異なるパラメータで特徴づけられるためである．

強結合スピン系の2次元相関スペクトルでは従って交差ピーク $(\omega_1, \omega_2) = (\Omega_A, \Omega_X)$ が表われたからといって，一般的に J_{AX} が零でない証拠であると決めつけることはできない．

8.2.5 磁気的等価性

対称性を考慮した基底関数を用いることで量子力学的計算が一般的にかなり楽になることが知られている．2次元分光の場合，対称性適合基底関数の利用により，強結合の場合に有用である．弱結合スピン系では等価核の多重指数関数的緩和の場合を例外として，対称性適合基底波動関数やグループスピンの適用はコヒーレンス移動を論ずるにはほとんど無力である．したがって A_nX 系などは $AA'\cdots A^nX$ 系とし，全ての結合定数 J_{AX}, $J'_{AX}\cdots\cdots$, J_{A^nX} が等しく，かつ $J_{AA'}, \cdots\cdots J_{AA^n}$ が無視できる場合として扱える．こうして2次元相関スペクトルの多重線構造が簡単に予言可能となる．

1．最初全ての結合定数が等しくないと仮定する．すると図8.2.10のようなスペクトルが導かれる．

2．次に零結合や縮退した結合等を考慮してピークの位置をずらしてやればよい．

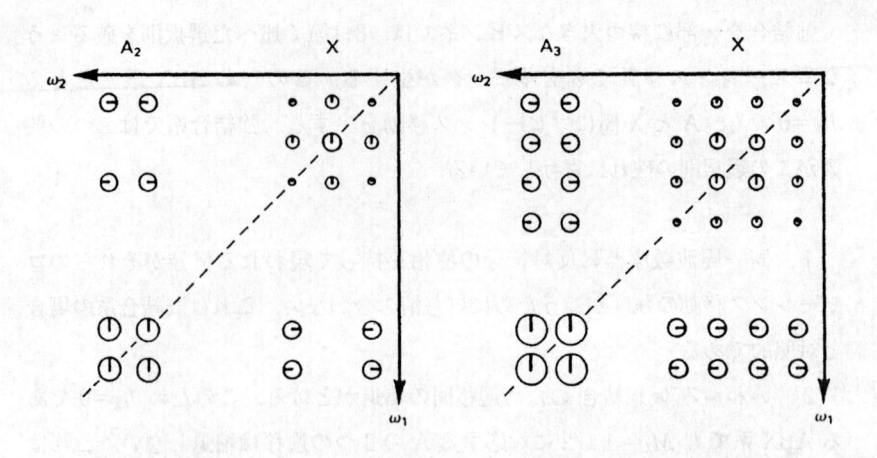

図8.2.14 磁気的等価スペクトルを持つ弱結合系の2次元スペクトル多重線構造. $\beta=\pi/2$ とし t_1 方向の実余弦変換を仮定し計算した. 信号の位相の記述は図8.2.2(c)と同じである. 交差ピークは正負の符号を持つ純吸収型を示し, 対角線まわりのピークは同符号で純分散型である (図8.2.2の記述参照). 異なる半径で示される各ピークの強度比は A_2X 系の場合, 1：2：4, A_3X 系の場合 1：3：9：12：48 である.

A_2X 系, A_3X 系の2次元相関スペクトルの模式図を図8.2.14に示した.

8.1節に述べたコヒーレンス移動の選択則を破る現象（巨大分子の磁気的等価核で観測された：N. Müller, G. Bodenhausen, K. Wüthrich, and R. R. Ernst, *J. Magn. Reson.* **65** 531 (1985)) を理解するには, 対称化基底関数を用いることが必要不可欠であることが最近になってわかってきた. この選択則の侵害は多量子2次元相関スペクトルの禁制交差ピークの出現（8.3.3.1節）から明らかになったが, 非指数関数的減衰がその原因である.

8.3 2次元相関実験の変形

2パルスを用いる基本相関実験法は, いろいろな変形によりその有用性を高められる. この章で概説される改良は以下の点で優れている.

8.3 2次元相関実験の変形

1. ω_1方向のスペクトル幅を低減することにより，計算時間とデータ保存領域の必要量を小さくする（遅延取り込み（採取），2次元スピンエコー相関法，8.3.1節）．
2. 定時間実験（8.3.2節）による ω_1-軸のスピンデカップリングを使った2次元相関スペクトルの簡素化
3. 多量子フィルターによる2次元相関スペクトルの編集（8.3.3節）
4. 遠隔結合スピン間のリレーコヒーレンス移動や等方的混合法による情報内容の増大（8.3.4節および8.3.5節）．

最初の二つの改良は単一のコヒーレンス移動パルスを時間軸の区切り方と連動させるものだが，後の二つの改良は変形した混合演算子を適用し，コヒーレンス移動をその部分的径路に限定したり，新たな径路をつけ加えたりする．

8.3.1 遅延取り込み（採取）：スピンエコー相関法

応用に重要な多くの系では，化学シフト差の大きな核間（たとえば芳香族水素と脂肪族水素間）では結合が生じない．その場合，通常の2次元相関法では図6.6.1に示すように2次元相関ピークが対角線のまわりの狭い領域に現われる．したがって情報を失うことなくデータマトリックスの大きさを縮めることができよう．これには6.6節で述べたようにサンプリング速度を落とし（したがって COSY の ω_1-方向のスペクトル幅が小さくなり，折り返しが起こる）あとで折り返しを補正するか（'FOCSY'）(8.22) または図8.3.1(a)に示したようにデータ取り込みに遅延を入れるかすればよい．観測はコヒーレンス移動用エコーの頂点からはじまるので，後者の実験は'スピンエコー相関法'（'SECSY'）(8.23) と呼ばれる．遅延取り込みは周波数域で信号が ω_1-軸方向に ω_2 に依存してシフトする効果を生み，$\chi=1$ とした式 (6.6.5) で以下のように表記される．

$$\omega'_1 = \frac{1}{2}(\omega_1 + \omega_2). \tag{8.3.1}$$

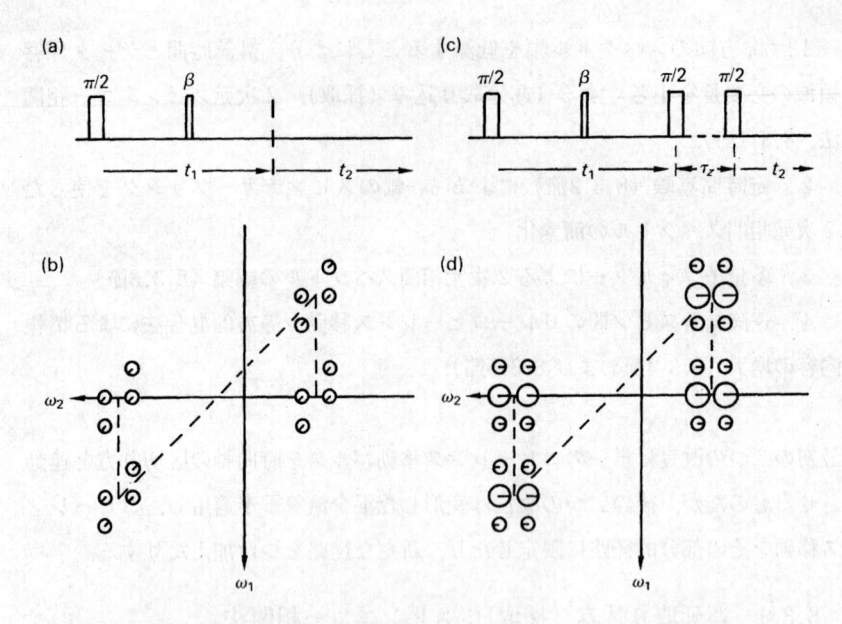

図8.3.1 (a)スピンエコー相関分光法(SECSY)のパルス列．これは遅延取り込みした通常の相関分光法(COSY)と同じ（式(6.6.4)で$\chi=1$）．(b)パルス列(a)で得られる弱結合2スピン系のスペクトルの概念図．全てのピークが混合位相を持っていることに注意：交差ピークは交代符号($A=B=\pm1$)を持ち，ω_2軸のまわりの中心ピークは同一位相である($A=B=1$)．これらの位相は図8.2.2(c)で定義した円図形で示されている．(c)展開期と検出期の間にz-フィルタを挿入した修正SECSYパルス列．ここでは同位相磁化は一時的に縦磁化I_{kz}として保持され，反位相項は位相循環とτ_zの変動で打ち消される．(d)パルス列(c)で得たスピン系スペクトルの概念図．信号全てが吸収型線形を持つが，多重線構造は複雑となる．

ω_1'-次元方向では交差ピークと対角ピーク間の分離は通常のCOSYスペクトルに較べ半分になるが，J分裂したがって多重線内の反位相ピーク間の分離は縮小されない．ω_1'-域の線幅は本来の線幅$1/T_2$となり，並進拡散が無視できれば不均一磁場の寄与$1/T_2^*$は除去される．

うまい位相循環(8.23, 8.24)を採用すれば，コヒーレンス移動経路$p=0\to+1\to-1$(§6.3)に対応する'N'ピークのみが選択される．SECSYスペクトルに現われるピークの線形はしたがって2次元吸収と2次元分散の等強度の重ね

8.3　2次元相関実験の変形

合せとなる（式 (6.5.10)）．スピンエコー実験（§7.2）と同じく展開期の終りにパルスがないため，位相のどちらかを選択するように操作できない．

　この問題はパルス列に'zフィルター'(8.25)を入れることで解決される（図8.3.1(c)）．zフィルターは可変間隔 τ_z で分けられた二つの $\pi/2$ パルスよりなり，最初の $\pi/2$ パルスは二つの同位相コヒーレンスの内の一つ，たとえば I_{ky} を I_{kz} に変換する．τ_z 間隔の間残っているコヒーレンスは全て適当な位相循環と τ_z の変動により除去される(8.25)．次に保存されていた I_{kz} 項が最初の $\pi/2$ パルスで $-I_{ky}$ 方向に再変換される．支払われなければならぬ対価は $\sqrt{2}$ の感度損失，長い位相循環，そして図8.3.1(d)に示すより複雑な多重線構造である．これらの欠点は，同位相の純吸収2次元ピークが得られることで部分的には埋め合わせされよう．

8.3.2　定時間相関法：ω_1-デカップリング

　交差ピークの微細構造の重なりを防ぐため ω_1 域の多重線構造をつぶしたい場合がある．これは図8.3.2(a)に示す方法，'定時間'または'ω_1-デカップル'相関法で達成される．固定した間隔 $\tau_e \geq t_1^{max}$ で準備パルスと混合パルスを分ける．間隔はだいたい $\tau_e \sim (2J)^{-1}$ の大きさ（またはその奇数倍）に設定される．ただし J は相関する核間の能動的結合のおよその値である．再結像パルスが図8.3.2(a)に示すように τ_e 間隔に投入され，化学シフトによる歳差運動が t_1 期のみに働くようにする．もちろん再結像によりこの歳差運動は二つの時間間隔 $(\tau_e - t_1)/2$ でちょうど打ち消し合う．スカラー結合による運動は π パルスには影響されないので，t_1 時間に依存した J 変調はなく，したがって ω_1 方向にはいかなる多重線構造も見られない．

　この実験の重要な特徴は3スピン k, l, m を含む弱結合系を考えればよくわかる．ここで我々は $(\omega_1, \omega_2) = (\Omega_k, \Omega_l)$ に中心を持つ交差ピークに対応したコヒーレンス移動，$I_k \to I_l$ に注目しよう．検出期のはじめにはたった二つの項がこの交差ピークに寄与する．

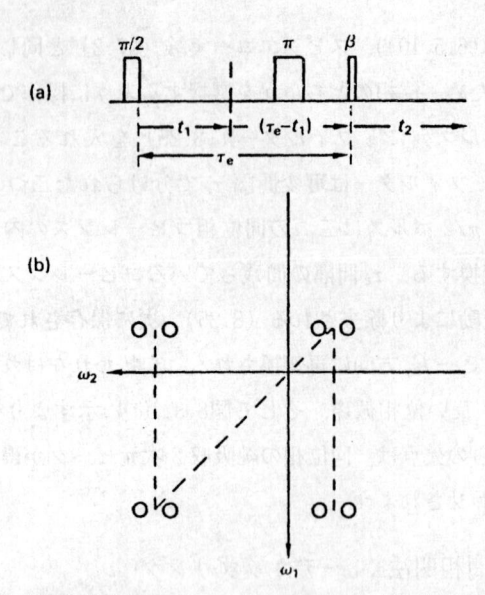

図8.3.2 (a)定時間相関分光法のパルス列．初期パルスと混合パルス β とは一定間隔 $\tau_e \geq t_1^{max}$ で隔てられ，t_1 時間に依存した化学シフト変調は π パルスを移動させて得られる．(b)(a)のパルス列で得られる弱結合2スピン系のスペクトル概念図．ω_1 方向にスカラー結合由来の分裂が見えないことに注意．このため'ω_1 デカップル相関分光'とも呼ばれる．

$$\sigma(t_1, \tau_e, t_2 = 0) = -2I_{kz}I_{ly}\sin\Omega_k t_1 \sin\pi J_{kl}\tau_e \cos\pi J_{km}\tau_e \sin^2\beta$$
$$-8I_{kz}I_{ly}I_{mz}\cos\Omega_k t_1 \sin\pi J_{kl}\tau_e \sin\pi J_{km}\tau_e$$
$$\times \sin^2\beta\cos\beta$$
$$+ 他の項 \tag{8.3.2}$$

化学シフト Ω_k のみが t_1 変調を与えていることに注意．$J_{kl}\tau_e$ および $J_{km}\tau_e$ からの寄与は ω_1 方向に何ら多重線構造を生ぜしめず，むしろ交差ピークの強度の減衰をもたらす（減衰の程度は τ_e の選び方に依存）．

対角線上 $(\omega_1, \omega_2)=(\Omega_k, \Omega_k)$ にある多重線は一般的には8個の演算子項により決定されることがわかっている (8.27)．しかし $\beta=\pi/2$ の場合はこの対角ピークへの寄与は次の一項のみである．

8.3 2次元相関実験の変形

$$\sigma(t_1, \tau_e, t_2=0, \beta=\pi/2) = I_{kx} \sin\Omega_k t_1 \cos\pi J_{kl}\tau_e \cos\pi J_{km}\tau_e + 他の項.$$

(8.3.3)

混合パルスの回転角 β を最適化するためには,次の性質が考慮されねばならない.

1. $\beta=\pi/2$ に対しては式 (8.3.2) で第一項のみが生き残り,$(\omega_1, \omega_2)=(\Omega_k, \Omega_l)$ に位置する交差ピークの強度は,もし受動スピンとの結合 J_{km} が無視できれば,$\tau_e=(2J_{kl})^{-1}$ の時最大となる.(ただし J_{km} も条件 $\tau_e=(2J_{km})^{-1}$ を満たせば,その強度は極度に減衰させられる.)純吸収の2次元交差ピークが実現し,対角ピークの強度は最小となる.

2. 小さな回転角 $\beta\simeq\pi/3$ の時には k と l の間の交差ピークの強度はほとんど J_{km} に依存しなくなり,式 (8.3.2) の第2項が寄与する.信号全てが混合位相タイプの線形を持ち,対角ピークは $\beta=\pi/2$ の時より強くなる.

ω_1-デカップル相関スペクトルの長所は蛋白質塩基性膵臓トリプシンインヒビター (BPTI) の2次元スペクトルの一部を例として図8.3.3に示されている.図8.3.2(a)に掲げたパルス列において $\beta=\pi/2$,$\tau_e=92$ms として得られた図8.3.3(b)のスペクトルは ω_1 域の微細構造が消え,交差ピーク間の重なりをよく分離している.

8.3.3 フィルター操作と編集操作

2次元スペクトルはそのまま解析するには複雑すぎることが多く,ピーク数を減らすためのフィルター操作が必要となる.フィルター操作の基本概念は極めて一般的で図8.3.4に示すように1次元,2次元のどのスペクトルにも適用される.次数 p の多量子フィルター (8.28-8.30) は p より小さなスピン数の全てのスピン系の応答を除去し,スピン量子数の高域通過フィルターの役割を

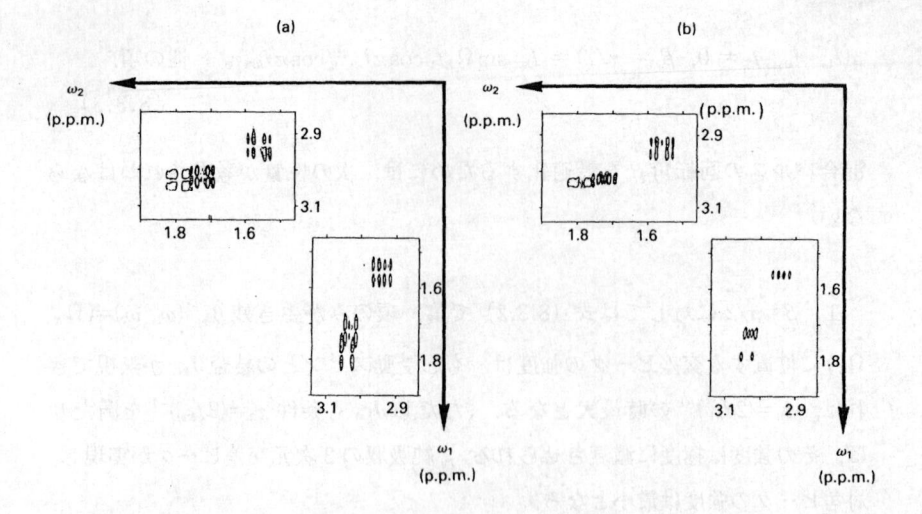

図8.3.3 (a)BPTIの2次元相関スペクトルの一部．位相弁別表示で純吸収スペクトルを表示（正負両方の等高線が示されている）．二つの領域が対角線に対し対称的に示されており，三つのリジン残基のδ-ε結合がそこに含まれている（δ-共鳴は1.6〜1.8ppm，ε-共鳴は2.9〜3.1ppmである）．(b) τ_e=92msと設定した定時間実験法（図8.3.2(a)）による ω_1デカップル相関スペクトルの一部．これによりピークの重なりが防げるが，特に最下段のピークについてそれが著しい．上段部の交差ピークではω_1デカップリングがうまくいっていないが，これは二つの非等価ε核が強結合しており，デカップリングを邪魔したためである（他のε-およびδ-水素核はこの実験精度では等価のようである）．（文献8.27を改変）．

果す（図8.3.4(a)）．都合良く行けば，狭帯域フィルターと同じように$N=p$となるスピン系の応答のみをとり出せる（8.32）（図8.3.4(b)）．究極的には結合ネットワークの特定のトポロジーのみに応じるフィルターを組み立てることも可能である（8.36, 8.37）（図8.3.4(c)）．

フィルター操作は次の3ステップを含むことが多い：(i) 単一パルスやパルス列により適当な形の多量子コヒーレンスへと変換する：(ii) 位相循環や不均一磁場効果もしくは不均一ラジオ波磁場効果を用いて，特定の多量子コヒーレンスの次数のみを選択する：(iii) 最後に単一パルスやパルス列により，望みの形のコヒーレンス（普通は1量子コヒーレンス）へ再変換する．一時的にp

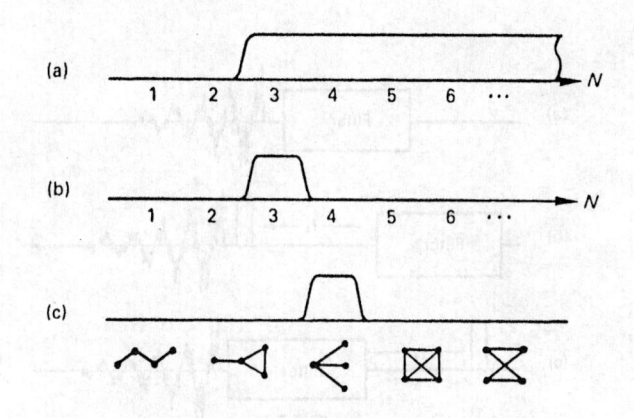

8.3 2次元相関実験の変形　　　　　　　　　　　　　　　537

図8.3.4 フィルタリング（ろ過操作）とエディティング（編集操作）．
(a)N 個のスピンを持つ系では p-量子フィルタはスピン数の高域フィルタとして働き，$N≥p$ なる系の信号のみを通過させる．(b)帯域フィルタは $N=p$ スピンを持つ系のみの応答を選択するよう設計されている．(c) スピントポロジー推進演算子 U，V はたとえば A_3X 系のみの応答を選ぶ．同じスピン数を持つ他の型のスピン系の信号は抑制される．

量子コヒーレンスに移動させる（8.28-8.30,8.36,8.37）代りに，z 磁化へ移動させることもあり，一例として z フィルター（8.25）があげられる．

　スピンフィルター用「組み立てブロック」は図8.3.5に見られるように，種々の仕方で1次元，2次元パルス列に挿入される．1次元実験ではスピンフィルターは励起用ラジオ波パルスにとって替る（図8.3.5(a)）．一方2次元実験ではフィルターが準備期や混合期に挿入される．この考えを実行した典型的例が図8.3.5(d)に示されている：多量子フィルター相関法では混合期は一対のパルス $[(\beta)_\varphi(\beta')_\varphi]$ よりなり，そこでは p 量子コヒーレンスを両パルスの短い時間内に選択するため位相の循環が行われる．さらに凝った実験では混合期は2つのパルス列 U と V（それぞれが二つ以上のパルスよりなるが）を持ち，自由歳差運動期間でへだてられている（図8.3.5(e)）．

8.3.3.1 多量子フィルター

　多量子フィルタ操作における混合過程は非常に近接した1対のラジオ波パルスを用い，2ステップでコヒーレンスを移動する．最初は1量子から p 量子

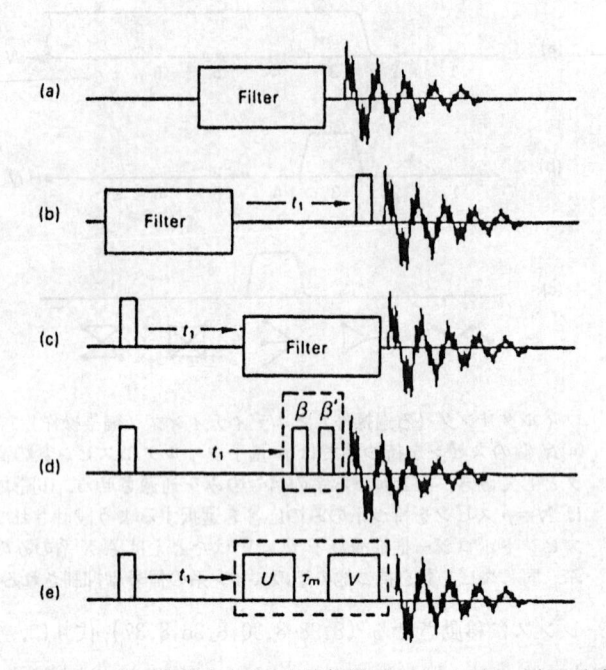

図8.3.5 フィルタリングを行うための'建築用ブロック'. (a) 1次元分光に挿入; (b) 2次元分光法の準備期に挿入; (c) 2次元法の混合期に挿入. (d)多量子フィルター2次元相関分光用パルス列. (e)二つのパルス列 U と V を含むスピントポロジー選択多量子フィルターの概念的パルス列. 特別なトポロジーのスピン系のみにコヒーレンス移動が起こるよう設計.

コヒーレンス，そして再び観測可能な磁化へともどる（図8.3.5(d)）．
このやり方には三つのきわだった長所がある．

1. p量子フィルターを用いると結合pスピン系より小さなスピン系の共鳴を抑えることができる．特に磁化がp量子コヒーレンスを持たないような溶媒スペクトルを抑える．

2. コヒーレンス移動は選択則（8.1節参照）に従わなければならないので，特別な結合パターンに注目できる：p量子フィルタースペクトルで$(\omega_1, \omega_2) = (\Omega_k, \Omega_l)$に位置する交差ピークが現われれば，能動スピン$k$と$l$は少なくとも$p-2$個の核スピンと共通に結合しているといえる．$p$量子フィルタース

8.3　2次元相関実験の変形　　　　　　　　　　　　　　　　　　　　　　　　　539

ペクトルである対角ピークが現われれば，それは少なくとも $p-1$ 個の他の結合相手を持つことを意味する．この規則の例が図8.3.6に示されている．

　3．通常の2次元相関法と対照的に，全ての対角ピークと交差ピークは純吸収位相を持った反位相多重線を示す．したがってお互いが部分的に打ち消し合い，全ての多重線が同程度の強度を持つ．これにより相関スペクトルにおいて強大な対角ピークが他のピークをおおい隠す通常法の欠点が回避される．対角ピークに少し分散的性質が残るのは次の移動過程が原因である．

$$I_{kx}I_{lz}I_{mz} \xrightarrow{(\pi/2)_y} I_{kz}I_l^+I_m^+ \xrightarrow{(\pi/2)_y} I_{kx}I_{lz}I_{mz}$$

一方対角ピークの主要成分は以下の過程より生ずる．

$$I_{ky}I_{lz} \xrightarrow{(\pi/2)_y} I_k^+I_l^+ \xrightarrow{(\pi/2)_y} I_{ky}I_{lz}$$

これは結果として吸収型ピークを示す．前者の場合2量子コヒーレンスは発展期，検出期においては能動スピンを含んでいないことに注意．

　2量子フィルターは $\pi/2$ 混合パルスを用いた場合，強度が全て $1/2$ になる以外は交差ピークの強度に影響を与えない．これは次のように考えればわかりやすい：$(\pi/2)_x$ 混合パルスを用いる通常 COSY 実験では，発展末期においてスピン k と l との間の交差ピークを与える唯一の項は $2I_{ky}I_{lz}$（式 (8.2.2) の第四項）であり，それは混合パルスにより強度の損失なく $-2I_{kz}I_{ly}$ へ変換される．2量子フィルター相関法と比較するには二つの混合 $(\pi/2)$ パルスの最初のパルスは y 方向にかけられると考えると便利である．こうして $2I_{ky}I_{lz}$ 項は零量子と ± 2 量子コヒーレンスの和に変換される (8.15)．

$$2I_{ky}I_{lz} \xrightarrow{\pi/2(I_{ky}+I_{ly})} 2I_{ky}I_{lx} = \frac{1}{2i}(I_k^+I_l^+ - I_k^-I_l^- + I_k^+I_l^- - I_k^-I_l^+). \quad (8.3.4)$$

零量子項は位相循環で除去され，$p=\pm 2$ の項のみが残る．

$$\frac{1}{2i}(I_k^+I_l^+ - I_k^-I_l^-) = \frac{1}{2}(2I_{kx}I_{ly} + 2I_{ky}I_{lx}). \quad (8.3.5)$$

第2の $(\pi/2)_y$ 混合パルスによりこれは $-(1/2)(2I_{kz}I_{ly}+2I_{ky}I_{lz})$ へ変換される．

これらのうち第一項はスピン k, l 間の交差ピークを，第2項は対角ピークを与える．強度は零量子コヒーレンスを落したため通常 COSY 法の半分になっていることに注意してほしい．現実にはこの損失は対角ピークの分散成分の除去と t_1 雑音の部分的抑制とにより埋め合わされる (8.30).

サンドイッチ型パルスの両パルスの回転角が $\pi/2$ とは異なるなら，$N>2$ のスピン系において図8.2.10に示した事柄と同様のことが起る．したがって $\beta \ll \pi/2$ の時スピン k, l 間のコヒーレンス移動は受動スピン m の磁化 $M_m = \pm 1/2$ に対応したサブスペクトル内に限定される (8.31)．しかし通常の COSY スペクトルと違って $\beta \not= \pi/2$ の2量子フィルター COSY では純吸収2次元ピークは得られない．

実験例は図8.3.6に示してある．1,3-ジブロモメタンの通常相関スペクトルには DMSO (2.5 p.p.m.) とジオキサン (3.5 p.p.m.) 由来の強い対角線上一重線が現われているが (図8.3.6(a))，2量子フィルタースペクトル (図8.3.6(b)) ではこの溶媒ピークのみ除去されている．3量子フィルタースペクトル (図8.3.6(c)) ではコヒーレンス移動の選択により，数多くの信号が消されている．特に CH_3 グループ由来の対角ピーク，交差ピークが消失しているのが注目される．

3量子フィルター相関スペクトルに見られる単純化は8.1節で述べたコヒーレンス移動選択則を用いて理解できる．1,3-ジブロモブタンで CH から CH_3 にコヒーレンス移動させるためには，CH_3 の3プロトンもしくは CH プロトンと CH_3 の2プロトンの和の3量子コヒーレンスを通る必要がある．実際には両方のコヒーレンスが CH のコヒーレンスから出発して励起され得る．しかし CH_3 の1量子コヒーレンスへの再変換は，CH_3 内のプロトン間の結合が磁気的等価性のため有効に働かないので不可能である．同じ理由で CH_3 の1量子コヒーレンスから3量子コヒーレンスを励起することができない．これで図8.3.6(c)の3量子フィルター2次元スペクトルにおいてメチル基由来の信号全てが消失しているのを説明できる．等価核を含むこれらの選択則は横緩和時間が巨大分子のゆっくりした運動で観測されるような多重指数関数の場合は破

8.3 2次元相関実験の変形

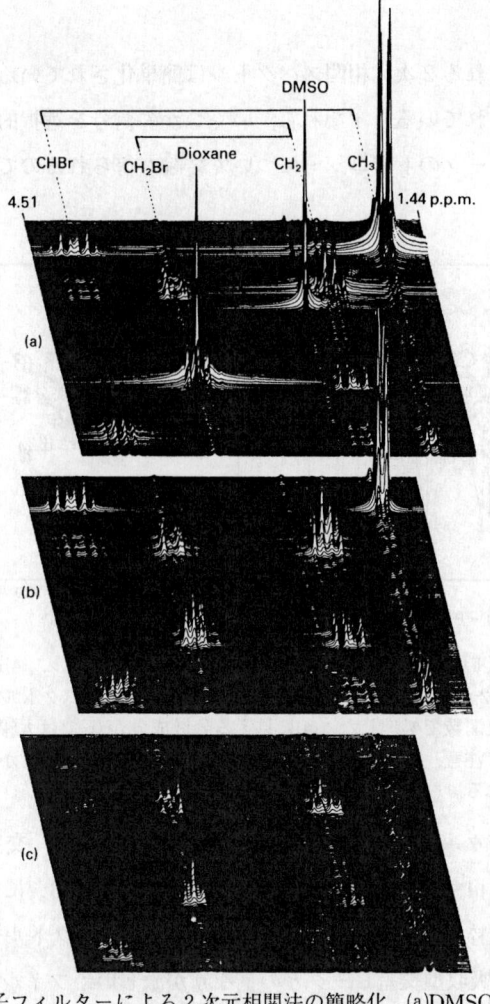

図8.3.6 多量子フィルターによる2次元相関法の簡略化. (a)DMSOとジオキサン由来の一重線を含む1,3-ジブロモブタンの通常COSYスペクトル. (b)パルス列 $(\pi/2)-t_1-(\pi/2)(\pi/2)-t_2$ を用いた2量子フィルター COSYスペクトル. ここでは交差ピークの構造は変化せず, 対角ピークの一部が消去された. (c)(b)と同じパルス列で異なる経路 $p=0\to\pm 1\to\pm 3\to 1$ を選ぶよう位相循環して得た3量子フィルター相関スペクトル (6.3節). (c)ではメチル基由来のピークが消えていることに注意. これはコヒーレンス移動選択則と一致する. スペクトルは全て絶対値モードで表示してある (文献8.28より).

れる．

　こうして得られる2次元相関スペクトルは簡単化されているのみならず，次の意味で編集されている．すなわち，いくつかの信号を選択的に除去することで結合ネットワークのトポロジーについて結論が得られるのである．

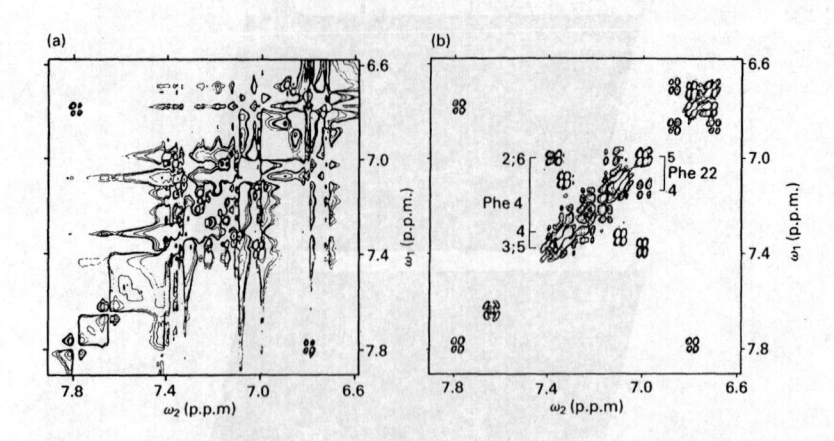

図8.3.7 BPTI 環状側鎖グループの位相弁別相関スペクトル．(a)通常 COSY 実験；(b)2量子フィルター COSY スペクトル．両スペクトル共に同一分解能向上関数で処理した．(a)に見える分散成分が(b)では大幅に消えていることに注意．このため対角線近傍でも多くの交差ピークが間違いなく同定される．（文献8.30を改変）

　2量子フィルター相関分光法の利点（分解能向上）は，交差ピーク，対角ピークともに位相弁別表示において良く表われる．図8.3.7には BPTI のスペクトルからの抜粋が示されているが，通常 COSY スペクトルでは対角ピークの分散形のため吸収型交差ピークとの重なりが激しい．フィルタースペクトルにおいては分散成分が除かれるため，対角線に近い交差ピークの分離が向上し，同定しやすい．

8.3.3.2　p スピンフィルター

　2次元相関法では p 個の結合スピン系を残し，他のスピン系由来の応答を全て消したい場合がしばしば起る．これは図8.3.4(b)に模式的に示した'帯域通

8.3　2次元相関実験の変形

過フィルター'に当る．そのようなフィルターを作る一つの方法として，p スピンでできた系の p 量子コヒーレンス（それを'全スピンコヒーレンス'と呼ぼう (8.33-8.35)) が化学シフトの総和のみに依存し，J 結合には依らないという事実を用いる．一方 $N>p$ スピン系の p 量子コヒーレンスは $(N-p)$ 個の受動スピンの J 結合により変調を受ける．図8.3.5(e)のスキームではパルスもしくはパルス列 U, V 間の間隔 τ_m を変えることができ，かつ $1/2\tau_m$ 時に π パルスを挿入して化学シフトを再結像させている．一連の τ_m の値に対し信号 s (t_1, τ_m, t_2) を平均化すれば，幸運なら，$N>p$ スピン系の p 量子コヒーレンスを J 変調の相殺で消せる．

　このアプローチは必ずしも理想的帯域フィルターとならない．時には，p 量子コヒーレンス用に作られた位相循環を q スピン p 量子コヒーレンスが皆通過することもある．$q=N$ の時これらのコヒーレンス（'スピン反転コヒーレンス'(8.35) として知られている）は J 結合により変調を受けず，したがって τ_m の平均化操作を生きのびてしまう．さらに，p 量子コヒーレンスの微細構造のある成分が，対称性もしくは J 結合定数の偶然縮退により変調を受けないかもしれない (8.8)．これらの短所はあるものの，p スピンフィルターは，大きなスピン系の寄与が一般に弱いため，かなりうまく働く (8.32)．

8.3.3.3　結合ネットワークの連結に応じたフィルター

　5.3.14節で詳述したように，パルス列 U をうまく設計し，特別な結合ネットワークの連結の中での多量子コヒーレンスのみ効果的に励起するようにできる (8.36, 8.37)．こうして p 結合スピン系の応答のみ厳密に励起するだけでなく，同一スピン数を持ちながら結合ネットワークの異なる種々のスピン系を区別することが可能である．たとえば AMKX, AMX$_2$, A$_2$X$_2$, A$_3$X のような種々のスピン系でも区別し得る．

　スピンの連結に選択的なパルス U と V がフィルター2次元相関法のパルス列に挿入されれば望みの結合ネットワークからの信号のみを取り出せる．図8.3.8では BPTI の通常 COSY スペクトルがアラニン残基の信号（その A$_3$X スピン系により他のアミノ酸と異なる）の選択でいかに簡単化されるかを示し

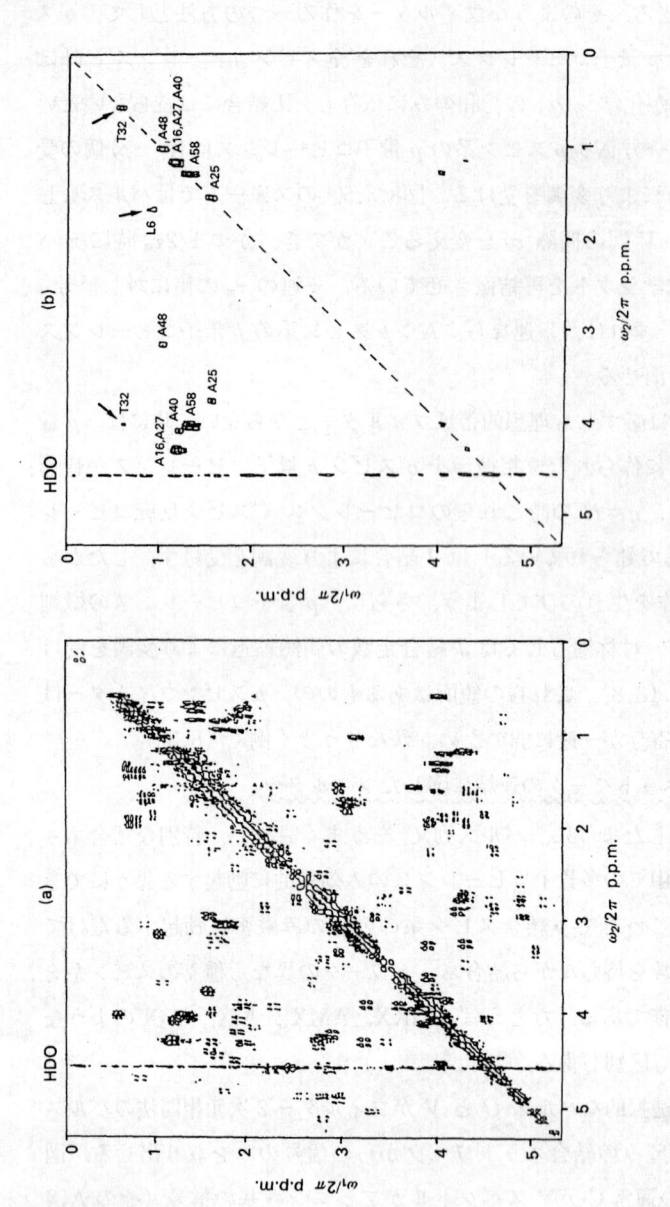

図8.3.8 (a)BPTIの2量子フィルター相関スペクトル。(b)A₃X系に対応する4量子コヒーレンスのみを励起するパルス列で得られた簡略化スペクトル。これでアラニン残基由来の6個の信号以外はほとんど消去された。スレオニン、ロイシン由来の弱いピークも見えている(矢印で示した)。スペクトルが非対称な理由は、パターン選択的な準備パルスを定時間発展と組み合わせて用いたためである。(文献8.37より)。

8.3 2次元相関実験の変形

てある(8.37)．スレオニンとリジンの弱い偽信号もそれらの結合ネットワークが A_3X に似ていることで説明される．

8.3.4 リレーコヒーレンス移動

単一コヒーレンス移動をもとにした通常の2次元相関法は直接結合した相手の存在を知らしめるだけである．この情報だけではより大きなスピン系において必ずしも帰属は定まらない．

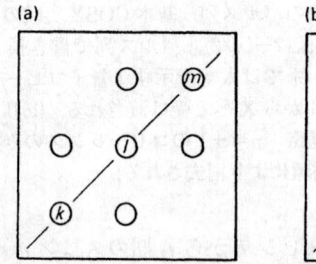

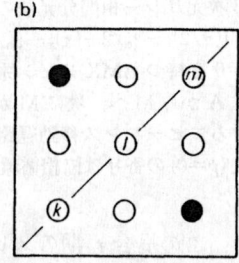

図8.3.9 (a) $J_{km}=0$ である線型3スピン系 $I_k-I_l-I_m$ の通常相関スペクトル．当然だが Ω_k と Ω_m の間の交差ピークは現われない．(b)同じスピン系のリレー相関スペクトルの概念図．交差ピーク $(\omega_1, \omega_2)=(\Omega_k, \Omega_m), (\Omega_m, \Omega_k)$ の存在により I_k と I_m が同一の結合相手を持つことがわかり，同じ結合ネットワークに帰属される．

図8.3.9(a)に示すように3個の化学シフト Ω_k, Ω_l, Ω_m, および2組の交差ピークを持つ2次元スペクトルについて考えてみよう．この図だけからはこれらの3スピン全てが線型に結合 ($I_k-I_l-I_m$) した同一スピン系に属すか否か決められない．たとえば二つの別々のスピン系 I_k-I_l と $I_l'-I_m$ が偶然化学シフト Ω_l と Ω_l' が等しいため重なり合っているとしてもよい．

このあいまいさはコヒーレンス移動が二つの連なるステップ（k から l と l から m）で起こるなら除かれる．この型の実験はリレー磁化移動 (8.6, 8.7) として知られるものである．リレー移動は図8.3.10(a)内に示すパルス列で実現される．そこでは混合パルスがパルス列 $[\pi/2-\tau/2-\pi-\tau/2-\pi/2]$ で置き替えられている．

リレーコヒーレンス移動は $J_{km}=0$ となる k, l, m の直線スピン系を考える

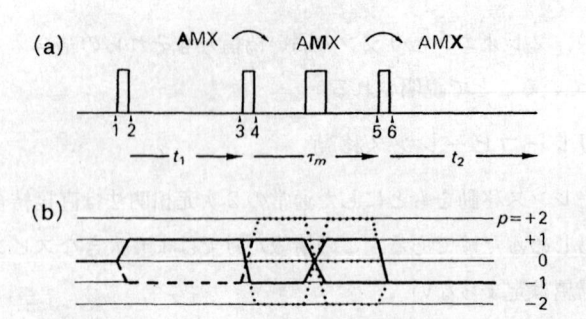

図8.3.10 (a) 2次元リレー相関分光法のパルス列．基本 COSY 実験の混合パルスが，$[(\pi/2)_x - \tau_m/2 - (\pi)_x - \tau_m/2 - (\pi/2)_x]$ パルス列で置き換えられた．$J_{AX} = 0$ を持つ AMX スピン系では太線で示す1量子コヒーレンスが最初は A から M へ，次に M から X へと受け渡される．(b) リレー移動におけるコヒーレンス移動経路：$p = \pm 1$ のコヒーレンスのみ重視し，縦磁化 ($p=0$) の寄与は位相循環により消去される．

とわかりやすい．この場合 t_1 期のスピン k から t_2 期のスピン m へ移される磁化に焦点が当てられる．混合パルス列 $[(\pi/2)_x - \tau_m/2 - (\pi)_x - \tau_m/2 - (\pi/2)_x]$ の総合的効果は式 (4.4.82) で記述される．発展期終りのスピン k の反位相成分のみが，k から m へリレーコヒーレンス移動する．

$$\sigma_3 = I_{ky} I_{lz} \sin(\Omega_k t_1) \sin(\pi J_{kl} t_1) \tag{8.3.5}$$

図2.1.5に掲げる変換様式を用いて，次を得る．

$$2I_{ky}I_{lz} \xrightarrow{\pi J_{kl}\tau_m 2I_{ky}I_{ly}} \xrightarrow{\pi J_{lm}\tau_m 2I_{ly}I_{my}} -I_{lz}I_{my} \sin(\pi J_{kl}\tau_m)\sin(\pi J_{lm}\tau_m)$$
$$+ \text{他の項．} \tag{8.3.6}$$

したがって検出期最初の項は

$$\sigma_6 = -I_{lz}I_{my} \sin(\Omega_k t_1)\sin(\pi J_{kl} t_1)\sin(\pi J_{kl}\tau_m)\sin(\pi J_{lm}\tau_m). \tag{8.3.7}$$

となる．他の多くの項のどれもスピン k と m の間の交差ピークに寄与しない．式 (8.3.7) は両方向の周波数軸に反位相で展開する二重線を表す．緩和効果を考慮すれば，この交差ピークの強度は次の伝達関数で決定される．

8.3 2次元相関実験の変形

$$f(\tau_m) = -\sin(\pi J_{kl}\tau_m)\sin(\pi J_{lm}\tau_m)\exp\{-\tau_m/T_2\}. \tag{8.3.8}$$

もっと複雑な（スピン）ネットワークではスピン l と m への受動核 l', m' のそれぞれの結合により伝達関数は次式に従う．

$$f(\tau_m) = -\sin(\pi J_{kl}\tau_m)\sin(\pi J_{lm}\tau_m)\prod_{l'}\cos(\pi J_{ll'}\tau_m)$$
$$\times \prod_{m'}\cos(\pi J_{mm'}\tau_m)\exp\{-\tau_m/T_2\}. \tag{8.3.9}$$

リレー移動で重要なコヒーレンス移動経路（6.3節）は図8.3.10(b)に示されている．τ_m 期の縦磁化（これは交差緩和により移動する．9章参照）由来の信号を抑制するには $p=0$ のパスが除かれねばならない（8.38）．実際の応用では τ_m は一定に保たれ，リレー交差ピークの強度が最大になるように調整される．その際二つの鏡映対称パスのうちの一つが選ばれる．

リレー相関スペクトルの実験例を図8.3.11に示す．蛋白質BPTIの2次元スペクトルの一部：NH水素核由来の対角ピーク域，$C_\alpha H$ から NH への1段階移動からくる交差ピーク域そして2段階移動 $C_\beta H \rightarrow C_\alpha H \rightarrow NH$ からくる交差ピーク域である．これらの余分なピークは縮退して重なりあったいくつかのアミノ酸の $C_\alpha H$ 共鳴の帰属に役に立つ．もっと一般的に見ても，直線スピン系 $k-l-m$ と $k'-l'-m'$ が縮退シフト $\Omega_l=\Omega_{l'}$ を持つ時それらの連鎖帰属に重要である（8.38-8.40）．

図8.3.11の位相弁別スペクトルにはっきり出ているように，リレーピークは2次元純吸収として現われ，一方単一コヒーレンス移動由来の交差ピークおよび対角ピークは混合位相として現われる．

リレー移動の考えは，適当な間隔で仕切られた，一連の n 個の $\pi/2$ パルスによるリレーへと拡張されよう．これで，直線的ネットワークにおいて n 個の結合を飛び越えコヒーレンス移動ができる．間隔は最重要の J 結合の値に合わせられるべきである．ただし多段階移動の効率は多くの競合移動と拡張された混合期の緩和のため悪くなる．

BPTIにおいてスペクトル帰属のあいまいさを取り除くため，$C_\gamma H \rightarrow C_\beta H \rightarrow$

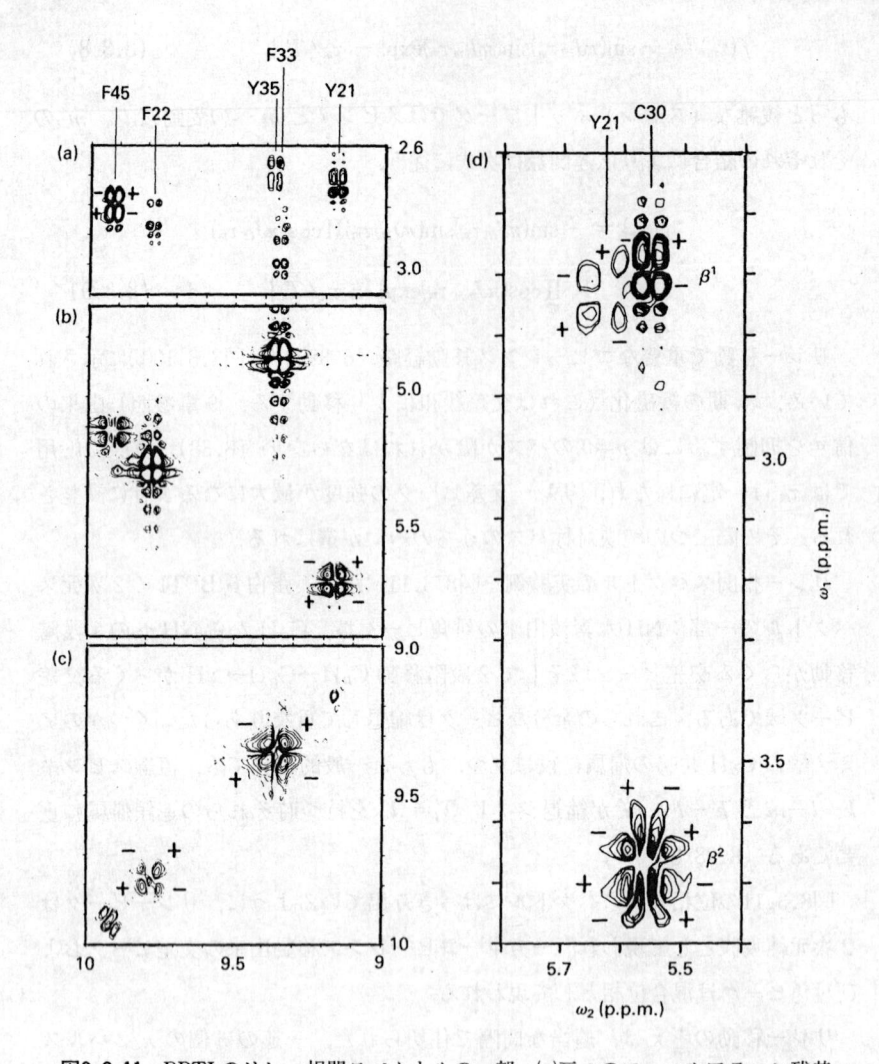

図8.3.11 BPTI のリレー相関スペクトルの一部.(a)三つのフェニルアラニン残基と二つのチロシン残基における移動 $C_\beta H \to C_\alpha H \to NH$ のリレーピーク.(b)同一実験で,単一コヒーレンス移動 $C_\alpha H \to NH$ の'直線連結'信号.(c)NH 領域の対角ピーク.(b)と(c)のピークは混合位相で現われている.F33 と Y35 のスピン系の NH と $C_\alpha H$ 核の化学シフトは共に同じため,$C_\beta H$ 核の化学シフトでのみ区別がつけられることに注意.(d)Y21 と C30 の直接 α-β 結合および,C30 の β_2 を通じた β_1 と α の結合(文献 8.38 より).

8.3 2次元相関実験の変形

$C_\alpha H \to NH$ (8.38) の3段階移動が試みられている.

混合期の間隔 τ_m が一定の場合, リレー移動の効率は明らかに結合定数の大きさに左右される. この欠点は τ_m 期から π パルスを除き τ_m の値を t_1 と共に, $\tau_m = \chi t_1$, のように系統的に変えることで回避できる (8.7). この場合コヒーレンス移動経路の数を制限することが大切である. $p=0 \to +1 \to +1 \to -1$ および $p=0 \to -1 \to -1 \to -1$ の道に注目すれば, リレー移動 $k \to l \to m$ に伴う実効的 ω_1 周波数は

$$\omega_1^{\text{eff}} = \pm(\Omega_k + \chi\Omega_l) \tag{8.3.10}$$

となる. 一方次の二つの道 $p=0 \to +1 \to -1 \to -1$, $p=0 \to -1 \to +1 \to -1$ を選択すれば実効的 ω_1 周波数は次のようになる.

$$\omega_1^{\text{eff}} = \pm(\Omega_k - \chi\Omega_l). \tag{8.3.11}$$

$\chi=1$ (すなわち $\tau_m=t_1$) のとき化学シフトの和と差が得られ, '擬似2量子または零量子スペクトル' と呼ばれる (8.41). 異種核における似たようなリレー移動実験 (例として $^1H \to {}^1H \to {}^{13}C$) は他核の帰属に便利である. 濃厚スピン, 希薄スピンを別々に料理すれば, 実験に特別な味付ができ, たとえばリレー移動に参加しない信号を抑制することも可能である (8.42) (8.5.4節参照).

リレーコヒーレンス移動を3重共鳴法 (8.43, 8.44) と比べて見ると面白い. $J_{km}=0$ である $I_k-I_l-I_m$ の線形系で, 通常の多重共鳴法を用いて, k と m が同一結合ネットワークに属することを証明するには, 次のような思考実験が考えられよう.

1. '中心'核 l の化学シフト Ω_l に結合 J_{kl} と同程度のラジオ波 B_l をかけ状態を混合する.
2. スピン k の近傍を強いラジオ波 B_k で掃引する.
3. 同時にスピン m の応答を CW またはフーリエ法で調べる.

3スピンが同一結合ネットワークに属する時，m スピンの応答信号はラジオ波 B_k の照射位置に依存して複雑に変る．これは多重コヒーレンス移動が，多重共鳴法に強く関連していることを示しており，リレー移動実験の基本は擬似3次元 NMR と考えてもよい．

8.3.5 全相関分光における平均化ハミルトニアンによるコヒーレンス移動

今まで議論してきた方法は，二つの遷移の間のコヒーレンス移動が1個以上の混合パルスで誘起される種類のものであった．まず反位相コヒーレンスを作ることがパルスによるコヒーレンス移動の前提であった．

これに替わる適当な平均化混合ハミルトニアン $\overline{\mathcal{H}}^{(m)}$ を持つ拡張混合期 τ_m が使われる．コヒーレンス移動を得るには $\overline{\mathcal{H}}^{(m)}$ が種々のコヒーレンスを混合するよう調整されなくてはならない．$\overline{\mathcal{H}}^{(m)}$ をうまく選べば，縦磁化と同じように同位相コヒーレンスを含めた全ての成分への移動も可能となる．

お互いのスピン結合を残したまま全ての化学シフトを $\overline{\mathcal{H}}^{(m)}$ から取り除くことができれば，コヒーレンスは全スピン系内を振動的に行き来するだろう．2次元相関スペクトルでは，これは交差ピークが同一スピン系に属す全ての遷移間に現われることを意味する．これはある意味でリレー相関法の究極の拡張であり，'全相関分光'(TOCSY) (8.45) と導く．

望みの混合ハミルトニアンは単純な形をしていて，

$$\overline{\mathcal{H}}^{(m)} = \sum_{k<l} 2\pi J_{kl} \mathbf{I}_k \mathbf{I}_l \qquad (8.3.12)$$

'等方的混合'ハミルトニアンとでも呼べるものである．$\overline{\mathcal{H}}^{(m)}$ の固有関数は全スピンのスピン関数の線型結合である．混合過程のコヒーレンスの発展はいわゆる'集団スピンモード' (8.45) の考えでまとめられよう．この集団スピンモードがコヒーレンス移動を引き起す．これは高磁場ハミルトニアンと対照的であり，弱結合の場合それは個々のスピンが'単一スピンモード'として独立に動く．

式 (8.3.12) の等方的混合ハミルトニアンを得るためにいろいろなパルス列

8.3 2次元相関実験の変形

が提案されてきた (8.45). 最も簡単な方法は, 系中の最大化学シフト差より充分速い速度のくり返しを持つ一連の π パルス列を用いることである (8.45). 広範囲の周波数域をカバーする効率的なパルス列の追加が Bax により提案されている (8.46)

等方的混合を用いたコヒーレンス移動の特徴は $\overline{\mathcal{H}}^{(m)}=2\pi J_{kl}\mathbf{I}_k\mathbf{I}_l$ を持つ 2 スピン系 ($I=1/2$) を考えると最もわかりやすい. この単純な系の集団スピンモードは単一スピン演算子の和および差, さらに積演算子の和と差で表される.

$$\Sigma_\alpha = \frac{1}{2}\{I_{k\alpha}+I_{l\alpha}\},$$

$$\Delta_\alpha = \frac{1}{2}\{I_{k\alpha}-I_{l\alpha}\},$$

$$\Sigma_{\alpha\beta} = \{I_{k\alpha}I_{l\beta}+I_{k\beta}I_{l\alpha}\},$$

$$\Delta_{\alpha\beta} = \{I_{k\alpha}I_{l\beta}-I_{k\beta}I_{l\alpha}\}, \qquad \alpha,\beta = x, y, z \qquad (8.3.13)$$

ここで次の交換関係が成立する.

$$[\overline{\mathcal{H}}^{(m)}, \Sigma_\alpha] = 0,$$

$$[\overline{\mathcal{H}}^{(m)}, \Sigma_{\alpha\beta}] = 0,$$

$$[\overline{\mathcal{H}}^{(m)}, \Delta_\alpha] = i\Delta_{\beta\gamma},$$

$$[\overline{\mathcal{H}}^{(m)}, \Delta_{\beta\gamma}] = -i\Delta_\alpha \qquad (8.3.14)$$

ただし (α,β,γ) は (x, y, z) を循環して得られる. この結果から異なる項の間の時間発展がただちに次のように求まる.

$$\Delta_\alpha \xrightarrow{\overline{\mathcal{H}}^{(m)}\tau_m} \Delta_\alpha \cos(2\pi J_{kl}\tau_m) + \Delta_{\beta\gamma}\sin(2\pi J_{kl}\tau_m)$$

そして

$$\Delta_{\beta\gamma} \xrightarrow{\overline{\mathcal{H}}^{(m)}\tau_m} \Delta_{\beta\gamma}\cos(2\pi J_{kl}\tau_m) - \Delta_\alpha \sin(2\pi J_{kl}\tau_m), \qquad (8.3.15)$$

和の項 $\sum_\alpha$, $\sum_\beta$ は時間不変である.

ハミルトニアン $\overline{\mathcal{H}^{(m)}}$ は等方的なので全ての成分 x, y, z, は同等に振舞う. スピン k の x 成分の発展を明示すれば

$$I_{kx} \xrightarrow{\overline{\mathcal{H}^{(m)}}\tau_m} \frac{1}{2}I_{kx}\{1+\cos(2\pi J_{kl}\tau_m)\} + \frac{1}{2}I_{lx}\{1-\cos(2\pi J_{kl}\tau_m)\}$$
$$+ (I_{ky}I_{lz} - I_{kz}I_{ly})\sin(2\pi J_{kl}\tau_m). \tag{8.3.15a}$$

となる. 同様の表現が他の成分, 同位相 (I_{ky}), 反位相 ($2I_{kx}I_{lz}$, $2I_{ky}I_{lz}$) そして分極 (I_{kz}) について成り立つ. これら全ての成分はスピン k と l の間で $\overline{\mathcal{H}^{(m)}}$ の影響により周期的に交換する.

式 (8.3.15a) の最大の特徴は同位相 I_{kx} から同位相 I_{lx} への移動であり, これは2次元スペクトル上の対応する交差ピーク多重線が同位相になることを意味する. コヒーレンスは行ったり来たり振動するので適当に τ_m を選べば図8.3.12の実験例に見るように交差ピークのみ残り, 対角ピークは完全に消失する.

ラジオ波不均一性を補償したパルス列 (たとえば π パルスを交互に x 軸, $-x$ 軸方向に変えて行う) を用いて行う全成分間の移動では純吸収スペクトルは得られない. 一方, 不均一性を補償しないパルス列 (たとえば同位相 $(\pi)_x$ パルス (図8.3.12(a)) のような) では $I_{kx}+I_{lx}$ と交換しない項は不均一性により速やかに減衰するので, $I_{kx}I_{lx}$, $I_{kx}I_{ly}$ そして $I_{ky}I_{lz}-I_{kz}I_{ly}$ のみが残る. ($2I_{ky}I_{lz}-2I_{kz}I_{ly}$) 由来の反位相成分は, τ_m を変えて信号をたしていけばお互いに消し合う. こうして2次元純吸収スペクトルが図8.3.12(b)のように得られる.

複雑な結合ネットワークを持つ巨大分子の2次元全相関スペクトルはたとえ直接の結合がなくても, 全ての核間の交差ピークを表示することができる. この性質のおかげで蛋白質のような複雑な分子でも構成残基由来のサブスペクトルを見分けられる. リレーコヒーレンス移動法 (8.3.4節) と違い, ここで述べた方法は結合定数の大きさについて事前の知識を必要としない.

8.5.6節で説明するように異種核相関分光でも似たようなパルス列が提案さ

8.3 2次元相関実験の変形

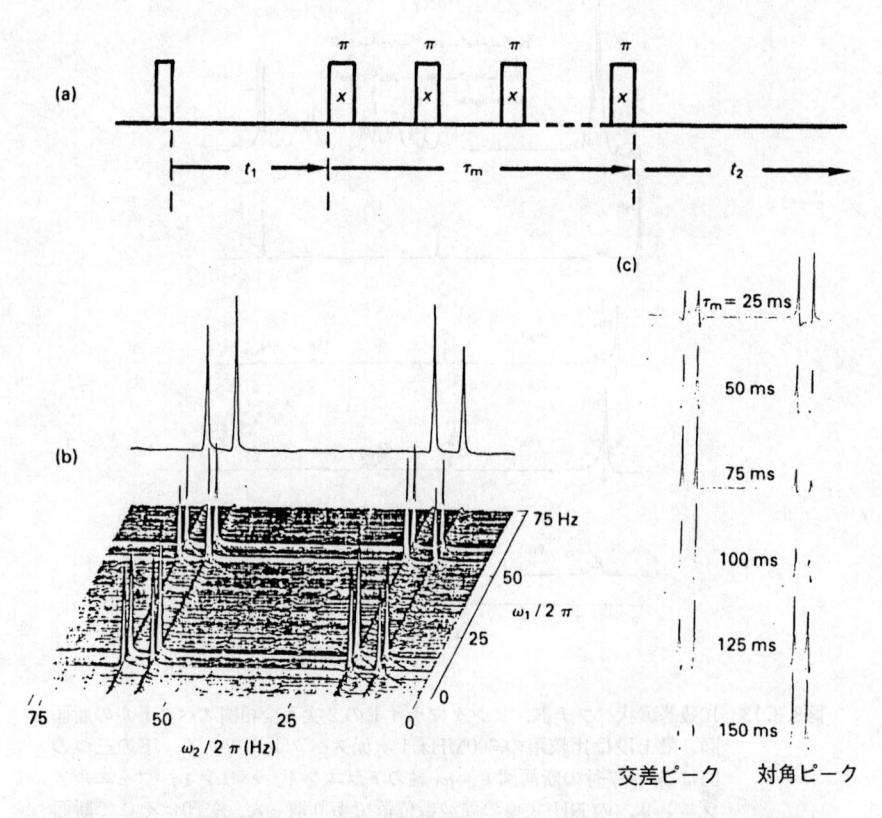

図8.3.12 (a)同一間隔の $(\pi)_x$ パルスで構成された τ_m の混合期を持つ2次元全相関分光法のためのパルス列. (b) 6個の異なる時間 τ_m の実験を全てたし合わせて得られる2,3ジブロムチオフェンの2スピン系2次元スペクトル. (c)規則的に τ_m を増やして得た6個の位相弁別表示スペクトルの断面図（パルス間隔500μ秒）. 振動的変動のため $\tau_m=75{\rm ms}\simeq(2J)^{-1}$ では対角ピークがほとんど消え, 交差ピークの強度が最大になっていることに注意. 逆の状況が $\tau_m=150{\rm ms}$ で生じている. 分散型の寄与は式 (8.3.15a) の $(I_{1y}I_{2z}-I_{1z}I_{2y})$ の項に由来している. これらの寄与は異なる τ_m より得た信号をたし合わせることで消去できる.（文献8.50を改変）.

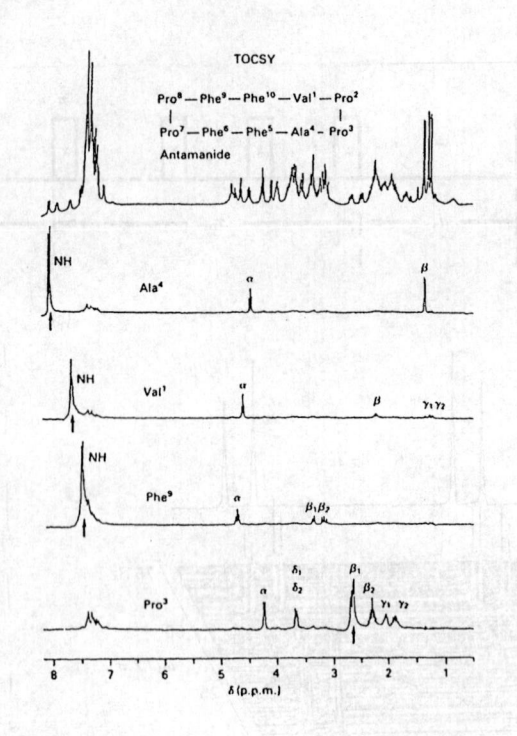

図8.3.13 10残基環状ペプチド，アンタマナイドの2次元全相関スペクトルの断面図．最上段は比較用の 300MHz 1次元スペクトルである．下の三つの図は ω_2 軸平行の断面図で，ω_1 軸のアラニン4，バリン1，フェニルアラニン9，の NH 共鳴の周波数位置で切り取った．矢印はそこで断面図が対角線と交じわることを示す．このスペクトルは矢印のところの核を励起し拡張混合期に図中の対応する信号の核へとコヒーレンスが移動したものと解釈される．事実上，個々のアミノ酸対応のサブスペクトルが得られたことになる．図8.3.12a に示すパルス列が適用され，π パルスとしてはオフセット補償パルス $336^\circ_0\ 246^\circ_\pi\ 10^\circ_{\pi/2}\ 74^\circ_{3\pi/2}\ 10^\circ_{\pi/2}\ 246^\circ_\pi\ 336^\circ_0$ (R. Tycko, H. M. Cho, E. Schneider, A. Pines, *J. magn. Reson.* **61**, 90 (1985)) が用いられた．90°パルスは 8.6 μs でパルス間隔は 2μs，相続く複合 π パルス間の時間は 200μs であった．異なる混合時間 $\tau_m=13.3$ms, 26.5ms, 39.8ms, 53.1ms, 66.4ms そして 79.6ms より得られた実験結果をたし合わせた（実験データマトリックスは 984×4096点，フーリエ変換時データマトリックスは 2048×8192点）．C. Griesinger and O.W.Sørensen の未発表研究より．

れている (8.98). これらの実験は回転系の交差分極と密接に関係しており, 液体 (8.10, 8.49, 8.50) よりむしろ固体 (8.47, 8.48) に特に応用されてきた (4.5.3節参照).

8.4 同種核多量子2次元分光法

8.2節と8.3節に述べた2次元実験は, 過渡的に多量子コヒーレンスを用いて選択やフィルターを行う (8.3.3節) 場合以外は, 本質的に1量子コヒーレンスの運動を扱っている. この章では, t_1 期で周波数, 緩和時間を測定する多量子コヒーレンス実験を扱う. 多量子分光は図8.4.1に示すように2次元相関法の拡張と考えられる. COSY法の準備パルスが種々の次数のコヒーレンスを抑制する高級なパルス列に置き換えられただけである. 逆にいえば2次元相関法は $p=\pm 1$ に限定された p 量子分光の特別の場合といえる.

8.4.1 多量子コヒーレンスの励起と検出

多量子コヒーレンスを励起するいろいろな方法は5.3.1節にまとめられている. それらのいくつかは選択的パルスを含み, 1量子スペクトルの知見を得ることのみ目的とするものもある. 選択的励起は2次元分光と抵触はしないが, その利点を全ては利用できない. 非選択パルス列による励起では未知試料の未知結合ネットワークの2次元スペクトルが得られる.

2次元分光で共通に用いられる技法のいくつかを図8.4.2に示した. 励起は普通パルスサンドウィッチ $[(\pi/2)]_{\varphi_1}-\tau_p/2-(\pi)_{\varphi_2}-\tau_p/2-(\pi/2)_{\varphi_3}]$ を用いて行われる. ここで, 偶数 p に対しては $\varphi_1=\varphi_2=\varphi_3$, 奇数 p に対しては $\varphi_1=\varphi_2=\varphi_3\pm\pi/2$ である. 場合によって真中の再結像パルスは省略される.

観測可能磁化への再変換は単一混合パルス (図8.4.2(a)) か, または励起効果を逆方向に働かせるよう意図したパルス列で行われる. 後者は t_1 変調された縦磁化を作り続いて $\pi/2$ パルスで '読み取り' される. これは図8.4.2(b)に示されており, 図5.3.1(a)の一般的方法と比較するとよい (8.32, 8.33, 8.51, 8.52). 現実にはこれらの方法は明確には区別されない. たとえば図8.4.2(c)の

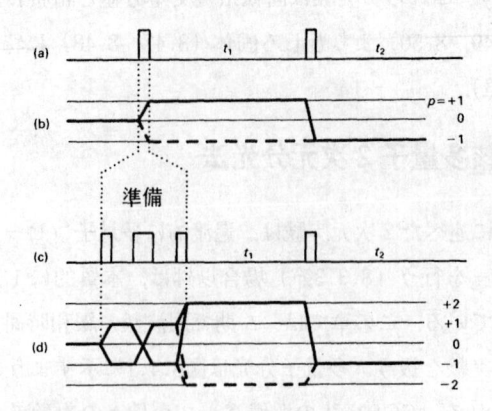

図8.4.1 2次元相関分光法(a), (b)と2次元多量子分光法(c), (d)両者の比較. 二つの方法は単に準備期とコヒーレンス移動路の選択の違いにより区別される. (d)に示す例では $p=\pm 2$ が選択されている. さらに手の込んだ方法が多量子コヒーレンスの励起およびその観測磁化($p=-1$)への再変換のために利用される. 正しいコヒーレンス経路選択に必要な位相循環の方法は6.3節に記されている. 一方, 多量子スペクトルで2次元吸収ピークを得る技法は6.5.3節に述べられている.

ように, 再変換パルスの最後のパルスが読み取りパルスと互いに打ち消し合えば(点線), 混合パルス列は $\pi/2$ パルスと引続く $[\tau_m/2-(\pi)-\tau_m/2]$ の再結像期に還元される. 図8.4.2(d)にはいわゆる'排除パルス'が示され, それより反位相磁化は検出期直前に非観測多量子コヒーレンスに再変換される. 対称的な励起-検出パルス列を持つ方法のすべて(図8.4.2(b)から(e))は, ある時間範囲 $\tau_{min} < \tau_p = \tau_m < \tau_{max}$ の信号平均操作を利用し, 結合定数の大きさにほとんど依存しない応答を拾い出す. この平均操作は図8.4.2(e)のように再結像パルスを落したとき最も効果がある (8.53).

8.4.2 2スピン系の2量子スペクトル

この章では2スピン系に見られる多量子分光の基本的特徴を論じよう. それと同時に天然存在比の $^{13}C-^{13}C$ 結合による炭素13のスペクトル帰属への実践的応用をも調べる.

8.4 同種核多量子2次元分光法

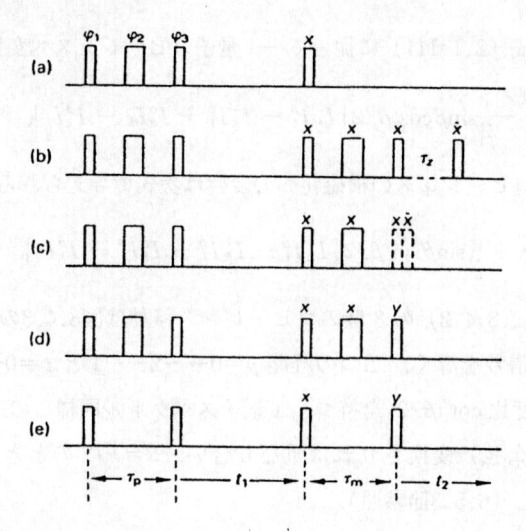

図8.4.2 同種核2次元多量子分光法によく用いられるパルス列. (b)の τ_z は z-フィルター（8.3.1節）を表す.

2スピン系の2量子スペクトルに含まれる情報量は原理的に2量子フィルター1量子スペクトル（8.3.3節）と同じである．しかし2量子スペクトルは磁化が少ない多重線間に広がるという利点を持つ．一方，AX系のCOSYスペクトルは4重線を持った4成分を持ち，同一システムの2量子スペクトル2重線を持った2成分だけを持つのとは異なる．ただし，この比較は両スペクトル共に t_1 方向に関し実フーリエ変換することを仮定している．ω_1-デカップルCOSY（8.3.2節）と同じようにこの単純化はあらかじめスカラー結合のだいたいの大きさを知らなければ，ピーク強度予測不能という代価を支払うことになる．結合定数が未知の時は以下のような平均操作を適用するのがよい．

図8.4.2(a)のパルス列について考えよう．準備パルス $[(\pi/2)_x-\tau_p/2-(\pi)_x-\tau_p/2-(\pi/2)_x]$ による2量子コヒーレンスの励起は式（5.3.4）に記されている．t_1 に関し複素フーリエ変換を行い，照射周波数を ω_2 のスペクトル域の外側にセットすれば $p=+2$ と $p=-2$ 由来の信号は異なる象限に現われる（図8.4.3）．回転角 β の混合パルスを発展期の後に当てれば，-2量子コ

ヒーレンスは式（2.1.111）に従って -1 量子コヒーレンスへ変換される．

$$I_k^- I_l^- \xrightarrow{\beta(I_{kx}+I_{lx})} -\frac{\mathrm{i}}{2}\sin\beta\cos^2\beta/2\,[I_k^- I_l^\alpha - I_k^- I_l^\beta + I_k^\alpha I_l^- - I_k^\beta I_l^-], \qquad (8.4.1)$$

一方 $+2$ 量子コヒーレンスの横磁化への変換は次式で与えられる．

$$I_k^+ I_l^+ \xrightarrow{\beta(I_{kx}+I_{lx})} +\frac{\mathrm{i}}{2}\sin\beta\sin^2\beta/2\,[I_k^- I_l^\alpha - I_k^- I_l^\beta + I_k^\alpha I_l^- - I_k^\beta I_l^-]. \qquad (8.4.2)$$

式（8.4.1）と（8.4.2）の8個のコヒーレンス移動は図8.4.3の右半分に示すような8個の信号を導く．二つの経路 $p=0 \to -2 \to -1$ と $p=0 \to +2 \to -1$ による信号は強度比 $\cot^2(\beta/2)$ を持つ．1量子スペクトル同様この二つの信号は，τ_1 に関し実（余弦）変換されれば重なり合い，$\beta=\pi/2$ のとき2次元純吸収ピークを与える（6.5.3節参照）．

2量子コヒーレンス由来の信号強度は図8.4.3の左半分に見られるようなゼロ量子スペクトルの強度と対照的である（8.8）．ゼロ量子スペクトルは魅力的特徴を備えているが（5.4.3節で述べたようにゼロ量子コヒーレンスは不均一磁場に鈍感である），実際の応用では困難があり，どのような位相循環を用いても縦磁化由来信号との区別ができない．

炭素13 NMR において同種核 $^1J_{cc}$ 結合は一重共有結合の場合30-45 Hz あり，図8.4.2(a)のパルス列で $\tau=(2\bar{J}_{cc})^{-1}$ とおけば2量子コヒーレンスをかなり一様に励起できる．天然存在比炭素13 NMR では，同種核結合によるサテライトピーク強度は孤立 ^{13}C スピンの信号強度の 1/200 程度である．そのような不利な条件でも2量子スペクトルの単純さ（複雑な多重線構造を持たぬこと）は特に魅力的である．ダイナミックレンジの問題は2量子フィルター COSY を含む種々の差スペクトル法よりは深刻でない．なぜなら図8.4.1(a)の励起パルスは孤立 ^{13}C スピン由来の磁化には 2π パルスとして働くからである．

一対の炭素13スピンの同定に用いられる2量子分光は INADEQUATE (Incredible Natural Abundance Double Quantum Transfer Experiment) (8.54-8.64) という頭字語で呼ばれる．普通用いられるパルス列は図8.4.2(a)に示されている．不必要な1量子コヒーレンスを除去する位相循環は図8.4.1

8.4 同種核多量子2次元分光法

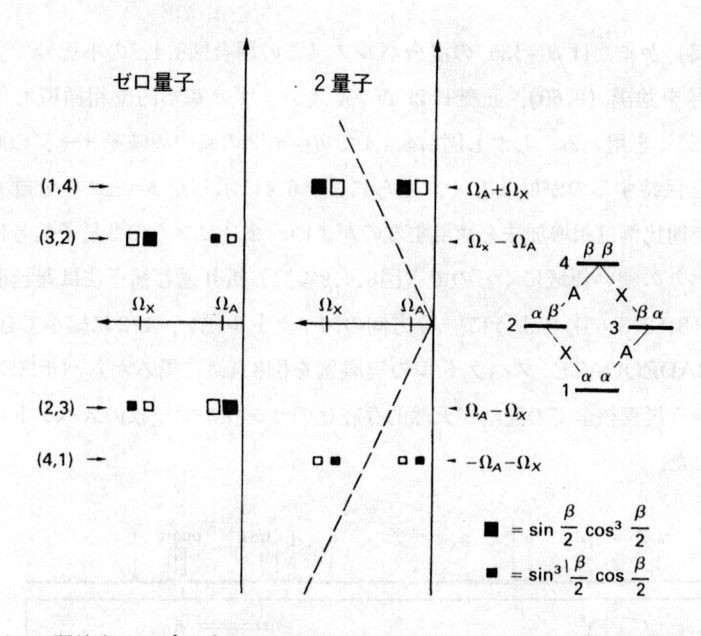

図8.4.3 弱結合2スピン系のゼロ量子，2量子スペクトルの概念図．回転角 β の単一検出パルスを用い，全てのコヒーレンスが同一位相で一様に励起されたと仮定し，t_1 に関し複素フーリエ変換を仮定している．実際には準備期パルス列 $[(\pi/2)_x - \tau_p/2 - (\pi)_x - \tau_p/2 - (\pi/2)_y]$ を用いてこれが達成できる．1量子コヒーレンスに加え，次の項，$4I_{kx}I_{lx} = [I_k^+I_l^+ + I_k^+I_l^- + I_k^-I_l^+ + I_k^-I_l^-]$ が密度演算子に含まれる．これに引きかえ図8.4.2(a)の励起パルス列ではゼロ量子項を生み出さず，反対符号を持つ次数 $p=\pm 2$ のコヒーレンスのみ励起する（式 (5.3.2) 参照）．2重線の各ピークの符号が逆（黒が正，白が負を表す）なこと，比 $\cot^2\beta/2$ を持つピーク間強度の関係が対照的なこと（大きな四角が $0 < \beta < \pi/2$ の場合の主ピークを表す）に注意．信号は全て式 (6.5.10) に記述される混合位相を持つ．2量子スペクトル中の鎖線は傾斜対角線 $\omega_1 = \pm 2\omega_2$ を意味する．2量子信号はこの傾斜対角線の両側に対称的に位置して現われる．（文献8.8より）

(d)のコヒーレンス移動経路と6.3節に述べた規則を用いて導かれる．最小では4ステップ循環となる．抑制効率を高めるためには16, 32さらに128ステップ循環へと拡張される (8.61)．ω_1 領域のスペクトル幅を小さくするために $p=0 \to +2 \to -1$ のみの経路を選択することもできる．ただし，z パルス

(8.58) かまたは $\beta=135°$ の混合パルス（この場合図8.4.3の小記号で表される信号を強調 (8.60)，正確には $N>4$ ステップの基本的位相循環も用いる (8.65)）を用いる．しかし図8.4.1(d)で $\beta=\pi/2$ の時の鏡映イメージの両移動経路を保持するのが好ましく，さらに図6.6.4に示した $p=\pm2$ を分離するための時間比例位相増加法を適用するのがよい．2スピン系の2量子信号は対角線まわりの狭い領域にくるので（図8.4.9参照）折り返し補正法は遅延取り込み法 (8.62-8.65) のように，ω_1 方向のスペクトル幅を，1/2 に縮小できる．

'INADEQUATE' スペクトルの実験例を図8.4.4に掲るが，パナミン中の隣り合う炭素核全ての連結が天然的存在比のサンプルで一枚のスペクトル上に示された．

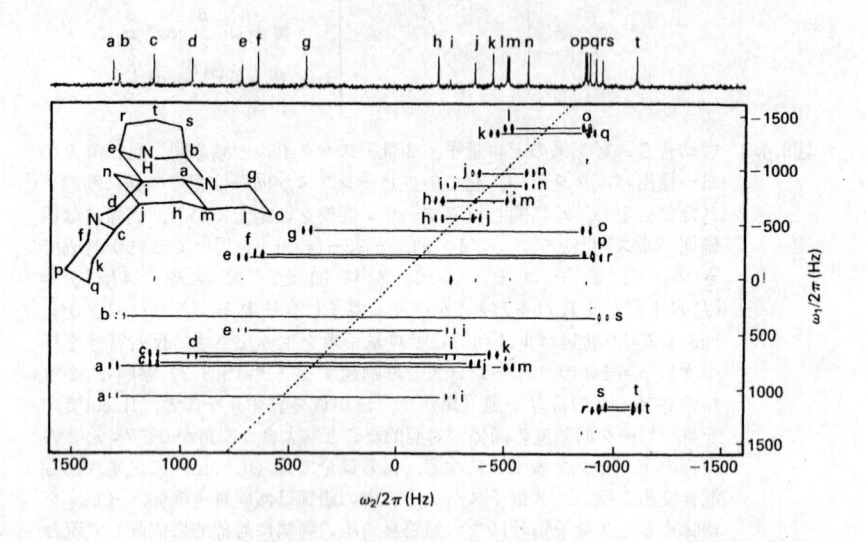

図8.4.4 天然パナミン (panamine) 試料中の炭素骨格が，スカラー結合により連結されていることを表す2量子スペクトル（2D 'INADEQUATE' スペクトル）．パルス列 $[(\pi/2)-\tau_0/2-(\pi)-\tau_0/2-(\pi/2)]-t_1-(\beta)-t_2$ を適用した．上段の1次元スペクトルは通常の水素核デカップル炭素13スペクトルを表す．2次元スペクトル中の水平線は個々の AX パターンを示す．これらは図8.4.3の下半分に記した構造を持っており，傾斜対角線のまわりに対称的に現われる．コヒーレンス経路 $p=0\rightarrow+2\rightarrow-1$ が $\beta=135°$ に設定することで特に強調された．（文献8.60より）

8.4 同種核多量子2次元分光法

　図8.4.3に現われる交互位相の多重線はパルス列 $[\tau_m/2-(\pi)-\tau_m/2]$ $\tau_m=(2J)^{-1}$ をつけ加えれば同位相となる（図8.4.2(c)）．これは対称的励起-検出の考えを導く．すなわち励起用，検出用の二つのパルスサンドウィッチ $[(\pi/2)_x-\tau/2-(\pi)_x-\tau/2-(\pi/2)_x]$ を持つ仮想実験を考えればよい（図8.4.2(b)）．この実験の最終的なコヒーレンス移動経路は $p=0\to\pm2\to0\to-1$ である．すなわち2量子コヒーレンスは一時的に（t_1 変調された）縦分極に変換される．式 (5.3.4) に従えば，τ_p 長さの準備パルスサンドウィッチの直後では（残りの縦分極を省いて）次のようになる

$$\sigma(t_1=0) = 2\,|2QT|_y \sin\pi J_{kl}\tau_p. \tag{8.4.3}$$

2量子コヒーレンスの自由展開（式 (5.3.34)）により，検出パルスサンドウィッチ直前で次の状態が導かれる．

$$\begin{aligned}\sigma(t_1) =\ & 2\,|2QT|_y \cos(\Omega_k+\Omega_l)t_1 \sin\pi J_{kl}\tau_p \\ & - 2\,|2QT|_x \sin(\Omega_k+\Omega_l)t_1 \sin\pi J_{kl}\tau_p.\end{aligned} \tag{8.4.4}$$

間隔 τ_m に働く $\exp\{-i\pi J_{kl}\tau_m 2I_{ky}I_{ly}\}$ の形の対称的混合演算子により最初の項だけがゼーマン分極に変換される．

$$\begin{aligned}\sigma(t_1+\tau_m) =\ & -(I_{kz}+I_{lz})\cos(\Omega_k+\Omega_l)t_1 \sin\pi J_{kl}\tau_p \sin\pi J_{kl}\tau_m \\ & + \{2I_{kx}I_{ly}+2I_{ky}I_{lx}\}\cos(\Omega_k+\Omega_l)t_1 \sin\pi J_{kl}\tau_p \cos\pi J_{kl}\tau_m \\ & - (2I_{kx}I_{lx}-2I_{ky}I_{ly})\sin(\Omega_k+\Omega_l)t_1 \sin\pi J_{kl}\tau_p.\end{aligned} \tag{8.4.5}$$

望みの t_1 変調 I_{kz} 項はもう一個の $\pi/2$ パルスにより観測可能磁化に変換される．式 (8.4.5) に残った2量子コヒーレンスはこの'読み取りパルス'の位相を循環させれば打ち消せる．実際にはこの操作は不必要で，混合パルス列に一定位相の $(\pi/2)_{-x}$ パルスを付加すればよい．同様の効果はパルスサンドウィッチの最後の $(\pi/2)_x$ パルスを落とすことで達成され，次の観測項を導く．

$$\sigma^{\mathrm{obs}}(t_1, t_2=0) = -(I_{ky}+I_{ly})\cos(\Omega_k+\Omega_l)t_1 \sin\pi J_{kl}\tau_p \sin\pi J_{kl}\tau_m$$

$$-(2I_{kx}I_{lz} + 2I_{kz}I_{lx})\cos(\Omega_k + \Omega_l)t_1 \sin\pi J_{kl}\tau_p \cos\pi J_{kl}\tau_m.$$
(8.4.6)

やっかいものの反位相磁化の項は $(\pi/2)_y$ の'排除'パルスにより多量子コヒーレンスへと再変換され（図8.4.2(d)），同位相の t_1 変調項 $(I_{ky}+I_{ly})$ のみを残す．検出サンドウィッチパルス $[(\pi/2)_x-\tau_m/2-(\pi)_x-\tau_m/2-(\pi/2)_y]$（図8.4.2(d)）は純粋同位相の多重線を導く．励起と検出に用いられるパルス間隔が等しい場合 $(\tau_p=\tau_m=\tau)$，観測されるコヒーレンスは次の形となる．

$$\sigma^{\text{obs}}(t_1, t_2=0) = -(I_{ky} + I_{ly})\cos(\Omega_k + \Omega_k)t_1 \sin^2\pi J_{kl}\tau.$$
(8.4.7)

余弦関数の2乗依存性のため，ある範囲 τ を変えて平均してもコヒーレンスは生き残り，J 結合の大きさに依らない信号を与える．

$$\bar{\sigma}^{\text{obs}}(t_1, t_2=0) = -\frac{1}{2}(I_{ky} + I_{ly})\cos(\Omega_k + \Omega_l)t_1.$$
(8.4.8)

対称的励起-検出の考えは大きなスピン系の高次多量子コヒーレンスにも適用できる（8.32, 8.51-8.53）．平均操作はサンドウィッチパルス（図8.4.1(d)のパルス列）から π パルスを除くことでさらに効果的になる（8.53）．

8.4.3 等方相におけるスカラー結合ネットワークの多量子スペクトル

通常の1量子相関分光（8.2節）は結合核を同定するには便利だが，未知のネットワークを持つスピン系を解析するには向かない．このため A-M-X のような $J_{AX}=0$ の線型スピン系では，遠く離れた A と X が現実に同一スピン系に属するのか，それともたまたま二つの系 A-M と M'-X が $\Omega_M=\Omega_{M'}$ のシフトのため重なりあったのかを区別するためにリレーコヒーレンス移動（8.3.4節）に頼る必要がある．さらに等価スピンかどうかを見分ける必要がある．なぜなら複雑な分子で多重構造やその積分強度の信頼性が低い場合，AX 系か A_2X_3 系かを区別するのが難しくなるからである．多量子 NMR は磁気的または化学的に等価な核の存在を知り，また遠く離れた核が同一結合ネットワーク

8.4 同種核多量子2次元分光法

に属するかどうかを調べるのに使えよう.

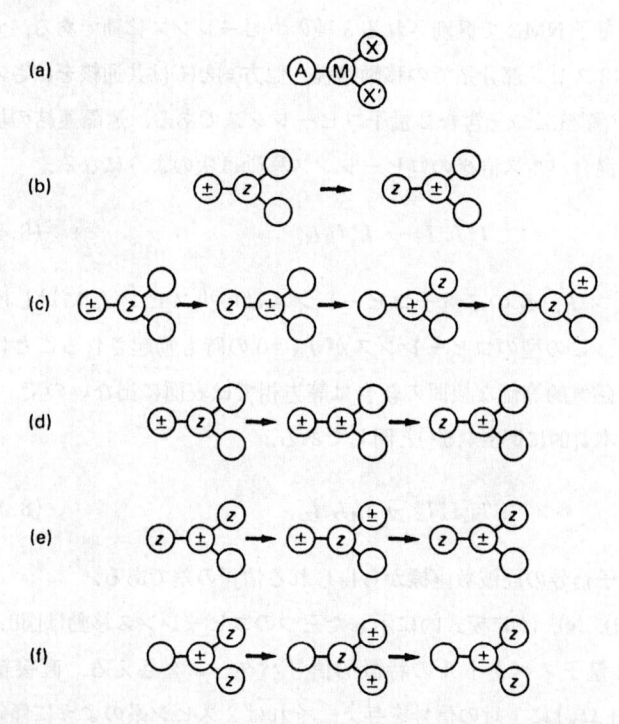

図8.4.5 AMX₂結合ネットワーク(a)におけるコヒーレンス移動過程の象徴的表示. ± と z の記号は対応するスピンの $I^\pm$, I_z を表す. (b)通常2次元相関法における A と M の間の1量子移動. (c)A と X 間のリレー磁化移動. (d)直接連結由来の2量子コヒーレンスの励起および再変換. (e)(d)と同じ. ただし遠隔連結の場合. (f)(d)と同じ. ただし磁気的等価スピンの場合.

1量子実験と多量子実験のちがいを知ってもらうため, 図8.4.5に弱結合4スピン系の種々のコヒーレンス移動を示した. 図に示された結合ネットワークは $J_{AX}=0$ を持つ AMX₂ 系である. 図8.4.5(b)は通常相関分光における典型的コヒーレンス移動を記述しており, その記法は次と等価である.

$$I_A^\pm I_{Mz} \rightarrow I_{Az} I_M^\pm \tag{8.4.9}$$

スピン A からスピン M への反位相磁化移動を招来する．8.3.4節に詳細を記述した A から X へのリレー移動は図8.4.5(c)に示されている．図8.4.5の終りの三つは2量子 NMR で区別される3種のコヒーレンス移動である．すなわちケース(d)は2スピン部分系での移動過程，他方(e)と(f)は共通核をはさんで間接結合した'遠隔'核二つを含む2量子コヒーレンスである．遠隔連結の場合（図8.4.5(e)），混合パルス直後のコヒーレンス移動は次のようになる．

$$I_A^{\pm} I_{Mz} I_X^{\pm} \to I_{Az} I_M^{\pm} I_{Xz} \qquad (8.4.10)$$

ここでスピン I_A, I_X の2量子コヒーレンスは中央スピン I_M に対し反位相となっている．この型のコヒーレンスが $J_{AX}=0$ の時も励起されることに注意してほしい．磁気的等価な核間の結合は等方相では表面に出ないので，図8.4.5(f)の過程は本質的に図8.4.5(e)と同じである．

$$I_{Mz} I_X^{\pm} I_X^{\pm} \to I_M^{\pm} I_{Xz} I_{Xz} \qquad (8.4.11)$$

違いは多量子信号の周波数座標から得られる情報の差である．

図8.4.5(d), (e), (f)に模式的に示した三つのコヒーレンス移動は図8.4.6に示すような2量子スペクトルの特徴的信号パターンを与える．直接結合核は $\omega_1=\pm(\Omega_A+\Omega_X)$ に1対の信号を与え，それは2スピン系のように傾斜対角線 $\omega_1=\pm2\omega_2$ の両側に対称的に現われる．A_2X サブシステムの磁気的等価核は $\omega_1=\pm2\Omega_A$, $\omega_2=\Omega_X$ のところに2量子信号を与える．強結合，または化学的等価（磁気的ではなく）の場合，すなわち A_2B か $AA'X$ 系の場合，余分のピークが現われ図8.4.6の傾斜対角線上にくる．$J_{AX}=0$ の AMX 線型系における遠隔核は $\omega_1=\pm(\Omega_A+\Omega_X)$, $\omega_2=\Omega_M$ に2量子信号を与え，図8.4.6のような幾何学的構造により見わけられる．

さらに詳細な2量子スペクトルの遠隔連結および等価信号様式は図8.4.7に示されている．図は $|t\rangle\langle u|$ から観測磁化 $|r\rangle\langle s|$ へ移動する2量子コヒーレンスの強度因子 Z_{rstu} を基礎としており，図8.2.12の COSY スペクトルと対比される．図8.4.7では全てのコヒーレンスが展開初期に同一強度，同

8.4 同種核多量子2次元分光法

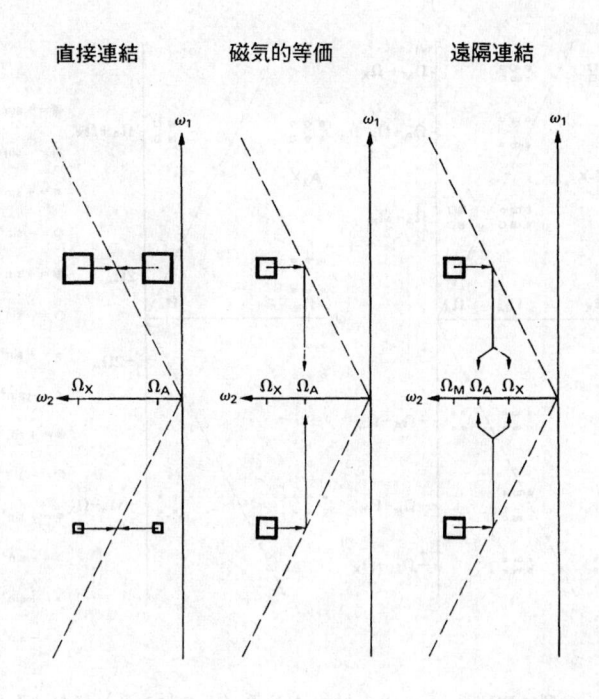

図8.4.6 弱結合スピン系の2量子信号の特徴的パターン．図形は個々の遷移ではなく，多重線を一まとめに表示している．大きな四角は $0<\beta<\pi/2$ の場合の主ピークに対応．直接連結しているスピンの信号は傾斜対角線 $\omega_1=\pm2\omega_2$（鎖線）の両側に対称的に表われる．遠隔連結由来の信号と磁気的等価核由来の信号は図に示すような幾何学パターンの差から区別される．（文献8.8より）

一位相で励起されていることを仮定している．ただし，これは現実には達成困難な仮定である．図8.4.7の遠隔連結信号（AMX系では $\omega_1=\pm(\Omega_A+\Omega_X)$，$A_2X$系では $\omega_1=\pm2\Omega_A$ に現われる）は $\omega_1=0$ に対し対称的強度を持っている．一方残りの信号（直接結合ピーク）は強度が対称的でない．

これらの信号を与えるコヒーレンス移動現象は直線3スピン系を考えればわかりやすい．（対称的 A_2X スピン系は $J_{AX}=0$ の A-M-X と同様に，$J_{AA'}=0$ の A-X-A' 系として扱える）まずはじめに熱平衡状態にある系から考えよ

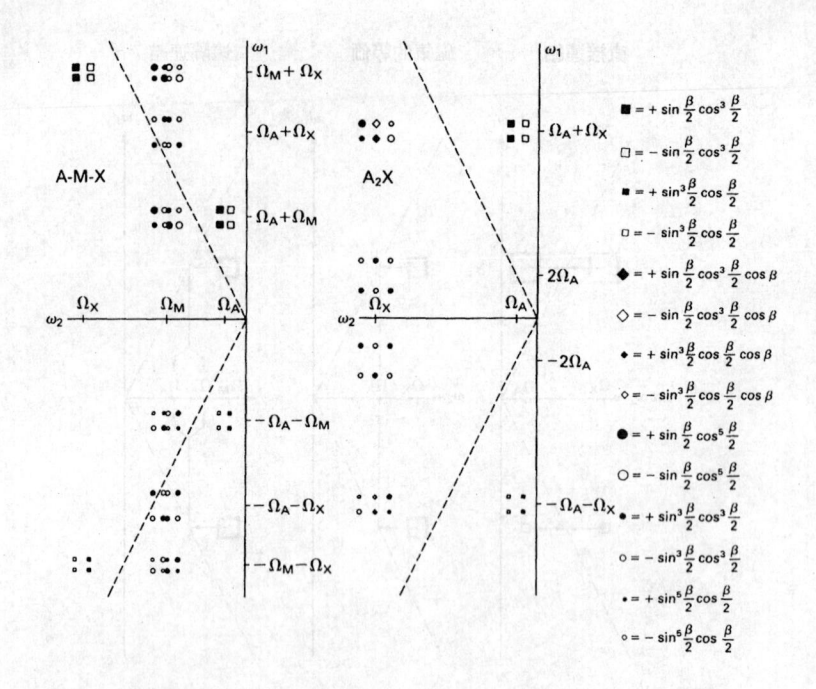

図8.4.7 線型 AMX 系 ($J_{AX}=0$) と対称 A_2X 系（3スピン系）における2量子スペクトルの概念図．回転角 β の単一混合パルスを用い，t_1 方向の複素フーリエ変換を行い，2量子コヒーレンスが同一位相で皆一様に励起されたと仮定している（これらを実験的に実現するのは難しい）．大きな記号は $0<\beta<\pi/2$ の場合の主ピークを表す．鎖線は $\omega_1=\pm2\omega_2$ の傾斜対角線を示す．信号は全て式（6.5.10）に記した混合型線形を持つ．（文献8.8より）

う．すなわち $\sigma(0)=I_{kz}+I_{lz}+I_{mz}$ である．はっきりさせるためこれらの項の変換を別々に考える．ただし $J_{km}=0$ とし，励起サンドウィッチパルス（図8.4.2(a)）後の残余の縦磁化は無視する．

$$I_{kz} \xrightarrow{\pi J_{kl}\tau I_{ky}I_{ly}} \xrightarrow{\pi J_{lm}\tau I_{ly}I_{my}} 2I_{kx}I_{ly}\sin\pi J_{kl}\tau,$$

$$I_{lz} \xrightarrow{\pi J_{kl}\tau I_{ky}I_{ly}} \xrightarrow{\pi J_{lm}\tau I_{ly}I_{my}} 2I_{ky}I_{lx}\sin\pi J_{kl}\tau\cos\pi J_{lm}\tau$$

$$+ 2I_{lx}I_{my}\cos\pi J_{kl}\tau\sin\pi J_{lm}\tau$$

$$- 4I_{ky}I_{lz}I_{my}\sin\pi J_{kl}\tau\sin\pi J_{lm}\tau,$$

8.4 同種核多量子2次元分光法

$$I_{mz} \xrightarrow{\pi J_{kl}\tau I_{ky}I_{ly}} \xrightarrow{\pi J_{lm}\tau I_{ly}I_{my}} 2I_{ly}I_{mx}\sin\pi J_{lm}\tau. \tag{8.4.12}$$

得られた各項はゼロ量子,2量子コヒーレンスに対応する.簡単のため,$\tau=(2J_{kl})^{-1}=(2J_{lm})^{-1}$ とすると励起サンドウィッチパルス直後には次を得る.

$$\sigma(t_1 = 0) = 2I_{kx}I_{ly} - 4I_{ky}I_{lz}I_{my} + 2I_{ly}I_{mx}. \tag{8.4.13}$$

これらの項は式 (5.3.36) と (5.3.37) に用いたような簡略記法で書きかえられる.

$$\begin{aligned}\sigma(t_1=0) = & \{2\mathrm{QT}(k,l)\}_y - \{\mathrm{ZQT}(k,l)\}_y \\ & + 2I_{lz}\{2\mathrm{QT}(k,m)\}_x - 2I_{lz}\{\mathrm{ZQT}(k,m)\}_x \\ & + \{2\mathrm{QT}(l,m)\}_y - \{\mathrm{ZQT}(l,m)\}_y. \end{aligned} \tag{8.4.14}$$

ゼロ量子コヒーレンスは位相循環で打消すことにし,2量子コヒーレンスに注目する (8.66).2量子項 $\{2\mathrm{QT}(k,l)\}_y$ と $\{2\mathrm{QT}(l,m)\}_y$ は2スピン系に現われたものと同じものである.式 (8.4.14) の第3項は1量子法にはない情報を担っている.この項の発展は二つの遠隔スピンの化学シフトの和と,中央スピン I_l との結合により決定される.

$$\begin{aligned}2I_{lz}\{2\mathrm{QT}(k,m)\}_x &\xrightarrow{(\Omega_k I_{kz}+\Omega_m I_{mz})t_1} \xrightarrow{(\pi J_{kl}2I_{kz}I_{lz}+\pi J_{lm}2I_{lz}I_{mz})t_1} \\ & 2I_{lz}\{2\mathrm{QT}(k,m)\}_x \cos\Omega_{\mathrm{eff}}t_1\cos\pi J_{\mathrm{eff}}t_1 \\ & + 2I_{lz}\{2\mathrm{QT}(k,m)\}_y \sin\Omega_{\mathrm{eff}}t_1\cos\pi J_{\mathrm{eff}}t_1 \\ & + \{2\mathrm{QT}(k,m)\}_y \cos\Omega_{\mathrm{eff}}t_1\sin\pi J_{\mathrm{eff}}t_1 \\ & - \{2\mathrm{QT}(k,m)\}_x \sin\Omega_{\mathrm{eff}}t_1\sin\pi J_{\mathrm{eff}}t_1 \end{aligned} \tag{8.4.15}$$

ここで $\Omega_{\mathrm{eff}}=\Omega_k+\Omega_m$,$J_{\mathrm{eff}}=J_{kl}+J_{lm}$ である.磁気的に等価な核 I_k と I_m を持つ系の場合,実効周波数 $\Omega_{\mathrm{eff}}=2\Omega_k$,$J_{\mathrm{eff}}=2J_{kl}$ である.発展期の終りにかけられた $(\pi/2)_x$ 混合パルスは式 (8.4.15) の初項のみ観測1量子磁化に変換する.$(\pi/2)_x$ 混合パルス後の密度演算子中でこの観測部分のみを残そう.

$$\sigma^{\mathrm{obs}}(t_1, t_2=0) = +\frac{1}{2}4I_{kz}I_{ly}I_{mz}\cos(\Omega_k+\Omega_m)t_1\cos\pi(J_{kl}+J_{lm})t_1. \tag{8.4.16}$$

例によって，この反位相磁化はパルス列 $[\tau/2-(\pi)_x-\tau/2]$ ($\tau \simeq (2J_{kl})^{-1} \simeq (2J_{lm})^{-1}$) を付加することで一部同位相磁化に変換でき，次を得る．

$$\sigma^{\text{obs}}(t_1, t_2 = 0) = + \frac{1}{2} I_{ly} \cos(\Omega_k + \Omega_m) t_1 \cos \pi (J_{kl} + J_{lm}) t_1$$

$$\times \sin \pi J_{kl} \tau \sin \pi J_{lm} \tau$$

$$+ \text{反位相項} \qquad (8.4.17)$$

さらに残った反位相項は $(\pi/2)_y$ パルスを加えれば排除できる（図8.4.2(d)）．式 (8.4.17) 中の I_{ly} 項は式 (8.4.6) に見られる2スピン系での対応項と符号が逆であることに注意．こうして未知スピン系の2量子スペクトルでは直接連結由来の信号は全て正に，遠隔連結由来の信号は負となって現われるようにできる (8.53)．これにより直接連結信号と遠隔連結信号の分離された'編集'スペクトルが得られる．

対称的励起-検出法では異なる τ 値で平均をとることで，結合定数の値にほとんどよらない広帯域励起ができる．この方法の効果が最もよく現われるのは，励起と検出のサンドウィッチパルスから π パルスを除いた時である (8.53)．

単一混合パルスを用いた2量子法の初期の実験例を図8.4.8に示す．等方溶液の3-アミノプロパノールの高分解能1量子スペクトルは，$-CH_2-CH_2-CH_2-$ 脂肪鎖のスペクトルを示すが，それらはほぼ同じ大きさのビシナル結合定数とほとんどゼロの長距離結合定数を持っている．この系は $A_2M_2X_2$ で良く近似できる，多重構造とその積分値が正確に決められない場合（巨大分子の脂肪鎖のほとんどがそうだが），等価核の数を決定するのは難しい．また，3個の多重項が同一結合鎖から由来することもわからない．低分解能2次元スペクトルではいくつかの誤った解釈が，可能である．たとえば，A_2-M-X_2 と仮定してもよいし，二つの化学鎖 A_2-M と $M'-X_2$ がたまたま $\Omega_M = \Omega_{M'}$ で重なっているとしてもよい．脂肪鎖の2量子スペクトルはこれらのあいまいさを取り除く．信号が $2\Omega_A$, $2\Omega_M$, $2\Omega_X$ にあれば，少くとも2個の等価核が，各サイトにあることを意味し，$\Omega_A + \Omega_X$ の信号は独立な二つの連

8.4 同種核多量子2次元分光法

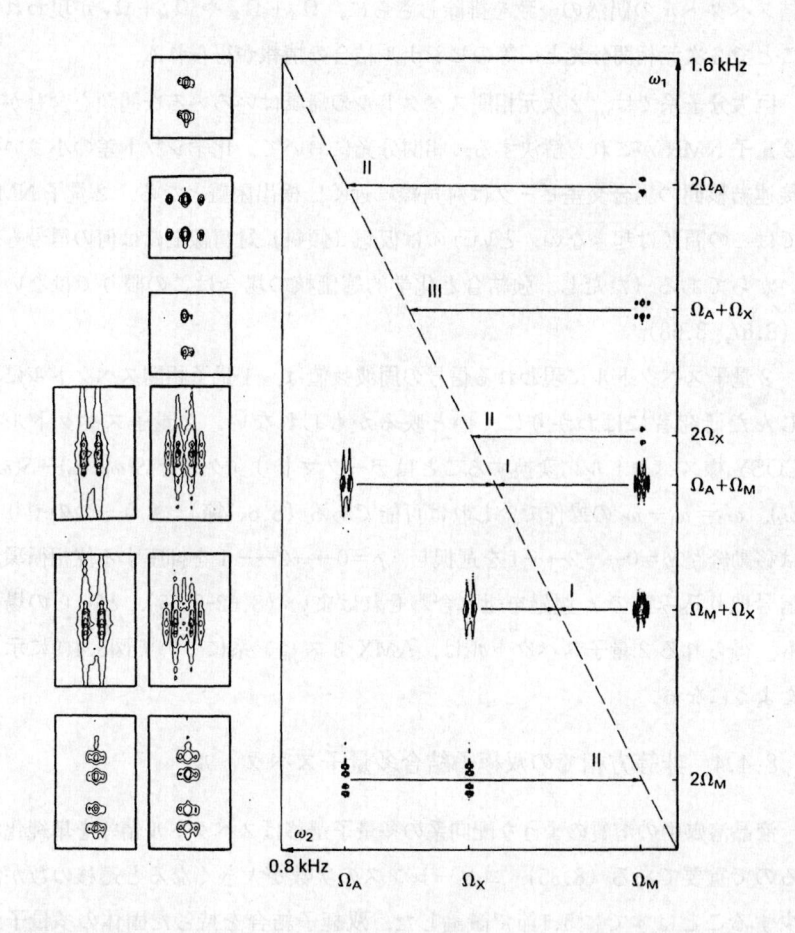

図8.4.8 3-アミノプロパノール（DOCH$_2$CH$_2$CH$_2$ND$_2$）の2量子スペクトル．$\tau=38\text{ms}\simeq(4J)^{-1}$と設定したパルス列 $[(\pi/2)-\tau/2-(\pi)-\tau/2-(\pi/2)]-t_1-(\pi/2)-t_2$ を用いた．このスピン系は良い近似で A$_2$M$_2$X$_2$系として扱える．直接連結（I）由来の信号，磁気的等価信号（II），遠隔連結由来の信号（III）はその幾何学パターンからすぐに同定される．このスペクトルは A$_a$M$_m$X$_x$ ネットワーク（$a,\ m,\ x\geq 2,\ J_{AX}\simeq 0$）と矛盾しない．スペクトルを絶対値モードで表示し，個々の多重線は左側に拡大して再録されている．（文献8.8より）

結スペクトルの偶然の一致を排除しさらに，$\Omega_A+\Omega_M$ や $\Omega_M+\Omega_X$ が現われることで2次元相関分光と同等のビシナル結合の情報が得られる．

巨大分子系では，2次元相関スペクトルの帰属はいろいろな問題を含むが，2量子NMRがこれを解決する．相関分光において，化学シフト差の小さい直接連結核間の場合交差ピークは対角線に近く，検出困難となる．2量子NMRではこの問題は起きない，というのは仮想（傾斜）対角線上には何の信号もないからである（ただし，強結合と化学的等価核の場合はこの限りではない）(8.67, 8.68).

2量子スペクトルに現われる信号の周波数値は，1量子相関スペクトルになじんだ研究者にはわかりにくいと映るかもしれない．2量子スペクトルをCOSY様スペクトルに変換することはデータマトリックスを $S(\omega_1, \omega_2) \to S(\omega'_1, \omega_2)$，$\omega'_1 = \omega_1 - \omega_2$ の操作でいじれば可能である（6.6.1節）．もう一つのやり方は移動経路 $p=0 \to +2 \to -1$ を選択し，$p=0 \to -2 \to -1$ を抑圧する位相循環と信号取り込み前の t_1 遅延を組み合わせればよい (8.62-8.65)．どちらの場合も，得られる2量子スペクトルは，AMX 3スピン系について図8.4.9に示したようになる．

8.4.4　非等方相での双極子結合多量子スペクトル

液晶溶媒中の溶質のような配向系の多量子遷移はスペクトル情報を単純化するので重要である (8.35)．コヒーレンスの次数が大きくなると遷移の数が減少することはすでに5.1節で議論した．双極子結合を持った固体の多量子コヒーレンスの研究例はごく少ないが (8.69)，液晶中の溶質分子などへは数多くのきれいな応用が考えられる．この側面について見てみよう．

図8.4.10は液晶中に溶かした n-ペンチル-シアノビフェニル-d_{11} の多量子スペクトルである (8.70)．構造が固い場合には環状水素核に対し D_2 点群と同じ置換対称性が仮定でき（厳密にいえば，対称置換体 $R=R'$ に対してのみ成り立つが），10個のユニークな双極子結合と2個の独立な秩序パラメータが存在する．$p=5, 6, 7$ の多量子スペクトルの再帰解析から，これは2面角

8.4 同種核多量子2次元分光法

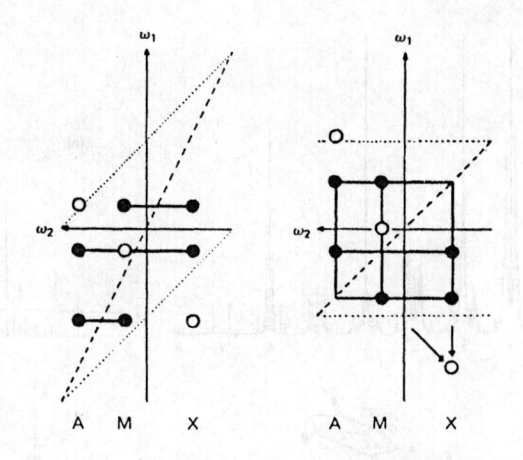

図8.4.9 左側：コヒーレンス経路 $p=0\rightarrow+2\rightarrow-1$ を選択した時の AMX 系の2量子スペクトル．黒丸は直接連結信号，白丸は遠隔連結信号．黒丸は点線に示される周波数の内側のみに現われることに注意．天然存在比の炭素13の場合のように2スピン以上のスピン系がない時は，この外側には信号が現われない．右側：折り返し補正（6.6.1節参照）をほどこし，同一スペクトルを'ひねって'得たスペクトルの概念図．この表示法はCOSYスペクトルに似ており（ただし対角ピークは現われない），遅延データ取り込みによっても得られる．（文献8.65より）

$\phi=32°$ に対する結合定数で説明されることがわかった．1量子スペクトルではこのような解析は無理である．

多量子スペクトルの情報内容が構造研究に重要なことは明白である．液晶双極子系のもう一つの利点は，それが多量子スペクトル法の理想的テスト系を提供していることにある．高分解能（狭い線幅と大きな結合）と双極子ハミルトニアンの性質（時間反転法なども可 (8.71)）は種々の高度な実験法をデザインし証明するのに適している．多量子信号の異なる次数分離のためのいろいろな方法 (8.72, 8.73)，全スピンコヒーレンスエコー法(TSCTES)のような方法 (8.33-8.35)，そして選択的 p 量子励起法 (8.51, 8.74, 8.75) などが液晶系で開発された．この仕事の包括的総論はWeitekampによって書かれている (8.35)．

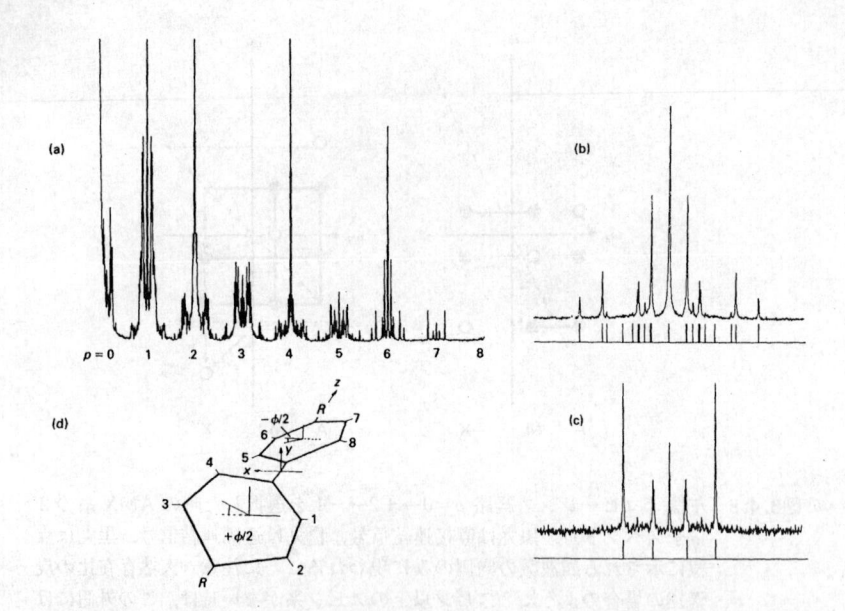

図8.4.10 (a)n-ペンチル-シアノ-ビフェニル-d_{11}における次数 $p=0, 1, \ldots\ldots 8$ 全ての遷移の多量子スペクトル．脂肪側鎖上の水素核はビフェニル基の8個の水素核に解析を限定するため重水素化された．(b)と(c)は6量子，7量子スペクトルの実験拡大図と棒線で示した対応する理論スペクトル．(d)ビフェニル基($R=CN, R'=C_5D_{11}$)の構造概念図．2面角32°の時，理論スペクトルは(b)と(c)に良い一致を示す．（文献8.70より）

8.4.5 非等方相における $S=1$ 四極子核の2量子スペクトル

$S=1$ スピンの2量子スペクトルを得ようとする主たる動機は四極子効果の除去にある．配向系（液晶中の固体や溶質）では式（2.2.20）で与えられる四極ハミルトニアンは1量子遷移を分裂させる．その結果現われる粉末パターンや線幅増大した多重線（後者は液晶が秩序パラメータが極度に強い温度依存性を持つためである）は化学シフトをおおい隠そうとする．

小さな四極子結合を持つ系（たとえば ^2D）では，2量子コヒーレンスの励起，検出に非選択パルスが使える．ここで議論を2次，3次の四極子効果を無視してよいような高磁場NMRに限定しよう．演算子 $\exp\{-i\omega_Q \tau S_y^2\}$ に対応す

8.4 同種核多量子2次元分光法

る複合回転パルス列 $[(\pi/2)_x - \tau/2 - (\pi)_x - \tau/2 - (\pi/2)_x]$ は2量子コヒーレンスを誘起する (8.15).

$$S_z \xrightarrow{\omega_Q \tau S_y^2} S_z \cos\omega_Q \tau + \{S_x S_y + S_y S_x\} \sin\omega_Q \tau. \qquad (8.4.18)$$

2量子項 $\{S_x S_y + S_y S_x\}$ の強度は $\tau = \pi/(2\omega_Q)$ の時最大となる ($\tau = 1/2J$ と同様であるが,分裂は $2\pi J$ でなく $2\omega_Q$ である).2量子コヒーレンスは式 (2.2.24) に示す四極子ハミルトニアンの永年項のもとでは時間発展しない.

$$[\mathscr{H}'_Q, \{S_x S_y + S_y S_x\}] = 0. \qquad (8.4.19)$$

この時間不変性は $\mathscr{H}_Q$ が固有状態 $|M_s = +1\rangle$ と $|M_s = -1\rangle$ に対して1次の範囲で同じシフト量を与えることを考えれば理解できよう (8.76, 8.77).しかしゼーマン項のため2量子コヒーレンスは次に従って展開する.

$$\{S_x S_y + S_y S_x\} \xrightarrow{\Omega t_1 S_z} \{S_x S_y + S_y S_x\} \cos 2\Omega t_1 - \{S_x^2 - S_y^2\} \sin 2\Omega t_1 \qquad (8.4.20)$$

ここで $2\Omega = 2(\gamma_s B_0 - \omega_{r.f.})$ は回転系における1量子化学シフトの2倍である.

10%重水素化シュウ酸二水和物の単結晶に対する2量子スペクトルの実験例を図8.4.11に示す.カルボニルと水 OH 基の重水素化学シフトが良く分離している.これは1量子スペクトルでは得られない (8.77).

粉末ではゼーマン項由来の2量子回転運動が ω_1 域の粉末パターンとして,化学シフトテンソルの主値決定を可能とする. ω_2 域には通常四極子結合粉末パターンが現われ,化学シフトテンソルと四極子テンソルがお互い関係づけられる.2量子分光はマジック角試料回転 (8.80) と組み合わされ,ゼーマン相互作用の非等方成分が ω_1 域の2量子スペクトルから除かれる.同じ情報が通常の1量子マジック回転分光 (8.78) においても,信号を回転エコー (8.79) の頂点で取り込めば得られるが,2量子実験の方がマジック角の設定にあまり敏感でない有利さがある.

大きな四極子結合を持つ核,たとえば窒素14,では非選択的励起は不可能である.その場合,二つの許容遷移の中間に選択的2量子パルスを与えて2量子

フーリエ変換

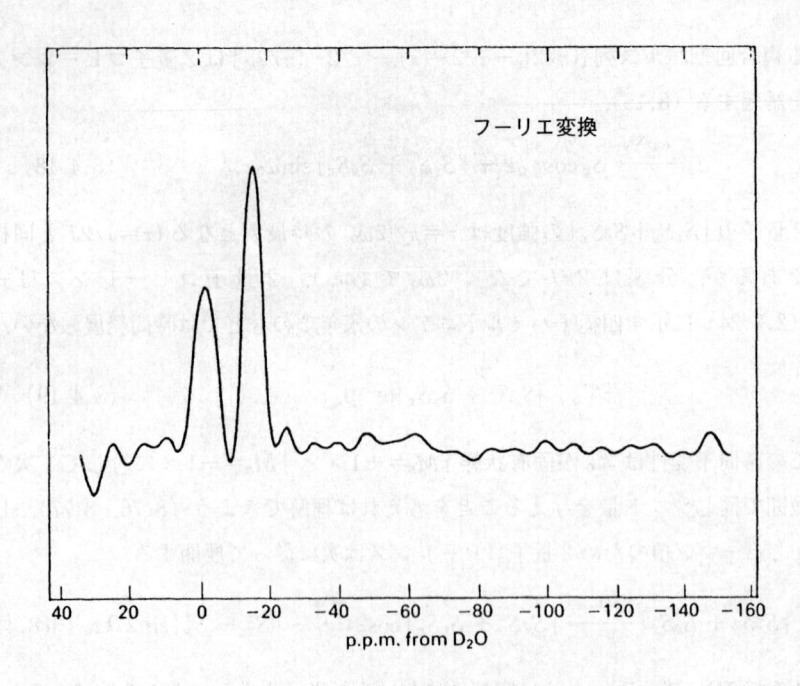

図8.4.11 10％重水素化した2水和オキザル酸の単結晶の重水素2量子スペクトル（ω_1軸へ2次元の2量子スペクトルを投影したことと同じ）．水素核はデカップルされている．カルボキシル基（右）と水和重水素（左）の信号が良く分解されているが，1量子重水素スペクトルではこのような分離はできない．（文献8.77より）

コヒーレンスを励起する（5.3.1節）か，または交差分極により濃厚に存在する（水素核のような）$I=1/2$スピンを通して2量子コヒーレンスを励起-検出する（8.5.6節）とよい．

8.5 異種核コヒーレンス移動

コヒーレンス移動という現象は同種核系に制限されない．8.2節-8.4節で述べた方法全てが2つの核種 I と S を含む系にも拡張可能である．むしろ変化に富んだ異種核実験がデザインできる．というのは個々の核種に別個のパルス

8.5 異種核コヒーレンス移動

をかけられ，かつ異種核広帯域デカップリングを自由に適用できるからである．

異種核2次元コヒーレンス移動実験を行う理由はさまざまである．

1．間接検出による感度向上．
2．Sスピンの化学シフト差を利用してIスピン共鳴の重なりをとくこと．またはその逆．
3．異種核のスペクトルの相関を帰属に利用．

たいていの場合2種類の核のうちの一つは炭素13，窒素15，またはシリコン29のような希薄核（Sスピン）であり，もう一方の核（Iスピン）は水素核，フッ素など他の濃厚核である．個々の分子は普通一種類のSスピンを持つ．そして感度と情報量を最適化するには特別な工夫がいる．

液体と固体における変化に富んだ多くのコヒーレンス移動法が提案されてきた．それらのうちのいくつかはすでに1次元分光のワク内で述べた（4.5節）．これらの技術のほとんどは2次元実験法でも成り立つ．液相の場について例示すれば，

1．ラジオ波パルスによるコヒーレンス移動は異種核2次元で特に有用と思われる．異種核2次元スペクトルの最初の発表例（8.9）はパルスによるコヒーレンス移動に依拠したもので，以来多くの方法が提案されてきた（8.10-8.13，8.81-8.96）．

2．回転系における交差分極は液相でも固体におけるハートマン-ハーン交差分極（8.47，8.48，8.97）と同様に二つの核種間に振動的コヒーレンス移動を誘起（8.50）する．類似の機構が回転系の等方的混合にも見られる（8.98，8.99）．ただしこれはハートマン-ハーンのマッチング条件に比べ，甘くてよい．

3．断熱的交差分極．エネルギー準位の動的マッチングをレベル間交差実験で達成できる．そこでは二種類の核にラジオ波をあて，強度を変えながらマッチング条件を通過するようにする（8.49，8.100）．少しの変更で同一の方法が固体の異種核分光に使用できる．固体に欠かせない条件から考え，回転系の方が交差分極をやりやすい（8.101-8.104）．

8.5.1 感度の考察

異種核系は2次元実験のデザインに関し相対感度の異なるいくつかの選択余地を与える。図8.5.1に示すように実験は I スピン、S スピンのどちらの分極からはじめ、どちらの磁化の観測で終わってもよい。これらの実験の感度は次の諸因子で決まる.

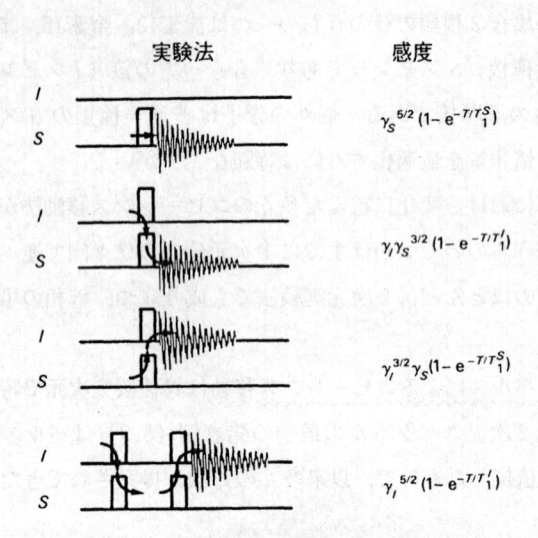

実験法	感度
I — , S 〜〜	$\gamma_S^{5/2}(1-e^{-T/T_1^S})$
I 〜 , S 〜〜	$\gamma_I \gamma_S^{3/2}(1-e^{-T/T_1^I})$
I 〜〜 , S 〜	$\gamma_I^{3/2}\gamma_S(1-e^{-T/T_1^S})$
I 〜〜 , S	$\gamma_I^{5/2}(1-e^{-T/T_1^I})$

図8.5.1 いろいろな異種核コヒーレンス移動法で実現する感度. この定式化は2スピン系で理想的条件のもとに適用できる.

1. 利用可能な分極は引き続く実験の間に挿入された間隔 T の間に T_1 の緩和で磁化がどれだけもどるかで決まる。飽和因子は $\{1-\exp(-T/T_1)\}$ であり、平衡分極の大きさはパルス列の最初に励起される核種の磁気回転比 γ_{exc} に比例する.

2. 観測核の応答は磁化の強度と歳差運動周波数に比例する。両者は観測核の磁気回転比に比例する.

3. 検出雑音は、経験にてらして、$(\omega_{obs})^{1/2}$ したがって $(\gamma_{obs})^{1/2}$ に比例する.

8.5 異種核コヒーレンス移動

最終的な感度はしたがって以下に比例する.

$$S/N \propto \gamma_{\text{exc}} \gamma_{\text{obs}}^{\frac{3}{2}} \{1 - \exp(-T/T_1^{(\text{exc})})\}. \tag{8.5.1}$$

この式の意味するところを図8.5.1に示した. 具体性を持たせるために水素核と窒素15のコヒーレンス移動について考えよう. この場合, 図8.5.1の因子の相対比は $\gamma_I^{\frac{5}{2}} : \gamma_I \gamma_S^{\frac{3}{2}} : \gamma_I^{\frac{3}{2}} \gamma_S : \gamma_I^{\frac{5}{2}} = 1 : 10 : 30 : 300$ である. 水素核の速い緩和 ($T_1^I < T_1^S$) から考え, さらに, $I \to S$, $I \to S \to I$ が有利である.

実際には, 他のいくつかの要因により感度は著しく減少させられる.

4. 信号強度は多くの多重項成分に分配される（これは I スピン観測で特に重要）.

5. 大きな背景信号がある時のダイナミックレンジの問題（濃厚核を通じ, 希薄スピンを見るときに重要）.

6. コヒーレンス移動の速い横緩和による低い効率.

図8.5.1の因子は従って感度の最大値を与えると考えてよい. さらに I 信号を検出する全ての方法で次が前提となっている. すなわち希薄核 S のコヒーレンス移動と無関係な I 磁化の大部分が飽和や位相循環法で消されていることである. しかし両者共に完璧でないため, 人為的誤差（'t_1 雑音'）を生じ, 理論的な感度利得が帳消しにされる.

磁化強度を増大させるために用いられている準備期の I から S へのコヒーレンス移動はオーバーハウザー増大効果を得るための照射に置き換えられることもある. 炭素13分光ではオーバーハウザー効果（$(1+\frac{1}{2}\gamma_I/\gamma_S)$ に比例）は $I \to S$ のコヒーレンス移動の利得とほとんど変らない. しかしそれ以外の核, 窒素15などはラジオ波パルスによるコヒーレンス移動の方がより効果的である.

8.5.2 コヒーレンス移動の径路

6.3節で論じたコヒーレンス移動経路の考えを異種スピン系へ拡張する場合, 図8.5.2に示すようにそれぞれの核に由来するコヒーレンス次数の軌跡を別々

に考えた方がよい (8.105, 8.106). ある組合せ $[p_I=\pm 1, \ p_S=0]$ は I スピンのみの 1 量子コヒーレンスを表す. 他の組み合せ $[p_I=0, \ p_S=\pm 1]$ は希薄スピン S の純粋 1 量子コヒーレンス, またはゼロ量子 I スピンコヒーレンスと 1 量子 S スピンコヒーレンスの組み合わせ, たとえば, $I_k^\pm I_l^\mp S_m^\pm$ を表す. 組み合わせ $[p_I=\pm 1, \ p_S=\pm 1]$ は異種核 2 量子コヒーレンス, 一方, 組み合せ $[p_I=\pm 1, \ p_S=\mp 1]$ は異種核ゼロ量子コヒーレンスに対応する. 一般的にいって, ゼロ量子, 2 量子コヒーレンスの区別は同種核スピン系に比べ重要ではない. 同種核系のコヒーレンス経路選択 (6.3 節) から類推して, 第一原理から位相循環を導ける. ある実験で, I スピンと S スピンに n 個のパルス (n 個の推進演算子) をあてた場合, すなわち n 段階のコヒーレンス移動を考えた場合, それらのパルスを時間順に (同時照射の時は任意に) 番号づけるとよい. 全過程のコヒーレンス経路は単一のベクトル, 式 (6.3.18), で特定できる.

$$\Delta \mathbf{p} = \{\Delta p_1, \ \Delta p_2, \ \cdots \cdots \Delta p_n\}.$$

この記法では変化次数 Δp_i が p_I に関するものか p_S に関するものかを特定する必要はない. n 個のパルスの位相は式 (6.3.20) のベクトルで表せる.

$$\boldsymbol{\varphi} = \{\varphi_1, \ \varphi_2, \ \cdots \cdots \varphi_n\}.$$

求めるパスは受信用位相を式 (6.3.26) に従って循環させれば選択できよう.

$$\varphi^{\text{ref}} = -\Delta \mathbf{p} \cdot \boldsymbol{\varphi}.$$

もし I スピンの磁化を検出するならば, ベクトル $\Delta \mathbf{p}$ が決定されねばならない (式 (6.3.19) からの類推). たとえば

$$\sum_{i \atop I\text{-pulses}} \Delta p_i = -1, \quad \sum_{i \atop S\text{-pulses}} \Delta p_i = 0, \ \cdots$$

一方もし S 磁化を検出したいとすれば, 最初の総和が 0 で 2 番目の総和が -1 でなければならない. あるコヒーレンスを選択するため i 番目パルスの位相循環を N_i ステップで行なった場合, 他の一群のコヒーレンスが式 (6.3.27) に

8.5 異種核コヒーレンス移動

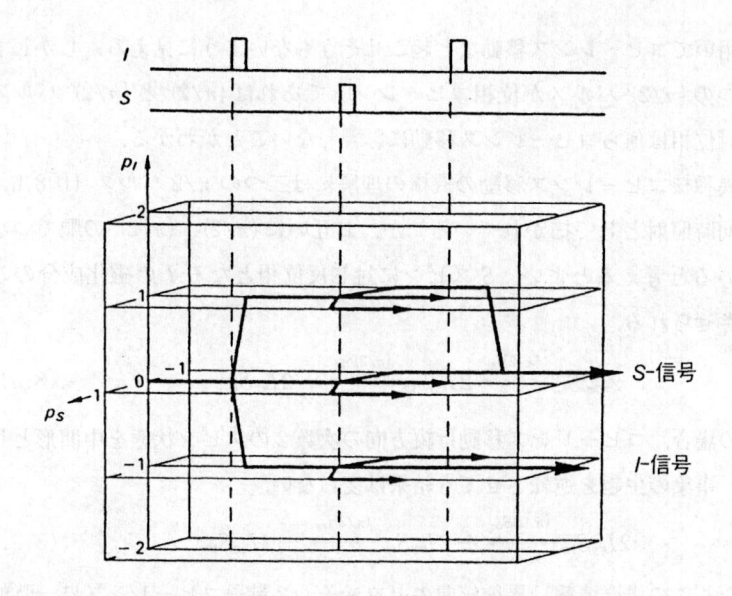

図8.5.2 異種核スピン系のコヒーレンス移動の径路. この図は二つの $I=1/2$ スピンと一つの $S=1/2$ スピンとを含む系で, $-2 \leq p_I \leq +2$ および $-1 \leq p_S \leq +1$ の次数の間に適用される. 上段のパルス列は一つの例である. 全てのパスが $p_I=p_S=0$ (熱平衡) から出発し, $p_I=-1$, $p_S=0$ (観測されるのは I の横磁化) かもしくは $p_I=0$, $p_S=-1$ (S の横磁化) で終らなければならないことに注意.

従って同時に選択される.

$$\Delta p_i^{選択} = \Delta p_i^{所望} \pm nN_i, \quad n=1, 2, 3\cdots\cdots$$

N_i が充分大きければ, これらの付加的コヒーレンス経路は無視してよい.

8.5.3 等方相での異種核 2 次元分光

異種核相関分光の基本型 (図8.5.3(a)) は $\pi/2-t_1-\pi/2-t_2$ 列での第 2 パルスが両方の核にあてられ (8.9), 同種核 2 次元相関法の拡張と見なされる. ちょっと見ると周波数が違い位相がインコヒーレントな二つのパルスラジオ波

を用いてコヒーレンス移動など起こせそうもないように見える．しかしすぐに二つの $(\pi/2)^I$ パルスが位相コヒーレントであれば $(\pi/2)^I$ と $(\pi/2)^S$ パルス間の相対位相は何らコヒーレンス移動に影響しないことがわかる．

　異種核コヒーレンス移動の機構の理解には二つの $\pi/2$ パルス（図8.5.3(a)には同時照射として描かれている）が，お互いに $(\pi/2)^I$, $(\pi/2)^S$ の順でつながっていると考えるとよい．S スピンに対し反位相となる I の磁化成分のみが移動させられる．

$$2I_{ky}S_{lz} \xrightarrow{(\pi/2)I_{kx}} 2I_{kz}S_{lz} \xrightarrow{(\pi/2)S_{lx}} -2I_{kz}S_{ly}. \qquad (8.5.2)$$

この場合，コヒーレンス移動は縦方向の次数2のスピン状態を中間形として持つ．事象の生起を逆転させても結果は変らない．

$$2I_{ky}S_{lz} \xrightarrow{(\pi/2)S_{lx}} -2I_{ky}S_{ly} \xrightarrow{(\pi/2)I_{kx}} -2I_{kz}S_{ly} \qquad (8.5.3)$$

ただしこの場合情報は異種核間のゼロ量子，2量子コヒーレンスに一時的に蓄えられるとみなされる．2個のパルスの演算子は交換可能なので，両者の見方が等しいのは明白である．しかし式 (8.5.2) の見方は一つひとつのステップが半古典的な磁化ベクトル，分極の考えで説明できる利点と'カスケードパルス' (8.14) の考えを用いて新しい実験を容易に考案できる特徴とを持つ．もしパルスがある時間で分離されると事象の生起順は無視できない．そしてコヒーレンスの運動から考えて異なる効果が得られる．一対のパルスを式 (8.5.2) の $\left(\dfrac{\pi}{2}\right)^I$, $\left(\dfrac{\pi}{2}\right)^S$ の順序に分解すれば I と S の両スピンにあてられるパルス位相はコヒーレントでなくてよいことがわかる．中間の z 方向磁化の積はどのような位相情報も担わず，観測信号の位相は S パルスの位相で完全に決定される．

　観測は一種類，たとえば S スピンに限定されるので異種核2次元スペクトルの ω_2 域の窓は化学シフト Ω_S の範囲をカバーすればよい．t_1 期の初めには $(\pi/2)^S$ パルスが存在しないので S 磁化由来の対角ピークは観測されない．

　位相循環操作で二つの経路 $\{p_I=\pm 1, \ p_S=0\}$, $\{p_I=0, \ p_S=-1\}$ が選ばれ，純吸収スペクトルを得る．これは結局二つの $(\pi/2)^I$ パルスの一方の位相を交

8.5 異種核コヒーレンス移動

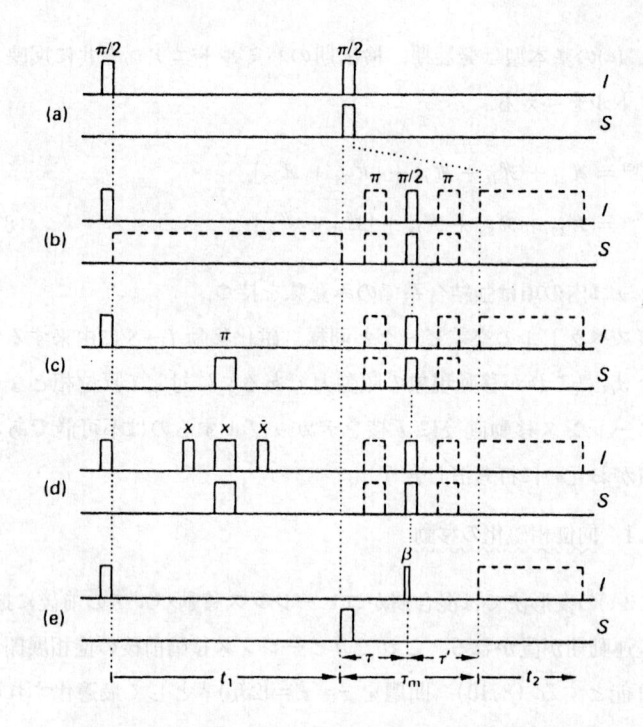

図8.5.3 IスピンからSスピンへコヒーレンス移動を行う異種核2次元分光法のいろいろの例。(a)両方のスピンに1対のパルスを加える基本型。(b)コヒーレンス移動の前後にτとτ'の固定遅延時間を置き，I磁化の位相がくずれ，S磁化の位相がそろうようにした方法．τとτ'の間にπパルスを置けばオフセット依存した位相の誤差は除去される（8.5.3.1節）。これをさらに発展期と検出期のI，Sスピンの広帯域デカップリングの方法と組み合わせてもよい（8.5.3.2節）。(c)同じ方法だが，発展期の中央に$(\pi)^S$-パルスを置き$\mathcal{H}_{IS}$相互作用をデカップルした方法．これはt_1期に連続的にSスピンをデカップルすることと等価である（8.5.3.3節）。(d)t_1の中央に双線型回転パルスを挿入し$\mathcal{H}_{IS}$と$\mathcal{H}_{II}$相互作用の両方をデカップルする（8.5.3.4節）。(e)コヒーレンス移動用のIパルスとSパルスの間に遅延を置けば，等価スピン数nによってI_nSグループの信号を分離したり，'編集'したりすることができる（8.5.3.5節）。

互に変え，加減を行うことになり，Iスピンとは結合しないSスピン磁化の抑制をも導く．単一のコヒーレンス経路を選べば（8.107, 8.108），通常，混合位相ピークとなる．

図8.5.3(a)の基本型は発展期,検出期のハミルトニアンを共に反映した2次元スペクトルを与える.

$$\mathcal{H}^{(e)} = \mathcal{H}_{zI} + \mathcal{H}_{II} + \mathcal{H}_{IS} + [\mathcal{H}_{SS} + \mathcal{H}_{zS}],$$
$$\mathcal{H}^{(d)} = \mathcal{H}_{zS} + \mathcal{H}_{SS} + \mathcal{H}_{IS} + [\mathcal{H}_{II} + \mathcal{H}_{zI}] \tag{8.5.4}$$

ここでカッコ内の項は強結合系でのみ意味を持つ.

同種核スペクトルの交差ピークと同様,磁化移動 $I \to S$ に由来する信号は異種核結合 J_{IS}(これが移動現象の駆動力である)に対して反位相となる.このためコヒーレンス移動直後に I 核をデカップルするのは不可能である(反位相多重項がお互いに打ち消し合う).

8.5.3.1 同位相磁化の移動

図8.5.3(b)の変形法では混合期がコヒーレンス移動パルスの前後に拡張され,自由歳差運動期が置かれる.これでコヒーレンス移動前後の位相展開と位相再結像を可能とする(8.10).問題を $\tau = \tau' = (2J_{IS})^{-1}$ として最適化すれば,2スピン系に関してその変換は次のようになる.

$$I_{kx} \xrightarrow{(\pi/2)2I_{kz}S_{lz}} 2I_{ky}S_{lz} \xrightarrow{(\pi/2)(I_{kx}+S_{lx})} -2I_{kz}S_{ly} \xrightarrow{(\pi/2)2I_{kz}S_{lz}} S_{lx}. \tag{8.5.5}$$

こうして拡張された混合期により,同位相磁化の全移動が導かれる.混合期の4個の π パルスはオフセット依存性を除くためであり,絶対値スペクトルを表示するなら落してもよい.τ と τ' の間隔が $1/2J$ に等しく設定されないと,I_{kx} から S_{lx} への移動強度は次の伝達関数で与えられることになる.

$$a_{kl}(\tau, \tau') = \sin(\pi J_{IS}\tau)\sin(\pi J_{IS}\tau') \tag{8.5.6}$$

ただし,緩和と他のスピンとの結合は無視する.再結像を含む同位相コヒーレンス移動の強度は多重性と結合定数に依存する(8.109).炭素13 NMR では,隣接結合を通した同位相コヒーレンス移動の場合,τ を最適化できるが,弱い長距離結合の場合,同位相磁化の移動はほとんど望めない.

8.5.3.2 広帯域デカップリング

同位相磁化を移動させる位相再結像系列の利用は種々のデカップリング法の応用への道を切り開いた．一方，広帯域 I スピンデカップリングは S スピン検出期に使用できる（図8.5.3(b)-(d)）．検出期の実効ハミルトニアンは簡易化される．

$$\mathcal{H}^{(d)} = \mathcal{H}_{ZS} + \mathcal{H}_{SS}. \tag{8.5.7}$$

希薄スピン系では ω_2 周波数域には化学シフト項のみ残る．

発展期には，全ハミルトニアンを部分的に簡易化する種々の操作が利用できる．最も簡単な方法は発展全期間に広帯域 S スピンデカップリングを適用することである（8.10，8.110）（図8.5.3(b)）

$$\mathcal{H}^{(e)} = \mathcal{H}_{ZI} + \mathcal{H}_{II}. \tag{8.5.8}$$

この手法は弱結合系，強結合系を問わず適用可であるが，多くの希薄スピンが広範囲の化学シフトを持つので，技術的には困難である．WALTZ-16 (8.111)のようなスペクトルのオフセット補償デカップリング列の適用が好ましい．スペクトル幅がラジオ波磁場 $\gamma_S B_1^S$ の大きさの2倍を越えなければ，満足するデカップリングが得られる．

8.5.3.3 再結像パルスによるデカップリング

上記の広帯域デカップリングの問題は，図8.5.3(c)に示す方法で部分的に解決できる．そこでは単一（多分複合）$(\pi)^S$ パルスが発展期の中心にあてられる（8.10, 8.11）．このパルスは S スピンに関し反位相となる I スピン磁化の符号を反転し，異種核結合の再結像を導く．

一方，化学シフトと同種核結合由来の変調は I 磁化に残る．弱結合系では I スピンの実効ハミルトニアンは次のようになる．

$$\mathcal{H}^{(e)} = \mathcal{H}_{ZI} + \mathcal{H}_{II}. \tag{8.5.9}$$

こうして ω_1 域には I 核の化学シフトと同種核結合が現われる．

t_1 期の S スピンデカップリングと t_2 期の I スピンデカップリングを結合し，さらに隣接結合によるコヒーレンス同位相移動用の混合パルス列を組み合わせれば，いわゆる'シフト相関地図'が実現し，I_nS 部分構造の化学シフト Ω_I と Ω_S のみが信号として現われる．実際の応用では $\mathcal{H}_{II}$ 相互作用はしばしば無視される．このような相関スペクトルは水素核，炭素核両者の帰属に有用である．

異種核シフト相関スペクトルの実験例は図8.5.4に示されている．^{13}C の化学シフトの広い分散のおかげで，水素核ではほとんど重なり合っていた共鳴を分離できる．水素核軸の細長い線形は，未分解の同種核結合由来である．

I 核間に強い結合のある場合，$(\pi)^S$ パルスは7.2.4節で論じた効果と同様に I スペクトルの遷移間のコヒーレンス移動を誘起する．強結合効果は I（水素核）スペクトル中の S（^{13}C など）サテライトが強い I-I 結合で分かれていれば常に現れる．場合によっては，I スペクトルが強結合でもサテライトスペクトルは弱結合のことがある．ただし反対のケースも起こり得るのである．ω_1 域でのデカップリングなど何もやらないで異種核相関スペクトルを記録した方がよいこともしばしばある．この場合，I スペクトル中の S スピンサテライトの無歪スペクトルが得られ，複雑な I スペクトルを持つ強結合系での $\mathcal{H}_{II}$ 結合の研究に利する所があるだろう（8.21，8.112-8.114）．

8.5.3.4 双線型回転デカップリング

ただ一つの異種核結合が他の同種核結合，異種核結合のいずれよりはるかに大きい場合，発展期において異種，同種結合のほとんどを消去する双線型回転デカップリング（BIRD）（図8.5.3(d)）が利用できる（8.115-8.117）．双線型回転サンドウィッチパルスは7.2.2.6節と7.2.2.7節ですでに IS の隣接結合と遠距離結合を分離するために論じた．一般的に弱結合系では，サンドウィッチパルスの効果は $\tau=(J_{kl})^{-1}$ と置いた式（7.2.15）の変換で記述される．$\tau=(J_{kl})^{-1}$ の条件は BIRD サンドウィッチパルスの全幅を隣接結合定数の逆数に合わせるためである．

8.5 異種核コヒーレンス移動

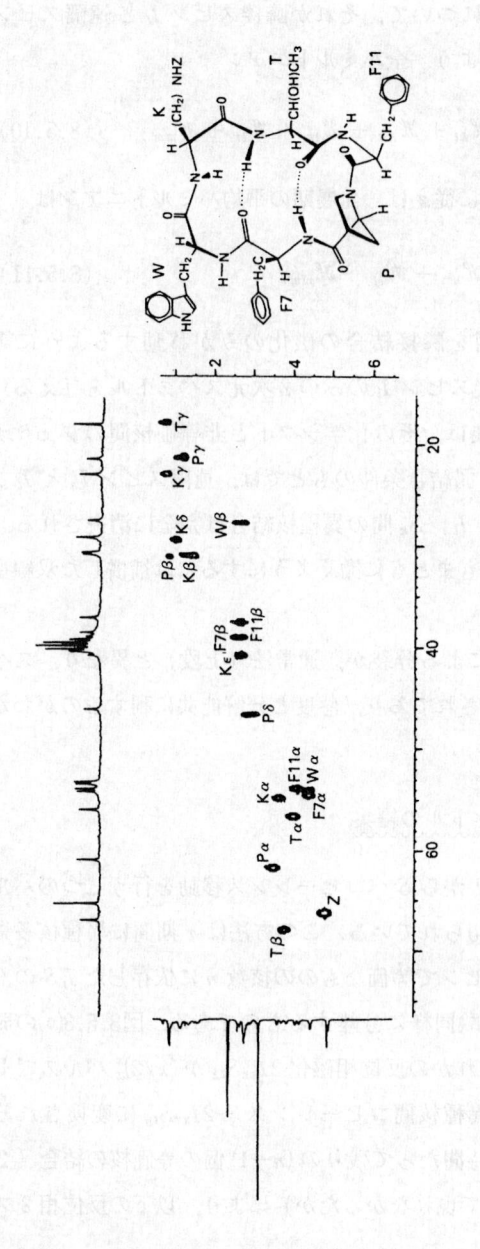

図8.5.4 6残基環状ペプチド [Phe²-D-Trp-Lys(Z)-Thr-Phe¹¹-Pro] の分子構造と図8.5.3(c)のパルス列で得たこの分子の水素核-炭素核（異種核）シフト相関スペクトル。1次元水素核スペクトルを左側に水素デカップル炭素核スペクトル（脂肪鎖領域のみ）を上段に示した。ω_1 軸方向にピークが伸びているのは同種核プロトン結合がうまく分解されていないためである。2次元スペクトルで分離している多くのピークが両方の1次元スペクトルでは共に重なりあっている。（文献8.88より）

ここで再び単一スピン S_k について,それが隣接スピン I_l と遠隔スピン I_m とで結ばれている場合を考えよう.全ハミルトニアン

$$\mathcal{H} = \mathcal{H}_k + \mathcal{H}_l + \mathcal{H}_m + \mathcal{H}_{kl} + \mathcal{H}_{km} + \mathcal{H}_{lm} + \mathcal{H}_{ll'} + \mathcal{H}_{mm'} \quad (8.5.10)$$

から出発して,式 (7.2.20) に従えば,発展期の平均ハミルトニアンは

$$\overline{\mathcal{H}^{(e)}} = \mathcal{H}_l + \mathcal{H}_{km} + \mathcal{H}_{ll'} + \mathcal{H}_{mm'}. \quad (8.5.11)$$

となる.図8.5.3(d)の混合期を隣接結合の磁化のみが移動するように調節 ($\tau = \tau' = (2J_{kl})^{-1}$) すれば,隣接スピン I_l のみの2次元スペクトルを与える.これら I_l スピンの発展期の発展は,その化学シフトと非等価核間のジェミナル結合のみにより決定される.弱結合条件のもとでは,遠隔スピン I_m と I_l との同種核結合と隣接結合である I_l,S_k 間の異種核結合は完全に消去される.J_{kl} の値を誤って設定した場合でもまともに働くようにするには補償した双線型回転法 (8.115) を使うのがよい.

図8.5.5の実験例では $\mathcal{H}_{ll}$ による分裂が,通常法(上段)と異なり,スペクトル上で消滅しているのが示されており,感度と分解能共に利するのがわかる (8.116).

8.5.3.5 異種核相関スペクトルの編集

図8.5.3(e)のパルス列では I から S へコヒーレンス移動を行う二つのパルスが $(2J_{IS})^{-1}$ 程度の間隔 τ で仕切られている.この方法は τ 期間に異種核多量子コヒーレンスを励起し,I スピンで等価なものの核数 n に依存した I_nS の部分を4.5.6節で論じた DEPT 実験同様に分離するものである.図8.5.3(e)の発展期の終点では等価スピンのどれかの反位相磁化 $2I_{kx}S_{lz}$ が $(\pi/2)_x^S$ パルスでゼロ量子と2量子の混合である異種核間コヒーレンス $-2I_{kx}S_{ly}$ に変換される.$(\pi/2)^S$ パルス後,$\tau = (2J_{IS})^{-1}$ 時間たって残りの $(n-1)$ 個の等価核の結合(2スピンコヒーレンスには表だって現れなかったが)により,以下の反位相2スピンコヒーレンスが導かれる.

8.5 異種核コヒーレンス移動

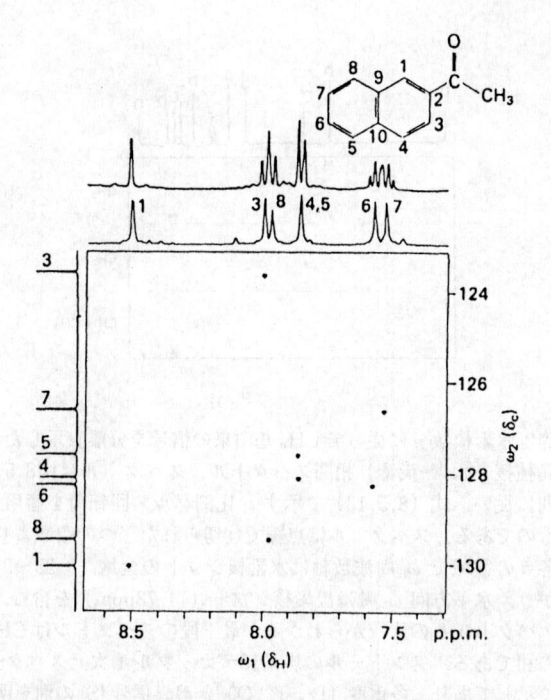

図8.5.5 図8.5.3(a)に示すパルス列で得られた，2-アセトナフタレンの環状部共鳴の（水素—炭素異種核）相関スペクトル．大きな $\mathcal{H}_{II}$ と $\mathcal{H}_{IS}$ の相互作用は全て $F_1 = \omega_1/2\pi$ 領域から消え，ω_1 には水素核シフト，ω_2 には炭素核シフトが表示されている．（文献8.116より）

$$\sigma_{IS}(\tau) = -2I_{kx}S_{ly},$$
$$\sigma_{I_2S}(\tau) = +4I_{kx}I_{k'z}S_{lx},$$
$$\sigma_{I_3S}(\tau) = +8I_{kx}I_{k'z}I_{k''z}S_{ly}. \qquad (8.5.12)$$

$(\beta)_x^I$ パルスにより再変換した1量子 S 磁化の強度は，IS グループでは $\sin\beta$ に，I_2S グループでは $1/2\sin2\beta$ に，I_3S グループでは $1/4(\sin\beta+\sin3\beta)$ に比例する．

異種核相関スペクトルにおいて，I_nS グループの応答を n の大きさに従って分離するには三つの方法が考えられる（8.92）．

1．異なる β を用いて得たスペクトルの線形結合．

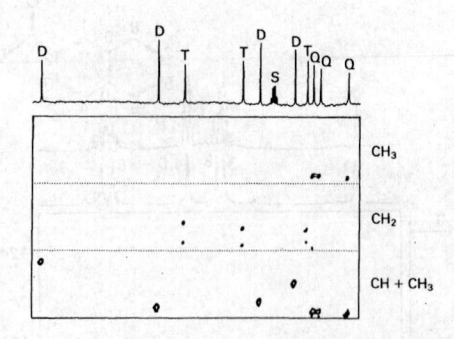

図8.5.6 等価水素核数 n に従って CH_n 基由来の信号を分離表示したメントールの異種核（水素-炭素）相関スペクトル．スペクトルは図8.5.3(e)のパルス列に従い，式 (8.5.13) で示す t_1 比例パルス回転角を適用して得られたものである．スペクトルは点線で仕切られた三つの領域よりなっている．各々の領域で ω_1 周波数軸は水素核シフトの全域（0.25〜3.6ppm）に広がり，水平方向 ω_2 軸は炭素核シフト（14-73ppm）を含む．上段 CH_3 のスペクトルとの比較からわかるが最下段のスペクトルは CH 基と CH_3 基の和である．メントールの炭素13デカップル1次元スペクトルは最上段に示してあり，多重度（D, T, Q）と溶媒信号(S)の別を明記した．（文献8.92を改変）

2．$\beta=3/4\pi$ の時 I_2S グループのみ応答の符号が IS, I_3S グループのそれと異なる．

3．ラジオ波回転角と展開時間を次のように関係づけ，遂次変えていく．

$$\beta = \frac{2\pi}{7}\frac{t_1}{\Delta t_1}, \qquad (8.5.13)$$

信号は β 依存性の異なる三角関数形にしたがって，ω_1 域で周波数シフトする．これは時間比例位相増加法（TPPI）(8.72, 8.73) を想起させる．この原理を用いた相関スペクトルの実験例を図8.5.6にのせた．CH_3 の一部が CH 領域に再生しているのを除いて，CH_n の各部分が異なる周波数帯に位置していることに注意．

8.5.4 異種核リレー相関分光

通常の異種核相関分光は I_nS 部分系の化学シフト Ω_I と Ω_S の関係を明らかにするが，これらの分子座標系での相対配置は長距離結合を利用しなければ解けない (8.95).

この問題はリレー磁化移動を用いれば解決できる．この実験の基本型は，遠隔スピン $I_m^{(R)}$ から隣接スピン $I_l^{(N)}$ へまずコヒーレンスを移し，次に $I_l^{(N)}$ から S_k スピンへ磁化移動をさせる (8.7, 8.42, 8.87, 8.88). $I_m^{(R)} \to I_l^{(N)} \to S_k$ と記述されるこの実験は帰属に非常に重要な情報を与える．なぜなら希薄スピンの化学シフト Ω_k は最近接スピンのシフト $\Omega_l^{(N)}$ のみならず遠隔スピンのシフト $\Omega_m^{(R)}$ と関係づけられるからである．

この情報は図8.5.7の実験パルス列より得られよう．2番目の $(\pi/2)_x^I$ パルスは同種核コヒーレンス移動（たとえば $2I_{my}I_{lz} \to -2I_{mz}I_{ly}$）を導き，その後の希薄スピンへの移動（たとえば $-2I_{mz}I_{ly} \to I_{lx} \to 2I_{ly}S_{kz} \to -2I_{lz}S_{ky} \to S_{kx}$）は種々のパルス列でもって行われる．図8.5.7の中で採用しているパルス列は4.5.5節で論じたINEPTに似ている．

α と β のグルコースの混合液の実験スペクトル（図8.5.8）はリレー分光の多くの特徴を明示している．リレーピーク（たとえば $H^{3\alpha} \to C^{2\alpha}$ と $H^{2\alpha} \to C^{3\alpha}$）と隣接結合より生ずる信号（たとえば $H^{3\alpha} \to C^{3\alpha}$ と $H^{2\alpha} \to C^{2\alpha}$）は長方形の2次元周波数域の一角に現れている．このパターンから $H^{2\alpha} - C^{2\alpha}$ と $H^{3\alpha} - C^{3\alpha}$ の部分構造が分子構造中の隣同士，正確にいえばこの部分が $H^{2\alpha}$ と $H^{3\alpha}$ の同種核結合で連結されていることがわかる．

リレー実験から得られるこの種の情報は明らかに天然存在比の炭素13-2量子スペクトルの情報と関連がある（8.4.2節参照）．しかしリレー移動スペクトルの方が本質的に感度が高く，より多くの情報を内包している（というのは水素核のシフトも同時に得られるから）．しかしこの利点もスペクトルの複雑さと長距離水素結合による誤認を考えると多少割引く必要がある．

リレー移動より得られる異種核相関スペクトルでは，しばしば直接結合由来

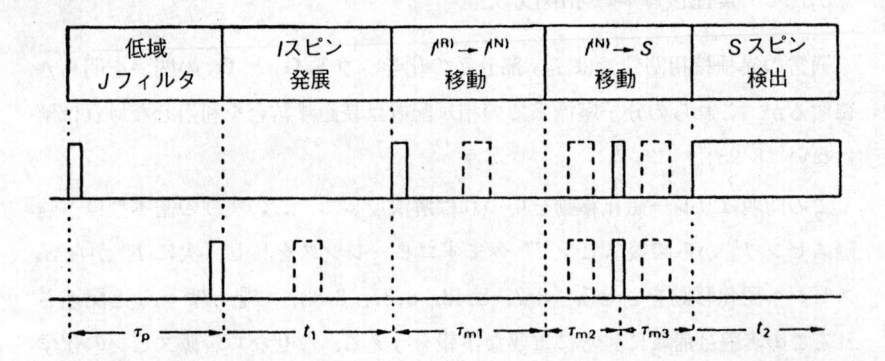

図8.5.7 隣接 $I_l^{(N)}$ スピンを通じての遠隔 $I_m^{(R)}$ スピンから S_k スピンへの異種核リレー磁化移動 ($I_m^{(R)} \to I_l^{(N)} \to S_k$) 用パルス列. $I_m^{(R)} \to I_l^{(N)}$ への移動は単一 ($\pi/2$) パルスを, 異種核間移動 $I_l^{(N)} \to S_k$ は INEPT 型パルス列を用いた. 低域 J フィルタを入れたければ (本文参照) t_1 期に先立つ τ_p 期に入る. この期間に隣接水素核 $I_l^{(N)}$ は S_k に関して反位相磁化に転換され, 次に $(\pi/2)_{\pm x}^S$ パルスにより '排除' される. すなわち観測にかからない異種核間のゼロ量子, 2量子コヒーレンス ($2I_{ly}S_{kz} \to \mp 2I_{ly}S_{ky}$) に変換される.

の信号とリレー由来の信号を区別するのが難しい. この問題の対策は直接連結由来信号の抑制することである. もしリレー移動スペクトルで, そのような'清掃'が行われれば, それは直接結合由来のピークのみを含む通常の相関スペクトルと比較できよう. 図8.5.7のパルス列はリレー移動スペクトルにおける冗漫なピークの消去法の一つのやり方を与えている (8.42). この方法では, IS 間の隣接異種核結合のほうが長距離結合よりはるかに大きいという事実が利用される ($^nJ_{CH}$ 結合では普通一ケタ違う). 隣接水素核の磁化はこのため τ_p 期の間で急速に位相を乱し, その結果得た反位相磁化は $(\pi/2)_{\pm x}^S$ パルスにより観測されない異種核2次スピンコヒーレンスへ移動される (たとえば $2I_{ly}S_{kz} \to \mp 2I_{ly}S_{ky}$). ($\pi/2$) パルス位相を交互に変えることにより, 後でこの異種核2次スピンコヒーレンスが再生するのを防ぐ. この方法を異なる間隔で何回も繰り返し平均化すれば, スカラー結合定数の広い範囲にわたって良い強度抑制が実現する. '遠隔スピン' の磁化はその結合定数 $^nJ_{CH}$ が小さいのであまり影響

8.5 異種核コヒーレンス移動

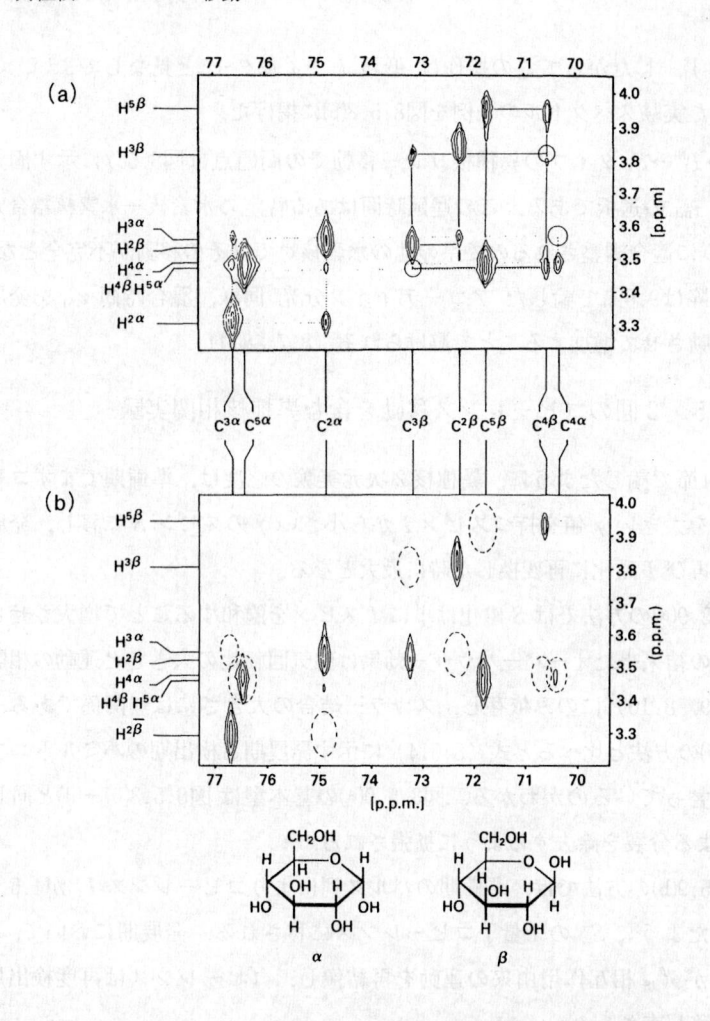

図8.5.8 グルコースの α と β のアノマー混合溶液に対する $I^{(R)} \to I^{(N)} \to S$ の異種核（水素—炭素）リレー相関スペクトル．(a)隣接核信号の抑制を行わなかったスペクトル．隣接する CH_n-CH_m 断片は四角のスペクトルの右上，左下の角の位置にかたまって現われるので同定し得る（点線で結ばれているのが α-グルコース，実線が β アノマー）．丸は本来現れるべきリレーピークが，結合定数が小さいため見えないことを示す．(b)隣接水素核（鎖線のだ円）の信号が8.5.4節で述べたように低域 J フィルタで抑制されている．両スペクトル共に絶対値モードで表示．（文献8.42より）

を受けず，したがってこの操作は'低域Jフィルター'と見なしてよい．こうして得た実験スペクトルの一例を図8.5.8(b)に掲げた．

$I_m^{(R)} \to I_l^{(N)} \to S_k$ タイプの異種核リレー移動での問題点は図8.5.7に示す固定遅延時間 τ_{m1} の選択である．この遅延時間はある特定の水素核—水素核結合定数 J_{m1} のみに適合調整されるので系の他の水素核対ではその移動が不完全となる．この欠陥は9.6節で論じた'アコーディオン分光'同様，混合時間 τ_{m1} を発展時間に連動させて増加することで避けられる（8.7, 8.41）．

8.5.5　2回のコヒーレンス移動を含む異種核相関実験

8.5.1節で論じたように，異種核2次元実験の感度は，準備期でまずコヒーレンスを大きい γ 値を持つスピン I から小さい γ のスピン S に移し，発展期のあと再び I 磁化に再変換した時に最大となる．

図8.5.9(a)の方法では S 磁化は単に I スピンを飽和することで増大させられる．その結果得たオーバーハウザー効果は磁気回転比の大きさと運動の相関時間（8.9, 8.10）にのみ依存し，スカラー結合の大きさには無関係である．図8.5.3(a)の方法と比べると式（8.5.4）に示す発展期と検出期のハミルトニアンが入れ替わっているのがわかる．図8.5.9(a)の基本型は図8.5.3(b)—(d)と同じく $\mathcal{H}_{IS}$ による分裂を除去するように拡張される．

図8.5.9(b)の方法では，準備期のパルス列によりコヒーレンス $I^{\pm}$ が4.5.2節で論じたように $S^{\pm}$ の1量子コヒーレンスに移される．発展期において，$(\pi)^I$ パルスが $\mathcal{H}_{IS}$ 相互作用由来の運動を再結像し，コヒーレンスは再度検出用 I 磁化に移し直される．

この型の実験は窒素15や水銀199の間接測定に使われた（8.12, 8.89, 8.118, 8.119）．同じ方法が四重極スピン $S \geq 1$ を含む系の同種核多量子コヒーレンスの運動を調べるのに用いられた（8.82, 8.86）．ただし，これはスカラー結合または双極子結合（$\mathcal{H}_{IS}$）で共鳴線が分裂している時に限られる．

I スペクトルと S スペクトルの相関は異種核ゼロ量子-2量子コヒーレンス（$I^{\pm}S^{\mp}$ および $I^{\pm}S^{\pm}$）をモニターしても得られる．図8.5.9(c)のパルス列（も

8.5 異種核コヒーレンス移動

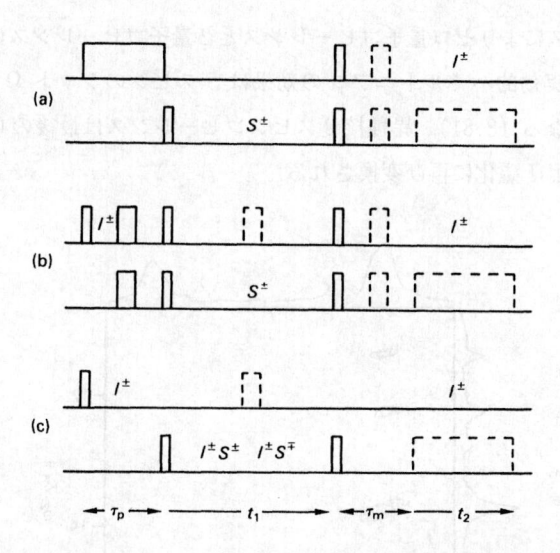

図8.5.9 I, S スピン間の2回コヒーレンス移動を含む異種核相関分光法のパルス列. (a)核オーバーハウザー増強による縦磁化の非干渉性移動 ($I_z \to S_z$). 引続いて S の1量子コヒーレンスを励起し, 発展期の後で1対のラジオ波パルスで観測可能な I 磁化に変換される (8.9). (b)ラジオ波パルスによる I 磁化から1量子 S コヒーレンスへの可干渉性移動. 発展期, S から I への移動が続く (8.12). (c) I 磁化から異種核零量子, 2量子コヒーレンスへの移動, その後発展期, そして I 磁化への移動が続く(文献8.13, 8.81より).

とは Müller (8.81) により提案されたものの簡易型だが) が一つの実現法を提示している (8.13, 8.120, 8.121).

図8.5.9(c)の準備期間 τ_p では I スピンの磁化が異種核結合のもとで位相展開 ($-I_{ky} \to 2I_{kx}S_{mz}$) する. $(\pi/2)_x^S$ パルスはこの項をゼロ量子-2量子コヒーレンスの和に変換する.

$$-2I_{kx}S_{my} = -\frac{1}{2i}[(I_k^+ S_m^+ - I_k^- S_m^-) - (I_k^+ S_m^- - I_k^- S_m^+)]. \qquad (8.5.14)$$

2スピンでは式 (8.5.14) の右辺の四項が, それぞれ実効的化学シフト ($\Omega_I + \Omega_S$), $-(\Omega_I + \Omega_S)$, $(\Omega_I - \Omega_S)$, $-(\Omega_I - \Omega_S)$ で展開する. 展開期の中点に加え

る $(\pi)^I$ パルスによりゼロ量子コヒーレンスと2量子コヒーレンスはお互いに変換し合い,実効的ハミルトニアンの効果は S スピンのシフト Ω_S のみに依存するようになる (8.81). 異種核2スピンコヒーレンスは最後の $(\pi/2)^S$ パルスにより検出用 I 磁化に再び変換される.

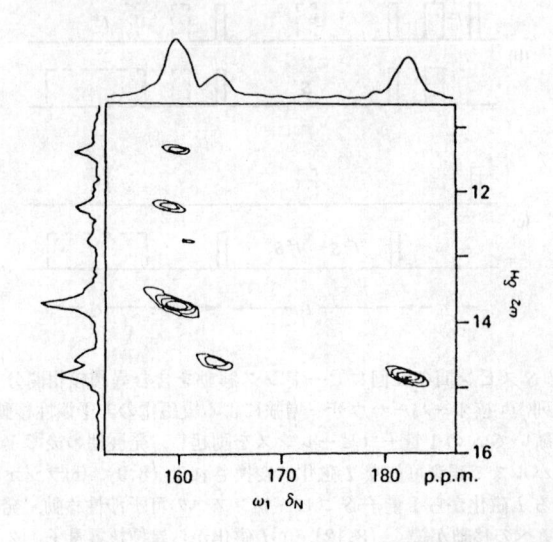

図8.5.10 tRNA$_f^{met}$ 0.7mM 溶液の異種核(水素—窒素)シフト相関スペクトル. tRNA の全てのウリジン塩基 N3 位を ^{15}N で65%ラベルし,図8.5.9(c) のパルス列を用いて t_1 期は $(\pi)^I$ パルスデカップリング, t_2 期は通常デカップリングして測定した. 異種核2量子コヒーレンス由来の信号のみ位相循環で取り出し,さらに水素核のシフトはデータマトリックスのずらし操作 (6.6.1節) で ω_1 域から取り除いた. 200μl のサンプルを用い6時間でこのスペクトルが得られた. (文献8.13より)

もしあるコヒーレンス,たとえば適当な位相循環によりコヒーレンス経路の選択された異種核ゼロ量子コヒーレンスなど,のみに着目すれば,2次元スペクトルは $\omega_1 = \pm(\Omega_I - \Omega_S)$, $\omega_2 = \Omega_I$ のところに信号を持つ. そのようなスペクトルは,変数変換と折り返し補正 (6.6.1節参照) によりシフト相関スペクトル $(\omega_1, \omega_2) = (\Omega_I, \Omega_S)$ に変換される. 同様の手続きで異種核2量子成分も変換できる (8.13). こうして得た水素核—窒素15核相関スペクトルの実例が図

8.5 異種核コヒーレンス移動

8.5.10に掲げられている．大きなスピン系では，異種核コヒーレンスは遠隔水素核の影響を受けるので，複雑な結合ネットワーク系中の特定の部分構造に対応する多重線を測定できる（8.90）．液晶相における同様の実験については文献8.35と8.99を参照されたい．

$I \rightarrow S \rightarrow I$ のような2回移動法を用いたやり方は，大変大きな感度増加を得るが，移動と無関係な孤立 I 磁化の抑制がどうしても必要であり面倒である．だからこれらの方法は低磁気回転比を持ち，あまり存在比の低くない核について適用するのが好ましい．

8.5.6 固体における異種核相関

固体試料を用いる場合にも異種核2次元分光の利点が発揮される．ただし，同種核双極子結合が強いので到達できる分解能は著しく制限され，かつ I スピン間の急激なスピン拡散が引き起こされる．その結果，隣接 I スピン，S スピン間のみで選択的移動を行うのが困難となる．発展期と検出期において同種核と異種核の双極子相互作用を抑え，コヒーレンス移動期の同種核相互作用を抑制するような特別の注意を払わなければならない．多重パルス列を準備，発展，検出の時期全てに適用することでこの要件が満たされる（8.98, 8.99）．図8.5.11の方法は実現法の一例を与えている．水素磁化は t_1 期にウィンドウなし（照射をオフにする期間がない）BLEW-12パルス列（8.122）のもとで展開され，S 核との結合はWALTZ-8によりデカップルされる（8.111）．こうして次の実効ハミルトニアンを得る．

$$\mathcal{H}^{(e)} = \kappa (\mathcal{H}_{ZI}^{\text{iso}} + \mathcal{H}_{ZI}^{\text{aniso}}) \tag{8.5.15}$$

ここでスケール因子 κ は下記に示すBLEW-12を用いた実験に対し0.475である．混合期間において磁化はウィンドウなし等方的混合列（WIM-24）により I スピン，S スピン両者に移される（図8.5.11）．こうして混合ハミルトニアン

$$\mathcal{H}^{(m)} = D_{IS} \mathbf{I} \cdot \mathbf{S} \tag{8.5.16}$$

を得る．ここで $D_{IS}=1/3\varkappa b_{IS}(3\cos^2\theta_{IS}-1)$ である．等方的混合列は $\mathcal{H}_{ZI}$ と $\mathcal{H}_{ZS}$ のゼーマン項と共に $\mathcal{H}_{II}$ 相互作用を消去するようデザインされている．2スピン系のある磁化成分 $I_\alpha(\alpha=x,y,z)$ は等方的混合ハミルトニアンに従い，次のように変換される．

$$I_\alpha \xrightarrow{\mathcal{H}^{iso}\tau_m} \frac{1}{2}I_\alpha[1+\cos(D_{IS}\tau_m)]$$

$$+\frac{1}{2}S_\alpha[1-\cos(D_{IS}\tau_m)]$$

$$+(I_\beta S_\gamma - I_\gamma S_\beta)\sin(D_{IS}\tau_m). \quad (8.5.17)$$

莫大な数の相互作用を持つ固体では，振動は急速に減衰し，平衡状態 $\frac{1}{2}(I_\alpha+S_\alpha)$ に到る（8.98）．これで**複素**磁化移動 $I^+=I_x+iI_y \to S^+=S_x+iS_y$，すなわち回転方向が位相循環法を使わずとも保持される変換が起ったことになる．図8.5.11に示すパルス列の最終段階において，S 磁化は通常の I デカップリング条件下で観測される．

$$\mathcal{H}^{(d)} = \mathcal{H}^{iso}_{ZS} + \mathcal{H}^{aniso}_{ZS} + [\mathcal{H}_{SS}]. \quad (8.5.18)$$

この実験により，単結晶への応用（8.103）では，この種の実験によって結合（隣接）核 I と S の化学シフトテンソル相関が観測できる．

さらに汎用的な実験法は，パルス列によるスピン空間平均と試料回転による空間平均を組み合わせることである．回転が充分に速ければ，$\mathcal{H}^{(e)}$ と $\mathcal{H}^{(d)}$ に含まれる非等方項は抜け落ち，異種核2次元スペクトルは，等方相で得られるスペクトルに酷似してくる（8.98, 8.104）．というのも等方的化学シフトのみが問題となるからである．

この方法の成功例を図8.5.12に示した．多結晶試料のスレオニンの四つの炭素位は ω_2 域ではっきり分れた等方的化学シフトを見せている．ω_1 域の水素核は CH_3 のものと，重なりのとれた $C^\alpha H$ と $C^\beta H$ のものとのはっきり分れたシフトを示している．こうしてやや複雑なスペクトルがうまくほぐされ，帰属さ

8.5 異種核コヒーレンス移動

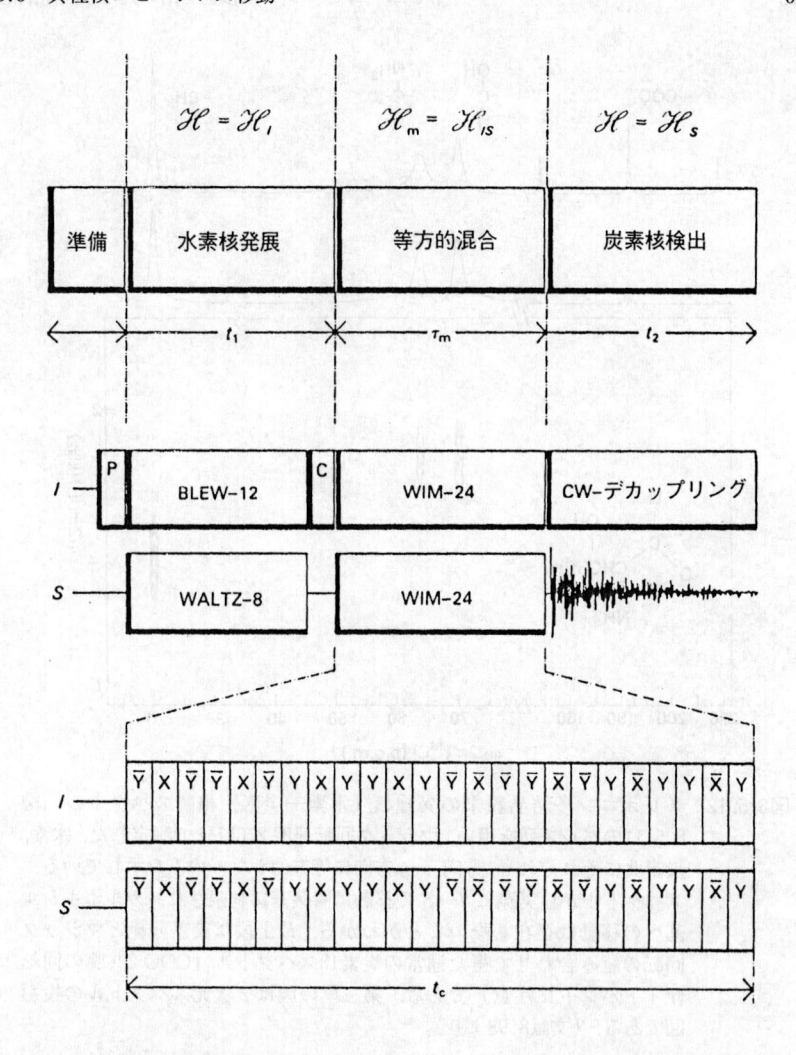

図8.5.11 固体における異種核シフト相関パルス列．発展期の同種核双極子相互作用は BLEW-12 (8.122) のような多重パルスでデカップルされ，一方炭素13のデカップルは WALTZ-8 (8.111) のような広帯域法で行われる．I から S への移動は実際には WIM-24パルス列で与えられるような等方的混合ハミルトニアンのもとで生起する．最終的に S スピンは通常の高出力 I スピンデカップリングのもとで検出される．BLEW パルス列では実効的回転軸は z 方向に対し63°傾いているので準備パルス P と補償パルス C が上図のように挿入されている．(文献8.98より)

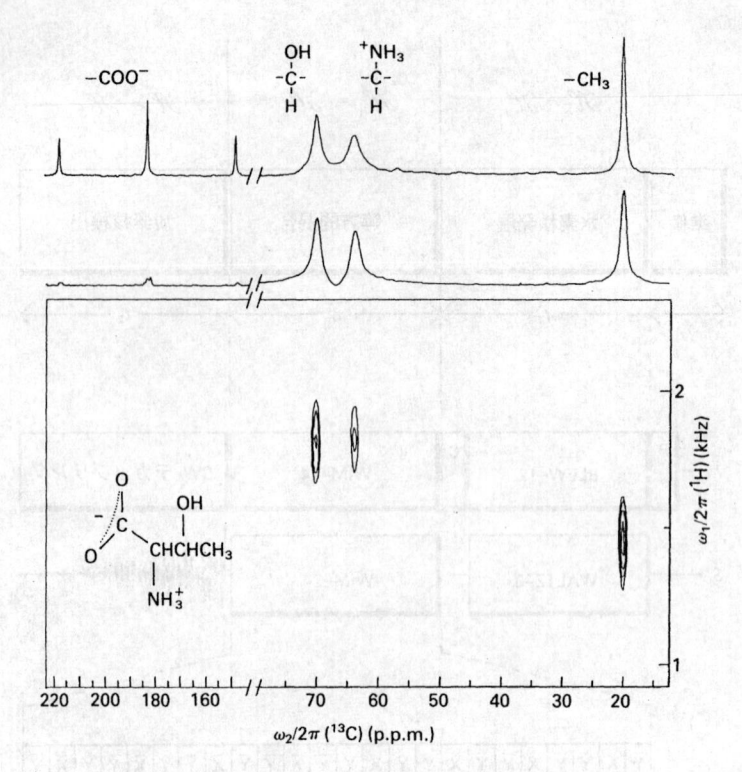

図8.5.12 スレオニン多結晶粉末の異種核（水素—炭素）相関スペクトル．図8.5.11のパルス列を用い，マジック回転速度 2.6kHz で測定した．水素，炭素共にそれぞれ ω_1 方向，ω_2 方向に等方的シフトのみを示している．スペクトルから実際に $I \to S$ の移動は隣接基に制限され，カルボキシル基への移動は存在しないことがわかる．最上段は交差分極とマジック回転の組み合わせで得た通常の炭素13スペクトル（COO⁻ 共鳴の回転サイドバンドに注意）である．第二段の図は2次元スペクトルの投影図である．（文献8.98より）

れた．この結果は，双極子結合を持つ多数核の直接観察（そこでは2，3個以上の共鳴の分離は困難）よりこの方法がずっとすぐれていることを示した．

濃厚核 $I=1/2$ と希薄核 $S \geq 1$ を持つ異種核系では交差分極（4.5.1節）を利用し，1量子 I 磁化をスピン S の（同種核）多量子コヒーレンスに移すことができる．この方法は ^{14}N のような低感度核にとって魅力あるものである

8.5 異種核コヒーレンス移動

(8.101, 8.102). ハートマン-ハーン条件は実効的ラジオ波章動周波数に合わせて変更されねばならない.

$$[\omega_{1I}^2 + (\Delta \omega_I)^2]^{\frac{1}{2}} = [(\omega_{1S}^2/\omega_Q)^2 + (2\Delta \omega_S)^2]^{\frac{1}{2}} \tag{8.5.19}$$

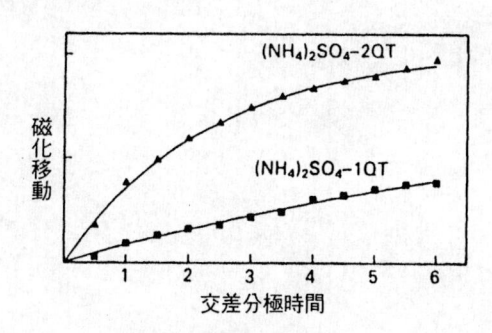

図8.5.13 1量子, 2量子交差分極の分極速度の比較. $(NH_4)_2SO_4$ 結晶における2重交差分極, $^1H \to {}^{14}N \to {}^1H$ 後の信号強度を各交差分極の分極誘起時間に対し目盛ってある. 両方の実験にハートマン-ハーン条件がほぼ満たされている. (文献8.101より)

ここで $\omega_{1I} = -\gamma_I B_{1I}$, $\omega_{1S} = -\gamma_S B_{1S}$ はラジオ波強度, $\Delta\omega_I$ と $\Delta\omega_S$ はオフセット, ω_Q は S スペクトルの四重極分裂の1/2である. 移動速度は二つの実効磁場が式 (8.5.19) に従って同一となったとき最高となる. 多量子への応用の際は移動速度 $T^{-1}{}_{IS}$ および多量子緩和速度 $T^{-1}_{1\rho}$ 共に1量子実験に比べ速くなることを考慮する必要がある. 実効ラジオ波磁場と傾斜角が同じ時, 次の関係が示される.

$$(T_{IS}^{2QT})^{-1} = 4(T_{IS}^{1QT})^{-1}. \tag{8.5.20}$$

これらの予測は, 図8.5.13に見るように, 単結晶における水素核と窒素14間の1量子, 2量子交差分極について実験的に証明された.

9章

2次元交換分光法による動的過程の研究

2次元分光法は，化学交換，交差緩和，核オーバーハウザー効果，スピン拡散，交差分極のような動的過程に関する研究において，4.6.1.4節で議論した1次元法よりすぐれた多くの特色を持っている．特に，この方法は，系が同時に進行する広範囲なネットワーク的交換過程の場合に優れている．2次元法は，線幅に影響を与えないような遅い動的過程の研究においては，かなり有効である．それゆえ，2次元交換分光法は，特に，交差緩和（過渡的オーバーハウザー効果）や，固体のスピン拡散の研究に適している．化学交換に応用した場合，交換速度が縦緩和よりも速いが，交換によって影響を受けるスペクトル因子よりは，遅くなるように温度を設定した場合に，そのスペクトルの情報量は最大となる．

9.1　1次元法および2次元法における分極移動

2次元交換分光法の基本的な考え（9.1, 9.2）は，交換が起こるまえに，種々の部位の縦磁化を「周波数標識」することである．その結果，交換後に磁化の径路の起源にさかのぼることができる．磁化は非平衡状態だが，化学種の濃度は実験の間，動的平衡状態に保たれている．

図9.1.1 (a) に示す基本パルス系列について考えてみよう．一対の非選択的 $\pi/2$ パルスは，発展期間 t_1 により分割されており，混合期間 τ_m の最初に非平衡占拠数を準備する．わかりよくするために，等しい濃度（$k_{AB} = k_{BA} = k$）で，等しいスピン格子緩和速度（$R_1^A = R_1^B = R_1$）をもち，等しい横緩和（$T_2^A = T_2^B = T_2$）を示す対称な2部位化学交換の場合を考えよう．最初の $(\pi/2)_y$ パルスによって励起される横磁化は，t_1 期間では自由に歳差運動をす

る. もし交換が遅ければ, この期間における線幅の影響は無視でき, 二つの複素磁化成分（式 (4.2.16) 参照）が得られる.

$$M_A^+(t_1) = M_{A0}\exp\{i\Omega_A t_1 - t_1/T_2\},$$
$$M_B^+(t_1) = M_{B0}\exp\{i\Omega_B t_1 - t_1/T_2\}. \tag{9.1.1}$$

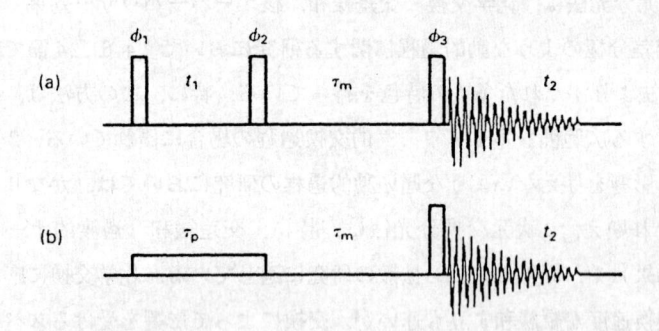

図 9.1.1 (a) 2次元交換分光法の基本パルス系列. t_1 と t_2 はそれぞれ発展期間および検出期間を示している. 2次元の実験において, 交換時間 τ_m は通常一定に保たれている. (b) 1次元分光法で使われている関連したパルス系列. この系列では選択的な反転に引き続く磁化の回復を観測して遅い交換を研究する (4.6.1.4 節参照).

図9.1.1 (a) の2番目のパルスが y 軸に沿って照射されるならば, 横磁化の実成分は縦磁化に変換される.

$$M_{Az}(\tau_m=0) = -M_{A0}\cos\Omega_A t_1 \exp\{-t_1/T_2\},$$
$$M_{Bz}(\tau_m=0) = -M_{B0}\cos\Omega_B t_1 \exp\{-t_1/T_2\}, \tag{9.1.2}$$

y 成分はこのパルスによって影響を受けず, 通常は不均一磁場によって消滅するか, 位相循環によって相殺される. 2番目のパルスが正確に $\pi/2$ でない場合, t_1 の間に M_{A0} ならびに M_{B0} へと回復していく磁化の寄与は, 位相交互反転によって相殺しておくことが望ましい (9.2節で議論する座標軸上ピークの消去).

9.1 1次元法および2次元法における分極移動

式(9.1.2)で表されるt_1変調された縦磁化成分は,化学交換あるいは交差緩和が原因で,一つの部位から他の部位へ移る.しかし,9.3節で議論するように,スピン格子緩和は初期標識の記憶を薄める働きをする.

$$M_{Az}(\tau_m) = M_{Az}(\tau_m=0)\frac{1}{2}[1+\exp\{-2k\tau_m\}]\exp\{-\tau_m/T_1\}$$
$$+ M_{Bz}(\tau_m=0)\frac{1}{2}[1-\exp\{-2k\tau_m\}]\exp\{-\tau_m/T_1\},$$
$$M_{Bz}(\tau_m) = M_{Az}(\tau_m=0)\frac{1}{2}[1-\exp\{-2k\tau_m\}]\exp\{-\tau_m/T_1\}$$
$$+ M_{Bz}(\tau_m=0)\frac{1}{2}[1+\exp\{-2k\tau_m\}]\exp\{-\tau_m/T_1\} \quad (9.1.3)$$

ここでkは交換過程の速度定数である.最後の$(\pi/2)_y$パルスは,これらの縦磁化成分を,観測可能な横磁化に変換する.2次元フーリエ変換後,t_1ではΩ_Aで歳差運動していた磁化成分が,t_2でΩ_Bの歳差運動を始めるならば,積分強度$I_{BA}(\tau_m)$の交差ピークが$(\omega_1, \omega_2)=(\Omega_A, \Omega_B)$の位置に現れる.対角ピークと交差ピークの強度$I_{kl}(\tau_m)$は,平衡磁化$M_{l0}$と混合係数$a_{kl}(\tau_m)$に依存する

$$I_{AA}(\tau_m) = a_{AA}(\tau_m)M_{A0},$$
$$I_{BB}(\tau_m) = a_{BB}(\tau_m)M_{B0},$$
$$I_{AB}(\tau_m) = a_{AB}(\tau_m)M_{B0},$$
$$I_{BA}(\tau_m) = a_{BA}(\tau_m)M_{A0}. \quad (9.1.4)$$

混合係数は式(9.1.3)の係数に一致する

$$a_{AA}(\tau_m) = a_{BB}(\tau_m) = \frac{1}{2}[1+\exp\{-2k\tau_m\}]\exp\{-\tau_m/T_1\},$$
$$a_{AB}(\tau_m) = a_{BA}(\tau_m) = \frac{1}{2}[1-\exp\{-2k\tau_m\}]\exp\{-\tau_m/T_1\}. \quad (9.1.5)$$

対角ピークおよび交差ピークを生ずる径路の概略を図9.1.2に示す.J結合の分裂が見えない系において,まさしく交差ピークの出現は,交換が起こってい

ることの十分な証拠であることに注目しよう．

ここで議論する $M_{A0}=M_{B0}$ の対称な2部位の場合，交換速度はピーク強度の比から決定することができる．

$$\frac{I_{AA}}{I_{AB}} = \frac{a_{AA}}{a_{AB}} = \frac{1+\exp\{-2k\tau_m\}}{1-\exp\{-2k\tau_m\}} \simeq \frac{1-k\tau_m}{k\tau_m}. \qquad (9.1.6)$$

後者の式は初期速度近似（9.3）の範囲内で成立する．

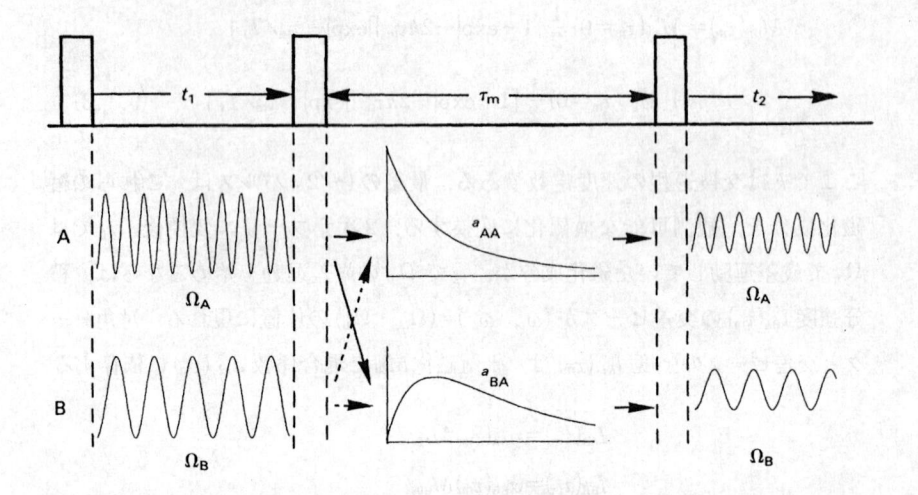

図 9.1.2 対称的な2部位の系における，2次元交換分光法で周波数標識した縦成分の分極の移動．対角ピークの強度は，式 (9.1.5) で定義される $a_{AA}(\tau_m)=a_{BB}(\tau_m)$ に比例し，二つの指数関数で表されるように減衰する．しかしながら，$a_{BA}(\tau_m)=a_{AB}(\tau_m)$ に比例する交差ピークの強度は，最初交換の効果で増加し，その後スピン格子緩和のために減衰する．

9.3節で明らかにするが，これらの表現は，化学交換や交差緩和を同時に含む，N部位の問題に一般化することができる．

図9.1.1 (a) で示した2次元交換法と，図9.1.1 (b) に図示されており，4.6.1.4節で議論した，従来の1次元分極移動法とを比較することは有益である．1次元の場合，周波数 Ω_A の選択的 π パルスは，ある特定の部位の分極

9.1　1次元法および2次元法における分極移動

M_{Az} を反転させるために使われる．移動と回復の検出は，非選択パルスによる2次元交換分光法と同じ要領で行われる．どちらの方法も同じ型の遅い交換の場合に適用することができる．

2次元法の最も優れた長所は，多数の交換部位を含むネットワークを研究できることである．すなわち，1次元法においては，各々の交換部位の磁化を順番に反転しなければならないのに対して，2次元の実験では，すべての部位の分極による変調を，一度に行なうことができる．2次元法では，t_1 値を変えた多数の実験が必要であるけれども，すべての過程が同時に研究できるので，感度的にも優れている．

1次元および2次元の両実験において，励起の選択性は準備期間の長さ，すなわち，図9.1.1 (a) の t_1^{max} あるいは図9.1.1 (b) の τ_p によって決定される．しかしながら，2次元法では選択的励起が不可能な，部分的に重なったスペクトルでも観測することが可能である．また，1次元法においては，選択的パルスが長ければ，パルス照射中での交換過程を考慮する必要があり，これは励起と回復の分離を困難にする．一方，2次元の実験では，t_1 期間の縦磁化は結果に影響を与えず，t_1 期間に生じる横成分の交換も積分交差ピーク強度に影響を与えない．なぜならば，交換によってほとんど線幅は増加しないからである（9.3節参照）．2番目の $\pi/2$ パルスは瞬時に占拠数の非平衡状態を生じ，混合過程はこの時点で開始される．観測されるゼーマン分極の移動ははっきりした初期条件から出発するので，かなり正確に動的過程の速度を決定することができる．

動的過程が混合時間 τ_m の関数として検出されるならば，2次元法の3番目の長所が明確になってくる（9.3）．厳密にいうと，τ_m の系統的な変化は両方の実験を3次元法に転換する．すなわち，選択的な一次元の実験から，Ω_K と τ_m を変数にもつ，一連のスペクトル $S(\Omega_K, \tau_m, \omega)$ が得られる．しかしながら，2次元法からは2次元スペクトル $S(\omega_1, \tau_m, \omega_2)$ の配列が得られる．後者の場合，9.6節で議論するように，t_1 と τ_m を同時に変化させることによって，3次元の実験を2次元の実験に置き換えることができ，実験時間とデータ容量

を大幅に減少せさることができる．このように，うまく行えば，τ_m を系統的に変化させても，2次元の実験の複雑さが増すようなことはない．しかし，同様の系統的変化を1次元法で行なうのはずっと厄介である．

9.2 コヒーレンス移動径路の選択

2次元交換分光法に採用されている基本3パルス系列は，リレー磁化移動（8.3.4節）や多量子励起（8.4節）のような，望ましくないコヒーレンス現象を生じる．移動する縦磁化に焦点を絞るためには，図9.2.1で示されるような，コヒーレンス移動径路（9.4）を選択することが大切である．

発展時間において，縦磁化からの寄与（それは $\omega_1=0$ の位置に軸上非変調ピークを生じるであろう）は除去しておかねばならない．純粋な2次元吸収ピーク線形は，t_1 期に $p=\pm 1$ 量子コヒーレンスを持つ二つの径路（図9.2.1の実線および破線部）が保持されれば，得られる．

混合期間において，$p=\pm 1$ 量子コヒーレンスを含んでいる全ての径路を無効にしておくことが大切である．分裂したスカラーあるいは双極子結合を持つ系においては，$p=\pm 2, \pm 3, \cdots\cdots$ 量子コヒーレンスを取り除くために，余分な注意を払わなければならない．結合系において，選択されなければならない次数 $p=0$ には，望みの縦ゼーマン分極（I_{kz} に比例する密度演算子成分で表現される）の他に，不必要なゼロ量子コヒーレンス（たとえば $I_k^+ I_k^-$）や縦スカラーあるいは双極子オーダー（たとえば $2I_{kz}I_{lz}$）が含まれている．これらの成分は9.4.2節—9.4.4節で議論する見せかけの効果を生じることがある．

純粋な2次元吸収線形を得るために必要な径路の選択は，三つのパルスの下で磁気量子数を次のように選択することで達成できる（6.4節参照）．

$$\Delta p_1: -1, \ (0), \ +1, \qquad\qquad (9.2.1a)$$

$$\Delta p_2: \sum_{i=1}^{3}\Delta p_i = -1 \quad \text{なので選択の必要はない} \qquad (9.2.1b)$$

9.2 コヒーレンス移動径路の選択

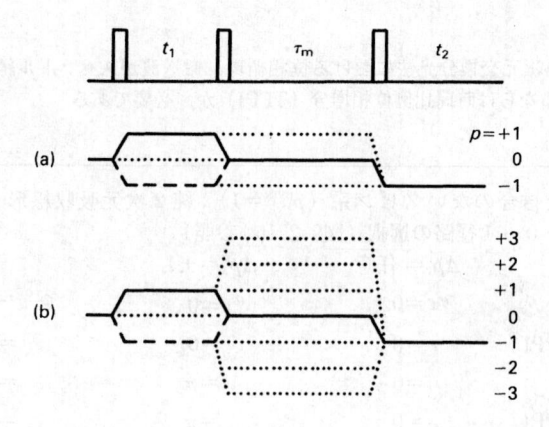

図 9.2.1 2次元交換分光法におけるコヒーレンス移動過程：(a) J 結合による分裂のない系；(b) 三つの結合した $I=1/2$ の核を持つ系．実線は残さなければならない径路に対応している．純吸収線がほしい時は，破線の「鏡面イメージ」の径路も同様に残さなければならない．点線の径路（t_1 における縦磁化の項，τ_m における1量子および多量子経路）は抑制しなければならない．

$$\Delta p_3 : (-p^{max}-1), \cdots, (-2), -1, (0), \cdots, (p^{max}-1) \quad (9.2.1c)$$

式 (9.2.1a) と式 (9.2.1c) において，かっこでくくられている全ての Δp 値は除去されなければならない．しかしながら，太字で書かれた Δp 値は残される．これは $N_1 \cdot N_3 = 2(p^{max}+1)$ ステップの周期を用いることによって達成できる．結合を持たない系（$p^{max}=1$）と，$p^{max}=3$ の結合を持つ系における適切な位相循環を，表9.2.1(a)と(b)に示した．

混合位相あるいは絶対値ピーク型でよいならば，選択の範囲は，図9.2.1の実線で示された径路にまで，狭められる，

$$\Delta p_1 = (-1)(0) + 1.$$

このことは，最初のパルスの位相を $2\pi/3$ の角度に分けて循環させるか，もし

表 9.2.1 2次元交換分光法における位相循環.搬送波がスペクトル線内に位置するならば時間比例位相増分（TPPI）が，必要である.

(a) 分裂した結合のないスピン系（$p^{max}=1$）：純2次元吸収線形を得るための $p=0 \to \pm 1 \to 0 \to 1$ 径路の選択（図9.2.1(a)参照）

$\Delta p_1 = \pm 1$	$\Delta p_2 =$ 任意	$\Delta p_3 = \pm 1$	
$\varphi_1 =$ TPPI	$\varphi_2 = 0$	$\varphi_3 = 0$	$\varphi^{ref} = 0$
$= \pi +$ TPPI	$= 0$	$= 0$	$= \pi$
$=$ TPPI	$= 0$	$= \pi$	$= \pi$
$= \pi +$ TPPI	$= 0$	$= \pi$	$= 0$

(b) $p^{max}=3$ の結合のあるスピン系：純2次元吸収における $p=0 \to \pm 1 \to 0 \to -1$ の径路選択（図9.2.1(b)参照）

$\Delta p_1 = \pm 1$	$\Delta p_2 =$ 任意	$\Delta p_3 = -1$	
$\varphi_1 =$ TPPI	$\varphi_2 = 0$	$\varphi_3 = 0$	$\varphi^{ref} = 0$
$= \pi +$ TPPI	$= 0$	$= 0$	$= \pi$
$=$ TPPI	$= 0$	$= \pi/2$	$= \pi/2$
$= \pi +$ TPPI	$= 0$	$= \pi/2$	$= 3\pi/2$
$=$ TPPI	$= 0$	$= \pi$	$= \pi$
$= \pi +$ TPPI	$= 0$	$= \pi$	$= 0$
$=$ TPPI	$= 0$	$= 3\pi/2$	$= 3\pi/2$
$= \pi +$ TPPI	$= 0$	$= 3\pi/2$	$= \pi/2$

(c) $p^{max}=1$ の系：複素磁化を移動するための $p=0 \to +1 \to 0 \to -1$ 径路の選択（混合した位相をもつ線形を生じる）

$\Delta p_1 = +1$	$\Delta p_2 =$ 任意	$\Delta p_3 = -1$	
$\varphi_1 = 0$	$\varphi_2 = 0$	$\varphi_3 = 0$	$\varphi^{ref} = 0$
$= 2\pi/3$	$= 0$	$= 0$	$= 4\pi/3$
$= 4\pi/3$	$= 0$	$= 0$	$= 2\pi/3$
$= 0$	$= 0$	$= \pi$	$= \pi$
$= 2\pi/3$	$= 0$	$= \pi$	$= \pi/3$
$= 4\pi/3$	$= 0$	$= \pi$	$= 5\pi/3$

そのような角度が得られないならば，$\pi/2$の4ステップで循環させることによって達成できる．どちらの場合においても，位相循環の正味の効果は，t_1期間中に歳差運動している複素磁化を，検出期間に転送することである．このことは矛盾しているように見えるかもしれない．なぜならば，τ_m期間における縦磁化は実である必要があるからである．実際には M_x と M_y 成分は，二つの位相循環を用いた一連の実験において別々に転送される．結合のない系 ($p^{max}=1$) の位相循環は表9.2.1(c)に与えられている．

9.3 分離のよい結合を持たない系における交差緩和と交換

N 個の部位を持つ系を考えてみよう．この部位は1分子内に含まれていてもよいし，異なった化学種に含まれていてもよい(9.3, 9.5)．これらの部位は化学交換を通して交換するか，分子内あるいは分子間交差緩和を通して交換することが可能である．各々の部位 l は n_l 個の磁気的に等価な核を含んでいるが，さしあたり分裂した結合がないと仮定する．多量子効果はこの場合除外してあるので，運動論は修正した古典的ブロッホ方程式を用いて表現することができる(2.4.1節)．

N 部位の平衡 z 磁化は要素 $M_{l0}=n_l x_l M_0$ を持つベクトル $\mathbf{M}_0$ にまとめられる，そしてこの要素は部位 l における等価な核の数 n_l と，化学平衡におけるモル分率 x_l と，スピンのモルあたりの平衡磁化 M_0 に比例している．

もし図9.1.1(a)のパルス系列を考えるならば，最初の $(\pi/2)_y$ 準備パルスは x 軸(実軸)に沿って横磁化を誘起する．

$$\mathbf{M}^+(t_1=0)=\mathbf{M}_x(t_1=0)+i\mathbf{M}_y(t_1=0)=\mathbf{M}_0. \tag{9.3.1}$$

ここで $\mathbf{M}_y(t_1=0)=0$．これらの量はベクトルであることに注意しよう．すなわち，N 成分の配列をもつ．しかし，それらは物理空間における方向と無関係である．複素横磁化の時間発展は N 個の連立微分方程式に支配される（式(2.4.20)参照）．

$$\frac{d}{dt}\mathbf{M}^+ = \mathbf{L}^+\mathbf{M}^+ \tag{9.3.2}$$

ここで

$$\mathbf{L}^+ = i\mathbf{\Omega} - \mathbf{\Lambda} + \mathbf{K} \tag{9.3.3}$$

対角行列 $\mathbf{\Omega}$ と $\mathbf{\Lambda}$ は，それぞれ化学シフト Ω_l と横磁化緩和速度 $\lambda_l = 1/T_{2l}$ を含んでおり，速度行列 $\mathbf{K}$ は化学交換の効果を表している． t_1 期間における歳差運動は次の式で表される．

$$\mathbf{M}^+(t_1) = \exp\{\mathbf{L}^+ t_1\}\mathbf{M}^+(t_1=0) \tag{9.3.4}$$

この式は，歳差運動，線幅増大，そして中間的な交換領域における信号の融合を記述する．

図9.1.1(a)の系列における2番目の $(\pi/2)_y$ パルスは，単に x 成分を縦磁化に変換する

$$\mathbf{M}_z(\tau_m=0) = -\mathrm{Re}\{\mathbf{M}^+(t_1)\}. \tag{9.3.5}$$

縦磁化の時間発展は式(2.4.21)で表される

$$\frac{d}{d\tau_m}\Delta\mathbf{M}_z(\tau_m) = \mathbf{L}\Delta\mathbf{M}_z(\tau_m) \tag{9.3.6}$$

$\Delta\mathbf{M}_z(\tau_m) = \mathbf{M}_z(\tau_m) - \mathbf{M}_0$ は熱平衡からのずれを表し，

$$\mathbf{L} = -\mathbf{R} + \mathbf{K} \tag{9.3.7}$$

は動的行列であり，スピン-格子緩和の効果（対角要素 $\mathbf{R}$ は $1/T_{1l}$ に等しい），交差緩和（$\mathbf{R}$ の非対角項），および化学交換（速度行列 $\mathbf{K}$ ）を表している． $\mathbf{R}$ の要素と遷移確率 W_{ij} の間の関係は，式(9.7.1)-(9.7.12)に示されている．このような一般的な取扱いは，交差緩和と交換の間に形式的な類似性があるため可能となる．実際，われわれはこれらの機構のうち一つは除外できるような

9.3 分離のよい結合を持たない系における交差緩和と交換

状況にしばしば遭遇する．たとえば，天然同位体比の ^{13}C NMR においては，交差緩和は同位体希釈のためになくなり，純粋に化学交換だけを測定することが可能になる．

式 (9.3.6) の解

$$\mathbf{M}_z(\tau_m) = \mathbf{M}_0 + \exp\{\mathbf{L}\tau_m\}\Delta\mathbf{M}_z(\tau_m=0) \tag{9.3.8}$$

は，磁化成分が τ_m 期間に平衡磁化 $\mathbf{M}_0$ へ回復していくことを意味している．この系列における最後の $(\pi/2)_y$ パルスは横磁化を誘起する

$$\mathbf{M}^+(t_2=0) = \mathbf{M}_z(\tau_m) \tag{9.3.9}$$

これは実数である（すなわち x 軸に沿っている）．全体の時間依存性は最終的に次のように表わすことができる．

$$\mathbf{M}^+(t_1,\tau_m,t_2) = \exp\{\mathbf{L}^+t_2\}\Big[1-\exp\{\mathbf{L}\tau_m\}(\text{Re}[\exp\{\mathbf{L}^+t_1\}]+1)\Big]\mathbf{M}_0 \tag{9.3.10}$$

t_1 に依存しない項は，$\omega_1=0$ の位置にいわゆる軸上ピークを生じる．それらは情報を含んでおらず，通常は一番目のパルスの位相と受信器の参照位相の反転によって除去できる（差分法の形式に等しい，表9.2.1参照）．残りは次の型になる

$$\mathbf{M}^+(t_1,\tau_m,t_2) = -\exp\{\mathbf{L}^+t_2\}\exp\{\mathbf{L}\tau_m\}\text{Re}[\exp\{\mathbf{L}^+t_1\}]\mathbf{M}_0 \tag{9.3.11}$$

これまで考慮してきた単一の実験を，位相を循環する実験に拡張するならば，正味の効果は，$\mathbf{M}^+(t_1)$ の実数と虚数両成分の転送に等しくなり，最後に次のような簡潔な結果が得られる

$$\mathbf{M}^+(t_1,\tau_m,t_2) = -\exp\{\mathbf{L}^+t_2\}\exp\{\mathbf{L}\tau_m\}\exp\{\mathbf{L}^+t_1\}\mathbf{M}_0. \tag{9.3.12}$$

9.3.1 遅い交換

交換が遅ければ，線形は一つの部位から他の部位へ横磁化が移動しても目だつほどの影響はない．そして交換行列 **K** の，式(9.3.3)で表される動的行列 **L**$^+$ への寄与は，発展期間と検出期間においては無視できる

$$\mathbf{L}^{+(\text{slow})} = i\Omega - \Lambda \tag{9.3.13}$$

この場合，各々の横磁化項は式(9.1.1)で仮定されたように独立に発展する

$$M_l^+(t_1) = \exp(i\Omega_l t_1 - \lambda_l t_1) M_{l0} \tag{9.3.14}$$

その結果、時間領域信号は次のように簡略化できる

$$s(t_1, \tau_m, t_2) = -\sum_k \sum_l \exp(i\Omega_k t_2 - \lambda_k t_2) [\exp(\mathbf{L}\tau_m)]_{kl} \exp(i\Omega_l t_1 - \lambda_l t_1) M_{l0}. \tag{9.3.15}$$

2次元フーリエ変換後，周波数 $(\omega_1, \omega_2) = (\Omega_1, \Omega_2)$ の信号の積分強度は

$$I_{kl}(\tau_m) = a_{kl}(\tau_m) M_{l0} \tag{9.3.16}$$

で

$$a_{kl}(\tau_m) = [\exp(\mathbf{L}\tau_m)]_{kl}. \tag{9.3.17}$$

したがって，2次元スペクトルは指数混合演算子を視覚的に表現することに等しい．

9.3.2 2部位系

2部位系において，式(9.3.17)は解析的に求められる．動的行列は

$$\mathbf{L} = \begin{pmatrix} L_{AA} & L_{AB} \\ L_{BA} & L_{BB} \end{pmatrix} = \begin{pmatrix} -K_{BA} - R_1^A & K_{AB} - R_{AB} \\ K_{BA} - R_{BA} & -K_{AB} - R_1^B \end{pmatrix} \tag{9.3.18}$$

であり，固有値は

9.3 分離のよい結合を持たない系における交差緩和と交換

$$\lambda_{\pm} = -\sigma \pm D \tag{9.3.19}$$

ここで

$$\sigma = -\frac{1}{2}(L_{AA} + L_{BB}) = \frac{1}{2}(K_{BA} + K_{AB} + R_1^A + R_1^B),$$

$$D = [\delta^2 + L_{AB} L_{BA}]^{\frac{1}{2}},$$

$$\delta = -\frac{1}{2}(L_{AA} - L_{BB}) = \frac{1}{2}(K_{BA} - K_{AB} + R_1^A - R_1^B),$$

そして，K_{AB} は反応 B → A の速度定数である（式(2.4.12)参照）．平衡磁化 $M_{l0} = n_l x_l M_0$ は部位 l の磁気的に等価な核の数 n_l とモル分率 x_l（1分子内の2核間の純交差緩和においては $x_l=1$；対称的な2部位化学交換においては $x_l=0.5$）に比例する．対角ピークと交差ピークの積分強度は

$$I_{AA}(\tau_m) = \frac{1}{2}\left[\left(1-\frac{\delta}{D}\right)\exp\{(-\sigma+D)\tau_m\} + \left(1+\frac{\delta}{D}\right)\exp\{(-\sigma-D)\tau_m\}\right]M_{A0}, \tag{9.3.20a}$$

$$I_{BB}(\tau_m) = \frac{1}{2}\left[\left(1+\frac{\delta}{D}\right)\exp\{(-\sigma+D)\tau_m\} + \left(1-\frac{\delta}{D}\right)\exp\{(-\sigma-D)\tau_m\}\right]M_{B0}, \tag{9.3.20b}$$

$$I_{AB}(\tau_m) = I_{BA}(\tau_m)$$
$$= \frac{1}{2}[\exp(-\sigma+D)\tau_m - \exp(-\sigma-D)\tau_m]\overline{M}, \tag{9.3.20c}$$

ここで

$$\overline{M} = M_{B0}\frac{L_{AB}}{D} = M_{A0}\frac{L_{BA}}{D},$$

交差ピークの積分強度は，二つの部位の占拠数に関係なく，いつも等しいことに注意しよう．対角線上の2次元交換スペクトルの対称性は，N 部位交換過程では保持される．

ピーク強度は次式で表される**交差速度定数** R_C と**もれ速度定数** R_L を導入することによって，都合のよい式で表現される

$$R_C = \lambda_+ - \lambda_- = 2D,$$
$$R_L = -\lambda_+ = \sigma - D, \tag{9.3.21}$$

すなわち，強度を次のように書くことができる

$$I_{AA}(\tau_m) = \frac{1}{2}\left[\left(1-\frac{\delta}{D}\right) + \left(1+\frac{\delta}{D}\right)\exp\{-R_C\tau_m\}\right]\exp\{-R_L\tau_m\}M_{A0}, \quad (9.3.22a)$$

$$I_{BB}(\tau_m) = \frac{1}{2}\left[\left(1+\frac{\delta}{D}\right) + \left(1-\frac{\delta}{D}\right)\exp\{-R_C\tau_m\}\right]\exp\{-R_L\tau_m\}M_{B0}, \quad (9.3.22c)$$

$$I_{AB}(\tau_m) = I_{BA}(\tau_m) = \frac{1}{2}\left[1 - \exp\{-R_C\tau_m\}\right]\exp\{-R_L\tau_m\}\overline{M} \quad (9.3.22c)$$

交差緩和がなく対称的な場合，$\delta=0$, $R_L=R_1=1/T_1$, $R_C=2k$ となり，式(9.3.22)から式(9.1.4)が導かれる．

9.3.3 多部位交換

より大きな系においては，式(9.3.17)を解析的に解くことはできない．しかしながら，十分に短い混合期間 τ_m においては，強度に対する近似表現が初期速度に対して得られる．

$$\exp(\mathbf{L}\tau_m) \simeq 1 + \mathbf{L}\tau_m, \quad (9.3.23)$$

であるので，次の関係が得られる．

$$a_{kk}(\tau_m) = 1 + L_{kk}\tau_m, \quad (9.3.24a)$$

$$a_{kl}(\tau_m) = L_{kl}\tau_m, \quad (9.3.24b)$$

このように，交差ピークの強度は，対応する行列要素に直接比例する．交差緩和がない場合（純粋な化学交換），交換速度を直接測定することができる

$$\frac{a_{kl}(\tau_m)}{\tau_m} = \frac{I_{kl}(\tau_m)}{M_{l0}\tau_m} = K_{kl}, \quad (9.3.25)$$

一方，化学交換がない場合（たとえば，安定な水素間のオーバーハウザー効果），交差ピーク強度は交差緩和速度を反映する

$$\frac{a_{kl}(\tau_m)}{\tau_m} = \frac{I_{kl}(\tau_m)}{M_{l0}\tau_m} = R_{kl}, \quad (9.3.26)$$

混合期間 τ_m が初期速度近似の範囲を超えるならば，$\exp(\mathbf{L}\tau_m)$ の展開で得られる，より高次の項を含める必要がある．

$$I_{kl} = \left[L_{kl}\tau_m + \frac{1}{2}\sum_j L_{kj}L_{jl}\tau_m^2 + \frac{1}{6}\sum_j\sum_i L_{kj}L_{ji}L_{il}\tau_m^3 + \cdots \right]M_{l0} \quad (9.3.27)$$

2次の項は，最初は M_l から M_j で，次に M_j から M_k へ移動する縦磁化の2段階移動に対応する．3次の項は移動 $M_l \to M_i \to M_j \to M_k$ に対応する．長い混合時間では，もはや分極移動の個々の明確な径路の様子を与えるのではなく，むしろ分極が M_l から M_k へたどるすべての可能な巡路の全体を測定していることになる．

9.4 結合スピン系における2次元交換分光法

2次元交換分光法の基本原理を，これまでは古典的な磁化によって議論してきた．この取り扱いは分離したスピン-スピン結合がないときには有効である．分離したスカラーあるいは双極子結合を持つ系においては，1量子，ゼロ量子，そして多量子コヒーレンスを含むコヒーレンス移動現象が起こる（9.6，9.7）．交換や交差緩和によって生じる縦磁化の非コヒーレンス移動に加えて，横磁化は8章で述べた実験のように，結合核のネットワーク内の異なるスピン間でも転送される．これらの効果は，9.2節で議論したように，コヒーレンス移動径路による定性的な方法で理解することができる．τ_m 間に $p \neq 0$ のオーダーを持つすべての項を取り除くような径路選択法（位相循環，磁場勾配パルス等）を設計することは常に可能である．すなわち，すべての1量子および多量子コヒーレンス移動過程を抑えることは可能である．縦磁化（密度演算子項 I_{kz} で表されるゼーマン分極）の移動を測定するために，オーダー $p=0$ を混合期間 τ_m の間，保持しておかなければならない．このことは，ゼロ量子コヒーレンス（すなわち，$I_k^{\pm}I_l^{\mp}$，$I_k^{\pm}I_l^{\mp}I_{mz}$，$I_k^{\pm}I_l^{\mp}I_m^{\pm}I_n^{\mp}$，……の型をもつ項）や縦スカラーあるいは双極子オーダー（$2I_{kz}I_{lz}$，$4I_{kz}I_{lz}I_{mz}$，……の型の項）もまた保持されることを意味する2次元交換分光法において，これらの項は普通望まし

くないものである．なぜならば，それらは「J交差ピーク」(9.6)と呼ばれる余分の信号を生じ，この信号は本物の交換交差ピークを妨害するからである．コヒーレンス移動に由来した，そのような寄生の信号を消去するためのいくつかの方法については9.4.4節で論ずる．

9.4.1 密度演算子による取り扱い

読者は，化学交換をともなった系の密度演算子の議論については2.4節を参照されたい．この節では動的化学平衡状態にある系に関心がある．問題を明確にするため，弱結合スピン系を仮定しよう(9.6)．化学変化が混合期間 τ_m でのみ重要であるような遅い交換の極限を考える．

2スピン系に関して，図9.1.1(a)で示した系列 $(\pi/2)_y - t_1 - (\pi/2)_y - \tau_m - (\pi/2)_x - t_2$ の効果を考えてみよう．2番目のパルス直後の密度演算子を直交座標演算子の積で記述するのは容易である (9.8)(2.1.5節参照)．

$$
\begin{aligned}
\sigma(t_1,\ \tau_m=0) = &-[I_{kz}\cos\Omega_k t_1 + I_{lz}\cos\Omega_l t_1]\cos\pi J_{kl}t_1 & \text{①}\\
&+[I_{ky}\sin\Omega_k t_1 + I_{ly}\sin\Omega_l t_1]\cos\pi J_{kl}t_1 & \text{②}\\
&+[2I_{kz}I_{lx}\sin\Omega_k t_1 + 2I_{kx}I_{lz}\sin\Omega_l t_1]\sin\pi J_{kl}t_1 & \text{③}\\
&+\frac{1}{2}(2I_{kx}I_{ly}+2I_{ky}I_{lx})(\cos\Omega_k t_1+\cos\Omega_l t_1)\sin\pi J_{kl}t_1 & \text{④}\\
&-\frac{1}{2}(2I_{kx}I_{ly}-2I_{ky}I_{lx})(\cos\Omega_k t_1-\cos\Omega_l t_1)\sin\pi J_{kl}t_1 & \text{⑤}
\end{aligned}
$$

$$(9.4.1)$$

2次元交換分光法に関連する情報を運搬する t_1 標識した分極の項①に加えて，項②では同位相1量子コヒーレンス（これは分離した結合を持たない系においても生じる），項③では反位相1量子コヒーレンス，項④では純2量子コヒーレンス{2QT}，そしてすべての中で最も重要な純ゼロ量子コヒーレンスは項⑤に出てくる．適当な位相循環法を行えば，①と⑤項を除くすべての項は相殺される．

化学交換，交差緩和，あるいはスピン拡散を通しての縦磁化項 I_{kz} の移動は，

9.4 結合スピン系における2次元交換分光法

古典的な成分 M_{kz} と完全に類似して進行する．式（2.4.25）の類推から，N スピン系の密度演算子の N 縦磁化成分

$$\sigma^{\text{zeeman}} = \sum_{k=1}^{N} b_k I_{kz} \tag{9.4.2}$$

は，次の微分方程式に従うベクトルにまとめられる

$$\frac{d}{dt}\mathbf{b}(t) = \mathbf{L}[\mathbf{b}(t) - \mathbf{b}_0]. \tag{9.4.3}$$

これらの要素は，式（9.3.16）によって記述される強度を持った対角ピークと交差ピークを生じる．分離した結合が存在すると，信号は両周波数軸において同位相の多重線に分裂するが，それらの本筋は変化することはない．

9.4.2 ゼロ量子による妨害

式（9.4.1）におけるゼロ量子項⑤は注意深く扱わなければならない．なぜならば，それは静磁場の不均一あるいは位相循環によっても影響されずに，混合時間 τ_m の間も生き残り，そのうえ，横緩和も場合によっては効果がないからである．2スピン系において，ゼロ量子コヒーレンスに関する化学シフトの効果を考慮しよう

$$\frac{1}{2}(2I_{kx}I_{ly} - 2I_{ky}I_{lx}) \xrightarrow{\Sigma \Omega_k I_{kz}\tau_m} \frac{1}{2}(2I_{kx}I_{ly} - 2I_{ky}I_{lx})\cos(\Omega_k - \Omega_l)\tau_m$$
$$+ \frac{1}{2}(2I_{kx}I_{lx} + 2I_{ky}I_{ly})\sin(\Omega_k - \Omega_l)\tau_m. \tag{9.4.4}$$

もしパルス系列における3番目のパルスの回転角が $\beta_x = \pi/2$ であるならば，余弦変調された成分のみが観測可能な反位相1量子コヒーレンスに変換される．

$$\sigma^{\text{ZQT}\to\text{1QT}} = -\frac{1}{2}(2I_{kx}I_{lz} - 2I_{kz}I_{lx})$$
$$\times (\cos\Omega_k t_1 - \cos\Omega_l t_1)\sin\pi J_{kl}t_1 \cos(\Omega_k - \Omega_l)\tau_m. \tag{9.4.5}$$

これらの項は四つの反位相多重線を生じ，二つは対角線の上に位置し，二つは $(\omega_1, \omega_2)=(\Omega_k, \Omega_l)$ の位置に交差ピークを生じる．これらは「J 交差ピーク」として知られている．なぜならば，それらは J 結合を通してのコヒーレンス移動に起源を持つからである．これらを同位相多重線からなる交換交差ピークと混同してはならない．真の交換ピークが純2次元吸収線に現れるならば，ゼロ量子コヒーレンスから生じた J 交差ピークは純2次元分散線形を持っている．

二つ以上のスピンをもつ系において，ゼロ量子コヒーレンスの時間発展は受動核との結合から影響を受ける (9.8)．こうして，3スピン系 (k, l, n) においては，反位相ゼロ量子コヒーレンスが得られる．

$$\frac{1}{2}(2I_{kx}I_{ly}-2I_{ky}I_{lx}) \xrightarrow{\pi J_{kn}\tau_m 2I_{kz}I_{nz}} \xrightarrow{\pi J_{ln}\tau_m 2I_{lz}I_{nz}}$$

$$\frac{1}{2}(2I_{kx}I_{ly}-2I_{ky}I_{lx})\cos\pi(J_{kn}-J_{ln})\tau_m$$

$$+\frac{1}{2}(2I_{kx}I_{lx}+2I_{ky}I_{ly})2I_{nz}\sin\pi(J_{kn}-J_{ln})\tau_m, \quad (9.4.6)$$

演算子積 $4I_{ky}I_{ly}I_{nz}$ は $(\pi/2)_x$ パルスによって観測可能な磁化に変換され，そして核 n はゼロ量子コヒーレンスに能動的には関与していないのに，$(\omega_1, \omega_2)=(\Omega_k, \Omega_n)$ および (Ω_l, Ω_n) の位置に J 交差ピークを生じる．この現象はゼロ量子を抑制する方法を設計する際，留意する必要がある．

ゼロ量子コヒーレンスの時間発展は横緩和によっても減衰する (9.6)．等方的でランダムな運動によって生じる分子内双極子緩和のみをもつ2スピン系において，ゼロ，1，2量子緩和速度について次の関係が見いだされる[1]

$$1/T_2^{(ZQT)}=\frac{1}{4}q_{kl}[2J_{kl}(\omega_{0k}-\omega_{0l})+3J_{kl}(\omega_{0k})+3J_{kl}(\omega_{0l})]$$

---

[1] 式 (9.4.7) は分離したスカラー結合を持つ二つの相互作用のある $I=1/2$ のスピンを扱っていることに注意しよう．これは文献9.5.7のⅧ章の式 (161) と対比される．

9.4 結合スピン系における2次元交換分光法

$$1/T_2^{(1QT)} = \frac{1}{4} q_{kl} [4J_{kl}(0) + J_{kl}(\omega_{0k} - \omega_{0l}) + 3J_{kl}(\omega_{0k}) + 3J_{kl}(\omega_{0l})$$
$$+ 6J_{kl}(\omega_{0k} + \omega_{0l})],$$

$$1/T_2^{(2QT)} = \frac{1}{4} q_{kl} [3J_{kl}(\omega_{0k}) + 3J_{kl}(\omega_{0l}) + 12J_{kl}(\omega_{0k} + \omega_{0l})] \quad (9.4.7)$$

ここで係数

$$q_{kl} = \frac{1}{10} \gamma_k^2 \gamma_l^2 \hbar^2 r_{kl}^{-6} \left[\frac{\mu_0}{4\pi}\right]^2 \quad (9.4.8)$$

そしてスペクトル密度関数は

$$J_{kl}(\omega_{0k}) = \frac{2\tau_c^{kl}}{1 + \omega_{0k}^2 (\tau_c^{kl})^2} \quad (9.4.9)$$

ここで ω_{0k} は実験室系におけるスピン k のゼーマン周波数であり,τ_c^{kl} は分子間ベクトル r_{kl} の方向を変調する等方的ランダム過程の相関時間である.速い運動限界において ($\tau_c \ll 1/\omega_{0k}$),式 (9.4.7) における三つの横緩和速度の比は $8:17:18$ になる.しかしながら,遅い運動限界では ($\tau_c \gg 1/\omega_{0k}$),その比は $2:5:0$ になる.どちらの場合においても,ゼロ量子減衰は1量子緩和よりも遅い.

一方,<u>外部無秩序場による緩和のみ</u>(9.6)を考慮するならば,次の緩和速度が得られる.

$$1/T_2^{(ZQT)} = \frac{1}{6} [\overline{(\gamma_k B_k - \gamma_l B_l)^2} J(0) + \overline{(\gamma_k B_k)^2} J(\omega_{0k}) + \overline{(\gamma_l B_l)^2} J(\omega_{0l})],$$

$$1/T_2^{(1QT)} = \frac{1}{6} [\overline{(\gamma_k B_k)^2} J(0) + \overline{(\gamma_k B_k)^2} J(\omega_{0k}) + \overline{(\gamma_l B_l)^2} J(\omega_{0l})],$$

$$1/T_2^{(2QT)} = \frac{1}{6} [\overline{(\gamma_k B_k + \gamma_l B_l)^2} J(0) + \overline{(\gamma_k B_k)^2} J(\omega_{0k}) + \overline{(\gamma_l B_l)^2} J(\omega_{0l})], \quad (9.4.10)$$

ここで,$B_k(t)$ と $B_l(t)$ は,スペクトル密度関数 $J(\omega)$ をもつ二つの核 k と l での等方的無秩序磁場である.もし揺動に完全な相関があり,強度が両方の核で等しいならば,この三つの速度は,速い運動限界では $2:3:6$ の比を持ち,遅

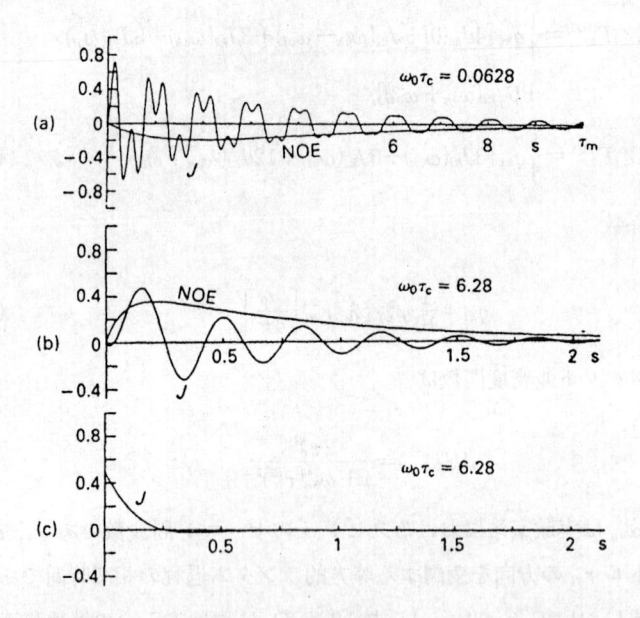

図 9.4.1 2次元交換スペクトルにおける交差ピークの寄与：なめらかな曲線は真の交換を表しており，振動曲線は J 交差ピークに対応している．(a) 純粋な双極子緩和を示す速い運動限界での2スピン系．核オーバーハウザー効果（NOE）による交差ピークは，ゼロおよび2量子コヒーレンスに起因する J 交差ピークと共に現れる．(b) ゼロおよび2量子コヒーレンスに起因する J 交差ピークを持ち，双極子と外部無秩序場による緩和を示す遅い運動限界での2スピン系．(c) (b) と同じ条件でのゼロ量子コヒーレンスのみに起因する J 交差ピークの寄与．（文献9.6 から）

い運動においては $0:1:4$ の比を持つ．後者の場合（高分子におけるオーバーハウザーの研究に関連がある），ゼロ量子コヒーレンスは長い混合期間をおいても生き残る．もし揺動が等しい強度を持つが，相関係数が消滅しているならば，すなわち，もし（式 (2.3.33) と比較）

$$C_{kl} = \frac{\overline{B_k B_l}}{[\overline{B_k^2}\,\overline{B_l^2}]^{\frac{1}{2}}} \tag{9.4.11}$$

がゼロであるならば，式（9.4.10）における三つの緩和速度の比は速い運動限界では4：3：4で，遅い運動限界では2：1：2になる．双極子緩和と無秩序場緩和における相関時間は違うことがあるので注意しよう．

現実に何を意味するのか理解してもらうために，図9.4.1において交差交換ピーク（なめらかな曲線）とJ交差ピーク（振動している曲線）の強度のτ_m依存性の理論曲線を示す．この曲線はゼロと2量子コヒーレントから生じたものである（後者は位相循環によって相殺されないという仮定を含んでいる）．図9.4.1(a)は，均一静磁場における速い運動限界で，双極子緩和のみを持つ2スピン系での強度を示している（仮定：$q\tau_c$=0.06秒）．不必要なコヒーレンスの寄与が，必要な交差ピーク（この場合は負である，9.7節参照）の5倍にもなることに注意しよう．図9.4.1(b)と(c)は遅い運動領域での状況を示している．ここでは双極子機構に加えて，非相関外部磁場が作用していると仮定されている．この場合，ゼロ量子の妨害は交差緩和速度の程度の時間では減衰する（図9.4.1(c)）．しかしながら，2量子コヒーレンスは，静磁場の不均一性と外部揺動場の影響がなければ，より長く生き残る．

9.4.3　縦磁化のスカラー秩序あるいは双極子秩序

基本的な2次元の実験は，回転角$\beta \neq \pi/2$のラジオ波パルスを使うと，意図的であろうとなかろうと影響を受けてしまう．この場合，図9.1.1(a)における2番目のパルスは反位相の1量子コヒーレンスを次の四つの項に変換する

$$\begin{aligned}
2I_{ky}I_{lz} \xrightarrow{(\beta)_x} &\ 2I_{ky}I_{lz}\cos^2\beta \\
&+2I_{kz}I_{lz}\sin\beta\cos\beta \\
&-2I_{ky}I_{ly}\sin\beta\cos\beta \\
&-2I_{kz}I_{ly}\sin^2\beta \quad (9.4.12)
\end{aligned}$$

縦磁化の2スピン秩序として知られている2番目の項は，式（9.4.1）で与えられるさまざまな項，すなわちゼーマン，ゼロ，1，そして多量子項とともに，

混合期間でも生き残り，最後のパルスが，また $\beta \neq \pi/2$ であるならば，観測可能な磁化に再変換される．$2I_{kz}I_{lz}$ の減衰と拡散の測定は，固体において双極子緩和を測定する Jeener-Broekaert の方法の 2 次元版である (9.9)．$2I_{kz}I_{lz}$ 項は τ_m の関数として振動せず，交差ピークと対角ピークを生じる．これらのピークは反位相多重構造を示しており，I_{kz} 項にかかわる交換信号と同じ 2 次元吸収線型を持つ．$2I_{kz}I_{lz}$ 信号は $\pi/2$ 回転角を注意深く設定すれば最小にすることができ，また複合パルスをつかうことによっても除去することができる (9.10)．

9.4.4　J 交差ピークの除去

位相循環法（9.2節）によって除去できる 1 量子および多量子の妨害と違って，ゼロ量子コヒーレンスと縦スピン秩序をゼーマン磁化から分離するのは容易でない．ゼロ量子コヒーレンスから生じる J 交差ピークを除去するには，式 (9.4.4) の混合時間に，これらの項が振動しながら時間発展する性質を利用すればよい．次に示すいくつかの戦略が考えられる．

1．いくつかの τ_m 値を用いて，2 次元実験を繰り返し，それらの信号を加算する．うまく値を選べば，よい結果が得られるけれども (9.12)，多くの場合無作為に変化した τ_m 値が使われる (9.6)．式 (9.4.5) において，対角線の近くに J 交差ピークを生じるようなゼロ量子周波数（$\Omega_k - \Omega_l$）の小さい成分は除去されない．なぜなら，異なった τ_m 値の加算は低域通過フィルターの役割を果たすからであり，そのカットオフ周波数は τ_m の変化の幅によって決まる．変化の幅は交換交差ピークの強度のエラーをなくすために十分小さく保たなければならない．

2．追加の π パルスを，混合時間 τ_m 内のさまざまな位置に挿入し，2 次元実験を繰り返す (9.6, 9.12)．図 9.4.2 にこのパルス系列を示す．符号の変化を除けば，この π パルスは交換ピークに関与する z 成分の時間発展には影響しない．しかしながら，π パルスはゼロ量子コヒーレンスの位相を反転する

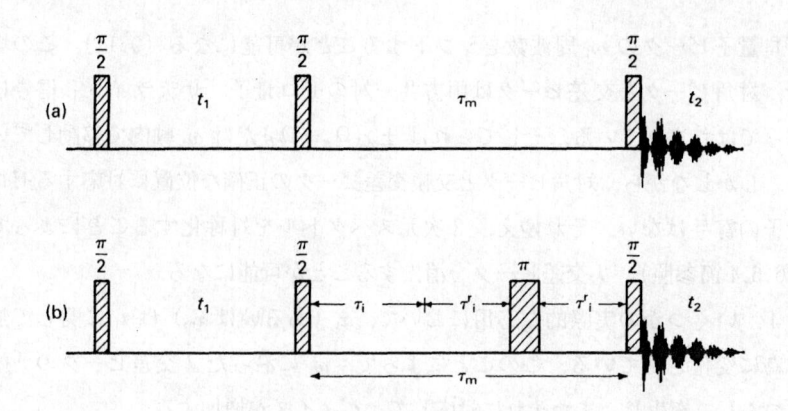

9.4 結合スピン系における2次元交換分光法

図 9.4.2 (a) 2次元交換分光法における基本パルス系列および (b) 混合期間 τ_m に π パルスを挿入した系列．効果的なゼロ量子歳差間隔は τ_i に制限されている．なぜならば，化学シフトは残りの間隔 $\tau_i' = (\tau_m - \tau_i)/2$ に再結像するからである（文献9.12から）．

$$\{ZQT\}_x = \frac{1}{2}(2I_{kx}I_{lx} + 2I_{ky}I_{ly}) \xrightarrow{\pi F_x \text{ or } \pi F_y} \{ZQT\}_x,$$

$$\{ZQT\}_y = \frac{1}{2}(2I_{ky}I_{lx} - 2I_{kx}I_{ly}) \xrightarrow{\pi F_x \text{ or } \pi F_y} -\{ZQT\}_y. \quad (9.4.13)$$

混合期間 τ_m の間で π パルスの位置を変化させ，加算することによって（図9.4.2参照），J 交差ピークを効果的に除去できる．

3．π パルスの位置（あるいは π パルスがない場合は混合時間 τ_m の間隔）と発展時間 t_1 の協調した増加によって，すなわち，次のように時間増分を設定することによって

$$\tau_i = \chi t_1 \quad (9.4.14a)$$

あるいは

$$\tau_m = \tau_m^0 + \chi t_1, \quad (9.4.14b)$$

ゼロ量子ピークの ω_1 周波数をシフトすることが可能になる (9.11). この場合, 対角ピークと交差ピークは両方共一対のゼロ量子「サテライト」信号によってはさまれている. そしてこれは $\pm\chi(\Omega_k-\Omega_l)$ だけ ω_1 軸内で移動している. しかしながら, 対角ピークと交換交差ピークの正確な位置に対応するゼロ量子の寄与はない. それゆえ, 2次元スペクトルを対称化することによって (6.6.4節参照), J 交差ピークを消去することが可能になる.

4. いくつかの実際的な応用において, τ_1 (あるいは τ_m) は t_1 に関して無作為に変化させている. このことによって, ω_1 に沿った J 交差ピークの「塗りつぶし」を生じ, またそれに対応して, t_1 ノイズが増加する.

9.5　2次元交換差分法

初期速度支配の条件では, 交換速度を定量的に決定することは特に簡単であり, このことは, $\tau_m < L_{kl}{}^{-1}$ の条件で, 一組の2次元スペクトル $S(\omega_1, \omega_2, \tau_m)$ を記録することによって達成できる. 不幸なことに, 短い混合時間において得られる交換スペクトルは, 大きな対角ピークの陰でわかりにくくなりやすい.

大きな対角信号を減少させるために, いくつかの方法が提案されている (9.13, 9.14). 同じ周波数上の交差ピークの強度の合計が, 対角ピークと符号が逆で強度が同じになる方法に制限して, 議論を進めよう.

$$I_{kk}(\tau_m) = -\sum_{l\neq k} I_{kl}. \tag{9.5.1}$$

この条件が満たされるならば, 対角要素も含めて, 2次元スペクトルは交換行列の正確なマップになる.

スピン格子緩和が無視できないときには, もっと洗練された実験が必要である. 図9.5.1に示す四つの方法を考えてみよう. 系列Iだけが交換交差ピークを生じる；系列IIにおいては交換も緩和も観測できない. 一方, 系列IIIとIVはスピン格子緩和を含んでいるが交換は含んでいない. 四つの実験の強度は初期

9.5 2次元交換差分法

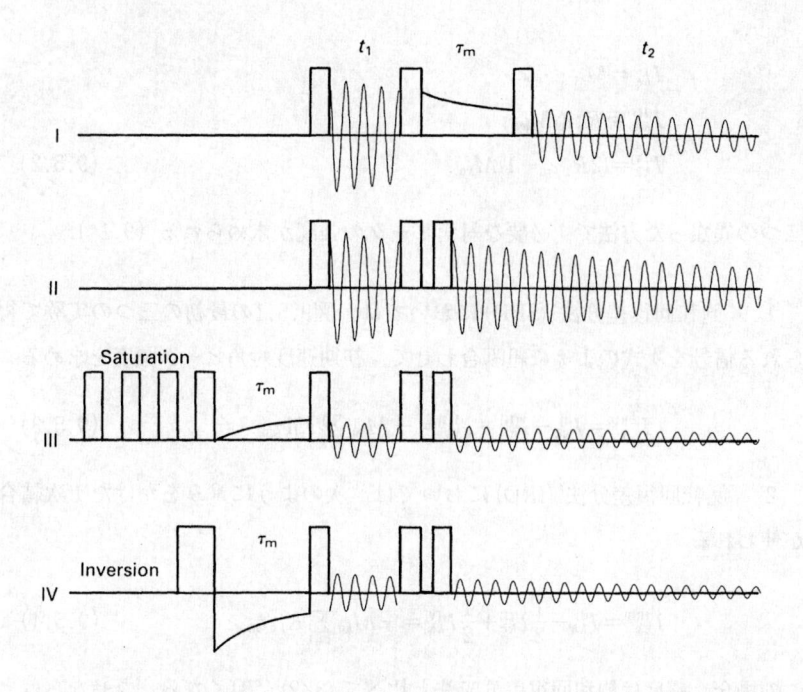

図 9.5.1 2次元差分法で使われる四つの実験系列. (I) 従来の2次元交換分光法において使われている3パルス系列. 緩和と交換の両方が混合期間 τ_m の間で起こる. (II) 同じ系列であるが混合期間を取り除いた場合. (III) 飽和状態から始まる前置緩和時間 τ_m を追加した3パルスの系列. (IV) 同様の実験であるが, 反転した磁化の状態から出発している. もし初期速度のみを考慮するならば, 前置緩和期間においても, もれ緩和は存在するが, これは実際の交換過程ではない (文献9.14を改変).

速度近似において, 式 (9.3.16) と式 (9.3.24) とを組合わせることにより求まる.

$$I^{(\mathrm{I})}_{kl} = L_{kl}\tau_m M_{l0} = (K_{kl} - R_{kl})\tau_m M_{l0} \quad k \neq l \text{ の場合,}$$

$$I^{(\mathrm{II})}_{kl} = I^{(\mathrm{III})}_{kl} = I^{(\mathrm{IV})}_{kl} = 0 \quad k \neq l \text{ の場合,}$$

$$I^{(\mathrm{I})}_{kk} = \left(1 - R_1^k \tau_m - \sum_{l \neq k} K_{lk}\tau_m\right) M_{k0},$$

$$I_{kk}^{(\mathrm{II})} = M_{k0},$$
$$I_{kk}^{(\mathrm{III})} = R_1^k \tau_\mathrm{m} M_{k0},$$
$$I_{kk}^{(\mathrm{IV})} = (2R_1^k \tau_\mathrm{m} - 1) M_{k0}. \tag{9.5.2}$$

二つの異なった方法で，必要な対角ピークの強度が求められる（9.14）．

1．'飽和回復差分法'(SRD)においては，図9.5.1の最初の三つの実験で得られる信号を次式のように組み合わせて，初期速度対角ピーク強度を求める

$$I_{kk}^{(\mathrm{SRD})} = I_{kk}^{(\mathrm{I})} - I_{kk}^{(\mathrm{II})} + I_{kk}^{(\mathrm{III})} = -M_{k0} \sum_{l \neq k} K_{lk} \tau_\mathrm{m}. \tag{9.5.3}$$

2．'反転回復差分法'(IRD)においては，次のように重みをかけた1次結合が使われる

$$I_{kk}^{(\mathrm{IRD})} = I_{kk}^{(\mathrm{I})} - \frac{1}{2} I_{kk}^{(\mathrm{II})} + \frac{1}{2} I_{kk}^{(\mathrm{IV})} = -M_{k0} \sum_{l \neq k} K_{lk} \tau_\mathrm{m}. \tag{9.5.4}$$

この場合，感度は飽和回復差分光法と比べて $(3/2)^{1/2}$ 良くなる．なぜならば，実験の1/3ではなく1/2が交差ピークに寄与するからである．この方法による実験例は9.9節に示されている．この基本的な考えは化学交換と核オーバーハウザーの研究にも等しく適用できる．

初期速度近似では，緩和と交換の相互作用については考慮せず，議論の簡単化だけを求めてきた．交換あるいは交差緩和のどちらにも含まれない磁化（たとえば溶媒の磁化）に対して，ここで議論した減算法を用いれば，たとえ初期速度条件が破れていても，対角ピークを完全に消去できる．

9.6 'アコーディオン'分光法による速度定数の決定

交換速度を定量的に決定する場合，単一の混合時間 τ_m の2次元交換スペクトルを記録するだけでは通常十分でない．成長期と減衰期の τ_m に対応する一

9.6 'アコーディオン'分光法による速度定数の決定

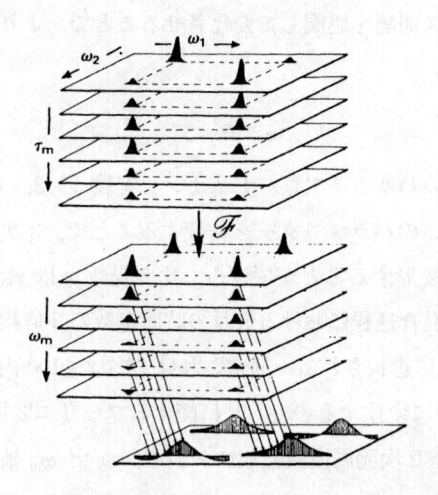

図 9.6.1 アコーディオン法によって，3次元から2次元分光法へ縮小される様子の概略図．上：真の3次元交換スペクトルは，τ_m を系統的に増加しながら記録した2次元スペクトル $S(\omega_1, \omega_2)$ の積み重ねとして，視覚的に表す事ができる．交換ピークは単調に減衰するが，交差ピークは τ_m の関数となり，最初は増加し，後に減少する．中：τ_m に関してフーリエ変換すれば，3次元周波数領域信号 $S(\omega_1, \omega_m, \omega_2)$ が求められる．スペクトルが ω_1 軸で分離していると仮定するならば，情報を失うことなく斜めに投影することができる．同じスペクトルが，アコーディオン法によって，直接的にそしてより効果的に求めることができる．この方法では τ_m と t_1 が同時に増加される（文献9.3より）．

連の2次元スペクトル $S(\omega_1, \tau_m, \omega_2)$ を検出するならば，2次元から3次元 NMR への拡張となる (9.15)．実際，3番目の変数 τ_m に関するフーリエ変換は新しい周波数領域 ω_m(9.3) を導入する．その結果得られる3次元スペクトルの概略を図9.6.1に示す．化学シフトが ω_1 領域でよく分離していると仮定するならば，斜めの投影によって3次元から2次元に次元を下げることが可能である．その結果，（縮尺された）ω_m 領域に含まれている線形の情報と ω_1 領域のシフトの情報が組合される．本物の3次元の実験は非常に時間がかかる．幸い，図9.6.1に示した斜めの投影は，図9.1.1(a) で示した基本2次元交換実

験の二つのパルス間隔を協調して変化させることで，より効果的に求めることができる．

$$\tau_m = \chi t_1 \tag{9.6.1}$$

この比例関係はいわゆる「アコーディオン」実験 (9.3, 9.1) の中心的特質である．実際，二つのパラメーターを結合することで，3次元の実験は2次元実験の特別な形に変形することができる．比例定数 χ は τ_m^{max} の打ち切り誤差を避けるために，混合過程における最長の時間定数の3倍程度（通常はスピン格子緩和時間 T_1）に選択される．通常これは $10 \leq \chi \leq 100$ 内で達成される．

t_1 と τ_m は同時に変化するので，t_1 に関するフーリエ変換は同時に τ_m に関する変換でもある．2次元周波数領域において，ω_1 と ω_m 軸は平行となる，しかし ω_1 軸方向に広がるスペクトル幅は ω_m 軸のスペクトル幅の χ 倍である．ω_1，ω_m 軸にそったピーク位置は，従来の2次元交換実験の ω_1 領域における化学シフトに対応する．一方，線形は τ_m 期間における動的過程を反映する．等しい占拠数と等しいスピン格子緩和速度を持つ対称な2部位交換の場合の対角ピークおよび交差ピークの ω_m 線形は，τ_m に関して式 (9.1.4) をフーリエ変換することによって得られる．

$$S_{AA}(\omega_m) = S_{BB}(\omega_m) = \frac{1}{4} M_0 \left[\frac{R_1}{R_1^2 + \omega_m^2} + \frac{2k + R_1}{(2k + R_1)^2 + \omega_m^2} \right], \tag{9.6.2a}$$

$$S_{AB}(\omega_m) = S_{BA}(\omega_m) = \frac{1}{4} M_0 \left[\frac{R_1}{R_1^2 + \omega_m^2} - \frac{2k + R_1}{(2k + R_1)^2 + \omega_m^2} \right]. \tag{9.6.2b}$$

これらの線形は吸収形モードのスペクトルにおいて ω_1/ω_m 軸に平行に切り出した断面図から得られる．各々の関数の原点 $\omega_m = 0$ は，ω_1 領域においては化学シフト（Ω_A あるいは Ω_B）の中心である．時間領域関数（式(9.1.4)）と，それらのフーリエ変換（式(9.6.2)）の両方を図9.6.2に示す．周波数領域信号は積分強度が等しく，線幅が異なるローレンツ線の和と差からなっている．実際には，これらの理想的線形は t_1 期の，横緩和や不均一線幅により影響を受けるかもしれない．その結果，この線形は見かけの緩和速度

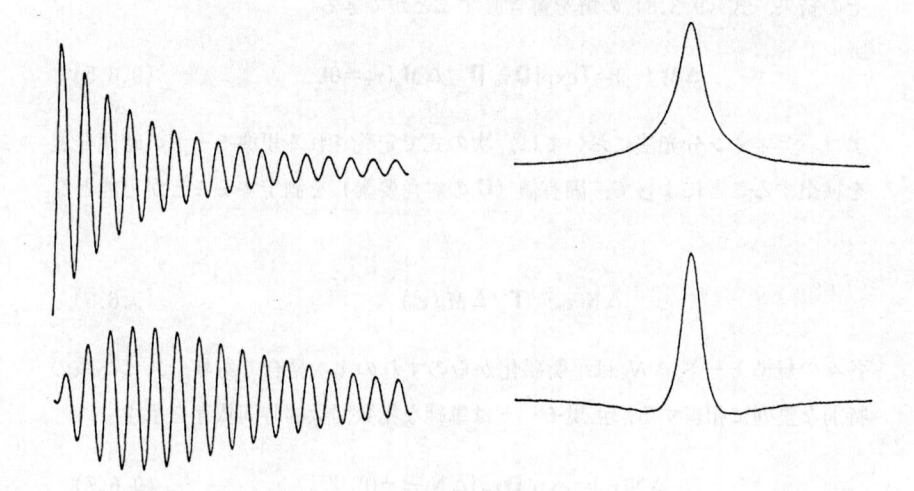

9.6 'アコーディオン' 分光法による速度定数の決定

図 9.6.2 対称的2部位の場合における，対角ピーク（上）と交差ピーク（下）のアコーディオン線形のシミュレーション．時間領域信号（左）は $a_{AA}(\tau_m)$（左上）の包絡線と $a_{AB}(\tau_m)$（左下）の包絡線をもつ振動成分 $\cos\Omega_A t_1$ を示している．このフーリエ変換は ω_m 領域に特徴的な新しい線形を示す．対角ピーク $S_{AA}(\omega_m)$（右上）は線幅 R_1 と $2k+R_1$（式（9.6.2a））の二つのローレンツ線の和からなっている．しかしながら，交差ピーク $S_{AB}(\omega_m)$（右下）は式（9.6.2b）に従う二つのローレンツ線の差からなっている．これらの図では $2k+R_1=3R_1$ とした（文献9.3より）．

$R_1^{\mathrm{app}}=R_1+\chi^{-1}R_2^*$ で表現され，式（9.6.2）において R_1 を書き換えなければならない．

N 個の部位よりなる複雑なネットワークにおいて，縦磁化の時間発展は式（9.3.6）によって支配される

$$\frac{d}{d\tau_m}\Delta \mathbf{M}_z(\tau_m)=\mathbf{L}\Delta \mathbf{M}_z(\tau_m). \tag{9.6.3}$$

動的行列 $\mathbf{L}=-\mathbf{R}+\mathbf{K}$ は変換 $\mathbf{T}$ によって対角化される

$$\mathbf{T}^{-1}\mathbf{L}\mathbf{T}=\mathbf{D} \tag{9.6.4}$$

その結果，式 (9.3.8) の解を書き直すことができる

$$\Delta \mathbf{M}_z(\tau_m) = \mathbf{T} \exp\{\mathbf{D}\tau_m\} \mathbf{T}^{-1} \Delta \mathbf{M}_z(\tau_m = 0). \qquad (9.6.5)$$

アコーディオン分光法においては，次の式で定義される規準モードの時間発展を検出することによって，固有値（$\mathbf{D}$ の対角要素）を測定することが可能となる

$$\Delta \mathbf{N}(\tau_m) = \mathbf{T}^{-1} \Delta \mathbf{M}_z(\tau_m). \qquad (9.6.6)$$

各々の規準モード ΔN_k は平衡磁化からのずれの1次結合であり，スピン系の特別な整列に相当する．正規モードは単純な指数関数的時間依存を示す

$$\Delta \mathbf{N}(\tau_m) = \exp\{\mathbf{D}\tau_m\} \Delta \mathbf{N}(\tau_m = 0). \qquad (9.6.7)$$

対応する周波数領域線形は純粋にローレンツ型線形を示し，磁化 $\Delta \mathbf{M}_z = \mathbf{T}\Delta \mathbf{N}$ の線形は N 個のローレンツ型線形の重ね合わせからなる．

　交換速度やスピン格子緩和速度を求める観点から，ω_m 線形の解析を行うには三つの違った方法がある．

　1．直接線形解析． N 個の部位をもつ系において，N 個のローレンツ型線の重ね合わせの寄与は，N があまりに大きくない範囲では，最小二乗法によって分離することができる．

　2．逆フーリエ変換． 2次元アコーディオンスペクトルから得られる線形 $S(\omega_m)$ は，逆フーリエ変換によって，信号 $s(\tau_m)$ に変換することができる．その信号から，1次や高次の交換過程の成長と減衰を簡単に同定することができる．時間領域の振動部分（図9.6.2参照）は，包絡線が実でかつ正であると仮定するなら，τ_m 時間領域における複素信号の絶対値をとることで除くことができる．

　3．規準モード解析． もし対角化変換 $\mathbf{T}$ が知られているなら，（あるいはもしそれが実験で同定されるならば），式 (9.6.6) で表される，規準モードに

9.6 'アコーディオン'分光法による速度定数の決定

関連するローレンツ型線形は，2次元アコーディオンスペクトル (9.3) から得られる各部分の一次結合によって分離される．対称な2部位スピンの場合，式 (9.6.2) の対角線型および交差線形の和をとることで，より狭いローレンツ線が得られる

$$S^{\Sigma}(\omega_m) = \frac{1}{2} M_0 \frac{R_1}{R_1^2 + \omega_m^2} \qquad (9.6.8)$$

しかしながら，差をとればより幅広いローレンツ線を生じる

$$S^{\Delta}(\omega_m) = \pm \frac{1}{2} M_0 \frac{2k + R_1}{(2k + R_1)^2 + \omega_m^2}. \qquad (9.6.9)$$

$S^{\Sigma}(\omega_m)$ は化学交換によって影響さないことに注意しよう．なぜならば，交換過程は全体の磁化を保存するからである．化学交換の効果は差 $S^{\Delta}(\omega_m)$ において観測される．交換速度 k は式 (9.6.8) と (9.6.9) の線幅 (Hz 表示) の差をとることによって簡単に求められる

$$k = \left(\frac{\pi}{2}\right)(\Delta \nu_m^{\Delta} - \Delta \nu_m^{\Sigma}). \qquad (9.6.10)$$

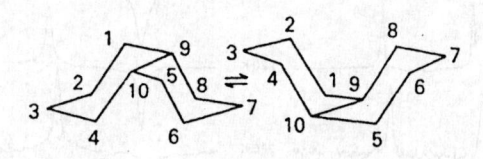

対称的な2部位交換の典型的な場合はシスデカリンの環反転である．これについてはすでに従来法 (9.17-9.19) や2次元 NMR (9.3, 9.16, 9.20) によって研究されている．図9.6.3に示す2次元交換アコーディオンスペクトルには，五つの対角ピークが現われる：$C_9 + C_{10}$ (左下) の共鳴線は環反転に対して不変であるが，4対の部位については，それらの化学シフトが交換している．すなわち，$C_1 \rightleftarrows C_4$，$C_2 \rightleftarrows C_3$，$C_5 \rightleftarrows C_8$，そして $C_6 \rightleftarrows C_7$ の交換である．この定性的

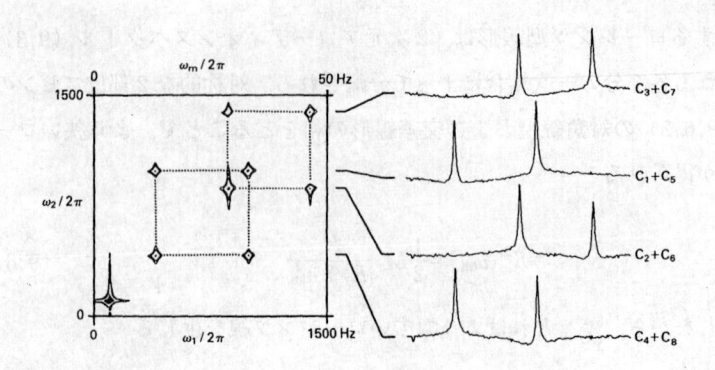

図 9.6.3 温度 240K のシスデカリンにおける，環反転過程を示すプロトンデカップル炭素 13 アコーディオンスペクトル．(左) 2 次元スペクトル．(右) 四つの位相弁別交差ピークの断面図で，これはアコーディオン線の特徴的な形を示している（文献 9.1.6 より）．

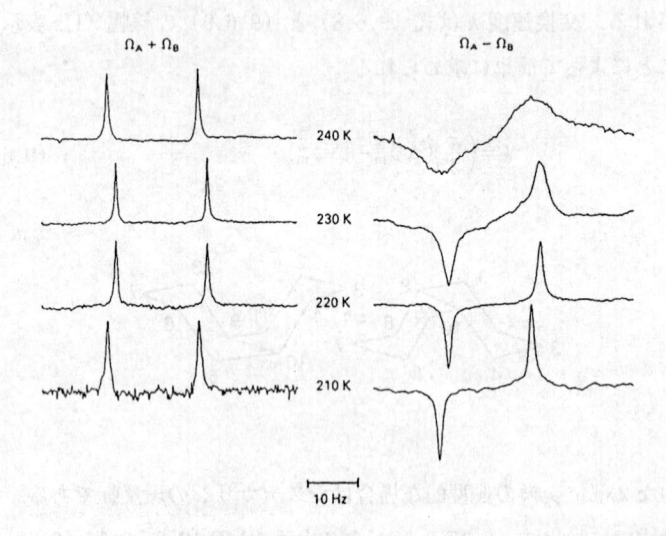

図 9.6.4 四つの異なった温度でのシスデカリンの炭素 13 アコーディオンスペクトルにおいて，$\omega_2 = \Omega_A$ と $\omega_2 = \Omega_B$ の位置で得られた断面図の 1 次結合．和 $\Omega_A + \Omega_B$（左）は R_1 によって決まり，基本的に温度依存性のない線幅を示している．差 $\Omega_A - \Omega_B$ での線幅は $2k + R_1$ である．線幅の左と右を比較することにより，交換速度 k の温度依存性が直接得られる（文献 9.3 より）．

な情報は図9.6.3における等高線プロットから一見して得られる．交換速度は図9.6.3の位相弁別スペクトルの断面図から最小二乗解析，逆フーリエ変換 (9.16)，あるいは規準モード解析 (9.3) によって求められる．対称的な2部位の場合に1次結合（すなわち単純な和と差）を，図9.6.4において温度の関数として示した．（部位 A はシスデカリンにおける C_1+C_5 に対応する，そして部位 B は C_4+C_8 に対応する）．和の線幅はこの温度範囲ではほとんど温度依存性を示さない．しかしながら，差モードでは反対符号の二つのローレンツ線を含んでおり，温度が上昇するにつれてより広幅になる．交換過程の活性化エネルギーはそのような一連の実験から簡単に決定される (9.3).

正確な交換速度は，比較的狭い温度間隔においてのみ求めることができることを強調しておこう．線形解析の精度は，スペクトルがこみいってくると下ってしまう．さらに規準モード解析は，もし2次元スペクトルにおける対角項が，多くの部位からの信号で重なり合っている場合には，破綻してしまう．最後に，よく分離していないスカラー結合を注意深く考察しなければならない．また同種核結合をもつスピン系においては，ゼロ量子コヒーレンスの影響が除去されねばならない．

9.7 交差緩和と核オーバーハウザー効果

液体における核交差緩和は，動的過程を通じて，双極子結合をもつスピン間の互いのスピン反転によって引き起こされる．交差緩和によってスピン間に磁化の移動を生じ，それより核オーバーハウザー効果 (NOE) として知られている強度変化を引き起こす (9.21-9.27).

交差緩和は，動的過程の性質および相互作用を持つスピンの分離の度合の両方に依存する．核オーバーハウザー効果は，溶液中の分子の構造に関して独自の情報を提供する．そのような情報は他のいかなる既知の方法によっても得られないので，この測定は分子生物学の分野では非常に重要になっている．なぜならば，それにより生体高分子の3次元構造の完全決定が可能となるからであ

る (9.26-9.30).

交差緩和や核オーバーハウザー効果は，1次元あるいは2次元法のどちらからも研究することができる．初期の1次元測定では，一つのスピンを選択的に飽和することによって，他のスピンに生じる強度変化，すなわち定常状態のオーバーハウザー効果のことを，たいてい意味した (9.22)．より特殊な情報は過渡的オーバーハウザー効果から求められる．そこでは磁化の再分配が一つのスピンを選択的に反転させた後に時間の関数として研究された (9.22, 9.24, 9.26, 9.27). 2次元NOE実験 (9.1, 9.5, 9.28) は過渡的NOE測定と密接に関係しているが，すべての移動径路を一度に追跡できるという長所がある.

これらの方法の有用性は，交差緩和を引き起こす動的過程の時間スケールに大きく依存する．粘性の小さい溶液中の小分子に適用できる短い相関時間 $\tau_c \ll \omega_0^{-1}$ の（速い）運動限界（極端尖鋭限界）と，高磁場で高分子に適用できる長い相関時間 $\tau_c \gg \omega_0^{-1}$ の（遅い）運動限界（スピン拡散限界）を区別しなければならない．表9.7.1はこの三つの方法から期待される効果の概要を示している.

表 9.7.1

核オーバーハウザー効果の測定法	速い運動限界 $\tau \ll \omega_0^{-1}$	遅い運動限界 $\tau \gg \omega_0^{-1}$
定常状態飽和	緩和相手の正の増大	迅速飽和 スピン拡散による選択性の欠如
選択的反転の回復	弱い正の過渡的増大	負の効果，スピン拡散による迅速な消滅
2次元NOE分光法（正の対角ピークを持つ）	弱い負の交差緩和	強い正の交差ピーク

表9.7.1から明らかなように，速い運動限界の小分子においては，最大の

9.7 交差緩和と核オーバーハウザー効果

オーバーハウザー効果が期待される定常飽和法によって研究するのが最良である．一方，遅い運動をしている高分子は，過渡的 NOE 測定あるいは 2 次元 NOE 分光法によって研究するのが確実である．

2 次元法の長所は 9.1 節に議論されているように，一つの実験によって交換しているすべての部位の情報が得られることであり，また交換過程の初期条件が明確になることである．結合した系においては，しかしながら，コヒーレンス移動の影響を除去することに注意を払わねばならない (9.4 節)．

9.7.1 分子内交差緩和

9.3 節での一般論を参照して，n_A 個の磁気的に等価な $I=\frac{1}{2}$ の A スピンと，n_B 個の磁気的に等価な $I=\frac{1}{2}$ の B スピンを含む分子，あるいは分子団の間の交差緩和に焦点を絞ろう．そうすると式 (9.3.18)－(9.3.22) は縮約した速度行列によって簡略化できる

$$\mathsf{L} = -\mathsf{R} = \begin{pmatrix} -R_1^A & -R_{AB} \\ -R_{BA} & -R_1^B \end{pmatrix}. \tag{9.7.1a}$$

Solomon (9.21) に続いて，何人かの著者は交差緩和速度に σ を使い，スピン格子緩和速度に ρ を使っている (9.22)．我々の定義と Solomon の定義との間の対応は次のようになる．

$$R = \begin{pmatrix} R_1^A & R_{AB} \\ R_{BA} & R_1^B \end{pmatrix} = \begin{pmatrix} \rho_A & \sigma_{AB} \\ \sigma_{BA} & \rho_B \end{pmatrix}. \tag{9.7.1b}$$

交差緩和行列の要素は，AA，BB，そして AB 相互作用で決まる遷移確率 W と，他のスピンとの可能な相互作用を計算にいれた，外部緩和速度 R_{1A}^{ext} および R_{1B}^{ext} によって表される (9.5)．

$$R_1^A = 2(n_A-1)(W_1^{AA} + W_2^{AA}) + n_B(W_0^{AB} + 2W_{1A}^{AB} + W_2^{AB}) + R_{1A}^{ext},$$

$$R_1^B = 2(n_B-1)(W_1^{BB} + W_2^{BB}) + n_A(W_0^{AB} + 2W_{1B}^{AB} + W_2^{AB}) + R_{1B}^{ext},$$

$$R_{AB} = n_A(W_2^{AB} - W_0^{AB}),$$

$$R_{BA} = n_B(W_2^{AB} - W_0^{AB}). \tag{9.7.2}$$

W_1^{AA} および W_2^{AA} は AA 間双極子相互作用によって生じる1量子および2量子遷移確率を表している．

$$W_1^{AA} = \frac{3}{4} q_{AA} J_{AA}(\omega_{0A}),$$

$$W_2^{AA} = 3 q_{AA} J_{AA}(2\omega_{0A}), \tag{9.7.3}$$

これは速度定数 R_1^A のみに寄与する．同様に，BB 双極子相互作用による緩和は R_1^B のみに影響する．一方，AスピンとBスピンの双極子相互作用による緩和は，式（9.7.2）で表される四つの速度定数すべてに寄与する

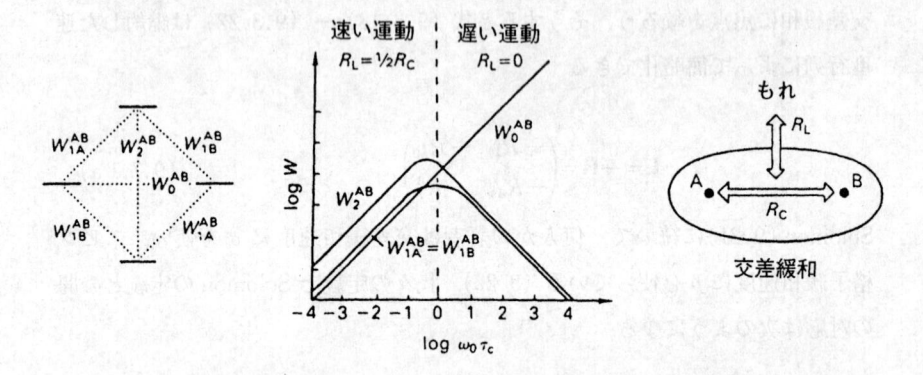

図 9.7.1 量子数の差 $\Delta M = 0, 1, 2$ で分裂した状態間の遷移確率 W_0^{AB}, W_1^{AB}, W_2^{AB}（ゼロ, 1, 2量子緩和速度）．この遷移確率は運動相関時間 τ_c の関数として双極子 AB 相互作用の揺動によって誘起される．速い運動限界において（「極度尖鋭」），$R_1^{\text{ext}} = 0$ の場合，もれ緩和と交差緩和速度は $R_L = 1/2 R_C$ であるが，遅い運動限界（「スピン拡散限界」）では，$R_L = 0$ となる．

$$W_{1A}^{AB} = \frac{3}{4} q_{AB} J_{AB}(\omega_{0A}),$$

$$W_{1B}^{AB} = \frac{3}{4} q_{AB} J_{AB}(\omega_{0B}),$$

9.7 交差緩和と核オーバーハウザー効果

$$W_0^{AB} = \frac{1}{2} q_{AB} J_{AB}(\omega_{0A} - \omega_{0B}),$$
$$W_2^{AB} = 3 q_{AB} J_{AB}(\omega_{0A} + \omega_{0B}) \tag{9.7.4a}$$

ここで定数 q_{kl} とスペクトル密度 $J_{kl}(\omega_{0\kappa})$ は，式（9.4.8）および（9.4.9）で定義される．双極子相互作用による遷移確率 W_0^{AB}，W_1^{AB} および W_2^{AB} の，運動相関時間 τ_0 に対する依存性を図9.7.1に示す．

外部の等方的無秩序場（RF）緩和（式（9.4.10）を参照）に対応する速度定数は次式で与えられる

$$W_{1A}^{RF} = \frac{1}{6} \overline{(\gamma_A B_A)^2} J(\omega_{0A}),$$
$$W_{1B}^{RF} = \frac{1}{6} \overline{(\gamma_B B_B)^2} J(\omega_{0B}),$$

そして

$$W_0^{RF} = W_2^{RF} = 0 \tag{9.7.4b}$$

9.7.2 2スピン系における分子内交差緩和

$\Omega_A \simeq \Omega_B \simeq \Omega$ である同種核スピン系の特別な場合を考え，両方の核において外部緩和は等しいと仮定しよう．したがって，次のように式（9.7.2）－（9.7.4）を簡略化できる．

$$\begin{aligned} n_A &= n_B &= 1, \\ W_{1A}^{AB} &= W_{1B}^{AB} &= W_1^{AB}, \\ R_{1A}^{ext} &= R_{1B}^{ext} &= R_1^{ext}. \end{aligned} \tag{9.7.5}$$

対角および非対角ピークの積分強度を表す式（9.3.22）はこの場合

$$I_{AA}(\tau_m) = I_{BB}(\tau_m) = \frac{M_0}{2}[1 + e^{-R_C \tau_m}] e^{-R_L \tau_m},$$
$$I_{AB}(\tau_m) = I_{BA}(\tau_m) = -\frac{M_0}{2} \frac{W_2^{AB} - W_0^{AB}}{|W_2^{AB} - W_0^{AB}|}[1 - e^{-R_C \tau_m}] e^{-R_L \tau_m} \tag{9.7.6}$$

となり，ここで交差緩和ともれ緩和の速度定数は次のように表される

$$R_c = 2|W_2^{AB} - W_0^{AB}|,$$
$$R_L = R_1^{ext} + 2W_1^{AB} + W_0^{AB} + W_2^{AB} - |W_2^{AB} - W_0^{AB}|. \quad (9.7.7)$$

ピーク強度を，三つの典型的な相関時間 τ_c に対し混合時間 τ_m の関数として，図9.7.2にプロットする．混合時間 τ_m を，最大の交差ピーク強度になるように設定するとき，交差ピークと対角ピーク強度の比は

$$\frac{I_{AB}(\tau_m^{opt})}{I_{AA}(\tau_m^{opt})} = \pm \frac{R_c}{2R_L + R_c}. \quad (9.7.8)$$

臨界相関時間 $\omega_0 \tau_{crit} = 5^{1/2}/2$ において，式 (9.7.7) の交差緩和速度はゼロになり，交差ピークは混合時間 τ_m に関係なく消滅する．

速い運動限界（$\tau_c \ll \omega_0^{-1}$）において，極度尖鋭化近似（$J(0) = J(\omega_0) = J(2\omega_0) = 2\tau_c$）が適用でき，次の結果が得られる

$$W_0^{AB} = q\tau_c,$$
$$W_{1A}^{AB} = W_{1B}^{AB} = \frac{3}{2} q\tau_c,$$
$$W_2^{AB} = 6q\tau_c,$$
$$R_c = 10q\tau_c,$$
$$R_L = R_1^{ext} + 5q\tau_c \quad (9.7.10)$$

ここで

$$q = \frac{1}{10} \gamma^4 \hbar^2 r_{AB}^{-6} \left(\frac{\mu_0}{4\pi}\right)^2.$$

この場合，図9.7.2に示すように，交差ピークは負になる（式 (9.7.6) 参照）．極度尖鋭化の限界において，AB双極子緩和はもれ速度 R_L に寄与する．このために，交差ピークはいつも弱く現れる．$R_1^{ext} = 0$ ならば，次の結果が得ら

9.7 交差緩和と核オーバーハウザー効果

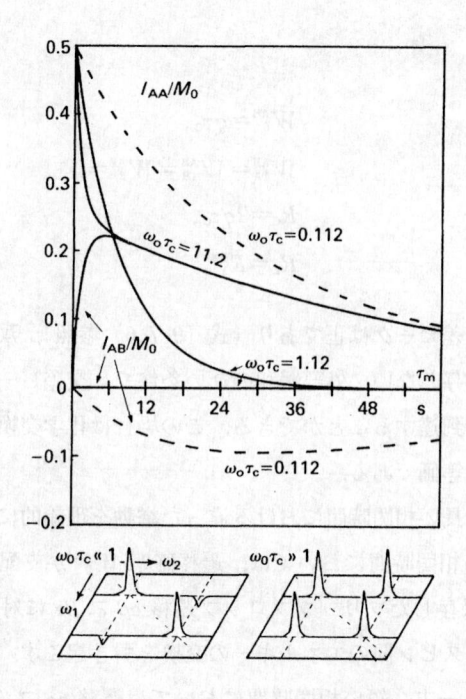

図 9.7.2 ABスピン系における,交差緩和に対する対角ピーク強度 $I_{AA}=I_{BB}$ と交差ピーク強度 $I_{AB}=I_{BA}$ の混合時間 τ_m 依存性.三つの典型的な相関時間 τ_c が仮定されている:$\omega_0\tau_c=0.112$ は短い相関時間に対応する(極度尖鋭,負の交差ピーク).一方,$\omega_0\tau_c=11.2$ は長い相関時間(遅い運動,正の交差ピーク)の場合である.臨界の場合である $\omega_0\tau_c=1.12$ では混合時間 τ_m によらず交差ピークは消失する.時間スケールはラーモア周波数が $\omega_0/2\pi=100\mathrm{MHz}$ で $q=3.33\times10^6\mathrm{s}^{-2}$ と仮定している(文献9.5より).

れる

$$\frac{I_{AB}(\tau_m^{\mathrm{opt}})}{I_{AA}(\tau_m=0)}=-0.19.$$

$R_1^{\mathrm{ext}}=10q\tau_c$ ならば,この比は -0.09 にまで下がる.

遅い運動限界 $(\tau_c\gg\omega_0^{-1})$ においては,スペクトル密度 $J(0)$ のみが寄与し,

次の結果を与える

$$W_0^{AB} = q\tau_c,$$
$$W_{1A}^{AB} = W_{1B}^{AB} = W_2^{AB} = 0,$$
$$R_C = 2q\tau_c,$$
$$R_L = R_1^{ext}. \tag{9.7.11}$$

この場合には，交差ピークは正であり（式 (9.7.6) 参照），双極子 AB 相互作用はもれ緩和に寄与しない．外部緩和のない条件で，交差ピークは対角ピークと同じ強度にまで到達することができる．この場合は化学交換のみが起っている場合と形式的に等価である．

短い相関時間と長い相関時間における違った挙動を理論的に説明することは容易である．長い相関時間においては，遷移確率 W_0^{AB} が支配的になる．それはエネルギーを保存したフリップフロップ遷移 $\alpha\beta \rightleftarrows \beta\alpha$ に対応する．これらの遷移は，二つのスピン間のエネルギーの交換を引き起こす．交差ピークはそれゆえ正になる．一方，短い相関時間においては遷移 $\alpha\alpha \rightleftarrows \beta\beta$ を引き起こす遷移確率 W_2^{AB} が支配的になる．1番目のスピンは，2番目のスピンもまた量子を失うときに，より効果的にエネルギー量子を失う．これにより，負の交差ピークが説明できる．その結果，磁化の交換よりも，互いの緩和の増大を観測することになる．

従来のオーバーハウザー飽和の実験においては，信号強度は2次元スペクトルと逆の傾向になっていることに注意を払うべきである（表9.7.1参照）．すなわち，長い相関時間においては，負のオーバーハウザー効果（信号強度の減少）が観測され，短い相関時間においては正のオーバーハウザー効果（信号強度の増加）が観測される．定常状態の飽和と，2次元 NOE 実験の間の見かけの不一致は次の事実によっている．すなわち，定常状態飽和の実験において，負の磁化（すなわち飽和）が移動するが，2次元 NOE 実験においては正の磁化が交換する．

9.7.3 等価なスピンを含む系における分子内交差緩和

各々の部位にいくつかの磁気的に等価な核が存在するならば，そのグループの間で AA 間と BB 間の双極子相互作用を考慮しなければならない．これらは，交差緩和の効果を消失させる競合的もれ緩和機構を与える (9.5).

二つの非等価なメチルグループ ($n_A = n_B = n = 3$) を含む分子を例にとって考えてみよう．単純にするために，$W^{AA} = W^{BB}$ と仮定する．式 (9.3.18) — (9.3.22) と式 (9.7.2) — (9.7.4) から交差緩和ともれ緩和速度は

$$R_C = 2n(W_2^{AB} - W_0^{AB}),$$
$$R_L = R_1^{ext} + 2(n-1)(W_1^{AA} + W_2^{AA})$$
$$+ n(2W_1^{AB} + W_0^{AB} + W_2^{AB} - |W_2^{AB} - W_0^{AB}|).$$

速い運動限界において，これらは次のように表わすことができる．

$$R_C = 10 n q_{AB} \tau_C^{AB},$$
$$R_L = R_1^{ext} + 5[3(n-1)\lambda + n] q_{AB} \tau_C^{AB}, \qquad (9.7.13)$$

ここで効率の比は

$$\lambda = \frac{q_{AA} \tau_C^{AA}}{q_{AB} \tau_C^{AB}}. \qquad (9.7.14)$$

短い相関時間において，交差ピークは負となり，大きなもれ緩和のためにきわめて小さいピーク強度を示す．たとえば，炭素炭素間隔が 2.5Å の相互作用をもつ二つのメチルグループの間の交差緩和において，効率の比 $\lambda = 10$ が得られる．そして最大交差ピークは $R_1^{ext} = 0$ のとき次の値が得られる

$$\frac{I_{AB}(\tau_m^{opt})}{I_{AA}(\tau_m=0)} = -0.0012. \qquad (9.7.15)$$

一方，遅い運動限界において，式 (9.7.12) から次の関係が得られる

$$R_L = R_1^{ext}. \qquad (9.7.16)$$

この場合，メチル基内の緩和は単に等価スピン間での再配を生じ，もれにはほとんど寄与しない．したがって強い交差ピークが磁気的に等価な核の数に関係なく期待できる．

9.7.4 分子間交差緩和

孤立したスピンを持つ，二つの化学種 A と B の混合物を考えてみよう（9.5）．もし AB, AA, BB 対に対し，等しい濃度と等しい強さの相互作用を仮定するならば，極度尖鋭化限界における最大の交差ピーク強度は次のようになる．

$$\frac{I_{AB}(\tau_m^{opt})}{I_{AA}(\tau_m=0)} = -0.074. \tag{9.7.17}$$

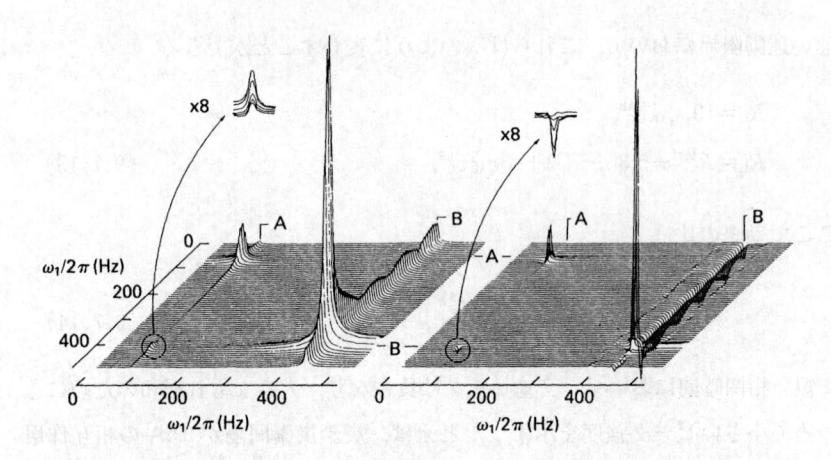

図 9.7.3 脱気した 20％のクロロホルム (A) と 80％のシクロヘキサン (B) の混合物における分子間交差ピークを示す 2 次元交換スペクトル．このスペクトルは $\tau_m=12$ 秒を使用し，図9.1.1(a) の系列を用いて求められた．左側：絶対値スペクトル；右側：位相スペクトルで負の交差ピークを示している（文献9.5より）．

この場合，異なる化学種間の交差緩和は，同一化学種における交差緩和によって部分的に消失する．これは 9.7.3 節で議論した分子基内の緩和と類似するも

のである.

溶媒 B 中に化学種 A が非常に希薄に溶けている場合，次の比が得られる

$$\frac{I_{AB}(\tau_m^{opt})}{I_{AA}(\tau_m=0)} = -0.148. \qquad (9.7.18)$$

図9.7.3の2次元交換スペクトルは，クロロホルムがシクロヘキサンに（容量で）20%混合している溶液において，分子間交差緩和が存在する証拠を示している (9.25). 一つの交差ピーク I_{AB} が明瞭に見えているが，その対称の位置にあるべき片われは I_{BB} 信号由来の t_1 ノイズによって隠されてしまっている.

9.7.5 遅い運動限界における交差緩和：高分子への応用

2次元 NOE 分光法は高分子の研究において特に有効である (9.28-9.39). 2次元法は，一度に多くの部位を研究するのに適していることと，選択的パルスに起因する問題を解決し得ることの両方の理由から，魅力的な方法であるといえる (9.28, 9.29).

遅い運動限界において，式 (9.7.11) が適用でき，相互作用しているスピンに対して対角ピークと交差ピークの積分強度は式 (9.7.6) で与えられる

$$I_{AA}(\tau_m) = I_{BB}(\tau_m) = \frac{M_0}{2}[1+\exp\{-2q_{AB}\tau_c\tau_m\}]\exp\{-R_1^{ext}\tau_m\},$$

$$I_{AB}(\tau_m) = I_{BA}(\tau_m) = \frac{M_0}{2}[1-\exp\{-2q_{AB}\tau_c\tau_m\}]\exp\{-R_1^{ext}\tau_m\}. \quad (9.7.19)$$

長い混合時間 τ_m では式 (9.3.27) で示すように，双極子結合核のネットワーク内分極移動によって複雑な交差ピークを生じるので，2次元 NOE スペクトルは初期速度域において解釈するのが最も簡単である. このとき交差ピーク強度は次のように表される

$$I_{AB}(\tau_m) \simeq M_0 q_{AB}\tau_c\tau_m(1-R_1^{ext}\tau_m). \qquad (9.7.20)$$

外部緩和が省略できるとき，式 (9.4.8) の定数を用いて次の関係を得る.

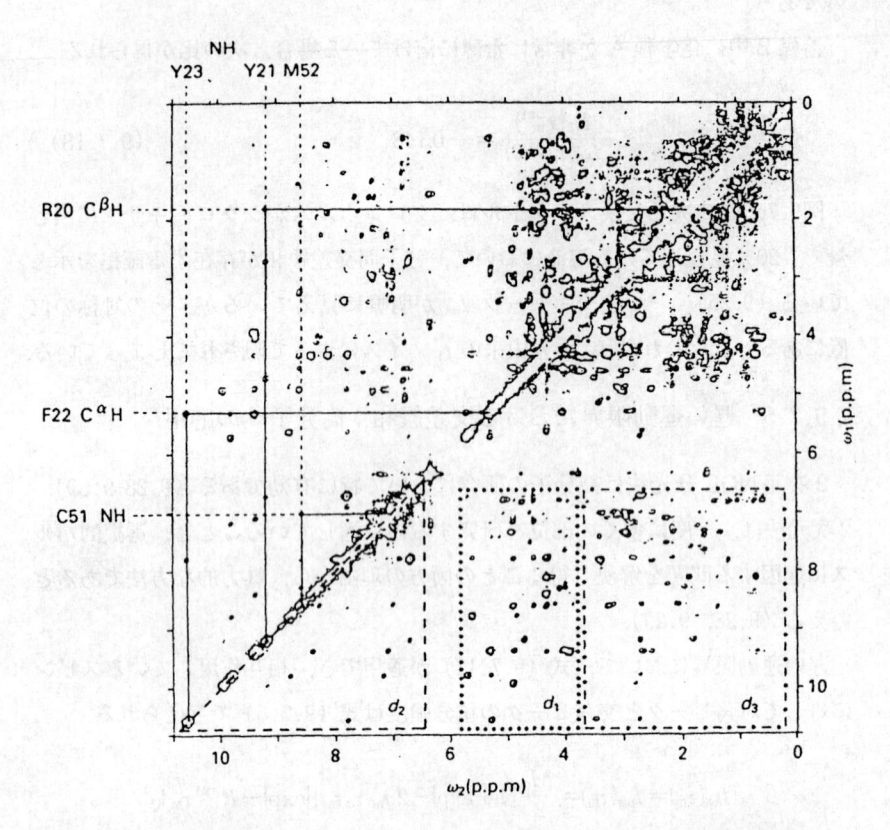

図 9.7.4 0.02M 膵臓塩基性トリプシンインヒビター (BPTI) 重水素溶液の 500MHz ^{1}HNOESY スペクトル. p^{2}H 4.6, T=36℃ の条件で測定し, 対称化した絶対値を等高線プロット表示してある. スペクトルは, 蛋白質を D$_2$O に溶かした後〜6h で記録した. その結果非交換プロトンに加えて, 〜30 の主鎖アミドプロトンの共鳴線が7から 10.6ppm の間にみられた. 右下方三角形に, 系統的に共鳴線を帰属するのに興味のある三つのスペクトル領域を示した. すなわち, 異なったアミドプロトン間 (‐‐‐‐), アミドプロトンと C$^\alpha$ プロトンの間 (……) そしてアミドプロトンと C$^\beta$ プロトンの間の NOE 結合 (—・—・) が通常観測される. 上左方三角形に, 三つの結合型の中から各々一つずつの帰属を示す (C=システイン, F=フェニルアラニン, M=メチオニン, R=アルギニン, Y=トリプトファン) (文献9.30より).

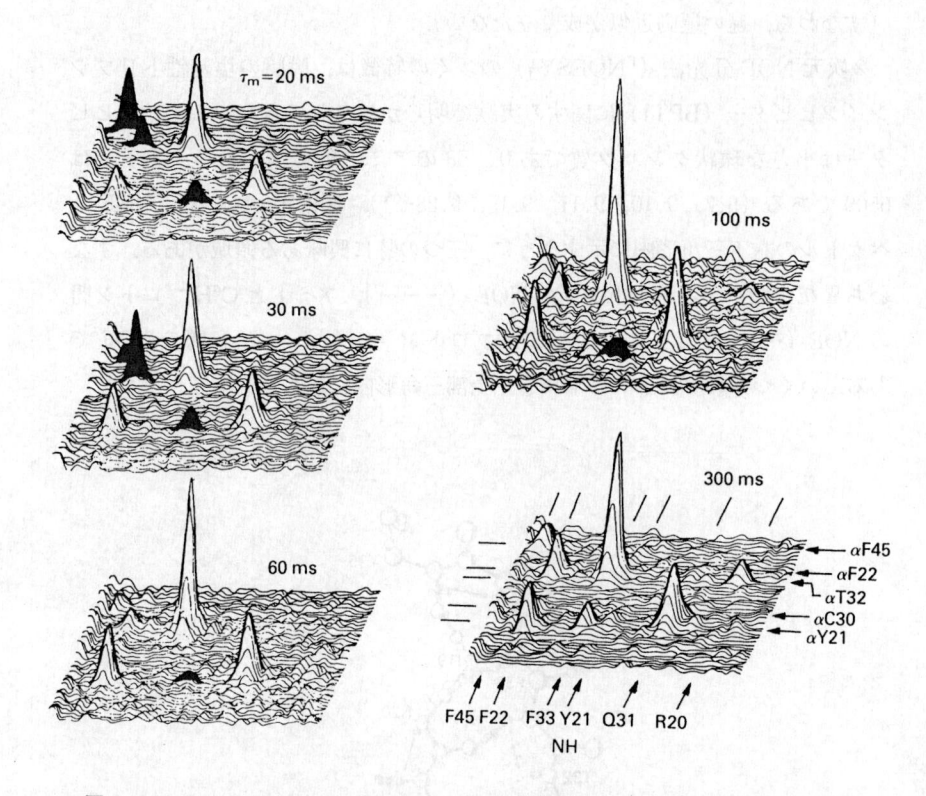

9.7 交差緩和と核オーバーハウザー効果

図 9.7.5 五つの異なる混合時間 τ_m における膵臓塩基性トリプシンインヒビター（BPTI）の2次元 NOE スペクトル. $5 \leq \omega \leq 6$ppm と $8 \leq \omega_2 \leq 10$ppm の領域を拡大している. ここで, C = システイン, F = フェニルアラニン, Q = グルタミン, R = アルギニン, T = スレオニン, Y = チロシン. 黒色のピークはゼロ量子コヒーレンスによるものである（いわゆる 9.4.2 節で議論した「J-ピーク」）（文献 9.15 を改変）.

$$I_{AB}(\tau_m) \propto \frac{\tau_c}{r_{AB}^6}\tau_m. \qquad (9.7.21)$$

相関時間 τ_c は分子間核ベクトル $\mathbf{r}_{AB}$ の再配向を意味する. 球状タンパク質のように等方的再配向を示す系において, τ_c はすべての AB 対で共通であると仮定される. このような仮定は動きのある側鎖においては明らかに成立しない

(すなわち，遅い運動近似が成り立たない).

2次元 NOE 分光法（「NOESY」）の多くの特徴は，膵臓の塩基性トリプシンインヒビター（BPTI）に関する実験で明らかにされてきた．このインヒビターは小さな球状タンパク質であり，58 のアミノ酸残基を含み，分子量は 6500 である（9.7, 9.10, 9.11, 9.15, 9.28-31）．図9.7.4の2次元 NOE スペクトルの右下三角形内に示すように，三つの特に興味ある領域がある．すなわち異なったアミドプロトン間の NOE（ーーー），アミドと $C^\alpha H$ プロトン間の NOE（…），そしてアミドと $C^\beta H$ プロトン（—・—・—・）間の NOE である．いくつかのプロトンの帰属を左上部三角形内に示した．

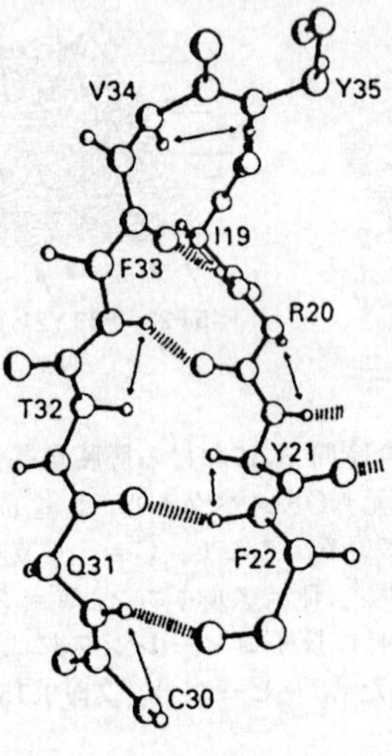

図 9.7.6 BPTI の β シートの中心部の透視図．10個のアミノ酸残基は個々のアミノ酸に対応した一文字のコードで標識されている（C ＝システイン，F ＝フェニルアラニン，I ＝イソロイシン，Q ＝グルタミン，R ＝アルギニン，T ＝スレオニン，V ＝バリン，Y ＝チロシン）．NH と CO 基の間の水素結合は網線で示されている．n 残基の NH プロトンと（n-1）残基の $C^\alpha H$ プロトン間の距離は矢印で示してあるように接近している．生じた NOE は系統的な共鳴線の帰属を可能にする（文献9.3より）．

9.7 交差緩和と核オーバーハウザー効果

交差緩和速度を測定するためには,図9.7.5に示すように,一連の2次元 NOE スペクトルを,τ_m を変化させながら記録しなければならない.この領域

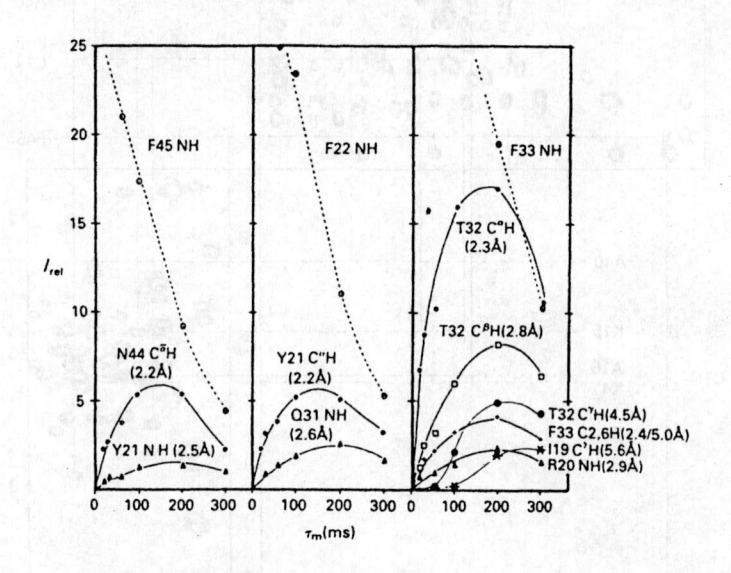

図 9.7.7 BPTI の2次元 NOE スペクトルにおける,選ばれたいくつかの対角ピーク(破線)と交差ピーク(実線)の τ_m 依存性(図9.7.5参照).命名: F =フェニルアラニン,I =イソロイシン,N =アスパラギン,R =アルギニン,T =スレオニン,Q =グルタミン,Y =チロシン.左,中,右図の曲線は,それぞれ,F45, F22, F33 の NH プロトンと,他の残基のプロトンとの間の交差緩和を示している.X 線の研究から分かっているプロトン-プロトン間の距離はかっこ内に示されている.右側の図では,初期速度が消滅していることから,2次のオーバーハウザー効果を示す二つの場合が,区別できる(文献9.15より).

での NOE 交差ピークは図9.7.6に示すように,BPTI の β シートにおける NH プロトンと C$^\alpha$H プロトン間の交差緩和から生じる.ゼロ量子妨害による J 交差ピーク(9.4.2節参照)は図9.7.5において黒色で示してある.この領域で観測される NOE 交差ピークは,それらが外部緩和によって弱められるまで,τ_m に関して単調に増大する.この τ_m 依存性については図9.7.7により詳細に

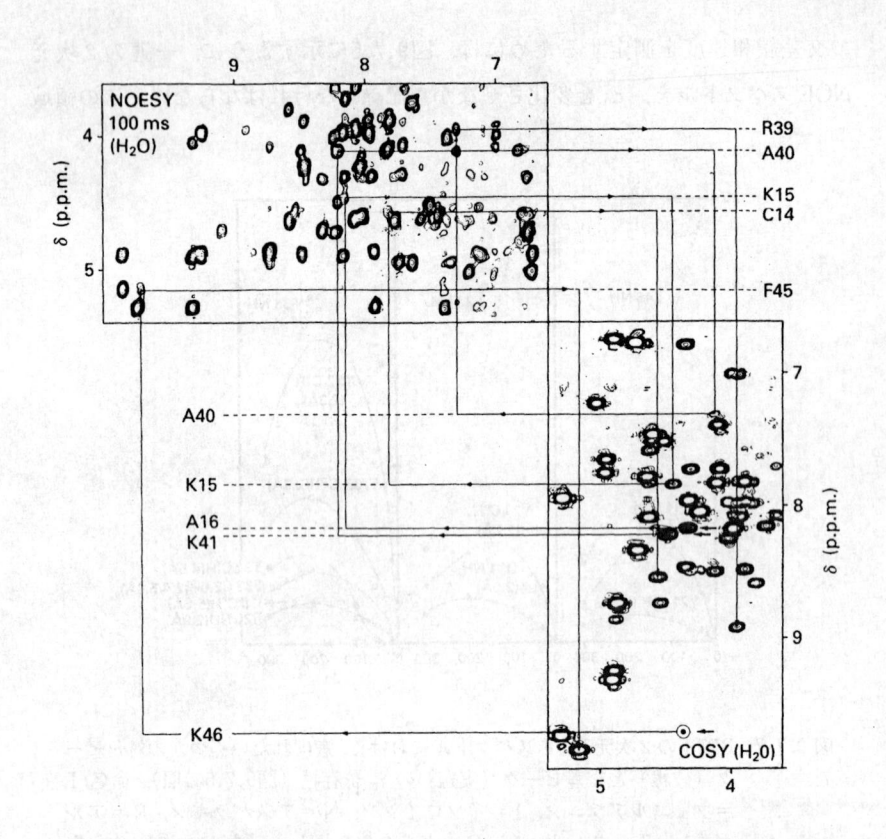

図 9.7.8 塩基性膵臓トリプシンインヒビター（BPTI）における 2 次元 NOE と 2 次元相関スペクトル（NOESY：上三角，COSY：下三角）を合成したスペクトル．スペクトルは別々に測定し，対称化して絶対値モードで示している．46 から 45，41 から 39，16 から 14 のセグメントでは，矢印のラセン的つながり（「かたつむり」）によって系統的な共鳴線の帰属が行なわれていることに注意しよう．出発点は COSY スペクトルの中に矢印で示されている（文献 9.30 より）．

示されている．三つの部位 A → B → C を通しての 2 次の磁化移動過程は，初期勾配が $\tau_m=0$ でゼロになるので，簡単に区別することができる．

2 次元 NOE スペクトルは対角線に関して対称であるので，半分のスペクトル（たとえば図 9.7.8 における左上部三角形）を 2 次元相関スペクトル（8.1

節参照）と比較することが有効である．ここでは2次元相関スペクトルもまた対称である（図9.7.8の右下方の三角形）．このように表現することにより帰属が簡単になる．なぜならば，一見して，どの信号が分離したスカラー結合によって結ばれているのか，そしてどの部位が交差緩和によって結ばれているのかがわかるからである．

9.8 化学交換

核磁気共鳴は，化学交換の過程を研究するのに，強力でかつ応用範囲の広い方法であることが証明されている．化学や生物学の分野で得られている，速度過程に関する現在の詳細な知識の多くは，NMR の研究によるものである（9.32, 9.33）．速度に応じて，いろいろな方法が採用でき，研究の対象も緩和の研究から，線形の解析や分極移動の研究に広がっている．2次元交換分光法は，1次元分極移動の研究と密接に関係しており（4.6.1.4節参照），線形が動的過程によって影響を受けないような遅い交換の研究において，最も有用である．2次元交換スペクトルは交換のネットワークを，特にはっきりと表現してくれる．

2部位系における遅い化学交換は，式 (9.3.18) - (9.3.22) において交差緩和を無視することによって，次のように表せる

$$\mathsf{L} = \begin{pmatrix} -K_{BA} - R_1^A & K_{AB} \\ K_{BA} & -K_{AB} - R_1^B \end{pmatrix}. \tag{9.8.1}$$

対角ピークおよび交差ピーク強度は，もれ速度と交換速度によって決定できる

$$R_L = \sigma - D = \frac{1}{2}(K_{AB} + K_{BA} + R_1^A + R_1^B) - R_C/2$$

$$R_C = 2D = 2\left[\frac{1}{4}(K_{BA} - K_{AB} + R_1^A - R_1^B) + K_{AB}K_{BA}\right]^{1/2} \tag{9.8.2}$$

対称的な2部位の系において，$R_L = R_1$ と $R_C = 2k$ が得られ，対角ピークと交差ピーク強度は式 (9.1.4) と (9.1.5) とで与えられる．

化学交換が線形に影響をおよぼすほど速いならば，2次元スペクトルは式 (9.3.12) で述べたように，交換広幅化や融合や交換尖鋭化の特徴を示すようになる．実験で得られたこれらの効果を図9.8.1に示す．それらは1次元分光法で知られている線形効果と完全に類似している．

一つの実証例はヘプタメチルベンゼンイオンの動的転移である（9.34, 9.35）．このイオンは，十分に高い温度では七つのメチル基がすべて等価になるアルキドシフトが起こる．このシフトが，1-2シフトかあるいはすべての可能な位置の間のジャンプを伴う分子内転移によるランダムシフトか，あるいは分子間転移によるものか，といった問題に関していくつかの議論があった．核磁気共鳴の線形解析（9.36）の結果は，動的挙動が同様の構造をもつ他の多くの例と同じく分子内 1-2 メチルシフトによって生じていることを示した．線形の最小二乗法再現は確かな結果を与えるけれども，この結論のはっきりした証拠は，ちょうど中間の交換速度におけるわずかな線形の歪みが見られたことである．その機構は飽和移動の研究（9.35）によってもまた確認されている．

ヘプタメチルベンゼンイオンの2次元交換スペクトルを図9.8.2に示す．交差ピークは交換がサイト A⇌C⇌B⇌D の間で起こることを示している．さらにそのネットワークは 1-2 アルキドシフト機構と一致しており，ランダムジャンプ機構は除外できる（9.2）．

図9.8.1と図9.8.2のプロトン交換スペクトルは，分離したスカラー結合が欠如しているので特別単純である．多くの系において，J 結合はゼロ量子と多量子妨害を生じる（9.4節参照）．炭素13分光法で交換現象を研究することによって，このような複雑さを回避することができる（9.20）．^{13}C 化学交換の例は 9.6 節ですでに示した．すなわち，シスデカリンの環反転は八つの部位の

9.8 化学交換

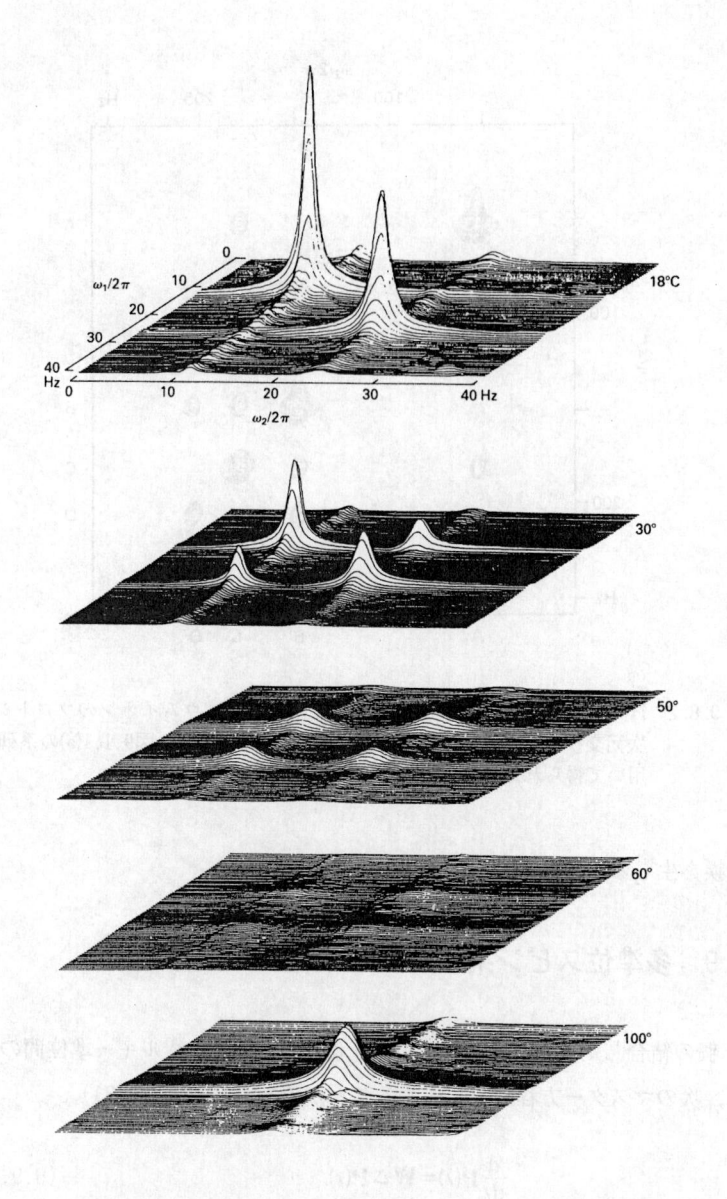

図 9.8.1 五つの異なった温度における N, N ジメチルアセタミドの二つのメチルグループの交換を示す 2 次元交換スペクトル．ここでは，速い化学交換が線形に与える影響を示している (9.1)．

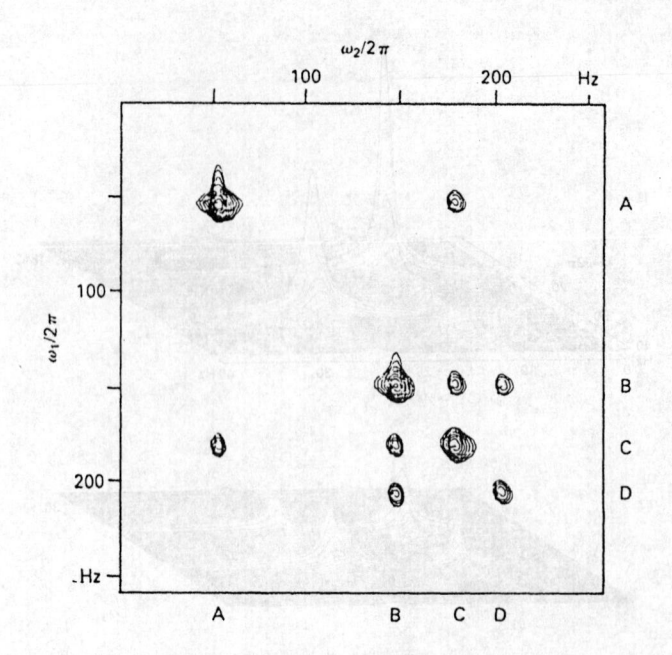

図 9.8.2　H$_2$SO$_4$ に溶けた 9.4M のヘプタメチルベンゼニウムイオンのプロトン2次元交換スペクトル．スペクトルは $\tau_m=280$ms で，図9.1.1(a)の系列を用いて得られた（文献9.2より）．

対交換を生じる（図9.6.3）．

9.9　多準位スピン系における縦緩和の間接検出

N 個の結合した核をもつ系において，$(2I+1)^N$ 個のエネルギー準位間の縦緩和は，次のマスター方程式で記述することができる（式（2.3.3））

$$\frac{d}{dt}\mathbf{P}(t)=\mathbf{W}\Delta\mathbf{P}(t). \tag{9.9.1}$$

従来の1次元あるいは2次元法においては，W 行列の要素の結合した量を観測していたので，個々の要素 W_{kl} を決定するには，広範なデータ処理が要求

9.9 多準位スピン系における縦緩和の間接検出

された (9.37, 9.38).

しかしながら，もし I スピンの世界での緩和が，いわゆる「スパイ核」と呼ばれる S 核を通して間接的に観測されるならば，要素 W_{kl} を別々に測定することが可能である．このスピン自体は，I スピンの緩和には大きく寄与しておらず，観測されるすべての I スピンと、分離したスカラー結合をもつことが必要である (9.39)．この場合，S スピン多重線の各々の遷移は，I スピンの一つの特別な状態に対応する．そして S 共鳴線の2次元交換スペクトルは，単純に遷移確率 W_{kl} に比例する，強度 I_{kl} の交差ピークを生ずる．このとき，S 核の緩和は省略できると仮定しており，また初期速度近似が有効である ($\tau_m < W_{kl}^{-1}$) と仮定している．

イミダゾール (I) において炭素 C_x の示すプロトン結合由来の多重線の2次元交換スペクトルを図9.1.1(a)に示す．対角線に沿った8本の線は，弱く結合したプロトンの AMK 系の状態 $\alpha\alpha\alpha$，$\alpha\alpha\beta$ 等に対応する (N-H プロトンの結合は速い化学交換のために観測可能ではない)．S 核の緩和が無視できるならば，2次元スペクトルにおける交差ピークと図9.9.1(b)で示す遷移確率の8×8行列の要素 W_{kl} の間には1対1の対応がある．例証として，1量子プロトン緩和過程 W_{1A}, W_{1M}, W_{lk}（丸印）はガドリニューム錯体の添加により生じる外部無秩序場機構によって増幅された．

(I)

W_0^{AM} と W_2^{AM} 型の要素（強い外部場緩和のためにこの場合は大きくはない）は二つのプロトン A と M の同時に起こる反転に対応する．すなわち，この W_0^{AM} と W_2^{AM} はそれぞれゼロ量子（$\alpha\beta \rightleftarrows \beta\alpha$）と，2量子遷移（$\alpha\alpha \rightleftarrows \beta\beta$）に対応する．対応する交差ピークの強度は S 核の緩和によっては影響されず（初期速度近似では），核間距離や運動相関時間に関する直接的な情報を提供する．一方，1量子遷移（W_{1A}, W_{1M}, W_{1K}）に対応する交差ピークの強度は，スパイスピン X とプロトンスピン A, M, K の間に双極子結合があり，付加的緩和を生じるならば摂動を受ける．プロトン A の見かけの遷移確率は，ゼロ量子と2量子緩和速度 W_0^{AX} と W_2^{AX} によって減少されるが，W_{1A}^{AX} によっては増加される．

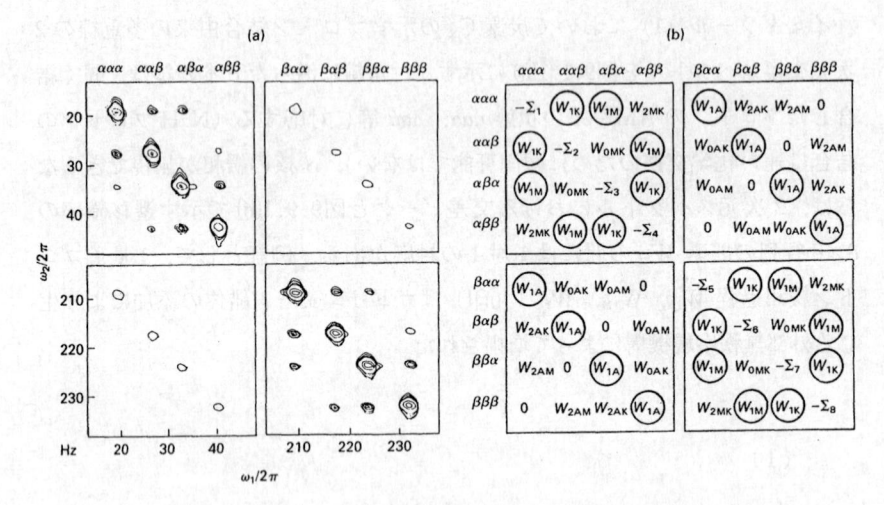

図 9.9.1 (a) イミダゾールにおける C_X の示すプロトン結合由来の8本の多重線の2次元交換スペクトル（$J_{MX}=189$Hz, $J_{MX}=13$Hz, $J_{KX}=8$Hz）．スペクトルは $\tau_m=2.5$s で，図9.1.1 (a) のパルス系列を用いて得られた．外部無秩序場緩和は 5×10^{-5}M の Gd(fod)$_3$ の添加によって増大された．初期速度領域において，炭素-13 によるプロトンの双極子緩和が無視できるならば，交差ピーク強度はプロトンの状態間の遷移確率 W_{kl} に比例する．(b) 理論 **W** 行列は24個の1量子，12個のゼロ量子，12個の2量子要素を含んでいる．Gd(fod)$_3$ の存在下では，1量子過程（丸印）が重要になる，これは実験で得られた交差ピークの強度とよい一致を示した（文献9.39より）．

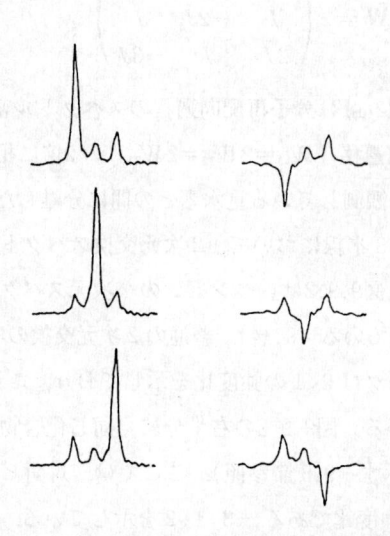

9.9 多準位スピン系における縦緩和の間接検出

図 9.9.2 ベンゼン d_6 中の重水素に結合した炭素-13 の 2 次元交換スペクトルの断面図．等高線プロットは $J_{CD}=24Hz$ のスカラー結合による 3×3 ピークの行列を現わす（文献 9.14 図 2―訳者注）．左側は従来の 2 次元交換スペクトルを示しており，交換ピーク強度比は 2：1 である．これは極度尖鋭域で期待される値であるが，対角ピーク強度は式 (9.9.3) の **W** 行列の対角要素とあまりよい一致を示さない．右側は反転回復 2 次元交換差スペクトル (9.5 節参照) であり，ここではすべてのピーク強度は **W** 行列の要素と対応している（文献9.14より）．

$$W_{1A}^{app} = W_{1A}^{external} + W_{1A}^{AM} + W_{1A}^{AK} + W_{1A}^{AX} - \frac{1}{2}(W_0^{AX} + W_2^{AX}) \qquad (9.9.2)$$

ここで最初の三つの項は X スピンがないときの全遷移確率に対応する．

この方法は，$I>1/2$ の核を含む系においても同様に適用できる (9.14)．極度尖鋭域における孤立した重水素核の 3 順位 $|+1>$, $|0>$, $|-1>$ の間の核四極子緩和による遷移確率は，簡単な緩和行列によって表される

$$\mathbf{W} = c \begin{pmatrix} -3J & J & 2J \\ J & -2J & J \\ 2J & J & -3J \end{pmatrix} \quad (9.9.3)$$

ここで $J=J(\omega_0)=J(2\omega_0)$ は分子再配向過程のスペクトル密度である．2量子緩和過程は1量子緩和遷移（$W_{13}=2W_{12}=2W_{23}$）の2倍に相当することに注意しよう．このことは，観測している重水素との間に分離したスカラー結合を持つ S 核（炭素-13）の3本線において，2次元交換スペクトルを記録することによって確認できる．図9.9.2は重ベンゼンの2次元スペクトルにおける九つの共鳴線の断面を示している（9.14）．普通の2次元交換の実験（図9.9.2左側）において，交差ピークは2:1の強度比を示しており，これは $\mathbf{W}$ 行列の要素とよい一致を示している．図9.9.2の右半分に，同じ化合物の反転回復2次元交換差スペクトルを示す（9.5節参照）．ここでは，対角ピークと交差ピークが理論的な $\mathbf{W}$ 行列の強度比である $-3:1:2$ を示している．

9.10 固体における動的過程

前の節で述べた2次元の実験は，十分なスペクトル分解能が得られると仮定するならば，固体においてもまた応用できる．たいていの場合，2次元分光法と，双極子相互作用による広幅化を除くためにマジック角回転，あるいは多重パルス系列を組合せる必要がある．

固体状態における化学交換は，炭素-13 2次元交換分光法（9.49）によって研究されている．この2次元分光法は，図9.1.1(a)で示す基本的な2次元系列に，図9.10.1(a)に示すように，交差分極と高濃度核スピンのデカップリングを組合せている．図9.10.2に40℃での固体トロポロン（I）の炭素13交換スペクトルの例を示す．

分離した化学シフトを持つ部位間での，固体における遅い交換過程はむしろまれである．固体においては，スピン拡散を2次元法によって研究するほうが実際にはずっと重要である（9.50-9.56）．核スピン間の静的な双極子相互作用

9.10 固体における動的過程

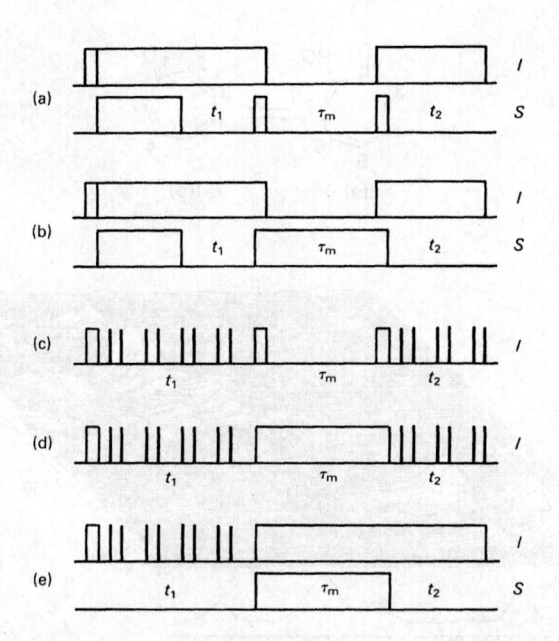

図 9.10.1 2次元分光法によって固体のスピン拡散を測定するためのパルス系列.
(a) 実験室系における高濃度核の拡散. S 核の横磁化は交差分極で増加している；使用する系列は図9.1.1(a)の系列と似ている. (b) 回転系における低濃度核間の拡散（スピンロッキングの間の拡散）. (c) 実験室系における高濃度核の拡散. これは同種核双極子相互作用のデカップリングのための多重パルス系列, すなわち MREV-8 の挿入を除いては, 図9.1.1(a)と同等である. (d) 回転系における高濃度スピンの拡散（スピンロックの間の拡散）. (e) 回転系における二つの核種の間の拡散（交差分極）.

は, スピン反転により, 結晶格子を通してゼーマンオーダーと双極子オーダーの伝播を引き起こす (9.40-9.43). このスピン拡散により, 均一なスピン温度が固体全体に得られるのである. 静的な相互作用の影響下でのスピン秩序の伝播は, 非可換なハミルトニアンのもとでの非平衡状態の時間発展として理解することができる. 特に, 個々のスピンのゼーマンエネルギーは, もし双極子結合が強ければ, 一定ではなく他のスピンのゼーマンエネルギーと交換し合う. スピン拡散は固体磁気共鳴に現れる現象においては直接的意味をもつ. この現

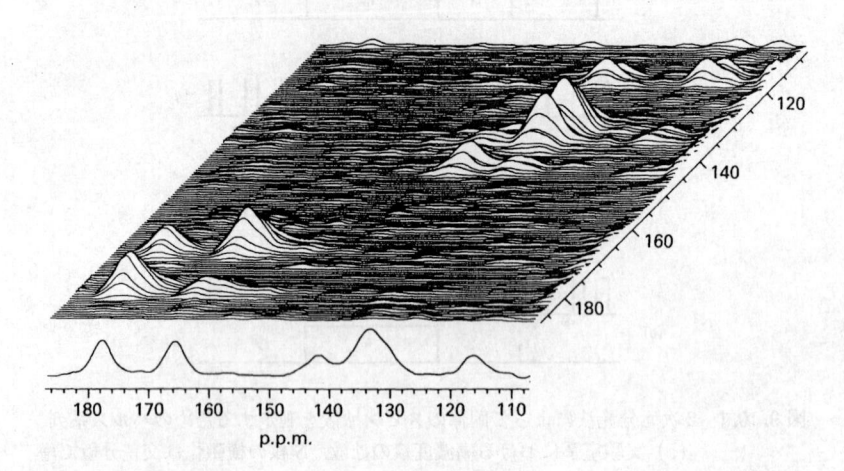

図 9.10.2 固体トロポン（I）の2次元交換スペクトル．40℃でマジック角回転を用い，$\tau_m=3s$ で，図9.10.1(a)の系列を使って記録された．固体における交換過程は遅い．このことは，水酸基のついている炭素（166ppm）とカルボニル共鳴線（178ppm）が比較的狭い線を示すことからも証拠づけられる．これらの共鳴線の間の交差ピークは，二つの型 I(a) と I(b) の間の交換が混合期間に起こっていることを示している．他の炭素対（交換過程に影響されない C-5 共鳴線の例を除いて）もまた交換ピークを生じている（文献9.49より）．

象では常磁性不純物による緩和（9.40），動的核分極（9.44），遠隔 ENDOR（9.45）や交差分極（9.46-9.48）があてはまる．

スピン拡散速度は分子間双極子相互作用および互いのスピン反転のエネルギー不一致度に依存する．拡散速度は結合をもつスピンの共鳴線が重なるときに最大となる．双極子起源のため，スピン拡散速度は r_{kl}^{-6} に比例する（9.40-9.42, 9.54, 9.55）．スピン拡散速度の測定は，それゆえ固体における

9.10 固体における動的過程

核間の空間配置の情報を与える．そのような測定は固体の不均一性を研究するのに最も有効である．

スピン拡散を測定するように設計された2次元の実験においては，分離した共鳴線を得るために，双極子結合を発展期間および検出期間では除去しておかねばならない．一方，双極子結合を混合期間 τ_m においては作用させる必要がある．これらの要請は，図9.10.1に示す種々の実験パルス系列で満たされる．系列 (a) と (c) はそれぞれ低濃度核スピンあるいは高濃度核スピンの，実験室系におけるスピン拡散を測定するのに適している．系列 (b) と (d) を使えば，低濃度核スピンおよび高濃度核スピンの回転座標系におけるスピン拡散を測定することが可能である．最後に系列 (e) により，回転系における二つの異なったスピン種間の交差緩和の動力学が研究できる．

炭素13のように同位体希釈されたスピン間のスピン拡散は，スピン間の大きな平均距離のため，むしろ遅い (9.49-9.55)．統計的分布のため，低濃度核のスピン拡散の測定から，構造の情報を得るのは困難である．しかしながら，場合によっては不均一性の定性的な像を得ることが可能である．この像は炭素13核を持つ分子の空間配置を基本にして得られる．図9.10.3(a) に簡単な例を示す．アダマンタンとヘキサメチルエタンの不均一な混合物において，スピン拡散は同じ化学種内の核に制限されている．その結果，図中に観測される交差ピークは，共鳴線 $A_1 \rightleftarrows A_2$ （アダマンタンの CH と CH_2 炭素）と $H_1 \rightleftarrows H_2$ （ヘキサメチルエタンとの4級とメチル炭素）を結ぶのみである．二つの物質を等量溶融し冷却することによって得た均一混合物においては，付加的な交差ピークが現れた（図9.10.3(b)）．これはすべての四つの炭素サイトの間で類似した速さのスピン拡散が進行することを示している．このことは，二つの化学種が一つの均一ガラスを形成している証拠である．異なった化学種を結ぶ交差ピークの強度と同じ化学種に由来する交差ピークとの強度比は，無秩序な固体における微視的均一度に関する定量的な測定値を与える (9.51)．この種の情報を散乱の測定から得るのは比較的困難である．

図9.10.3における引き延ばされた線形は帯磁率の影響による不均一広幅化を

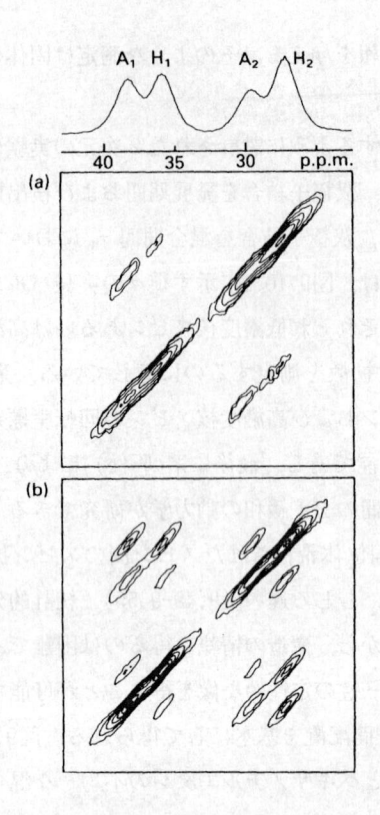

図 9.10.3 固体アダマンタンとヘキサメチルエタンの混合物の2次元スピン拡散炭素13スペクトル．スペクトルは図9.10.1(a)のパルス系列を用いて得られた．(a) パウダーの不均一な混合物．(b) 溶融による均一なガラス状の混合物．不均一な試料において，異なる化学種に属する信号間に交差ピークがないことに注意しよう（文献9.51より）．

示している．類似の線形は，化学シフトの異方性が分子運動によって平均化されないような硬い固体においても得られる．これらの線幅は2次元交換分光法とマジック角試料回転を組み合わせることによって，著しく減少させることができる．この操作によって，双極子相互作用は減少するけれども，スピン拡散速度が完全に消去されることはない．天然に存在する ^{13}C スピン拡散の測定における一般的な限界は遅い拡散速度に原因がある．なぜならこのため $1-10^2$ s

9.10 固体における動的過程

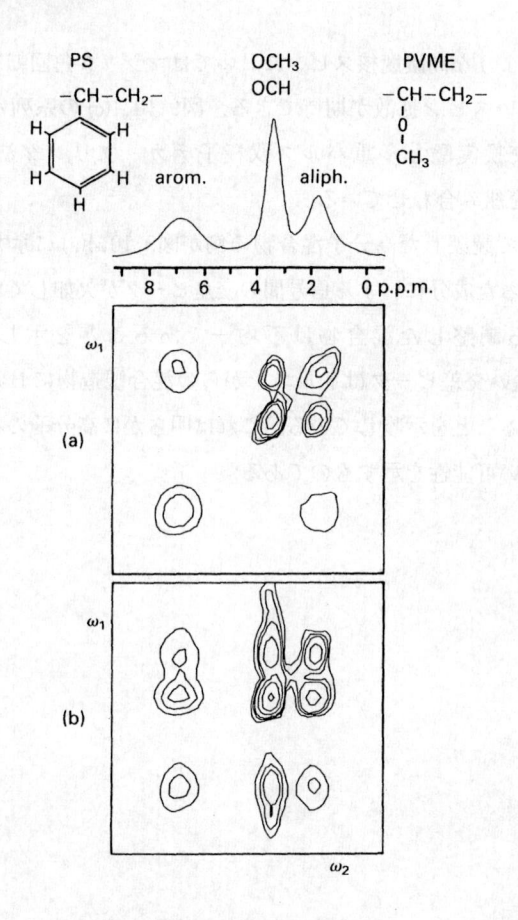

図 9.10.4 ポリスチレン（PS）とポリ（ビニルメチルエーテル）（PVME）の混合物におけるプロトンのスピン拡散スペクトル．このスペクトルはマジック角回転（$\nu_r=2.8$kHz）を用い，図9.10.1(c)のパルス系列（$\tau_m=100$ms）を用いて得られた．(a) クロロホルムから調製した不均一混合物と（b）トルエンから調製した不均一混合物 (a) においては異なったポリマーに属する信号間交差ピークが現れていないが，(b) においては PS の芳香族プロトン共鳴線と PVME の OCH_3 および CH 共鳴線の間で強い交差ピークが現れている（文献9.56より）．

程度の長い混合時間を使うことを必要とするからである．

プロトンのような高濃度核スピンにおいてはマジック角回転を行ったとしても，ずっと速いスピン拡散が期待できる．図9.10.1(c)の系列は基本的な3パルス2次元交換実験と多重パルス双極子デカップリング法（典型的にはMERV-8）を組み合わせている．

異なる方法で調製した高分子混合物の例が図9.10.4(a)に示されている．この図では異なった成分に属する信号間の交差ピークが欠如しているので，クロロホルムから調整した混合物は不均一であることを示しているが，図9.10.4(b)の強い交差ピークはトルエンからの混合塑造物においては，均一な領域が存在することを示唆している．これは明らかに高分子の不均一度の研究における新しい可能性を示すものである．

第10章

NMR 画像法

物理，化学，分子生物学の分野での応用に成功を収めた NMR は，今や臨床医学の分野でも決定的に重要な役割を果たし始めている．たとえば生物学的な過程を追跡するために，生物体内あるいは生物体外で組織をまるごと研究することなどにみられるように，既に多くの応用が実を結んでいる．しかし，医学分野への NMR の応用の中で最も有望なのは，生物体まるごとの像を非侵襲的に得ることであろう．NMR によって巨視的な物体の像が得られる可能性を最初に示したのは，1972年の Lauterbur の実験である (10.1, 10.2)．人体の研究に NMR を使うこと，特にがんの検出に使うことは，Damadian によって最初に始められた (10.3, 10.4)．

ちょっと考えただけでは，物体の像を得るのにそもそもなぜ NMR を使うのか，そしてまた，画像をつくるという考えがどのようにして生じたのか，明白でないかもしれない．そこで，まず最初に人体組織による放射線の減衰について考えてみよう．図10.0.1には電磁波および音響波の両方を考えた図が模式的

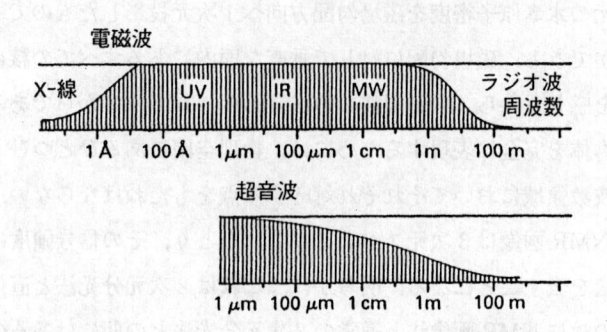

図 10.0.1 人体組織による放射線の減衰．X 線とラジオ波領域以外のすべての電磁波が吸収される．音響波は 1mm 以下の波長で強く吸収される．

に描いてある．この図から明らかなように，自然は人体の内部を観察可能にす

るため三つの窓を用意してくれている．X線の窓は1895年にレントゲンによって基礎的な実験が行われて以来，医学における診断を完全に変革してしまった．放射線被爆が無視できないにもかかわらず，最近では，コンピュータートモグラフィーが医学に対してさらに重要な衝撃を与えた（10.5, 10.8）．

　これまでに活用されてきた第二の窓は低周波超音波の窓である．これは超音波イメージスキャナー（10.9）の発展につながった．この方法によってまずまずの画像を短時間に得ることができる．

　一方，ラジオ波の窓は1972年に到るまで開拓されなかった．このことは到達可能な分解能という観点から考えると驚くにあたらない．というのは到達可能な分解能は，通常，不確定性原理により，用いる放射線の波長によって制限されるからである．画像形成に役立つラジオ波の最大周波数は100メガヘルツ程度であり，これは3mの分解能に相当し，これでは象の画像形成にさえ充分ではない．

　決定的なアイディアは，Lauterbur（10.1, 10.2）によって最初に提案されたもので，それは様々な体積素片からのNMR信号を周波数的に分散させるために，磁場勾配を用いるというものである．NMR画像法の基本原理を図10.0.2に描く．強い直線磁場勾配の存在下で記録した物体のNMRスペクトルは，3次元の水素原子密度を磁場勾配方向へ1次元投影したものである，とみなすことができる．磁場勾配に対して垂直な面内にあるすべての核は同じ大きさの磁場を感じるから，同じ周波数の信号強度に貢献するからである．

　一つの物体を完全に表現するためには，物理空間にあるひとつひとつの体積素片が周波数領域においてそれぞれ対応する点をもたねばならない．したがって完全なNMR画像は3次元スペクトルの形をとり，その信号強度は局所的なスピン密度を表すことになる．明らかに，これは2次元分光法と直接の関連がある．この故にNMR画像法と通常の2次元分光法との間には多くの技術的共通点があり，特にデータの取り扱いの過程は極めて類似している．これが，この章でNMR画像法の基本的方法について簡単に論じておこうとする由縁である．

10.1 画像技術の分類

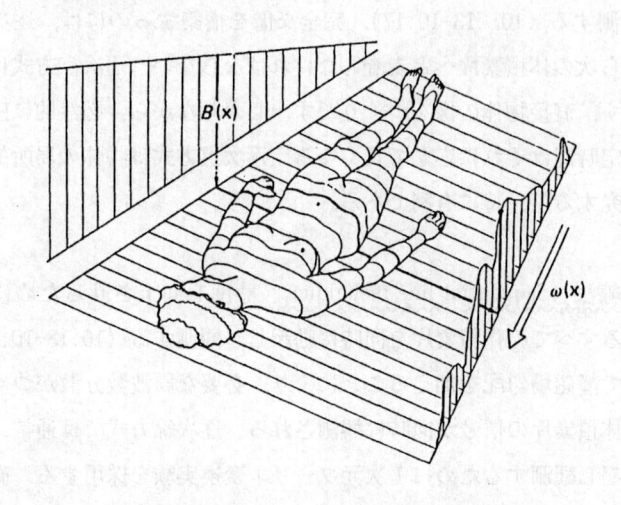

図 10.0.2 NMR 画像法の基本概念. NMR 信号が直線磁場勾配 $B(x)$ の存在下で記録される. その結果, 共鳴周波数 $\omega(x)$ は空間座標の 1 次関数となる.

10.1 画像技術の分類

NMR の最大の欠点は感度が低いことである (10.10, 10.11). 普通 NMR ではこの欠点は長時間の測定と信号の平均化 (10.12) により克服される. しかし, 医学的な応用では, 測定時間はしばしば研究の対象物により制限を受ける. したがって, NMR 画像法において感度と性能は最大の関心事であり, これら二つの特性によって画像技術を分類するのがよい (10.10). 1 次元のフーリエ分光学 (4.3) と全く同じように, 多重測定の利点を利用することにより, 最良の感度が達成される. すなわち, できるだけたくさんの体積要素を同時に観測すれば達成される感度はより高い, ということである.

考えられる四種の実験を図 10.1.1 に示す.

(a) 逐次点法 (Sequential point technique)　いっときに一つの体積素片のみを

励起, 観測する (10.13-10.17). 完全な像を構築するのには, 逐次一つの体積素片から次の体積素片へと走査しなければならない. 逐次点方式は中間的な処理を経ず, 直接物体の像をつくりだす. しかしながら, 必然的に感度は低くなり, 測定時間はそれに応じて長くなる. 逐次点方式は物体の局所的な部分を詳細に研究する際, 特に有利である.

(b) 逐次線法 (Sequential line technique)　感度を向上させるために, 一つの線上にあるすべての体積素片を同時に励起し, 観測する (10.18-10.37). この線に沿って静磁場勾配を加えることにより, 必要な周波数分散がつくり出され, すべての体積素片の信号が同時に観測される. 逐次線方式では通常, 線全体を同時に励起し観測するために1次元フーリエ変換実験を採用する. 直線の像を構築するには単純な1次元フーリエ変換を行うだけでよい.

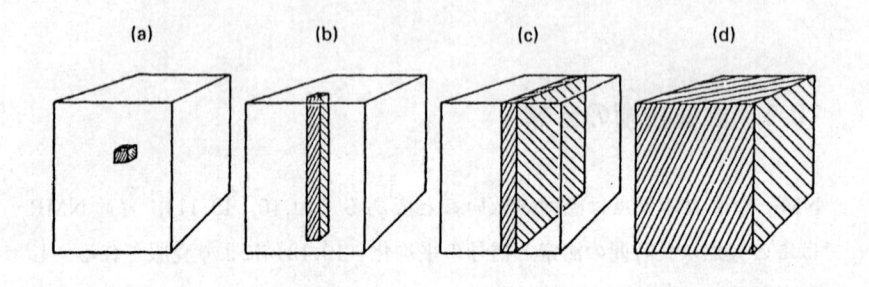

図 10.1.1　4種の画像実験.
(a) 逐次点法, (b) 逐次線法, (c) 逐次面法, (d) 同時法.
(文献10.50より)

(c) 逐次面法 (Sequential plane technique)　平面全体の体積素片が同時に励起され観測されるとき, 感度はさらに向上する (10.38-10.49). いくつかの方式では, 2次元像の構築は2次元フーリエ変換 (10.48, 10.50) により達成される. 他の, もっと混み入った構築過程を必要とする場合もある. たとえば, フィルターをかけた逆投影法がこれである (10.7).

(d) 同時法（Simultaneous technique）　最も感度の高い方式は3次元物体全体を同時に励起し，観測するものである．しかし，このような実験は，採取するデータの量や所要時間の点できわめてきびしい要求となる．

以下の数節では，上に述べた分類に従い，最も有望な NMR 画像法技術について述べよう．

10.2　逐次点法

大きな物体のうちから一つの体積素片を選び出すには，次の三つの異なる方法もしくはそれらの組み合わせがある．

1．単一の体積素片の選択励起
2．非選択励起と不要な磁化の選択的破壊との組み合わせ
3．単一体積素片の選択的観測

そのような方法のうちの二つについて簡単に述べてみよう．

10.2.1　感応点法（Sensitive point technique）

逐次点法のうちで特に成功したのは Hinshaw (10.13-10.15) によって提案された感応点法である．この方法では非選択的励起パルスを用いるが，時間に依存した磁場勾配をかけることによって不必要な磁化が像を結ばないようにする．

感応点法の原理を，図10.2.1に示す．試料に強いラジオ波パルスを数珠つなぎにかけ，すべての体積素片の定常的横磁化をつくり出す．定常自由歳差運動はもともと Bradford ら (10.51) と Carr (10.52) によって発表されたもので，4.2.5節に論じられている．最高で，平衡磁化の半分が定常状態で保持される．

座標 (x_0, y_0, z_0) に感応点を定めるために，時間変化する三つの磁場勾配

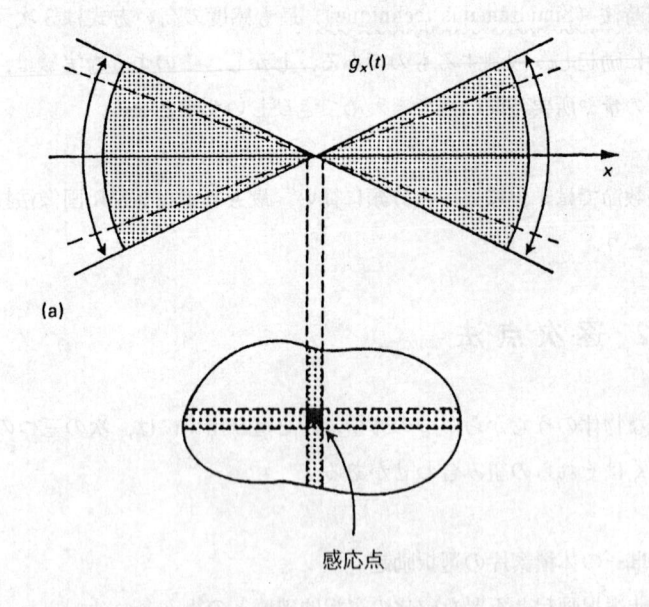

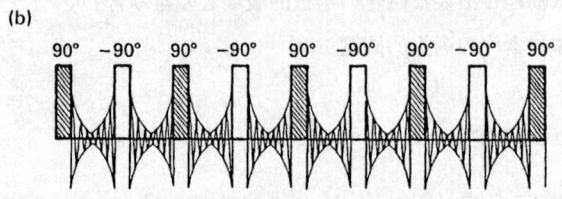

図 10.2.1 感応点法．位相を交互に変えた一連のラジオ波パルス(b)が定常状態の磁化をつくりだす．時間変化する三つの磁場勾配（そのうちのひとつが(a)に示されている）により，感応点（時間変化する磁場勾配の面が交わるところ）以外のすべての体積素片の共鳴周波数が変調を受ける．この変調が，定常状態の磁化の形成を妨げ，感応点以外の磁化を破壊してしまう．

が必要である．x 軸方向に沿って時間的に正弦関数で変調された磁場勾配 $g_x(t)$ をかけ，その節面が $x=x_0$ の点を通過するようにする．（図10.2.1）この磁場勾配は節面の外側にあるすべての体積素片からの共鳴周波数を変調させる．この変調は，定常状態の横磁化をつくることを妨げ，平面の外にあるすべての

10.2 逐次点法

磁化を破壊する. さらに, それぞれ $y=y_0$ と $z=z_0$ に節面をもち時間変化する二つの磁場勾配 $g_y(t)$ と $g_z(t)$ を同時に加える. 三つの変調周波数につりあいがなければ, 感応点の磁化だけが残り, それが観測信号を決定する.

三つの節面を動かすことにより系統的に感応点を移動させることができる. このようにして一点一点の像が得られる. このきわめて簡単な方法により良質の像が得られる. しかしながら, 測定に時間がかかる. 特に問題となるのは, 一つの点を測定した後次の点の測定までの間に, 破壊された磁化が回復するのを待たねばならない点である. このためデータの取り込み速度は, T_1 緩和時間の間に一回ぐらいとなる.

10.2.2 磁場焦点NMR（FONAR）と局所NMR（topical NMR）

感応点を選び出すもう一つの方法は, Damadianによって提案された (10.16). この方法は, フォーナー（FONAR）と呼ばれ, 静磁場を整形して良好な均一度がただ一つの部位でのみ達成されるようにする. 均一な部位は通常図10.2.2.に示すように磁場の鞍部の近くにある.

物体の大部分は, 幅広いバックグランドの信号を与えるが, 鞍部の近くの領域は, ある特定の周波数のところに特別大きな信号を与える. 同一周波数の他の部位からの寄与は適当な条件の下では無視することができる. 感応点は空間に固定されているので, 完全な像を測定するためには, 物体を動かす必要がある.

画像法の観点からすると, この方法では良好な空間分解能を得ることが困難なことが多い. そこで選択性を得るために適当に整形したラジオ波磁場を用いることが必要となる. しかし, この方法は, 物体内部のある特定部位からのスペクトル情報（化学シフト）を得るのには有効である. この方法は「局所NMR」(topical NMR) として知られている (10.53).

この方法によって, 生物の特定器官からの高分解能NMRスペクトルを記録することができる. これは, 非破壊的, 非襲侵的方法によって, 生理的な過程を研究するための基本である. 特に ^{31}P NMR は, 代謝過程の研究に有用であ

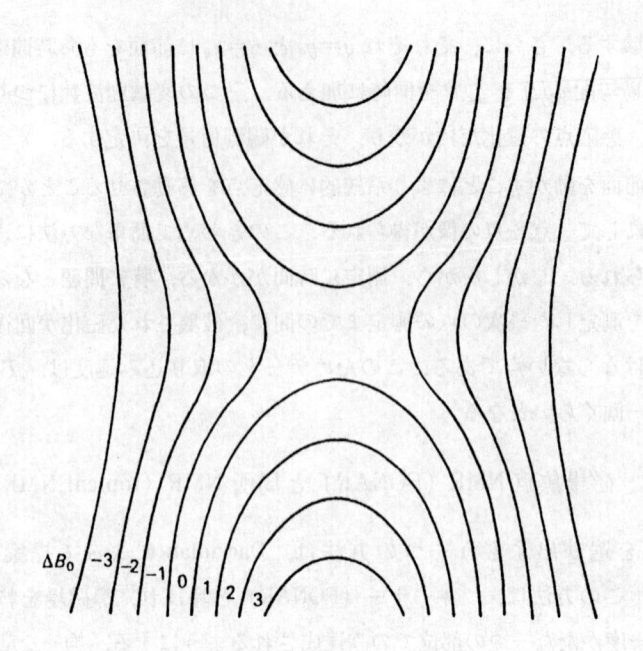

図 10.2.2 フォーナー (FONAR) および局所 NMR で用いられる静磁場の形. 鞍部近くの領域のみが均一であり, 狭い信号を与えるが, 物体の残りの部分は幅広い共鳴線を与える.

ることがわかった (10.54-10.56) (*in vivo* NMR-訳者注). すなわち, 生きた組織中での濃度とか pH の測定が可能となる. このような実験においては, 本来の画像法に比べ, 空間分解能に対する要請は, ずっとゆるいので, 磁場焦点法でも充分なことが多い. もっともこの間に他のいろいろな方法も提案されている. 表面コイル (10.57a) や空間選択的なパルス系列 (10.57b) が空間選択性を達成するために, 重要な方法となってきた.

10.3 逐次線法

逐次線法においては柱状の体積素片 (カラム) が選ばれる. この線にそって直線磁場勾配をかけることによって必要とする周波数分散が達成される. 一回

のフーリエ変換実験によって，線上のすべての情報が同時に得られる．このようにフーリエ分光法の特徴である多重測定の利得を十分に利用することによって，感応点法に比べてかなりの時間節約が達成される．この節で述べるいろいろな逐次線法はそれぞれ，選択励起の方法，あるいは"感応線"の検出の方法において異なるものである．

10.3.1 感応線 (Sensitive line) 法もしくは多重感応点 (Multiple sensitive point) 法

感応線もしくは多重感応点 (MSP)法は Hinshaw によって提案されたもので (10.15)(10.23)，感応点法をそのまま延長したものである．時間変化する三つの磁場勾配を用いるかわりに，図10.3.1に示すように時間変化する二つの磁場勾配だけを用い，z 方向には静磁場がかけられる．ここでも定常状態の自由歳差は繰り返しのパルス系列によってつくられる．二つの隣接したパルスの間の歳差運動の周波数を分析して，選ばれた線にそってスピン密度を決定する．

この感応線法は簡単で感度もかなりよい．この方法を用いて質のよい像が幾つか得られている．(10.18-10.24) 比較的初期に得られた人間の手首の像が図10.3.2に示されている．

10.3.2 線掃引 (Line scan) 法

感応線法の基本的な欠点は，観測している感応線以外のすべての体積素片を完全に飽和させることにある．したがって一つの線を測定した後に，次の線を励起するまでの間に待ち時間を挿入しなければならない．

線掃引法はこの欠点をとり除くもので，Mansfield (10.28, 10.30) によって提案されたものである (図10.3.3)．まず最初に x 軸にそって，磁場勾配をかけ，x 軸に垂直なある一つの面以外のすべての体積素片をそれに合わせてあつらえた励起で選択的に飽和させることによって，一つの体積素面を選び出す．(10.58) 次に y 方向の磁場勾配の存在下で選択的ラジオ波パルスをかけることによって，この面内で y 軸に垂直な線を選び出す．最後にこの線の自由誘導減衰を z 方向の磁場勾配の下で観測することにより，z 方向の線にそっての

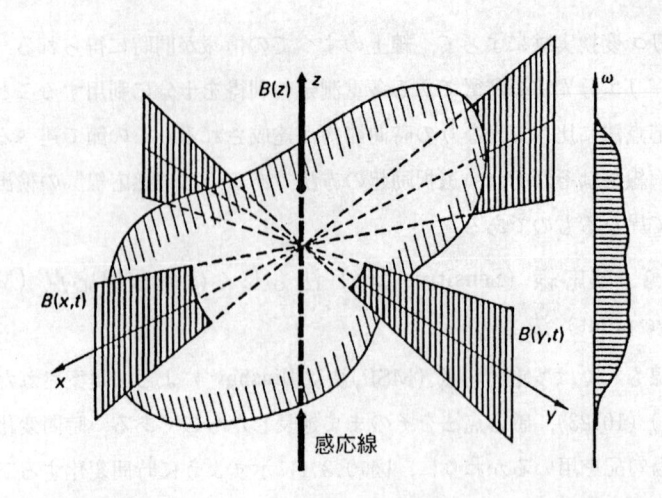

図 10.3.1 感応線法においては，時間変化する磁場勾配を二つだけ用い，z軸方向には時間変化のない磁場勾配がかけられる．定常状態の磁化は一連のパルス（図10.2.1(b)を見よ）によってつくられ，一つの柱の中の体積素片以外の磁化は変調によって破壊される．

体積素片からの応答に周波数分散をもたらす．励起に選択的なパルスを用いているために，同一面内の別の線に対して，休むことなく実験を繰り返すことができ，飽和による不利益を被らなくてすむ．

選択的パルスを用いることには，多少の論議がある（10.59, 10.60）．特に選択的パルスの後では，磁化成分が位相のかなりのばらつきを示すことに注意しなければならない．このばらつきは反対向きの磁場勾配を短時間加えることによって除去できる（10.36, 10.37, 10.59, 10.60）．

10.3.3 エコー線（Echo line）画像法

やはり一つの線を選び出すのだが，さらに改良された方法がHutchisonとその共同研究者によって示された（10.35-10.37）．図10.3.4に示すように，x方向の磁場勾配の存在下で選択的な180°パルスを加えることにより，一つの平面のスピンが全部反転させられる．続いてz方向に磁場勾配をかけながら，選

10.3 逐次線法

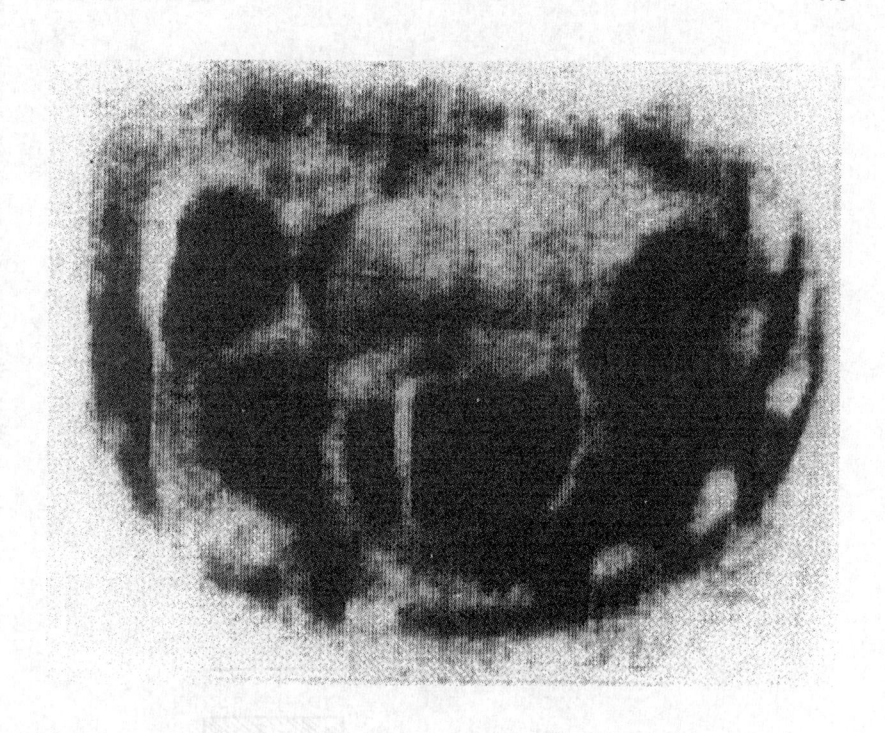

図 10.3.2 文献10.18の著者の一人の左手首の像．この像は，あたかも患者が読者に向かって手のひらを上に向けているような方向で撮られており，月状骨の前方突起の末端部の位置で撮られている．暗い領域は動きやすい水素核が高濃度で存在する領域，すなわち骨髄や皮下脂肪の領域を示している．明るい領域は，腱や神経，固い骨の組織に対応している．静脈や動脈の中の血液は明るく見えているが，これは血液が撮像中に移動するためである．（文献10.18より）

択的90°パルスを加えることによって，z 方向に垂直な一つの面で，選択的にスピンを回転させる．この結果，y 軸に平行な選ばれた線上からは，負の信号が誘起されるが，z 軸に垂直な残りの平面からは，正の信号が誘起される．180°パルスをかける場合とかけない場合とから得られた自由誘導信号の差をとれば，選ばれた線のみに起因する信号だけを選択的にとり出すことができる．このパルス系列では，g_y の磁場勾配の存在下でエコーを作り出すために，FID

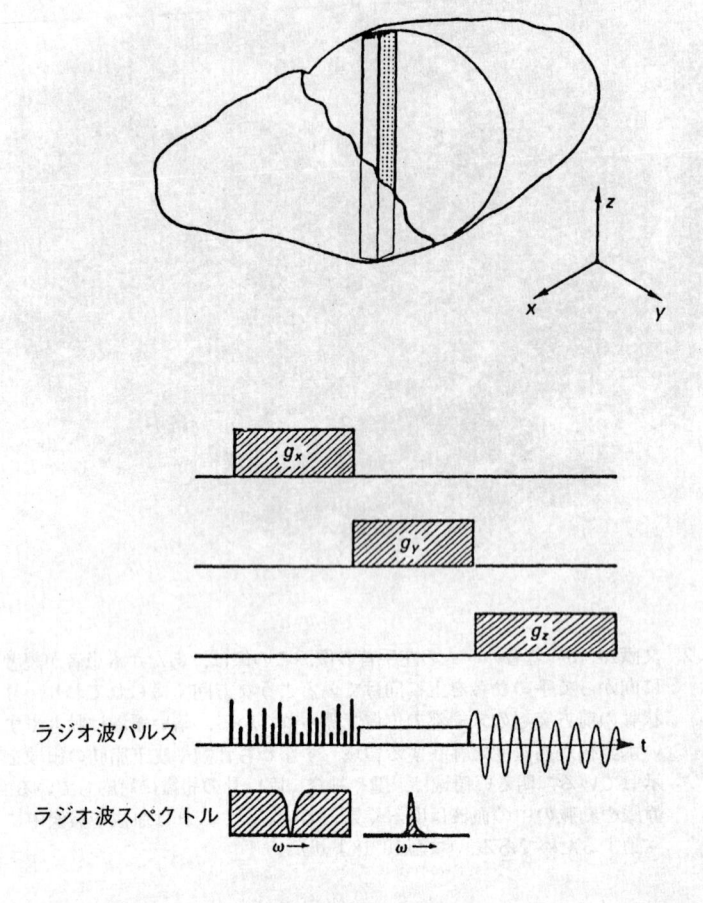

図 10.3.3 線掃引法（10.28）においては，いわゆる整形された励起（tailored excitation）（"くぼみ"の部分を除いてラジオ波のスペクトルが白色である）を用いて，x 軸に垂直な特定の面の体積要素以外のすべての体積要素を飽和させることによって，一つの面を選びだす．次に，y 方向の勾配の下で選択的なラジオ波照射を行うことにより，柱状の体積要素からの磁化を励起する．そして信号は z 方向の勾配の存在下で記録される．（図10.4.8と比較せよ）．

10.3 逐次線法

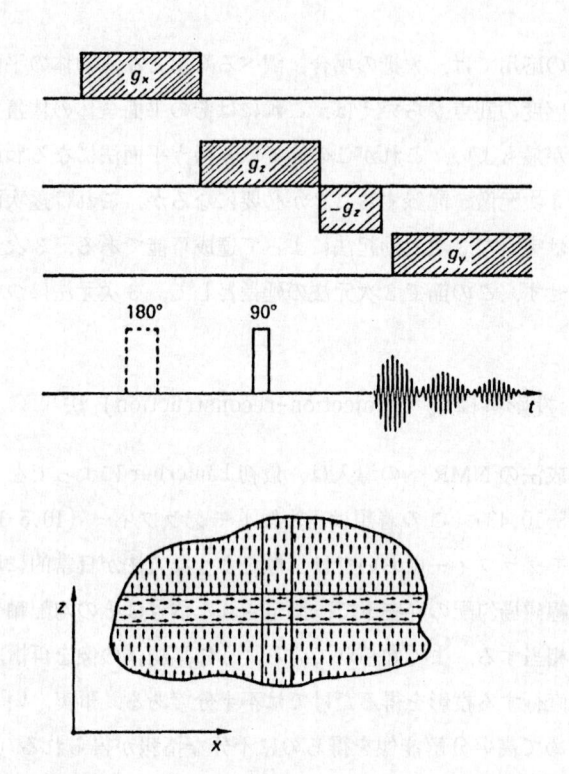

図 10.3.4 エコー線画像：z勾配の下で90°パルスをかけることにより，横磁化を励起する．この z 勾配は，z軸に垂直な平面を選び出す．次に x 勾配の下で180°パルスをかけて x 軸に垂直な平面の磁化を反転させる．二つの実験で得られる自由誘導減衰の差をとれば，y 軸方向に平行な柱からの信号が得られる．下方の図の矢印は180°-90°パルス系列を加えた後のスピン配向の分布を示す．

をとりこむ前に再結像用の磁場勾配がつけ加えられている．

この方法の場合には飽和がないので，遅れなく次の線へと実験をくり返すことができる．

10.4 逐次面法

医用画像の応用では，大抵の場合，調べる対象となる物体の平面を選べば用が足りる．感度の観点からいえば，これにはその平面全体の体積要素を同時に励起するのが最もよい．これがこの節で取り扱う平面法になるわけである．時には完全な 3 次元像を記録することが必要になるが，これは逐次面測定によって，あるいは完全な 3 次元励起法によって達成可能である．3 次元法を別個に扱うことはせず，この節で 2 次元法の延長として，3 次元法についても少し言及する．

10.4.1 投影再構成 (projection-reconstruction) 法

投影再構成法の NMR への導入は，最初 Lauterbur によってなされた（10.1, 10.2, 10.38-10.43）．この着想は，X 線トモグラフィー（10.5-10.8）からきた．X 線トモグラフィーにおいては，似たような方法が日常的に用いられている．強い直線磁場勾配の存在下で，測定された信号はその勾配軸への物体の 1 次元投影に相当する．よく知られているように，物体の像を再構成するためには，三つの直行する投影を得るだけでは不十分である．事実，いくつもの投影を用いて初めて高い分解能像を得るのに十分な情報が得られる（図10.4.1）．記録すべき投影の数は 2 次元画像の場合は線上で区別されるべき分離素片の数の程度であり，3 次元画像の場合には一つの面内で分離されるべき素片の数に等しいのである．

ここでは議論を 2 次元の画像に限ることにしよう．たとえば，z 軸方向にかけた勾配磁場の存在下で，選択的なパルスを加えることにより，z 軸に垂直な一つの平面全体を励起する．次に磁場勾配を xy 面内で x 軸から角度 φ 傾いた直線に沿ってかけながら，自由誘導減衰（FID）を観測する．$\varphi=0°$ から $\varphi=180°$ までのいろんな角度 φ に対して，一連の FID を完全記録する．これらの信号をフーリエ変換すると，必要な投影が得られる．

X 線トモグラフィー用に，たくさんの再構成法が開発されてきた（10.7）．

10.4 逐次面法

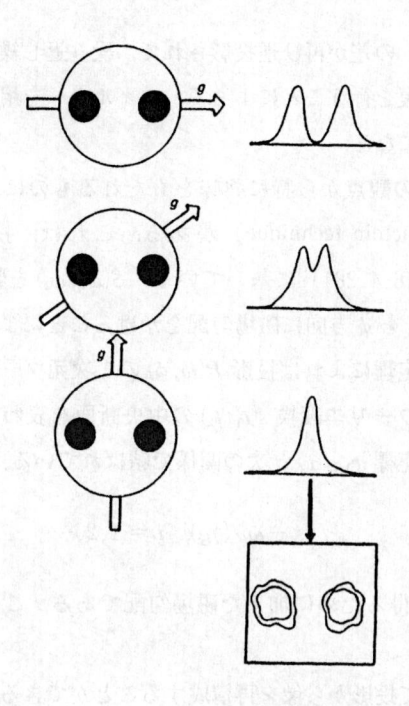

図10.4.1 投影再構成法：いろいろな向きの勾配を物体（この場合は，水をいっぱい入れた二つのシリンダーから成るファントムである）に加えることにより，一連のスペクトルが得られるが，これは物体の一連の投影に対応する．物体の像は，これらの投影から再構成される．

これらはNMR像の再構成に対しても，同じように適用することができる．

最も簡単な再構成法は<u>逆投影法</u>（back-projection technique）である．それぞれの投影の強度が投影方向に沿った画像面に逆投影される．ここで投影をフィルターなしに直接用いるとぼやけた像しか得られないであろう．しかし，投影に適当なフィルターをかけると，忠実な像を得ることができる．これがフィルターされた逆投影（filtered back-projection）である．

もう一つの可能性は**反復再構成法**（iterative reconstruction）と呼ばれるもので，これも逆投影を用いている．しかしながら，この場合，逆投影の1サイクルが終った後，得られた像の新しい投影が計算され，それが物体の真の投影

と比べられる．それの差が再び逆投影されて，繰り返し繰り返し像が改善される．このような反復を行うことによって，フィルターを用いなくても忠実な画像が得られることになる．

フーリエ分光学の観点から特に興味をもたれるものに，フーリエ再構成法 (Fourier reconstructoin technique) がある．これは，投影断面定理 (6.4.1.5節の式(6.4.25-6.4.28)) に基いている．$S(\omega_1,\omega_2)$ を物体の望みの像としよう．また $P(\omega,\phi)$ を ϕ 方向に磁場勾配をかけることによって得られる投影としよう．投影断面定理によれば投影 $P(\omega,\phi)$ の1次元フーリエ変換 $c(t,\phi)$ は像 $S(\omega_1,\omega_2)$ の2次元フーリエ変換 $s(t_1,t_2)$ の中央断面を表わす．測定された周波数 ω_1 と ω_2 は空間座標 x_1, x_2 と次の関係で結ばれている．

$$x_i = -\omega_i/(\gamma g), \quad i=1,2,\cdots \tag{10.4.1}$$

ここに g は投影を得るために加えた磁場勾配である．この定理は図10.4.2に図解されている．

この定理を用いて投影から像を再構成することができる（図10.4.3）．

1. いろいろな投影方向 ϕ に対して測定された投影 $P(\omega,\phi)$ は，それぞれ別個にフーリエ変換される．
2. これらのフーリエ変換は，フーリエ変換される物体 $s(t_1,t_2)$ の中央断面 $c(t,\phi)$ を表す．外挿法により (t_1,t_2) 面での規則格子上の標本点が計算される．
3. $s(t_1,t_2)$ の逆2次元フーリエ変換を行うことにより，望みの像 $S(\omega_1,\omega_2)$ が得られる．

フーリエ実験により，中央断面 $c(t,\phi)$ の直接測定が可能なので，再構成手順のうち，段階1は省略することができることに注目しよう．この像再構成手順のうちのただ一つの近似は，規則格子上の標本点を得るための外挿にある．図10.4.3でわかるように，測定された標本点は (t_1,t_2) 面の外側の部分よりも $t_1=t_2=0$ の中央点の付近により密に分布している．このことは"低周波成分"

10.4 逐次面法

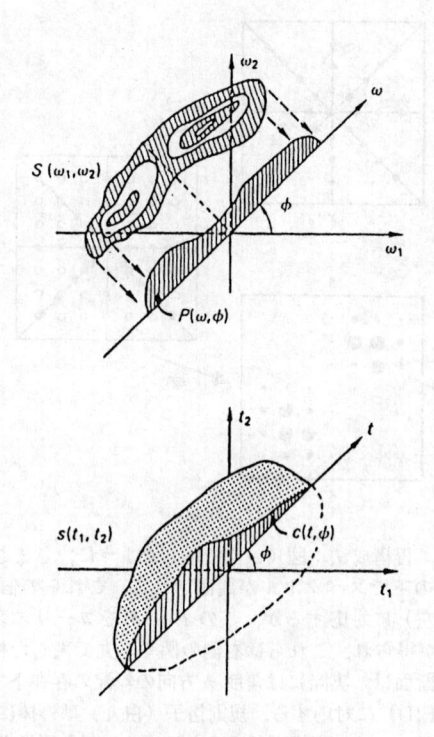

図 10.4.2 フーリエ再構成：必要な画像 $S(\omega_1,\omega_2)=S(-\gamma gx_1,-\gamma gx_2)$ の ω_1 軸と角 ϕ をなす軸に対する投影 $P(\omega,\phi)$ は，ϕ 方向への勾配を加えることによって得られる．$P(\omega,\phi)$ の1次元フーリエ変換は画像のフーリエ変換 $s(t_1,t_2)$ の原点 $t_1=t_2=0$ を通る断面 $c(t,\phi)$ （中央断面）に等しい．

すなわち画像の大雑把な特徴が，高周波成分に含まれる細かい特徴よりも，うまく表現されるということである．

そこで，空間に等間隔に分布した格子様の標本点 $s(t_1,t_2)$ を直接得ることはできないのか，という疑問が生じる．これはフーリエ画像法を用いることによって実際に可能である．

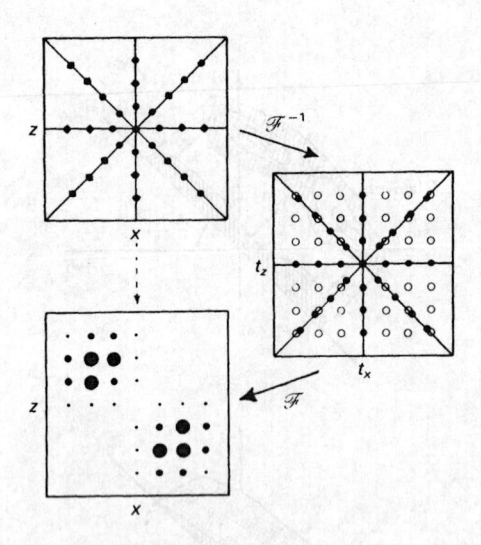

図 10.4.3 フーリエ再構成法：図10.4.1で示したように，さまざまな方向 ϕ の磁場勾配の下でスペクトルが観測される．これらの信号は投影 $P(\omega, \phi)$（上，左）に対応するが，この $P(\omega, \phi)$ をフーリエ変換すると，断面 $c(t, \phi)$ が得られ，これらは右側の図で黒丸で表した格子点となる．これらの断面は，実際には角度 ϕ 方向の勾配の存在下で得られる時間域信号（FID）に対応する．規則格子（白丸）は外挿によって得られる．逆2次元フーリエ変換を行うことにより，望む画像が得られる．（下，左）．

10.4.2 フーリエ画像法

スライスもしくは立体のフーリエ画像（10.47，10.48）は，典型的な2次元分光技術と考えることができる．これは分離技法（第7章）の種類に属するものである．一つ（または，二つ）の発展期間と一つの検出期間とによりなる実験で体積素片の位置を決定する二つ（ないしは三つ）の周波数座標が，遂次測定される．この実験は図10.4.4に図示されている．

2次元（平面）の場合，g_x の磁場勾配の存在下で選択的パルスを加えることにより，yz 面に垂直な平面を選びとる．発展は g_y の勾配の下で起こり，検出は g_z の勾配の存在下でなされる．2次元分光法の基本的な処方に従って，

10.4 逐次面法

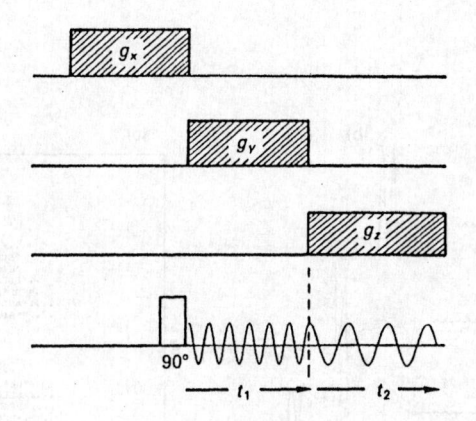

図 10.4.4 フーリエ画像法，実験の 2 次元版では，x 方向の磁場勾配の存在下で選択的パルスをかけることにより，一つの面が選ばれる．展開および検出期における歳差運動の周波数が，それぞれ y 方向，z 方向の磁場勾配中で占める体積素片の位置を決定する．

展開時間を変えた一連の実験を繰り返す必要がある．3 次元実験の場合には，g_x，g_y 勾配の下での二つの展開時間を挿入し，両者の長さを実験毎に系統的に変えなければならない．

測定された一連の信号は，物体の 2 次元または 3 次元フーリエ変換 $s(t_1, t_2)$ によりなる，等間隔格子の標本点を形成する（図10.4.3の白丸）．座標 (x, y, z) の体積素片からの信号成分は，2 次元実験に対しては，

$$s(t_1, t_2) = s(0,0) \exp\{-i\gamma y g_y t_1 - i\gamma z g_z t_2\} \qquad (10.4.2)$$

3 次元実験に対しては，

$$s(t_1, t_2, t_3) = s(0,0,0) \exp\{-i\gamma x g_x t_1 - i\gamma y g_y t_2 - i\gamma z g_z t_3\} \qquad (10.4.3)$$

で与えられる．望みの像を得るためには，得られたデータの 2 次元または 3 次元フーリエ変換を行えばよい．連続した二段階のフーリエ変換を行なった場合に記録される信号の例を図10.4.5に示す．

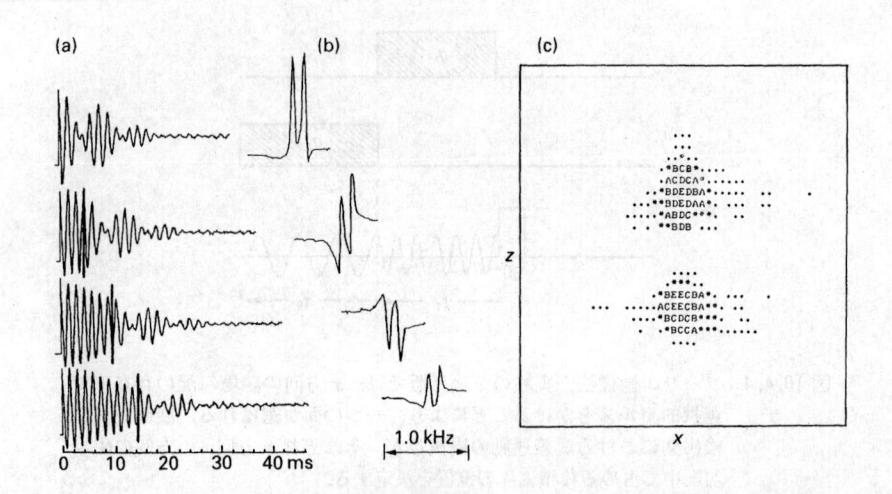

図 10.4.5 ファントムのフーリエ像を示す．このファントムは水を一杯含んだ毛細管 2 本よりなる．毛細管は内径 1mm で，中心間距離を互いに 2.2mm 離してあり，D_2O 中に浸されている．管は y 軸に平行である．
　a．時間領域での信号：発展期および検出期を通じて 4 種の信号が記録された．t_1, t_2 期においては，それぞれ x 軸および z 軸方向に磁場勾配がかけられた．（t_1 期においては，二つの管からの信号は同じ周波数をもっている．）
　b．t_2 間隔に関して 1 次元フーリエ変換することにより得られる信号 $S(t_1, \omega_2)$
　c．二度めのフーリエ変換の後に得られる信号 $S(\omega_1, \omega_2)$（絶対値表示）
　（文献10.48を改変）

　フーリエ投影再構成法と画像法との緊密な関係は明白である．二つの方法は，2 次元または 3 次元時間領域における標本点の分布において違うのみである．フーリエ画像法は等間隔の格子状標本点を与えるので，高周波と低周波の両方に対して等しい精度をもつ．このため，投影再構成法による像よりもフーリエ画像法の像の方が細部がよく表現されるだろう．

10.4.3 スピン-ワープ (Spin-warp) 画像法

フーリエ画像法は，NMRトモグラフィーを商業的に実現させるのに最も信頼できる方法であることが判明した．改良された方法の一つにスピン-ワープ画像法というのがあり，これが，今日広く応用されている．

スピン-ワープ画像法は，Hutchisonとその協力者によって提案された（10.61, 10.62）．いわゆる通常のフーリエ画像法とは異なり，発展期間の長さは固定され，加える磁場勾配の**強さ**が実験毎に順次増加される．これは発展期間 t_1 における緩和効果が，すべての実験を通じて一定であるという利点をもつ．8.3.2節で述べられたように，それは定時間実験であり，達成しうる分解能は緩和に依存しない．

図10.4.6には，ワープ画像法の実験のやり方を示しているが，フーリエ画像法の基本的なやり方にさらに改良が加えられていることがわかる．励起は g_x 勾配の存在下での選択的なラジオ波パルスを用いてなされる．発展期間に反対方向に磁場勾配 g_x がかけられて，励起された磁化が再び焦点を結ぶ．これと同時にさまざまな大きさの g_y 勾配をかけることにより y 方向の体積素片を識別する．最後に観測期においては g_z 方向の磁場勾配がかけられ，z 方向の体積素片が分散，識別される．これらの磁場勾配を問題なくなめらかに加えたり取り除いたりするには，一連のすべての実験において勾配の形が同じである必要がある．

スピン-ワープ画像法は，容易に3次元に拡張できる（10.62）．この方法はまた化学シフトの測定と結びつけることもできる．

10.4.4 回転系 (Rotating-frame) 画像法

フーリエ画像法の変形の一つとしてHoult（10.49）によって提案されたもので，準備期と発展期を一つの時間間隔にまとめている．横磁化は一方向に不均一性をもつラジオ波磁場によって励起される．したがって，g_x のラジオ波磁場の勾配により，各平面が互いに異なるパルス回転角 $\beta(x)$ を経験すること

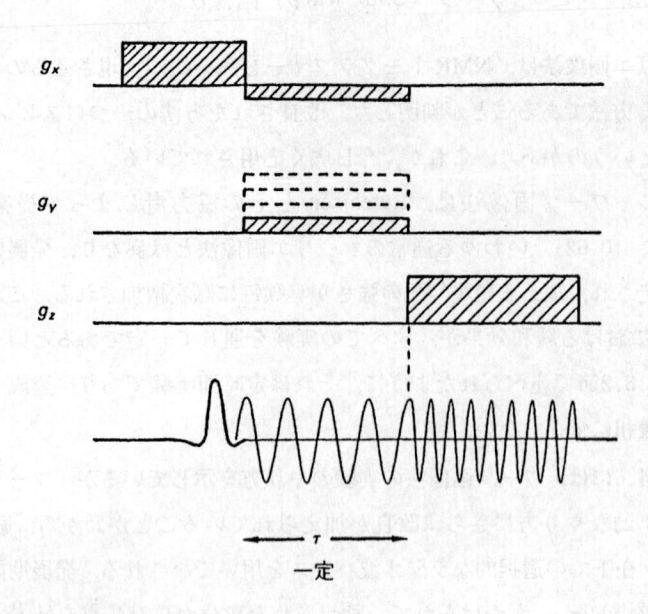

図 10.4.6 スピンワープの実験手順．フーリエ画像法（図10.4.4）と対照的に，発展期の終わりの歳差周波数の位相が，発展期の長さによってではなく，磁場勾配 g_y の大きさを増加させることによって，変調される．

になる（図10.4.7）．実験毎にパルスの長さを系統的に変えることによって，信号に特徴的な変調が生じる．これが x 座標の情報をもっている．検出は静磁場勾配 g_y の存在下で行われる．

　静磁場勾配をラジオ波磁場勾配で置き換えることを除けば，回転系画像法はフーリエ画像法と完全に等価であり，全く同じデータ処理が必要である．回転系画像法の利点は，静磁場勾配を必要としないことである．磁場勾配の切り替えは，人体に悪い影響を及ぼす懸念がある．しかし，直線ラジオ波磁場勾配を綺麗につくり出すことは直線静磁場勾配を作り出すことよりもずっと難しい．

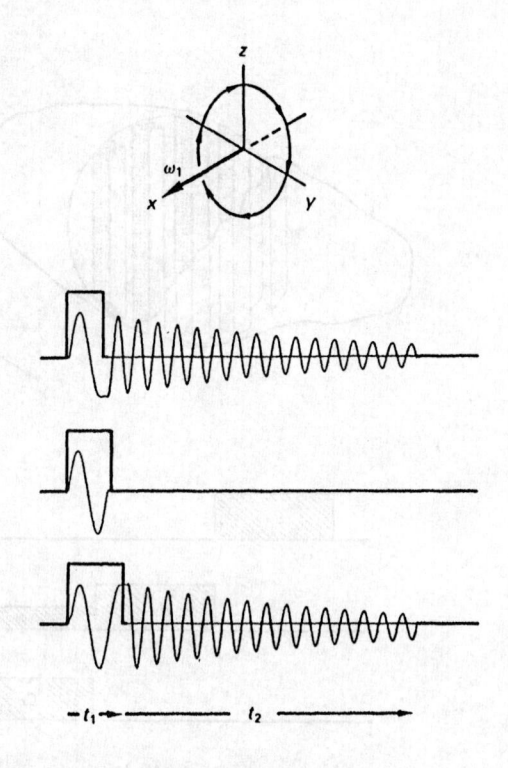

図 10.4.7 回転系画像法:展開期は勾配 g_x をもつ不均一なラジオ波磁場パルスよりなる.パルス幅を系統的に増大する結果,体積素片の x 座標に依存して信号の強度が変調される.

10.4.5　面(Planer)および多重面画像法(Multiple planar imaging)

さらに二つの逐次面法がマンスフィールド(Mansfield)とその協力者達により提案された(10.44).二つとも線掃引法の延長である(10.3.2節).

面画像法の原理は図10.4.8に図示されている.まず,一つの平面を除いて物体のすべての部分が,g_x 磁場勾配の下に形成された励起パルスを加えることによって飽和される.線掃引法の場合と対照的に一連の平行な柱からなる体積素片が g_y 磁場勾配の下で,適当な多重周波数パルスにより,一挙に励起され

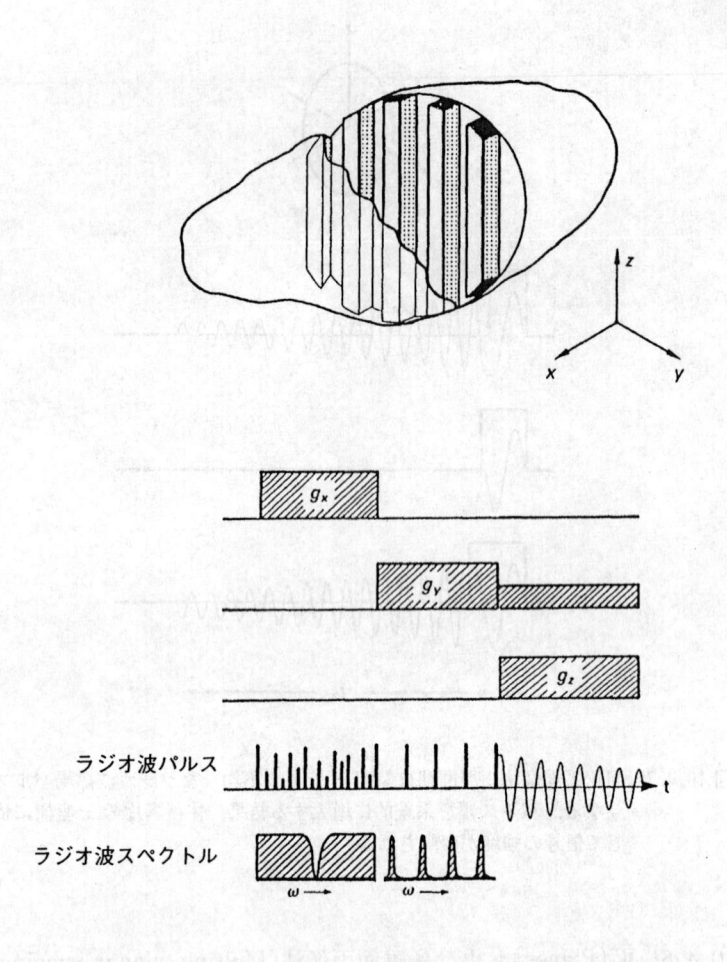

図 10.4.8 面画像法においては，x 磁場勾配の存在下で，整形された励起パルス系列が加えられる．このパルスの形は，くぼみ以外の場所では，本質的に白色光のラジオ波スペクトルをもっている（図10.3.3と比較せよ）．x 軸に垂直な平面以外の，すべての体積素片が飽和される．これとは違った，離散的な側波帯よりなるスペクトルをもった，整形励起パルス系列（たとえば等間隔で並ぶ一連のパルス）が，y 磁場勾配の存在下でかけられる．最後に y 軸および z 軸に沿った二つの重みをかけた磁場勾配の存在下で信号が観測される．

10.4 逐次面法

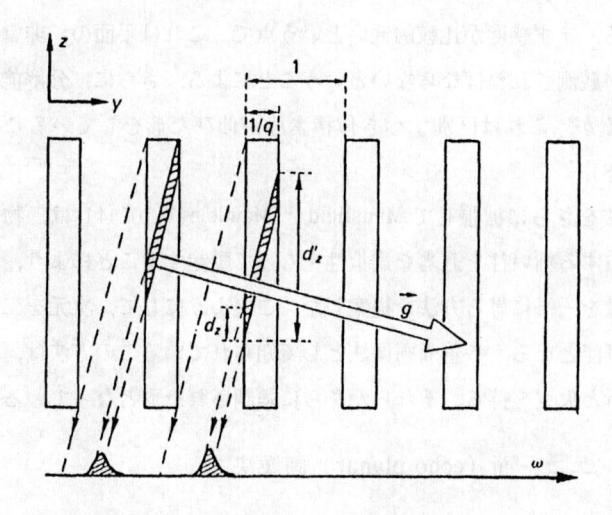

図10.4.9 面画像法（図10.4.8を見よ）においては，検出期において y および z 磁場勾配が加えられるが，これらは個々の柱（カラム）の斜め投影が重ならないよう調整されなければならない．z 方向の高い空間分解能は柱が細い場合（$1/q \ll 1$）にのみ得られる．すなわち y 磁場勾配下でかけられた励起パルス系列がよく分離された側波帯よりなる場合である（文献10.50より）．

る．最後に，適度に重みをかけた二つの磁場勾配 g_y と g_z によって，xy 面で傾いた磁場勾配が作り出され，その下で，FID が観測される．

大事なことは選ばれた面内で，十分に狭い筋状の部分が励起されることである（10.4.9）．この結果，傾いた磁場勾配をかけることによって，異なる柱からくるスペクトルを互いに重ならないようにスピン濃度を投影することが可能になる．

このようにして，たった一つの実験から，一つの平面全体の（もしくは少なくともこの平面内の一連の溝からの）像を得ることが可能になる．平面画像法は格別に迅速な技術である．そもそもその秘密は，一つの平面全体を一つの直線へとマッピングすることによって次元を落とすということにある．

この方法の背後にある考え方は天才的ともいえるが，またいくつかの欠点を

もっている．まず感度が比較的低いという点で，これは平面の，非常に狭い筋状の領域が観測されねばならないということによる．さらに，分解能に著しい制限があるが，これは区別すべき体積素片が伸びた形をしていることによる（図10.4.8）．

この方法をさらに拡張して MansfieldとMaudsley (10.44) は，物体の中に均等に分布する細い柱を適当な選択性をもって励起することにより，3次元物体全体の像を一挙に得る方法を提案した．このようにして，次元を二重に落とすことが可能となる．多重面画像法として知られているこの方法は，面画像法と同じ長所と欠点を持ち，それらがさらに強調された形となっている．

10.4.6 エコー面 (echo planar) 画像法

エコー面画像法は，これもまた Mansfield (10.46) によって提案されたものであり，フーリエ画像法のもう一つの変型とみなすことができるが，平面全体の像を再構成するのに必要なすべての実験が，ただ一つのFIDの中で，順次，遂行されるものである．それはまた平面画像法にも関係しているが，細い筋状の部分を選択的に励起する必要はない．

まず最初に一つの平面の体積全体の横磁化が励起されるが，これは，たとえば磁場勾配の存在下で選択的パルスをかけることによって達成される．この信号は，図10.4.10に示すように弱い静磁場勾配 g_x と強くてしかも時間的に方向の切り変る磁場勾配 g_y との存在下で観測される．磁場勾配を反転させると再焦点効果により，一連のエコーが生じることになる．

この原理を理解し，かつフーリエ画像法との関係をつかむために，この過程を一つの実験として考えてみよう．そして各々の実験が一つのエコーピークから次のエコーピークへ続いているものとする．n 番めの実験（n 番めのエコーに続いて行われる）において，座標 (x,y) の体積素片から生じる信号は，

$$s(nT, t_2) = s(0,0) \exp\{-i\gamma x g_x nT - i\gamma y g_y t_2\} \qquad (10.4.4)$$

で与えられる．ただし n 番めのエコーの頂点において $t_2=0$ である．一つ前の

10.5 さまざまな画像法の感度と性能の比較

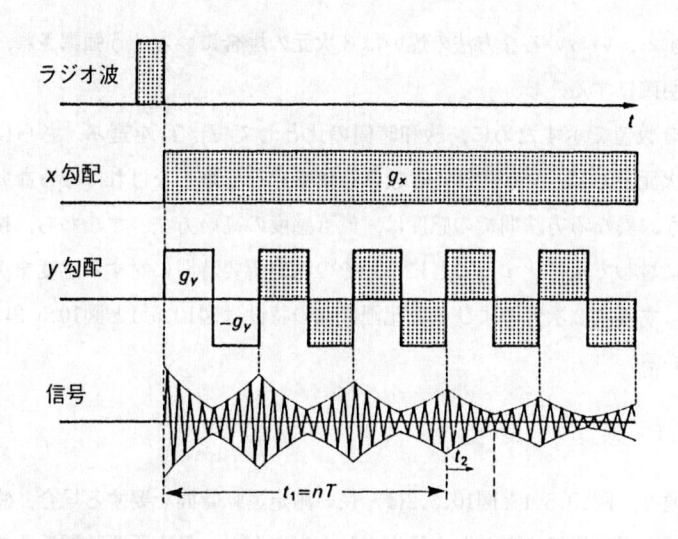

図 10.4.10 エコー面画像法：一つの平面の磁化が z 磁場勾配の存在下で選択的に励起され，弱い x 方向の磁場勾配の下で，y 磁場勾配を切り替えながら観測される．

時期の g_y によって生じた効果はすべて再び焦点を結ぶので，n 番めのエコーが起こるときの位相は局所磁場 yg_x によって完全に決定される．式(10.4.4)の信号は式（10.4.2）のフーリエ画像実験とのそれと全く同じである．

エコー面画像法の再構成においても，信号 $s(nT, t_2)$ の2次元フーリエ変換が必要である．この方法はただ一つの FID の間に一つの平面全体について十分な情報が得られるので，今日知られている最も早くかつ感度の高い方法の一つである．

10.5 さまざまな画像法の感度と性能の比較

これまで議論してきたさまざまな方法の比較研究は，文献10.50に記述されている．この節では2次元および3次元画像法の両者を考慮してその主な結果

を要約する．いろいろな方法の違いは3次元の場合にいっそう強調され，その特徴を明確にする．

結果を数値で示すために，緩和時間の比として T_1/T_2 を選ぶ．さらに2次元，3次元ともに，$n=32$ という数の体積素片を分離しなければならないと仮定しよう．異なる方法間での感度は，最も感度の高い方法，すなわち，投影再構成法に対して規格化することにし，その測定所要時間に対する感度を1と置くことにする．2次元および3次元画像法の特性は図10.5.1と図10.5.2に要約されている．

10.5.1 感　　度

期待通り，図10.5.1と図10.5.2は，長い測定運転時間を要する場合，感度が時間の平方根に比例することを示す．しかしながら，最小所要時間近くでは感度がこれよりずっと早く増加するものもある．特に感応点法および面画像法において，然りである．この振舞いは特に，大きな T_1/T_2 比に対して顕著である．

方法によって感度のバラつきが極めて大きいことは明白である．それは分離されるべき体積素片の数に強く依存している．$n=32$ の場合，3次元法の感度は4桁以上の範囲にわたっている．これに対して2次元法では感度は2桁変っているだけである．

3次元でも2次元法でも，投影再構成法（3DPR，2DPR）とフーリエ画像法（3DFI，2DFI）が最も感度が高い方法であるが，これはこれらが同時測定の方法であることによっている．投影再構成法の感度は常に最もよい．フーリエ画像法における若干の感度の損失は，非常に長い観測時間 $T=3T_2$ を仮定したことと，発展時間の間に信号が減衰するという事実のためである．10.4.3節で説明したようなスピンワープ画像法を使えば，投影再構成法と同じ感度を達成することができる．ただし，発展時間が短縮され，加える磁場勾配がそれに応じて増大された場合の話である．

線掃引（LS）や感応点（MSP）のような逐次線測定は，同時測定に比べる

10.5 さまざまな画像法の感度と性能の比較

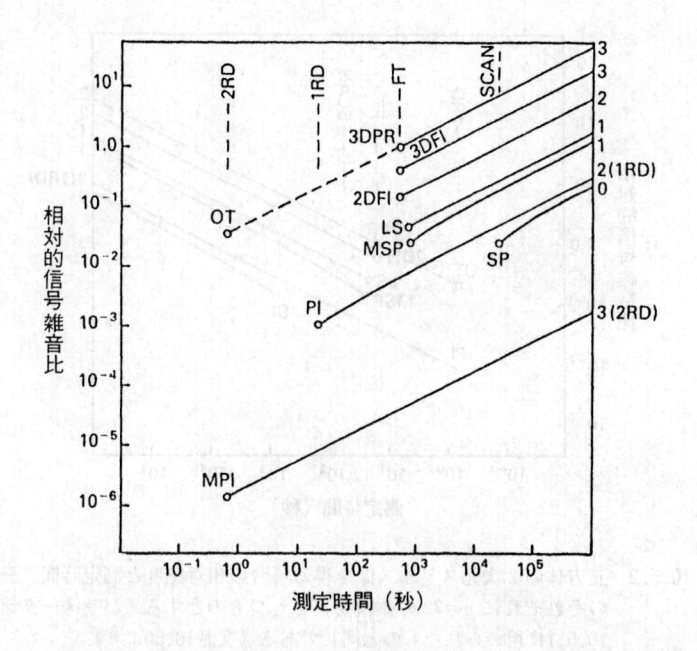

図10.5.1 立方体の3次元像に対する相対感度と測定時間. 三方向とも $n=32$ の体積素片をもつものとする. 次に述べる方法が含まれている. OT= 最適法; 3DPR= 3次元投影再構成法; 3DFI= 3次元フーリエ画像法; 2DFI= 3次元物体の画像のために用いられる2次元フーリエ画像法; LS= 線掃引法; PI= 面画像法; MPI= 多重面画像法; SP= 感応点法; MSP= 多重感応点法. 次のパラメータ値が使われた. $T_1=0.5$ 秒, $T_1/T_2=3$, 観測時間 $T=3T_2$. 右側の数字は次の種類分けに対応する. 0= 逐次点測定, 1= 逐次線測定, 2= 逐次面測定, 3= 同時測定. 1RD および 2RD は, それぞれ次元を一つおよび二つ低下させた方法を示す. 各々の方法に対して, 最低所要時間が, 丸（○）で示されている. 最低所要時間でみれば, 四つのグループへの分類分けできることがわかる. すなわち SCAN（掃引法）, FT（フーリエ法）, そして 1RD と 2RD 法（文献10.50より）.

と通常約一桁感度が低い. 線掃引法は多重感応点法よりいくらか感度は高い. これは, 線掃引法における選択的励起の利点のためであると説明される. すなわち, 線掃引法では, 観測しない体積素片の磁化の飽和を避けているからである. このことが, 速い繰り返し速度を可能にし, その結果一層高い感度をもた

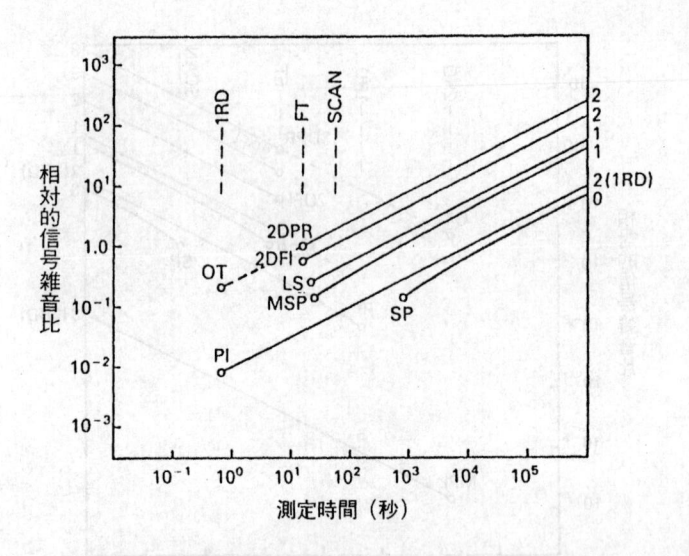

図 10.5.2 立方体の 2 次元スライス像を得る場合の相対感度と測定時間. 三方向のそれぞれに $n=32$ の体積要素をもつものとする. パラメータ値は, 10.5.1に用いられたものと同じである (文献10.50より).

らす. 線掃引法の感度は, T_1/T_2 比が大きければ, 2 次元フーリエ画像法の感度を陵駕することさえ可能である.

投影再構成法あるいはフーリエ画像法に比べて, 線掃引法および多重感応点法や感応線法が, 持っている利点の一つは, データ処理が単純であるという点である. 特に完全な 3 次元データの配列を貯える必要なく, 一つの線を一時に処理することができる. 生きている物体が物理的にゆっくり動くということが, 2 次元あるいは 3 次元フーリエ法の分解能に著しく影響を与える. その理由は時間域データの組のすべてがスペクトル中の個々の点に貢献するからである. 一つの線の像をつくる時間は, これに比べると短いので, 運動にはむしろ鈍感である. この点で感応点法は理想的な方法である. なぜなら, 局所的なスピン濃度が直接測定されるし, 多分, 何らかの整合フィルタリングを行うこと以外特別のデータ処理を必要としないからである. しかしながら, 完全な像を得るには, 感応点法の感度はあらゆる他の方法と比べて低すぎる.

10.5 さまざまな画像法の感度と性能の比較

特別な場合として，面画像（PI）と多重面画像（MPI）がある．これらの方法では，それぞれ逐次面測定あるいは同時3次元測定を行う．にもかかわらず，感度が低い．これは活性な体積を制限する必要があるからである．面画像法の場合のように，次元を一つ低下させると，感度は逐次線測定のそれより低くなる．多重面画像法の場合のように次元を二重に低下させると，感度は感応点法よりも著しく低くなる．加うるに，これら二つの方法は，他の方法と比べると分解能の点で不利であり，より以上に感度を犠牲にすることによってのみ，これを克服することができる．

これまで相対的な感度のみを議論してきた．もちろん絶対感度は実用的な意味からも興味はあるが，これは利用する装置に強く依存している．HoultとLauterbur(10.11)により，実際的な場合について批判的評価が提出されている．

10.5.2 所要時間

さまざまな方法を，完全な2次元ないし3次元実験を行うための最低所要時間に従って分類することもできる．最低所要時間は図10.5.1と図10.5.2の丸で示されているように，仮定された体積素片の数に対して，3次元実験では4桁の範囲にわたり，また2次元実験では3桁の範囲にわたっている．最も長い測定時間を必要とするのは逐次点測定である．この種のものの例として感応点法（SP）があるが，これは典型的な掃引法である．

データの積算はフーリエ変換法を採用することにより，およそn倍（nはそれぞれの次元において分離さるべき体積素片の数）速くなる．この場合に，逐次線法，逐次面法，あるいは同時3次元測定のいずれを行うかは重要ではない．すなわち，方法によって感度は異なるけれども，ほぼ同じ最低測定時間を要するからである．これらのフーリエ変換法において必要とされる全実験数はすべて同じである．唯，特定の体積素片に関する情報を含む場合にのみその実験数が異なる．

線掃引法および多重感応点法は，他のフーリエ変換法と比べて最低所要時間はいく分長い．線掃引法においては選択的飽和のために必要な余分の時間，そ

れと新しい平面に移るまでの待ち時間が必要なので，特に長い T_1 緩和時間のものに対しては所要時間が長くなる．

これ以上所要時間を短くするのには，それぞれ面画像法や多重面画像法で使われているように，次元を一つまたは二つ低下させることによる．この場合には，平面全体あるいは完全な3次元物体の像を記録するのに，唯一つのFIDの採取時間が必要なだけである．まとめると，以上の4種の方法は，所要時間が短くなっていく順に，

1．掃引法
2．フーリエ法
3．次元を一つ低下させた方法
4．次元を二つ低下させた方法

に分けられる．これを書いている現時点では，診断医学の目的のために良質の像を得るには，フーリエ法が最も希望のもてる方法である．しかし，画像法における流行は時と共に変るであろうから，もっと専門的な応用，たとえば in vivo での代謝過程を追跡するために画像法と高分解NMRを結びつけるといった目的のために，特別の利点をもった方法が有利になることはあり得ないことではない．

もっとつっ込んだNMR画像法の取り扱いと参考文献については文献10.63～10.68を参照されたい．

付　　録

(日本電子㈱ NM グループ応用研究室の協力による)

表1　「2次元 NMR 法の実際」

名前，使用目的，パルス列，文献を示した．
これらは実際に使用して働くものを集めた．

OBS　：観測用チャネル

IRR　：照射用チャネル

OBS と **IRR** のパルスはタイミングを取って書かれている．例えば

OBS　$\frac{\pi}{2}(\phi_1) - t_1 - \quad - \tau_1 - \pi(\phi_2) -$ **ACQ**

IRR　$\qquad\qquad\quad \pi(\phi_3) - \tau_1 - \quad$ ← C.Dec

は

OBR　$\pi/2(\phi_1)$ — t_1 — $\pi(\phi_3)$ — τ_1 — $\pi(\phi_2)$

IRA　Decoupling

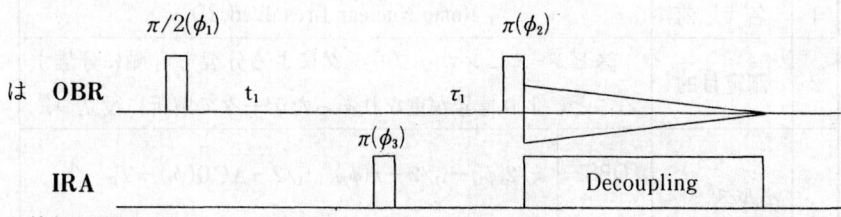

と等価である．

ϕ_n　：n 番目パルスのラジオ波位相

ACQ　：検出期で t_2 に対応する

C. Dec　：Complete decoupling

H. Dec　：Homonuclear Decoupling

$\frac{\pi}{2}(\phi_n)$　：$\frac{\pi}{2}(90°)$ パルスでラジオ波位相を ϕ_n にセット

T_p　：次のパルス列が始まるまでの待ち時間

$\phi_n = (x, \ y)_3$ の記法は x,y,x,y,x,y のように下付数字回数カッコ内を繰り返す．
文献は出来る限り最初のものを集めた．
本文への参照は頭文字（省略型）か関連分野を調べるとよい．

1	名　前		Homo Nuclear Shift Correlation （COSY）
2	測定目的		スピン-スピン結合している同種核間に相関信号が現れる．化学結合による信号のつながりを解析する．
3	パルスシーケンス	OBS.	$\pi/2(\phi_1)-t_1-\pi/2(\phi_2)-\mathbf{ACQ}(\phi_4)-T_D$
		IRR.	———————————————————
4	位相まわし	OBS.	$\phi_1=(x)_4 \quad \phi_2=x,y,-x,-y \quad \phi_3=x,y,-x,-y$ $\phi_3=(x,\ -x)_2$
		IRR.	———————————————————
5	文　献		W. P. Aue et al. *J. Chem. Phys.* **64**：2229(1976)
1	名　前		Homo Nuclear J-resolved 2D
2	測定目的		スピン-スピンカップリングによる分裂を f_1 軸に分離することにより信号が重なりあったデータの解析に役立つ．
3	パルスシーケンス	OBS.	$\pi/2(\phi_1)-t_1/2-\pi(\phi_2)-t_1/2-\mathbf{ACQ}(\phi_3)-T_D$
		IRR.	———————————————————
4	位相まわし	OBS.	$\phi_1=(x)_4 \quad \phi_2=x,\ y,\ -x,\ -y \quad \phi_3=(x,\ -x)_2$
		IRR.	———————————————————
5	文　献		W. P. Aue et al.; *J. Chem. Phys.* **64**：4226(1976)　G. Bodenhausen, R. Freeman, G. A. Morris, D. L. Turner; *J. Magn. Reson.* **31**：75(1978)

表1 2次元NMR法の実際

1	名前	Relayed COSY
2	測定目的	直接スピン-スピン結合している信号間の相関だけでなく，他の核を通した間接的な相関も観測できる．
3	パルスシーケンス	OBS. $\pi/2(\phi_1)-t_1-\pi/2(\phi_2)-\tau_1-\pi(\phi_1)-\tau_1-\pi/2(\phi_3)-\pi(\phi_4)-T_D \quad \tau_1=1/(nJ_{HH})$ IRR.
4	位相まわし	OBS. $\phi_1=x,y,-x,-y,y,-x,-y,x,-x,-y,x,y,-y,x,y,-x,y,-x$ $\phi_2=(x,-x,-x,x,y,-y,-y,y)_2 \quad \phi_3=(x,-x,x,-x,y,-y,y,-y)_2$ $\phi_4=y,-x,-y,x,-x,-y,x,y,-y,x,y,-x,x,y,-x,-y$ IRR.
5	文献	G. Eich, G. Bodenhausen, R. R. Ernst; *J. Am. Chem. Soc.* **104**：3731(1982) A. Bax, G. Drobny; *J. Magn. Reson.* **61**：306(1985)
1	名前	COSY with f_1 Broad Band Decoupling
2	測定目的	測定目的はCOSYと同じ．Jカップリングによる信号のf_1軸の分裂をデカップリングする．それによってf_1軸方向の信号の分離とS/Nを向上させている．
3	パルスシーケンス	OBS. $\pi/2(\phi_1)-t_1-\pi(\phi_2)-t_2-\pi/4(\phi_3)-\mathbf{ACQ}(\phi_4)-T_D$ $t_1+t_2=$Const. IRR.
4	位相まわし	OBS. $\phi_1=(x)_4 \quad \phi_2=(x)_4$ $\phi_3=x, \ y, \ -x, \ -y \quad \phi_4=(x)_4$ IRR.
5	文献	A. Box, R. Freeman; *J. Magn. Reson* **44**：542(1981) M. Rance, G. Wagner, O. W. Sørensen, K. Wüthrich, R. R. Ernst; *Biochem. Biophys. Res. Commun.* **121**：1021(1984)

1	名　前		COCONOSY
2	測定目的		COSY の測定と NOESY の測定を同時に行うことによって測定時間を短縮する.
3	パルス シーケンス	OBS.	$\pi/2(\phi_1)-t_1-\pi/2(\phi_2)-\mathbf{ACQ}(\phi_3)-\tau_1-\pi/2(\phi_4)-\mathbf{ACQ}(\phi_5)-T_D \quad \tau_1=(\text{Mixing Time})-(\mathbf{ACQ})$
		IRR.	
4	位相まわし	OBS.	$\phi_1=(x)_4 \quad \phi_2=x,\ y,\ -x,\ -y \quad \phi_3=(x,\ -x)_2$ $\phi_4=(x,\ y)_2 \quad \phi_5=(x,\ -x)_2$
		IRR.	
5	文　献		A. G. Haasnoot, F. J. M. van der Ven, C. W. Hilbers; *J. Magn. Reson.* **56**：343(1984)
1	名　前		Heteronuclear multiple Quantum Correlation (HMQC) with Bird Pulse
2	測定目的		直接スピン-スピン結合している ^{1}H と ^{13}C の相関を求める. ^{1}H を観測することによって S/N が向上する.
3	パルス シーケンス	OBS.	$\pi/2(\phi_1)-\tau_1-\pi(\phi_2)-\tau_1-\pi/2(\phi_4)-\tau_2-\pi/2(\phi_5)-\tau_1-\quad -t_1-$ $\pi(\phi_7)-t_1-\quad -\mathbf{ACQ}(\phi_9)-T_D$ $(\tau_1=1/(2J_{cH}), \tau_2=\text{null point})$
		IRR.	$\pi(\phi_3)-\tau_1-\quad -\tau_2-\quad -\tau_1-\pi/2(\phi_6)-t_1-$ $-t_1-\pi/2(\phi_8)-$
4	位相まわし	OBS.	$\phi_1=(x)_4 \quad \phi_2=(y)_4 \quad \phi_4=(-x)_4 \quad \phi_5=(x)_4 \quad \phi_7=(x)_4$ $\phi_9=x,y,-x,-y$
		IRR.	$\phi_3=x,x,x,x \quad \phi_6=x,y,-x,-y \quad \phi_8=x,x,x,x$
5	文　献		A. Bax, S. Subramanian; *J. Magn. Reson.* **67**：565(1986)

表1　2次元NMR法の実際

1	名　前	Hetero Nuclear Multiple Bond Correlation (HMBC)		
2	測定目的	^{1}Hと^{13}Cのロングレンジ相関を求めることによって四級炭素と^{1}Hの相関も求めることができる．^{1}Hを観測することによりS/Nが向上する．		
3	パルスシーケンス	OBS.	$\pi/2(\phi_1)-\tau_1-\quad -\tau_2-\quad -t_1-\pi(\phi_4)-t_1-\quad -$ $ACQ(\phi_6)-T_D$ $(\tau_1=1/(2J_{CH}), \tau_2=1/(2^nJ_{CH}))$	
		IRR.	$\pi/2(\phi_2)-\tau_2-\pi/2(\phi_3)-t_1\quad -t_1-\pi/2(\phi_5)-$	
4	位相まわし	OBS.	$\phi_1=(x)_{16}\quad \phi_4=(x,x,x,x,-x,-x,-x,-x)_2$ $\phi_6=x,-x,x,-x,y,-y,-y,y,-x,x,-,x,x-y,y,-y,y$	
		IRR.	$\phi_2=(x,x,-x,-x)_4\quad \phi_3=(x,-x,x,-x)_4\quad \phi_5=(x,-x,x,-x)_4$	
5	文　献	Ad. Bax et al.; *J. Magn. Reson.* **78**：186(1988) Ad. Bax et al.; *J. Am. Chem. Soc.* **108**：2093(1986)		
1	名　前	Phase Sensitive Double Quantum Filtered COSY		
2	測定目的	直接スピン-スピン結合している信号の間の相関信号を観測できる．二量子フィルタによって^{1}HとのJカップリングを持たない信号を消去できる．「Double Quantum Filtered COSY」の改良型．位相検波によって信号の分離とS/Nが向上している．		
3	パルスシーケンス	OBS.	$\pi/2(\phi_1)-t_1-\pi/2(\phi_2)-\tau_1-\pi/2(\phi_3)-ACQ(\phi_4)-T_D$ $-\pi/2(\phi_5)-t_1-\pi/2(\phi_2)-\tau_1-\pi/2(\phi_3)-ACQ(\phi_6)-T_D$	
		IRR.	————————————	
4	位相まわし	OBS.	$\phi_1=(-y)_8\quad \phi_2=x,x,x,-x,-x,-x,-x$ $\phi_3=x,y,-y,-x,-x,-y,x,y$ $\phi_4=(y,x,-x,-y)_2\quad \phi_5=(x)_8\quad \phi_6=(-y,-x,x,y)_2$	
		IRR.	————————————	
5	文　献	U. Piantini, O. W. Sorensen, R. R. Ernst; *J. Am. Chem. Soc.* **104**：6800(1982) A. J. Shaka, R. Freeman; *J. Magn. Reson.* **51**：169(1983) D. J. States, R. A. Haberkorn, D. J. Ruben; *J. Magn. Reson.* **48**：286(1982) K. Nagayama; *J. Magn. Reson.* **66**：240(1986)		

1	名　前		Phase Sensitive Homo Nuclear NOE 2D (NOESY)
2	測定目的		NOE を観測することによって空間的に近接している核がわかる．また NOE の正負の判定もできる．さらに位相検波によって信号の分離と S/N が向上している．
3	パルス シーケンス	OBS.	$\pi/2(\phi_1) - t_1 - \pi/2(\phi_2) - \tau_1 - \pi/2(\phi_3) - \mathbf{ACQ}(\phi_4) - T_D$ $-\pi/2(\phi_5) - t_1 - \phi/2(\phi_2) - \tau_1 - \phi/2(\phi_3) - \mathbf{ACQ}(\phi_6) - T_D$ τ_1 = Mixing Time
		IRR.	
4	位相まわし	OBS.	$\phi_1 = (x, -x)_2$　$\phi_2 = (x)_4$　$\phi_3 = x, x, -x, -x$ $\phi_4 = x, -x, x, -x$　$\phi_5 = (-y, y)_2$　$\phi_6 = x, -x, x, -x$
		IRR.	
5	文　献		J. Jeener, B. H. Meier, P. Bachmann, R. R. Ernst; *J. Chem. Phys.* **71**：4546(1979) D. J. States et al.; *J. Magn. Reson.* **48**：286(1982) K. Nagayama; *J. Magn. Reson.* **66**：240(1986)
1	名　前		Phase Sensitive HOHAHA 2D (TOCSY:Total Correlation Spectroscopy)
2	測定目的		スピン-スピン結合による相関をスピンロッキングによって結合した核に伝えていき，スピン系のつながりがわかる．さらに位相検波によって信号の分離と S/N が向上している．
3	パルス シーケンス	OBS.	$\pi/2(\phi_1) - \tau_1 - \mathrm{SL}(\phi_2) - \mathbf{ACQ}(\phi_3) - T_D$ $-\pi/2(\phi_4) - \tau_1 - \mathrm{SL}(\phi_2) - \mathbf{ACQ}(\phi_3) - T_D$
		IRR.	
4	位相まわし	OBS.	$\phi_1 = y, -y$　$\phi_2 = x, x$　$\phi_3 = x, -x$　$\phi_4 = x, -x$
		IRR.	
5	文　献		L. Braunschweiler, R. R. Ernst; *J. Magn. Reson.* **53**：521 (1983). A. Bax et al; *J. Magn. Reson.* **65**：355(1985)

表1　2次元NMR法の実際

1	名　前	Phase Sensitive ROESY (CAMELSPIN)	
2	測定目的	スピンロッキングに用いて回転系のNOEによる相関を観測する．NOEが観測しにくい中程度の分子量（1000～5000）のサンプルに対して有効である．また位相検波によって，信号の分離とS/Nが向上している．	
3	パルスシーケンス	OBS.	$\pi/2(\phi_1)-t_1-SL(\phi_2)-ACQ(\phi_3)-T_D$ $-\pi/2(\phi_4)-t_1-SL(\phi_2)-ACQ(\phi_5)-T_D$
		IRR.	————————————————
4	位相まわし	OBS.	$\phi_1=y,\ -y\quad \phi_2=x,\ x\quad \phi_3=x,\ -x$ $\phi_4=x,\ -x\quad \phi_5=x,\ -x$
		IRR.	————————————————
5	文　献	A. Bax, D. G. Davis; *J. Magn. Reson.* **63**：207(1985) A. A. Bothner-By et al.; *J. Am. Chem. Soc.* **106**：811(1984)	
1	名　前	Phase Sensitive Hetero Nuclear Shift Correration (HETCOR)	
2	測定目的	J結合している異種核相関を観測するために使われる．位相検波によって信号の分離とS/Nが向上しており，また原子団の判定もできる．	
3	パルスシーケンス	OBS.	$\pi(\phi_2)-t_1-\tau_1-\pi(\phi_3)-\tau_1-\pi/2(\phi_5)-\tau_2$ $-\pi(\phi_7)-\tau_2-ACQ(\phi_8)-T_D-\quad \pi(\phi_2)-t_1-\tau_1$ $-\pi(\phi_3)-\tau_1+-\pi/2(\phi_5)-\tau_2-\pi(\phi_7)-\tau_2-ACQ(\phi_8)-T_D$
		IRR.	$\pi/2(\phi_1)-t_1-\quad -t_1-\tau_1-\pi(\phi_4)-\tau_1-\pi/2(\phi_6)-\tau_2$ $-\quad -\tau_2-\leftarrow$C. Dec.$\rightarrow-\pi/2(\phi_9)-t_1-\quad -t_1-\tau_1$ $-\pi(\phi_4)-\tau_1-\pi/2(\phi_6)-\tau_2-\quad -\tau_2-\leftarrow$C. Dec.$\rightarrow$
4	位相まわし	OBS.	$\phi_2=(x)_4\quad \phi_3=(x)_4\quad \phi_5=(x)_4$ $\phi_7=(x)_4\quad \phi_8=x,-x,-x,x$
		IRR.	$\phi_1=y,-y,y,-y\quad \phi_4=(x)_4\quad \phi_6=x,x,-x,-x$ $\phi_9=(-x,x)_2\quad (\tau_1=1/(2J_{CH}),\quad \tau_2=n/(4J_{CH}))$
5	文　献	A. A. Maudsley, R. R. Ernst; *Chem. Phys. Lett* **50**：368 (1977)	

1	名　前	Relayed Hetero Nuclear Shift Correlation
2	測定目的	直接スピン-スピン結合している ^{13}C, ^1H の相関だけでなく ^1H と結合している他の ^1H との相関も観測できる.
3	パルスシーケンス	OBS. $\pi(\phi_2)-t_1--\tau_1-\tau_2--\tau_1$ $-\pi(\phi_5)-\tau_2-\pi/2(\phi_6)-\tau_2-\mathbf{ACQ}(\phi_8)-T_D$ IRR. $\pi/2(\phi_1)-t_1--t_1-\pi/2(\phi_3)-\tau_1-\tau_2-\pi(\phi_4)-\tau_1$ $--\tau_2-\pi/2(\phi_7)-\tau_2-\leftarrow$C. Dec.$\rightarrow$
4	位相まわし	OBS. $\phi_2=x,y,-x,-y$　$\phi_5=(x)_4$ $\phi_6=(x)_4$　$\phi_8=(x,-x)_2$ IRR. $\phi_1=(x)_4$　$\phi_3=(x)_4$ $\phi_4=x,y,-x,-y$　$\phi_7=(x)_4$
5	文　献	H. Kessler et al.; *J. Am. Chem. Soc.* **105**：6944(1983)

1	名　前	Hetero Nuclear Shift Correlation with f_1 Broad Band Decoupling
2	測定目的	J カップリングしている ^1H と ^{13}C の相関を観測する. 相関信号を f_1 軸方向にデッカップリングをし, J_{HH} による分裂をなくして信号の分離と, S/N を向上させている.
3	パルスシーケンス	OBS. $\pi(\phi_3)-\tau_1--t_1-\tau_1$ $-\pi/2(\phi_6)-\tau_2-\mathrm{ACQ}(\phi_8)$ 　$(\tau_1=1/(2J_{CH}),$ 　$\tau_2=n/(4J_{CH})$ IRR. $\pi/2(\phi_1)-t_1-\pi/2(\phi_2)-\tau_1-\pi(\phi_4)-\tau_1-\pi/2(\phi_5)-t_1-\tau_1$ $-\pi/2(\phi_7)-\tau_2-\leftarrow\rightarrow$C. Dec.$\rightarrow$
4	位相まわし	OBS. $\phi_3=(x)_4$　$\phi_6=x,y,-x,-y$　$\phi_8=(x)_4$ IRR. $\phi_1=(x)_4$　$\phi_2=(x)_4$　$\phi_4=(x)_4$ $\phi_5=(-x)_4$　$\phi_7=x,y,-x,-y$
5	文　献	A. Bax; *J. Magn. Reson.* **53**：517(1983)

表1 2次元NMR法の実際

1	名　前	Hetero Nuclear *J*-resolved 2D	
2	測定目的	^{13}C の化学シフトと ^{1}H とのスピン-スピンカップリングを分離することによって J_{CH} の値を読み取ることができる.	
3	パルスシーケンス	OBS.	$\pi/2(\phi_1)-t_1/2-\pi(\phi_2)-t_1/2-\mathrm{ACQ}(\phi_3)-T_D$
		IRR.	← C. → C. Decoupling
4	位相まわし	OBS.	$\phi_1=(x)_4 \quad \phi_2=x,\ y,\ -x,\ -y$ $\phi_3=(x,\ -x)_2$
		IRR.	
5	文　献	R. Freeman, G. A. Morris, D. L. Turner; *J. Magn. Reson.* **26**：373(1977) A. Bax, R. Freeman; *J. Am. Chem. Soc.* **104**：1099(1982)	

1	名　前	2 D-INADEQUATE	
2	測定目的	^{13}C と ^{13}C のスピン結合による相関を2量子移動を用いて観測するのに使われる. ^{13}C とカップリングしていない ^{13}C の信号は消去される.	
3	パルスシーケンス	OBS.	$\pi/2(\phi_1)-\tau_1-\pi(\phi_2)-\tau_1-\pi/2(\phi_3)-t_1-135(\phi_3)-\mathrm{ACQ}(\phi_4)-T_D$ $(\tau_1=1/(4J_{cc}))$
		IRR.	←　　　Completed Decoupling　　　→
4	位相まわし	OBS.	$\phi_1=(x,y,-y,-x,-x,-y,y,x)_2 \quad \phi_2=(x,y,-y,-x,-x,-y,y,x)_2$ $\phi_3=x,-x,-x,x,-y,y,y,-y,-x,x,x,-x,y,-y,-y,y$ $\phi_4=x,x,x,x,y,y,y,y,-x,-x,-x,-x,-y,-y,-y,-y$
		IRR.	
5	文　献	A. Bax et al.; *J. Magn. Reson.* **43**：478(1981) L. Braunschweiler, G. Bodenhausen, R. R. Ernst; *Mol. Phys.* **48**：535(1983)	

1	名　前	Phase Sensitive Heteronuclear Single Quantum Correlation (HSQC)
2	測定目的	直接スピン-スピン結合している ^{1}H と ^{13}C の相関を求める．^{1}H を観測することによって S/N が向上する．^{12}C についている ^{1}H を，スピンロッキングで消去している．
3	パルス シーケンス	OBS. $\pi/2(\phi_1)-\tau_1-\pi(\phi_2)-\tau_1-\mathrm{SL}(\phi_4)-\pi/2(\phi_5)-t_1-\pi(\phi_7)-t_1$ $-\pi/2+(\phi_8)-\tau_1-\pi(\phi_{10})-\tau_1-\mathrm{SL}(\phi_{11})-\mathrm{ACQ}(\phi_{12})-T_D$ $-\pi/2(\phi_1)-\tau_1-\pi(\phi_2)-\tau_1-\mathrm{SL}(\phi_4)-\pi/2(\phi_5)-t_1-\pi(\phi_7)-t_1$ $-\pi/2(\phi_8)-\tau_1-\pi(\phi_{10})-\tau_1-\mathrm{SL}(\phi_{11})-\mathrm{ACQ}(\phi_{12})-T_D$ IRR. $\pi(\phi_3)-\tau_1-\quad\quad -\pi/2(\phi_6)-t_1 \quad\quad -t_1$ $-\pi/2(\phi_9)-\tau_1-\pi(\phi_3)-\tau_1 \quad -\leftarrow\mathrm{C.\ Dec.}\rightarrow$ $-\quad\pi(\phi_3)-\tau_1 \quad -\pi/2(\phi_{13})-t_1- \quad -t_1$ $-\pi/2(\phi_9)-\tau_1-\pi(\phi_3)-\tau_1 \quad -\leftarrow\mathrm{C.\ Dec.}\rightarrow$
4	位相まわし	OBS. $\phi_1=(x)_4 \quad \phi_2=(x)_4 \quad \phi_4=(x)_4 \quad \phi_5=(y)_4 \quad \phi_7=(x)_4$ $\phi_8=(x)_4 \quad \phi_{10}=(x)_4 \quad \phi_{11}=(x)_4 \quad \phi_{12}=y,-y,y,-y$ IRR. $\phi_3=(x)_4 \quad \phi_6=x,x,-x,-x$ $\phi_9=x,-x,-x,x \quad \phi_{13}=y,y,-y,-y$
5	文　献	L. Müller; *J. Am. Chem. Soc.* **101**：4481(1979)

1	名　前	Phase Sensitive Relayed HSQC
2	測定目的	直接スピン-スピン結合している ^{1}H と ^{13}C の相関だけでなく ^{1}H と結合している他の ^{1}H との相関も観測できる．^{1}H を観測することによって S/N が向上する．^{12}C についている ^{1}H を，スピンロッキングで消去している．
3	パルス シーケンス	OBS. $\pi/2(\phi_1)-\tau_1-\pi(\phi_2)-\tau_1-\mathrm{SL}(\phi_4)-\pi/2(\phi_5)-t_1-\pi(\phi_7)-t_1$ $-\pi/2(\phi_1)-\tau_1-\pi(\phi_{10})-\tau_1-\mathrm{SL}(\phi_{11})-\mathrm{SL}(\phi_{12})-\mathrm{ACQ}(\phi_{13})-T_D$ $-\pi/2(\phi_1)-\tau_1-\pi(\phi_2)-\tau_1-\mathrm{SL}(\phi_4)-\pi/2(\phi_5)-t_1-\pi(\phi_7)-t_1$ $-\pi/(4\phi_8)-\tau_1-\pi(\phi_{10})-\tau_1-\mathrm{SL}(\phi_{11})-\mathrm{SL}(\phi_{12})-\mathrm{ACQ}(\phi_{13})-T_D$ IRR. $\pi(\phi_3)-\tau_1- \quad\quad \pi/(4\phi_6)-t_1- \quad -t_1$ $-\pi/2(\phi_9)-\tau_1-\pi(\phi_3)-\tau_1- \quad\quad -\leftarrow\mathrm{C.\ Dec.}\rightarrow$ $-\quad \pi(\phi_3)-\tau_1- \quad\quad \pi/2(\phi_{14})-t_1- \quad -t_1$ $-\pi/2(\phi_9)-\tau_1-\pi(\phi_3)-\tau_1- \quad\quad -\leftarrow\mathrm{C.\ Dec.}\rightarrow$
4	位相まわし	OBS. $\phi_1=(x)_4 \quad \phi_2=(x)_4 \quad \phi_4=(x)_4 \quad \phi_5=(y)_4 \quad \phi_7=(x)_4 \quad \phi_8=(x)_4$ $\phi_{10}=(x)_4 \quad \phi_{11}=(x)_4 \quad \phi_{12}=(x)_4 \quad \phi_{13}=y,-y,y,-y,$ IRR. $\phi_3=(x)_4 \quad \phi_6=x,x,-x,-x$ $\phi_9=x,-x,-x,x \quad \phi_{14}=y,y,-y,-y$
5	文　献	

表1 2次元 NMR 法の実際

1	名　前	Spin-Echo Correlated Spectroscopy (SECSY)
2	測定目的	直接スピン-スピン結合している信号の間の相関信号を観測する．化学シフトの離れた信号間にカップリングがなければ，f_1 軸の観測幅を狭めることができる．
3	パルスシーケンス	OBS. $\pi/2(\phi_1)-t_1-\pi/2(\phi_2)-t_1-\mathrm{ACQ}(\phi_3)-T_D$ IRR.
4	位相まわし	OBS. $\phi_1=x,-y,-y,x$　$\phi_2=x,-x,y,y$ $\phi_3=x,y,-y,-x$ IRR.
5	文　献	K. Nagayama, A. Kumar, K. Wüthrich, R. R. Ernst; *J. Magn. Reson.* **40**：321(1980)
1	名　前	Separated Local Field (SLF)
2	測定目的	固体試料における局所双極子場と化学シフトの相関スペクトルを得る．
3	パルスシーケンス	OBS. 　　　　　$-\mathrm{contact}(\phi_2)-t_1-\mathrm{ACQ}(\phi_4)$ IRR. $\dfrac{\pi}{2}(\phi_1)-\mathrm{SL}(\phi_3)\ -\mathrm{H.\ Dec.}-\ \mathrm{C.\ Dec.}$
4	位相まわし	OBS. $\phi_2=(-y)_2$　$\phi_4=x,\ -x$ IRR. $\phi_1=x,\ -x$　$\phi_3=(-y)_2$
5	文　献	R. K. Hester, J. L. Ackerman, B. L. Neff, J. S. Wangh; *Phys. Rev. Lett.* **36**：1081(1976)

1	名 前		Switching-Angle Sample-Spinning (SASS)
2	測定目的		固体試料における Off Magic Angle 回転下での縮尺された異方的化学シフトの粉末パターンと Magic Angle 回転下の高分解能スペクトルとの相関を得る。
3	パルスシーケンス	OBS.	$\text{Contact}(\phi_2)-t_1-\frac{\pi}{2}(\phi_4)\leftarrow\text{SP}\rightarrow\frac{\pi}{2}(\phi_5)-\text{ACQ}(\phi_6)-T_D-$ $\text{Contact}(\phi_7)-t_1-\frac{\pi}{2}(\phi_4)\leftarrow\text{SP}\rightarrow\frac{\pi}{2}(\phi_5)-\text{ACQ}(\phi_6)-T_D-$
		IRR.	$\frac{\pi}{2}(\phi_1)\leftarrow$ SL and C. Dec.$(\phi_3)\rightarrow\leftarrow$ SL $\rightarrow\leftarrow$ C. Dec.$\rightarrow-T_D-$ $\frac{\pi}{2}(\phi_1)\leftarrow$ SL and C. Dec.$(\phi_3)\rightarrow\leftarrow$ SL $\rightarrow\leftarrow$ C. Dec.$\rightarrow-T_D-$ SP：Switching Period；この期間に回転角を off magic angle に変化させ，T_D 期間の最初で再び magic angle に戻す。
4	位相まわし	OBS.	$\phi_2=x,-x,y,-y,y,-y,-x,x,-x,x,-y,y,y,-y,x,-x$ $\phi_4=y,-y,-x,x,x,-x,-y,y,x,-x,-x,y,-y$ $\phi_5=-y,y,x,-x,-x,x,y,-y,y,-y,-x,x,x,-x,-y,y$ $\phi_6=x,x,y,y,-y,-y,-x,-x,-x,-x,-y,-y,y,y,x,x$
		IRR.	$\phi_1=(x,-x)_8$ $\phi_3=y$
5	文 献		T. Terao, T. Fuji, T. Onodera, A. Saika; *Chem. Phys. Lett.* **107**：145(1984)
1	名 前		State-Correlated 2D NMR Spectroscopy (SC2D)
2	測定目的		一つの「化学」状態から他の「化学」状態へマイクロ波による高速温度ジャンプにより転移を起こし，その2つの状態間の相関スペクトルを得る．例えば，液晶相-等方相，タンパク質の天然状態-変性状態の相関スペクトルが得られている．
3	パルスシーケンス	OBS.	$\frac{\pi}{2}(\phi_1)-t_1-\frac{\pi}{2}(\phi_2)-\tau_{tr}-\frac{\pi}{2}(\phi_3)-\text{ACQ}(\phi_4)-T_D-$ $\frac{\pi}{2}(\phi_5)-t_1-\frac{\pi}{2}(\phi_2)-\tau_{rt}-\frac{\pi}{2}(\phi_3)-\text{ACQ}(\phi_4)-T_D-$
		State.	$\leftarrow$State1$\rightarrow$t$_{mw}\leftarrow$State2$\rightarrow$ $\leftarrow$State1$\rightarrow$t$_{nw}\leftarrow$State2$\rightarrow$ τ_{tr}：transition perrod　　t$_{mw}$：pulsed microwave
4	位相まわし	OBS.	$\phi_1=(x,-x)_4$　$\phi_2=(x)_8$ $\phi_3=x,x,-x,-x,y,y,-y,-y$ $\phi_4=x,-x,-x,x,y,-y,-y,y$ $\phi_5=(y,-y)_4$
		IRR.	
5	文 献		A. Naito, H. Nakatani, M. Imanari, K. Akasaka; *J. Magn. Reson.* **87**：429(1990)

表2 その他の2次元 NMR の名前と文献

COLOC ; Correlation Spectroscopy for Long-Range Couplings
H. Kessler, et al. *J. Magn. Reson.* **57**, 331(1984)

COSS ; Correlation with Shift Scaling
R. V. Hosur, et al. *J. Mag. Reson.* **65**, 375(1985)

COSY-LR ; Correlation Spectroscopy with Long-Range Coupling Interactions
N. Platzer el al. *Magn. Reson. Chem.* **25**, 311(1987)

E. COSY ; Exclusive Correlated Spectroscopy
C. Griesinger et al. *J. Magn. Reson.* **75**, 474(1987)

FOCSY ; Foldover-Corrected Spectroscopy
K. Nagayama et al. *J. Magn. Reson.* **40**, 321(1980)

HETCOR ; Heteronuclear Chemical Shift Correlation Spectroscopy
A. A. Maudsley, et al. *Chem. Phys. Lett* **50**, 368(1977)

HOESY ; Hetornuclear Overhauser Effect or Enhancement Spectroscopy
A. Kumar et al. Biophys. *Chem. Soc.* **92**, 1102(1970)

INCH ; Indirectly-Bonded Carbon-Hydrogen Shift Correlation
M. Perpick-Dumont et al. *J. Magn. Reson* **75**, 414(1987)

INMR ; Inverse Nuclear Magnetic Resonane
H. Kessler et al. *Angew. Chem. Int. Ed. Engl* **27**, 460(1988)

INSIPID ; Inadequate Sensitivity Improvement by Proton Indirect Detection
P. J. Keller et al. *J. Magn. Reson.* **68**, 389(1986)

IR-COSY ; Inversion Recovery-Correlation Spectroscopy
A. S. Arseniev et al. *J. Magn. Reson* **70**, 427(1986)

J-RESIDE ; J-Resolved Spectroscopy with Simultaneous Decoupling
K. Nagayama, *J. Chem. Phys.* **71**, 4404(1979)

LR-HETCOR ; Long-Range Heteronuclear Shift-Correlation
A. S. Zektzer et al. *Magn. Reson. Chem.* **25**, 752(1987)

LROCSCM ; Long-Range Optimized Heteronuclear Chemical Shift Correlation Method
A. S. Zektzer et al. *Magn. Reson. Chem.* **24**, 1803(1986)

MQF-COSY ; Multiple-quantum-filtered Correlated Spectroscopy
U. Piantini et al. *J. Am. Chem. Soc.* **104**, 6800(1982)

MUDISM ; Multidimesional Stochastic Method or Multidimensional Stochastic Magnetic Resonane B. Blümich *Prog. NMR Spectrosc* **19**, 331(1987)

表2 その他の2次元 NMR の名前と文献

NOECOSS ; Nuclear Overhauser Enhancement Correlation with Shift Scaling
R. V. Hosur *J. Magn. Reson.* **65**, 375(1985)

P. E. COSY ; Primitive Exclusive Correlation Spectroscopy L. Muller
J. Magn. Reson **72**, 191(1987)

S. COSY ; Scaled Correlation Spectroscopy
M. Ravikumar et al. *J. Magn. Reson* **69**, 418(1986)

SECOSS ; Spin Echo Correlation with Shift Scaling
R. V. Housur et al. *J. Magn. Reson.* **65**, 375(1985)

SS-INADEQUATE ; Super-Simplified Incredible Natural Abundance Double Quantum Transfer Experiment
D. Canet et al. *Magn. Reson. Chem.* **25**, 798(1987)

SUCZESS ; Succesive Zero-quentum, Single-Quantum Coherences for Spin Correlation
J. Santoro et al. *J. Magn. Reson.* **64**, 151(1985)

SUPER COSY ; an Advanced Pulse Scheme in Two-Dimensional Correlation Spectroscopy
R. V. Hosur et al. **62**, 123(1985)

SUPER RCOSY ; an Advanced Pulse Scheme in Relayed Coherence Transfer Spectroscopy
A. Kumar et al. **63**, 107(1985)

SUPER SECSY1 and 2; Superior Pulse Schemes for Spin-Echo Correlated Spectroscopy
A. Kumar et al. *J. Magn. Reson.* **63**, 107(1985)

TQE-COSY ; Triple-Quantum Filtered-Correlation Spectroscopy
J. Boyed et al. *FEBSLett.* **186**, 35(1985)

TSCTES ; Total Spin Coherene Transfer Echo Spectroscopy
D. P. Weitekamp et al. *J. Am. Chem. Soc* **103**, 3578(1981)

XCORFE ; X-H Correlation with a Fixed Evolution Time
W. F. Reynolds et al. *J. Magn. Reson.* **63**, 413(1985)

z-filtered COSY ; Z-Filtered Correlation Spectroscopy
B. U. Meier et al. *J. Magn. Reson.* **60**, 161(1984)

ZECSY ; Zero-Quantum-Coherence Correlation Spectroscopy
W. P. Aue et al. *J. Chem. Phys.* **64**, 2229(1976)

参考文献

第1章

1.1. F. Bloch, W. W. Hansen, and M. Packard, *Phys. Rev.* **69,** 127 (1946).
1.2. F. Bloch, *Phys. Rev.* **70,** 460 (1946).
1.3. F. Bloch, W. W Hansen, and M. Packard, *Phys. Rev.* **70,** 474 (1946).
1.4. E. M. Purcell, H. C. Torrey, and R. V. Pound, *Phys. Rev.* **69,** 37 (1946).
1.5. E. M. Purcell, *Phys. Rev.* **69,** 681 (1946).
1.6. A. Abragam, *Principles of nuclear magnetism,* Oxford University Press, London (1961).
1.7. L. A. Zadeh and C. A. Desoer, *Linear system theory, the state space approach,* McGraw-Hill, New York (1963).
1.8. E. A. Guillemin, *Theory of linear physical systems,* Wiley, New York (1963).
1.9. B. M. Brown, *The mathematical theory of linear systems,* Science Paperbacks, Chapman and Hall, London (1965).
1.10. T. F. Bogart, *Basic concepts in linear systems: theory and experiments,* J. Wiley, New York (1984).
1.11. F. Bitter et al., *MIT Res. Lab. Electron., Quart. Progr. Rep.,* p. 26 (15 July, 1947).
1.12. B. A. Jacobsohn and R. K. Wangsness, *Phys. Rev.* **73,** 942 (1948).
1.13. M. Weger, *Bell System Tech. J.* **39,** 1013 (1960).
1.14. R. R. Ernst, *Adv. mag. Reson.* **2,** 1 (1966).
1.15. F. A. Nelson and H. E. Weaver, *Science* **146,** 223 (1964).
1.16. M. Sausade and S. Kan, *Adv. electronics and electron physics,* Vol. 34, Academic Press, New York (1973).
1.17. D. I. Hoult and R. E. Richards, *J. magn. Reson.* **24,** 71 (1976).
1.18. E. G. Paul and D. M. Grant, *J. Am. chem. Soc.* **86,** 2977 (1964).
1.19. J. H. Noggle and R. E. Schirmer, *The nuclear Overhauser effect, chemical applications,* Academic Press, New York (1971).
1.20. S. R. Hartmann and E. L. Hahn, *Phys. Rev.* **128,** 2042 (1962).
1.21. A. Pines, M. G. Gibby, and J. S. Waugh, *J. Chem. Phys.* **59,** 569 (1973).
1.22. M. Mehring, *High resolution NMR spectroscopy in solids,* Springer, Berlin, 2nd edn (1983).
1.23. A. A. Maudsley, L. Müller, and R. R. Ernst, *J. mag. Reson.* **28,** 463 (1977).
1.24. L. Müller and R. R. Ernst, *Mol. Phys.* **38,** 963 (1979).
1.25. R. D. Bertrand, W. B. Moniz, A. N. Garroway, and G. C. Chingas, *J. Am. chem. Soc.* **100,** 5227 (1978).
1.26. R. D. Bertrand, W. B. Moniz, A. N. Garroway, and G. C. Chingas, *J. mag. Reson.* **32,** 465 (1978).
1.27. G. C. Chingas, A. N. Garroway, R. D. Bertrand, and W. B. Moniz, *J. Chem. Phys.* **74,** 127 (1981).
1.28. A. A. Maudsley and R. R. Ernst, *Chem. Phys. Lett.* **50,** 368 (1977).

1.29. G. Bodenhausen and D. J. Ruben, *Chem. Phys. Lett.* **69**, 185 (1980).
1.30. A. Bax, R. G. Griffey, and B. L. Hawkins, *J. mag. Reson.* **55**, 301 (1983).
1.31. A. W. Overhauser, *Phys. Rev.* **92**, 411 (1953).
1.32. C. D. Jeffries, *Dynamic nuclear orientation,* Wiley, New York (1963).
1.33. G. Feher, *Phys. Rev.* **103**, 834 (1956).
1.34. E. B. Baker, L. W. Burch, and G. N. Root, *Rev. sci. Instr.* **34**, 243 (1963).
1.35. P. Mansfield and P. K. Grannell, *J. Phys.* **C4**, L197 (1971).
1.36. P. Brunner, M. Reinhold, and R. R. Ernst, *J. Chem. Phys.* **73**, 1086 (1980).
1.37. M. Reinhold, P. Brunner, and R. R. Ernst, *J. Chem. Phys.* **74**, 184 (1981).
1.38. H. S. Gutowsky and J. C. Tai, *J. Chem. Phys.* **39**, 208 (1963).
1.39. G. Suryan, *Proc. Ind. Acad. Sci.* **A33**, 107 (1951).
1.40. A. I. Zhernovoi and G. D. Latyshev, *Nuclear magnetic resonance in a flowing liquid,* Consultants Bureau, New York (1965).
1.41. M. P. Klein and G. W. Barton, *Rev. sci. Instr.* **34**, 754 (1963).
1.42. P. Laszlo and P. R. Schleyer, *J. Am. chem. Soc.* **85**, 2017 (1963).
1.43. L. C. Allen and L. F. Johnson, *J. Am. chem. Soc.* **85**, 2668 (1963).
1.44. O. Jardetsky, N. G. Wade, and J. J. Fisher, *Nature* **197**, 183 (1963).
1.45. R. R. Ernst, *Rev. sci. Instr.* **36**, 1689 (1965).
1.46. R. R. Ernst and W. A. Anderson, *Rev. sci. Instr.* **36**, 1696 (1965).
1.47. J. Dadok and R. F. Sprecher, *J. mag. Reson.* **13**, 243 (1974).
1.48. R. K. Gupta, J. A. Ferretti, and E. D. Becker, *J. mag. Reson.* **13**, 275 (1974).
1.49. J. A. Ferretti and R. R. Ernst, *J. Chem. Phys.* **65**, 4283 (1976).
1.50. J. Delayre, Europ. Exp. NMR Conference, Univ. of Kent, April 1974.
1.51. I. J. Lowe and R. E. Norberg, *Phys. Rev.* **107**, 46 (1957).
1.52. R. R. Ernst and W. A. Anderson, *Rev. sci. Instr.* **37**, 93 (1966).
1.53. T. C. Farrar and E. D. Becker, *Pulse and Fourier transform NMR,* Academic Press, New York (1971).
1.54. D. Shaw, *Fourier transform NMR spectroscopy,* Elsevier, Amsterdam, 2nd edn. (1984).
1.55. M. L. Martin, J.-J. Delpuech and G. J. Martin, *Practical NMR spectroscopy,* Heyden, London (1980).
1.56. T. G. Schmalz and W. H. Flygare, In *Laser and coherence spectroscopy* (ed. E. I. Steinfeld), Plenum Press, New York (1977).
1.57. S. M. Klainer, T. B. Hirschfeld, and R. A. Marino, In *Fourier, Hadamard and Hilbert transforms in chemistry* (ed. A. G. Marshall). Plenum Press, New York, 1982.
1.58. M. B. Comisarow, In *Transform techniques in chemistry* (ed. P. R. Griffiths), Plenum Press, New York, 1978; M. B. Comisarow, In *Fourier, Hadamard and Hilbert transforms in chemistry* (ed. A. G. Marshall), Plenum Press, New York, (1982).
1.59. P. Fellgett, Thesis, Cambridge University, 1951.
1.60. G. A. Vanasse and H. Sakai, *Progr. Optics* **6**, 261 (1967); R. J. Bell, *Introductory Fourier transform spectroscopy,* Academic Press, New York (1972); G. A. Vanasse (Ed.) *Spectrometric techniques,* Academic Press, New York (1977).

1.61. P. Connes, *Infrared Phys.* **24**, 69 (1984).
1.62. A. G. Marshall (Ed.), *Fourier, Hadamard and Hilbert transforms in chemistry*, Plenum Press, New York (1982).
1.63. E. L. Hahn, *Phys. Rev.* **80**, 580 (1950).
1.64. H. Y. Carr and E. M. Purcell, *Phys. Rev.* **94**, 630 (1954).
1.65. R. L. Vold, J. S. Waugh, M. P. Klein, and D. E. Phelps, *J. Chem. Phys.* **48**, 3831 (1968).
1.66. R. Freeman and H. D. W. Hill, In *Dynamic NMR spectroscopy* (ed. L. M. Jackman and F. A. Cotton), Academic Press, New York (1975).
1.67. R. L. Vold and R. R. Vold. *Prog. NMR Spectrosc.* **12**, 79 (1978).
1.68. E. O. Stejskal and J. E. Tanner, *J. Chem. Phys.* **42**, 288 (1965).
1.69. H. S. Gutowsky, R. L. Vold, and E. J. Wells, *J. Chem. Phys.* **43**, 4107 (1965).
1.70. L. M. Jackman and F. A. Cotton, *Dynamic NMR spectroscopy*, Academic Press, New York (1975).
1.71. J. I. Kaplan and G. Fraenkel, *NMR of chemically exchanging systems*, Academic Press, New York (1980).
1.72. N. Wiener, *Nonlinear problems in random theory*, Wiley, New York (1958); MIT Press (1966).
1.73. L. Amorcho and A. Brandsletter, *Water Reson. Res.* **7**, 1087 (1971).
1.74. G. H. Canavan, *J. fluid Mech.* **41**, 405 (1970).
1.75. P. Marmarelis and K. J. Naka, *Science* **175**, 1276 (1972).
1.76. R. R. Ernst and H. Primas, *Helv. Phys. Acta* **36**, 583 (1963).
1.77. R. R. Ernst, *J. mag. Reson.* **3**, 10 (1970).
1.78. R. Kaiser, *J. mag. Reson.* **3**, 28 (1970).
1.79. E. Bartholdi, A. Wokaun, and R. R. Ernst, *Chem. Phys.* **18**, 57 (1976).
1.80. R. Kaiser, *J. magn. Reson.* **15**, 44 (1974).
1.81. D. Ziessow and B. Blümich, *Ber. Bunsenges. Phys. Chem.* **78**, 1169 (1974).
1.82. B. Blümich, *Bull. mag. Reson.* **7**, 5 (1985).
1.83. A. L. Bloom and J. N. Shoolery, *Phys. Rev.* **97**, 1261 (1955).
1.84. R. A. Hoffman and S. Forsen, *Prog. NMR Spectrosc.* **1**, 15 (1966).
1.85. R. R. Ernst, *J. Chem. Phys.* **45**, 3845 (1966).
1.86. R. Freeman and W. A. Anderson, *J. Chem. Phys.* **37**, 2053 (1962).
1.87. U. Haeberlen, High Resolution NMR in Solids, *Adv. mag. Reson.*, Suppl. 1 (1976).
1.88. J. S. Waugh, L. M. Huber, and U. Haeberlen, *Phys. Rev. Lett.* **20**, 180 (1968).
1.89. P. Mansfield, M. J. Orchard, D. C. Stalker, and K. H. B. Richards, *Phys. Rev.* **B7**, 90 (1973).
1.90. W. K. Rhim, D. D. Elleman, and R. W. Vaughan, *J. Chem. Phys.* **59**, 3740 (1973).
1.91. E. R. Andrew, A. Bradbury, and R. G. Eades, *Nature* **182**, 1659 (1958).
1.92. I. J. Lowe, *Phys. Rev. Lett.* **2**, 285 (1959).
1.93. J. Schaefer and E. O. Stejskal, *J. Am. chem. Soc.* **98**, 1031 (1976).
1.94. M. Maricq and J. S. Waugh, *J. Chem. Phys.* **70**, 3300 (1979).
1.95. J. Jeener, Ampère Summer School, Basko Polje, Yugoslavia (1971).
1.96. W. P. Aue, E. Bartholdi, and R. R. Ernst, *J. Chem. Phys.* **64**, 2229 (1976).

1.97. S. Yatsiv, *Phys. Rev.* **113**, 1522 (1952).
1.98. W. A. Anderson, R. Freeman, and C. A. Reilly, *J. Chem. Phys.* **39**, 1518 (1963).
1.99. J. I. Musher, *J. Chem. Phys.* **40**, 983 (1964).
1.100. G. Bodenhausen, *Prog. NMR Spectrosc.* **14**, 137 (1983).
1.101. D. P. Weitekamp, *Adv. mag. Reson.* **11**, 111 (1983).
1.102. B. H. Meier and R. R. Ernst, *J. Am. chem. Soc.* **101**, 6441 (1979).
1.103. J. Jeener, B. H. Meier, and R. R. Ernst, *J. Chem. Phys.* **71**, 4546 (1979).
1.104. Anil Kumar, R. R. Ernst, and K. Wüthrich, *Biochem. Biophys. Res. Commun.* **95**, 1 (1980).

第 2 章

2.1. U. Fano, *Rev. mod. Phys.* **29**, 74 (1957).
2.2. M. Weissbluth, *Atoms and molecules*, Academic Press, New York (1978).
2.3. A. Böhm, *Quantum mechanics*, Springer, New York (1979).
2.4. K. Blum, *Density matrix theory and applications*, Plenum Press, New York (1981).
2.5. C. P. Slichter, *Principles of magnetic resonance*, 2nd edn, Springer, Berlin (1978).
2.6. F. Dyson, *Phys. Rev.* **75**, 486 (1949); *Phys. Rev.* **75**, 1736 (1949).
2.7. J. A. Crawford, *Nuovo Cim.* **10**, 698 (1958).
2.8. C. N. Banwell and H. Primas, *Mol. Phys.* **6**, 225 (1963); H. Primas, *Helv. Phys. Acta* **34**, 331 (1961).
2.9. J. Jeener, *Adv. mag. Reson.* **10**, 2 (1982).
2.10. O. Platz, In *Electron spin relaxation in liquids* (ed. L. T. Muus and P. W. Atkins), Plenum Press, New York (1972).
2.11. R. Zwanzig, In *Lectures in theoretical physics III*, Interscience Publ., New York (1961).
2.12. K. O. Friedrichs, *Spectral theory of operators in Hilbert space*, Springer, New York (1973).
2.13. O. W. Sørensen, G. W. Eich, M. H. Levitt, G. Bodenhausen, and R. R. Ernst, *Prog. NMR Spectrosc.* **16**, 163 (1983).
2.14. D. P. Weitekamp, J. R. Garbow, and A. Pines, *J. Chem. Phys.* **77**, 2870 (1982).
2.15. M. H. Levitt, In *Two-dimensional NMR and related techniques* (ed. W. S. Brey), Academic Press, New York, to be published.
2.16. A. Wokaun and R. R. Ernst, *J. Chem. Phys.* **67**, 1752 (1977).
2.17. S. Vega, *J. Chem. Phys.* **68**, 5518 (1978).
2.18. B. C. Sanctuary, *J. Chem. Phys.* **64**, 4352 (1976); B. C. Sanctuary, *Mol. Phys.* **48**, 1155 (1983); B. C. Sanctuary, T. K. Halstead, and P. A. Osment, *Mol. Phys.* **49**, 753 (1983); B. C. Sanctuary, *Mol. Phys.* **49**, 785 (1983); B. C. Sanctuary and T. K. Halstead, *J. mag. Reson.* **53**, 187 (1983).
2.19. A. R. Edmonds, *Angular momentum in quantum mechanics*, 2nd edn, Princeton University Press, Princeton (1974).
2.20. M. E. Rose, *Elementary theory of angular momentum*, Wiley, New York (1957).

参考文献

2.21. D. M. Brink and C. R. Satchler, *Angular momentum*, Clarendon, Oxford (1962).
2.22. S. Schäublin, A. Höhener, and R. R. Ernst, *J. mag. Reson.* **13**, 196 (1974).
2.23. J. D. Memory, *Quantum theory of magnetic resonance parameters*, McGraw-Hill, New York (1968); I. Ando and G. A. Webb, *Theory of NMR parameters*, Academic Press, New York (1983).
2.24. U. Haeberlen, *High resolution NMR in solids*, *Adv. mag. Reson.* Suppl. 1 (1976).
2.25. M. Mehring, *High resolution NMR spectroscopy in solids*, 2nd edn, Springer, Berlin (1983).
2.26. H. W. Spiess, *NMR Basic Principles Prog.* **15**, 55 (1978).
2.27. A. Abragam, *Principles of nuclear magnetism*, Oxford University Press, London (1961).
2.28. A. G. Redfield, *Adv. mag. Reson.* **1**, 1 (1965).
2.29. D. Wolf, *Spin temperature and nuclear spin relaxation in matter*, Clarendon Press, Oxford (1979).
2.30. R. K. Wangsness and F. Bloch, *Phys. Rev.* **89**, 728 (1953).
2.31. P. S. Hubbard, *Rev. mod. Phys.* **33**, 249 (1961).
2.32. A. G. Redfield, *IBM J. Res. Develop.* **1**, 19 (1957).
2.33. P. N. Argyres and P. N. Kelley, *Phys. Rev.* **134A**, 98 (1964).
2.34. F. Bloch, *Phys. Rev.* **70**, 460 (1946).
2.35. H. S. Gutowsky, D. M. McCall, and C. P. Slichter, *J. Chem. Phys.* **21**, 279 (1953).
2.36. J. A. Pople, W. G. Schneider, and H. J. Bernstein, *High-resolution NMR*, McGraw-Hill, New York (1959).
2.37. A. Loewenstein and T. M. Connor, *Ber. Bunsenges. Physik. Chem.* **67**, 280 (1963).
2.38. J. Delpuech, *Bull. Soc. Chim. France*, p. 2697 (1964).
2.39. J. W. Emsley, J. Feeney, and L. H. Sutcliffe, *High resolution NMR spectroscopy*, Pergamon Press, Oxford (1965).
2.40. L. M. Jackman and F. A. Cotton (Eds.) *Dynamic NMR spectroscopy*, Academic Press, New York (1975).
2.41. A. Steigel, *NMR Basic Principles Progr.* **15**, 1 (1978).
2.42. M. L. Martin, G. J. Martin, and J. J. Delpeuch, *Practical NMR spectroscopy*, Heyden, London (1980).
2.43. J. I. Kaplan and G. Fraenkel, *NMR of chemically exchanging systems*, Academic Press, New York (1980).
2.44. J. Sandström, *Dynamic NMR spectroscopy*, Academic Press, London (1982).
2.45. K. Schaumburg, *Dan. Kemi.* **47**, 177 (1966).
2.46. J. L. Sudmeier and J. J. Pesek, *Inorg. Chem.* **10**, 860 (1971).
2.47. J. J. Grimaldi, J. Baldo, C. McMurray, and B. D. Sykes, *J. Am. chem. Soc.* **94**, 7641 (1972).
2.48. C. A. Fyfe, M. Cocivera, and S. W. H. Damij, *J. chem. Soc., Chem. Commun.* 743 (1973).
2.49. M. Cocivera, C. A. Fyfe, S. P. Vaish, and H. E. Chen, *J. Am. chem. Soc.* **96**, 1611 (1974).
2.50. R. G. Lawler and M. Halfon, *Rev. sci. Instr.* **45**, 84 (1974).

2.51. J. J. Grimaldi and B. D. Sykes, *J. Biol. Chem.* **250**, 1618 (1975); *J. Am. chem. Soc.* **97**, 273 (1975); *Rev. sci. Instr.* **46**, 1201 (1975).
2.52. D. W. Jones and T. F. Child, *Adv. mag. Reson.* **8**, 123 (1976).
2.53. J. Bargon, H. Fischer, and U. Johnsen, *Z. Naturforsch.* **A22**, 1551 (1967).
2.54. R. G. Lawler, *Prog. NMR Spectrosc.* **9**, 145 (1973); A. R. Lepley and G. L. Closs (Eds).) *Chemically induced magnetic polarization*, Wiley, New York (1973); C. Richard and P. Granger, In *NMR—Basic principles and progress*, Vol. 8 (ed. P. Diehl *et al.*), Springer, Berlin (1974); R. Kaptein In *Advances in free radical chemistry*, Vol. 5 (ed. G. H. Williams), Elek Science, London (1975).
2.55. S. Schäublin, A. Wokaun, and R. R. Ernst, *Chem. Phys.* **14**, 285 (1976).
2.56. S. Schäublin, A. Wokaun, and R. R. Ernst, *J. mag. Reson.* **27**, 273 (1977).
2.57. R. O. Kühne, T. Schaffhauser, A. Wokaun, and R. R. Ernst, *J. mag. Reson.* **35**, 39 (1979).
2.58. S. W. Benson, *The foundation of chemical kinetics*, McGraw-Hill, New York (1960).
2.59. K. J. Laidler, *Chemical kinetics*, McGraw-Hill, New York (1965).
2.60. A. Bauder and Hs. H. Günthard, *Helv. Chim. Acta* **55**, 2263 (1972).
2.61. L. W. Reeves and W. G. Schneider, *Can. J. Chem.* **36**, 793 (1958).
2.62. W. G. Schneider and L. W. Reeves, *Ann. NY Acad. Sci.* **70**, 858 (1958).
2.63. E. L. Hahn and D. E. Maxwell, *Phys. Rev.* **88**, 1070 (1952).
2.64. J. T. Arnold, *Phys. Rev.* **102**, 136 (1956).
2.65. H. M. McConnell, *J. Chem. Phys.* **28**, 430 (1958).
2.66. S. Alexander, *J. Chem. Phys.* **37**, 974 (1962).
2.67. R. R. Ernst, *J. Chem. Phys.* **59**, 989 (1973).
2.68. G. Binsch, *J. Am. chem. Soc.* **91**, 1304 (1969).
2.69. R. Freeman, S. Wittekoek, and R. R. Ernst, *J. Chem. Phys.* **52**, 1529 (1970).

第3章

3.1. N. F. Ramsey and R. V. Pound, *Phys. Rev.* **81**, 278 (1951).
3.2. D. P. Weitekamp, A. Bielecki, D. Zax, K. W. Zilm, and A. Pines, *Phys. Rev. Lett.* **50**, 1807 (1983).
3.3. A. Bielecki, J. B. Murdoch, D. P. Weitekamp, D. B. Zax, K. W. Zilm, H. Zimmermann, and A. Pines, *J. Chem. Phys.* **80**, 2232 (1984).
3.4. J. H. Shirley, *Phys. Rev.* **B138**, 979 (1965).
3.5. S. R. Barone, M. A. Narcowich, and F. J. Narcowich, *Phys. Rev.* **A15**, 1109 (1977).
3.6. D. Suwelack and J. S. Waugh, *Phys. Rev.* **B22**, 5110 (1980).
3.7. U. Haeberlen and J. S. Waugh, *Phys. Rev.* **175**, 453 (1968).
3.8. U. Haeberlen, *High resolution NMR in solids*, *Adv. mag. Reson.*, Suppl. 1 (1976).
3.9. M. Mehring, *High resolution NMR spectroscopy in solids*, 2nd edn, Springer, Berlin (1983).
3.10. P. Mansfield, M. J. Orchard, D. C. Stalker, and K. H. B. Richards, *Phys. Rev.* **B7**, 90 (1973).

参 考 文 献

3.11. W. K. Rhim, D. D. Elleman, and R. W. Vaughan, *J. Chem. Phys.* **59**, 3740 (1973).
3.12. W. K. Rhim, D. D. Elleman, L. B. Schreiber, and R. W. Vaughan, *J. Chem. Phys.* **60**, 4595 (1974).
3.13. D. P. Burum and W. K. Rhim, *J. Chem. Phys.* **71**, 944 (1979).
3.14. D. P. Burum, M. Linder, and R. R. Ernst, *J. mag. Reson.* **44**, 173 (1981).
3.15. M. H. Levitt and R. Freeman, *J. mag. Reson.* **43**, 502 (1981).
3.16. M. H. Levitt, R. Freeman, and T. Frenkiel, *J. mag. Reson.* **47**, 328 (1982).
3.17. M. H. Levitt, R. Freeman, and T. Frenkiel, *J. mag. Reson.* **50**, 157 (1982).
3.18. M. H. Levitt, R. Freeman, and T. Frenkiel, *Adv. mag. Reson.* **11**, 47 (1983).
3.19. A. J. Shaka, J. Keeler, T. Frenkiel, and R. Freeman, *J. mag. Reson.* **52**, 335 (1983).
3.20. A. J. Shaka, J. Keeler, and R. Freeman, *J. mag. Reson.* **53**, 313 (1983).
3.21. J. D. Ellett and J. S. Waugh, *J. Chem. Phys.* **51**, 2851 (1969).
3.22. W. P. Aue and R. R. Ernst, *J. mag. Reson.* **31**, 533 (1978).
3.23. M. Munowitz, W. P. Aue, and R. G. Griffin, *J. Chem. Phys.* **77**, 1686 (1982).
3.24. W. P. Aue, D. J. Ruben, and R. G. Griffin, *J. mag. Reson.* **46**, 354 (1982).
3.25. H. Y. Carr and E. M. Purcell, *Phys. Rev.* **94**, 630 (1954).
3.26. J. S. Waugh, *Proc. 4th Ampère Int. Summer School,* Pula, Yugoslavia, 1976.
3.27. F. J. Dyson, *Phys. Rev.* **75**, 486 (1949); *Phys. Rev.* **75**, 1736 (1949).
3.28. R. P. Feynman, *Phys. Rev.* **84**, 108 (1951).
3.29. W. Magnus, *Commun. pure appl. Math.* **7**, 649 (1954).
3.30. R. M. Wilcox, *J. Math. Phys.* **8**, 962 (1967).
3.31. J. S. Waugh, L. M. Huber, and U. Haeberlen, *Phys. Rev. Lett.* **20**, 180 (1968).
3.32. C. H. Wang and J. D. Ramshaw, *Phys. Rev.* **B6**, 3253 (1972).
3.33. A. Abragam and M. Goldman, *Nuclear magnetism: order and disorder,* Clarendon Press, Oxford (1982).
3.34. Anil Kumar and R. R. Ernst, *J. mag. Reson.* **24**, 425 (1976).
3.35. M. M. Maricq, *Phys. Rev.* **B25**, 6622 (1982).
3.36. Y. Zur and S. Vega, *J. Chem. Phys.* **79**, 548 (1983).
3.37. Y. Zur, M. H. Levitt, and S. Vega, *J. Chem. Phys.* **78**, 5293 (1983).
3.38. M. H. Levitt, G. Bodenhausen, and R. R. Ernst, *J. mag. Reson.* **53**, 443 (1983).

第 4 章

4.1. R. R. Ernst and W. A. Anderson, *Rev. sci. Instrum.* **37**, 93 (1966).
4.2. R. R. Ernst, *Adv. mag. Reson.* **2**, 1 (1966).
4.3. T. C. Farrar and E. D. Becker, *Pulse and Fourier transform NMR,* Academic Press, New York (1971).
4.4. D. Shaw, *Fourier transform NMR spectroscopy,* 2nd edn, Elsevier, Amsterdam (1984).

4.5. M. Mehring, *High resolution NMR spectroscopy in solids*, 2nd edn. Springer, Berlin (1983).
4.6. U. Haeberlen, *High resolution NMR in solids*, Academic Press, New York (1976).
4.7. S. Goldman, *Information theory*, Prentice Hall, Englewood Cliffs, New Jersey (1953).
4.8. W. B. Davenport and W. L. Root, *An introduction to the theory of random signals and noise*, McGraw-Hill, New York (1958).
4.9. L. A. Zadeh and C. A. Desoer, *Linear system theory, the state space approach*, McGraw-Hill, New York (1963).
4.10. E. A. Guillemin, *Theory of linear physical systems*, Wiley, New York (1963).
4.11. B. M. Brown, *The mathematical theory of linear systems*, Science Paperbacks, Chapman and Hall, London (1965).
4.12. R. Deutsch, *System analysis techniques*, Prentice Hall, Englewood Cliffs, New Jersey (1969).
4.13. T. F. Bogart, *Basic concepts in linear systems: theory and experiments*, J. Wiley, New York (1984).
4.14. N. Wiener, *Nonlinear problems in random theory*, J. Wiley, New York (1958).
4.15. R. Deutsch, *Nonlinear transformations of random processes*, Prentice Hall, Englewood Cliffs, New Jersey (1962).
4.16. M. Schetzen, *The Volterra and Wiener theories of nonlinear systems*, J. Wiley, New York (1980).
4.17. W. J. Rugh, *Nonlinear system theory: the Volterra/Wiener approach*, Johns Hopkins Univ. Press, Baltimore (1981).
4.18. R. M. Bracewell, *The Fourier transform and its applications*, McGraw-Hill, New York (1965).
4.19. A. Abragam, *The principles of nuclear magnetism*, Oxford University Press, Oxford (1960).
4.20. C. P. Slichter, *Principles of magnetic resonance*, 2nd edn, Springer, Berlin (1978).
4.21. E. Bartholdi and R. R. Ernst, *J. mag. Reson.* **11**, 9 (1973).
4.22. D. C. Champeney, *Fourier transforms and their physical applications*, Academic Press, New York (1973).
4.23. D. Achilles, *Die Fourier-Transformation in der Signal-verarbeitung*, Springer, Berlin (1978).
4.24. D. Ziessow, *On-line Rechner in der Chemie, Grundlagen und Anwendung in der Fourierspektroskopie*, de Gruyter, Berlin (1973).
4.25. J. Max, *Méthodes et techniques de traitement du signal*, Masson et Cie., Paris (1972).
4.26. J. C. Lindon and A. G. Ferrige, *Prog. NMR Spectrosc.* **14**, 27 (1980).
4.27. R. Freeman, unpublished calculations.
4.28. L. R. Rabiner and B. Gold, *Theory and application of digital signal processing*, Prentice Hall, Englewood Cliffs, New Jersey (1975).
4.29. A. V. Oppenheim and R. W. Schafer, *Digital signal processing*, Prentice Hall, Englewood Cliffs, New Jersey (1975).
4.30. A. Papoulis, *Signal analysis*, McGraw-Hill, New York (1977).
4.31. W. D. Stanley, *Digital signal processing*, Reston Publ. Reston, Va (1975).

4.32. J. W. Brault and O. R. White, *Astron. Astrophys.* **13**, 169 (1971).
4.33. P. Jacquinot and B. Roizen-Dossier, *Progress in optics* (ed. E. Wolf), Vol. III, p. 31, North-Holland, Amsterdam (1964).
4.34. G. A. Vanasse and H. Sakai, *Progress in optics* (ed. E. Wolf), Vol. VI, p. 261, North-Holland, Amsterdam (1967).
4.35. R. H. Norton and R. Beer, *J. opt. Soc. Am.* **66**, 259 (1976).
4.36. H. C. Schau, *Infrared Phys.* **19**, 65 (1979).
4.37. A. G. Marshall (Ed.), *Fourier, Hadamard and Hilbert transforms in chemistry*, Plenum Press, New York (1982).
4.38. C. L. Dolph, *Proc. IRE* **35**, 335 (1946).
4.39. H. D. Helms, *IEEE Trans. Audio and Electroacoustics* **AU 16**, 336 (1968).
4.40. F. F. Kuo and J. F. Kaiser (Ed.), *System analysis by digital computer*, J. Wiley, New York (1967).
4.41. J. Makhoul, *Proc. IEEE* **63**, 561 (1975); J. Markhoul, in *Modern spectral analysis* (ed. D. G. Childers) pp. 99–118, IEEE Press, Wiley, New York, (1978).
4.42. R. Kumaresan and D. W. Tufts, *IEEE Trans.* **ASSP-30**, 833 (1982).
4.43. H. Barkhuijsen, R. de Beer, W. M. M. J. Bovée and D. van Ormondt, *J. mag. Reson.* **61**, 465 (1985).
4.44. S. F. Gull and G. J. Daniell, *Nature* **272**, 686 (1978); S. F. Gull and J. Skilling, *Proc. IEE* (F) **131**, 646 (1984).
4.45 S. Sibisi, *Nature* **301**, 134 (1983); S. Sibisi, J. Skilling, R. G. Brereton, E. D. Laue and J. Staunton, *Nature* **311**, 466 (1984); E. D. Laue, J. Skilling, J. Staunton, S. Sibisi and R. G. Brereton, *J. mag. Reson.* **62**, 437 (1985).
4.46. I. D. Campbell, C. D. Dobson, R. J. P. Williams, and A. V. Xavier, *J. mag. Reson.* **11**, 172 (1973).
4.47. A. G. Ferrige and J. C. Lindon, *J. mag. Reson.* **31**, 337 (1978).
4.48. A. DeMarco and K. Wüthrich, *J. mag. Reson.* **24**, 201 (1976).
4.49. M. Guéron, *J. mag. Reson.* **30**, 515 (1978).
4.50. W. M. Wittbold, A. J. Fischman, C. Ogle, and D. Cowburn, *J. mag. Reson.* **39**, 127 (1980).
4.51. V. Volterra, *Theory of functionals*, Dover, New York (1959).
4.52. N. Wiener, *Nonlinear problems in random theory*, J. Wiley, New York (1958).
4.53. M. Schetzen, *Int. J. Contr.* **1**, 251 (1965).
4.54. Y. W. Lee and M. Schetzen, *Int. J. Contr.* **2**, 237 (1965).
4.55. R. Deutsch, *Nonlinear transformations of random processes*, Prentice Hall, Englewood Cliffs, New Jersey (1962).
4.56. E. Bedrosian and S. O. Rice, *Proc. IEEE* **59**, 1688 (1971).
4.57. M. Schetzen, *The Volterra and Wiener theories of non-linear systems*, J. Wiley, New York (1980).
4.58. R. R. Ernst, *Chimia* **26**, 53 (1972).
4.59. R. R. Ernst, *J. mag. Reson.* **3**, 10 (1970).
4.60. R. Kaiser and W. R. Knight, *J. mag. Reson.* **50**, 467 (1982).
4.61. R. Kubo and K. Tomita, *J. Phys. Soc. Japan* **9**, 888 (1954).
4.62. R. Kubo, *J. Phys. Soc. Japan* **12**, 570 (1957).
4.63. M. Asdente, M. C. Pascucci, and A. M. Ricca, *Nuovo Cim.* **32B**, 369 (1976).
4.64. R. R. Ernst and H. Primas, *Helv. Phys. Acta* **36**, 583 (1963).

4.65. R. R. Ernst, *J. Chem. Phys.* **45,** 3845 (1966).
4.66. R. Kaiser, *J. mag. Reson.* **3,** 28 (1970).
4.67. E. Bartholdi, A. Wokaun, and R. R. Ernst, *Chem. Phys.* **18,** 57 (1976).
4.68. B. Blümich and D. Ziessow, *Bull. mag. Reson.* **2,** 299 (1981).
4.69. B. Blümich and D. Ziessow, *J. mag. Reson.* **46,** 385 (1982).
4.70. B. Blümich and D. Ziessow, *Ber. Bunsenges. Phys. Chem.* **84,** 1090 (1980).
4.71. R. Kaiser and W. R. Knight, *J. mag. Reson.* **50,** 467 (1982).
4.72. B. Blümich and D. Ziessow, *Mol. Phys.* **48,** 955 (1983).
4.73. B. Blümich and D. Ziessow, *J. Chem. Phys.* **78,** 1059 (1983).
4.74. B. Blümich and D. Ziessow, *J. mag. Reson.* **52,** 42 (1983).
4.75. B. Blümich and R. Kaiser, *J. mag. Reson.* **54,** 486 (1983).
4.76. B. Blümich, *Mol. Phys.* **51,** 1283 (1984).
4.77. B. Blümich and R. Kaiser, *J. mag. Reson.* **58,** 149 (1984).
4.78. B. Blümich, *J. mag. Reson.* **60,** 37 (1984).
4.79. B. Blümich, *Bull. mag. Reson.* **7,** 5 (1985).
4.80. W. P. Aue, E. Bartholdi, and R. R. Ernst, *J. Chem. Phys.* **64,** 2229 (1976).
4.81. H. Grad, *Commun. pure appl. Math.* **2,** 325 (1949).
4.82. L. A. Zadeh, *IRE Wescon Conv. Record,* Part 2, 105 (1957).
4.83. H. Primas, *Helv. Phys. Acta* **34,** 36 (1961).
4.84. P. Meakin and J. P. Jesson, *J. mag. Reson.* **10,** 296 (1973).
4.85. M. H. Levitt and R. Freeman, *J. mag. Reson.* **33,** 473 (1979).
4.86. R. Freeman, S. P. Kempsell, and M. H. Levitt, *J. mag. Reson.* **38,** 453 (1980).
4.87. M. H. Levitt and R. R. Ernst, *J. mag. Reson.* **55,** 247 (1983).
4.88. A. G. Redfield and R. K. Gupta, *J. Chem. Phys.* **54,** 1418 (1971).
4.89. P. Plateau, C. Dumas, and M. Guéron, *J. mag. Reson.* **54,** 46 (1983).
4.90. A. G. Redfield, S. D. Kunz, and E. K. Ralph, *J. mag. Reson.* **19,** 114 (1975).
4.91. P. Plateau and M. Guéron, *J. Am. chem. Soc.* **104,** 7310 (1982).
4.92. P. Hore, *J. mag. Reson.* **54,** 539 (1983); **55,** 283 (1983).
4.93. D. E. Jones and H. Sternlicht, *J. mag. Reson.* **6,** 167 (1972).
4.94. R. Freeman and H. D. W. Hill, *J. mag. Reson.* **4,** 366 (1971).
4.95. R. R. Ernst and W. A. Anderson, *Rev. sci. Instr.* **37,** 93 (1966).
4.96. R. Bradford, C. Clay, and E. Strick, *Phys. Rev.* **84,** 157 (1951).
4.97. H. Y. Carr, *Phys. Rev.* **112,** 1693 (1958).
4.98. J. Kaufmann and A. Schwenk, *Phys. Lett.* **24A,** 115 (1967).
4.99. P. Waldstein and W. E. Wallace, *Rev. sci. Instr.* **42,** 437 (1971).
4.100. W. S. Hinshaw, *Phys. Lett.* **48A,** 87 (1984).
4.101. W. S. Hinshaw, *J. appl. Phys.* **47,** 3709 (1976).
4.102. R. Kaiser, E. Bartholdi, and R. R. Ernst, *J. Chem. Phys.* **60,** 2966 (1974).
4.103. A. Schwenk, *J. mag. Reson.* **5,** 376 (1971).
4.104. R. R. Ernst, US patent 3968424.
4.105. I. Hainmüller, Wiss. Arbeit, Phys. Inst. der Universität Tübingen (1976).
4.106. M. H. Levitt, *J. mag. Reson.* **48,** 234 (1982).
4.107. M. H. Levitt, *J. mag. Reson.* **50,** 95 (1982).
4.108. M. H. Levitt and R. Freeman, *J. mag. Reson.* **43,** 65 (1982).
4.109. M. H. Levitt and R. Freeman, *J. mag. Reson.* **43,** 502 (1981).

4.110. M. H. Levitt, R. Freeman, and T. Frenkiel, *J. mag. Reson.* **47**, 328 (1982).
4.111. M. H. Levitt, R. Freeman, and T. Frenkiel, *J. mag. Reson.* **50**, 157 (1982).
4.112. M. H. Levitt, R. Freeman, and T. Frenkiel, *Adv. mag. Reson.* **11**, 47 (1983).
4.113. J. S. Waugh, *J. mag. Reson.* **49**, 517 (1982).
4.114. J. S. Waugh, *J. mag. Reson.* **50**, 30 (1982).
4.115. A. J. Shaka, J. Keeler, T. Frenkiel, and R. Freeman, *J. mag. Reson.* **52**, 335 (1983).
4.116. A. J. Shaka, J. Keeler, and R. Freeman, *J. mag. Reson.* **53**, 313 (1983).
4.117. M. H. Levitt and R. R. Ernst, *Mol. Phys.* **50**, 1109 (1983).
4.118. M. H. Levitt, D. Suter, and R. R. Ernst, *J. Chem. Phys.* **80**, 3064 (1984).
4.119. J. Baum, R. Tycko, and A. Pines, *J. Chem. Phys.* **79**, 4643 (1983).
4.120. R. Tycko, *Phys. Rev. Lett.* **51**, 775 (1983).
4.121. A. J. Shaka and R. Freeman, *J. mag. Reson.* **55**, 487 (1983).
4.122. S. Meiboom and D. Gill, *Rev. sci. Instrum.* **29**, 688 (1958).
4.123. R. Freeman, T. A. Frenkiel, and M. H. Levitt, *J. mag. Reson.* **44**, 409 (1981).
4.124. E. S. Pearson, *Biometrica* **24**, 404 (1932).
4.125. R. Courant and D. Hilbert, *Methods of mathematical physics,* Interscience Publ., New York (1953).
4.126. J. S. Waugh, *J. mol. Spectrosc.* **35**, 298 (1970).
4.127. R. R. Ernst and W. A. Anderson, *Rev. sci. instrum.* **36**, 1696 (1965).
4.128. W. A. Anderson, *Rev. sci. Instrum.* **33**, 1160 (1962).
4.129. O. Haworth and R. E. Richards, *Prog. NMR Spectrosc.* **1**, 1 (1966).
4.130. R. R. Ernst, in *The application of computer techniques in chemical research,* p. 61, Inst. of Petroleum, London, (1972).
4.131. S. Schäublin, A. Höhener, and R. R. Ernst, *J. mag. Reson.* **13**, 196 (1974).
4.132. O. W. Sørensen, G. W. Eich, M. H. Levitt, G. Bodenhausen, and R. R. Ernst, *Prog. NMR Spectrosc.* **16**, 163 (1983).
4.133. G. Bodenhausen and R. Freeman, *J. mag. Reson.* **36**, 221 (1979).
4.134. F. J. Adrian, *J. Chem. Phys.* **53**, 3374 (1970); *J. Chem. Phys.* **54**, 3912 (1970).
4.135. H. Hatanaka and C. S. Yannoni, *J. mag. Reson.* **42**, 330 (1981).
4.136. D. P. Burum, unpublished calculations.
4.137. A. Schwenk, *Z. Phys.* **213**, 482 (1968).
4.138. A. Schwenk, *Phys. Lett.* **31A**, 513 (1970).
4.139. H. Y. Carr and E. M. Purcell, *Phys. Rev.* **94**, 630 (1954).
4.140. A. Allerhand and D. W. Cochran, *J. Am. chem. Soc.* **92**, 4482 (1970).
4.141. E. D. Becker, J. A. Ferretti, and T. C. Farrar, *J. Am. chem. Soc.* **91**, 7784 (1969).
4.142. R. R. Shoup, E. D. Becker, and T. C. Farrar, *J. mag. Reson.* **8**, 298 (1972).
4.143. S. R. Hartmann and E. L. Hahn, *Phys. Rev.* **128**, 2042 (1962).
4.144. A. Pines, M. G. Gibby, and J. S. Waugh, *J. Chem. Phys.* **59**, 569 (1973).
4.145. A. G. Anderson and S. R. Hartmann, *Phys. Rev.* **128**, 2023 (1962).

4.146. M. Goldman, *Spin temperature and NMR in solids*, Oxford University Press, London (1970).
4.147. J. H. Noggle and R. E. Schirmer, *The nuclear Overhauser effect, chemical applications*, Academic Press, New York (1971).
4.148. S. Sørensen, R. S. Hansen, and H. J. Jakobsen, *J. mag. Reson.* **14**, 243 (1974).
4.149. H. J. Jakobsen, S. A. Linde, and S. Sørensen, *J. mag. Reson.* **15**, 385 (1974).
4.150. G. A. Morris and R. Freeman, *J. Am. chem. Soc.* **101**, 760 (1979).
4.151. D. P. Burum and R. R. Ernst, *J. mag. Reson.* **39**, 163 (1980).
4.152. M. H. Levitt and R. Freeman, *J. mag. Reson.* **39**, 533 (1980).
4.153. C. Le Cocq and J.-Y. Lallemand, *J. chem. Soc., Chem. Commun.* p. 150 (1981).
4.154. D. J. Cookson and B. E. Smith, *Org. mag. Reson.* **16**, 111 (1981).
4.155. D. W. Brown, T. T. Nakashima, and D. L. Rabenstein, *J. mag. Reson.* **45**, 302 (1981).
4.156. M. R. Bendall, D. M. Doddrell, and D. T. Pegg, *J. Am. chem. Soc.* **103**, 4603 (1981).
4.157. S. L. Patt and J. N. Shoolery, *J. mag. Reson.* **46**, 535 (1982).
4.158. Feng-Kui Pei and R. Freeman, *J. mag. Reson.* **48**, 318 (1982).
4.159. H. J. Jakobsen, O. W. Sørensen, W. S. Brey, and P. Kanyha, *J. mag. Reson.* **48**, 328 (1982).
4.160. H. Bildsøe, S. Dønstrup, H. J. Jakobsen, and O. W. Sørensen, *J. mag. Reson.* **53**, 154 (1983).
4.161. O. W. Sørensen, S. Dønstrup, H. Bildsøe, and H. J. Jakobsen, *J. mag. Reson.* **55**, 347 (1983).
4.162. D. M. Doddrell, D. T. Pegg, and M. R. Bendall, *J. mag. Reson.* **48**, 323 (1982).
4.163. M. R. Bendall and D. T. Pegg, *J. mag. Reson.* **53**, 272 (1983).
4.164. O. W. Sørensen and R. R. Ernst, *J. mag. Reson.* **51**, 477 (1983).
4.165. A. Bax, R. Freeman, and S. P. Kempsell, *J. Am. chem. Soc.* **102**, 4849 (1980).
4.166. G. Bodenhausen and C. M. Dobson, *J. mag. Reson.* **44**, 212 (1981).
4.167. P. J. Hore, E. R. P. Zuiderweg, K. Nicolay, K. Dijkstra, and R. Kaptein, *J. Am. chem. Soc.* **104**, 4286 (1982).
4.168. P. J. Hore, R. M. Scheek, A. Volbeda, and R. Kaptein, *J. mag. Reson.* **50**, 328 (1982).
4.169. P. J. Hore, R. M. Scheek, A. Volbeda, R. Kaptein, and J. H. van Boom, *J. mag. Reson.* **50**, 328 (1982).
4.170. P. J. Hore, R. M. Scheek, and R. Kaptein, *J. mag. Reson.* **52**, 339 (1983).
4.171. U. Piantini, O. W. Sørensen, and R. R. Ernst, *J. Am. chem. Soc.* **104**, 6800 (1982).
4.172. A. J. Shaka and R. Freeman, *J. mag. Reson.* **51**, 169 (1983).
4.173. O. W. Sørensen, M. H. Levitt, and R. R. Ernst, *J. mag. Reson.* **55**, 104 (1983).
4.174. M. H. Levitt and R. R. Ernst, *Chem. Phys. Lett.* **100**, 119 (1983).
4.175. M. H. Levitt and R. R. Ernst, *J. Chem. Phys.* **83**, 3297 (1985).
4.176. P. Mansfield and P. K. Grannell, *J. Phys. C* **4**, L197 (1971).

4.177. H. E. Bleich and A. G. Redfield, *J. Chem. Phys.* **67**, 5040 (1977).
4.178. A. A. Maudsley, L. Müller, and R. R. Ernst, *J. mag. Reson.* **28**, 463 (1977).
4.179. L. Müller and R. R. Ernst, *Mol. Phys.* **38**, 963 (1979).
4.180. R. D. Bertrand, W. B. Moniz, A. N. Garroway, and G. C. Chingas, *J. Am. chem. Soc.* **100**, 5227 (1978).
4.181. G. C. Chingas, A. N. Garroway, R. D. Bertrand, and W. B. Moniz, *J. Chem. Phys.* **74**, 127 (1981).
4.182. D. A. McArthur, E. L. Hahn, and R. E. Walstedt, *Phys. Rev.* **188**, 609 (1969).
4.183. D. E. Demco, J. Tegenfeldt, and J. S. Waugh, *Phys. Rev.* **B11**, 4133 (1975).
4.184. J. Tegenfeldt and U. Haeberlen, *J. mag. Reson.* **36**, 453 (1979).
4.185. L. Müller, Anil Kumar, T. Baumann, and R. R. Ernst, *Phys. Rev. Lett.* **32**, 1402 (1974).
4.186. P. Caravatti, G. Bodenhausen, and R. R. Ernst, *Chem. Phys. Lett.* **89**, 363 (1982).
4.187. P. Caravatti, L. Braunschweiler, and R. R. Ernst, *Chem. Phys. Lett.* **100**, 305 (1983).
4.188. R. L. Vold and R. R. Vold, *Prog. NMR Spectrosc.* **12**, 79 (1978).
4.189. R. Freeman and H. D. W. Hill, In *Dynamic NMR spectroscopy* (ed. L. M. Jackman and F. A. Cotton), p. 131, Academic Press, New York (1975).
4.190. D. A. Wright, D. E. Axelson, and G. C. Levy, *Top. ^{13}C NMR Spectrosc.* **3**, 104 (1979).
4.191. M. L. Martin, J.-J. Delpuech, and G. J. Martin, *Practical NMR spectroscopy*, Heyden, London (1980).
4.192. R. L. Vold, J. S. Waugh, M. P. Klein, and D. E. Phelps, *J. Chem. Phys.* **48**, 3831 (1968).
4.193. R. Freeman and H. D. W. Hill, *J. Chem. Phys.* **53**, 4103 (1970).
4.194. R. Freeman and H. D. W. Hill, *J. Chem. Phys.* **54**, 3367 (1971).
4.195. D. C. Look and D. R. Locker, *Rev. sci. Instrum.* **41**, 250 (1970).
4.196. R. Kaptein, K. Dijkstra, and C. E. Tarr, *J. mag. Reson.* **24**, 295 (1976).
4.197. D. E. Demco, P. van Hecke, and J. S. Waugh, *J. mag. Reson.* **16**, 467 (1974).
4.198. R. R. Vold and G. Bodenhausen, *J. mag. Reson.* **39**, 363 (1980).
4.199. G. C. Levy and I. R. Peat, *J. mag. Reson.* **18**, 500 (1975).
4.200. D. Canet, G. C. Levy, and I. R. Peat, *J. mag. Reson.* **18**, 199 (1975).
4.201. H. Hanssum, *J. mag. Reson.* **45**, 461 (1981).
4.202. R. Gupta, J. Ferretti, E. D. Becker, and G. Weis, *J. mag. Reson.* **38**, 447 (1980).
4.203. J. L. Markley, W. J. Horsley, and M. P. Klein, *J. Chem. Phys.* **55**, 3604 (1971).
4.204. R. Freeman and H. D. W. Hill, *J. Chem. Phys.* **54**, 3367 (1971).
4.205. R. K. Gupta, *J. mag. Reson.* **25**, 231 (1977).
4.206. K. A. Christensen, D. M. Grant, E. M. Schulman, and C. Walling, *J. Chem. Phys.* **78**, 1971 (1974).
4.207. Y. N. Luzikov, N. M. Sergeyev, and M. G. Levkovitch, *J. mag. Reson.* **21**, 359 (1976).

4.208. R. Freeman, S. Wittekoek, and R. R. Ernst, *J. Chem. Phys.* **52**, 1529 (1970).
4.209. S. H. Forsén and R. A. Hoffman, *J. Chem. Phys.* **39**, 2892 (1963).
4.210. S. H. Forsén and R. A. Hoffman, *J. Chem. Phys.* **40**, 1189 (1964).
4.211. S. H. Forsén and R. A. Hoffman, *J. Chem. Phys.* **45**, 2049 (1966).
4.212. T. R. Brown and S. Ogawa, *Proc. nat. Acad. Sci., USA* **74**, 3627 (1977).
4.213. A. A. Bothner-By, In *Magnetic resonance studies in biology* (ed. R. G. Shulman), p. 177, Academic Press, New York (1979).
4.214. A. Kalk and H. J. C. Berendsen, *J. mag. Reson.* **24**, 343 (1976).
4.215. A. Dubs, G. Wagner, and K. Wüthrich, *Biochem. Biophys. Acta* **577**, 177 (1979).
4.216. G. Wagner and K. Wüthrich, *J. mag. Reson.* **33**, 675 (1979).
4.217. E. L. Hahn, *Phys. Rev.* **80**, 580 (1950).
4.218. E. O. Stejskal and J. E. Tanner, *J. Chem. Phys.* **42**, 288 (1965).
4.219. R. L. Vold and S. O. Chan, *J. Chem. Phys.* **53**, 449 (1970).
4.220. R. Freeman and H. D. W. Hill, *J. Chem. Phys.* **54**, 301 (1971).
4.221. A. Allerhand, *J. Chem. Phys.* **44**, 1 (1966).
4.222. Anil Kumar and R. R. Ernst, *Chem. Phys. Lett.* **37**, 162 (1976).
4.223. R. R. Vold and R. L. Vold, *J. Chem. Phys.* **64**, 320 (1976).
4.224. Anil Kumar and R. R. Ernst, *J. mag. Reson.* **24**, 425 (1976).
4.225. A. Loewenstein and T. M. Connor, *Ber. Bunsenges. Physik. Chem.* **67**, 280 (1963).
4.226. J. Delpuech, *Bull. Soc. Chim. France* p. 2697 (1964).
4.227. L. M. Jackman and F. A. Cotton (Eds.), *Dynamic NMR spectroscopy*, Academic Press, New York (1975).
4.228. A. Steigel, In *Dynamic NMR spectroscopy, NMR basic principles and progress*, **15**, 1 (1978).
4.229. H. W. Spiess, *NMR basic principles and progress* **15**, 55 (1978).
4.230. J. I. Kaplan and G. Fraenkel, *NMR of chemically exchanging systems*, Academic Press, New York (1980).
4.231. J. Sandström, *Dynamic NMR spectroscopy*, Academic Press, London (1982).
4.232. J. I. Kaplan, *J. Chem. Phys.* **28**, 278 (1958).
4.233. R. K. Harris, N. C. Pyper, R. E. Richards, and G. W. Schultz, *Mol. Phys.* **19**, 145 (1970).
4.234. R. K. Harris and N. C. Pyper, *Mol. Phys.* **20**, 467 (1971); *Mol. Phys.* **23**, 277 (1971).
4.235. R. K. Harris and K. M. Worvill, *J. mag. Reson.* **9**, 383 (1973); *J. mag. Reson.* **9**, 394 (1973).
4.236. G. Fraenkel, J. I. Kaplan, and P. P. Yang, *J. Chem. Phys.* **60**, 2574 (1974).
4.237. R. O. Kühne, T. Schaffhauser, A. Wokaun, and R. R. Ernst, *J. Mag. Reson.* **35**, 39 (1979).
4.238. S. Schäublin, A. Wokaun, and R. R. Ernst, *J. mag. Reson.* **27**, 273 (1977).
4.239. M. Eigen and L. De Maeyer, In *Techniques of chemistry*, Vol. VI, Part II, (ed. G. G. Hammes), p. 63, Wiley, New York (1974); G. G. Hammes (Ed.), In *Techniques of chemistry,* Vol. VI, Part II, p. 147. Wiley, New York (1974).

4.240. E. F. Greene and J. P. Toennies, *Chemical reactions in shock waves*, Academic Press, New York (1964); W. Knoche, In *Techniques of chemistry*, Vol. VI, Part II, (ed. G. G. Hammes), p. 187, Wiley, New York (1974).
4.241. G. Porter and M. A. West, In *Techniques of chemistry*, Vol. VI, Part II, (ed. G. G. Hammes), p. 367, Wiley, New York (1974).
4.242. N. C. Verma and R. W. Fessenden, *J. Chem. Phys.* **65**, 2139 (1976).
4.243. A. D. Trifunac, K. W. Johnson, and R. H. Lowers, *J. Am. chem. Soc.* **98**, 6067 (1976).
4.244. H. Hartridge and F. J. W. Roughton, *Proc. R. Soc.* **A104**, 376, 395 (1923).
4.245. B. Chance, *J. Franklin Inst.* **229**, 455, 613, 737 (1940).
4.246. B. Chance, R. H. Eisenhardt, Q. H. Gibson, and K. K. Lonberg-Holm (Eds.), *Rapid Mixing and sampling techniques in biochemistry*, Academic Press, New York (1964).
4.247. D. W. Jones and T. F. Child, *Adv. mag. Reson.* **8**, 123 (1976).
4.248. K. Schaumburg, *Dan. Kemi.* **47**, 177 (1966).
4.249. J. L. Sudmeier and J. J. Pesek, *Inorg. Chem.* **10**, 860 (1971).
4.250. J. J. Grimaldi, J. Baldo, C. McMurray, and B. D. Sykes, *J. Am. chem. Soc.* **94**, 7641 (1972).
4.251. C. A. Fyfe, M. Cocivera, and S. W. H. Damij, *J. chem. Soc., Chem. Commun.* 743 (1973).
4.252. M. Cocivera, C. A. Fyfe, S. P. Vaish, and H. E. Chen, *J. Am. chem. Soc.* **96**, 1611 (1974).
4.253. R. G. Lawler, *Prog. NMR Spectrosc.* **9**, 145 (1975).
4.254. J. J. Grimaldi and B. D. Sykes, *J. Biol. Chem.* **250**, 1618 (1975); *J. Am. chem. Soc.* **97**, 273 (1975); *Rev. sci. Instr.* **46**, 1201 (1975).
4.255. J. Bargon, H. Fischer, and U. Johnsen, *Z. Naturforsch.* **A22**, 1551 (1967).
4.256. R. G. Lawler and M. Halfon, *Rev. sci. Instr.* **45**, 84 (1974).
4.257. S. Schäublin, A. Wokaun, and R. R. Ernst, *Chem. Phys.* **14**, 285 (1976).
4.258. A. W. Overhauser, *Phys. Rev.* **92**, 411 (1953).
4.259. R. V. Pound, *Phys. Rev.* **79**, 685 (1950).
4.260. R. Freeman and W. A. Anderson, *J. Chem. Phys.* **37**, 2053 (1962).
4.261. R. A. Hoffman and S. Forsén, *Prog. NMR Spectrosc.* **1**, 15 (1966).
4.262. W. A. Anderson and R. Freeman, *J. Chem. Phys.* **37**, 85 (1963); W. A. Anderson and F. A. Nelson, *J. Chem. Phys.* **39**, 183 (1963).
4.263. N. R. Krishna and S. L. Gordon, *Phys. Rev.* **A6**, 2059 (1972).
4.264. R. R. Ernst, W. P. Aue, E. Bartholdi, A. Höhener, and S. Schäublin, *Pure appl. Chem.* **37**, 47 (1974).
4.265. N. R. Krishna, *J. Chem. Phys.* **63**, 4329 (1975).
4.266. R. E. D. McClung and N. R. Krishna, *J. mag. Reson.* **29**, 573 (1978).
4.267. R. Freeman, H. D. W. Hill, and R. Kaptein, *J. mag. Reson.* **7**, 327 (1972).
4.268. A: L. Bloom and J. N. Shoolery, *Phys. Rev.* **97**, 1261 (1955).
4.269. A. Wokaun and R. R. Ernst, *Mol. Phys.* **38**, 1579 (1979).
4.270. H. J. Reich, M. Jautelat, M. T. Messe, F. J. Weigert, and J. D. Roberts, *J. Am. chem. Soc.* **91**, 7445 (1969).

4.271. L. F. Johnson, Tenth Experimental NMR Conference, Pittsburgh, Pa. (1969).
4.272. B. Birdsall, N. J. M. Birdsall, and J. Feeney, *J. chem. Soc., Chem. Commun.* 316 (1972).
4.273. E. Breitmaier and W. Voelter, ^{13}C *NMR Spectroscopy,* Verlag Chemie, Weinheim (1974).
4.274. M. Tanabe, T. Hamasaki, D. Thomas, and L. F. Johnson, *J. Am. chem. Soc.* **93,** 273 (1971).
4.275. W. P. Aue and R. R. Ernst, *J. mag. Reson.* **31,** 533 (1978).
4.276. G. A. Morris, G. L. Nayler, A. J. Shaka, J. Keeler, and R. Freeman, *J. mag. Reson.* **58,** 155 (1984).
4.277. J. P. Jesson, P. Meakin, and G. Kneissel, *J. Am. chem. Soc.* **95,** 618 (1973).
4.278. W.-K. Rhim, D. P. Burum, and D. D. Elleman, *Phys. Rev. Lett.* **37,** 1764 (1976).
4.279. W.-K. Rhim, D. P. Burum, and D. D. Elleman, *J. chem. Phys.* **68,** 692 (1978).
4.280. W.-K. Rhim, D. P. Burum, and D. D. Elleman, *Phys. Lett.* **62A,** 507 (1977).
4.281. D. P. Burum, D. D. Elleman, and W.-K. Rhim, *J. Chem. Phys.* **68,** 1164 (1978).
4.282. P. Mansfield, K. H. B. Richards, and D. Ware, *Phys. Rev.* **B1,** 2048 (1970).
4.283. M. E. Stoll, W.-K. Rhim, and R. W. Vaughan, *J. Chem. Phys.* **64,** 4808 (1976).
4.284. J. B. Grutzner and R. E. Santini, *J. mag. Reson.* **19,** 173 (1975).
4.285. V. J. Basus, P. D. Ellis, H. D. W. Hill, and J. S. Waugh, *J. mag. Reson.* **35,** 19 (1979).
4.286. J. D. Ellett and J. S. Waugh, *J. Chem. Phys.* **51,** 2851 (1969).
4.287. W. P. Aue, D. J. Ruben, and R. G. Griffin, *J. mag. Reson.* **46,** 354 (1982).
4.288. W. P. Aue, D. P. Burum, and R. R. Ernst, *J. mag. Reson.* **38,** 376 (1980).
4.289. D. P. Burum, unpublished.
4.290. M. H. Levitt, G. Bodenhausen, and R. R. Ernst, *J. mag. Reson.* **53,** 443 (1983).
4.291. D. L. Turner, D.Phil thesis, Oxford University (1977).
4.292. D. T. Pegg, M. R. Bendall, and D. M. Doddrell, *J. mag. Reson.* **49,** 32 (1982).
4.293. W. R. Hamilton, *Proc. R. Irish Acad.* **2,** 424 (1944), In W. R. Hamilton, *Mathematical papers,* Vol. 3, Cambridge University Press (1967).
4.294. B. Blümich and H. Spiess, *J. mag. Reson.* **61,** 356 (1985).
4.295. C. Counsell, M. H. Levitt, and R. R. Ernst, *J. mag. Reson.,* **63,** 133 (1985).
4.296. J. P. Elliott and P. G. Dawber, *Symmetry in physics,* Vol. 2, pp. 480-3, Macmillan, London (1979).
4.297. W. K. Rhim, D. P. Burum, and D. D. Elleman, *Phys. Rev. Lett.* **37,** 1764 (1976).
4.298. J. Jeener and P. Broekaert, *Phys. Rev.* **157,** 232 (1967).

第5章

5.1. S. Yatsiv, *Phys. Rev.* **113**, 1522 (1952).
5.2. W. A. Anderson, R. Freeman, and C. A. Reilly, *J. Chem. Phys.* **39**, 1518 (1963).
5.3. H. Hatanaka, T. Terao, and T. Hashi, *J. Phys. Soc. Japan* **39**, 835 (1975).
5.4. H. Hatanaka and T. Hashi, *J. Phys. Soc. Japan* **39**, 1139 (1975).
5.5. H. Hatanaka, T. Ozawa, and T. Hashi, *J. Phys. Soc. Japan* **42**, 2069 (1977).
5.6. H. Hatanaka and T. Hashi, *Phys. Lett.* **67A**, 183 (1978).
5.7. S. Vega, T. W. Shattuck, and A. Pines, *Phys. Rev. Lett.* **37**, 43 (1976).
5.8. S. Vega and A. Pines, *J. Chem. Phys.* **66**, 5624 (1977).
5.9. A. Pines, D. Wemmer, J. Tang, and S. Sinton, *Bull. Am. Phys. Soc.* **23**, 21 (1978).
5.10. G. Drobny, A. Pines, S. Sinton, D. Weitekamp, and D. Wemmer, *Faraday Div. Chem. Soc. Symp.* **13**, 49 (1979).
5.11. W. S. Warren, S. Sinton, D. P. Weitekamp, and A. Pines, *Phys. Rev. Lett.* **43**, 1791 (1979).
5.12. S. Sinton and A. Pines, *Chem. Phys. Lett.* **76**, 263 (1980).
5.13. J. Tang and A. Pines, *J. Chem. Phys.* **72**, 3290 (1980).
5.14. W. S. Warren, D. P. Weitekamp, and A. Pines, *J. Chem. Phys.* **73**, 2084 (1980).
5.15. W. S. Warren and A. Pines, *J. Chem. Phys.* **74**, 2808 (1981).
5.16. W. S. Warren and A. Pines, *Chem. Phys. Lett.* **88**, 441 (1982).
5.17. J. B. Murdoch and A. Pines, *J. Am. chem. Soc.* **103**, 3578 (1981).
5.18. J. R. Garbow, D. P. Weitekamp, and A. Pines, *J. Chem. Phys.* **79**, 5301 (1983).
5.19. D. P. Weitekamp, J. R. Garbow, and A. Pines, *J. mag. Reson.* **46**, 529 (1982).
5.20. D. P. Weitekamp, J. R. Garbow, and A. Pines, *J. Chem. Phys.* **77**, 2870 (1982).
5.21. D. Zax and A. Pines, *J. Chem. Phys.* **78**, 6333 (1983).
5.22. W. P. Aue, E. Bartholdi, and R. R. Ernst, *J. Chem. Phys.* **64**, 2229 (1976).
5.23. A. Wokaun and R. R. Ernst, *Chem. Phys. Lett.* **52**, 407 (1977).
5.24. A. Wokaun and R. R. Ernst, *J. Chem. Phys.* **67**, 1752 (1977).
5.25. A. Wokaun and R. R. Ernst, *Mol. Phys.* **36**, 317 (1978).
5.26. A. Wokaun and R. R. Ernst, *Mol. Phys.* **38**, 1579 (1979).
5.27. P. Brunner, M. Reinhold, and R. R. Ernst, *J. Chem. Phys.* **73**, 1086 (1980).
5.28. A. Minoretti, W. P. Aue, M. Reinhold, and R. R. Ernst, *J. mag. Reson.* **40**, 175 (1980).
5.29. S. Macura, Y. Huang, D. Suter, and R. R. Ernst, *J. mag. Reson.* **43**, 259 (1981).
5.30. M. Reinhold, P. Brunner, and R. R. Ernst, *J. Chem. Phys.* **74**, 184 (1981).
5.31. M. Hintermann, L. Braunschweiler, G. Bodenhausen, and R. R. Ernst, *J. mag. Reson.* **50**, 316 (1982).
5.32. S. Macura, K. Wüthrich, and R. R. Ernst, *J. mag. Reson.* **46**, 269 (1982).

5.33. S. Macura, K. Wüthrich, and R. R. Ernst, *J. mag. Reson.* **47**, 351 (1982).
5.34. U. Piantini, O. W. Sørensen, and R. R. Ernst, *J. Am. chem. Soc.* **104**, 6800 (1982).
5.35. O. W. Sørensen, M. H. Levitt, and R. R. Ernst, *J. mag. Reson.* **55**, 104 (1983).
5.36. H. Kessler, H. Oschkinat, O. W. Sørensen, H. Kogler, and R. R. Ernst, *J. mag. Reson.* **55**, 329 (1983).
5.37. L. Braunschweiler, G. Bodenhausen, and R. R. Ernst, *Mol. Phys.* **48**, 535 (1983).
5.38. O. W. Sørensen, G. W. Eich, M. H. Levitt, G. Bodenhausen, and R. R. Ernst, *Prog. NMR Spectrosc.* **16**, 163 (1983).
5.39. M. H. Levitt and R. R. Ernst, *Chem. Phys. Lett.* **100**, 119 (1983).
5.40. G. Bodenhausen, H. Kogler, and R. R. Ernst, *J. mag. Reson.* **58**, 370 (1984).
5.41. M. Rance, O. W. Sørensen, G. Bodenhausen, G. Wagner, R. R. Ernst, and K. Wüthrich, *Biochem. Biophys. Res. Commun.* **117**, 479 (1983).
5.42. R. Poupko, R. L. Vold, and R. R. Vold. *J. mag. Reson.* **34**, 67 (1979).
5.43. G. Bodenhausen, N. M. Szeverenyi, R. L. Vold, and R. R. Vold, *J. Am. chem. Soc.* **100**, 6265 (1978).
5.44. G. Bodenhausen, R. L. Vold, and R. R. Vold, *J. mag. Reson.* **37**, 93 (1980).
5.45. R. L. Vold, R. R. Vold, R. Poupko, and G. Bodenhausen, *J. mag. Reson.* **38**, 141 (1980).
5.46. G. Bodenhausen, *J. mag. Reson.* **34**, 357 (1979).
5.47. D. Jaffe, R. L. Vold, and R. R. Vold, *J. Chem. Phys.* **78**, 4852 (1983).
5.48. A. Bax, R. Freeman, and S. P. Kempsell, *J. Am. chem. Soc.* **102**, 4849 (1980).
5.49. A. Bax, R. Freeman, and S. P. Kempsell, *J. mag. Reson.* **41**, 349 (1980).
5.50. A. Bax and R. Freeman, *J. mag. Reson.* **41**, 507 (1980).
5.51. A. Bax, R. Freeman, and T. Frenkiel, *J. Am. chem. Soc.* **103**, 2102 (1981).
5.52. A. Bax, R. Freeman, T. Frenkiel, and M. H. Levitt, *J. mag. Reson.* **43**, 478 (1981).
5.53. R. Freeman, T. Frenkiel, and M. B. Rubin, *J. Am. chem. Soc.* **104**, 5545 (1982).
5.54. T. H. Mareci and R. Freeman, *J. mag. Reson.* **48**, 158 (1982).
5.55. T. H. Mareci and R. Freeman, *J. mag. Reson.* **51**, 531 (1983).
5.56. A. J. Shaka and R. Freeman, *J. mag. Reson.* **51**, 169 (1983).
5.57. S. Vega, *J. Chem. Phys.* **68**, 5518 (1978).
5.58. S. Vega and Y. Naor, *J. Chem. Phys.* **75**, 75 (1981).
5.59. Y. Zur and S. Vega, *J. Chem. Phys.* **79**, 548 (1983).
5.60. G. Bodenhausen, *Prog. NMR Spectrosc.* **14**, 137 (1981).
5.61. D. P. Weitekamp, *Adv. mag. Reson.* **11**, 111 (1983).
5.62. R. C. Hewitt, S. Meiboom, and L. C. Snyder, *J. Chem. Phys.* **58**, 5089 (1973); L. C. Snyder and S. Meiboom, *J. Chem. Phys.* **58**, 5096 (1973).
5.63. A. Pines, D. J. Ruben, S. Vega, and M. Mehring, *Phys. Rev. Lett.* **36**, 110 (1976).
5.64. A. Pines, S. Vega, and M. Mehring, *Phys. Rev.* **B18**, 112 (1978).

参考文献

5.65. P. L. Corio, *Structure of high-resolution NMR spectra*, Academic Press, New York (1966).
5.66. R. G. Jones, *NMR Basic Principles Prog.* **1**, 100 (1969).
5.67. P. Bucci, G. Ceccarelli, and C. A. Veracini, *J. Chem. Phys.* **50**, 1510 (1969).
5.68. J. I. Kaplan and S. Meiboom, *Phys. Rev.* **106**, 499 (1957).
5.69. A. D. Cohen and D. H. Whiffen, *Mol. Phys.* **7**, 449 (1964).
5.70. J. I. Musher, *J. Chem. Phys.* **40**, 983 (1964).
5.71. M. L. Martin, G. J. Martin, and R. Couffignal, *J. Chem. Phys.* **49**, 1985 (1968).
5.72. A. Abragam, *Principles of nuclear magnetism*, Oxford University Press, London (1961).
5.73. M. Rance, O. W. Sørensen, W. Leupin, H. Kogler, K. Wüthrich, and R. R. Ernst, *J. mag. Reson.* **61**, 67 (1985).
5.74. A. Wokaun, Ph.D. Thesis, ETH, Zurich (1978).
5.75. M. H. Levitt and R. R. Ernst, *J. Chem. Phys.* **83**, 3297 (1985).
5.76. W. K. Rhim, A. Pines, and J. S. Waugh, *Phys. Rev. Lett.* **25**, 218 (1970).
5.77. W. K. Rhim, A. Pines, and J. S. Waugh, *Phys. Rev.* **B3**, 684 (1971).
5.78. B. C. Sanctuary, *J. Chem. Phys.* **64**, 4352 (1976).
5.79. B. C. Sanctuary, *J. Chem. Phys.* **73**, 1048 (1980).
5.80. B. C. Sanctuary and F. Garisto, *J. Chem. Phys.* **73**, 2927 (1980).
5.81. B. C. Sanctuary, *Mol. Phys.* **48**, 1155 (1983).
5.82. B. C. Sanctuary, T. K. Halstead, and P. A. Osment, *Mol. Phys.* **49**, 753 (1983).
5.83. A. D. Bain, *Chem. Phys. Lett.* **57**, 281 (1978).
5.84. A. D. Bain, *J. mag. Reson.* **39**, 335 (1980).
5.85. A. D. Bain and S. Brownstein, *J. mag. Reson.* **47**, 409 (1982).
5.86. A. D. Bain, *J. mag. Reson.* **56**, 418 (1984).
5.87. H. W. Spiess, In *NMR Basic Principles Prog.* **15**, (1980).
5.88. S. Hsi, H. Zimmermann, and Z. Luz, *J. Chem. Phys.* **69**, 4126 (1978).
5.89. K. M. Worvill, *J. mag. Reson.* **18**, 217 (1975).
5.90. S. Vega and A. Pines, In *Proc. 19th Ampère Congress*, Heidelberg, 1976, (ed. H. Brunner, K. H. Hausser and D. Schweizer) p. 395 (1976).
5.91. A. A. Maudsley, A. Wokaun, and R. R. Ernst, *Chem. Phys. Lett.* **55**, 9 (1978).

第 6 章

6.1. J. Jeener, Ampère International Summer School, Basko Polje, Yugoslavia (1971).
6.2. R. R. Ernst, VIth International Conference on Magnetic Resonance in Biological Systems, Kandersteg, Switzerland (1974).
6.3. R. R. Ernst, *Chimia* **29**, 179 (1975).
6.4. L. Müller, Anil Kumar, and R. R. Ernst, *J. Chem. Phys.* **63**, 5490 (1975).
6.5. W. P. Aue, E. Bartholdi, and R. R. Ernst, *J. Chem. Phys.* **64**, 2229 (1976).
6.6. B. Blümich and D. Ziessow, *Ber. Bunsenges. Phys. Chem.* **84**, 1090 (1980).

6.7. B. Blümich and D. Ziessow, *J. Chem. Phys.* **78**, 1059 (1983).
6.8. A. D. Bain, *J. mag. Reson.* **56**, 418 (1984).
6.9. G. Bodenhausen, H. Kogler, and R. R. Ernst, *J. mag. Reson.* **58**, 370 (1984).
6.10. A. Wokaun and R. R. Ernst, *Chem. Phys. Lett.* **52**, 407 (1977).
6.11. G. Bodenhausen, R. Freeman, and D. L. Turner, *J. mag. Reson.* **27**, 511 (1977).
6.12. K. Nagayama, Anil Kumar, K. Wüthrich, and R. R. Ernst, *J. mag. Reson.* **40**, 321 (1980).
6.13. A. Bax and G. A. Morris, *J. mag. Reson.* **42**, 501 (1981).
6.14. P. H. Bolton and G. Bodenhausen, *J. mag. Reson.* **46**, 306 (1982).
6.15. R. Bracewell, *The Fourier transform and its applications*, McGraw-Hill, New York (1965).
6.16. D. C. Champeney, *Fourier transforms and their physical application*, Academic Press, New York (1973).
6.17. K. Nagayama, P. Bachmann, K. Wüthrich, and R. R. Ernst, *J. mag. Reson.* **31**, 133 (1978).
6.18. E. Bartholdi and R. R. Ernst, *J. mag. Reson.* **11**, 9 (1973).
6.19. R. N. Bracewell, *Aust. J. Phys.* **9**, 198 (1956).
6.20. R. M. Merserau and A. V. Oppenheim, *Proc. IEEE* **62**, 1319 (1974).
6.21. P. Bachmann, W. P. Aue, L. Müller, and R. R. Ernst, *J. mag. Reson.* **28**, 29 (1977).
6.22. G. Bodenhausen, R. Freeman, R. Niedermeyer, and D. L. Turner, *J. mag. Reson.* **26**, 133 (1977).
6.23. M. H. Levitt, G. Bodenhausen, and R. R. Ernst, *J. mag. Reson.* **58**, 462 (1984).
6.24. A. A. Maudsley, A. Wokaun, and R. R. Ernst, *Chem. Phys. Lett.* **55**, 9 (1978).
6.25. A. Bax and R. Freeman, *J. mag. Reson.* **44**, 542 (1981).
6.26. L. Braunschweiler, G. Bodenhausen, and R. R. Ernst, *Mol. Phys.* **48**, 535 (1983).
6.27. R. Freeman, S. P. Kempsell, and M. H. Levitt, *J. mag. Reson.* **34**, 663 (1979).
6.28. D. J. States, R. A. Haberkorn, and D. J. Ruben, *J. mag. Reson.* **48**, 286 (1982).
6.29. P. H. Bolton, In *Biological magnetic resonance* (ed. L. J. Berliner and J. Reuben), Plenum, New York (1984).
6.30. A. Bax, A. F. Mehlkopf, and J. Smidt, *J. mag. Reson.* **35**, 373 (1979).
6.31. A. Bax, R. Freeman, and G. A. Morris, *J. mag. Reson.* **43**, 333 (1981).
6.32. A. J. Shaka, J. Keeler, and R. Freeman, *J. mag. Reson.* **56**, 294 (1984).
6.33. B. Blümich and D. Ziessow, *J. mag. Reson.* **49**, 151 (1982).
6.34. R. R. Ernst, *Adv. mag. Reson.* **2**, 1 (1966).
6.35. W. P. Aue, P. Bachmann, A. Wokaun, and R. R. Ernst, *J. mag. Reson.* **29**, 523 (1978).
6.36. J. Max, *Traitement du signal*, Masson, Paris (1972).
6.37. A. G. Ferrige and J. C. Lindon, *J. mag. Reson.* **31**, 337 (1978).
6.38. J. C. Lindon and A. G. Ferrige, *Prog. NMR Spectrosc.* **14**, 27 (1982).
6.39. A. Bax, *Two-dimensional nuclear magnetic resonance in liquids*, Delft Univ. Press, Dordrecht (1982).

6.40. A. de Marco and K. Wüthrich, *J. mag. Reson.* **24**, 201 (1976).
6.41. G. Wagner, K. Wüthrich, and H. Tschesche, *Eur. J. Biochem.* **86**, 67 (1978).
6.42. B. Clin, J. de Bony, P. Lalanne, J. Biais, and B. Lemanceau, *J. mag. Reson.* **33**, 457 (1979).
6.43. G. Wider, S. Macura, Anil Kumar, R. R. Ernst, and K. Wüthrich, *J. mag. Reson.* **56**, 207 (1984).
6.44. A. Bax and T. H. Mareci, *J. mag. Reson.* **53**, 360 (1983).
6.45. A. Bax, R. H. Griffey, and B. L. Hawkins, *J. mag. Reson.* **55**, 301 (1983).
6.46. W. P. Aue, J. Karhan, and R. R. Ernst, *J. Chem. Phys.* **64**, 4226 (1976),
6.47. A. G. Redfield and S. D. Kunz, *J. mag. Reson.* **19**, 250 (1975).
6.48. G. Bodenhausen, R. Freeman, G. A. Morris, R. Niedermeyer, and D. L. Turner, *J. mag. Reson.* **25**, 559 (1977).
6.49. G. Drobny, A. Pines, S. Sinton, D. Weitekamp, and D. Wemmer, *Faraday Div. Chem. Soc. Symp.* **13**, 49 (1979).
6.50. G. Bodenhausen, R. L. Vold, and R. R. Vold, *J. mag. Reson.* **37**, 93 (1980).
6.51. D. P. Weitekamp, *Adv. mag. Reson.* **11**, 111 (1983).
6.52. R. Baumann, Anil Kumar, R. R. Ernst, and K. Wüthrich, *J. mag. Reson.* **44**, 76 (1981).
6.53. R. Baumann, G. Wider, R. R. Ernst, and K. Wüthrich, *J. mag. Reson.* **44**, 402 (1981).
6.54. B. U. Meier, G. Bodenhausen, and R. R. Ernst, *J. mag. Reson.* **60**, 161 (1984); P. Pfändler, G. Bodenhausen, B. U. Meier, and R. R. Ernst, *Analyt. Chem.* **57**, 2510 (1985).
6.55. D. L. Turner, *J. mag. Reson.* **49**, 175 (1982).
6.56. D. L. Turner, *J. mag. Reson.* **53**, 259 (1983).
6.57. O. W. Sørensen, G. W. Eich, M. H. Levitt, G. Bodenhausen, and R. R. Ernst, *Prog. NMR Spectrosc.* **16**, 163 (1983).
6.58. G. Bodenhausen and P. H. Bolton, *J. mag. Reson.* **39**, 399 (1980).
6.59. G. Bodenhausen and R. R. Ernst, *J. Am. chem. Soc.* **104**, 1304 (1982).
6.60. A. Bax, P. G. de Jong, A. F. Mehlkopf, and J. Smidt, *Chem. Phys. Lett.* **69**, 567 (1980).
6.61. J. E. Bertie, In *Analytical applications of Fourier transform infrared spectroscopy to molecular and biological systems* (ed. J. R. Durig), p. 25 Reidel, Dordrecht (1980).
6.62. O. W. Sørensen, M. Rance, and R. R. Ernst, *J. mag. Reson.* **56**, 527 (1984).
6.63. C. J. R. Counsell, M. H. Levitt, and R. R. Ernst, *J. mag. Reson.* **64**, 470 (1985).
6.64. R. R. Ernst, W. P. Aue, P. Bachmann, J. Karhan, Anil Kumar, and L. Müller, *Proc. 4th Ampère Int. Summer School,* Pula, Yugoslavia, 89 (1976).

第7章

7.1. L. Müller, Anil Kumar, and R. R. Ernst, *J. Chem. Phys.* **63**, 5490 (1975).
7.2. W. P. Aue, J. Karhan, and R. R. Ernst, *J. Chem. Phys.* **64**, 4226 (1976).

7.3. K. Nagayama, P. Bachmann, K. Wüthrich, and R. R. Ernst, *J. mag. Reson.* **31**, 133 (1978).
7.4. W. P. Aue and R. R. Ernst, *J. mag. Reson.* **31**, 533 (1978).
7.5. A. Bax, A. F. Mehlkopf, and J. Smidt, *J. mag. Reson.* **35**, 167 (1979).
7.6. H. Y. Carr and E. M. Purcell, *Phys. Rev.* **94**, 630 (1954).
7.7. A. Allerhand, *J. Chem. Phys.* **44**, 1 (1966).
7.8. A. Bax, A. F. Mehlkopf, and J. Smidt, *J. mag. Reson.* **40**, 213 (1980).
7.9. K. Nagayama, *J. Chem. Phys.* **71**, 4404 (1979).
7.10. G. Bodenhausen, R. Freeman, R. Niedermeyer, and D. L. Turner, *J. mag. Reson.* **26**, 133 (1977).
7.11. G. Bodenhausen, R. Freeman, and D. L. Turner, *J. mag. Reson.* **27**, 511 (1977).
7.12. G. Bodenhausen, H. Kogler, and R. R. Ernst, *J. mag. Reson.* **58**, 370 (1984).
7.13. L. Müller, *J. mag. Reson.* **36**, 301 (1979).
7.14. K. Nagayama, Anil Kumar, K. Wüthrich, and R. R. Ernst, *J. mag. Reson.* **40**, 321 (1980).
7.15. G. Bodenhausen, R. Freeman, and D. L. Turner, *J. Chem. Phys.* **65**, 839 (1976).
7.16. G. Bodenhausen, R. Freeman, R. Niedermeyer, and D. L. Turner, *J. mag. Reson.* **24**, 291 (1976).
7.17. L. Müller, Anil Kumar, and R. R. Ernst, *J. mag. Reson.* **25**, 383 (1977).
7.18. R. Freeman, G. A. Morris, and D. L. Turner, *J. mag. Reson.* **26**, 373 (1977).
7.19. R. Freeman, S. P. Kempsell, and M. H. Levitt, *J. mag. Reson.* **34**, 663 (1979).
7.20. G. Bodenhausen, R. Freeman, G. A. Morris, and D. L. Turner, *J. mag. Reson.* **28**, 17 (1977).
7.21. A. Bax and R. Freeman, *J. Am. chem. Soc.* **104**, 1099 (1982).
7.22. J. R. Garbow, D. P. Weitekamp, and A. Pines, *Chem. Phys. Lett.* **93**, 504 (1982).
7.23. A. Bax, *J. mag. Reson.* **53**, 517 (1983).
7.24. C. Bauer, R. Freeman, and S. Wimperis, *J. mag. Reson.* **58**, 526 (1984).
7.25. O. W. Sørensen, G. W. Eich, M. H. Levitt, G. Bodenhausen, and R. R. Ernst, *Prog. NMR Spectrosc.* **16**, 163 (1983).
7.26. V. Rutar, *J. mag. Reson.* **56**, 87 (1984).
7.27. G. Bodenhausen and D. L. Turner, *J. mag. Reson.* **41**, 200 (1980).
7.28. R. Freeman and J. Keeler, *J. mag. Reson.* **43**, 484 (1981).
7.29. P. Bachmann, W. P. Aue, L. Müller, and R. R. Ernst, *J. mag. Reson.* **28**, 29 (1977).
7.30. G. Bodenhausen, R. Freeman, G. A. Morris, and D. L. Turner, *J. mag. Reson.* **31**, 75 (1978).
7.31. G. Wider, R. Baumann, K. Nagayama, R. R. Ernst, and K. Wüthrich, *J. mag. Reson.* **42**, 73 (1981).
7.32. Anil Kumar and C. L. Khetrapal, *J. mag. Reson.* **30**, 137 (1978).
7.33. C. L. Khetrapal, Anil Kumar, A. C. Kunwar, P. C. Mathias, and K. V. Ramanathan, *J. mag. Reson.* **37**, 349 (1980).
7.34. J. W. Emsley, 7th European Experimental NMR Conference, Palermo (1984).

7.35. Anil Kumar and R. R. Ernst, *Chem. Phys. Lett.* **37**, 162 (1976).
7.36. R. R. Vold and R. L. Vold, *J. Chem. Phys.* **64**, 320 (1976).
7.37. Anil Kumar and R. R. Ernst, *J. mag. Reson.* **24**, 425 (1976).
7.38. R. K. Hester, J. L. Ackerman, B. L. Neff, and J. S. Waugh, *Phys. Rev. Lett.* **36**, 1081 (1976).
7.39. E. F. Rybaczewski, B. L. Neff, J. S. Waugh, and J. S. Sherfinski, *J. Chem. Phys.* **67**, 1231 (1977).
7.40. M. E. Stoll, A. J. Vega, and R. W. Vaughan, *J. Chem. Phys.* **65**, 4093 (1976).
7.41. U. Haeberlen, *High resolution NMR in solids, Adv. mag. Reson.* Suppl. 1 (1976).
7.42. M. Mehring, *High resolution NMR spectroscopy in solids,* 2nd edn, Springer, Berlin (1983).
7.43. N. Schuff and U. Haeberlen, *J. mag. Reson.* **52**, 267 (1983).
7.44. D. P. Burum, M. Linder, and R. R. Ernst, *J. mag. Reson.* **44**, 173 (1981).
7.45. P. Caravatti, G. Bodenhausen, and R. R. Ernst, *Chem. Phys. Lett.* **89**, 363 (1982).
7.46. P. Caravatti, L. Braunschweiler, and R. R. Ernst, *Chem. Phys. Lett.* **100**, 305 (1983).
7.47. G. Bodenhausen, R. E. Stark, D. J. Ruben, and R. G. Griffin, *Chem. Phys. Lett.* **67**, 424 (1979).
7.48. M. Lee and W. I. Goldburg, *Phys. Rev.* **A140**, 1261 (1965).
7.49. M. Linder, A. Höhener, and R. R. Ernst, *J. Chem. Phys.* **73**, 4959 (1980).
7.50. M. G. Munowitz, R. G. Griffin, G. Bodenhausen, and T. H. Huang, *J. Am. chem. Soc.* **103**, 2529 (1981).
7.51. R. G. Griffin, G. Bodenhausen, R. A. Haberkorn, T. H. Huang, M. G. Munowitz, R. Osredkar, D. J. Ruben, R. E. Stark, and H. van Willigen, *Phil. Trans. R. Soc., London* **A299**, 547 (1981).
7.52. M. G. Munowitz and R. G. Griffin, *J. Chem. Phys.* **76**, 2848 (1982).
7.53. M. G. Munowitz and R. G. Griffin, *J. Chem. Phys.* **78**, 613 (1983).
7.54. M. G. Munowitz, W. P. Aue, and R. G. Griffin, *J. Chem. Phys.* **77**, 1686 (1982).
7.55. W. P. Aue, D. J. Ruben, and R. G. Griffin, *J. Chem. Phys.* **80**, 1729 (1984).
7.56. J. Schaefer, R. A. McKay, E. O. Stejskal, and W. T. Dixon, *J. mag. Reson.* **52**, 123 (1983).
7.57. M. M. Maricq and J. S. Waugh, *J. Chem. Phys.* **70**, 3300 (1979).
7.58. J. Herzfeld and A. M. Berger, *J. Chem. Phys.* **73**, 6021 (1980).
7.59. K. W. Zilm and D. M. Grant, *J. mag. Reson.* **48**, 524 (1982).
7.60. T. Terao, H. Miura and A. K. Saika, *J. Am. chem. Soc.* **104**, 5228 (1982).
7.61. C. L. Mayne, R. J. Pugmire, and D. M. Grant, *J. mag. Reson.* **56**, 151 (1984).
7.62. E. Lippmaa, M. Alla, and T. Tuherm, in *Proc. 19th Ampère Congress,* Heidelberg, 1976.
7.63. Y. Yarim-Agaev, P. N. Tutunjian, and J. S. Waugh, *J. mag. Reson.* **47**, 51 (1982).
7.64. A. Bax, N. M. Szeverenyi, and G. E. Maciel, *J. mag. Reson.* **51**, 400 (1983).

7.65. W. P. Aue, D. J. Ruben, and R. G. Griffin, *J. mag. Reson.* **43**, 472 (1981).
7.66. A. Bax, N. M. Szeverenyi, and G. E. Maciel, *J. mag. Reson.* **55**, 494 (1983).
7.67. A. Bax, N. M. Szeverenyi, and G. E. Maciel, *J. mag. Reson.* **52**, 147 (1983).
7.68. B. H. Meier, F. Graf, and R. R. Ernst, *J. Chem. Phys.* **76**, 767 (1982).
7.69. Anil Kumar, W. P. Aue, P. Bachmann, J. Karhan, L. Müller, and R. R. Ernst, *Proc. 19th Ampère Congress*, Heidelberg, p. 473 (1976).

第 8 章

8.1. J. Jeener, Ampère International Summer School, Basko Polje, Yugoslavia (1971).
8.2. W. P. Aue, E. Bartholdi, and R. R. Ernst, *J. Chem. Phys.* **64**, 2229 (1975).
8.3. K. Nagayama, K. Wüthrich, and R. R. Ernst, *Biochem. Biophys. Res. Commun.* **90**, 305 (1979).
8.4. G. Wagner, Anil Kumar, and K. Wüthrich, *Eur. J. Biochem.* **114**, 375 (1981).
8.5. A. Bax and R. Freeman, *J. mag. Reson.* **44**, 542 (1981).
8.6. G. W. Eich, G. Bodenhausen, and R. R. Ernst, *J. Am. chem. Soc.* **104**, 3731 (1982).
8.7. P. H. Bolton and G. Bodenhausen, *Chem. Phys. Lett.* **89**, 139 (1982).
8.8. L. Braunschweiler, G. Bodenhausen, and R. R. Ernst, *Mol. Phys.* **48**, 535 (1983).
8.9. A. A. Maudsley and R. R. Ernst, *Chem. Phys. Lett.* **50**, 368 (1977).
8.10. A. A. Maudsley, L. Müller, and R. R. Ernst, *J. mag. Reson.* **28**, 463 (1977).
8.11. G. Bodenhausen and R. Freeman, *J. mag. Reson.* **28**, 471 (1977).
8.12. G. Bodenhausen and D. J. Ruben, *Chem. Phys. Lett.* **69**, 185 (1980).
8.13. A. Bax, R. H. Griffey, and B. L. Hawkins, *J. mag. Reson.* **55**, 301 (1983).
8.14. G. Bodenhausen and R. Freeman, *J. mag. Reson.* **36**, 221 (1979).
8.15. O. W. Sørensen, G. W. Eich, M. H. Levitt, G. Bodenhausen, and R. R. Ernst, *Prog. NMR Spectrosc.* **16**, 163 (1983).
8.16. S. Schäublin, A. Höhener, and R. R. Ernst, *J. mag. Reson.* **13**, 196 (1974).
8.17. G. Wagner and K. Wüthrich, *J. mol. Biol.* **155**, 347 (1982).
8.18. D. Marion and K. Wüthrich, *Biochem. Biophys. Res. Commun.* **113**, 967 (1983).
8.19. C. Brévard, R. Schimpf, G. Tourne, and C. M. Tourne, *J. Am. chem. Soc.* **105**, 7059 (1983).
8.20. T. L. Venable, W. C. Hutton, and R. N. Grimes, *J. Am. chem. Soc.* **104**, 4716 (1982); **106**, 29 (1984).
8.21. G. Bodenhausen and P. H. Bolton, *J. mag. Reson.* **39**, 399 (1980).
8.22. K. Nagayama, Anil Kumar, K. Wüthrich, and R. R. Ernst, *J. mag. Reson.* **40**, 321 (1980).
8.23. K. Nagayama, K. Wüthrich, and R. R. Ernst, *Biochem. Biophys. Res. Commun.* **90**, 305 (1979).

8.24. G. Wider, S. Macura, Anil Kumar, R. R. Ernst, and K. Wüthrich, *J. mag. Reson.* **56**, 207 (1984).
8.25. O. W. Sørensen, M. Rance, and R. R. Ernst, *J. mag. Reson.* **56**, 527 (1984).
8.26. A. Bax and R. Freeman, *J. mag. Reson.* **44**, 542 (1981).
8.27. M. Rance, G. Wagner, O. W. Sørensen, K. Wüthrich, and R. R. Ernst, *J. mag. Reson.* **59**, 250 (1984).
8.28. U. Piantini, O. W. Sørensen, and R. R. Ernst, *J. Am. chem. Soc.* **104**, 6800 (1982).
8.29. A. J. Shaka and R. Freeman, *J. mag. Reson.* **51**, 169 (1983).
8.30. M. Rance, O. W. Sørensen, G. Bodenhausen, G. Wagner, R. R. Ernst, and K. Wüthrich, *Biochem. Biophys. Res. Commun.* **117**, 479 (1983).
8.31. B. U. Meier, G. Bodenhausen, and R. R. Ernst, *J. mag. Reson.* **60**, 161 (1984).
8.32. O. W. Sørensen, M. H. Levitt, and R. R. Ernst, *J. mag. Reson.* **55**, 104 (1983).
8.33. D. P. Weitekamp, J. R. Garbow, J. B. Murdoch, and A. Pines, *J. Am. chem. Soc.* **103**, 3578 (1981).
8.34. J. R. Garbow, D. P. Weitekamp, and A. Pines, *J. Chem. Phys.* **79**, 5301 (1983).
8.35. D. P. Weitekamp, *Adv. mag. Reson.* **11**, 111 (1983).
8.36. M. H. Levitt and R. R. Ernst, *Chem. Phys. Lett.* **100**, 119 (1983).
8.37. M. H. Levitt and R. R. Ernst, *J. Chem. Phys.* **83**, 3297 (1985).
8.38. G. Wagner, *J. mag. Reson.* **55**, 151 (1983).
8.39. G. Wagner, *J. mag. Reson.* **57**, 497 (1984).
8.40. G. King and P. E. Wright, *J. mag. Reson.* **54**, 328 (1983).
8.41. O. W. Sørensen and R. R. Ernst, *J. mag. Reson.* **55**, 338 (1983).
8.42. H. Kogler, O. W. Sørensen, G. Bodenhausen, and R. R. Ernst, *J. mag. Reson.* **55**, 157 (1983).
8.43. A. D. Cohen, R. Freeman, K. A. McLauchlan, and D. H. Whiffen, *Mol. Phys.* **7**, 45 (1963).
8.44. R. A. Hoffman, B. Gestblom, and S. Forsén, *J. mol. Spectrosc.* **13**, 221 (1964).
8.45. L. Braunschweiler and R. R. Ernst, *J. mag. Reson.* **53**, 521 (1983).
8.46. A. Bax, D. G. Davies, and S. K. Sarkar, *J. mag. Reson.* **63**, 230 (1985).
8.47. S. R. Hartmann and E. L. Hahn, *Phys. Rev.* **128**, 2042 (1962).
8.48. A. Pines, M. G. Gibby, and J. S. Waugh, *J. Chem. Phys.* **59**, 569 (1973).
8.49. R. D. Bertrand, W. B. Moniz, A. N. Garroway, and G. C. Chingas, *J. Am. chem. Soc.* **100**, 5227 (1978).
8.50. L. Müller and R. R. Ernst, *Mol. Phys.* **38**, 963 (1979).
8.51. W. S. Warren, D. P. Weitekamp, and A. Pines, *J. Chem. Phys.* **73**, 2084 (1980).
8.52. D. P. Weitekamp, J. R. Garbow, and A. Pines, *J. mag. Reson.* **46**, 529 (1982).
8.53. M. Rance, O. W. Sørensen, W. Leupin, H. Kogler, K. Wüthrich, and R. R. Ernst, *J. mag. Reson.* **61**, 67 (1985).
8.54. A. Bax, R. Freeman, and S. P. Kempsell, *J. Am. chem. Soc.* **102**, 4849 (1980).
8.55. A. Bax, R. Freeman, and S. P. Kempsell, *J. mag. Reson.* **41**, 349 (1980).

8.56. A. Bax and R. Freeman, *J. mag. Reson.* **41**, 507 (1980).
8.57. A. Bax, R. Freeman and T. Frenkiel, *J. Am. chem. Soc.* **103**, 2102 (1981).
8.58. A. Bax, R. Freeman, T. Frenkiel, and M. H. Levitt, *J. mag. Reson.* **43**, 478 (1981).
8.59. R. Freeman, T. Frenkiel, and M. B. Rubin, *J. Am. chem. Soc.* **104**, 5545 (1982).
8.60. T. H. Mareci and R. Freeman, *J. mag. Reson.* **48**, 158 (1982).
8.61. A. Bax, *Two-dimensional nuclear magnetic resonance in liquids*, Delft University Press/Reidel, Dordrecht (1982).
8.62. D. L. Turner, *J. mag. Reson.* **49**, 175 (1982).
8.63. D. L. Turner, *J. mag. Reson.* **53**, 259 (1983).
8.64. A. Bax and T. H. Mareci, *J. mag. Reson.* **53**, 360 (1983).
8.65. G. Bodenhausen, H. Kogler, and R. R. Ernst, *J. mag. Reson.* **58**, 370 (1984).
8.66. G. Pouzard, S. Sukumar, and L. D. Hall, *J. Am. chem. Soc.* **103**, 4209 (1981).
8.67. G. Wagner and E. R. P. Zuiderweg, *Biochem. Biophys. Res. Commun.* **113**, 854 (1983).
8.68. J. B. Boyd, C. M. Dobson, and C. Redfield, *J. mag. Reson.* **55**, 170 (1983).
8.69. S. Emid, A. Bax, J. Konijnendijk, J. Smidt, and A. Pines, *Physica* **B96**, 333 (1979); S. Emid, J. Smidt, and A. Pines, *Chem. Phys. Lett.* **73**, 496 (1980); Y.-S. Yen and A. Pines, *J. Chem. Phys.* **78**, 3579 (1983).
8.70. S. Sinton and A. Pines, *Chem. Phys. Lett.* **76**, 263 (1980).
8.71. W. K. Rhim, A. Pines, and J. S. Waugh, *Phys. Rev. Lett.* **25**, 218 (1970); W. K. Rhim, A. Pines, and J. S. Waugh, *Phys. Rev.* **B3**, 684 (1971).
8.72. G. Drobny, A. Pines, S. Sinton, D. Weitekamp, and D. Wemmer, *Faraday Div. chem. Soc. Symp.* **13**, 49 (1979).
8.73. G. Bodenhausen, R. L. Vold, and R. R. Vold, *J. mag. Reson.* **37**, 93 (1980).
8.74. W. S. Warren, S. Sinton, D. P. Weitekamp, and A. Pines, *Phys. Rev. Lett.* **43**, 1791 (1979).
8.75. W. S. Warren and A. Pines, *J. Chem. Phys.* **74**, 2808 (1981).
8.76. S. Vega and A. Pines, *J. Chem. Phys.* **66**, 5624 (1977).
8.77. S. Vega, T. W. Shattuck, and A. Pines, *Phys. Rev. Lett.* **37**, 43 (1976).
8.78. M. M. Maricq and J. S. Waugh, *J. Chem. Phys.* **70**, 3300 (1979).
8.79. R. Eckman, M. Alla, and A. Pines, *J. mag. Reson.* **41**, 440 (1980).
8.80. R. Eckman, L. Müller, and A. Pines, *Chem. Phys. Lett.* **74**, 376 (1980).
8.81. L. Müller, *J. Am. chem. Soc.* **101**, 4481 (1979).
8.82. A. Minoretti, W. P. Aue, M. Reinhold, and R. R. Ernst, *J. mag. Reson.* **40**, 175 (1980).
8.83. G. Bodenhausen, *J. mag. Reson.* **39**, 175 (1980).
8.84. G. A. Morris, *J. mag. Reson.* **44**, 277 (1981).
8.85. L. Müller, *Chem. Phys. Lett.* **91**, 303 (1982).
8.86. Y. S. Yen and D. P. Weitekamp, *J. mag. Reson.* **47**, 476 (1982).
8.87. P. H. Bolton, *J. mag. Reson.* **48**, 336 (1982).
8.88. H. Kessler, M. Bernd, H. Kogler, J. Zarbock, O. W. Sørensen, G. Bodenhausen, and R. R. Ernst, *J. Am. chem. Soc.* **105**, 6944 (1983).
8.89. A. G. Redfield, *Chem. Phys. Lett.* **96**, 537 (1983).

8.90. P. H. Bolton, *J. mag. Reson.* **52,** 326 (1983).
8.91. P. H. Bolton, *J. mag. Reson.* **54,** 333 (1983).
8.92. M. H. Levitt, O. W. Sørensen, and R. R. Ernst, *Chem. Phys. Lett.* **94,** 540 (1983).
8.93. M. A. Delsuc, E. Guittet, N. Trotin, and J. Y. Lallemand, *J. mag. Reson.* **56,** 163 (1984).
8.94. D. Neuhaus, G. Wider, G. Wagner, and K. Wüthrich, *J. mag. Reson.* **57,** 164 (1984).
8.95. S. Wimperis and R. Freeman, *J. mag. Reson.* **58,** 348 (1984).
8.96. H. Kessler, C. Griesinger, J. Zarbock, and H. R. Loosli, *J. mag. Reson.* **57,** 331 (1984).
8.97. L. Müller, Anil Kumar, T. Baumann, and R. R. Ernst, *Phys. Rev. Lett.* **32,** 1402 (1974).
8.98. P. Caravatti, L. Braunschweiler, and R. R. Ernst, *Chem. Phys. Lett.* **100,** 305 (1983).
8.99. D. P. Weitekamp, J. R. Garbow, and A. Pines, *J. Chem. Phys.* **77,** 2870 (1982).
8.100. G. C. Chingas, A. N. Garroway, R. D. Bertrand, and W. B. Moniz, *J. Chem. Phys.* **74,** 127 (1981).
8.101. P. Brunner, M. Reinhold, and R. R. Ernst, *J. Chem. Phys.* **73,** 1086 (1980).
8.102. M. Reinhold, P. Brunner, and R. R. Ernst, *J. Chem. Phys.* **74,** 184 (1981).
8.103. P. Caravatti, G. Bodenhausen, and R. R. Ernst, *Chem. Phys. Lett.* **89,** 363 (1982).
8.104. J. E. Roberts, S. Vega, and R. G. Griffin, *J. Am. chem. Soc.* **106,** 2506 (1984).
8.105. A. D. Bain, *J. mag. Reson.* **56,** 418 (1984).
8.106. H. Kogler, Ph.D. Thesis, Frankfurt University (1984).
8.107. A. Bax and G. A. Morris, *J. mag. Reson.* **42,** 501 (1981).
8.108. P. H. Bolton and G. Bodenhausen, *J. mag. Reson.* **46,** 306 (1982).
8.109. D. P. Burum and R. R. Ernst, *J. mag. Reson.* **39,** 163 (1980).
8.110. P. H. Bolton, *J. mag. Reson.* **51,** 134 (1983).
8.111. A. J. Shaka, J. Keeler, and R. Freeman, *J. mag. Reson.* **53,** 313 (1983).
8.112. P. H. Bolton and G. Bodenhausen, *J. Am. chem. Soc.* **101,** 1080 (1979).
8.113. P. H. Bolton, In *NMR of newly accessible nuclei* (ed. P. Laszlo), Vol. I, Chapter 2, Academic Press (1983).
8.114. P. H. Bolton, *J. mag. Reson.* **45,** 239 (1981).
8.115. J. R. Garbow, D. P. Weitekamp, and A. Pines, *Chem. Phys. Lett.* **93,** 504 (1982).
8.116. A. Bax, *J. mag. Reson.* **53,** 517 (1983).
8.117. V. Rutar, *J. mag. Reson.* **56,** 87 (1984).
8.118. M. F. Roberts, D. A. Vidusek, and G. Bodenhausen, *FEBS Lett.* **117,** 311 (1980).
8.119. D. A. Vidusek, M. F. Roberts, and G. Bodenhausen, *J. Am. chem. Soc.* **104,** 5452 (1982).
8.120. A. Bax, R. H. Griffey, and B. L. Hawkins, *J. Am. chem. Soc.* **105,** 7188 (1983).

8.121. B. L. Hawkins, Z. Yamaizumi, and S. Nishimura, *Proc. nat. Acad. Sci., USA*, **80**, 5895 (1983).
8.122. D. P. Burum, M. Linder, and R. R. Ernst, *J. mag. Reson.* **44**, 173 (1981).
8.123. R. R. Ernst, W. P. Aue, P. Bachmann, J. Karhan, Anil Kumar, and L. Müller, *Proc. 4th Ampère Int. Summer School*, Pula, Yugoslavia, 89 (1976).

第9章

9.1. J. Jeener, B. H. Meier, P. Bachmann, and R. R. Ernst, *J. Chem. Phys.* **71**, 4546 (1979).
9.2. B. H. Meier and R. R. Ernst, *J. Am. chem. Soc.* **101**, 6441 (1979).
9.3. G. Bodenhausen and R. R. Ernst, *J. Am. chem. Soc.* **104**, 1304 (1982).
9.4. G. Bodenhausen, H. Kogler, and R. R. Ernst, *J. mag. Reson.* **58**, 370 (1984).
9.5. S. Macura and R. R. Ernst, *Mol. Phys.* **41**, 95 (1980).
9.6. S. Macura, Y. Huang, D. Suter, and R. R. Ernst, *J. mag. Reson.* **43**, 259 (1981).
9.7. S. Macura, K. Wüthrich, and R. R. Ernst, *J. mag. Reson.* **47**, 351 (1982).
9.8. O. W. Sørensen, G. W. Eich, M. H. Levitt, G. Bodenhausen, and R. R. Ernst, *Prog. NMR Spectrosc.* **16**, 163 (1983).
9.9. J. Jeener and P. Broekaert, *Phys. Rev.* **157**, 232 (1967).
9.10. G. Bodenhausen, G. Wagner, M. Rance, O. W. Sørensen, K. Wüthrich, and R. R. Ernst, *J. mag. Reson.* **59**, 542 (1984).
9.11. S. Macura, K. Wüthrich, and R. R. Ernst, *J. mag. Reson.* **46**, 269 (1982).
9.12. M. Rance, G. Bodenhausen, G. Wagner, K. Wüthrich, and R. R. Ernst, *J. mag. Reson.*, **62**, 497 (1985).
9.13. K. Nagayama, *J. mag. Reson.*, **51**, 84 (1983).
9.14. G. Bodenhausen and R. R. Ernst, *Mol. Phys.* **47**, 319 (1982).
9.15. Anil Kumar, G. Wagner, R. R. Ernst, and K. Wüthrich, *J. Am. chem. Soc.* **103**, 3654 (1981).
9.16. G. Bodenhausen and R. R. Ernst, *J. mag. Reson.* **45**, 367 (1981).
9.17. F. R. Jensen and B. H. Beck, *Tetrahedron Lett.* **1966**, 4523 (1966).
9.18. D. K. Dalling, D. M. Grant, and L. F. Johnson, *J. Am. chem. Soc.* **93**, 3678 (1971).
9.19. J. Dale, *Topics Stereochem.* **9**, 258 (1976).
9.20. Y. Huang, S. Macura, and R. R. Ernst, *J. Am. chem. Soc.* **103**, 5327 (1981).
9.21. I. Solomon, *Phys. Rev.* **99**, 559 (1955).
9.22. J. H. Noggle and R. E. Schirmer, *The nuclear Overhauser effect, chemical applications*, Academic Press, New York (1971).
9.23. I. D. Campbell and R. Freeman, *J. mag. Reson.* **11**, 143 (1973).
9.24. A. A. Bothner-By, In *Magnetic resonance studies in biology* (ed. R. G. Shulman), p. 177, Academic Press, New York (1979).
9.25. R. Kaiser, *J. Chem. Phys.* **42**, 1838 (1965).
9.26. A. Kalk and H. J. C. Berendsen, *J. mag. Reson.* **24**, 343 (1976).
9.27. R. Richarz and K. Wüthrich, *J. mag. Reson.* **30**, 147 (1978).
9.28. Anil Kumar, R. R. Ernst, and K. Wüthrich, *Biochem. Biophys. Res. Commun.* **95**, 1 (1980).

9.29. Anil Kumar, G. Wagner, R. R. Ernst, and K. Wüthrich, *Biochem. Biophys. Res. Commun.* **96**, 1156 (1980).
9.30. G. Wagner and K. Wüthrich, *J. mol. Biol.* **155**, 347 (1982).
9.31. A. Dubs, G. Wagner, and K. Wüthrich, *Biochem. Biophys. Acta* **577**, 177 (1979).
9.32. L. M. Jackman and F. A. Cotton (Eds.), *Dynamic NMR spectroscopy*, Academic Press, New York (1975).
9.33. J. I. Kaplan and G. Fraenkel, *NMR of chemically exchanging systems*, Academic Press, New York (1980).
9.34. V. A. Koptyug, V. G. Shubin, A. I. Rezbukhin, D. V. Korchogina, V. P. Tretyakov, and E. S. Rudakov, *Dokl. Chem.* **171**, 1109 (1966).
9.35. B. D. Derendyaev, V. I. Mamatyuk, and V. A. Koptyug, *Bull. Acad. Sci. USSR, Chem. Sci.* **5**, 972 (1971).
9.36. M. Saunders, In *Magnetic resonance in biological systems* (ed. A. Ehrenberg, B. G. Malmström, and T. Vänngård), p. 85, Pergamon Press, Oxford (1967).
9.37. R. Freeman, S. Wittekoek, and R. R. Ernst, *J. Chem. Phys.* **52**, 1529 (1970).
9.38. R. L. Vold and R. R. Vold, *Prog. NMR Spectrosc.* **12**, 79 (1978).
9.39. Y. Huang, G. Bodenhausen, and R. R. Ernst, *J. Am. chem. Soc.* **103**, 6988 (1981).
9.40. N. Bloembergen, S. Shapiro, P. S. Pershan, and J. O. Artman, *Phys. Rev.* **114**, 445 (1959).
9.41. I. J. Lowe and S. Gade, *Phys. Rev.* **156**, 817 (1967).
9.42. A. G. Redfield and W. N. Yu, *Phys. Rev.* **169**, 443 (1968).
9.43. A. M. Portis, *Phys. Rev.* **104**, 584 (1956).
9.44. C. D. Jeffries, *Dynamic nuclear orientation*, Wiley, New York (1963).
9.45. L. Kevan and L. D. Kispert, *Electron spin double resonance spectroscopy*, Wiley, New York (1976).
9.46. S. R. Hartmann and E. L. Hahn, *Phys. Rev.* **128**, 2042 (1962).
9.47. D. A. McArthur, E. L. Hahn, and R. E. Walstedt, *Phys. Rev.* **188**, 609 (1969).
9.48. D. E. Demco, J. Tegenfeldt, and J. S. Waugh, *Phys. Rev.* **B11**, 4133 (1975).
9.49. N. M. Szeverenyi, M. J. Sullivan, and G. E. Maciel, *J. mag. Reson.* **47**, 462 (1982).
9.50. D. Suter and R. R. Ernst, *Phys. Rev.* **B25**, 6038 (1982).
9.51. P. Caravatti, J. A. Deli, G. Bodenhausen, and R. R. Ernst, *J. Am. chem. Soc.* **104**, 5506 (1982).
9.52. P. Caravatti, G. Bodenhausen, and R. R. Ernst, *J. mag. Reson.* **55**, 88 (1983).
9.53. C. E. Bronniman, N. M. Szeverenyi, and G. E. Maciel, *J. Chem. Phys.* **79**, 3694 (1983).
9.54. D. L. VanderHart and A. N. Garroway, *J. Chem. Phys.* **71**, 2773 (1979).
9.55. J. Virlet and D. Ghesquieres, *Chem. Phys. Lett.* **73**, 323 (1980).
9.56. P. Caravatti, P. Neuenschwander, and R. R. Ernst, *Macromolecules*, **18**, 119 (1985).
9.57. A. Abragam, *Principles of nuclear magnetism*, Oxford University Press, London (1961).

第10章

10.1. P. C. Lauterbur, *Bull. Am. phys. Soc.* **18**, 86 (1972).
10.2. P. C. Lauterbur, *Nature* **242**, 190 (1973).
10.3. R. Damadian, *Science* **171**, 1151 (1971).
10.4. R. Damadian, U.S. Patent 3.789.832.
10.5. R. S. Ledley, G. Di Chiro, A. J. Luessenhop, and H. L. Twigg, *Science* **186**, 207 (1974).
10.6. A. L. Robinson, *Science* **190**, 542, 647 (1975).
10.7. R. A. Brooks and G. Di Chiro, *Phys. Med. Biol.* **21**, 689 (1976).
10.8. M. M. Ter-Pogossian, *Sem. Nucl. Med.* **7**, 109 (1977).
10.9. K. R. Erikson, F. J. Fry, and J. P. Jones, *IEEE Trans. Sonics Ultrasonics* **SU-21**, 144 (1974).
10.10. P. Brunner and R. R. Ernst, *J. mag. Reson.* **33**, 83 (1979).
10.11. D. I. Hoult and P. C. Lauterbur, *J. mag. Reson.* **34**, 425 (1979).
10.12. R. R. Ernst, *Adv. mag. Reson.* **2**, 1 (1966).
10.13. W. S. Hinshaw, *Phys. Lett.* **A48**, 87 (1974).
10.14. W. S. Hinshaw, *Proc. 18th Ampère Congress,* Nottingham, p. 433 (1974).
10.15. W. S. Hinshaw, *J. appl. Phys.* **47**, 3709 (1976).
10.16. R. Damadian, M. Goldsmith, and L. Minkoff, *Physiol. Chem. Phys.* **9**, 97 (1977).
10.17. R. Damadian, L. Minkoff, M. Goldsmith, and J. A. Koutcher, *Naturwiss.* **65**, 250 (1978).
10.18. W. S. Hinshaw, P. A. Bottomley, and G. N. Holland, *Nature* **270**, 722 (1971).
10.19. W. S. Hinshaw, E. R. Andrew, P. A. Bottomley, G. N. Holland, W. S. Moore, and B. S. Worthington, *Br. J. Radiol.* **51**, 273 (1978).
10.20. G. N. Holland, P. A. Bottomley, and W. S. Hinshaw, *J. mag. Reson.* **28**, 133 (1977).
10.21. H. R. Brooker and W. S. Hinshaw, *J. mag. Reson.* **30**, 129 (1978).
10.22. W. S. Hinshaw, *Proc. IEEE* **71**, 338 (1983).
10.23. E. R. Andrew, P. A. Bottomley, W. S. Hinshaw, G. N. Holland, W. S. Moore, and C. Simaroj, *Phys. Med. Biol.* **22**, 971 (1977).
10.24. E. R. Andrew, P. A. Bottomley, W. S. Hinshaw, G. N. Holland, W. S. Moore, and C. Simaroj, *Proc. 20th Ampère Congress,* Tallinn (1978).
10.25. P. Mansfield and P. K. Grannell, *J. Phys.* **C6**, L422 (1973).
10.26. P. Mansfield and P. K. Grannell, *Phys. Rev.* **B12**, 3618 (1975).
10.27. P. Mansfield, P. K. Grannell, and A. A. Maudsley, *Proc. 18th Ampère Congress,* Nottingham, p. 431 (1974).
10.28. P. Mansfield, A. A. Maudsley, and T. Baines, *J. Phys.* **E9**, 271 (1976).
10.29. P. Mansfield and A. A. Maudsley, *Proc. 19th Ampère Congress,* Heidelberg, p. 247 (1976).
10.30. A. N. Garroway, P. K. Grannell, and P. Mansfield, *J. Phys. C: Solid State Phys.* **7**, L457 (1974).
10.31. P. Mansfield and A. A. Maudsley, *Phys. Med. Biol.* **21**, 847 (1976).
10.32. P. Mansfield and A. A. Maudsley, *Br. J. Radiol.* **50**, 188 (1977).
10.33. P. Mansfield, *Contemp. Phys.* **17**, 553 (1976).
10.34. P. Mansfield and I. L. Pykett, *J. mag. Reson.* **29**, 355 (1978).
10.35. J. M. S. Hutchison, C. C. Goll, and J. R. Mallard, *Proc. 18th Ampère Congress,* Nottingham, p. 283 (1974).

10.36. R. J. Sutherland and J. M. S. Hutchison, *J. Phys. E: Sci. Instrum.* **11**, 79 (1978).
10.37. J. M. S. Hutchison, R. J. Sutherland, and J. R. Mallard, *J. Phys. E: Sci. Instrum.* **11**, 217 (1978).
10.38. P. C. Lauterbur, *Proc. First Int. Conf. on Stable Isotopes in Chem., Biol., and Medicine,* May 9-11, 1973.
10.39. P. C. Lauterbur, *Pure appl. Chem.* **40**, 149 (1974).
10.40. P. C. Lauterbur, *Proc. 18th Ampère Congress,* Nottingham, p. 27 (1974).
10.41. P. C. Lauterbur, In *NMR in biology* (eds. R. A. Dwek, I. D. Campbell, R. E. Richards, and R. J. P. Williams), p. 323, Academic Press, London (1977).
10.42. P. C. Lauterbur, D. M. Kramer, W. V. House, and C.-N. Chen, *J. Am. chem. Soc.* **97**, 6866 (1975).
10.43. P. C. Lauterbur, *IEEE Trans. nucl. Sci.* **NS26**, 2808 (1979).
10.44. P. Mansfield and A. A. Maudsley, *J. Phys. C: Solid State Phys.* **9**, L409 (1976).
10.45. P. Mansfield and A. A. Maudsley, *J. mag. Reson.* **27**, 101 (1977).
10.46. P. Mansfield, *J. Phys. C: Solid State Phys.* **10**, L55 (1977).
10.47. Anil Kumar, D. Welti, and R. R. Ernst, *Naturwiss.* **62**, 34 (1975).
10.48. Anil Kumar, D. Welti, and R. R. Ernst, *J. mag. Reson.* **18**, 69 (1975).
10.49. D. I. Hoult, *J. mag. Reson.* **33**, 183 (1979).
10.50. P. Brunner and R. R. Ernst, *J. mag. Reson.* **33**, 83 (1979).
10.51. R. Bradford, C. Clay, and E. Strick, *Phys. Rev.* **84**, 157 (1951).
10.52. H. Y. Carr, *Phys. Rev.* **112**, 1693 (1958).
10.53. R. E. Gordon, P. E. Hanley, and D. Shaw, *Prog. NMR Spectrosc.* **15**, 1 (1982).
10.54. J. H. Ackerman, T. H. Grove, G. G. Wong, D. G. Gadian, and G. K. Radda, *Nature* **283**, 167 (1980).
10.55. R. E. Gordon, P. E. Hanley, D. Shaw, D. G. Gadian, G. K. Radda, P. Styles, P. J. Bore, and L. Chan, *Nature* **287**, 736 (1980).
10.56. D. G. Gadian, *Nuclear magnetic resonance and its applications to living systems,* Oxford University Press, Oxford (1982).
10.57a. J. J. H. Ackerman, T. H. Grove, G. G. Wong, D. G. Gadian and G. K. Radda, *Nature* **283**, 167 (1980); J. L. Evelhoch, M. G. Crowley, and J. J. H. Ackerman, *J. mag. Reson.* **56**, 110 (1984).
10.57b. W. P. Aue, S. Müller, T. A. Cross, and J. Seelig, *J. mag. Reson.* **56**, 350 (1984); M. R. Bendall, *J. mag. Reson.* **59**, 406 (1984); A. J. Shaka, J. Keeler, M. B. Smith, and R. Freeman, *J. mag. Reson.* **61**, 175 (1985).
10.58. B. L. Tomlinson and H. D. W. Hill, *J. Chem. Phys.* **59**, 1775 (1973).
10.59. D. I. Hoult, *J. mag. Reson.* **26**, 165 (1977).
10.60. P. Mansfield, A. A. Maudsley, P. G. Morris, and I. L. Pykett, *J. mag. Reson.* **33**, 261 (1979).
10.61. W. A. Edelstein, J. M. S. Hutchison, G. Johnson, and T. W. Redpath, *Phys. Med. Biol.* **25**, 751 (1980).
10.62. G. Johnson, J. M. S. Hutchison, T. W. Redpath, and L. M. Eastwood, *J. mag. Reson.* **54**, 374 (1983).
10.63. P. Mansfield and P. G. Morris, NMR imaging in biomedicine. *Adv. mag. Reson.,* Suppl. 2 (1982).
10.64. J. Jaklovsky, *NMR imaging, a comprehensive bibliography,* Addison Wesley, Reading, Mass. (1983).

10.65. L. Kaufman, L. E. Crooks, and A. R. Margulis, *Nuclear magnetic resonance imaging in medicine*, Igakun-Shoin, Tokyo (1981).
10.66. S. Wende and M. Thelen (Eds.), *Kernresonanz-Tomographie in der Medizin*, Springer, Berlin (1983).
10.67. K. Roth, *NMR—Tomographie und Spektroskopie in der Medizin*, Springer, Berlin (1984).
10.68 P. G. Morris, *Nuclear magnetic resonance imaging in medicine and biology*, Oxford University Press, Oxford (1986).

訳者あとがき

　本書は化学の国際叢書の一つとしてオックスフォードのクラレンドン出版社より1988年初頭上梓された．著者の一人，R. R. Ernstは1970年代，1980年代を代表するNMR界の巨人であり，まさにこの本のタイトルの2次元NMRを切り拓いてきた学究である．1950年代を代表するNMR界の巨人A. Abragamの手になるNMRの古典"Principles of Nuclear magnetism"を意識して本書のタイトル"Principles of Nuclear Magnetic Resonances in One and Two Dinensions"はつけられている．ここに我々は2冊目のNMRのバイブルを手に入れたことになる．

　本書は発売以来大きな反響を呼び，この種の本としてはめずらしくベストセラーとなった．今春（1990年）オックスフォード社よりペーパーバック版が出版されている．またロシア語版もすでに出ている．

　測定法の見地から見たNMRは，現在三つの分野に大別される．固体NMR，溶液NMR，生体NMRである．歴史的にも，ほぼこの順序でNMRは発展してきた．まず固体を中心とした物理分野の測定手段として（1945～），次に溶液系を中心とする化学分野の構造測定法として（1960～），そして最近ではNMRイメージングを中心とする医学分野への応用が始まった（1980～）．

　ところでNMRが物理的測定手段から化学的測定法に脱皮するためにはフーリエ変換分光法（FT法）の確立が必要であった．この革命は1960年代半ば，チューリッヒETHよりVarian社へ博士研究員として移った若きErnstにより成しとげられた．以来25年Ernstおよび彼を中心とするチューリッヒETHグループはパルス技術，コンピュータ利用技術の常に中心でありつづけた．確かに「Ernstなくして近代的NMRなし」と人びとにいわせるほどその残した足跡は大きい．彼の学風はNMRの基盤である量子力学，統計力学の上に，独特の工学感で実用になる測定法を確立していくもので，どれも物理的に見て練れた含蓄深い内容を持っている．本書ではNMRの理論面だけでなく，様々な測

定技術の基本原理が説かれており，理論と実験との橋渡しをしてくれる実際的な本でもある．実験上の問題を原理に立ち返って解決しようとするとき役に立つ本である．

　著者のまえがきにあるように，この本の出版は実に10年前に計画されていた．当時は2次元NMRの勃興期であり，またこの方法の爆発的発展，応用が見えなかった頃であった．2次元法という本質的に新しい方法の発見の後に一種停滞期があり，著者の内の二人（Ernstおよびその弟子のWokaun）は2次元法をまとめる意味で本書の執筆を決意したのである．訳者の一人（K. N.）はたまたま勃興期に立会うという幸運を得たのであるが，1970年代の最後の年は，皆「2次元NMRもそろそろ終りにしたい」といっていたのである．しかし1980年代に入るとこの方法のもつ潜在的能力がそんな生やさしいものでないことがすぐわかってくる．時を同じくしてこの分野に参入してきたR. Freemanを中心とするオックスフォード大グループとの間で新しい測定法の開発競争がスタートする．こうして2次元法の中心的方法COSY, NOESY, 多量子フィルターが次々に開拓されて行く．この急激な進展のため，せっかく書いたものに次々に追加が加わり，出版予定がどんどん遅れていった．1980年Bodenhausenがオックスフォード大から博士研究員としてErnstのグループに参加する頃にはさらに異種核2次元法，J交差分極法，回転系2次元法が続いて発表された．そしてNMR分野を去ったWokaunに加えBodenhausenを執筆者の一人に迎えることになる．完全主義を貫くErnstの苦闘は10年続いた後，ようやく1987年に完結を見るにいたる．本書は異種核3次元NMRを中心とする1988年以後の発展には触れていない．しかし測定法の革命的飛躍は1次元から2次元へのジャンプにあった．3次元NMRは現在では二つの2次元NMRの直列として解釈できることがわかっている．

　ところでこの本の翻訳であるが，かねてよりErnstの学風を日本に伝えたいと願っていたK. N.が原著出版直後の1988年の春よりErnstと連絡を取り日本語訳の可能性を検討した．幸い吉岡書店の好意ですぐに翻訳権が手に入り，訳者四人の意気込みも大きくその訳業の幸先はよかった．しかし一年余で訳を

訳者あとがき

　完了する予定が 3 年近くかかってしまった．なにしろその濃厚な中味にへきえきし，原著者同様の苦闘を強いられたことになる．訳は各章個別に担当し，最終的調整を校正段階で図った．K. N. と K. A. により通算 3 度通読されたが，何度読んでも誤りはなくならないものである．特に訳語の統一に心掛け標準訳をも意気込んだが，その意図が達成されただろうか．文章を取り違えるほどのミスがないと断じ，出版に踏み切ることにした．

　この本の利用の仕方は様々であろう．2 次元 NMR の成書としては今まで最も本格的な成書であり，豊富な図と完璧な文献リストを含んでいる．訳題は「2 次元 NMR」としたが，ここにはそれ以外の近代 NMR のほとんどすべてが含まれており，「NMR 全書」とでも呼ぶにふさわしい．したがってまず辞書，ハンドブックとしての利用法が考えられる．何か純理論面，あるいは測定原理面で問題に突き当ったとき，索引をひもとけば必ず何らかの示唆が与えられるであろう．本書の通読は至難であるかも知れないが，自分の関係分野の章のみピックアップしてじっくり読めばよい．その際，まず 2 章で密度行列の取扱いに慣れてから 4 章，6 章へ読み進んでいくとよい．

　日本語版の特色を出すため，また読者への訳者からのささやかな贈物として 2 次元法パルスシーケンスのまとめを付録とした．耳慣れぬ測定法，例えば INADEQUATE などに出会ったら，まずここを参照し，次にさらに詳しい本文を見るとよい．付録の資料に関しては日本電子㈱NM グループの応用研究室にお世話になった．

　本書を越える 2 次元 NMR の本は原著者ですらもう書けないであろう．したがって本書に 1988 年以後の発展をつけ加えた改訂版は望めない．我々もこれが 1970 年代，1980 年代の NMR 界を伝える歴史的成書と考えている．

　最後に遅々として進まぬ訳業にしんぼう強くつきあって下さった吉岡書店の上川正二，小栗信保両氏に感謝の意を表します．またこの本の真価を理解して下さり，大変面倒な翻訳出版を引受けて下さった社主の吉岡誠氏にお礼を申しあげます．

　　　　　1990 年 11 月　　　　　　　　　　　　　　　　　　訳者一同

総　索　引

注）配列の順位は①数字で表わす項目，②Ａ,Ｂ,Ｃ…，③五十音順になっている。

1次元回転群，既約表現 (one-dimensional rotation group, irreducible representation of)　364
2階のテンソル (second rank tensor)　480
2スピン系 (two-spin system)
　　2次元相関　506
　　緩和　341, 618
　　強く結合した　523
2次元 (two-dimensional)
　　吸収ピーク形　386, 395, 484
　　化学交換分光　649
　　間接検出　652
　　固体での　656
　　相関分光 (correlation spectroscopy (COSY))　366, 370, 599
　　　同種核 (homonuclear)　506
　　　異種核 (heteronuclear)　579
　　　修正した実験　530
　　　リレー (relayed)　545
　　　リレー異種核 (relayed heteronuclear)　589
　　　小フリップ角　524
　　　強い結合の (strong coupling)　523
　　　定時間展開の　533
　　分散ピーク形 (dispersion peakshape)　387
　　2量子分光 (double quantum spectroscopy)　371, 555
　　交換差分光 (exchange difference spectroscopy)　624
　　交換分光 (exchange spectroscopy)　371, 601
　　　結合スピン系での　615
　　折り返し相関分光 (FOCSY) (foldover-corrected spectroscopy)　421, 531
　　フーリエ変換 (Fourier transformation)　375
　　J分光 (j-spectroscopy)　222, 453, 532
　　INADEQUATE　558
　　NOE分光 (NOESY) (NOE spectroscopy)　633
　　　巨大分子の　643
　　　分子間の　642
　　　分子内の　635
　　粉末スペクトル (powder spectra)　394, 484
　　分離 (separation)　449
　　　異種核系での　458
　　　同種核系での　452
2次元スペクトルの感度 (sensitivity of two-dimensional spectra)　436
2次元スペクトルの操作 (manipulation of two-dimensional spectra)　419
2次元スペクトルの純位相 (pure phase in two-dimensional spectra)　386, 395, 406, 426
2次元スペクトルのピーク形 (peakshape in two-dimensional spectra)　387
　　2次元吸収　386, 400, 535, 552
　　2次元分散　387, 400
　　2次元相関分光法での　526, 509
　　混合位相　386, 400, 535
　　位相ねじれ　387
2次元と1次元分光の感度比 (sensitivity ratio of 2D and 1D spectroscopy)　442
2次のシフト (second order shifts)　62

747

2次元分離
　　配向相での　479
　信号のパターン (signal patterns)　435
　分光法 (spectroscopy)
　　基本原理　351
　　二重共鳴実験　352
　　形式的理論　356
　　確率的励起 (stochastic excitation)　138, 353
　スペクトル (spectrum)
　　座標系　388
　　多重分裂構造　433
　　対称性　397
　スピン・エコー相関分光 (SECSY) (spin echo correlated spectroscopy)　423, 531
　全相関分光 (TOCSY)　550
2次元マトリックスの帯構造 (band structure of 2D matrix)　420
2次応答 (quadratic response)　135, 137
二値ランダム過程 (binary random process)　138
2量子の (double-quantum)
　コヒーレンス (coherence)　12, 51, 303, 508, 606
　交差分極 (cross polarization)　599
　励起　570
　フィルター　371, 539
　緩和 (relaxation)　340
　信号パターン　565
　スペクトル　345, 366, 556
　四極子核の　572
3jシンボル (three j symbols)　50
3次元回転群、既約表現 (three-dimensional rotation group, irreducible representation)　49
3次元分光 (three-dimensional spectroscopy)　458, 627
　射影　355
四元数形式 (quaternion formalism)　165

Baker-Campbell-Hausdorff展開　88
Clebsch-Gordon係数　50
COSY, 2次元相関分光法 (2D correlation spectroscopy)　499
CW,「連続波法」をみよ
CW-NMRでの最大信号強度のための最適ラジオ波強度
　　(optimum r.f. field strength for maximum signal intensity in CW-NMR)　312
CW-NMRにおける準位シフト (level shift in CW-NMR)　312, 323
CW-NMRの強度 (intensity in CW-NMR)　308
DEPT (分極移動による歪みなし増感) (distortionless enhancement by polarization transfer)
　　174, 222, 244, 460, 586
ENDOR (電子核二重共鳴) (Electron nuclear double resonance)　658
FCOSY (折り返し修正分光法) (foldover-corrected spectroscopy)　531
HOMCOR (同種核相関分光法) (homonucler correlation spectroscopy)　499
INADEQUATEの実験　558
INEPT (分極移動による微弱核の増感) (insensitive nuclei enhanced by polarization transfer)
　　222, 237, 460, 589
　再結像　240

総索引

in vivo NMR 663, 670
Jフィルター (*J*-filter) 592
　低域通過 622
J結合の符号 (sign of *J* couplings) 522
J交差ピーク (*J* cross-peak) 616, 621, 647
　の消去 622
J分光法 (J分解分光法) (*J*-spectroscopy (*J*-resolved spectroscopy) 256, 450-478
Jeener-Broekaert法 622
Laocoon の息子 (Son of Laocoon) 476
NOE (核オーバーハウザー効果) (NOE (nuclear Overhauser effect)) 633
NOE交差ピーク (NOE cross-peaks) 641
NOESY, 2D NOE分光法 (NOESY, 2D NOE spectroscopy) 634
Nピーク (N peaks) 394, 423
Pピーク (P peak) 392, 421, 512
p量子励起のための有効磁場 (effective r.f. field for excitation of p-quantum coherence) 324
Redfield
　の行列 195
　の緩和超行列 64
SECSY (スピン・エコー相関分光) (spin echo correlated spectroscopy) 423, 531
SEMUT (多量子トラップを用いた部分スペクトル編集)
　　(subspectral editing using a multiple-quantum trap) 222
sinc (x) 関数 (sinc (x) function) 124
SPT (選択的な占有率の移動) (SPT (selective population transfer)) 222
Solomon の表記法 (Solomon's notation) 635
TOCSY (全相関分光) (total correlation spectroscopy) 550
TPPI (時間比例位相増加法) (time proportional phase incrementation) 424
TSCTES (全スピン・コヒーレンス移動エコー分光) (total spin coherence transfer echo spectroscopy)
　　　571
t_1雑音 (t_1-noise) 429, 439
WALTZ-16 583
WHH-4 多重パルス系列 (WHH-4 multiple-pulse sequence) 96
Wigner回転行列 (Wigner rotation matrix) 333
X線断層撮影法 (X-ray tomography) 664, 676
zパルス (z-pulse) 172, 177
zフィルター (z-filter) 423, 533, 537
z回転 (z-rotation) 219

ア 行

アコーディオン分光 (accordion spectroscopy)
　直接の線形解析 630
　線形 628
　規準振動解析 (normal-mode analysis) 630
　次元の縮小 627
　逆フーリエ変換 (reverse Fourier transformation) 630
アポダイゼーション (apodization) 124
　関数 444
インパルス応答 (impulse response) 116, 122, 135
　高次 137
　再結像 240

異種核 (heteronuclear)
　　のコヒーレンス移動 (coherence transfer)　221, 574
　　の2次元分光法による相関　391, 579
　　　　固体での　595
　　　　二重移動を起こす　592
異種核局所場分離スペクトル (heteronuclear separated local field spectra)　479
位相 (phase)
　　補正　382
　　交互変化　162, 602
　　異常　159, 127, 159
　　循環 (cycle)　162, 219, 250, 317, 331, 346, 367, 370, 577, 609
　　（位相）情報への変換 (encoding)　681
　　誤差　149
　　リレー・コヒーレンス移動での　547
　　ω_1とω_2領域での　434, 435
　　時間－周波数混合領域での操作　422
　　変調　395, 402
　　ピーク形の　156, 196, 400, 521
　　選択パルス　469
　　シフト　219, 331
　　変換器　177
　　同期　283
位相シフトした (phase-shifted)
　　推進（演算）子 (propagator)　366
　　ラジオ波パルス、位相サイクルも参照　39
位相ねじれ (phase-twist)　338
　　ピーク形の　400, 453
位相弁別 (phase-sensitive)
　　検波器 (detector)　328, 374, 385
　　スペクトル　513
　　2次元相関スペクトル　542
一様励起 (uniform excitation)　320
移動 (transfer)
　　断熱的　225
　　コヒーレンス移動、分極、スピン秩序も参照
異方性（的）(anisotropic)
　　化学シフト (chemical shifts)　54, 479
　　分子回転 (molecular rotation)　342
因果律 (causality)　116, 135, 380, 382
ウィンドウ (window)
　　余弦　127
　　ドルフ－チェビシェフ (Dolph-Chebycheff)　127, 134
　　ハニング　127, 134
　　カイザー　127
　　整合した　186, 412, 444
　　サイン・ベル (sine-bell)　133
ウィンドウのない系列 (windowless sequences)　481
動きやすい側鎖 (mobile side-chains)　645
運動過程 (motional processes)　494
エキソサイクル (exorcycle)　370, 458

総索引

エコー (echo)
　の振幅 (amplitude) 109
　線画像 (line imaging) 672
　変調 (modulation) 175
　　非共鳴スピンによる 478, 479
　面画像 (planar imaging) 688
　1次の (primary) 257
　2次の (secondary) 257
　信号 394, 512
　強制された (stimulated) 256
エネルギー準位 (energy levels)
　−の帰属 314
　−の交差および回避交差 306
　集団平均 (ensemble average) 11
エネルギー準位図のトポロジー (topology of the energy level scheme) 516
エルミート演算子 (Hermitian operators) 21
永年項の寄与 (secular contributions) 63
液晶 (liquid crystals) 342, 570
遠隔結合 (long-range coupling) 389, 464
遠隔連結 (remote connectivity) 564
遠隔スピン (remote spin) 467, 562
演算子 (operator)
　随伴な (adjoint) 21
　代数学 (algebra) 21, 30
　角運動量 (angular momentum) 29
　デカルト座標単一遷移 (Cartesian single-transition) 41
　イデムポーテント、不動の (idempotent) 26
　下降 38
　多重線 335
　非エルミート 38
演算子の期待値 (expectation value of operator) 14, 21
　単一遷移シフト 21, 45
　スペクトル分解 25
　スペクトルの組 25
演算子間の線型依存性 (linear dependence among operators) 43
　置換 469
　積の図的表現 213
　分極 (polarization) 36, 40, 203
　直交座標系での積 211
　射影 (projection) 25
　上昇 (raising) 38
　シフト 39
　単一要素 40, 334
　単一スピン 211
　単一遷移 211, 361
オーバーハウザー効果 (Overhauser effect)、核オーバーハウザー効果を参照
オイラー角 (Euler angle) 49
オフレゾナンス効果 (off-resonance effects) 146, 278, 288
オブザーバブル (observable) 14, 216
$\omega_1=0$に関する対称性 (symmetry about $\omega_1=0$) 403, 468

コヒーレンス移動の制限　503
　　2次元スペクトルの　426
　　演算子の　317
ω_1領域の分解能 (resolution in the ω_1-domain)　444
応答理論 (response theory)　114
　　久保　136
　　線型　115
　　非線形　134
　　量子力学的　136
　　確率論的 (stochastic)　138
遅い運動の極限 (slow-motion limit)　634
遅い交換の極限 (slow-exchange limit)　605, 612
遅い通過の分光 (slow-passage spectroscopy)　181, 352
遅い通過とフーリエ分光法の等価性 (equivalence of slow-passage and Fourier spectroscopy)　198, 257
折り返し (folding)　420；重複歪も参照
折り返し修正 (foldover correction)　121, 420, 462, 531

カ 行

カー・パーセル系列 (Carr-Purcell sequence)　457
カスケード (cascade)
　　パルスの　318
　　半選択的パルス　207
ガウス型包絡線 (Gaussian envelope)　413
ガウス型乱雑過程 (Gaussian random process)　139
回転 (rotation)
　　双1次 (bilinear)　36, 320
　　演算子部分空間　31, 45
　　の向き　32
回転エコー (rotary echo)　347
回転エコー (rotational echo)　492, 496
回転サイドバンド (rotational sideband)　494
回転演算子 (rotation operator)　49, 165
　　行列表現　147, 504, 525
回転角 (rotation angle)　144, 209
　　名目上の　164
　　最適　187, 535
　　実効回転角の自己補償効果　167
回転行列 (rotation matrix)　147
回転系での歳差周波数 (precession frequency in the rotating frame)　143
回転系画像法 (rotating frame imaging)　683
回転座標系 (rotating frame)　55, 142, 328
回転同期パルス (rotation-synchronized pulses)　495
化学シフト (chemical shift)　54
　　アコーディオン (concertina)　294
化学交換 (chemical exchange)　70, 247, 256, 610, 649
　　「化学反応」もみよ
　　固体状態での　656
化学遮へい (chemical shielding)　54
　　異方性 (anisotropy)　491

総索引

テンソル (tensor) 54, 484
化学的に誘起される動的核分極 (chemically induced dynamic nuclear polarization(CIDNP)) 70, 208, 262
化学的非平衡系 (chemical non-equilibrium systems) 83, 269
化学反応 (chemical reaction) 70, 247, 256, 610, 649
 密度行列による記述 79, 84
 1次の 74, 83, 258, 266
 高次の 77
 化学的平衡状態における 70, 83
 2次元分光法による研究 649
 スピン結合をもつ系の 78, 265
 反応網 71
 非平衡 84
 反応速度 73
 反応速度定数 73
 ストップドフロー 70
 過渡的な 70, 258, 262
化学平衡 (chemical equilibrium) 256
化学量論行列 (stoichiometric matrix) 71
核オーバーハウザー効果 (nuclear Overhauser effect(NOE)) 222, 227
 交差緩和も参照 270, 577, 633
 増大曲線 647
 の符号 634, 640
 定常状態 634
 過渡的(transient) 634
核スピンの操作 (manipulation of nuclear spin)
 ハミルトニアン 85
核関数 (kernel function) 134, 139
拡散 (diffusion) 193
 エコー形成に対する影響 453
確率的エルミート多項式 (stochastic Hermite polynomial) 138
確率的多次元分光 (stochastic multidimensional spectroscopy) 136
化合物 (chemical compounds)
 2-アセトナフタレン (2-acetonaphthalene) 587
 N,N-ジメチルアセトアミド (N,N-dimethylacetamide) 651
 アンタマニド (antamanide) 554
 塩基性ひ臓トリプシンインヒビター，BPTI (basic pancreatic trypsin inhibitor) 327, 407, 454, 513, 514, 536, 542, 546, 646
 ベンゼン (benzene) 655
 牡牛精巣インヒビター (bull seminal inhibitor) 431, 515
 シスデカリン (*cis*-decalin) 633
 グルコース (glucose) 591
 ヘプタメチルベンゾニウムイオン (heptamethylbenzenonium ion) 652
 イミダゾール (imidazole) 654
 メントール (menthol) 588
 メチル基 (methyl groups) 484, 540
 オキザロ酸・二水和物 (oxalic acid dihydrate) 574
 パナミン (panamine) 560
 ポリビニルメチルエーテル (poly(vinyl methyl ether)) 661

ポリスチレン (polystyrene) 661
スレオニン (threonine) 598
重ね合わせ原理 (superposition principle) 115
重み関数 (weighting function)
　分解能向上のための 131
　整合した 186, 441
　最適な 133
　矩形の 124
仮想結合 (virtual coupling) 529
画像技術の所要時間 (performance time of imaging techniques) 693
画像法 (imaging) 663
　の分類 665
　エコー線の 672
　エコー面の 688
　磁場焦点NMR (FONAR) 669
　フーリエ 680
　線掃引 671
　多重平面 685
　実行時間 689
　平面 685
　投影再構成 676
　回転座標系 683
　感応線 671
　感応点 667
　感度 689
　逐次線 670
　逐次面 676
　逐次点 667
　スピン・ワープ 683
傾いた座標系 (tilted frame) 232
傾いた有効磁場 (tilted effective field) 147, 153, 162
傾けパルス (tilt pulses) 480
可聴フィルターのカットオフ周波数 (cut-off frequency of audio filter) 183
活性化エネルギー (activation energy) 633
　点法 158, 667, 669
可変章動角法 (variable nutation angle method) 351
感応線法 (sensitive line method) 671
干渉 (interference)
　建設的 390
　破壊的 389, 391
　2次元スペクトルにおける 390
　縦の 151
　隣接ピークの 389
　横の 152, 159
　ゼロ量子 617
感度 (sensitivity) 181, 184, 436
　INEPTの利点 239
　フーリエ法と遅い通過法の比較 191
　1次元と2次元スペクトルの比較 442
　異種核コヒーレンス移動における 576

総索引

最大 190
画像法の 689
2次元実験の最適化 446
感度向上 412 (sensitivity enhancement)
二重移動による感度向上 592
磁化の再循環による感度向上 192
緩和 (relaxation) 59, 247, 609
無秩序な外部場による 339, 619, 637, 653
常磁性不純物による 658
双極子による 69
2量子 340
多準位スピン系での 653
間接検出 653
分子間 341
縦 (longitudinal) 60, 248, 652
行列 60, 64, 610
機構 67
多指数関数 504
多量子コヒーレンスの 339
常磁性 342
四極子 (quadrupolar) 69, 342
1量子 340
半古典的理論 61
超演算子 17, 59, 62
横 (transverse) 60, 253
ゼロ量子 339
緩和試薬 (relaxation reagent) 653
緩和測定 (relaxation measurements)
カー・パーセル (Carr-Purcell) 254
Hoffman-Forsen法 252
間接検出 653
反転回復 (inversion-recovery) 249
逐次飽和 (progressive saturation) 251
飽和回復法 (saturation-recovery methods) 251
単一掃引T_1回復法 249
定常オーバーハウザー測定 253
過渡的NOE法 252
横緩和 (transverse relaxation) 253
駆動中断NOE法 (TOE) (truncated driven NOE method) 252
緩和速度 (relaxation rate)
断熱的 66
2量子 340, 618
運動の速い極限 636
非断熱的 67
1量子 340, 618
運動の遅い極限 636
横 (transverse) 359
ゼロ量子 339, 618
緩和理論 (relaxation theory)
量子力学的 61

半古典的　61
既約テンソル演算子 (irreducible tensor operator)　49, 68
　　—のランク　333
　　変換挙動　333
既約テンソルの階数 (rank of irreducible tensor)　50, 333
吸収線形 (absorption lineshape)　145
吸収、純粋な2次元の (absorption, pure 2D)　395, 468
球面調和関数 (spherical harmonics)　344
強制エコー (stimulated echo)　256
強制平衡フーリエ変換 (DEFT) (driven equilibrium Fourier transform)　192
強度異常 (intensity anomalies)　159
強度変調 (amplitude modulation)　395, 402
鏡面対称径路 (mirror image pathway)　364, 371, 402, 427, 547
局所NMR (topical NMR)　670
極度尖鋭化 (速い運動限界) (extreme narrowing (fast motion limit))　64, 634
擬2量子スペクトル (pseudo double-quantum spectra)　549
擬エコーの包路線 (pseudo-echo envelope)　416
　　変換　415
クラマース・クローニッヒ関数 (Kramers-Kronig relations)　118, 381
クロマトグラフィー (chromatography)　449
組み合わせ線 (combination lines)　214, 302, 321
群スピン量子数 (group spin quantum numbers)　305
ケット (ket)　10
ゲート・デカップリング (gated decoupling)　463
結合 (coupling)
　　ラジオ波パルスに対する不変性　452
　　縮重、2次元スペクトルへの影響　505
　　残留、スケーリングにおける　290
　　トポロジー　543
結合ネットワークのトポロジー (topology of coupling network)　325
検出 (detection)
　　間接的　221, 228, 230, 575, 592
　　直交位相の (quadrature phase)　117, 183, 195, 214, 365, 383
　　1チャネルの (single channel)　430
検出期 (detection period)　355
現象的ブロッホ方程式 (phenomenological Bloch equation)　60
コヒーレンス (coherence);「遷移」の項も参照せよ　12
　　反位相の (antiphase)　33, 212, 215, 223
　　2量子の (double-quantum)　336
　　異種核間ゼロ量子および2量子の　577, 593
　　同位相の (in-phase)　33, 212, 223
　　同位相多重項　336
　　同位相p量子　214
　　多量子 (multiple-quantum)　177, 214, 223
　　多重 (multiplet)　363
　　—の次数 (order of)　45, 52, 177
　　p量子　52, 537
　　qスピンのp量子　335, 338, 543
　　1量子 (single-quantum)　52
　　スピン反転 (spin inversion)　335

総索引

3スピン 213
全スピン 335
―の移動 (transfer) 19, 51
2スピン 213
ベクトル表現 (vector representation) 401
ゼロ量子 (zero-quantum) 52, 606
コヒーレンスの移動 (coherence transfer) 19, 51, 334, 473, 499, 545
  振幅 (amplitude) 360, 399, 450, 501, 518, 523
  等方的な混合による 550
  ラジオ波パルスによる 575
  連続ステップ 370
  径路図 (diagram) 500
  エコー 391, 412, 446
  多量子コヒーレンス移動におけるエコー 347
  異種核間コヒーレンス移動におけるエコー 347, 391
  異種核間の 574
  多量子分光における 562, 564
  強く結合した系での 47, 346, 469
  同位相成分 552
  同位相磁化 582
  πパルスによって誘起された 464, 470
  地図 500
  多重 370, 547
  径路 (pathway) 331, 363, 370
    扇状に広がる 365
    多量子分光のための 555
    2次元交換分光のための 606
    他核系における 577
    リレー移動における 545
    鏡像 (mirror image) 427
  径路の選択 (pathway selection) 365, 606
    折り返し (aliasing in) 368
  リレーによる 545, 562, 589
  選択則 (selection rules) 500, 538
  1量子 (single-quantum) 563
  直接化学結合した核間のスピン結合による (through one-bond couplings) 582
コヒーレンス移動の選択則 (selection rules of coherence transfer) 501
コヒーレンス次数 (order of coherence) 303, 327, 450
コヒーレンスの次数 (coherence order) 52, 334
コヒーレントな (位相の揃った) (coherent)
  状態 (state) 52
  固有関数の重ね合わせ (superposition of eigenfunctions) 52
高温近似 (high-temperature approximation) 80, 197, 224
交換 (exchange) 76, 247, 609, 612；化学交換、化学反応も参照
  による広幅線形 258
  による広幅化 650
  による交差ピーク 616
  差分法 624
  結合スピン系における 615
  多重部位の (multiple-site) 614

マップ 649
　による尖鋭化 650
　のネットワーク 629
　過程 256
　速度 630
交差ピーク (cross-peak) 430, 500, 510
　の強度 518
　反位相 505
　強い結合による 475
　同位相の 552
　多重分裂 508, 521
　の位相 518
　の消失 505
交差ピーク分裂の符号変化 (sign alternation of cross-peak multiplets) 430
交差緩和 (cross-relaxation) 609, 614, 633；核オーバーハウザー効果もみよ
　速い運動の極限 636, 641
　等価なスピンよりなる系での 641
　分子間の 642
　分子内の 635
　行列 635
　速度定数 614, 636
　遅い運動の極限 639
交差相関関数 (cross-correlation function) 344
交差分極 (cross-polarization) 228, 575, 658
　断熱的 (adiabatic) 575
　2量子 (double-quantum) 599
　液体中の 232
　固体中の 228
　回転系での 228, 575
　2次元分光法における 234
　装置上の観点 235
　－の測定 230
　多重接触 (multiple contact) 230, 231
　速度定数 232
　感度、向上 232
格子、自由度 (lattice, degrees of freedom) 16
格子スピン温度の逆数 (inverse temperature of lattice) 225
高周波雑音の低周波化 (down-conversion of high-frequency noise) 183, 447
広帯域デカップリング (broadband decoupling) 292
高分子混合物 (polymer blends) 662
固体の不均質性 (heterogeneity in solids) 659
固有基底 (eigenbase) 47, 523
混合位相ピーク形 (mixed phase peakshape) 386
混合演算子 (mixing operator) 612
混合期間 (mixing period) 354, 358, 556
　2次元相関における 360
　2次元交換における 601
　2次元分離における 360
　最大交差ピーク強度最適化 638
混合状態 (mixed states) 470

総索引

合一 (coalescence) 650

サ 行

サテライト信号 (satellite signals) 338, 624
サブスペクトル解析 (subspectral analysis) 521, 552
サンプリング、同期した (sampling, synchronous) 480, 491
サンプリング定理 (sampling theorem) 127
サンプリング点の格子 (grid of sampling points) 678
再結像 (refocusing) 175, 347 ; エコーも参照
 化学シフトの 217, 254, 466
 異種核結合の 466
 ＩＳ結合の 462
 強い結合効果の 468
再構成法 (reconstruction techniques)
 フーリエ 678
 逆投影 (back-projection) 677
 反復 (iterative) 677
最大エントロピー法 (MEM) (maximum entropy method) 130
最適パルス回転角 (optimum pulse rotation angle) 152, 155, 187
差分法 (difference spectroscopy) 611, 624
三角関数内挿 (trigonometric interpolation) 130
三角乗法 (triangular multiplication) 428
システム演算子 (system operator) 114
シフト相関図 (shift correlation maps) 584
シュレーディンガー表示 (Schroedinger representation) 14
磁化 (magnetization)
 複素数表示 145
 横 (transverse) 52, 159
 ベクトル 76
 コヒーレンスも参照
磁化の反転 (inversion of magnetization) 149, 168, 249
磁化率効果 (susceptibility effects) 659
時間依存シュレーディンガー方程式 (time-dependent Schroedinger equation) 10
時間軸の分割 (segmentation of the time axis) 353
時間に依存した摂動による平均化 (averaging by time-dependent perturbations) 92
時間反転 (time reversal) 327
時間反転 (time-reversal) 327, 403, 469, 571
時間比例位相増加法 (ＴＰＰＩ) (time-proportional phase incrementation)
            330, 402, 424, 588, 609
時間分割デカップリング (time-shared decoupling) 290
磁気的等価核 (magnetically equivalent nuclei) 305, 562
磁気的等価性 (magnetic equivalence) 503, 529, 564
磁気量子数 (magnetic quantum number) 301, 306, 364
軸上のピーク (axial peaks) 357
次元の縮小 (reduction of dimension) 627, 687
自己相関関数 (auto-correlation function) 62, 344
自乗平均ノイズ振幅 (r.m.s. noise amplitude) 183, 440
磁場、有効 (magnetic field, effective) 146, 278
磁場勾配 (field gradient) 161

磁場勾配 (magnetic field gradient) 664
　勾配パルス 159
　正弦変調 668
磁場勾配の節面 (nodal plane of field gradient) 669
磁場循環 (field-cycling) 86
射影 (投影) (projection)
　2次元スペクトルの 316, 408, 409
　絶対値スペクトルの 409
　直交 473
　斜め (skew) 379, 409, 473
　地平線 411
射影演算子 (projection operator) 12
遮へいテンソルの主軸, 主値 (principal axes, values of the shielding tensor) 54, 484
修飾スピン状態 (dressed spin states) 102
受信器の稼動比 (duty ratio of the receiver) 185
修正ブロッホ方程式 (modified Bloch equation) 259, 609
受動核のJ結合 (J couplings to passive nuclei) 618
受動的J結合 (passive J coupling) 522
受動的スピン (passive spin) 503
集団的スピンモード (collective spin modes) 550
周波数依存位相変化 (frequency-dependent phase shift) 121, 156
周波数応答関数 (frequency response function) 117, 122
周波数ベクトル (frequency vector) 32
準位逆交差 (level anti-crossing) 236
準備期 (preparation period) 353
自由歳差 (free precession) 147
自由誘導信号の包絡線 (envelope of the free induction signal) 133
自由誘導減衰 (free induction decay) 145, 196
状態 (state)
　コヒーレントな 12
　コヒーレントでない非平衡 40
　混合 10
　非定常 12
　最大情報の 12
　純粋 10
初期速度近似 (initial rate approximation) 604, 614, 643
進行的飽和 (progressive saturation) 165
信号 (signal)
　平均出力 (パワー) 186, 441
　複素 145
　エネルギー 187
　包絡線関数 (envelope function) 182, 393, 412, 436
　2次元時間領域での包絡線関数 391
　位相 155
信号対雑音比 (S/N比) (signal-to-noise ratio) 441
　1次元分光での 184
　2次元分光での 441
　最大到達 190
　時間あたりの 185, 441
　遅い通過のスペクトル (slow passage spectra) 189

信号の重ね合わせ (superposition of signals) 389
振動信号（リップル）(oscillatory signal ('ripple')) 124
除去パルス (purging pulse) 241, 561
人為的現象 (artefacts) 458, 468
スカラー積 (scalar product)
　演算子の 21
　状態関数の 10
スカラー秩序（オーダー）(scalar order) 606, 621
スケーリング (scaling)
　因子 (factor) 480
　異種核結合の 293
　同種核結合の 87
　多重分裂 455
　化学シフトの 496
　一様な 290
ストップド・フロー (stopped-flow) 269
ストロボ的観測 (stroboscopic observation) 88, 93, 101, 496
スパイ核 (spy nucleus) 653
スピノールの変換の性質 (spinor transformation properties) 470
スピン (spin)
　能動的 302, 334
　受動的 334
スピン・エコー (spin-echo); エコーも参照 106
スピン・エコー相関分光（SECSY）(spin-echo correlation spectroscopy) 423
スピン・エコー・フーリエ変換法（SEFT）(spin-echo Fourier transform method) 192
スピン・エコー分光 (spin-echo spectroscopy) 254, 453, 531
スピン・エントロピー (spin entropy) 223
スピン・スピン結合、間接的な (spin-spin coupling, indirect) 56
スピン・ティックリング (spin-tickling) 277, 280, 282
スピン・デカップリング (spin decoupling); デカップリング, 二重共鳴も参照 271, 285, 458
　広帯域 292
　連続照射による 295
　液体での 87
　多重パルス (multiple-pulse) 293
　ノイズ 292
　オフ・レゾナンス (off-resonance) 288
　時間分割 290
スピン・ハミルトニアン (spin Hamiltonian) 53
スピン・パターン認識 (spin pattern recognition) 222
スピン・フリップ数 (spin-flip number) 206
スピン・フィルター (spin filter) 535
　帯域通過 (bandpass) 535, 542
　組み立てブロック 537
　高周波通過 (high-pass) 536
　多量子 537
　スピン・トポロジー選択的 536
スピン・ロッキング (spin-locking) 167
　ラジオ波パルスによる 158
スピン・ワープ画像法 (spin-warp imaging) 683
スピンオーダーの伝達 (propagation of spin order) 657

スピン状態の密度 (density of spin states) 303
スピン温度 (spin temperature) 205, 657
　逆数 197
スピン温度の逆数 (inverse spin temperature) 225
スピン回転相互作用 (spin-rotation interaction) 68
スピン拡散 (spin diffusion)
　等方的に希薄なスピン間の 659
　濃厚スピン間の 657
　二つの核種間の 657
　実験室系での 657
　回転系での 659
スピン拡散の極限 (spin diffusion limit) 634
スピン系 (spin system)
　AA' X 564
　AB 511, 523, 564
　ABC 476
　ABX 471
　　AB部分スペクトル 475
　　2次元スピン・エコー・スペクトル 474
　　固有状態 471
　AMX 206, 456, 562, 566
　AX 206, 557, 564
　強く結合した 47
スピン格子緩和時間 (spin-lattice relaxation)；縦緩和時間も参照
スピン秩序 (オーダー) (spin order) 223
スピン結び (spin-knotting) 167
スピン・連結選択励起 (spin-pattern selective excitation) 325, 543
スピン・連結選択パルス系列 (spin-pattern selective pulse sequence) 318
スペクトル密度関数 (spectral density function) 65, 344
スペクトル編集 (spectral editing) 221
スペクトル要素、その数 (spectral elements, number) 191
スペクトル、複素 (spectrum, complex) 145, 199
推進演算子 (propagator) 365
　混合 317
　準備 317
推進演算子のキュムラント展開 (cumulant expansion of the propagator) 89
水素核フリップ法 (proton flip method) 463
ずらし変換 (shearing transformation) 419, 454, 461, 471, 483, 568
ゼロ磁場共鳴 (zero-field magnetic resonance) 86
ゼロ補外 (zero-filling) 130
ゼロ量子コヒーレンス (zero-quantum coherence) 52, 302, 508, 606
ゼロ量子抑制 (zero-quantum suppression) 618
整形パルスによる励起 (tailored excitation) 671
整合準備遅延 (matched preparation delay) 320
整合フィルタリング (matched filtering) 186, 412, 445
生成演算子 (generating operators) 29
積演算子 (product operator) 30, 38, 212
積関数 (product function) 503
積基底 (product base) 44, 524
摂動 (perturbation)

総索引   763

　　非周期的　102, 354
　　循環的　93
　　展開　305
　　演算子　305
　　周期的　93
　　理論　99, 308
　　時間に依存した　86
　　時間に依存しない　86
絶対値、2次元スペクトル (absolute-value, 2D spectra)　406, 456, 512
　　表示の非線型性　407
遷移 (transition)；コヒーレンスも参照
　　連結した　285, 305
　　連結　516
　　2量子　302
　　連結した遷移のはしご　322
　　遷移の数　301
　　次数 (order of)　302
　　平行　206, 516
　　前進的連結 (progressive connectivity)　285, 309, 314
　　　q次まで　516, 519
　　後退的連結 (regressive connectivity)　285, 309
　　　q次まで　516
　　連隔的連結 (remotely connected)　516
遷移確率 (transition probability)　60, 247, 340, 635
　　2量子緩和　636
　　1量子緩和　636
線型 (lineshape)　122, 145；ピーク形も参照
　　絶対値　415
　　解析　649
　　平衡化学交換系における　258
　　一方向化学反応における　260
　　二方向化学反応における　264
線型応答理論 (linear response theory)　151
線形系の固有関数 (eigenfunctions of a linear system)　116
線型予測の原理 (principle of linear prediction)　130
線掃引法 (line scan technique)　671
選択的反転 (selective inversion)　222, 634
　　占有率の移動　222
　　パルス　211, 464, 672
線幅、不均一な (line-width, inhomogeneous)　346
線幅の尖鋭化 (line-narrowing)、デカップリング参照
占有率 (populations)　11, 41
　　非平衡状態の　323
全スピン・コヒーレンス (total spin coherence)　543
全スピン・コヒーレンス移動エコー分光 (total spin coherence transfer echo spectroscopy)　571
全スピン演算子 (total spin operator)　301
全相関分光（TOCSY）(total correlation spectroscopy)　550
相関 (correlation)
　　係数 (coefficient)　342, 620
　　関数 (function)　64

化学遮へいと双極子結合の 486
分光学 (spectroscopy)
同種核間の (COSY) (homonuclear(COSY)) 506
異種核間の (heteronuclear) 574
相関時間 (time) 634, 645
相関状態 (correlated state) 236
双極子 (dipolar)
結合 (coupling) 57, 480
固体中でのデカップリング (decoupling in solids) 86
－秩序 (order) 622
－テンソル (tensor) 484, 494
双極子熱だめの熱容量 (heat capacity of the dipolar reservoir) 235
相互作用 (interactions)
双極子 (dipolar) 57
電気四極子 (electric quadrupole) 58
間接スカラー (indirect scalar) 56
1次 (linear) 54
2乗の (quadratic) 58
ゼーマン (Zeeman) 54
相互作用の分離 (separation of interactions) 449
相殺効果 (cancellation effects) 410
相似定理 (similarity theorem) 377, 419
双線型回転 (bilinear rotation) 218, 464
デカップリング 584
サンドウィッチ 464, 579
速度 (matrix)
動的 75
表現 11, 17, 332, 359
表現、緩和超演算子の 64
化学量論的 (stoichiometric) 71
速度行列 (kinetic matrix) 75, 610
擬1次 77
速度定数 (rate constant) 78
速度論、化学 (kinetics, chemical) 70, 246, 609
組織による電磁波の減衰 (attenuation of radiation by tissue) 663

タ 行

ダイソンの時間順序演算子 (Dyson time-ordering operator) 13, 91
ダミーパルス (dummy pulses) 321
帯域幅 (bandwidth)
受信器の 441
分光器の 183
対角ピーク (diagonal peak) 511, 526
対角多重項 (diagonal multiplet) 397, 508
対称サイクル (symmetric cycles) 97
対称化 (symmetrization) 426
対称化基底関数 (symmetrized base function) 503
対称性適合基底関数 (symmetry-adapted base functions) 529
対称励起と検出 (symmetric excitation and detection) 318, 561

総索引

体積選択パルス系列 (volume-selective pulse sequence) 670
体積要素 (volume element) 667
多重コヒーレンス (multiplet coherence) 363
多重チャネル分光器 (multichannel spectrometer) 4
多重チャネルの実験 (multiple-channel experiment) 191
多重パルス双極子デカップリング (multiple-pulse dipolar decoupling) 480, 483
 BLEW-12 595
 WALTZ-8 595
 WIM-24 (窓なし等方的混合) 595
多重再結像 (multiple refocusing) 175
多重線, 反位相の (multiplets, antiphase) 539
多重線パターン (multiplet patterns) 217
多重線演算子 (multiplet operators) 335
多重線構造 (multiplet structures) 435
 磁気的に等価なスピンにおける 529
 交差ピークの 520
多重分裂パターンの冗長性 (redundancy of multiplet patterns) 430
たたみ込み, コンボルーション (convolution) 116
 フィルタリング 379
 積分 121
 定理 378
縦スカラー秩序 (longitudinal scalar order) 621
 3スピン秩序 213
 2スピン秩序 204, 212, 223, 241, 508, 580
縦緩和 (longitudinal relaxation) 59, 248, 652 ; 緩和も参照
縦磁化の回復 (recovery of the longitudinal magnetization) 151
多量子 (multiple-quantum)
 二重共鳴 338
 周波数 328, 336
 パルス 317
 再結像パルス (refocusing pulse) 347
 緩和 339
  減衰速度の測定 344
 異った次数の信号の分離 330
多量子, CW検出 (multiple-quantum, CW detection) 305, 313
 交差分極 (cross-polarization) 599
 フィルター 537
多量子コヒーレンス (multiple-quantum coherence) 12, 250, 503
 の生成 316
 の検出 317, 555
 の励起 317
 非選択的パルスによる—の励起 319
 選択的パルスによる—の励起 323
 偶数次および奇数次の—の励起 320
 特定次の—の励起 327
 配向スピンに対する 324
 異種核 (heteronuclear) 592
 不均一静磁場における 337
 遷移数 301
 位相シフト依存性 333

歳差周波数　336, 328
緩和　339
選択的励起（selective excitation）　329
次数の分離　329
スピンロッキング（spin-locking）　347
整形励起（tailored excitation）　325
変換挙動　332
均一励起　323
多量子遷移（multiple-quantum transition）　299
　　有効分解能　314
　　強度　308
　　準位シフト　312
　　線幅　308, 313
　　オフセット依存性　316
　　飽和　311
　　スピン格子緩和（spin-lattice relaxation）　308
多量子分光法（multiple-quantum spectroscopy）　316, 333, 409, 562
　　液晶溶媒中の　570
　　双極子結合スピンの　570
　　スカラー結合ネットワークの　562
　　時間領域（time-domain）　316
　　2次元　555
単位ステップ応答（unit step response）　115
単一チャネル検波（single-channel detection）　430
単一遷移演算子（single-transition operators）　21, 45, 211, 361
単純な共鳴線（simple lines）　308
断熱（adiabatic）
　　消磁（demagnetization）　235
　　再励磁（remagnetization）　235
断面（cross-section）　380
断面図（section）、断面を参照
断面投影定理（cross-section projection theorem）　379, 457, 678
遅延データ取り込み（delayed acquisition）　120, 422, 531, 570
秩序（オーダー）（order）、双極子秩序、スカラー秩序参照
中央断面（central cross-section）　380, 678
超演算子（superoperator）　22
　　代数（algebra）　29
　　交換子（commutator）　18, 23
　　微分（超演算子）　23
　　固有演算子（eigenoperator）　28
　　固有値（eigenvalue）　28
　　交換　82
　　一般的な表現　26
　　逆（inversion）　119
　　左, 右移動演算子（left-, right-translation）　23
　　線型　22
　　リウヴィユ（Liouville）　23, 194, 199
　　行列表現　27
　　緩和の　357
　　回転の　357

総索引

p 量子射影　26
射影　26
緩和　17, 55
ユニタリー変換　23
超演算子の固有演算子 (eigenoperator of a superoperator)　98
超音波走査 (ultrasonic scanner)　664
超行列 (supermatrix)　22, 47
超サイクル (supercycle)　178
超複素フーリエ変換 (hypercomplex Fourier transformation)　382
直交位相検波 (quadrature phase detection)　117, 183, 195, 214, 365, 383, 430
直交座標演算子の積 (Cartesian operator products)　29, 211, 214, 336, 433
強い結合 (strong coupling)　469, 503, 523
　2次元Jスペクトル　475
　2次元相関　523
ティックリング効果 (tickling effects)　270, 282
ディラックデルタ関数 (Dirac delta function)　115
デカップリング (decoupling)　177, 285；二重共鳴、スピンデカップリングもみよ
　広帯域の (broadband)　292, 460, 583
　双線型次の回転による (by bilinear rotation)　584
　再結像パルスによる (by refocusing pulses)　583
　双極子の (dipolar)　96
　同種核広帯域の (homonuclear broadband)　454
　ーの幻覚 (illusions of)　295
　ω_1における　533
　オフレゾナンスの　288
デカップリングの幻覚 (illusions of decoupling)　112, 295
テンソル (tensor)
　化学遮へい (chemical shielding)　54, 484
　双極子結合 (dipolar coupling)　57, 484
　四極子結合 (quadrupole coupling)　58
テンソル演算子 (tensor operator)
　既約 (irreducible)　49, 57
　の階数 (rank of)　49
低域通過Jフィルター (low-pass J filter)　592
定時間の (constant-time)
　相関分光 (correlation spectroscopy)　533
　J分光 (J-spectroscopy)　453
定常自由歳差運動 (steady-state free precession)　158, 667
　磁化 (magnetization)　155, 158, 192, 668
　飽和 (saturation)　635
伝達関数 (transfer function)　117
電場勾配テンソル (electric field gradient tensor)　58
トグリング座標系 (toggling frame)　95, 254
トレース計量 (trace metric)　21
投影再構成法 (projection-reconstruction technique)　676
投影断面定理 (projection cross-section theorem)　379, 473, 678
統計集団 (statistical ensemble)　52
等周波数部分 (isochromats)　254
等方的混合ハミルトニアン (isotropic mixing Hamiltonian)　550
等方的混合系列 (isotropic mixing sequence)　596

同種核J分光法 (homonuclear J-spectroscopy) 409
動的化学平衡 (dynamic chemical equilibrium) 601, 616
動的核分極 658
    固体中での動的過程 247, 356, 601, 656
    化学反応もみよ
        交差分極、交叉緩和
        核オーバーハウザー効果
動的行列 (dynamic matrix) 76, 610, 635

ナ 行

ナイキスト周波数 (Nyquist frequency) 128, 183, 420, 425, 441
内部ハミルトニアンの足切り (truncation of internal Hamiltonians) 97
斜め射影 (skew projections) 379
斜め対角 (skew diagonal) 559, 570
二重共鳴 (double resonance) 87, 270, 458 ; デカップリング、スピンデカップリングもみよ
    連続フーリエ 276
    検出時における 272
    強く結合した系での 277
    弱く結合した系での 278
    位相と強度の異常 277
    信号平均化 274
    スピンデカップリング 285
    理論的定式化 272
入力/出力関係 (input/output relations) 114
ネマティック溶媒 (nematic solvent) 342
熱雑音 (thermal noise) 439
熱平衡 (thermal equilibrium) 15
ノイズ (noise)
    ガウス型 136
    帯域あたりのパワー 184
    擬無秩序 (pseudo-random) 141
    自乗平均振幅 558, 440
    白色 140
ノイズ・デカップリング (noise decoupling) 292
能動的結合 (active coupling) 523
能動的スピン (actively involved spins) 302, 334

ハ 行

ハートマン・ハーンの条件 (Hartmann-Hahn condition) 228
    同調 235
ハーンエコー (Hahn echo) 254
ハイゼンベルグ演算子 (Heisenberg operator) 15
    表示 14
ハミルトニアン (Hamiltonian) 53 ; 平均化ハミルトニアンも参照
    反対称部分 106
    平均 (average) 87, 550
    双線型 (bilinear) 31, 56
    一連の非可換項 108

総索引　　　　　　　　　　　　　　　　　　　　　　　　　　769

　　双極子　57
　　　有効 (effective)　449
　　　等方的混合　550
　　　線型　54
　　　混合　550
　　　周期的　492
　　　周期的時間依存性　100
　　　2乗の (quadratic)　58
　　　緩和　67
　　　対称部分　107
パウリ行列 (Pauli matrix)　42
パターン認識 (pattern recognition)　429
パルス (pulse)
　　カスケード　207, 502, 580
　　複合 (複合パルスも参照)
　　ダミー　218
　　変調サイドバンド　291
　　非選択的　209
　　演算子の行列表現　525
　　回転角　144, 209
　　　名目上の　164
　　　最適の　152, 187
　　回転と同期した　495
　　サンドウィッチ　320
　　選択的　209, 322, 464
　　p量子選択的な　323
　　半選択的　209
パルス系列 (pulse sequence)
　　2次元相関分光COSYの　506, 553
　　2次元差分光の　625
　　2次元交換とNOE分光の　602, 623
　　BR-24　480
　　DEPT　244
　　INEPT　222
　　MLEV　293
　　MREV-8　480
　　SEMUT-GL　246
　　WALTZ　172, 293
　　WHH-4　96, 480
　　カー・パーセル (Carr-Purcell)　192
　　定時間相関分光　534
　　フーリエ画像法　680
　　Jeener Broekaert　236
　　エコー線画像法 (echo line imaging)　674
　　エコー面画像法 (echo planar imaging)　688
　　異種核2次元分光 (heteronuclear 2D spectroscopy)　581
　　異種核リレー磁化移動 (heteronuclear relayed magnetization transfer)　590
　　固体の異種核シフト相関 (heteronu clear shift correlation in solids)　597
　　線掃引技術 (line scan technique)　671
　　スピン拡散の測定　656

修正SECSY (modified SECSY) 532
多量子フィルターCOSY (multiple-quantum filtered COSY) 538
多量子分光 (multiple-quantum spectroscopy) 316, 556, 557
位相交互使用 (phase alternated) 162
面画像法 (planar imaging) 685
リレー2次元相関分光 (relayed 2D correlation spectroscopy) 546
回転系画像法 (rotating frame imaging) 683
「サンドウィッチ」対称 ('sandwich' symmetry) 218
感応点法 (sensitive point technique) 667
スピン・エコー相関分光 (spin-echo correlation spectroscopy) 532
スピン・ワープ画像法 (spin-warp imaging) 683
　ウィンドーのない 481
パワー・スペクトル密度 (power spectral density) 62, 69
パワー定理 (power theorem) 379
白色雑音 (white noise) 138
発展期間 (evolution period) 354, 356
速い運動限界 (fast motion limit) 634, 636
反エコー (antiechoes) 394
反位相 (antiphase)
　コヒーレンス (coherence) 502, 508
　正方パターン (square patterns) 430
反交換子 (anticommutator) 38
反転回復 (inversion-recovery) 168, 249
　差分法 626
反応 (reaction) ; 化学反応を参照
反応数 (reaction number) 72
ヒルベルト空間 (Hilbert space) 10, 53
ヒルベルト変換 (Hilbert transformation) 118, 381
非コヒーレント非平衡 (incoherent non-equilibrium) 198, 202
非周期的摂動 (aperiodic perturbations) 87, 102
非対称スペクトル (asymmetric spectra) 477
非対称パラメーター (asymmetry parameter) 59
非平衡状態 (non-equilibrium state)
　コヒーレントな 202
　コヒーレントでない 202, 208
　第1種の 198, 202
　第2種の 202
　の準備 269
表面コイル (surface coils) 670
微視的可逆性 (microscopic reversibility) 77
フーリエ解析 (Fourier analysis) 372
　径路選択による 368
フーリエ画像法 (Fourier imaging) 680
　再構成 676
フーリエ変換 (Fourier transformation) 119
　複素 (complex) 375, 510
　たたみ込み定理 (convolution theorem) 121
　微分定理 (derivative theorem) 121
　離散的 (discrete) 129
　パワー定理 (power theorem) 121

総索引

　　実数 (real)　395, 510
　　シフト定理 (shift theorem)　120
　　相似定理 (similarity theorem)　120
フーリエ変換、2次元 (Fourier transformation, two-dimensional)　375
　　たたみ込み定理　378
　　超複素数 (hypercomplex)　382
　　パワー定理　379
　　投影断面定理 (projection cross-section theorem)　379
　　実数変換　375
　　相似定理　377
　　ベクトル表示　376
フーリエ変換対 (Fourier transform pair)　377
フーリエ分光法 (Fourier spectroscopy)
　　の利点　113
　　の密度演算子による定式化　194
　　二重共鳴　270
　　の欠点　113
　　4位相　162
　　非平衡系の　202
　　パルス回転角依存性　208
　　クワードリガ (quadriga)　161
　　の量子力学的表現　193
　　の感度　181
　　2次元　351
フーリエ分光法の多重取り込みの利点 (multiplex advantage of Fourier spectroscopy)　671
フィルタリング (filtering)
　　たたみ込み (convolution)　181
　　線形の　122
　　適合した　186, 190, 412, 444
　　多量子の　409, 537
　　pスピン　542
　　スピンパターン　543
　　スピン系選択　543
　　2次元　411
フリップ角 (flip angle)；パルス回転角も参照
　　2次元スペクトルにおける効果　521
フリップバックパルス (flip-back pulse)　230
フリップフロップ遷移、エネルギー保存 (flip-flop transitions, energy conserving)　640
フローケの理論 (Floquet theory)　86, 100
フローケハミルトニアン (Floquet Hamiltonian)　100
ブラ (bra)　10
ブロッホ方程式 (Bloch equation)　142
　　実験室系での (in laboratory frame)　142
　　回転系での (in rotating frame)　142
　　修正された (modified)　74, 259, 609
　　の非線型性　119
ブロッホ・シーゲルトシフト (Bloch-Siegert shift)　312
不均一 (inhomogeneous)
　　ラジオ波磁場　162
　　広がり　254, 389

p 量子遷移の
　　減衰　504
　　磁場　346
不均一磁場での高分解能スペクトル (high-resolution spectra in inhomogeneous fields)　346
複合パルス (composite pulse)　163, 293, 554
　　MLEV　177
　　WALTZ　169, 177
　　循環的 (cyclic)　177
　　正確な反転のための　168
　　正確な再結像のための　175
　　最少の位相分散のための　167
　　最少の残留 z 成分のための　165
　　再帰展開法 (recursive expansion procedures)　171
　　z パルス　177
複合リウヴィユ空間 (composite Liouville space)　81
複合回転 (composite rotations)　216
複素信号 (complex signal)
　　1次元スペクトルにおける (in 1D spectra)　145, 195
　　2次元スペクトルにおける (in 2D spectra)　362, 430, 434
複素振幅, 2次元スペクトルにおける (complex amplitude, in 2D spectra)　359, 363, 399
複素磁化の移動 (transfer of the complex magnetization)　596, 609
複素横磁化 (complex transverse magnetization)　195, 609
付着プロトンテスト (attached proton test)　222
不動演算子 (idempotent operator)　26
粉末スペクトル (powder spectrum)　488
分解能向上 (resolution enhancement)　411
　　コンボリューション差分法 (convolution-difference technique)　131
　　ローレンツ・ガウス変換 (Lorentz-Gauss transformation)　131
　　サイン・ベル関数 (sine-bell function)　133
　　リップルのない究極の　133
分解能と感度の妥協 (resolution and sensitivity compromise)　188
分極 (polarization)　212
　　移動 (transfer)　221, 460, 601
　　　　断熱的な (adiabatic)　235
　　　　回転系での交差分極による　228
　　　　オーバーハウザー効果による　227
　　　　ラジオ波パルスによる　236, 499
　　　　異種核の (heteronuclear)　221
分極移動による低感度核の増感 (INEPT) (insensitive nuclei enhanced by polarization transfer)
　　　　222, 237, 460, 589
分極移動による歪みなし増感 (DEPT) (distortionless enhancement by polarization transfer)
　　　　175, 222, 244, 460, 586
分極の最大増加 (maximum enhancement of polarization)　226
分散関係 (dispersion relations)　118, 381
分散信号 (dispersion signal)　145, 385
分配関数 (partition function)　15
分離局所場法 (separated local field spectroscopy)　479
　　異種核　481
　　同種核　479
　　マジック角回転 (magic angle spinning)　490

総索引

平均ハミルトニアン (average Hamiltonian) 87, 285, 324, 480, 550
　無関係項の消去
　存在の条件 106
　多重パルス実験における 94
　スピンエコー実験における 106
平均時間域信号強度 (average time-domain signal amplitude) 441
平衡磁化 (equilibrium magnetization) 226
平行遷移 (parallel transition) 520
並進拡散 (translational diffusion) 159, 254, 457
変換 (transformation)
　回転系への 143
　ローレンツ・ガウス 412, 414
編集 (editing) 241, 244, 535, 586
ボルツマン分布 (Boltzmann distribution) 15
ボルテラ関数展開 (Volterra functional expansion) 134
包絡線関数、重みをかけた (envelope function, weighted) 437
飽和 (saturation) 270
　広幅化 314
　CW NMRでの 311
　行列 271
　パラメーター 189, 311
飽和回復 (saturation-recovery) 165, 251, 626
星効果 (star effect) 387, 407, 412, 413
補捉体積 (captive volume) 438

マ 行

マグヌス展開 (Magnus expansion) 88, 93, 287
マジック角 (magic angle) 483
　フリッピング 497
　ホッピング 497
　試料回転 490, 494, 573
マスター方程式 (master equation) 652
　複合密度演算子に対する 82
　占有率に対する 60, 271
　量子力学的 17, 61
　飽和のある 271
短く打ち切った信号 (truncated signal) 124
密度演算子 (density operator) 9, 10
　複合 (composite) 81
　濃度に依存した 84, 266
　濃度に依存しない 83
　フーリエ実験の記述 194
　直積 (direct product) 79
　直和 (direct summation) 81
　方程式 13
　基底演算子による展開 (expansion in base operators) 20
　単一遷移演算子による展開 (expansion in single transition operators) 361
　不動の, イデムポテント (idempotent) 12
　行列表示 332, 359

化学交換系の　616
密度行列 (density matrix)　16, 332
無秩序過程 (random process)　61
　　エルゴード的　184
無秩序場 (random field)
　　相関　339
　　モデル　68
　　緩和　69
もれ速度定数 (leakage rate constant)　613, 638

ヤ 行

矢印表記 (arrow notation)　24, 31, 332, 365
有効章動角 (effective nutation angle)　146
有効磁場 (effective magnetic field)　146, 278
溶液中の分子構造 (molecular structure in solution)　633
揺動磁場 (fluctuating fields)　68, 339, 341
抑制 (suppression)
　　リプルの　125
　　サイドバンドの　496
横緩和 (transverse relaxation)
　　断熱的寄与　339
　　非断熱的寄与　339
弱く結合したスピン系の固有状態 (eigenstates of weakly-coupled spin systems)　206
四極子緩和 (quadrupolar relaxation)　69
四極子結合 (quadrupole coupling)　58
　　粉末パターン　572
　　による回転　38
四極子分裂、の除去 (quadrupolar splitting, elimination of)　572

ラ 行

ラーモア周波数 (Larmor frequency)　54, 144
ラジオ波磁場の反対方向の回転成分 (counter-rotating component of the r.f. field)　143
ラジオ波パルスの混合効果 (mixing effect of an r.f. pulse)　271
ラジオ波パルス系列のサイドバンド周波数 (sideband frequencies of the r.f. pulse sequence)　155
リウヴィユ空間 (Liouville space)　20, 47
　　複合　81
　　相互作用　79
　　分子　81
リウヴィユ・フォン・ノイマン方程式 (Liouville-von Neuman equation)　13, 136
リレー・コヒーレンス移動 (relayed coherence transfer)　545, 562, 592
リレー異種核相関分光 (relayed heteronuclear correlation spectroscopy)　589
量子数 (quantum numbers)　12
　　「よい」量子数　364
　　集団スピン　305
量子化軸、傾いた (quantization axis, tilted)　289
稜線図 (ridge plots)　448
励起 (excitation) ; パルスも参照
　　多量子遷移の (of multiple-quantum transitions)　317-328

励起の選択性 (selectivity of the excitation) 605
連結性 (connectivity) 516
  直接の (direct) 402, 563, 568
  平行の (parallel) 516, 518, 526
  前進性の (progressive) 516, 526
  次数 q の前進性の (progressive to order q) 518
  後退性の (regressive) 516, 526
  次数 q の後退性の (regressive to order q) 518
  遠隔 (remote) 402, 563, 568
連鎖共鳴帰属 (sequential resonance assignment) 648
連続波法 (continuous-wave)
  多量子遷移の検出 (detection of multiple-quantum transitions) 305, 308
  1次元における感度 189
ローレンツ・ガウス変換 (Lorentz-Gauss transformation) 412, 413
ローレンツピーク (Lorentzian peak) 385, 414

ISBN4-8427-0005-X

訳　者

永山　国昭
日本電子株式会社
生体計測学研究室
理学博士

藤原　敏道
日本電子株式会社
生体計測学研究室
理学博士

内藤　晶
京都大学理学部
化学教室・理学博士

赤坂　一之
京都大学理学部
化学教室・理学博士

Ernst：2次元NMR ―原理と測定法―　　　1991 ©

1991年2月25日　　第1刷発行

訳　者　　永山　国　昭 他
発行者　　吉　岡　　　誠

〒606 京都市左京区田中門前町87
株式会社 吉岡書店
電話(075)781-4747/振替 京都3-4624

昭和堂印刷所・清水製本

ISBN4-8427-0231-1

2次元NMR −原理と測定法− ［POD版］

2000年8月1日	発行
著 者	エルンスト 他
発行者	吉岡　誠
発　行	株式会社　吉岡書店 〒606-8225 京都市左京区田中門前町87 TEL 075-781-4747　　FAX 075-701-9075
印刷・製本	吉田印刷株式会社 〒173-0001 東京都板橋区本町38-9

ISBN978-4-8427-0289-6 C3043　　Printed in Japan

本書の無断複製複写(コピー)は、特定の場合を除き、著作者・出版社の権利侵害になります。